ANIMAL life

高端典藏百科

[英] 夏洛特·阿兰布鲁伊克 等 | 著　　张劲硕 等 | 译

ANIMAL LIFE
DK动物大百科

電子工業出版社
Publishing House of Electronics Industry
北京·BEIJING

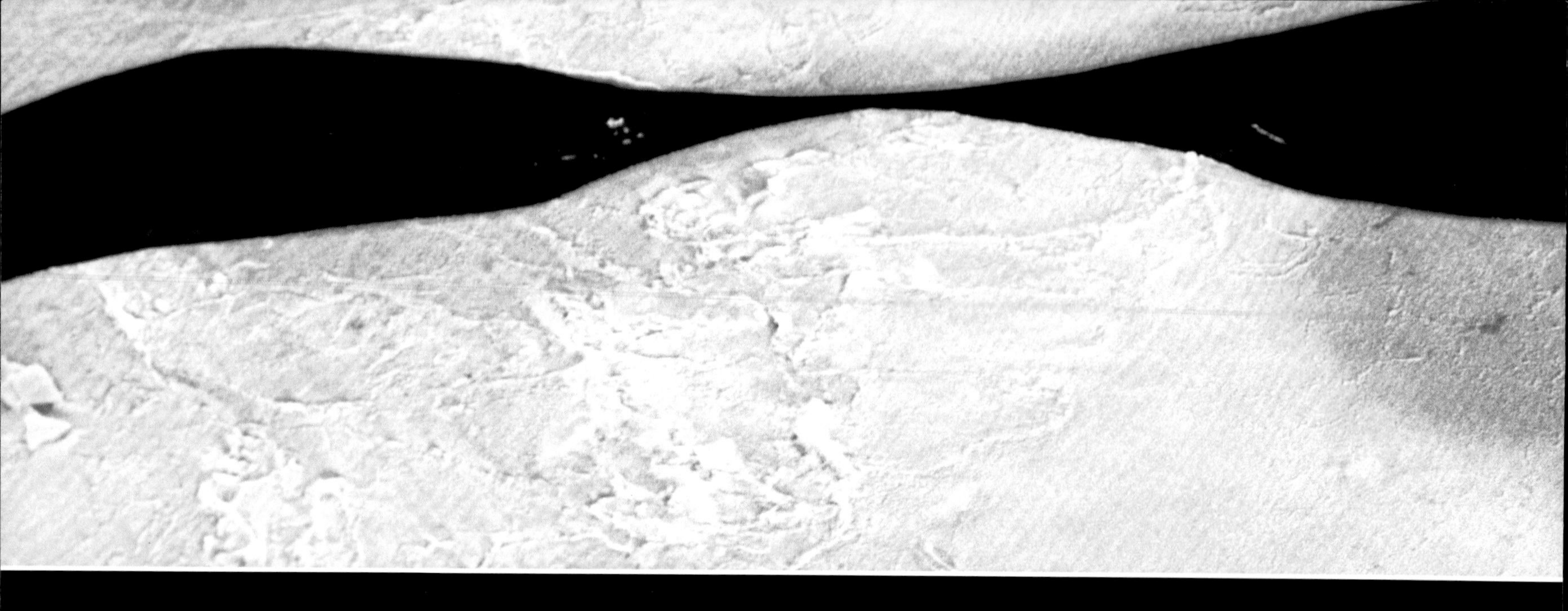

译者名录

张劲硕
中国科学院动物研究所、国家动物博物馆

（以下按汉语拼音排序）

白冰珂　陈　超　代　娟　冯晓明

高娅萌　林　柳　林吴颖　孙　戈

孙华英　杨　萌　尹秀梅　张俊鹏

赵旭东　周　伟　周莹莹　朱光剑

Original Title: Animal Life

版权贸易合同登记号　图字：01-2010-0934

图书在版编目（CIP）数据

DK动物大百科/(英)夏洛特·阿兰布鲁伊克(Charlotte Uhlenbroek)等著；张劲硕等译. --北京：电子工业出版社，2023.7
ISBN 978-7-121-45541-4

Ⅰ.①D…　Ⅱ.①夏…　②张…　Ⅲ.①动物－少儿读物
Ⅳ.①Q95-49

中国国家版本馆CIP数据核字（2023）第087150号

责任编辑：苏　琪　文字编辑：杨　鸲
印　　刷：北京华联印刷有限公司
装　　订：北京华联印刷有限公司
出版发行：电子工业出版社
　　　　　北京市海淀区万寿路173信箱 邮编：100036
开　　本：889×1194　1/12　印张：41.5　字数：1510.5千字
版　　次：2023年7月第1版
印　　次：2024年7月第2次印刷
定　　价：348.00元

凡所购买电子工业出版社图书有缺损问题，请向购买书店调换。
若书店售缺，请与本社发行部联系，联系及邮购电话：（010）88254888，88258888。
质量投诉请发邮件至zlts@phei.com.cn，盗版侵权举报请发邮件至dbqq@phei.com.cn。
本书咨询联系方式：（010）88254161转1814，suq@phei.

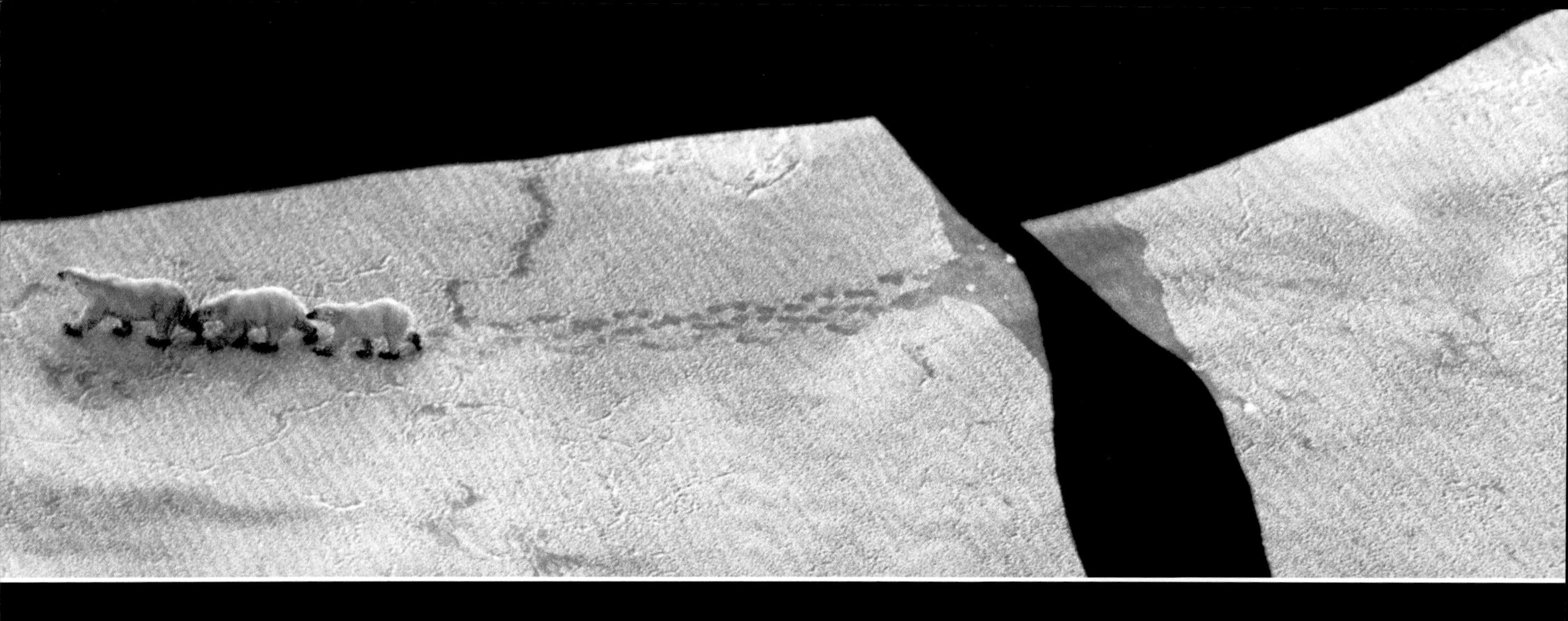

首席作者 夏洛特·阿兰布鲁伊克 博士（Dr. Charlotte Uhlenbroek）

作者名录

Richard Beatty
术语表

Frances Dipper 博士
鱼类、防御

Kim Dennis-Bryan 博士
哺乳动物

Tim Halliday 教授
两栖动物，性与繁殖，
没有配偶的生殖，
寻觅配偶，性竞争，
交配

Rob Hume
鸟类

Chris Mattison
两栖动物

George C. McGavin 博士
无脊椎动物，捕食，食腐

Sanjida O'Connell 博士
智力

Douglas Palmer 博士
进化

Steve Parker
骨骼和肌肉，运动，
身体外表，身体系统

Katie Parsons 博士
感觉，生存空间，生命历程

Sean Rands 博士
社会

Graham Scott 博士
取食，采食植物，杂食者，
觅食伙伴

Charlotte Uhlenbroek 博士
通信

Elizabeth White 博士
视觉，出生与发育，
抚育后代

John Woodward
交配仪式

顾问名录

Juliet Clutton-Brock 博士
哺乳动物

Frances Dipper 博士
鱼类

Tim Halliday 教授
爬行动物

Rob Hume
鸟类

Chris Mattison
两栖动物

George C. McGavin 博士
无脊椎动物

美国自然历史博物馆（American Museum of Natural History）

Christopher J. Raxworthy 博士
首席顾问

George F. Barrowclough 博士

Randall T. Schuh 博士

Mark E. Siddall 博士

John S. Sparks 博士

Robert S. Voss 博士

动物数据

本书之中的行为特征包含了所描述动物的概要信息。这一信息通常指某个物种，但有时也指代类群，例如某个科或属。在资料框内使用的符号如下：

- ◀▶ 一般指动物成体的体长（除非特殊说明），不同类群说明如下：
  - **兽类**：头部和躯干。
  - **鸟类**：喙尖至尾端。
  - **爬行类、两栖类、鱼类**：头部和躯干，包括尾部。
  - **无脊椎类**：头部和躯干，包括尾部但不包括触角。
- ⊙ 栖息地和地理分布区。
- 🕮 动物主要形态特征的简要描述。
- » 同一种或相同类群行为特征相互参照的页码。

contents 目录

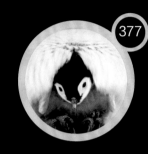

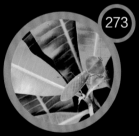

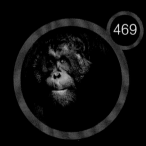

ANIMAL BEHAVIOUR

133 动物行为

动物行为包含动物所做的所有事情，从为了食物的竞争直到形成社会。

前　言

能够主持编撰本书，我感到无比激动。就我而言，探索整个动物行为的丰富度和多样性，是一项很独特的工作。

动物生活的本质相对简单——觅食、自卫、繁殖和扩散，但动物的这些行为的方式却相当复杂和多变。从神奇的捕猎策略和非凡的防御本领，到令人昏厥的交配仪式和复杂的关系，各式各样的不同行为反映了动物的多样性以及它们所栖居的自然和社会环境。动物居住在地球上的各个角落，从大海深处到高山之巅，从赤道到两极；它们可能集以千计的大群，也可能一生中才能遇到同类一次。

一种动物的行为很大程度上依赖于其形态和进化史，本书的前两部分着重介绍动物的主要类群，以及它们的进化、解剖和感觉官能。本书的主体部分则关注动物的行为，并分为8章，着眼于动物生活的各个方面，但这些方面并不总是互不相干的。本书并不试图提供所有动物行为的完全资料——那样会耗费很大的篇幅和时间。即使如此，这本书的内容仍然是目前我们已知的动物行为知识的总览，囊括了不同动物类群典型和不寻常的行为，以及一些经典研究和新发现。

撰写动物行为的相关内容令人激动。神经生物学、解剖学和生理学的发展极大地改变了我们对行为机制的理解，生态学领域的快速发展揭示了物种间的特殊关系网，而长期、成熟的社会行为研究也使我们对动物社会有了深入认知。众多发现使人类与动物行为的界限变得模糊，诸如用于通信的象征信号的使用、强烈的社会性和对某些问题的解决能力。而且，新技术将我们带入了很多闻所未闻的领域，例如偏振光的利用和地磁导航、电流捕捉，或显微振动通信。

编撰本书的生物学家经验丰富，他们通常终其一生耐心地在野外观察动物，在实验室设计巧妙的实验，以了解为何动物会那样做。一些物种已被深入研究，并对其行为有了详尽了解；我们对有的物种则知之甚少，只能窥见它们生活的九牛一毛。

这本书是由一个令人尊敬的生物学家团队编写而成的，令人眼花缭乱的图片跃然纸上，真可谓深入野生动物的“生活”之中。伟大的生物学家爱德华·威尔逊（E. O. Wilson）说过：“一旦你了解一种动物的行为……你就会知其根本。”我希望此书有助于读者更深入地了解这个星球上动物生活的本质，并使我们更有决心和能力保护它们。

夏洛特·阿兰布鲁伊克
（Charlotte Uhlenbroek）

ANIMAL

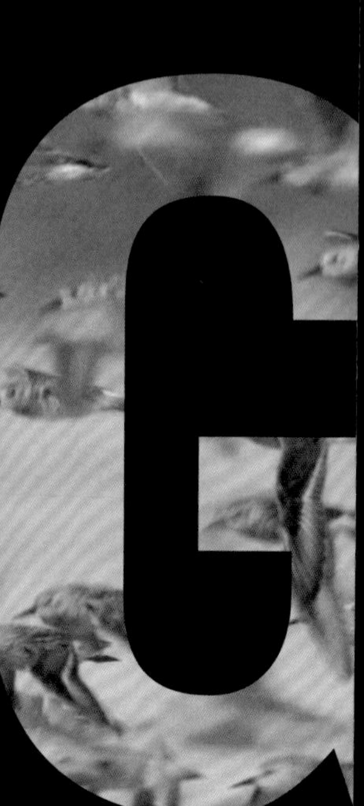

DOM
动物界

什么是动物

地球上至少生存着300万种生物，涵盖了从微小的蠕虫到巨大的鲸，但是它们共有一些主要特征，这些特征让它们可区别于其他生命形式。这些明确的特征既有生理方面的特点，也包括众多有趣的行为。

地球上的生命传统上被划分为5个“界”。有2个界——细菌和原生生物，实在太微小了，以至于我们平时难以察觉到它们。其他3个界我们则比较熟悉——菌物、植物和动物。通常来说，我们一眼望去，很难区分菌物和植物，但是区分动物就容易多了，因为它们能够移动，并对其周围环境做出反应。有些水生动物很少活动，而且看上去更像植物，但是动物和植物的功能在许多方面都是迥然不同的。

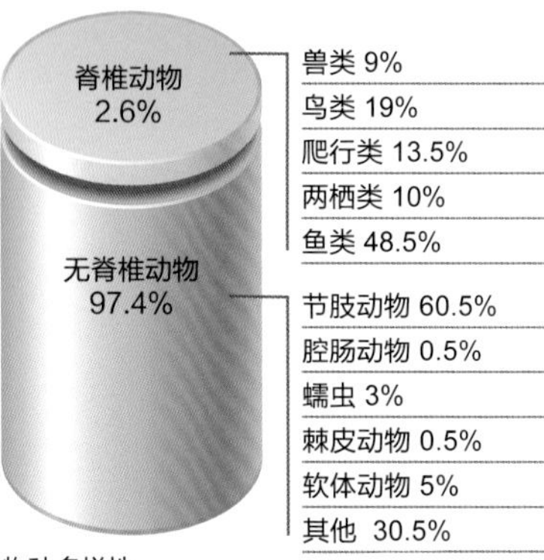

物种多样性

科学家坚信动物的种类超过1000万，但已被科学描述的少于200万。而在这些被科学描述的动物中，脊椎动物（如兽类、鸟类和鱼类）的种数只占不到3%。节肢动物则是目前地球上最大的动物类群。

能量和食物

植物，以及众多细菌和原生生物，利用太阳光的能量制造食物。它们在被称为光合作用的过程中用二氧化碳和水合成葡萄糖（一种简单的碳水化合物）。葡萄糖储存能量，用于植物的生长。植物还可以将葡萄糖转化为其他碳水化合物，例如加固其结构的粗纤维。当植物吸收所需水分之时，它们也获得了溶解于其中的化学物质，诸如硝酸盐和磷酸盐，并用来转化为蛋白质。

动物不能利用简单的化学物质制造自己的食物。除了像珊瑚虫那样与其他可制造食物的有机物结为同伴，多数动物要依赖进食植物或其他生物以获取营养。它们消化活组织，将其分解为更简单的成分，例如葡萄糖，然后利用这些物质构建其身体。动物对食物的需求也正是它们进化出活动能力和感觉官能的动因。

机动觅食者

非洲长颈羚对于觅食树梢高处多汁的嫩芽非常适应。依靠后腿站立，它们可以在树杈间伸长肌肉发达的脖子。

独一无二的胚胎

一些低等生物，比如水母、海葵和珊瑚能够通过出芽方式无性繁殖，产生新个体。许多昆虫和其他无脊椎动物，例如水蚤和一些蚜虫，可由未受精卵发育而成——这一过程视为孤雌生殖。以上两种情况都是后代是其父母的克隆体。

然而，多数动物只产生单细胞卵，并由其他个体的精子授精，产生携带父母双方DNA的受精卵。这个单一的受精细胞发育为一个球形的多细胞的囊胚，这个囊胚对动物来说是独一无二的。经过细胞分裂，囊胚变为一个多细胞的胚胎。由于父母基因的混合，使胚胎在遗传上与众不同（除双胞胎外）。通过基因突变和自然选择的综合作用，这种遗传混合产生了变异，才使动物能够进化出如此令人眼花缭乱的各色物种。

多细胞

动物由许多微观的细胞构成，这些细胞并不像植物和菌物，没有坚硬的细胞壁。除海绵外，所有动物的细胞组成了像肌肉和神经这样的活组织。这些组织形成了特殊的器官，诸如心脏、大脑和肺。身体轮廓在生命的早期便被确定下来，但有一些蝴蝶一类的动物，变为成体时身体结构会彻底发生变化，即变态。

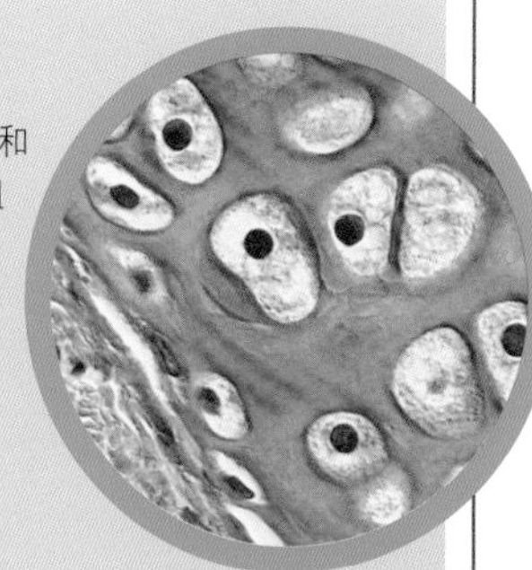

觅食

所有动物从其他活的有机物或死亡的有机物的残骸获得营养。生活在其他动物体内的寄生虫通过皮肤吸食简单的营养物。其他动物则将食物摄入内体腔消化，并将其转化为葡萄糖等营养物质。一些水生动物从水中过滤食物微粒，但多数动物具有明确的、活动的口，用来摄食和咀嚼食物。

气体交换

所有动物都需要氧气，以便将碳水化合物转变为能量，该过程释放二氧化碳。这与产生氧气的光合作用相反，因此动物是氧气的消费者而不是生产者。它们通过薄壁般的腮（如鱼类）、湿润的皮肤（如两栖类）、支管系统（如昆虫）或肺交换空气。许多类型的动物通过血液将气体及养料，如血糖，运送到全身。

感觉系统

除了海绵，几乎所有动物都具备对外界刺激产生反应的神经细胞网络。触摸低等动物，比如海葵，它会迅速收缩。更复杂的动物则有对光、声、压力、气味、味道甚至电流产生反应的感官。它们也有大脑，可记忆和识别刺激，许多动物能够通过经验学习。多数感官集中于头部，接近口吻部。

活动性

动物最显著的特征就是它们的活动性。一些水生动物，例如蚌类的成年生活是固着在岩石上度过的，并不明显移动，但它们通过身体吸水。当潮涨潮落的时候，蚌类也开闭它们的外壳。多数其他动物或能滑动、爬行，或能游泳、行走、奔跑，甚至飞翔。感觉和记忆的联合，使它们能够找寻食物，躲避天敌，以及寻觅繁殖伴侣。或者说，它们表现出各种行为。

进化

查尔斯·达尔文对进化的定义是“伴有变异的继承”。他在《物种起源》中使用这一术语描述一个物种的连续几代如何历经时间的推移以适应改变的环境，并最终形成新物种。

什么是进化

进化是动物种群的遗传特征随着时间的推移发生改变的过程。该理论的主旨认为现今所有生命都是由30亿年前居住在海洋中的低等祖先演变和分化而来的。这就意味着所有动物都是互相联系的。越来越多的生物学、遗传学和化石证据支持“进化”作为指引我们了解生命及其历史的统一理论。

白桦尺蛾的变异

这3只蛾子是同一种。最初的变异是遗传突变的结果。自然选择导致了最深色的蛾子变多，这是因为工业污染使它们更易隐入白天栖息的变黑的树上。

宏观进化和微观进化

大尺度模式的改变视为“宏观进化”，比如从有鳍脊椎动物到有肢动物的进化。其他例证还有有壳卵的出现，陆生四肢动物的繁殖从依赖水到脱离水，从而卵生爬行动物演化成龟和鳄等类群。“微观进化”是小尺度衍变，例如，家麻雀进入美国，其南北种群发生了不同的演化，北部种群的体形变大，可能是对寒冷气候的适应。

鲨鱼 辐鳍鱼类 两栖类 龟类 蛇和蜥蜴 鳄 鸟类 哺乳动物

共享同一祖先

左侧是一张支序图——显示这些生物来自共同的祖先。图中的动物类群大约在5.4亿年前都与最早的脊椎动物有关联。这些分支正是趋异进化的结果，其组成了一棵“进化树”（或称系统发育）。

自然选择

自然选择

这也常被称作“适者生存”。这种蝴蝶的颜色有变化，并大量繁殖，但由于环境中的有限资源，它们并不能全部存活。紫色蝴蝶伪装欠佳，因而易被捕食者捕捉。黄色蝴蝶则大量繁殖。随着捕食者长时间偏好紫色蝴蝶，黄色蝴蝶则成为优势群体。

遗传漂变

遗传漂变

遗传漂变是指随着时间的推移，种群的遗传性随机发生的改变。例如，森林大火几乎横扫了大部分紫色蝴蝶的种群。下一代保存了幸存者的基因，而不一定是“适应者”的基因。紫色蝴蝶的种群最终可能全部消失。

基因

基因流（基因迁移）是种群基因间的流导致的。比如，通雄性生物体的迁移，一种群的基因引入另一

基

基因重组

变异

进化过程

这张饼图显示了引起进化改变的5种主要机制。图中的蝴蝶代表同一种的所有成员（正如最左侧的白桦尺蛾），故而它们可杂交。蝴蝶最初是黄色的，但因为黄色中某个体的偶然性遗传变异，产生了紫色蝴蝶（正如图中的变异部分）。历经足够的时间，这两种颜色的蝴蝶数量可能接近相等。

基因重组

人类和其他有性繁殖的生物的遗传独特性都是由父母基因的重组实现的。后代在遗传上彼此并不一致（除双胞胎外），与父母的也不一样，但这是父母基因的多种多样的结合。新基因的联合，以及之后的遗传变异，是通过性机制被引入种群的。

变异

生物体遗传物质发生改变，并随后由后代继承，从而产生了变异。这种偶然性改变是由DNA分子的碱基的删除和插入实现的（见右侧知识框）。偶尔，单一变异能产生巨大的效应，但通常来说，进化的改变是大量变异的结果。

群，即紫色蝴蝶迁入黄色蝴蝶群体中。随着紫色蝴蝶融入这个黄色种群中，它的基因也进入黄色种群内。

解剖学

DNA和基因

每一种生命类型都是由一系列特殊的分子构成的，而且分子都按照化学编码的方式排序。这种编码极其复杂，以螺旋形的分子（即DNA）的包装方式呈现。DNA之间靠一种叫核苷酸的化学物质连接。共有4种核苷酸：腺嘌呤（A）、胞嘧啶（C）、鸟嘌呤（G）和胸腺嘧啶（T）。通过它们之间的配对——腺嘌呤（A）和胸腺嘧啶（T）配对，胞嘧啶（C）和鸟嘌呤（G）配对，来实现DNA分子的连接。这些碱基之间不同的排列方式组成了细胞的遗传编码。每个人类细胞可编码20000～25000条指令。每一条指令就是我们所说的基因，每个基因调控特定的性状。例如，眼睛的颜色就是由一个特定的基因调控的。遗传学就是研究这些性状如何遗传给子代的科学，是生物学的核心支柱之一。

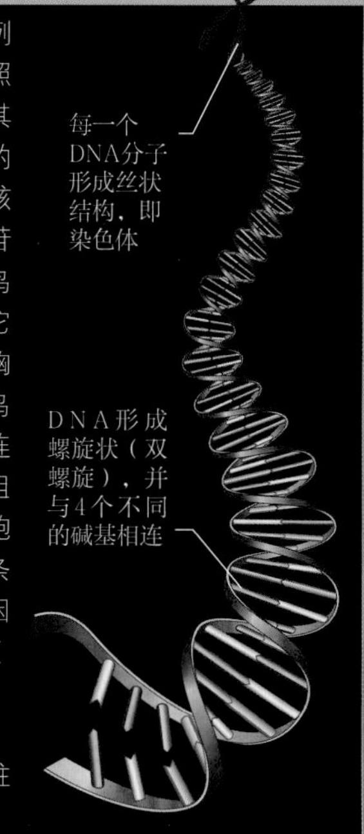

每一个DNA分子形成丝状结构，即染色体
DNA形成螺旋状（双螺旋），并与4个不同的碱基相连

物种形成

达尔文雀

岛屿上隔离的基因库，如加拉帕戈斯群岛，能够使生物形成独特的特征。这只拟鴷树雀（达尔文雀的一种）已会使用工具捕猎。

在某种意义上，物种可定义为一个相似的生物体的类群，它们之间可以互相交配，繁衍出具生殖能力的后代。物种形成就是从一个祖先种进化出新物种的过程。很多原因可以引起物种进化，比如栖息地片断化引起的地理隔离。如果一个小种群从主类群中分离出来，而基因仅能在它们自己之间交流，随着时间的推移，它们就会进化成独立的分支，此时它们和分离前的主类群已经不能再交配繁殖了。

趋异进化

在过去漫长的时间里，重复性的物种形成导致进化分歧，新进化出来的各种物种和它们原始的祖先已大为不同。例如，陆地上所有的生物都是从水生生物祖先进化而来的，所有的哺乳动物都是从恐龙时代的一种常见的始祖兽进化而来的。这一系列的变化都是地球环境变化的产物，各地迥异，古今不同。

趋同进化

有时，不同的生物体会进化出相同的性状，以适应所生存的环境。比如，鲸、海豹和企鹅相似的形体都是适应相同的生存环境的结果——流线型的体态加上肢体的减少可以更好地适应在水中游动。同样，鸟类和蝙蝠独立演化出了翅膀，以更好地适应飞翔。

协同进化与互惠共生

一些花朵依赖蜂鸟授粉，而蜂鸟则依靠这些花朵吸食花蜜。它们的外形和颜色已协同进化，并互相适应对方的生存。

海洋 陆地 天空

动物历史

演化和地球上动物生命的扩展是个不同寻常的故事。从十几亿年前微生物出现，动物生命就开始在海洋这个具有保护和支持作用的介质中演化。化石遗迹告诉我们最早的多细胞生物产生于震旦纪（Ediacaran）时期，大约6.3亿年前。但是，化石记录绝不完整。我们对一些类群的起源知之甚少，比如鲨和鳐。但是每当发现一个新化石，我们就朝着那些困扰了古生物学家很多年的问题的答案又迈进了一步。

分化和增殖

早在寒武纪时，海生无脊椎动物经历了一段扩展和分化的时期。这个时期产生了许多我们熟悉的现生无脊椎动物类群，以及现已灭绝的类群。最早的脊椎动物也产生于寒武纪。它们分化为几个鱼类相关的类群，其中一些现已灭绝。当节肢动物进入陆生环境后，它们扩展并快速分化。在泥盆纪晚期，四足类脊椎动物离开水，从而开始了脊椎动物演化的下一个阶段。天空是动物最后征服的环境，这首先由昆虫在石炭纪完成。许多动物类群在每种环境中都有成员演化并适应了在其中生活。比如，爬行类首先在陆地上演化，随后演化出水中生活的成员，并最终飞向天空。

灭绝事件

动物演化史并不是简单的扩展和分化。随着动物类群的产生和灭绝，变化的环境和事件影响着它们的演化，有时是灾难性的。有几个主要的灭绝事件把演化时钟拨回了起点。这其中破坏性最大的一次——二叠纪-三叠纪灭绝——清除了96%的海生种类。

*MYA：millions of years ago,百万年前。

奥陶纪-志留纪灭绝 440MYA

腕足类和苔藓类动物所有科的三分之一，以及许多牙形石和三叶虫类群灭绝。总体上看，大约海生无脊椎动物的100个科绝迹。

如何使用该图表

该图表将动物归入3个主要生境——海洋、陆地和天空。主要动物类群都赋予了不同的颜色。它们在不同时期的相对丰度由一条时而扩展、时而收缩的色带表示。细线将每个类群与其祖先类群连接起来，以示其演化关系。3条无脊椎动物的色带使用了与脊椎动物不同的比例尺，因为前者的数量难以估算（人们认为其比例达到了全部物种的97%）。但是3条无脊椎动物色带彼此之间的比例尺是一致的。

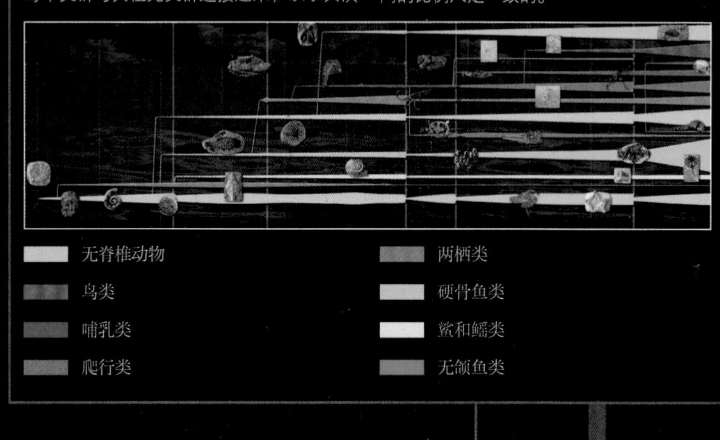

最早的陆生节肢动物类群（倍足纲、唇足纲及其他）产生于约450MYA。

最早的有颌鱼类产生于约450MYA。

动物的演化

第一个复杂的有机体在震旦纪时期开始出现，大约630MYA。这种莫森水母被认为是一种早期的水母或原始的蠕虫。

莫森水母（*Mawsonites*）

珊瑚的演化

大约540MYA寒武纪“大爆发”，海生无脊椎动物类群快速演化，以及第一个脊椎动物产生。

小油栉虫（*Olenellus*）三叶虫类

爱斯托尼角石（*Estonioceras*）鹦鹉螺类

原始的鹦鹉螺类（海生头足纲）在约475MYA开始繁盛。

珊瑚礁在约470MYA的中奥陶纪开始广泛分布。

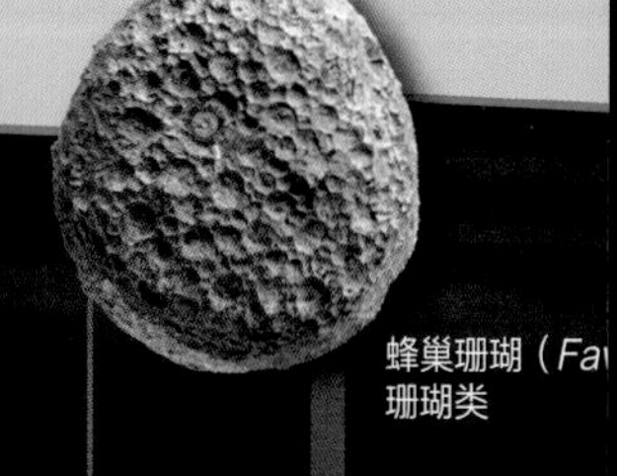

蜂巢珊瑚（*Fa*
珊瑚类

泥盆纪 | 石炭纪 | 二叠纪

400 350 300

晚泥盆纪灭绝，365MYA
该事件主要影响了海洋生物。珊瑚礁、腕足类和三叶虫的数量都极度减少。大多数陆生动物都不受影响，但一些早期的两栖类灭绝。

始节虫（*Archimylacris*）

晚石炭纪昆虫在约320MYA开始出现，包括蟑螂和蜻蜓。始节虫是一种长有折叠翅膀的早期蟑螂。

飞行无脊椎动物

西洛仙蜥的化石由于其表面上类似于爬行动物的特征而一度被誉为第一个真正的爬行动物，但现在它只被认为是羊膜动物的祖先（340MYA）。

棘螈（*Acanthostega*）

西洛仙蜥（*Westlothiana lizziae*）

由鱼类演化而来的最早的四足类（长有四肢的脊椎动物），在约370MYA爬出水面，开始占领陆地。棘螈同时拥有肺和鳃，每只脚有8趾，趾间有蹼。

羊膜动物的祖先被认为在约340MYA从两栖类分化而出。

羊膜动物在约315MYA分化成两个类群——合弓类（最终演化为现今的哺乳类）和蜥形类（最终演化为现今的爬行类）。

爬行类

已知最早的蝎子产生于约418MYA。

早期的陆生贝类产生于约320MYA的石炭纪。

两栖类

格雷伊夫虫（*Graeophonus*）“蜘蛛”

节肢动物继续分化。格雷伊夫虫是真蜘蛛的近缘种。

陆生无脊椎动物

足棘鱼（*Cheiracanthus*）有颌鱼类

棘鱼类（早期有颌鱼类），比如足棘鱼，可向前追溯至约410MYA的泥盆纪。

旋齿鲨（*Heliocoprion*）的齿旋

巨大的早二叠纪鲨鱼，比如旋齿鲨，在约298MYA成为海洋中的顶级掠食者。

硬骨鱼类

鲨和鳐类

盾鳍鱼（*Pteraspis*） 无颌鱼类

无颌鱼类

早期无颌鱼类常见于405MYA。盾鳍鱼的显著特征是被大片骨板包裹的扁平头部。

石炭纪时期珊瑚礁广泛出现（约350MYA）。

海生无脊椎动物

接下页

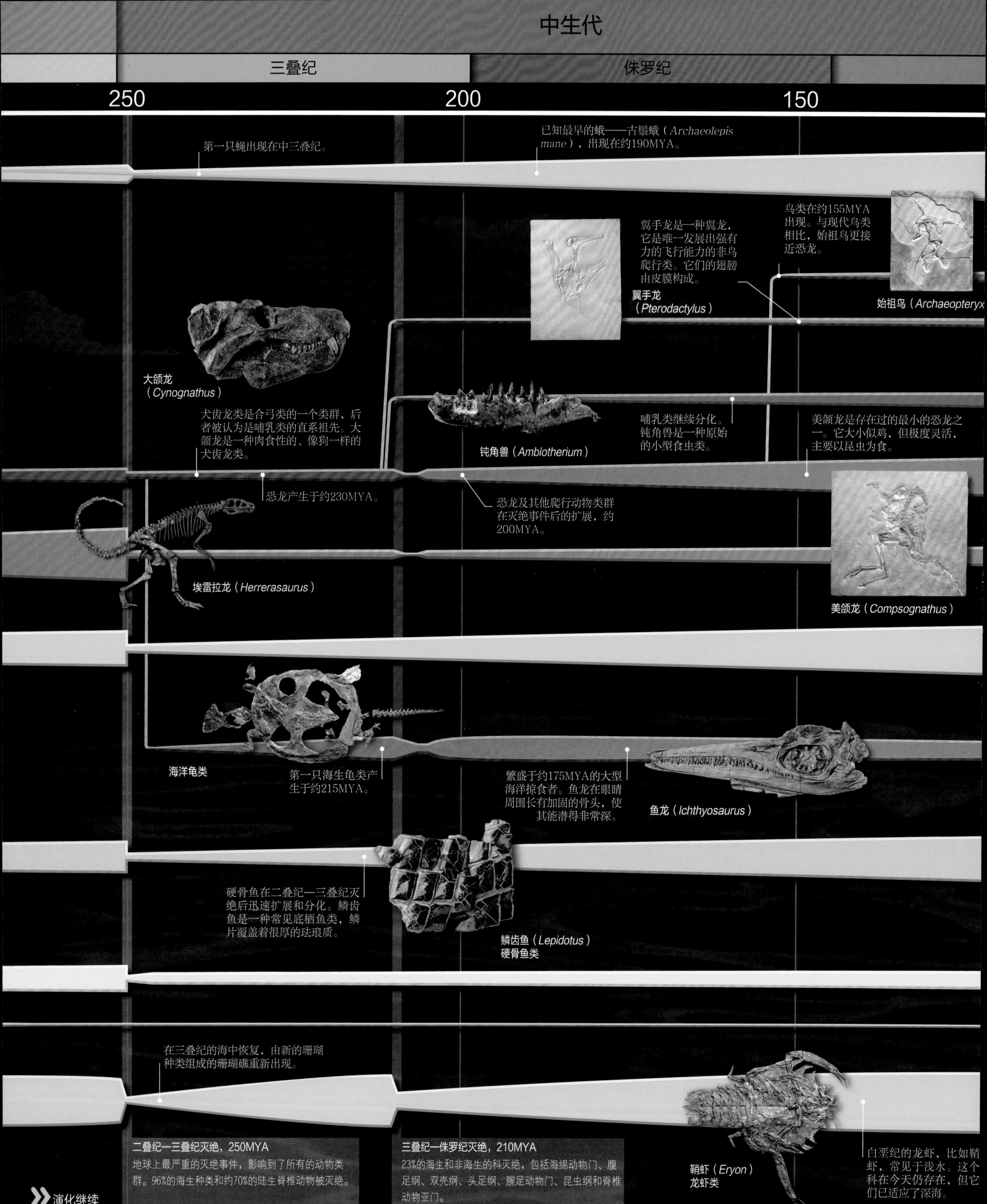
中生代
三叠纪
侏罗纪
250
200
150
第一只蝇出现在中三叠纪。
已知最早的蛾——古鳞蛾（Archaeolepis mane），出现在约190MYA。
翼手龙是一种翼龙，它是唯一发展出强有力的飞行能力的非鸟爬行类。它们的翅膀由皮膜构成。
翼手龙（Pterodactylus）
鸟类在约155MYA出现。与现代鸟类相比，始祖鸟更接近恐龙。
始祖鸟（Archaeopteryx）
大颌龙（Cynognathus）
犬齿龙类是合弓类的一个类群，后者被认为是哺乳类的直系祖先。大颌龙是一种肉食性的、像狗一样的犬齿龙类。
钝角兽（Amblotherium）
哺乳类继续分化。钝角兽是一种原始的小型食虫类。
美颌龙是存在过的最小的恐龙之一。它大小似鸡，但极度灵活，主要以昆虫为食。
恐龙产生于约230MYA。
恐龙及其他爬行动物类群在灭绝事件后的扩展，约200MYA。
埃雷拉龙（Herrerasaurus）
美颌龙（Compsognathus）
海洋龟类
第一只海生龟类产生于约215MYA。
繁盛于约175MYA的大型海洋掠食者。鱼龙在眼睛周围长有加固的骨头，使其能潜得非常深。
鱼龙（Ichthyosaurus）
硬骨鱼在二叠纪—三叠纪灭绝后迅速扩展和分化。鳞齿鱼是一种常见底栖鱼类，鳞片覆盖着很厚的珐琅质。
鳞齿鱼（Lepidotus）
硬骨鱼类
在三叠纪的海中恢复，由新的珊瑚种类组成的珊瑚礁重新出现。
二叠纪—三叠纪灭绝，250MYA
地球上最严重的灭绝事件，影响到了所有的动物类群。96%的海生种类和约70%的陆生脊椎动物被灭绝。
三叠纪—侏罗纪灭绝，210MYA
23%的海生和非海生的科灭绝，包括海绵动物门、腹足纲、双壳纲、头足纲、腕足动物门、昆虫纲和脊椎动物亚门。
鞘虾（Eryon）
龙虾类
白垩纪的龙虾，比如鞘虾，常见于浅水。这个科在今天仍存在，但它们已适应了深海。

演化继续

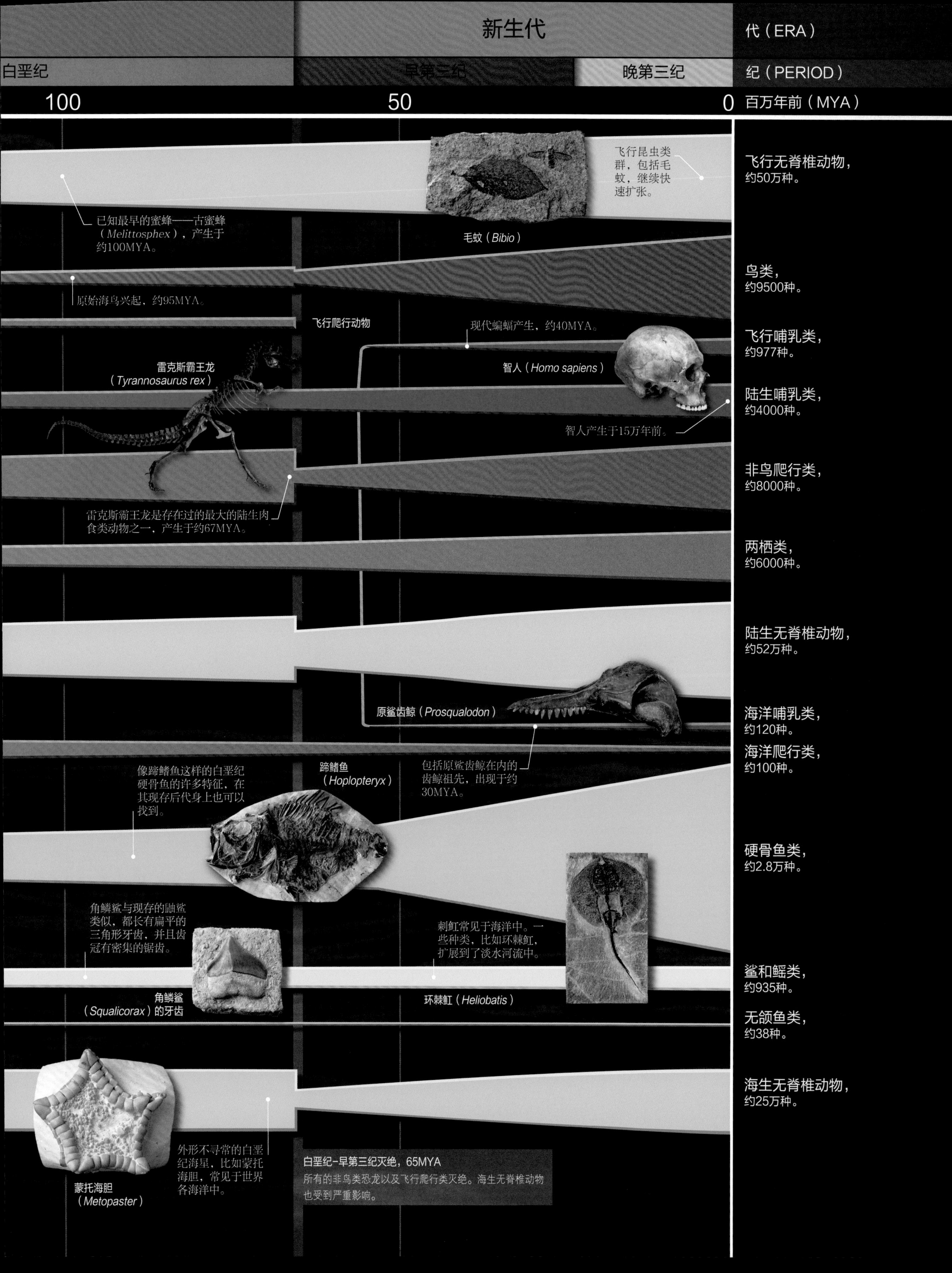

新生代
代（ERA）
白垩纪
早第三纪
晚第三纪
纪（PERIOD）
100
50
0
百万年前（MYA）
飞行昆虫类群，包括毛蚊，继续快速扩张。
已知最早的蜜蜂——古蜜蜂（*Melittosphex*），产生于约100MYA。
毛蚊（*Bibio*）
飞行无脊椎动物，约50万种。
原始海鸟兴起，约95MYA。
鸟类，约9500种。
飞行爬行动物
现代蝙蝠产生，约40MYA。
飞行哺乳类，约977种。
雷克斯霸王龙（*Tyrannosaurus rex*）
智人（*Homo sapiens*）
陆生哺乳类，约4000种。
智人产生于15万年前。
非鸟爬行类，约8000种。
雷克斯霸王龙是存在过的最大的陆生肉食类动物之一，产生于约67MYA。
两栖类，约6000种。
陆生无脊椎动物，约52万种。
原鲨齿鲸（*Prosqualodon*）
海洋哺乳类，约120种。
海洋爬行类，约100种。
像蹄鳍鱼这样的白垩纪硬骨鱼的许多特征，在其现存后代身上也可以找到。
蹄鳍鱼（*Hoplopteryx*）
包括原鲨齿鲸在内的齿鲸祖先，出现于约30MYA。
硬骨鱼类，约2.8万种。
角鳞鲨与现存的鼬鲨类似，都长有扁平的三角形牙齿，并且齿冠有密集的锯齿。
刺魟常见于海洋中。一些种类，比如环棘魟，扩展到了淡水河流中。
鲨和鳐类，约935种。
角鳞鲨（*Squalicorax*）的牙齿
环棘魟（*Heliobatis*）
无颌鱼类，约38种。
海生无脊椎动物，约25万种。
外形不寻常的白垩纪海星，比如蒙托海胆，常见于世界各海洋中。
白垩纪-早第三纪灭绝，65MYA
所有的非鸟类恐龙以及飞行爬行类灭绝。海生无脊椎动物也受到严重影响。
蒙托海胆（*Metopaster*）

分类

在1650年以前，对现存生物的研究远比现在局限。但是，随着早期探险者开始将所收集的以前不为科学界所知的大量异国动植物运回国内，人们迅速认识到，如果没有一类有序的系统，那么局面很快就会混乱。

混沌中的秩序

约翰·雷（John Ray，1628—1705）是第一个试图对自然世界进行分类的人。他基于形式和结构（或称形态学）并使用包含有简明解剖学描述的冗长名称来命名有机体。但卡尔·林奈（Carl Linnaeus）创立了我们今天仍在使用的系统。林奈像雷一样也使用了形态学特征，但目的是将生物聚在一起而非描述它们。他根据共有的形态学特征建立正规的类别，创造出一套排斥性逐渐增大的等级，从界一直到种（见右侧图表）。在以后的岁月中，科学家们扩充了这个系统，增加了诸如域（domain）和部（cohort）级别的分类，并将其他分类级别再划分为次（infra-）、超（super-）、亚（sub-）等级别以适应我们对不同的动物日益增长的认识。尽管有这些修订，林奈系统仍与其250年前诞生时基本一致。

命名法

为了阐明他的分级系统，林奈也改进了个体生物的名称，而在此之前，物种都由俗名或描述性的解剖学词组表示。他将拉丁语作为分类学的通用语言，将属名和种名混合，从而赋予每个分类单元一个独有的双单词名称，这称为双名法。比如，*Homo sapiens*是人类的科学名称。使得该名称独一无二的是它的物种部分——所有的人类都有相同的属名*Homo*，包括化石种，如能人（*Homo habilis*），但只有现代人被称为*Homo sapiens*或“智人”。双名法也可以具有描述性，但更重要的是，独一无二的名称避免了混淆。

误导人的名称

俗名“robin”被应用于差异很大的鸟类，但使用其拉丁名就可以很好地分辨它们。旅鸫（American robin，见左图）是*Turdus migratorius*，而欧亚鸲（European robin，见右图）是*Erithacus rubecula*。

林奈系统

林奈分类系统在这里由其最初的形式表现出来。为了展示该系统如何工作，我们用加亮的方格来追溯印度犀的系统位置，从最广泛的类群“界”到最狭窄的类群“种”，后者只包含印度犀一个物种。

植物界（Plantae）
植物
12门

海绵动物门（Porifera）
海绵
4纲

脊索动物门（Chordata）
脊索动物
12纲

刺胞动物门（Cnidaria）
刺胞动物
4纲

哺乳纲（Mammalia）
哺乳动物
28目

鸟纲（Aves）
鸟类
29目

爬行纲（Reptilia）
爬行动物
4目

树鼩目（Scandentia）
树鼩
2科

翼手目（Chiroptera）
蝙蝠
18科

鳞甲目（Pholidota）
穿山甲
1科

独角犀属（*Rhinoceros*）
2种

印度犀（*Rhinoceros unicornis*）

爪哇犀（*Rhinoceros sondaicus*）

卡尔·林奈

卡尔·林奈（1707—1778）是一位瑞典植物学家。林奈经常被誉为“分类学之父”，他在1735年发表了第一版的《自然系统》，这是他对现生生物的分类。其生成的系统在今天仍被使用。

> 自然的发展进程不是一蹴而就的。
>
> ——卡尔·林奈

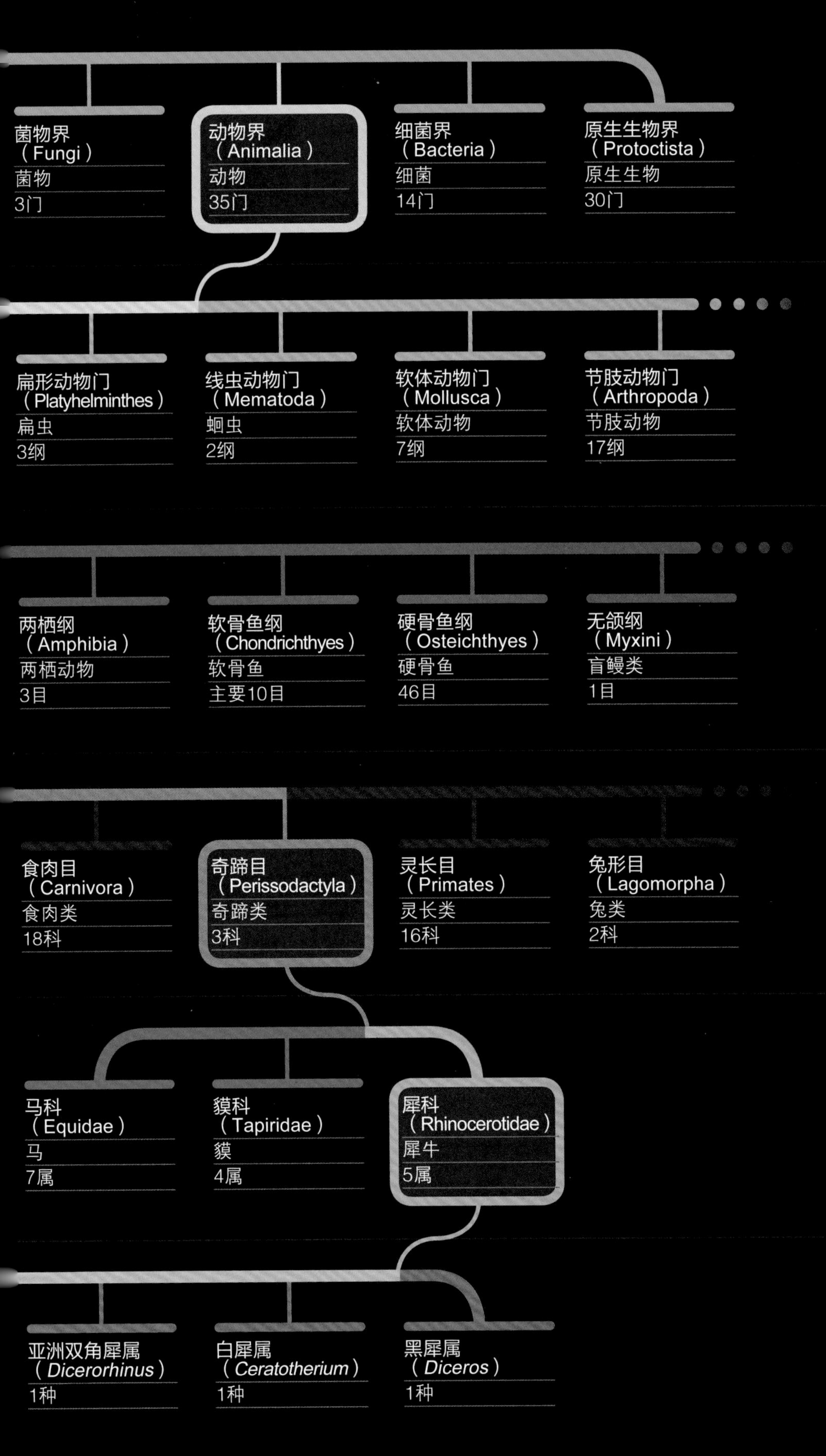

界（Kingdom）

这是林奈分级系统中最高的级别。每个界包含了运动方式基本相同的有机体。起初只有两个界——植物界和动物界，现在有5个界。

门（Phylum）

对动物界进行的粗略划分，由纲组成。比如，脊索动物门，包含了所有在生命中的某个时期长有称为脊索的脊椎前体的动物。

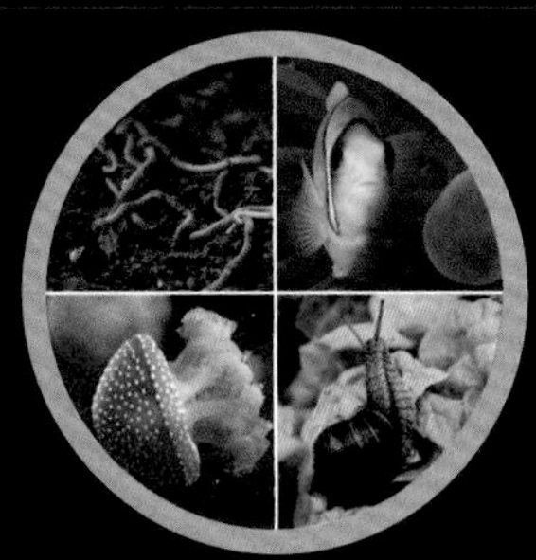

纲（Class）

由目及其亚类组成的分类级别。比如哺乳纲，包含了具有单一颌骨（齿骨）、毛发和乳腺的脊索动物。

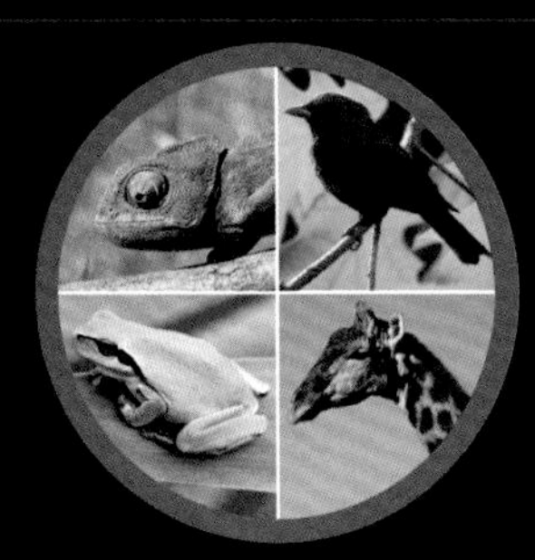

目（Order）

纲被细分为专有性更强的目。每个目包含了一到多个科及其亚类。比如奇蹄目，包含了脚趾数为奇数的植食性动物。

科（Family）

科是目的再划分，包含了一到多个属及其亚类。比如犀科，包含了鼻子上长角的奇蹄目动物。

属（Genus）

亚里士多德（公元前384—前322）是第一个使用单词“属”来对事物进行归类的人。“属”后来被林奈用来定义科的再划分。独角犀属（*Rhinoceros*）包含了长有一只角的犀牛。

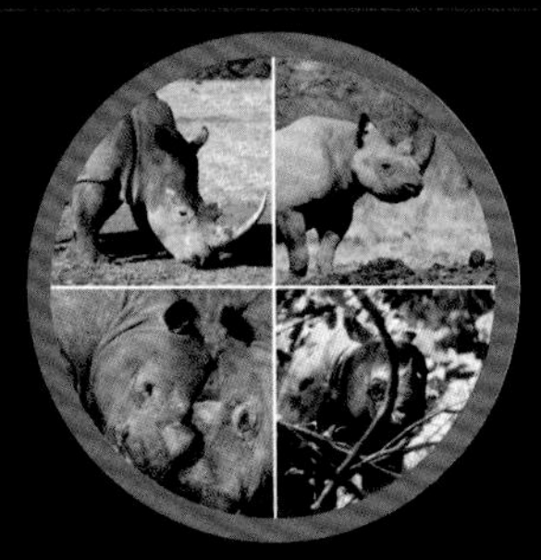

种（Species）

该类包含了相似的、在野外可以交配繁殖的个体。比如印度犀，只和另一头印度犀繁殖，而非其他种类的犀牛。种名*unicornis*意为“独角”。

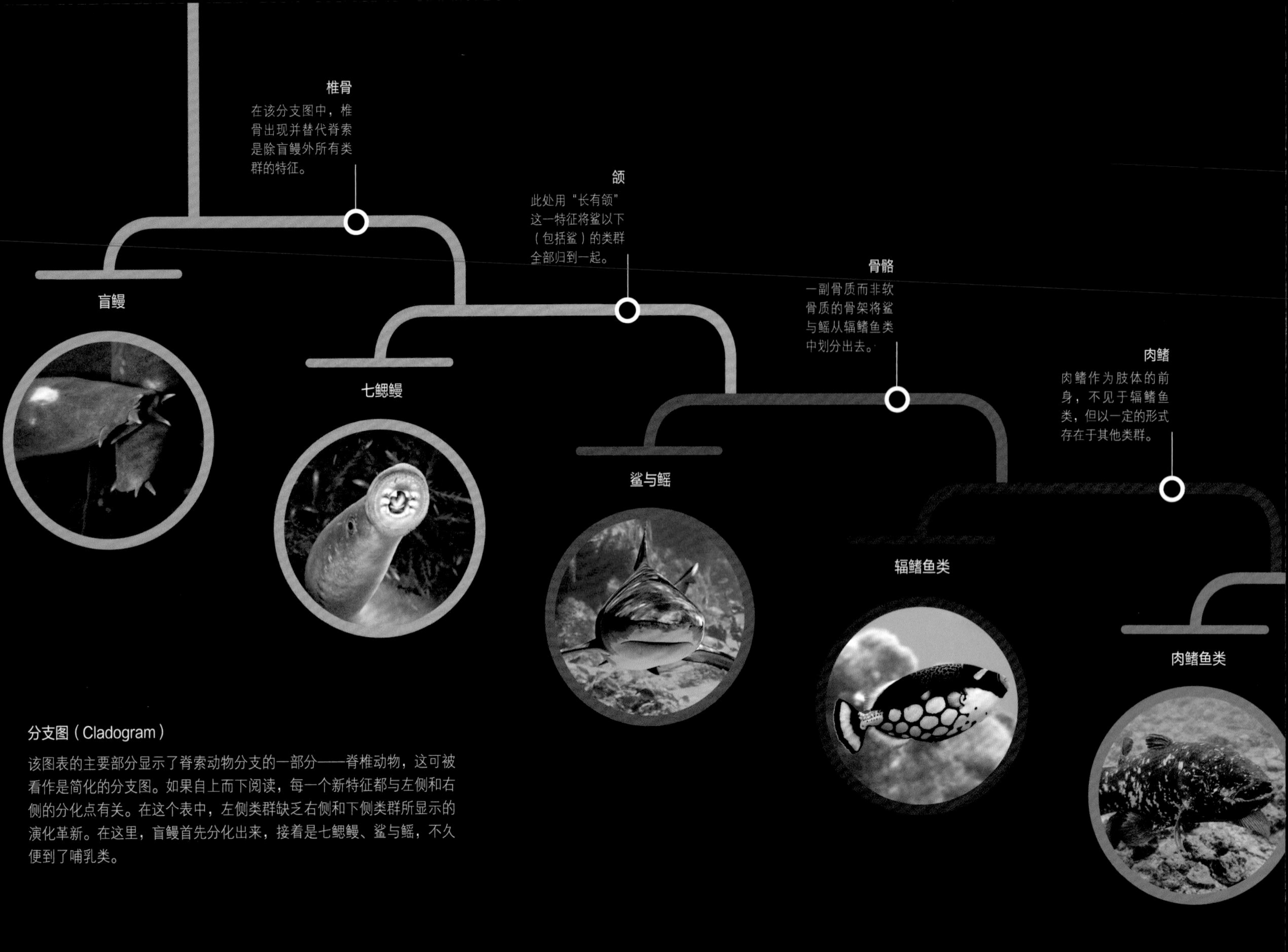

椎骨
在该分支图中，椎骨出现并替代脊索是除盲鳗外所有类群的特征。
颌
此处用“长有颌”这一特征将鲨以下（包括鲨）的类群全部归到一起。
骨骼
一副骨质而非软骨质的骨架将鲨与鳐从辐鳍鱼类中划分出去。
肉鳍
肉鳍作为肢体的前身，不见于辐鳍鱼类，但以一定的形式存在于其他类群。
盲鳗
七鳃鳗
鲨与鳐
辐鳍鱼类
肉鳍鱼类

分支图（Cladogram）

该图表的主要部分显示了脊索动物分支的一部分——脊椎动物，这可被看作是简化的分支图。如果自上而下阅读，每一个新特征都与左侧和右侧的分化点有关。在这个表中，左侧类群缺乏右侧和下侧类群所显示的演化革新。在这里，盲鳗首先分化出来，接着是七鳃鳗、鲨与鳐，不久便到了哺乳类。

系统发育分类学

系统发育分类学，或称支序分类学（Cladistics），兴起于20世纪50年代，是用来对有机体进行分类的相对较新的一个系统。它以德国昆虫学家威利·亨尼希（Willi Hennig，1913—1976）的工作为基础，根据形态学（形式和结构）和遗传学特征将有机体归入称为分支（clade）的类群。该系统假设，如果一组生物共享了一个其他生物所没有的特征，那么这表明它们彼此的演化关系更紧密，并因此距离其共同祖先的年代更近。像林奈系统一样，该分类法也是分级的；但与林奈创立的系统不同的是，该方法分级是为了构建反映演化关系的分类树。

原始和先进的特征

在支序分类学中，重要的特征被称为“先进的”，因为它们在某些方面与一些被认为是祖先的“原始的”特征相对。它们也必须至少在两个类群（或分类单元）中出现，这样才能对了解演化关系有所裨益。比如，在犀牛中，身体披毛这一特征仅见于苏门答腊犀（*Dicerorhinos sumatrensis*），因此无法据此推断它与其他犀种的关系；而独角（见对页图表中的特征4）是印度犀（*Rhinoceros unicornis*）和爪哇犀（*Rhinoceros sondaicus*）共有的，表明它们来自共同的祖先，并从它那里遗传了该特征。像独角那样的特定分类单元独有的先进特征，被称为共同衍征（Synapomorphy）。虽然出于简化的目的，只有一个特征被显示在犀牛的谱系中，但用来构建支序等级（或分支图）的特征数目通常很大，大到以至于只能用电脑来分析数据和构建分支图。

共同祖先

支序分类法假设，物种共有的先进特征越多，它们彼此的关系较之其他物种更接近。事实上，我们可进一步推断，它们彼此的共同祖先要比它们与其他分类单元的共同祖先更年轻。一旦分支树建立，我们就可以通过在化石记录中寻找分类单元或相关特征来检验以上假设。比如亲兄弟就比堂兄弟拥有更多的共同特征，因为他们有相同的父母——父母是他们的共同祖先。他们也与其堂兄弟拥有共同特征，因为他们有相同的祖父母，因此整个家族会被放在一个分支内，但堂兄弟会较早地从亲兄弟所在的那条支线分出。同样，犀类也组成了奇蹄目的一个分支。

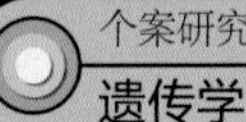

个案研究

遗传学

直到最近，支序分类学仍是建立在形态学特征之上的，因为对演化史的探究需要考察无法保存DNA的化石。今天，支序分类学被日益广泛地用来研究现生动物的关系。对于这些生物，可使用DNA分析探究它们的关系。这些工作已促成了一些“传统”分类法的重大变革。比如，鲸类现已被归入偶蹄类，更确切地说，是河马类，我们姑且称之为鲸蹄目。

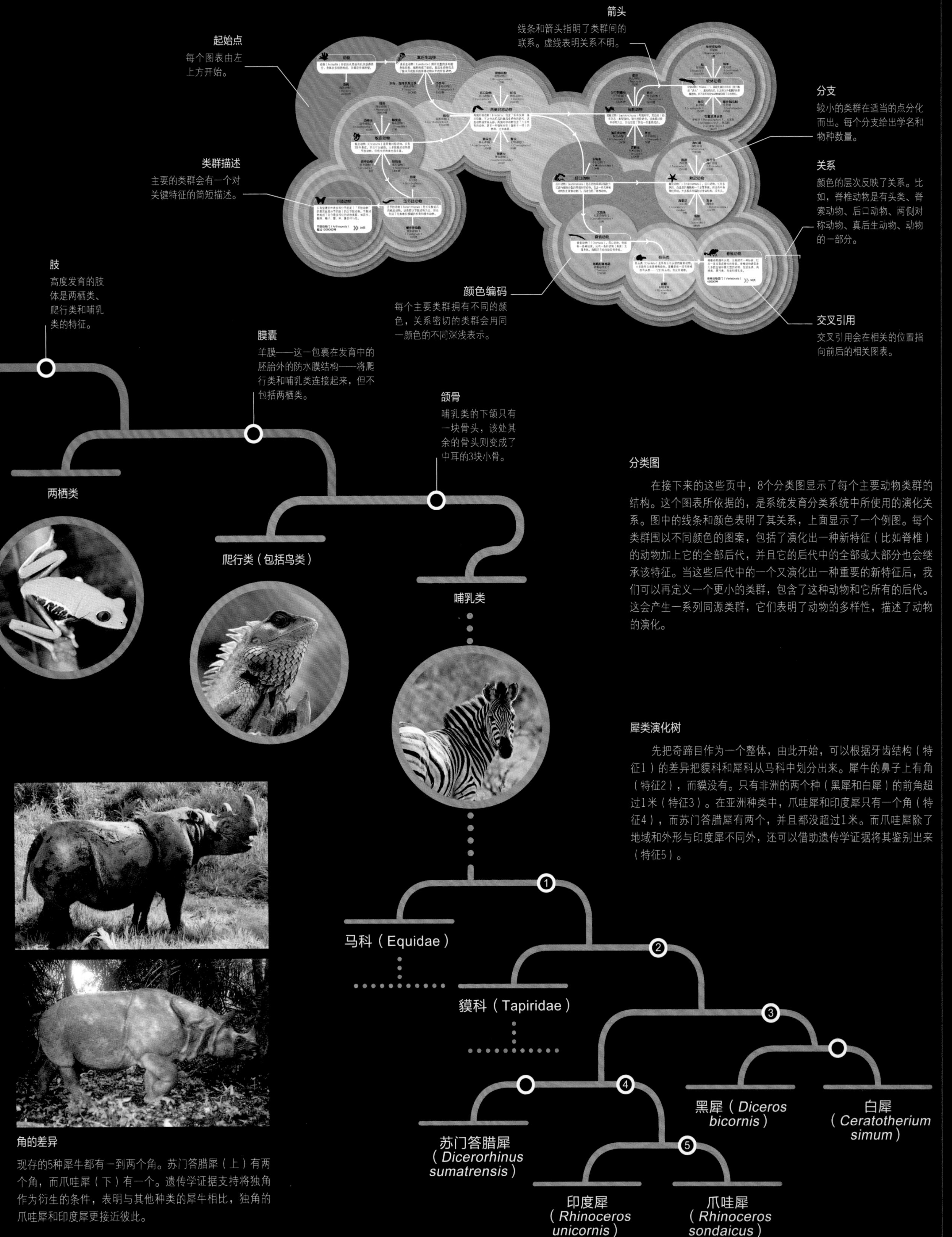

箭头
线条和箭头指明了类群间的联系。虚线表明关系不明。
起始点
每个图表由左上方开始。
分支
较小的类群在适当的点分化而出。每个分支给出学名和物种数量。
类群描述
主要的类群会有一个对关键特征的简短描述。
关系
颜色的层次反映了关系。比如，脊椎动物是有头类、脊索动物、后口动物、两侧对称动物、真后生动物、动物的一部分。
颜色编码
每个主要类群拥有不同的颜色，关系密切的类群会用同一颜色的不同深浅表示。
交叉引用
交叉引用会在相关的位置指向前后的相关图表。
肢
高度发育的肢体是两栖类、爬行类和哺乳类的特征。
膜囊
羊膜——这一包裹在发育中的胚胎外的防水膜结构——将爬行类和哺乳类连接起来，但不包括两栖类。
颌骨
哺乳类的下颌只有一块骨头，该处其余的骨头则变成了中耳的3块小骨。
两栖类
爬行类（包括鸟类）
哺乳类
1
2
3
4
5
马科（Equidae）
貘科（Tapiridae）
黑犀（Diceros bicornis）
白犀（Ceratotherium simum）
苏门答腊犀（Dicerorhinus sumatrensis）
印度犀（Rhinoceros unicornis）
爪哇犀（Rhinoceros sondaicus）

分类图

在接下来的这些页中，8个分类图显示了每个主要动物类群的结构。这个图表所依据的，是系统发育分类系统中所使用的演化关系。图中的线条和颜色表明了其关系，上面显示了一个例图。每个类群围以不同颜色的图案，包括了演化出一种新特征（比如脊椎）的动物加上它的全部后代，并且它的后代中的全部或大部分也会继承该特征。当这些后代中的一个又演化出一种重要的新特征后，我们可以再定义一个更小的类群，包含了这种动物和它所有的后代。这会产生一系列同源类群，它们表明了动物的多样性，描述了动物的演化。

犀类演化树

先把奇蹄目作为一个整体，由此开始，可以根据牙齿结构（特征1）的差异把貘科和犀科从马科中划分出来。犀牛的鼻子上有角（特征2），而貘没有。只有非洲的两个种（黑犀和白犀）的前角超过1米（特征3）。在亚洲种类中，爪哇犀和印度犀只有一个角（特征4），而苏门答腊犀有两个，并且都没超过1米。而爪哇犀除了地域和外形与印度犀不同外，还可以借助遗传学证据将其鉴别出来（特征5）。

角的差异

现存的5种犀牛都有一到两个角。苏门答腊犀（上）有两个角，而爪哇犀（下）有一个。遗传学证据支持将独角作为衍生的条件，表明与其他种类的犀牛相比，独角的爪哇犀和印度犀更接近彼此。

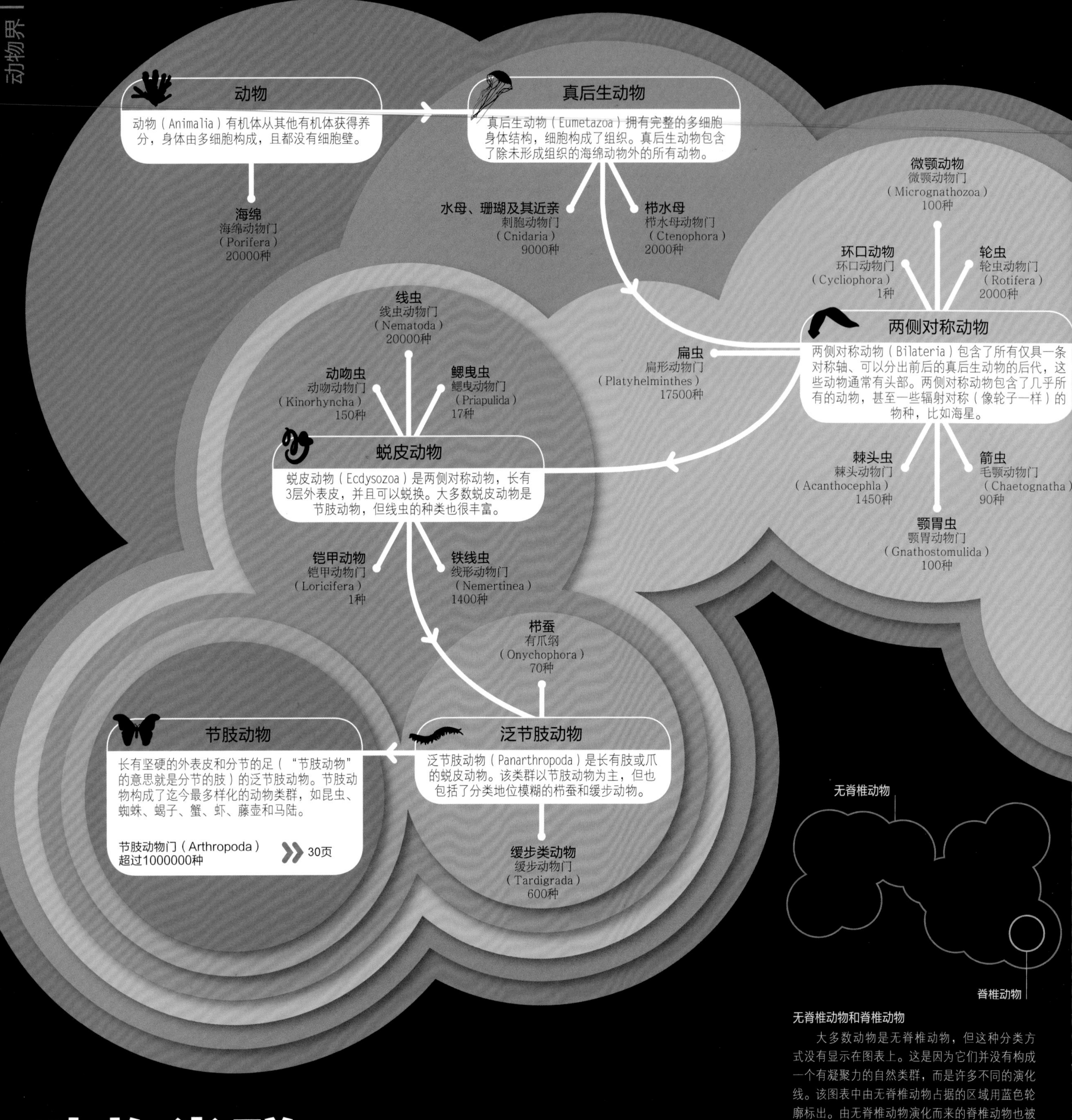

无脊椎动物和脊椎动物

大多数动物是无脊椎动物，但这种分类方式没有显示在图表上。这是因为它们并没有构成一个有凝聚力的自然类群，而是许多不同的演化线。该图表中由无脊椎动物占据的区域用蓝色轮廓标出。由无脊椎动物演化而来的脊椎动物也被包括在蓝色轮廓内，但它们拥有属于自己的、反映其独特演化特征的离散区域。

动物类群

只有超过100万种动物被科学家命名，但实际上动物的总数可能达到几百万。其中绝大部分是无脊椎动物——没有脊椎的动物——从简单的海绵和水母到社会化的蜜蜂。无脊椎动物的大部分占据了动物演化树的大部分。虽然被命名的脊椎动物相对较少，但它们组成了一个多样化的群体，体形从短于1厘米的小鱼直到超过30米长的蓝鲸，而后者是现存最大的动物。

软体动物

软体动物门（Mollusca），其祖先演化出齿舌（锉刀般的“舌头”）、肌肉质的足，以及称为外套膜的体表覆盖物。并不是所有软体动物都保留了这些特征。

单板类动物
单板纲
（Monoplacophora）
8种

蛤
双壳纲
（Bivalvia）
14000种

蜗牛
腹足纲
（Gastropoda）
35000种

角贝
掘足纲
（Scaphopoda）
350种

章鱼和乌贼
头足纲
（Cephalopoda）
650种

石鳖及其近亲
多板纲（Polyplacophora）、沟腹纲（Solenogastres）、尾孔纲（Caudofoveates）
750种

冠轮动物

冠轮动物（Lophotrochozoa）两侧对称，其幼虫（幼年形态）类型独特，称为担轮幼虫。该类群以软体动物为主，但也包括了其他一些重要成员。

星虫
星虫动物门
（Sipuncula）
320种

分节的蠕虫
环节动物门
（Annelida）
12000种

纽虫
纽虫动物门
（Nemertea）
1200种

腕足类动物
腕足动物门
（Brachiopoda）
300种

帚虫
帚虫动物门
（Phoronida）
20种

苔藓虫
苔藓动物门
（Bryozoa）
4300种

后口动物

后口动物（Deuterostomia）是在胚胎早期以辐射方式进行细胞分裂的两侧对称动物，包含一些无脊椎动物加上脊索动物门，后者包括了脊椎动物。

玉钩虫
半索动物门
（Hemichordata）
100种

棘皮动物

棘皮动物门（Echinodermata）。后口动物，长有多刺的、白垩质的骨骼和一个水管系统，但没有中央神经系统。大多数具有辐射状身体结构，没有头。

海蛇尾
海蛇尾纲
（Ophiuroidea）
2000种

海星
海星纲
（Asteroidea）
1500种

海百合
海百合纲
（Crinoidea）
630种

海菊花
同心纲
（Concentricy-cloidea）
2种

海参
海参纲
（Holothuroidea）
1150种

海胆
海胆纲
（Echinoidea）
940种

脊索动物

脊索动物门（Chordata）。后口动物，背部有一条神经索，还有一条杆状物（脊索）支撑身体。海鞘只在幼虫阶段有脊索。

文昌鱼
头索动物亚门
（Cephalochordata）
50种

海鞘和尊海鞘
被囊动物亚门
（Tunicata）
2000种

有头类

有头类（Craniata）是所有长有头部的脊索动物。大多数有头类是脊椎动物。盲鳗是唯一没有脊椎的有头类——它们有头颅，但没有脊椎。

盲鳗
盲鳗亚纲
（Myxinoidea）
70种

脊椎动物

脊椎动物拥有头部，沿背部有一神经索，以及一条发育成脊柱的脊索。脊椎动物通常是大多数生境中最大型的动物，包括鱼类、两栖类、爬行类、鸟类和哺乳类。

脊椎动物亚门（Vertebrata）
49500种

36页

无脊椎动物

无脊椎动物是世界上最大的动物类群，它们没有脊柱。脊椎动物——例如鸟类、鱼类、兽类、爬行类和两栖类——仅组成了已知物种的不到3%。

脊椎动物组成了一个类群，即脊索动物门（Chordata），而无脊椎动物构成了约30个门，从简单的有机体，诸如海绵、扁虫、蛔虫，到更复杂的动物，譬如节肢动物和软体动物。无脊椎动物很多种类营无性繁殖，但有性繁殖则更典型。雌雄同体（同一个体均有雌雄性器官）是很普遍的。雌雄异体的物种，雌雄间并不经常相遇，所以体外受精很常见。

支撑

无脊椎动物没有骨质骨骼，但有些种类有内骨骼或外骨骼。这些骨骼由不同物质形成：坚硬结构通常由矿物结晶组成，而节肢动物的外层（表皮）由几丁质组成。在有些类群中，体形是通过坚硬而有韧性的表皮和高内压力维持的。无脊椎动物类群的主要区别之一是身体的对称性。有的类群，如腔肠动物，是辐射性对称的，它们的身体如同车轮的辐条，在任一方向都可对折。两侧对称的无脊椎动物，如节肢动物，可从中线处左右平分身体。

感觉

无脊椎动物的感觉范围，包括从不移动物种的简单系统到复杂的器官，如高度发达的捕食者的眼睛。许多无脊椎动物能够感觉到溶解的或空气中弥散的化学物质，压力和重力的变化，外电磁场、光谱的改变，包括红外线和紫外线。

海绵

多孔动物门（Porifera）

海绵是最低等的动物，没有真正的组织或器官。它们附着在坚硬表面，通过特殊的细胞、管道和小孔系统过滤海水，以获得营养物质。柔软部分是由骨针骨骼（碳酸盐或硅酸盐）支撑的。

简骨海绵
Niphates digitalis
30cm高

扁虫

扁形动物门（Platyhelminthes）

这些蠕虫简单且两侧对称，具有独特的头部，以及扁平、细长并分节的身体。它们无呼吸系统和循环系统。多数物种，例如绦虫，是寄生性的，但也有些种在淡水和海洋中是自由的捕食者，其他则依赖于共生的海藻。

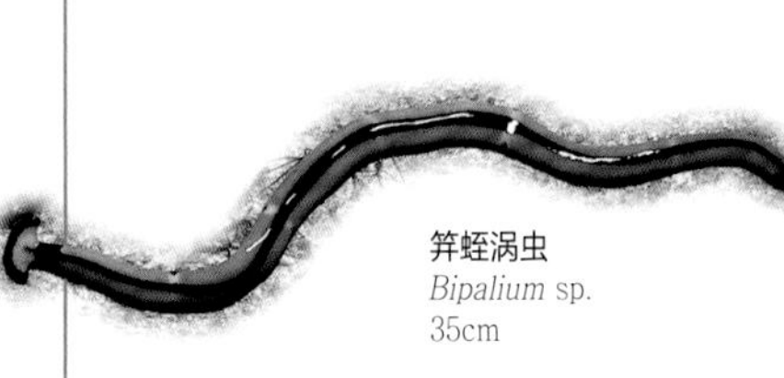

笄蛭涡虫
Bipalium sp.
35cm

海洋斑扁虫
Pseudobiceros zebra
5cm长

蛔虫

线虫动物门（Nematoda）

这些体形小、自由生活或寄生的蠕虫状动物是地球上最丰富的生物。它们的身体不分节，有表皮覆盖，身体横截面为圆形，两端逐渐变细。它们没有环形肌，而是通过高内压保持体形的。它们使用纵向肌肉带，通过摇摆身体形成C形或S形进行运动。

大鼠肠道内的巴西日圆线虫
Nippostrongylus brasiliensis 4mm

水母、珊瑚虫和海葵

刺胞动物门（Cnidaria）

该类群的水生动物的身体均辐射对称，本质上为管状，身体末端只有一个开口。管道扁平，形成钟形（如水母）；或者是细长的，末端与坚固表面连接（如珊瑚虫）。所有刺胞动物（旧称腔肠动物）口周具有触手，并有刺细胞，用于捕食和防御。多数物种营无性出芽繁殖方式。有些物种，例如珊瑚虫，新个体加入原有个体形成一个集群。

尾状软珊瑚
Dendronephthya sp.
100cm高

大西洋蛇锁海葵
Anemonia viridis 触手长达10cm

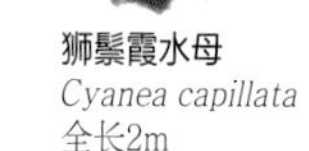

狮鬃霞水母
Cyanea capillata
全长2m

倒挂水母
Cassiopea xamachana
全长30cm

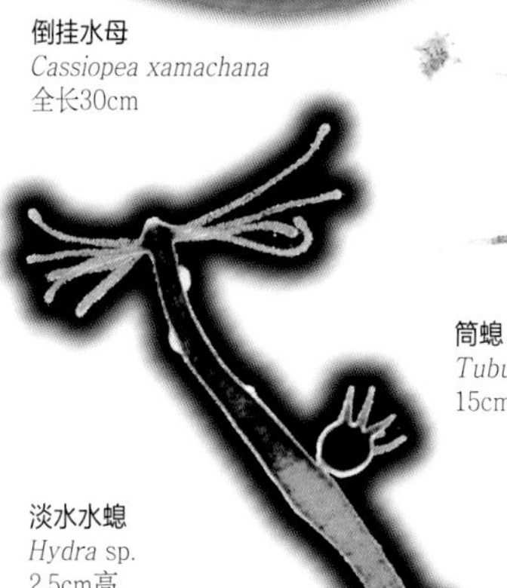

淡水水螅
Hydra sp.
2.5cm高

简螅
Tubularia sp.
15cm高

环虫

环节动物门（Annelida）

环节动物的身体区别于其他蠕虫的地方，是具有一系列相互连接但功能部分独立的体节，每一部分都有各自的器官。头部通常发达，有感觉器官、一个脑和一个口。通过环形肌和纵肌的伸展和收缩使身体运动。

绿沙蚕
Nereis virens
50cm

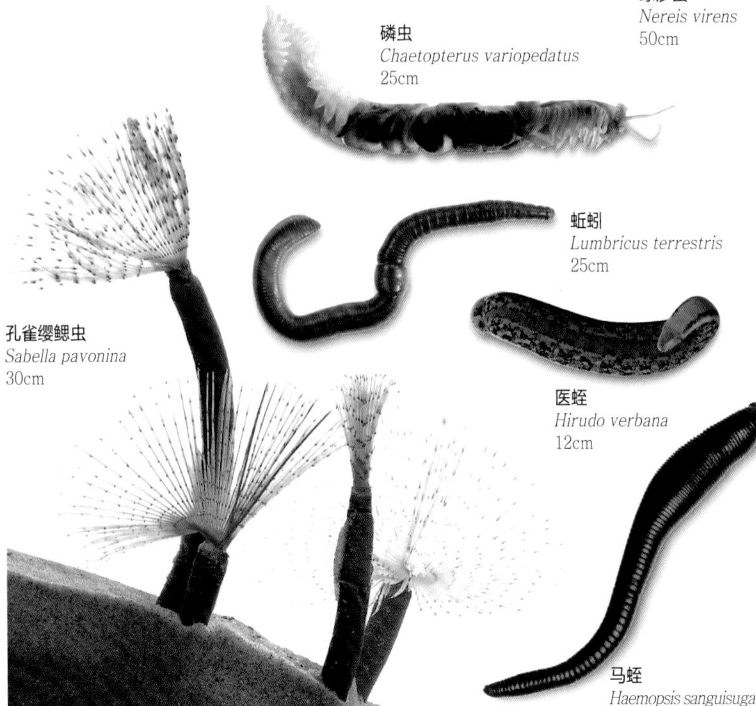

磷虫
Chaetopterus variopedatus
25cm

蚯蚓
Lumbricus terrestris
25cm

孔雀缨鳃虫
Sabella pavonina
30cm

医蛭
Hirudo verbana
12cm

马蛭
Haemopsis sanguisuga
6cm

海星、海胆和海参

棘皮动物门（Echinodermata）

这些海洋动物的身体具有典型的棘刺，一般围绕着一个中心点可被分为匀称的5部分。身体能外延形成臂状（海星）、羽状（海百合）、球形或圆柱形（海胆）。有一个独特的内部网络系统（称为水管系统）帮助它们移动、捕食和交换气体。

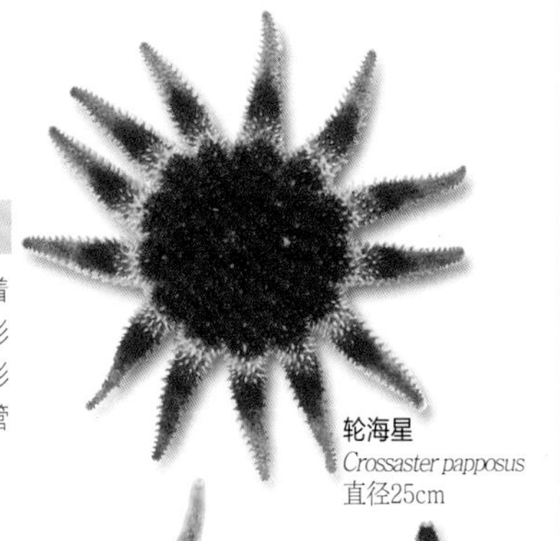

轮海星
Crossaster papposus
直径25cm

血色鸡爪海星
Henricia oculata
直径15cm

红皮包海星
Porania pulvillus
直径12cm

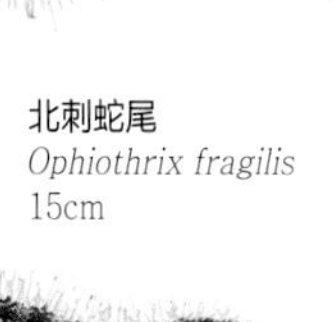

黑仿栉蛇尾
Ophiocomina nigra
臂长达2.5cm

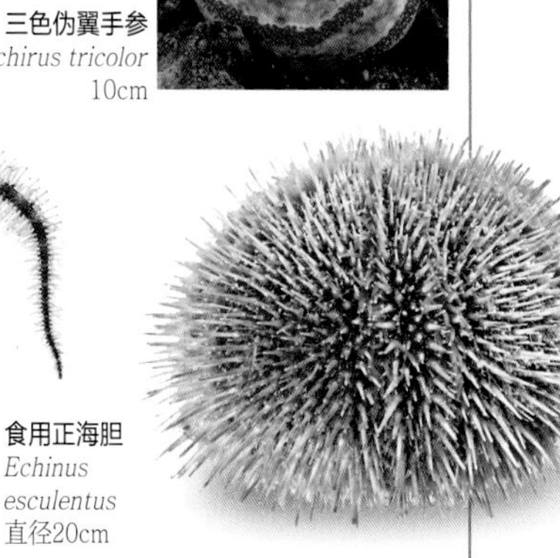

三色伪翼手参
Pseudocolochirus tricolor
10cm

北刺蛇尾
Ophiothrix fragilis
15cm

食用正海胆
Echinus esculentus
直径20cm

软体动物

软体动物门（Mollusca）

在无脊椎动物中，**软体动物的体形**可谓多种多样，但多数物种有一个头部、一个柔软的身体和一个用于运动的肌肉足。最高等的软体动物是头足类，包括章鱼，其头部发达，有复杂的感觉器官，头和足衍化成捕食腕。所有软体动物有以下一项或多项特征：一个角状齿带（齿舌），用于研磨食物；一个碳酸钙外壳或身体外层的覆盖物；一个外套，覆盖于外套腔的外层。软体动物适应生活于陆地上、淡水或海洋中。

大砗磲
Tridacna gigas
长达1.5m

王后扇贝
Aequipecten opercularis
9cm

猫舌海菊蛤
Spondylus linguaefelis
7.5cm

厚帘心蛤
Megacardita incrassata
4cm

翘鳞猿头蛤
Chama lazarus
7.5cm

步行雪蛤
Chione subimbricata
3cm

普通帽贝
Patella vulgata
6cm

蝾螺
Turbo petholatus
6cm

刺螺
Guilfordia triumphans
5cm

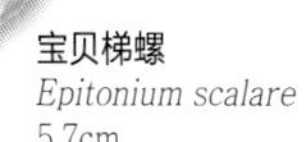

宝贝梯螺
Epitonium scalare
5.7cm

长喙骨螺
Haustellum haustellum
13cm
角赤旋螺
Pleuroploca trapezium
13cm
帐篷榧螺
Oliva porphyria
9cm
皇竖琴螺
Harpa costata
7.5cm
女神涡螺
Scaphella junonia
11cm
美丽象牙贝
Pictodentalium formosum
7.5cm
静水椎实螺
Lymnaea stagnalis
5cm
紫罗兰海蜗牛
Janthina janthina
4cm
普通蜗牛
Cepaea nemoralis
壳直径2.5cm
玻利尼西亚树蜗牛
Partula sp.
壳直径3cm
散布大蜗牛
Helix aspersa
壳直径4cm
褐云玛瑙螺
Achatina fulicula
30cm
阿勇蛞蝓
Arion ater
15cm
蓝绿海天牛
Elysia crispata
5cm
斑石鳖
Chiton marmoratus
6cm
帕氏枪乌贼
Loligo paelei
30cm
黄缘乌贼
Sepia officinalis
40cm
普通章鱼（真蛸）
Octopus vulgaris
100cm
蓝环章鱼
Hapalochlaena lunulata
10cm

海蛞蝓
这只色彩鲜艳的卷足海牛（俗称海蛞蝓，*Nembrotha* sp.）是裸鳃目（Nudibranchia）的海洋软体动物。它正在一大群海鞘中移动，以这些海鞘为食。

动物 24页

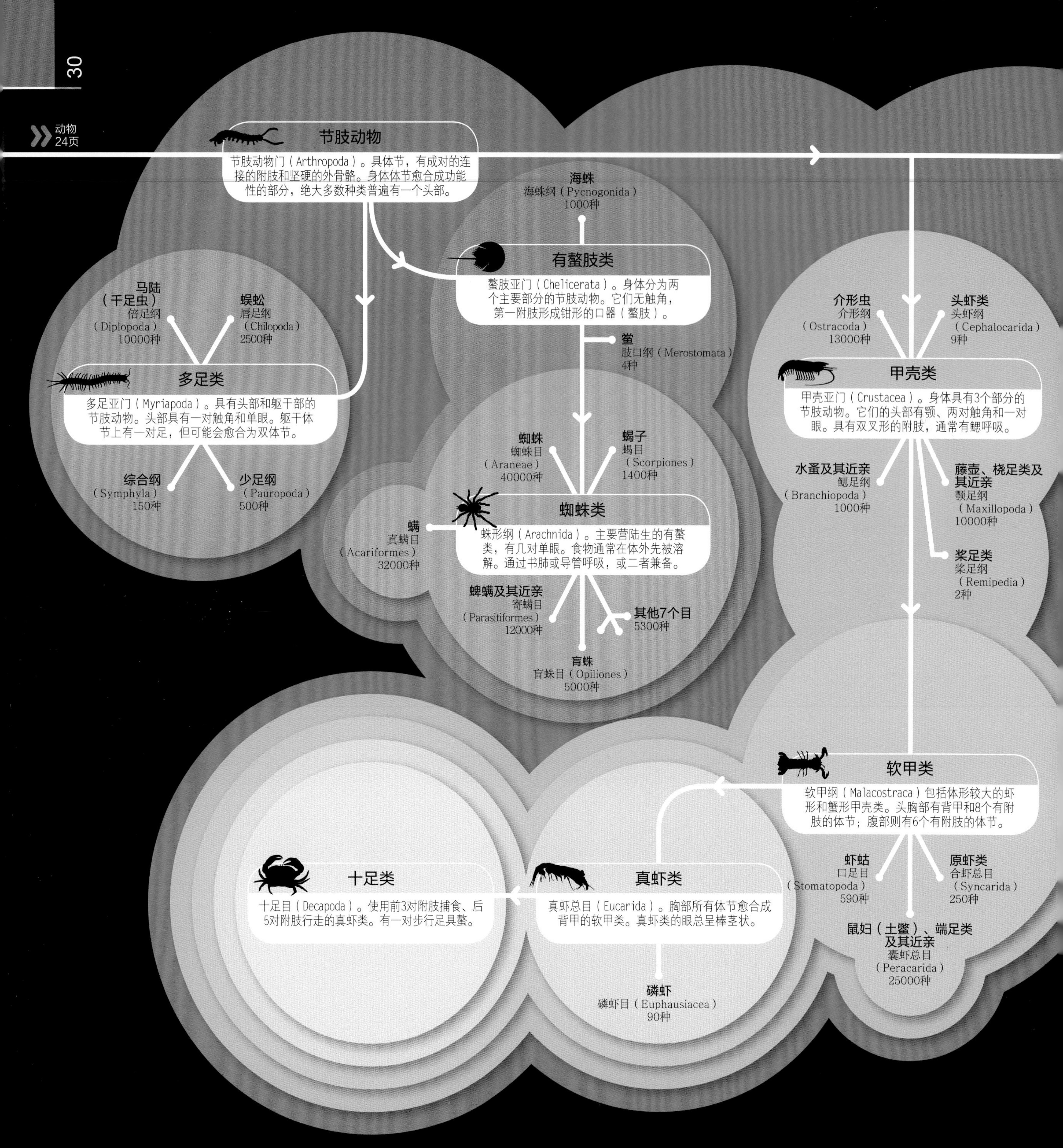

节肢动物类群

节肢动物出现在5.4亿年前的海洋之中。现生种主要分为4个类群：螯肢亚门、多足亚门、甲壳亚门和六足亚门。人们对这些类群的亲缘关系一直争论不休。例如，原来六足亚门和多足亚门彼此接近的关系已受到最新研究的挑战，即六足亚门与甲壳亚门的关系更近。

跳虫
弹尾目
(Collembola)
6000种

原尾虫
原尾目
(Protura)
400种

六足类

六足亚门(Hexapoda)。愈合的胸部由3个体节组成的节肢动物,每个体节有一对足。它们的头部有一对触角。

铗尾虫
双尾目(Diplura)
800种

昆虫

昆虫纲(Insecta)。六足动物中最大的类群,具有外口器,其并不存在于上下颚内。

石蛃
石蛃目
(Archaeognatha)
350种

衣鱼
缨尾目
(Thysanura)
370种

蜻蜓
蜻蜓目
(Odonata)
5500种

蜉蝣
蜉蝣目
(Ephemeroptera)
2500种

有翅昆虫

有翅亚纲(Pterygota)。除了足,还具有翅的昆虫。胸部的第二或第三节通常具有一对翅。

新翅类

新翅下纲(Neoptera)。具有特殊肌肉和基节,在翅不使用时,可以使翅沿身体折叠起来的有翅类。

蝗虫及其近亲
直翅目
(Orthoptera)
20000种

石蝇
𫌀翅目(Plecoptera)
2000种

蛩蠊
蛩蠊目(Grylloblattodea)
25种

螳䗛
䗛目(Mantophasmatodea)
14种

蠼螋
革翅目(Dermaptera)
1900种

竹节虫
叶䗛目
(Phasmatodea)
2500种

螳螂
螳螂目
(Mantodea)
2000种

白蚁
等翅目
(Isoptera)
2800种

蟑螂
蜚蠊目(Blattodea)
4000种

缺翅虫
缺翅目
(Zoraptera)
30种

丝蚁
纺足目
(Embioptera)
300种

啮虫
啮虫目
(Psocoptera)
3000种

虱子
虱目
(Phthiraptera)
6000种

蓟马
缨翅目
(Thysanoptera)
5000种

蝽和蝉
半翅目(Hemiptera)
82000种

草蛉和蚁蛉
脉翅目
(Neuroptera)
4000种

蛇蛉
蛇蛉目
(Rapdhidioptera)
150种

脉翅类

脉翅总目(Neuropterida)。最古老的全变态昆虫,具有网状或带状翅,并呈叶脉状,蛹期简单。

泥蛉、鱼蛉和齿蛉
广翅目
(Megaloptera)
300种

甲虫
鞘翅目
(Coleoptera)
370000种

全变态昆虫

全变态类(Holometabola)。在发育过程中具有蛹期、完全变态的新翅类。幼虫和成体不同,生活方式也不同。

捻翅虫
捻翅目
(Strepsiptera)
560种

蜜蜂、蚂蚁和胡蜂
膜翅目
(Hymenoptera)
198000种

蛾和蝶
鳞翅目
(Lepidoptera)
165000种

石蛾
毛翅目(Trichoptera)
8000种

跳蚤
蚤目
(Siphonaptera)
2000种

蚊蝇
双翅目
(Diptera)
122000种

蝎蛉
长翅目(Mecoptera)
550种

节肢动物

无脊椎动物是动物界中最大的类群，几乎占动物界已知总物种数的四分之三强，其总生物量远远超出了脊椎动物。

节肢动物拥有一些共同的特征。所有的节肢动物身体两侧都是对称的，而且它们的身体由许多节构成。随着进化的推移，身体的这些环节根据其功能融合为不同功能的体区，并且头部总是存在的。多足类有头部和很多相似的体节组成的躯干部。蜘蛛类的头部和胸部融合在一起，形成了头胸部，其他的身体各节融合形成了腹部。节肢动物中的昆虫类是最发达的类群，它们的身体由头部、胸部和腹部组成。昆虫的头部由6个融合后的环节组成，胸部由3节组成，而腹部通常由11节组成。

外骨骼

节肢动物体外覆盖着由蛋白质和表皮细胞分泌的几丁质构成的坚硬而轻巧的甲壳，又称外骨骼。节与节之间由外骨骼以很薄的膜相连，构成了活动关节，因而节肢动物能够自如地活动。大型的海洋节肢动物表皮含碳酸钙，从而使其外骨骼更加坚硬。生活在陆地上的节肢动物外骨骼的最外层是很薄的蜡质，水不能渗透，可防止内部水分的蒸发。节肢动物在生长过程中表皮能定期脱落。节肢动物具分节的附肢，附肢的数量不等，昆虫有3对附肢，而多足类有数百对附肢。

内系统

节肢动物的循环系统是开管式的：它们的体腔内的器官被浸润在一种名叫血淋巴的体液中，血液从它们背部管状的心脏流到动物身体的前部。节肢动物的气体交换是靠鳃、叶状的书肺或者纤细、充满空气的气管来进行的。节肢动物的中枢神经系统则由位于头部的大脑与贯穿身体下部的成对的神经节构成。

海蜘蛛

海蜘蛛纲（Pycnogonida）

海蜘蛛是一种体形短小的海洋节肢动物，具有细长的腿，这使海蜘蛛与陆地上的蜘蛛从外形上看非常相似。所有海蜘蛛种类的头都很小，身体分为3个主节。

海蜘蛛
Styllopalene longicauda
7.5 mm

鲎

肢口纲（Merostomata）

鲎是体形较大的海洋节肢动物，它们的祖先可以追溯到3亿年前在海洋中有着众多分支的繁盛类群。它们的头部和胸部融合为头胸部，有6对附肢，其上覆盖着坚韧的外壳。

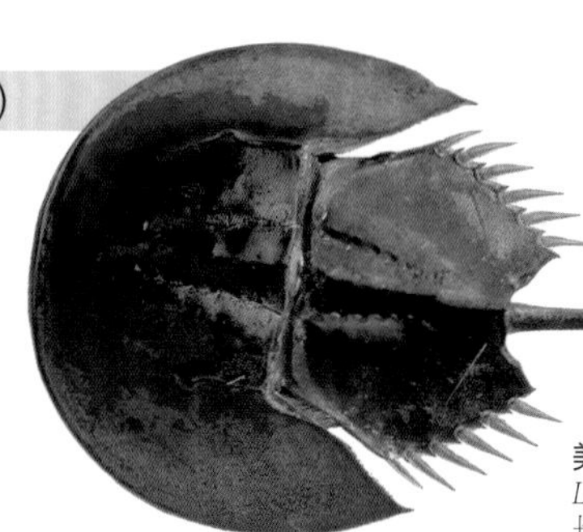

美洲鲎
Limulus polyphemus
长达60cm

蜘蛛类

蛛形纲（Arachnida）

这些**主要生活在陆地上的蜘蛛类**节肢动物有很多分支，包括蜘蛛、蝎子、盲蛛、蜱、螨、伪蝎、鞭尾蝎和鞭蛛。它们的身体分为两部分。头部和胸部融合为头胸部，有一些蜘蛛类动物的头胸部与腹部由一根很细的柄相连。蝎子的腹部长有尾刺，头胸部长着一对有助食作用的钳状螯肢、一对形似蟹螯的须肢及4对足。蜘蛛类主要是肉食动物，但是有个别种类是食腐动物，有些蜱螨类是寄生的。蜘蛛类的嘴是细长的，不能吃大块的食物，因此它们利用酶在体外或口前腔内对猎物预先消化。

黄蝎
Buthus occitanus
4～10cm

智利蝎
Centromachetes pococki
2.5～12cm

伪蝎
Dactylochelifer sp.
2～4mm

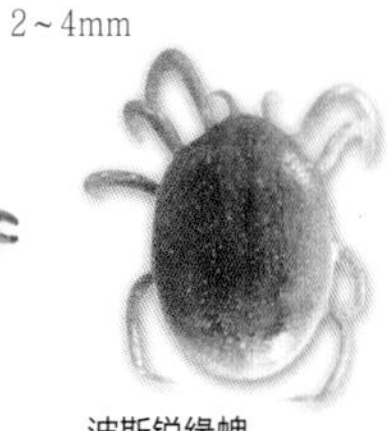

波斯锐缘蜱
Argas persicus 6mm

鞭尾蝎
Thelyphonus sp.
2.5～3.5cm

鞭蛛
Phyrnus sp.
3～4cm

隅蛛
Tegenaria duellica
1～1.5cm

漏斗网蛛
Atrax robustus
2～4cm

红膝捕鸟蛛
Brachypelma smithi 10cm

跳蛛
Salticus sp. 5～8mm

甲壳类动物

甲壳超纲（Crustacea）

甲壳类动物形成了一个种类多样的类群，包括肉眼刚刚能够看到的桡足类，以及体形笨重的螃蟹和龙虾。它们都有两对触角，有一对带柄的复眼，以及含有碳酸钙的角质层。其头部和胸部往往由盾形的外壳或甲壳覆盖，这部分甲壳向前延伸形成了吻板。胸部的附肢是双肢型的，具备诸如进食、运动、感知环境和利用基鳃呼吸等功能。第一对足延长，形成螯肢，其上具有长而坚硬的螯，可以捕食、御敌和发出信号。甲壳类动物大多数生活在淡水和海洋里。

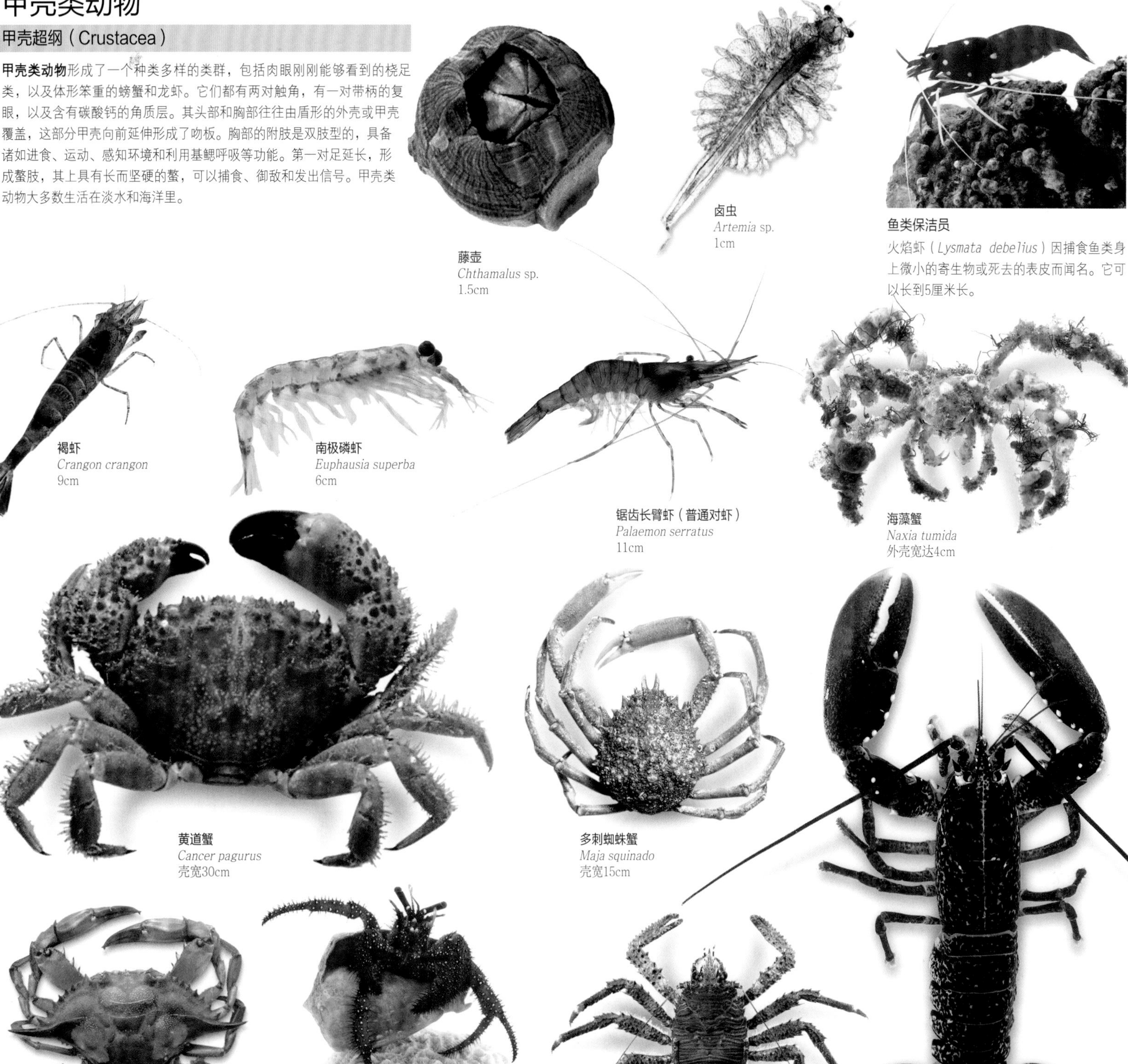

藤壶
Chthamalus sp.
1.5cm

卤虫
Artemia sp.
1cm

鱼类保洁员
火焰虾（*Lysmata debelius*）因捕食鱼类身上微小的寄生物或死去的表皮而闻名。它可以长到5厘米长。

褐虾
Crangon crangon
9cm

南极磷虾
Euphausia superba
6cm

锯齿长臂虾（普通对虾）
Palaemon serratus
11cm

海藻蟹
Naxia tumida
外壳宽达4cm

黄道蟹
Cancer pagurus
壳宽30cm

多刺蜘蛛蟹
Maja squinado
壳宽15cm

蓝蟹
Callinectes sapidus
壳宽18cm

普通寄居蟹
Pagurus bernhardus 10cm

扁虾
Munida quadrispina
7cm

欧洲龙螯虾
Homarus gammarus 60cm

蜈蚣和千足虫

多足超纲（Myriapoda）

多足类动物是生活在陆地上的节肢动物，长有能够切割和磨碎食物的大颚齿和一对触角。因为它们没有防止水分蒸发的表皮，所以只生活在潮湿的栖息地。蜈蚣是一类肉食动物，行动敏捷，身体细长而扁平。躯干上的每个体节有一对足，第一体节的一对附肢是用来捕食猎物的毒爪。千足虫是植食或食腐动物，身体是细长平展的圆柱形。躯干的前3个体节没有足，其他的躯干部体节是两两合并而成的，称为倍节，每个倍节上有两对足。尽管它们被称为千足虫，但事实上它们并没有1000只足。

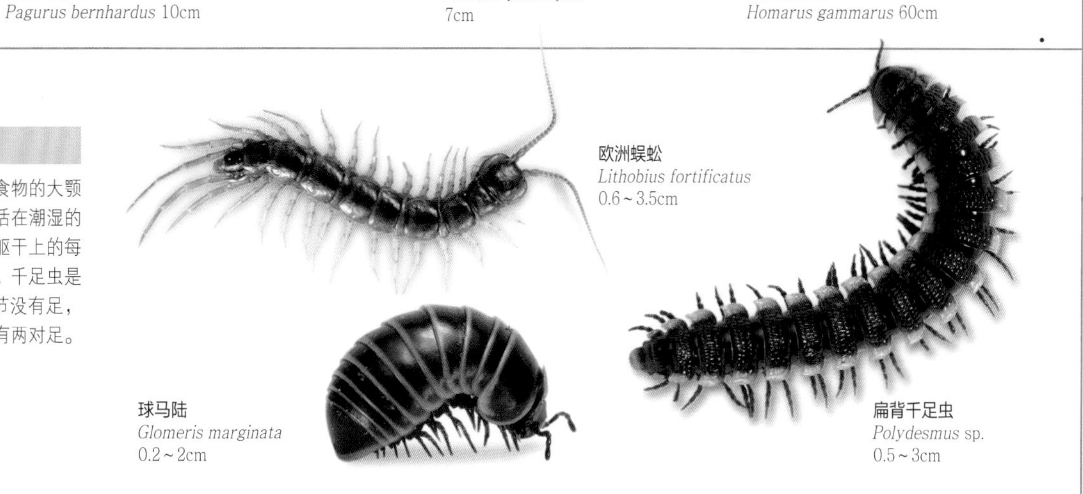

欧洲蜈蚣
Lithobius fortificatus
0.6～3.5cm

球马陆
Glomeris marginata
0.2～2cm

扁背千足虫
Polydesmus sp.
0.5～3cm

昆虫

昆虫纲（Insecta）

昆虫是地球上种类和数量都最为丰富的动物，它们的生活方式多种多样。尽管它们主要生活在陆地上，但也有许多是水生的。身体分头、胸、腹3部。头部有口器、一对触角、一对复眼。胸部有3对足。多数昆虫有两对翅膀。腹部有主要的消化和生殖系统器官。有一些水生昆虫的幼虫有鳃，但是所有成虫都在空气中呼吸，并有发育完善的气管系统，通过许多叫作气孔的小孔与外界相通。昆虫是唯一具有飞行能力的无脊椎动物，而且体形很小，并有防水的角质层。由于具备这些条件，它们可以生活在多种多样的栖息地中。

石蛃
Dilta littoralis 1cm

台湾衣鱼
Lepisma saccharina
0.5~1cm

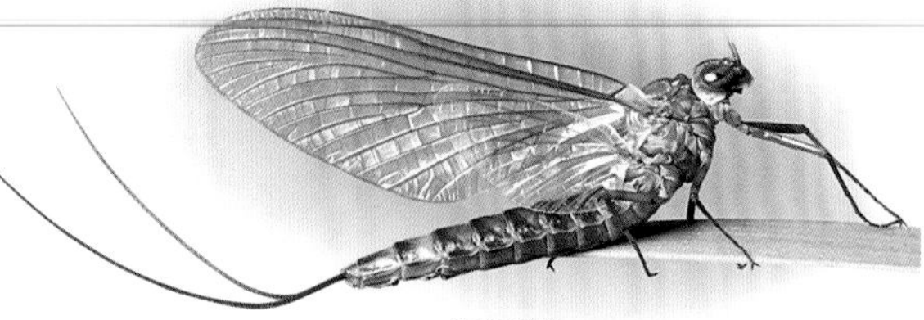

短丝蜉蝣
Siphlonurus lacustris 1.2cm

蓝晏蜓
Aeshna cyanea
翼展10cm

肿脉蝗
Stauroderus scalaris
2.5cm

普通石蝇
Dinocras cephalotes
2cm

斑点灌木螽蟖
Leptophyes punctatissima
2cm

耳状球螋
Forficula auricularia
1~1.5cm

竹节虫
Pharnacia sp.
长达29cm

薄翅螳
Mantis religiosa
7cm

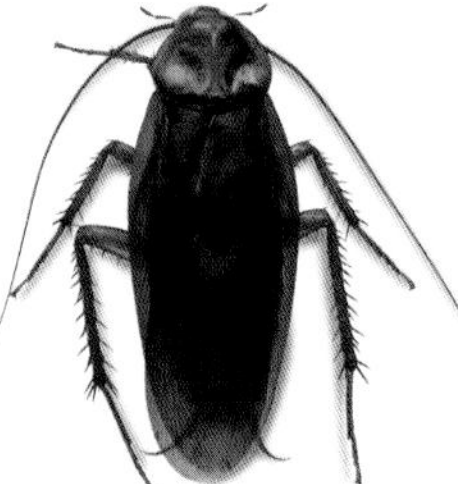

美洲大蠊
Periplaneta americana
2.5~4cm

腐木白蚁
Zootermopsis sp.
1~2cm

鸟虱
Menacanthus stramineus
3~4mm

叶䗛
Phyllium bioculatum
5~9cm

大负子蝽
Lethocerus grandis
8~10cm

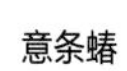

意条蝽
Graphosoma italicum
1cm

刺角蝉
Umbonia crassicornis
1.5cm

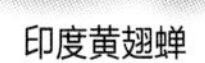

印度黄翅蝉
Angamiana aetherea
3~5.5cm

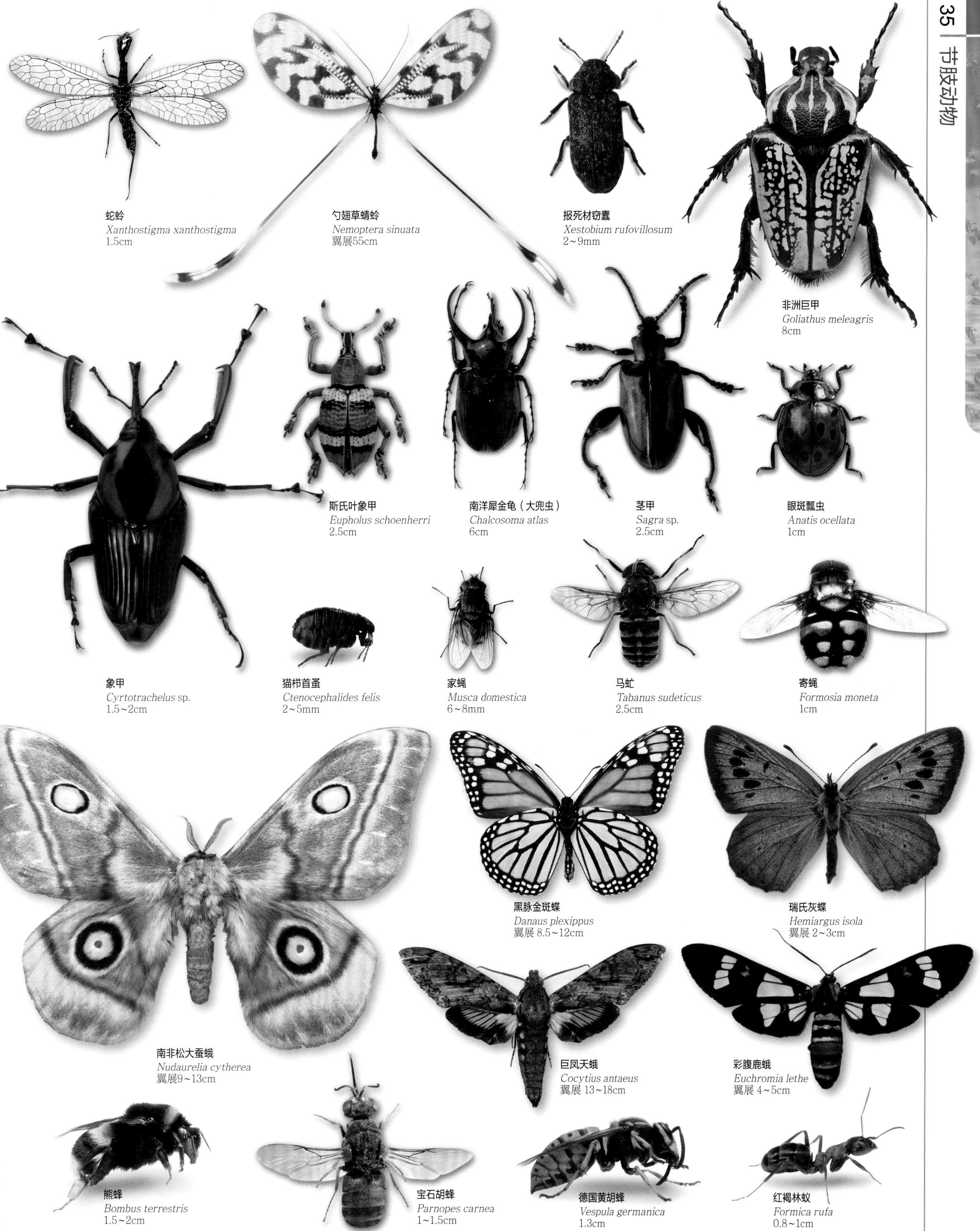

蛇蛉
Xanthostigma xanthostigma
1.5cm

勺翅草蜻蛉
Nemoptera sinuata
翼展55cm

报死材窃蠹
Xestobium rufovillosum
2~9mm

非洲巨甲
Goliathus meleagris
8cm

斯氏叶象甲
Eupholus schoenherri
2.5cm

南洋犀金龟（大兜虫）
Chalcosoma atlas
6cm

茎甲
Sagra sp.
2.5cm

眼斑瓢虫
Anatis ocellata
1cm

象甲
Cyrtotrachelus sp.
1.5~2cm

猫栉首蚤
Ctenocephalides felis
2~5mm

家蝇
Musca domestica
6~8mm

马虻
Tabanus sudeticus
2.5cm

寄蝇
Formosia moneta
1cm

黑脉金斑蝶
Danaus plexippus
翼展 8.5~12cm

瑞氏灰蝶
Hemiargus isola
翼展 2~3cm

南非松大蚕蛾
Nudaurelia cytherea
翼展9~13cm

巨凤天蛾
Cocytius antaeus
翼展 13~18cm

彩腹鹿蛾
Euchromia lethe
翼展 4~5cm

熊蜂
Bombus terrestris
1.5~2cm

宝石胡蜂
Parnopes carnea
1~1.5cm

德国黄胡蜂
Vespula germanica
1.3cm

红褐林蚁
Formica rufa
0.8~1cm

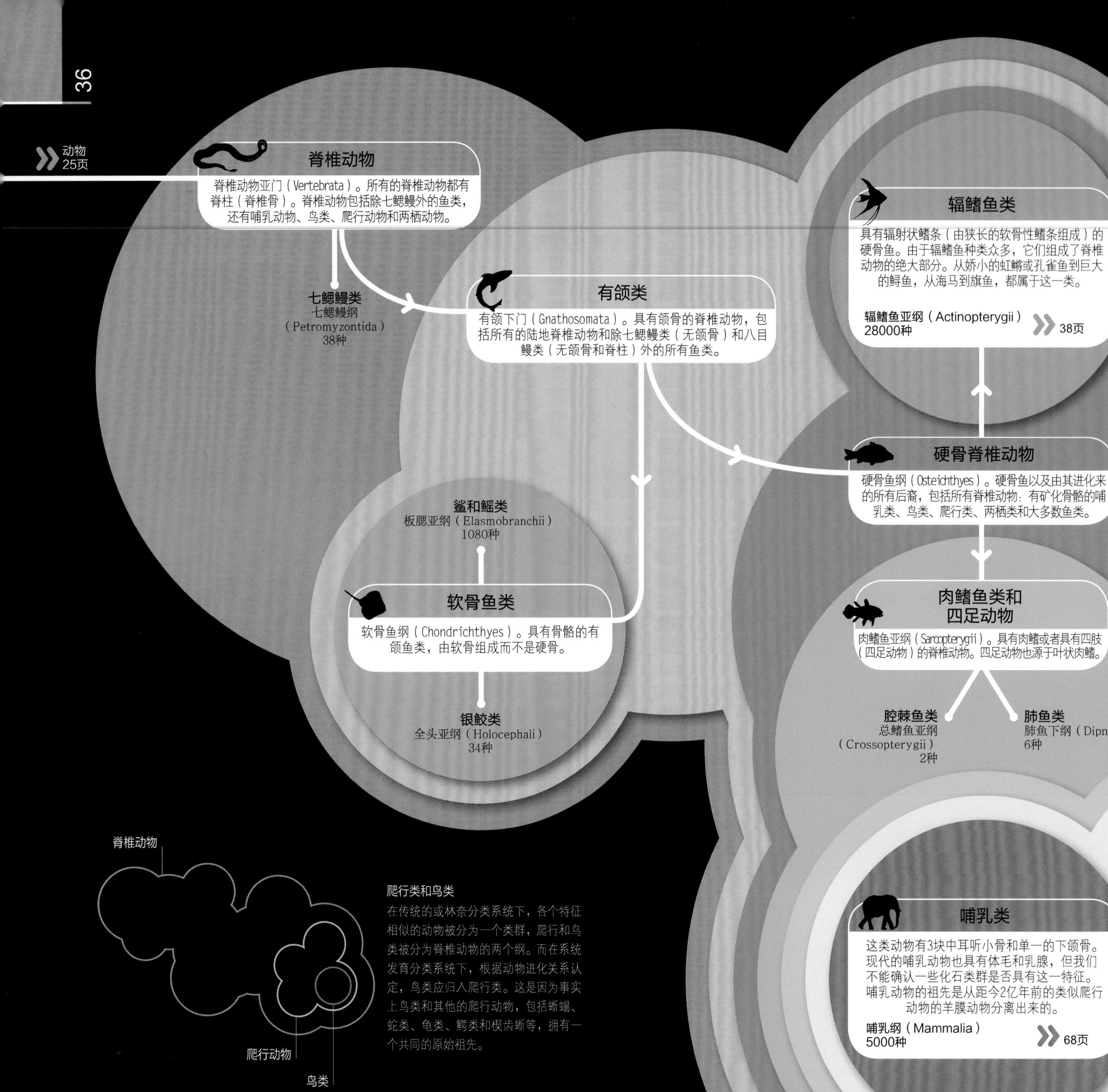

动物 25页
脊椎动物
脊椎动物亚门（Vertebrata）。所有的脊椎动物都有脊柱（脊椎骨）。脊椎动物包括除七鳃鳗外的鱼类，还有哺乳动物、鸟类、爬行动物和两栖动物。
七鳃鳗类
七鳃鳗纲
（Petromyzontida）
38种
有颌类
有颌下门（Gnathosomata）。具有颌骨的脊椎动物，包括所有的陆地脊椎动物和除七鳃鳗类（无颌骨）和八目鳗类（无颌骨和脊柱）外的所有鱼类。
辐鳍鱼类
具有辐射状鳍条（由狭长的软骨性鳍条组成）的硬骨鱼。由于辐鳍鱼种类众多，它们组成了脊椎动物的绝大部分。从娇小的虹鳉或孔雀鱼到巨大的鲟鱼，从海马到旗鱼，都属于这一类。
辐鳍鱼亚纲（Actinopterygii）
28000种
38页
硬骨脊椎动物
硬骨鱼纲（Osteichthyes）。硬骨鱼以及由其进化来的所有后裔，包括所有脊椎动物：有矿化骨骼的哺乳类、鸟类、爬行类、两栖类和大多数鱼类。
鲨和鳐类
板鳃亚纲（Elasmobranchii）
1080种
软骨鱼类
软骨鱼纲（Chondrichthyes）。具有骨骼的有颌鱼类，由软骨组成而不是硬骨。
银鲛类
全头亚纲（Holocephali）
34种
肉鳍鱼类和四足动物
肉鳍鱼亚纲（Sarcopterygii）。具有肉鳍或者具有四肢（四足动物）的脊椎动物。四足动物也源于叶状肉鳍。
腔棘鱼类
总鳍鱼亚纲
（Crossopterygii）
2种
肺鱼类
肺鱼下纲（Dipnoi）
6种
脊椎动物
爬行动物
鸟类
爬行类和鸟类
在传统的或林奈分类系统下，各个特征相似的动物被分为一个类群，爬行和鸟类被分为脊椎动物的两个纲。而在系统发育分类系统下，根据动物进化关系认定，鸟类应归入爬行类。这是因为事实上鸟类和其他的爬行动物，包括蜥蜴、蛇类、龟类、鳄类和楔齿蜥等，拥有一个共同的原始祖先。
哺乳类
这类动物有3块中耳听小骨和单一的下颌骨。现代的哺乳动物也具有体毛和乳腺，但我们不能确认一些化石类群是否具有这一特征。哺乳动物的祖先是从距今2亿年前的类似爬行动物的羊膜动物分离出来的。
哺乳纲（Mammalia）
5000种
68页

脊椎动物类群

虽然脊椎动物是非常多样的一个动物类群，但仅有大约5万种被确认，只占所有动物种类中很少的一部分。最初的脊椎动物是原始的鱼类，鱼类超过现存的脊椎动物种类的一半以上。 这个进化树的中心是四足动物，最早的四足动物出现四肢，离开水环境来到陆地上。这些动物是数量众多的两栖类、爬行类、鸟类和哺乳类的共同祖先，它们迁移到陆地上，占据了天空，有一些种类则又返回了海洋。

两栖动物

皮肤具有气孔和腺体的冷血四足动物。现今的两栖动物（蛙和蟾蜍、鲵和蝾螈，以及蚓螈）是早期未形成羊膜（具有防水的卵膜）的四足动物的后裔。

两栖纲（Amphibia）
6000种

44页

四足动物

四足动物（Tetrapoda）是具有四肢或肢状附肢的硬骨脊椎动物。最先在陆地上生活的脊椎动物——四足动物，包括最早的具附肢的脊椎动物和它的全部后裔，也包括那些后来已经失去附肢的动物，如蛇类。

羊膜动物

羊膜动物（Amniota）。四足动物的胚胎在一个名为羊膜的不透水的膜内发育，使生命可以在体外无水的环境内成长。

爬行动物

爬行动物是具有粗厚的皮肤、角质的表皮（皮肤层）鳞片，其卵外有矿化外壳的羊膜动物。这一类群包括热血的鸟类和有鳞的冷血爬行类。

爬行纲（Reptilia）
17500种

50页

龟类
龟鳖目（Testudines）
300种

鳞龙类

鳞龙亚目（Lepidosauria）的皮肤会大片地甚至全部地脱落。鳞龙类包括楔齿蜥、蛇类、蜥蜴，以及蛇蜥类（蚓蜥类）。

楔齿蜥
喙头目（Sphenodontida）
2种

蛇和蜥蜴
有鳞目（Squamata）
7800种

古蜥类

初龙亚纲（Archosauria）是一类牙齿凹陷入齿槽内的蜥蜴。现生代表类群只有鳄和恐龙的后代鸟类。

鳄类
鳄目（Crocodylia）
23种

鸟类

鸟类是具有不均一的飞羽（有些不能飞的种类飞羽缺失）的古蜥类。许多恐龙具有羽毛，但那不是飞羽。更多晚期进化来的鸟类（不包括原始的鹅类和平胸类鸟）有更多共同特征，包括角状、无齿的喙和龙骨突。

鸟纲（Aves）
9500种

56页

脊椎动物
36页

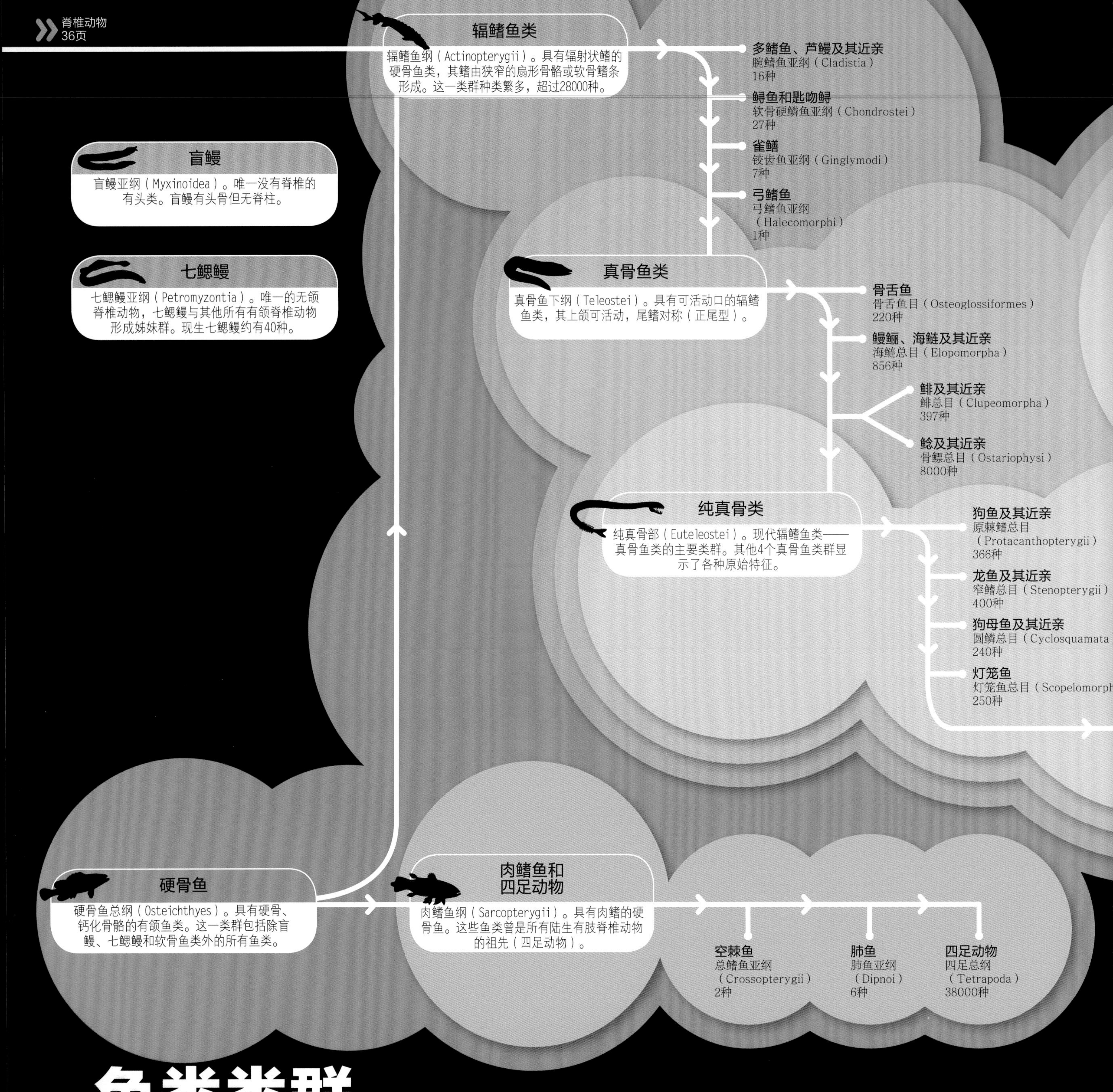

辐鳍鱼类
辐鳍鱼纲（Actinopterygii）。具有辐射状鳍的硬骨鱼类，其鳍由狭窄的扇形骨骼或软骨鳍条形成。这一类群种类繁多，超过28000种。

多鳍鱼、芦鳗及其近亲
腕鳍鱼亚纲（Cladistia）
16种

鲟鱼和匙吻鲟
软骨硬鳞鱼亚纲（Chondrostei）
27种

雀鳝
铰齿鱼亚纲（Ginglymodi）
7种

弓鳍鱼
弓鳍鱼亚纲
（Halecomorphi）
1种

盲鳗
盲鳗亚纲（Myxinoidea）。唯一没有脊椎的有头类。盲鳗有头骨但无脊柱。

七鳃鳗
七鳃鳗亚纲（Petromyzontia）。唯一的无颌脊椎动物，七鳃鳗与其他所有有颌脊椎动物形成姊妹群。现生七鳃鳗约有40种。

真骨鱼类
真骨鱼下纲（Teleostei）。具有可活动口的辐鳍鱼类，其上颌可活动，尾鳍对称（正尾型）。

骨舌鱼
骨舌鱼目（Osteoglossiformes）
220种

鳗鲡、海鲢及其近亲
海鲢总目（Elopomorpha）
856种

鲱及其近亲
鲱总目（Clupeomorpha）
397种

鲶及其近亲
骨鳔总目（Ostariophysi）
8000种

纯真骨类
纯真骨部（Euteleostei）。现代辐鳍鱼类——真骨鱼类的主要类群。其他4个真骨鱼类群显示了各种原始特征。

狗鱼及其近亲
原棘鳍总目
（Protacanthopterygii）
366种

龙鱼及其近亲
窄鳍总目（Stenopterygii）
400种

狗母鱼及其近亲
圆鳞总目（Cyclosquamata
240种

灯笼鱼
灯笼鱼总目（Scopelomorph
250种

硬骨鱼
硬骨鱼总纲（Osteichthyes）。具有硬骨、钙化骨骼的有颌鱼类。这一类群包括除盲鳗、七鳃鳗和软骨鱼类外的所有鱼类。

肉鳍鱼和四足动物
肉鳍鱼纲（Sarcopterygii）。具有肉鳍的硬骨鱼。这些鱼类曾是所有陆生有肢脊椎动物的祖先（四足动物）。

空棘鱼
总鳍鱼亚纲
（Crossopterygii）
2种

肺鱼
肺鱼亚纲
（Dipnoi）
6种

四足动物
四足总纲
（Tetrapoda）
38000种

鱼类类群

在5亿多年前，最早的鱼类是由原始有颌脊椎动物演化而来的，从中出现了两个主要类群。软骨鱼类基本没有太大变化，比如现代鲨鱼、鳐和鲼，以及银鲛。硬骨鱼类则分化为肉鳍鱼类和辐鳍鱼类。前者进一步演化形成四足动物，也就是最早的有肢脊椎动物，并且是两栖类、爬行类、鸟类和兽类的祖先。辐鳍鱼类演化出更多类群，包括超过一半种类的脊椎动物，以及现生多数种类的鱼。

棘鳍鱼类

棘鳍亚部（Acanthomorpha）。在背鳍、臀鳍和腹鳍中生有真正的硬骨棘刺的纯真骨鱼类。

月鱼和皇带鱼
月鱼总目（Lampridiomorpha）
21种

须鳂
须鳂总目（Polymixiomorpha）
10种

鳕、鮟鱇及其近亲
副棘鳍总目（Paracanthopterygii）
1400种

棘鳍类

棘鳍总目（Acanthopterygii）。具有颌的棘鳍鱼类，颌突出，用于捕食。该类群包含了鱼类的一半种类。

鲻
鲻形目（Mugilomorpha）
70种

银汉鱼
银汉鱼目（Atherinomorpha）
315种

海鲂及其近亲
海鲂目（Zeiformes）
32种

鲈形类

鲈形系（Percomorpha）。鱼类中种类最多的类群，也是最高级的棘鳍鱼。种类拥有许多共同的结构特征。

刺鱼、海马和海龙
棘背鱼目
（Gasterosteiformes）
285种

合鳃鱼
合鳃目
（Synbranchiformes）
100种

鲽（比目鱼）
鲽形目
（Pleuronectiformes）
680种

鳞鲀
鲀形目（Tetraodontiformes）
360种

鲉
鲉形目
（Scorpaeniformes）
1500种

鲈

鲈形目（Perciformes）。背鳍和臀鳍有棘刺和鳍刺的鲈形类。该类群包括超过10000种的海洋和淡水鱼类。

软骨鱼

软骨鱼纲（Chondrichthyes）。由软骨而不是硬骨组成内骨骼的有颌鱼类。

银鲛
银鲛目（Chimaeriformes）
34种

板鳃类

板鳃亚纲（Elasmobranchii）。软骨鱼中最大的类群，包括鲨鱼和鳐。

鲨鱼
鲨总目
（Selachimorpha）
400种

鳐和鲼
鳐总目
（Batoidea）
535种

鱼类

鱼类是适应在淡水或咸水中生活、游动和呼吸的脊椎动物。它们是地球上数量最多、种类最丰富的脊椎动物，在各种可能的水生生境中都能发现鱼类的踪迹。

鱼类并不是一个自然类群。“鱼类”这一普通名词其实包括4个不同的类群，这4个类群之间的不同就像哺乳类、爬行类、鸟类之间的差异那么大。其中最大（即种类最多）的一类是硬骨鱼，包括我们熟悉的鳕鱼、鲑鱼和鳟鱼。鲨鱼、鳐鱼和银鲛构成了第二类——软骨鱼。另外两个较小的类别是无颌的八目鳗和七鳃鳗。陆生脊椎动物（四足动物）和硬骨鱼具有共同的祖先——原始的硬骨鱼类，肉鳍类的腔棘鱼和肺鱼与四足动物归入现代分类体系中。肉鳍鱼类极有可能是陆地上最早的脊椎动物的祖先。

特征

所有这些类群的鱼类都利用鳃从水中吸氧，靠鳍游动，身体上覆盖着起到保护作用的鳞片或骨板，而且是冷血动物。然而，也有呼吸空气的肺鱼、无鳞的鱼，以及像太平洋鼠鲨那样可以控制自己体温的鲨鱼。所有的鱼都能够利用人们所熟悉的脊椎动物的视觉、听觉、触觉、味觉及嗅觉来采集周围环境的信息。大多数鱼类具有位于身体两侧的称为侧线的感受器官，感受其他鱼类或动物在水中游动时引起的水流振动。鳍是大多数鱼类所具备的特征，但并不是所有鱼都有鳍。鱼鳍包括两对偶鳍（胸鳍和腹鳍），1～3个背鳍、1～2个臀鳍，以及一个尾鳍。鱼鳍的功能是保证鱼在水中的推动力、灵活性和稳定性。有些鱼类，比如魴鱼，甚至利用鳍在海底走动，而飞鱼可用翼状鳍在水面上滑翔。

无颌鱼类

盲鳗纲（Myxini），七鳃鳗纲（Petromyzontia）

盲鳗和七鳃鳗体形细长，体表富于黏液，无颌骨，形似鳗鲡。七鳃鳗有一个圆形的口吸盘，里面分布着一圈一圈的角质锉牙，它们主要寄生在其他鱼身上。盲鳗的口呈狭长状，周围有4对触须，主要食腐肉。它们没有脊柱，只有一条柔韧的脊索贯穿身体。

盲鳗
Myxine glutinosa 长达80cm

七鳃鳗
Lampetra fluviatilis
长达50cm

软骨鱼

软骨鱼纲（Chondrichthyes）

软骨鱼包括鲨鱼、鳐鱼和深水银鲛。这类鱼具有主要由软骨组成的内骨骼。雄鱼有一对交配器官，称为“交合突”；雌鱼卵胎生或产下巨大的卵囊。软骨鱼通过一种特殊的感受器——罗氏壶腹来探测其他动物的电场，从而追踪它们。鲨鱼长着坚硬的、可更新的牙齿，其粗糙的表皮上覆有齿样结构的盾状鳞。鲼鱼和鳐鱼身体扁平，有翼状的极大的胸鳍和细长的尾。银鲛是一种无鳞鱼，头部很大，尾形似鼠尾。

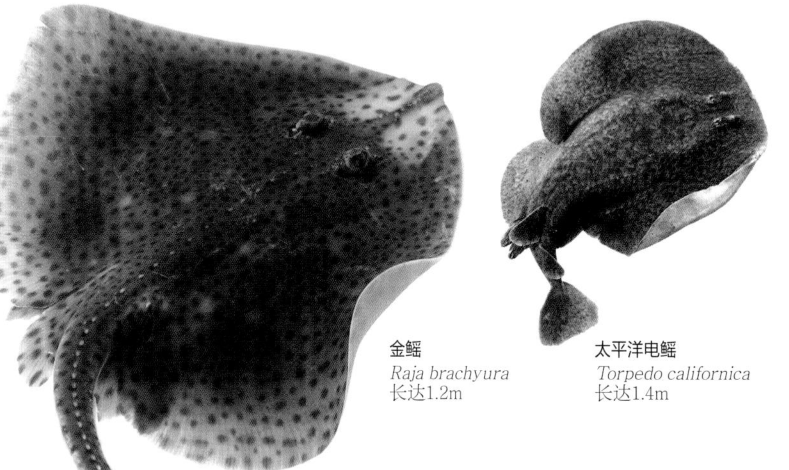

金鳐
Raja brachyura
长达1.2m

太平洋电鳐
Torpedo californica
长达1.4m

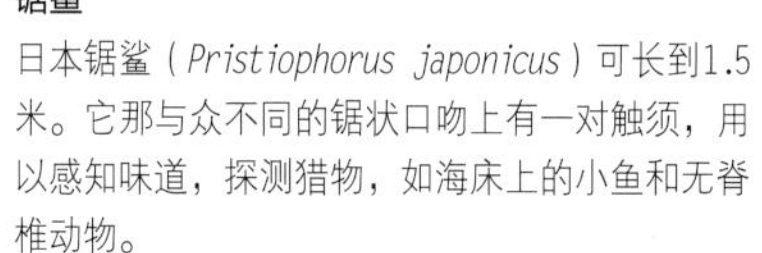

锯鲨
日本锯鲨（*Pristiophorus japonicus*）可长到1.5米。它那与众不同的锯状口吻上有一对触须，用以感知味道，探测猎物，如海床上的小鱼和无脊椎动物。

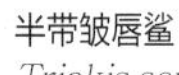

半带皱唇鲨
Triakis semifasciata
长达2.1m

白斑竹鲨
Chiloscyllium plagiosum 长达95cm

大白鲨
Carcharodon carcharias
长达8m

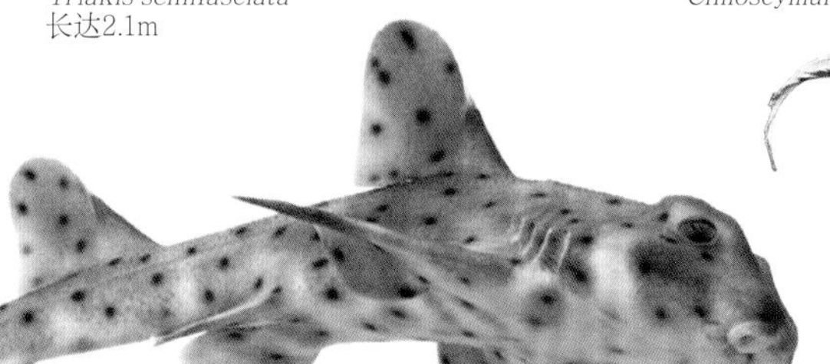

东太虎鲨
Heterodontus francisci
长达97cm

皱鳃鲨
Chlamydoselachus anguineus
长达2m

斑银鲛
Hydrolagus colliei
长达95cm

硬骨鱼

硬骨鱼纲（Osteichthyes）

所有硬骨鱼都具有坚硬的钙质的内骨骼，但有些原始种类可能有部分软骨。除肉鳍鱼类外，它们的骨骼一直延伸到鳍，形成柔韧而灵活的鳍条和刺。这种结构使硬骨鱼在机动性方面比鲨鱼和鳐鱼更精确。大多数硬骨鱼具有充满气囊的鱼鳔，有助于控制它们的漂浮，而且体表覆盖着层叠的柔韧的鳞片。大多数软骨鱼很容易识别，而硬骨鱼却进化出了各色体形，有的甚至很怪异，鱼鳍的功能也各不相同，因此它们几乎可以适应在所有的水生生境中生活。

腔棘鱼

腔棘鱼（*Latimeria chalumnae*，也称矛尾鱼）长为1.5～1.8米。可见于深为150～700米的复杂陡峭的珊瑚礁中。

匙吻鲟
Polyodon spathula
1.2~1.8m

长吻雀鳝
Lepisosteus osseus
长达1.5m

淡水齿蝶鱼
Pantodon buchholzi
长达10cm

德氏多鳍鱼
Polypterus delhezi
长达44cm

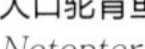

大口驼背鱼
Notopterus chitala
长达1.2m

锥颌鱼
Gnathonemus petersii
长达35cm

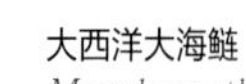

大西洋大海鲢
Megalops atlanticus
长达1.3~2.5m

斑花蛇鳗
Myrichthys colubrinus
长达88cm

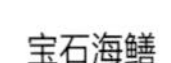

宝石海鳝
Muraena lentiginosa
长达60cm

黑体管鼻海鳝
Rhinomuraena quaesita
长达1.3m

宽咽鱼
Eurypharynx pelecanoides
60~100cm

遮目鱼
Chanos chanos
长达1.8m

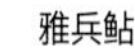

雅兵鲇
Corydoras elegans
长达6cm

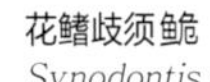

花鳍歧须鮠
Synodontis angelicus
长达55cm

胡鲇
Clarias batrachus
长达55cm

红腹水虎鱼
Pygocentrus nattereri
长达30cm

银胸斧鱼
Gasteropelecus sternicla
长达6cm

铁锈鲭（红眼鱼）
Scardinius erythrophthalmus
长达10cm

虹鳟鱼
Oncorhynchus mykiss 长达1.2m

红鲑鱼（大麻哈鱼）
Oncorhynchus nerka
长达84cm

白斑狗鱼
Esox lucius 长达1.3m

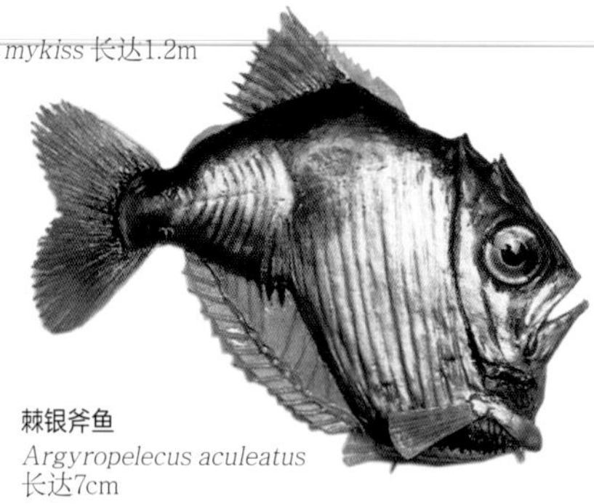

棘银斧鱼
Argyropelecus aculeatus
长达7cm

短须须鳂
Polymixia berndti
长达47.5cm

大西洋鳕
Gadus morhua
长达2m

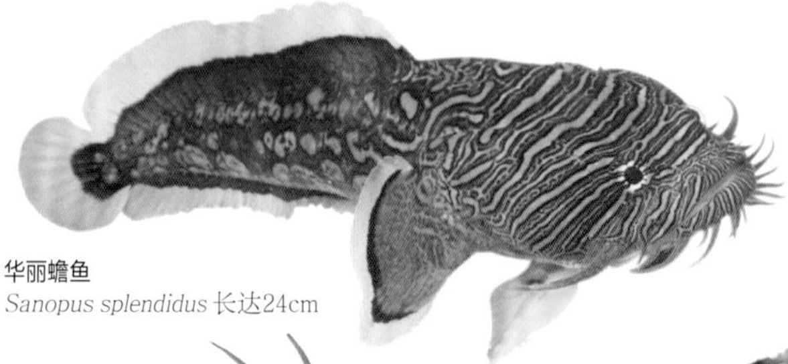

华丽蟾鱼
Sanopus splendidus 长达24cm

裸躄鱼
Histrio histrio
长达18.5cm

白边锯鳞鱼
Myripristis murdjan
长达60cm

海鲂
Zeus faber
长达90cm

银颌针鱼
Xenentodon cancila 长达30cm

伊岛银汉鱼
Iriatherina werneri 长达4cm

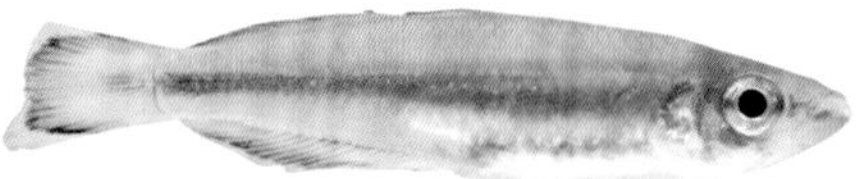

马达加斯加彩虹鱼
Bedotia geayi 长达10cm

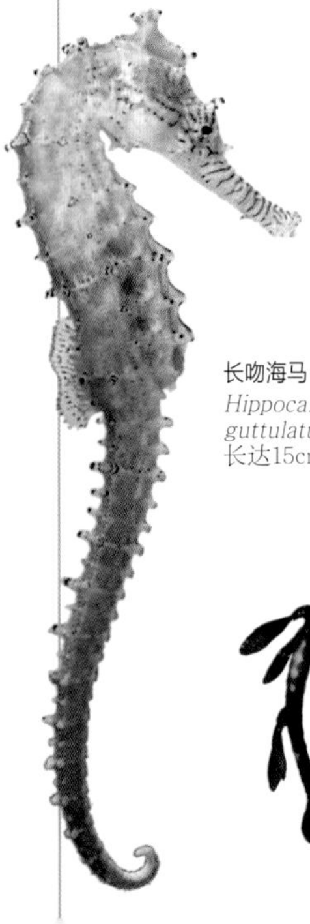

三刺鱼
Gasterosteus aculeatus
长达8cm

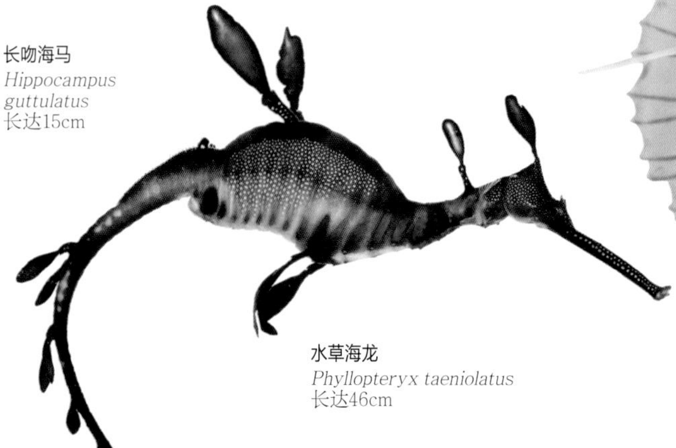

长吻海马
Hippocampus guttulatus
长达15cm

水草海龙
Phyllopteryx taeniolatus
长达46cm

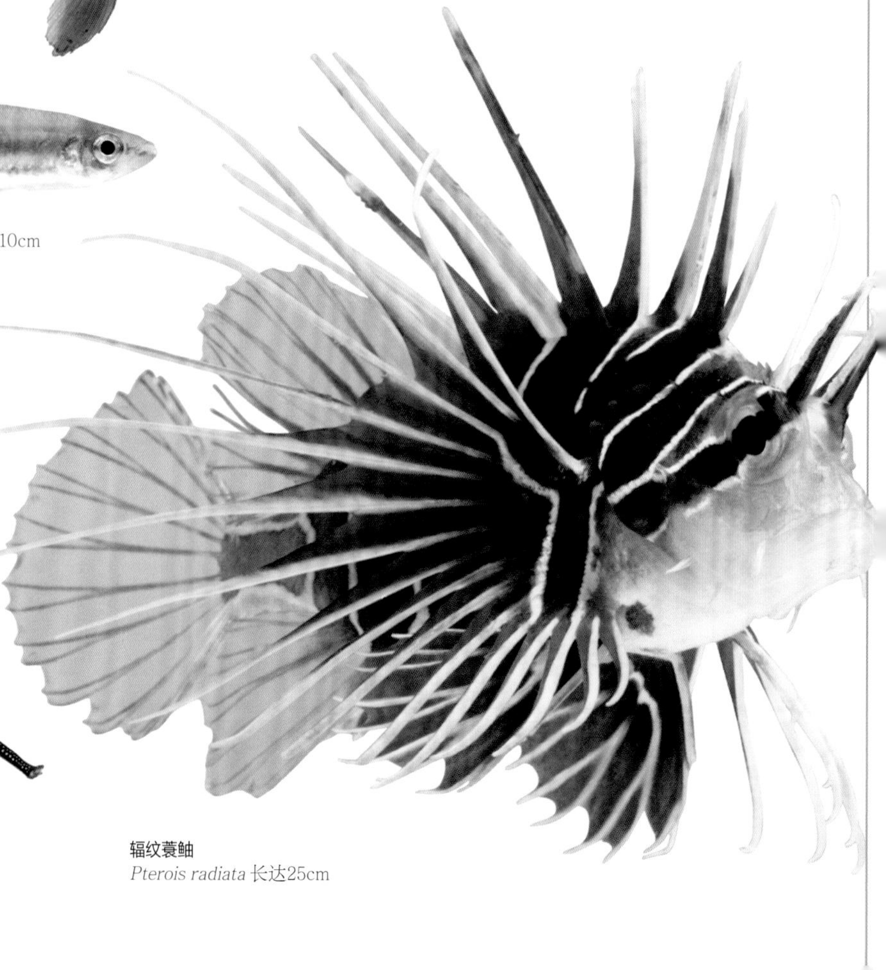

辐纹蓑鲉
Pterois radiata 长达25cm

玫瑰毒鲉
Synanceia verrucosa
长达40cm

浴盆绿鳍鱼
Chelidonichthys lucernus
长达75cm

华丽连鳍䲗
Synchiropus splendidus
长达7.5cm

饰带猪齿鱼
Choerodon fasciatus
长达25cm

黑凤凰鱼
Melanochromis chipokae 长达13cm

欧洲鲈
Perca fluviatilis
长达51cm

栗色小丑鱼
Premnas biaculeatus 长达15cm

刺蝶鱼
Holacanthus ciliaris
长达45cm

黑鳍蝴蝶鱼
Chaetodon decussatus
长达20cm

丝鳍蝴蝶鱼
Chaetodon auriga
长达20cm

驼背鲈
Chromileptes altivelis 长达60cm

小口棘隆头鱼
Centrolabrus exoletus
长达17.5cm

欧鲽鱼
Pleuronectes platessa
长达1m

翻车鲀
翻车鲀（俗名翻车鱼，*Mola mola*）可长达4米，也是最重的硬骨鱼，重可达2吨。

庸鲽
Hippoglossus hippoglossus
长达4.5m

光滑棱箱鲀
Lactophrys triqueter
长达47cm

宽帆鳉
Poecilia latipinna 长达10cm

艾氏鳉
Fundulopanchax amieti 长达7cm

倭珍珠鱼
Austrolebias nigripinnis 长达5cm

棘皮鲀
Chaetodermis pencilligerus
长达25cm

» 脊椎动物 37页

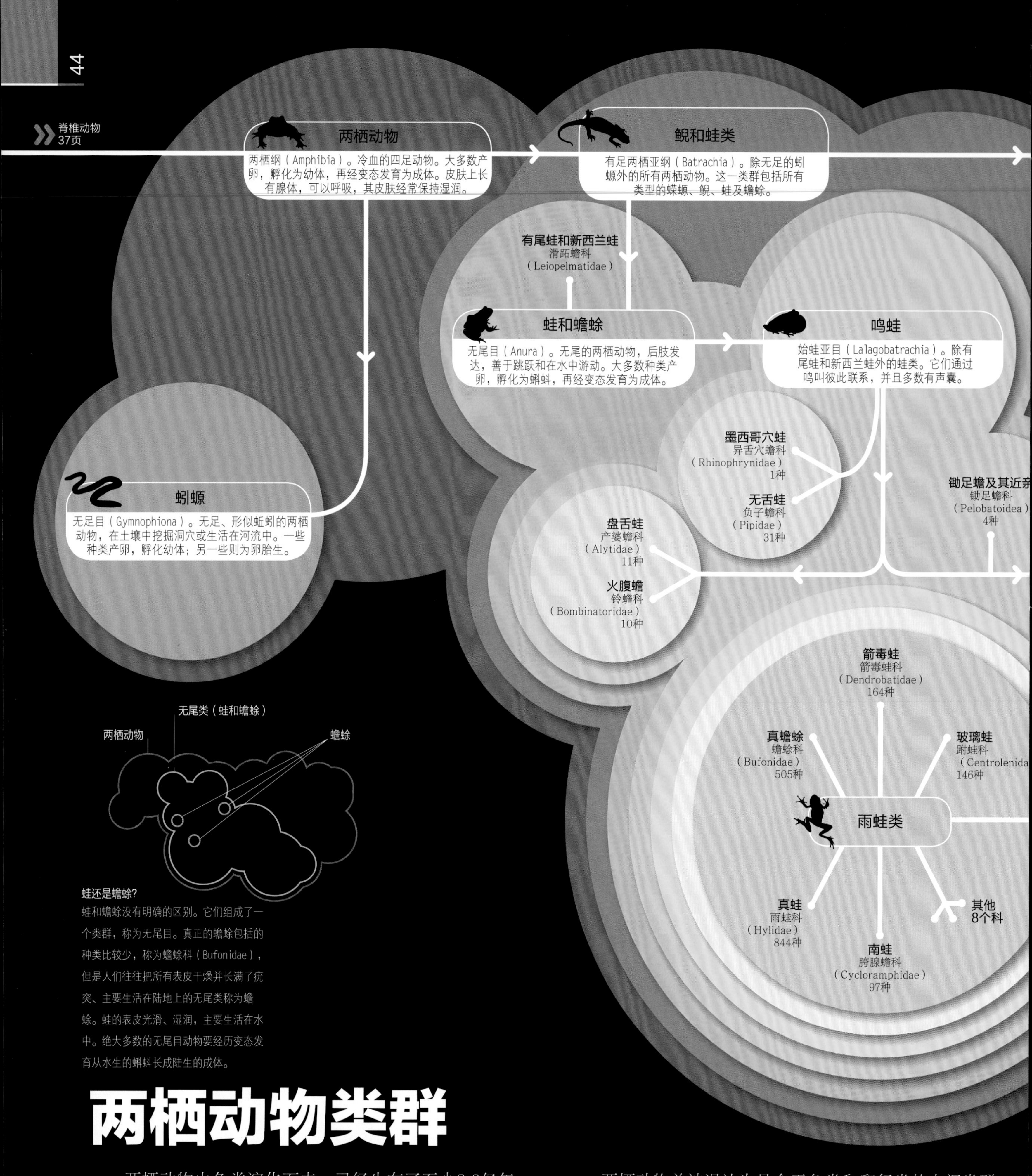

两栖动物
两栖纲（Amphibia）。冷血的四足动物。大多数产卵，孵化为幼体，再经变态发育为成体。皮肤上长有腺体，可以呼吸，其皮肤经常保持湿润。
鲵和蛙类
有足两栖亚纲（Batrachia）。除无足的蚓螈外的所有两栖动物。这一类群包括所有类型的蝾螈、鲵、蛙及蟾蜍。
有尾蛙和新西兰蛙
滑跖蟾科
（Leiopelmatidae）
蛙和蟾蜍
无尾目（Anura）。无尾的两栖动物，后肢发达，善于跳跃和在水中游动。大多数种类产卵，孵化为蝌蚪，再经变态发育为成体。
鸣蛙
始蛙亚目（Lalagobatrachia）。除有尾蛙和新西兰蛙外的蛙类。它们通过鸣叫彼此联系，并且多数有声囊。
蚓螈
无足目（Gymnophiona）。无足、形似蚯蚓的两栖动物，在土壤中挖掘洞穴或生活在河流中。一些种类产卵，孵化幼体；另一些则为卵胎生。
墨西哥穴蛙
异舌穴蟾科
（Rhinophrynidae）
1种
无舌蛙
负子蟾科
（Pipidae）
31种
盘舌蛙
产婆蟾科
（Alytidae）
11种
火腹蟾
铃蟾科
（Bombinatoridae）
10种
锄足蟾及其近亲
锄足蟾科
（Pelobatoidea）
4种
箭毒蛙
箭毒蛙科
（Dendrobatidae）
164种
真蟾蜍
蟾蜍科
（Bufonidae）
505种
玻璃蛙
附蛙科
（Centrolenida
146种
雨蛙类
真蛙
雨蛙科
（Hylidae）
844种
南蛙
胯腺蟾科
（Cycloramphidae）
97种
其他
8个科
无尾类（蛙和蟾蜍）
两栖动物
蟾蜍

蛙还是蟾蜍?

蛙和蟾蜍没有明确的区别。它们组成了一个类群，称为无尾目。真正的蟾蜍包括的种类比较少，称为蟾蜍科（Bufonidae），但是人们往往把所有表皮干燥并长满了疣突、主要生活在陆地上的无尾类称为蟾蜍。蛙的表皮光滑、湿润，主要生活在水中。绝大多数的无尾目动物要经历变态发育从水生的蝌蚪长成陆生的成体。

两栖动物类群

两栖动物由鱼类演化而来，已经生存了至少2.3亿年。两栖动物的三大主要类群——蚓螈、鲵和蝾螈，以及蛙和蟾蜍——是否由共同的祖先进化而来，或是否从不同类群演化而来，还无从知晓。

两栖动物总被误认为是介于鱼类和爬行类的中间类群。事实上，它们在进化过程中适应了在淡水附近的潮湿的栖息地生活。该图描述了两栖类之间关系的最新学说，图中没有把所有两栖类都列出来。

螈和蝾螈

有尾目（Caudata）。具有细长的身体、短腿和长尾的两栖动物。通常体内受精，多数产卵，但也有些种类直接生产幼体或小成体。

无舌鲵
小鲵科（Hynobiidae）
51种

隐鳃鲵

隐鳃鲵亚目（Cryptobranchoidea）。体外受精的鲵。该类群包括大鲵和一类原始的亚洲鲵。

北美鲵
隐鳃鲵科
（Cryptobranchidae）
3种

蝾螈亚目

蝾螈亚目（Diadectosalamandroidei）。体内受精的蝾螈，使用精囊将精子从雄性转入雌性体内。

急流螈
急流螈科
（Rhyacotritonidae）
4种

“刚果鳗”
两栖鲵科
（Amphiumidae）
3种

无肺螈
无肺螈科
（Plethodontidae）
378种

钝口螈
钝口螈科（Ambystomatidae）
37种

半水生鲵类

半水生鲵阵（Treptobranchia）*。幼体是水生、具有外鳃的鲵，成体则为陆生，用肺呼吸。

真鲵和蝾螈
蝾螈科（Salamandridae）
74种

洞螈和泥螈
洞螈科
（Proteidae）
6种

全水生鲵类

全水生鲵阵（Perennibranchia）。幼体和成体都具有浓密的外鳃、终生水生的鲵。

鳗螈
鳗螈科（Sirenidae）
4种

新蛙

新蛙类（Neobatrachia）

鬼蛙
沼蟾科
（Heleophrynidae）
6种

蛙类

狭吻蛙
姬蛙科（Microhylidae）
426种

旧大陆树蛙
树蛙科
（Rhacophoridae）
286种

非洲丛蛙
非洲树蛙科
（Hyperoliidae）
207种

曼蛙
曼蛙科
（Mantellidae）
166种

真蛙
蛙科（Ranidae）
315种

其他
8个科

节蛙
节蛙科
（Arthroleptidae）
132种

非洲牛蛙
箱头蛙科
（Pyxicephalidae）
64种

*译者注：这是一个新的分类阶元，英文为Phalanx，位于目和科之间，姑且译为阵。

两栖动物

两栖动物是冷血（变温）的脊椎动物，它们身体中的热量来源于其周围的环境。它们有四肢和光滑的皮肤，主要分为3个类群：蚓螈，蝾螈和鲵，蛙和蟾蜍。

两栖动物是典型的由水生幼体发育为陆生成体的动物。它们对水的依赖性极强，且与淡水生境联系紧密——没有一种两栖动物是在海洋中生活的。两栖类的卵因为没有外壳，不能防止水分的散失，因此它们的卵要产在水里。卵孵化成为幼体（蛙和蟾蜍的幼体称为蝌蚪）后还要在水里继续生活一段时间。幼体经过一个复杂的变化过程，许多身体结构发生变化，即变态发育之后，成为陆生的成体。最重要的是幼体的鳃消失了，取而代之的是呼吸空气的肺。蛙和蟾蜍在变态发育过程中尾巴消失，四肢发育。

皮肤

两栖动物的皮肤具有腺体，通常裸露而湿润，无鳞片、羽毛或皮毛。大多数两栖类有肺，但所有两栖动物或多或少通过皮肤摄取氧气。它们的皮肤还能从环境中吸收水分，且皮肤上有许多色素细胞，使其身体具有颜色。众多两栖类动物的身体颜色鲜艳，尤其是那些有毒的种类，它们鲜艳的颜色和皮肤的图案可以作为一种警示。还有一些两栖动物皮肤的颜色可以充当保护色。

亲代养育

两栖动物有丰富多彩的生活史。虽然许多两栖类产下大量的卵之后就不管了，但是另一些两栖动物单亲或双亲共同照料卵。对于蚓螈、蝾螈和鲵，亲代养育主要由雌性完成，但是在许多蛙类中则由雄性承担了这项任务。由于没有外壳，它们的卵需要保护，以防脱水和被真菌感染，还要防备捕食者。

蚓螈

无足目（Gymnophiona）

本目共计3科175种。蚓螈类是两栖动物中最小（即种类最少）的类群。它们无足，形似蚯蚓，尽管有一些生活在河流和小溪中，但是多数穴居于土壤里。蚓螈主要栖息在南美洲、非洲和东南亚，体长从7厘米至1.6米不等。它们体内受精。有一些种类产卵，幼体孵出后能自由生活；而另一些种类为卵胎生，小蚓螈在母体内发育成熟后出生。蚓螈不易观察到，因此我们对它们的了解没有对其他两栖动物的多。

斯里兰卡蚓螈
斯里兰卡蚓螈（*Ichthyophis glutinosus*）正在保护它的卵，其体长30～40厘米。它在地下生活，捕食蠕虫和其他无脊椎动物。

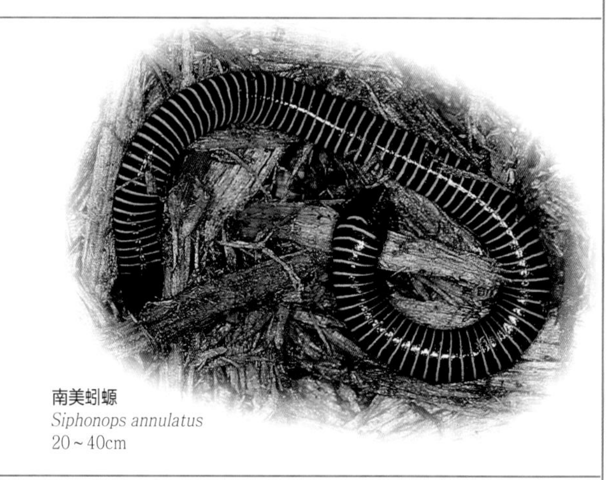

南美蚓螈
Siphonops annulatus
20～40cm

鲵和蝾螈

有尾目（Caudata）

这些有尾两栖动物通常过着比较隐秘的生活。它们生活在凉爽阴暗的地方，一般在夜晚活动。鲵和蝾螈分布于美洲、欧洲和亚洲的温带或热带地区，而非洲和澳大利亚的大部分地区几乎没有它们分布。本目有9科563种，有一些体长超过15厘米。一般体内受精。多数种类产卵，但是有一些种类为卵胎生，生产幼体或小成体。雄性无阴茎，精液通过精囊这个特殊结构转移到雌体。有一些种类是水生，有一些完全是陆生，还有一些既生活在陆地上也生活在水中。

隐鳃鲵
Cryptobranchus alleganiensis
30～75cm

斑泥螈
Necturus maculosus 20～50cm

大鳗螈
大鳗螈（*Siren lacertina*）是北美洲最大的一种鲵，体长50～90厘米。该种仅有一对小腿，位于羽状外鳃的后部。

美西钝口螈
Ambystoma mexicanum
10～20cm

真螈
Salamandra salamandra
8～28cm

冠欧螈
Triturus cristatus
10～15cm

肥渍螈
Taricha torosa
12～20cm

红瘰疣螈
Tylototriton verrucosus
12～18cm

太平洋陆巨螈
Dicamptodon tenebrosus
17～34cm

蛙和蟾蜍

无尾目（Anura）

蛙和蟾蜍没有尾巴——至少成体无尾。它们的后肢比前肢长得多，适合跳跃、游泳和挖掘。其主要在夜间活动，彼此之间通过鸣叫进行沟通。蛙和蟾蜍分布于所有陆地的温带和热带地区。共计44科5572种，少数体长超过35厘米。体外受精。大多数产卵，孵化成能自由游动的蝌蚪，再经变态发育为小成体。有些种类的卵在单亲的体内或体表发育。有些种类属于水陆两栖，有一些完全生活在水中，而另一些则完全生活在陆地上。

尾蟾
Ascaphus truei
2.5~5cm

异舌穴蟾
Rhinophrynus dorsalis
6~8cm

非洲光滑爪蟾
Xenopus laevis
6~13cm

产婆蟾
Alytes obstetricans
3~5cm

马略卡产婆蟾
Alytes muletensis
3~4.5cm

东方铃蟾
Bombina orientalis
3~5cm

斑点合跗蟾
Pelodytes punctatus
3~5cm

寇氏锄足蟾
Scaphiopus couchii
5.5~9cm

亚洲角蟾
Megophrys montana
7~14cm

珀氏沼蟾
Heleophryne purcelli
3~6cm

塞舌尔蛙
Sechellophryne gardineri
1~1.5cm

弱斑索蟾
Crinia insignifera
1.5~3cm

山囊蛙
Gastrotheca monticola
4~6cm

绿雨滨蛙
Litoria caerulea
5~10cm

丽红眼蛙
Agalychnis callidryas
4~7cm

灰绿雨蛙
Hyla cinerea
3~6cm

欧洲雨蛙
Hyla arborea 3~5cm

显角花蟾
Ceratophrys cornuta 10~20cm

绿箭毒蛙
Dendrobates auratus
2.5~6cm

蓝箭毒蛙
蓝箭毒蛙（*Dendrobates tinctorius*）鲜艳的铁蓝色警告捕食者它是有剧毒的。它体长3~5厘米，见于南美洲热带森林。

黄纹箭毒蛙
Dendrobates leucomelas
3~3.5cm

绿蟾蜍
Pseudephidalea viridis
9~12cm

海蟾蜍
Rhinella marina
10~24cm

大蟾蜍
Bufo bufo 8~20cm

安东暴蛙
Dyscophus antongilii
8~12cm

霍西浆蟾
Pedostibes hosii
5~10cm

巴拿马斑蟾
Atelopus zeteki
4~5.5cm

塞内加尔肛褶蛙
Kassina senegalensis 3~5cm

非洲牛（箱头）蛙
Pyxicephalus adspersus
8~23cm

疣非洲树蛙
Hyperolius tuberilinguis
3~4.5cm

绿曼蛙
Mantella viridis 2~3cm

金色曼蛙
Mantella aurantiaca 2~3cm

所罗门角蛙
Ceratobatrachus guentheri
5~8cm

欧林蛙
Rana temporaria
5~10cm

捷蛙
Rana dalmatina
5~9cm

美洲牛蛙
美洲牛蛙（*Lithobates catesbeianus*）是北美洲最大的蛙，可长到20厘米。它生活于湖泊、池塘和流动缓慢的溪流中。

草莓箭毒蛙

见于哥斯达黎加、尼加拉瓜和巴拿马的雨林中，草莓箭毒蛙（*Oophaga pumilio*）体长 2 ～ 2.5 厘米，不同地点的颜色不同。

脊椎动物
37页

爬行类
爬行纲（Reptilia）。身体覆盖角质鳞或硬甲的四足动物，具有羊膜卵，或为胎生。广义的爬行类既包括恒温的鸟类，也包括其他一些身体覆盖角质鳞的变温爬行动物。

双孔类
双孔亚纲（Diapsida）。除龟鳖类外的其他爬行动物，包括鸟类。体形各异，但身体修长，长有鳞片或羽毛，通常具有四肢。

新西兰楔齿蜥
喙头目（Rhynchocephalia）
2种

鳞龙类
鳞龙亚目（Lepidosauria）表皮会大块脱落，甚至全部脱落。

曲颈龟类和陆生龟类
曲颈龟亚目（Cryptodira）
255种

龟鳖类
龟鳖目（Testudinata）。这类爬行动物的身体背部和腹部都有骨质的龟甲。分为水生、半水生和陆生三大类。

侧颈龟类
侧颈龟亚目（Pleurodira）
54种

美洲鬣蜥类
美洲鬣蜥科
（Iguanidae）
38种

安乐蜥
变色蜥科
（Polychrotidae）
398种

美洲鬣蜥及其近亲
美洲鬣蜥目（Iguania）。有四肢，用舌头捕食。

鬣蜥和避役（变色龙）
端生齿亚目
（Acrodonta）
567种

其他6个科
570种

初龙类
初龙亚纲（Archosauria）。也称祖龙或古蜥，这一类爬行动物牙齿深陷于齿槽内，其中包括很多已经灭绝的恐龙，现存的只有鸟类和鳄类。

鸟类
生有不均一的飞羽（有些丧失飞行能力的鸟类没有飞羽）。很多恐龙有羽毛，但不是飞羽。除原始的䳍和平胸类鸟外，其他的鸟都有一些相同点，如角质的无齿喙和具龙骨突的胸骨。

鸟纲（Aves）
9500种

56页

鳄类
鳄目（Crocodylia），体形修长，具附肢，厚厚的皮质鳞甲下面还有一层骨质的鳞甲。所有鳄都是半水生的凶猛的爬行动物。

蜥蜴和蛇
蜥蜴和蛇的亲缘关系最近，它们组成了有鳞目（Squamata）。通常认为蛇可能起源于挖洞的蜥蜴种类，并且二者的差异很小。

爬行动物
蜥蜴和蛇
蜥蜴
蛇

爬行动物类群

最古老的爬行动物是出现于2.2亿年前的龟鳖类和初龙类。初龙类包括鳄类和长羽毛的爬行类（即鸟类），以及已经灭绝的恐龙。鳞龙类包括楔齿蜥（它是曾经很普遍的似蜥蜴的爬行动物的孑遗种），以及有鳞类（包括所有蜥蜴和蛇的一大类别）。此图显示了关于爬行类动物之间关系的一种假说。关于有鳞类和龟鳖类之间的关系现在还有一些争论。图中并未列出所有爬行动物的科。

蜥蜴和蛇

有鳞目（Squamata）。这些是具有鳞片的类型。雄性具有成对的交配器，又称半阴茎。

蚓蜥及其近亲
蚓蜥亚目
（Amphisbaenia）
166种

壁虎及其近亲
壁虎下目（Gekkota）
1073种

硬舌类

硬舌亚目（Scleroglossa）。不用舌头而利用上下颌捕食，舌头是用来嗅气味的。这个类别包括除美洲鬣蜥外的所有有鳞类动物。

石龙子及其近亲
石龙子下目（Scincomorpha）
2000种

蛇蜥类

蛇蜥亚目（Autarchoglossa）的嗅觉能力极强，其嗅觉主要靠舌头和位于嘴的上腭部的一个敏感的嗅腺器官。

异蜥类
异蜥科
（Xenosauridae）
6种

蛇蜥
蛇蜥科
（Anguidae）
114种

蛇蜥类

蛇蜥下目（Anguimorpha），有鳞目中种类丰富的一个类别。这一类别中很多动物鳞下有骨板（皮内成骨，osteoderms），有一些没有腿。

毒蜥
毒蜥科
（Helodermatidae）
2种

巨蜥
巨蜥科
（Varanidae）
63种

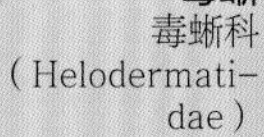

巨蜥及其近亲

巨蜥超科（Varanoidea）。这一类有鳞目动物嗅觉极为灵敏，牙齿非常锋利，上颌和颈部极为发达，而且多数能用长长的舌头捕食猎物。

蛇

蛇亚目（Serpentes）。体细长，四肢消失（尽管部分蛇的骨骼表明有残余后肢），无活动性眼睑及外耳。

盲蛇
盲蛇下目
（Scolecophidia）
473种

真蛇
真蛇下目
（Alethinophidia）
2500种

爬行动物

大多数人都认为爬行动物是卵生的脊椎动物，身体表面粗糙，覆盖着坚硬干燥的鳞片。事实上，爬行动物也包括长着羽毛的鸟类。

现生的爬行动物包括水生龟类和陆生龟类、楔齿蜥、有鳞类（蜥蜴、蚓蜥、蛇）、鳄类（鳄、短吻鳄和凯门鳄），以及有点让你难以想到的鸟类。实际上，鳄类与鸟类的关系比与其他动物的关系更近，它们共同构成了一个称为初龙的类别，这一类中还有已经灭绝的恐龙和翼龙（会飞的爬行动物）。鸟类是长着羽毛的恒温爬行类。因此，本书专列了一个章节对鸟类进行介绍。

温度调节

爬行动物遍及世界各地，但是主要栖息在热带地区。除鸟类外的大多数爬行动物是变温动物，也就是说它们无法通过新陈代谢产生热。有些通过它们自身的行为调节体温，如晒太阳，而有些变温动物则比恒温的鸟类和哺乳动物能耐受更高的温度。有些爬行动物能够在低至零度以下的温度下生存，但在这样的低温下它们的体能会处在代谢率非常低的水平上。

极端生境

因为主要通过外界的热源，如太阳，来获取热量，所以在体形大小相同的情况下，变温动物只需恒温动物所需食物的十分之一就可以生存。恒温动物通过食物获取的大部分能量被用来维持恒定的体温。这使得除鸟类外的其他爬行动物能够在条件恶劣、食物短缺的环境中生存，特别是在沙漠中。蜥蜴是沙漠中最常见的脊椎动物。

水生龟和陆生龟

龟鳖目（Chelonia）

水生龟类和陆生龟类构成了龟鳖目。它们的背部和腹部由厚厚的骨质龟甲所覆盖，这些龟甲是肋骨变形而成的。龟甲保护它们免遭袭击，但同时又限制了它们的速度及在陆地上的敏捷程度。龟鳖类食性多样，肉食性、植食性及杂食性都有。它们没有牙齿，而是用尖尖的、角质的喙来磨碎食物。龟鳖目动物生活在陆地上（即陆生龟）、淡水及海洋中。它们几乎都产球形的卵，有些生活在海洋中的龟一次能产下100枚卵。

大鳄龟
Macroclemys temminckii
40~80cm

平胸龟
Platysternon megacephalum
14~20cm

绿海龟
Chelonia mydas
80~100cm

印度星龟
Geochelone elegans
30~38cm

红耳龟（巴西龟）
Trachemys scripta elegans
20~28cm

黄动胸龟
Kinosternon flavescens
12~16cm

赫氏陆龟
Testudo hermanni
15~20cm

豹龟
Geochelone pardalis
45~72cm

中华鳖
Pelodiscus sinensis
15~30cm

普通蛇颈龟
Chelodina longicollis
20~25cm

新西兰楔齿蜥

喙头目（Rhynchocephalia）

喙头目的爬行动物生活在新西兰周边的岛屿上。虽然外形像蜥蜴，但是它们却不属于有鳞目，而是属于一种曾经遍及世界各地的古老的爬行动物。它们的牙齿牢固地生长在颌骨上，上颌的齿尖衍变为喙状或楔状结构。楔齿蜥没有有鳞类特有的半阴茎（双阴茎），它们产卵，且卵须经一年的时间孵化，其寿命很长。

楔齿蜥
Sphenodon punctatus
50~65cm

蜥蜴和蛇

有鳞目（Squamata）

蜥蜴、蛇和蚓蜥构成了有鳞目，这是变温爬行动物中最大、分布最广的一类。大多数的有鳞目动物产卵，但也有相当一部分会直接产下幼体。蜥蜴是其中数量最多的，而且与其他有鳞目动物不同的是——蜥蜴有四肢。蜥蜴还有眼睑和外耳口。有鳞目适应在多种环境中生存，并占据各种生态位。蚓蜥是一种穴居的有鳞目动物，仅生活在温暖的气候条件下，其鳞呈环形排列，其骨质的头骨使蚓蜥能够进入坚硬的土壤。多数蚓蜥没有四肢，但是五趾双足蚓蜥（双足蚓蜥科，Bipedidae）有可以挖穴的前肢。蛇是有鳞目的一大类，身体细长，无附肢、眼睑及外耳，这些制约因素使蛇的行动方式和捕食方式与众不同。所有的蛇都是肉食性的，它们捕食的范围小到蚂蚁，大到羚羊。

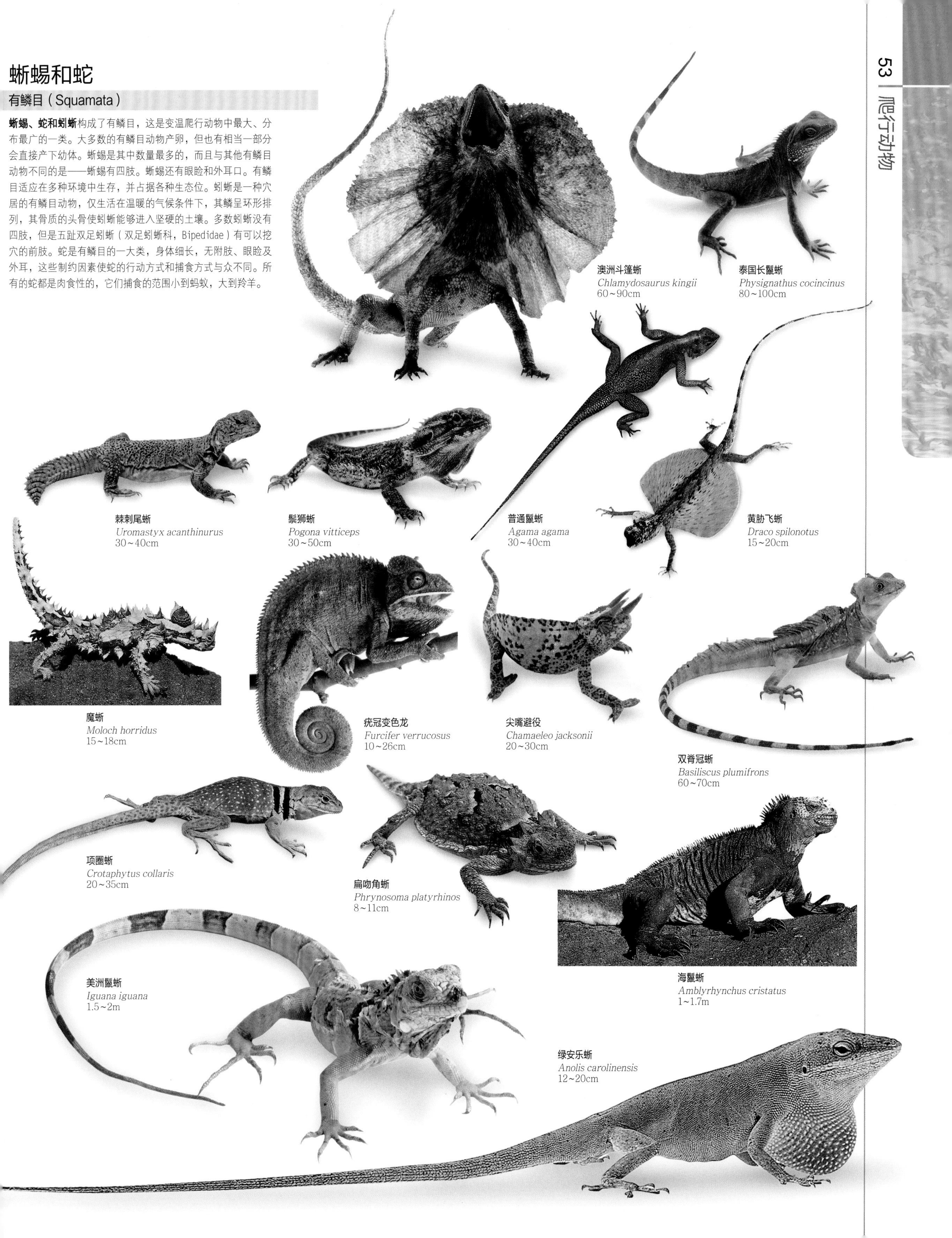

澳洲斗篷蜥
Chlamydosaurus kingii
60~90cm

泰国长鬣蜥
Physignathus cocincinus
80~100cm

棘刺尾蜥
Uromastyx acanthinurus
30~40cm

鬃狮蜥
Pogona vitticeps
30~50cm

普通鬣蜥
Agama agama
30~40cm

黄肋飞蜥
Draco spilonotus
15~20cm

魔蜥
Moloch horridus
15~18cm

疣冠变色龙
Furcifer verrucosus
10~26cm

尖嘴避役
Chamaeleo jacksonii
20~30cm

双脊冠蜥
Basiliscus plumifrons
60~70cm

项圈蜥
Crotaphytus collaris
20~35cm

扁吻角蜥
Phrynosoma platyrhinos
8~11cm

海鬣蜥
Amblyrhynchus cristatus
1~1.7m

美洲鬣蜥
Iguana iguana
1.5~2m

绿安乐蜥
Anolis carolinensis
12~20cm

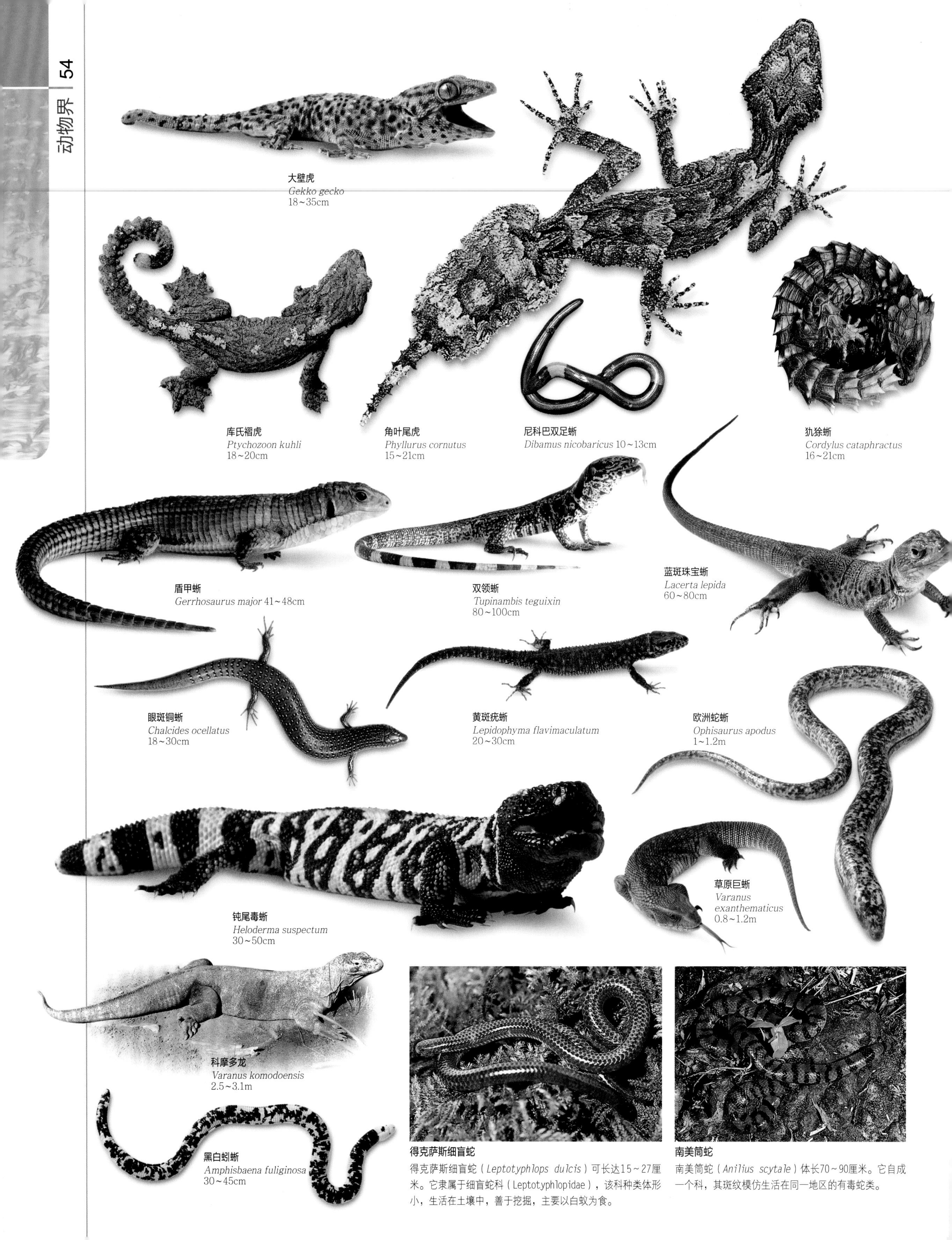

得克萨斯细盲蛇

得克萨斯细盲蛇（*Leptotyphlops dulcis*）可长达15~27厘米。它隶属于细盲蛇科（Leptotyphlopidae），该科种类体形小，生活在土壤中，善于挖掘，主要以白蚁为食。

南美筒蛇

南美筒蛇（*Anilius scytale*）体长70~90厘米。它自成一个科，其斑纹模仿生活在同一地区的有毒蛇类。

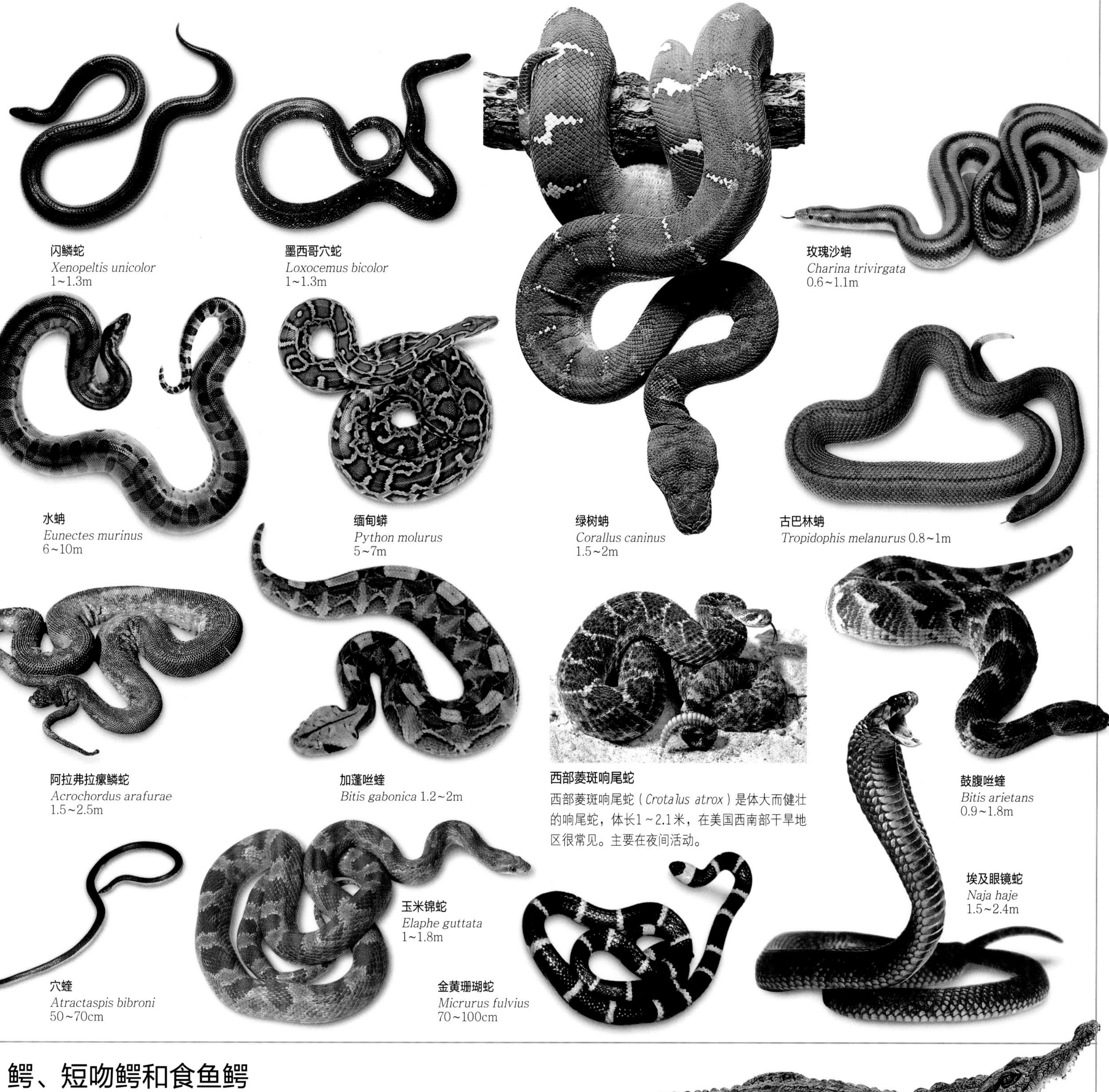

闪鳞蛇
Xenopeltis unicolor
1~1.3m

墨西哥穴蛇
Loxocemus bicolor
1~1.3m

玫瑰沙蚺
Charina trivirgata
0.6~1.1m

水蚺
Eunectes murinus
6~10m

缅甸蟒
Python molurus
5~7m

绿树蚺
Corallus caninus
1.5~2m

古巴林蚺
Tropidophis melanurus 0.8~1m

阿拉弗拉瘰鳞蛇
Acrochordus arafurae
1.5~2.5m

加蓬咝蝰
Bitis gabonica 1.2~2m

西部菱斑响尾蛇
西部菱斑响尾蛇（*Crotalus atrox*）是体大而健壮的响尾蛇，体长1~2.1米，在美国西南部干旱地区很常见。主要在夜间活动。

鼓腹咝蝰
Bitis arietans
0.9~1.8m

埃及眼镜蛇
Naja haje
1.5~2.4m

玉米锦蛇
Elaphe guttata
1~1.8m

穴蝰
Atractaspis bibroni
50~70cm

金黄珊瑚蛇
Micrurus fulvius
70~100cm

鳄、短吻鳄和食鱼鳄

鳄目（Crocodilia）

从已灭绝的恐龙同一进化线路演化来的类群现存有两个，鳄类是其中一个，另一个是鸟类。鳄类身体表面覆盖着厚厚的骨质鳞甲，是一种凶猛的半水生性爬行动物。它们的社交行为、复杂的炫耀行为和发声，使鳄类与其他所有的爬行动物有显著的差异。所有的鳄都产卵，雌性鳄表现出很高的亲代养育能力。大多数的鳄生活在淡水河流、湖泊和潟湖中，而少数则栖息在潮水区，有时可能进入到海洋。

尼罗鳄
Crocodylus niloticus
5~6.5m

美洲鳄（密河鼍）
Alligator mississippiensis
2.8~5m

眼镜凯门鳄
Caiman crocodilus
2.5~3m

食鱼鳄
Gavialis gangeticus
4~7m

脊椎动物
37页

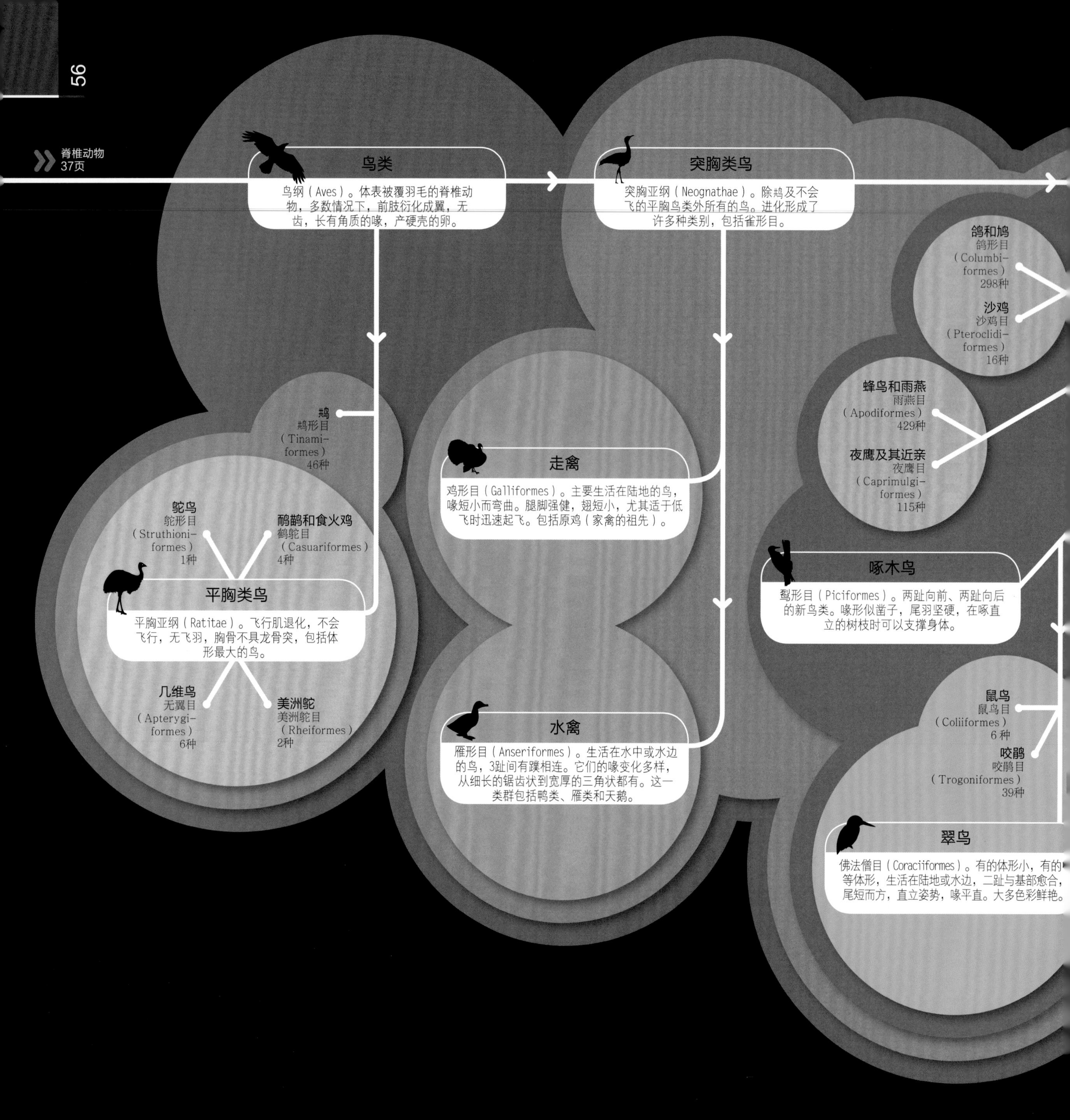

鸟类
鸟纲（Aves）。体表被覆羽毛的脊椎动物，多数情况下，前肢衍化成翼，无齿，长有角质的喙，产硬壳的卵。
突胸类鸟
突胸亚纲（Neognathae）。除䳍及不会飞的平胸鸟类外所有的鸟。进化形成了许多种类别，包括雀形目。
鸽和鸠
鸽形目
（Columbi-formes）
298种
沙鸡
沙鸡目
（Pteroclidi-formes）
16种
蜂鸟和雨燕
雨燕目
（Apodiformes）
429种
夜鹰及其近亲
夜鹰目
（Caprimulgi-formes）
115种
䳍
䳍形目
（Tinami-formes）
46种
走禽
鸡形目（Galliformes）。主要生活在陆地的鸟，喙短小而弯曲。腿脚强健，翅短小，尤其适于低飞时迅速起飞。包括原鸡（家禽的祖先）。
鸵鸟
鸵形目
（Struthioni-formes）
1种
鸸鹋和食火鸡
鹤鸵目
（Casuariformes）
4种
平胸类鸟
平胸亚纲（Ratitae）。飞行肌退化，不会飞行，无飞羽，胸骨不具龙骨突，包括体形最大的鸟。
几维鸟
无翼目
（Apterygi-formes）
6种
美洲鸵
美洲鸵目
（Rheiformes）
2种
水禽
雁形目（Anseriformes）。生活在水中或水边的鸟，3趾间有蹼相连。它们的喙变化多样，从细长的锯齿状到宽厚的三角状都有。这一类群包括鸭类、雁类和天鹅。
啄木鸟
䴕形目（Piciformes）。两趾向前、两趾向后的新鸟类。喙形似凿子，尾羽坚硬，在啄直立的树枝时可以支撑身体。
鼠鸟
鼠鸟目
（Coliiformes）
6 种
咬鹃
咬鹃目
（Trogoniformes）
39种
翠鸟
佛法僧目（Coraciiformes）。有的体形小，有的等体形，生活在陆地或水边，二趾与基部愈合，尾短而方，直立姿势，喙平直。大多色彩鲜艳。

鸟类类群

鸟有近10000种，包括原始的䳍类和平胸鸟类及最新进化的雀形目。有些鸟，如企鹅和蜂鸟，其外形一目了然。而另一些鸟，如鹤和秧鸡，看起来彼此没有共同之处。最新的DNA研究帮助解决了一些它们之间的关系问题，重新划分了类别。令人惊奇的发现包括：新大陆的美洲鹫类和鹳的关系比美洲鹫与其他猛禽的关系更近。

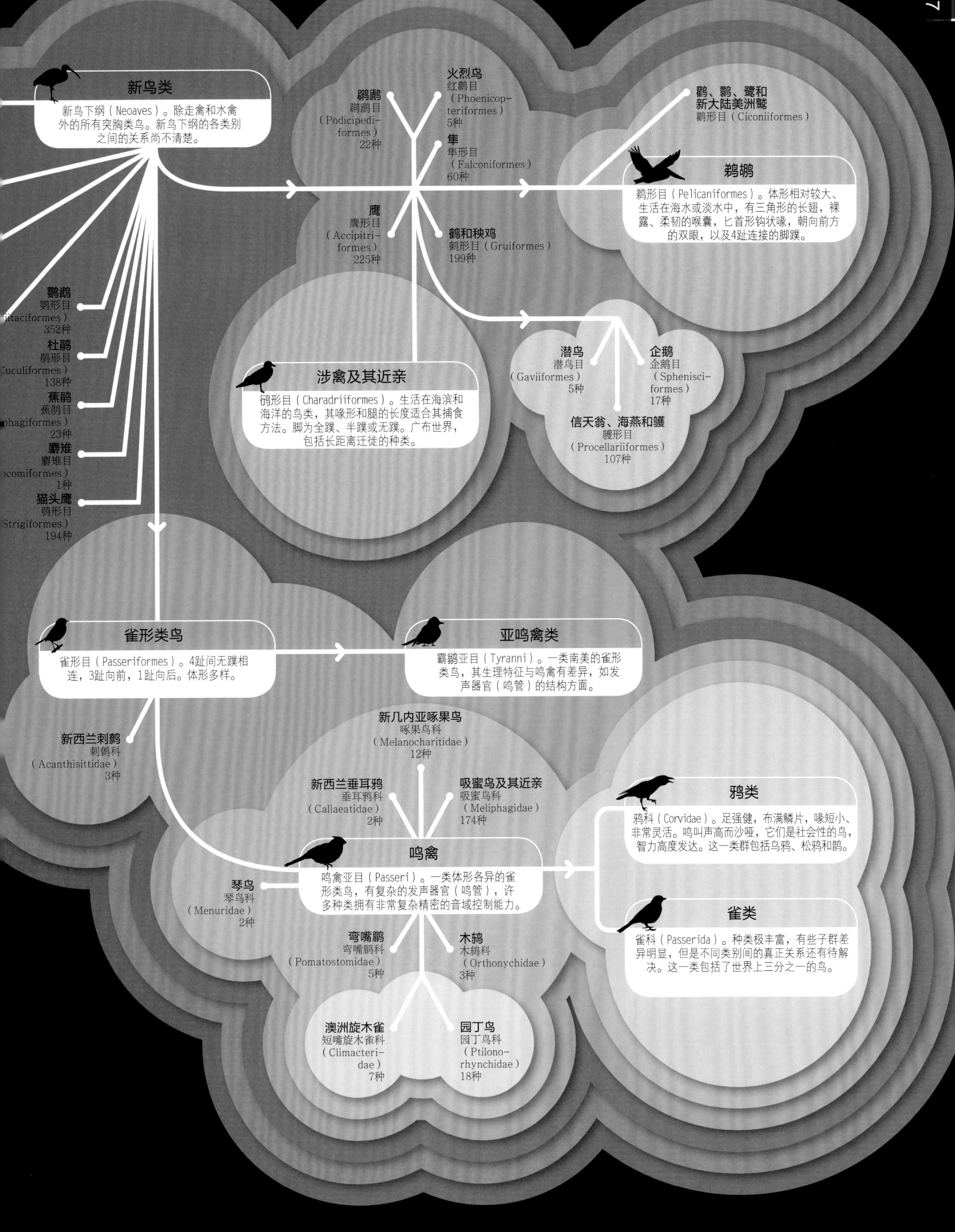

新鸟类

新鸟下纲（Neoaves）。除走禽和水禽外的所有突胸类鸟。新鸟下纲的各类别之间的关系尚不清楚。

鹦鹉 鹦形目（…ittaciformes）352种

杜鹃 鹃形目（…uculiformes）138种

蕉鹃 蕉鹃目（…phagiformes）23种

麝雉 麝雉目（…ocomiformes）1种

猫头鹰 鸮形目（Strigiformes）194种

䴙䴘 䴙䴘目（Podicipediformes）22种

火烈鸟 红鹳目（Phoenicopteriformes）5种

隼 隼形目（Falconiformes）60种

鹰 鹰形目（Accipitriformes）225种

鹤和秧鸡 鹤形目（Gruiformes）199种

鹳、鹮、鹭和新大陆美洲鹫 鹳形目（Ciconiiformes）

鹈鹕

鹈形目（Pelicaniformes）。体形相对较大、生活在海水或淡水中，有三角形的长翅，裸露、柔韧的喉囊，匕首形钩状喙，朝向前方的双眼，以及4趾连接的脚蹼。

涉禽及其近亲

鸻形目（Charadriiformes）。生活在海滨和海洋的鸟类，其喙形和腿的长度适合其捕食方法。脚为全蹼、半蹼或无蹼。广布世界，包括长距离迁徙的种类。

潜鸟 潜鸟目（Gaviiformes）5种

企鹅 企鹅目（Sphenisciformes）17种

信天翁、海燕和鹱 鹱形目（Procellariiformes）107种

雀形类鸟

雀形目（Passeriformes）。4趾间无蹼相连，3趾向前，1趾向后。体形多样。

亚鸣禽类

霸鹟亚目（Tyranni）。一类南美的雀形类鸟，其生理特征与鸣禽有差异，如发声器官（鸣管）的结构方面。

新西兰刺鹩 刺鹩科（Acanthisittidae）3种

新几内亚啄果鸟 啄果鸟科（Melanocharitidae）12种

新西兰垂耳鸦 垂耳鸦科（Callaeatidae）2种

吸蜜鸟及其近亲 吸蜜鸟科（Meliphagidae）174种

鸣禽

鸣禽亚目（Passeri）。一类体形各异的雀形类鸟，有复杂的发声器官（鸣管），许多种类拥有非常复杂精密的音域控制能力。

琴鸟 琴鸟科（Menuridae）2种

弯嘴鹛 弯嘴鹛科（Pomatostomidae）5种

木鸫 木鸫科（Orthonychidae）3种

澳洲旋木雀 短嘴旋木雀科（Climacteridae）7种

园丁鸟 园丁鸟科（Ptilonorhynchidae）18种

鸦类

鸦科（Corvidae）。足强健，布满鳞片，喙短小、非常灵活。鸣叫声高而沙哑，它们是社会性的鸟，智力高度发达。这一类群包括乌鸦、松鸦和鹊。

雀类

雀科（Passerida）。种类极丰富，有些子群差异明显，但是不同类别间的真正关系还有待解决。这一类包括了世界上三分之一的鸟。

鸟类

鸟类体重较轻，但显而易见地健壮，其新陈代谢快，通常飞行速度较快，精力充沛。除气候极度恶劣的极地地区，世界各地都有鸟类分布，尤其在每种生境的外层。

现代鸟类可以追根溯源到恐龙，它们与爬行动物有许多相似之处，但是所有的鸟都是恒温动物。多数鸟会飞，也有些不会飞。所有的鸟都产卵，并且体外孵化，都有角质的喙。鸟有一个独特的特征，即体表被覆羽毛。鸟类的羽毛是由鳞片演变而来的，而且生长在轮廓分明的羽迹内，形成了有规则的图案，通常用一些像耳羽、肩羽、初级飞羽、尾羽之类的术语来描述。体表较小的正羽使鸟的外廓呈流线型。包括企鹅和几维鸟在内的有些鸟，其羽迹很难界定。羽毛能形成隔热层，使鸟具备飞翔能力，而且羽毛是要定期更换的，通常是一年一次或两次。

数一数趾骨

通过对鸟类详尽的生理和行为特征的分析，鸟类可以分为227个科，以此构建进化树。生理特征包括脚趾的结构：多数鸟具有4趾，3趾向，1趾向后。有些鸟类则只有3趾，而现存鸟类中只有鸵鸟是2根脚趾。

䳍

䳍形目（Tinamiformes）

这种南美的走禽形似鹌鹑，主要生活在茂密的热带森林中，其分布北至墨西哥，也有些生活在草原。虽然我们经常能听到它们的鸣叫声，但是这种鸟类很难捉到。它们的食物主要是昆虫、种子及浆果，体长15～50厘米。

红翅䳍
Rhynchotus rufescens
40cm

鸵鸟

鸵形目（Struthioniformes）

鸵鸟是世界上体形最大的不会飞的鸟，奔跑速度可达65千米/小时。

鸵鸟
Struthio camelus
1.7～2.8m

美洲鸵

美洲鸵目（Rheiformes）

美洲鸵是一种一雄多雌的不会飞的鸟，形似鸵鸟，但是脚趾有3个，体形小得多，只有1.5米高。它们生活在南美开阔的栖息地，以树叶、嫩枝、种子和一些无脊椎动物为食。

美洲鸵
Rhea americana
0.9～1.5m

鹤鸵和鸸鹋

鹤鸵目（Casuariiformes）

这些不会飞行的鸟生活在澳大利亚和新几内亚，与鸵鸟有些相似，但是比鸵鸟矮，且生有3趾。鹤鸵身高可达1.8米。鸸鹋是世界上体形第二大的鸟，高达2米，质量可达45千克。

鹤鸵
Casuarius casuarius
1.8m

几维

无翼目（Apterygiformes）

3种没有翅膀的小型鸟组成了该目。雌性比雄性体形大，其卵可达体重的25%。夜行性，通过面部触须和长而细的喙端鼻孔寻找食物，特别是蚯蚓。

褐几维
Apteryx australis
40cm

雉鸡及其近亲

鸡形目（Galliformes）

雉鸡的栖息地很广泛，包括半沙漠地区、草原、稀树草原、森林，甚至山顶和苔原冻土地带。它们头小，体大，喙短且呈弓形，雌雄个体有明显的差异。雉鸡脚上有羽毛，冬季羽毛通常为白色。

加州斑鹑
Callipepla californica
25cm

山齿鹑
Colinus virginianus
24～28cm

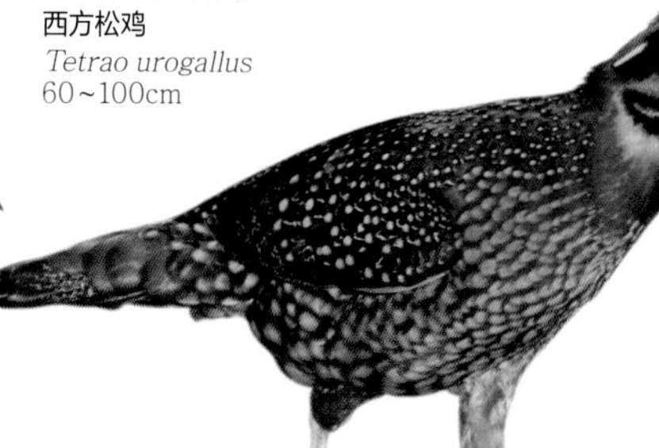

西方松鸡
Tetrao urogallus
60～100cm

石鸡
Alectoris chukar
32～39cm

灰鹧鸪
Francolinus pondicerianus
34cm

红腹角雉
Tragopan temminckii
63cm

水禽

雁形目（Anseriformes）

这类鸟包括鸭、雁、天鹅和树鸭。水禽主要生活在水域或水边，其中很多在陆地上捕食，然后回到水中躲避危险。天鹅是其中体形最大的，鸭类最小，雁或鹅介于二者之间。鸭类可生活在淡水或海水中，或二者兼可，可在陆地或水中捕食。

疣鼻天鹅
Cygnus olor
1.2～1.7m

赤颈鸭
Anas penelope
75～86cm

尖羽树鸭
Dendrocygna eytoni 40～45cm

红胸黑雁
Branta ruficollis 53～55cm

企鹅

企鹅目（Sphenisciformes）

尽管个别种类的“冒险者”的足迹北至赤道，但是企鹅这种不会飞的海鸟绝大多数生活在寒冷的南大洋，在那里的海水中有丰富的食物资源。多数企鹅集成千万只大群繁殖。企鹅体形丰满，质量在1~30千克之间，腿短，趾间具蹼，双翅扁平形成了鳍肢，在陆地上直立行走，左右摇摆。企鹅擅长游泳，速度可达14千米/小时，还善于在深海中潜水捕食鱼和磷虾群。

冠企鹅
Eudyptes chrysocome
52cm

阿德利企鹅
Pygoscelis adeliae
46~61cm

王企鹅
Aptenodytes patagonicus
95cm

斑嘴环企鹅
Spheniscus demersus
60~70cm

洪氏环企鹅
Spheniscus humboldti
58cm

潜鸟

潜鸟目（Gaviiformes）

潜鸟是生活在北半球的水鸟，虽然在淡水边筑巢，但它们主要在海洋中活动。潜鸟双腿健壮，长在身体后方，所以非常适合水下游泳，但同时这种身体结构也导致了它们无法在陆地上行走。

黑喉潜鸟
Gavia arctica
60~70cm

鸊鷉

鸊鷉目（Podicipediformes）

这类鸟分布广泛，主要在淡水中及近海水域。喙细长而似短剑，脚宽而呈裂片状，腿位于身体后方，适合水下推进。

凤头鸊鷉
Podiceps cristatus
46~51cm

信天翁、海燕和鹱

鹱形目（Procellariiformes）

小到暴风海燕，大到有着最长翼展的漂泊信天翁，信天翁、海燕和鹱，它们都有管状鼻孔，主要在海上生活，但是在陆地上繁殖。体形较小的种类是不会在陆地上行走的，它们只在夜幕下才回巢穴，甚至个体稍大些的在陆地上也很脆弱，但是所有这些种类在海上则如鱼得水。

王信天翁
一对正在繁殖的王信天翁（*Diomedea epomophora*）在它们的巢穴中。

暴风鹱
Fulmarus glacialis
45~50cm

猛鹱
Calonectris diomedea
45~56cm

暴风海燕
Hydrobates pelagicus
14~17cm

火烈鸟

红鹳目（Phoenicopteriformes）

火烈鸟是热带和温带的水鸟，它们成群结队地生活在一起，成千上万只火烈鸟会在条件优越的有限区域觅食。火烈鸟腿长、颈长并长着弯曲的喙，用来过滤它们蹚水或游泳时觅到的食物。

大红鹳
Phoenicopterus ruber
1.2~1.45m

鹳、鹮和鹭

鹳形目（Ciconiiformes）

这类水鸟种类丰富，包括鹭、鳽、鹮、鹳和琵鹭。它们分布广泛，但是有些只生活在诸如芦苇丛之类的栖息地。多数腿长、颈长，长着像匕首一样的喙从而能将鱼抓住。琵鹭的喙扁平，喙尖形状像勺，十分敏感，可以探测浅水中的食物。

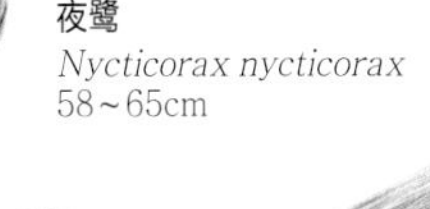

夜鹭
Nycticorax nycticorax
58~65cm

白琵鹭
Platalea leucorodia
80~93cm

白鹳
Ciconia ciconia
0.95~1.1m

红鹮
Eudocimus ruber
56~68cm

牛背鹭
Bubulcus ibis
45~50cm

苍鹭
Ardea cinerea
90~98cm

鹈鹕及其近亲

鹈形目（Pelecaniformes）

广泛分布于热带和温带地区，翼长，翅三角形，喉囊有弹性，两眼向前。除军舰鸟外，其他鹈形目都有蹼连接着4个脚趾（与鸭和鸥不同）。这个目中许多是海鸟，但也有些是淡水种类。有时几千对结伴而居。

小军舰鸟
Fregata minor
85~105cm

鲸头鹳
Balaeniceps rex
1.1~1.4m

褐鹈鹕
Pelecanus occidentalis
1~1.5m

北鲣鸟
Morus bassanus
89~102cm

大鸬鹚
Phalacrocorax carbo
80~100cm

猛禽

鹰形目（Accipitriformes）、美洲鹫目（Cathartiformes）和隼形目（Falconiformes）

猛禽种类丰富，小到比画眉还小的鸟，大到世界上最大的飞鸟。很多是食肉的，有些是食腐的，还有些主要是植食的。大多数猛禽有强健的腿、利爪和锋利的钩状喙。

红头美洲鹫
Cathartes aura
64~81cm

安第斯神鹰
Vultur gryphus
1.2~1.3m

凤头卡拉鹰
Caracara plancus
49~59cm

红隼
Falco tinnunculus 30~38cm

栗翅鹰
Parabuteo unicinctus
75cm

蛇鹫
Sagittarius serpentarius
1.3~1.4m

白腹海雕
Haliaeetus leucogaster 70cm

埃及兀鹫
Neophron percnopterus
（亚成体）58~70cm

鹤和秧鸡

鹤形目（Gruiformes）

体形高大，直立，腿长。鹤形目动物善迁徙，好群居，包括生活在水边的秧鸡和长脚秧鸡，栖息在空旷草地的鸨，以及古怪的秧鹤和叫鹤。其分布广泛，但是人们对其中许多种类了解很少，对一些种类甚至几乎没有了解。

大鸨
Otis tarda
高达1.1m

小鸨
Tetrax tetrax
40~45cm

鹭鹤
Rhynochetos jubatus 55cm

黄斑秧鸡
Gallirallus philippensis
28~33cm

普通秧鸡
Rallus aquaticus
22~28cm

黑水鸡
Gallinula chloropus
32~35cm

紫水鸡
Porphyrio porphyrio
38~50cm

秧鹤
Aramus guarauna 56~71cm

灰鹤
Grus grus
0.95~1.2m

鹬、鸥和海雀

鸻形目（Charadriiformes）

种类很多，遍布世界各地，包括一些长距离迁徙的鸟。鸻形目主要包括鸻和鹬在内的涉禽或滨禽，更多时间生活在海洋中的鸥和燕鸥，以及海雀和海鹦等在海岸繁殖的真正意义上的海鸟。由于觅食不同的食物，生活在不同的栖息地，涉禽的大小、喙的形状和腿的长度方面差异很大。它们多生活在水边，但是繁殖地可能是苔原冻土带、荒野、沼泽地，甚至农田。

蛎鹬
Haematopus ostralegus
40~45cm

装脸麦鸡
Vanellus miles 33~38cm

黑颈长脚鹬
Himantopus mexicanus
35cm

肉垂水雉
Jacana jacana
17~25cm

金眶鸻
Charadrius dubius
14~15cm

白腰杓鹬
Numenius arquata
50~60cm

反嘴鹬
Recurvirostra avosetta
42~45cm

海鸥
Larus canus
38~44cm

印加燕鸥
Larosterna inca
39~42cm

长尾贼鸥
Stercorarius longicaudus
48~53cm

北极海鹦
Fratercula arctica
25cm

沙鸡

沙鸡目（Pteroclidiformes）

沙鸡种类较少，栖息在温暖及炎热的干草原或半沙漠地区。这类腿短、体形矮胖、长翅的鸟不善行走，但是飞行敏捷。它们好群居，早晨和晚上会飞到水域，腹部浸湿的羽毛可以给它们的雏鸟带回水。

白腹沙鸡
Pterocles alchata
28cm

鸽和鸠

鸽形目（Columbiformes）

种类众多，除了极其寒冷的地区和沙漠地区，遍布各地。包括鸽和鸠（二者没有明显的区别），还包括两个著名的已灭绝的家族：渡渡鸟和旅鸽。

点斑鸽
Columba guinea
33cm

斑嘴地鸠
Columbina cruziana
15cm

哀鸽
Zenaida macroura
23~34cm

粉红点果鸠
Ptilinopus perlatus
26cm

鹦哥和鹦鹉

鹦形目（Psittaciformes）

分布广泛的热带鸟类，主要栖息在密灌丛和森林中。经常群居，以水果和种子为食。腿短，爪健壮，2趾向后，喙短粗且呈钩状，与隼和鸽很相似，喙基部长有蜡膜。

啄羊鹦鹉
Nestor notabilis
46cm

白凤头鹦鹉
Cacatua alba
46cm

褐色吸蜜鹦鹉
Chalcopsitta dulvenbodei
32cm

黑翅吸蜜鹦鹉
Eos cyanogenia
10cm

红额吸蜜鹦鹉
Charmosyna rubronotata 10cm

圣文森特亚马孙鹦哥
Amazona guildingii 40cm

杜鹃和蕉鹃

鹃形目（Cuculiformes）

在世界各地分布广泛，有些杜鹃在热带和温带地区间长途迁徙。蕉鹃栖息在热带森林中，麝雉栖息在南美洲的森林中。许多杜鹃将卵产在其他鸟类的巢中，不亲自孵化。杜鹃主要以昆虫为食，尤其爱吃毛毛虫。

红冠蕉鹃
Tauraco erythrolophus
40~43cm

大杜鹃
Cuculus canorus 32~36cm

树栖者
这种南美洲原始的麝雉（*Opisthocomus hoazin*）生活在树上，且几乎完全以叶子为食。体长62~72厘米。

猫头鹰

鸮形目（Strigiformes）

猫头鹰和仓鸮主要在晨昏或夜晚活动，但是也有一些在白天捕食。多数猫头鹰的听觉和视觉很敏锐，它们适应无声飞行，能够在近乎黑暗的情况下或雪下准确定位猎物。它们栖息在苔原冻土地带和沙漠地区、茂密的雨林及开阔的丛林地带中。仓鸮遍及世界各地，是陆地上的鸟类中分布最广泛的。

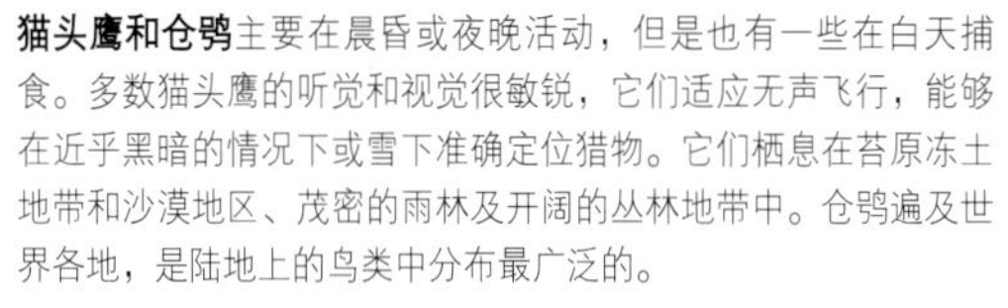

雕鸮
Bubo bubo
59~73cm

眼镜鸮
Pulsatrix perspicillata
43~52cm

灰林鸮
Strix aluco
37~39cm

乌林鸮
Strix nebulosa
59~85cm

花头鸺鹠
Glaucidium passerinum
15~19cm

长尾林鸮
Strix uralensis
58~62cm

猛鸮
Surnia ulula
36~41cm

仓鸮
Tyto alba
29~44cm

夜鹰和蟆口鸱

夜鹰目（Caprimulgiformes）

夜鹰目广布于世界，包括夜鹰、蟆口鸱，以及其他区域种，例如油鸱。它们在黎明和黄昏时处于活跃状态，这时它们通常会捕食飞行的昆虫。夜鹰和蟆口鸱的特点是长着细小的腿，小巧的喙上有很大的喙裂，眼大，羽衣的图案非常隐蔽。白天，它们依靠伪装躲在树皮、树叶上或者地面上。

欧夜鹰
Caprimulgus europaeus 26~28cm

茶色蟆口鸱
Podargus strigoides
34~53cm

普通林鸱
Nyctibius griseus
33~38cm

蜂鸟和雨燕

雨燕目（Apodiformes）

雨燕是世界上最善飞行的鸟，有些两三年都不会落到地面上来，只会飞回巢中。尽管喙很小，但是它们捕食昆虫。蜂鸟食花蜜，喙的形状也非常适合它们食花蜜。它们是世界上最灵活的鸟，能盘旋、俯冲，甚至还会倒飞。这类鸟包括了世界上最小的鸟。

苍雨燕
Apus pallidus
16~18cm

安第斯山蜂鸟
Oreotrochilus estella
13~15cm

鼠鸟

鼠鸟目（Coliiformes）

仅有6种，分布在热带非洲，它们是稀树草原开阔的灌木丛中特有的鸟。鼠鸟的喙小且向下弯曲，足短小但健壮，尾细而长。它们好群居，捕食时会聚在一起。这是非洲特有的两类鸟之一，另一类是鸵鸟。

蓝项鼠鸟
Urocolius macrourus
33~36cm

点斑鼠鸟
Colius striatus
30~40cm

咬鹃

咬鹃目（Trogoniformes）

尽管分散地分布于热带的非洲、美洲和中南半岛，所有的咬鹃仍然在外形上极其相似。咬鹃背部呈绿色，尾部有黑白条纹，腹部为亮丽的红色、粉色、橙色或黄色，喙短而粗，腿短。大多数咬鹃喜欢栖息在森林或林地，以昆虫为食。

凤尾绿咬鹃
Pharomachrus mocinno
35~40cm

堇头美洲咬鹃
Trogon violaceus
23~26cm

翠鸟及其近亲

佛法僧目（Coraciiformes）

本类群的翠鸟、翠鴗、蜂虎、佛法僧、戴胜和犀鸟几乎广布世界，但是只有翠鸟真正在世界各地广泛分布。少数翠鸟食鱼，多数翠鸟，像澳大利亚的笑翠鸟，捕食昆虫或林地的爬行动物。蜂虎在飞行中捕食昆虫。佛法僧从高空俯冲下来捕食猎物，戴胜和一些犀鸟在地面捕食。有的翠鸟很小，也有的个体中等大小，但是生活在地面的犀鸟个体很大。它们都在各种各样的洞中筑巢，有些在地下挖洞，有些则利用现成的树洞。

蓝胸佛法僧
Coracias garrulus
30cm

啄木鸟和巨嘴鸟

鴷形目（Piciformes）

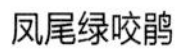

本类群的喷鴷、须鴷、响蜜鴷、巨嘴鸟（鵎鵼）和啄木鸟都是对生趾，即两趾向前、两趾向后，善于攀援。它们的喙有力，行为大胆而喧闹。响蜜鴷引导其他动物闯入蜂房，而它坐收渔利。巨嘴鸟颜色非常艳丽，喙长而轻巧。有尾巴支撑，啄木鸟可以站在直立的树枝上，用喙"敲击"树枝。只有啄木鸟广泛分布在几个大洲。

鞭笞鵎鵼
Ramphastos toco
53~60cm

笑翠鸟
Dacelo novaeguineae
42cm

普通翠鸟
Alcedo atthis 16cm

斑鱼狗
Ceryle rudis
25cm

东非拟啄木
Trachyphonus darnaudii
20cm

黑喉响蜜鴷
Indicator indicator
20cm

短尾鴗
Todus todus
11cm

蓝顶翠鴗
Momotus momota 47cm

黄喉蜂虎
Merops apiaster
30cm

戴胜
Upupa epops
26~28cm

南黄嘴弯嘴犀鸟
Tockus leucomelas
50~60cm

双角犀鸟
Buceros bicornis
1.5m

蚁鴷
Jynx torquilla
16cm

中斑啄木
Dendrocopos medius
19~22cm

棕尾鹟鴷
Galbula ruficauda
25cm

雀类

雀形目（Passeriformes）

雀形目是鸟类中最大的一个类别，这类鸟4趾间都没有蹼，3趾向前，1趾向后。它们在体形、大小、颜色、行为和栖息地方面有很大差异。雀类是树栖鸟类，又分两个亚目。其中亚鸣禽亚目种类较少，有12个科；鸣禽亚目种类较多，又称鸣禽，有70个科。有些鸣禽如乌鸦的鸣叫声并不悦耳；另一些如澳大利亚的琴鸟、新旧大陆的鹛类，以及包括夜莺在内的各种鸣禽的鸣叫声则婉转动听，是世界上最善鸣啭的鸣禽。

刺鹩
Acanthisitta chloris
3cm

绿阔嘴鸟
Calyptomena viridis
20cm

非洲八色鸫
Pitta angolensis
20cm

横斑蚁鵙
Thamnophilus doliatus
16cm

肉垂钟雀
Procnias tricarunculatus
25~30cm

尖喙鸟
Oxyruncus cristatus
17cm

东美洲王霸鹟
Tyrannus tyrannus
20cm

燕尾侏儒鸟
Chiroxiphia caudata
13cm

淡黄额拾叶雀
Philydor rufum 19cm

楔嘴砍林鸟
Glyphorynchus spirurus
14cm

华丽琴鸟
尽管华丽琴鸟（*Menura novaehollandiae*）拥有非凡的外表，但它却很难琢磨。它因善于模仿自然和人工声音而被熟知。

红背细尾鹩莺
Malurus melanocephalus
10~13cm

蓝脸吸蜜鸟
Entomyzon cyanotis
31cm

褐色刺嘴莺
Acanthiza pusilla
10cm

灰喉山椒鸟
Pericrocotus solaris
19cm

黑额伯劳
Lanius minor 19~20cm

茶色顶绿莺鹛
Hylophilus ochraceiceps 11.5cm

东非黑头黄鹂
Oriolus larvatus 22cm

鹊鹨
Grallina cyanoleuca
29cm

小嘴乌鸦
Corvus corone
52cm

冠蓝鸦
Cyanocitta cristata
30cm

绯红鸲鹟
Petroica boodang
12～14cm

白颈岩鹛
Picathartes gymnocephalus
39～50cm

太平鸟
Bombycilla garrulus 17cm

大极乐鸟
Paradisaea apoda
35cm

棕榈鹏
Dulus dominicus
18cm

青山雀
Parus caeruleus 12cm

崖沙燕
Riparia riparia
12cm

云雀
Alauda arvensis
18～19cm

红耳鹎
Pycnonotus jocosus
20cm

波纹林莺
Sylvia undata
12～13cm

红嘴相思鸟
Leiothrix lutea
15cm

文须雀
Panurus biarmicus
12～15cm

和平鸟
Irena puella
27cm

苍色绣眼鸟
Zosterops pallidus 11cm

鹪鹩
Troglodytes troglodytes
9～10cm

紫翅椋鸟
Sturnus vulgaris
21cm

普通䴓
Sitta europaea
10～20cm

普通旋木雀
Certhia familiaris
12.5cm

小嘲鸫
Mimus polyglottos
23～28cm

歌鸫
Turdus philomelos
23cm

橙胸姬鹟
Ficedula strophiata
14cm

赤胸花蜜鸟
Chalcomitra senegalensis 15cm

家麻雀
Passer domesticus
14cm

爪哇文鸟
Lonchura oryzivora
14～15cm

林岩鹨
Prunella modularis
14cm

田鹨
Anthus richardi
17～20cm

红腹灰雀
Pyrrhula pyrrhula
15cm

黑枕威尔逊森莺
Wilsonia citrina 14cm

布氏拟黄鹂
Icterus bullockii
21cm

雪鹀
Plectrophenax nivalis
16cm

绿旋蜜雀
Chlorophanes spiza 14cm

主红雀
Cardinalis cardinalis 22cm

文须雀

文须雀（*Panurus biarmicus*）只栖息在芦苇滩。其实它们并不是真正的山雀，文须雀与亚洲鸦雀的亲缘关系更近。秋天种群数量太大时，有些个体就会飞走，去寻找新的栖息地。文须雀在芦苇和其他沼泽植物中很常见。

脊椎动物
36页

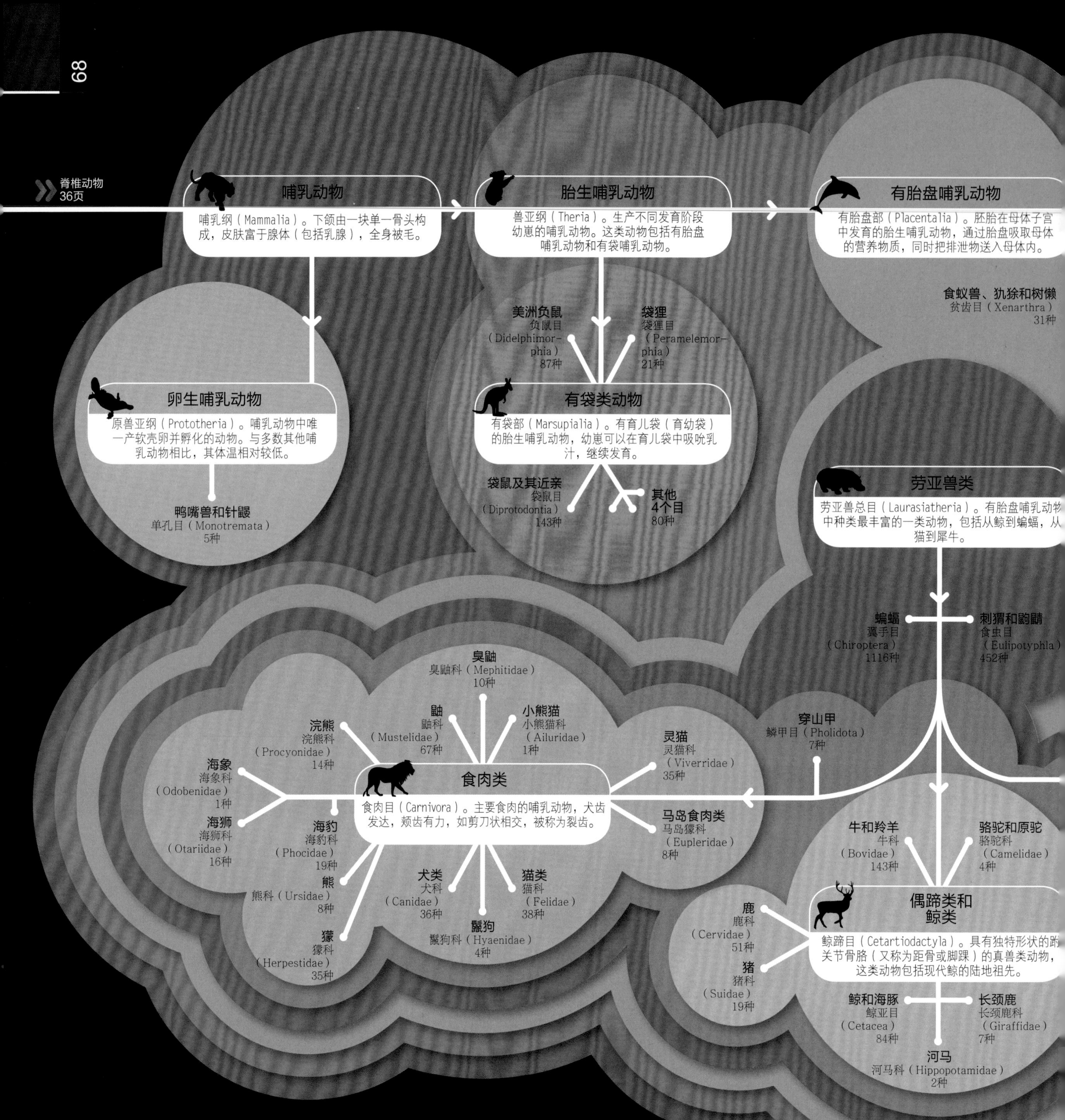

哺乳动物类群

原始的卵生哺乳动物是分化出的第一个类群，之后有袋类也分化出来。在进化为现在我们看到的不同种类的哺乳动物之前，有胎盘哺乳动物分为三大类：劳亚兽类、非洲兽类和灵长兽类，以及食蚁兽和其近缘种（贫齿兽类）。图中有传统的哺乳动物类群，例如灵长类和食肉类，也有大家不太熟悉的类群，这些包括偶蹄类和鲸类，最近的遗传和化石方面的证据表明偶蹄类和鲸类应合并在一起。

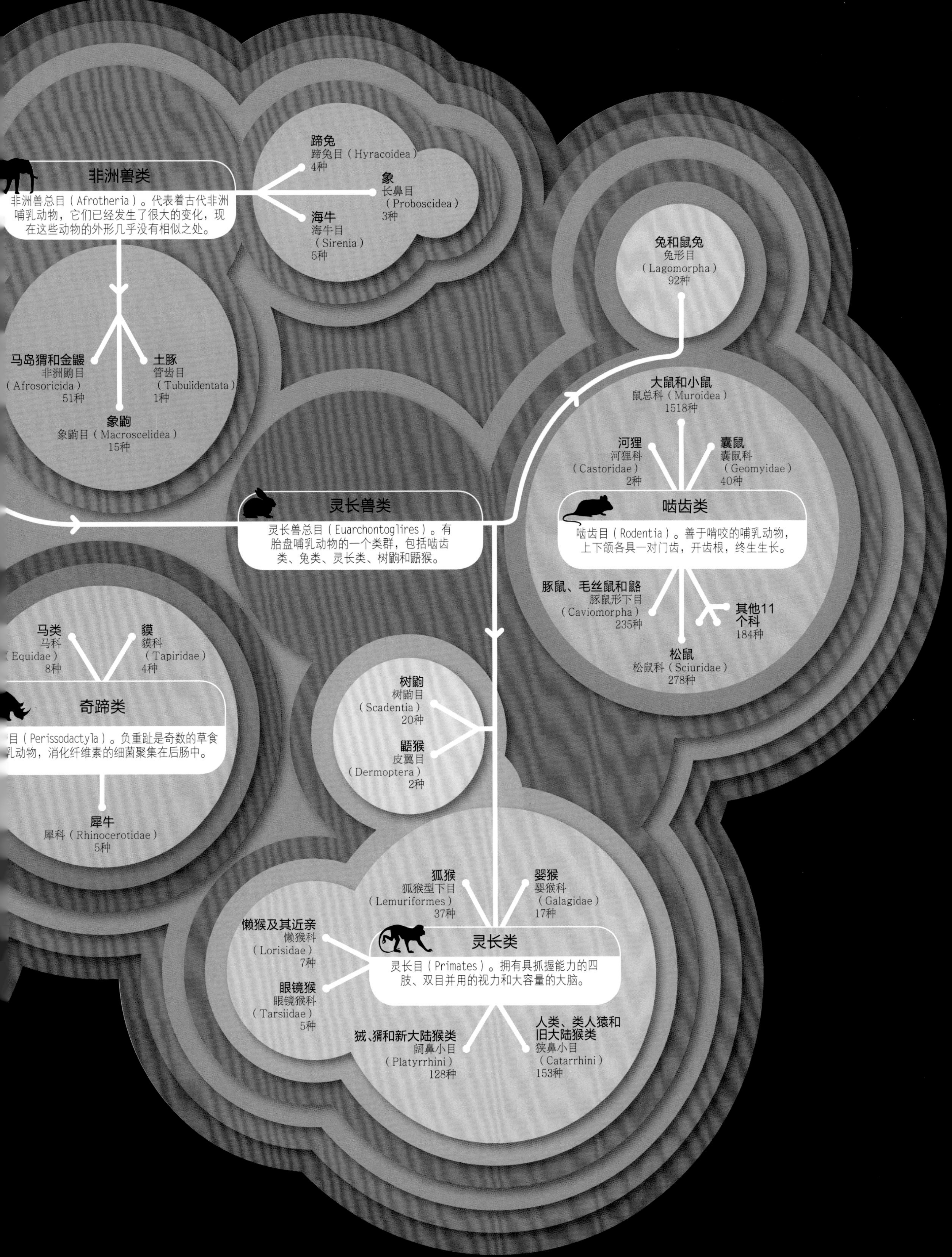
非洲兽类
非洲兽总目（Afrotheria）。代表着古代非洲哺乳动物，它们已经发生了很大的变化，现在这些动物的外形几乎没有相似之处。
蹄兔
蹄兔目（Hyracoidea）
4种
象
长鼻目
（Proboscidea）
3种
海牛
海牛目
（Sirenia）
5种
马岛猬和金鼹
非洲鼩目
（Afrosoricida）
51种
土豚
管齿目
（Tubulidentata）
1种
象鼩
象鼩目（Macroscelidea）
15种
灵长兽类
灵长兽总目（Euarchontoglires）。有胎盘哺乳动物的一个类群，包括啮齿类、兔类、灵长类、树鼩和鼯猴。
兔和鼠兔
兔形目
（Lagomorpha）
92种
大鼠和小鼠
鼠总科（Muroidea）
1518种
河狸
河狸科
（Castoridae）
2种
囊鼠
囊鼠科
（Geomyidae）
40种
啮齿类
啮齿目（Rodentia）。善于啃咬的哺乳动物，上下颌各具一对门齿，开齿根，终生生长。
豚鼠、毛丝鼠和豁
豚鼠形下目
（Caviomorpha）
235种
其他11个科
184种
松鼠
松鼠科（Sciuridae）
278种
马类
马科
Equidae）
8种
貘
貘科
（Tapiridae）
4种
奇蹄类
目（Perissodactyla）。负重趾是奇数的草食
乳动物，消化纤维素的细菌聚集在后肠中。
犀牛
犀科（Rhinocerotidae）
5种
树鼩
树鼩目
（Scadentia）
20种
鼯猴
皮翼目
（Dermoptera）
2种
狐猴
狐猴型下目
（Lemuriformes）
37种
婴猴
婴猴科
（Galagidae）
17种
懒猴及其近亲
懒猴科
（Lorisidae）
7种
灵长类
灵长目（Primates）。拥有具抓握能力的四肢、双目并用的视力和大容量的大脑。
眼镜猴
眼镜猴科
（Tarsiidae）
5种
狨、猬和新大陆猴类
阔鼻小目
（Platyrrhini）
128种
人类、类人猿和旧大陆猴类
狭鼻小目
（Catarrhini）
153种

哺乳动物

尽管在地球上出现的时间最晚，但是哺乳动物已经演变出许多体形、大小不同的种类，这也是它们成功生存至今的关键。

哺乳动物大约有5000种，从卵生的鸭嘴兽到大脑结构复杂、双手灵巧的人类，一些共同的特征使它们同属哺乳纲（Mammalia）。全身被毛是哺乳动物独特的特征，这些皮毛保护着它们娇嫩的皮肤，给它们提供了保护色，还有助于身体保温。哺乳动物的皮肤富于腺体，其中皮脂腺是分泌汗液的。哺乳动物是恒温的，即它们通过像分解脂肪这样的代谢过程使体温保持在恒定的温度，这个温度往往高于环境温度。乳腺也是哺乳动物所特有的，乳汁给它们的幼崽提供营养，省去了觅食的麻烦，而且初乳中含有抗体，能够保护幼崽抵抗疾病。

主要特征

无论是现存的哺乳动物，还是哺乳动物的化石，骨骼是它们区别于其他动物的特征：哺乳动物的下颌由一块骨头构成，中耳有3块骨骼：砧骨、镫骨和锤骨。具备上述任意一个特征就可以归为哺乳动物。

单孔类

单孔目（Monotremata）

所有其他哺乳动物都产幼崽，但是单孔类动物产下软壳的卵，经短期孵化。单孔目的消化、生殖和泌尿管道均通入一个泄殖腔。

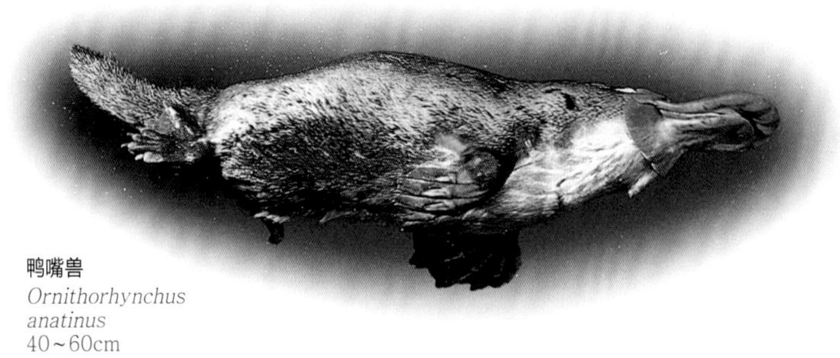

鸭嘴兽
Ornithorhynchus anatinus
40~60cm

短吻针鼹
Tachyglossus aculeatus 30~45cm

有袋类

有袋部（Marsupialia）

它们被称为有袋哺乳动物，但并不是这一类群的所有种类都有一个育儿袋。幼崽在短暂的妊娠期后出生，出生时几乎还是胚胎的形式，之后在育儿袋中吸吮乳汁继续发育。有袋类分为7个目，包括：美洲负鼠（负鼠目，Didelphimorphia），袋狸和兔耳袋狸（袋狸目，Peramelemorphia），树袋熊、袋鼠、袋熊和袋貂（袋鼠目，Diprotodontia），鼩负鼠目（Paucituberculata），智鲁负鼠目（Microbiotheria），袋鼹目（Notoryctemorphia），袋鼬目（Dasyuromorphia）。

弗吉尼亚负鼠
Didelphis virginiana
38~50cm

袋獾
Sarcophilus harrisii
70~110cm

帚尾袋貂
Trichosurus vulpecula
35~58cm

大袋鼯
Petauroides volans
35~48cm

羽尾袋貂
Distoechurus pennatus
10.5~13.5cm

红颈大袋鼠
Macropus rufogriseus
70~105cm

赤褐鼠袋鼠
Aepyprymnus rufescens
37~52cm

短尾矮袋鼠
Setonix brachyurus
40~54cm

树袋熊
Phascolarctos cinereus
长达78cm

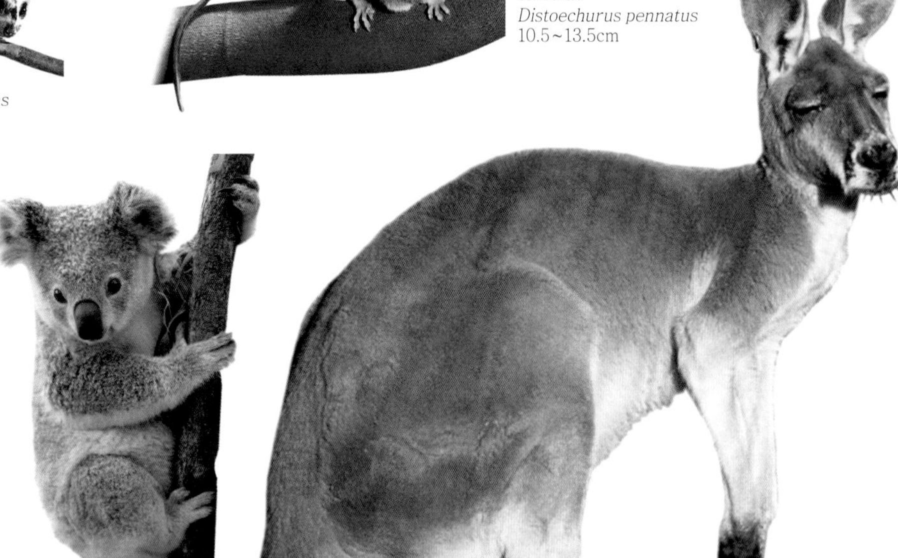

赤大袋鼠
Macropus rufus
1~1.6m

普通袋熊
Vombatus ursinus 70~120cm

蜜袋貂
这是澳大利亚的一种小型有袋类，名叫蜜袋貂（*Tarsipes rostratus*），身长只有6.5~9厘米，采集花粉和花蜜为食。

马岛猬和金鼹

非洲鼩目（Afrosoricida）

这一类群依据基因证据，从传统的食虫目独立出来，在齿系方面也有可区别的特征。非洲鼩类的每一枚上臼齿只有一个齿尖，其他有胎盘哺乳动物都有若干个齿尖。

普通马岛猬
Tenrec ecaudatus 25~39cm

象鼩

象鼩目（Macroscelidea）

象鼩最显著的特征是具有一个长而灵活的、像大象鼻子的鼻吻，以及延长的盲肠（大肠之后）。因为它们的颊齿是开齿根型，所以终生生长。

赤褐象鼩
Elephantulus rufescens 12~12.5cm

土豚

管齿目（Tubulidentata）

这个单型目只有土豚一种，其耳长，吻长。不像大多数哺乳动物，它的牙齿缺少珐琅质层，而是由牙骨质包被，与齿根外层的组织相同。

土豚
Orycteropus afer
1.6m

蹄兔

蹄兔目（Hyracoidea）

这一类群的种类具有特殊的眼结构，其虹膜的一部分突出于瞳孔。这可减少头上方的光线进入眼中。

岩蹄兔
Procavia capensis
30~58cm

象

长鼻目（Proboscidea）

大象因其庞大的体形、柱子般的腿和长鼻而容易识别。门齿衍变为不断生长的长牙，而臼齿（上下颌左右各有6枚）生长于颌骨后部，并像传送带那样依次递进，可使用60多年。它的头很大，但因为头骨内部有空气腔而变得很轻。

非洲草原象
Loxodonta africana
4~5m

亚洲象
Elephas maximus 3.5m

儒艮和海牛

海牛目（Sirenia）

海牛身躯庞大、行动缓慢，身体呈流线型。前肢衍变为鳍状肢，后肢完全消失，但具有水平桨状尾。特别的是，海牛颈椎骨为6块，而其他哺乳动物都是7块。海牛是完全的植食性动物，其肠道异常得长，并有细菌辅助消化纤维素。正如马一样，这种细菌存在于肠道后部的盲肠内。它们是唯一植食性的海洋哺乳动物，颊齿的替换与大象近似。

美洲海牛
Trichechus manatus
2.5~4.5m

儒艮
Dugong dugon
2.5~4m

食蚁兽及其近亲

披毛目（Pilosa）和带甲目（Cingulata）

披毛目包括食蚁兽和树懒，带甲目包括犰狳。这两个类群的独特之处在于：下体有大静脉，具有位于腰椎下部的附加关节（或称为异关节）。这两个类群很好分辨：犰狳身披盔甲，而食蚁兽和树懒只有皮毛。

二趾树懒
Choloepus didactylus
46~86cm

犰狳
Dasypus sp.
30~40cm

小食蚁兽
Tamandua tetradactyla 53~88cm

侏食蚁兽
Cyclopes didactylus
16~21cm

大食蚁兽
Myrmecophaga tridactyla
1~2m

啮齿类

啮齿目（Rodentia）

啮齿类动物，大多数体形小，上下颌有一对不断生长的门牙，下门齿位于上门齿内侧。犬齿缺失，形成齿隙。大多数种类具宽而有脊的颊齿，适合磨碎植物，但是有些啮齿类是肉食性的。与其他啮齿类动物相比，豚鼠形啮齿类的上下颌肌肉组织很独特，而且妊娠期相对较长，其幼崽出生时发育得比较完全。

北美河狸
Castor canadensis
74~88cm

灰松鼠
Sciurus carolinensis
23~30cm

高山旱獭
Marmota marmota
50~55cm

跳兔
Pedetes capensis
27~40cm

绒衣刺毛鼠
Acomys cilicius 17~18cm

斑草鼠
Lemniscomys striatus
10~14cm

马岛巨鼠
Hypogeomys antimena 30~35cm

褐家鼠
Rattus norvegicus
21~29cm

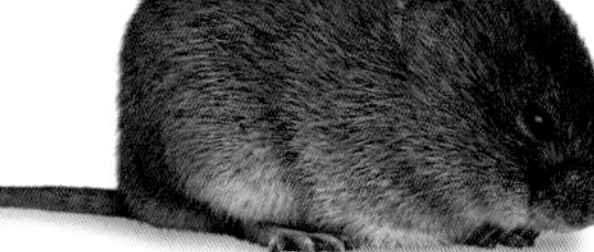

欧鼾
Clethrionomys glareolus 8~11cm

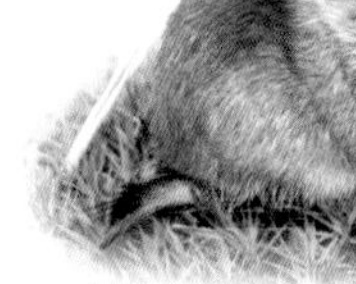

红背鼾
Clethrionomys rutilus 8~11cm

林睡鼠
Dryomys nitedula
8~13cm

四趾跳鼠
Allactaga tetradactyla
10~12cm

北美豪猪
Erethizon dorsatum
65~80cm

长尾毛丝鼠
Chinchilla lanigera 22~23cm

南非豪猪
Hystrix africaeaustralis 50cm

裸鼹形鼠
Heterocephalus glaber
14~18cm

水豚
Hydrochoerus hydrochaeris
1.1~1.3m

穴兔、旷兔和鼠兔

兔形目（Lagomorpha）

它们是植食性动物，通过两次摄取食物而最大量地吸收营养，这种行为称为食粪性。穴兔和鼠兔上颌都生长着独特的门齿，后一对门齿很小，没有实际作用，隐于前一对具有咀嚼功能的门齿后方。和啮齿动物一样，兔形类动物没有犬齿，门齿与前臼齿间有齿隙，有助于双唇紧收，防止进食过程中残渣进入嘴里。

粗毛兔
Caprolagus hispidus
38~50cm

穴兔
Oryctolagus cuniculus
35~50cm

北美鼠兔
Ochotona princeps 16~22cm

灵长类

灵长目（Primates）

拇指（趾）与其他指（趾）相对，臂骨（桡骨和尺骨）能转动。由于具备上述特征，灵长类动物能抓握、操作物体。灵长目通常又分为几个亚目。狐猴、婴猴和懒猴构成原猴亚目，与猴和猿相比，它们对嗅觉的依赖性更强，且通常有富含腺体的长嘴（因此比较湿润）和裸露的鼻区，以及一个弧形的鼻孔。另一类猿猴亚目包括了眼镜猴、狨、猴和猿。这一类生有卵形的鼻孔，鼻部干燥。

环尾狐猴
Lemur catta
39~46cm

瘠懒猴
Loris tardigradus
17~26cm

小婴猴
Galago senegalensis 15~17cm

乔氏绒毛猴
Lagothrix cana
50~65cm

红吼猴
Alouatta seniculus
51~63cm

玻利维亚松鼠猴
Saimiri boliviensis
27~32cm

金狮面狨
Leontopithicus rosalia
20~25cm

赤猴
Erythrocebus patas
60~88cm

东黑白疣猴
Colobus guereza
52~57cm

长鼻猴
Nasalis larvatus 73~76cm

狮尾狒
Theropithecus gelada 70~74cm

白掌长臂猿
Hylobates lar 42~59cm

西部大猩猩
Gorilla gorilla
1.3~1.9m

山魈
Mandrillus sphinx
63~81cm

德氏长尾猴
Cercopithecus neglectus
50~59cm

黑猩猩
Pan troglodytes
0.75~1m

马来长臂猿（合趾猿）
Hylobates syndactylus
90cm

婆罗洲猩猩
Pongo pygmaeus 0.9~1m

树鼩

树鼩目（Scandentia）

这类形似松鼠的哺乳动物身体纤细，尾巴很长。由于它们与食虫类和灵长类有相似之处，过去它们曾被归为食虫目或灵长目。然而，现在基因方面的证据表明，树鼩有独立的进化历史，是一个古老的分支。

小树鼩
Tupaia minor
11.5~13.5cm

鼯猴

皮翼目（Dermoptera）

鼯猴又称为猫猴、飞狐猴，树栖，体形和猫差不多。它们显著的特征是生有从颈延伸到尾部的翼膜，能够帮助鼯猴在空中滑翔。

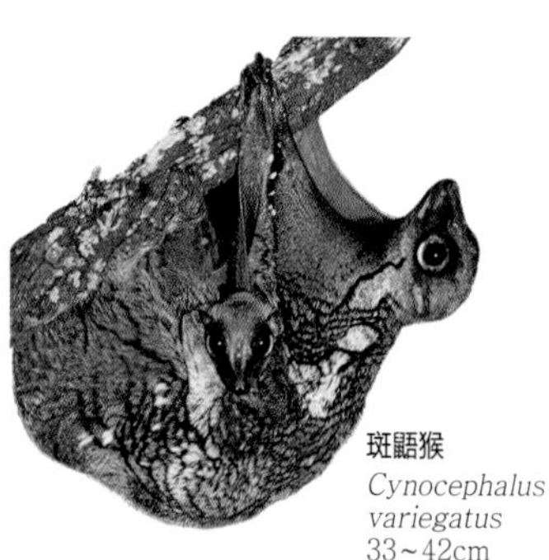

斑鼯猴
Cynocephalus variegatus
33~42cm

食虫类

食虫目（Eulipotyphla）

食虫类的大脑很小，与其他哺乳动物的大脑相比没有那么多的内褶。像单孔类和有袋类一样，它们有泄殖腔，但不同的是它们的幼体在母体子宫内发育的时间要长一些。

欧鼹
Talpa europaea
11~16cm

欧猬
Erinaceus europaeus
20~30cm

普通鼩鼱
Sorex araneus
5.5~9cm

蝙蝠

翼手目（Chiroptera）

蝙蝠是哺乳动物中唯一能够飞翔的动物。它们的前肢具有特别长的指骨，支撑着翼膜，借以飞翔。有些蝙蝠，例如狐蝠（果蝠），只吃水果和花蜜，而且与其他蝙蝠不同，这些蝙蝠视觉和嗅觉都很灵敏，所以不靠回声定位。多数蝙蝠吃昆虫等无脊椎动物。它们发出高频声波，并借耳部收集从物体反射回的声波确定食物的位置。为了准确定位声音，这些蝙蝠耳朵很大，而且上面长着被称为耳屏的凸起。

罗得里格斯狐蝠
Pteropus rodricensis
35cm

小鼠尾蝠
Rhinopoma hardwickei
5.5~7cm

小菊头蝠
Rhinolophus hipposideros
3.5~4.5cm

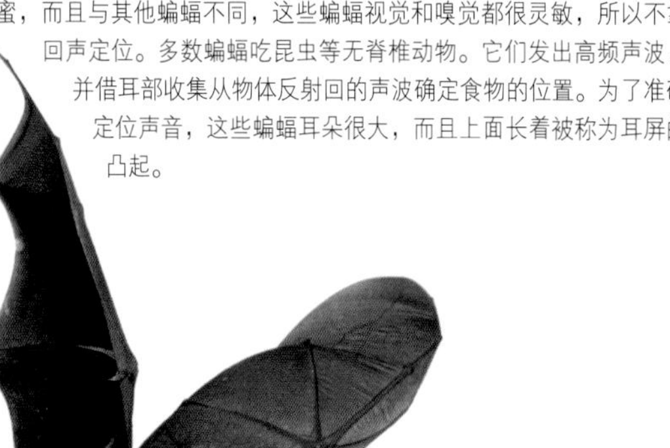

昭短尾叶鼻蝠
Carollia perspicillata
5~6.5cm

普通吸血蝠
Desmodus rotundus 7~9cm

山蝠
Nyctalus noctula
6~8cm

水鼠耳蝠
Myotis daubentonii
4.5~5.5cm

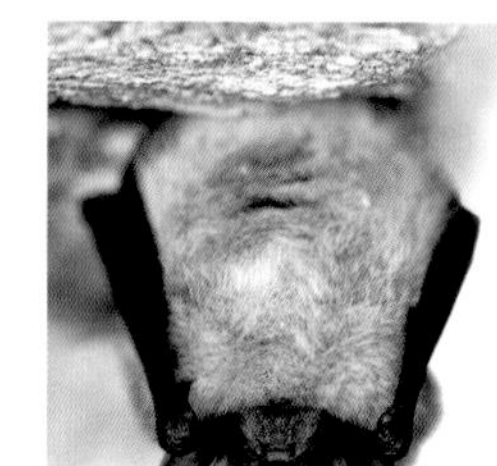

须鼠耳蝠
Myotis mystacina
3.5~5cm

褐长耳蝠
Plecotus auritus
4~5cm

普通蝙蝠
Vespertilio murinus
5~6.5cm

穿山甲

鳞甲目（Pholidota）

穿山甲体表覆盖的重叠交错的鳞片形成了独特的盔甲，起着保护作用。它们主要以蚂蚁和白蚁为食，无牙齿，下颌退化。因为没有牙齿来咀嚼食物，穿山甲的胃部肌肉强健，可以将食物磨碎。

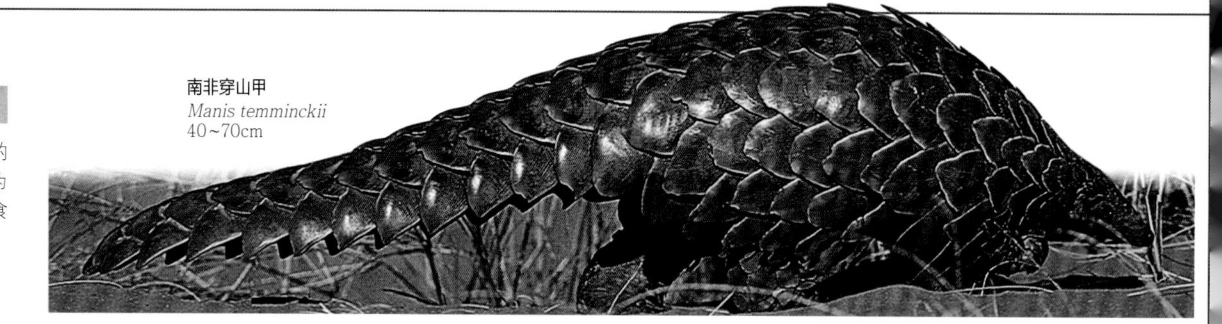

南非穿山甲
Manis temminckii
40~70cm

食肉类

食肉目（Carnivora）

食肉类是以肉为食的动物中最主要的一类，既有生活在陆地上的，也有生活在海洋中的。陆生肉食动物犬齿大，有裂齿（上颌最后一枚前臼齿和下颌第一枚臼齿），可以撕扯兽皮、肉及骨头。海豹和海象的四肢变为鳍状，由于它们吞食鱼类和无脊椎动物，所以牙齿不是非常锋利。肉类相对容易消化，因此肉食动物的胃部结构简单，肠很短。它们的锁骨消失或退化，腕部的3块小骨——舟骨、中央骨和月骨已经融合为舟月骨。

伶鼬
Mustela nivalis
16.5~24cm

欧亚獾
Meles meles
56~90cm

普通浣熊
Procyon lotor
60~100cm

小熊猫
Ailurus fulgens
50~64cm

加州海狮
Zalophus californianus
2.1m

海象
Odobenus rosmarus
3~3.6m

北极熊
Ursus maritimus
长达2.5m

棕熊
Ursus arctos
1.7~2.8m

吕氏狐
Vulpes rueppellii
40~52cm

狼
Canis lupus
1~1.5m

猎豹
Acinonyx jubatus
1.1~1.5m

狞猫
Caracal caracal
60~91cm

虎
Panthera tigris
2~3.7m

狮
Panthera leo
1.7~2.5m

条纹獴
Mungos mungo 55~60cm

细尾獴（猫鼬）
Suricata suricatta 25~35cm

马、貘和犀

奇蹄目（Perissodactyla）

顾名思义，奇蹄类承重的蹄子是奇数，如1个（马）或3个（犀牛和貘）。作为草食者，它们需要肠内的纤维素消化菌，以使植物的细胞壁破裂。这些菌存在于盲肠（始于小肠的盲端的囊），所以它们用后肠消化。

非洲野驴
Equus asinus
2~2.3m

南美貘
Tapirus terrestris
1.7~2m

白犀
Ceratotherium simum
3.7~4m

陆生偶蹄类

鲸蹄目（Cetartiodactyla，部分）

这个目由原来的2个目组成，即偶蹄目（Artiodactyla，偶蹄类）和鲸目（Cetacea，鲸、海豚和鼠海豚，见对页）。最近基于基因和化石证据，将这貌似不同的2个目合并为1个目。陆生种类，即以前的偶蹄类，它们承重蹄为偶数（2个），外层由角蛋白包裹。许多种类反刍——再次咀嚼食物，二次消化。它们用前肠消化，消化菌在瘤胃中，瘤胃是4个胃室中的第一个。它们也是体形较大的肉食动物的食物来源。眼侧生，可看到所有方向，并且拥有较长的下肢，利于长时间快速奔跑时将能量发挥到极致。

非洲疣猪
Phacochoerus africanus
0.9~1.5m

中美西貒
Tayassu tajacu 75~100cm

河马
Hippopotamus amphibius
3.3~3.5m

单峰驼
Camelus dromedarius
2.2~3.4m

原驼
Lama glama
0.9~2.1m

马麝
Moschus chrysogaster
70~100cm

马鹿
Cervus elaphus
1.5~2m

獾㹢狓
Okapia johnstoni 2~2.2m

长颈鹿
Giraffa giraffe
3.8~4.7m

美洲野牛
Bison bison
2.1~3.5m

弯角大羚羊
Oryx dammah 1.4~2.4m

摩弗伦（盘）羊
Ovis musimon
1.1~1.3m

鲸、海豚和鼠海豚

鲸蹄目（Cetartiodactyla，部分）

这些哺乳动物完美地适合水中的生活方式，具有流线型身体，前肢衍化为鳍状肢，并且有巨大的尾叶，没有腿。骨骼退化，只提供主要的肌肉附着，颈椎可能愈合。鲸和海豚可分为两部分——有齿（齿鲸）和无齿（须鲸）。巨大的鲸须可过滤食物，向下悬挂于上颌两侧的两个巨大的须板可捕捉到食物的细微颗粒。多数齿鲸体形较小，并使用回声定位觅食。

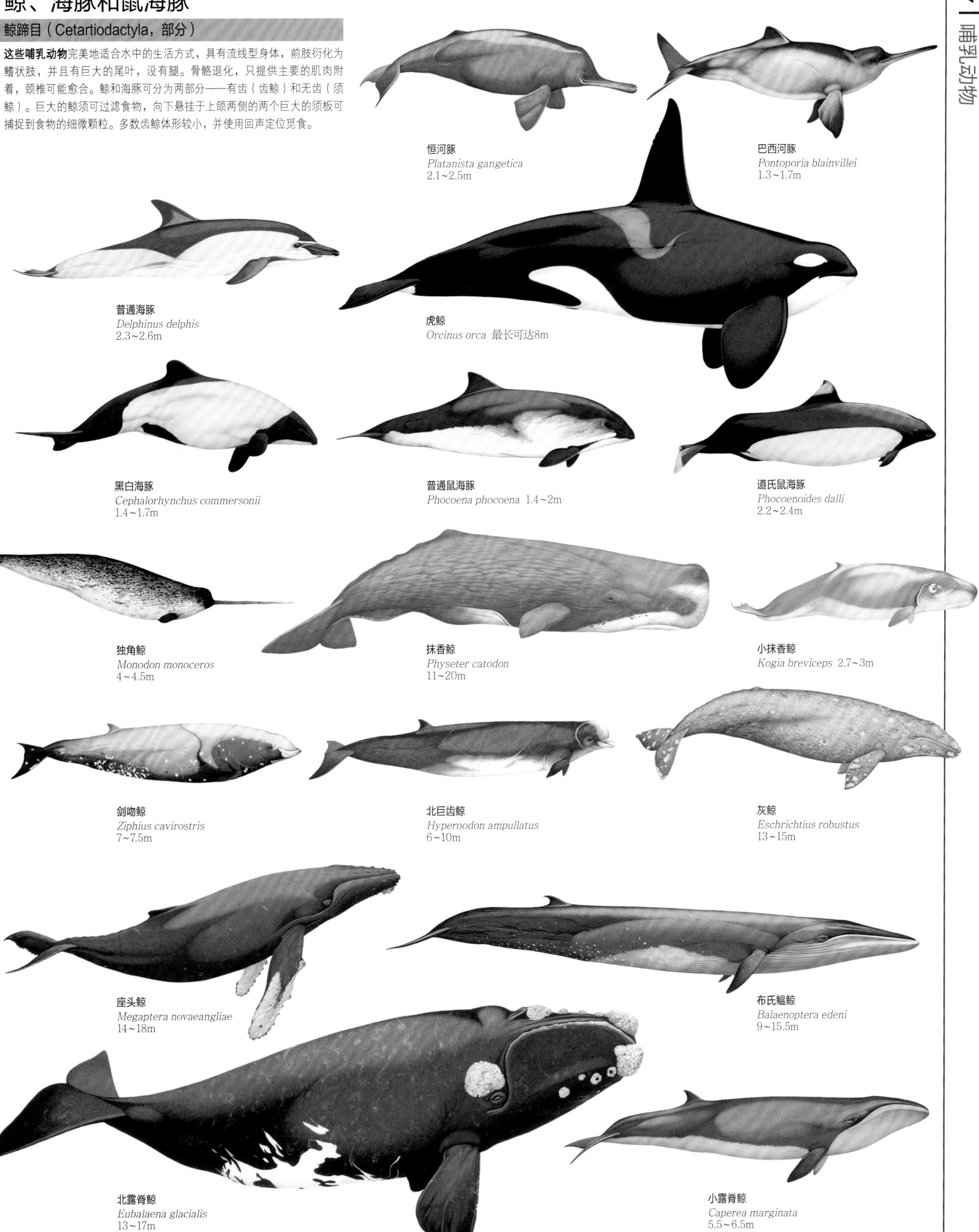

恒河豚
Platanista gangetica
2.1~2.5m

巴西河豚
Pontoporia blainvillei
1.3~1.7m

普通海豚
Delphinus delphis
2.3~2.6m

虎鲸
Orcinus orca 最长可达8m

黑白海豚
Cephalorhynchus commersonii
1.4~1.7m

普通鼠海豚
Phocoena phocoena 1.4~2m

道氏鼠海豚
Phocoenoides dalli
2.2~2.4m

独角鲸
Monodon monoceros
4~4.5m

抹香鲸
Physeter catodon
11~20m

小抹香鲸
Kogia breviceps 2.7~3m

剑吻鲸
Ziphius cavirostris
7~7.5m

北巨齿鲸
Hyperoodon ampullatus
6~10m

灰鲸
Eschrichtius robustus
13~15m

座头鲸
Megaptera novaeangliae
14~18m

布氏鳁鲸
Balaenoptera edeni
9~15.5m

北露脊鲸
Eubalaena glacialis
13~17m

小露脊鲸
Caperea marginata
5.5~6.5m

ANAT

动物解剖

身披盔甲

在一只螃蟹的体重中，外壳所占的重量高达25%。螃蟹的外壳并不仅仅是一个简单的保护性外套，同时也是它的骨骼——一个以灵活的关节为连接的、支撑结构的复杂装置，并有肌肉附着，带动身体运动。

骨骼和肌肉

动物界的绝大多数成员都有健壮的骨架和使身体移动的牵引结构。尽管所有动物肌肉的原理和详细结构基本一致，但是骨骼的构造却有很大的差异。

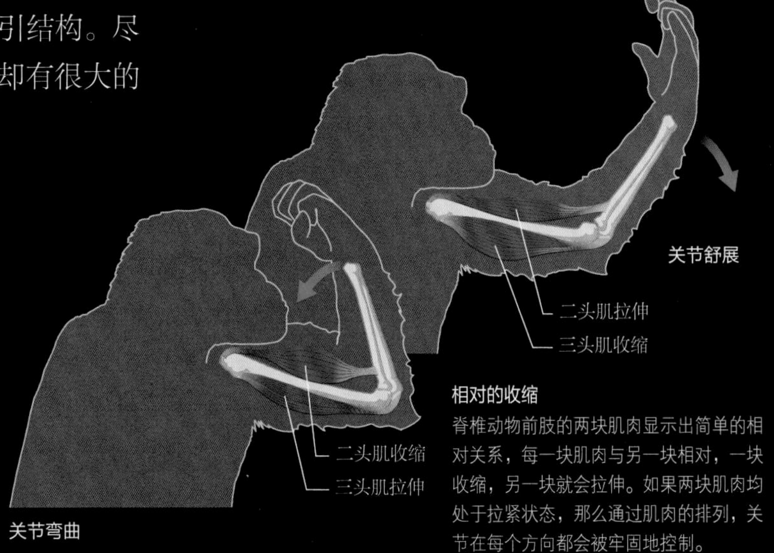

相对的收缩

脊椎动物前肢的两块肌肉显示出简单的相对关系，每一块肌肉与另一块相对，一块收缩，另一块就会拉伸。如果两块肌肉均处于拉紧状态，那么通过肌肉的排列，关节在每个方向都会被牢固地控制。

运动和结构

除海绵外，肌肉组织是绝大多数动物运动的主要方式。肌肉是体内最丰富的组织，它的一个基本功能是收缩。肌肉收缩时会带动骨骼或身体的其他结构。肌肉收缩不仅带动我们从外部可以看到的这些运动，而且还是内部运动的基础，例如心脏的收缩。那些长有外骨骼的无脊椎动物的肌肉附着在骨骼的内壁上。脊椎动物的情况正相反，肌肉附着在内骨骼的外侧。像蠕虫之类的软体动物，其肌肉组织构成了流动性受压的“水质骨骼”。

肌纤维

这是骨骼肌肉的扫描电镜图（SEM），显示肌纤维呈条纹状。

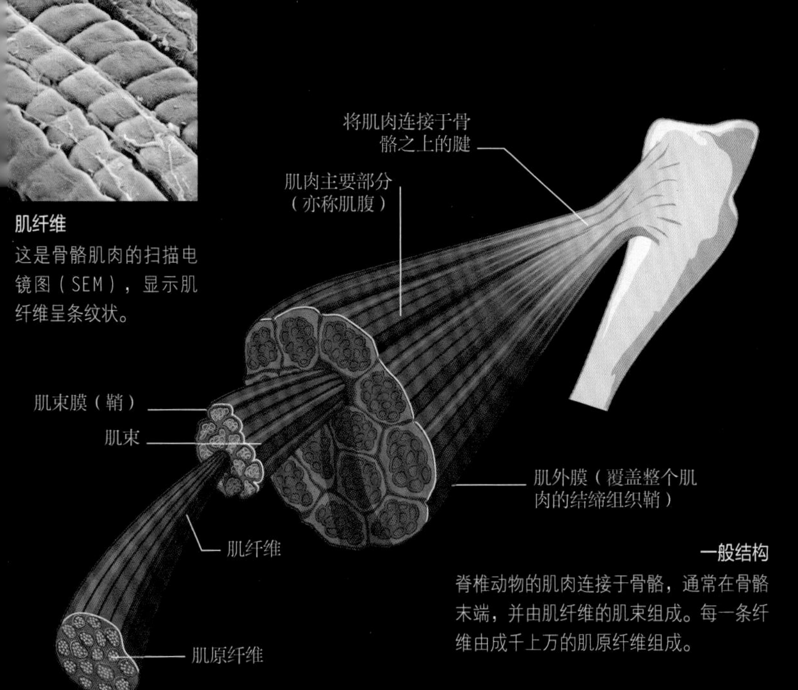

一般结构

脊椎动物的肌肉连接于骨骼，通常在骨骼末端，并由肌纤维的肌束组成。每一条纤维由成千上万的肌原纤维组成。

在肌肉最简单的排列方式中，一块肌肉向一个方向拉动骨骼的一部分或身体的一部分，而另一侧的肌肉则处于拉伸状态。若要向相反的方向活动，这块肌肉则保持拉伸的状态，而另一侧的肌肉收缩。不过附着在骨骼的不同部位和不同角度的肌肉会同时参与这一过程，向不同的方向推拉，因此这种双向运动的范围往往很大。这使得肌肉朝不同方向运动的同时又受到有效的控制。

关节

大多数动物都有一个由若干部分组成的骨架或类似的结构，所有部分都在关节处联动。节肢动物的关节是相对简单的外骨骼的间隙。表皮形成了柔韧的关节膜，但是比较坚硬的、刚性的几丁质层或矿化层已经消失。多数脊椎动物的关节处有可以减少关节运动时的摩擦和磨损的软骨。关节在关节腔里，关节腔里有流动的滑液，进一步减少运动时的摩擦。附着在骨骼上的坚韧的韧带使关节伸缩自如。

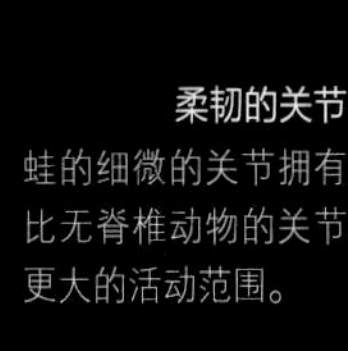

柔韧的关节

蛙的细微的关节拥有比无脊椎动物的关节更大的活动范围。

肌肉排列

通常哺乳动物有600多块肌肉，有些昆虫的肌肉数量达到这一数字的3倍。典型的肌肉内部结构是基于称为肌纤维的细胞成分。较大型的动物的肌纤维长达1米多，但是每根肌纤维都比人的头发还要细。由蛋白质构成的细微的纤维集结成肌束，当它们相互滑动时，肌肉开始收缩。肌肉只能收缩和拉伸，因此它们是相对排列的。

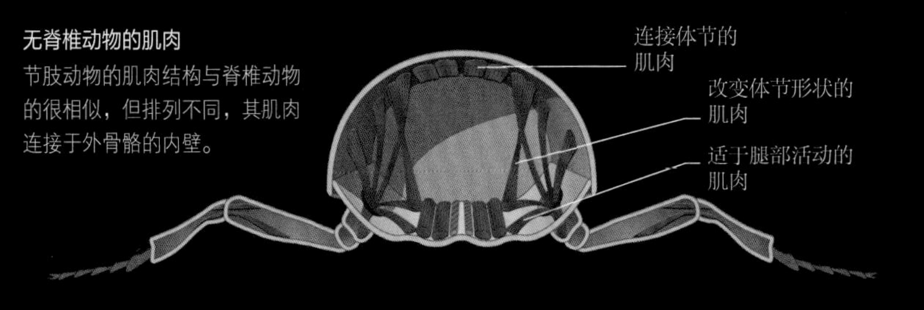

无脊椎动物的肌肉

节肢动物的肌肉结构与脊椎动物的很相似，但排列不同，其肌肉连接于外骨骼的内壁。

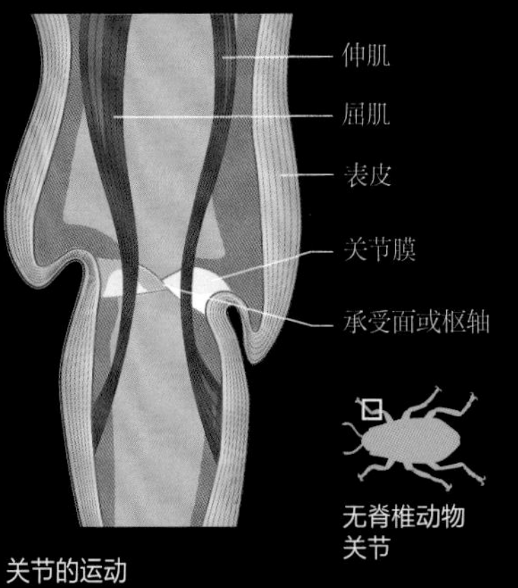

关节的运动

无脊椎动物关节处的外骨骼是柔韧的，承受面的形状通常只允许在唯一的平面或方向运动。而脊椎动物的关节有一层薄薄的滑液，防止连接的骨骼间摩擦受损。

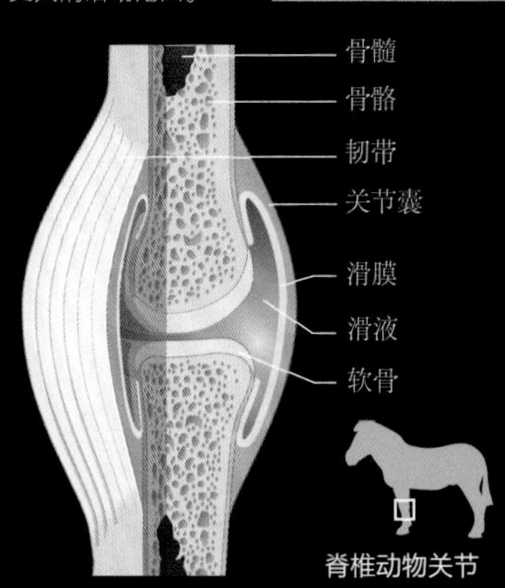

水质骨骼

多种无脊椎动物，尤其是蠕虫和类似的“软体”动物，具有流动的骨骼。这些骨骼并不柔软和松弛，相反，当肌肉运动挤压体内的液体时它们会变得很坚硬。

身体支撑

动物的水质骨骼原理与机械的液压系统类似。动物的肌肉壁收缩时，某些腔囊中的液体受到挤压，这些液体是动物体的体液。这种挤压使得身体结构坚硬，构成了坚固的骨骼单元。骨骼可以支撑和保护动物的身体。那些结构更加简单的物种，整个身体的体表就是水质骨骼。在一些结构复杂的物种身上，特别是分体节的蠕虫（环节动物），这种挤压会被限制在选定的体节内。

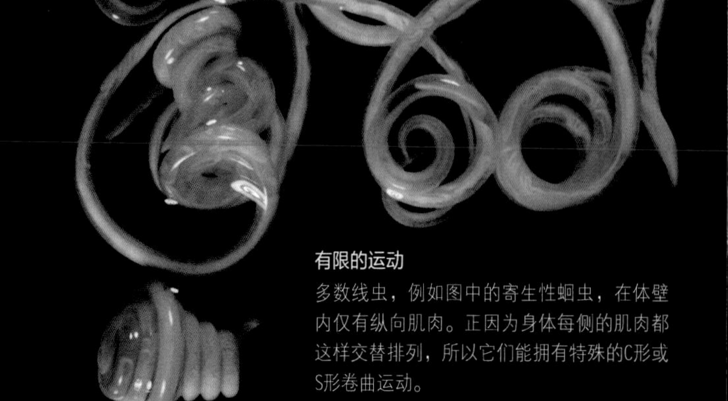

有限的运动
多数线虫，例如图中的寄生性蛔虫，在体壁内仅有纵向肌肉。正因为身体每侧的肌肉都这样交替排列，所以它们能拥有特殊的C形或S形卷曲运动。

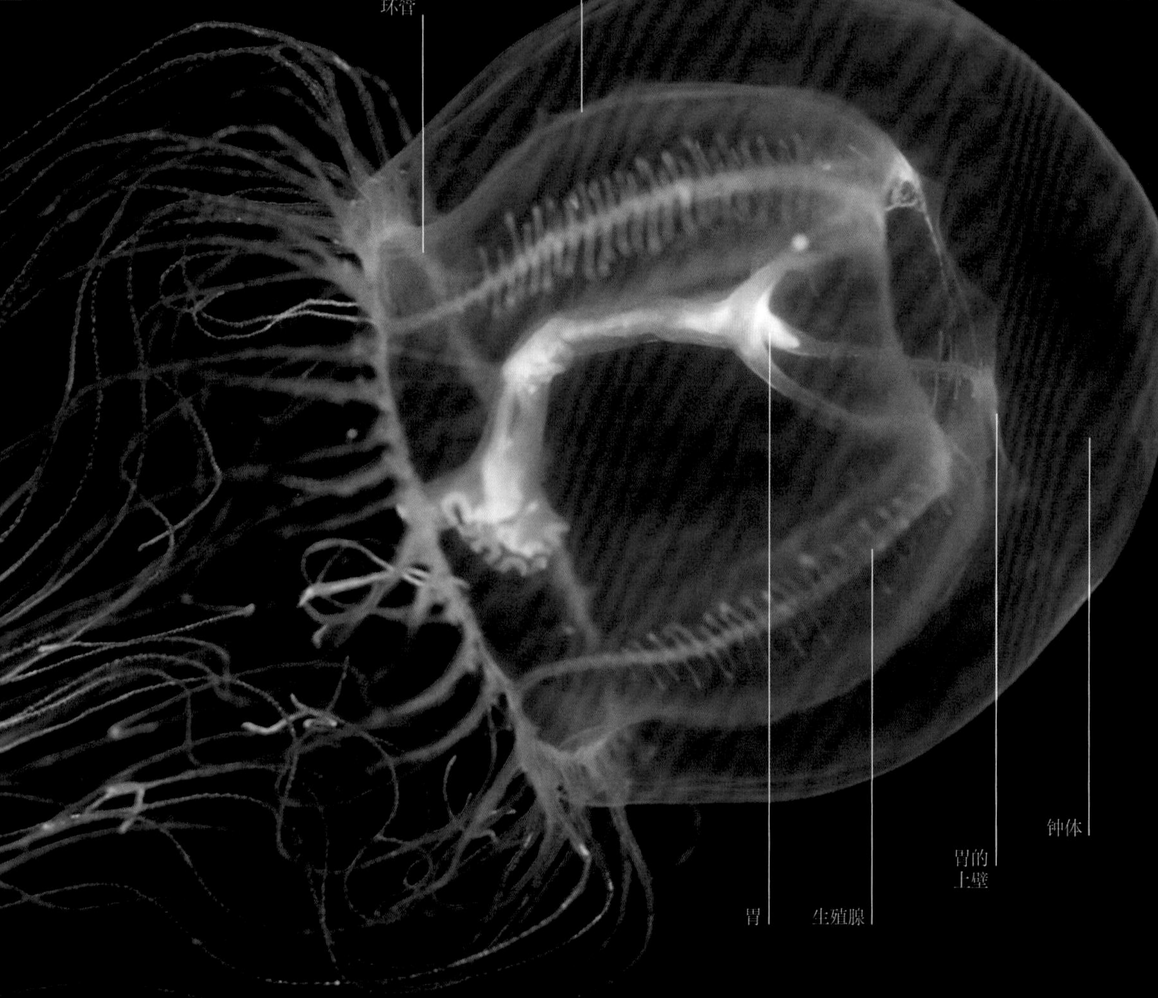

游动的动力
水母的肌肉纤维挤压其体内的体液，使得这种收缩从身体的中心传到末端，这样就产生了水母游动的动力。

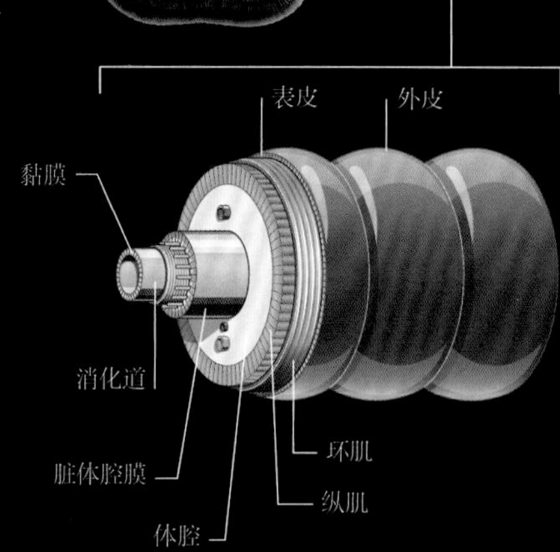

环节蠕虫的解剖
每个蠕虫体节都由一套环状肌肉包裹着。一些纵向肌肉跨过一个体节，而另外一些则穿过多个体节。这样在蠕虫身体的一部分伸展的同时，另一部分可以收缩。

运动

在水质骨骼中，肌肉弹性和肌肉排列可能会改变水质骨骼腔内的压力，从而改变骨骼的形状，使结构更加坚硬。这样就为蠕虫的运动提供了刚性的基础，蠕虫身体的运动也由此产生。例如，很多蠕虫的外体壁有两层肌肉：环形的环肌和带状的纵肌。环肌收缩使身体被挤压得又细又长；纵肌收缩使身体变得短而宽。如果两部分肌肉都收缩，其身体就会变得紧张而僵直。其他类型的肌肉收缩产生更多的运动。如果沿一侧的纵肌缩短，身体就会向那个方向弯曲。利用这样的收缩系统，穴居的蚯蚓能够钻进结构致密的土壤中。

章鱼的吸盘可以牢牢地将物体吸住。

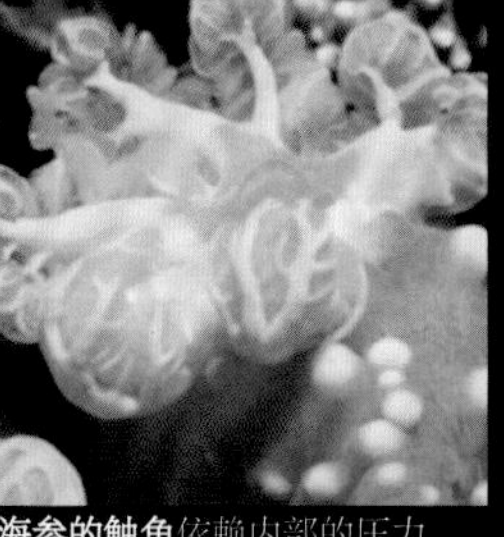

海参的触角依赖内部的压力。

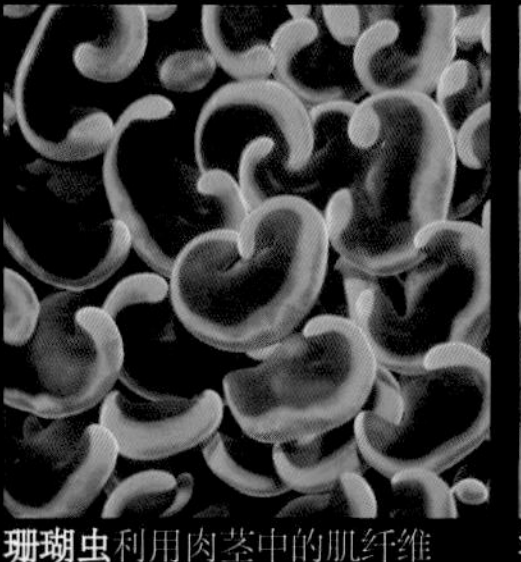

珊瑚虫利用肉茎中的肌纤维向任意方向倾斜。

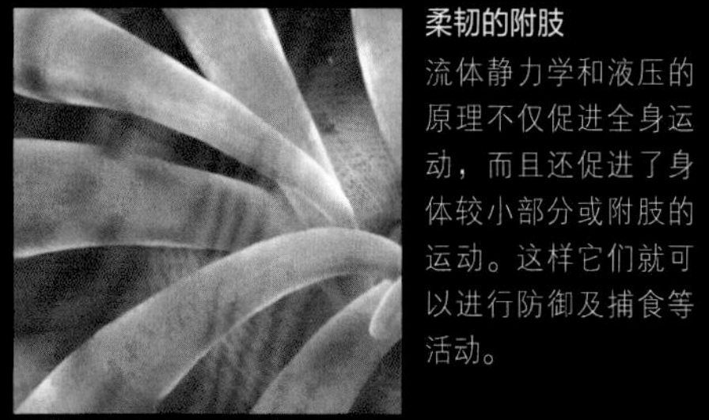

海葵的触角向肌肉收缩的方向弯曲。

柔韧的附肢
流体静力学和液压的原理不仅促进全身运动，而且还促进了身体较小部分或附肢的运动。这样它们就可以进行防御及捕食等活动。

角质骨骼

“角质”描述了一种坚硬而富有弹性、受轻微挤压时可以弯曲的物质。节肢动物主要的角质物质是几丁质。几丁质构成了体表的基础，是外骨骼的主要成分。

附着足

跳蛛具有两个足爪，足爪上面附有细小的簇生毛，沿着角质层的外皮附生。这些结构可以使跳蛛吸附在各种表面上。

坚硬的外骨骼

几丁质质量轻，柔软而坚硬，呈透明状，被比为塑胶。这种物质的化学成分是多糖（碳水化合物），包含葡萄糖。多数陆生节肢动物含有几丁质和多种蛋白质，其分子结构呈多样性，有纤维状的、层状的、螺旋状的。这些蛋白质中有上百种只存在于昆虫中。水生节肢动物，像螃蟹和其他甲壳类动物，含有几丁质、蛋白质和矿物质，尤其是碳酸钙的白垩质晶体。这些物质使其外骨骼或外壳更加坚硬，从而起到保护作用；但也使身体愈加沉重（对于那些靠水维持体量的水生动物而言可以减少阻力），因而也使外骨骼更加脆弱易碎。

新盔甲

蟹蛛矿化的甲壳很坚硬，关节处的甲壳很薄。每次蜕皮之后的几小时内，柔软的新外皮在硬化之前迅速扩大，此时蟹蛛容易受到攻击。所以在新的甲壳形成前，蟹蛛会躲藏起来。

胡蜂具有典型的昆虫外骨骼——有头、胸、腹三部分。

毛虫薄薄的身体外皮使其每一个体节都可以弯曲并改变外形。

鼠妇是陆生甲壳类，具有盾状体节的外骨骼，以得到保护。

犀金龟（独角仙）的“角”是由加厚的、坚硬的外皮形成的。

结构和皮层

典型的外皮主要有几层。最外面的是上表皮（上角质层），抵御外界的侵袭：防止细菌感染，克服自然磨损，减少水分丧失。前表皮由几丁质纤维和渗入到可变的蛋白质基质中的矿物质晶体构成。这两层表皮中都不含活细胞。它们下面的真皮是一层活细胞，这层真皮生成了上表皮和前表皮。在真皮下，由胶原蛋白纤维构成了基底膜。不同的节肢动物及同一种动物身体的不同部分，这几层的相对比例、成分和浓度是有差异的。

外皮

前表皮分为坚硬的外角质层和较柔软的内角质层。外角质层有许多致密的纤维。表皮的腺体可以分泌一些化学物质来抵御捕食者。

上表皮
外角质层
内角质层
皮腺细胞
表皮
基底膜

白垩质骨骼

有些无脊椎动物的身体是由白垩质的骨骼支撑的。这类动物有两种类型。软体动物，如蜗牛，往往有贝壳状的壳；棘皮类动物，包括海星和海胆，有真正意义上的骨骼。它们骨骼结构的显著特点是含有碳酸钙，这是构成白垩和石灰石之类岩石的主要成分。

成分

白垩质骨骼主要是包含在蛋白质中的结晶钙，其成分有碳酸钙、磷酸钙、碳酸镁和硅酸盐。碳酸钙结晶呈多种形式，如角状或棱柱状的方解石及长方形的文石。海洋软体动物往往含有方解石结晶体，而文石在像蜗牛之类的陆生软体动物中更为常见。棘皮类动物骨骼中主要的物质是方解石，其结晶体往往在棘皮类动物的小骨板中沿同一方向排列。从质地上来讲，这些结晶体是骨质的，坚硬而多孔。

富含钙的食谱

大法螺正在捕食长棘海星。这种海螺富含碳酸钙，它们从所捕食的食物和周围的海水中可以获得碳酸钙。

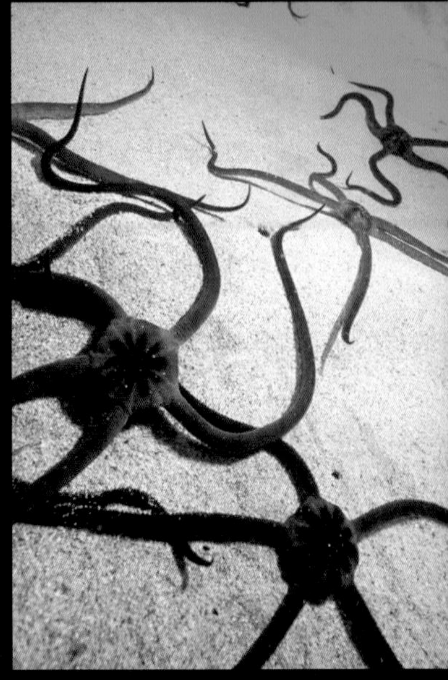

海蛇尾

蛇尾海星是一种海蛇尾，它们的小骨片松散地连接在身体上，因此柔软的触角可以像蠕虫一样蠕动。

刺状骨骼

棘皮动物体表多刺，如图中所示的夜间在红海捕食的长棘海星。

棘皮动物

棘皮动物体表是一层厚厚的表皮，上面镶嵌着很多钙质的小骨片。这些小骨片的形状和大小随种类不同和身体部位不同而有很大的差异。小的要用显微镜才能看到，大的有手掌大小。因为棘皮动物的骨骼不是由体表分泌而成的，因此这种骨骼结构被称为内骨骼。但是由于棘皮动物的骨骼包裹在身体主要器官的外层，所以其功能与外骨骼类似。海胆的骨板很大，咬合形成了一个坚硬的外壳。一些身体灵活的棘皮动物，如海参和海蛇尾，其小骨片则嵌入蛋白基质和其他物质中。

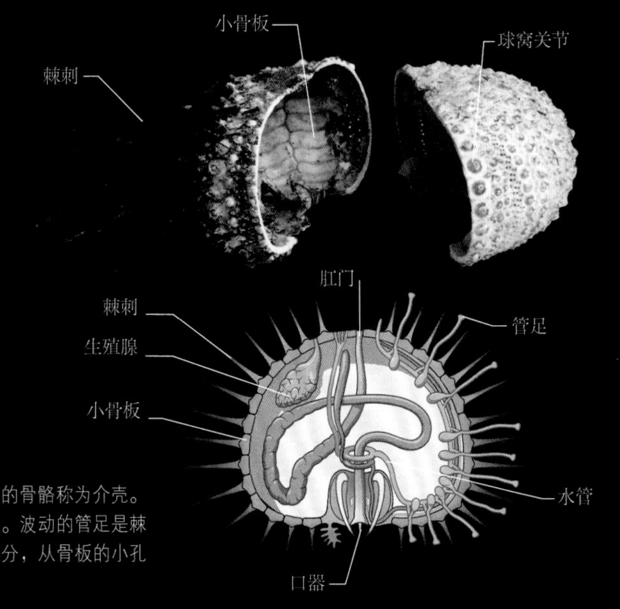

海胆
海胆灵活自如、呈球状的骨骼称为介壳。关节将棘刺和介壳相连。波动的管足是棘皮动物的水管系的一部分，从骨板的小孔中凸起。

小骨片和骨针
这幅显微镜下的照片显示了海参的小骨片（形状有薄片状、轮状、刺状、带状和十字交叉状）及硅质的骨针。

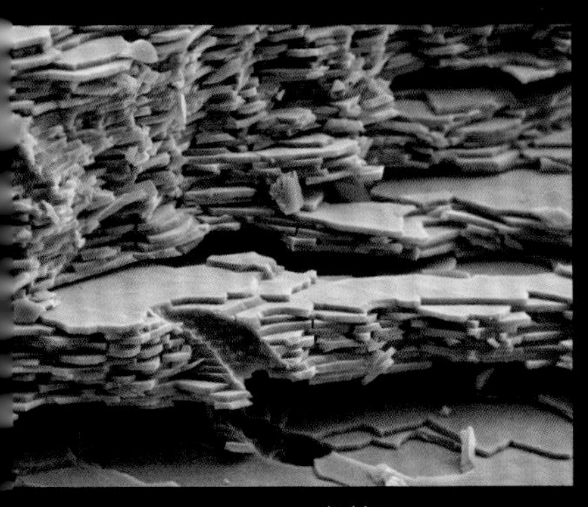

碳酸钙
放大后的鲍鱼壳层，可以看到重叠的片状的文石结晶。

软体动物

软体动物的外壳被外套膜包裹着。外壳形状各异。多板类为壳板；双壳类，如蚌和蛤，则由左右两壳构成；腹足类的壳呈螺旋形；头足类，如鱿鱼的壳退化为内壳，有的无壳。壳包括中间一层厚厚的介壳层，由两层碳酸钙晶体构成。在介壳层的外面是富含蛋白质的角质层，可保护壳层的碳酸钙不被水溶解，不受化学物质的侵蚀。最内的一层为富含文石的壳底，在有些软体动物中壳底具光泽，这就是我们熟知的珍珠母或珠母贝。

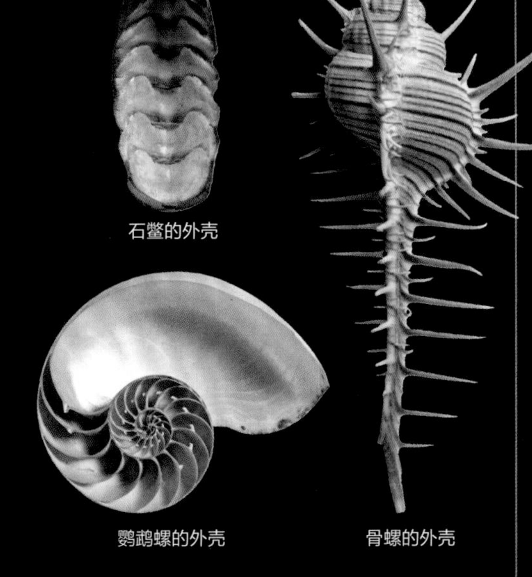

石鳖的外壳

鹦鹉螺的外壳

骨螺的外壳

贝壳形状
鹦鹉螺的贝壳上有隔片，壳的内腔由隔层分为壳室，动物藏身于最后一个最大的壳室中。多板类背部有8块贝壳，贝壳周围有一圈环带。骨螺贝壳是腹足纲中（也是所有软体动物中）结构最复杂的。

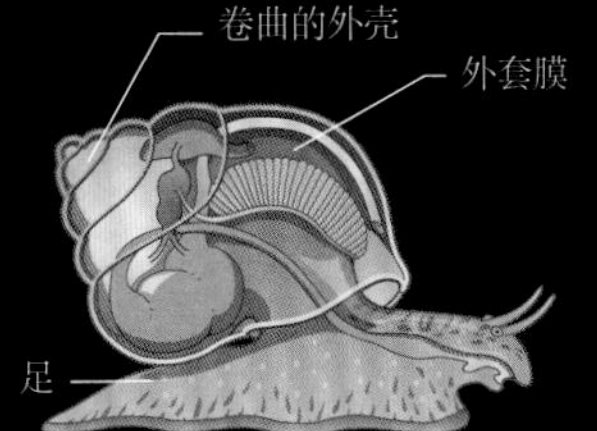

腹足类
蜗牛贝壳的直径逐渐长大，其大小反映了蜗牛的年龄和食物供给。

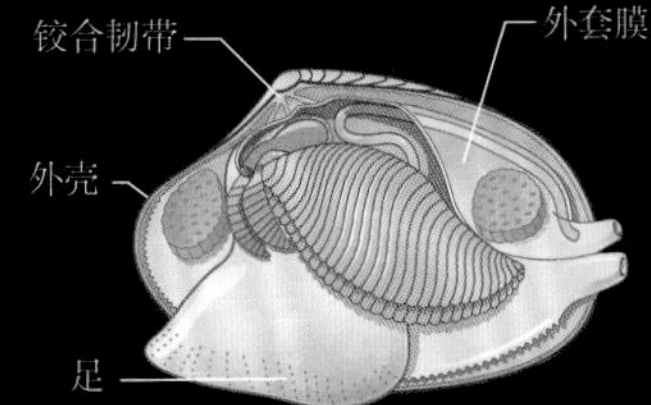

双壳类
随着柔软的肉质外套膜中的碳酸盐和其他物质不断丰富，双壳类的贝壳会长大。

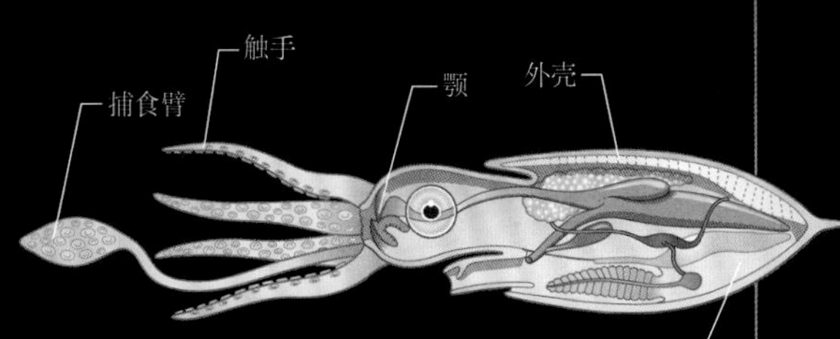

鱿鱼
鱿鱼的外壳全部内化，即我们通常所说的软壳，质地很轻、很薄，也很柔软。

内部支撑
鱿鱼或乌贼的内壳就如同内骨骼一样，有助于身体保持相对坚硬，同时给喷水推进系统的肌肉收缩提供固定基础。

骨质骨骼

大多数脊椎动物具有由坚硬的、含有无机化合物的组织（骨骼）组成的内部框架（内骨骼）。内骨骼又分为中轴骨骼和附肢骨骼。中轴骨骼沿身体中心由头部延伸至尾部。附肢骨骼由附着在中轴骨骼上的骨骼组成。

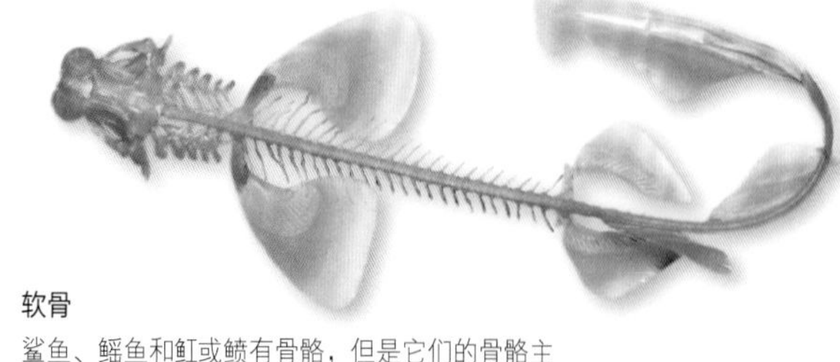

软骨

鲨鱼、鳐鱼和魟或鲼有骨骼，但是它们的骨骼主要是软骨。软骨使这些动物的体重较轻，从而使它们在游动中能更有效地利用自身的能量。

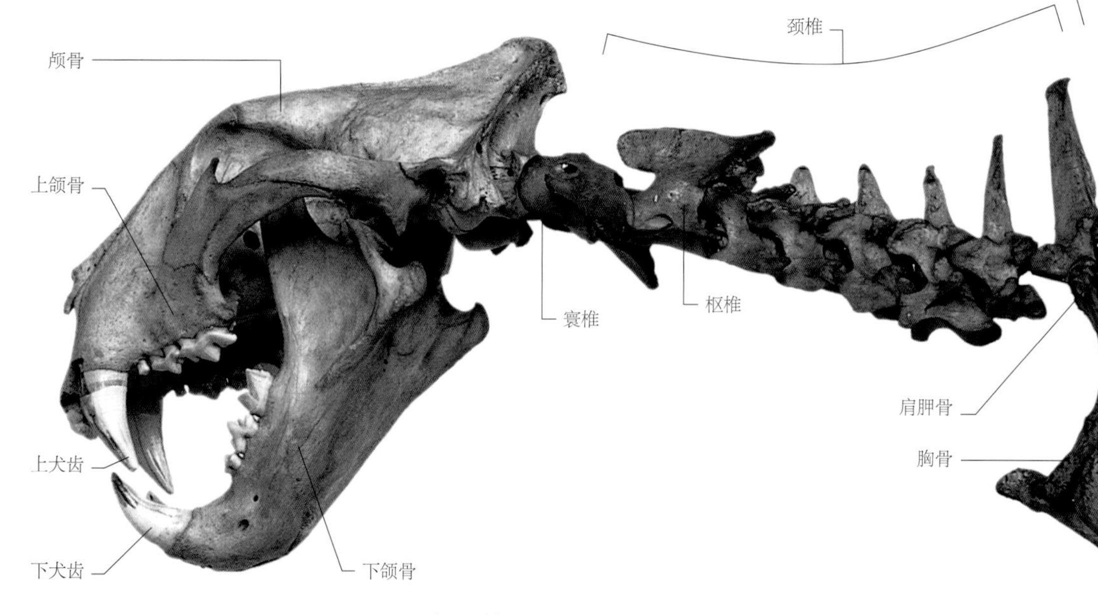

骨骼和软骨

骨骼是一种复杂的组织。它由矿物晶体（主要是磷酸钙）组成，并含有纤维状蛋白质（主要是胶原蛋白），以及内含于基本组织或基质内的碳水化合物、盐和其他物质。骨骼由骨细胞维持，骨细胞可以修复如骨折之类的损伤。骨骼的外层通常是坚硬致密的骨组织，再往下是多孔而有弹性的蜂窝状的骨组织，中心腔内是储存脂肪和制造新鲜血液细胞的骨髓。软骨和骨骼类似，由蛋白质纤维、碳水化合物和内含于基质中的其他物质构成。但是与骨骼相比，软骨中没有坚硬的钙化矿物质，因而软骨质地更轻、更柔软、更易弯曲，同时也没有骨骼那么脆。

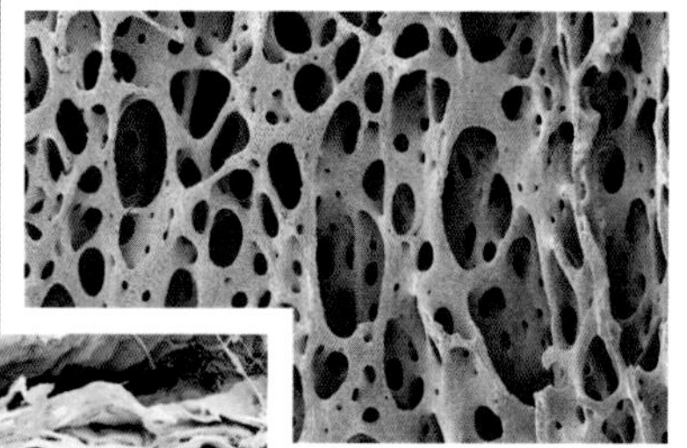

硬与软

在骨骼坚硬的外表下面，多孔的骨组织（如上图所示）有许多小腔。软骨（左图中绿色所示）质地轻而易弯曲，支撑如耳等身体部位。

骨质附肢

有些脊椎动物不仅有内骨骼，还有关联的多骨的部位和附肢，其构成方式和骨架是一样的，只是出现在身体的其他部位。有些鱼，如有甲壳的鲶鱼，皮肤中有坚硬的骨板。虽然这样的骨板使它们行动不便，体重增加，但是为它们提供了更多的保护。爬行动物，如飞蜥（又名“飞龙”），由细长的骨骼支撑皮肤的薄膜。在哺乳动物中，犰狳就是通过坚硬的骨板来保护身体的。这些骨板形成了环绕身体的、交叉的带甲，并由与内骨骼不相连的真皮骨组成。真皮骨形成于皮肤的加厚层，并覆盖着一层角质或骨质，即我们所说的鳞甲。

特殊的骨骼

这些动物中的每一种都有骨质部分或附肢起着如防护和自卫之类的不同作用。海马皮肤中有骨板可以抵御其捕食者。斗篷蜥颈部的褶皱在有危险时可以展开。犰狳的骨板和鳞甲可以保护其身体的各个部分。

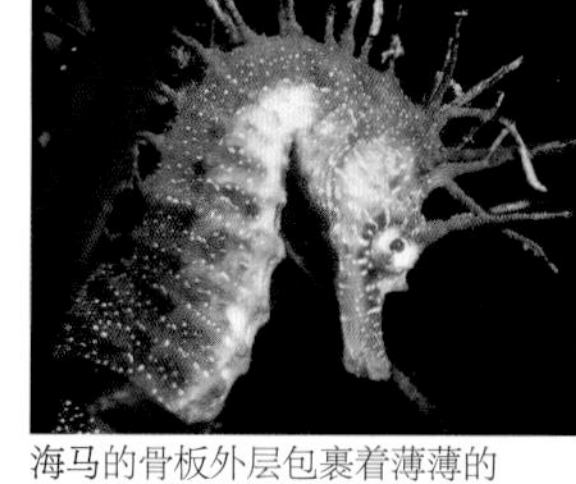

海马的骨板外层包裹着薄薄的皮肤。

斗篷蜥展开其颈部的褶皱以吓退进攻者。

犰狳蜷缩成球状以保护全身。

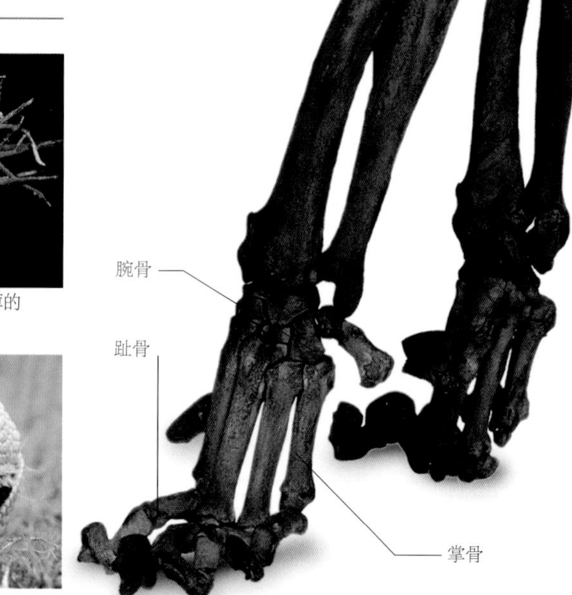

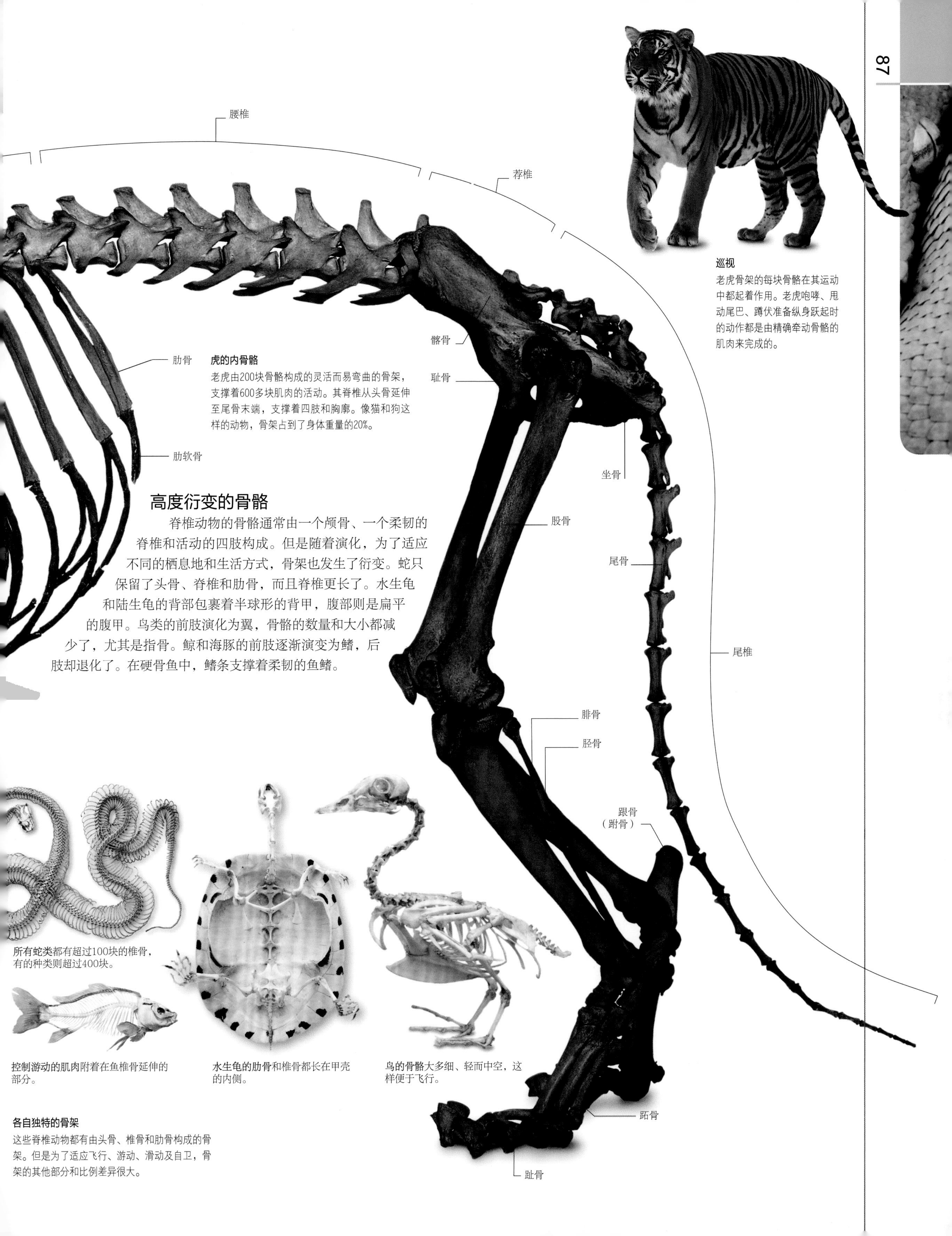

巡视

老虎骨架的每块骨骼在其运动中都起着作用。老虎咆哮、甩动尾巴、蹲伏准备纵身跃起时的动作都是由精确牵动骨骼的肌肉来完成的。

虎的内骨骼

老虎由200块骨骼构成的灵活而易弯曲的骨架，支撑着600多块肌肉的活动。其脊椎从头骨延伸至尾骨末端，支撑着四肢和胸廓。像猫和狗这样的动物，骨架占到了身体重量的20%。

高度衍变的骨骼

脊椎动物的骨骼通常由一个颅骨、一个柔韧的脊椎和活动的四肢构成。但是随着演化，为了适应不同的栖息地和生活方式，骨架也发生了衍变。蛇只保留了头骨、脊椎和肋骨，而且脊椎更长了。水生龟和陆生龟的背部包裹着半球形的背甲，腹部则是扁平的腹甲。鸟类的前肢演化为翼，骨骼的数量和大小都减少了，尤其是指骨。鲸和海豚的前肢逐渐演变为鳍，后肢却退化了。在硬骨鱼中，鳍条支撑着柔韧的鱼鳍。

所有蛇类都有超过100块的椎骨，有的种类则超过400块。

控制游动的肌肉附着在鱼椎骨延伸的部分。

水生龟的肋骨和椎骨都长在甲壳的内侧。

鸟的骨骼大多细、轻而中空，这样便于飞行。

各自独特的骨架

这些脊椎动物都有由头骨、椎骨和肋骨构成的骨架。但是为了适应飞行、游动、滑动及自卫，骨架的其他部分和比例差异很大。

需要速度

猎豹需要疾速和爆发力，才能捉到猎物。它们拥有极度柔韧的脊骨，可在各种运动中卷曲或拉直，以推进其前进。猎豹时速可达113千米，但它们并没有持久力。它们可屏住呼吸30秒并使体温迅速增加。

运动

动物具有各种各样的运动，包括从蜂鸟的悬停到蛇的滑动。当动物整个身体从一个地方移动到另一个地方时，便产生了运动，例如行走、奔跑、游泳、飞翔、跳跃或爬行。它们除了可利用肌肉的力量，还能借助外力，比如风力、水流和重力来帮助运动。

车轮安全法

沙漠中的蜘蛛，如这只风蛛（亦称太阳蛛），有一种逃脱捕食者的聪明办法。它蜷曲着腿，形成车轮一样的外形，向沙丘下边滚去。

陆地、天空、水和土壤

动物的运动方式千变万化，借助物质或“媒介”，动物可以去到各种地方。在陆地上活动，则不能脱离地面，可以使用四肢让身体活动起来，而蛇借助鳞片，蜗牛则依靠“肉足”。抓地能够提供向前的动力。

各种表面的平脊度的巨大差异产生了各种特化需求。例如，栖居于荒漠的更格卢鼠有巨大的足和趾以及具毛的脚垫，帮助它们在柔软、流动的沙地内跳跃。在空气中运动则要借助空气动力面，例如真正飞行者的翼（鸟类、蝙蝠和昆虫），或者滑行者的皮翼，比如“飞”狐猴（鼯猴）和

“飞”松鼠（鼯鼠）。动物向上运动（克服重力）都需要消耗巨大的能量，向前则需要有冲击力。

水是比空气更有阻力的媒介。通常，在水中获得同样速度所需要的能量是在陆地上的两倍。光滑的轮廓和流线型身体就变得极其重要了。水生生物一般都有巨大、扁平的表面，诸如尾和鳍，以推动沉重、流动的媒介。目前，已知在土壤、沙子和泥巴里运动是最缓慢和能量需求最大的。然而，所有类型的运动都有弥补措施。譬如，掘洞动物一般很少被捕食者发现，并且能够远离风吹雨打。它们周围也到处都是食物资源，比如裸鼹形鼠吃的植物的根。

为运动而生的体形

燕子有镰刀形的翅膀，以增加速度，在空中疾速捕猎。蚯蚓长而纤细，能够在土壤颗粒中蠕动。水母的体形利于利用水流。而袋鼠的跳跃在柔软的地面使能量最有效。

多技能的鱼

一些附肢在各种运动中成为折中之策。弹涂鱼的肌肉质胸鳍能帮助它们挖掘、游泳、扭动和跳跃。

重力

各种各样的动物都会利用重力，例如翻滚或向下滑翔，或者简单地从空中坠落。这些方法常用于逃避捕食者。许多动物都会蜷缩成一个球，遇到危险时，翻滚着逃跑，这包括倍足类和鼠妇（土鳖）。树栖昆虫，比如甲虫和竹节虫，很容易翻滚并向地上坠落。它们的成功生存取决于小体形、坚硬的身体外壳以及柔软的着陆点（腐殖质层）。

代谢率

代谢率指动物体内基本生化过程的速度，它与运动能力之间有着紧密的联系。鸟类和兽类是内温动物（温血）——就是说，它们保持恒定的较高体温。这使得它们的肌肉可以在任何时候活动。多数其他动物是外温性（冷血）的，它们随着外界环境而改变温度。当体温较低时，肌肉的新陈代谢就变得低效；如果温度太低，它们甚至根本无法活动。

加温起飞

在凉爽的夜晚，一些天蛾必须“颤抖”肌肉以获得足够的热量才能起飞。

冲刺能力

旗鱼能够将体内低水平的热量沿着某些血管传送，使肌肉温暖，并产生短时的爆发速度。

能量效率

这张图展示了4种体重相近（大约50克）的哺乳动物，它们在陆地（田鼠）、天空（蝙蝠）、水（麝鼠）和土壤（鼹鼠）中活动。图中显示1秒内每种动物运动的距离以及消耗的能量大小（为了便于比较，田鼠的能量支出作为一个单位）。蝙蝠的能量消耗是最高效的，而鼹鼠的最低。

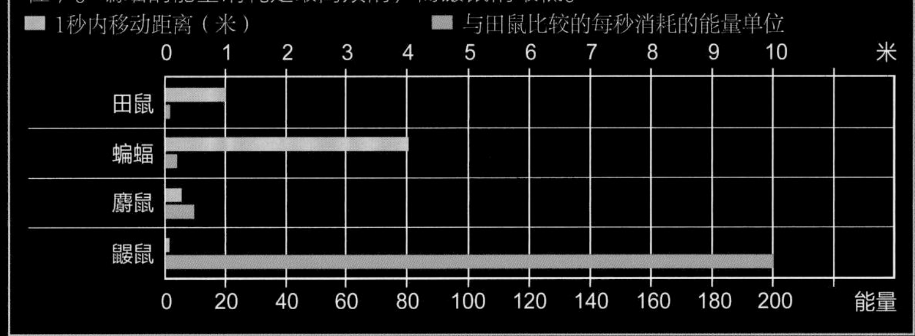

行走与奔跑

除几种特别的动物能够在水面或海面行走外，只有陆生动物可以用腿来行走和奔跑。动物用许多不同的肢体动作来完成陆地上的行进，这些动作被称为步法。这些行进的步法主要由大型的哺乳动物运用，但也有些最小的无脊椎动物会运用这样的行进步法。

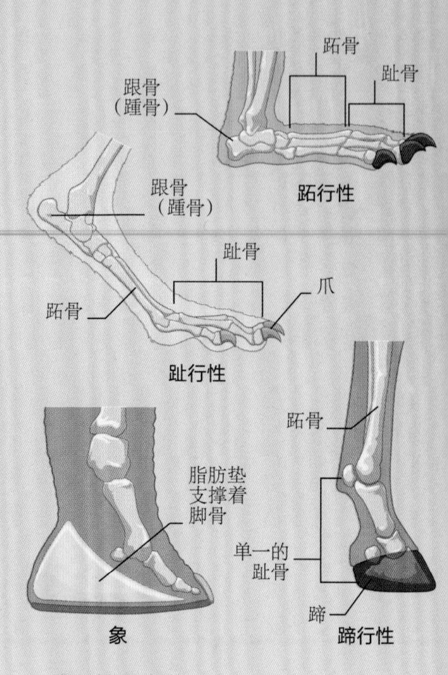

哺乳动物的步法

跖行性动物，如熊，走路时跟骨、跖骨和趾骨着地。趾行性动物，如狗，行走时只有趾骨着地。蹄行性动物站立时有一个或多个趾尖着地。从外形上看，大象像跖行性动物，但是它实际是趾行性动物，它们的跟骨提起，只有趾骨着地。

腿的数量

动物界中各种动物的腿的数量差异很大。鸟类有2条腿。大多数哺乳动物、两栖动物和爬行动物有4条腿。昆虫有6条腿，而节肢动物和一些甲壳类动物有8条腿。蜈蚣有100多条腿。千足虫事实上没有1000条腿，大多数有100～400条腿，但是加州千足虫（Illacme plenipes）有750条腿。蜈蚣和千足虫之所以有这么多腿，是因为要适应其挖洞穴的生活方式。由于有了这么多附肢，这些动物就可以钻进松散的材质、树叶碎片及土壤中。它们的腿主要是前后运动，而不是向侧面运动，这样使它们的运动效率更高。

不同的步法

许多哺乳动物的步法是不同的，有的步伐缓慢，有的奔跑快速。在有蹄类中，这种步法尤其明显。例如马会慢走、疾走、慢跑，还会疾驰——在长途旅行时它们会慢跑，躲避掠食者时会疾驰。也有一些不同寻常的步法，例如骆驼缓慢地行走时，一侧的两条腿同时运动，所以走起来会左右摇摆。

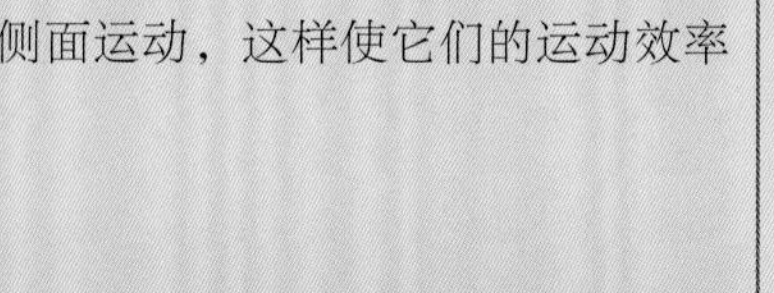

不同寻常的徒步者

螃蟹横着走是腿关节的弯曲方向造成的。千足虫的腿运动时协调一致——同时抬起一些腿，同时落下一些腿，然后这些腿向后推。

特化的运动方式

很多动物特殊的身体动作方式有助于它们的运动。例如，猎豹柔韧的脊椎弓起时可以使它的步幅更大。鲵、蝾螈和蜥蜴S形的侧弯姿态从头部一直延伸到尾部，这就使得肢体运动时更加灵活。

S形行进

虎纹钝口螈行进时身体侧弯，呈一组S波浪形。这种模式起源于两栖动物的似鱼祖先。

腿部的构造

通常四肢较长的动物步伐更大，速度也更快。对于那些快速奔跑的动物，牵动四肢运动的肌肉往往是在肩部或臀部，这样就可以减轻四肢的负担，使它们快速奔跑。很多无脊椎动物的腿没有关节相连，完全靠水压来运动。毛虫的腿既有有关节相连的，也有没有关节相连的。后者有助于毛虫抓握，因为它们有像吸力盘那样的小钩。

犀牛四肢强健、体形巨大，尽管如此，其奔跑速度仍然非常惊人。

折中的四肢

水陆两栖的动物都有折中的四肢构造。趾间有蹼是典型的五趾陆生脊椎动物足部的“加强版”。足部的这种结构为它们提供了宽阔的鳍状的表面来踩水。这种结构见于多种半水生动物，包括哺乳动物中的水獭、麝鼠、很多种海鸟和水禽，如信天翁和鸭类，以及众多两栖动物。蹼的生长程度反映了动物在水中生活的时间长短，例如树蛙就没有蹼。

鸵鸟的肌肉组织主要生长在臀部和大腿。它们的翅膀能帮助改变前进方向。

海星的5个或7个臂的下面有小“管”，当臂抬起时海星就向前运动了。

运动方式

犀牛和鸵鸟的运动依靠它们身体主要部位附近的肌肉。海星则通过水压运动。它将水挤压到每一个细小的管足里去，这样它们的腿就能伸展了。

鸵鸟能以**70千米/时**的速度连续行进**30分钟**，一步能迈**5米**。

斑马的“飞行”

当斑马疾驰时，每跨越一步，就有一半多的时间内 4 个蹄子同时离开地面。这种与地面的最少程度的接触减少了与地面的摩擦力，使斑马能连续地大步前进，速度可达 55 千米 / 时。

攀爬和跳跃

许多动物能够攀爬，有些甚至身怀绝技，例如长臂猿的特技，再比如壁虎能贴在几乎任何物体的表面。跳跃包括在一系列急速运动过程中快慢交替地行进。大多数动物的四肢既可以行走、奔跑，又可以跳跃，也有些无脊椎动物由特殊的身体部位来完成跳跃。

抓握

在树枝间跳跃或攀爬岩石、墙壁，需要强健而灵活的四肢和极强的抓握能力。多数会攀爬的动物拥有强健的四肢，使身体能够向上运动。因为这些动物必须能在用前肢或后肢抓握的同时，其他肢找到新的落脚点，所以有些会攀爬的动物只用一或两肢抓握就能支撑身体。强有力的爪、手指、脚趾及尾巴有特别的抓握本领。例如，变色龙的5个脚趾合成两组，一组3个，另一组两个，构成了一个“螯”，像钳子一样附着在树枝上。包括猴子在内的有些动物长着适于抓握的尾巴。

马达加斯加昼行壁虎

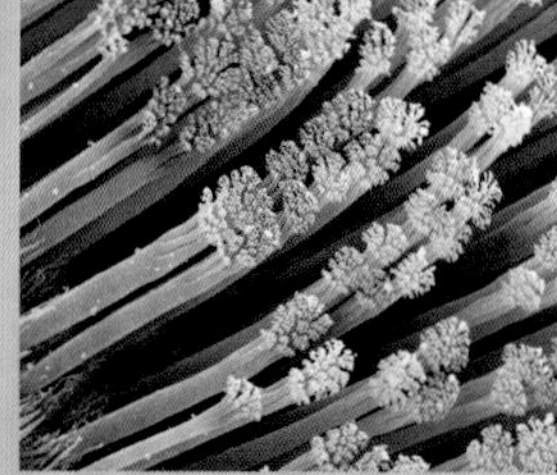

脊、柄和匙

壁虎具有棱脊状的趾（见上左图），其上附有成千上万的柄状刚毛，在显微镜下则可看到上亿的匙状毛（见上右图）。这些毛可与任何不规则的表面啮合得很好，使壁虎自由攀爬。

蜘蛛的特化

捕鸟蛛的足部（见上图）有两个爪、一个钩和锯齿状的绒毛，这些都有利于牢牢抓住物体的表面。

墨西哥红膝捕鸟蛛

灵长类的手和足

灵长类的四肢不仅适应在树上活动，而且还适合它们捕食和理毛。黑猩猩的肌肉、可对握的手指与脚趾有利于紧紧地握住树枝。指猴的中指特别长，因此可以从树皮下抠出幼虫。大狐猴的第二趾经过进化后长了一个用来理毛的爪。

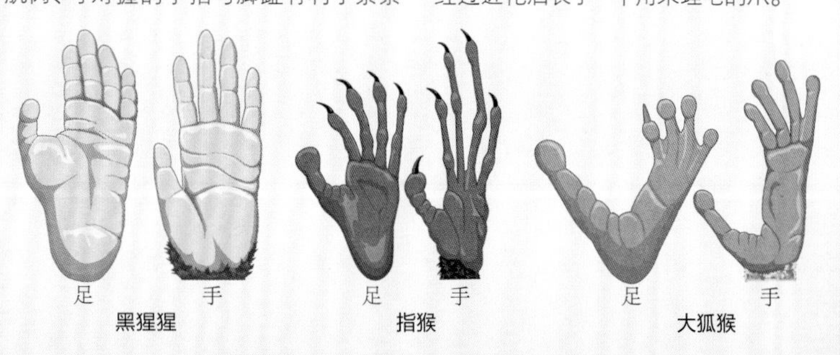

长鼻猴的脚**有蹼**，这使它们善于在水中游动。

荡臂行进

生活在树上的灵长类，尤其是长臂猿，用的是荡臂行进的方式（前肢交替前行）。在东南亚的热带雨林中生活着14种长臂猿。其中最大的一种——合趾猿（见右图）手掌修长，手呈钩状，拇指短小；手臂不仅长而且有力，肩部肌肉发达，关节灵活，尤其适于荡臂行进。另外它们有立体视觉，善于判断距离。身体摆动时呈弧线形，像活动的钟摆。这种运动方式能维持动力，节省能量。

荡臂之王

（1）每次摆动时，合趾猿的身体都积蓄能量和速度。（2）身体来回摆动，这样就能腾出一只手去抓握其他树枝。（3）肌肉发达而修长的前臂和摆动中获得的动力使它们跳跃到另一个树枝上。（4）停下来的时候它的脚够着低处的树枝。

紧急撤退

包括长鼻猴在内的一些猴子会纵身跳跃来躲避危险。它们的手指和脚趾都适宜抓握，尾巴可以平衡方向。

节省能量的运动方式

前肢的结构，如关节附近的韧带和腱，有助于跳跃过程中减少能量的消耗。这些结构中含有包括弹性蛋白和节肢弹性蛋白等有弹性的物质。准备跳跃时，韧带和腱伸展和收缩可以储备能量。跳跃时这些能量就释放出来帮助肌肉运动。袋鼠即使跳跃一小步，其身体重量也会带动起韧带和腱，为后续的跳跃积蓄能量。

纵身一跃

跳跃前这只猫蚤收缩大腿基部的节肢弹性蛋白，然后纵身一跃。

34厘米 这是体长仅2毫米的猫蚤能跳跃的距离，相当于其体长的170倍。

动物如何跳跃

包括旷兔、袋鼠、青蛙、跳蚤和蚱蜢在内的这些善于跳跃的动物，四肢中往往有一对比另一对更大、更健壮，因此适于跳跃。跳跃时它们四肢的关节像杠杆联动那样依次展开，从臀部和大腿到膝盖和胫骨，再到踝骨和足部，直到脚趾，从而获得动力使它们向上或向前跳跃。除了躲避被捕食和其他危险，这些动物也会在跨越障碍、攀爬树枝或者为保护领地而显示自身的强健时进行跳跃。生活在沙漠中的动物在柔软松散的沙地上跳跃的距离短、频率高。

跳跃的冕狐猴

在地面上，有些狐猴会用它们修长而健壮的腿横向跳跃。它们会伸出胳膊或抬高胳膊保持平衡。冕狐猴一次能横向跳出5米多的距离。

弹跳

有些有蹄类动物跳跃时四肢僵硬，像弹簧一样垂直跳跃，仿佛跳跃时腿是直的。这种运动方式称为“弹跳”（pronking），这个词来源于南非语，意为“炫耀”。跳羚（见下图）、黑斑羚和许多瞪羚的跳跃就属于这一类。这种行为被认为是向它们的捕食者展示其健壮的体魄。

挖掘、蠕动和滑行

许多没有四肢的动物的运动方式是蠕动和滑行，它们每一次运动都很微弱，身体大部分表面都与接触面接触。也有很多动物能够在各种地形中挖掘。

挖洞和开凿隧道

有很多种生活在地下的动物能利用各种方法将泥土、沙石及其他类似的物质推开，以使身体前行。这是动物运动中最慢、最消耗体力的一种方式。但是对于那些习惯挖洞穴的动物来说，这样的方式自有好处：因为它们的捕食者既看不到它们，也听不到它们的声音，更闻不到它们的气味，所以它们相对比较安全。同时，它们生活在地下，可以避免如干旱和大风雪之类极端恶劣的环境。而且许多挖洞穴的动物可以找到根、茎及植物的其他地下部分作为食物。

不同介质中的挖掘

有的动物能够在像木头和岩石这些坚硬的表面挖掘。在柔软的地方挖掘也是有难度的。有时在挖洞的时候，沙子会崩塌，那样就挖不出隧道。也就是说，像新石龙子这样的动物在前行时不得不持续地消耗体能。

穿石贝是双壳类软体动物，它们的贝壳上长着隆起的“牙齿”，可以锉磨岩石。

船蛆也属于双壳类，有锯齿状的小贝壳，能插入木头中。

新石龙子（一种小型蜥蜴）像鱼一样扭动身体，穿行于松散的沙石和土壤中。

裸鼹形鼠不断生长的大门齿能咬穿干旱的土壤。

20米 一只欧鼹一天所挖掘的隧道的平均长度。

挖掘专家

欧鼹硕大的前足上锋利的爪子像铁铲一样，它的后足支撑身体并向两侧及身后掘土。当鼹鼠接近地面时，它挖的土就会堆起来形成一个“鼹丘”。

挖穴方法

穴居动物通常用身体的一端使劲刨土，而另一端则支撑着身体。脊椎动物，如鼹鼠，有强健的四肢像铲子一样掀动泥土。很多无脊椎动物，如地下的白蚁，用锯齿状的口器穿透土壤。有些双壳类软体动物，如竹蛏，长有可以伸缩的强健的足，使得它能在泥土或沙地中挖穴。它的体形能使阻力最小化。用这样的方法，竹蛏不到10秒就能挖1米深。

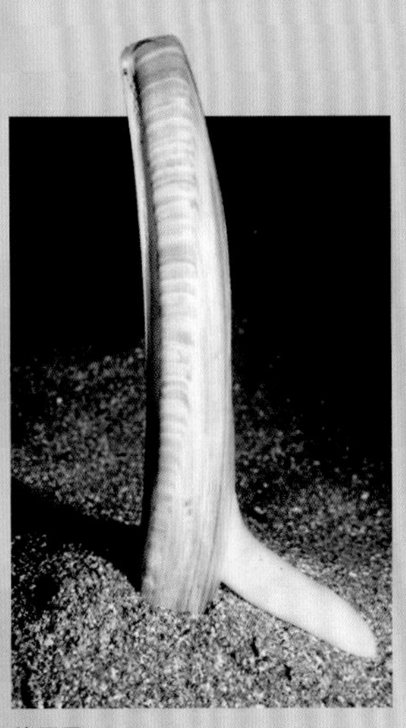

伸展足
竹蛏把贝壳伸开，长长的肉质的足插到沙石中。

收缩足
竹蛏足的尖端变大，足收缩，贝壳合拢。

传送带
蛞蝓利用肌肉收缩行进。其肌肉收缩产生的波，沿宽阔的有黏液的足从头部传至尾部，像传送带一样推动蛞蝓向前运动。

蠕动和滑行

蛇、蛞蝓、蜗牛、扁形虫及一些相似动物通过肌肉收缩平稳连续地运动。一些蛇类使鳞片翘起，反作用于物体，并在物体表面呈波浪状运动。腹足类软体动物，譬如蜗牛、蛞蝓和帽贝滑行于其所分泌的一层薄薄的黏液之上，并使用它们足部的肌肉层有节奏地运动。如此，它们的足便呈波浪状前进。这些黏液可使它们粘在许多不同的表面上，包括岩石和松土，甚至能使它们倒挂。

行动缓慢
这只蜗牛持续不停地行进的话，要整整1周才能走1千米的路程。

蛇的运动

与有腿的动物相比，蛇的运动不是依靠身体的某个部位来实现的。相反，它们的肌肉结构复杂，有4种独特的运动方式。具体运动的方式取决于蛇的大小、它们在什么样的表面运动，以及它们运动的速度。大多数蛇会根据情况分别选择不同的运动方式。但是，侧飘行进方式除外，因为只有新蛇下目（Caenophidia）的种类使用这种方式。

在侧飘行进中，蛇抬起头部，并向前倾。蛇身体的后部侧面向着运动方向，这使它可以获得更好的支撑。这种方式适用于平坦或光滑的表面。

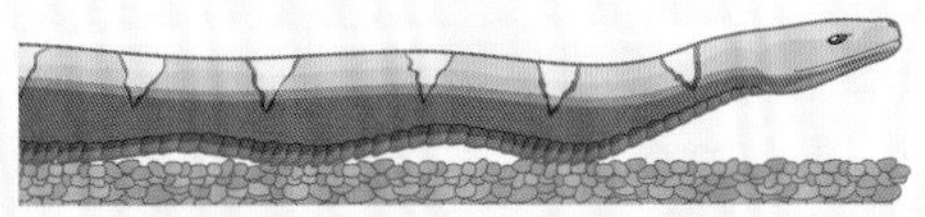

在直线行进中，腹部鳞片竖起，可抓握表面，向前拉，身体呈连续的波浪状。这种运动方式多适用于体重较重的蛇类。

在侧身波动行进中，蛇可以根据接触角度，在不规则的表面，诸如岩石、树干和小丘上运动，以获得向前的冲力。

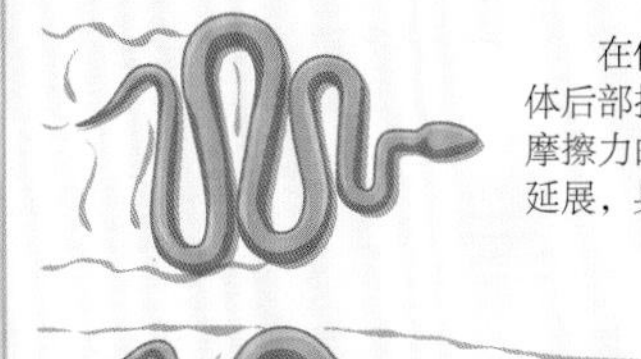

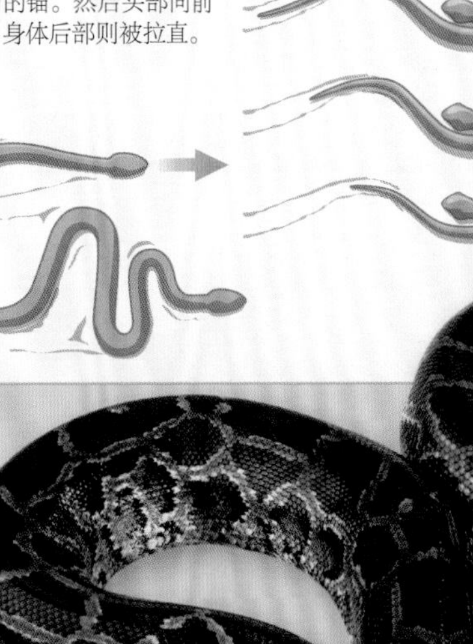

在伸缩行进中，蛇的身体后部折叠弯曲，像一支有摩擦力的锚。然后头部向前延展，身体后部则被拉直。

运动的多样性
大多数的蛇，例如这条缅甸蟒，能够根据地形变化而调整行进方式。这条巨蟒在攀缘或在隧道内爬行时使用伸缩运动方式。

飞行和滑翔

真正能够飞行的动物只有3类：昆虫、鸟类和蝙蝠，因为只有它们能够在自己的力量驱动下在空气中运动。还有些动物在空气中能临时性地运动，这只能算是滑行，因为它们难以借助自身的力量在空气中运动。滑翔也可以作为一些飞行动物节省体能的运动方式。有些鸟借助热空气可以翱翔几百千米，在这样的状态下，它们几乎不用扇动翅膀。

昆虫的飞行

几乎所有的昆虫都具备飞行的能力。它们具备典型的4只翅膀，例如蜻蜓、蜉蝣、蝴蝶、石蛾、蛾子、蜜蜂和胡蜂。双翅目，超过12万种的家蝇、丽蝇、蚋、瘿蚊、蚊、食蚜蝇、大蚊等的后翅已经变得很小，形状像鼓槌，称为平衡棒。平衡棒可以迅速地摇摆或转动，增加了身体的稳定性和可控制性，而前翅则提供升力和推力。

飞行肌位于胸部（身体的中间部分）。有些昆虫的飞行肌一张一缩带动翅膀，其他昆虫则改变胸部的形状来带动翅膀。无论哪种方式，翅膀基部的肌肉通过调整每次摆动的角度来决定飞行方向。飞行时翅膀不仅上下扇动，还会前后摆动，以产生升力和推力。

特技飞行师
飞行速度最快的昆虫是蜻蜓，它们的飞行速度可达65千米/时。蜻蜓还能交替地扇动翅膀。

翅的保护功能
有些甲虫，如瓢虫，前翅（又称鞘翅）很硬，具有保护身体的功能。飞行时其鞘翅打开。

鸟类的飞行

鸟翼利用翼型，通过向前穿过空气来产生升力（见右侧知识框）。鸟类胸部的肌肉为它们扇动翅膀提供了动力。这些肌肉一端连接在胸部中央的胸骨上，另一端则连接在翅膀内侧的骨头上。当这些肌肉收缩时，拉动整个翼往复运动。翼内的肌肉借助伸到翼边缘的长肌腱，可以弯曲或翘起整个翼，改变羽毛的角度，从而改变翼的曲面，实现精确控制。

空气动力学

鸟翼沿其上表面形成一个弯曲的形状，即翼型。空气通过翅膀上表面要比通过下表面快。翅下流动缓慢的空气施加的压力更大，这有效地推动了翅膀从下往上抬升；翅上快速流动的空气产生的空气压力较小，将翅膀向上吸；在抵消了向下的重力之后，就形成了一个连续的抬升力。

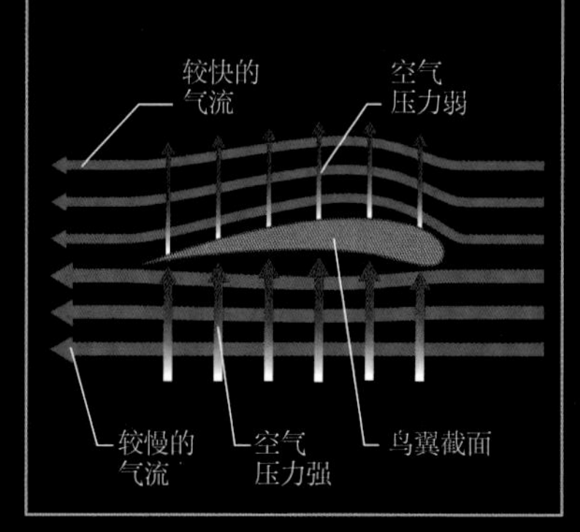

拉升和俯冲
仓鸮向上飞时抬起翅膀，羽毛弯曲，使空气流通从而减小阻力。之后它用力放下翅膀向下俯冲。这时羽毛平展形成了一个密不透气的表面，保证最大限度地俯冲。

抬升、速度和气流
鸟类通过扇动和折叠初级飞羽来控制速度和方向。次级飞羽形成主要的翼型，以获得抬升力。在鸟类着陆时，小翼羽（指骨上附着的3~5枚羽毛）可以在翼的前缘阻断平滑的气流，而达到减速的目的。

滑翔专家

有许多动物，如飞鼠或鼯鼠、飞负鼠或袋鼯、飞蜥、飞蛙和飞鱼，它们的名称让人们误以为它们都会飞。事实上它们并不会飞，因为它们不能连续飞行。这些动物长着类似翅膀的结构，像降落伞一样能增加空气的阻力，还能产生一些向上的力量来降低其下降的速度。倾斜或改变这些结构表面的形状能够稍微控制其飞行距离和方向。最值得一提的会滑行的哺乳动物是东南亚的鼯猴（鼯猴既不是真正的飞行动物，也不是真正的狐猴），它们能滑行100多米并精确着陆。

加州飞鱼

展翅翱翔

当太阳照耀大地时，地面上空的空气也会变热，这样就产生了热气流。在多山的地方由于侧风则形成了上曳气流。热气流和上曳气流都使鸟能够省力飞行。鹰、秃鹫、兀鹫、鹳和其他鸟类都利用了这种最省力的飞行方式。

华莱士飞蛙

惊人的滑翔动物

加州飞鱼利用胸鳍和腹鳍滑翔。华莱士飞蛙从树上跳下时伸展蹼状的脚趾，像4个小型降落伞一样在降落时减速。

展翼比

展翼比是指翼展（身体至翼尖的长度）和翼宽的相对比例。细长的翅膀其展翼比较高，这对于长距离的滑行和飞翔是最有利的。由于气流提供了持续飞行所需的浮力，飞行时扇动翅膀的次数最少。包括信天翁和鸥在内的鸟类的翅膀都是这样的，鹰和兀鹫的翅膀多少也有这样的特点。展翼比低的翅膀相对较短、较宽。这样的翅膀有利于加速、迅速旋转和精确控制，麻雀就是其中的一个例子。像燕子和雨燕这些鸟，它们弯曲的、形状像镰刀、翅尖尖细的翅膀则有利于持续快速地飞行。

欧洲雀鹰

8形挥翅

蜂鸟拍打翅膀时翅膀挥动的轨迹形似阿拉伯数字“8”，所产生的向下的气流使蜂鸟能够盘旋。稍稍调整翅膀，它们就可以侧飞甚至倒飞。

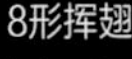

紫耳蜂鸟

安第斯神鹰

游泳

游动与飞行在若干方面有惊人的相似之处。空气和水都是流动的媒介，鳍和翅膀的某些工作原理是一致的，例如为了前行需要将空气或水向后推动。而这两者的一个显著区别是水的密度比空气大1000倍，这样既有利也有弊。

浅滩泳者
梭鱼类中的黑鳍白鲑的幼体经常在大的浅滩游动。它们体形长，尾巴有力，这使它们能迅速地加速。

漂浮

相对于空气而言，水的优势是能提供足够的浮力，因此水生动物与飞行动物不同，它们无须产生强大的向上飞的力量。然而，为了在水中的一定深度能够上浮、下沉或者“盘旋”，水生动物需要控制浮力，需要向前推进。硬骨鱼利用鱼鳔调整浮力，鱼鳔中的空气是可以调控的。像鲨鱼和鳐鱼这类软骨鱼没有鱼鳔。它们弯曲的鳍为它们游动时提供了浮力，使它们不至于沉底。鲨鱼还有富含鱼油的大肝脏，增加了浮力，因为油比水轻。头足类动物，如鹦鹉螺、乌贼和鱿鱼，其贝壳中有充气的空间，可以充满空气或排空空气以调整浮力。潜水和在水中游动的鸟有一定的适应性，能迅速沉入水中捕食。例如，鸬鹚的羽毛能含水，从而减少了羽毛中的空气。

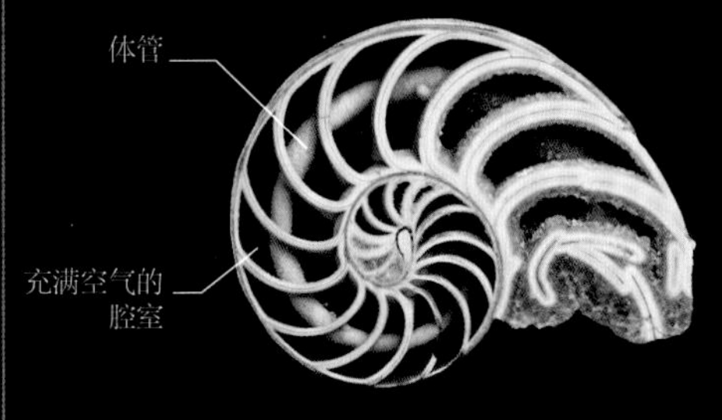

浮力腔
鹦鹉螺的每个腔室中都充满了气体和水。每个腔室的开口使鹦鹉螺控制其内部空气的量，因此可以控制浮力。体管则排出多余的水。

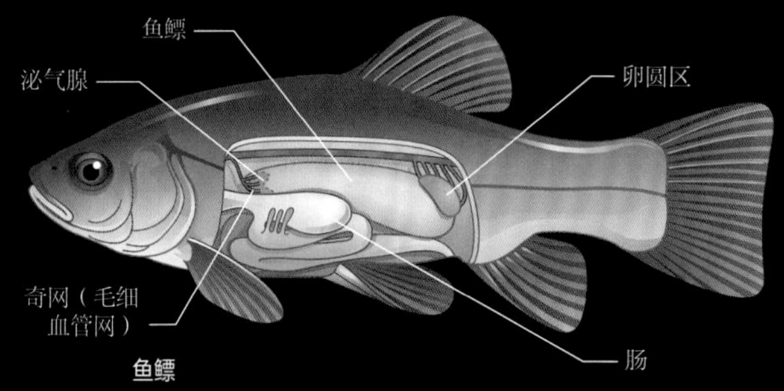

鱼鳔
硬骨鱼通过血流和鱼鳔之间交换空气来控制浮力。空气由泌气腺进入鱼鳔，再通过卵圆区进入血液。

游动方式

大多数的水生动物，如海洋哺乳动物和体形较大的鱼类，游动时用身体的肌肉和尾部推动水。有些软骨鱼、像鳗鱼之类的硬骨鱼和海蛇，游动时伴随着身体的起伏和扭动，就好像有一个S形的波浪沿着它们的身体滚动。大多数硬骨鱼游动时身体后部和尾部（尾鳍）左右摆动。其他鱼鳍——背鳍、腹鳍、一对胸鳍、臀鳍——控制方向，保持身体稳定。然而，有些鱼类则靠这些鱼鳍向前游动，利用背鳍游动的海马和用很大的翅膀状的胸鳍游动的鳐鱼就属于这样的情况。鱼类的体形反映了其游动的方式。强健有力、游动速度快的鱼类体形细长，呈纺锤状。生活在平静的水域中无须快速游动的鱼类的身体是扁平的。生活在水底层的鱼，如比目鱼和扁鲨，身体往往是扁的。

躯干泳者
像这头夏威夷僧海豹，它游动时靠的是身体后部的摆动以及后部鳍状肢的推动。而这条白边海鳗则用蜿蜒行进式——靠从头到尾的一系列肌肉的波动。它扁平的尾巴产生更大的推力。

鲨鱼的尾鳍上下不对称，这样能产生浮力和前行的动力。

硬骨鱼有上下对称的正型尾鳍。

尾鳍
尾鳍可以揭示游动的方式。大多数硬骨鱼具有正型尾鳍，上下尾叶大小几乎相等。

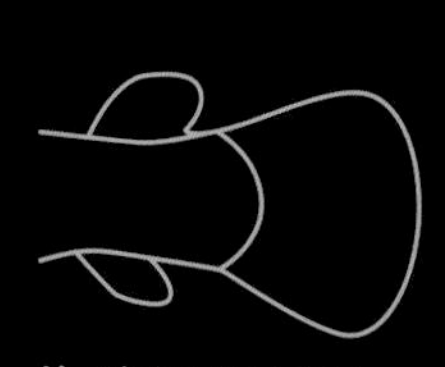

金枪鱼的尾鳍可以减小摩擦力，有助于迅速游动。

梭子鱼的尾鳍大而平，有助于突然加速。

身体的推动力
鱼尾摆动时，在水中产生向侧面和后面的推动力。结果作用力的方向是这两个力量的夹角。鱼左右摆动尾巴时产生向后的力量，于是鱼就直线游动。

小型泳者

有些小型动物在水中利用像毛发一样的结构来游动。栉水母有8排柔软的毛发状的“纤毛”，在游动时像微缩的桨一样协同配合。有些龙虱（见下图）靠后同时划水。它们的腿上长有毛发，这些毛发张开就形成了两只船桨。

腿和肢

除了鱼类，很多脊椎动物靠它们的四肢游动。海豹游动时身体摇摆，同时拍打宽阔的有蹼的后鳍，而海狮则拍打前鳍。水禽拍动翅膀或用翅膀划水，还有的用脚拨水，也有的水禽既拍打翅膀又用脚拨水。然而企鹅的翅膀与众不同。它们的骨头是实心的而不是中空的，这样它们身体的密度就大了，也有力量了。企鹅不会用翅膀划水，而是拍打翅膀，在水下“飞”。海龟与企鹅的游动方式很相似，不过海龟只利用前肢游动，后肢则用来掌握方向。有些种类的海龟在水中的速度可达30千米/时。

三趾鸥

凯门鳄

蹼状的脚
像三趾鸥和凯门鳄这样的水生动物足趾间有蹼相连，脚的面积会增大，从而游动时更有力。

蛙类的“蛙泳”

蛙类游泳时靠后肢和蹼状的脚同步运动来推水，这样一个完整的过程很慢。蛙类的臀部、膝、踝和脚趾弯曲，腿部抬起贴至身体处；之后腿部伸直，蹼状的脚伸展用力向前。人类的蛙泳姿势可能就是模仿了蛙类游泳的方式。

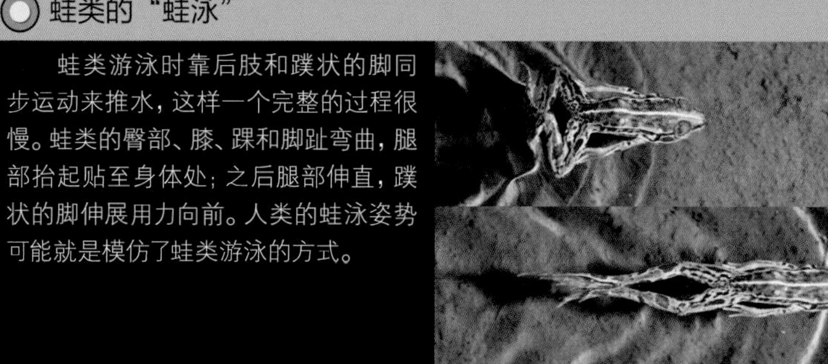

喷射式运动

许多种头足类软体动物，包括章鱼、鱿鱼、墨鱼（即乌贼），以及鹦鹉螺和某些水母，行进时都是利用了水生动物特有的喷射推进的方式。鱿鱼的套膜肌肉放松，慢慢地将水吸进位于其身体主干部分和肉质的像斗篷一样的套膜之间的外套腔。外套腔膨胀可以储水，肌肉收缩防止水外流。章鱼则使劲将水沿一个漏斗状的虹吸管喷出，喷水时的反作用力推动章鱼前进。

迅速逃跑
像这只大鳍拟乌贼一样的头足类利用喷射式运动，主要是为了逃避危险。头足类动物还能将鳍分散贴于身体两侧缓慢前进。

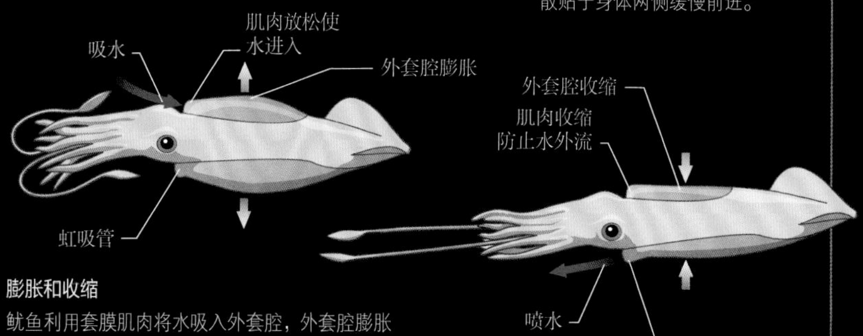

膨胀和收缩
鱿鱼利用套膜肌肉将水吸入外套腔，外套腔膨胀储水，肌肉的突然收缩使水沿虹吸管喷出，喷水产生的反作用力推动鱿鱼前进。

复杂的图案

一只绿鬣蜥）眼周不
设计和排列，给予了
完成眨眼动作，而同
护性。

身体外表

动物及其周围的环境是各式各样的，因而它们与环境之间的界面——动物的体表也是变幻无穷的。动物的外表面、外壳或者皮肤与它们周围的环境高度适应，形式从极微薄和脆弱到比砖头更厚和坚固不等。

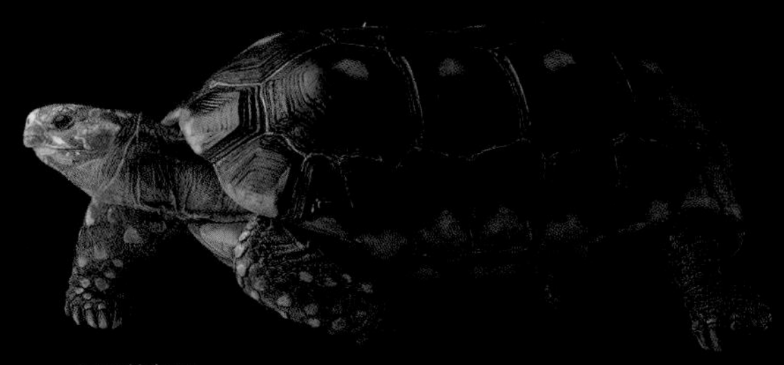

沉重的盔甲

各种陆生龟、海龟和鳖的硬壳为它们提供了完美的保护，但缺点是非常沉重，限制了运动，局限了生活方式。

类型和功能

动物的外层称为外皮或皮肤系统。这些体表包括基本的皮肤及其衍生物——鳞片、羽毛、皮毛和刚毛——到角质鞘及坚硬如石的外壳。每种体表都是一个具有广泛功能的复合体。其中最重要的功能是包容和保护柔软的内组织，保持体液以维持内环境的稳定性。体表同时也能进行体温调节、营养摄取、废物排泄、气体交换，实现触觉和其他感觉，以及外表的修饰，如保护色、警戒色或求偶炫耀。这些功能是混合的，同时对每个动物来说又是谐调的。有其他功能。另外一些体表，如甲壳动物和发育中的昆虫的外壳、鸟类的羽毛等，则较为具有暂时性。这些体表如果受到伤害，在一定时间内会脱落或者换毛，由新生的完整体表取代。非常短时间的覆盖物，包括沫蝉分泌的泡沫，不是身体的一部分而是身体的产物。

体表的多样化

除了硬壳动物（主要是软体动物），大多数动物的体表是有一定柔韧性的，哪怕这种灵活性仅限于一些昆虫及甲壳动物的关节附近很小的范围内。这种柔韧性保证动物可四处活动、觅食、逃避危险。具有毛发、皮毛或者刚毛的体表在动物身上广泛存在。这样的体表是哺乳动物的特征，但也在蠕虫、某些昆虫中被发现，如毛虫（蝴蝶和蛾子的幼虫）和蜜蜂，以及一些蜘蛛。

黑猩猩拥有柔软的粉红色皮肤，以及典型的哺乳类的毛发。

鸟类，如图中的大天鹅，是唯一体表覆盖羽毛的动物类群。

非洲树蝰，与大多数爬行动物一样，有灵活的鳞片状覆盖物。

海鼠，一种多毛目环节动物，在身体表面凸出刺一样的刚毛。

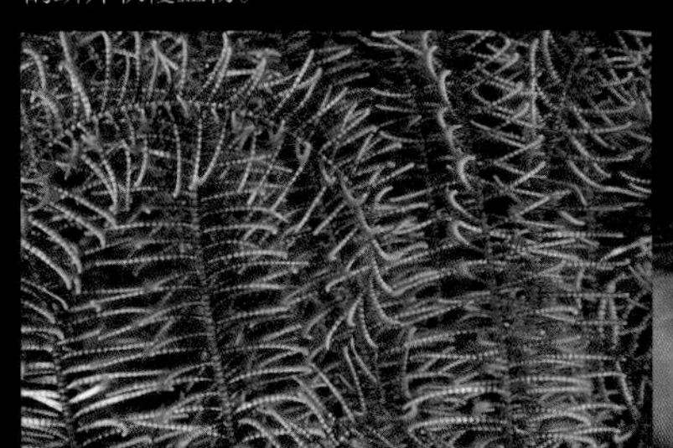

羽星海百合的臂上覆盖了侧支，也就是小羽片，能搜集食物颗粒。

保护

身体外表的主要功能是防御。一个生物体的外表面是与外界接触的第一位点，各种伤害都可能发生，包括物理损伤、有害的化学品和毒素、有毒微生物、寄生虫和辐射。如软体动物和龟类的外壳那样，身体的覆盖物可能是极其坚硬和耐用的，并且能长期抵抗以上问题。这些硬壳提供了非常强有力的保护，但是除此之外几乎少

温度调节和呼吸

在一些动物类群中，身体外表能帮助动物进行体温的调节。这对恒温或“温血”动物非常重要，这样它们能维持相对高的体温。在寒冷的天气里，鸟类抖松它们的羽毛，哺乳动物则鼓起它们的皮毛，来获取更多的能隔热的空气以减低热量的流失。而身体外表还可能进一步在吸进氧气、呼出二氧化碳的呼吸作用中发挥作用。这个功能可辅助呼吸器官，如两栖类的肺和鳃。而对一些蠕虫来说，体表可能成为呼吸的唯一工具。

皮肤呼吸

典型的两栖类皮肤非常潮湿且单薄，使得空气能通过这样的皮肤。对苏里南负子蟾而言，这样的皮肤很重要，因为它长期待在水下且不能用肺呼吸。

隔热层

海象的皮下有一层脂肪层能隔绝寒冷；天热的时候，皮肤表面增加的血流能够帮助带走过多的身体热量。

皮肤

与大多数甲壳及类似的坚硬的身体外表不同，一般来说，几乎所有动物身体的外表面都由皮肤构成，形成一个连续、柔韧、具有保护性的身体覆盖物。通常，皮肤由许多层组成，可能也会长出附肢和衍生物，如毛发、鳞片、角质或骨质板，以及羽毛。

皮肤的类型

在日常生活中，“皮肤”这个词通常是指动物，尤其指脊椎动物（鱼类、两栖类、爬行类、鸟类和兽类）柔软的外部覆盖物，而不是指像螃蟹那样的无脊椎动物的坚硬外壳。在许多动物中，真正的皮肤是位于诸如爬行类的鳞片、鸟类的羽毛和兽类的毛发之下的，而这些表层也是由皮肤衍生而来的。除了面部，大面积暴露的皮肤并不常见，仅仅存在于少数的鱼类、两栖类和某些哺乳动物，如鲸、河马、海象、裸鼹形鼠和人类身上。

皮肤的多样化

动物的皮肤与其环境和生活方式相适应。比如，水生动物为了减少水的阻力，更倾向拥有光滑的皮肤。陆生动物的皮肤肌理则表现出更多的变化，而且经常在身体的不同部位有特化区域，比如一些鸟类头上的羽毛缺失，而代之以蜡膜包被。

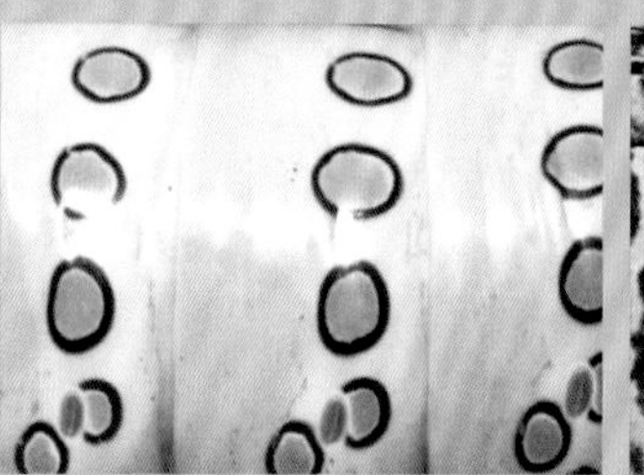
毛虫拥有薄而柔软的外表皮（外骨骼），主要由几丁质组成。

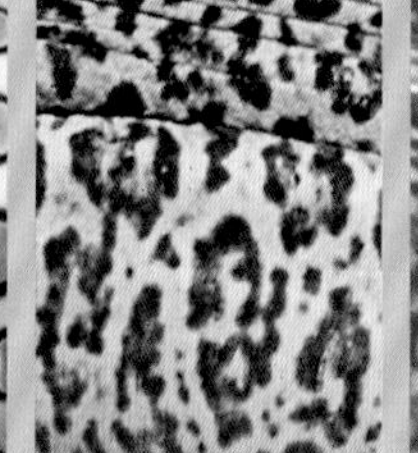
海鳝的皮肤光滑而没有鳞片。

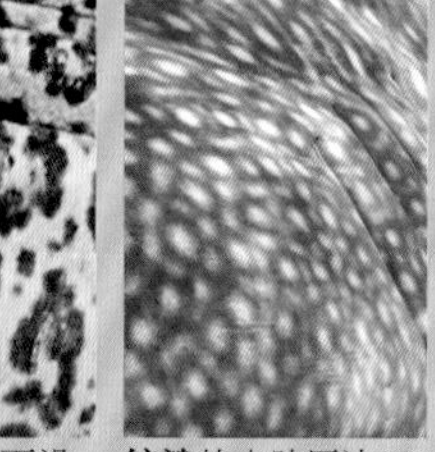
鲸鲨的皮肤厚达10厘米。

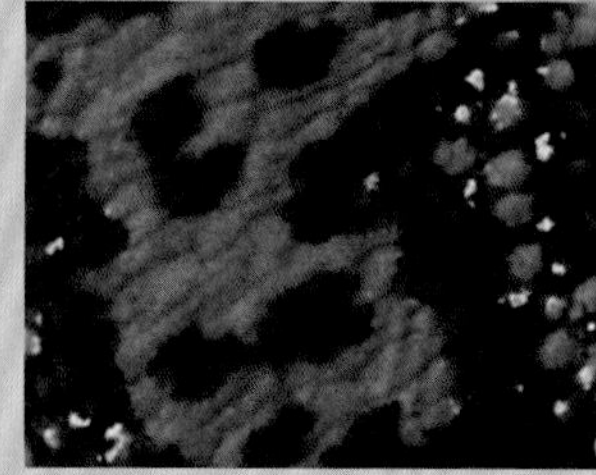
东方蝾螈的下腹部有红色的斑点以警吓捕食者。

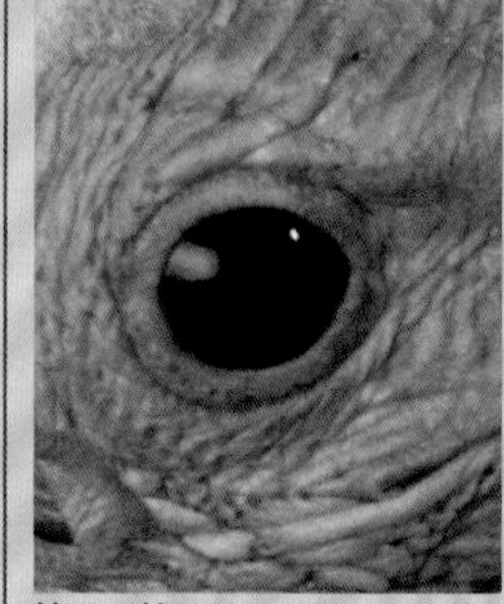
埃及兀鹫的脸覆盖了一层黄色的皮肤。

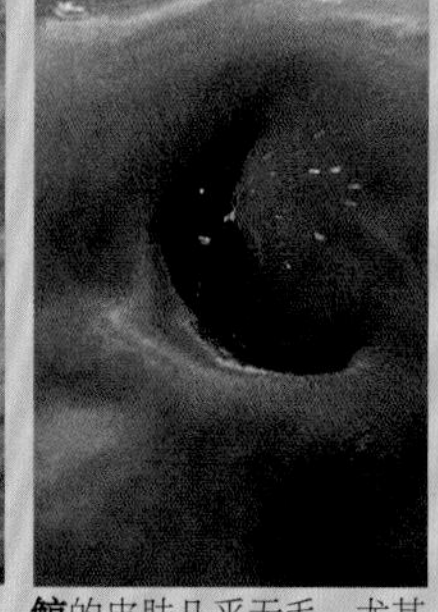
鲸的皮肤几乎无毛，尤其是它的喷气孔周围。

大猩猩脸部的皮肤能展现出复杂的表情。

河马的皮肤能分泌黏液，在陆地上时也能保持皮肤湿润。

基本结构

虽然脊椎动物的皮肤有些比纸还薄，而有些则比这本书还厚，但它们都具有类似的基本显微结构。这些动物的皮肤都可以分为3层：最外边的表皮层，主要由角蛋白（一种坚韧的纤维蛋白）构成，并能够持续不断地自我更新；真皮层，位于表皮层之下，主要由胶原和弹性蛋白纤维组成，同时具有感觉神经末梢、汗腺和血管；底层则为皮下层。每层的相对厚度和密度因物种的不同而不同，每个物种都有自己独特的皮肤特性。例如，适应寒冷气候的鸟类和哺乳类，如企鹅、鲸和海豹，其皮下层由于脂肪的沉积而形成绝缘油脂以保持体热。

黏糊糊的皮肤

盲鳗的皮肤有许多分泌黏液的细胞。仅在几秒钟内，这些细胞就能分泌足量的黏液，以至于这些黏液与水混合的时候，居然能充满一个水桶。

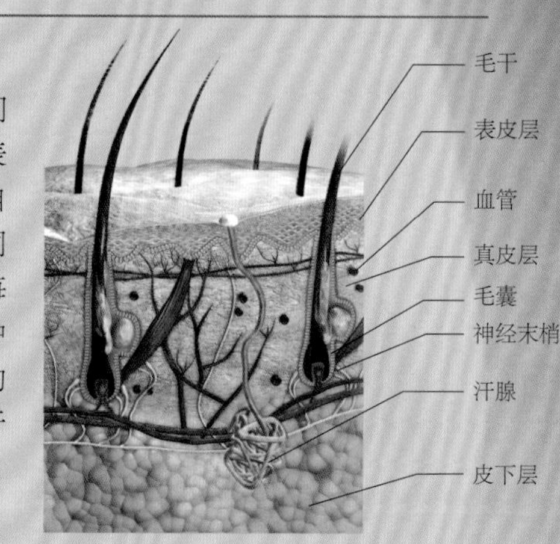

哺乳动物的皮肤

所有哺乳动物的皮肤基本上是一致的。它主要分为3层（表皮层、真皮层和皮下层），同时包括许多特异的结构，例如血管和神经末梢。

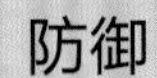

防御

皮肤最重要的作用之一就是保护身体及其精巧脆弱的内部结构。这种防御可能是物理的、化学的、视觉的或是三者的结合。哺乳动物如大象和犀牛，主要的物理防御屏障是它们厚实并由角蛋白加固的表皮层。这种坚硬的蛋白质在许多脊椎动物（及一些无脊椎动物）身上以各种各样的形式出现，它同时也是毛发、爪、蹄、指（趾）甲、角、喙和羽毛的主要成分。化学防御在两栖动物中尤其常见：在很多物种中，皮肤的小腺体能分泌令人厌恶甚至有毒的物质。视觉防御是通过鲜明的色彩来防止被捕食，或者通过伪装使动物与环境融合而起到隐蔽的作用。

皮肤防御

蔗蟾的皮肤能分泌一种有毒的化学物质。袋熊利用它坚韧厚实的臀部堵住洞口来防御捕食者的入侵。

营养和排泄

有些动物，尤其是躯体柔软的无脊椎动物，其皮肤的运作就像一个具有选择性的双向进出屏障。在营养和吸收方面，皮肤能吸收营养物、氧气和其他有用的物质；同时皮肤作为排泄的一方面，也排泄出废物和多余的物质。这种双重功能对很多蠕虫来说是非常重要的，如环节动物、扁形虫、血吸虫和绦虫，因为它们中的许多动物缺乏发育良好的呼吸或循环系统。因此，它们依赖这种选择透过性的皮肤来吸收氧气，排出二氧化碳和废物，以实现与周围环境间直接的物质交换。在海洋中，箭虫没有排泄系统，它们通过皮肤将体内的废物排出去。

透过性皮肤

寄生性的绦虫没有口和消化系统，但它们极薄的皮肤能从宿主肠道内的半消化物中吸收营养。

光滑的皮肤

在水生动物中，皮肤除了有许多基本功能，还有一个特殊的功能，就是在水中尽可能减小阻力、湍流和涡流，以便快速、有效地在水中移动。比如，海豚的皮肤能将微小的皮肤颗粒释放到流过它的水体中，这极大地降低了阻力。每2～4小时，脱落的皮层就能更新一次。此外，它的皮肤有特别微小的脊，脊与脊之间填充着一个很薄的水层。因此，海豚的皮肤外层实际上还包括这一水层，当水流经身体时极大地减小了阻力。第三项适应性是海豚极其柔韧的皮肤。当海豚游泳的时候，通过皮肤的弯曲和弓起使得躯体具有最佳的轮廓线，以最大程度减少水中运动的阻力。

光滑的皮肤

海豚的皮肤适应性意味着其阻力是“标准”哺乳类皮肤所遇到的阻力的1/100，这使得宽吻海豚的游泳速度超过30千米/时。

粗厚的皮质

非洲象的皮肤厚度在某些部位可达5厘米，且极其粗糙。而在部分区域，例如鼻尖的皮肤却非常薄，且高度敏感。

强硬的喷射器

海鞘具有光滑坚韧的皮肤，形成一个坚硬的全包裹的外壳。它的皮肤由一种碳水化合物（称作动物纤维素）组成，这种物质类似于植物细胞中的纤维素，这在动物界中是很不同寻常的。

鳞片

大多数的鳞片很小，是动物皮肤或体表上长出来的板状衍生物。它们在提供保护的同时又保证了灵活性，而且部分地决定了动物的外貌。许多的行为，包括驱除寄生虫、自我防御、伪装和求偶，都与鳞片的结构和外观相关。

澳洲虹银汉鱼

马达加斯加残趾虎

南非穿山甲

多样的形式与功能
从显微镜下可见的薄片到盔甲笨重的骨板，脊椎动物鳞片类型的多样化反映了拥有鳞片的动物形态和行为的多样化。

鳞片的起源

从蠕虫、某些昆虫到鱼类、爬行类和鸟类，许多动物类群都有鳞片或鳞状覆盖物。当然也存在具有鳞片外观的哺乳动物，如犰狳和穿山甲。对这些类群的大多数种类来说，鳞片的进化是独立的。其他类群则表现出进化上的逐级性，比如鸟类的鳞状腿和脚可能来源于它们的爬行类祖先，特别是小型肉食性恐龙。

无脊椎动物的鳞片

在无脊椎动物中，有鳞片的动物是一种被称为鳞沙蚕的环节动物。它们有12对或更多的革质鳞片或翅鞘重叠在一起，形成屋顶瓦片一样的结构。这些鳞片为这种肥胖的、能够自由游动的肉食性蠕虫提供了保护性的外层覆盖物，也为帮助它们呼吸的水流进出提供了通道。蝴蝶和蛾组成了昆虫的一大类群——鳞翅类（这个名字的意思是“鳞片状的翅膀”）。

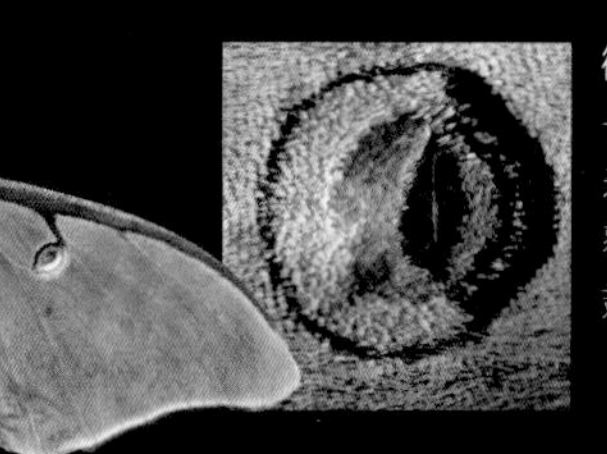

微小的鳞片
长度小于0.1毫米的薄片状鳞片覆盖蝴蝶和蛾的翅膀。

月尾大蚕蛾

它们翅膀上的鳞片是称为刚毛的昆虫绒毛的扁平形式。每个翅膀上有数以千计的微小鳞片，成行排列，这些鳞片的排列格局和颜色决定了翅膀的总体外观。鳞片还能提升气流，增强空气动力，并帮助维持体温。一些物种的雄性在前翅具有气味鳞片，能释放信息素来吸引雌性。

脊椎动物的鳞片

尽管一些鸟类具有鳞状的腿和脚，哺乳动物也有两个无亲缘关系的犰狳和穿山甲为代表，但绝大多数的有鳞脊椎动物是鱼类和爬行动物。

鱼类的鳞片有许多类型。软骨鱼，如鲨鱼和鳐的鳞片是齿状的盾鳞。每个鳞片由一板植入皮肤的珐琅质、内部主体的齿质和一个突出的釉脊组成。硬鳞主要在原始的辐鳍鱼，如鲟鱼身上被发现。它们同时也有齿质及类似珐琅质的硬鳞质表层。在雀鳝身上，钻石状的硬鳞紧密排列，形成完全致密的覆盖物。鲟鱼的鳞片大，呈板状，且由骨骼加厚，形成盾板。而在进化上处于比较高等的鱼类，如鳕鱼，其鳞片则较薄，表面光滑，为重叠的圆形鳞片，或者是表面粗糙的栉状鳞，如河鲈。这些鳞片由含钙丰富的基质和胶原纤维组成，类似骨骼，并且有一层薄薄的外层包被。

灵活的盔甲
有鳞外表的一个主要优势是它将保护性和运动的灵活性结合于一体。鳞片之间的连接物是由蛋白质，如胶原蛋白或角蛋白组成的，不仅坚硬而且可以弯曲。

在爬行动物中，蜥蜴和蛇的鳞片由角状和薄片状的外层皮肤的重叠扩展组成，主要由角蛋白（即形成鸟类鳞片和羽毛，哺乳类皮肤、角、蹄、爪和指甲的一类坚硬蛋白）构成。这与在鳄和鼍，特别是海龟和陆生龟身上见到的植入外层皮肤中的坚固而有骨质强化的盾板是不同的。

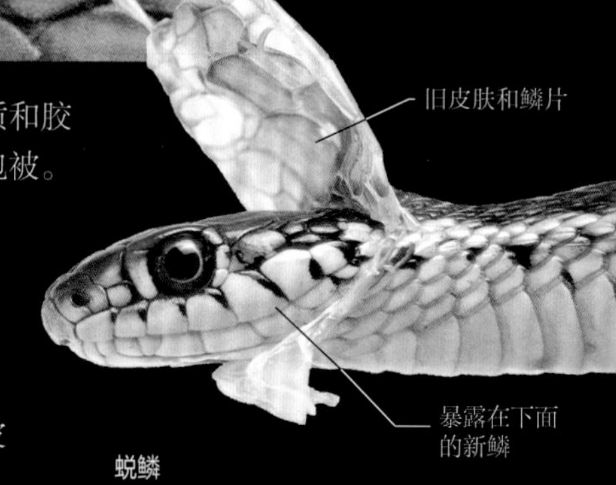

蜕鳞
大多数蜥蜴和蛇每年要蜕掉它们的皮和鳞片好几次。旧的表皮和鳞片脱落，露出里面新生的、更大的鳞片。

鳞片的发育

鱼鳞是如何生长的 大多数鱼鳞起源于真皮层，也就是皮肤的内层。尽管包含的物质可能不同，但是大多数的鳞片是以相同的方式发育的。鲨鱼的盾鳞（如图所示）起始于一小块真皮细胞，这些细胞形成一个小团。随着这些细胞团长高，它们向后倾斜，位于表面的细胞分泌坚硬的齿质层，而且在它上面又形成了一个更加坚固的釉脊突。这形成了坚硬耐磨的表面。随着小鲨鱼的长大，这些鳞片却并不长大，鲨鱼会长出数量更多的鳞片来覆盖扩大的身体表面。

爬行动物的鳞片是如何生长的 在蜥蜴和蛇身上，鳞片是由皮肤的真皮（内）层和表皮（外）层的突出的细胞团发育而来的。随着真皮层的成熟，就剩下由角蛋白硬化的表皮层了。

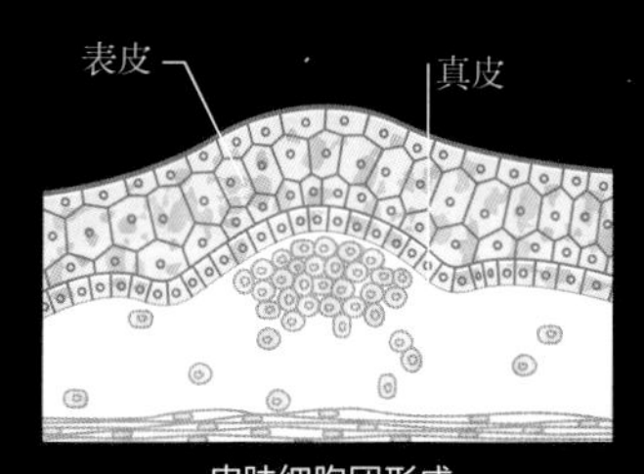

皮肤细胞团形成

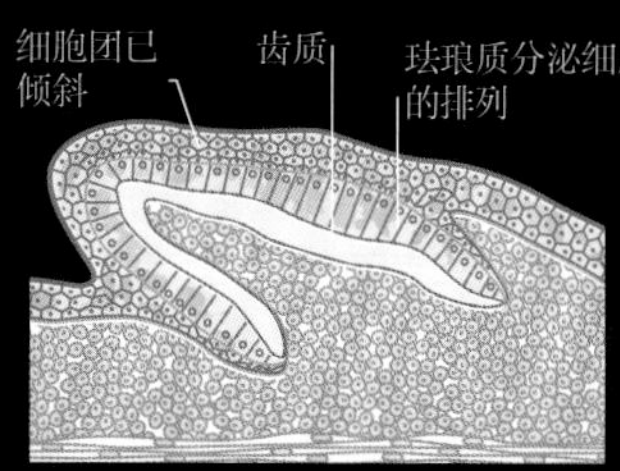

细胞团分泌齿质

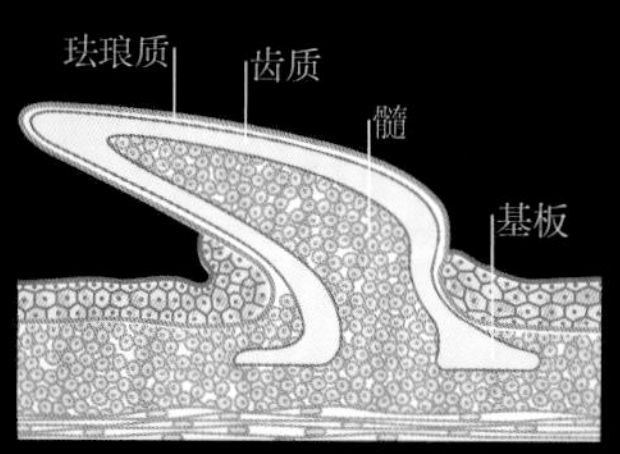

完全形成鳞片

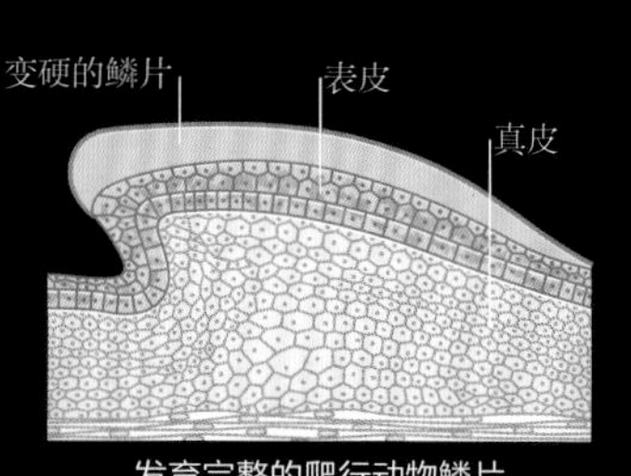

发育完整的爬行动物鳞片

鳞片的多样性

鱼鳞

较原始的鱼类的鳞片是由皮肤较厚区域发育而来的，其并行排列，限制了灵活性。高等鱼类的鳞片更薄、更轻，由皮肤的凹陷处生长出来。这些鳞片有未固着的边缘，能被抬升或翘起，保证了灵活性和活动的自由。

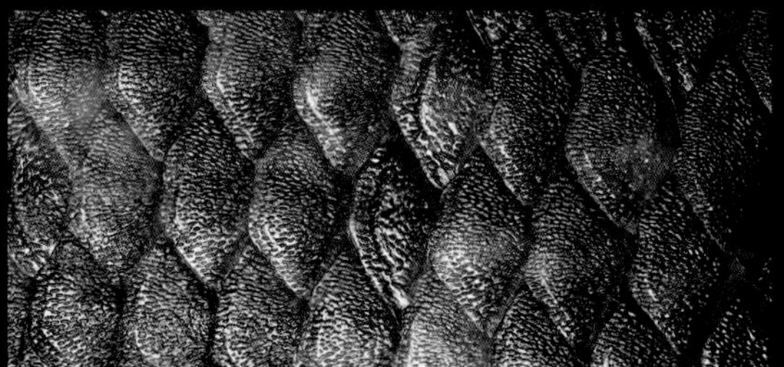
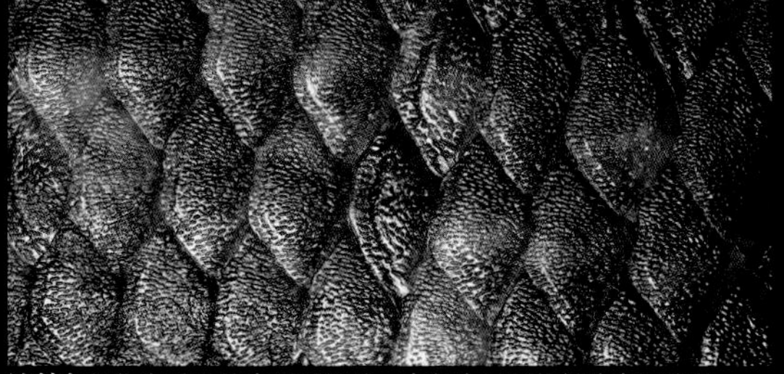

腔棘鱼衍化出重叠的齿鳞质鳞片，在每个暴露的部分有牙齿状的脊或小齿状凸起。

在许多鲨鱼身上，凸起的盾鳞提供了坚实耐磨的表面。而鲨鱼的牙齿实际上是盾鳞的放大形式。

雀鳝的厚鳞片上有一层坚硬的硬鳞质。

栉鳞，就像加里波第雀鲷的鳞，其表面有微小的脊或齿状凸起。

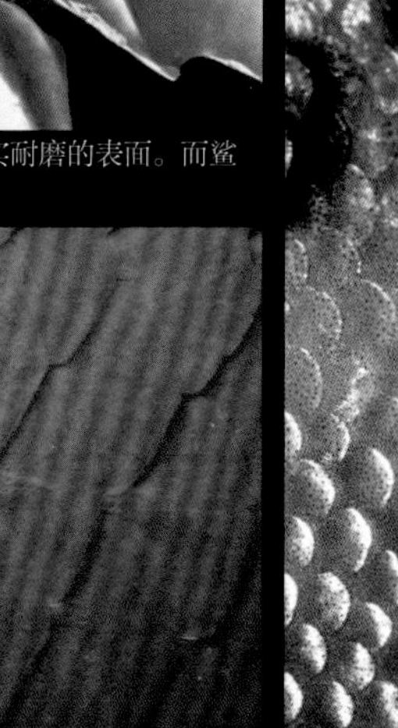

圆鳞具有光滑的表面和边缘，例如鲑鱼。

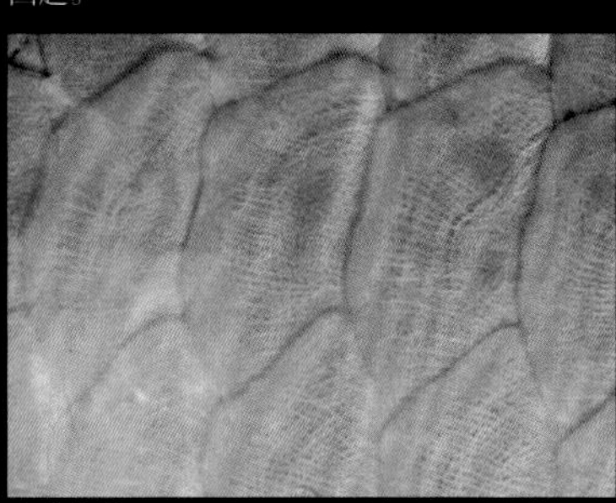

多数鱼鳞是透明的，可以透出皮肤的颜色。

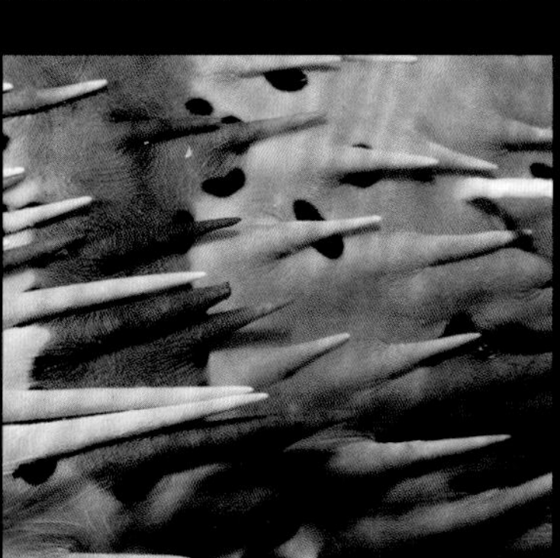

衍变的鳞形成了各种各样的鳞的附属结构，例如刺鲀的刺脊。

由骨骼加厚的鳞片形成了盾板，为菠萝鱼提供了额外的保护。

爬行动物的鳞片

大多数蜥蜴和蛇的鳞片是重叠着斜排的。当然也存在各种各样衍化的鳞片，形成了凸起、脊、褶皱和刺。除了提供保护，鳞片还能保持身体潮湿。而通过加强皮肤色彩，鳞片还在防御、求偶和领域争夺方面发挥一定的作用。

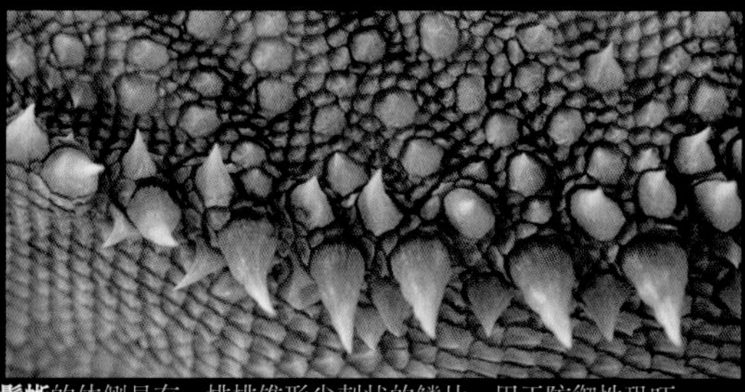

髭蜥的体侧具有一排排锥形尖刺状的鳞片，用于防御性恐吓。

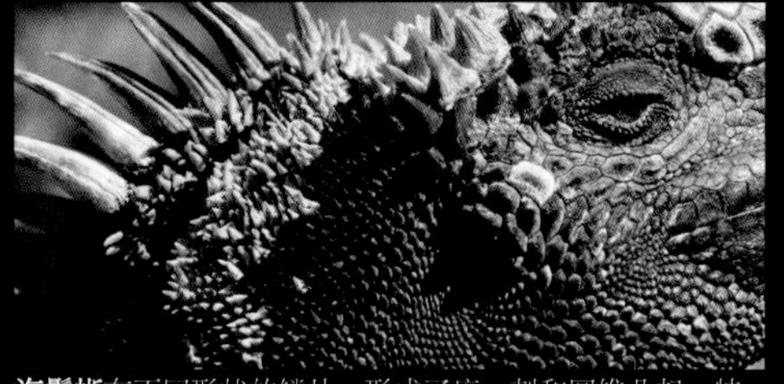

海鬣蜥有不同形状的鳞片，形成了瘤、刺和圆锥凸起，特别用于视觉上的炫耀。

响尾蛇的响尾是不脱落的鳞片。

点斑箭蜥用坚硬的鼻吻鳞片挖掘洞穴。

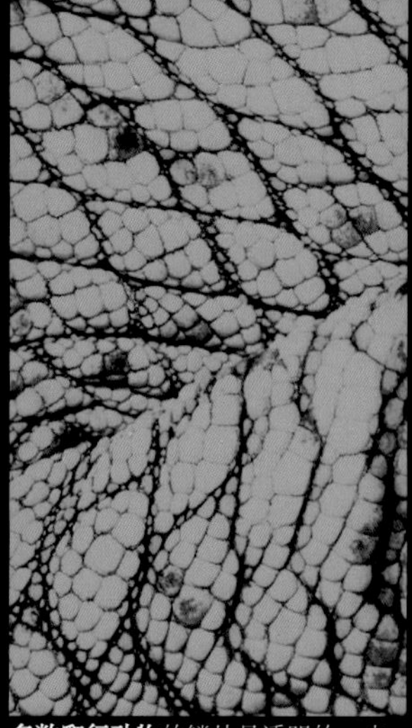

多数爬行动物的鳞片是透明的，皮肤色素可通过鳞片展现出来。

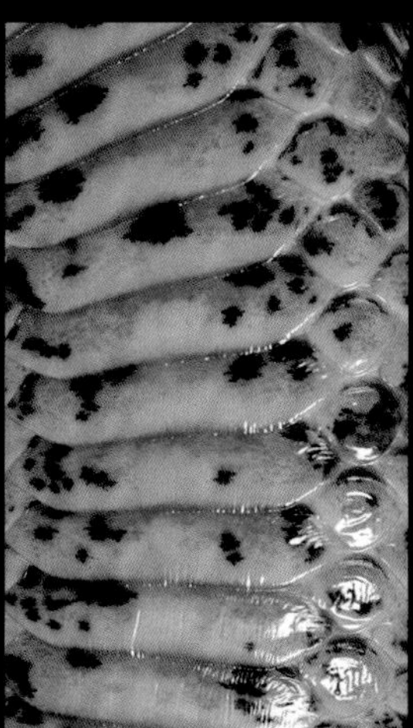

蛇腹部的宽鳞利于其运动。

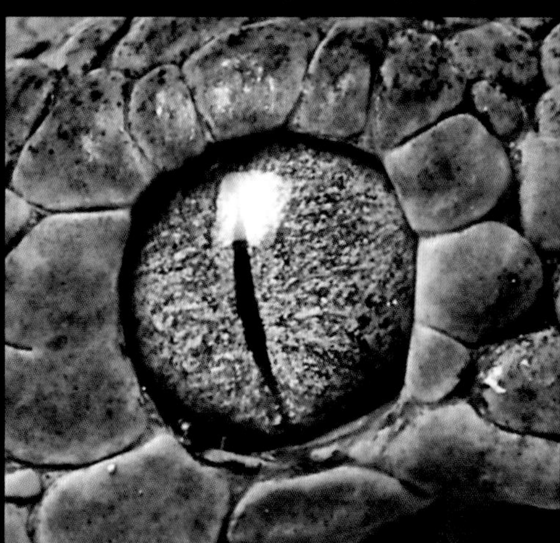

蛇眼被一片清澈的鳞片覆盖，就像隐形眼镜一样。

角蝰的角是鳞片，它改变了角蝰的头形，以更利于伪装。

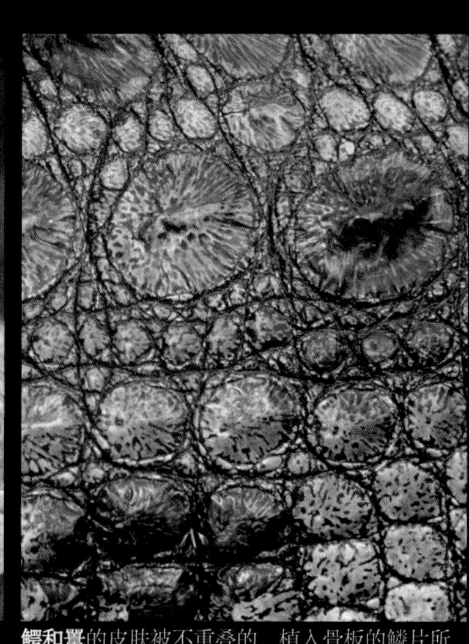

鳄和鼍的皮肤被不重叠的、植入骨板的鳞片所覆盖。

羽毛

鸟类是所有现生动物中唯一具有羽毛的动物，这些羽毛由坚硬的纤维状角蛋白构成。除了飞翔和游泳，羽毛还有许多其他功能，包括保护、隔热、防水、伪装和炫耀。

羽毛类型

大多数鸟类身体的不同部位覆盖着不同类型的羽毛。飞羽（有时候称飞翔羽）包括初级飞羽，常位于翅尖的位置，打开像一把羽毛扇。在翅膀的内侧是次级飞羽。尾羽，如同初级飞羽，具有运动和展开的功能。沿躯干和翅膀与胸膛的连接处，正羽形成了流线型的表面。在正羽的下面，是蓬松的绒羽，能隔离空气，起到隔热保温作用。

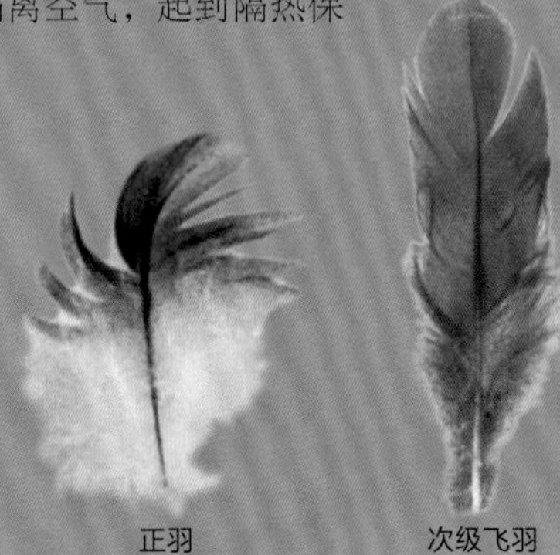

正羽　次级飞羽　初级飞羽

从蓬松到光滑

正羽构成了鸟类身体的光滑表面，在正羽的基部是毛茸茸的、柔软的羽毛。这些羽毛互相不粘连，能提供隔热和弹性缓冲的作用。飞羽没有或基本没有基部的绒羽。

羽毛结构

羽毛从皮肤的上皮层生长而来，通常有一个长而中空的柄（羽茎或羽轴）支撑起一大片的羽片。羽片是由一种像梳齿的小小的平行细条（即羽支）构成的。羽支上还有更小的分支，称羽小支，其中一些之上有互锁钩。当鸟理毛的时候，它们会把羽支梳理成整洁的一排一排，让空气不能通过。这对于有效的飞行和隔热非常重要。

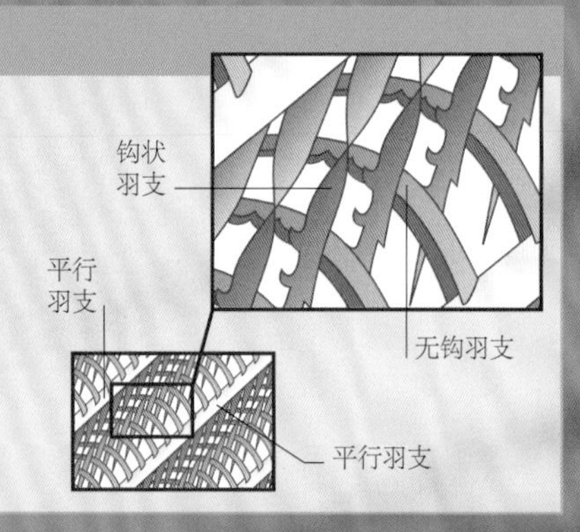

飞行调节

翼尖的初级飞羽能充分地展开或弯曲，以对抗鸟类在飞行中遇到的气流。这是鸟类在空中飞行调节的主要方式，它保证了减速、上升、下降和倾斜等动作的完成。在飞行速度较低的情况下，尾巴的作用也很重要。尾巴在飞行中相当于舵，在降落时展开，起到刹车的作用。次级飞羽的可调性稍差，但它形成一个弓形的翼型，使得鸟类在空气中穿行时产生抬升力。在翼前缘的一小丛小翼羽可以在低速飞行时起作用。

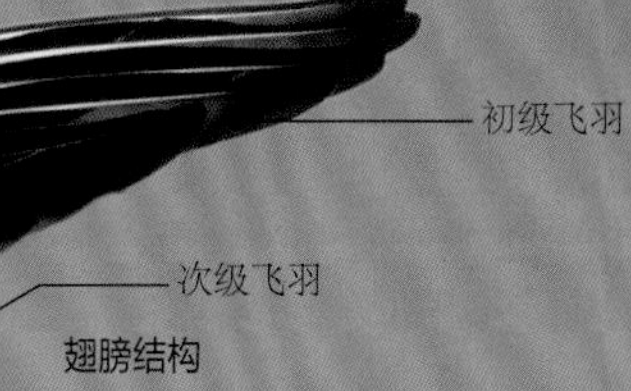

翅膀结构

飞羽长而强壮。如图中琵嘴鸭的翅膀所示，飞羽和内翼的小覆羽构成了翅膀的结构并覆盖着翅膀。

保护和条件化

外羽对身体起到物理上的保护作用，而其下的内羽起缓冲作用。羽毛也能防水，这对长期生活在水里的鸟类，如海鸟、水禽和涉禽来说是很重要的。鸟类理毛时会清洁羽毛并将其理顺，除去灰尘和寄生虫，将羽支梳理整齐。鸟类还将皮脂腺分泌的油脂涂在羽毛之上，以防止水的吸入，使湿气容易排出。许多鸟类每年换羽2次，脱落的羽毛由新生的代替。这样就使破损的羽毛被替换，从而也改变了鸟的整体外貌，有利于春季的繁殖求偶或秋季的伪装。

理毛

除了取食、筑巢和防御，鸟的喙还能用于清洁和梳理羽毛，将其正确地排列，使其防水，正如图中粉红琵鹭所做的那样。

低速飞行者

这只太平鸟展示了低速控制能力，它的初级飞羽和尾羽张开，增加了空气阻力，而丛状小翼羽隆起，增加抬升力并防止停滞。

皮毛、毛发和刚毛

真正的皮毛或毛发仅见于哺乳动物。它由一条条纤维状α角蛋白组成，这种蛋白质是皮肤表皮层的特殊结构产生的。在其他动物身上，也可能存在皮毛、毛发和刚毛，但它们是由其他物质构成的。

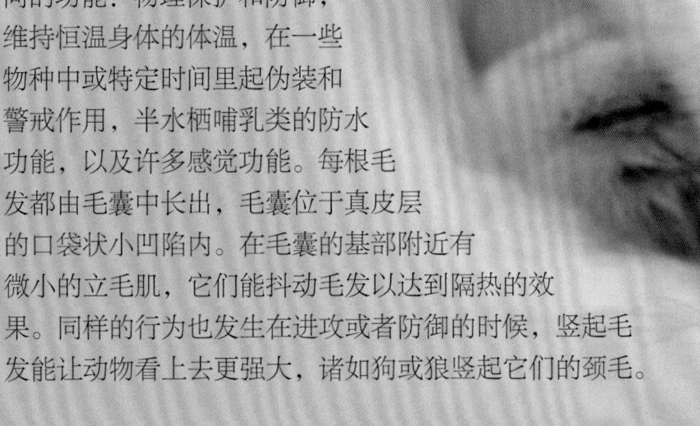

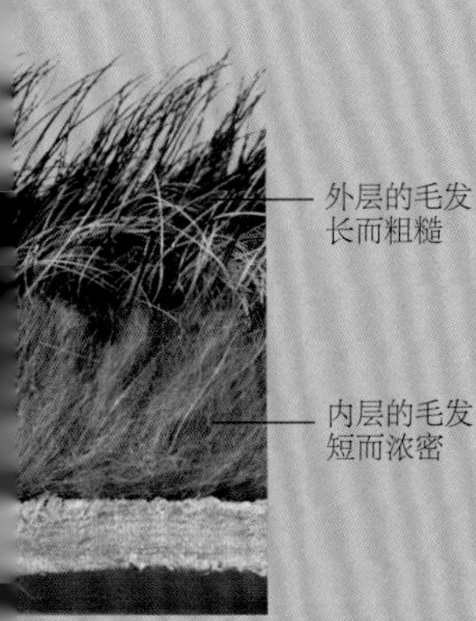

双层
海豹的皮毛有两层，是典型的兽类皮毛。长而粗糙的毛发形成保护性的外层，而较短、浓密的毛发组成隔热的内层。

功能

哺乳动物的皮毛有许多不同的功能：物理保护和防御，维持恒温身体的体温，在一些物种中或特定时间里起伪装和警戒作用，半水栖哺乳类的防水功能，以及许多感觉功能。每根毛发都由毛囊中长出，毛囊位于真皮层的口袋状小凹陷内。在毛囊的基部附近有微小的立毛肌，它们能抖动毛发以达到隔热的效果。同样的行为也发生在进攻或者防御的时候，竖起毛发能让动物看上去更强大，诸如狗或狼竖起它们的颈毛。

人类的影响

皮毛贸易

由于人类对皮毛的需求，许多拥有迷人色彩或图案的动物已濒临灭绝。这些种类包括大中型猫科动物，如虎、虎猫、丛林猫，以及狐狸、貂、毛丝鼠、河狸鼠（海狸鼠）、河狸和海狗。圈养繁殖和濒危野生动植物种国际贸易公约（CITES）对皮毛贸易的限制，在一定程度上约束了对野生种群捕杀的需求。

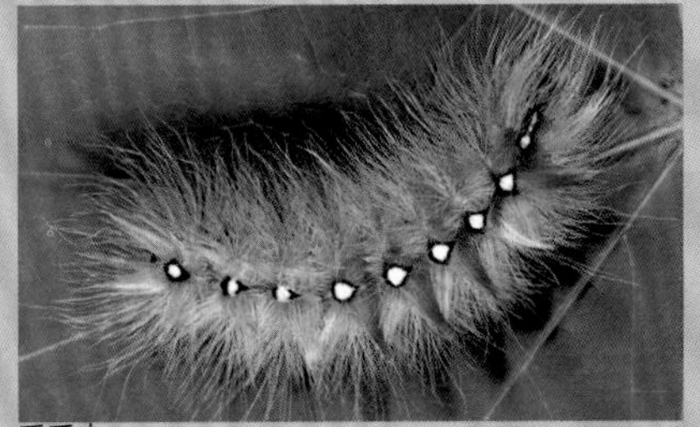

毛毛虫
毛毛虫（像这只梧桐透翅蛾的幼虫）的刺毛是由几丁质而不是角蛋白构成的。在许多物种中，刺毛在被触碰时释放有毒化学物质作为防御机制，这也使刺毛很容易折断。

热和冷
皮毛能抵御寒冷，如小海豹（见最上图）；也可抵抗炎热，如生活在中亚炎热沙漠的双峰驼（见右图）。

触觉和感觉

毛发或皮毛的主干几乎是死的，除了毛囊基部的位置，那里细胞的增加会导致毛发长度变长。这些细胞很快充满角蛋白，黏合到一起。当毛发增长的时候，这些细胞已经死亡，离开毛囊形成杆状或冠状的结。环绕毛囊的神经末梢对毛发的倾斜和弯曲很敏感。哺乳动物利用这种感觉来探测直接的物理接触，同时也能精确估量水流和气流。

几乎所有哺乳动物都有胡须，这是一种具备毛囊的大型毛发，专门用来感受触觉。胡须对猫和鼠这样的夜行动物非常重要，胡须的长度超过头部的宽度，因而即便是在黑夜，动物也可以利用胡须来感受道路，估测孔道大小是否足够它们通过。

有用的胡子
水生哺乳动物，如这只河狸，当然也包括水獭、海豹、海狮、海象，都有很多胡须。这些胡须使动物在昏暗的水中，尤其是晚上，仍具有方向感，并能通过触觉来确定食物的位置。

理毛行为

哺乳动物的生存离不开它的皮毛，所以皮毛也必须保持良好的状态。理毛行为通常利用牙齿、爪子或者指甲进行，去除污物、泥土、虱子和跳蚤之类的害虫，以及缠结在一起的毛发，同时也利用毛囊的皮脂腺分泌的天然皮肤油脂（皮脂）来维持毛发的光滑、柔软和防水性。在一些哺乳动物类群中，互相理毛行为的发生不仅与卫生相关，同时也有社会学的原因。相互理毛是亲代抚育子代行为的组成部分，而且也是在亲代之间或等级之间建立紧密联系的方法。通常接受理毛最多的动物在种群中享有最高的或统治的等级，而大部分的理毛行为是由等级较低、居从属地位的动物进行的。

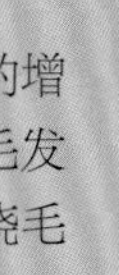

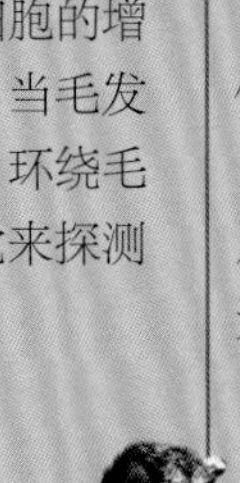

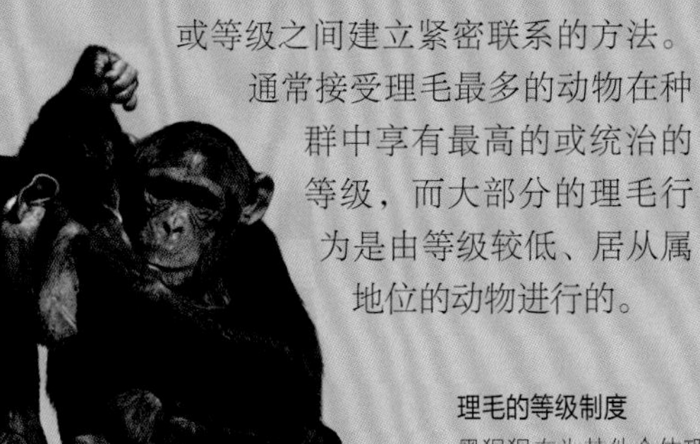

齿梳
一些灵长类动物，如这只冕狐猴，在它的下颌有一排向前突出的牙齿，可以作为"齿梳"给自己理毛。

理毛的等级制度
黑猩猩在为其他个体理毛的行为上所花的相对时间，反映了主导和服从的等级关系。同时理毛也加强了经常在一起觅食的个体之间的联盟。

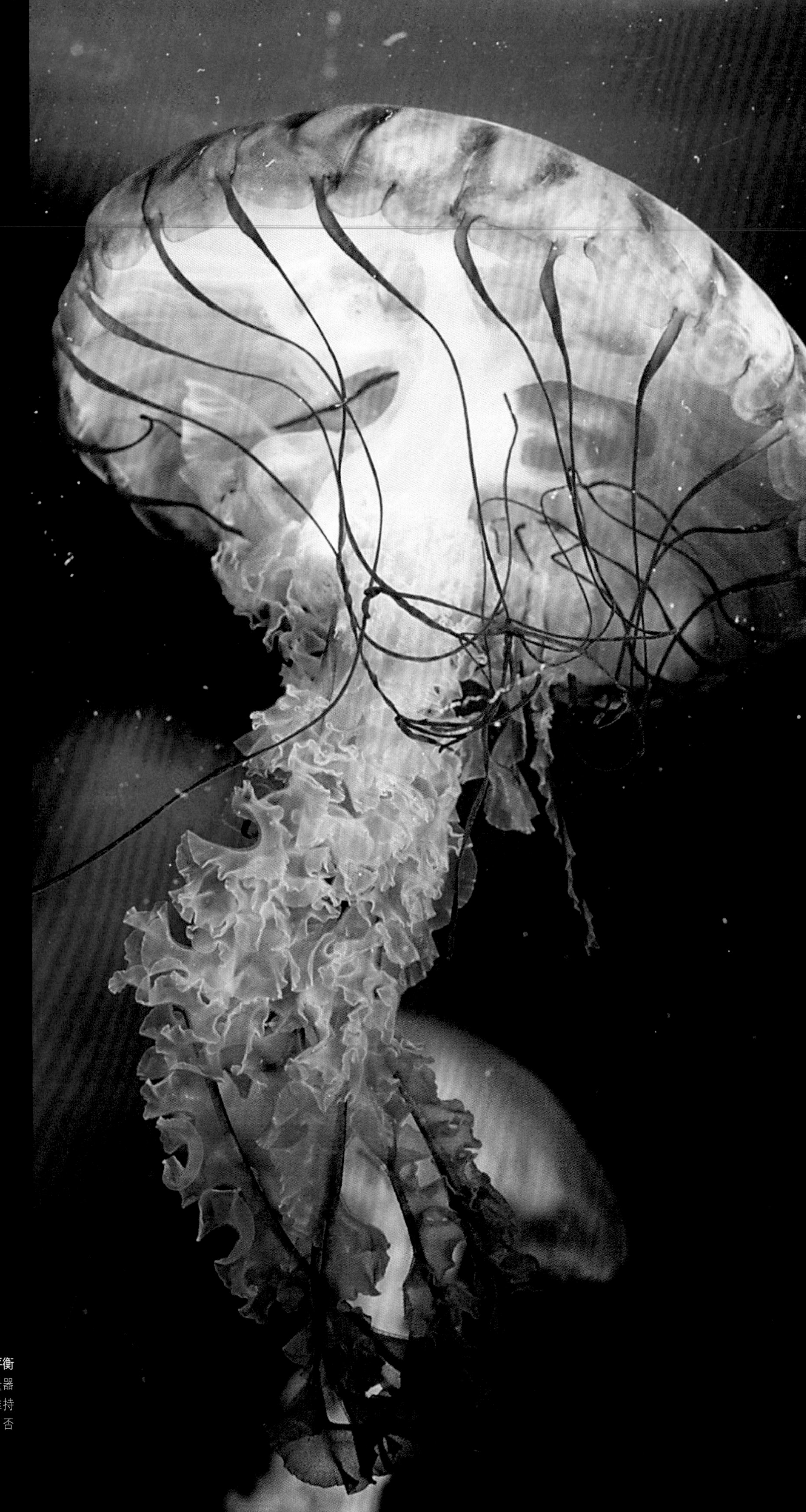

保持平衡

刺水母的结构精巧而简单，只有少量器官。但与所有动物一样，它们需要维持体内营养物、盐分和矿物质的稳定，否则它们的生理活动会慢慢停止。

身体系统

所有动物的内部加工过程都是相似的——把食物分解成能量和营养物，获取氧气以释放能量，排出废物，协调身体内各部分间的生理活动。在一些动物中，这些过程发生在所有的组织中；而另一些动物拥有复杂的身体系统应对上面的每一个过程。

内，中，外

生物的“内”包括摄入营养物——提供生长、维持生存和修复机体所需的能量和原料，同时吸入氧气，以释放维持各种生命活动所需的能量。而“外”包括排出废物、剩余物和潜在的有毒物质。在“内”和“外”之间，维持身体内部的适当环境，即所有物质（从水分到复杂有机物）的数量和浓度，是非常重要的。这就是动态平衡的概念——内稳态。内稳态涉及功能或生化方面的生理活动，并且这种活动通常是分子级别的。

生理学是对解剖学的很好的补充，而解剖学是关于身体结构及其组成的科学。体内所有生化过程的总称是新陈代谢。而所有活动都在一种化学物质——酶的控制下完成，每种酶调节特定的反应。

保持凉爽

在炎热的沙漠地带，气温会升高到50℃以上。鸵鸟的身体能很好地适应10℃以下的温度，但是更高的温度会破坏其体内的化学平衡。因此鸵鸟的解剖、生理和行为各方面都有利于维持身体的凉爽。

维持温暖

当气温降至－30℃甚至更低的时候，雪兔就面临被冻僵的危险。它抖起自己的皮毛以获取能隔热的空气，并且躲避在寒风吹不到的地方，以维持恒定的体温。

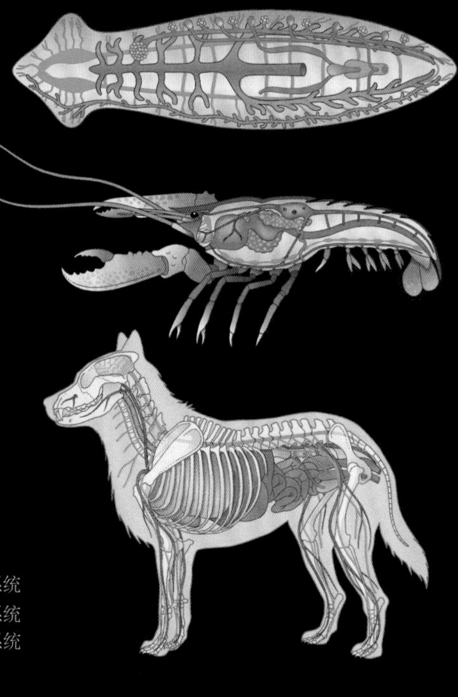

简单的无脊椎动物

扁虫有一个用于协调的神经系统和一个消化系统，但是没有明确的具备心脏和血液的循环系统，也没有专门的呼吸系统。

复杂的无脊椎动物

螯虾和其他节肢动物一样，拥有与脊椎动物（如哺乳类）一样的各大系统，但这些系统普遍比较简单。

脊椎动物

在哺乳动物身上，例如狼，每个系统由许多主要的器官组成，这些器官或相互靠近或散布在体内的各个部位。

主要的系统

循环系统
消化系统
呼吸系统
排泄系统
神经系统
生殖系统

生命化学物质和过程

大多数生命的能量来源是糖类，尤其是通过消化获得的葡萄糖。在细胞的呼吸作用中，葡萄糖被分解，释放出它的化学能。这个化学能被转移到一个被称为三磷酸腺苷（ATP）的能量载体分子上。对于复杂动物，氧气通过呼吸系统进入体内，并由血液分散到身体各处。每个反应都由一个葡萄糖分子和6个氧分子开始，产生6分子的代谢废物——二氧化碳和水，以及释放的能量。

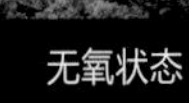

无氧状态

那些能屏气一段时间的动物，如海蛇，能将它们细胞的呼吸方式改为厌氧性，即不需要氧气。但这种改变只能持续一小会儿。

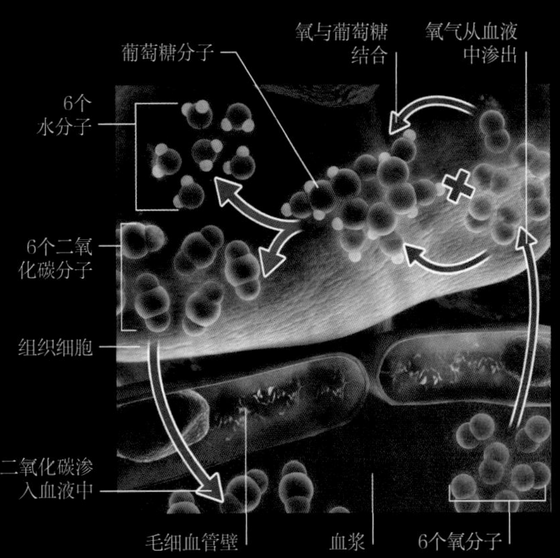

细胞呼吸作用

红细胞源源不断地供应着氧气和葡萄糖。它们穿过最小的血管——毛细血管的薄壁进入细胞。细胞的呼吸作用产生的二氧化碳则渗入血液，通过身体的呼吸作用把它带出体外。

系统的类型

食物对所有动物来说都至关重要。食物通过消化系统中的酶被分解。最终，食物碎片变得足够小，以便身体的组织吸收。在简单动物体内，营养分子只能通过细胞和组织吸收。在更复杂的动物体内，存在一个循环系统能推进液体（如血液）到身体各部分以输送营养物质。同样，氧气可能只是简单地在皮肤表面被吸收，再传到组织里面；也可能被一个特殊的呼吸系统，如肺或鳃所吸收，继而循环到全身。通过类似的途径，废物可以向外扩散到体表，或者通过排泄或泌尿系统收集和排出体外。免疫系统保护动物免受微生物和疾病的侵害。统筹所有这些系统的就是神经和内分泌系统。

呼吸

呼吸这个术语通常适用于吸入和呼出这样的物理运动。它和呼吸作用（也就是吸进氧气，将细胞内葡萄糖或其他营养物的能量释放的过程）的概念有部分重叠。

大大的表面
扁虫，如这只海洋涡虫，缺乏输送氧气的循环系统，也没有特化的呼吸器官，例如鳃。因此它叶片状的体形大大降低了皮肤表面到组织间的距离，也最大限度地提高了接受溶解氧的能力。

透气的皮肤

皮肤是气体交换的界面——氧气通过皮肤进入身体，二氧化碳则通过皮肤排出，从这种意义上来说，皮肤是透气的。这就是我们常说的皮肤呼吸。为了减少气体扩散的阻力，皮肤必须足够薄。这种类型的呼吸发生在水生动物身上，它们生活的水中含有溶解的氧气。溶解氧的含量随着水体循环的增加和水温的降低而升高，因此快速流动的冷溪流中含有丰富的溶解氧，而热带湿地中氧的含量要少很多。栖于沼泽的鱼类不仅能透过皮肤吸收氧气，也能利用它们的鳃呼吸，而其他像肺鱼之类的动物，能用肺吸氧。

个案研究

无肺蛙

大多数蛙类通过它们的皮肤和肺呼吸。最近发现的婆罗洲无肺蛙表明，作为迄今为止首例发现的没有肺的蛙类，在适当的条件下，如冷水溪流中，它仅靠皮肤就能够吸收足量的氧气。两栖动物早在3亿年以前就进化出了真正的肺。而无肺蛙和一些无肺蝾螈种则逆转了这种趋势。

无脊椎动物的呼吸系统

一些陆栖无脊椎动物，特别是昆虫，有一个遍布全身的由呼吸管（气管）分支组成的呼吸网络。气管开口于体表的气孔。和肺部有力的气体流动相比，通过气孔的气体运动要有限得多。在昆虫运动或气体流动的时候，气管会压缩或伸展。然而，即使是在静止的空气中，当气管中的氧气不足时，外界的氧气仍能扩散进去，二氧化碳则通过相反的方式被排出。大多数蜘蛛的腹部的小腔里有书肺结构，这种书肺是由许多薄薄的叶状结构构成的，氧气很容易在这里扩散。

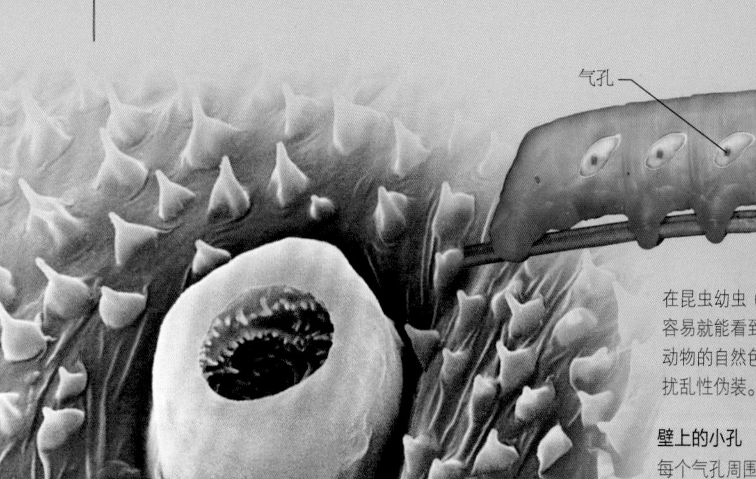

气孔

昆虫的气孔
在昆虫幼虫（如这只天蛾毛虫）的体侧很容易就能看到气孔。这些气孔可以被纳入动物的自然色彩中，作为打破身体轮廓的扰乱性伪装。

壁上的小孔
每个气孔周围的关闭肌的收缩能减小气孔的大小。在干旱的条件下，它减少了水分从体内以蒸汽形式流失。而打开的气孔增加了进入肌肉的氧气流，使昆虫能更好地运动。

用鳃呼吸

鳃是用于水下气体交换的身体特化器官。它们由有着丰富血液供给的多分支表面构成，以保证吸收氧气和排出二氧化碳的最大可能面积。在各种水生动物中发现的鳃多种多样。在海参的背部，鳃形成镶褶边的丛，而在一些水生昆虫的幼虫，如蜻蛉和蜉蝣的若虫中，鳃具有鳍状或片状尾的附属物。鱼类的鳃在头两边的骨质或软骨质的弓形结构上。在所有情况下，鳃都必须暴露于流水中，才能获得持续的溶解氧。而水流同时也带走了二氧化碳和其他不需要的如盐和氨等物质。在鱼类和一些两栖类中，鳃不仅是呼吸器官，同时也是排泄器官。

外鳃
两栖类幼体，如这只蝾螈，其头侧有外鳃。这些鳃精巧但容易受损，其再生能力很好。

内鳃
鱼类的鳃由毛发状或羽毛状的丝组成，位于鳃腔内部。对大多数鱼类而言，水流由口腔进入，通过鳃丝（氧气在这里被吸入血液），再通过鳃裂流出（见左图）。吸收了氧气的鳃呈现浓郁的红色，如图中的这只河豚（见上图）。

用肺呼吸

肺是专门用于从外界空气中吸收氧气并将二氧化碳排出的器官。除多数的鱼类外，大多数脊椎动物都有肺（一些鱼类，如肺鱼，通过吞咽空气来获得氧气）。典型的脊椎动物的肺成对地位于胸腔，在心脏两侧各有一个。它们分支状的气道与导管（气管）、咽头（咽喉）和口腔相连，形成空气运动的通道。气流是由胸腔中的呼吸肌和位于胸腔与腹部之间的片状横膈膜共同引起的。吸气的时候，这些肌肉的收缩扩张了肺部并吸入新鲜的空气；而这些肌肉放松的时候，不新鲜的空气就被推出。肺包含了数百万个像小泡泡一样的肺泡，并被毛细血管包围。肺泡能吸收空气中的氧气。

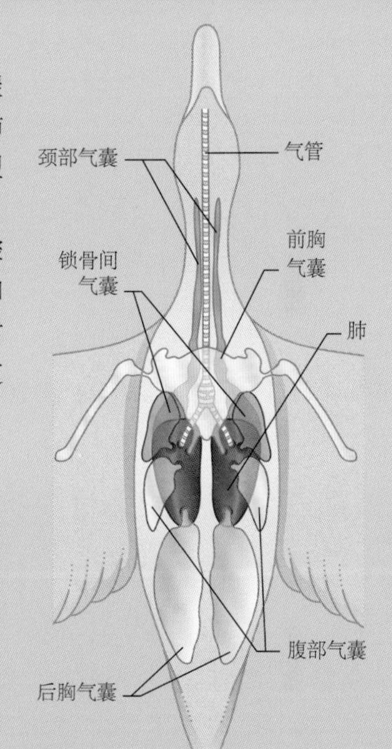

单向肺
哺乳动物的肺是“死胡同”，空气流进来，再反排出去。鸟类可扩张的气囊则能将空气引到气管的底部并穿过肺部，这使得需要大量能量的飞行肌能吸收更多的氧气。

陆蟹
椰子蟹或强盗蟹的后腹部有一个联合的“鳃－肺”结构，即鳃盖器官。被海水打湿之后，这个器官能长时间地从空气中吸收氧气，可使螃蟹在陆地上长久活动。

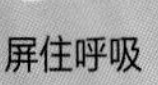

屏住呼吸
左图这只南极海狗，还有海豹，都能屏气至少好几分钟，而另一些动物甚至能屏气达1小时以上。它们的身体不仅能利用储存在肺中的氧气，而且还能利用血液和肌肉中的氧气，而这些氧气是由血红蛋白和肌红蛋白储存起来的。

个案研究

潜水纪录

柯氏喙豚可一次性潜入水下1900米，长达85分钟。与陆生哺乳动物相比，鲸的血管中含有大量的好氧血红蛋白，而且在肌肉中存在大量类似的肌红蛋白。这些物质为潜水储存了足量的氧气。在潜水中不那么重要的身体组织（如肠道的血管）被压缩，以节约耗氧量；而肌肉、心脏和大脑中的血管则扩张，以保证足量的血流。

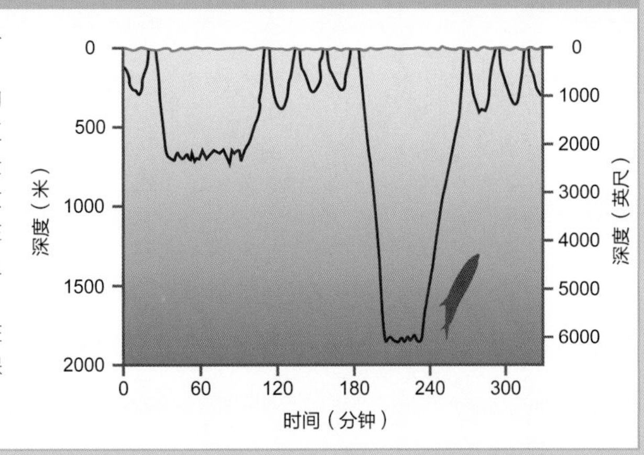

辅助呼吸
大型动物，如叉角羚，每一步持续的加速一减速会让腹部的器官来回运动。这样交替地压缩和拉伸胸腔实际上对正常的呼吸有辅助作用。

循环

在复杂动物体内，循环系统把心脏泵出的血液通过导管或血管网输送到全身。而其他动物的循环系统则有不同于血液的液体，或只有少量的血管，或缺乏心脏。有时有些动物拥有上述全部变异类型。

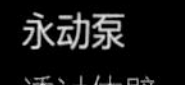

永动泵
透过体壁，可以看到水蚤（小型甲壳类动物）搏动的心脏。

心脏

循环类型

一个专门的循环系统比物质随机通过组织和细胞单纯扩散要有效得多。循环的两大类型是开放式和闭合式。前者主要存在于无脊椎动物，如昆虫中，循环液是血淋巴。血淋巴在回到心脏之前在整个体腔中渗入和渗出。而在如大多数脊椎动物体内所能看到的闭合系统中，循环介质——血液是位于血管之内的，通过血管壁交换营养物质、氧气、废物和其他物质。

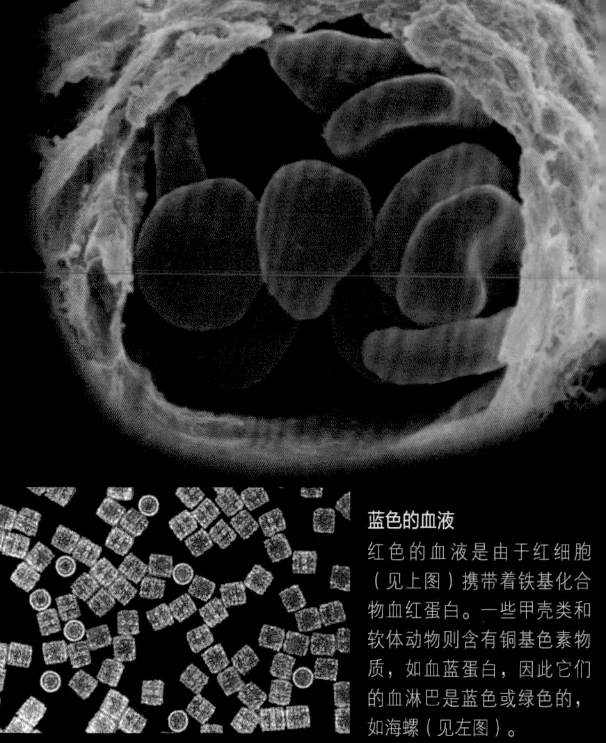

蓝色的血液
红色的血液是由于红细胞（见上图）携带着铁基化合物血红蛋白。一些甲壳类和软体动物则含有铜基色素物质，如血蓝蛋白，因此它们的血淋巴是蓝色或绿色的，如海螺（见左图）。

血液、淋巴和血淋巴

不论脊椎动物的血液还是无脊椎动物的血淋巴，都行使许多功能。它们能输送营养物质和氧气到细胞中，并搜集不需要的排泄物。它们携带激素协调整个内部过程。它们能变得黏稠或使血液凝固，以封堵伤口和破裂处。在“温血”动物（主要是兽类和鸟类）中，它们还向周身散布热量。在典型的脊椎动物体内，大约一半的血液是苍白的液体（血浆），其中包含了成百上千溶解的物质。其余液体大多数是红色的血细胞（红细胞），能结合氧气和二氧化碳。淋巴是在免疫系统中起重要作用的循环液，它在淋巴腺内的导管中运输。淋巴管没有泵，但是通过身体运动的按摩作用，淋巴液可以缓慢地渗透。

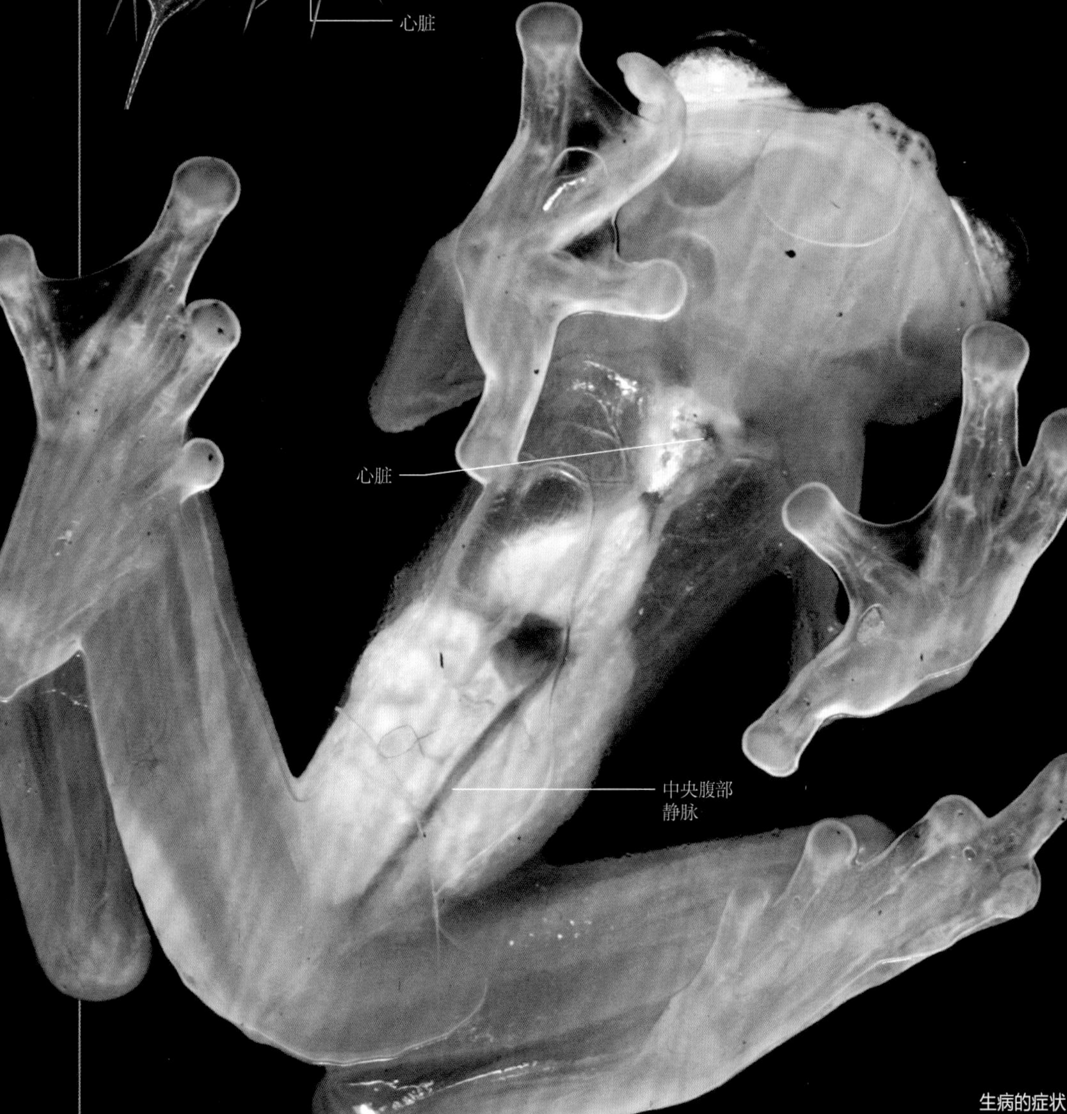

透明蛙
绿色透明的玻璃蛙的心脏位于胸腔的前面。厚厚的肌肉壁使里面的红色血液显得暗淡，但是在离开心脏的主血管中还是能看到血液。

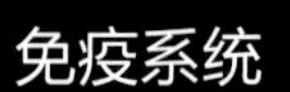

免疫系统

免疫系统在抵抗疾病侵袭和与病魔斗争的过程中发挥主要作用。它包含了各种白细胞。那些被称为巨噬细胞的白细胞能追踪、吞没并“吃掉”像细菌那样的微生物。同时免疫系统还有不同种类的淋巴细胞。有些能识别微生物和其他异质。它们还能指示其他的淋巴细胞产生抗体，抗体能黏附在微生物上，使其丧失能力并最终杀掉微生物。在脊椎动物体内，所有的这些细胞存在于血液和淋巴中。

生病的症状
有时候动物会表现出被感染的体征，如图中的这只象海豹，鼻腔黏膜会分泌黏液，这是因为免疫系统的白细胞在那里攻击了入侵的细菌。一些海豹会患上海豹瘟热病，这是一种与感染狗的犬瘟热类似的疾病。

消化

进食并在体内消化和吸收是大多数动物区别于其他生物群落（如植物和真菌）的主要特征。食物不仅能提供生长和修复的原料、增进健康的维生素等物质，还能提供生命所需的能量。

消化系统

在动物获取食物之后，该食物就从口腔或者说嘴进入消化道。在简单的动物体内，这是一个仅有一个开口的中空腔室或分支系统，没有被消化的废物也从相同的通道排出去，因此嘴也具备肛门的功能。在复杂的动物体内，消化道是一个长长的、弯曲的管道，另一端则是肛门或者泄殖腔。不同动物的各段消化道被赋予了通用的名字：口腔的后面是咽喉或食管，可能通向“嗉囊”，这是专门用来储存食物的地方；胃是主要的消化器官；小肠是吸收营养物质的主要区域；而直肠或大肠则储存废物直到排泄。

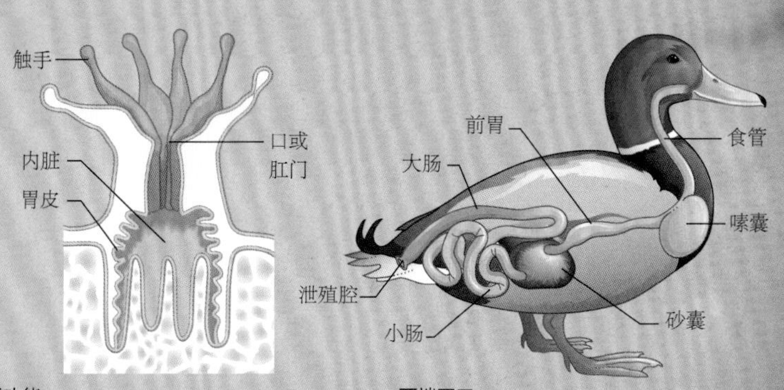

双重功能
刺胞动物，如珊瑚虫（见上图）、水母和海葵，只有一个简单的消化口，当它进食的时候充当口腔，排泄废物的时候则是肛门。营养物质通过胃皮（内脏黏膜）扩散到组织。

两端开口
在所有脊椎动物和一些无脊椎动物体内，消化道是一条贯穿始终的管道。鸟类、某些鱼类和某些无脊椎动物具有一个砂囊——肌肉构成的磨碎食物的胃室，其位于前胃之后，可分泌消化酶。

预消化
对于苍蝇、蜘蛛和海星这些动物，前期的消化在体外进行。它们的口腔将消化液倾倒在食物上，将食物变成可以被它们吸食的“汤”。

特殊的食谱

一些杂食性动物，它们的消化系统能应付各种各样的食物。而另一些动物则只能以很有限的食物种类为食，特别是那些营养含量低、味道差或者含一些对其他动物有毒的化学物的食物。这意味着这种特殊化的食物需求面临的竞争很少，但同时也将动物的活动范围限制在食物的地理分布区域，而且进食者的生存也与食物的生存状态息息相关。一些特化是体质上的，比如大熊猫对竹笋的消化能力；而另一些则是生化上的，如动物体内某种特殊的酶能分解某种特殊食物的成分或毒素。

独特的食物
金竹狐猴的主食是巨竹（见左图），这种巨竹里面氰化物的含量能杀死其他大多数哺乳类动物。而木焦油树纺织娘（见上图）并不反感木焦油树叶那种难吃的味道。

食物的分解和处理

消化意味着将食物分解成小片，直到能够被吸收。物理分解包括在口腔中咀嚼和在胃或者砂囊中碾碎食物。在化学消化中，由肠黏膜分泌含酶的汁液到食物上。不同的酶分解不同的成分——蛋白酶专门分解肉性食物中的蛋白质，而脂肪酶分解脂肪食物中的油脂和脂肪。这个过程可能需要几个月的时间，例如一条巨蟒消化一头野猪。在大多数情况下，未被分解的物质通过肛门以粪便的形式排出，但是一些动物能通过口腔将剩余物呕吐或反刍出来。

蠕虫（如沙蚕）所产的粪便，包含了通过肠道而未被分解吸收的沙土颗粒。

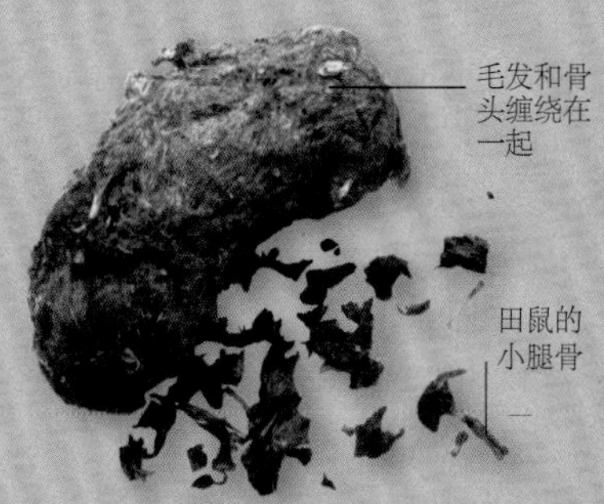

猫头鹰的食团被吐了出来，包括猎物未被消化的骨骼、牙齿、皮毛和喙。

体液和温度调控

动物体内环境的调控包括成百上千种盐分、矿物质和其他物质的浓度调节。这被称为渗透调节，涉及水分平衡的精密过程。体温也必须保持在合适的限度内，以便生化反应能有效地发生。

水和盐分平衡

生活在陆地上、淡水中和咸水中会面临不同的问题。陆生动物会失去水分，水蒸气可通过渗透身体外表、湿润的呼吸表面，以及尿液和粪便的排泄而散失。而水分，则要通过饮水、进食含有水分的食物摄入，以及通过新陈代谢过程产生。在淡水中，动物的体内环境与周围环境相比，则有相对较高的盐分浓度，水分趋向于进入身体，所以必须通过尿液排出，以及主动“泵”出。在咸水中，过程相反，所以水分要尽可能保存在体内。

睡袋

在沙漠栖居的贮水雨滨蛙在干旱时把自己埋藏在湿润的土壤中。它的皮肤外层形成了不透水的致密层，可在皮下储存水分，并且在巨大的膀胱中稀释尿液。贮水雨滨蛙一直待在这个流动的睡袋中，直到潮湿天气的来临。

沙漠栖居者

沙漠动物，例如旗尾更格卢鼠已适应产生高浓缩的尿液，以减少水分散失。这种啮齿动物是夜行性的，白天隐藏在洞穴内，通过呼吸获得湿气。

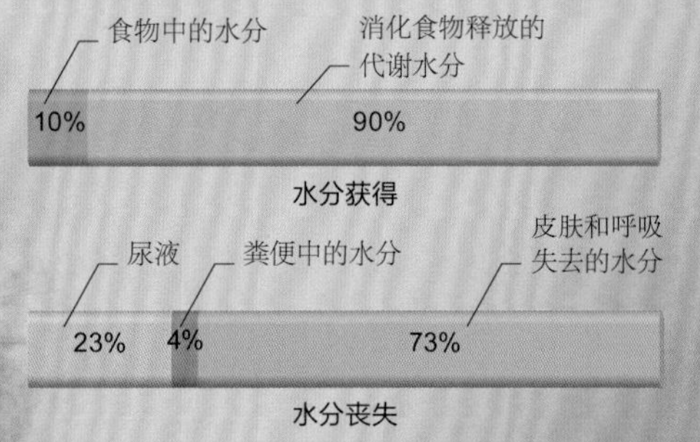

更格卢鼠的水分平衡

更格卢鼠的食物——草籽中水分非常少，但通过细胞的呼吸作用等新陈代谢过程，仍然可以获得水分。此外，浓缩的尿液和干燥的粪便，也使水分得到保持。

废物处理

过滤血液、血淋巴或其他体液是动物调节水分、盐分和毒素的常规方法。在脊椎动物身上，这样的器官主要是两个肾脏。一种称为肾单元的物质把溶解在水中的废物过滤掉。然后，所需要的水分再从血流中被吸收，以保持水平衡。在哺乳动物中，代谢废物——尿液储存在膀胱中，然后排出体外。尿液含有各种激素和类似物质，且常带有显著的气味，因此也是另外一种重要的通信方式，例如作为繁殖期的标记。无脊椎动物有类似的排泄方式，即过滤血淋巴等体液，但其主要器官有不同的结构。蠕虫或扁虫有肾管，而昆虫的排泄系统则基于肾小体小管。

有用的粪便

鸟类的尿液由肾脏产生，并与来自肠的消化废物，经泄殖腔一同以半固态粪便的形式排出。厚厚的堆集的鸟粪可用作肥料，并可提取矿物质。

有用的尿液

废物处理的行为方面包括利用尿液标记领地以警告同种入侵者，正如我们常见的狮子、犀牛和其他哺乳动物所做的那样。

行为和温度调控

兽类和鸟类可以通过“燃烧”营养物质的能量并释放热量，保持较高的恒定的体温。保持体温恒定的性质，称为恒温性，也就是通常我们所说的“温血”，而产生热量的性质则称为内温性。这类动物能够在寒冷条件下活动，但这一过程需要能量，能量必须通过摄取食物来得到。多数动物属于外温动物，也就是能量需要从外界获得。通俗的说法就是“冷血”。然而，在炽热的沙漠栖息的爬行动物可能比它旁边的哺乳动物的温度还高。此外，外温动物并不意味着不需要调节——它们调节温度的方式是通过行为，例如躲避在阴凉处使自身凉爽。

凉爽的耳朵

象拥有巨大的耳朵，并不只是为了灵敏的听力，还能调节体温。耳朵的血流量丰富，当体温升高时，它们会来回拍打耳朵，就像一个散热器，将周围空气的热量带走。对热气候有相似适应性的动物，还有野兔和耳廓狐。

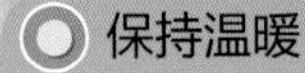

保持温暖

生活在寒冷地区的兽类和鸟类，如南极的企鹅，具有特殊的血液流动系统，即逆流机制，以保持体内热量。像足和鳍状肢这些身体末梢部位很容易散失热量。接近身体核心部位的温热血液流动，把热量传导给从末梢部位而来的冷血，让末梢血液保持温度较低的状态。这样散失热量的速度比让温热血流完整通过末梢部位的情况要慢得多。

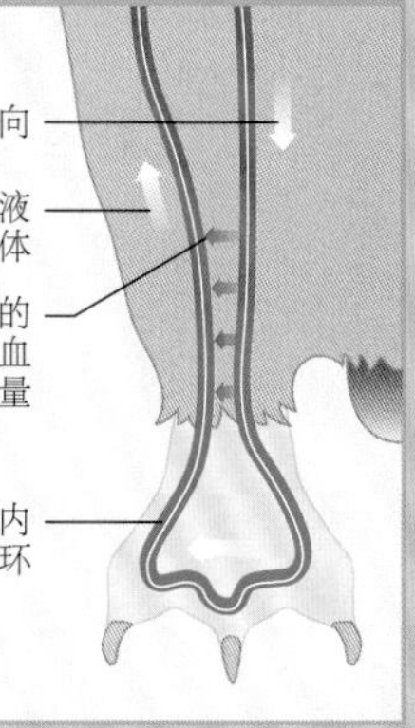

热身

在清早，一条南石鬣蜥找到一块暗色的石头升高自己的体温。这些石头保存了前一天太阳的温度，而且在清晨石头会继续吸热。

冬眠和蛰伏

真正的冬眠仅限于某些哺乳动物，例如蝙蝠、睡鼠和其他啮齿类，食虫类比如刺猬，以及一些狐猴。这是一种在不利条件下生存的策略。通常在冬季，它们的身体活动和新陈代谢过程“减缓”，以节约能量。脉搏和呼吸率都下降到正常水平以下，体温降低到接近冰冻温度以上的几度。为了准备冬眠，动物会大量进食以蓄积脂肪，然后找到一个隐蔽、安全的地方。一旦冬眠，很难迅速苏醒。蛰伏则没有这么深的程度，而是短期减缓身体活动的过程，通常只有几个小时。一些小型蝙蝠和蜂鸟只在夜晚蛰伏，以躲避寒冷。

储存脂肪

肥尾鼠狐猴在尾部储存脂肪，以此度过马达加斯加的旱季。它们会在树洞内蛰伏。

安全的山洞

冬眠蝙蝠，如须鼠耳蝠，会选择安全的地方躲避天敌，例如深藏于洞内。这些地方环境条件稳定，并且不会冻冰。

个案研究

蜥蜴活动模式

陆生外温动物，比如蜥蜴，通过一系列行为使自己在白天变暖，并保持体温相对恒定，以便它们能够活动。它们从隐蔽处到阳光充足的地方，在暗色石头上晒太阳，这样比在浅色石头上吸收阳光的效果更好。想降温，就躲在阴凉处，或吹吹凉风，张开嘴呼出热气，或者钻入洞穴中。

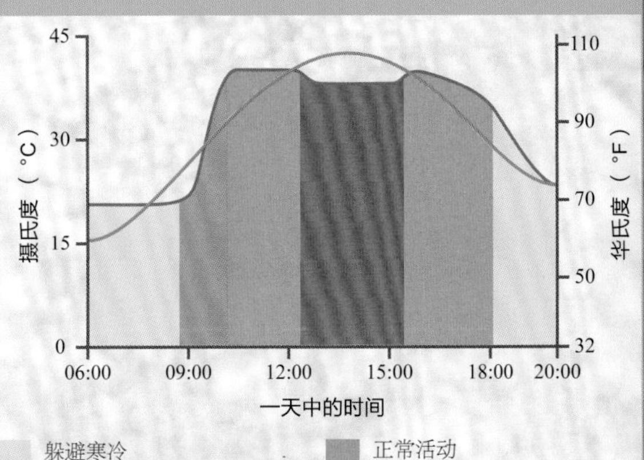

大脑、神经和激素

动物的神经和内分泌系统对控制和协调身体内各部分以确保它们有效工作非常重要。这些系统同时也控制着动物的视觉、听觉、对环境的感知，以及运动、应变行为抉择、换毛或繁殖。

神经

大多数动物所拥有的神经系统的分支遍布身体的各个部分，并最终汇集到一点——大脑，或者聚集在一些地方形成神经中枢。神经系统采用微小的电流脉冲（或称为神经信号），它与整个动物对环境的感觉和反应以及本能、记忆和学习相关。神经系统的基本组成部分——神经元（或神经细胞）是所有细胞中最特殊的。在一些物种中，神经元细小的分支上携带的神经信号的传递速度超过100米/秒。这些分支与其他神经元接触，但是接触点上有微小的突触间隙将它们隔开。在突触间隙，神经信号以化学物质（即神经元释放的神经递质）的形式传递。不是所有的动物都具备神经系统和大脑，海绵就没有神经，而水母则没有大脑，仅有一些简单的神经网。

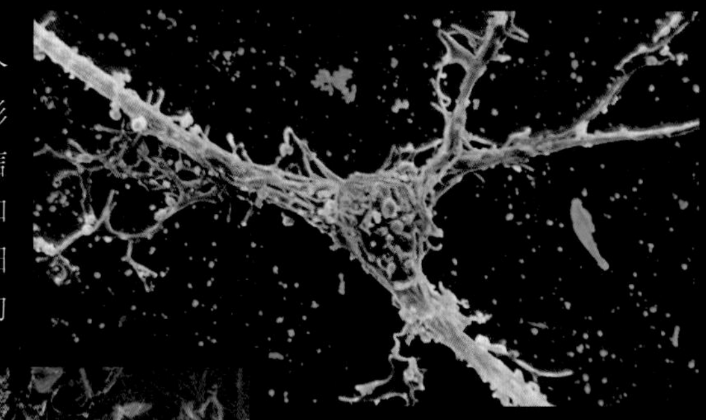

支持细胞

作为神经系统的一部分，数百万的细胞给予神经元物理和营养上的支持，而这些细胞本身并不传递任何神经信号。星形胶质细胞（见左图）是以它们星星状的外形命名的，它供给神经元营养物质。少突胶质细胞（见上图）构成一种脚手架形式以牢牢地维持神经元的稳固。

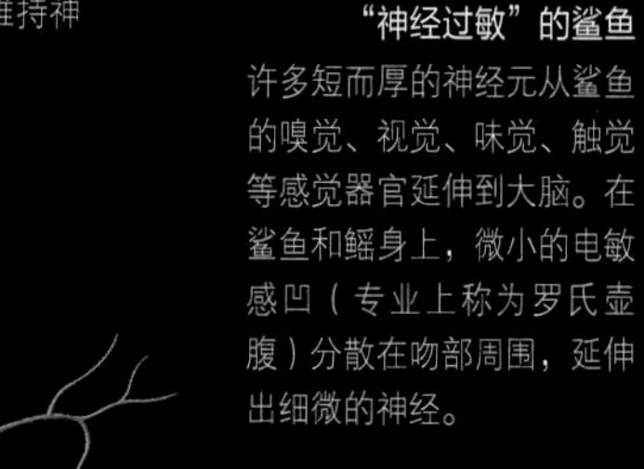

神经元

一个典型的神经元有一个圆圆的胞体以及短而细的称为树突的分支。它们能搜集从其他神经元传来的信号并对它们进行处理，处理的结果信号沿着一个厚厚的长轴——轴突（神经纤维）传递到末端，与其他神经元相连。一些轴突外面包被着由神经膜细胞构成的脂肪绝缘层（髓磷脂）。

“神经过敏”的鲨鱼

许多短而厚的神经元从鲨鱼的嗅觉、视觉、味觉、触觉等感觉器官延伸到大脑。在鲨鱼和鳐身上，微小的电敏感凹（专业上称为罗氏壶腹）分散在吻部周围，延伸出细微的神经。

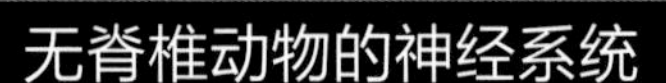

无脊椎动物的神经系统

无脊椎动物的神经系统，包含了从简单的神经网到集中的含有神经节或简单大脑的网状系统。这些结构集中了神经元胞体，胞体上有许多短而互相连接的树突和轴突。相对于一个弥散的网络系统，这种集中的网络系统使信息的交换和处理更加有效。感觉神经携带着从感觉器官传入的信号。这些信息在大脑或神经节中被分析，此后特定的信息或沿着运动神经元传递到肌肉，影响运动和行为，或传递到身体其他部分，如腺体，使之释放化学分泌物。

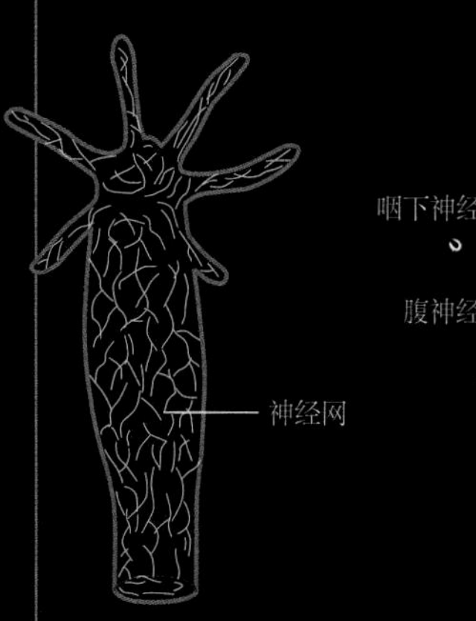

水螅

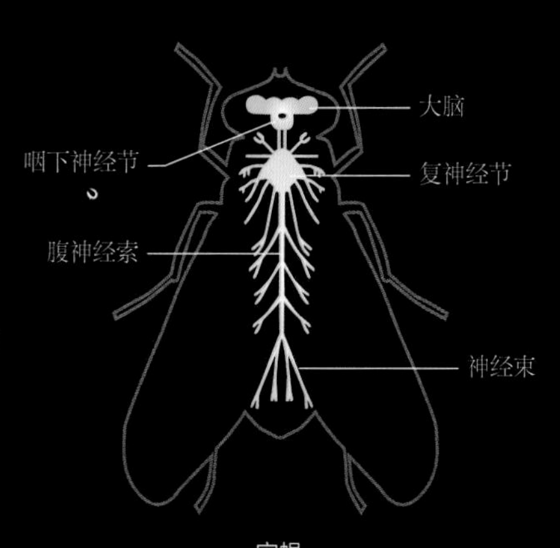

家蝇

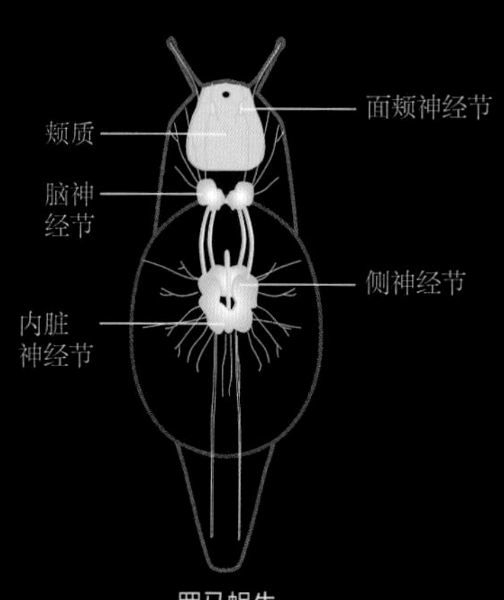

罗马蜗牛

不同的设计

刺胞动物的神经网，如这种小型池塘动物水螅，是神经纤维以简单的网状连接而成的。而节肢动物，如苍蝇和其他昆虫，有一个前脑、位于不同位置的神经节，以及沿着身体基部的一条腹神经索。软体动物的神经系统，如图中显示的蜗牛，有若干个神经节，这些神经节由能高速传递信号的厚神经纤维束连接起来。

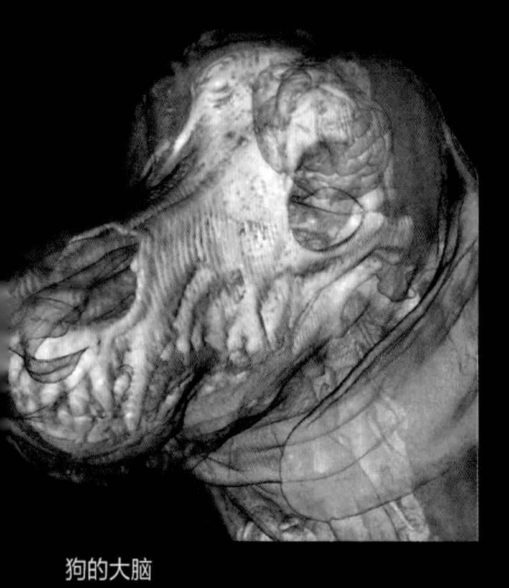

狗的大脑

脊椎动物的大脑，如图中显示的绿色区域，在颅腔内受到良好的保护。颅腔是位于颅骨后面的骨质腔。大脑多皱的形态使神经元的表面扩大了数亿倍。

脊椎动物的神经系统

典型的脊椎动物的中枢神经系统由大脑和脊髓，以及由它们发出的遍布全身的分支所形成的外周神经系统组成。脊柱由脊椎骨（骨干）组成，起保护和支撑脊髓的作用。脊柱的出现是脊椎动物的特征。大脑的不同脑叶、中心和其他部分执行特定的功能。例如，视叶接收来自眼睛的神经信号，而嗅叶加工鼻子闻到的信息，运动中心负责传递神经信号到肌肉发起运动。同时，还存在一个自主神经系统，这个系统一部分利用自己的神经，如交感神经节，一部分利用其他系统的神经纤维。该系统与体内一些必要活动的自动运行有关，如呼吸和食物在肠道内蠕动。自主神经系统中交感神经的兴奋使得身体更加活跃，为应激做准备。而副交感神经的兴奋会让身体恢复平静以维持正常的运作。

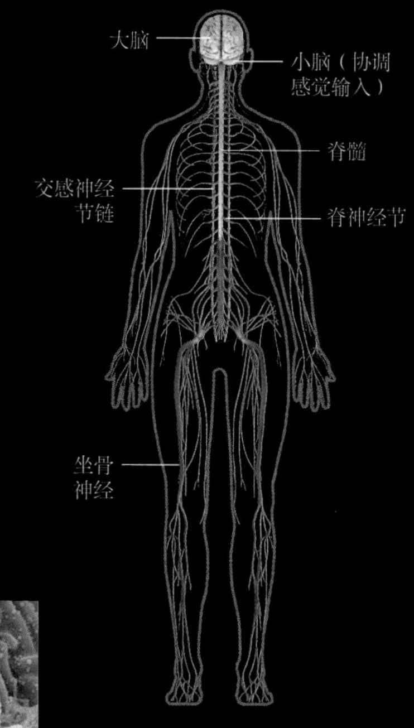

人类的神经系统

脊髓沿着管道行走，这个管道由椎骨对齐的孔组成，保护脊髓以对抗敲击，预防扭结。脊神经，如坐骨神经，从脊椎分支进入躯干和四肢。而脑神经直接从大脑分支进入眼睛、耳朵和头部的其他感觉器官以及头面部的肌肉。

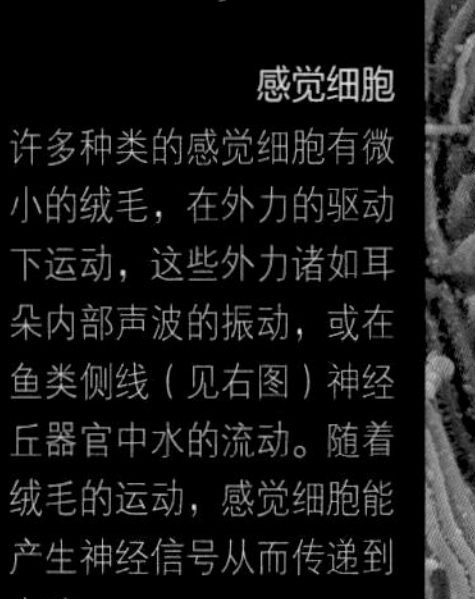

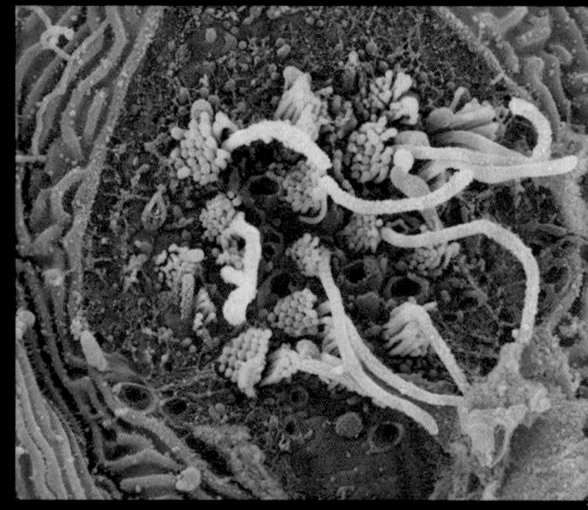

感觉细胞

许多种类的感觉细胞有微小的绒毛，在外力的驱动下运动，这些外力诸如耳朵内部声波的振动，或在鱼类侧线（见右图）神经丘器官中水的流动。随着绒毛的运动，感觉细胞能产生神经信号从而传递到大脑。

激素

一般情况下，内分泌系统发挥作用的速度比神经系统要慢得多。激素是由散布于不同组织或内分泌腺中的各类内分泌细胞分泌的化学物质。每种激素（某些动物有超过100种）通过血液传遍全身。作为化学信使，激素作用于特定的靶器官和组织，通常加快靶器官或组织的工作，或促使它们分泌一些物质。激素能维持内部环境如水平衡，控制着生长发育和生殖周期，还决定着换毛或蜕皮，甚至在某些动物身上能导致变形（身体形态的剧烈改变）。

升高的激素水平

草兔在春季的繁育行为是体内性腺（雌性的卵巢和雄性的睾丸）分泌的生殖激素水平升高促发的。下图是一只未发情的母兔在以拳击抵御一只不受欢迎的公兔。

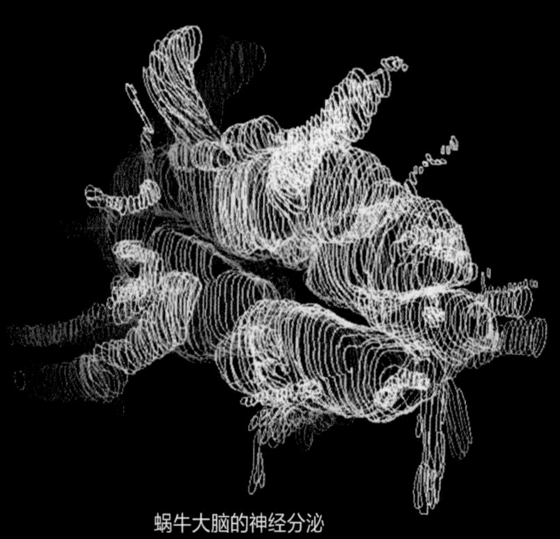

蜗牛大脑的神经分泌

神经元细胞完成神经分泌作用，触发如激素释放和肌肉活动的反应。一只蜗牛的大脑在应对眼睛感受到的光亮级别时表现出不同水平的神经分泌（如图中黄色、红色和白色所示），这使蜗牛在晚上活跃而白天安静。

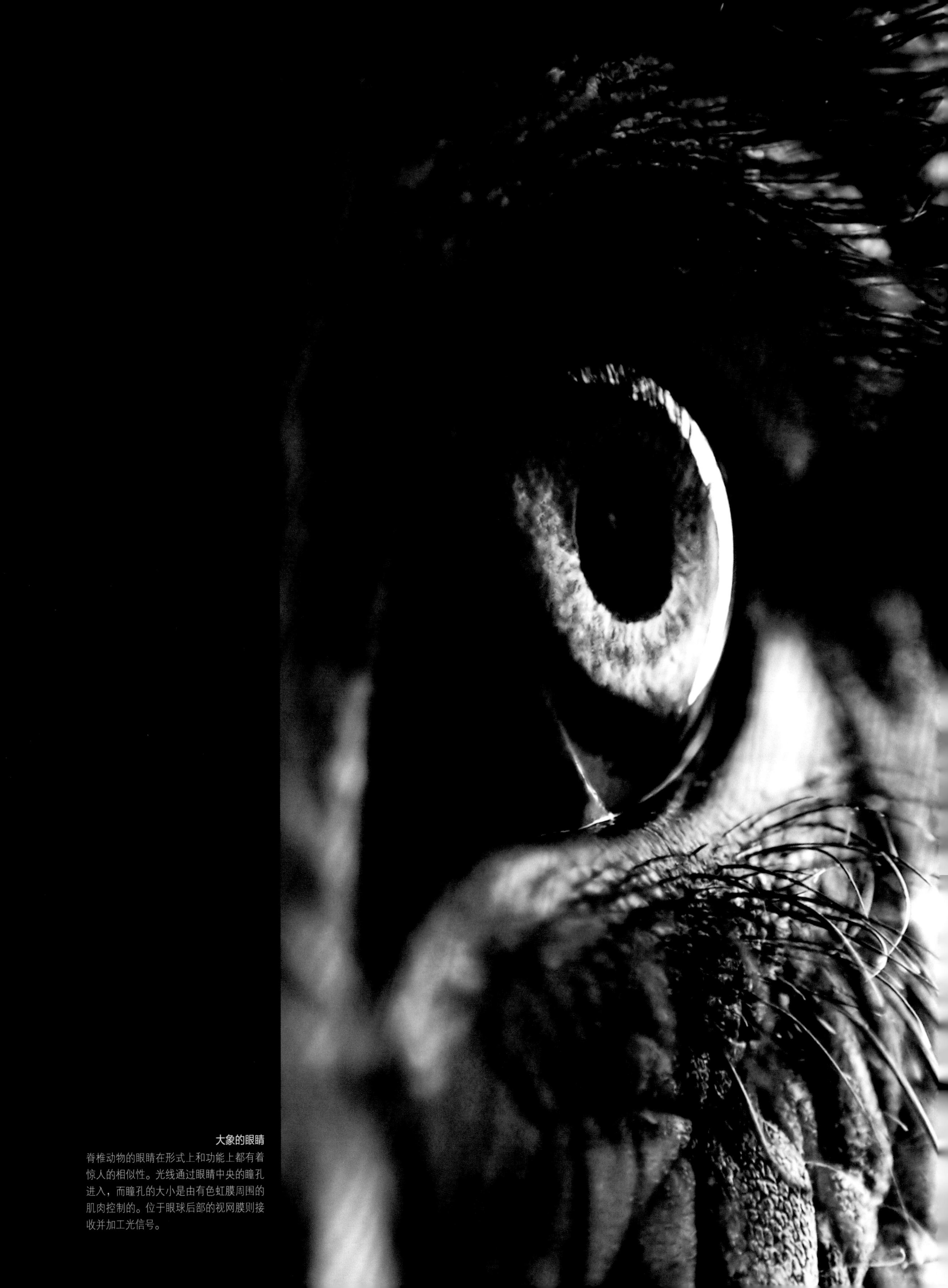

大象的眼睛

脊椎动物的眼睛在形式上和功能上都有着惊人的相似性。光线通过眼睛中央的瞳孔进入，而瞳孔的大小是由有色虹膜周围的肌肉控制的。位于眼球后部的视网膜则接收并加工光信号。

感觉

能够感知周围发生的一切对动物的生存至关重要。尤其是感觉信息可以帮助动物寻找食物，躲避捕食者；感受哪里太热、哪里又太冷，或者哪儿受伤害了；也可以借助地理位置和配偶的选择增加繁殖的成功率。

敏锐的视力
虎头海雕借助它的视力捕捉猎物。它强大的双眼视觉保证了它能快速发现猎物并精确判断距离。

什么是感觉

感觉是对刺激的接收，大脑通过加工这些刺激以获得内部或者外部环境的信息。例如，光线被眼睛所收集，大脑便将这些信息转化为图像。人类最熟悉的五种感觉是听觉、视觉、味觉、嗅觉和触觉。大多数动物在不同程度上或多或少具有以上感觉中的几种或全部。除此之外，动物也可能存在其他种类的感觉，这其中最特别的是回声定位（即利用声波来确定物体的位置）、电感受和磁感受（即探测电场和磁场的能力）。在感受周围环境的同时，动物也需要感知它们自身的信息，如自己的位置和运动状态，这些感觉是由特定的细胞完成的。例如，皮肤里的温度感受器能确保动物对温度的感受。

听觉

视觉

味觉

嗅觉

触觉

五大感觉
旷兔的听力敏锐，这归功于它那巨大的耳朵。深海乌贼有大大的眼睛，对发光生物体产生的光特别敏感。蝴蝶的足和口器上有味觉受体。细鳞大马哈鱼灵敏的嗅觉帮助它们找到出生的溪流。龙虾长长的触须和体表的小绒毛则能感受触觉。

感觉和行为

感觉在动物的行为中扮演着重要的角色。动物之间的交流也离不开感觉，比如辨别声音、观察视觉信号，还有嗅出气味标记。动物的很多行为都需要感觉，例如，通过视觉、回声定位和电感受可以确定猎物的位置；通过导向信息激素或者听取交配鸣叫可以找到配偶；而导航则需要视觉、嗅觉以及对地磁场的磁感受，或以上感觉的总和。

根据环境和行为的需要，动物可能会进化出某种特别敏锐的感觉，或在某个特殊的范围内的感觉。狗具备良好的嗅觉，利用它来定位猎物，与同伴交流；蝙蝠能在夜晚全黑的环境中捕食，这得益于它利用超声波定位的能力；许多昆虫和鸟类能看见紫外光，使它们可以探测到花朵和羽毛上人眼看不见的图案；而大象能产生和听见次声波，这保证了它们可以在几英里远的范围内交流。而大脑能将所有感觉器官的信息整合起来，动物便拥有了对周围世界的一个心理图像，确保它们对外界进行适当的反应。例如，一个正在寻找猎物的捕食者将利用感觉信息来决定是否需要发动攻击。

问候仪式
黑背胡狼嗅对方肛门区的臭腺以示问候。嗅觉在辨别同类中起着重要作用。

感觉系统

每个感觉系统都包含了感觉受体、神经通路和专门负责感知的脑区。在脊椎动物体内，这些部位包括：视觉系统——视网膜上的颜色和亮度感受器触发视神经上的神经冲动，这个神经冲动传递到初级视皮层后被加工；听觉系统——内耳的绒毛细胞接收声波引起的振动，触发听神经的神经冲动，继而传递到初级听皮层。体感系统能探测压力和触觉；味觉系统感受味道；而嗅觉系统接收和加工气味的信息。

每个神经元都有一个阈值，某个刺激只有超过了阈值才会引起神经冲动。由受体触发的神经冲动为大脑提供关于刺激的位置、强度和持续时间的信息。例如，一个物体碰触身体的时间越长，受体细胞触发的神经也就越多。

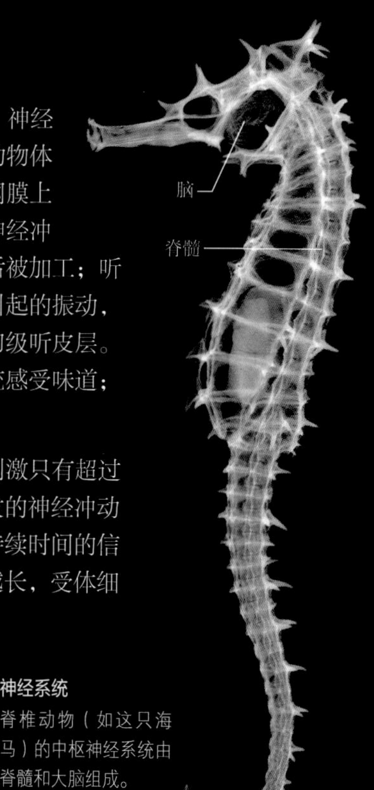

神经系统
脊椎动物（如这只海马）的中枢神经系统由脊髓和大脑组成。

触觉和振动感应

动物能通过触觉和感受振动来获得许多环境的信息。在没有视线和声音的时候，它们能以此来感知食物和与同伴交流，这在黑暗中尤其有帮助。触觉是通过机械感受器对刺激进行反应的。机械感受器同时也反馈给动物自身运动和方向的信息，以便它们在必要的时候调节自己的位置。

跟随它的鼻子
当星鼻鼹寻找土壤中或水生的猎物时，它鼻孔周围22条敏感的肉质触手就会不断地蠕动。

多毛腿
蜘蛛腿上覆盖的毛能感应触觉和空气振动。当毛被碰触时，与感受器基部相连的神经元树突就能将触觉刺激传给大脑进行加工。

触觉感受器

大多数节肢动物能通过感受毛探测到触觉和振动。这些感受毛长在表皮层以下，穿过外壳而伸出体外。感受毛的运动会触发临近受体细胞的神经冲动。脊椎动物的感受毛工作原理与节肢动物一样：感受毛的基部位于毛囊中，感觉神经元的尖端缠绕在毛干上，接收和传递刺激信号。除了感觉毛以外，皮肤的表皮层（上）和真皮层（下）中包含许多不同的结构，这些结构能探测触觉、压力和振动。机械感受器也可以聚集形成一个特定的感觉区，像星鼻鼹的鼻子这样。

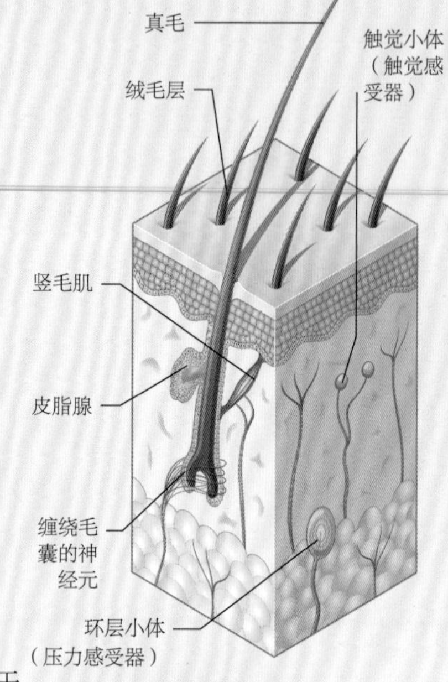

哺乳动物的皮肤
位于真皮层上部的触觉小体对轻微的触觉很敏感，而位于真皮层深部较大的环层小体能感受较重的、持续的压力和振动。

复杂的毛发
哺乳动物皮肤上突出的毛发有许多功能，包括触觉感受、隔热、伪装和通信。

运动感受器

与脊椎动物的胡须（触须）一样，节肢动物的感受器也能探测周围空气和水体的运动。这些长而坚硬的感受器毛通常位于鼻和吻的周围或眼睛的上方。它们长在一种特殊的毛囊上，这种毛囊称为血窦，能使微风吹拂引起的胡须的微小倾斜被放大，并刺激机械感受器细胞。鱼类和两栖类幼体在水中有不同的探测系统。鱼类侧线是由一种称为神经丘的受体组成的，每个受体有许多毛细胞突出到一个充满凝胶的帽状结构——壶腹帽中。当水体运动的时候，壶腹帽弯曲，动物因此感受到水流的方向。

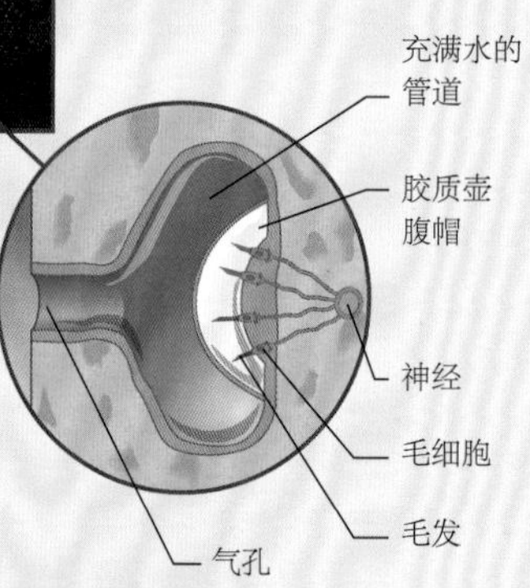

侧线
侧线系统是可见的，在每条鱼的身体两侧各有一条若隐若现的线。在鲨鱼、鳐和许多硬骨鱼类中，神经丘受体细胞位于皮下的管道之内。这个管道通过一系列的小孔与外界相连。

同步游泳
许多小硬骨鱼类，如图中所示的白色加州异鳍石鲈，形成巨大而密集的鱼群来抵御捕食者的入侵。它们的侧线系统保证了运动的一致性。对捕食者而言，在一群持续游动而且不断突然改变方向的鱼群中挑选一个猎物非常困难。

重力探测器

许多无脊椎动物拥有一种称为平衡胞的结构，能感受方位和运动的变化。平衡胞的空腔中包含一个相对较重的球——平衡石。平衡石可能是由平衡胞分泌形成的，也可能像在龙虾体内一样，由外界环境中的沙粒聚集而成。脊椎动物内耳的作用等同于平衡胞。耳石就相当于平衡石。内耳中有充满液体的管道（壶腹），耳石逆着毛细胞（脊突）运动，能感受重力和加速度的变化。

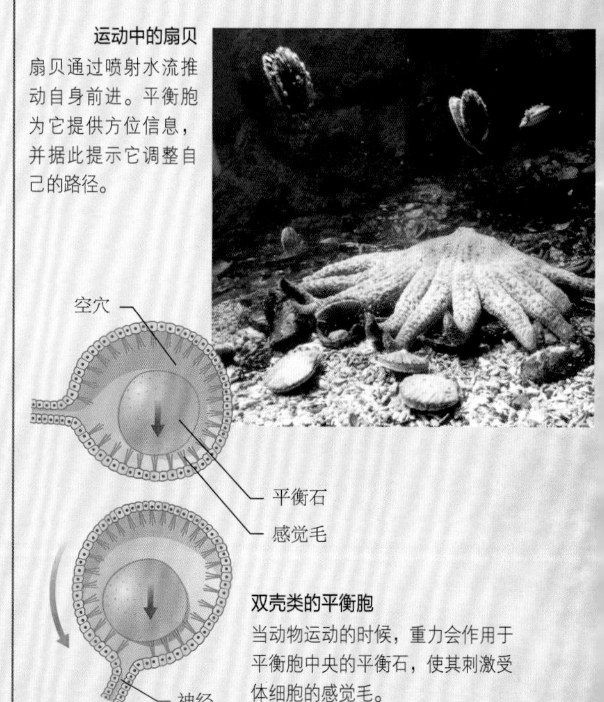

运动中的扇贝
扇贝通过喷射水流推动自身前进。平衡胞为它提供方位信息，并据此提示它调整自己的路径。

双壳类的平衡胞
当动物运动的时候，重力会作用于平衡胞中央的平衡石，使其刺激受体细胞的感觉毛。

振动

振动感受器可以感受穿过某个界面的振动，这个界面通常是大地，但也有其他物体可能成为界面，如树干、叶子或者蜘蛛网。对通过环境的振动的探测往往先于对穿越空气的声波振动的听取。

在缺乏鼓膜的动物如两栖类和爬行类中，声波振动是依靠身体传播到内耳中的。而没有耳朵的动物虽然听不见，但能通过感受声波的振动来“感觉”声音。许多机械感受器，包括昆虫感受器和环层小体，能探测到振动。其他振动传感器，包括蜘蛛腿上的隙状器，能探测到跌入网中痛苦挣扎的猎物的振动，而涉禽喙上的赫伯斯特小体能探测到在沙子中运动的猎物的振动。感知振动的能力在地下特别有用，因为在地下声波传不远，而视觉根本不能用（见右侧知识框）。

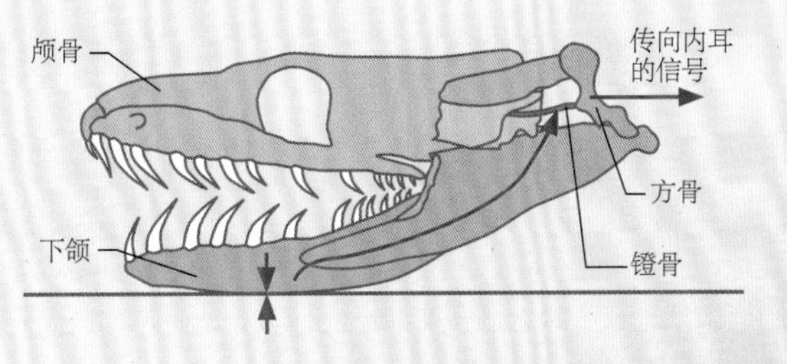

骨骼传导

蛇类的下颌贴近地面的时候能接受地面传播的振动。振动首先传到镫骨继而进入内耳。

敏感的腿

这只船筏蛛落在水面上的两对前腿能探测到水中的猎物。

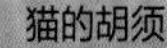

猫的胡须

胡须对触觉和空气运动真是敏感到难以置信。在光线不好的条件下，它们能使动物，譬如这头豹，探索着前进和捕食。

个案研究

地震信号

独居的南非鼹形鼠通过不断地用后腿敲击地面制造振动，从而与同伴交流。在一场典型的脚碰壁互动中，雄鼠和雌鼠的敲击会同步化。它们地震的信号会通过土地传到附近的洞穴，这种传播效率比声音更高。

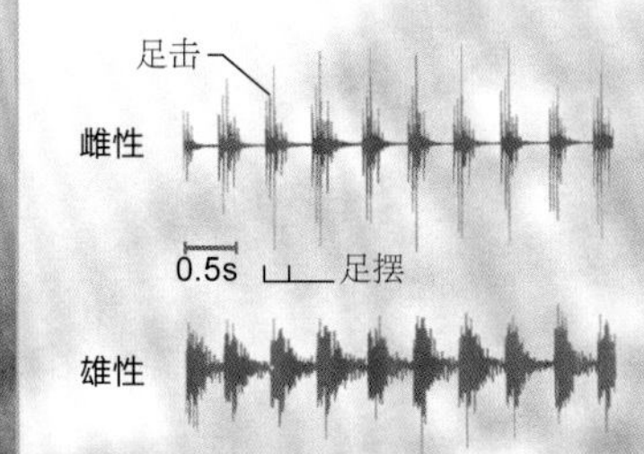

敲击时段

准备繁殖时，南非鼹形鼠通过敲击地面的速度来传递性别信号，这种方式最终能帮助它们发现配偶的位置。

味觉和嗅觉

对许多动物而言，味觉和嗅觉是重要的感觉，帮助它们寻找食物、配偶，交流和活动。这两种感觉都是由特殊的细胞——化学感受器所介导的，这种细胞能与某些特定的化学物质结合，并将神经冲动传递到大脑进行信息加工。

鲶鱼的胡须
鲶鱼的嘴巴和鼻子周围的胡须状触须覆盖着味蕾。在溪流和河流底部的浑浊水体中，鲶鱼用这些触须来寻找食物。

味觉

动物能通过味觉来探测和分辨与味觉感受器接触的物体分子。这些感觉细胞可能会集中于不同的区域，根据动物的不同，这些区域可能分布在口腔或口器中，皮肤中或脚上。这些感觉细胞被用于寻找食物，鉴定食物是否适于食用。例如，苍蝇的脚上有味觉感受器（毛），当它们降落在物体上的时候就能尝到味道。味觉感受器对不同的物质，如糖、盐和水，都很敏感。味觉同时也被一些动物作为一种化学通信方式。

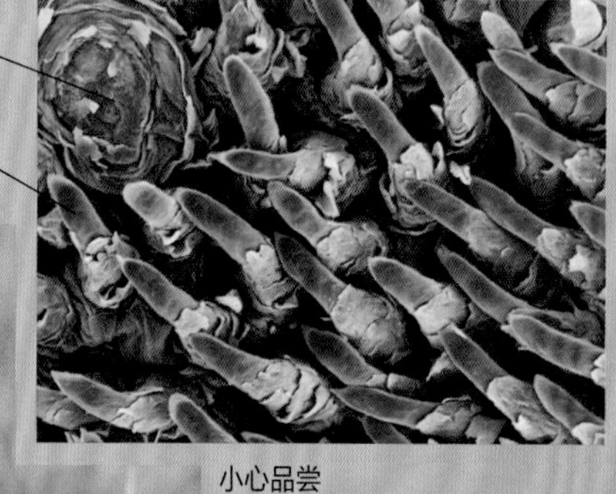

小心品尝
哺乳动物的舌头表面（见上图）覆盖着感觉突，它们周围环绕着许多通向味蕾的小孔。哺乳动物用舌头探测味道。一些哺乳动物，如棕鬣狗（见左图），会嗅一嗅其他动物留下的气味痕迹来获得信息。

嗅觉

嗅觉由嗅觉感受器负责掌管，嗅觉感受器能在一定距离之外探测到目标的气味分子。这些分子可能散布在空气中或水中。气味分子通过与嗅毛（纤毛）膜结合而被动物察觉。在节肢动物身上，嗅毛通常位于外壳上面的凹陷里或外壳的刚毛状延伸物上。在脊椎动物身上，纤毛通常位于鼻腔的嗅膜（上皮）的表面。嗅上皮中的腺体可以分泌黏液，以保持膜表面的湿润，这有助于分辨气体。哺乳动物，特别是啮齿类动物和肉食动物，都拥有良好的嗅觉。它们利用嗅觉寻找食物，并且很多动物还使用气味作为一种通信的方式，例如标记出自己的领地等。

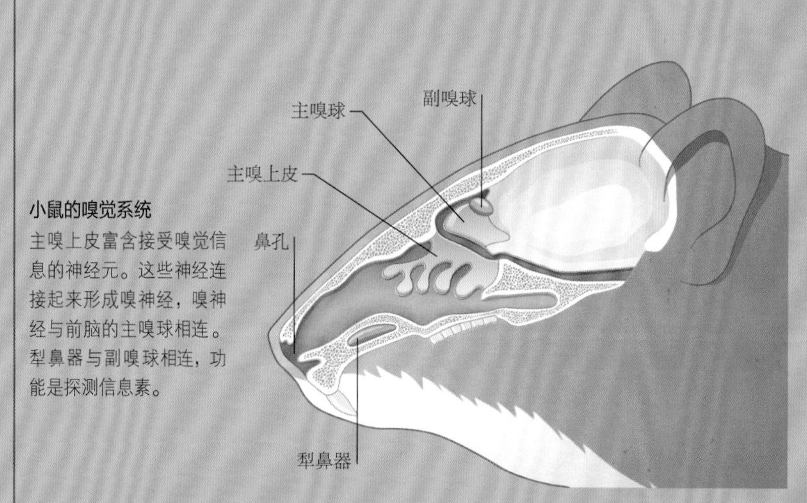

小鼠的嗅觉系统
主嗅上皮富含接受嗅觉信息的神经元。这些神经连接起来形成嗅神经，嗅神经与前脑的主嗅球相连。犁鼻器与副嗅球相连，功能是探测信息素。

欧亚水鼩的视力很差，作为补偿，它们拥有敏锐的嗅觉。

南方巨海燕长长的管状鼻孔能帮助它们不论在白天还是黑夜都能找到食物的位置。

雄性南方帝王蛾利用它们的触角能探测到远在11千米之外的雌蛾气味。

个案研究

嗅出癌症

狗以敏锐的嗅觉闻名。长久以来它们敏感的鼻子就被人类用于各项任务，如寻找失踪人员和探测非法药物。最近的研究表明，狗还能从人呼出的气体中判断一个人是否罹患乳腺癌或肺癌。与正常细胞相比，癌细胞的代谢产物发生了变化，正是这些代谢产物能被狗识别。这种方法的优势是使癌症能更早地被发现和诊断，从而让患者获得更有效的治疗。

品尝空气

大多数脊椎动物的口腔顶部和鼻腔基部的位置有一小片特化的嗅上皮，称为雅各布逊氏器（雅氏器）或犁鼻器。这个器官对空气中的某些化学物质，如信息素（其用于同种动物之间的化学通信），非常敏感。一些哺乳动物，包括大多数有蹄类和猫科动物，如狮子和老虎，在探查雌性的性接受能力时表现出抬起头并扭曲脸部的特殊行为，这种行为被称为裂唇嗅反应。蜥蜴和蛇则利用犁鼻器探测那些由潜在的猎物或可能的捕食者释放出来的化学物质，而它们的舌头能将空气中的分子传输到犁鼻器中。这就是为什么当它们在探究新环境或者被打扰的时候会不断地吐舌头。

裂唇嗅反应
有蹄类动物，如斑马（见右图）和长颈鹿（见下图），在探测空气中的信息素时会表现出一种特殊的行为。它们将上唇后翻，吸引空气进入犁鼻器。这样雄性动物就能判断出雌性是否做好了交配的准备。

犁鼻器
蛇的犁鼻器在口腔顶部有两个小开口，叉状舌头在内缩的时候，舌尖刚好插入这两个小孔。

叉状舌
蛇的舌头上下拨动，时吐时缩地嗅着周围的空气、水或陆地的气味，并传到犁鼻器中。大象也有同样的举动，只不过用的是鼻尖的“手指”。

视觉

视觉或视知觉是动物利用可见光对环境信息进行加工的过程。一些动物仅对光的出现和消失敏感，而另一些动物则能分辨出不同波长光的差异，这种能力被称为色觉。动物的视觉能力影响多方面的行为，如摄食、防御和求偶。

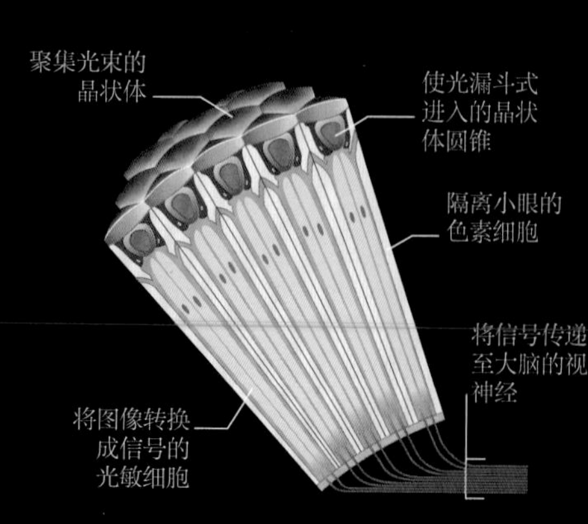

小眼

每个小眼都能看见一幅图像，动物的大脑将这些图像结合起来形成模糊的马赛克嵌合体。

什么是眼睛

光是具有能量的光量子的集合，以波的形式传播，其频率（或波长）与携带的能量成比例关系。眼睛是探测光的器官，并能通过神经冲动将光信息传递到大脑，在那里信息被进一步加工。在动物界中，眼睛的构造多种多样、千奇百怪，这与动物所适应的不同的居住环境和它们不同的行为方式相关。

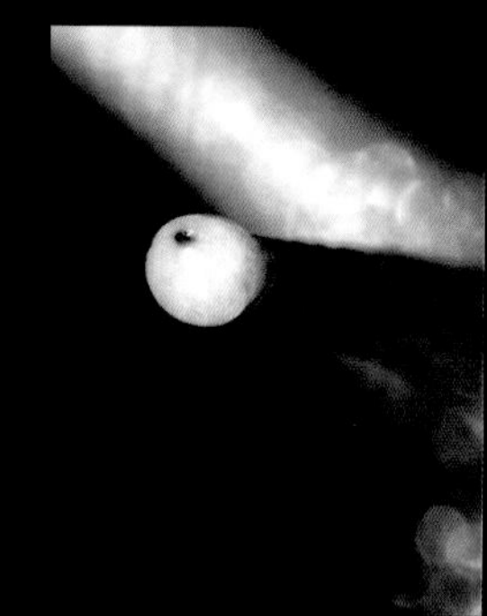

非洲陆地蜗牛的眼睛只能分辨亮和暗。

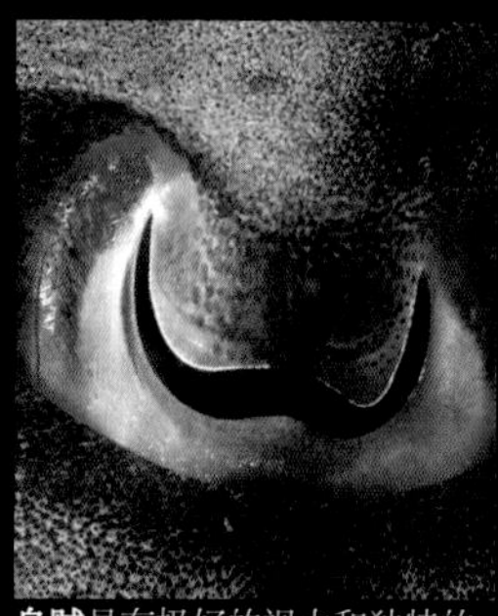

乌贼具有极好的视力和独特的W形瞳孔。

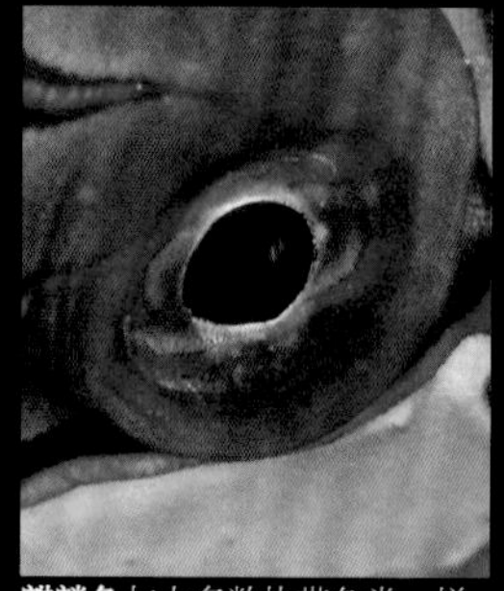

麒麟鱼与大多数热带鱼类一样有良好的色觉。

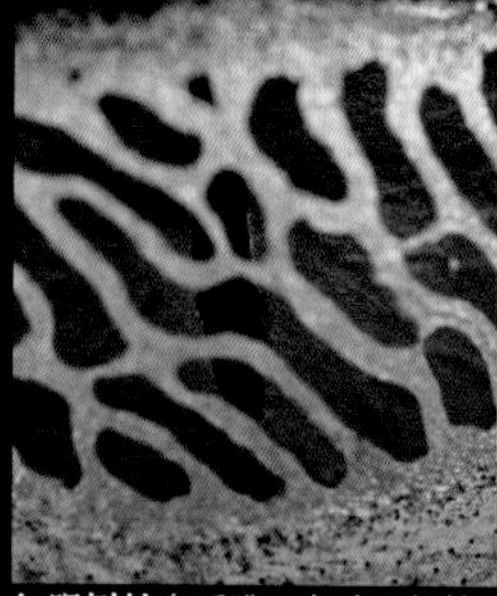

红眼树蛙有瞬膜，有助于保持眼睛洁净。

变色龙能够独立地转动每一只眼睛。

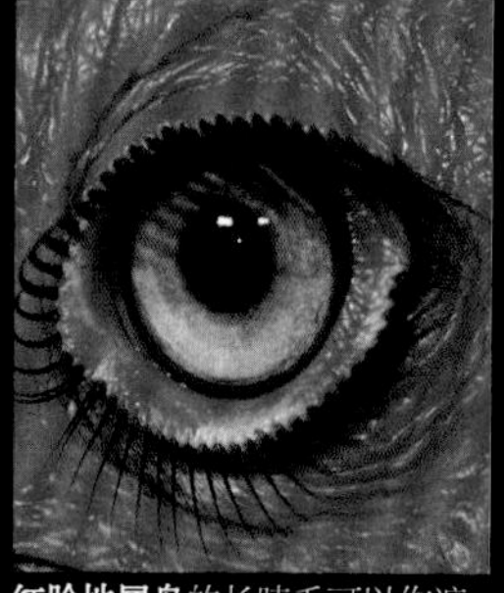

红脸地犀鸟的长睫毛可以作遮阳伞用。

老虎的视力在夜晚也很好，这是因为它眼睛里有一层类似镜子的物质。

复眼

大多数节肢动物的眼睛是由许多小眼组成的。每个小眼由一个集中光束的晶状体、一个使光线漏斗式进入的透明晶锥，以及一个吸收光并触发神经冲动的视觉细胞组成。每只眼睛上的小眼数目越多，得到的图像就越精确。每个小眼都有略微的倾斜，这样就能从视觉场景的不同地方搜集光线。当一个物体穿过视野的时候，小眼可以持续地开启和闭合，这使得复眼非常擅长探测运动。

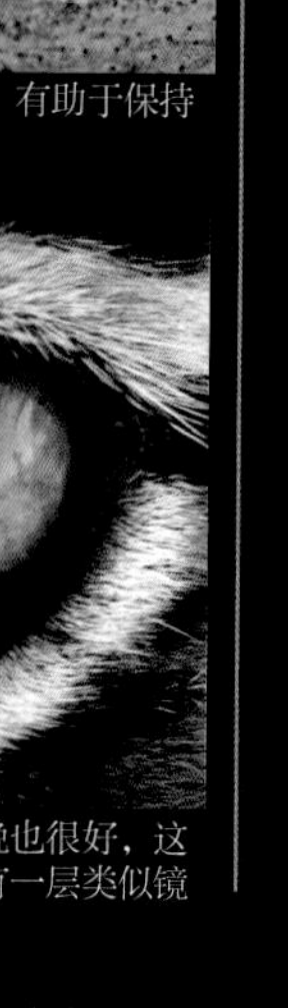

食蚜蝇的眼睛

食蚜蝇的多面性复眼是由成千上万个排列紧密的小眼组成的。不同的小眼有不同的视觉色素，能让食蚜蝇看见不同颜色的光。

单眼和双眼视觉

双眼的好处有很多，一只眼睛可以作为另一只受伤之后的备份，双眼还可以增大视野。不过可能双眼的最大好处是可以用来获得距离信息。眼睛的位置与动物的行为需求相关。许多动物的眼睛位于头部的两侧，提供了几乎360度的全视野，有利于发现捕食者。而这种视野多数是单眼的，几乎没有深度知觉。但是捕食者通常有一对向前的眼睛，双眼视野有很大的重叠。这种双眼视觉能保证捕食者精确地判断距离。

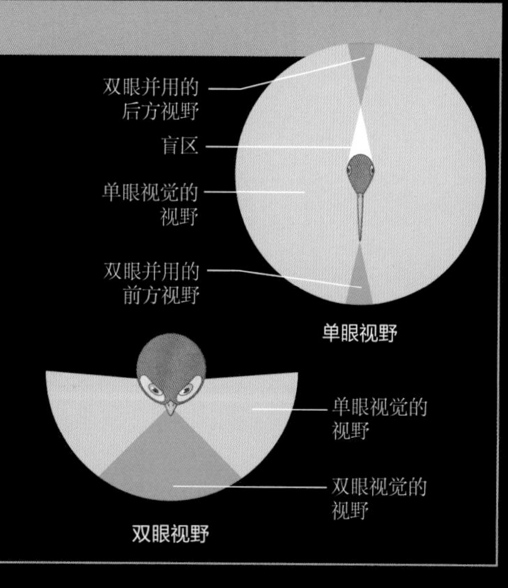

脊椎动物的眼睛

对于脊椎动物，光通过透明的角膜进入眼睛，角膜能折射光线。光线通过一个充满液体的空间后到达虹膜，虹膜是一层含色素的肌肉层，能改变中央瞳孔的直径并控制进入眼睛的光量。光线进入晶状体后，晶状体能通过压缩或放松使光线弯曲并聚集到位于眼睛后方的视网膜上，并在那里形成一个倒立的像。视网膜是一层光敏细胞层，能将光线的信息转换成神经信号。视神经将这些信号传递到大脑，在大脑中形成一个正立的像。

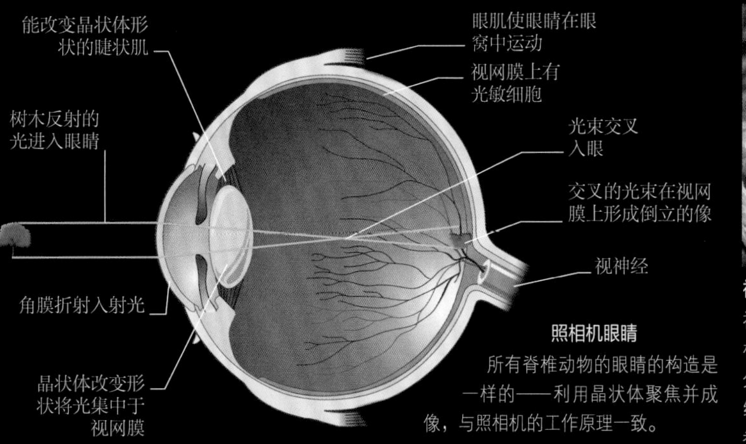

照相机眼睛

所有脊椎动物的眼睛的构造是一样的——利用晶状体聚焦并成像，与照相机的工作原理一致。

视杆和视锥细胞

视网膜上有两种光感受器。视杆细胞（图中染成黄色的部分）在暗条件下敏感，而视锥细胞（图中染成蓝色的部分）参与颜色的辨识。

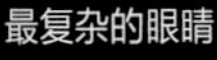

最复杂的眼睛

虾蛄的复眼有12种不同类型的光谱受体，对从紫外线到红外线的光都很敏感。

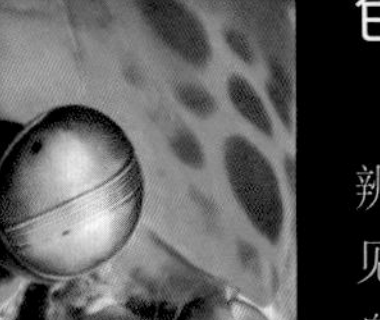

色觉

色觉是动物根据客观物体发射或折射的光的波长来辨别物体的能力。视锥细胞的色素能吸收不同区段的可见光谱（见下图），大脑则检测这些信息，并将这些信息转换成颜色知觉。一个动物拥有的视锥色素越多，它能分辨的颜色也越多。旧大陆灵长类（包括人类）有3种类型的视锥细胞，而许多鱼类和鸟类则有4种。大多数哺乳动物只有2种视锥细胞，它们看到的世界与患有色盲的人类看到的世界相似。

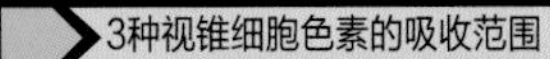

3种视锥细胞色素的吸收范围

根据对不同波长光的敏感度不同，视锥细胞色素分为3类，如短波（“蓝”光）、中波（“绿”光）和长波（“红”光）。

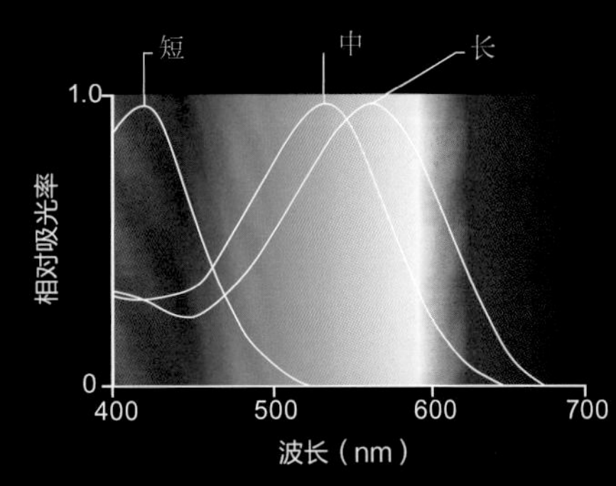

山魈

在动物界中，颜色被广泛应用为性信号。雄性山魈脸上的红色传递着它的年龄、等级和雄激素水平等信息。

200万种 旧大陆猴类、类人猿和人类能够看到的不同外观色的数量。

可见光谱之外

人类对波长在400～700纳米（nm）之间的光敏感，但是许多动物，包括鸟类、昆虫、爬行类和鱼类，能侦测到接近紫外线范围（320～400纳米）的短波光。动物的许多行为都利用了紫外光的敏感性，这些行为包括求偶和捕食。许多动物，如昆虫、鸟类和头足类，还具有感受偏振光的能力。阳光被大气层中的颗粒散射之后在某个特殊的面上产生振动，就会产生偏振光。阳光被偏振的方式与太阳的位置有关，许多动物能利用这一点来导航。

花蜜的引导

在人类眼中，这朵花是黄色的，但紫外线摄像机显示出了昆虫眼中实际的花朵图案，这种图案引导它们抵达花朵中心的花蜜。

听觉

听力能使动物感受到接近猎物时发出的沙沙声或对求偶声的反应。要具备听力，动物必须有探测声波振动的机制。声音受体细胞上的微毛会被声波弯曲，触发神经冲动到大脑进行加工。

超声波 大于20000赫兹（20kHz）

声波 20~20000赫兹（Hz）

次声波 小于20赫兹（Hz）

声波
动物能够发出和接收到的声音可根据其频率的不同大致分成次声波（极低频）、声波和超声波（极高频）。

听觉范围
动物的听觉范围非常广。人类只能听见频率高于20赫兹、低于20000赫兹的声音（这个范围的声音称为可听声）。

频率（赫兹）

动物	频率（赫兹）
蟋蟀	95~11000
大象	1~20000
人类	20~20000
狗	20~45000
猫	70~64000
蝙蝠	10~110000
海豚	110~150000
夜蛾	1000~240000

图例
超声 20000赫兹以上
可听声 20~20000赫兹
次声 20赫兹以下

声音

声音是由压力波在某种介质中制造扰动所产生的，并能被听觉器官感受到。这种介质通常是空气或水。穿透如土壤等固体介质的压力波会形成振动。

每秒钟的振动次数称为声音的频率，单位是赫兹（Hz）。声波的频率决定了它的音高：高音（如鸟的口哨声）引起的每一秒中空气分子的来回振动比低音（如牛蛙的呱呱声）引起的要多得多。

巨大的鼓膜
对每一种蛙类而言，鼓膜（位于眼睛后面）的大小以及雌蛙耳朵的敏感性都和雄蛙叫声的频率相关。

蚊子的触角
雄蚊的触角对380赫兹左右的声音最为敏感，也就是雌蚊在飞行中发出的频率。触角对声波的反应使位于触角基部的听感受器兴奋。

声音探测

昆虫体内对运动敏感的感受器（毛）能探测声波的振动。某些昆虫，包括蚱蜢和一些蛾类，具有鼓膜耳，这种耳朵在结构上与蛙类、部分爬行类、鸟类和哺乳类的鼓膜相似（尽管蚱蜢的鼓膜是位于其腹部而非头部）。鼓膜耳中有一层能传导声波振动的薄膜。在许多蛙类中，这层膜位于头部的两侧并且是可见的，而在其他动物身上，这层膜位于能增强声音感受的精巧的耳部结构中。一些鱼类利用自己的鱼鳔作为传递声波的水中听音器，将声音传到与内耳相连的小骨。大象能发出次声进行远距离通信，它们的腿和躯干以及耳朵都能探测到这种声音。

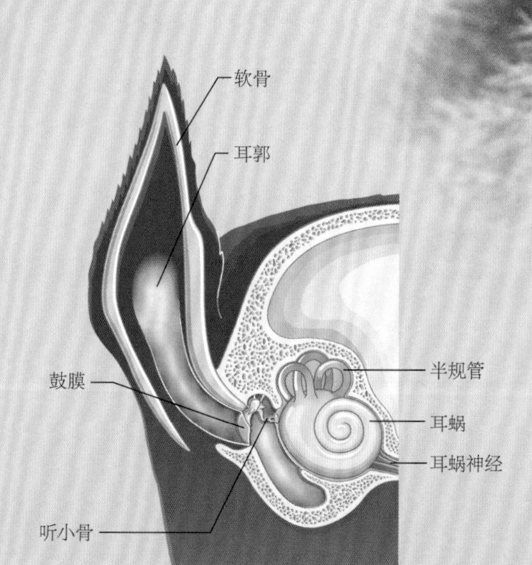

哺乳动物的耳结构
典型的哺乳动物耳朵包括外耳（耳郭）、中耳和内耳。外耳通向鼓膜，中耳是一个充满空气的腔，里面的听小骨将声音传递到内耳，而内耳是声受体细胞所在的位置。

声音定位

双耳的存在使动物能通过定位的方法判断声音的来源。除非动物是直接面对声源，否则声音到达较近的耳朵和较远的耳朵之间必然会有延迟。大脑能利用这一瞬间的延迟计算出声音传来的方向。为了获得声音的高度信息，双耳的位置应该是不对称的，正如仓鸮一样。它们的心形面颊能像雷达一样搜集声音，并将声音传给颅骨中的鼓膜。

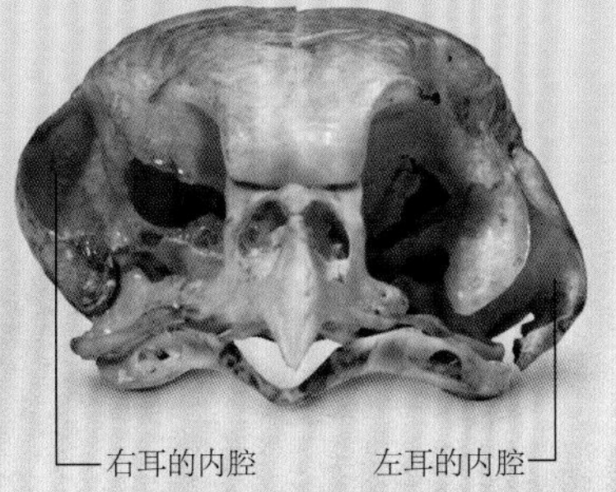

精确地锁定猎物

仓鸮的声音定位能力非常强，它能在全黑环境中通过听取猎物运动的声音来捕食，这些声音通常是小型啮齿类在草丛中活动时发出的。

不对称的耳朵

在一些猫头鹰中，右耳腔通常比左耳腔更高（更大），所以从猫头鹰视线下方传来的声音通常更早地到达左耳。

右耳的内腔　左耳的内腔

声音接收的时间延迟

仓鸮能探测出到达双耳的声音之间30毫秒的延迟。这个信息能被1万个空间位置互不重叠的神经元加工。为了精确定位猎物的位置，仓鸮会转动它的头部，直到声音能同时到达它的两只耳朵。

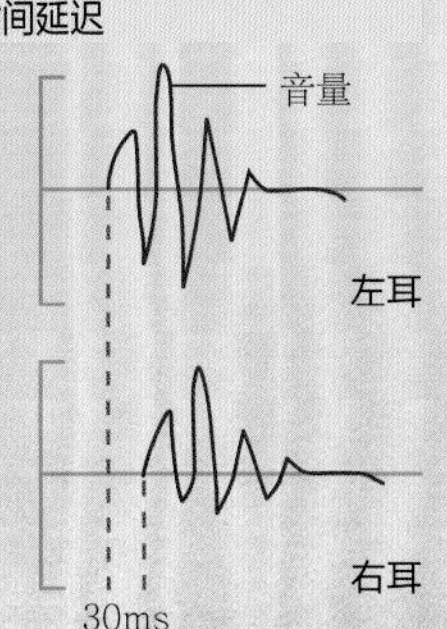

搜集声音

蝠耳狐巨大的耳朵能搜集和放大那些昆虫类猎物在地面下运动发出的声音。

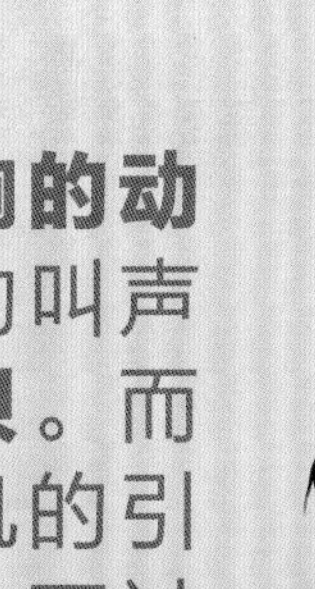

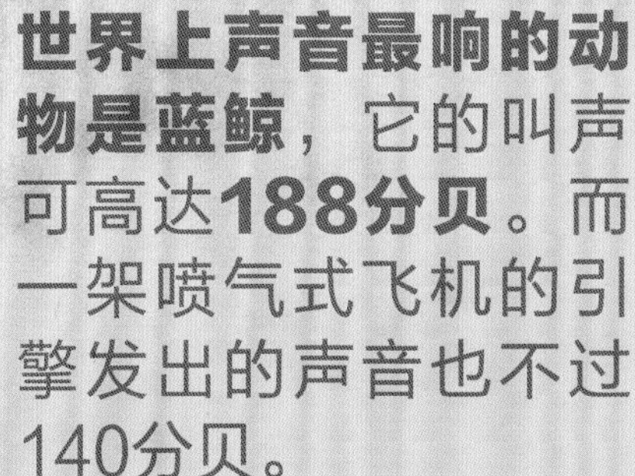

世界上声音最响的动物是蓝鲸，它的叫声可高达**188分贝**。而一架喷气式飞机的引擎发出的声音也不过140分贝。

鹪鹩的体形很小，但是它们的歌声能够传到数百米之外。

响尾蛇摇动它们尾尖上特化的鳞片发出声音。

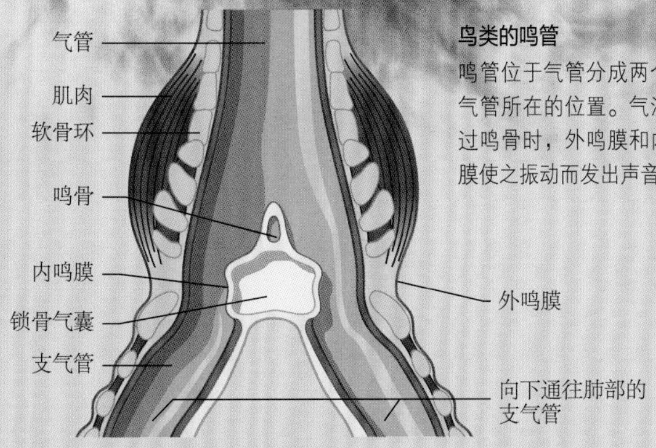

声音的产生

动物通过不同的方式来发声。也许最简单的发声方式就是使用身体的某一部分敲击某个物体（通常是地面）。例如，蚂蚁顿足，招潮蟹猛击其螯，鼹形鼠以头或足捶击。许多昆虫和其他节肢动物通过摩擦身体的不同部位来发声，这是一种称为摩擦发音的方法。陆生脊椎动物则利用空气在呼吸系统中的运动来发声。例如，狼吼是通过喉部声带的振动产生的，而鸟类的鸣叫和歌唱是通过鸣管产生的（见左图）。

气管
肌肉
软骨环
鸣骨
内鸣膜
锁骨气囊
支气管
外鸣膜
向下通往肺部的支气管

鸟类的鸣管

鸣管位于气管分成两个支气管所在的位置。气流通过鸣骨时，外鸣膜和内鸣膜使之振动而发出声音。

狼通过吼叫向其他狼群传递对某领地的占有信号。

回声定位

回声定位，或称生物声呐，是利用声音定位物体的能力。动物利用返回的声音建立周围环境的图像，帮助它们在丛林或洞穴中找到路径，或在黑暗中确定猎物目标。大多数蝙蝠能利用非常高频（超声）的叫声进行回声定位，而海豚和其他大多数回声定位动物则采用嘀嗒声。

回声定位叫声

回声定位叫声可以是可听声，在人类的听觉范围之内，但多数回声定位动物使用非常高频的叫声（超声），其频率单位为千赫兹（kHz）。

叫声的类型极其多样，不同的蝙蝠根据其生境的不同有不同的叫声。生活在旷野中的快速飞翔的种类采用相对低频的叫声；而在树林这些杂乱的栖息地觅食的低速飞行的种类，则需要从高频叫声获得更加准确的分辨度。蝙蝠的回声定位叫声通常在20～100千赫之间，而一些齿鲸采用更高频的嘀嗒声，宽吻海豚的叫声甚至达到220千赫。抹香鲸发出的嘀嗒声范围则为40～15000赫兹。

蝙蝠声波图

声波图描述了回声定位叫声的频率范围、持续时间、重复率和形状。普通伏翼、水鼠耳蝠和小山蝠的叫声在上述所有属性特征上都有差异。

■ 小山蝠 ■ 水鼠耳蝠 ■ 普通伏翼

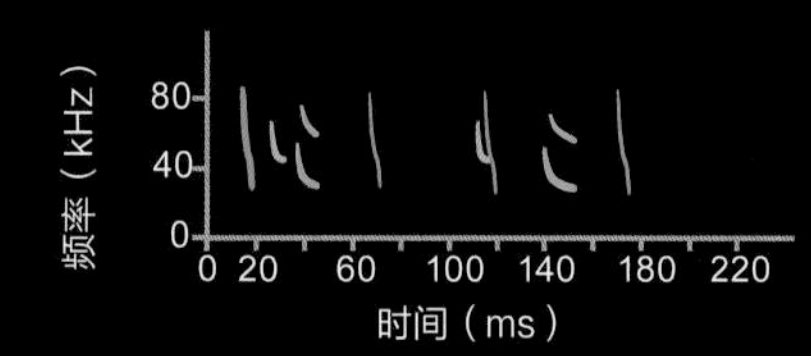

抹香鲸声波图

这是一头抹香鲸回声定位的声波图，图中显示它在搜索猎物时发出一系列稳定的嘀嗒声。抹香鲸主要以章鱼、乌贼甚至巨乌贼为食。

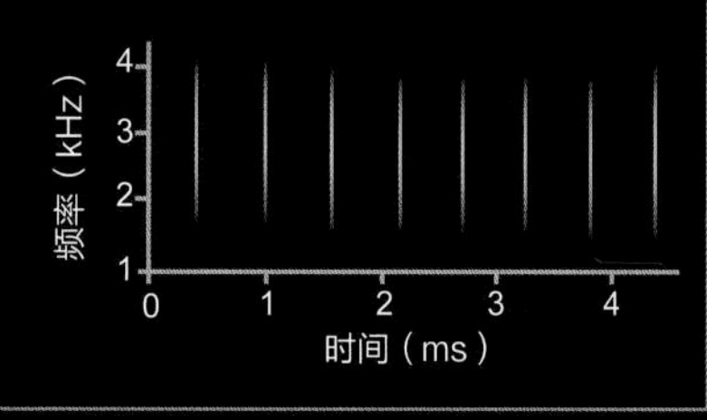

抹香鲸

抹香鲸是最大的齿鲸，身长可达20米。它那巨大的、末端方正的头部有一个鲸蜡器，里面含有大量的蜡油，能将回声定位的嘀嗒声集中成束。

蝙蝠

大多数蝙蝠是高超的回声定位动物，它们的超声波叫声是从喉部发出的。大多数回声定位蝙蝠通过口腔发出叫声，但是也有一些通过鼻腔发声，这些鼻子已经进化出了精巧的鼻叶。许多蝙蝠有大而朝前的耳朵，其上有一个突出的裂片，称为耳屏，帮助接收回声。飞翔中的蝙蝠每扑棱一下翅膀就发射一个叫声。这种叫声如此之响，以至于它们自己也要冒失聪的危险。为了避免这种情况，当蝙蝠发声时中耳的肌肉就收缩，然后再放松，以便回声能在蝙蝠发出下一次叫声之前被听到。当追踪猎物的时候，蝙蝠一旦精确锁定了目标，它的发声频率就随之增加。

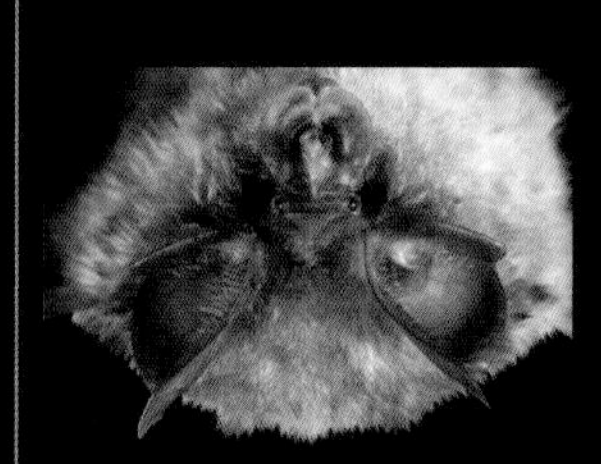

小菊头蝠

它们因有小巧的身体和马蹄形鼻叶而得名。当声音从鼻子中发出时，鼻叶的褶皱有助于声音束的塑形和集中。

埃及果蝠

这种蝙蝠属旧大陆果蝠，它们通过舌头产生一对对尖锐的嘀嗒声进行回声定位。它们具有良好的视力，在黑暗的洞穴中也能利用这种相对粗糙的回声定位形式找到路径。

宽吻海豚的发声

宽吻海豚发出快速脉冲形式的超声嘀嗒音来定位猎物。它们同时也采用一些其他的低频声波，包括口哨声和尖叫声来互相交流。

齿鲸

回声定位使齿鲸能在黑暗或能见度不高的水域中追逐敏捷的猎物。海豚通过在鼻道内的发声唇之间压迫空气而产生超声波。发声唇的开合引起周围组织的振动从而形成声波。这些声波在颅骨前方的筛板处被反弹，而后由额隆体集中成一条波束，用于瞄准猎物。而抹香鲸发出超声的解剖结构有些不同。它的左鼻道是呼吸用的，而右鼻道是用来发声的。声波穿过一个充满油的鲸蜡器，反弹并离开后部的气囊，最后通过许多脂肪片被集中成一条声波束。

实验表明宽吻海豚是极其高超的回声定位者，能通过大小、形状和成分等特征鉴别水下物体。这能够使它们知悉自己所喜欢的猎物的回声特征。

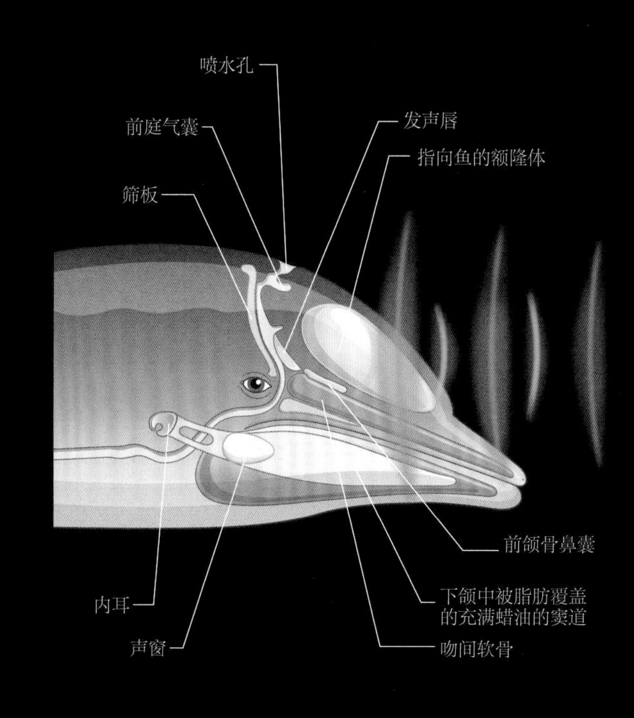

鬼脸蝙蝠
澳大利亚北部的澳洲假吸血蝠具有尖尖的叶状鼻叶，通过这个鼻叶能定位无脊椎动物和脊椎动物猎物。它们的大耳朵在中间相连，每只耳朵有一个突出的耳屏。

鸟类

已知鸟类仅有两个科具有回声定位能力：东南亚和澳大利亚的穴居金丝燕和南美洲的油鸱。它们都深居洞穴，视力有些退化，因此它们利用声音来防止碰撞和寻找巢穴。它们通过收缩发声器或鸣管周围的肌肉引起鸣膜振动，发出频率低于15千赫的嘀嗒声。这种回声定位分辨率较低，而这两类鸟都是利用视觉来进食的：金丝燕在白昼以昆虫为食，油鸱在晚间以油椰和月桂树的果实为食。

澳大利亚金丝燕的超声回波图

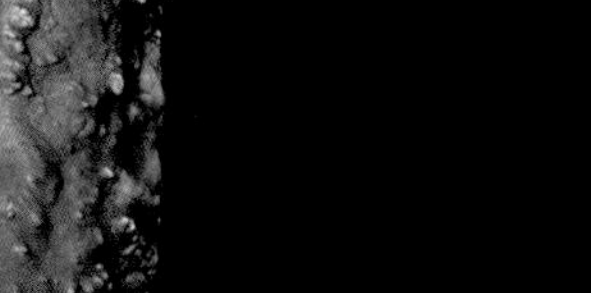

10ms
前声
主声

澳大利亚金丝燕的嘀嗒声以18毫秒的间隔成对发出。第一个嘀嗒声的大部分能量处于频率3.3～5.5千赫之间，第二个声音则更强，频率在4.1～5.5千赫之间。

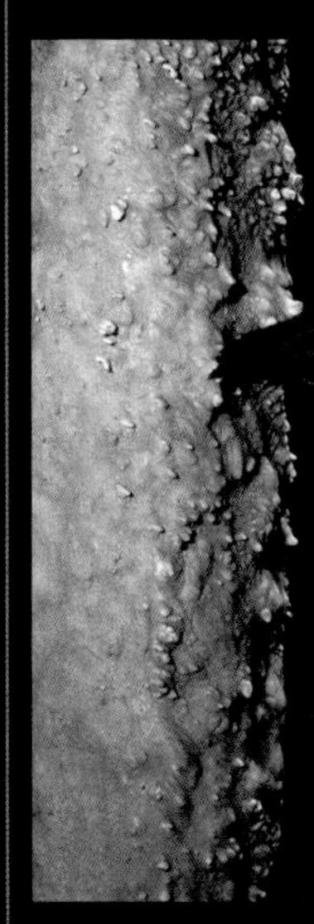

洞穴之鸟
随着澳大利亚金丝燕飞向洞穴深处，它们发出的嘀嗒声的间隔变得越来越短，收到回声也越来越快，以此获得更多信息。

海豚发出的声波
猎物的鱼鳔返回给海豚的回声
鱼鳔
游在海豚前面的鱼

追踪猎物
海豚前额后面的额隆体是一个充满油的组织隆起，能将它们发出的声波集中成束。位于海豚前方的鱼返回的回声通过下颌中充满油的窦道被传递到内耳。

舌头发出嘀嗒声的马岛猬
浑身有条纹的马岛猬在马达加斯加热带雨林的草地上寻找蠕虫和幼虫。为了找到猎物的位置，它们的舌头发出一系列低频的嘀嗒声。

其他哺乳动物

蝙蝠和齿鲸是目前为止哺乳动物中最高级的回声定位者，尽管一些夜行性食虫类也能利用简单的回声定位来探究它们的栖息地和捕获昆虫。鼩鼱的喉部能产生超声，而马达加斯加岛的马岛猬使用非特化的颤舌音。此外，这两种动物都可用超声进行个体间的交流。同样来自马达加斯加的指猴也能利用声波定位猎物，但方式完全不同。它们长长的中指轻叩树干，再聆听树干中蛀木甲虫的幼虫移动的声音。

电感受和磁感受

许多动物拥有感受电场和磁场的能力。一些动物能感受其他动物肌肉释放的电信号，而另一些则能自己放电，这些电既可用于猎物定位、导航或通信，也能作为防御或捕捉猎物的手段。拥有磁场感应能力的动物能利用地球的磁场导航或确定方位。

敏感的嘴
鸭嘴兽的嘴巴上有近4万个电感受器，能感受到深藏在河底淤泥里的猎物发出的电场。

电感受

只能探测电脉冲而本身不能产生电的动物称为具有“被动”电感受能力。而那些既能产生又能接收电信号的动物被认为具有“主动”电感受能力。

电感受在水生动物中更常见，可能是因为水的电传导性比陆地上的空气更强。大多数具有电感受能力的动物是鱼类，但单孔类哺乳动物也具备这个能力。例如生活在潮湿的热带雨林中的长吻针鼹，它的吻部有2000个电感受器，用于追踪蚯蚓和其他土壤中的猎物。这种利用电场寻找食物的方法称为电定位。

短吻针鼹
短吻针鼹的栖息地比长吻针鼹更干燥些，在它的吻尖上有大约400个电感受器。在潮湿的条件下，如下雨天，短吻针鼹利用它们来定位猎物。

专门用于电感受的结构是壶腹受体。鲨鱼和鳐身上的电感受器官称为罗氏壶腹，是以意大利解剖学家斯特凡诺·罗伦兹尼（Stefano Lorenzini）的名字命名的，他于1678年发现了这个结构。这个器官的功能之谜直到20世纪才被揭示。

象鼻鱼
弱电鱼，如象鼻鱼，能产生低于1伏特的小电流。然后通过探测自身产生的电场的形变来导航，定位猎物和通信。

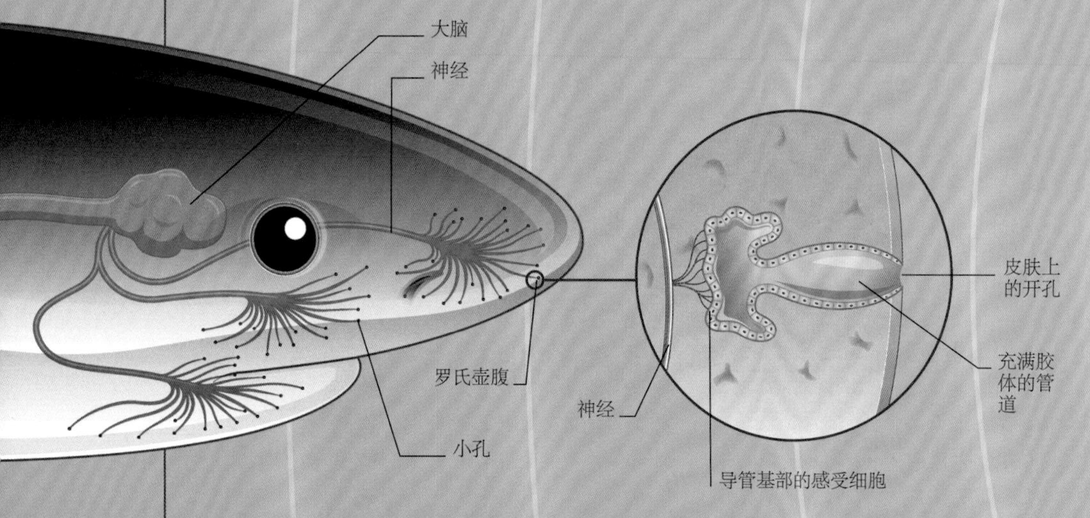

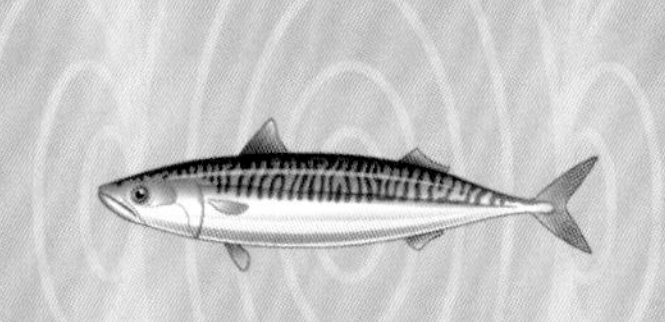
感受电场
罗氏壶腹包括皮肤上的开孔，这个开口通向一个充满胶体的管道。通过探测开孔和管道底部电压的差异，鲨鱼能感受到诸如鱼的肌肉产生的电场。

发电

这里的“发电”是指动物的放电。强电鱼，如电鳗、电鲶和电鳐等，它们产生的电压比弱电鱼要高很多。发电的器官称为发电细胞或电板，通常是一些特化的肌肉细胞，偶尔也有些是神经细胞。

电鳗的腹部聚集着5000～6000个电感受器，保证它们在捕食的时候能产生高达600伏的巨大电压击昏猎物。同时电鳗也能产生10伏左右的低压脉冲，用于导航和探测猎物。电鳐头部的电器官能电死猎物或将捕食者电昏。由于物种的不同，放电的大小从8伏到200伏不等。电鲶的放电部位则是它的皮肤。

使人晕倒的捕食者
虽然它的名字和外形都和鳗鱼很相似，但电鳗实际上不是真正的鳗鱼。

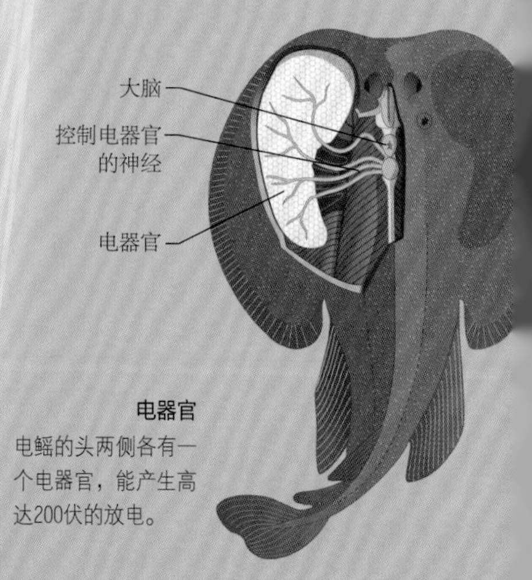

电器官
电鳐的头两侧各有一个电器官，能产生高达200伏的放电。

鲭鲨

鲨鱼的吻部覆盖着被称为罗氏壶腹的电感受器，其外形看上去像一个个黑点。它们同时也能利用自身或洋流产生的电场确定自己相对于地磁的方位。

鲨鱼能探测到1.5×10^{-10}伏的微弱电信号。

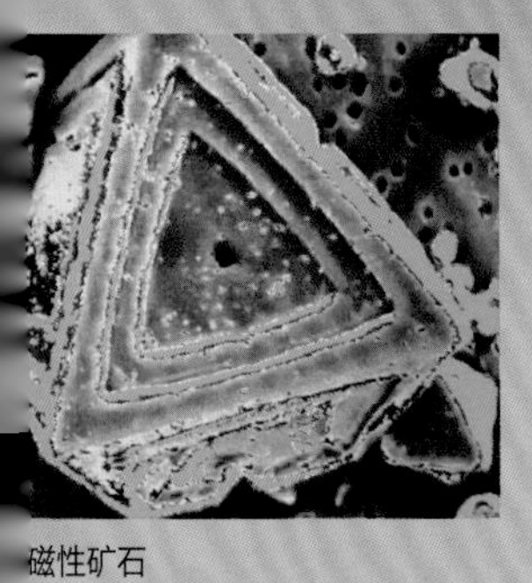

磁性矿石

这张磁铁矿石的扫描电子显微照片显示了该矿石经典的八面体形状。这是地球上最有磁性的天然矿石。

磁感受

有些动物能感受到地磁场，并用其导航。探测磁场变化的能力称为磁感受能力。

磁感受的机制至少有两种。第一种是磁晶，是一种氧化铁的磁形式，这类物质在很多物种中都有发现，如鸽子的上喙、蜜蜂的腹部和鲑鱼的头部。磁晶被认为对磁场强度的改变很敏感。第二种机制称为“自由基对模型”。人们认为磁场能改变隐花色素（一种特殊的感光色素）中电子的自旋，从而使得磁场的方向被确定。

鸟类可能同时具备以上两种机制：通过喙上的磁性物质感受磁场强度，从而确定地磁北极；而右眼中的隐花色素能帮助它们感知飞行的方向。

归巢

实验表明，改变家鸽鸽房周围的磁场会干扰它们的回巢能力。这支持了家鸽利用磁场回巢的理论。

南和北

磁性白蚁冢是南北排列的，而宽阔平坦的侧面是东西朝向的，这有利于白蚁冢的温度恒定在30℃。实验表明，白蚁就是利用地球磁场来确定白蚁冢的朝向的。

ANIMAL

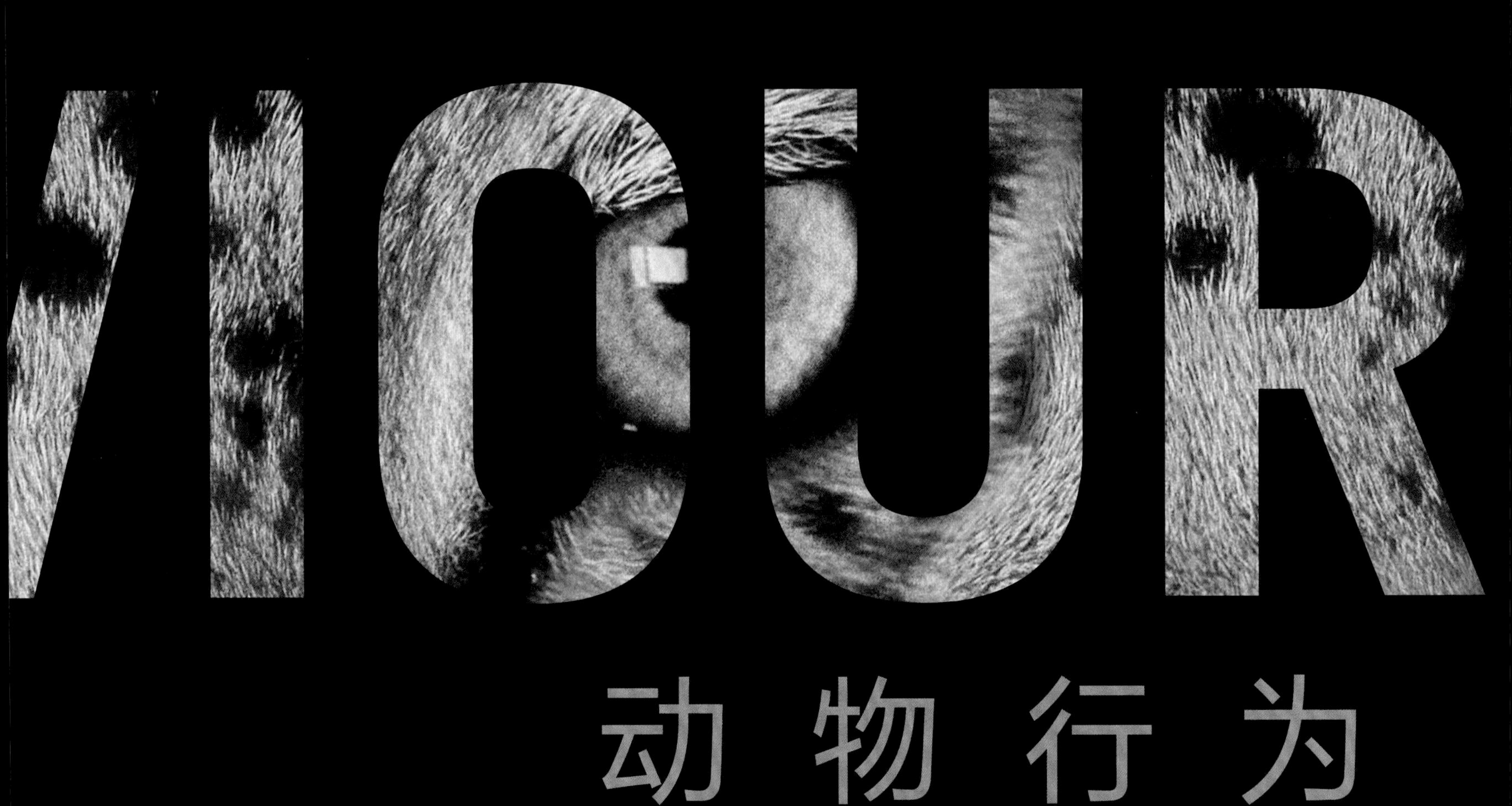
VIOUR
动物行为

LIVING SPACE

生存空间

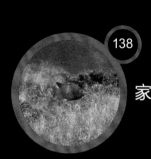

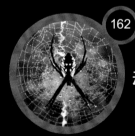

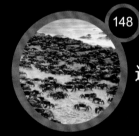

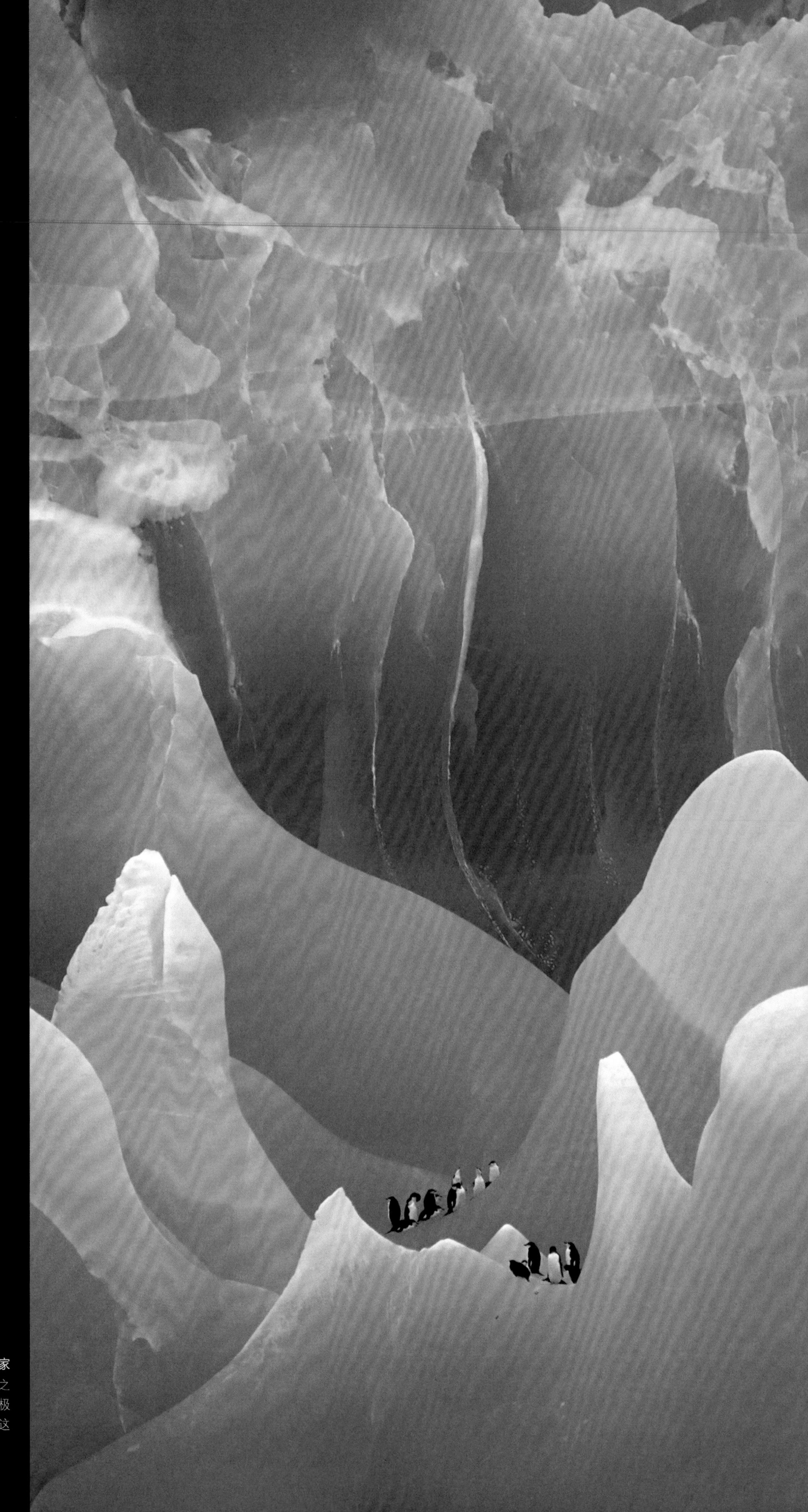

冰河之家

南极大浮冰是这个星球上最极端的生境之一，气温通常会降到冰点以下。然而，南极企鹅仍然在这片引人入胜的风景中安家。这里的海洋食物丰富，捕食者很少。

动物的生存空间包括了动物生存所需的总和。如果动物的活动范围是固定的，如一只成年藤壶，生存空间就非常小；而如果动物在捕食过程中需要不断地移动，或者该动物是迁徙种，那么生存空间就非常广阔。

筑巢地

北极燕鸥对巢和幼雏的保护意识很强。它会用锋利的喙猛烈攻击冒险接近其巢的天敌，如银鸥。

生境选择

简单地说，动物的生境或栖息地就是它的生存空间。动物选择生活在它们自身特性所最适应的环境中，这一环境提供了它们繁育后代和提高自身生存所需的物质和条件。在动物偏好的环境中，它们会表现出体质上和行为上的适应性。例如，煤山雀倾向于生活在松树林，而青山雀则喜好橡树林。在松树林中，年幼的煤山雀更容易获得食物；而对青山雀而言，在橡树林中寻找食物则容易得多。

对生境的适应

北极狐（见左图）厚实雪白的皮毛可伪装并可御寒。相反，生活在非洲的耳廓狐（见上图）沙褐色的皮毛和大耳朵能散热，维持身体的凉爽。

极端环境下生存

在世界上，动物总能够适应各种令人惊骇的恶劣环境，并且广泛地进化出了适应这些环境的生理特性和行为。一些动物拥有天然的防冻剂，能够在冰冻的条件下生存；其他动物有厚实防寒的脂肪、皮毛或羽毛以避免被冻伤。许多动物会将新陈代谢率、心率和呼吸率降到最低，以在严寒时冬眠或在温暖时夏眠，直到环境条件转变而复苏。一些物种只靠储存下来的或仅从食物中获取的极少量水分就能存活。

家域、领地和迁徙

动物的家域包含了它们睡觉、繁殖和觅食的地方。它们大部分时间在一处或更多核心区域内活动，并偶尔在家域的外围出现。动物能够从家域扩散到其他地方，或在不同家域间周期性地迁徙，迁徙距离可能很远。许多动物全年或在某个特定的时间段内保卫全部家域或者家域中的某一部分，这就是领地。例如，在繁殖季节，它们会守卫一处交配地，还会保护特别的季节性食物资源地或洞穴、巢等庇护所。领地常被标记，以警告近邻其拥有者的存在。这些行为——扩散、迁徙和领域行为——使捕猎风险增大，消耗了精力和时间。只有在行为得到的好处远远大于其牺牲的成本的情况下，这些行为才值得去做。

极端生存之地

极冷

帝企鹅生活在南极洲，那里温度可下降到-40℃。北极甲虫在野外也可以耐受住-40℃，但在实验室里它们在-87℃才被冷冻。

极热

庞贝虫（多毛目环节动物）生活在太平洋深海热水口，那里温度高达300℃。它们的头部待在比尾部稍凉爽的水中。

极旱

皮氏漠蝰生活在纳米比亚的纳米布沙漠中，那里年降水量小于1厘米。这种蛇主要靠它们捕食的蜥蜴获得水分。

极高海拔

在喜马拉雅地区，牦牛徘徊在海拔6000米的地方，而红嘴山鸦可生活在海拔8000米。兀鹫生活的地方则高达海拔11000米。

极大压力

叶鳞鲵见于海深5000米的地方。除了要承受巨大的压力，深海鱼还要应对寒冷的水温、较少的氧气，以及几乎无光线的黑暗。

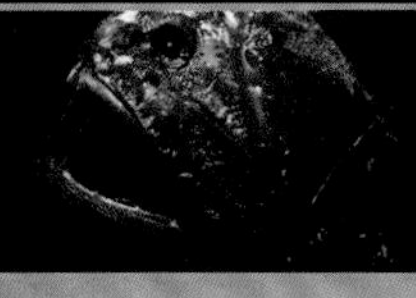

极高盐分

卤虫（甲壳动物）生活在盐度高达25%的湖水中（正常海水盐度为3.5%）。卤虫与海藻的颜色把水面染成了红色和绿色。

家域和领地

家域是动物生活的地方。动物是把所有或部分家域作为自己的领地来保卫，还是与其他动物和平共享，取决于保卫领地带来的利益是否大于保卫的代价。一些动物在一年中的某些时间是领地性的，而在其他时间则是非领地性的居住者。

家域

家域包括动物日常活动的所有地域。它必须足够大且含有动物及其后代所需的食物，还必须有其他如隐蔽处和水等资源。因此由于资源的限制，家域在大小上也是不一致的。例如北极熊的家域大到12.5万平方千米，因为它们的猎物分布很稀疏。某些动物的家域会与其他动物的家域重叠，也有的会离开自己的家域去寻找配偶。家域可以是三维的，如浮游生物和鱼类在水体中上下游动，而蝙蝠和兀鹫会直冲云霄。

个案研究
掘土蜂的空间学习

1958年，荷兰动物行为学家尼柯·廷伯根（Niko Tinbergen）发现，掘土蜂是通过记忆巢周物体的构型来找到巢穴入口的。当一只雌蜂离开洞穴之前，它首先会绕着周围的标记物（这个例子中是一圈松果）飞行。即使在它离开之后这个松果圈被移动，它回来后还是依照松果指示的地点寻找洞穴。

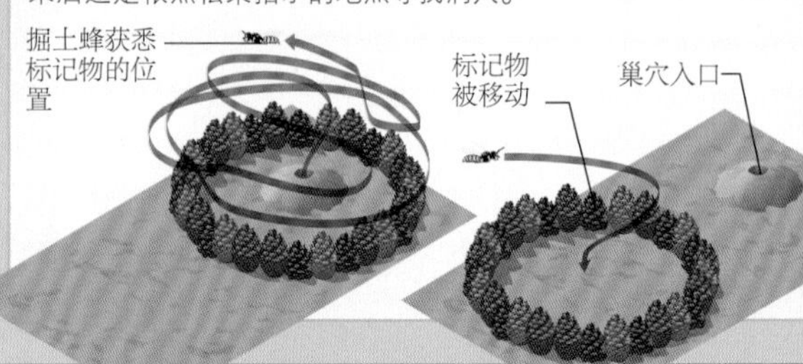

领地

许多动物会保卫它们的领地防止被侵犯。领地的边界上通常有标记表明领地主人的存在，并防止邻里之间伤害性的碰面。标记可能是视觉、气味或声音信号。如果一个入侵者持续地侵犯另一个动物的领地，它们的矛盾可能升级为战斗。在社会性物种中，大群体经常在领地争夺中获胜。地盘性的好处就是地盘的拥有者可以垄断领地内所有的资源，如食物和繁殖场所。

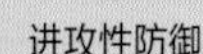

进攻性防御
北鲣鸟的领地由它的巢穴和周围的一小块地方构成。它会充满敌意地攻击任何冒险进入其活动范围的陌生鸟类。

扩散

动物离开一个家域或领地，到另一个地方建立自己的领地的过程就叫扩散。扩散的原因可能是环境的变化使当前的居住地不再适合生存。或者，一个动物离开某个区域是为了避免与其他动物竞争食物和其他资源。扩散也是动物防止近亲繁殖的一种机制。在许多物种中，雄性会四处扩散活动，而雌性则只居住在出生地或附近。某些情况下，一旦年轻动物独立，它们就会被自己的父母赶走。这些行为都有效地阻止了近亲繁殖。

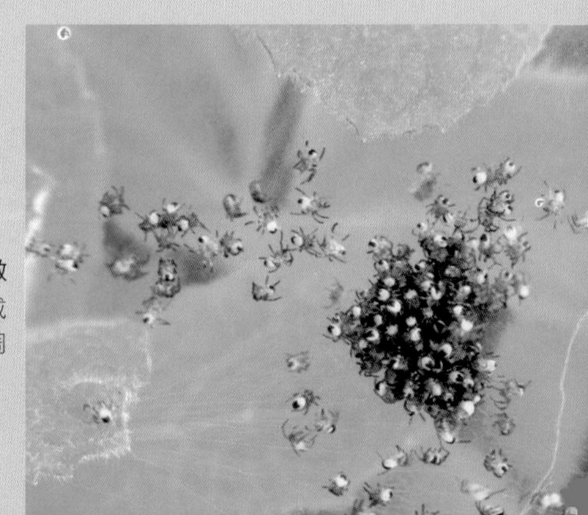

幼蛛的扩散
新孵化的园蛛通过爬行或者利用蛛丝借助风力向周围扩散。

气味标记
成年的棕熊会用它们的背部、肩膀或头后部摩擦树木，用留下的气味标记它们的领地边界，并以此告知未来的交配者它们的存在。

穴居

普通帽贝

普通帽贝用贝壳的边缘在岩石上摩擦出一个圆形的穴来居住。涨潮的时候，帽贝在海水的隐蔽下离开它的穴去捕食海藻。退潮的时候，它能跟随自己出发时留下的黏液中含有的化学线索回到家中。在岩石上穴居为它们创造了良好的保障，既能防止被捕食，又能防止因退潮后岩石暴露带来的干燥。帽贝对岩石海岸非常重要，它们维持海岸免除海藻的侵害，让其他的有机物得以生存。

普通帽贝（*Patella vulgata*）
- 达6cm（贝壳直径）。
- 分布于整个欧洲的温带岩石海岸，北到挪威，南至葡萄牙。
- 灰白色圆锥形的贝壳，有时候带点黄色或覆盖着海藻。肌肉发达的足部能收缩并防止它们漂浮到海水中。

栖木巡逻

白尾斑蜻

成熟的雄性白尾斑蜻蓝色的腹部上发育出一层带白色的涂层，称为粉被。在领地炫耀行为中，居优势地位的雄蜻蜓向侵入者高高地抬起腹部以示警告，而不占优势的雄蜻蜓降低它们的腹部以示屈服。白尾斑蜻通过每天几小时的巡逻保卫它们的栖木，它们的领地范围通常是从水岸向四周延伸10~30米的区域。雄性拥有的领地越广，它与进入该水域繁殖的雌性交配的成功率越大。同时它们也要防御其他物种，如下面图中的红蜻蜓，侵入它们的领地。

白尾斑蜻（*Libellula lydia*）
- 长达5cm。
- 栖于整个北美洲湿地。
- 雄性有浅蓝色腹部，雌性的腹部是褐色的。翅膀的中间以下有黑褐色的条带。

保持距离

跳舞的白色淑女蛛

这种蜘蛛生活在纳米布沙漠的洞穴中，它们的洞穴有一个活盖作为保护。每只蜘蛛的领地半径在1~3米不等，与蜘蛛的性别和年龄相关。为了保护领地，这些蜘蛛常会陷入自相残杀的境地。一只雄蛛进入另一只雄蛛的领地，而主人刚好外出寻找配偶了，那么这只入侵者就会用它的8条腿乃至整个身体敲击地面来宣布它的到来。一只雄蛛夜晚出行可能穿越90米的沙丘，穿过1~5只其他雄蛛的领地。但是整个漫长的旅程中，它可能只碰到1~2只雌蜘蛛。未成熟的蜘蛛和雌性蜘蛛倾向于待在自己的领地中。

白色淑女蛛（*Leucorchestris arenicola*）
- 1.5~3.5cm。
- 纳米比亚的纳米布沙漠。
- 奶油色的白蜘蛛。

3米 一只雄性白色淑女蛛洞穴周围的最大领地半径。

面对面跳舞

雄性白色淑女蛛靠近其他雄性的时候会用腿敲击沙子，目的是让对手乖乖撤退或者远离自己。

为位置而战

美瘿绵蚜

春天，在三角叶杨上过完冬的美瘿绵蚜从卵中孵化出来。每只蚜虫选择一片树叶开始吃它的基质，被吃掉的组织上出现一个空球，被称为虫瘿。雌蚜虫居住在虫瘿里面，通过无性繁殖产下一窝有翅的雌性蚜虫。这些新生的蚜虫再散布到其他地方继续繁殖。一年中最大的一代包括了雄性和雌性，是通过有性繁殖产卵并过冬的一批。雌蚜虫是非常具有地盘性的，它们会用几小时甚至几天时间在一张叶子上争夺地盘。大的叶子是首选，可能是由于它们包含了更多的树液供食用。被打败的和弱小的雌蚜虫只能接受较小的叶子，或者屈居于大叶子边上较差的位置。

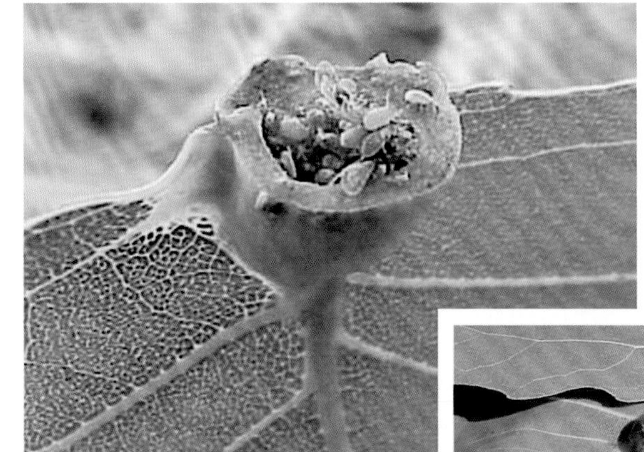

蚜虫和虫瘿

蚜虫虫瘿一般位于叶子与叶柄（茎）的连接处——叶基的位置。每个虫瘿中包含由生产该虫瘿的雌蚜虫孤雌生殖产生的小蚜虫。最终这些小蚜虫会到别处建立它们自己的虫瘿。

最远离基部的雌蚜虫所产后代最少

第二只雌蚜虫的虫瘿

基部的雌蚜虫产生后代最多

位置和繁殖成功

当3只雌蚜虫共同占据一片叶子的时候，叶基部雌蚜虫的繁殖成功率总是要大于远离基部的雌蚜虫的繁殖率。基部的雌蚜虫平均产生138个后代，中间的雌蚜虫产生75个，而最远处的雌蚜虫产生29个。

美瘿绵蚜（*Pemphigus populitransversus*）
- 1.5~3mm。
- 分布在美国的伊利诺伊州、密苏里州和犹他州的东方三角叶杨树上。
- 绿色昆虫，腹部梨形。分有翅和无翅两种类型。

边界卫士

巨弓背蚁

马来西亚的巨弓背蚁发展出了良好的领域行为。蚁群为了守卫它们的疆界会与同种或异种蚁类发生激烈的战斗。一群巨弓背蚁包含约7000只工蚁，分散于地下8~14个蚁穴中。蚁群的领地向上可延伸到树冠，整个地域面积可达8000平方米。位于边界附近的兵巢中工蚁的比例很高，它们是大型兵蚁，在边界冲突中与其他巨弓背蚁展开激烈的战斗。兵蚁每个晚上都要互相展开对决，这些冲突可持续几天或几周。同时，兵蚁也会在树干上的固定路线巡逻，攻击同种或异种蚂蚁潜伏进来的奸细，另外它们还在类似桥头堡位置处充当哨兵的角色。这些桥头堡通常位于树干基部通向树冠的地方。

雨林栖息地

巨弓背蚁在森林地面下建筑巢穴。白天，少数蚂蚁在地面活动；到了晚上，一群群的蚂蚁跑到林冠上觅食。

巨弓背蚁（*Camponotus gigas*）

- 2cm（工蚁）；3cm（兵蚁）。
- 东南亚，从苏门答腊向北至泰国的低地泥炭沼泽、红树林直到山地雨林中。
- 巨型蚁，头、胸部黑色，腹部后方褐色。

领地边界

不同的巨弓背蚁群之间，以及与其他大型夜行性蚁群之间的领地边界是很明确的。

攻击性防御

绿拟鳞鲀

绿拟鳞鲀是一种大型的菱形热带珊瑚鱼，在繁殖季节对其领地的防御具有攻击性。如果有入侵者靠近，它会不断地游向入侵者直至逼其退却。如果在珊瑚礁觅食的时候受到威胁，它会躲藏在岩石之间并竖起它背部的脊刺，并绷紧身体保持不动。作为最大的珊瑚鱼类，绿拟鳞鲀在与其他鱼类竞争的时候通常处于优势地位。

绿拟鳞鲀（*Balistoides viridescens*）

- 长达75cm。
- 印度洋和太平洋的珊瑚礁中。
- 重鳞鱼。躯干主要颜色包括黄色、黑色、绿色和深灰色。
- » 400。

巢址

绿拟鳞鲀通常在海床的珊瑚礁周围的沙地上筑巢。它们喷射水柱，在沙子上凿出一个小室，雌鲀在里面产卵。

人类的影响

凶狠的一咬

绿拟鳞鲀在产卵季节会攻击进入它领地的潜水员和潜水通气管。它会试图把人押送出地盘，但有时会将潜水员击昏，并用它那有力的牙齿咬伤潜水员。如果当时绿拟鳞鲀体内的雪茄毒素水平高，那么这些咬伤就是有毒的（雪茄毒素是鱼吃了被污染的贝类食物而累积在体内的毒素）。绿拟鳞鲀的领地包括巢穴上方圆锥形的水域，所以为了能安全撤退，入侵者最好向旁边游而不是向上游。

巢台

高欢雀鲷

雄高欢雀鲷将海藻整理成一个圆形的巢台，并发出大大的咔嗒声引诱雌雀鲷的到来。雌雀鲷非常敏感，它们喜欢选择有较厚海藻层或者已含有孵化早期的卵的巢台。这似乎是因为雄雀鲷经常会吃掉整窝的卵，而它们对大窝的卵的保护明显要甚于小窝的卵，尤其是在产卵和孵化之间的2~3周内的护卵行为特别强烈。

高欢雀鲷（*Hypsypops rubicundus*）

- 长达30cm。
- 从美国加州中部到墨西哥下加利福尼亚州南部的沿海珊瑚礁和海草林中。
- 成年雀鲷是鲜亮的橙色，具深叉状的尾巴。亚成体上有蓝色斑点。

格斗仪式
巨弓背蚁的兵蚁在领地边界上投入到一场格斗中。两只蚂蚁用后腿站立，互相用前腿击打对方。站立时间最久并让对手失去平衡的蚂蚁最终取得这一回合的胜利。

水中婴儿床

小丑箭毒蛙

雌性小丑箭毒蛙在水生植物的基部为它的每个蝌蚪都建立了一个池子。水在叶子连接的地方聚集起来，雌蛙在每个水池中产下一个蝌蚪。这些蝌蚪被单独饲养的原因是它们会自相残杀。雌蛙每隔一天在水池中投下一枚未受精的卵喂给正在发育的宝宝。幼蛙在这水中的温床中发育长大需要3个月的时间。

小丑箭毒蛙
（*Dendrobates histrionicus*）
2.5～4cm。
厄瓜多尔西部和哥伦比亚的部分热带雨林中。
存在不同颜色的个体，包括黄色、橙色、白色、红色或蓝色的基调，上面都布满黑纹。

战斗的颜色

侧斑犹他蜥

雄性侧斑犹他蜥有3种交配策略。喉部为橙色的雄蜥具有领地性和攻击性。它们比蓝喉和黄喉的雄性更有优势地位，因此能与最多的雌性交配。蓝喉的雄蜥也具有领地性，并仔细保护它们的配偶。它们能将黄喉雄蜥驱逐，但经常败给橙喉雄蜥，除非它们联合起来保护它们的配偶。黄喉雄蜥没有领地，它们试图通过溜进别人的地盘进行交配。在繁殖季节的早期，雄犹他蜥的颜色还没有发育，竞争最优领地取决于犹他蜥个体的大小而非颜色。

侧斑犹他蜥
（*Uta stansburiana*）
4～6.5cm。
北美洲西部和墨西哥中北部的沙漠和半干旱地区。
雌性是棕色和白色的，雄性主要是棕灰色的，但在繁殖季节有3种颜色类型（橙色、蓝色和黄色）。

日光浴
雄侧斑犹他蜥（右）和雌性（左）趴在岩石上晒太阳，吸收岩石上的热量。

个案研究

数石头

研究人员试图检验这样的理论：雄侧斑犹他蜥占据的地盘范围大小在高质量栖息地中要小于较差的栖息地。研究人员对领地进行了改变，使得一些雄蜥获得更多太阳加热过的有价值的岩石，而另一些则失去一些。结果，岩石较少区的雄蜥因为资源的贫乏而扩张它的领地，而岩石较多的雄蜥则缩减了它们的领地范围，但它们仍能吸引到较多的雌性。

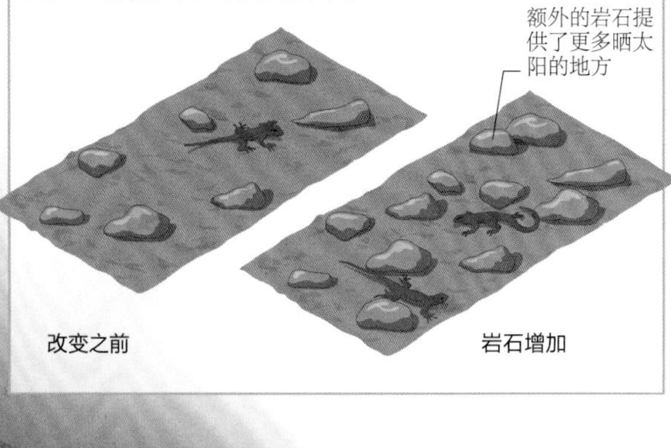

高飞

这些安第斯神鹰翱翔于秘鲁科尔卡大峡谷上空的上升气流中。通常它们在清晨和傍晚时觅食。

峡谷翱翔

安第斯神鹰

安第斯神鹰可翱翔于高达5500米的高空，鸟瞰地面上的死尸和腐肉。它的家域非常广阔，一天就能飞上200千米。这种鸟类优秀的视力保证它们能搜索到几千米外的食物，而且它们也经常在其他兀鹫的帮助下找到潜在的食物，可能是一只死了的家畜或野鹿的尸体，甚至是搁浅在沙滩上的死鲸。兀鹫在飞翔的时候几乎不扇动翅膀，相反，它们借助暖空气的上升气流，翅尖部分向上翘起在空中盘旋。安第斯神鹰的巢穴位于海拔3000~5000米的悬崖峭壁上。与它们的近亲加州神鹰一样，它们在过去遭受猎杀而使种群数量减少。为了增加它们的繁殖成功率，人工饲养将保证这些鸟类种群未来的安全。

白色环状领羽

成熟的雌性

雌安第斯神鹰在4~5岁时性成熟。雌鹰每隔一年产卵1~2枚。

安第斯神鹰（*Vultur gryphus*）

- 1.2~1.3m。
- 南美洲的安第斯山脉和太平洋沿岸的开阔草原和多岩地区。
- 大型黑色兀鹫，黑色的头部和红色的颈部羽毛稀少。雄性翅膀上有大的白斑。

在所有鸟类中，安第斯神鹰的**翅膀展开面积最大**。

啄食距离

黑眉信天翁

与许多海鸟一样，黑眉信天翁是群居性的，在繁殖季节会聚集到一起筑巢。而它们一起筑巢的原因是南大洋上适合繁殖的岛屿数量有限，而且群居能降低卵和雏鸟被捕食的危险。巢域的最佳密度是每个巢都刚好在隔壁巢穴主人的啄食范围之外。因此整个群体看上去平均分布在须草草丛高地上，每只鸟都是其领地的主人。离开巢穴后，黑眉信天翁到数百千米外的海洋上捕食鱼类、乌贼和章鱼。由于延绳钓引起信天翁的大量死亡，这个物种已被正式列为濒危物种。

在返回岛上建立自己的领地之前，未成年的信天翁要**在海上度过7年的时间**。

黑眉信天翁（*Thalassarche melanophrys*）

- 80~95cm。
- 南大洋的岛屿和宽阔水面上。
- 主体白色，上翅膀为深灰色。黄色至深橘色的喙，每个眼睛上方有黑色的眼纹。

» 253，403。

育雏

世界上最大的黑眉信天翁繁殖群位于福克兰群岛的詹森岛（Steeple Jason）上。一对信天翁每年只哺育一只雏鸟，因此它们的种群数量一旦减少便很难恢复。

控制补给

黄翅澳吸蜜鸟

黄翅澳吸蜜鸟保卫具有山龙眼树的领地。一般情况下，在山龙眼树花密度高的地区中，鸟的地盘要小于花密度低的地区。蜜源的多少在不同的时间也会发生变化。当蜜源稀少的时候，黄翅澳吸蜜鸟对入侵者表现出更强烈的攻击性，试图将它们驱逐出去；而当蜜源丰富的时候，它们的警惕性就降低，对入侵者友好些，因为有足够的食物。在繁殖季节，每对黄翅澳吸蜜鸟也占据繁殖领地。雌鸟主要负责筑巢和孵卵，它们更多地在巢穴附近觅食；而雄鸟负责保护巢穴，但通常在更远的领地边缘的田野中觅食。

黄翅澳吸蜜鸟（*Phylidonyris novaehollandiae*）

18cm。

澳大利亚南部的石楠灌丛、林地和花园中。

身体黑白相间，翅膀上有黄斑，尾部边缘黄色。

红色警报
入侵者红色的胸部会触发雄鸲的领地防御行为。一首警告曲可能会快速升级为一场激烈的斗争，任何一方都可能死于这场战斗。

季节性变化

欧亚鸲

欧亚鸲在繁殖和非繁殖季节都有领地性。春季和夏季的繁殖领地平均有0.55公顷，而冬季的领地面积会缩小一半。被优先占据的领地总是资源最丰富、树木最繁茂的地方，这同时也是最好的繁殖地。在冬天，迁徙鸟类可能会到来，并占据次等的灌木林作为领地。在繁殖季节，雄鸟在领地中唱歌和巡逻的次数会增加，同时它们也会更快速地对附近的雄鸟发动进攻，因为这些鸟类最有可能侵入它的领地。

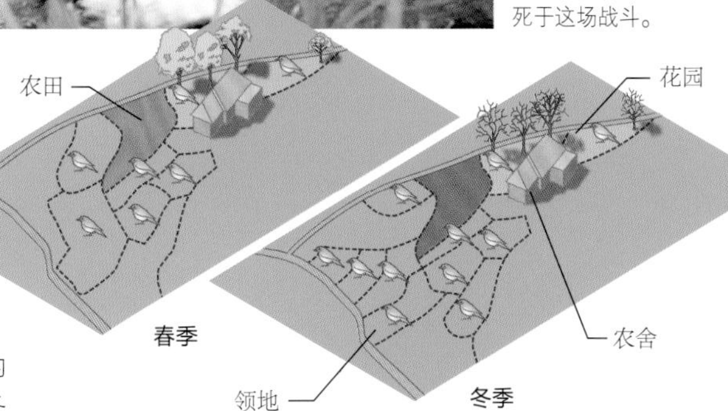

交换地盘
冬天雄鸲和雌鸲守护各自的地盘。当春天到来的时候，一些鸟已经死了，使得另一些鸟能扩张自己的地盘。下一个冬天到来的时候，这些地盘又被年轻的鸟占据。

欧亚鸲（*Erithacus rubecula*）

12~14cm。

欧洲的林地、公园、花园和农场的灌木篱墙中。

鸣禽，有鲜亮的橘红色胸部和脸部，灰褐色的上半身和米色的腹部。

» 460。

固定的范围

树袋熊

树袋熊大多是独居的动物，占据了不同的家域。在其分布区南部较潮湿的森林中，树袋熊仅需小的家域，为0.5~3公顷，而在干旱贫瘠的西部地区它们的家域最大可达100公顷。一只优势雄性的活动范围可能与多达9只的雌性的范围重叠。在每年的交配季节（10月至次年2月），成年雄性树袋熊每晚要穿越很大的范围，与其他雄性对手竞争，才能与雌性交配。同时它们发出叫声来显示自己的存在，并用胸部的腺体摩擦树干做气味标记。

树袋熊（*Phascolarctos cinereus*）

长达78cm。

澳大利亚东部桉树林的土著动物，后来被引种到澳大利亚的西部和附近岛屿。

毛茸茸的有袋类动物，背毛灰褐色，下巴和胸部是白色的，耳朵上有长长的白毛丛。雄性个体一般比雌性大。

» 191。

爬上桉树
树袋熊以大约30种桉树的树叶为食。它们的对生指（趾）头和弯曲的爪子有助于它们抓紧树枝。

个案研究

选择性伐木

澳大利亚新南威尔士州的研究表明，精心管理伐木可以最大限度减少对树袋熊家域的影响。在这项研究中，约1/4的白柏树被移除，这种树木是树袋熊白天的庇荫所，但研究人员故意将树袋熊的主要食物——3种桉树留下来。结果树袋熊没有因为白柏树的丧失而受影响。

尖牙利爪

老虎通常是独居的，所以当一只陌生老虎出现在另一只老虎的地盘上时，战斗就开始了。它们是一群强大的动物，有着利器般尖锐的牙齿和爪子，令人印象深刻。

猫科动物的战斗

虎

雄虎和雌虎都要占据领地。这些领地要拥有用于隐蔽的植物、水源和足够的猎物。同时，每个领地通常都有好几个巢穴供雄虎休息、雌虎生育和喂养幼崽。一头雄虎的领地是一头雌虎领地的3倍大，而且它们的领地之间有重叠。在一头雄虎的领地中，只要它能防御入侵者，它便倾向于把绝对哺育权留给雌虎。为了降低发生矛盾的风险，老虎会在它占领的地盘上留下信号，用尿液或粪便的气味做标记，或在树干上留下爪痕。同时，如果一片领地中的老虎死亡，新的老虎会很快占据这片土地。如果一头雄虎接管了另一头雄虎的领地，在与领地上的雌虎交配之前，它会杀掉那头雄虎的所有后代。人类偷猎老虎，使它们的栖息地支离破碎，降低了老虎猎物的密度，这些活动都对老虎的种群构成了威胁。

雄性东北虎捕食

老虎在发动突袭之前，会偷偷地靠近潜在的猎物（包括鹿、水牛和野猪等），静静地摆出蹲伏的姿势。它们通过咬断动物的脖子或让其窒息而杀死动物。

雌性孟加拉虎的气味标记

老虎肛门腺分泌出一种麝香味的臭味混杂在尿液中，通过在树木和岩石上喷尿来标记它们的领地。雌虎在交配之前会增加喷尿的次数。

虎（*Panthera tigris*）

- 2～3.7m。
- 栖居在中国的东北、朝鲜、俄罗斯、印度北部和尼泊尔的森林中。
- 橙红色的皮毛上布满黑色条纹，腹部颜色较浅。强壮的肩膀和四肢，拥有宽阔的脚掌和伸缩自如的长爪。
- >> 375。

1411 这是估算出的印度野生老虎的数量。

家域大小和猎物密度的变化

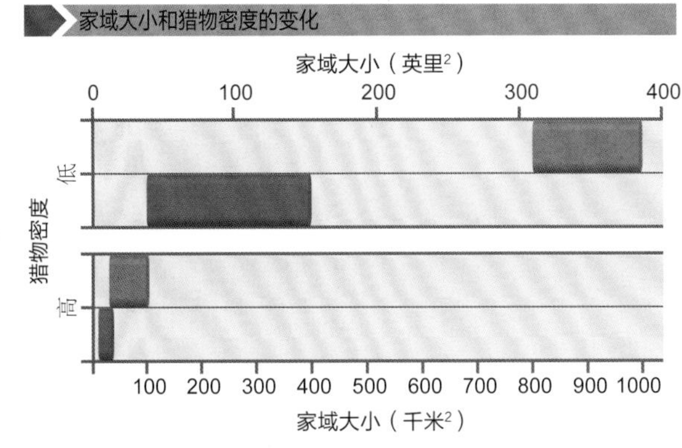

在低猎物密度的地区，如俄罗斯东部，老虎有较大的家域。相反，在高猎物密度区，如尼泊尔的奇旺国家公园，老虎的家域则较小。

图例
雌性
雄性

树顶上的领地

棕喉三趾树懒

棕喉三趾树懒大部分时间出没于高高的热带雨林树冠上，在那里进食树叶、睡觉以及休息。它们通常居住在离地面20~30米的高空，通过树木重叠的树枝和藤蔓植物，从一棵树上转移到另一棵树上。

树懒移动缓慢，用它们长长的四肢尖端的3个钩子状爪子倒挂在树上。同时，它们的新陈代谢速度也很慢，肌肉重量相对较小，所以它们无法产生足够的体热。因此，白天它们会追随或者躲避阳光，以调节身体温度适应生命的需要。

棕喉三趾树懒通常是独居的，活动范围在2公顷之内。当它们准备交配的时候，雌树懒通过尖叫吸引雄树懒到自己的领地。树懒每年产一崽，雌树懒将幼崽随身带在胸前，直到小树懒能独立生活。

棕喉三趾树懒（*Bradypus variegatus*）

- 42~80cm。
- 中、南美洲的低地雨林中。
- 蓬松、粗糙、灰棕色的皮毛，通常被苔藓染成淡绿色。棕色的喉咙，深棕色前额，两只眼睛两边有斑纹。
- >> 311。

下到地面

棕喉三趾树懒每周下到地面一次，它用尾巴挖一个小坑，在里边排泄。树懒在地面上行动笨拙，但如果必要的话，它们能游过河流或者被洪水淹没的森林。

作标记

小耳大婴猴

这种婴猴又名加氏大婴猴、加氏丛猴，是夜行性灵长类，以水果、树脂和昆虫为食。通常独居，尽管它在捕食的时候可能会遇到其他动物，而雌性会与它的孩子睡在一起。与许多婴猴一样，小耳大婴猴也有用尿洗手和脚的习惯。我们还不清楚这种行为是否与气味标记领地有关，或者这样的行为能增加动物在树木间跳跃时的抓握能力。它们通过在树枝上摩擦胸部的腺体或肛周腺留下气味标记，居优势地位的雄性标记的次数要多于雌性和居次要地位的雄性。小耳大婴猴也能通过声音相互交流，方式通常是叫喊或者用脚摩擦某个表面发出噪声。

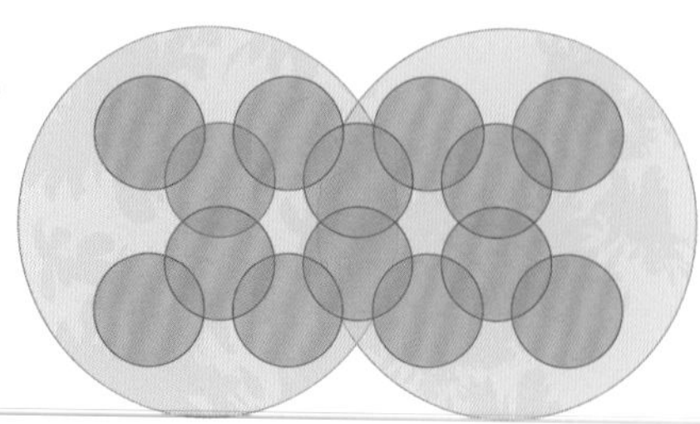

重叠的家域

优势雄婴猴的家域与多只优势雌婴猴及其后代的家域重叠。不同家域内的婴猴之间的关系通常是友好的。游荡的雄猴的家域不确定。

图例

- 繁育雄性
- 繁育雌性

小耳大婴猴（*Otolemur garnettii*）

- 27cm。
- 东非，从索马里到坦桑尼亚（包括海上的小岛）的海边、河边和高地森林中。
- 皮毛的颜色随亚种的不同而变化，从微红色到灰褐色，有时还呈浅绿色调。

夜视

婴猴有一双对光敏感的大眼睛，保证它们能在黑暗中视物。它们的大耳朵能各自运动，帮助它们探测昆虫捕食时发出的噪声。

取水

每天，在中非共和国的盐湖（Dzanga Bai）会有40~100头森林象造访。森林象聚集在沼泽森林的空旷地上，挖掘这里富含矿物盐的土壤吃，并饮用这里矿物质含量丰富的水。

城镇和乡村

赤狐

赤狐是一种适应性很强的肉食动物，居住在不同的栖息地，范围广阔。在最近的几十年中，赤狐逐渐成为城市中常见的成员，在人类的周边生存下来。赤狐通常是群居的，由一只雄狐（犬狐）、几只雌狐和它们的后代组成。每个群体的领地包括巢穴或洞穴，这是雌狐繁殖和哺育后代的地方。一个洞穴和其他巢穴、捕食地以及食物储藏室之间有踏好的通道。赤狐的家域根据栖息地质量的不同从10公顷至5000公顷不等。它们在城市的领地通常比在乡村的领地小，也不稳定，这可能是因为城市环境比乡村变化更快。

狐狸的混战

狐狸用尿和气味标记它们的领地。当一只雄狐无视这些警告而闯入时，一场战斗将不可避免。在这场战斗中，狐狸用后腿站起来试图将对方推翻。

赤狐（*Vulpes vulpes*）

46~90cm。

北半球的栖息地类型多样，包括森林、苔原、荒漠、农场和城镇。

存在3种色型：一种是亮橘红色皮毛，黑色的腿和带白色的下腹；第二种是从银色到黑色之间的变化；第三种是混合色。

唾手可得

城市地区的狐狸经常从垃圾桶中取食。同时人类也将食物放在花园中喂养它们，这更加缩小了狐狸的领地。在某些地区一只狐狸50％的食物都是人类提供的。

主干道

森林象

非洲森林象，5~8头为一小群，生活在刚果盆地的森林中。茂密的植物使这些动物难以被研究，但是卫星无线电追踪表明，它们的家域覆盖了大约2000平方千米的面积。一头大象每天要行走1~15千米，在旱季以草和树叶为食，雨季以水果为食。森林象每天要去水坑，不仅为了获得水，也是为了泥土中含有的矿物质，如钙、钾和镁，这些都是大象维持健康所必需的。在2001年，对非法捕猎的大象象牙的DNA分析表明，非洲森林象可能不是非洲草原象的一个亚种，而是一个独立的种。

世世代代的森林象在整个森林中建立起**一个路网**，这个路网覆盖了所有的果树。

非洲森林象（*Loxodonta cyclotis*）

2.5m（雄）；2.1m（雌）。

非洲中部和西部的赤道森林中，尤其是刚果盆地。

比非洲草原象小，有圆形的耳朵、粉红色的长牙、深色的皮肤和长而窄的颌骨。

循路而行

森林象沿着3种“高速路”行走：林荫大道，保证它们能迅速地在相距较远的偏好地区（如森林空旷地）之间转移；觅食通道，穿过含有丰富食物的中等密度的森林；小路，位于空旷地周围。

迁徙

迁徙是动物在不同地区之间做周期性的移动，这种移动的路线通常非常固定。在长寿的物种中，一旦动物性成熟，它们每年都会做重复的迁徙。对于短命物种，例如黑脉金斑蝶，它在一个季节内能产生多个世代，而整个迁徙的过程是通过繁育获得的不同世代的个体共同完成的。

为什么要迁徙?

许多动物迁徙的目的是为了寻找最好的地点产卵或抚育幼崽。这通常是为了避免当地的食物不足，从而去其他地方获取更充足的食物。这种迁徙活动一般都是对可预料的气候条件改变的响应，例如中纬度温带地区气候条件在严酷和温和之间转变，热带地区干湿季节的转变。

迁徙纪录

纪录	动物	数值
最长往返迁徙距离	灰鹱	65000km
最长不中断飞行距离	斑尾塍鹬	11570km
最大飞行高度	斑头雁	10175m
最长水中游行距离	灰鲸	20000km
最大规模陆地迁徙	黑尾牛羚	130万只
最大规模空中迁徙	沙漠蝗	690亿只

半迁徙者和全迁徙者

有些物种所有的个体都迁徙（全迁徙者），而另外一些物种会有部分个体仍然留在原来的居住地（半迁徙者）。动物是否迁徙取决于当地气候。例如，芬兰的欧亚鸲向南迁徙以躲避严寒，但是在冬季气候温和的英格兰岛上，大多数欧亚鸲则整年待在那里。迁徙也可能是由动物生命周期所处的阶段来决定的。例如，未成年的美洲或欧洲鳗鲡不会迁徙到繁殖地区；当准备繁殖的时候，它们才会通过内陆水系迁徙到马尾藻海（Sargasso）。迁徙还可能取决于动物的具体情况。例如，年老、阅历丰富的乌鸫所占有的领地内有一些年轻的乌鸫，那么这些年轻的乌鸫就会迁徙，以寻找自己的领地。

冒险之旅

迁徙通常是一个漫长而又危险的过程。有些鸟类会选择相对更远的陆路作为迁徙路线，而有的则可能会选择水路这条捷径，因为捕食者较少，还可以顺风而飞。但是鸟类在开阔的海域上空飞行也有危险：它们可能被大风吹跑，这会导致这些鸟出现在我们通常不会见到它们的地方；也有可能遭遇暴风雪，使它们迫降在水面上。在迁徙即将结束时，它们还会面临更多被捕食的风险：秋季，埃莉氏隼会捕食那些从地中海飞往北非的筋疲力尽的鸣禽。在陆地上迁徙也有很多危险，诸如穿越荒凉的沙漠。

跳背式迁徙

狐色带鹀沿着北美洲西海岸迁徙。在阿拉斯加和加拿大繁殖的种群，秋天向南迁徙到美国越冬。跳背式迁徙的种群迁徙距离较短，有些种群甚至不迁徙。

主要的迁徙

全世界都有迁徙活动存在，可谓海陆空大部队。许多迁徙为南北走向，并随季节改变而循环往复。蝗虫的迁徙是随机的，为了寻找食物，它们会覆盖很大的范围。

斑马的穿越

在普通斑马每年的迁徙中，它们冒着生命危险穿越肯尼亚马赛马拉保护区内的马拉河，在那里无数的鳄鱼在等待着它们。

诱因和准备

引发迁徙的因素包括随着春天的临近而延长的白昼、体内的生殖激素的增加、脂肪储存的增加和逐渐增长的烦躁情绪。许多动物天生具有每年一次的周期来迫使它们迁徙。在条件好的时候，有利的气候会成为迁徙的最后诱因。迁徙之前一般会伴随发生必要的生理改变。鸟类的心脏、飞行肌和骨骼肌会增大，而其他器官会缩小。在淡水和海水间洄游的鱼类会表现出对盐的耐受水平的改变，而在水域和陆地活动的两栖类皮肤的渗透性也会发生相应的变化。

消耗身体脂肪
穿越沙漠或远海的鸟类在迁徙过程中不能保证正常的食物供给。为了保证飞行有足够的燃料，它们在身体内储备了脂肪。在离开之前一些小鸟的体重甚至会翻番。

导航

迁徙的动物会利用不同的线索帮助导航。有指南针作用的线索可以指示方向，这些线索可能包括太阳、星星或地球磁场。视觉线索或者称为地标线索，如海岸线和山脉走向，可以引领动物到达它们的目的地。甚至饲养场或栖息地的独特的气味也可以起导向作用。而真正的导航是依赖大脑中的心像图确定与目的地的相对位置。在一些物种中，年轻鸟类的第一次旅行会与成年鸟类结伴而行，但是在许多物种中则是成年的先离开而年轻的跟在后面。它们生来就携带了关于旅程的方向和距离方面的信息。

鸟类上喙的磁铁可能是它们能感受地磁北极方向的原因

视力能提供视觉线索来确定方位

认路
鸟类在迁徙途中能同时利用各种不同的线索，而且在不同情况下会从依赖一种线索转而依赖另外一种。如果天空乌云密布，它们会更多地依赖于地磁场。

列队飞行
在迁徙中的大雁群常常形成V字形的飞行阵列，以节约能量、交流方向线索。白颊黑雁在高纬度的北极和南方的低纬度地区之间进行季节性的迁徙。

人类辅助的移动

在历史上，出于各种不同的目的，人类带着动物在世界各地之间转移，有时甚至因此引发灾难性的后果。为了给大洋中过往的船只提供食物，山羊被引入到许多岛屿上。很多时候，这些山羊啃光了岛屿上仅有的植被，对当地的环境造成严重破坏。人们曾经也将其他动物作为宠物带到一个新的地方，例如猫，而这些猫则杀灭了许多当地原有的动物。也有些动物被引入是为了控制其他物种的种群数量。例如，蔗蟾蜍被引入澳大利亚是为了让它们吃掉甘蔗的有害物质，但是它们却几乎把其他所有东西都吃了。

非法迁徙
黑家鼠通过搭载轮船几乎侵入到全世界的各个角落。另一些入侵物种通过船底压舱箱中的水或者附着在船体上传播。

人类的影响

莱塞普迁徙

1869年苏伊士运河的开通连接了红海的北端和地中海。在很长的一段时间里，苦湖作为运河的一部分，由于盐分含量太高而只有少量动物能在里面生存。但是，随着时间的推移，其盐度慢慢降低，生活在红海的物种能够向北迁移进入地中海东部。这种运动被称为莱塞普迁徙（又叫红海入侵），以苏伊士运河工程师费迪南·德·莱塞普的名字命名。迄今所知，至少有300种物种完成了这种人类辅助下的迁移。

海洋的涌动

圣诞岛红蟹

在一年的大部分时间中，圣诞岛上的红蟹都居住在热带雨林地面上的洞穴中，以枯枝树叶为食。但当11月份雨季来临时，几千万骚动的甲壳类大军就开始向海岸进军。它们的行程需要1周左右时间。到达目的地后，雄蟹就开始在海滩上挖洞以供交配用，洞穴保护红蟹和它们的卵免受炎热、干燥和捕食者的威胁。雄蟹不久后返回内陆，而雌蟹仍然留在海滩上，直到2周后它们的卵发育完全。此后，在下弦月的涨潮期，雌蟹将它们的卵释放到海洋中，最多可达10万枚。

海岸上
一旦红蟹到达海岸边，它们就径直冲进海洋补充旅途中流失的水分和盐分。

圣诞岛红蟹（*Gecarcoidea natalis*）
12cm。
印度洋圣诞岛和椰树岛的森林中。
有着圆形的宽阔甲壳的鲜红色螃蟹，雄蟹通常比雌蟹大。

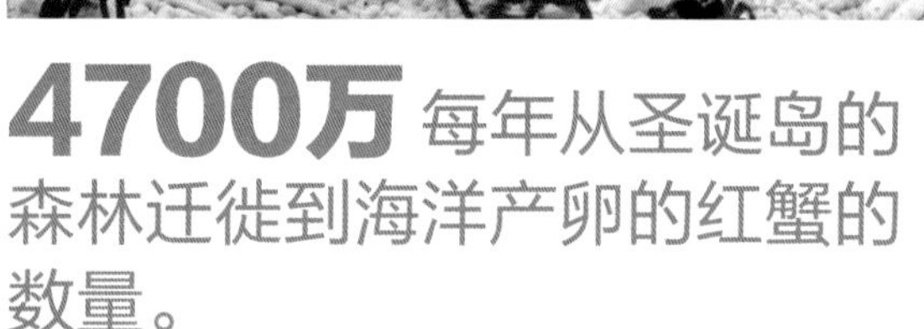

4700万 每年从圣诞岛的森林迁徙到海洋产卵的红蟹的数量。

人类的影响
封路

每年，成千上万的红蟹死于过马路的途中。圣诞岛上的居民试图通过封闭主要迁徙路线上的道路来降低红蟹的死亡数。其他道路下面也有安全通道。同时，由于森林中磷酸盐的开采和人类的居住，红蟹的森林生境受到威胁，这也意味着它们必须走得更远。幸运的是，如今63%的岛屿都被一个国家公园保护起来了。

海底穿越

眼斑龙虾

10月末至11月初，成群的眼斑龙虾将穿越加勒比海底的沙地。这次迁徙被认为是由秋季风暴触发的，这些风暴使得浅水区变得更加冰冷而动荡。眼斑龙虾主要在夜晚行进，白天会隐蔽在缝隙中，或者和固定的成员团体成群待在一起。穿越30~50千米到达深海通道的边缘需要花费好几天的时间，在那里它们沿着海洋边缘上受海浪冲击最少的暗礁散布开来。在返回浅水之前，雌龙虾在春季和夏初在深水中产卵。一旦卵孵化，幼龙虾就在洋流中漂浮，直到最终被送回加勒比海中，它们将在那里发育成熟。

眼斑龙虾（*Panulirus argus*）
60cm。
大西洋、加勒比海和墨西哥湾的珊瑚礁和海草床中。
灰褐色，在分节的腹部有黄斑。

防御姿势
龙虾外骨骼上尖锐的棘刺能防御大多数的捕食者，但当它受到攻击的时候还是会把它的尾巴缩在身体下面。

一列纵队
每一条龙虾都用它的触须和前足与前边的龙虾连接起来。这种“列队”行为可能有利于防御捕食者，并且能减少行进阻力。

碧胸伟蜓（*Anax junius*）
7~8cm。
南美洲和北美洲、加勒比群岛和亚洲的静止和流动缓慢的淡水中。
具有独特的绿色胸膛和两对透明的大翅膀。

北方和南方

碧胸伟蜓

每年春天，新生代的碧胸伟蜓从美国南部向北方和加拿大迁徙，在那里完成夏天的繁殖，捕食蚊子。而秋季的冷风又促使新一代的蜻蜓返回南方，有时候一天会飞行140千米。到达南方后，碧胸伟蜓开始繁殖，它们的子代以稚虫的方式过冬，并在春天的时候变态为成虫，开始新一轮的周期。通过这种方式，连续的世代在北方和南方之间交替迁徙。而这些迁徙中的蜻蜓正好成为小隼的临时食物。

寻找食物

桃蚜

正如其英文名称描述的（桃-马铃薯蚜虫，我们简称为桃蚜）那样，这种蚜虫在不同的寄生植物中生活，是为了有助于生存。秋天，成年桃蚜交配并在桃子和近缘的杏树或李树上产卵。卵是休眠的，直到春天来临孵化成若虫，并以树木的花朵、叶子和茎为食。有翅的蚜虫寻找新食物，如多种夏季蔬菜作物包括马铃薯。雌蚜虫繁殖很快，能通过孤雌生殖的方式产下幼体。桃蚜携带植物病毒，是主要的害虫。

桃蚜（*Myzus persicae*）
长达2cm（无翅型）。
世界各地，秋冬和春季在桃树上，夏季在各种农作物上
有翅的成年蚜虫有淡黄绿色腹部和黑色的头胸部。无翅成年蚜虫颜色变化更多。

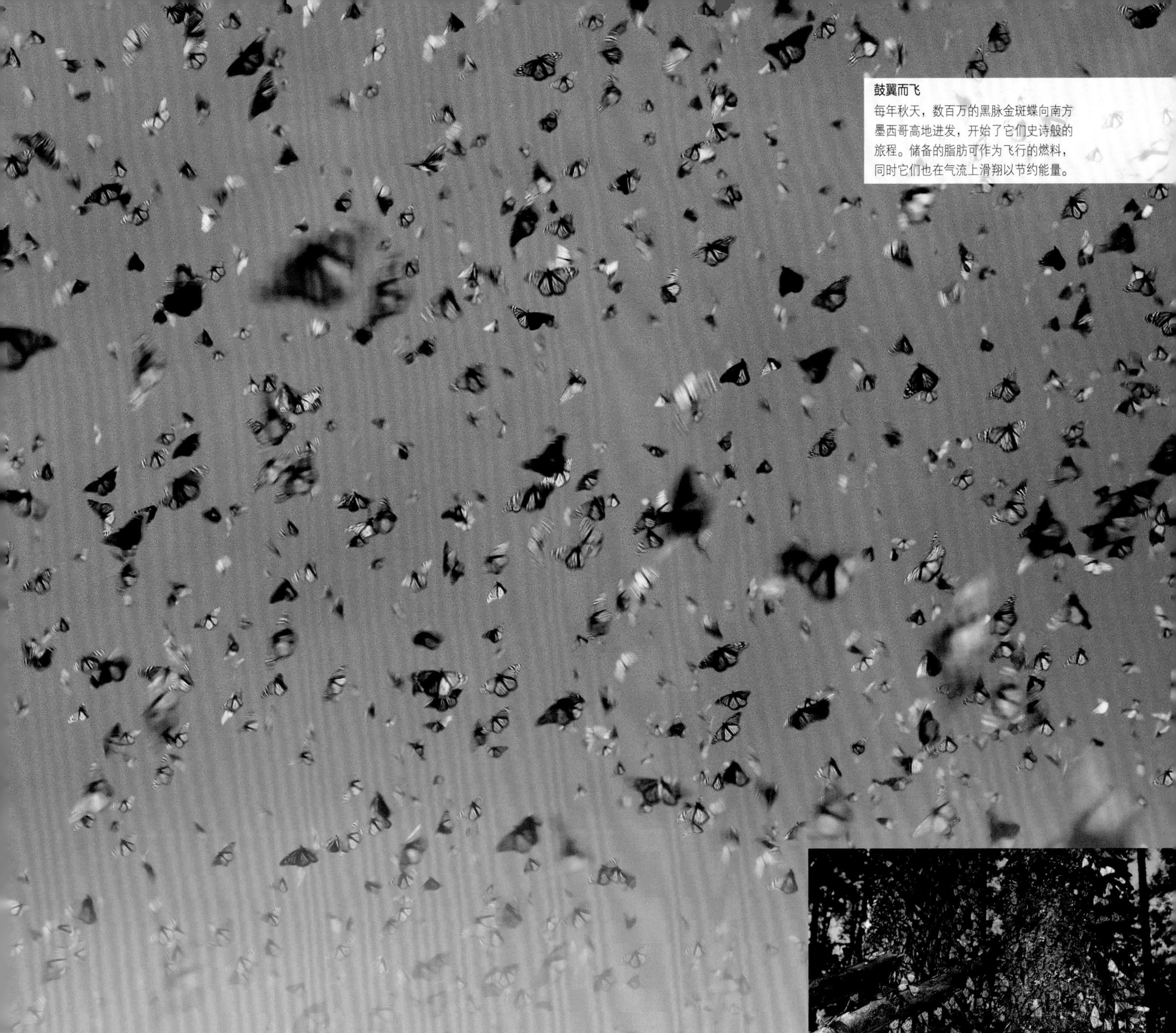

鼓翼而飞

每年秋天，数百万的黑脉金斑蝶向南方墨西哥高地进发，开始了它们史诗般的旅程。储备的脂肪可作为飞行的燃料，同时它们也在气流上滑翔以节约能量。

大规模迁徙

黑脉金斑蝶

北美洲黑脉金斑蝶的迁徙是所有昆虫迁徙中最壮观的之一。秋天，它们向南方迁徙，躲避北方大陆的低温。在温和的气候中它们以一种生殖滞育的状态过冬，也就是说在这段时间内它们不能繁殖。春季，这些引人注目的蝴蝶向北方寻找食用植物——马利筋（Asclepias，能产生乳白色汁液）。在飞行途中，雌性产卵后死亡，而新生的蝴蝶将继续它们的旅程。当它们到达行程的最北端时，这批蝴蝶将是最初离开南方的那批蝴蝶的第二代、第三代，甚至第四代后代了。黑脉金斑蝶的迁徙似乎是由昼长和温度的改变触发的，而且这个物种中也必然存在某些遗传构件使得飞行路线能被遗传给后代，因为没有一只蝴蝶能将整个旅程飞行两次。在墨西哥越冬的黑脉金斑蝶的森林栖居地正受到伐木的威胁，而完整的森林对维持蝴蝶生存的微气候至关重要。森林冠层的缺失会令蝴蝶对寒冷和雨水非常敏感。为保护黑脉金斑蝶，人们已经建立了若干保护区。

黑脉金斑蝶（*Danaus plexippus*）

- 翼展8.5～12cm。
- 北美开放生境和森林中的本土物种，同时也在大洋洲和欧洲的部分地区有发现。
- 成年翅膀橙色，翅缘和翅脉黑色，并有一些白斑。幼虫有斑纹。

迁徙路线

在加利福尼亚沿岸越冬的黑脉金斑蝶在夏季时到内陆区——落基山脉的西部生活。那些在墨西哥高地过冬的斑蝶穿越得克萨斯州到达美国北部的州，停留在落基山的东面，尽管曾追踪到有些斑蝶飞到过西部的州。夏季和冬季栖居地之间的距离可达4800千米。

墨西哥的君王

适合过冬的黑脉金斑蝶生活的地方只是墨西哥内一个相对较小的区域。从11月到来年3月，冷杉树就被橘黄色和黑色相间的蝴蝶点缀得绚丽多姿。

临时性迁移

小红蛱蝶

小红蛱蝶是一种不定时的移民者：在一些年份中，成群的蝴蝶从它们的冬季生活区——北非、美国西南部和墨西哥的沙漠中向北方迁移；而在其他的年份中，只能看到很少的蝴蝶迁徙。大规模迁徙是由干旱地区的雨水促成的，雨水催生了足量的食用植物，因此使得蝴蝶的种群大量繁殖。最壮观的迁徙常发生在厄尔尼诺年中。当蝴蝶的食物源枯竭时，它们就向北方寻找更多的食物，必要时需要穿越海洋，在仲夏季节到达北欧和美国北部。蝴蝶的迁徙受到了南风的协助。

小红蛱蝶（*Vanessa cardui*）

翼展5～7.5cm。

除南极洲外全球各地的草甸、山坡和沼泽地。

上翅为橘色和黑色的蝴蝶，前翅的黑色凸起上有白色斑点。

护卫队

金合欢舟蛾

这种蛾子又叫相思树蛾，它的毛虫的食欲非常贪婪，这种欲望迫使它们不断前进。一旦它们居住的树被蚕食干净，它们就别无选择，只能前往寻找新的食物源。每一只毛虫前进的时候会吐出丝迹，其后的同伴跟随这条踪迹前进，这样的景象创造了一个不可思议的长毛的"毛虫蛇"在地面爬行的幻觉。毛虫的巢穴是其食用树上的一个公用的袋囊，由丝和脱落的毛包裹，因此它们拥有了另一个俗名——袋居蛾。

金合欢舟蛾（*Ochrogaster lunifer*）

4cm（成熟毛虫）；4cm（蛾的翼展）。

澳大利亚的金合欢树和桉树上。

毛虫灰色且多毛，头部是棕色的。成年蛾是灰黑色或棕色的，前翅中央有一苍白色圆点。

驭流而行

大青鲨

在一年中，北大西洋的大青鲨都要完成一场顺时针方向的迁移，乘着一系列被称为北大西洋环流的洋流前进。墨西哥暖流将大青鲨带到美国北部海岸，此后它们跟随北大西洋洋流穿越到欧洲沿岸。加那利洋流又将它们带到北非水域，在这里的北赤道洋流又把它们送回到南美洲和加勒比海的北岸。目前通过再次捕获的带有标记的大青鲨记录到的最长路程，是从爱尔兰到委内瑞拉的6840千米，但是长度在3000千米左右的旅程比较常见。这些横渡大西洋的大青鲨主要是雌性。它们在北大西洋的西部交配，离开西班牙和葡萄牙水域后，在地中海中产下幼体。

大青鲨（*Prionace glauca*）

长达4m。

全球各地的热带、亚热带和温带水域。

长吻，胸鳍很长。背部为深紫蓝色，腹部为白色。重达200千克。

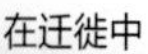

个案研究

追踪鲨鱼

自20世纪60年代早期以来，大青鲨就被标记以获取它们的行动信息。钓鱼者和商业渔船都被鼓励参与这个项目，在释放每一只有意或无意捕获到的鲨鱼之前给它们贴上身份标记。这些标记贴在鲨鱼的背鳍上或植入背部肌肉中。如果鲨鱼被重新捕获，科学家就能构建出一幅鲨鱼迁徙旅程的地图。近来，卫星标记的使用意味着不需要重新捕获鲨鱼就能够获取它们的旅程图了。

在迁徙中

大西洋大青鲨的迁徙是被研究得最为广泛的迁徙，而太平洋大青鲨也被发现能长距离迁徙。同时，在印度洋也存在着一个大青鲨种群。

寻找淡水

欧洲鲟

欧洲鲟是溯河洄游性的，它们生命早期的大部分时间都在海洋中生活，当性成熟时回到它们出生地的河流中。在水浅的卵石河床中，雌性能产600万个有黏性的卵。孵化后，未成年鲟顺河流而下，逐渐适应靠近海洋而盐分增高的水体。欧洲鲟在欧洲曾经数量极多，但现在由于为了取得鲟卵（这是一种美味的鱼子酱）而过度捕杀、产卵地水质的恶化和迁徙途中水力发电工程造成的障碍的增多，欧洲鲟已成为最濒危的鱼类。目前认为这种鲟只在法国的一个江河流域繁殖，因此人们已建立了人工育种工程。

欧洲鲟（*Acipenser sturio*）

长达5m。

大西洋东北部、地中海和黑海的沿岸水域和邻近河流中。

身体上半部黑橄榄色，下部为白色。有5排盾板。

回程

欧洲鳗

与欧洲鲟不同，欧洲鳗大部分时间生活在淡水中，而到盐水中繁殖，这种行为被称为降海洄游。幼鳗的生命始于海洋中，随后到达河口沿着河流进入内陆。这些鳗鱼一般要在洄游的河水中生活10年以上，在此期间它们不断生长直到成熟。在每年的7月，成年的鳗鱼回到海洋，有时它们会穿越潮湿的草地到达父辈不曾居住过的河道。这些鳗鱼发育出大大的眼睛，使得它们在海洋深处也能视物，还有银色的外表帮助躲避捕食者的追踪。

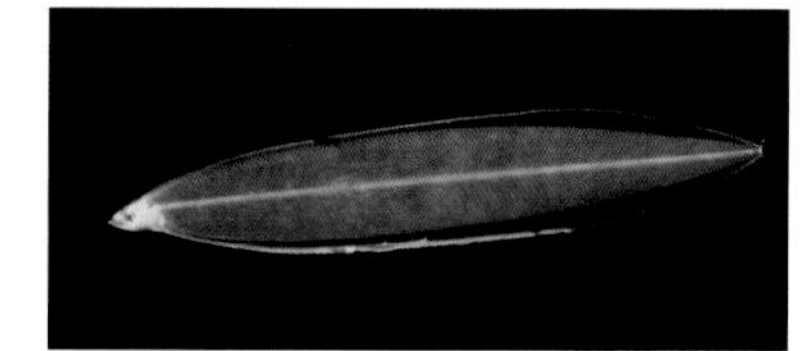

欧洲鳗（*Anguilla anguilla*）

长达1.3m。

大西洋西部的海藻床，大西洋东北岸和邻近河流中。

身躯狭长，背鳍、臀鳍和尾鳍相连。上体的鳞片深色，下体黄色。

幼年和老年

欧洲鳗的发育有不同的阶段。第一阶段的幼体被称为细首型幼体（见左图），然后变成透明鳗、幼鳗和黄鳗，最后的成年鳗鱼是银鳗（见下图）。

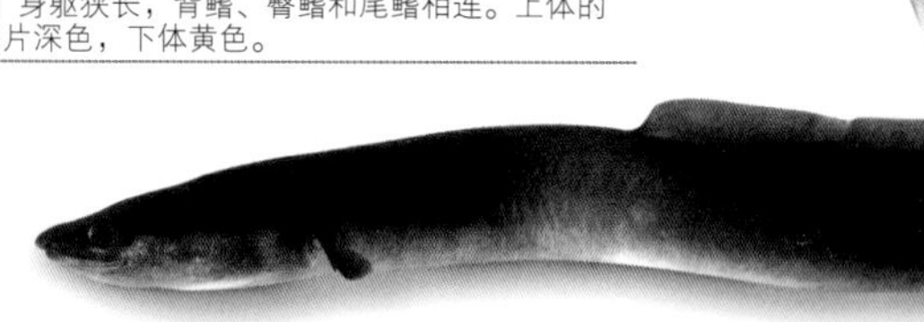

个案研究

寻找产卵地

从1904年到1922年，丹麦生物学家约翰尼斯·施密特（Johannes Schmidt）为了寻找欧洲鳗的产卵地，领导了一次在地中海和北大西洋的考察。他记录了在不同地点抓到的幼鳗的长度，最终在马尾藻海抓到最小为1厘米的鳗苗。同时还在马尾藻海西部发现了美洲鳗（*Anguilla rostrata*）的产卵地。美洲鳗是欧洲鳗的近亲，在美国西部的河流中成熟。幼鳗在洋流中漂浮到达海岸，幼美洲鳗比幼欧洲鳗更早一些离开洋流。

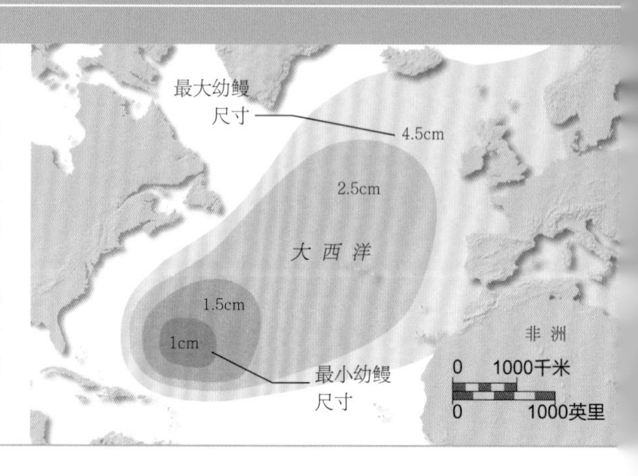

逆流而上

大麻哈鱼

与欧洲鲟（见对页）相似，大麻哈鱼是溯河洄游性的，即它们主要生活在海洋中但返回淡水繁殖。大麻哈鱼是麻哈鱼属5个种之一，常常聚集在北太平洋和附近的加拿大、日本、朝鲜和美国的沿海河流中。在海洋生活1~3年后，大麻哈鱼进入内陆，沿着育空河上行3200千米，穿过阿拉斯加到达加拿大。每年的"大麻哈鱼赛跑"发生在秋季，产卵发生在11月至来年1月期间。大约两周后，成年鱼死亡，为生态系统贡献出有用的营养物质。它们的卵仍然在碎石河床中过冬，在早春的时候孵化。这些鱼苗在下行入海之前会在河流中待上1年或者更长时间，在每年的3月和7月之间入海。

大麻哈鱼（*Oncorhynchus keta*）

- 长达1m。
- 北太平洋和附近河流的温水和冷水中。
- 镀银的蓝绿色鲑鱼。繁殖雄性发育为深色，两边有黄绿色和灰红色纵纹。

迁徙灾难
在大麻哈鱼逆流向上的过程中，迁徙中的它们必须与各种各样的危险斗争，尤其是聚集在瀑布旁的饥饿的棕熊，它们可能已经为这顿会飞的美餐等待了数小时。

飞越瀑布
回到产卵地是非常艰苦的旅程。大麻哈鱼必须越过瀑布和急流，用它们强壮的肌肉和弹动的尾巴对抗水流，推动自己前进。

人类的影响

寄生虱

大麻哈鱼是受欢迎的食用鱼。在商业大麻哈鱼饲养场，其数量发展迅猛。但是这个产业正在威胁野生大麻哈鱼的种群数量，因为它们使大麻哈鱼受到寄生虫的影响。海虱是自然寄生在大麻哈鱼皮肤表面的甲壳类动物，但是将数千条成年鱼圈养在密度极高的地方使得海虱的数量远远超过了在野生大麻哈鱼身上发现的水平，降低了这些鱼类的适应性。年轻的野生大麻哈鱼从产卵地向下游迁徙的过程中要穿越大麻哈鱼饲养场，它们离开的时候已经被这里的海虱感染。

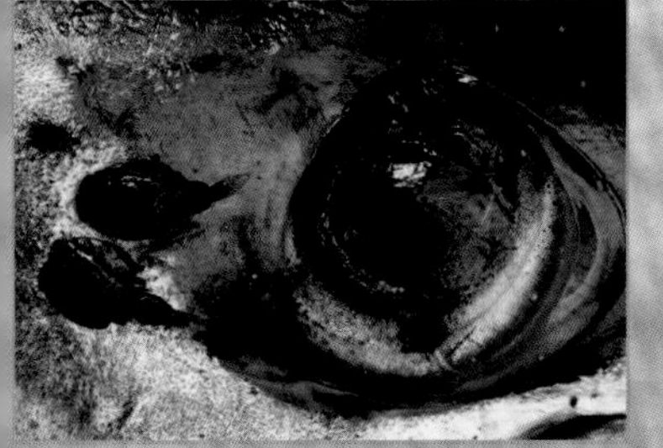

产卵地
这些红大麻哈鱼（*Oncorhynchus nerka*）到达产卵地的时候，已经发育出独特的表皮色，身体上半部是红色，头部是绿色。雄性具有钩状吻。

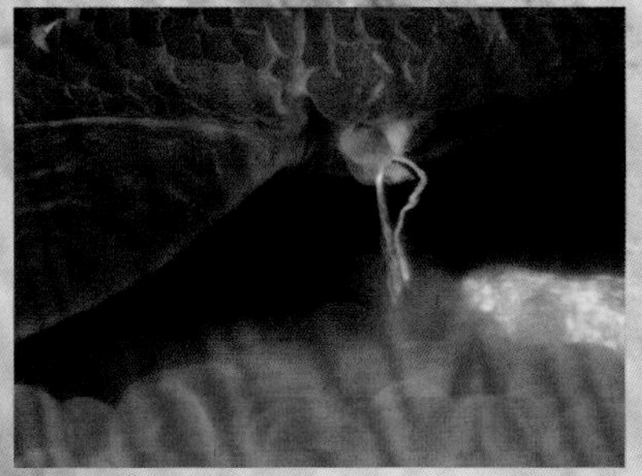

受精卵
雌大麻哈鱼在被称为卵池（rudd）的浅水区域中产下2000~6000枚卵。然后在雌性用碎石把这些卵保护起来之前，雄性会在这些卵上释放它的精子。

下一代
新孵化的大麻哈鱼被称为小鲑鱼。它们会在卵池中待12周左右，直到腹部连着的卵黄囊中的营养被耗尽，此后它们必须靠自己才能生存。

重返出生池

斑点钝口螈

斑点钝口螈在林地的树叶层中或者地下冬眠；当第一块冰雪融化的时候，它们开始向其繁殖地迁徙。在其分布范围的南部，这样的迁徙早在11月至次年2月间就发生了，而在北部地区，则要到3~4月。它们会回到出生的湖泊，这些湖泊距离它们的冬眠区通常在200米之内。繁殖过后，成年蝾螈将卵留在湖中让它们发育成幼体，并以这种幼体形式在湖泊中越冬，或者也可于当年变态为成年蝾螈后离开池塘。这些蝾螈偶尔会将卵产在冰湖的冰层下面。

斑点钝口螈（*Ambystoma maculatum*）

- 11~25cm。
- 北美洲的潮湿、发育完全的林地中。
- 矮胖的、深灰色、黑色或棕色的蝾螈，身体两侧有两排鲜亮的黄斑。

危险的旅程

欧洲蟾蜍

和蝾螈一样，欧洲蟾蜍也要回到自己出生的池塘繁殖。它们的迁徙始于秋季，但是冬至时会被一段冬眠期打断，冬眠期的蟾蜍躲藏在地下等待寒冷的天气过去。春季它们苏醒过来继续它们的旅程，也正是这个时候，大量的蟾蜍经常在穿越公路时丧生，因为这些公路正好建在蟾蜍传统的迁徙路线上。那些侥幸到达繁殖地池塘的蟾蜍在3月至6月间疯狂地交配，而这个池塘与它们生活区的距离在55~1600米之间。

欧洲蟾蜍（*Bufo bufo*）

- 长达18cm。
- 欧洲大部分陆地和湿地。
- 体宽而矮胖，具有绿褐色疣突皮肤，可分泌恶心的黏液以击退天敌。

» 284，370。

避开交通

建在靠近蟾蜍繁殖池塘附近的马路的地下通道有助于降低由车祸引起的蟾蜍死亡率。其他的有效措施包括警告信号和人工将蟾蜍放在水桶中运过马路。

长距离游泳

棱皮龟

这个海洋巨人正在进行漫长的年度迁徙。一路上在洋流的帮助下，春、夏季时棱皮龟在太平洋、大西洋南部和北部营养丰富的温带水域中休养生息，但是它们会回到更靠近热带的地方寻找产卵的海滩。尽管只有雌海龟会冒险上岸，但雄海龟也会迁徙，并在靠近海岸的地方与雌海龟交配。卫星跟踪已揭示了广泛的迁徙路线：一只被标记的棱皮龟被追踪到游了20557千米，它从印度尼西亚的海滩穿越太平洋，到达美国的西海岸，再折回。棱皮龟易于误将塑料废物当成水母吞食而有窒息的危险。它们有时也会陷在渔网中。

棱皮龟（*Dermochelys coriacea*）

- 1.6~2.1m。
- 全球各地的温带、亚热带和热带水域。
- 最大的海龟，有相对较长的鳍状肢。

广阔的海洋

相对于其体形而言，棱皮龟有着水生龟中最长的前肢，两前肢张开宽达2.7米。它们经常以2千米/时的速度在海洋中漫游。

个案研究

卫星追踪

科学家们越来越多地利用卫星标记来追踪世界各地海洋中棱皮龟的活动。这些标记装在固定架上，会逐渐分解并从海龟身上脱离。它们通常是在雌海龟筑巢完毕后固定在其上面或者是由渔民偶然捕获雄海龟后固定上去的。一个标记能在两年时间内向卫星发送海龟的位置信息。除了位置信息，这些标记还能传递潜水深度、潜水时间等数据，这些数据能提供关于捕食等行为的线索。

完成使命

雌棱皮龟用前肢在柔软的沙滩上挖出一个洞穴，平均一窝产卵110枚。这些小海龟在60~70天后孵化，径直冲向大海。

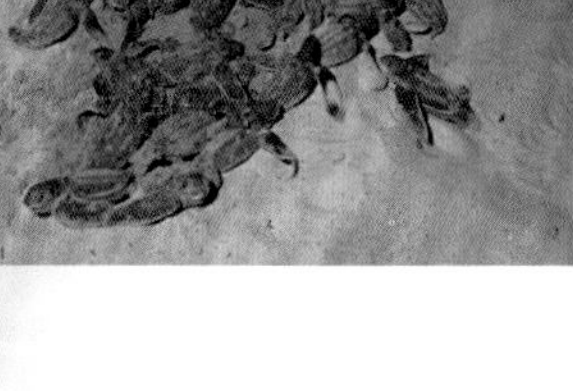

初次着陆

雌海龟将自己推上不很陡斜的坡，在这个高于海潮线的热带沙滩上产卵。大多数种类的海龟会回到它们出生的海滩，棱皮龟也不例外，虽然它们也可能会访问另一个邻近的海滩。

巅峰表演

斑头雁

斑头雁在迁徙过程中会飞行到极高的高度，跨越喜马拉雅山。这些鸟类极其适应它们的旅程：它们的翅膀相对于其体重有巨人的表面积，能提供额外的升力；它们血液中的血红蛋白比其他任何鸟类都能更快地吸收氧气；而且它们具短绒的羽毛能更好地吸收飞行过程中产生的热量而维持其体温。斑头雁每天能飞行1600千米以上，速度能达到80千米/时。年度迁徙能让斑头雁躲避中亚高原严酷的冬季风暴，只在夏季和印度次大陆的雨季中回来繁殖。

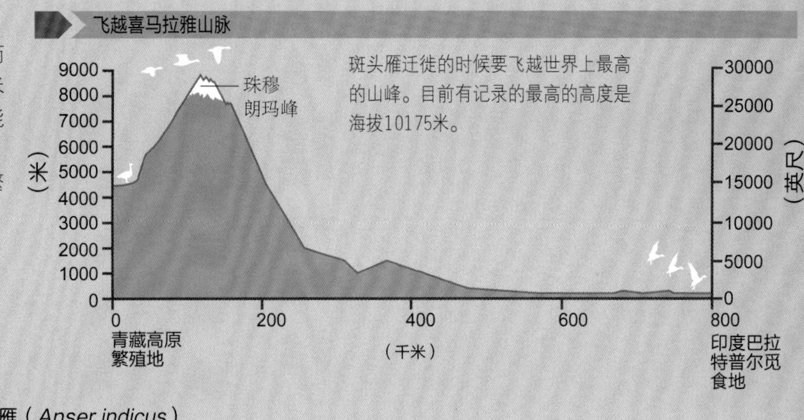

越冬地

斑头雁在印度、缅甸北部和巴基斯坦的沼泽地里越冬，以草和谷类作物，如大麦、水稻和小麦为食。

斑头雁（*Anser indicus*）

- 70～82cm。
- 中亚的高山湖泊和沼泽地中。
- 身体淡灰色，腿部和喙为橙色。头上两道独特的黑纹是其名字的由来。

繁殖地

夏季，斑头雁生活在高海拔地区—中国的青藏高原和克什米尔的拉达克地区。这些斑头雁，如图中水面上的这些，聚集到高山湖泊中繁殖，以矮草为食。

遨游海洋

漂泊信天翁

这种信天翁大多数时间都在海洋上生活，翱翔于波涛之上或在水面上休息。它要飞越数千千米，从它们位于南极圈附近的繁殖岛出发，穿越南半球，有时候为了寻找食物还偶尔越过赤道或沿南极洲环航。有一只惊人的漂泊信天翁曾在12天内飞越了6000千米的距离。漂泊信天翁在11月至次年7月间在一些小岛的草丛中筑巢。雄性和雌性轮流孵化和照顾它们唯一的幼雏，当一只在巢内育雏的时候，另一只则到海中觅食。

漂泊信天翁（*Diomedea exulans*）

- 1.1～1.4m。
- 南大洋的开阔海域和遥远的岛屿上。
- 成体躯体白色，翅膀黑白色。粉红色的钩状大喙上有管状鼻孔。

飞翔独奏

年轻的信天翁需要10年发育成熟，在这段时间内几乎不着陆。它们经常跟随着渔船，以遗弃的小鱼为食。

3米 漂泊信天翁的翼展长度比其他飞鸟都要长。

人类的影响

延绳钓

据估计，每年有10万只漂泊信天翁死于饵诱蓝鳍金枪鱼的长钓线上。这条牵引在渔船后面的长钓线可达130千米，上面携带着1万个渔钩。信天翁试图抓住贴近水面的鱼饵时一旦被钩住，当钓线下沉时信天翁就会随之被拖入水中淹死。国际保护组织提倡渔民采取有效措施防止此类死亡事件的发生。

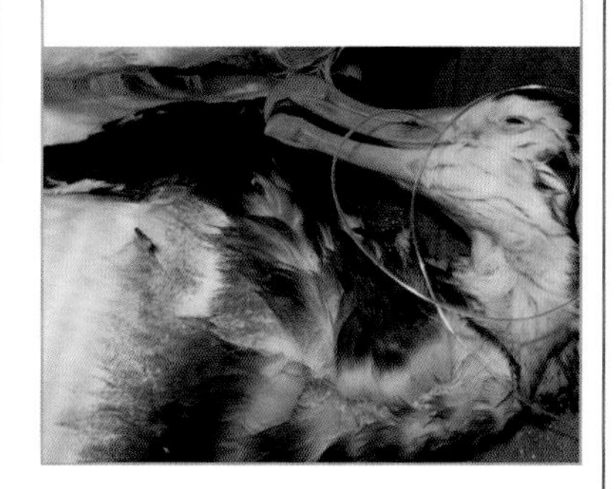

公共觅食地
斑尾塍鹬（此图中与其他水鸟混合在一起）在冬天常常聚集在海湾，用它们敏感的长喙在淤泥中找寻甲壳类、软体动物和蠕虫。

最长的连续飞行

斑尾塍鹬

这类巨大的涉禽是长途旅行观光家，它们从位于欧亚和阿拉斯加西部的北极圈的繁殖地出发，穿越赤道，连续飞行到南非、澳大利亚和新西兰的觅食地。在北半球的夏季，斑尾塍鹬是遥远的北极海岸冻原上的常住居民，它们在草丛中的杯状巢穴中产下2~4枚卵。哺育完它们的后代，这些鸟就飞向"燃料补给站"，如河口，去觅食，为向南半球的飞行增加储备。而当南半球的冬天到来的时候，斑尾塍鹬脱下它们枣红色的繁殖羽，并为向北方的迁徙而再一次增加体重。一些斑尾塍鹬会在欧洲过冬，因此距离它们的繁殖地要近一些，所要储备的能量也要少一些。尽管它们的觅食频率与那些从非洲迁徙的鸟一样多，但是它们在远行之前觅食的时间要少很多。

斑尾塍鹬（*Limosa lapponica*）
- 37~41cm。
- 北极沿海冻原和南非、澳大利亚和新西兰的沙质潮间带。
- 夏季，颈、胸、腹是红棕色；冬季变成米色。

个案研究

E7——纪录创造者

2007年，生物学家在新西兰斑尾塍鹬的觅食地内为13只个体安装了卫星发射器。它们即将见证有史以来最长距离的无休飞行。一只编号E7的雌鸟在3月17日离开皮亚科河（Piako River）河口，当它于3月24日到达中国鸭绿江时已经不间断地飞行了10219千米。在5月1日离开之前，它在这个地方停留了5周，然后去了美国的阿拉斯加，一路上只有偶尔的停留。E7最终于5月15日到达位于阿拉斯加马诺基纳克（Manokinak）地区的育空-卡斯科奎姆（Yukon-Kuskokwim）三角洲的繁殖地，在那里它一直待到7月17日，然后飞到三角洲的另一个地方。8月29日它再度出发，在仅仅8天内飞越了长达11570千米的距离抵达新西兰，中间没有做任何休息，刷新了自己以前的纪录。

为飞行增肥
斑尾塍鹬在开始它那史诗般的连续飞行之前，必须积累巨大的脂肪储备（达体重的55%）。为了腾出足够的空间储藏这些额外的燃料，它们的消化道大大缩小。

稀有鸟类

1941年，美洲鹤迁徙群中只有15只鹤。到2007年，伍德布法罗国家公园中已有73对美洲鹤，在佛罗里达的留鸟也达到53只，威斯康星州也有52只。

学习迁徙路线

美洲鹤

许多年轻水鸟第一次迁徙都要跟随其父母学习路线。野生美洲鹤在相距4000千米的加拿大伍德布法罗国家公园的夏季繁殖地和美国得克萨斯州的阿兰萨斯国家野生动物保护区的越冬地之间迁徙。这些鸟类只对这两个地点的依赖性，提示动物保护学家在佛罗里达和威斯康星建立新的种群，并帮助它们迁徙（见右侧知识框）。

美洲鹤（*Grus americana*）

1.3m。

加拿大北部、美国得克萨斯州、佛罗里达州、威斯康星州的开阔草地和沼泽地中。

初级飞羽主要是白色和黑色的，头部有红黑色纹理。颈和腿都很长。

人类的影响

操作性迁徙

2001年，动物保护学家孕育了一个将美洲鹤重新引种到美国威斯康星州的计划。为了教给这些人工哺育的幼鸟从威斯康星州飞到佛罗里达州的迁徙路线，这些美洲鹤从小就被训练对一架轻型飞机产生"印记"。当这些小鸟还在蛋壳中时，就给它们播放飞机引擎的噪声，一旦它们孵化后就立即和这架飞机待在一块儿。它们第一次飞行就是跟着这架飞机沿着高速公路飞行，最终跟随飞机穿越好几个州到达了佛罗里达，共飞行2010千米。

追随太阳

家燕

夏季，家燕在整个北半球繁殖，但是冬天的时候它们要迁徙到南方阳光充足的气候带中，如南美洲、非洲、南亚和澳大利亚北部这些地区。它们在白天迁徙，以风中捕到的虫子为食。与许多迁徙鸟类不同的是，家燕在旅行前并不增加它们的体重。这使得它们在穿越像撒哈拉沙漠这样的大面积无食区时，抗饥饿能力很低。同时它们还会遇到风暴和精力衰竭这样的危险。迁徙中的家燕每天能飞行320千米。

流线型飞行器

拥有长长的尖翼和伸展的燕尾，家燕的身体构造很适合长距离飞行。

家燕（*Hirundo rustica*）

18cm。

除澳大利亚、南极洲外全球各地的开阔草地、牧场和农场上。

下身米色，背侧金属蓝色，有红棕色的喉部和前额。

小憩

家燕迁徙的时候成群结队，不时地停在电线或建筑物上休息。夏末秋初的南飞旅程开始前，燕群就在迁徙栖息处聚集起来。

保持警惕

一旦发现好蜜源，蜂鸟（尤其是雄蜂鸟）会防御入侵者的偷袭。它们会站在附近暴露的树枝上紧紧盯着这个蜜源。

垂直迁徙

长尾蜂鸟

许多不同种的蜂鸟都要进行高度上的迁徙，即为了寻找产蜜的花朵而在山腰上下迁移。长尾蜂鸟常出没于安第斯山脉海拔1000~3000米的森林中。

蜂鸟需要丰富的能量和充足的花蜜。它们可能会飞到高海拔区待几周或数月，因为那里的花朵正在开放；或者，它们也可能每天从低海拔区飞上去。作为传粉者，蜂鸟在生态系统中起着重要作用。

长尾蜂鸟（*Aglaiocercus kingi*）

10~19cm。

玻利维亚、哥伦比亚、厄瓜多尔、秘鲁、委内瑞拉等亚热带和热带多雨的山区森林中。

具有明亮的虹彩蓝、绿羽毛。尾巴比身体还长。

群体压力

欧旅鼠

当它们的种群数量爆发式增长时，欧旅鼠就要迁徙，这种迁徙一般每隔几年才有一次。通常情况下，这些欧旅鼠冬天生活在雪地下面的隧道中，春天的时候到地面活动。它们生活在高山石楠丛或森林中，在秋季回到高山带之前一直处于繁殖状态。在暖冬、春天到来较早或秋天结束较晚的年份中，食物丰盛，欧旅鼠繁殖迅速，后代的存活率又高，这就导致了夏季时欧旅鼠数量的膨胀。旅鼠常被错误地认为会通过群体跳崖大规模自杀。群体压力会触发大规模迁移，通常是离开石楠灌丛到森林中去。途中的障碍，如大圆石、河流、悬崖或深谷，可能会迫使它们陷入"瓶颈"，使它们非常不安，甚至不计后果地飞跃。

欧旅鼠（*Lemmus lemmus*）

10~13cm。

斯堪的纳维亚半岛和俄罗斯冻原的高山石楠灌丛和高山寒带森林中。

圆形的棕黑色啮齿类，尾巴短小。前肢第一指的扁平爪子有助于在雪中挖洞。

过河

驯鹿在迁徙过程中经常要穿越湖泊和河流。它们是游泳健将，其厚实、充满空气的皮毛增强了水的浮力并且在冰水中也能御寒。驯鹿都有角，但雄性驯鹿的角更大，且分枝更多。这些驯鹿正在穿越美国阿拉斯加的科伯克河

耐力测验

驯鹿

每年，驯鹿都要进行一次所有哺乳动物中最为艰险的迁徙。鹿群的数量达到上万头，需要完成5000千米的往返旅程，访问春季的产崽区和夏、冬季的觅食区。由于赖以生存的苔原植物的季节性因素，驯鹿受到其影响而被迫迁移。在夏季，鹿群要躲避多风的海岸区的蚊子和苍蝇；而冬天的时候它们迁移到亚北极的寒带森林，在那里冰雪的覆盖厚度要比开阔的苔原地区薄得多。据记载，迁徙中的驯鹿群的速度可达80千米/时。春季迁徙的鹿群数量最大，而在秋季交配时鹿群数量较少。驯鹿又名角鹿，尤其在欧洲和亚洲地区，许多驯鹿被豢养，因此比野生的要温顺。来自欧亚大陆的驯鹿曾被引种到美国北部，与当地的驯鹿混合。

驯鹿（*Rangifer tarandus*）

- 1.5～2.3m。
- 美国、加拿大、亚洲和北欧的北极冻原和寒带森林中。
- 皮毛在夏季是褐色的，冬季变成白色，臀部是白色的。

挖掘食物

挪威驯鹿食用白雪覆盖下的苔藓和其他植物。它们宽大的蹄子能像雪鞋一样帮助它们在雪地上行走和挖掘雪地中的食物。

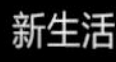

新生活

在加拿大西北部的领地内，一头雌驯鹿在照顾出生不久的双胞胎小鹿。双胞胎是罕见的，大多数雌驯鹿每年只能生一个幼犊。分娩发生在每年的5～6月，在产崽区进行。

狼猎

尽管年轻的驯鹿在出生后不久就能跑了，大批的鹿崽仍然殒命于狼这样的捕食者。狼群跟踪迁徙的鹿群，通常悄悄靠近分娩区域寻找容易得手的猎物。

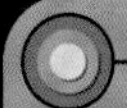

人类的影响

与驯鹿一起生活

北极和亚北极的当地居民与驯鹿有着密切的联系，依靠它们获得食物、皮毛，并将驯鹿作为运输工具。这里的人们过着一种游牧生活，带着这些半驯养的鹿群一起在海岸和内陆地区之间游走。驯鹿几乎没有完全圈养的，但是它们能被驯化用来产奶和拉雪橇。图中，一个涅涅茨牧民在俄罗斯的西伯利亚带领她的驯鹿穿过白雪覆盖的牧场。鹿群还是斯堪的纳维亚半岛北部（拉普兰）萨米文化的重要组成部分。北美和格陵兰的土著居民有捕猎野生驯鹿、获取鹿肉和皮毛的悠久历史。

季节性家园

莹鼠耳蝠

像许多生活在温带地区的蝙蝠一样，莹鼠耳蝠在全年之中往返于不同的栖宿地。春季，它们从冬眠中醒来，前往夏季栖宿地（通常在建筑物中），在那里雌性通常于5~7月生产一崽。在冬季蝙蝠会转到冬眠地在那里冬眠。这种行为能使它们度过缺乏昆虫食物的时期。

莹鼠耳蝠（*Myotis lucifugus*）

- 6~10cm。
- 从阿拉斯加南部和加拿大到墨西哥高地的北美洲森林地区。
- 体形小，身体淡褐至暗褐色，鼻部平坦，耳朵相对短。

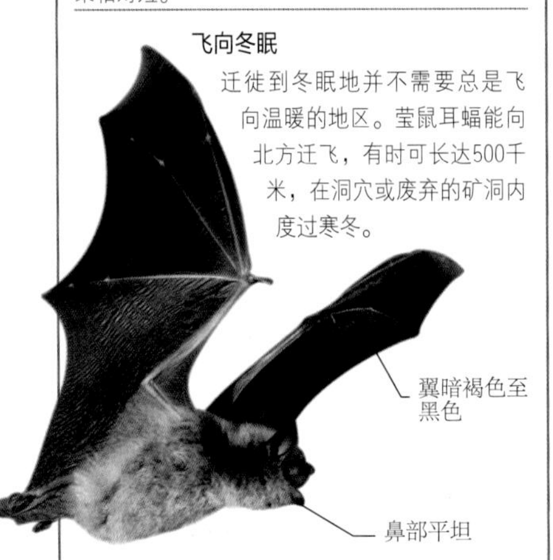

飞向冬眠

迁徙到冬眠地并不需要总是飞向温暖的地区。莹鼠耳蝠能向北方迁飞，有时可长达500千米，在洞穴或废弃的矿洞内度过寒冬。

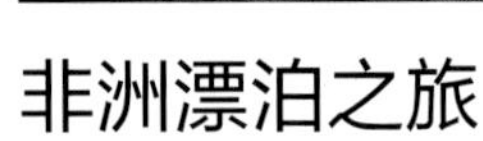

非洲漂泊之旅

黄毛果蝠

顾名思义，这种蝙蝠以水果为食——它们为了这种取食需要，长途跋涉地寻找地方。这些果蝠随着一年一度的雨季，飞到非洲撒哈拉沙漠以南地区的北部，然后在雨季结束前再回到南部。迁徙距离达到成百上千千米。沿途，它们白天在树上聚集成吵闹的大群；夜晚，它们离开栖宿地去觅食水果。

黄毛果蝠的巨大群体扮演着传粉和种子传播的重要角色，这包括许多重要的经济作物和木材，例如一种珍贵的硬木——伊罗科木，以及具有经济价值的腰果、芒果和无花果等。

黄毛果蝠（*Eidolon helvum*）

- 14~22cm。
- 非洲撒哈拉沙漠以南、阿拉伯半岛南部和马达加斯加的森林和稀树草原地区。
- 身体暗褐色或灰色，颈部和背部皮毛稻草色。眼大，翼长而窄。

按时到达

每年的11月，在赞比亚的堪萨卡国家公园，都会出现500万~1000万只果蝠。它们的到来和公园内水果的成熟同步。据推测，果蝠每个夜晚可以消耗掉5000吨水果。

寻找航行标?

一头鲸在查看周围，它头部垂直跃出水面，并环顾四周。它们在航行时，可能会查看航行标。

海洋航行者

座头鲸

许多体形巨大的鲸类为了寻找食物或安全产崽的地方，会在全球范围内的海洋中长途跋涉，座头鲸也不例外。高纬度海洋在南、北半球的夏季总能提供极其丰富的食物，座头鲸就在这时大量觅食，并为迁徙到另一个地方补充能量。在北半球，座头鲸更多捕食鱼类，而在南半球主要捕食磷虾。当冬季来临时，座头鲸向赤道前进，穿过整个开阔的海域，远达5000千米，以寻找温暖、安全的交配和产崽场所。在这段时间里，鲸会消耗皮下的脂肪（鲸脂），幼鲸则吸吮母亲丰富的乳汁。最终，它们必须返回极地海域捕食。生活在印度洋北部的座头鲸种群则是全年留居在那里（见下侧知识框）。

为雌性而战

在繁殖场，雄性为雌性护航，它们挥动着巨尾表现出很大的自信，以此驱逐竞争者。它们还能唱出复杂的歌声以吸引异性。

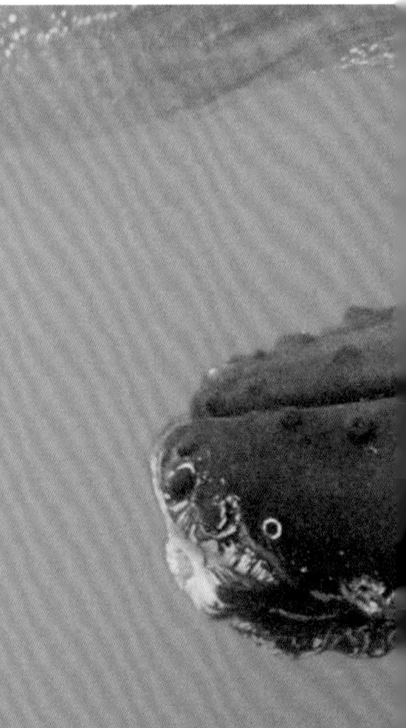

座头鲸（*Megaptera novaeangliae*）

- 14~18m。
- 广布于全球的开阔海域，除了最极端的北部和南部。
- 主体黑色，下体白色，鳍状肢狭长。尾叶边缘圆齿形。
- >> 246。

个案研究

迁徙路线

夏季，北半球的座头鲸在大西洋北部和太平洋捕食。冬季，它们向南迁徙到更温暖的海域繁殖，如加勒比、西非、日本、夏威夷和墨西哥。南半球鲸群的迁徙模式相同，在南极洲外的南大洋冷水海域度过夏季捕食期，然后冬季迁徙到澳大利亚、太平洋群岛、非洲南部或南美洲的温暖水域。

草原上的长途跋涉

当大群的白须角马穿过坦桑尼亚塞伦盖蒂平原时，它们的蹄子卷起的尘土宛如红云一般。并不是所有的角马都要迁徙，一些较小的群体则终年留居在某个地方。

紧随妈妈

小角马通常白天出生在角马群的中央，这样能很快跟随着母亲奔跑，以避免在迁徙中成为猎物。

群体大挪移

蓝角马

每年，大约130万头白须角马（蓝角马5个亚种中的一个亚种）在东非广袤的平原和稀树草原上展开规模宏大的迁徙（见右侧地图）。它们的群体因为成千上万只其他有蹄类动物（包括汤氏瞪羚、斑马和大羚羊）的加入而更加庞大。它们为了寻找新鲜食物、水源和矿物质，例如对身体健康有益的磷，而迫不得已大规模迁徙。人们推测，这些草食动物由于矿物质缺乏而离开干季区，然后前往雨季区，并向南到达矮草平原。沿途，角马不得不经受各种猎食者的攻击，包括草原上的狮子和鬣狗，以及河流中的鳄鱼。

蓝角马（*Connochaetes taurinus*）

1.9~2.1m。

从赤道以南到南非南端，非洲东部的平原和稀树草原上。

体形大，身体蓝灰色至棕色，面部、鬃毛和尾部黑色。弯曲的角似牛。

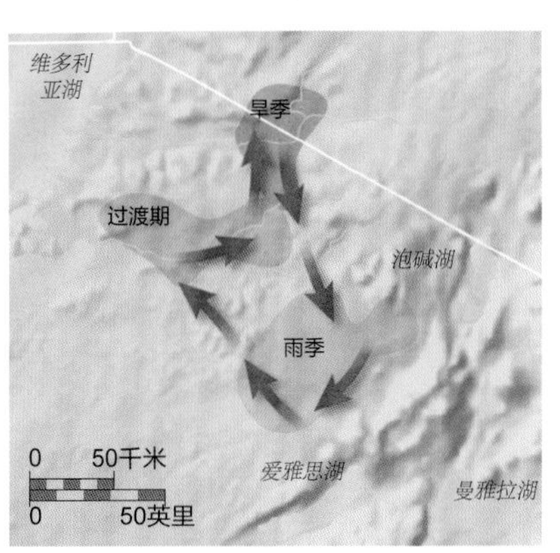

循环迁徙路线

白须角马沿着顺时针方向在塞伦盖蒂平原迁徙。在雨季（1~2月）于东南部的草原产崽之后，大群角马向西北的维多利亚湖方向挺进。到6月，它们到达过渡草场。然后群体再转向北方的马赛马拉，在那里度过旱季（7~10月），然后在11月再向南，完成整个循环迁徙。

旅途中的母子

一头雌性座头鲸带着它的孩子返回极地海域。幼鲸大约11个月断奶，但它仍和母亲一起生活长达一年以上。

动物建筑师

动物建造了一些地球上最奇特的建筑。它们的建造方法千奇百怪，有些只是简单地将材料抓起又扔下，还有些采用更加高级的建造技巧，如将材料连锁、编织和黏合，使之固定到合适的位置。一些动物用泥巴这样柔软的物质筑巢，而另一些用丝进行编织，或在地下挖穴。群居性动物通过团队合作，能建造出相对其自身大小来说大很多的建造物。

为什么要建造?

动物建造的结构有不同的功能。许多动物只在它们的建造物中待很短的时间，比如角石蛾幼虫用沙粒和其他材料为自己建造的保护性外罩，一些蛙类挖掘洞穴来帮助它们在干旱的时候保持潮湿。通常动物还会为哺育后代而建造建筑，比如鸟类的巢穴和哺乳类的洞穴。一些社会性昆虫，如蚂蚁、白蚁、蜜蜂和胡蜂，精心制作它们的巢穴来安置所有的成员。一些动物的建造物还有捕食或贮食的目的，而其他一些还用于交流，比如园丁鸟建造的求偶“亭”。

冬穴

雌北极熊在冬天的时候要在雪地下面挖一个洞穴，以便它们生小熊时有一个安全又温暖的环境。在春天的阳光普照大地之前，它们要养育幼崽好几个月。

建造行为

动物以其特定的方式进行建造的行为可能是通过遗传规划好的，而不需要在大脑中存在一个最终目标和功能的图像，或者它们也可能表现出一定的创造力和灵活性。例如，河狸能根据当地的情形改变其建造的水坝的形状。建造通常只涉及相对简单而重复的行为，而且大多数动物只选择或制作标准的材料。比如，角石蛾幼虫建造的时候会拒绝过大和过小的沙粒，燕子只选择黏度适当的泥土来筑巢。大多数动物用脚或口器来加工它们的建造材料；这些材料特异化的水平还依赖于是否用于其他像喂食这样的功能。

趋同进化

织叶蚁（见右图）和缝叶莺（见上图）都能用丝将树叶缝起来作为巢穴。织叶蚁的丝来自它们自己的幼虫，而缝叶莺利用蜘蛛网上的丝。它们也可能会利用植物纤维或者会偷窃人类的线团。这些类似的缝纫行为是在完全不相关的物种中独立进化而来的。

个案研究

学习建造技巧

为了研究成年雄性黑头织布鸟的筑巢能力是如何受其年轻时经验影响的，研究者给了一些刚离巢的雄织布鸟新鲜的绿色建造材料（对照组），而另一些织布鸟什么也没有（实验组）。当这些鸟1岁的时候，给它们芦草，实验组雄织布鸟在最初的第一周连一个简单的绳条都编不出来。通过3周的练习，它们的编织成功率仍然只有26%，而有经验的对照组能达到62%的成功率。

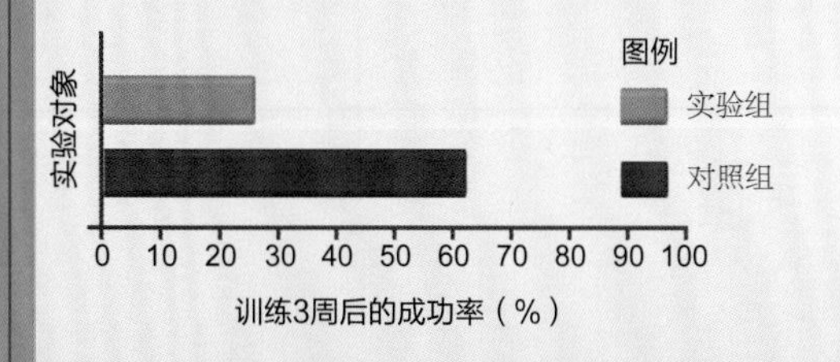

洞巢鸟

一对北扑翅䴕花了1～2周时间在树上凿了一个洞穴，用于产卵和育雏。被弃置的扑翅䴕巢成为其他洞巢鸟的家。

建造材料

自然界中有各种各样有机和无机的建造材料，如织布鸟筑巢的草、河狸做窝的树木、各种鱼类安居需要的沙子和鹅卵石，甚至土地本身就可以用来做洞穴。一些材料只需要很少的加工；而另一些材料需要被处理，或与其他物质如唾液、水等混合才能用于建造。许多动物自身的腺体能分泌建造材料，如丝、黏液和蜂蜡。一些动物也采用来自其他动物的材料，比如，许多鸟类搜集柔软的羽毛或皮毛来筑巢，而有些鸟类则用蜘蛛丝建造巢穴。动物对其建造材料的选择可以达到很苛刻的程度，连颜色都要精挑细选。

材料和结构

由环境提供

欧洲马蜂咀嚼死木材的纤维制造木浆，用来建造复杂的有多个居室且防水的巢穴。雄性羽鳍丽鱼将沙子堆成巢穴，同时也用于将来交配时的求偶炫耀。疣鼻天鹅搜集芦苇和其他河滨植物来筑巢。

欧洲马蜂

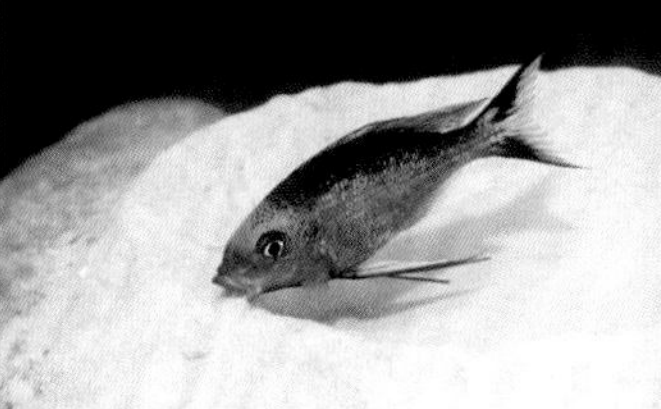

羽鳍丽鱼

疣鼻天鹅

由动物自身提供

大蚕蛾用丝在自身周围纺茧用于化蛹。蜘蛛也用丝，但是用其来织网。白蚁用唾液混合泥土建造白蚁冢的壁。穴居金丝燕也用唾液筑巢。其他来源于动物的材料包括蜂蜡和黏液，一些蛙类用黏液制造泡沫巢穴。

白蚁

大蚕蛾

由其他动物提供

寄居蟹会住进海洋软体动物的空壳，如可食用的玉黍螺中。当寄居蟹长大的时候，它就渐次迁居到更大的空壳中。许多动物居住在由其他动物建造的洞穴中，比如，姬鸮的巢穴就是原来啄木鸟在仙人掌茎中啄出的洞穴。人类也越来越多地为野生动物提供居所，如为紫崖燕群提供鸟舍。

寄居蟹

姬鸮

紫崖燕

石墙

石珊瑚

世界上最令人印象深刻的水下建筑是由几群微小的无脊椎动物建造的。通常只有几毫米横径的珊瑚虫，生长过程中会分泌文石骨架（一种磷酸钙）。随着时间推移，这些骨骼叠加形成珊瑚礁结构。珊瑚礁通常只分布在热带海岸线清浅的水域或者是海火山口（水下火山的顶层）。这是因为珊瑚需要充足的阳光保证它们的共生藻类——虫黄藻能进行光合作用，提供给珊瑚营养。珊瑚虫通过出芽和裂殖两种无性繁殖方式生长。此外，珊瑚虫也能有性繁殖。因此而产生的珊瑚虫幼虫最终居留在海底，长成新的珊瑚虫。

珊瑚礁
根据珊瑚虫生长方式和分泌方式的不同，珊瑚的形状各异。随着时间的推移，珊瑚礁会被腐蚀，紧密结合形成石灰石。

2000千米 世界上最大的珊瑚礁系统——大堡礁的总长度。

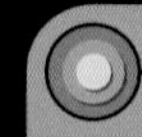
解剖学

石珊瑚虫

每个珊瑚虫居住在文石质的杯状外骨骼中。邻近的珊瑚虫通过结缔组织紧挨在一起。触手环绕在中央口周围，通过这个口取食和排泄。中央口通向消化腔。触手上含有被称为刺丝囊的刺细胞，用于麻醉和杀死猎物。

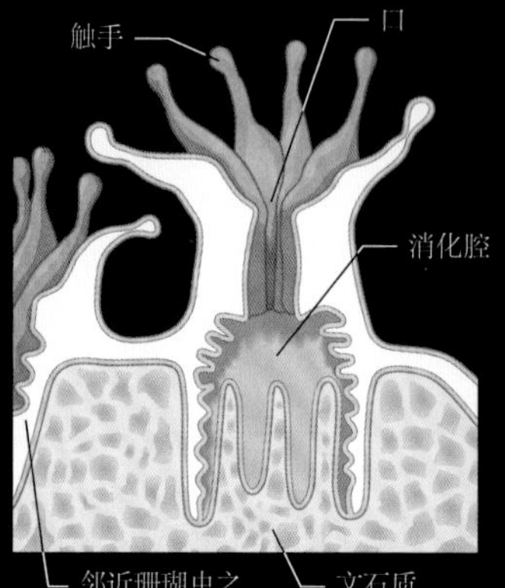

从太空可见
通过卫星可以看到大堡礁由大约3000个暗礁和900个岛组成。珊瑚礁位于珊瑚海中，距离澳大利亚昆士兰海岸线不远。

优雅的容器

瘤船蛸

雌性瘤船蛸（也称纸鹦鹉螺）分泌薄纸样的钙质壳，既保护自身也作为贮卵室。瘤船蛸实际上是一种章鱼，和真正的鹦鹉螺（*Nautilus*）是远亲，而且它的壳也没有鹦鹉螺壳中的气室。瘤船蛸的卵鞘通常有12~15厘米长，但可延伸至25厘米。卵鞘由它的8个触手中的一对触手分泌，并且随着瘤船蛸的生长，卵鞘的外缘也随之增加。

瘤船蛸（*Argonauta nodosa*）
10~30cm（雌性）；3~4cm（雄性）。
从印度洋和太平洋到南美洲东海岸的南半球的大洋表面水域。
触手上布满吸盘。皮肤上的色素细胞能让它从红色变成银色。只有雌性有壳。

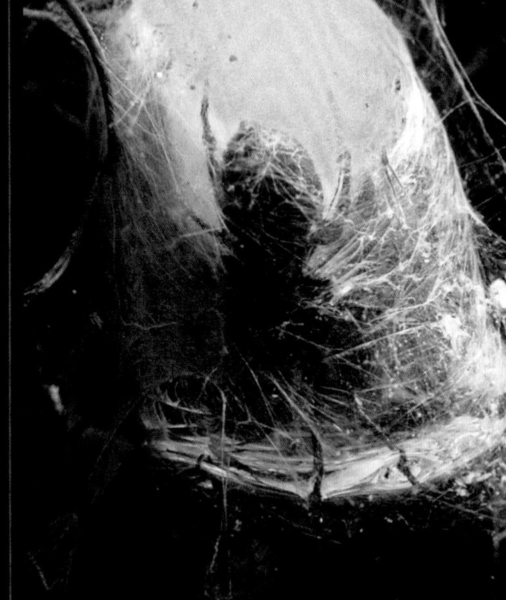

潜水钟

水蛛

得益于其自身的空气供给，水蛛能在水下生活一辈子。它织了一张网挂在水下植物上，然后不断地从其表面带回气泡充满整张网。这样形成的“潜水钟”可用于呼吸、躲避捕食者、消化猎物和繁殖。雄水蛛会在雌水蛛的潜水钟附近建造自己的潜水钟，交配的时候它们会穿透这些邻近的钟。雌水蛛在自己的潜水钟顶端建造一个茧，里面包含30~70个卵。冬眠的时候水蛛可能会封闭它们的钟巢，蜕皮的时候它们也可能在其他地方建造另一个新的钟巢。

丝绸般的隐居处
因为氧气可以扩散进来而二氧化碳能扩散出去，水蛛在它的潜水钟内几乎不需要补充空气供给。

水蛛（*Argyroneta aquatica*）
0.7~1.5cm。
中欧、北欧和亚洲北部的池塘、溪流、沟渠和浅湖泊中。
出水为棕灰色，入水后由于气泡围在身体表面而形成银色的光泽。

水下捕猎
水蛛等候昆虫和小鱼之类的猎物靠近它的钟巢。它伺机游出去，用有毒的口器征服猎物，再将它拖回潜水钟内食用。

复杂的网

黑黄金蛛

黑黄金蛛是园蛛的一种，这种蜘蛛能编织相对较大且呈圆形的网，它将网垂直悬吊在空中进行捕猎。黑黄金蛛编织的网直径可达0.6米，距地面高度在0.6~2.4米之间。园蛛每条腿上有3个爪，可以帮助其控制纺织的丝线。丝线由腹部的几个纺器中伸出。纺器为不同的腺体服务，这些腺体能产生不同类型和粗细的丝线，如黏丝是专门用于抓住猎物的。园蛛通常会在夜晚吃掉自己的网，而到第二天的时候重新编织一张新网。

黑黄金蛛（*Argiope aurantia*）

- 9~28mm（雌性）；5~9mm（雄性）。
- 从加拿大南部、美国、墨西哥、中美洲一直到哥斯达黎加的阳光充足的地带。
- 黑色的椭圆形腹部上有明显的黄色斑纹，腿部黑色，靠近身体处呈红色或黄色。

30分钟 大多数园蛛完成一张网所需的时间。

构造一张圆形网

首先，蜘蛛用一股丝连接两个支撑物形成一条桥线或初级线。然后它开始构建“脚手架”线，这些线将网和它的支撑物连接起来。之后，它制造出由网中央向四周辐射的网框架。最后，它用黏丝纺织出紧密的螺旋，一张蜘蛛网就大功告成了。

圆网

蜘蛛坐在它的网上等待昆虫自投罗网。蜘蛛网中央加固的部分被称为匿带。

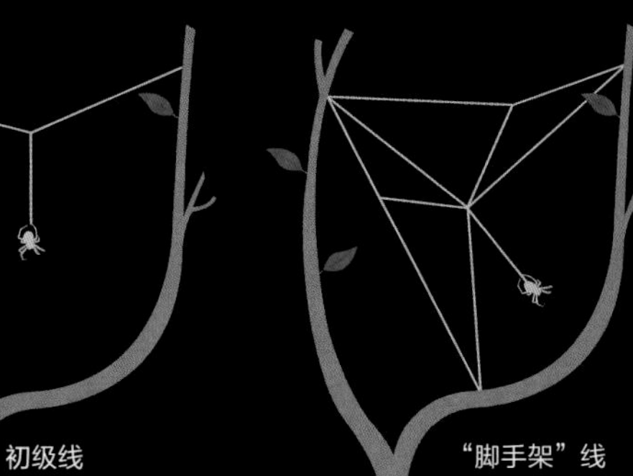
初级线

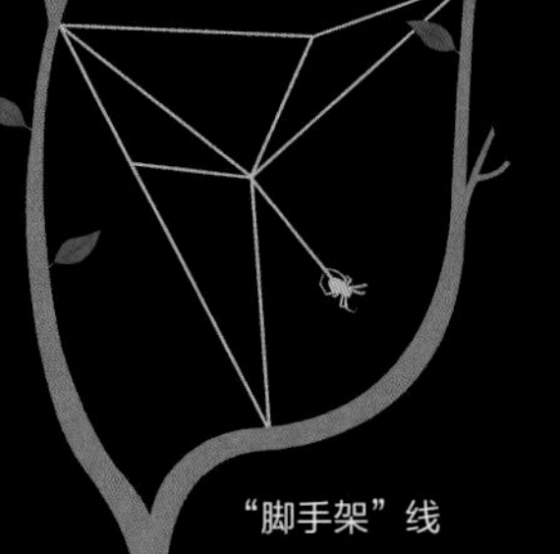
“脚手架”线

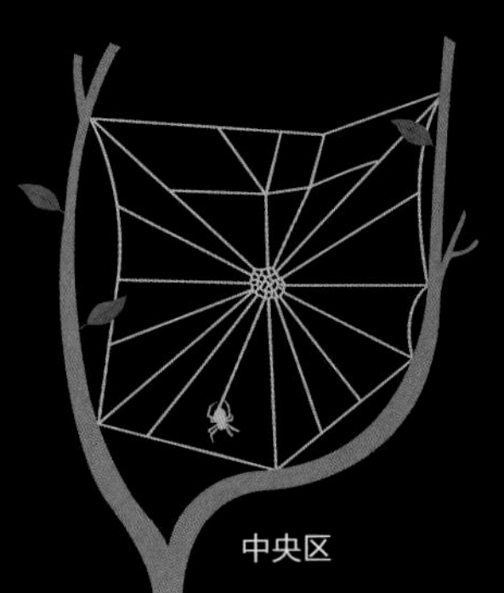
中央区

临时性螺旋

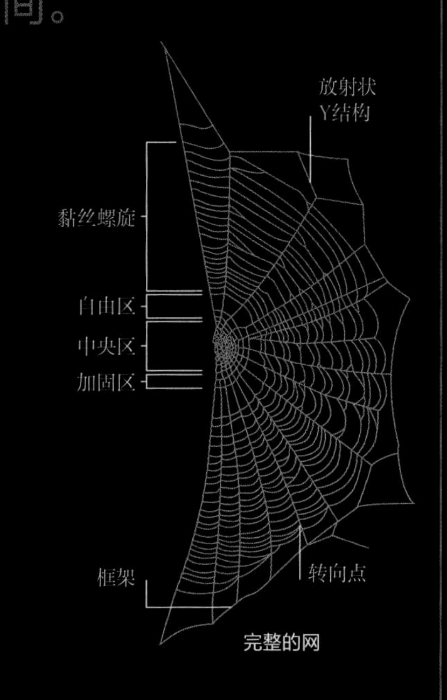

完整的网

多功能建筑物

非洲大白蚁

这种小小的白蚁能建造令人难以置信的巨大而精巧的蚁冢供自己居住。一个成熟的蚁冢可容纳300万~500万只白蚁。在蚁冢内部有着复杂的居室，管道和通风道上下贯通整个蚁冢。每个蚁冢有特定的空间存放废物，储存和培养食物，产卵及供幼虫发育。白蚁后居住在王室内，王室围绕它的身躯而建。工蚁照顾蚁后，将它产下的卵送到育儿室发育。蚁后的身体分泌一种信息素刺激工蚁在它周围建造柱子、拱门乃至墙壁，最终建起王室。信息素也能帮助指挥蚁冢内壁和管道的建造。

空调系统

蚁冢有一个精巧的嵌入式通风系统：气压或温度的变化会引起空气循环，使整个群体降温或换气。风从蚁冢顶端的开口吹过，降低了气压，把干净的空气带入蚁冢基部的管口，并进入蚁冢的内部通道。

大白蚁属（*Macrotermes*）

- 长达3cm。
- 非洲、东南亚的稀树草原上。
- 工蚁通常是浅褐色至白色的，无视力，无翅。有繁殖能力的白蚁通常颜色更深，有复眼和一对翅。

菌物花园

许多白蚁栽培菌类，它们及其若虫以菌类的子实体为食。植物纤维被白蚁咀嚼后提供给菌类，使菌类生长旺盛。

高层建筑

大白蚁的蚁冢高达6~7米。干旱的年份，垂直向下的通道一直开凿到地下水层，距离地面有45米之深。

纸房子

普通胡蜂

普通胡蜂是社会性昆虫，它们用纸筑巢。只有蜂王（唯一的产卵者）能过冬并在来年春季重新建立一个群体。胡蜂选择适合的地点筑巢，既可以是地下某动物遗弃的洞穴，也可以是一个隐蔽的地点，如花园凉棚。一旦选定地点，它们就开始构建巢穴，材料来自附近树木和木材被咀嚼过的木浆。木浆风干后变成纸张，成为一种强韧而又轻巧的建筑材料。完工的巢穴通常有许多水平分层、开口朝下的小室。这些小室中含有蜂卵和发育中的幼虫。环绕这些小室的是一系列螺旋小室，用于加固蜂巢并能吸收起隔热作用的空气。

普通胡蜂（*Vespa vulgaris*）

- 1～1.5cm（工蜂）；1.5～2cm（蜂王）。
- 在欧洲、亚洲、北非、北美洲的花园、林地和草地附近的地下或建筑物中筑巢。
- 有黄黑斑纹的胡蜂，胸腹间有明显的腰部，两对翅。刺在腹部尖端。

早期阶段

单只蜂王最初只建造一个悬挂巢穴的杆状物。然后它在上面增加小室，在每个小室中产下一粒卵。这些工蜂完全长大后，将帮助蜂王完成巢穴的建造。

天然卡尺

普通胡蜂利用它们的下颚咀嚼木材，放置在巢中适当位置，然后利用口器调整木浆的厚度。用纸张筑巢的胡蜂的下颚比那种用泥巴筑巢的胡蜂的下颚更短、更宽。

弧形墙

随着种群数量的增多，工蜂逐步将巢内最靠内的墙壁捣毁，并在巢穴外部建造新墙。一个完工的蜂巢能容纳5000～10000只胡蜂。

蜡巢

蜜蜂

蜂群居住在蜂箱中，蜂箱由数层蜂巢组成。蜂巢上的小室用于安置发育中的蛹、储存花粉和花蜜。工蜂用蜂蜡筑巢，蜂蜡由工蜂腹部的腺体分泌，用口器对蜂蜡进行处理。工蜂为不同需要建造各种小室。雄蜂（唯一的职责是与蜂王交配）幼虫的小室比工蜂幼虫的要大，而为未来的蜂王发育的小室更大，其形状为椭圆形，方向垂直，而不像其他小室那样是水平的。

意大利蜜蜂（*Apis mellifera*）

- 1.5～2.5cm。
- 广布全球。一些亚种是欧洲、非洲、中东和亚洲的本地种，并引进到南美洲和北美洲。
- 身体黄褐色，多毛。工蜂的产卵管变成刺。

>> 185，424～425，463。

工蜂

口器

腹部分泌的蜂蜡

后腿上的毛刷

蜂巢

蜂巢由一系列规则的六角形小室层组成。当一个小室充满了成熟蜂蜜或一个幼虫准备化蛹时，这个小室就被蜡盖封住。野生蜂群（见右图）居住在中空的树干或岩洞中。

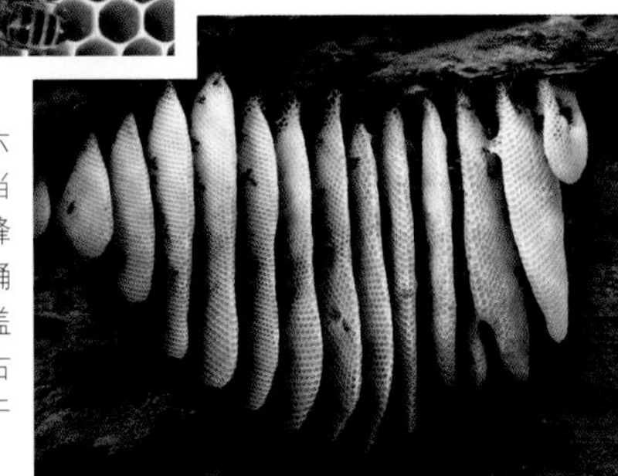

叶巢

织叶蚁

织叶蚁，也叫绿蚁或树蚁，居住在树木顶端，用树叶做巢。蚁巢为工蚁和发育中的幼蚁提供庇护。一群织叶蚁由10万～50万个个体组成，并且拥有多达150个不同的蚁巢，这些蚁巢分布在12棵或更多的树上。蚁群的其中一个巢穴里包含若干个产卵的蚁后。与其他巢相比，这个蚁巢的特点是拥有更多与之相连的蚁道。工蚁沿着这些蚁道将蚁卵分配给其他的蚁巢。在蚁群领地的边缘有兵蚁巢，那里住着年龄较大的工蚁，它们的任务是保卫边界。织叶蚁对许多果树（如柑橘类水果树、芒果和腰果树）的害虫而言是贪婪的捕食者。因此，果树种植者会在他们的种植区引进织叶蚁群，并在树木之间栽种竹子并搭建竹桥帮助蚂蚁四处活动。这些蚂蚁使果树对化学农药的需求得以减少。

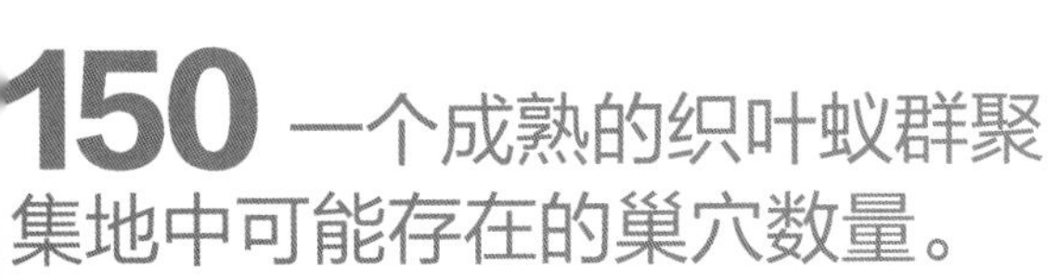

苦力队

当一只织叶蚁发现了两片弹性适合用于做巢的树叶时，后来的工蚁会排成队跨坐在这两片树叶上，将这两片树叶拖近。它们就这样将树叶固定在原地，让其他的工蚁将树叶"粘"起来。

150 一个成熟的织叶蚁群聚集地中可能存在的巢穴数量。

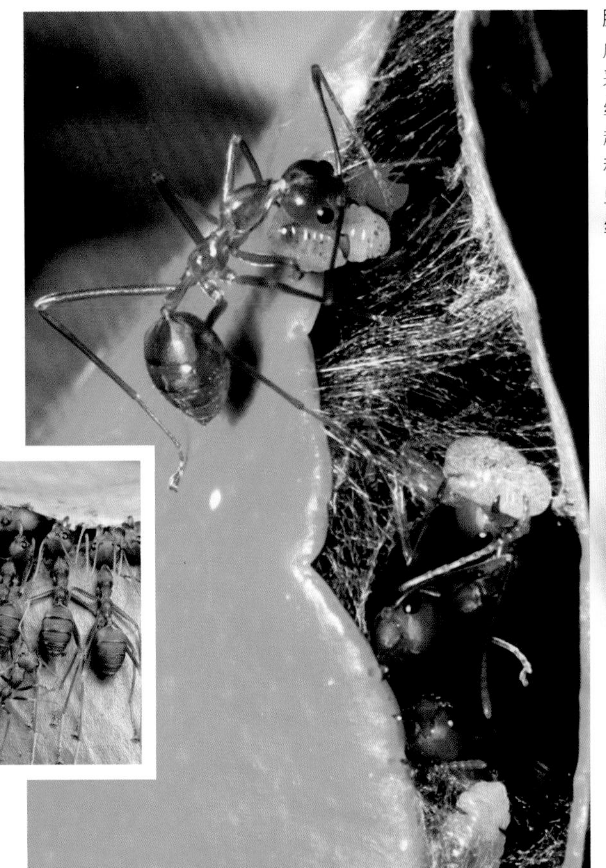

胶水管

成年织叶蚁筑巢时采用幼虫分泌的黏丝将树叶黏合到一起。与其他蚂蚁物种不同，织叶蚁幼虫并不用它们的丝来作茧。

绿房子

一旦数片叶子被黏合到一起，蚁巢就完工了。工蚁和部分蚁卵会搬进去住，蚁卵在那里经过幼虫期和蛹期，最终发育成年。

织叶蚁属（*Oecophylla*）

- 约6mm。
- 非洲、亚洲和澳大利亚热带雨林的树木上。
- 体形相对较大的红棕色蚂蚁。头、胸、腹之间有明显的分界。胸部有6条腿。头上的触角分为12节。

二手房

美鳍亮丽鲷

美鳍亮丽鲷利用空蜗牛壳作为哺育鱼卵的育儿室。雌鱼会被体形较大的雄鱼所搜集的蜗牛壳巢穴吸引。体形较大的雄鱼与体形较小的雄鱼相比，在领地争夺和蜗牛壳的竞争中更占优势。相反地，体形较小却是雌鱼的优势，因为较小的雌鱼能进入蜗牛壳的深部产卵，并且它们会在里面待上两周，直到卵孵化了才离开。当然，也存在一些体形中等的雄鱼会潜入某个雄鱼的领地，在这个领地内居住在不同的壳中的雌鱼可多达14条，潜入者会试图与这些雌鱼交配。还有另一种策略：短小的雄鱼因为体形较小因此能够进入蜗牛壳内，从而趁机使雌鱼产的卵受精。

美鳍亮丽鲷
（*Neolamprologus callipterus*）

12cm（雄性）；4.5cm（雌性）。

东非中部坦噶尼喀湖的淡水中。

灰褐色鱼体，背鳍较长。雄性比雌性大很多（有些大27倍）。

蜗牛壳收藏家

雄美鳍亮丽鲷收集空的蜗牛壳，将它们运到筑巢区并加以保护。最大的雄鱼喜欢搜集更多的壳，因此能吸引的雌鱼也比体形小的雄鱼多。

泡沫育幼室

大灰攀蛙

因为繁殖用的池塘只是季节性可用的，这种蛙只在雨季中很短的一段时间内繁殖。交配对在悬挂于池塘上方的树枝上找到合适的交配地点后，雄蛙用它长长的腿和蹼足把雌蛙分泌的液体搅拌成泡沫状物体来筑巢。其他的单身雄蛙也可能加入到筑巢行动中来，当雌蛙将卵产在泡沫内的时候，它们也释放精子。一般情况下，蛙巢内含有约850个卵，在温度为25℃时，需要大约3.5天的时间孵化成蝌蚪。蝌蚪在泡沫巢中再生活2天后，几乎同时离开巢穴跳入下面的池塘中。

大灰攀蛙
（*Chiromantis xerampelina*）

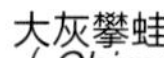

4.5～7.5cm（雄性）；6～9cm（雌性）。

东非中部和南部的亚热带和热带雨林、稀树草原、灌木丛林地和草地中。

灰褐色杂斑蛙，有一对大眼睛。

搅打成巢

雌蛙将卵产在这个由雄蛙搅打出来的巢穴中（见上图）。泡沫巢的外层变硬，包绕着潮湿的内部形成一个穴。氧气可以透过这些泡沫扩散，保证蝌蚪在跳入池塘之前有足够的氧气呼吸（见上小图）。

动物庇护所

沙龟

沙龟用它那强壮有力的前腿和宽阔平坦的爪子挖洞，洞穴长4.6米，深2米，一般位于排水良好的沙质土壤中。这种陆生龟在它的领地内可能有几处常用或不常用的洞穴，用于躲避捕食者和中午的烈日，以及晚间睡觉和冬眠。目前记录到共有302种无脊椎动物和60种脊椎动物曾经利用沙龟的洞穴作为庇护所，这些动物包括青蛙、蜥蜴、蛇类和老鼠。

沙龟（*Gopherus polyphemus*）

25cm。

美国东南部的沙脊、沙丘和长叶松林中。

陆生龟，上壳棕灰色，下壳黄褐色，柔软的部分为灰褐色。

固体结构

锤头鹳

锤头鹳建造的巢穴是鸟类中最大的有屋顶的巢穴。巢穴通常建造在树杈中间。首先，用棍棒搭起一个平台，然后将边缘筑起形成较深的盆地。之后再加上一个由棍子和泥土混合成的圆形屋顶。小入口通常位于靠近巢基的一边，作为逃避捕食者的防备措施。入口通道和巢室内部都涂满泥土。整个巢穴有2米高、2米宽，需要6周才能建成。建成后，它的屋顶能承受一个成年男人的重量。整个巢穴还用特殊的物件装饰，比如羽毛、蛇皮、骨头，甚至一些人造的东西。一对锤头鹳在它们的领地内可能会建造数个这样的巢穴，而使用的只是其中之一。其他鸟类如雕鸮和埃及雁经常光顾这些备用巢。

锤头鹳（*Scopus umbretta*）

47～56cm。

非洲撒哈拉沙漠以南地区、马达加斯加和阿拉伯半岛西南部的淡水沼泽地中。

中等体形的涉禽，与鹈鹕是近亲。羽毛棕色，喙强壮有力，头后部有羽毛蓬松的巨大鸟冠。

团队合作

锤头鹳是终生相伴的，一对锤头鹳每天需要花费4小时的劳动来建造它们宏伟的巢穴。建成之后，雌鹳在巢室产下褐色的卵，每窝卵在3～9个之间。

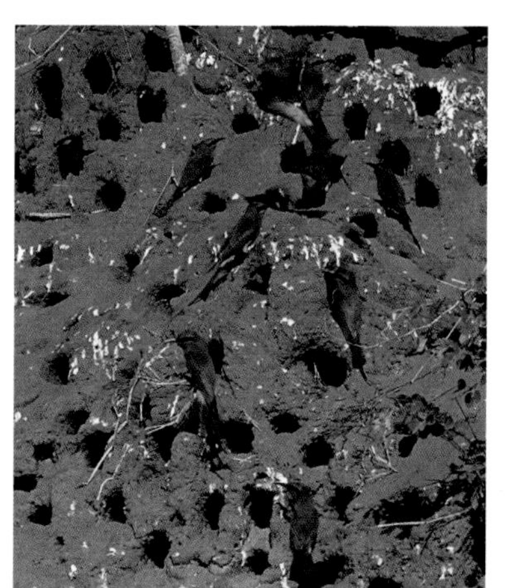

沙丘洞穴

洋红蜂虎

洋红蜂虎沿着河边垂直的沙堤挖凿水平的洞穴。它们的群体包含数千个体，常分成更小的族群。在开挖洞穴的时候，首先一只洋红蜂虎反复绕着沙堤飞翔，直到它啄出一个小凹陷能停靠在上面，然后再用它的喙和腿挖出一条1～2米长的隧道。这种鸟的两个脚趾在基部融合，使之能发挥铲子一样的功能。未成熟还没有配偶的年轻小鸟可能会帮助它的父母挖掘隧道。

洋红蜂虎（*Merops nubicus*）

27cm。

非洲亚赤道地区的低地河谷、漫滩和河边林地中。

色彩华丽的鸟类，有明亮的橘红色后背、粉红色胸脯、蓝绿色鸟冠和蓝色的下尾。南方的种群颈前部粉红色，北方种群颈前部蓝绿色。

高层生活

白鹳

白鹳建筑的巢穴是所有鸟类中最大的一种。一对白鹳往往终生相伴，它们每年都会回到相同的巢穴中，为这个去年使用过的巨大巢台添加一层新的木棍和泥土。雌性和雄性都参与到巢穴的建设中，不过采集材料的工作主要是由雄鹳完成的。除了棍棒，它可能还会选择人类丢弃的纸张和碎布。忠于自己巢穴的鸟类比那些在别处筑新巢的鸟类繁殖失败率低。白鹳也会将新鲜牛粪带进巢穴用于保温，以便提高它们的卵的孵化率和幼雏的成活率。

白鹳（*Ciconia ciconia*）

1～1.2m。

在欧洲、非洲西北部和亚洲西南部繁殖；在南非和印度次大陆的热带地区过冬。栖息在沼泽觅食区附近的开阔农田中。

大型涉禽。大部分为白色，翅膀上的飞羽为黑色，喙和腿部红色。

远离捕食者

在西班牙埃斯特雷马杜拉地区的巴罗斯（Los Berruecos），白鹳在巨大的花岗岩石顶端筑巢，远离威胁。

人类的影响

人工栖宿地

白鹳经常在建筑物的屋顶筑巢，例如教堂和塔楼。由于它们与人类关系密切，白鹳很久以来就被认为是好运的象征，同时也是虚构的送子观音。在欧洲的许多地方，人类建造高台以吸引白鹳筑巢。由于建筑物能更好地承载巢穴的重量，在建筑物上的巢穴比在树林中的巢穴寿命更长久。有一个从教堂上取下来的巢穴重达750千克。

树上小屋

北美黑啄木鸟

北美黑啄木鸟用它强壮的喙在树上凿出巨大的洞穴，通常离地面4.5～24米。它们每年会凿一个新的洞穴，但也可能持续居住在一个洞穴中几年以上。用于凿洞的树木根据各地区的不同也有不同，包括白杨、西部落叶松、北美黄松和道格拉斯冷杉。这些树通常是已经死亡并中空的，这比在那些有生命的坚固树木中凿穴要容易得多。这些洞穴通常朝向南方或东方，以便吸收更多的阳光。其他鸟类，如美洲隼、林鸳鸯和鸣角鸮，会居住在这些啄木鸟废弃的洞穴中。有时黑啄木鸟为了发现树木中的木蚁和甲虫幼虫这类食物而啄个不停，用它们那有黏性的长着倒钩的舌头把这些虫子挑出来。啄木鸟的腿很适合在垂直的树干上行走，因为有两个脚趾是向后伸出的。

木屑飞溅

两性共同筑巢，巢穴里面衬着木屑。每对啄木鸟产3～5枚卵，由父母轮流孵育。

北美黑啄木鸟（*Dryocopus pileatus*）

42cm。

北美洲，尤其是加拿大南部和美国东部的松树林和落叶林中。

体形较大的啄木鸟，身体主要为黑色，头胸部亮红色。雄性从喙向后伸出一绺红色小胡须。

解剖学

减震器

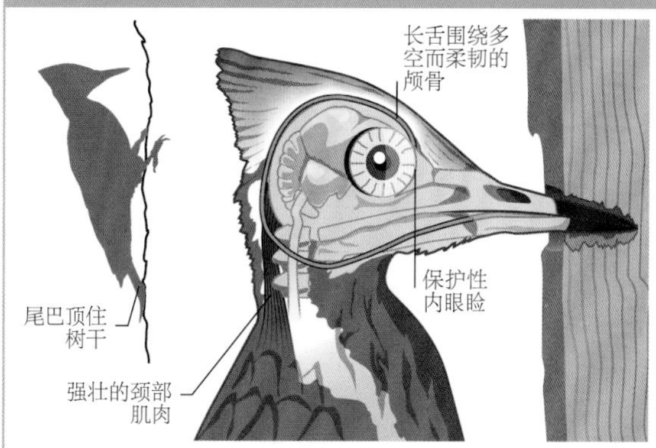

一只啄木鸟啄树的频率在20次/秒，速度为24千米/时。它的身体有很多特殊性结构保障其面对快速又猛烈地撞击坚硬物体所带来的冲击：它的凿子形的喙被厚厚的骨骼固定在颅骨上，可防止振动；颅骨相对较薄，而且由骨松质构成，对大脑起到缓冲垫的作用；喙后面和颈部的肌肉在冲击到来之前收缩，有助于抵抗振动或将它传递至全身从而保护头部；同时关闭第三眼睑来束缚眼球，并保护眼睛不被飞来的碎片袭击。

争夺雌性

一只雄性黑额织布鸟在它完工的巢穴（左下）下面扇动翅膀求偶。另一个竞争者才刚刚开始筑巢（中间），但它仍然可能求偶成功，因为雌鸟喜欢新鲜的绿色巢穴更甚于棕色巢穴。

针织球

黑额织布鸟

黑额织布鸟将柔软的草条弯曲，打结，编织成一个球形巢穴悬挂于树枝之上。一群雄织布鸟在同一棵树上筑巢，选择的位置一般是树梢末梢，是为了躲避树上诸如蛇一类的捕食者。一旦巢穴最初的圆环定型之后，织布鸟就开始构建巢腔。鸟本身的长度决定了这个球形腔的大小。当巢腔完成后，织布鸟还会加一个拱门形的入口。当雌织布鸟搬进来之后，它会在产卵前给巢内衬上软草和羽毛。雌鸟每窝产卵约5枚。

雄织布鸟喜欢选择新鲜的绿色植物作为筑巢材料。嫩草的柔软性使其比老草更容易编织。因此，雌鸟也喜欢选择由新鲜材料做的巢。织布鸟采取一系列复杂的连接方法，包括螺旋形捆绑、打半活结、锁缝，以及滑结这样的打结方法。拥有丰富的操作新鲜绿色建筑材料经验的鸟，比那些缺乏类似经验的鸟，更擅长建造它们的巢穴。雄织布鸟为了搜集这些材料要飞行370千米的距离。

鸟类中巢穴编织的技能起码独立进化了两次，一次是在欧洲、亚洲和非洲的织布鸟中，第二次是在南美洲和北美洲的拟椋鸟和酋长鸟（两者都是新大陆拟黄鹂类）中。对于织布鸟而言，雄性是筑巢者；而在拟椋鸟和酋长鸟中，雌性承担了大部分的筑巢工作。

>>01

>>02

>>03

工作进行中

>>01 雄织布鸟开始筑巢，它选择一根可以悬挂起巢穴的细枝。

>>02 然后，它用草条编织一个垂直的环。

>>03 再用喙缠绕和扭结更多的草条，以加固这个草环。

黑额织布鸟（*Ploceus velatus*）

11～14cm。

南非的灌木丛、稀树草原、草地、开阔林地、内陆沼泽地和半沙漠地区。

雌性绿黄色；雄性繁殖季节脸颊、喉和喙是黑色的，鸟冠和胸亮黄色，眼睛可能是泛绿的黄黑色和红色。

370千米 雄织布鸟筑巢搜集新鲜植物材料时飞行的总里程。

近似种

在织布鸟属中约有60个不同的种，但所有这些鸟都有着相似的特征。为搜集筑巢材料，雄织布鸟，如黑头织布鸟（*P. cuculatus*，见上图），停靠在叶基附近，将叶子啄下并匆匆带走长长的细叶条。雌织布鸟，如小织布鸟（*P. luteolus*，见右图），在决定是否在一个雄鸟的巢穴中住下来繁殖之前，会仔细检查这个巢穴。

有装饰的舞台

褐色园丁鸟

褐色园丁鸟建造由小木枝精心制作的展示舞台来吸引配偶。它们结构巨大且让人印象深刻，其建造在地面上，宽约1.8米，高1.2米。褐色园丁鸟不同种群间对巢穴的设计和装饰品味各有不同。例如在阿法克（Arfak）山的园丁鸟喜欢建造配有拱门入口的茅舍样小屋，它们在门上用色彩鲜艳的花朵和水果做点缀；而发克法克（Fakfak）山的园丁鸟建造的巢穴像尖塔或五月花柱，并配以相对单调的装饰，如蜗牛壳、坚果和菌类。

褐色园丁鸟（*Amblyornis inornata*）

- 25cm。
- 印度尼西亚伊里安查亚省的极乐鸟半岛山区。
- 无花纹的黄褐色鸟类。

可扩张的家

银喉长尾山雀

银喉长尾山雀用蜘蛛网、地衣、苔藓和羽毛建造出一个球形巢穴。通常这些巢穴建在灌丛中，例如金雀花、悬钩子、李树和山楂。巢穴被苔藓粗糙的细叶组合起来，而这些苔藓又钩住有弹性的蜘蛛丝环圈。随着山雀长大，这个巢穴能相应扩大以容纳它们。巢穴的外表覆盖着银色的地衣和白色的蜘蛛茧，两者都能反射光线而造成伪装。巢穴内部衬有2000多根羽毛组成的羽毛层，这些柔软又保暖的羽毛占据了巢穴空间的40%左右。长尾山雀会根据当前环境条件调节巢中羽毛层的厚度，其中最重要的因素就是环境温度。

成长中的家庭

每窝山雀产卵6~12枚。一旦雏鸟孵化出来，父母就必须辛苦工作为这些成长中的小鸟提供足够的昆虫。那些繁殖失败的亲戚有时候会过来帮着喂养小鸟。

银喉长尾山雀（*Aegithalos caudatus*）

- 13~15cm。
- 欧洲和亚洲的落叶树林、灌木篱墙和密灌丛。
- 小型鸣禽，上体黑棕色，下体米黄色，头上的鸟冠白色。

泥巢

毛脚燕

毛脚燕的巢在屋檐下，是由泥土筑成的深杯形鸟巢。连续的泥土层堆叠起来，里面衬有柔软的材料，如稻草和毛发。巢穴顶端有一个狭窄的入口允许毛脚燕进出，但能有效阻止其他体形较大的鸟类如麻雀的进入和占领。毛脚燕的近亲，如其他岩燕和家燕也显示出类似的有趣的筑巢行为。它们的祖先是穴居的，这是一种仍然被崖沙燕保留的行为。其他如紫崖燕和双色树燕，则能利用现成的洞穴居住。家燕和红石燕都能像毛脚燕一样用泥土筑巢，但是家燕的巢穴相对而言呈浅杯形，位于横梁顶上；而红石燕的巢是球形的，并且有一个突出的入口通道。

毛脚燕（*Delichon urbica*）

- 13cm。
- 夏季生活于欧洲、北非、亚洲温带地区的开阔地带。在非洲撒哈拉沙漠以南地区和亚洲热带地区类似的栖息地上越冬。
- 头、背、尾部蓝黑色，臀部和腹部白色。尾部呈浅叉状。

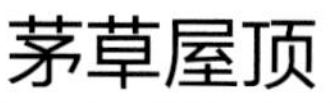

筑泥

毛脚燕用它们的喙搜集泥土小球，这些泥土来自附近的池塘、溪流和地上积水中。雌燕和雄燕共同参与筑巢，而且几个繁殖对可能会将它们的巢穴建在一起。

茅草屋顶

厦鸟

厦鸟以约500只为一群生活在它们的“公寓区”。它们巨大的巢房看上去像位于金合欢树枝间的干草堆。这些厦鸟一年到头都要忙于维护它们的巢穴——这是非常必要的，因为用厚茅草盖的屋顶针对沙漠地区寒冷的冬夜和炎热的夏日提供了很好的防护。巢房的下面可能有将近300个开口，每个开口连着通向巢房的通道。厦鸟也会与其他鸟类共享它们的巢房，如非洲侏隼、燕雀、�和情侣鹦鹉等，而兀鹫、猫头鹰和老鹰甚至还会在它们的屋顶上面筑巢。

厦鸟（*Philetairus socius*）

- 14cm。
- 南非北部和纳米比亚南部的开阔稀树草原和棘灌丛。
- 身体浅黄褐色，腹部浅黄白色，下颏黑色。

建筑材料

厦鸟采用各种材料筑巢。最初的结构由大树枝和茎组成，然后用草将空隙填满；入口处稻草的尖芒能阻挡捕食者，巢房内部则由柔软的皮毛和棉花做内衬。

水利工程

北美河狸

北美河狸是运用水利进行建造的工程师。为了创造足够深的池塘来建造它们的窝，河狸首先建造一条水坝来控制水流并抬升水面高度。迄今发现的最大的河狸水坝位于美国蒙大拿州的三岔湖地区：共650米长，4米高，水坝基部厚度达7米。除了水坝，河狸还建造通向觅食区的运河，沿着它将食物漂浮回自己的窝中。河狸对它们生境中的生态系统和水的运动有积极作用。它们的水坝有助于控制土壤腐蚀和洪水泛滥，而它们的池塘也为其他生物提供了有价值的沼泽环境。然而，它们的活动也可能是有害的。它们可能引发水灾，例如，它们会堵住公路下面的排水沟，同时也可能对乔本作物带来经济上的损害。

池塘与河狸窝帮助河狸防御狼、猞猁和熊等捕食者，也提供了度过严冬的庇护所。当池塘结冰的时候，河狸依然在它们的窝中生活，并可以在冰下自由活动。

池塘和水坝

河狸水坝的形状由水流决定。水流缓慢时水坝是直的，但是在流速较快的河流中，水坝是弯曲的，以便使之更坚固。

凿开树干

河狸有坚硬的颅骨和硕大的牙齿，极适合凿穿树干，吃掉树皮和形成层（紧靠树皮内侧的柔软组织层）。它们的牙齿终生都在生长，通过啃咬被磨损。

北美河狸（*Castor canadensis*）

90～117cm。

北美洲的湿地、溪流、河流中，遥远的加拿大北部、美国南部和墨西哥部分地区除外。

大型啮齿类，皮毛能防水，呈棕黑色，耳短而圆，尾巴宽阔、平直而且有鳞。

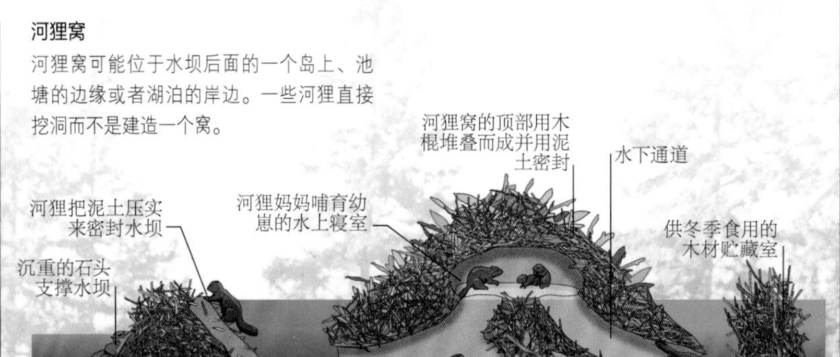

河狸窝的顶部用木棍堆叠而成并用泥土密封
水下通道
河狸妈妈哺育幼崽的水上寝室
河狸把泥土压实来密封水坝
沉重的石头支撑水坝
供冬季食用的木材贮藏室

河狸窝

河狸窝可能位于水坝后面的一个岛上、池塘的边缘或者湖泊的岸边。一些河狸直接挖洞而不是建造一个窝。

维修工作

如果河狸的水坝遭到破坏，它们会很快再修建一个。它们用牙齿拖拉树干，用前爪运输泥土和石头。

稻草房屋

巢鼠

雌巢鼠在怀孕的时候编织球形巢穴用于生产和哺乳。通常巢穴建筑在离地面0.3~1.3米高的地方，附着于芦苇秆、谷类作物和草茎上。这类老鼠通常在晚间筑巢。首先，它将草叶子用牙齿撕碎，再将这些细条编织成一个直径约10厘米的中空球。然后再加入更多的草将这个球加厚好几层，最后完成的巢穴内部还设有一张用细树叶和小草做成的软床。这样的巢穴可能有数个开口，但是在生产后1周时间内，雌鼠会将这些开口封闭。每窝小鼠有5~6只。

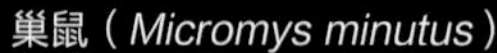

巢鼠（*Micromys minutus*）

5~8cm。

欧洲（除斯堪的纳维亚大部分地区）和亚洲北部的芦苇丛、干草甸、谷类作物地和绿色灌木篱墙中。

小型鼠，有钝圆的鼻子、短圆的耳朵、可缠卷住的尾巴。泛金光的红褐色皮毛，下体为白色。

保持警惕

草原犬鼠洞口处的土丘为它们提供了监视周围环境的绝佳地点。这些土丘相当于观察捕食者的瞭望台，捕食者可能包括郊狼、短尾猫、雕和鹰。一旦监视到敌人正在靠近，草原犬鼠就能发出警告，潜入地下隐藏起来。

地下城镇

黑尾草原犬鼠

草原犬鼠生活在被称为“城镇”的广阔的地下隧道系统中。这些城镇可以分成不同的区，而区进一步分成各个小圈子。每个圈子中居住着数个有血缘关系的雌鼠和一个没有血缘关系的雄鼠及它们的后代。每个圈子可拥有多达50或60个入口进入隧道系统。隧道系统平均有5~10米长和2~3米宽。一些入口周围环绕1米高的土丘，看上去像一个火山口。这些土丘有助于隧道系统的通风换气，因为它能改变气流，把新鲜空气拉进地下通道。同时它的峭壁也能很好地防止捕食者的入侵和洪水暴涨。其他的入口有一些较浅的圆丘，还有些入口根本没有任何土丘。

土丘顶部的入口

繁茂的牧草地

草根将地表层结合起来

通风井

垂直通道中的过道

主室中的干草

隧道系统

在每个夜晚、夏季炎热的白昼以及冬季的严酷天气中，黑尾草原犬鼠都居住在它们的地下隧道系统中。

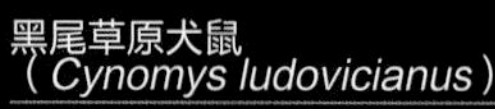

黑尾草原犬鼠（*Cynomys ludovicianus*）

35~43cm。

从美国得克萨斯州中部到加拿大南部的干旱、开阔的矮草草原或中草草原。

外被棕红色皮毛的啮齿类，下腹部白色，尾尖黑色。体毛尖端在夏季为白色，在冬季为黑色。眼睛和耳朵都很小。

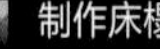

4亿 迄今发现的最大的草原犬鼠城镇（位于美国得克萨斯州）中的个体数。

夜晚筑巢

黑猩猩

大多数夜晚，黑猩猩都要新建一个巢穴来睡觉。它们的床通常建在树木的高处，离地10~20米，远离捕食者的视线，而且雌性的巢通常比雄性建得更高。首先，它们利用树枝和树叶构建一个直径60~80厘米的平台。建造一个巢穴需要的时间可能只有1~5分钟，取决于建造者的经验。黑猩猩通常每天晚上需要12小时的睡眠时间，而且在白天觅食的间隙它们也会在巢中休息。此外，在生病或者受伤的情况下它们也会返回巢中。刚出生的黑猩猩与母亲睡在一起，直到有新的兄弟诞生，此时它们才不得不建造自己的巢穴，并到地面上锻炼它们的技能。生物学家通过新建巢穴的数量能预测某个地区黑猩猩的数量，同时，筑巢时发出的响声也能揭示它们的位置。大猩猩和猩猩也建造类似于黑猩猩的这种树栖巢，但是大猩猩也会在地面上筑巢。

制作床榻

首先，黑猩猩将几根粗树枝拉到一块儿，压实，做成一个合适的平台。然后在四周编上较细的枝条，在床的中央垫上折断的枝条末梢和树叶。

黑猩猩（*Pan troglodytes*）

73~95cm。

非洲近赤道的走廊林、雨林和林地稀树草原。

长满黑毛的猿，有时夹杂着灰色或棕色。婴儿的尾丛毛和脸部是白色的，随着年龄的增长逐渐变黑。

247，454，460，465，480~481。

“好逸恶劳”

黑猩猩日间的巢穴可能旧一些而非新建的，通常这些巢穴位于黑猩猩觅食的同一棵树上。而且日间巢穴通常比晚间的巢穴位置更低。

树叶帐篷

白蝠

白蝠居住在长满丰富的海里康属植物的雨林里，它们栖息在用长而宽的叶子制作成的帐篷中。这种蝙蝠一点一点地轻咬一侧树叶的主脉，使之向下折成一个倒V形。每个帐篷可容纳1~12只蝙蝠，通常是一只雄蝠和它的一群妻妾。一个蝙蝠种群可能含有数个分散于雨林中的帐篷。白天这些蝙蝠使用这些帐篷抵御阳光、雨水和鼠、蛇等捕食者。透过树叶照在白蝠身上的绿光使这些蝙蝠很难被辨认出来。它们对这种伪装非常有自信，以至于只有当海里康属植物的主干被震动的时候它们才会飞走。

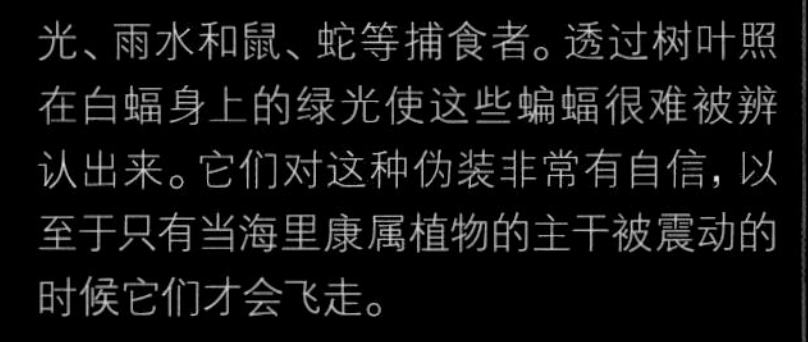

白蝠（*Ectophylla alba*）
4~5cm。
美洲中部，包括洪都拉斯、尼加拉瓜、哥斯达黎加和巴拿马地区的低地雨林中。
小型白色蝙蝠，长有黑色的翼膜、黄橙色的脸，还有一个三角形的鼻叶。

雪窝

环斑海豹

所有的海豹都需要到水面上呼吸。当海洋冰面上的开口在秋季开始冻结的时候，环斑海豹会用它前肢上的爪子在冰面上开一个呼吸孔，以便它们能上来换气。春季，雌海豹在它们呼吸孔上方堆积的雪堆中挖凿一个窝（这是所有海豹都具备的一种行为）。它们在这个兽穴中产下一头小海豹，并哺育40天。这个兽穴保护小海豹抵抗严寒，同时也能在一定程度上躲避捕食者。但是，北极熊能够通过海豹的气味找到这些雪窝，有时还会从顶上进行破坏。成年海豹通过呼吸孔还有逃生的机会，但是如果小海豹太小不能游泳的话，就只能成为北极熊的美餐了。环斑海豹的窝穴通常在一个以上，邻近的窝穴距离为4.5千米。

呼吸孔
环斑海豹用它强壮的爪子在冰层中挖出2米深的呼吸孔。

环斑海豹（*Phoca hispida*）
0.8~1.6m。
北冰洋、北太平洋北部、北大西洋北部、波罗的海、白令海和鄂霍次克海的冰原、岸冰区和开阔水域中。
绝大部分是灰色的，背上有带白色的环，头小，吻短。

土方工程

欧鼹

欧鼹的大部分时光都在地下度过。它们每天能挖20米长的地道，挖凿而产生的土壤形成独特的土墩，对于渴望修整出“完美草坪”的园丁来说，这实在是一个大麻烦。一只鼹鼠的隧道系统可占地0.25平方千米。它们是独居的，具领地性，对邻居表现出很强的攻击性，并且一旦邻居死亡或离开，便会侵占对方的隧道。在3~5月的繁殖季节，雄鼹鼠会扩张它们的洞穴来寻找配偶。雌性每次生产2~7个幼崽，幼崽在地下需要生活5周左右才会出去建立各自的领地。

欧鼹（*Talpa europaea*）
11~16cm。
欧洲温带的耕地、落叶林和永久草场下面肥沃、深厚的土壤中。
身体圆柱形，皮毛黑色，光滑柔软。光秃秃的鼻子上有敏感的胡须。

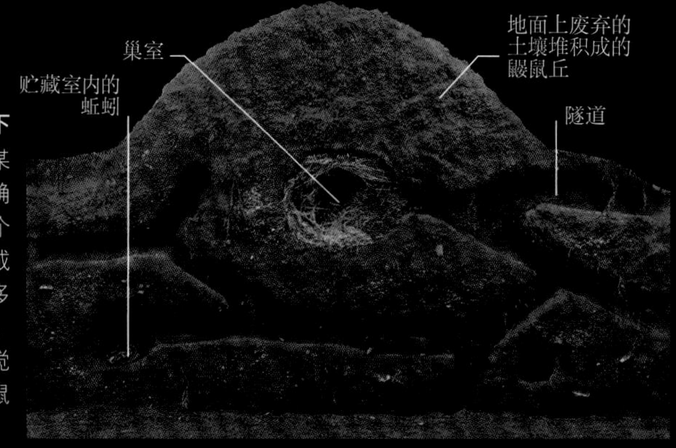

土丘之下
一个新的鼹鼠丘是某地区存在鼹鼠的明确标志。在下面，一个由深深浅浅隧道构成的网络通向一个或多个充满干草的巢室。这些巢室是鼹鼠睡觉的地方，也是雌鼹鼠哺育后代的地方。

蠕虫的陷阱
鼹鼠咬住掉入隧道系统的蚯蚓，使其不能移动。蚯蚓能感觉到挖掘中的鼹鼠的振动，并且会尽力逃脱。

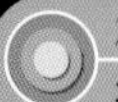
解剖学
挖掘工具

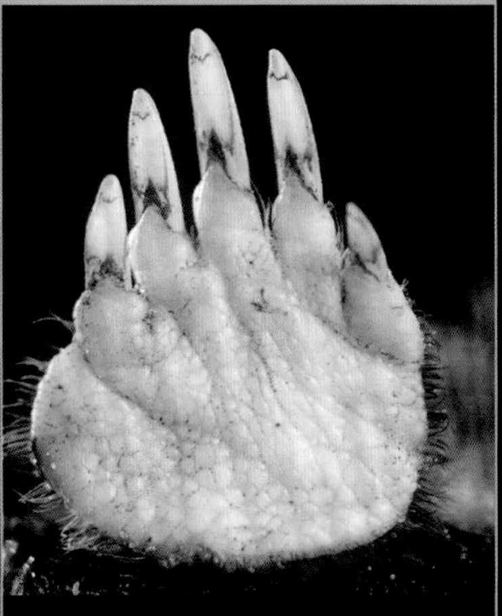

鼹鼠的前掌形状如铲子，有5个强壮的爪子。它们总在变换着完美的姿态以将土壤推到一边。同时，鼹鼠还有其他有助于适应这种穴居生活方式的特征：它们的小眼睛几乎完全被皮毛覆盖，鼻孔是侧向开口而不是向前的，而且它们没有外耳，否则耳朵里可能会塞满泥土。

捕猎和取食

膳食处理

苍鹭通常通过将猎物甩到岩石上来杀死大一些的鱼，然后将鱼翻到合适的位置以便能从鱼头开始将这条鱼吞下。这种方式保证苍鹭很容易就能将这条鱼吃掉，而且它的喉咙不会被鱼的鳍、刺和鳞片卡住。

捕猎和取食

取食是几乎所有动物的一项基本需求，动物需要食物提供能量以维持生命活动的各项内部化学过程。尽管不同动物在取食的方式及食物的种类方面存在差异，取食的基本过程却是一致的。所有动物都必须确定食物的方位，俘获或者搜集食物，加工（如通过咀嚼），咽下并进行消化。为了达到这样的目的，动物进化出了一系列取食行为。

关键物种

赭石海星（*Pisaster ochraceus*）以植食性动物为食，因此控制着岩石海岸的生物多样性。

饥饿

补充已经用尽的储备，维持正常的能量平衡，或为迁徙和冬眠增加脂肪——这些进食的生理动机是由大脑的下丘脑控制的，并受到激素水平的调节。但是也存在其他的诱因驱使动物取食。一些动物可能习惯在一天中的某个时间点进食，或在面对特定的情景、气味和味道时进食。某些情况下，尤其当食物匮乏的时候，仅仅从食物旁边经过就足以引发进食的冲动。在许多群居性物种中，看见配偶进食也足以刺激食欲。在这样的条件下，动物吃的东西比它们单独待着的时候要多许多，而且如果同伴们都在一起吃一种新奇的食物，那么它尝试该食物的可能性也会增高。

挑剔的熊

食物充足时，熊就变得更加挑剔，只选择抓到的鱼中能量最多的部分吃。而当食物匮乏的时候，质量就没有数量重要，整条鱼都会被吃光。

肉食性、植食性和杂食性

动物可以根据它们的日常饮食进行分类。肉食动物以其他动物为食，为此它们必须能定位、猎杀和吃掉猎物。因此许多肉食动物有特化的探寻猎物的机制，并发育出了良好的武器，或表现出特殊的觅食行为，如追踪和埋伏。一些动物的猎物比其自身大许多，因此必须与其他动物合作才能将猎物制服。草食动物以植物为食，许多擅长取食植物的特定部分，如果实和叶片。与肉食动物类似，草食动物也需要特定的摄食适应，如发展出臼齿以咀嚼强韧的植物纤维。杂食动物、食腐动物和食碎屑动物（以腐败的有机质为食）的食谱很广泛，它们食用各种不同的食物，因此通常（但不总是）缺乏高度特异的摄食适应。相反地，它们需要在行为和解剖结构上具有灵活性来帮助它们定位、加工和利用各种食物。

食粪者

草食动物的粪便是这种埃及兀鹫食谱中的重要成分。粪便富含类胡萝卜素，是兀鹫维持脸部皮肤特殊的黄色所必需的。

食物链和食物网

摄食在本质上就是将能量从一个有机体（猎物）传递到另一个有机体（捕食者）的过程。生态系统中的能量来源于能从太阳（植物）或化学反应（深海细菌）中获取能量的有机体中。这些初级生产者被初级消费者吃掉，而初级消费者又继而被其他消费者吃掉。在这种方式下，能量通过有机体“链”被传递。这条链中的每一步称为一个营养级。通常链的底部（初级生产者）包含数目庞大的有机体，而顶端（顶级捕食者）则是数量较少但体形较大的个体。食物链组成更加复杂的食物网，食物网中涉及许多物种和营养级。

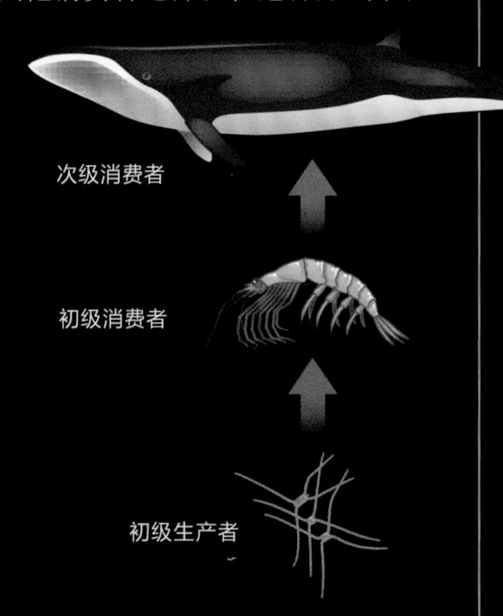

食物链

数量相对较少但体形巨大的蓝鲸（次级消费者）依赖于数十亿的磷虾（初级消费者），而这些磷虾又依赖于大量的浮游生物（初级生产者）。

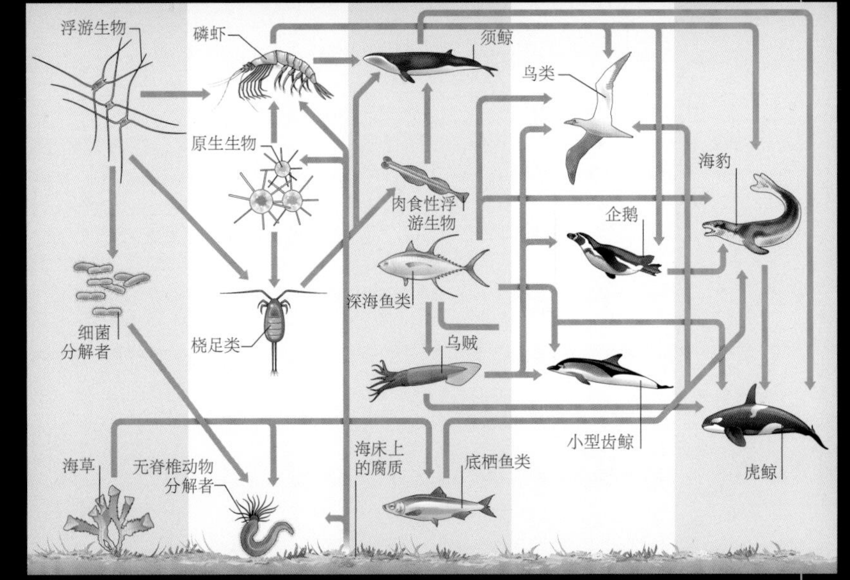

食物网

南极海洋中的食物网可能看似很复杂，但实际上它比其他生态系统中的食物网简单。与其他所有的食物网一样，它维持着微妙的平衡并且很容易被干扰，例如气候变化或过度开采。破坏生态网中的一个结点可能会影响整个网络，甚至导致生态系统的崩溃。

隐藏食物

当捕杀的猎物太大，一餐吃不完，或者在捕猎的地方食用会带来威胁的时候，单独捕猎的肉食动物，如这只豹，通常会将猎物的尸体储藏起来，以便以后享用。

竞争与合作

食物资源并不总是无限的，因此个体和群体必须通过竞争来保障它们的进食权力。在某些情况下，一个动物居于优势地位，由于其较高的社会地位而垄断某个食物源。或者通过领地防御，个体或群体能保证它们的所需。但是当食物不够丰富或者竞争者数量过多的情况下，领地性就不是有效的策略了。不同的物种通过每个物种占领环境中特定的区域而共存，将竞争最小化。例如，它们可能在获取食物的种类、觅食时间或者地点上有些不同。

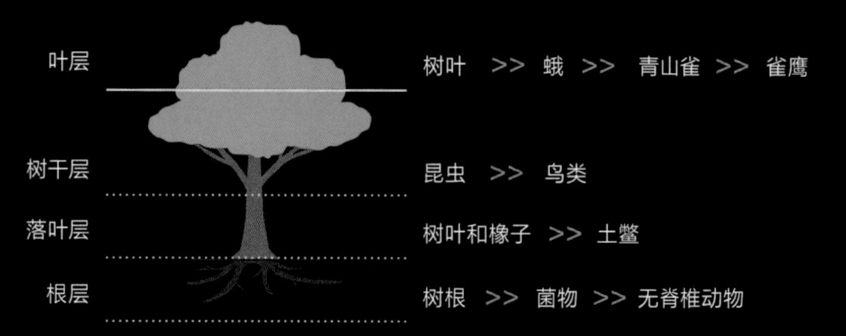

食腐质者

食腐质者，如鼠妇，以腐败的木材、树叶和其他植物材料等腐殖质为食。通过这种方式，它们帮助植物回到土壤中重新循环。

橡树生态位

一棵橡树是一个复杂的栖息地，能为特殊的分解者、植食性动物、肉食动物和杂食动物提供各种生态位。而这些动物依次与数个食物链相连。

捕猎同伴

郊狼捕获那些被美洲獾吓住的小型哺乳动物，因此与美洲獾一起捕猎的成功率比单独行动时要高很多。

另一方面，个体也许需要同伴的帮助才能成功。合作能增加领地被保护和食物被发现的机会，既可能是因为群体搜索的范围更大，也可能是因为它们可以对食物的位置进行直接交流。合作也可以帮助动物抓到那些在单独情况下抓不到的猎物，或者帮助一个群体管理一个互惠互利的资源。

觅食策略

肉食性动物和植食性动物的食物不一样，但是觅食的基本原则确实相似。它们需要找到食物，加工处理并且吃掉它。它们需要确保在需要的时候能获得特定的食物，为此它们需要将觅食效率最大化。因此，正如一头熊通常只选择营养最丰富的鲑鱼一样，一只雁也通常只在质量最优的草地上吃草。另一种植食性动物，鲟鱼的食物是质量较差的藻类，因此只能通过简单地大量进食来获取足够的能量。觅食策略也需要有弹性，而动物需要学习什么食物能吃，什么不能吃。

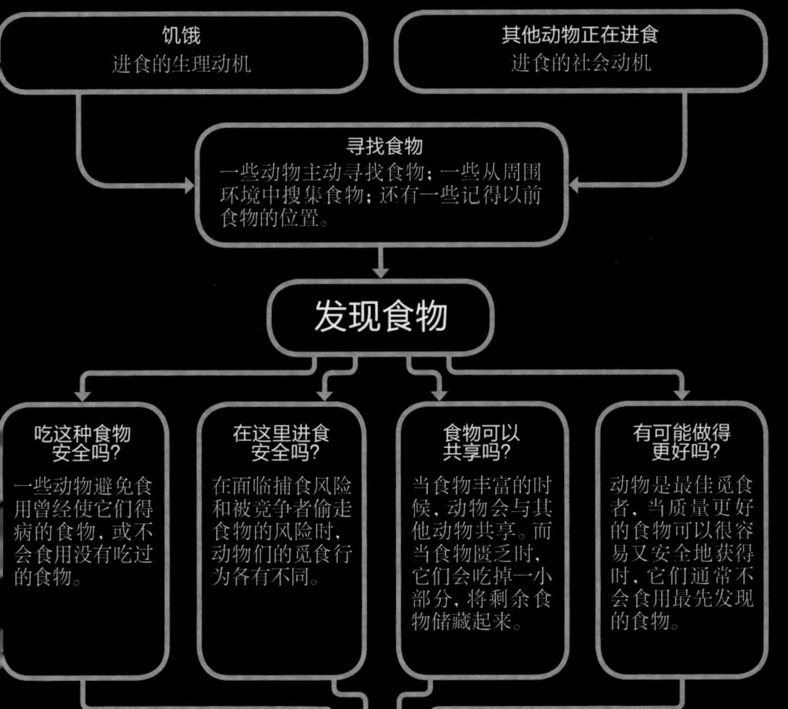

饥饿
进食的生理动机
其他动物正在进食
进食的社会动机
寻找食物
一些动物主动寻找食物；一些从周围环境中搜集食物；还有一些记得以前食物的位置。
发现食物
吃这种食物安全吗？
一些动物避免食用曾经使它们得病的食物，或不会食用没有吃过的食物。
在这里进食安全吗？
在面临捕食风险和被竞争者偷走食物的风险时，动物们的觅食行为各有不同。
食物可以共享吗？
当食物丰富的时候，动物会与其他动物共享。而当食物匮乏之时，它们会吃掉一小部分，将剩余食物储藏起来。
有可能做得更好吗？
动物是最佳觅食者，当质量更好的食物可以很容易又安全地获得时，它们通常不会食用最先发现的食物。
食用

觅食决策树

觅食策略实际上是一系列如何寻找、选择、加工和食用食物的判断力，涉及一系列的行为抉择。

最佳觅食者

动物的觅食行为并非不分青红皂白不加区别，相反，它们通过在寻找和加工食物的消耗与从食物中获得的能量收益之间进行权衡来优化觅食效率。比如，小海鬣蜥选择在高水位和低水位之间的劣等食物源区内取食，因为越过低水位虽然可以获得更好的食物，但是潜水所消耗的能量多于这些高质量食物提供的额外能量。滨蟹在食用贝壳（见下图）的时候也表现出类似的行为。甚至无柄管虫也会优化它们的觅食行为，在打开与关闭扇壳所耗费的能量和在这个过程中获得的水中食物所含的能量之间获得平衡。

打破外壳

渡鸦将贝壳从高空扔下，将贝壳打开。它们飞行的高度刚好足以使扔下的贝壳被砸破。

贝壳的能量

滨蟹在食用贝壳的时候喜欢选择长度在2～2.5厘米之间的贝壳，因为考虑到食物的卡路里值（E）和打开贝壳所需的时间（T），吃这种贝壳获得的能量是最高的。

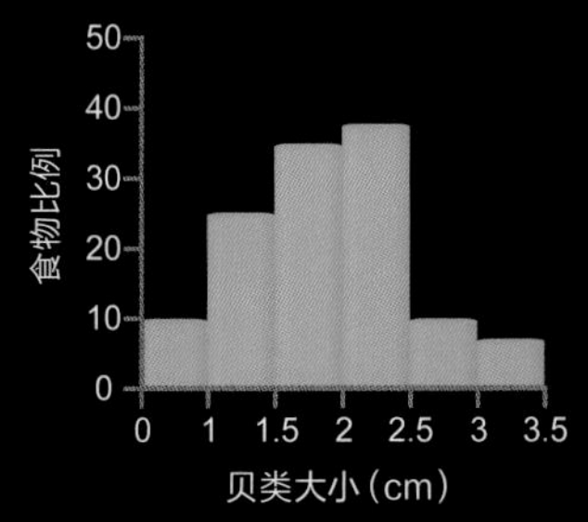

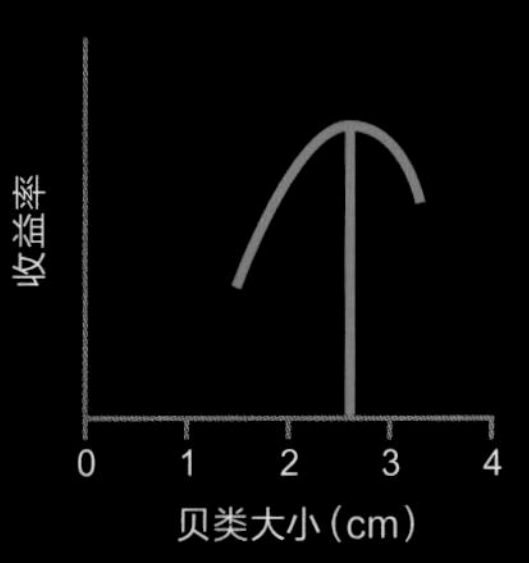

采食植物

在几乎全世界范围内，植物原料都是可以获得的潜在食物资源。植物将太阳能转变成食物，该过程称为自养，这些能力被动物利用，支持了几乎所有的食物链。因此，采食植物对生态系统而言是极其重要的。

作为食物的植物

一些动物专门食用某种植物或某类植物的某个部分，而另一些动物的食谱更广泛，包含许多不同的植物。吃草的动物专门食草，而且其解剖结构上也特化出食草的适应性特征，而吃嫩叶的动物对食物的选择性更高。食籽动物和食果动物分别食用种子和果实，而超级特化的物种，如蜂鸟，只喝花蜜。花蜜和果实一样富含能量，而种子中蛋白质和油脂的含量更丰富。树叶和草并不是特别有营养，这意味着动物必须经常食用大量的树叶和草。在这种关系中，植物也不是完全被动的：一些植物有毒或长有尖刺可有效阻止捕食者，而另一些出于某些目的，例如为了种子的传粉或者散播，则鼓励捕食者来食用。

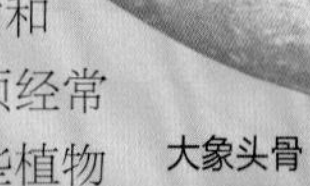

大象头骨
大象具有巨大的脊状磨牙型牙齿，排列在传送带似的齿槽内；随着前牙的磨损，这些后面的牙齿向前滑出，取代前牙的位置。

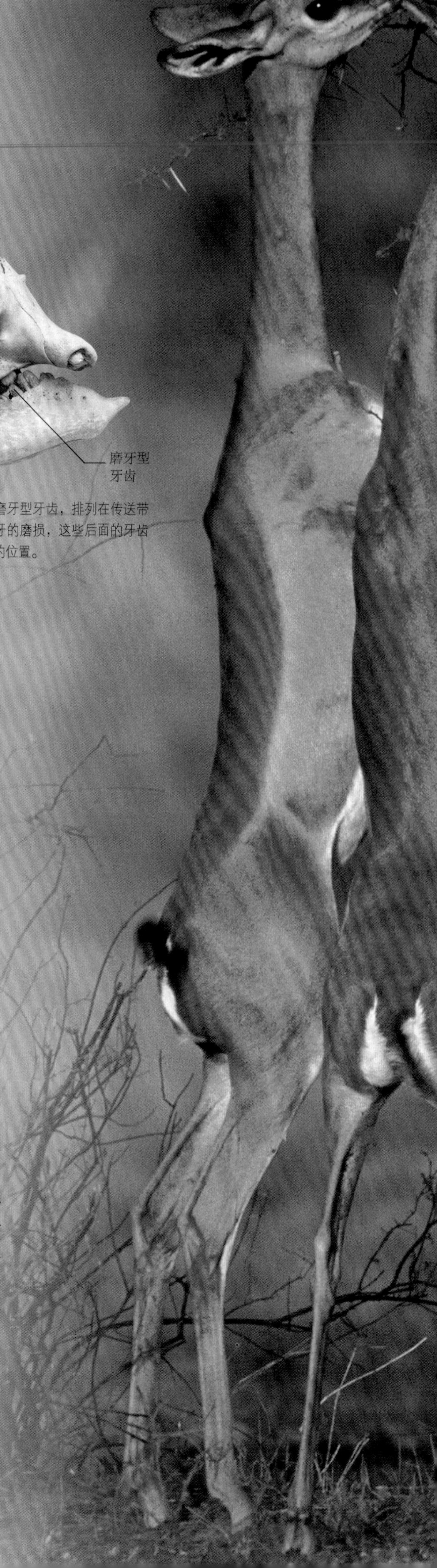

蜂鸟盘旋在空中，用它们长长的喙和舌头从花朵中吸食花蜜。

考拉是食叶者，它们的食谱包括几乎所有的桉树叶子。

家具窃蠹是家庭害虫。它们在潮湿的木材上挖洞，让它们的幼虫在里面食用木材。

野马是草食动物，它们的门齿能切断短草，这些草占它们食物总量的80%～90%。

解剖学

有毒的树叶

为了防止树叶被吃掉，许多植物的叶片上都分泌有毒的化学物质。一些以这些有毒树叶为食的毛虫，通过割断叶脉降低毒素流动的办法，打破植物的这种防御。其他动物能将吃进去的毒素排泄掉，还有一些，如君主斑蝶的毛虫（见左图），还能利用这些毒素作为自己的防御手段。

植物性食物的种类

当我们想到植物可以作为食物的时候，脑海中总会联想出一幅动物吃草的画面。然而，植物不仅仅是绿色个体，动物几乎能以植物的每个部分为食。昆虫、鸟类和哺乳类食用花蜜和花粉，还有很多类动物食用花朵、果实和种子，像猪这样的物种还能挖植物的根和块茎，而在一些极端情况下，食嫩叶动物还会咀嚼植物的末梢和树皮。白蚁和树叩甲的幼虫进化出消化纤维素的本领，确保它们可以食用木材。

吃金合欢的长颈羚

在草食类羚羊中，长颈羚是很独特的一种，因为它们摄食的时候用前腿斜靠在树上，用后腿完全直立。它们可以够到2.5米以上的高度。

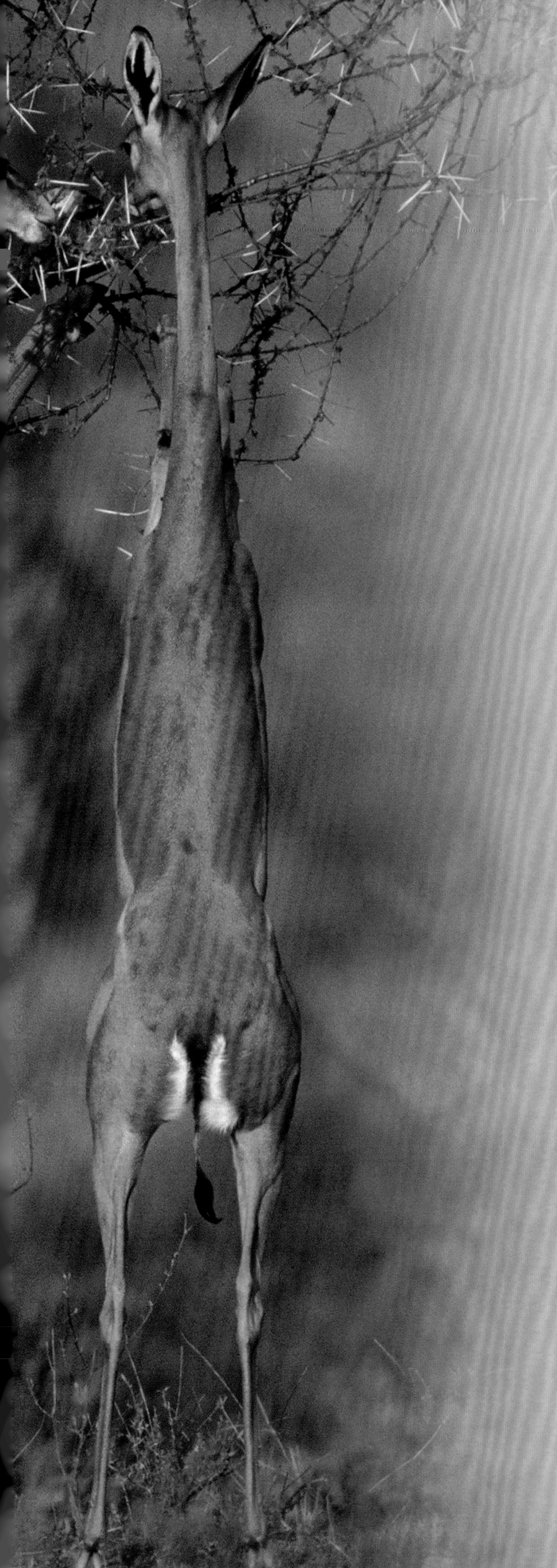

管理作物

一些食物在供过于求的情况下，其可利用度就远远超过了需求度。如果一些食物容易腐烂，动物就会搜集其他食物。如果食物可贮藏，动物就能从中受益。例如，一些鸟类在秋季储存种子和坚果，防止冬天时食物短缺。有些动物注重品质甚于数量。某些草食动物努力消化牧草，但是新鲜的牧草更容易消化，因此一些物种会轮流到不同的地方去吃草，保证有新鲜的牧草供应。

分散储藏

在秋季，一只松鸦要将4500～11000个橡子分藏在不同的地方。惊人的是，在许多个月之后，它们仍然能记得将这些藏起来的橡子取回来作为其幼雏的食物。

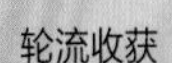

轮流收获

冬季，黑雁群从一个觅食区转移到另一个觅食区。它们会调节访问这些觅食区的顺序，以保证不会在短期内连续访问同一个觅食区。

黑雁在返回丰茂的牧草区觅食之前会等待**4天**时间。

互利

一些植物被当成食物，它们本身也可从中受益。许多花朵是依靠前来采食花蜜和花粉的动物传粉的。一些种子外壳坚硬，在发芽之前需要动物将它们的硬壳消化掉，而许多种子在经过了动物的消化道之后其萌发率会增高。同时，动物能将种子携带到很远的地方。

非洲象的粪便

大型种子穿过大象的消化道后，能沉积在粪便中发芽。大象传播多种植物的种子，包括那些没有其他传播机制的植物种子。

植物防御

尽管一些植物能从与草食动物的互动中受利，但大多数植物仍然试图阻止采食者的采食。它们用毒素和尖刺作为保护，或者长成不利于觅食的生长类型。动物则能适应植物的防御——一些动物食用解毒剂，一些动物则对毒素产生免疫，而另一些动物利用这些毒素作为自身的防御。某些草食动物进化出穿越荆棘的本领，有些动物拥有坚硬的牙齿研磨强韧的植物，而另一些动物，如黑猩猩，则利用工具打开坚硬的坚果壳。

长颈鹿

长颈鹿50厘米长的舌头蛇行于荆棘丛中，挑取小丛树叶吃。长颈鹿的唾液很稠，能将不小心吃进的棘刺包裹起来，安全咽下。

洗冰机

南极海胆

海胆都是典型的植食性动物。它们通常沿着海底匍匐前进，有力的口上包含5个向下的白垩质刀锋样颚片，它们用这些颚片啃咬食物，将食物从海床上刮下来。南极海胆在海床和海洋冰面上搜集食物，以硅藻和红藻丛为食。与其他海胆不同的是，南极海胆还食用韦德尔海豹的粪便。此外，海胆还能利用它们众多的管足搜集水中的食物。

南极海胆（*Sterechinus neumayeri*）
- 长达7cm。
- 南大洋的浅水海域。
- 体形小，颜色多变，从绿灰色到红色或紫罗兰色。长长的尖刺从圆壳中伸出。

群体进食
成群的南极海胆聚集在硅藻丛中，以这些非常细微的藻类为食物。

解剖学

亚氏提灯

海胆类棘皮动物拥有一个精细的觅食器官，称为亚氏提灯。它由50块骨骼构成，大多数都位于内部，只有尖端的5个向下的碳酸钙颚片，排列成一个向下的圆锥体，突出在外面。在这个器官中央，一个肉质器官起着舌头的作用。60块有力的肌肉一起将圆锥体推向外面，使口张开和关闭。

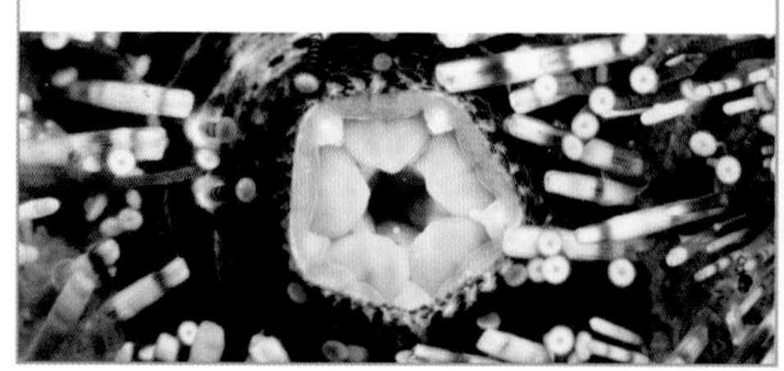

蜂拥而至

沙漠飞蝗

干旱时节，沙漠飞蝗是独居的，土褐色，伪装得很好。但是，当沙漠中的雨水降临的时候，它的外表和行为都会发生变化——色彩变得鲜亮，而行为变得高度群居化。这种变化发生得非常迅速，以至于长期以来科学家将这两种形态的蝗虫误认为两个物种。雨水引发了贪婪的摄食，使蝗虫得以积累身体储备并进行交配。新孵化的蝗虫不会飞行。这些跳跃者集结成一大群，蜕皮，生长，每天吃掉相当于它们体重的食物，所到之处不留下一点儿绿色植物的痕迹。

蝗虫从不挑食，它们吃作物和非作物的树叶、树干、树根、果实和种子，给当地的农村带来灾荒。在第五次即最后一次蜕皮期间，它们发育出翅膀，几千万蝗虫飞向空中，以每天200千米的速度寻找新的栖息地，在那里继续觅食和繁殖。如果这时碰到旱季，出现的若虫就会返回到独居的形态。

灾祸比例
一群蝗虫可覆盖1200平方千米的土地，并在那里不加区别地摄食植物的树叶、树干、树枝、果实和种子。

聚集到一起
当蝗虫聚集到一起的时候，身体接触刺激信息素的分泌，这些信息素继而引发蝗虫分群。

沙漠飞蝗（*Locusta migratoria*）
- 长达8cm。
- 北非沙漠中。
- 有翅的昆虫，触角较短，体色根据生命阶段不同而变化。

690亿 一个在2004年肆虐非洲西北部地区的蝗虫群中个体的估测数量。

用作探针的长吻

菜粉蝶

菜粉蝶的毛虫是典型的食叶动物。雌性通常在白菜、花椰菜或其他类似的植物叶子上产卵。一旦卵孵化后，绿色的毛虫摄食宿主的花朵和叶子。成为自由飞翔的蝴蝶后，它们的食谱发生改变，成为一个食蜜者。

当飞行能力增强后，这些蝴蝶会大范围搜寻食物，并通过气味定位。一旦停在合适的花朵上后，菜粉蝶将流体静力学应用到两个特殊的长口器上。这两个口器平时卷曲在头部下方，当伸直的时候，它们能像拉链一样合并成一个吸管，即虹吸式口器，这个口器能伸入花蜜腺中伸吸取甜甜的花蜜。

精确地啜吸
蝴蝶的长吻反复伸入花的多个蜜腺中，从每个蜜腺中啜饮花蜜。

欧洲粉蝶（*Pieris brassicae*）

- 5～6.5cm（翼展）。
- 欧洲、北非和亚洲到喜马拉雅山脉的农田、草甸和公共用地。
- 体形小、飞行能力强的蝴蝶，白色的前翅上有黑色小点。

花粉加工

蜜蜂

这类社会性昆虫通过复杂的交流来寻找食物源，并建造复杂的专门加工食物的结构对食物进行加工。采集工蜂每分钟访问40朵花，采集花粉，吸取花蜜，储存在一种特殊的消化道结构——蜜囊中。蜜蜂通过视觉和嗅觉找寻食物，但是当一只成功找到食物的蜜蜂返回蜂箱后，它能通过摇摆舞与其他工蜂交流蜜源的位置。蜜蜂舞蹈的方式传递了花朵相对于蜂箱的方向和位置信息。

蜂群由不育的雌性工蜂、雄蜂和蜂王组成。在蜂箱内，花蜜由工蜂反复吞咽和反刍直到变成蜂蜜。储存的花粉和蜂蜜由工蜂喂给发育中的幼虫食用。一些幼虫被安置在独立的小室中，以工蜂摄食腺分泌的蜂王浆喂养。这些个体将会发育成未来的蜂王。

意大利蜜蜂（*Apis mellifera*）

- 1.5～2.5cm。
- 被认为起源于印度，目前是世界上分布最广泛的被驯化的昆虫之一。
- 身体褐色的小型蜜蜂，胸腹部有稀疏的体毛。
- >> 167，424～425，463。

蜜蜂饲养

商业养蜂人采集蜂蜜，从蜂箱中将其取出。同时蜂箱也可放置在不同的农田间，以增大作物的传粉数。

蜂巢

蜂巢中的六角形小室既是储藏蜂蜜和花粉的食品库，又可作为哺育幼蜂的育儿室。

50000 一个典型的蜂巢中蜜蜂的数量。

人类的影响

种群衰竭失调症

近年来，有养蜂人报告蜂群中成年工蜂突然失踪，而该群其他方面并无异常（有足够的储备蜂蜜和发育中的蜂卵）。这种现象被称为种群衰竭失调症（CCD）。如果确实存在致病原因的话，CCD的原因还有待于调查。一些假设的观点包括有抵抗力的寄生螨虫——瓦螨、气候变化、抗生素的使用、杀虫剂的暴露，以及病毒、细菌和真菌感染。然而，CCD的影响是显而易见的：这是一个全球性问题，会产生巨大的经济影响，不仅仅是蜂蜜产量的降低，还因为蜜蜂是许多重要作物的传粉者。

花粉采集

蜜蜂从它们访问的花朵中搜集花粉，储藏在花粉篮中，这是位于蜜蜂后腿上的一个很明显的黄橙色球。蜜蜂采集花蜜是为了获得能量源，而采集花粉主要是为了获得蛋白质和其他营养物质，同时也作为幼虫的食物。

活食品库

一些蜜罐蚁（亦称蜜弓背蚁）工蚁的腹部隆起，充满花蜜，必要的时候它们会吐出这些蜜供养群体中的其他成员。而这些蜜罐蚁由其他工蚁喂养，这些工蚁获得食物的方法有：在花朵中采蜜，“挤取”蚜虫和介壳虫酿蜜，以及捕食其他无脊椎动物如白蚁等。

藻类的园丁

蓝雀鲷

蓝雀鲷是一种好斗的植食性动物，守护着一块独占的觅食领地。这种具地盘性的雀鲷对珊瑚礁栖息地的影响是如此巨大，以至于它们被认为是一个关键物种。雀鲷有选择性地取食海藻和海草中最有营养的部分，而这些海藻和海草也从雀鲷的粪便中获利。这种选择性的植食行为影响着它们最喜欢的植物的生长，控制着海藻的生长。而缺乏这种控制的海藻则会过度生长，从而抑制海藻下面珊瑚的生长。

田间管理

蓝雀鲷守护它们的珊瑚礁觅食领地。没有雀鲷的这种植食行为，珊瑚礁上的藻类会过度生长，从而影响珊瑚礁的生长。

蓝雀鲷
（*Chrysiptera cyanea*）

- 长达8.5cm。
- 印度洋和太平洋西部到密克罗尼西亚和萨摩亚的珊瑚礁中。
- 雄性体形小，呈亮蓝色，唇和尾黄色。雌性和未成年雀鲷的尾巴基部通常有黑点。

在暗礁上觅食

白胸刺尾鱼

由于藻类所含的营养价值有限，白胸刺尾鱼（或称粉蓝倒吊）必须摄取大量的食物，并且它们的肠道内有一系列不寻常的共生体（益生有机体）帮助消化。同时它们还有鸟嘴形的嘴巴和一排细小的尖牙用于啃食海藻丛。这个鸟嘴形的口腔帮助它们从障碍物间夹取食物，而它们的每一口都是那么精确，以至于它们能从珊瑚上摘下海藻而不伤害到珊瑚。当食物不足时，一条白胸刺尾鱼会激烈地保卫自己的领地，但食物充足的时候它们偶尔会与同类一起到浅滩中觅食，甚至会与一条蓝雀鲷（见左图）共享一块领地。这是一个有利的策略，因为虽然雀鲷体形较小，摄取的食物也较少，但是它们是具有很强攻击性的防御者。一个群落间不同的刺尾鱼的食谱略有不同，使种间竞争最小化。例如，有3种不同的刺尾鱼共同生活在佛罗里达珊瑚礁中，蓝刺尾鱼喜欢红藻，月尾刺尾鱼喜欢绿藻，而蓝尾灰刺尾鱼则倾向于褐藻。

白胸刺尾鱼
（*Acanthurus leucosternon*）

- 长达51cm。
- 印度洋和印度尼西亚的珊瑚礁中。
- 椭圆形身躯呈粉蓝色，具显著的黄背鳍、陡峭的额头和黑色脸颊。

在浅滩觅食

当食物丰富的时候，白胸刺尾鱼会在浅滩中觅食。而食物短缺的时候它们是独居的，每个个体具领地性，防御其他同类和异类。

伸颈而食

在干旱的加拉帕戈斯群岛上，仙人掌长得较高，陆龟必须直立并伸长脖子才能吃到食物。它们的鞍形龟壳与潮湿岛屿上陆龟的圆形龟壳相比，使得脖子具有更大的伸缩度。

偏爱的食物

在潮湿的群岛上，陆龟在不同岛屿间迁徙，以获得新鲜茂盛的草。同时它们也可以从这些植物表面的露珠上获得身体需要的大部分水分。

食草巨人

加拉帕戈斯象龟

加拉帕戈斯象龟摄食50种以上植物的树叶和果实。它们喜欢茂盛的草，但是它们无齿的上下颌更适应于切断和撕碎各类蔬菜类物质，包括很难嚼烂的凤梨、掉落的水果和多汁但是长满刺的仙人掌。在潮湿岛屿上，陆龟在合适的时候可以饮水，但是在干旱的岛屿它们只能通过食物获得必要的水分，同时也能将脂肪储存在它们巨大的龟壳中。

加拉帕戈斯象龟（*Geochelone nigra*）

- 长达1.4m。
- 南美洲厄瓜多尔附近的加拉帕戈斯群岛。
- 一种棕色的巨型龟。

树栖食叶者

所罗门蜥

所罗门蜥，又叫猴尾石龙子，是草食动物，它们利用化学线索来确定可以食用的树叶和花朵。白天它们隐藏在中空的树干内，晚间出来觅食，利用它的抓握尾在植物间爬行。这条尾巴对于石龙子的树栖生活方式是如此重要，以至于它不能像大多数蜥蜴一样在受到攻击的时候断尾求生。小石龙子不是卵孵化而来的，而是生下来就可以活动，骑在它父母的背上直到能自己爬行为止。

攀爬的体格

所罗门蜥用它们长长的、能抓握的尾巴和锋利的钩状爪子在热带雨林中爬越，寻找可食用的树叶和花。

所罗门蜥（*Corucia zebrata*）

- 长达75cm。
- 所罗门岛上的热带雨林中。
- 体形修长的橄榄绿色蜥蜴，有一条抓握尾。四肢有锋利的爪子，头部楔形。

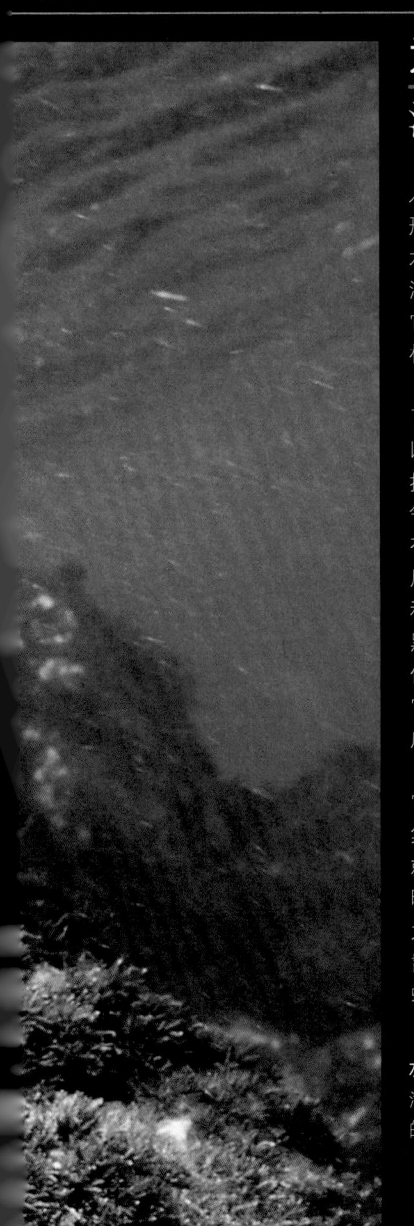

为海草潜水

海鬣蜥

海鬣蜥习惯上被描绘成游泳高手，潜入海下的海草床上摄食。事实上，只有体形较大的、1.8千克以上的个体才经常潜水。那些1.2千克左右的小型海鬣蜥，只在潮间带不那么茂盛的海草丛里摄食，而且它们的觅食时间也被限制在退潮后海面相对平静的时间。

潮水的限制给体形小的海鬣蜥带来了困难，它们必须限制接触海水的时间，以使它们的体温不至于下降得太厉害。加拉帕戈斯群岛周围的海域通常很冷，年均气温在14～25℃之间。这些动物必须在没有涨潮的时间取食，但如果那是在日出之后的短暂时分，它们还必须冒着过度寒冷和行为迟缓的风险。类似，如果潮水在天黑之前退下，它们可能会被飞溅的海浪冻伤，而且在日暮之前也没有足够的阳光让它们的身体回暖。在夜晚，小海鬣蜥则挤成一团来保存热量。

水下摄食者则不会面临这样的问题。它们通常每天早晨都要晒太阳，觅食时间集中在上午较晚、靠近中午的时间。这样就保证了捕食回来之后还有足够的时间晒太阳和回暖，因为在下午较早的时间内太阳仍然有足够的热量烤热岩石。小型海鬣蜥不在水下觅食的原因是：实际上海鬣蜥游泳能力相对较差，而且体形较小的海鬣蜥泳技最差。因此它们要花很长的时间才能到达海草床，这要冒着被海浪冲到岩石上的风险，而且会消耗很多能量。较小的身体降温更快，因此体形小的海鬣蜥只能进行很短时间的潜水，小体形的缺陷似乎也限制了它们只能到岸上摄食。

水下觅食

海鬣蜥借助爪子和有力的腿抵抗海水的巨浪，撕走水下的海藻和海草。

海鬣蜥（*Amblyrhynchus cristatus*）

- 50～100cm。
- 靠近南美洲海岸的加拉帕戈斯群岛。
- 长有黑色或黑灰色鳞片的蜥蜴，头和背脊很大。长而柔软的尾巴用于游泳。

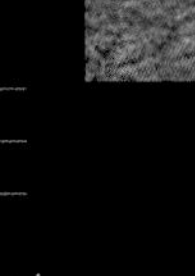

潮间觅食者

年轻或体形较小的海鬣蜥不能游到水下摄食海草，因此必须到位于低水位和高水位界限之间的潮间区食草。

加热升温

白天，海鬣蜥回到阳光温暖的岩石上晒太阳，升高它们的体温。夜晚，它们挤到一起保存热量。

30分钟 海鬣蜥觅食时能在水下停留的时间。

食物储藏树

橡树啄木鸟

正如它的名字一样，橡树啄木鸟特别喜欢吃橡树的种子，虽然有时候它也会取食一些昆虫和其他植物的果实。与其他种类的啄木鸟类似，它有一条坚硬的尾巴，每只脚上各有两个向前和向后突出的脚趾帮助它攀缘于树干之上，同时它还有专门适应于钻木的喙和头骨。

在其活动范围内的许多地方，大家庭团体在树干上凿开大量的孔并填满橡树子，作为冬天的食物储备。在其他地区，这种鸟利用天然裂缝，甚至一些人工建筑中的合适裂缝和空洞来储藏食物。一群橡树啄木鸟保卫一棵树，并共用树上的橡树子，进而可能会共同哺育后代，群体内的一对或数对啄木鸟繁育，其他不繁殖的鸟帮助它们喂养后代。尽管它们属于定居性鸟，会连续数年利用同一棵树，但是一旦当地的橡树没有收成，它们便会迁移到很远的地方。

橡树啄木鸟
（*Melanerpes formicivorus*）

- 19～23cm。
- 美国西南部和中美洲的橡树林中。
- 黑色的啄木鸟，胸部和脸颊某些地方为白色，红冠，黄喉。

整理橡子

每只橡树啄木鸟的工作就是保卫食物并维持每个食物洞中的橡子的质量。当橡子干燥缩水后，橡树啄木鸟会重新将这些橡子安置在更小的洞中。

50000

一只橡树啄木鸟在一棵树上储存的橡子的个数。

采摘水果

鞭笞鵎鵼

尽管看上去体形巨大，巨嘴鸟（鵎鵼）巨喙的轻巧和脆弱程度却令人惊讶。喙的内部是十字形的骨骼支撑杆，外面是一层中空的角质鞘，很容易受损。巨嘴鸟会到森林的地面上觅食，但它们是林冠层最主要的鸟类，它们的长喙保证它们能从很难够到的树枝上面采摘水果。巨嘴鸟可以用它长长的舌头将喙尖上咬着的果实运到喉咙，或者果实还能随着头部的摆动而弹回，形成夸张的吞咽动作。巨嘴鸟的食物包括几乎100多种森林植物的所有果实。但是它们在繁殖季节也会捕食昆虫以获得蛋白质。

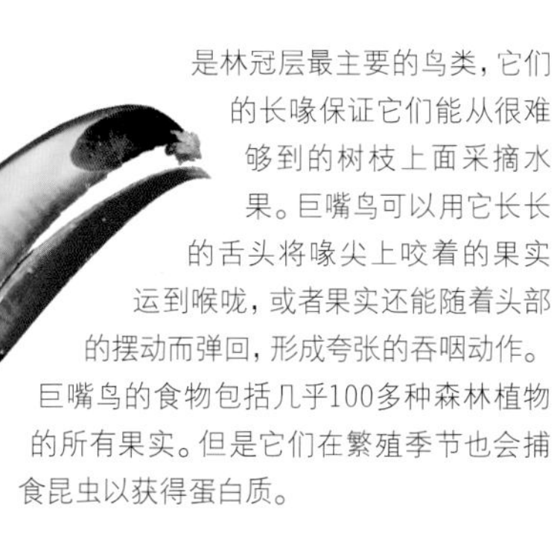

鞭笞鵎鵼（*Ramphastos toco*）

- 53～60cm。
- 南美洲东北和中部的低地雨林中（海拔低于1700米）。
- 黑色大型巨嘴鸟，胸部白色；喙为亮黄色，其龙骨区红色，末端有大黑点。

为蜜盘旋

蓝胸蜂鸟

与其他蜂鸟一样，蓝胸蜂鸟特别能适应觅食花粉的生活方式。翅骨和关节独特的排列方式保证这种鸟几乎能固定不动地悬停，而且它们的长喙和比之更长的舌头保证它们能深入花朵中采蜜。尽管花蜜占了蜂鸟食物的90%，但花蜜缺乏许多重要的营养物质，因此它们还必须捕食昆虫来补充营养。将所有时间花在飞翔上是很消耗能量的一件事，因此85%~90%的时间它们都坐着不动。

蓝胸蜂鸟（*Amazilia amabilis*）

- 9cm。
- 中美洲和南美洲北部的森林中。
- 小型铜绿色鸟，有迷人的鸟冠、紫罗兰色的胸部和长长的尖喙。

囫囵吞果

太平鸟

尽管太平鸟有时候也吃昆虫、花朵和树汁，但它们的食物几乎完全依赖于果实，而且这种太平鸟是非常少有的温带食果鸟之一。果实尽管非常丰富，但是有季节性，分布也不均衡。由于这个原因，太平鸟一年到头都是群居性的，繁殖的时候群体间联系较为宽松，在非繁殖季节则形成巨大而广泛分布的群体。冬天的太平鸟经常与人类密切接触，采食人类花园中观赏灌木和树木的果实。它们通常在树枝上采集果实，并将果实整个吞下。当在树枝上很难够到地上的浆果时，它们会盘旋而下将浆果快速拔起。最令人奇怪的是，曾有人观察到，这些群居性的鸟排成一排，将浆果从一只鸟到另一只鸟挨个传递下去。但是吃浆果是有风险的。太平鸟食用发酵的果实可能会中毒，有时还会丧命。

集体觅食

太平鸟会将一棵树上的果实快速地一扫而空，而且为觅食飞行相当长的距离。它们在种子的散布上发挥着重要作用。

太平鸟（*Bombycilla garrulus*）

- 14～17cm。
- 欧洲、亚洲和北美洲的森林中。
- 灰棕色鸟，有独具特色的胸部和黑色斑块，次级飞羽上有红色“蜡”斑。

秘密贮藏

沼泽山雀

这些贪婪的食物囤积者可能会在一个早上储藏100粒种子，一个冬天的储藏量可达数千粒。每粒种子都藏在不同的地方，常间隔几米远。在埋藏数天或数周后，沼泽山雀拥有重新定位和取回这些储藏的种子的惊人能力。这样的策略使它们能够利用在某个地方（如向日葵花头和花园喂鸟器中）不能一次性吃完的食物。当然，不是所有的山雀都具备这种能力，像青山雀就不会储藏食物，并且取回食物的能力也很差。通过比较储食鸟和非储食鸟的大脑后发现，储食者，如沼泽山雀，具备发育良好的海马结构。海马是大脑内与空间记忆相关的脑区。

人类的影响
喂鸟器

每年当野外食物短缺的时候，花园喂鸟器拯救了全世界数百万鸟类的生命。这种方式前所未有地拉近了鸟类与人类的关系。常年的食物供应甚至还改变了一些鸟类的行为，常驻花园鸟类的名单也在持续增长。但是喂鸟器会导致鸟类在某个较小区域内密度的增加，从而增加疾病传播的风险，因此喂鸟器的良好卫生至关重要。

杂技鸟

沼泽山雀与其他山雀一样拥有熟练的特技动作，在必要的时候能采取倒挂的姿势采集种子。搜集完毕后，沼泽山雀将每颗种子分别藏在不同的地方。它能记住每个位置，并在以后将种子取出。

沼泽山雀（*Parus palustris*）

- 长达12cm。
- 欧洲和亚洲的林地中。
- 敏捷的小型鸟类，上体为棕色或浅褐色，胸部米黄色，头部黑色。

食球果者

红交嘴雀

红交嘴雀也称普通交嘴雀，这种鸟几乎只摄食松类的种子。其独特的交叉喙帮助它撬开那些还未成熟到自然打开的松柏类植物的球果。与其他共同居住在这片森林中的不具备这种喙的雀相比，这种适应性的喙为它们提供了巨大的优势。它们树脂类的食物也同时意味着这些交嘴雀必须经常喝水并清洁它们的喙。由于非常适应这种方式，它们能在球果成熟的任何时间繁殖，哪怕是在隆冬。

闭合与打开

交嘴雀觅食的时候将它闭合的喙戳进球果中间，然后张开嘴巴。由于它的喙尖是交错的，打开的时候就会把球果外的鳞片撬开，从而吃到里面的种子。

红交嘴雀（*Loxia curvirostra*）

- 14～20cm。
- 北半球，尤其是斯堪的纳维亚和英国北部的针叶林中。
- 体形大且强壮的雀类，颜色从绿黄色到红棕色，具有典型的交叉喙。

解剖学
适宜的喙

尽管所有交嘴雀的一个共同特征是有交错的上下喙，但喙的大小和形状不仅有种间差异，甚至在同一物种的不同种群之间也不同。每个独特的喙形都是进化适应的结果，保证这些鸟类能以特定的方式撬开它们喜欢的球果的鳞片，不论这些球果是云杉的、松树的，还是落叶松的。

独家饮食

树袋熊

虽然偶尔也换换口味，但树袋熊（亦称考拉）平时几乎只吃桉树叶。强壮的前肢、对生脚趾以及有力的爪子帮助它们轻易地穿梭在桉树间觅食。它们用尖锐的门齿切断食物。它们的颊齿由上下颌两侧各一枚前臼齿和4枚臼齿组成，并且齿冠较高，这些结构保证它们能将树叶研磨成柔软的树浆。桉树叶的蛋白质含量低而毒性强，并且不容易消化，但是考拉的消化系统能很好地应对这些挑战。毒素被去活，而树浆则通过盲肠中的细菌发酵被消化。考拉的盲肠极度膨大，长达6米，是所有哺乳动物中最长的。

断奶

小考拉从育儿袋中出来后，吃少量母亲的“流食”，这是一种柔软并且含水量较多的特殊排泄物，能够给小考拉的消化系统带来消化桉树叶所必需的细菌。同时这种流食对生长中的小考拉来说还是一种丰富的蛋白质资源。

树袋熊（*Phascolarctos cinereus*）

- 72～78cm。
- 分布在澳大利亚东部的桉树森林和林地中。
- 体形较小、灰色、像熊一样的有袋类动物，有独特的淡色耳簇。

飞翔的食果者

大食果蝠

世界上约1/3的蝙蝠属于植食性动物，它们摄食果实、树叶、花粉和花蜜。大食果蝠对许多植物而言是重要的传粉者和种子传播者，其中一些是重要的经济作物，如芒果、野香蕉和榴莲。花朵和果实在当地通常是异常丰富的，许多蝙蝠群会被同类的叫声或成熟果实的香味吸引到一棵果树上来。这种聚集不仅增加了蝙蝠间的竞争，也吸引着捕食者，所以许多蝙蝠用牙齿撕咬下一个果实，带到安全的地方独自享用。

大食果蝠（*Artibeus lituratus*）

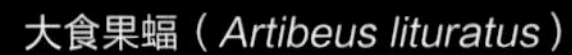

9~11cm。

从墨西哥南部到巴西南部和阿根廷北部跨越中美洲的森林地区的洞穴或大型树木中。

大型棕灰色蝙蝠，眼睛上方有明显的白条纹。

水果的味道

由于它们对作物的破坏性影响，大食果蝠在某些地区被认为是害兽。

竹子专家

大熊猫

大熊猫属于熊科，人们推测它们可能属于肉食或杂食动物，尤其是考虑到我们已知的熊的食物包括肉类、鱼类、鸟卵、根茎和植物。同时它还有与熊类似的牙齿和更符合肉食动物特征的消化系统。

但是，一头大熊猫99%的食物是植物，而且只有一类植物——竹子。拥有肉食动物的消化道，大熊猫并不能有效地消化（植物葡萄糖）。它只能消化所吃食物的20%，而典型食草兽类约能消化80%。竹子被有力的颌骨和平坦的臼齿磨碎，最富含蛋白质的竹叶被优先食用，但是即使是这样也不能使竹子成为高质量的食物，大熊猫必须吃很多竹子才能满足需要。一头成年大熊猫每天能吃40千克的竹子，而花在吃食上的时间达到12~14小时。

一片竹子的开花、死亡和再生的时间几乎是同步的，这就意味着大熊猫必须在含有不同种类竹子的森林中穿越广阔的范围以获得足够的食物资源。大熊猫主要在地面上觅食，但它们也是攀爬能手，并会游泳。

解剖学

多出来的手指

乍一看大熊猫的爪子似乎多了一个手指：5个手指和一个拇指。然而这个拇指实际上是一根延长的腕骨——被称为放射状籽骨的伪拇指。大熊猫用它能相当灵巧地控制食物，在咬住竹笋叶子的时候能将竹笋牢牢地握在一只手中。

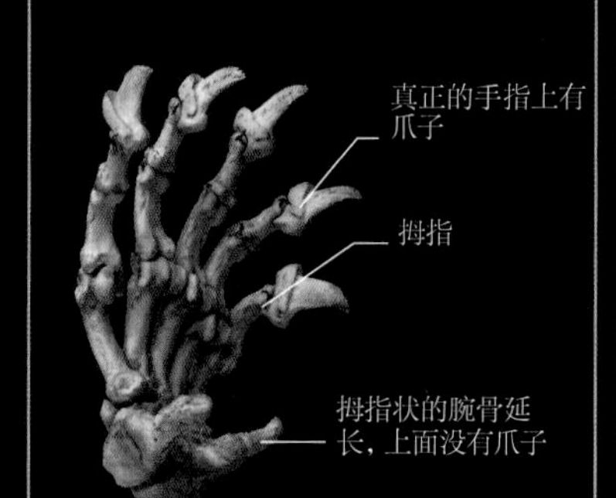

大熊猫（*Ailuropoda melanoleuca*）

可达1.9m。

中国西南地区下层植被中竹子密集的温带森林中。

毛发长、黑白色的熊。

竹熊

大熊猫与竹林联系紧密，它们是如此依赖于竹子，以至于当地人把它们称为竹熊。

食水果和花蜜者

蜜熊

蜜熊很少离开森林林冠层，而它们的食物多是森林果实。它们尤其喜欢甜的、肉质更多的果实，它们搜集果实的方式与猴子相似——用尾巴和腿悬挂在树上，用灵巧的手来采集食物。蜜熊的口鼻部没有近亲浣熊那么突出。它们的扁平脸和极长的舌头保证它们能从花朵中舔蜜吃。蜜熊白天睡觉，晚上觅食。

蜜熊（*Potos flavus*）

80~115cm。

南美洲中部和北部的热带雨林中。

有浓密金色皮毛的兽类，外表酷似猴子和猫的组合。

夜间食草者

河马

相对它们的个头，河马每天的食量小得惊人。它们大多数时间里都是在温暖的河水里打滚，并且它们不吃水生植物。每到夜晚，它们离开河水外出觅食。它们几乎只吃草类，这些草在它们多腔的消化道内通过微生物的发酵作用被消化。令人吃惊的是：河马每天消耗的食物只占其体重的1.5%，这说明它们白天的打滚和夜间的摄食从能量角度来讲都是非常有效率的。

河马（*Hippopotamus amphibius*）

3.3~3.5m

非洲西部、中部、东部以及南部的河流和湖泊中。

体重很重，上体灰褐色，下体粉色，腿短。眼睛、耳朵和鼻孔位于巨大的头部顶端。

大咬一口

河马有强大的牙齿，它们可以用厚厚的嘴唇咬住植物。它们偶尔被观察到以动物尸体为食来补充营养。

反刍

非洲水牛

这种水牛被认为是非洲最成功的草食动物之一。在诸多栖息地，如沼泽、森林和草地中，都能发现它们的身影。它们喜欢吃长得较高的草，用它们那长长的、几乎能抓握的舌头将草丛拔起，并用宽门齿切碎，然后在宽阔的臼齿作用下变成草浆。通过它们的作用，水牛群改变着它们的栖息环境，使之更适合其他选择性较高的食草者，同时也促进了新鲜食物的生长。也因此水牛群的流动性可能相当高。为了防止过热，非洲水牛白天休息，晚上摄食。

解剖学

4个胃

反刍动物（咀嚼反流食物的哺乳动物）的胃由4个腔组成。食物首先进入瘤胃和网胃开始消化，在那里发酵，固体被结合成团块。这些团块反流并被重新咀嚼，植物纤维被进一步破碎。然后被重新吞咽进入第三个胃——重瓣胃，食物中的液体和重要矿物质被吸收进入血流。剩余的物质进入最后一个胃——皱胃中被进一步消化。

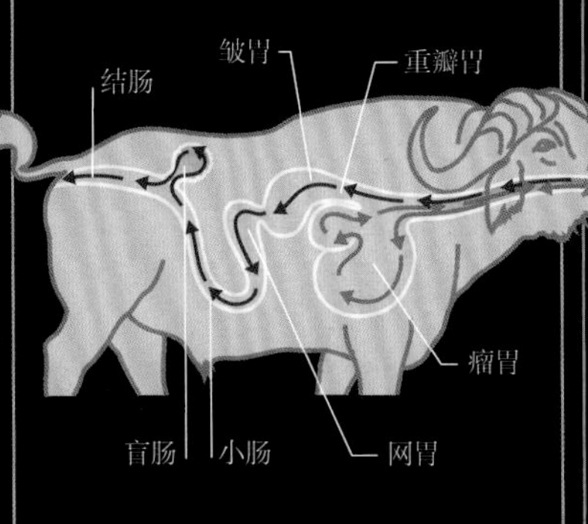

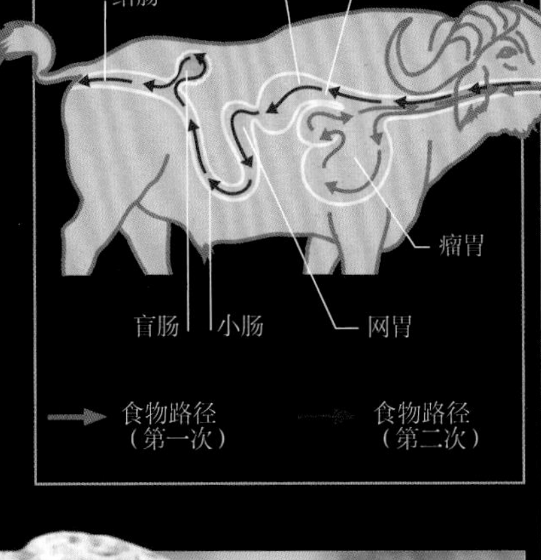

非洲水牛（*Syncerus caffer*）

2.4～3.4m。

非洲撒哈拉沙漠以南地区的草地和林地中。

牛家族中粗犷而高大的成员，外皮赤褐色，有一对向上弯曲的角，头中间有一个巨大的凸起。

超级食草动物

非洲水牛是世界上最成功的草食脊椎动物之一。它们喜欢青葱的草，但是草类缺乏的时候也会吃糙草和全草。

在海底牧草

儒艮

儒艮是唯一严格属于海中草食类的哺乳动物。它们在海草床中缓慢地移动，这种海草床常见于沙底的浅水域中。随着它们一路撕开海草丛，留在它们身后的是被连根拔起的植物和一条光秃秃的小径。这反倒刺激了海草的再生，也促进了新的营养物再生，而这正是儒艮喜欢的。通过这样的重复收割海草，它们将食物的质量维持在一定水平。

儒艮（*Dugong dugon*）

2.5～4m。

印度洋和太平洋地区较浅的热带水域。

体形较长的灰绿色哺乳动物，有宽阔的头部和一条新月形的尾巴。

» 339。

挖得更深些

儒艮在沙底水域中吃草，并用它灵活而厚厚的上唇挖掘植物的根茎。

达到高峰

长颈鹿

长颈鹿异常长的脖子是进化适应的结果，保证它们在拥挤的稀树草原生态系统中能与许多小型草食动物竞争。长颈鹿极端的高度保证了它能超越它们的竞争者而选择性地食用最高的树上最好的部分。它们以40～60种不同的植物，包括含羞草、没药和刺槐等植物的果实、花朵和新鲜枝条为食。它们长长的鼻口部、灵活的嘴唇和灵巧的长舌头能深入树丛深处，同时它们的唇和舌被一种称为乳突的角质块保护起来，所以它们能从刺槐的长刺中啃咬到树叶。

一头成年长颈鹿一天要吃35千克的食物，同时还要保证有足量的、高质量的野外漫步。在食物贫乏的时节，它们吃干树叶、树枝，甚至树上的刺。与其他反刍动物（见左侧内容）一样，它们会先咀嚼和吞咽食物，然后再经过数次的反刍并重新咀嚼直到完成消化。长颈鹿的独特之处在于它们能在行走过程中反刍，这是与它们的游牧生活方式完美结合的一种进化适应。

长颈鹿（*Giraffa camelopardalis*）

3.8～4.7m。

非洲撒哈拉沙漠以南地区的稀树草原、草地和开阔林地中。

长腿、长脖的大型有蹄哺乳动物，皮毛褐色，混杂着沙色。

克服多刺的问题

长颈鹿革质的厚唇和非常长的舌头保证它们能在刺槐的尖刺丛中挑选柔软的叶子吃。

杂食者

杂食动物的食物种类非常广泛，通常混合了植物性和动物性食物。它们能对食物的变化做出快速反应，并能利用新的食物资源。它们丰富的食谱保证了它们在食物缺乏的条件下能够生存。

取食模式

尽管有一些广食者似乎对食物不加区分，但大多数觅食者对食物是有选择的，比如挑选一些不那么粗糙的树叶吃。滤食性贝类能消化所有的小颗粒，但其内部有区分食物和非食物的机制。许多杂食性动物在它们的年周期的某个特定时间点会特化，因此它们的饮食也相应发生改变。一些种类，如椋鸟（见下）在它们的周期中会发生身体上的改变。

饱食终日

黑猩猩一天到晚都在找食吃，从一大早开始，吃几乎所有能找到的食物。随着时间推移，它们变得更加有选择性，选择最成熟的果实和最多汁的树叶。可能在食欲被满足的时候，它们会变得更加有眼光。

对食物变化的适应

椋鸟的消化道长度随食物的不同而变化。冬季的主食是一些难以消化的植物，需要较长的时间进行消化，因此它的肠道也变得比较长。

取食行为

作为广食者，杂食动物容易缺乏取食上的生理适应性，它们的解剖结构通常结合了肉食动物和草食动物的特点。杂食动物的牙齿就是一个很好的例子，混合了草食动物和肉食动物的牙齿特征。杂食动物也会表现出行为适应性，比如处理和加工许多食物的能力，而且它们是优秀的问题解决者——有些草食动物已经学会如何打开垃圾桶。对食物不加选择的方式也有缺点。食用季节性食物的动物通常会营养不均衡，好在它们从生理上能很好地抵抗这样的缺陷。

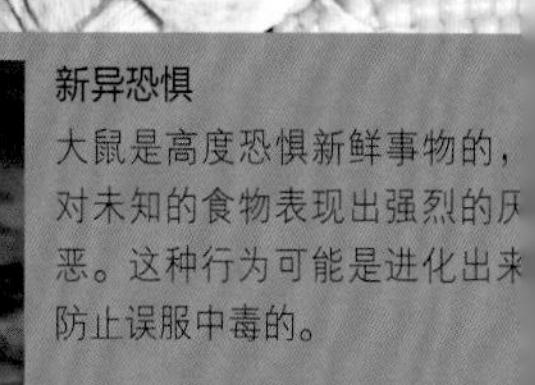

新异恐惧

大鼠是高度恐惧新鲜事物的，对未知的食物表现出强烈的厌恶。这种行为可能是进化出来防止误服中毒的。

机会主义和适应性

虽然北极熊是食肉性最强的熊，其能量很多来源于海洋哺乳动物的脂肪，但北极熊仍是高度适应性的投机的杂食动物。在需要的时候，它会吃浆果、海草和垃圾。

搜寻食物

野猪利用它强壮而敏感的吻部好奇地搜寻地下的食物。它会挖掘根、块茎，吃植物，杀死小型动物，甚至吞噬尸体。

过滤食物

须鲸，正如这头南露脊鲸一样，通过游泳时张大嘴巴捕获水中的浮游动物。水流从嘴巴的前方进入，又从侧面的鲸须筛排出。

耀眼的王冠

这条孔雀扇虫将它带条纹的羽毛状触手延伸到水中捕食。

捕食扇

孔雀扇虫

孔雀扇虫居住在海床延伸出来的淤泥隧道中。为了取食，它来到隧道口，在水中张开它的扇，这个扇是由精细分裂的羽毛状触手形成的。孔雀扇虫漂动它的触手以捕获海水中悬浮的食物，包括沉淀颗粒和浮游生物。触手表面覆盖着的毛发样结构（纤毛）将抓到的食物进行分类。可食用的颗粒被送到口腔食用，而不可食用的较大颗粒被添加到蠕虫旁边的隧道中。在受到威胁的时候，它会快速消失在隧道的安全地带。

孔雀扇虫
（*Sabella pavonina*）

- 长达30cm。
- 欧洲沿海浅水的淤泥和沙土中。
- 栖居于泥泞隧道的细长蠕虫；羽毛状的取食附肢使得它看上去像盛开的花朵。

上升

孔雀扇虫滤食时将不可食用的原料添加到它们的隧道上，来增加隧道的高度。

闻香识物

美洲螯龙虾

幼体阶段的美洲螯龙虾是投机的食肉者，以浮游生物为食。当它成熟后，这个甲壳动物成为不挑剔的杂食者。必要的时候它也会吃腐肉，但是更喜欢捕食。它的食物包括蟹、软体动物、多毛类环虫、棘皮动物，有时候也包含其他的龙虾。美洲螯龙虾是夜间捕猎者，它通过海水中的气味定位猎物。它的长触角和短触角极其敏感，能分辨出不同猎物的气味。同时美洲螯龙虾还有许多口器，每个口器具备不同的功能，包括握住食物或将食物送入口中粉碎和消化。它们在寒冷的浅水域中繁荣生长。这种螯龙虾具有很强的地盘性，在海底占领着各自的洞穴和缝隙。

美洲螯龙虾
（*Homarus americanus*）

- 20～60cm。
- 加拿大和美国的北大西洋海岸的海洋裂缝中。
- 长长的蓝红色甲壳类，有巨大的前螯肢。

职业工具

美洲螯龙虾有两只巨大的前螯。一只用来压碎和破坏猎物的壳，另一只上有切缘，用于撕碎猎物的肉。

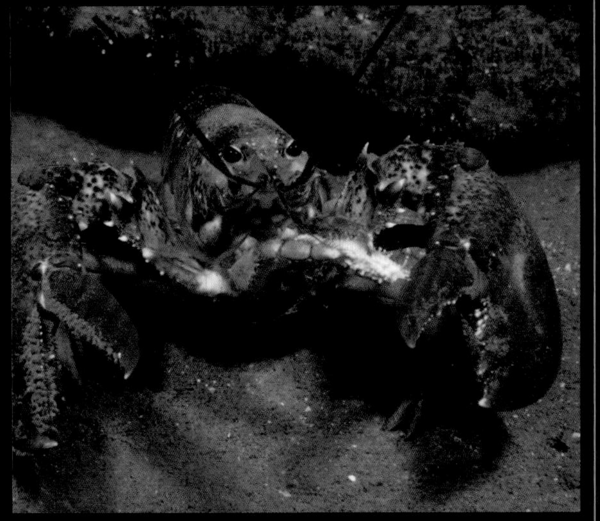

掠夺性的花粉情人

花萤

不论是灰褐色的幼虫还是色彩鲜明的成虫，花萤都是贪婪的食肉者。成年雌性花萤在土壤中产卵。随着进一步发育，蠕虫样的幼虫大部分时间都待在树叶层中，捕食地面上的无脊椎动物，如蜗牛和蛞蝓。

花萤是毛虫、蚜虫和其他昆虫的主要捕食者。成年花萤聚集在草本植物的花朵上，尤其是花粉和花蜜比较丰富的物种，如一枝黄花属和伞形科植物。它们还在这些植物上交配并捕食其他前来访花的昆虫。栖居在花朵上的花萤是杂食的，用花粉和花朵补充营养。

花萤以它们的外表颜色而得名，这些颜色看上去像军队的制服。这种艳丽的色彩警告捕食者它们是不好吃的。这些昆虫有柔韧的鞘翅，这也给了它们一个革翅的别名。另外它们长长的身体与其他甲虫不同，是柔软的。

花萤科（Cantharidae）

- 2cm。
- 全球阳光充足地区的草本植物上。
- 细长的甲虫，有一对平行的鞘翅（前翅），颜色有红色、黄色和黑色。头部有弯曲的颚，并伸出细长的触角。

欢迎来访

颜色艳丽的花萤受到园丁的欢迎，因为它们是蚜虫和毛虫这些花园害虫的捕食者。

致命的牙齿

锯脂鲤

锯脂鲤，亦称食人鲳、水虎鱼、食人鱼，有一个恐怖捕食者的名声。它们典型的锋利的切牙（在嘴巴闭合的时候能互锁起来）以及突出的下颌使它们成为高效的咬口鱼。同时食人鲳还有敏锐的嗅觉，即使在洪水泛滥的幽暗水体中仍能发现猎物踪迹。通常它们捕食鱼类和比自身体形小的无脊椎动物，但偶尔也是一群疯狂的觅食者，会杀死和吃掉大型动物，如水豚、马，甚至人类。但是这种鱼也有不那么凶猛的一面。在发洪水的时候，食人鲳游到浸水区摄食腐烂的植物和森林植物的种子和果实。白鲳是锯脂鲤类中更喜欢觅食果实和种子的一种鱼，它们的牙齿更平、更厚，也更适合于咬碎种子而不是咀嚼肉食。

锯脂鲤属（*Serrasalmus*）

- 可达33cm。
- 安第斯山脉以东的南美洲的河流中。
- 近似圆形、侧面扁平的银色鱼类，有相对较黑的鱼鳍和鱼腹。上下颌有一排能穿刺和剪切的锋利、互锁的牙齿。

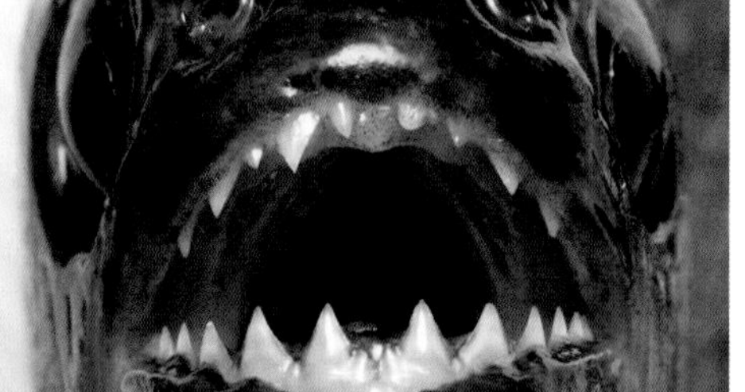

剃刀般锋利

一个巨大的嘴巴和互锁的锋利牙齿使食人鲳能撕开大型动物甚至人身上的大块肌肉。

剥开果实

食人鲳锋利的切牙非常适合剥开水果的果肉。一些锯脂鲤类有较厚的磨牙，能磨碎种子。

咀嚼珊瑚

圆头鹦嘴鱼

与所有鹦嘴鱼一样，圆头鹦嘴鱼也属于杂食的草食动物。鹦嘴鱼的主要食物是珊瑚礁上的海藻，因此它们能防止海藻对珊瑚的抑制作用。但是，鹦嘴鱼也吃活的和死亡的珊瑚。它们这么做的原因是为了获得死珊瑚上的微型海藻和活珊瑚上共生的虫黄藻。为了能咬动坚硬的珊瑚，鹦嘴鱼细小的牙齿融合成鸟嘴样的板块。这些牙齿容易磨损，因此需要持续生长。为了粉碎珊瑚，鹦嘴鱼的喉咙里还有额外的咽头齿。由于鹦嘴鱼的这种觅食方式，它们被认为是暗礁系统的主要破坏者，但是它们排泄的珊瑚沙有助于稳定珊瑚礁。

珊瑚清理

鹦嘴鱼用它们鸟嘴样的牙齿，以每分钟78口的啃咬速度清理死珊瑚。

圆头鹦嘴鱼（*Chlorurus sordidus*）

- 长达40cm。
- 印度洋和太平洋地区的浅水珊瑚礁中。
- 雄鱼蓝色，有黄色和橘色纹理、蓝色的嘴唇，雌鱼红褐色，有红色的嘴唇。

过滤取食

鲸鲨

这种巨型鱼既吃浮游植物和动物，也捕食小型鱼类、甲壳类和乌贼。鲸鲨在全球各地的海洋中迁移，开发资源丰富的觅食区，如澳大利亚的宁哥路珊瑚礁。在那里它们尽情享用与大量珊瑚生长相关的浮游生物大爆发带来的美食。

鲸鲨被认为是能利用嗅觉发现最好的食物资源。通常它们通过在食物丰富的水域中巡游的方式来觅食。大量的海水通过鲸鲨的嘴巴经腮排出，而食物颗粒被吞咽食用。同时鲸鲨也被目击到曾经利用它们巨桶一样的嘴巴，向上游过食物密集区，将食物吞下。

近似种

鲸鲨不是唯一的滤食性鲨鱼。姥鲨（见左图）和巨口鲨（见下图）都具有巨大的嘴巴和庞大的腮弓。这种适应性保证它们成为高效的滤食性动物。

1.5米 鲸鲨嘴巴的大致宽度，由这张巨型大口吸入含有食物的水。

无处遁形

鲸鲨张开的巨大嘴巴能搜集成群的小鱼。所有吸进的水分经腮排出，而剩下的鱼被滤网样的膜捕获。

鲸鲨（*Rhincodon typus*）
- 12～20m。
- 全球各地温暖的温带海域。
- 世界上最大的鱼，有巨大的头部和显著的脊突，全身灰棕色，上有白色斑点。

解剖学

滤腮

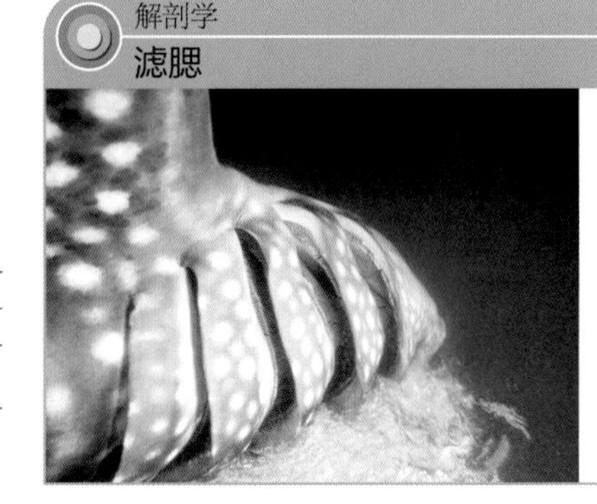

鲸鲨和姥鲨是世界上3种滤食性鲨鱼中的两种，能同时吞没海水和打开腮盖。它们也能通过扩张口腔前庭（喉咙）或在水面上吞气产生吸力将水吸入口腔。由腮泵出的水流通过一个被称为鳃耙的骨突滤网，将任何大于3毫米的食物颗粒捕获。姥鲨的鳃耙在冬天脱落，每年春天长出新的鳃耙，这说明它是季节性的滤食动物。第三种滤食性鲨鱼——巨口鲨的鳃耙较柔软，它们用银色的上腭和唇上的发光条纹引诱猎物。

混合膳食

巴西树蛙

尽管许多蛙类的蝌蚪是杂食性的，以植物、腐肉、无脊椎动物为食，有时甚至互相吞食，然而成年蛙类几乎完全是肉食性的。但是巴西树蛙是一个例外。白天，树蛙在凤梨内部形成的水池中休息，晚上出来觅食，它的食物主要是无脊椎动物，同时也包括色彩艳丽的果实和许多植物种子。巴西树蛙最喜欢的一种植物：花烛（*Anthurium harrisii*，一种海芋，属于天南星科），其种子在被树蛙排泄后就可以萌发。因此通常认为，树蛙是这种特定植物种子的重要散播途径。

要浆果不要小虫

仅4厘米长的食果蛙，能吃掉直径1米的浆果。

巴西树蛙（*Xenohyla truncata*）
- 4cm。
- 巴西的亚热带和热带沼泽中。
- 小型棕色树蛙。

人类的影响

海龟贸易

作为极度濒危的物种，所有的海龟都在CITES（濒危动植物种国际贸易公约）上榜上有名，对它们的贸易、捕获和干扰都是国际法律所禁止的。然而单独禁止贸易并不能阻止玳瑁的灭绝——它们居住的巢岸（约分布于60个国家和地区）必须同时受到保护。如今人们仍为了获取玳瑁的肉和蛋对它非法捕捉，而且龟壳上的复杂图样也让珠宝和家具装饰商对它趋之若鹜。

毒素耐受力

玳瑁

玳瑁在近海岸水域的浅海藻床或珊瑚礁周围觅食。它们的食物种类繁多，包括海藻、软体动物、甲壳动物和小鱼。它们强壮锋利的嘴巴能咬下大块柔软或坚硬的珊瑚丛。当捕食水母类生物，如致命的僧帽水母时，玳瑁闭上眼睛以防止被水母刺到。它们的食物还包括海绵，许多海绵毒性都很强，并且内部填充着锋利如碎玻璃般的硅酸盐骨针，但是这两种防御都不能吓退玳瑁。

玳瑁（*Eretmochelys imbricata*）

- 0.6～1m。
- 全球亚热带和热带水域的浅礁和近海岸区域。
- 最小的海龟，龟壳形状特殊，有明显的中央脊、锯齿状边缘以及重叠的盾甲。

改变口味

鬃蜥

这种蜥蜴在不同生命阶段会改变自己的饮食习惯。幼年鬃蜥很多是食虫的，因此被认为是肉食动物。它们捕捉地面上和树上的小型昆虫，在寻找猎物时经常不断地旋转头部，当发现目标时会突然追逐并捉住猎物。在捕食间歇，年轻鬃蜥通常在树上休息，晒太阳。随着蜥蜴长大，它们的食物也发生改变，变得越来越喜欢吃植物性食物，包括树叶、果实和花朵。这些部分是被它们强有力的颌咬断的。鬃蜥的吻部呈圆形而不是突出的，这是草食蜥蜴吻部的典型形状。同时，舌头在觅食过程中也发挥重要作用：它能猛然伸出，辨别食物是否可食用，同时也能用来拾起坠落的果实和花朵。

鬃蜥
（*Amphibolurus barbatus*）

- 25～30cm。
- 澳大利亚东部的沙漠、灌木丛和森林中。
- 灰、棕色或黑色的蜥蜴，短尾，身重，头沉。口腔内部黄色，喉脊处有胡须。

空中拦截

成年鬃蜥仍然会捕食动物，但它们较大的体形使其食物多样化，以较大的昆虫（如左图所示）、小型两栖类和小型兽类为食。

地面摄食

鹤鸵

鹤鸵不能飞行，且体形过大而不适于攀爬。它们在地面觅食，在落叶层中搜索菌类、蜗牛、昆虫和像蛙类这样的小动物。它用脚在落叶层中仔细搜索，用喙将枯叶翻转过来，同时头顶突出的钙质软骨盔也能当铲子一样使用。

头盔的尺寸

雄鹤鸵的头盔一般比雌鹤鸵的大，而且盔会随着年龄增长不断长大。图中的这只鹤鸵脖子的皮肤有红色和蓝色，说明它的年龄至少有3岁。

鹤鸵（*Casuarius casuarius*）

- 长达1.8m。
- 新几内亚和澳大利亚密集的热带雨林中。
- 体形较大的粗腿鸟，有坚固的冠或头盔，羽毛棕色和黑色，颈和脸部的皮肤是醒目的红色和蓝色。

灵活的捕食者

非洲猎鹰

非洲猎鹰常食用棕榈果和其他果实，但它同时也是熟练的猎手，其食物包括昆虫、小型哺乳动物（如兔子）、鸟类及卵、蝙蝠，以及爬行动物。一只非洲猎鹰会在地面行走搜索食物，也会在矮草之上低空飞行，发现猎物就猛扑上去。但是经常可发现这种动物攀爬在树上和灌木中，用它的翅膀、脚和喙固定自身，进行觅食活动。猎鹰细长的喙用于探测树皮下或裂缝中的昆虫幼虫和小型爬行动物。也有观察发现这种鸟倒挂在灰头拟厦鸟的巢中，或者当它从巢穴的洞中退出来的时候嘴上抓着一只成年鸟。

非洲猎鹰最引人注目的特点是它的双踝关节：这种关节能向前和向后弯曲。觅食的时候猎鹰用它长长的、灵活的腿弯曲到看似不可能的角度。利用这种技术，非洲猎鹰曾被发现悬挂在织布鸟巢穴上，深入鸟巢寻找鸟蛋和小鸟。

洞穴探险家

小头、长颈、细喙和灵活的长腿，这些特征的组合使得非洲猎鹰能熟练地在小洞和裂缝中寻找食物。

非洲猎鹰
（*Polyboroides typus*）

- 60～66cm。
- 非洲撒哈拉沙漠以南地区的森林、林地和草地中。
- 体形中等的灰色猛禽。脸部黄色，无羽毛覆盖；腿长，黄色。

补充土壤

金刚鹦鹉

与其他植食性动物类似，金刚鹦鹉表现出完全的食土癖。大群金刚鹦鹉（以及其他鹦鹉种类）聚集在河岸的侵蚀面或泥崖上活动，有时候会在裂缝中筑巢，但绝大多数情况下是为了吃土壤。

金刚鹦鹉的食物大部分是果实、种子、浆果和坚果。利用它们敏锐的视力，一群群的金刚鹦鹉在林冠层中觅食，确定食物方位，并巧妙地将食物从树上采摘下来。它们也能用脚和锐利的钩状喙将坚硬的种子或坚果内部的果实撕开。金刚鹦鹉有巨大的咬力，能咬裂最坚硬的坚果。

为了避免与其他森林植食性动物，如僧面猴之间的竞争，金刚鹦鹉食用那些未成熟的果实和那些有化学防御机制——通常口味很差甚至对其他动物而言有毒的植物。金刚鹦鹉食用泥土可能是为了补充矿物质，但也有迹象表明，它们选择性地食用特定的黏土来中和消化道中的毒素。

金刚鹦鹉（*Ara chloropterus*）

- 长达1m。
- 中美洲东部和南美洲东北部的热带雨林中。
- 大型红、蓝、绿鹦鹉，脸部白色，上有细小的红色羽毛条纹。
- 465。

141 一只金刚鹦鹉的喙能够产生的压力，单位是千克/厘米^2。

自我药疗

金刚鹦鹉定期飞越很远的距离，聚集到它们喜欢的黏土层舔舐土壤。这些土壤也许能够解除金刚鹦鹉消化道内一些植物的毒素，因此食土可能是一种自我药疗的方式。

水果和肉

啄羊鹦鹉

与所有鹦鹉一样，啄羊鹦鹉喜欢水果、坚果和种子，但与其他鹦鹉不同的是，它还喜欢吃肉。有些啄羊鹦鹉挖掘灰鹱的洞穴去捕食它们的幼雏。还有一些居住在丘陵和高山地区（有时候在雪线之上）的啄羊鹦鹉会啄食死羊的腐肉。过去，啄羊鹦鹉曾被目击到啄食活羊的背部，正是因为这个原因它们被捕杀至几乎灭绝。

啄羊鹦鹉（*Nestor notabilis*）

- 46cm。
- 新西兰南岛上的林地和高山地区。
- 橄榄绿色的鹦鹉，下翅猩红色。

适应性工具

啄羊鹦鹉延长的喙很适合用来啃咬、撕裂和提起各种猎物和物体，甚至能从车上撬下橡胶器材，这种行为为还给它们带来一个野蛮者的名声。

季节性食物

大鸨

大鸨曾是一种栖息在开阔草地上的鸟类，它们很适应现代的农田环境，尤其是谷类作物生长区。然而人类对它的迫害导致其种群数量大量减少。年轻的大鸨几乎完全是食虫性的，但随着年龄的增长，它会逐渐食用更多的植物性食物。它们结成松散的群体到开阔地区觅食，选择食物。为了应对与季节性耕种相关的可用性食物的波动，以及栖息地中主要的一年生植物的变化，它们的食物需求也表现出相应的改变。夏天它们更多地捕食昆虫（尤其是甲虫及其幼虫），同时也吃少量的脊椎动物，如蛙类和小鼠；在春季、秋季和冬季，它们几乎完全以各种植物为食，包括谷类作物。

大鸨（*Otis tarda*）

- 长达1.1m。
- 在欧洲和亚洲的草地中有散布的种群。
- 强壮的赤褐色和赤灰色鸟类。繁殖中的雄鸟长出20厘米长的小胡子。

重量竞争

作为世界上最重的飞鸟，雄大鸨聚集在择偶场（公共求偶炫耀地），一起竞争雌性的注意。

人类的影响

重新引入英国

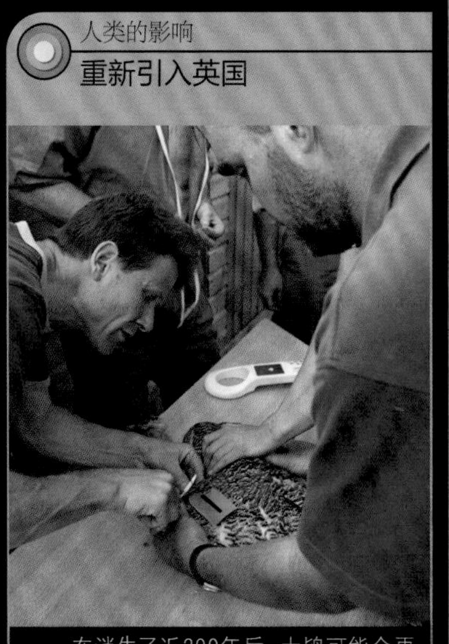

在消失了近200年后，大鸨可能会再次成为英国某些地区的常见鸟类。一个采用俄罗斯种源（最接近原先的英国种群）的重引入项目已启动，到2007年有一只鸟产下了卵，但是很不幸这些卵并没有孵化成功。大量的调查显示，在投放地区，夏季的昆虫可以满足增长的幼雏的需要，但是必须在作物旁边的冬季觅食区内进行管理，保证这些鸟类在冬季的生存。

不挑食的食客

弗吉尼亚负鼠

夜行的弗吉尼亚负鼠通常生活在地表，它也是出色的攀爬专家。弗吉尼亚负鼠有抓握尾，除后肢的大趾外，其他的趾都附有尖利的趾甲。而那个大趾是可以对握的，像拇指一样非常有用，在寻找食物时，它就可以非常容易地抓握树枝。尽管弗吉尼亚负鼠有很好的夜视能力，但却看不远，所以它更擅长用触觉和嗅觉去寻找食物的位置。弗吉尼亚负鼠的食物种类极广泛，从水果、种子和植物本身，到卵、昆虫和小型脊椎动物，包括爬行类、两栖类和其他兽类。因为负鼠对蛇毒的抗性比其他兽类强，所以它甚至有能力捕食毒蛇。

弗吉尼亚负鼠（*Didelphis virginiana*）

38～55cm。

分布在中美洲、美国和加拿大南部的森林、林地和农田中。

外形像鼠的有袋类动物，面部附银色的毛，有无毛的抓握尾。

清除腐肉

弗吉尼亚负鼠差不多什么都吃，遇到腐肉时，它们也会以腐肉为食。

铲状长吻

白鼻浣熊

白鼻浣熊是浣熊科的成员之一。白鼻浣熊经常群居在一起，整天忙忙碌碌地搜寻食物。虽然也善于攀爬，但大多数情况下它们在地面搜索食物，挖掘，用鼻拱开落叶层。白鼻浣熊吃坚果、水果、腐肉、卵和一些小动物，例如昆虫和其他无脊椎动物，以及一些小型爬行动物。它们有极好的嗅觉和发达的吻，能够嗅到食物。它的吻是铲形的，很长，突出于下颌。肌肉质的吻有很好的柔韧性，可以伸到缝隙里或树皮下搜索食物。白鼻浣熊的牙齿不同于其他食肉目动物，它的臼齿是扁平的，适合于压碎和磨碎肉类，而不是切碎它们。

白鼻浣熊（*Nasua narica*）

0.8～1.3m。

分布在美国亚利桑那州东南部、墨西哥，以及贯穿中美洲到巴拿马和哥伦比亚东北部的森林中。

长鼻、长尾、身体细长的肉食动物，有与众不同的白色鼻吻和白色的面部。

喜爱的水果

白鼻浣熊可以通过攀爬得到水果和树上的其他食物，用它的长尾来帮助保持平衡，然而，这个物种主要还是在地面摄食。

不辞辛劳的摄食者

野猪

为了获得高质量的蛋白质来维持生存，野猪这种典型的杂食动物用吻去搜寻埋藏的食物，然后挖掘出来。它们具备在各种不同的栖息地中寻找食物的能力，这使它们得以遍布全球。野猪摄食的时间很长，从拂晓到黄昏，它只在日夜更替期间休息一下。它们的食物90%是由植物组成的，特别是水果和坚果。剩下的10%目前已知有昆虫、小型脊椎动物、腐肉，甚至垃圾。它们对食物的需求会随着季节的变化而变化。

野猪（*Sus scrofa*）

0.9～1.1m。

欧洲、北美洲和亚洲的林地中。

典型的猪，有大头和紧凑的身体，具有稀疏的棕黑色体毛。

» 485。

充满危险的味觉

与它们的父母亲比起来，幼年的野猪对食物不是特别讲究。在食物不稳定的环境下，这增加了它们生存的机会。

人类的影响

意外重现

300年以前，野猪在英国已经被猎杀至灭绝了，但在20世纪90年代，在野外又发现了它们的存在。据信可能是一些野猪从饲养野猪的农场逃逸或是被释放了出来，而那时这些饲养野猪的农场有很受人们欢迎的冒险活动。在那之后，在整个英格兰南部和西部的许多乡村地区，有相当数量的野猪被发现。虽然一些人欢迎它们的重现，但是许多农场主持反对意见，提出野猪引起农作物被破坏，牲畜受到影响。

超大的胃口

蓝鲸

蓝鲸是现存最大的动物。作为一种滤食性动物，每年夏季蓝鲸迁徙到南大洋捕食磷虾（一种小型虾），伴随着磷虾群也会吞食一些其他甲壳类、乌贼和小型鱼类。在夏季捕食期，一头蓝鲸每天要消耗近4吨磷虾。这使得鲸可以保存油脂，为这一年中其余食物较少的时期提供能量。一头正在捕食的鲸张开嘴，放松喉咙，吞入大量的海水连同食物。然后合上嘴，收紧喉咙，用整个舌头压迫海水通过巨大的鲸须滤网。这些鲸须是从上颌垂下来的。磷虾被挡在鲸须的内表面，然后被鲸吞食下去。在全球各大洋中都可以看到蓝鲸，在北太平洋、北大西洋和南半球有3个主要种群。典型的生活群体是2~3头鲸在一起，在冬季的月份中它们在热带到温带水域交配产崽，在夏季则进入极地水域捕食。

蓝鲸（*Balaenoptera musculus*）

24～27m。

虽然数量不多，但在全球各大洋中都可以被发现。

具有蓝灰色的花斑，体形较其他鲸类更细长。

1000千克 装满一只蓝鲸的胃所需要的食物量。

鲸吞

在一天当中，磷虾会在较深水域和大洋表面之间迁移。为了捕获磷虾，蓝鲸在白天会到100米的海洋深处捕食，夜晚则回到海面。

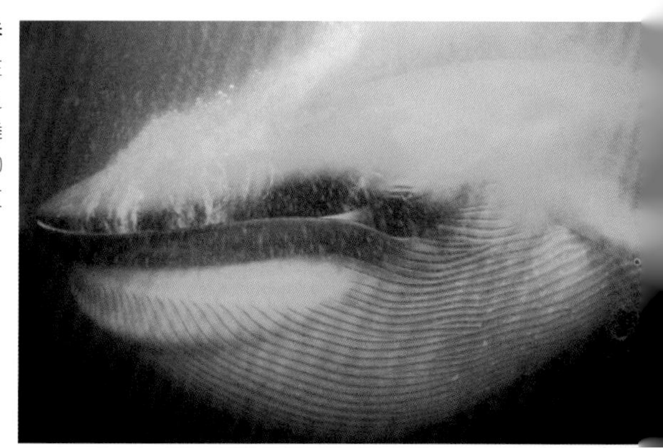

偶尔肉食

棕熊

尽管人们认为棕熊是可怕的肉食动物，然而其实它们是杂食动物，且食谱中多数为植物性食物。它们的食物根据季节和地理位置而变化，但主要是浆果和水果、根和块茎、昆虫和腐肉。如果可能的话，它们还吃鱼类，偶尔还有兽类，特别是春季刚出生的小鹿。它们拥有兽类典型的发育完全的犬齿，还有可以杀死猎物和碾碎食物的极其有力的上下颌。它们的前掌和强壮的前肢适于挖掘，而魁梧的身躯意味着可防范捕食者，如狼对腐肉的掠夺。

棕熊（*Ursus arctos*）

- 1.7～2.8m。
- 北美洲、欧洲北部和亚洲的高地森林和苔原地区。
- 巨大的灰白色、棕褐色或黑色的熊，有宽大的脸庞、隆起的肩突。
- >> 413。

芽与叶

与它们的恐怖名声相反，实际上棕熊主要以植物为食，诸如春天的嫩芽和秋天的果实。

浆果大餐时间

阿拉斯加苔原地带的棕熊喜欢在秋天吃熊果（一种用它们的名字命名的、富含碳水化合物的红色浆果）。

个案研究

植食者和肉食者

在北美洲有一项棕熊食性的研究，揭示了这样一个事实：以肉类和鱼类（主要为大麻哈鱼）为食的棕熊因为身体的营养状况良好，其体重远远高于那些主要以植物为食的、营养不足的棕熊。植食性母熊平均体重95千克，而肉食性母熊达215千克。另外，肉食性母熊一胎所怀的幼崽的数量也比植食性的母熊多，而且肉食性棕熊的种群密度也更高一些。除了食物，其他一些因素也可能影响棕熊的种群密度，诸如人类的采伐和娱乐活动等。

植食性母棕熊95千克

肉食性母棕熊215千克

分享食物

棕熊幼崽至少要和妈妈共同生活两个春季，并且要学习如何狩猎、觅食和捕鱼。这头母熊正与它的孩子分享美食。

去捕鱼

从等候和观察水面，到拦截一条穿越的鱼，再到简单的潜水和追击猎物，棕熊拥有一整套捕鱼技术。当鱼类丰富的时候，一头熊会选择更年轻、营养更丰富的鱼，有时它们只吃能量最丰富的部位，而丢弃其他部位。

捕食

所有的生物都需要能量才能生存，为了获取能量，绝大多数动物必须以活体动物为食，如植物或其他动物。捕食者是这样一种动物——它们不断进化去猎取和捕获，并以其他动物为食。由于它们的猎物不断地提高逃避捕获的方法，所以捕食者必须持续发展自己相关的能力和行为，使得它们能够成功发现、捕获并杀死所选择的食物。

捕食策略

许多捕食者专门捕食一种猎物或几种相近种——捕食者和猎物的数量是控制两个种群的重要因素。当猎物数量众多时，捕食者的种群数量趋向增加。这种状况将持续到猎物的数量缺乏之时，从而导致捕食者数量下降。捕食者和猎物种群数量的大的波动可能由诸如疾病和气候条件等因素导致。一些捕食者以同一尺度范围内的许多物种为食，而其他的捕食者则根据它们所处的栖息地的特殊类型去选择合适的对象。

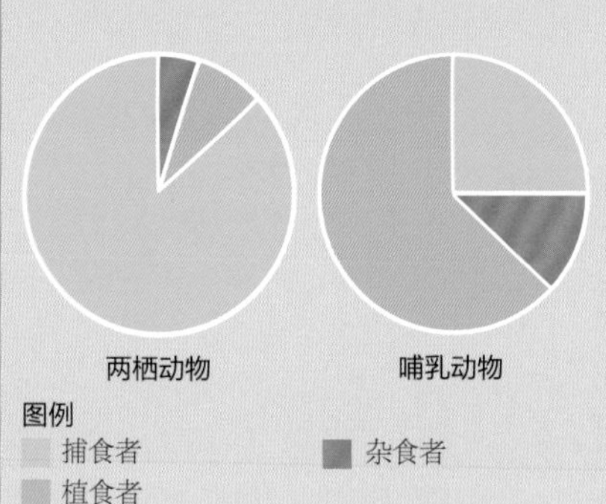

比例

不同动物类群内捕食策略可能是不同的——两栖类大部分都是捕食者，而大部分哺乳动物是植食性动物。虽然许多种类是完全肉食性或植食性的，但也有一些是杂食性的（两种捕食策略都用）。

同类相食

同类相食，即动物吃自己同类的现象，是广泛存在的。许多物种由于种群过密或食物短缺而同类相食。雌性的虎鲨有两个子宫，在独立发育的胚胎中，发育得最大的胚胎将吃掉较小的胚胎。两性同类相食的情况则被发现于螳螂和一些蜘蛛中，雄性个体在性交过程中被吃掉。获得狮王地位的雄狮通过吃掉幼兽使雌狮进入发情期，从而可以交配进而生产自己的幼崽。当个体受伤或死亡时，同类相食也会发生，正如图中清除尸体的蝌蚪那样。

搜寻猎物

捕食者进化出一系列感觉以适应它们的猎物，以及它们生活的环境和捕猎策略。在水生环境中，一些捕食物种可以只是等着水流为它们带来食物。活动的捕食者则需要去寻找食物，并集中注意力于猎物可能聚集的地方，通过这种方法增加成功的机会。对于昼行性捕食者来说，视觉可能是最重要的感觉了，它们的眼睛朝向前方，允许它们精确地判断距离。夜行性捕食者，比如猫头鹰，则有很好的听觉和视觉。隐匿在地下的捕食者只有依靠触觉——穴居的鞭蛛（Whip-spider）用它们长而细的前腿在完全黑暗的环境中感知猎物。化学感应器官可以探知空气中的气味和水体中的化学物质，这可以使一些捕食者在一定距离上定位它们的猎物。

鲨鱼有令人难以置信的灵敏嗅觉，它们能探测到水中浓度为二千五百万分之一的某种分子。

捕食者的感觉

视觉

不同动物类群间眼睛的结构不同。大多数的节肢动物具有复眼，是由多光聚集单元组成的，而脊椎动物和头足动物有照相机样的眼睛，是由单个透镜聚光形成影像。

听觉

听觉是探测通过空气、水或固体介质传导的声振动的能力。从简单的结构到哺乳动物高度复杂的耳，听觉组织复杂程度不同。仓鸮通过听觉能够确定猎物的位置。

嗅觉

嗅觉是探测空气中气味的一种化学感应知觉。特别是肉食动物，例如狐，有非常发达的嗅觉来发现猎物。动物也可释放气味来达到交流的目的。

触觉

机械性感受在动物身上普遍被发现。蜘蛛（如捕鸟蛛）有高度发达的触觉，它们利用腿部的振动感受器来感知猎物的存在和运动。

温度感应

在一些蛇类，诸如沙蟒、蝮蛇和水蟒中，已经进化出了红外视觉能力。位于头部的温度感应器官使这些物种在完全黑暗的条件下能够发现热血动物。

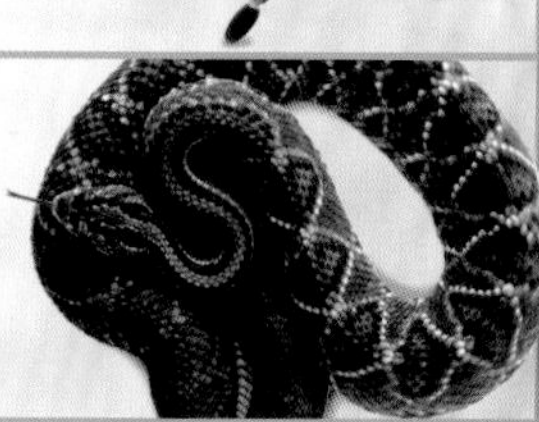

回声定位

大多数的蝙蝠、海豚、鼠海豚和其他齿鲸类进化出了回声定位（生物声呐）系统。高频叫声产生的回波被用来定位和识别猎物。

速度

为了避免被捕食，动物具有有限的一些选择。可以通过伪装或静止不动来避免探查；可以用刺或铠甲状的鳞片，或者通过化学方法释放有毒气体或气味来机械地保护自己；也可以通过比捕食者跑得更快的方法来逃避。在这种情况下，随着时间的推移，对于速度的需求产生了一场“军备竞赛”，在形态、生理和行为特征方面，捕食者和猎物之间的进化越来越优越。通常捕食者和猎物之间的竞赛会变得非常势均力敌，以至于成功和失败都是由于运气、意外或者健康状况造成的。

高速捕食者

动物	千米/时	介质
游隼	185	天空
猎豹	112	陆地
狮	80	陆地
丛林狼	69	陆地
黑曼巴蛇	20	陆地
旗鱼	109	水域
尖吻鲭鲨	74	水域

（图中坐标：千米/时 50、100、150、200；英里/小时 50、100）

捕食者可以达到的高速度很大程度上依赖于它们运用的介质。游隼是速度最快的捕食者，它通过重力加速度的调整和帮助将风阻降到最低。高密度的水则阻碍了水生捕食者达到这种高速。

猎豹

猎豹非常适合捕猎。它轻质的骨骼、发达的肌肉和不能伸缩的利爪为它提供了很好的加速度。在很短时间内，它就能将奔跑速度提高到113千米/时。

偷袭

许多捕食者，无论它们是主动出击还是等在那里伏击，都要依靠偷袭来获得成功。捕猎作为一种耗能巨大的行为，如果失败则会严重地降低捕食者以及幼崽的存活机会。由于猎物也有可能进化出良好的视觉（通常眼睛位于头部两侧，为其提供了无重叠的视觉区），捕食者需要具备在不被猎物发现的情况下接近目标的能力。猎物可以成群地觅食，众多的眼睛意味着总有一些眼睛可以保持观察，使捕食者获得猎物更加困难。伪装作为一种适应性，同时帮助了捕食者和猎物，使它们能把自己隐藏起来。颜色可以让一只动物融入它的背景中，一条开裂的纹理可以帮助打破动物原有的轮廓——这使得猎物难以被发现，也有助于捕食者充分地接近动物去进行猎杀。为了增大机会，捕食者经常使用植物掩护，尽可能悄无声息地移动，当它们悄悄靠近猎物时尽量贴近地面。

丝网陷阱
蜘蛛发展出结丝能力，用来捕捉昆虫。许多种类的蜘蛛将陷阱——自己所织的特定形状的网——设置在植被之间。

诱捕
一些蛇类进化出诱使猎物接近的诱捕方式。诱捕物通常来回摆动，诱捕物和捕食者的色差很明显。

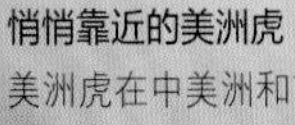

悄悄靠近的美洲虎
美洲虎在中美洲和南美洲茂密的雨林中捕猎，其食性很广泛，包括凯门鳄、水蟒、西貒和水豚。它有很强的咬力，能压碎头骨和龟甲。

机会主义

许多捕食者是机会主义者，而不是将特定物种或猎物类型作为目标，它们只是跑到它们喜欢去的栖息地寻找合适的食物。刺猬在地面和丢弃的垃圾中寻找食物。在那里，它们寻找蚯蚓、昆虫及其幼虫、蛞蝓，甚至小型脊椎动物。

防御阵
一群狼攻击一群麝牛。麝牛将它们的角朝向外侧，试图形成一个防御圈。

协作捕猎

在一些物种中，与单独捕猎相比，协作捕猎能够使种群内的成员获得更多的食物。协作捕猎一般发生在个体间有亲缘关系的社会群体中，这是社会性群体进化的一个重要因素。协作捕猎有很多好处：可以增加捕猎成功率，提供更好的防御竞争对手或敌人的机会，允许将体形更大、防御能力更强的猎物定为目标猎物，降低个体被伤害的风险。在非洲猎犬中，群的大小决定了猎物的大小。小群猎犬将选择黑斑羚和小型羚羊，而大群猎犬可以杀死角马这类物种。人们对于脊椎动物的协作捕猎已有一些研究，如黑猩猩、猎犬、狮、鬣狗、虎鲸、鼠海豚、鲨鱼、硬骨鱼和鸟类。在无脊椎动物中，社会性昆虫，如军团蚁和行军蚁，围猎则是众所周知的捕食策略。

武器

捕食者已经进化出一系列武器去抓获和杀死猎物。在脊椎动物中最普遍的武器是牙齿和爪。肉食类哺乳动物有巨大的犬齿用来杀死猎物，它们的裂齿咬合在一起可以撕裂鲜肉。肉食动物的爪大而弯曲，能够捕获和控制猎物。食鱼动物则有大量典型的锋利的牙齿，适合固定光滑的猎物。潜水捕鱼的鸟类为了抓牢猎物则拥有向后弯曲的锯齿状的锋利的喙。猛禽有用来捕获猎物的大型钩爪，以及用来撕裂猎物的强壮的钩形喙。无脊椎动物的武器则与脊椎动物的差别很大，包括带毒性的刺。

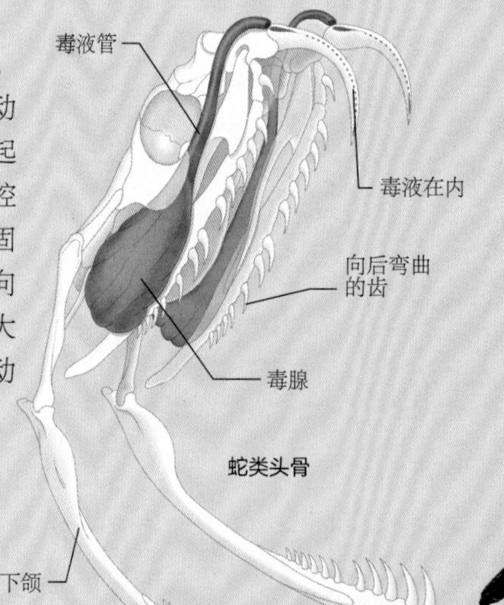

头骨对比
鬣狗有宽大的头骨和相对短的颌骨，为它提供了强有力的咬合力。大多数肉食类哺乳动物的裂齿非常锋利，可在它吞咽前切断鲜肉。相比之下，蛇类的头骨很精致，关节宽松、灵活的下颌能张开得很大。蝰蛇通过两枚毒牙给猎物注射毒液从而杀死猎物。

钩爪
3趾向前、1趾向后的鹰爪确保这只红背 能稳固地抓捕它的猎物。

脚爪
蝎子利用有力的钩爪和毒液去制服和杀死猎物。虽然这种肥尾蝎的爪相对比较纤细，但是它强大的毒液可以让它轻而易举地制服一只小型两栖动物。

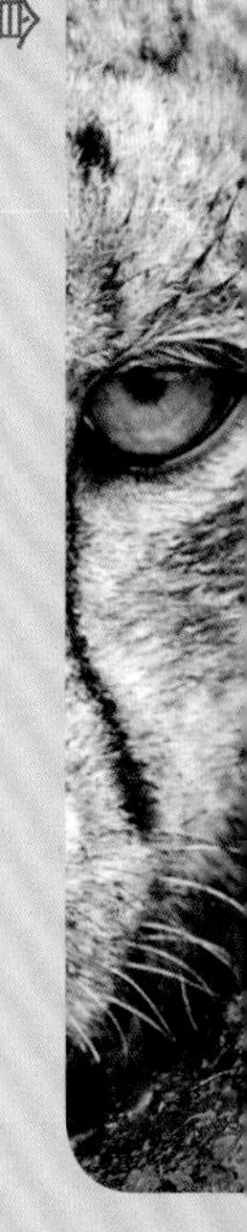

猎杀技术

捕食者根据每个猎物种类的大小和特性采取不同的方法来杀死猎物。切断肢体、绞杀、溺死、刺死和毒杀都是主要的方法。大型肉食动物，如虎，会尽可能快地杀死猎物，这既可以使自身免受伤害，又能避免猎物逃跑。小型猎物通常被咬断颈后部、脊骨，并被割断血管。死亡通常是瞬间的。大型猎物则通常被紧紧咬住喉咙，直到窒息而亡。许多动物，包括蛇、蜘蛛、水母，甚至一些软体动物，已经进化出分泌毒性唾液的特性。

吃蛤肉者

一些物种不止被一种捕食者猎食，但在整个捕食者范围内，每种捕食者使用不同的技术。虽然蛤有能咬合的强健贝壳和强壮的肌肉使它们闭合，但双壳类仍然是许多动物的美食，包括小型鲨鱼、海象、鱿鱼和许多海岸涉禽。

招潮蟹用它强大的爪碾碎并打开贝壳。

一只玉螺在贝壳上钻一个洞，然后将酶注入，溶解里面的物质。

美洲蛎鹬在泥巴中搜寻，将贝壳撬开或捶开。

双壳类

普通海星拉住贝壳，并将其包裹进胃中。

海獭仰漂在水面食用贝类，它们通常用石头敲开贝壳。

食用猎物

捕食者依靠各种方式食用猎物。大型的捕食者会消耗大量的小型猎物，例如须鲸捕猎磷虾，这不需要前期处理，食物被简单地吞咽下去。相反，蛇类适合吃和它们个体相当的猎物。因为它们不能咀嚼食物，食物被整个吞咽下去并消化。大多数捕食者将食物分成小块，而去吃最有营养的部分。在另一些动物中，如海星，消化食物的过程是发生在体外的。

初步消化

许多蝇类的口器改进为适合擦拭和舔舐。家蝇不能吃固体食物，在食物被吃之前必须将其液化。为了这样做，在食用之前，它会反刍部分以前的食物以及唾液酶。

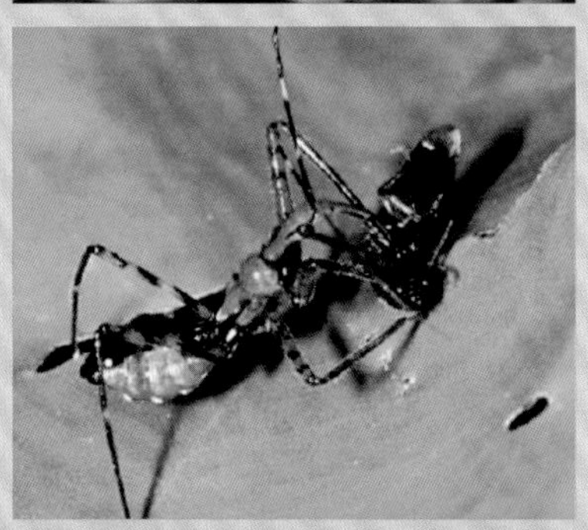

死亡之前

猎蝽在猎物身上选择一个较薄弱的位置，如角质层板间柔软可变形的膜。它用尖锐的口器刺穿表面，注入有毒的蛋白质溶解酶。一旦猎物被液化后，猎物的身体将被猎蝽吸食。

整个吞食

与所有的蛇类一样，石氏矛头蝮不能咀嚼食物，而是将食物整个吞下去。一旦被蝰蛇倒生的牙齿咬住，猎物将像棘轮一样呈螺旋状缓慢地通过蝰蛇的喉咙被吞下去。

玩弄猎物

年轻的捕食者，如猫，会在杀死猎物前玩弄猎物，这被认为是它们在练习捕猎和处理猎物的技巧。这头北极熊在吃食物之前将食物抛到了空中。

储存食物

红背伯劳储存不能立即吃掉的食物。它将食物穿在刺条上或楔入叉状树枝来进行储藏。这种行为使鸟类能在猎物丰富的情况下储存猎物，并能处理大的猎物，如小型蜥蜴。

致命的螯针

箱水母

箱水母带刺触须中的毒液不仅可以防御，也可以用来杀死猎物。它不是真正的水母，而是隶属于箱水母纲（Cubozoa），但二者有很近的亲缘关系。当箱水母漂浮在水中时，猎物几乎看不到它透明的身体。利用喷水推进，它的运动速度可达到7.2千米/时。箱水母是一个可怕的捕食者，有24个小眼，分成4组，身体的每一侧有6个。这些眼大多数是简单的器官，仅能感知明暗，但每一组中有一对眼有成像能力，并能引导它朝向猎物。它的猎物通常包括小鱼和甲壳类。当这些猎物游过来碰到长触须时，立即会被击昏和麻痹。箱水母有多达15条触须，从身体的旁侧生出，拖曳着，每个臂上带有上千个刺细胞。它是世界上最危险的有毒物种之一，对游泳和潜水的人造成明显的威胁。箱水母的刺针能刺透肉体、甲壳类的角质层，甚至软体动物的壳。这些刺针会造成极大的疼痛，并可引起心力衰竭，人类受害者往往因为休克而导致溺亡。

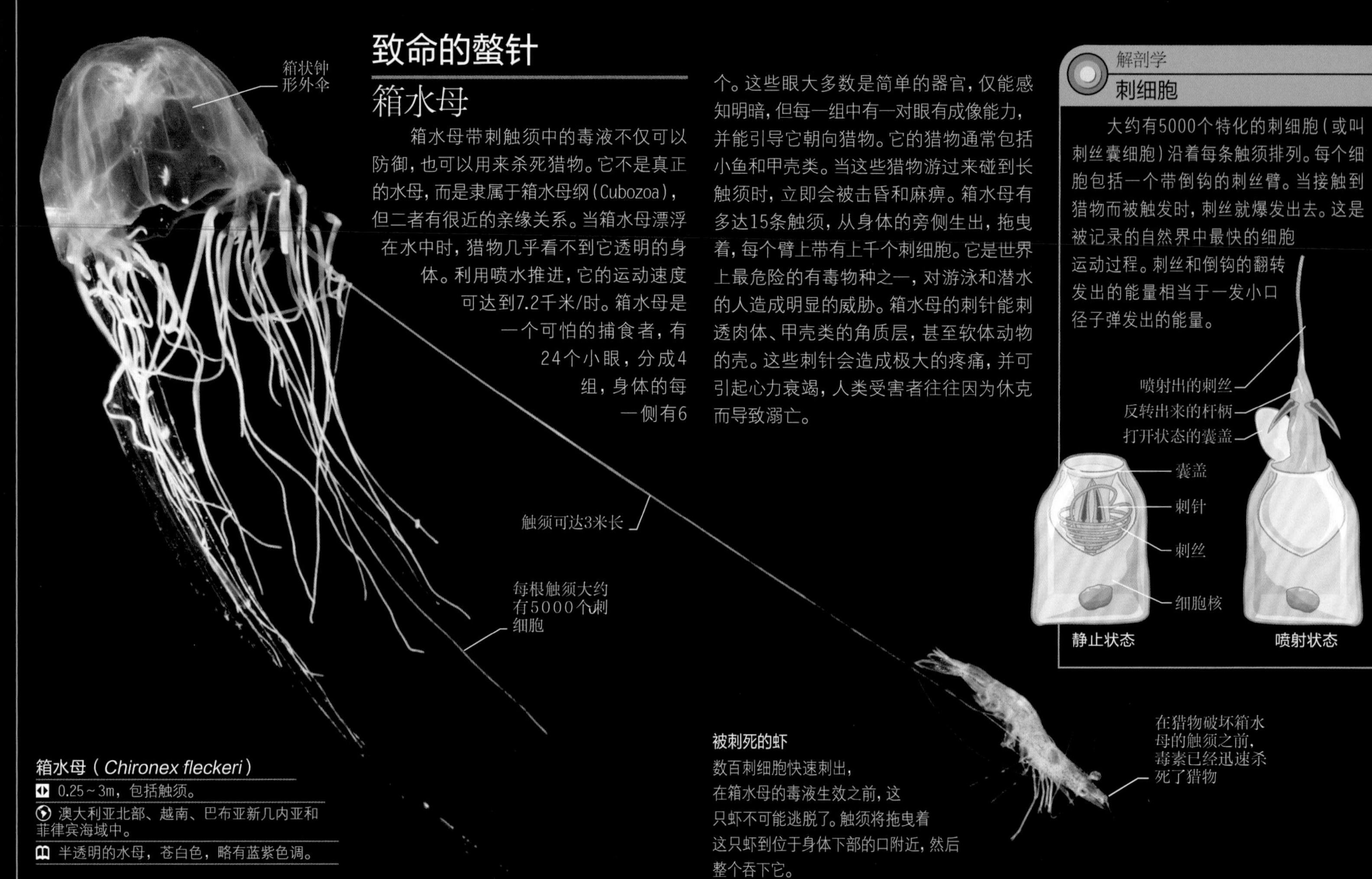
箱状钟形外伞
触须可达3米长
每根触须大约有5000个刺细胞
在猎物破坏箱水母的触须之前，毒素已经迅速杀死了猎物

被刺死的虾
数百刺细胞快速刺出，在箱水母的毒液生效之前，这只虾不可能逃脱了。触须将拖曳着这只虾到位于身体下部的口附近，然后整个吞下它。

箱水母（*Chironex fleckeri*）
- 0.25～3m，包括触须。
- 澳大利亚北部、越南、巴布亚新几内亚和菲律宾海域中。
- 半透明的水母，苍白色，略有蓝紫色调。

解剖学
刺细胞

大约有5000个特化的刺细胞（或叫刺丝囊细胞）沿着每条触须排列。每个细胞包括一个带倒钩的刺丝臂。当接触到猎物而被触发时，刺丝就爆发出去。这是被记录的自然界中最快的细胞运动过程。刺丝和倒钩的翻转发出的能量相当于一发小口径子弹发出的能量。

喷射出的刺丝
反转出来的杆柄
打开状态的囊盖
囊盖
刺针
刺丝
细胞核
静止状态
喷射状态

胶枪

栉蚕

栉蚕（俗称天鹅绒虫）会在入夜后出现，到森林的地面上猎食蟋蟀、白蚁、蠕虫和昆虫的幼虫。它用触角感知猎物，并有一双单眼帮助它的胶枪来瞄准距离达到30厘米的目标。这种黏液像胶，由环布全身的大型黏液腺分泌出来，可占体重的十分之一。黏液从一对衍变的腿的顶端称作口乳突的孔中喷射出来，并迅速变硬。一旦猎物被捕获，栉蚕会咬住它并注入唾液酶。栉蚕有弯曲的下颚，可以用来咬猎物柔软的部分，然后吸食溶解后的液体。它吃掉一个大型猎物的躯干需要花上一整夜。

栉蚕（*Macroperipatus acacioi*）
- 12cm。
- 巴西热带雨林中。
- 软体或蠕虫样，表面带有小的凸起，有许多短粗的没有关节的腿。

善于伪装的猎手

大乌贼

世界上最大的乌贼——大乌贼悄悄地接近或伏击它的猎物。由于乌贼的皮肤每平方毫米包含超过200个色素细胞，所以它们可以改变体色和皮肤的纹理与所处的背景相匹配。它有3种色素细胞——黄、红橙和棕黑，在这些色素细胞下面还有称为虹膜色素细胞的反应细胞，这些细胞提供了蓝色和绿色的色调。乌贼有极好的双眼视觉，并能较好地判断距离。它通过两支附有吸垫的长长的触手来捕获鱼类和甲壳类。一旦猎物被带到嘴边，它会立即咬住并注入有毒的唾液，然后通过像鹦鹉一样的尖锐的喙将猎物撕碎。

致命打击
当猎物被确定后，一只大乌贼转向猎物，将几支手臂并拢到一起指向它，随即以异常快的速度准确地向猎物射出它的触须。

大乌贼能摆动它的触手来诱捕猎物。

大乌贼（*Sepia apama*）
- 长达1.5m。
- 澳大利亚南部及塔斯马尼亚海岸附近，栖息在海草或暗礁的石缝中。
- 身体柔软、细长，带有一个内骨骼和裙状的鳍。有8条臂和两个更长的触手。

>> 342。

合牢

冠螺

冠螺也叫唐冠螺或大海螺，这种海洋贝类捕食海胆。其雄性比雌性个体小，但长有少量更大的钝圆的隆突或角。贝壳前部有一个朝上的称为水管切口的沟槽，水管顺着沟槽伸入水中。通过这根水管，冠螺能尝出海胆和其他类型的棘皮动物游过时留在水中的化学物质，这些动物都是它主要的食物。白天，冠螺将身体埋藏在浅水中，将它的角露出水面；当黑夜降临时，它就会从藏身地出来去猎食。一旦接近它的猎物，它会抬起身体用大型的肌肉足牢牢地扣住猎物。以冠螺的大小和重量，海胆的刺无法伤害到它。

冠螺（*Cassis cornuta*）

- 长达40cm。
- 从东非到澳大利亚的印度洋和太平洋中，东到夏威夷。
- 多节的壳带有粉红色的螺孔。雄性个体比雌性个体小。

捕获海胆

>>01 冠螺通过气味痕迹探测出猎物的踪迹，并确定了位置。
>>02 它伸出足抬起了身体。
>>03 冠螺移动到海胆的上部准备扣住它。
>>04 它分泌出黏液，在海胆的外壳上溶解出一个洞。用带齿的舌头把洞开大，使得自己可以将海胆内脏取出来。

毒镖

芋螺

这些海螺猎食海蠕虫、其他软体动物，甚至还有鱼类。它通过一个鱼叉样的毒镖将毒腺中的毒液注入猎物体内，以麻痹它们。毒液发作很快，差不多瞬间就能使猎物麻痹。芋螺伸长它的吻，通过气味探测附近的猎物，当接触到猎物时，它会突然爆发，将一支"毒镖"射入猎物体内。这支"毒镖"与猎物相连，以便芋螺将猎物拉到喙里，喙会张开将猎物吞噬进去。难以消化的部分和用过的叉子最后将被排出。

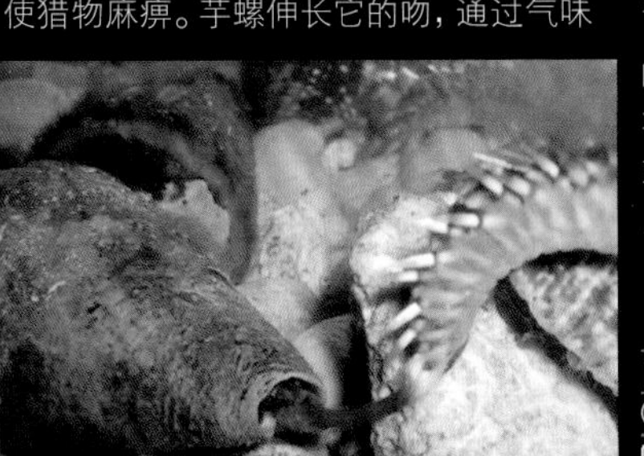

吻和叉

芋螺的吻从壳的后部开口处伸出。带倒刺的"鱼叉"在它尖端后面的一个孔内，用来刺穿猎物。

芋螺科（Conidae）

- 长达25cm。
- 全球温暖的热带海洋中。
- 颜色鲜亮，螺壳接近圆锥状，沿身体长轴有一条缝隙。

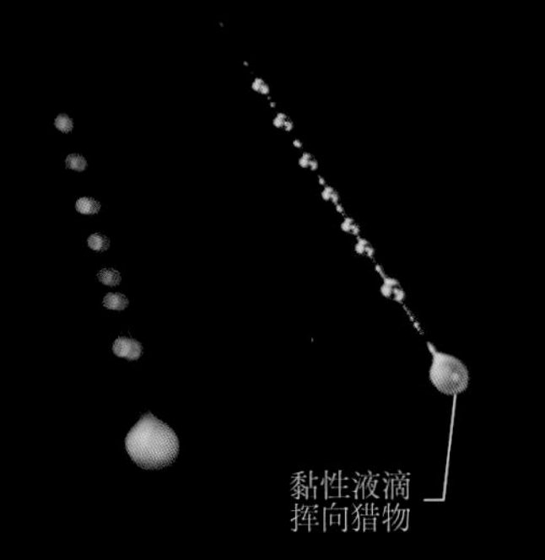

华丽瘤腹蛛（*Ordgarius magnificus*）

- 腿展达2.5cm。
- 澳大利亚昆士兰东海岸、新南威尔士的桉树和灌丛植被中。
- 灰白色的蜘蛛，腹部遍布黄色或粉红色斑点，背部有两个明显凸起。

致命细丝

华丽瘤腹蛛

华丽瘤腹蛛是夜间捕蛾专家，白天它和它的丝线一起隐藏在叶间。与所有的瘤腹蛛一样，它释放出类似蛾类的性外激素来诱骗蛾子。这种化学物质被认为包含在用于捕捉的丝线上的液滴中。蜘蛛瞄准飞过的蛾类并抛出它的黏性液滴，如果成功的话，它就拉起丝线，咬住猎物并立刻吃掉，或将其缠绕在丝线中以后再吃。

撒网

红褐撒网蛛

这种蜘蛛白天隐藏，当夜晚降临后捕捉夜行性猎物，例如蚂蚁、蟋蟀、甲虫和其他蜘蛛。它用边缘有毛的丝线织成一个淡蓝色的有弹性的小网，然后用两对前腿抓着丝线的框架张开网。任何路过的昆虫就会被封在网中。

大眼睛

红褐撒网蛛也是著名的鬼脸蛛，所以也叫怪面蛛，因为它的两只眼睛非常大而且朝向前方。红褐撒网蛛的视觉非常出色，完全依靠视觉来发现猎物。

红褐撒网蛛（*Deinopis subrufa*）

- 腿展达13cm。
- 澳大利亚东南部和塔斯马尼亚岛的林地和花园中。
- 细长的腹部呈淡灰色或粉红棕色到暗棕色，有细棍样的腿。

突袭的花朵

白蟹蛛

这种蜘蛛藏在用丝线缠绕的叶子之间，或守在花旁边，伪装成花的一部分或芽。像大多数的蟹蛛一样，这是一个使用埋伏偷袭的捕食者。在夜间它可以捕蛾，但在白天它则可以捕捉蝇类，甚至那些飞到发白的花朵（比如雏菊和茉莉花）上的蜜蜂。蜘蛛抓到这些昆虫，从头的后部咬下去，并抓着猎物直到它不再挣扎为止。

白蟹蛛（*Thomisus spectabilis*）

- 腿展达3.5cm。
- 澳大利亚的植被和花朵间。
- 淡白色腹部有一些黑色的斑点。灰白的头胸部，腿上有苍白色的条带。

捕鱼蛛

这只捕鱼蛛把它的螯肢深深刺入猎物的体内。成体捕鱼蛛的腿展可达12厘米，广布于南美洲北部，生活在热带池塘内，伏击路过的猎物。它先用前腿抓住猎物，然后快速注入毒液。

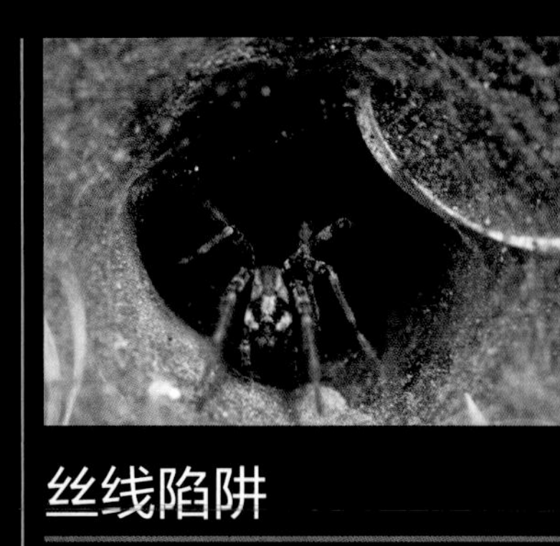

丝线陷阱

漏斗蛛

这些蜘蛛因它们网的形状而得名。它们通常会建造一张扁平的网，然后躲在网的中央或一边。白天它们会躲在隐蔽处，当夜幕降临时才出去捕猎。蜘蛛在网的漏斗口边等待着，会突然冲出去抓住走过或飞过网面的猎物。咬住猎物并注入快速生效的毒素后，漏斗蛛会带着猎物退回到安全的隐蔽处享受它的食物。还有一些蜘蛛称作家蛛，它们会在房子内外织网，地点通常是房子黑暗的角落或地下室。

漏斗蛛科（Agelenidae）

- 腿展达8cm。
- 广布在全球各地的植被或建筑物中。
- 有多毛的身体和长腿。身体土褐色，腹部有黑色条带、回形纹或斑点。

猎捕一跳

跳蛛

跳蛛在捕猎的时候不织网，它们会在白天悄悄接近猎物，移动到一定范围内时就跳起来抓住猎物。跳蛛有极好的双眼视觉，中央一对向前的眼非常大。它们不仅视觉非常敏锐，而且独特的是，跳蛛可以把头上的主眼转向后方，以至于在身体不动的情况下能够来回观察。在捕猎时，它们会找一个固定的安全的地方。

抓取猎物

跳蛛能跳它们自身长度的50~60倍。它们腿部的伸展不是依靠肌肉的活动，而是依靠将体液快速地压进腿中完成的。

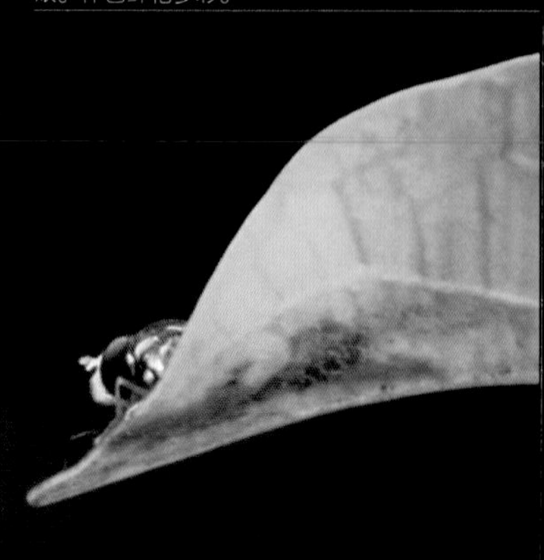

跳蛛科（Salticidae）

- 腿展1.8cm。
- 广布于全球多种栖息地。
- 身体一般比较紧凑，有扁平的头和4只向前的眼。体色鲜艳多彩。

伪装陷阱

岛艾蛛

这种岛艾蛛（亦称诱捕蛛）会用显眼的蛛丝图案（这称为匿带）去装饰它那垂直的圆丝网。它会把吃剩的猎物残渣、自己蜕下来的外皮，甚至植物和真菌掺进去。研究显示，通过装饰它的网，诱捕蛛可以吸引或截取更多的猎物，虽然这种装饰可能也有其他的功能：这些醒目的图案可以防止鸟类和大型昆虫偶然飞撞到网上；或者诱捕蛛坐在网的中央，把腿蜷缩起来，隐蔽自己以躲避捕食者。也有可能网的残片召示了雌性蜘蛛吸引潜在交配者的成功事件。

岛艾蛛（*Cyclosa insulana*）

- 腿展达2cm。
- 从地中海到东南亚和澳大利亚北部的森林和花园中。
- 身体土褐色，带有畸形的瘤状腹部。

快速出击

>>01 利用敏锐的视觉和特殊的定位技术，螳螂精确地计算出捕获猎物的距离、速度和方向。

>>02 它的前腿完全展开，然后胫节像钳子一样合拢去抓获猎物。

>>03 螳螂松开前腿把猎物一直送到口里。这样的攻击持续的时间不会超过100毫秒。

攀壁高手

巨蜈蚣

这些巨蜈蚣喜欢干燥，在太阳落山、天色变黑之后，它们开始搜索食物。它们的猎物包括昆虫，如蟋蟀和蟑螂，也包括脊椎动物，如鸟类、蜥蜴和鼠类。它们主要在地面落叶层和石块下觅食，但现在知道它们可以爬到洞壁上，捕食在那里栖宿的蝙蝠，这些蝙蝠的体重超过蜈蚣体重的两倍。巨蜈蚣尽管个体相当大，但仍可以非常快速地移动，动作敏捷，能轻松地垂直甚至倒挂在岩石上爬行。巨蜈蚣的第一对足非常粗壮，尖锐的爪可以注射来自毒腺的高效毒素。毒素通常注射到猎物的头部附近，那里见效快。当猎物挣扎时，蜈蚣会用其他的足包裹住猎物。

安全的抓握

一只在夜晚捕食归来的蝙蝠，却在洞口遭到了埋伏。巨蜈蚣可以倒挂或悬垂在洞顶，至少有5对足保证了它牢牢地抓握。

巨蜈蚣（*Scolopendra gigantea*）

长达35cm。

中、南美洲的森林中。

身体扁平，具红褐色体节，每一体节上有一对浅黄色足。头部有一对分节的触角和强壮的上下颚。

伸长的嘴巴

碧伟蜓的稚虫

与所有的蜻蜓一样，碧伟蜓的稚虫生活在有植物和碎石的湖泊和池塘里，在那里它们用六角手风琴状的口器来捕捉猎物（见右侧知识框）。它们的鳃位于直肠内侧，如果需要的话，水可以高速地喷射出来，用来逃避潜在的敌人。

碧伟蜓（*Anax parthenope*）

7cm。

欧洲和亚洲的湖泊和池塘中。

腹部浅绿褐色，在基部有蓝色宽带纹，胸部的浅绿褐色更淡。

解剖学

特化的口器

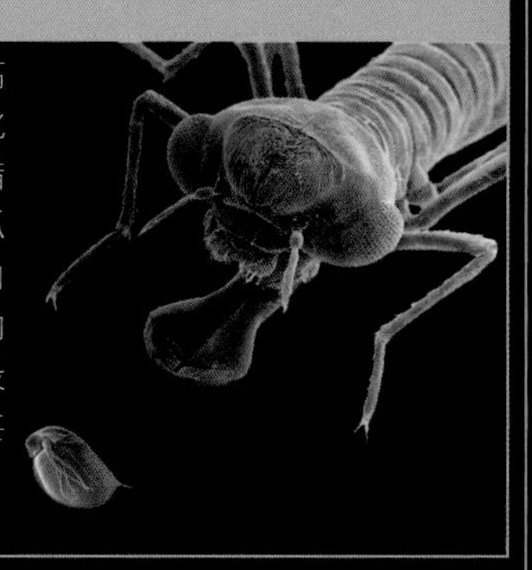

蜻蜓的水生稚虫是高度掠食性的，它们具有特化的口器（上下颚）以捕获猎物。口器很长，可转动和抓握，且有一对钩状的须肢向后折叠。口器可利用肌肉的活动及水压向前射出，这股水压产生的时间为25毫秒甚至更少。

有蓄谋的攻击

>>01 一条路过的小鱼已经警惕着这只蜻蜓稚虫的存在了。稚虫看着它慢慢地接近。

>>02 一切准备就绪，蜻蜓稚虫把口器从头下部向上探出去。

>>03 带有尖钩的须肢刺入鱼的一侧，鱼被拖到上下颚前。

意外伏兵

薄翅螳

像其他螳螂一样，薄翅螳具有高度特化的掠食性生活习性。作为一个技术高超的伏兵，它总会利用自身的绿色或褐色隐蔽起来，且不动声色。它有一个与众不同的灵活的三角形脑袋，并有一对巨大的复眼，因面部向前，其具有双目并用的视觉。通过转动头部，它可以测量与猎物的距离，以及猎物相对背景的运动状况。这种双目三角测量技术在脊椎动物中广泛存在，但在无脊椎动物中却很少见。螳螂是华丽的捕食者，它可以调整各种捕猎姿势。胸部的第一节有一对特化的、超长的前足。而前足上部延长的一节使螳螂捕捉范围更宽。前足的腿节特别大，具有很多肌肉，内侧则有一排排尖锐的棘刺。前足的胫节也有很多钩刺，并像折叠刀那样折叠，与腿节上的刺啮合，组成了令人畏惧的捕捉工具。中足和后足则用来行走和站立于植被之上。薄翅螳主要在白天活动，捕食各类昆虫、蜘蛛及其他节肢动物。当猎物被捕获或被控制后，螳螂就会使用坚硬的颚轻松地切割猎物的几丁质和组织。

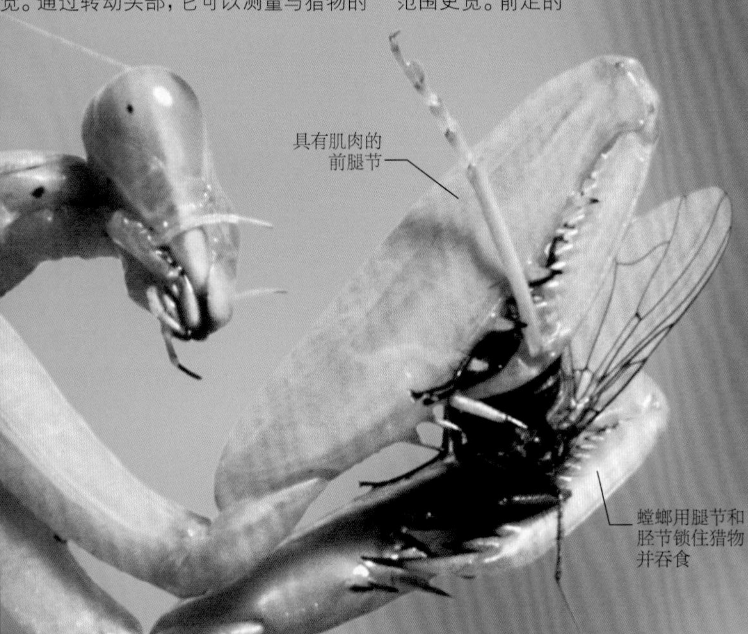

薄翅螳（*Mantis religiosa*）

长达7cm。

欧洲各种植被中，被引入北美洲。

身体细长，为绿色或褐色，有巨大的带刺的前足和与众不同的三角脑袋。

疾速锁定

螳螂用前足快速出击，刺穿并锁定猎物，这个动作无需毒液，而且螳螂喜欢吃活食。通常猎物被整个吃掉，只剩一点儿残渣。

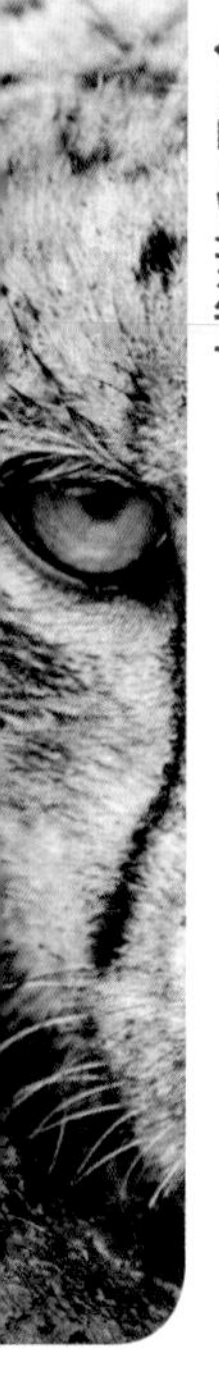

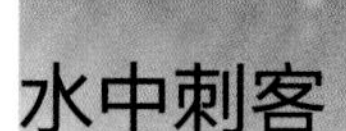

水中刺客

大负子蝽若虫

大负子蝽无论是成体还是若虫都是凶猛的捕食者。若虫有大而突出的眼睛，它们会等着猎物靠到足够近时跃出，并用它特殊的前腿抓住猎物，也可以通过它们的中腿和后腿游泳来主动捕猎。一旦猎物被捕到，大负子蝽会用尖利的口器戳刺猎物（通常是颈部），注入高效的带毒性的唾液来麻痹它。其成分和某些蛇毒的成分相似，毒素能分解猎物的肉体，使其液化便于吸食。令人惊叹的是，大负子蝽也会攻击螯虾、蝌蚪、蛙、鱼，甚至小型水鸟——而这些猎物都比大负子蝽自身大许多。

喉部致命伤

大负子蝽若虫成功地从下面偷袭了一只蛙，并给它注入了毒液。若虫那水陆两用的强有力的后腿清晰可见。

负子蝽科（Belostomatidae）

- 长达15cm。
- 广泛分布在美洲、非洲南部和东南亚的淡水溪流和池塘中。
- 身体呈流线型，有强壮的可抓握的前腿。

大负子蝽若虫的唾液和某些蛇的毒液相似，**毒性极强**，可以麻痹猎物。

水面捕食者

水黾蝽

这些群居的昆虫（简称水黾）很适合站立在淡水表面捕捉小型昆虫。它们的前腿可以用来抓取猎物进食，而中腿和后腿非常长，伸展开来支撑在水面，也可以帮它们快速地通过水面。水黾体表密布防水的体毛，前腿还有感受波动的毛，可以用来探测和定位移动的猎物。

水黾蝽（*Gerris lacustris*）

- 1.5cm。
- 欧洲静止的或缓慢流动的水体里。
- 身体纤细，上体褐色，下体银灰色，有长的中腿和后腿。

张开大颚

巨蚁狮幼虫

巨蚁狮幼虫埋伏着等待昆虫和其他猎物时，会把自己埋在粗沙中，只将头部和张开的颚露在外面。触毛和较好的视力告诉它什么时候该出击。埋伏在沙中，它可以偷袭大型的猎物。锯齿镰形的颚有两个洞管让唾液酶通过，唾液酶注入到猎物体内可以麻痹猎物并把内部组织分解，最后，变成汁液的组织被吸食。一些蚁狮在松散的沙中建筑圆形的凹槽。之后它们弹出沙粒攻击过路的昆虫，使其跌落到凹槽底部，然后进行捕食。

巨蚁狮（*Palpares immensus*）

- 5cm。
- 非洲南部长有高草的沙地中。
- 身体肥胖，颈细，头部近方形，有很大的带锋利齿的颚。

束手就擒

一旦蚁狮幼虫的齿状颚合拢，压碎猎物的身体，猎物就无法逃脱。蚁狮会迅速地把猎物拖下去吃掉它。

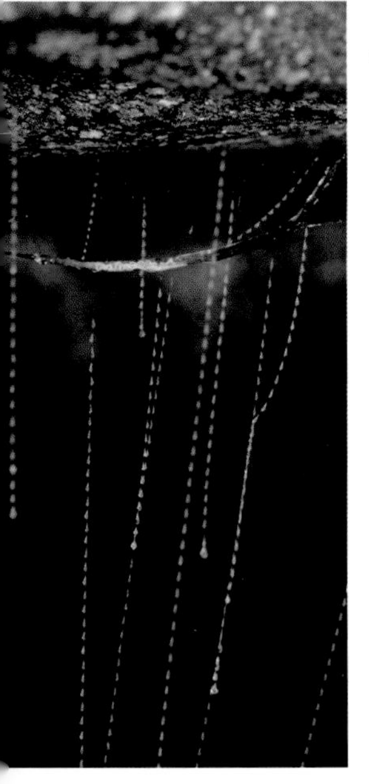

发光陷阱

蚋的幼虫必须生活在非常隐蔽的地方，因为最轻柔的阵风也会使带胶粒的丝线缠绕在一起，让陷阱失效。

黏稠的陷阱

真菌蚋幼虫

这种蚋的幼虫经常被称作发光蠕虫，它生活在由丝线搭成的松弛的黏液管中。从黏液管中垂下50多条丝线，丝线上有黏稠的胶状小液滴。为了吸引飞行中的昆虫，如蚊、蠓、蜉蝣、石蚕蛾甚至甲虫到它们的黏性陷阱中，这种幼虫身体尾部末端会发出一种柔和的蓝绿色的光。当昆虫被胶粘住时，这种幼虫慢慢地沿着网的水平部分移动到丝线的末端，然后把猎物缠绕起来。

真菌蚋（*Arachnocampa tasmaniensis*）

- 长达3cm。
- 在塔斯马尼亚岛的洞穴里、悬岩上和深的冲沟内。
- 身体柔软的苍白色蛆形幼虫。

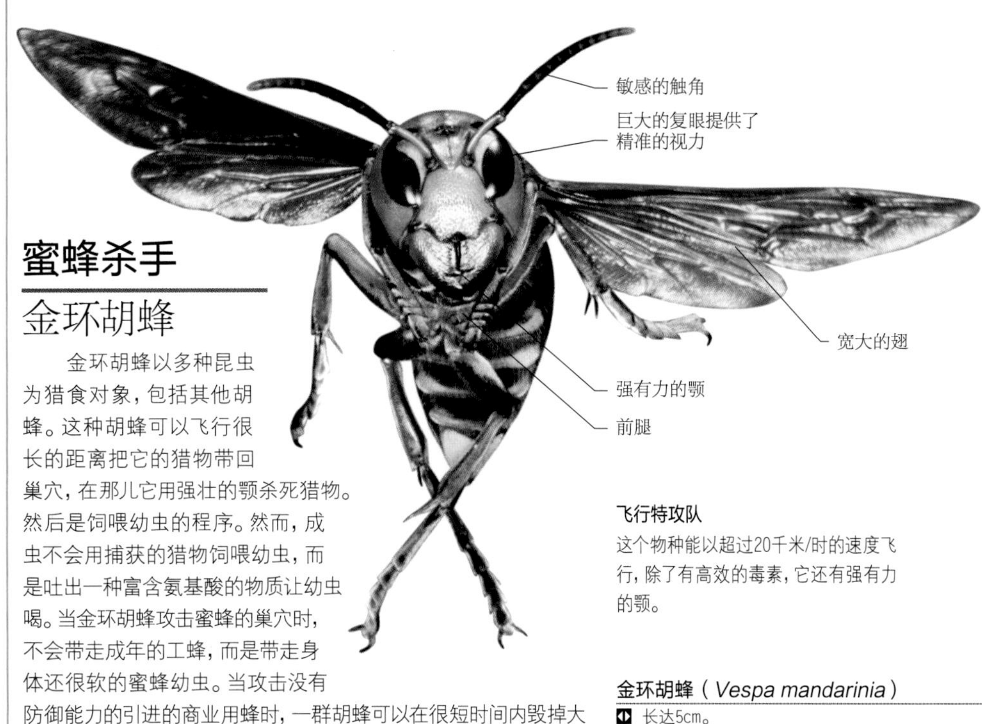

蜜蜂杀手

金环胡蜂

金环胡蜂以多种昆虫为猎食对象，包括其他胡蜂。这种胡蜂可以飞行很长的距离把它的猎物带回巢穴，在那儿它用强壮的颚杀死猎物。然后是饲喂幼虫的程序。然而，成虫不会用捕获的猎物饲喂幼虫，而是吐出一种富含氨基酸的物质让幼虫喝。当金环胡蜂攻击蜜蜂的巢穴时，不会带走成年的工蜂，而是带走身体还很软的蜜蜂幼虫。当攻击没有防御能力的引进的商业用蜂时，一群胡蜂可以在很短时间内毁掉大半个蜂巢。然而，现在已经发现亚洲蜜蜂的日本种群进化出一种独特的加温技术去对付这种攻击。数百只工蜂在入侵者周围形成一道致密的墙，通过翅肌产生高热把胡蜂烤死。

飞行特攻队

这个物种能以超过20千米/时的速度飞行，除了有高效的毒素，它还有强有力的颚。

金环胡蜂（*Vespa mandarinia*）

- 长达5cm。
- 主要分布在日本、中国（包括台湾岛）、韩国、印度和尼泊尔的丘陵和高地。
- 大型胡蜂，有宽宽的橙色头部、黑色的胸部、带有黄黑条带的腹部。

多毛的陷阱

亚马孙蚁

这些蚂蚁进化出一种独特的机制去捕捉大型猎物，除非猎物能迅速跳走或飞走。首先，它们采下一种寄生植物茎上的纤维或纤毛，并使纤毛直立。然后用一种反刍出来的物质将采下的纤毛黏合在一起，构建起一个海绵状的平台。这个台子就像带毛的植物的茎，平台上有许多小洞，蚂蚁就躲藏在下面。由这种蚂蚁控制真菌的生长，可以使这个结构更加牢固或逼真。一旦陷阱设置好，蚂蚁就会藏在下面张开它们的颚，伺机捕捉沿着茎走下来的猎物。

亚马孙蚁（*Allomerus decemarticulatus*）

- 2mm。
- 南美洲的雨林中。
- 体形流畅的淡橙黄色蚂蚁。

假地板

蚁树（*Hirtella physophora*）的主干被由隐匿的蚂蚁修建的次级表皮所覆盖。

隐藏的捕食者

>>01 当大型猎物如蚱蜢走到蚂蚁陷阱的表面时，它的腿被从下面抓住，然后渐渐地会被拉伸得像中世纪行刑架上的受害者一样。

>>02 一旦蚱蜢被固定，它便会被刺中。

>>03 猎物被裹在一个带状的叶子中运回蚁穴，在那儿被分割吃掉。

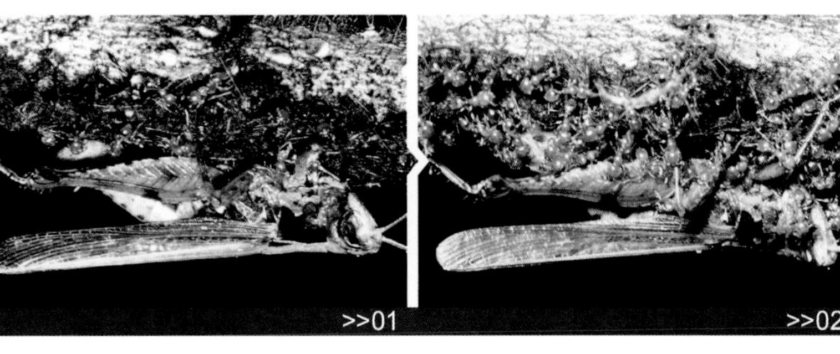

>>01 >>02

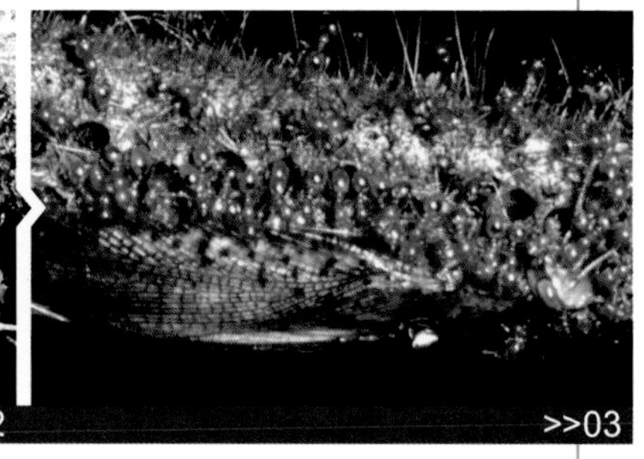

>>03

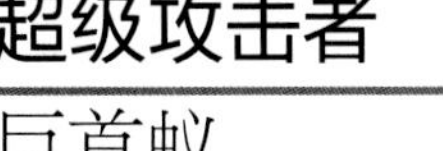

超大型蚂蚁

与超级工蚁比起来，一大群小工蚁如同侏儒一般，但它们在帮助比其大得多的超级工蚁。

超级攻击者

巨首蚁

在这个物种中不同群体之间的体形存在巨大差异。工蚁粗略地分为3类大小：非常小的工蚁，称作小工蚁；大工蚁；巨型工蚁，即超级工蚁，它的体重是种群中最小工蚁体重的数百倍。工蚁体重的巨大差别使得这些蚂蚁可以捕猎大小差别很大的猎物和防护自身。一大群巨首蚁甚至能攻击绿海龟的巢。巨首蚁为了饲喂它们发育中的幼虫而四处寻觅并袭击猎物，但和其他的巨首蚁比起来，它们更趋向于在巢穴附近觅食。

巨首蚁（*Pheidologeton affinis*）

- 长达1cm。
- 东南亚森林中和草地上。
- 身体有光泽，头部、胸部和腹部淡黄褐色至棕色，腿部淡黄色。

沿路破坏

行军蚁

行军蚁也被称为旅行蚁，这种蚂蚁的群体可以由数百万只个体组成。它们可以一周到数月停留在一个地方觅食。在当地的食物资源开始枯竭时，这些蚂蚁排成巨型队列离去，它们会吃掉遇到的任何东西。在游猎期间，工蚁用它们的颚携带着卵。虽然昆虫和其他无脊椎动物是它们的主要食物，但一些大型动物，如脊椎动物，也可能受到毁灭性攻击，如果其无法逃脱，就会被分成块吃掉。

行军蚁属（*Dorylus*）

- 长达2.5cm。
- 非洲和东亚的稀树草原和林地上。
- 身体褐色至黑色，腿部颜色更淡。

行军途中

更大的兵蚁有大而弯的带齿的颚，始终巡视在移动队列的外缘，随时警戒着潜在的攻击者。

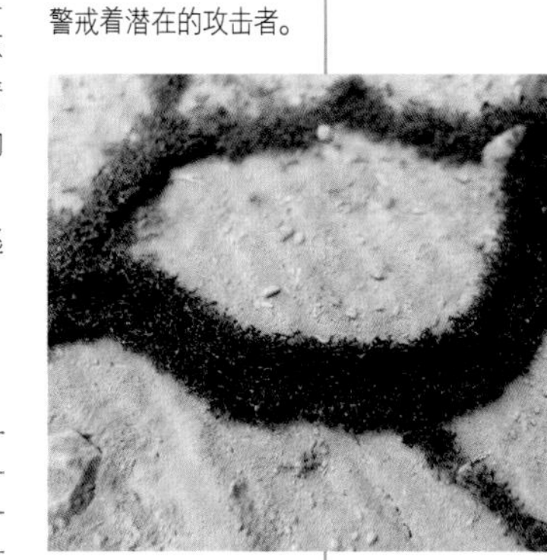

来自水下的攻击

白鲨

白鲨是令人生畏的捕食者，也被称为大白鲨，以经常利用闪电般的速度从下部攻击从而使猎物致残而著名。这种攻击可以瞬间使猎物严重丧失活动能力甚至杀死猎物。

尽管个体较大，白鲨仍能通过反隐蔽手段来伪装自己。它的上体是灰白色或蓝褐色，这样接近海面游动的猎物在水下很难看到鲨鱼。同样，鲨鱼的下体是苍白色，当被捕食者在它下面时，鲨鱼的轮廓在天空的背景下淡化到最低。

当白鲨捕猎时，它们尽可能地保持体温，特别是大脑的温度，用多种感觉，包括电感受、味觉、听觉和视觉确定猎物的位置。它们经常试探性地咬一口，以确定猎物是否适合。幼年的鲨鱼通常攻击鳐鱼、其他鲨鱼和乌贼，而成年的鲨鱼通常猎食海豹、海狮、海豚和一些大型鱼类，例如金枪鱼。虽然鲨鱼是顶级捕食者，但它们偶尔也会觅食腐肉，如鲸的尸体。

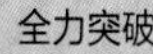

全力突破

攻击所运用的全力使这条母白鲨跃出水面。它在空中翻转，口中咬着猎物重新回到水中。

下方的攻击

>>01 鲨鱼从水下悄悄接近，攻击一只海豹，而后跃出水面。

>>02 虽然海豹逃脱了鲨鱼的抓捕，但它的身体已经受到鲨鱼全力一击。

>>03 受伤的海豹落回海中。鲨鱼可以反复攻击海豹，直到海豹无力逃脱而被吃掉。

>>01

>>02

>>03

40千米/时

白鲨从水下攻击猎物时所能达到的速度。

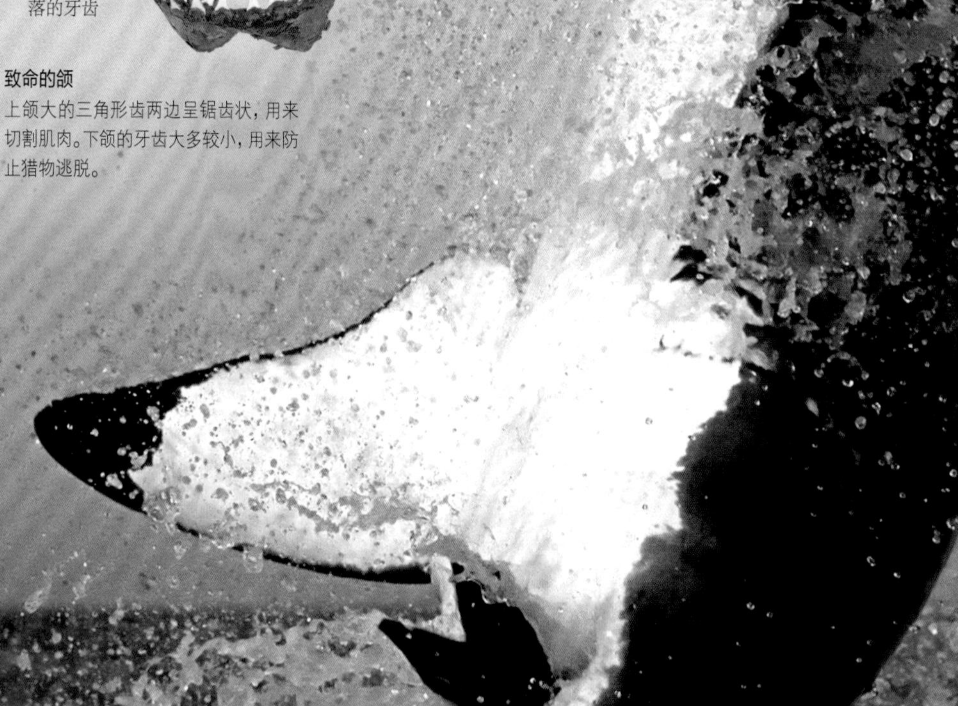

锯齿状的牙冠用来切割

上下颌打开可宽达1米

牙齿不断长出并替代脱落的牙齿

致命的颌

上颌大的三角形齿两边呈锯齿状，用来切割肌肉。下颌的牙齿大多较小，用来防止猎物逃脱。

白鲨（*Carcharodon carcharias*）

- 一般长达6m，但可能更长。
- 遍布全球温带水域，主要被发现于猎物丰富的沿海区域。
- 强壮的鱼雷状的体形。头部有圆锥形的吻和小而黑的眼睛。有大型胸鳍和第一背鳍，以及大小相似的两个尾叶。

人类的影响

攻击人类

近来，白鲨种群数量的下降反映了一个事实：在人遭遇鲨鱼时，大多鲨鱼是失败者。由于人类在海洋中所处时间的增加，人类不可避免地侵犯了鲨鱼的领地，这最终导致鲨鱼攻击事件时有发生。然而，对于鲨鱼（特别是白鲨）是食人鲨鱼的普遍认识，却与鲨鱼攻击人类致死的比例在下降这一事实相矛盾。

不断增加的幸存率

20世纪白鲨攻击人类的数量越来越多，然而致死的比例却在下降，可能是医疗条件改善的结果。

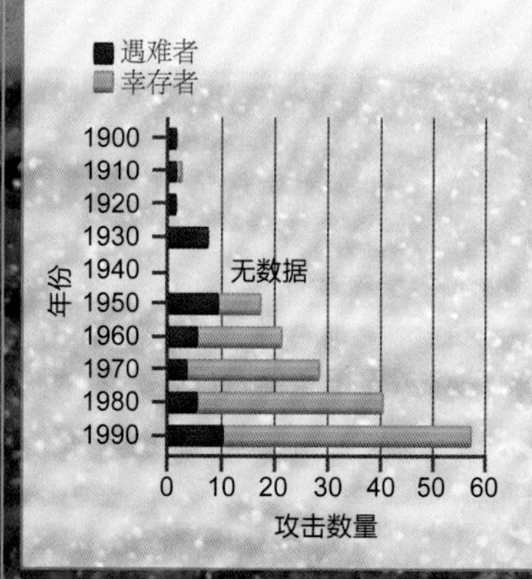

夜间狩猎

虎锥齿鲨

虎锥齿鲨也被称作灰锐口鲨或粗齿鲨，这类游动缓慢的大型鲨鱼主要吃硬骨鱼类、鳐、魟，以及大型甲壳类和头足类动物。白天它通常躲藏在洞穴和礁石中，有时在海底成小群游动。黄昏它会游到开阔地去捕食。

锁定猎物

虎锥齿鲨经常单独行动，但当食物丰富时，它们也会一起进食。像所有鲨鱼一样，它们有探测猎物的电感受器。

虎锥齿鲨（*Carcharias taurus*）

- 长达3.2m。
- 全球大部分有沙子的浅海区和礁石区。
- 身体粗壮，体棕灰色，头部扁平，吻圆锥形，有突出的牙齿。

电感应

圆齿双髻鲨

像其他双髻鲨一样，圆齿双髻鲨最显著的特征是它宽大、扁平的头部。对这种异乎寻常的形状最可能的解释是和捕食相关。所有的鲨鱼都有特殊的感觉器官，被称为罗氏壶腹的器官可以探测周围其他动物发出的弱电场。这些器官在头部和吻部形成一个充满果冻样的管状系统，通过小孔和外部相通。双髻鲨的双髻下部为这些器官提供了很好的位置，头部的形状增加了探测器的面积，可以帮助它们更有效地探测底栖的猎物。

感受器

通常认为鲨鱼能够探测到低至一百五十亿分之一伏的微电信号，这些信号是由运动的猎物产生的。

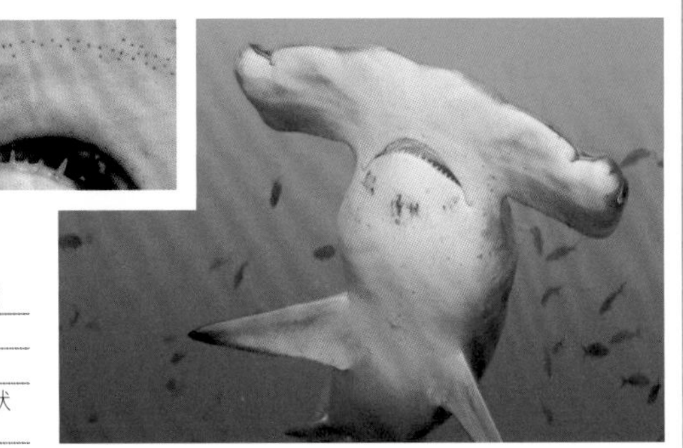

圆齿双髻鲨（*Sphyrna lewini*）

- 长达4.2m。
- 全球各温带和热带海岸水域中。
- 上体浅褐灰色，下体苍白色。髻状头部边缘呈波浪状或贝齿状。

隐蔽的垂钓者

多毛躄鱼

众所周知，条纹躄鱼、斑纹躄鱼和多毛躄鱼是生活在海底岩石、海草和珊瑚中的偷猎者。它们有效地伪装隐藏，利用诱饵诱使猎物接近。它们颜色多变，身体表面覆盖着长而有分支的皮肤附属物，完全掩盖了自身的轮廓。管状鳃的开口藏在胸鳍的下部。为了使伪装更有效，它们隐藏在海胆、海绵和珊瑚丛中。

多毛躄鱼诱饵的柄是一段变形的脊柱，当不用来诱惑猎物时，可以沿着头部折回来。如果诱饵被损坏或中途折断，甚至还能重新长出来。躄鱼科动物并不总是使用它们的诱饵，它们良好的伪装物使得一些小鱼误以为这是个良好的栖息地。

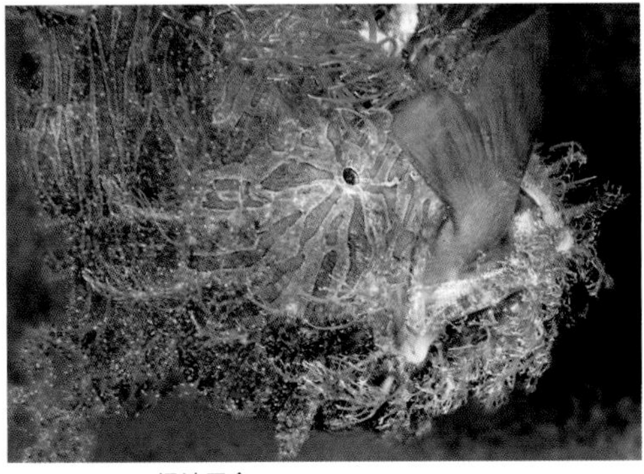

迅速吞食

躄鱼张嘴吞食的速度已被测算，可以达到惊人的1/6000秒，这是脊椎动物里已知的动作最快的捕食者。

多毛躄鱼（*Antennarius striatus*）

- 长达25cm。
- 分布在深为10～200m的亚热带海域中。
- 体色多样，通常呈淡黄色、橙色、绿色或褐色，带有黑条纹或长条状斑点。眼有显著的放射状条带。

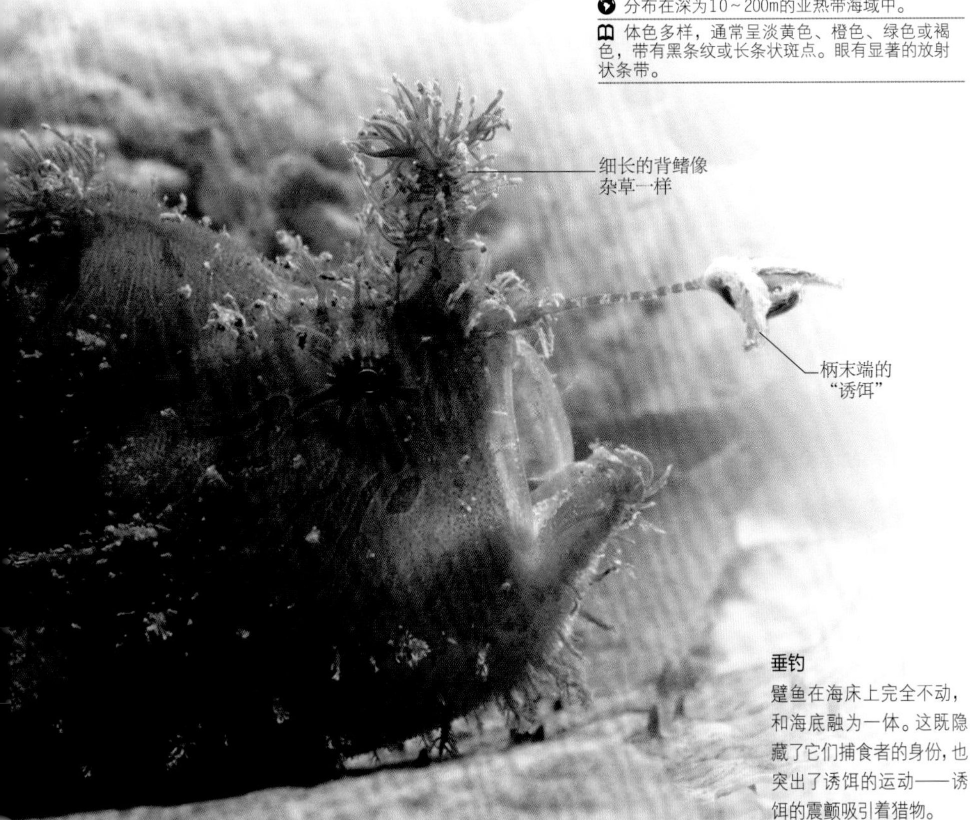

垂钓

躄鱼在海床上完全不动，和海底融为一体。这既隐藏了它们捕食者的身份，也突出了诱饵的运动——诱饵的震颤吸引着猎物。

水中大炮

条纹射水鱼

虽然条纹射水鱼会捕捉水生猎物，如虾和蠕虫，但捕猎水面上方的猎物才是它最著名和独一无二的本领。它从口中喷出一股细而有力的水柱，击落水面上方植物上的昆虫。这种鱼头部很窄，眼睛紧挨着吻部，这提供了双眼视觉。当条纹射水鱼发现猎物时，它会将自己的吻伸出水面，用舌头挤压位于口腔顶部的沟槽，通过快速关闭鳃盖，迫使一股水流沿着沟槽流动，最终从末端的小孔喷出。成年射水鱼个体能非常精确且多次快速地连续射击移动的猎物，有时在猎物跌落到水面之前猎物即被吞食。如果猎物距离水面较近，射水鱼会跳出水面去捕捉它。

条纹射水鱼（*Toxotes jaculatrix*）

- 长达40cm。
- 主要栖居在东南亚、印度、澳大利亚和西太平洋的红树林沼泽中。
- 体色银灰，扁平的身体带有黑色垂直的条带。

见到昆虫的位置

折射角度

昆虫

射水鱼游到水面下方

折射误差

当光线从空气进入水中时会出现弯曲或折射，射水鱼能调整和补偿这种折射误差，射到猎物真正的位置。

弹道射击

射水鱼的目标随年龄增长。成年个体能喷射2米多高的水柱。它们也能判断猎物的大小，由此确定需用多少水来打击它。

从容的晚餐

短尾真鲨的英文名直译为铜色鲨，由它在日光下的体色而得名，所以又叫青铜鲸鲨，可长到超过3米。它捕食其他鲨鱼、乌贼和底栖鱼类，但也经常攻击大群的鱼类，如每年5~6月之间在南非东海岸的沙丁鱼群。

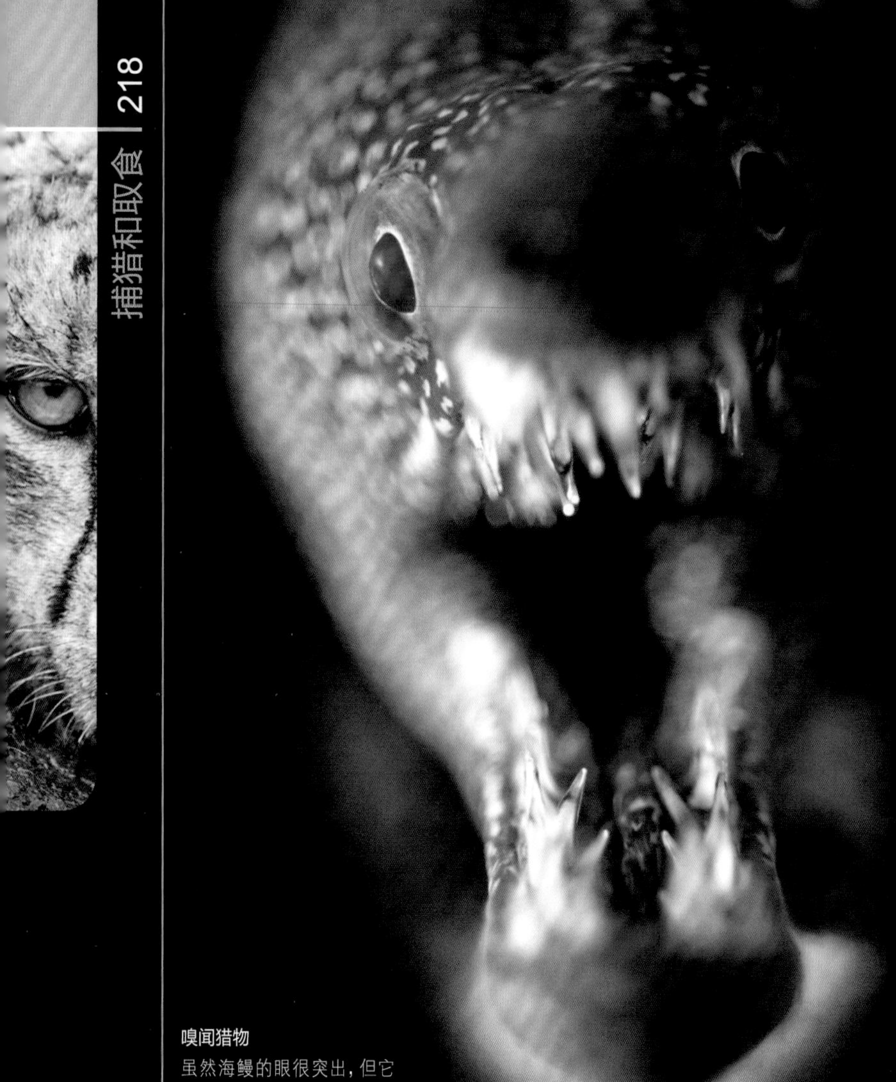

嗅闻猎物

虽然海鳗的眼很突出，但它的视觉相对较差，取而代之的是利用较好的嗅觉和头部的感觉孔来探测猎物。

隐藏的武器

斑海鳗

这些皮肤很厚并覆盖着黏液的海鳗躲藏在石缝和岩石下缘，它们典型的捕食特征是躲在这里等待可以捕食的路过的猎物。海鳗主要在夜间捕食鱼类、甲壳类和软体动物。它们像蛇一样运动，来回摆动它们的背鳍和臀鳍。有时也在白天捕食，短距离跟踪猎物。海鳗的头部有很长的吻并带有弯曲的下颌，颌骨上有许多剃刀状和针状的牙齿。第二排颌骨（见下图知识框）确保海鳗能固定猎物，即使它仅仅咬住猎物的一部分。其他的硬骨鱼典型的取食方法是吸食或吞食：突然张开嘴导致水急速流入，带着猎物一同进入口中。对于海鳗来说，它的头相对窄小，所以很难用这样的方法捕食，而只能对一些小猎物采用这样的捕食技术。

斑海鳗（*Enchelycore ramosa*）

- 长达1.5m。
- 澳大利亚东南部、新西兰北部和南太平洋的岩礁地带。
- 蛇形，无鳞，身体浅黄灰色，有马赛克一样的斑纹。

解剖学

独特的颌骨

海鳗喉部的中间有次级颌骨，称为咽颌骨。猎物被初级颌骨的锋利牙齿咬住后，因为它很难用抽吸的方法使食物通过窄小的口，所以另有一个次级颌骨的机制则非常必要。海鳗特殊的肌肉收缩带动咽颌骨进行独特的运动。这些次级颌骨也生有向后弯曲的巨大牙齿，快速从颌骨后方向前移动到口腔中的某个位置。一旦猎物被固定，其他的肌肉收缩，便拉着咽颌骨向后运动，拖扯着猎物进入食道。

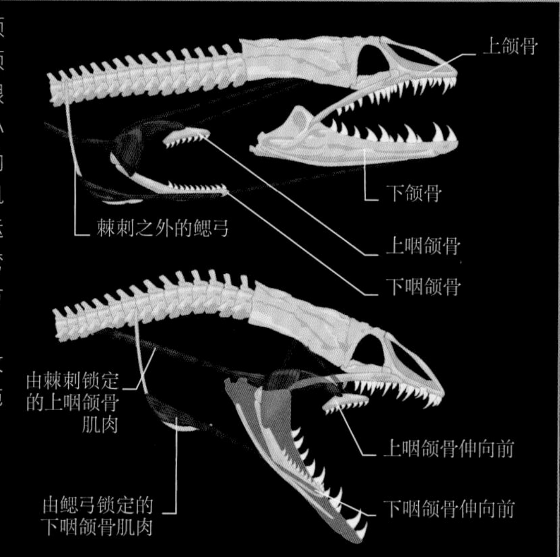

隐秘的闪光

柔骨鱼

这种鱼因头部两侧红色和绿色的发光器而得名“红绿灯鱼”，这些发光器可以用来发现猎物。它的下颌非常长，上面有向后弯曲的细长毒牙。为了便于捕猎，下颌可以伸到头的前方，一旦牙齿闭合而关住了猎物，下颌就缩回来。下颌骨间没有皮肤。这种鱼可以吞食和它自身差不多大的猎物。

蓝绿光用于吸引猎物

红光对其他鱼类来说是看不见的，但可用来探测猎物

深海魔鬼

柔骨鱼奇异的外形使它的猎物——甲壳类和其他鱼类很难察觉到它。

柔骨鱼（*Malacosteus niger*）

- 长达25cm。
- 大西洋、印度洋和太平洋的深海区域。
- 无鳞，有巨大的头和逐渐变细的黑色身体。

红光和敏感度

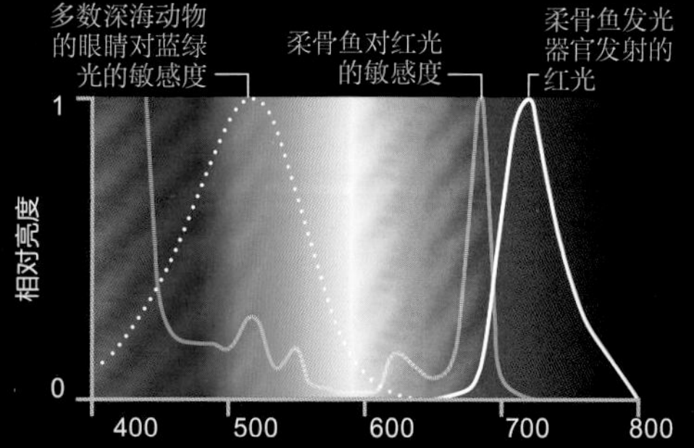

多数深海物种能够看到生物体发出的蓝绿光，但对红光不甚敏感。柔骨鱼的红色发光器官使它能够看到接近的猎物，而猎物却看不到它。它是一种与众不同的脊椎动物，能够产生波长较长的红光。

夜间捕食者

白天，这些夜行的鱼类藏在黑暗的缝隙中，或沉入水中的木材下面。它们视觉比较差，但有特殊的放电系统，以便在黑暗中运动和寻找食物。

皮氏象鼻鱼（*Gnathonemus petersii*）

- 长达35cm。
- 非洲西部和中部泥泞、缓慢流动的河水中。
- 体色深，身体呈矩形，扁平，后部有纤细的叉形尾。

放电器官

象鼻鱼

这些鱼生活在多泥沙且昏暗的水体中，除视觉外，它们需要一个系统定位附近的目标，并要能够确定这个目标是什么。象鼻鱼使用一种放电雷达进行定位，这种放电由尾部特殊的放电器官产生，而尾部的放电器官是由变异的肌细胞组成的。身体覆盖的黏液周边区域则产生弱电流。在这个电场范围内的障碍物、猎物或其他鱼类，由于导电性的不同从而改变了电场的性质，这些变化被遍布象鼻鱼周身的电感受器接收。这些特别的感受器在它的头部以及面部上向下弯曲的吻部或髯部特别密集，也可以用来探测海底。为了处理电信号感应系统输送来的复杂信息，这种鱼的大脑变得较大，其脑体比重接近于灵长类。

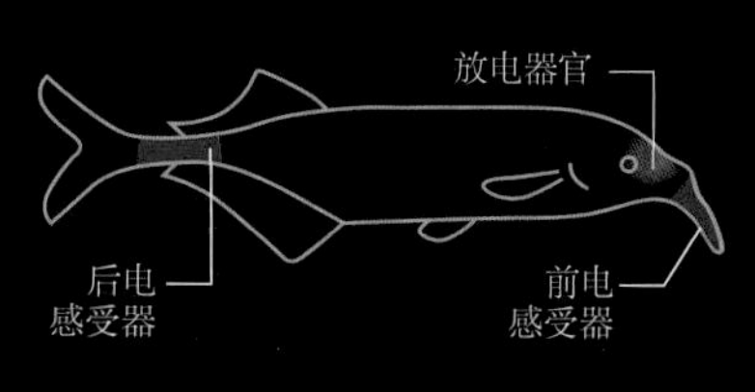

放电器官

象鼻鱼学名的意思是“细线状的颌”，在下颌上有指状感受器，可用于感受沉到水底的蠕虫、昆虫和甲壳类。

飞行捕食者

鳟鱼

野生鳟鱼（即褐鲑）从大海返回淡水水域产卵，它们捕食昆虫、蠕虫、软体类、甲壳类，甚至小型鱼类和蛙类。鳟鱼在河床上捕食，而当昆虫在水面产卵或活动时，则会捕食这些昆虫。它们经常冲出水面去捕食飞着的昆虫。因为它们具有多样的捕食习性，垂钓者模仿飞虫的外形和行为，以此作诱饵，来进行飞钓。鳟鱼对食物非常挑剔，所以钓鱼者必须模仿它们正在吃的东西。

鳟鱼（*Salmo trutta*）

长达1.4m。

欧洲和亚洲的河流和溪流中，以及大西洋东北部，广泛引种至其他地方。

身体粗壮，背部橄榄绿色至灰色，并长有黑色斑点。

有力的跳跃

鳟鱼使用强有力的尾巴纵身跃出水面，有时它们甚至可以捕捉飞行迅速而敏捷的昆虫，诸如蜻蜓。

浮游生物采食者

大斑园鳗

园鳗具有良好的视力，主要依赖这一感觉捕捉浮游动物、其他无脊椎动物，甚至在水流中漂浮的小型鱼类。它们群居在一起，主要栖居在沙地的洞内。只有捕食的时候，它们才将身体部分露出来，且有三分之一的部分埋藏在沙子里。在鳗鱼尾部有一种特殊的黏胶，与沙洞内部粘连。这种物质可以有效地将园鳗固定在沙子内，并防止沙洞坍塌。已知印度黄鳝也有这种本领。园鳗是机警的掠食者，并能快速撤退，用黏胶把自己的沙洞封住，直到危险退去。

大斑园鳗（*Gorgasia maculata*）

长达70cm。

从马尔代夫到所罗门群岛和菲律宾群岛的西太平洋中的沙质浅海层。

身体纤细，呈灰色，直径为1cm。

欺骗性的外形

园鳗群居在一起，形成一个鳗鱼花园（故名）。它们在那里摇摇摆摆，就像海草的茎一般。

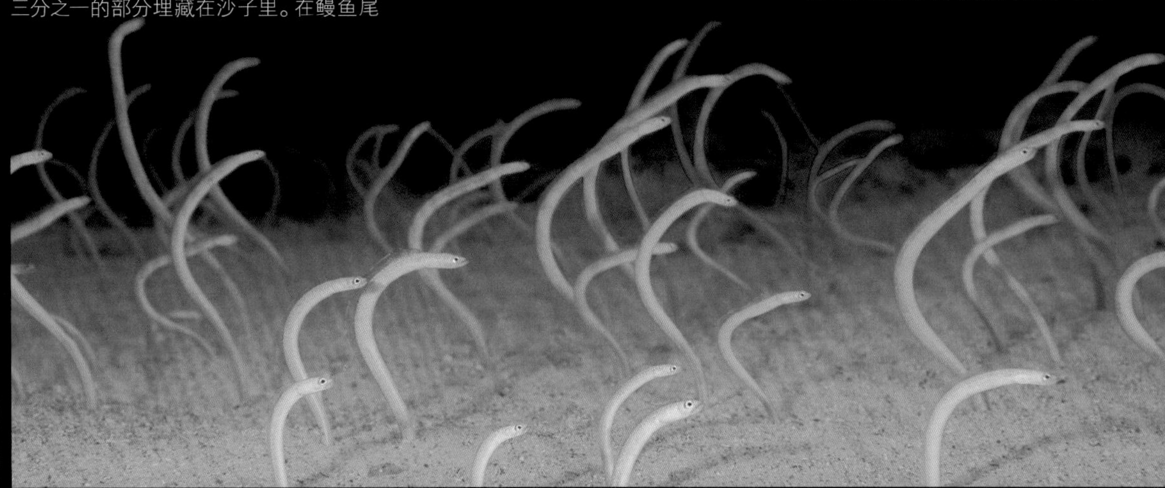

侧面攻击

大西洋旗鱼

旗鱼捕食游动迅速的鱼类，例如鲭鱼和金枪鱼，它们使用长吻从后边或侧面攻击鱼群。成群的旗鱼能用背鳍驱赶鱼群。然后其中一条旗鱼像镰刀一样从鱼群中切割而过，用它的长吻从一边翻搅到另一边，将鱼致残、杀死，迅速吃掉。

疾速流线

这种鱼的“旗”是巨大的第一背鳍，几乎有身体那么长。它们的背鳍通常是下垂或者侧向一边的，只有受到威胁或兴奋的时候才直立起来。

大西洋旗鱼（*Istiophorus albicans*）

长达3m。

加勒比海，延伸到整个大西洋至西非。

身体光滑、呈蓝色，向后逐渐变细，有黑蓝色的鳍。伸展的上颌形成尖锐的吻部。

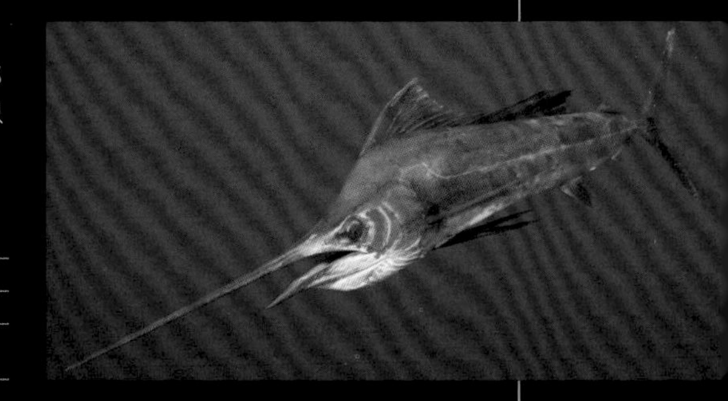

佩氏蛙（*Pelophylax perezi*）

长达10cm。

法国以及伊比利亚半岛的河流和池塘中。

身体淡绿、褐色或灰色，有斑驳的图案，且有较淡的长背纹。

长驱直入

佩氏蛙舌头上部有黏性，并连接于口腔前部而不是后部。再加上它的弹跳能力，佩氏蛙很容易够到上方很远的猎物。

伸展的长舌

佩氏蛙

这些蛙从来不远离永久性水体，它们通常蹲坐在泥泞的岸边，或在岸边岩石上晒太阳和捕食。雄性有一对声囊，鸣叫以吸引配偶。它们昼夜均能活动，食物主要由昆虫、蜘蛛及其他小型无脊椎动物组成，用伸展的带有黏性的长舌捕捉。当舌头不用的时候，会向喉部卷缩起来。这种蛙的上颌有一排非常小的牙齿，口腔上部也有一些小牙齿，能够在吞咽前适当地控制住猎物。反过来，这种蛙也被猫头鹰和几种水鸟捕食。只要有一点儿危险的迹象，它们就会立即潜入水中，或者躲藏起来。

解剖学

用双眼吞咽

除了观察猎物外，蛙类鼓胀的巨大双眼还有一项特殊的任务。当一只蛙吞咽猎物时，眼部肌肉就会收缩，牵引眼睛闭合，并通过头骨内的小腔使双眼向下移动。双眼在口腔后部占据了一定空间，这一动作能帮助将食物推入肚中。

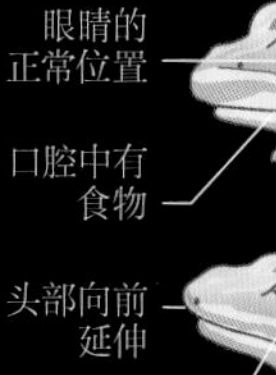
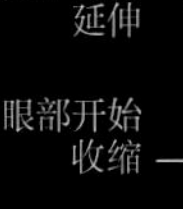
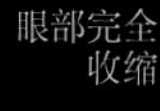
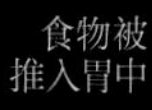
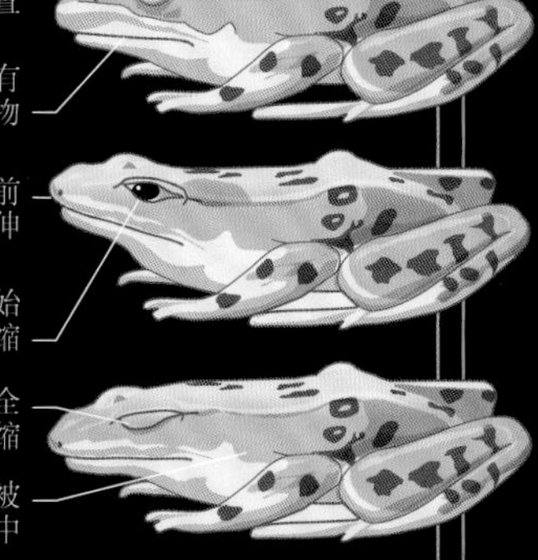

辅助消化

当科摩多龙从猎物上撕下大块的鲜肉时，它们有力的四肢和强壮的爪能固定住猎物。它们可以通过晒太阳来加快它的消化进程。

致命一咬

科摩多龙

虽然科摩多龙（亦称科摩多巨蜥）也吃动物的腐肉，但它们会伏击其他爬行类和小型哺乳动物，也包括山羊和鹿，通常会实施致命的一咬（见右侧知识框）。吞咽可能是一个很慢的过程，为了在进食的时候不至于窒息，在它们舌的下部有一根气管通到肺部。松弛的下颌和有弹性的胃可以一次吞食相当于自身体重75%的食物。

科摩多龙（*Varanus komodoensis*）

- 2~3m。
- 印度尼西亚的科摩多岛、佛罗里斯岛以及两岛之间的小岛的草地和低地森林中。
- 身体笨重，灰褐色并有更深的斑点，尾甚长；舌头长，分叉，黄色。
- » 373。

解剖学

致命的唾液

在科摩多龙的口腔和牙齿上有50多种病原菌。被科摩多龙咬伤的动物即使逃脱了，通常也会由于血液中毒而死。科摩多龙能够探测到10千米外的动物尸体的气味。被其他巨蜥咬伤也会中毒，长时间肿胀并伴有疼痛感。

河中的伏兵

尼罗鳄

年幼的尼罗鳄以昆虫和其他无脊椎动物为食，当它们长大些，就会捕食更大的猎物，如爬行类、两栖类和鸟类。它们在水中安静地休息，仅露出眼睛和鼻尖，这使得它们可以悄无声息地接近猎物，突然发起攻击。在陆地上，尼罗鳄移动相当缓慢，但能够摆动体下的四肢进行相对快速的步态运动。在水中，它们极为敏捷，用强有力的身体和尾巴推动自身向前，速度可以达到30千米/小时。成年个体通常以鱼为食，但也会埋伏在水边，等候前来饮水的动物。有时，它们会大量聚集在河流的渡口，大群迁徙的物种，如角马，必须面对死亡的挑战。由于尼罗鳄不能用牙齿把肉啃下来，它们只好咬住猎物，然后在水中打滚，把肉撕下来。虽然这被认为是致使猎物丧命的翻滚，但其实在这种情况下猎物通常早已死亡了。尼罗鳄可以长期不吃东西，但当有食物的时候，它们一顿能吃掉相当于自身体重一半的食物。

尼罗鳄（*Crocodylus niloticus*）

- 长达6m。
- 遍布非洲和马达加斯加西部的水路。
- 身体巨大而短粗，有短而叉开的四肢和长尾。背部黑色，带有硬鳞，腹部微黄色，较柔软。
- » 401，476。

6米 最大的淡水鳄——尼罗鳄所能达到的身长。

疯狂的进食

一群饥饿的尼罗鳄涌向一只死掉的斑马，然后把它撕碎。

有力的颌

尼罗鳄有巨大的口，能进行令人生畏的撕咬，使得它可以捕捉大型的猎物，如斑马、水牛或角马，强拉猎物到水中溺死。

用舌头引诱

鳄龟

这种龟在水中时其钩状的上下颌会完全张开。它的头部及口腔内颜色和图案单调，从而可以和周围环境的颜色融为一体。但是它的舌尖细而微红。鳄龟的舌头能像蠕虫一样转动，这样可以引诱鱼，当鱼靠近时它们就能咬住鱼的头部。这种龟以鱼、蛇、两栖类甚至其他水龟为食，如果有机会，它们也很乐意吃腐肉。

绝妙的伪装

鳄龟眼睛的外部轮廓甚至都被放射状的线条所打破，这样它红色的舌头就凸显了出来。

鳄龟（*Macroclemys temminckii*）

- 长达65cm。
- 北美洲南部的湖泊和河流中。
- 体褐色，具有钩状的上下颌和钉状的龟甲。

伺机而动

绿树蟒身上是鲜艳的绿色，并有蓝色、黄色和白色的斑点，这是绝妙的保护色。而它的门齿很大，可以牢牢地抓住猎物。

眼大且瞳孔垂直

温度感受器（唇窝）

感受血液

绿树蟒

这是一种主要生活在树冠的无毒的蟒蛇，它们以小型哺乳动物为食，譬如啮齿类、蝙蝠，以及爬行类和鸟类。绿树蟒会用身体环绕水平的树枝来回卷曲，把头部垂在正中间的位置。它捕食猎物时尾巴缠在树上，张开口去咬猎物。绿树蟒的下颌边缘有能够感受温度的感受器（唇窝），这样就能在捕猎时觉察到温血动物的存在。有了这样的唇窝，在漆黑之中它也能感知猎物的温度，然后追踪捕食猎物，将猎物紧紧缠住，使其窒息而死。

绿树蟒（*Morelia viridis*）

- 长达2m。
- 新几内亚、澳大利亚的昆士兰以及印度尼西亚的一些岛屿的雨林中。
- 身体亮绿色，沿背部有不连贯的苍白色纹。

温度 26°C 24°C 22°C 20°C

红外成像

从热感相机中可以看到，当周围温度较低时能更清楚地看到老鼠。绿树蟒捕食猎物就是这个道理。

最毒者

内陆太攀蛇

这种蛇的猎物是一些小型哺乳动物，如各种鼠类，蛇也会偷袭鼠类的地洞。蛇连续快速地多次扑咬，一旦被咬，毒液很快发挥作用，猎物被麻痹。内陆太攀蛇是世界上陆生蛇类中毒性最强的。它的毒性是菱斑响尾蛇毒性的几百倍，是印度眼镜蛇的50倍。被它咬一次就会致人死命，除非有可用的抗毒血清。

黑脑袋

太攀蛇的头部颜色深，这样在晨曦中它只要从洞穴中探出头就可以使体温升高。

内陆太攀蛇（*Oxyuranus microlepidotus*）

- 长达2m。
- 澳大利亚中部的干旱灌丛和草地中。
- 身体有光泽，呈浅灰褐色，具有不规则的黑斑。

产卵捕猎

北大头蛇

这种蛇的金褐色眼睛稍向外凸出，其垂直的瞳孔与猫的瞳孔类似，因而又名猫眼蛇。它们会捕食成年的树蛙、蟾蜍和蜥蜴，但更喜食蛙卵和小蝌蚪。它们的头类似蝰蛇，毒牙生在口腔的后部，毒性较弱。猫眼蛇于黄昏及夜间在池塘、森林的蓄水池及溪流附近捕食，那里正是蛙类交配和产卵的场所。虽然它们在地面捕食，但在森林地区它们也会爬上枝头寻找树蛙。听到蛙类夜间的交配鸣叫，猫眼蛇就会潜入树叶中尽情享用蛙卵盛宴。这种蛇数量不多，因此交配过的雌性会将精子储存若干年。

蛙卵盛宴

一条北大头蛇在树叶中尽情享用它的蛙卵美食。它们经常光顾蛙类和蜥蜴产卵的地方。

北大头蛇（*Leptodeira septentrionalis*）

- 长达90cm。
- 美国南部、墨西哥和中美洲的森林地区。
- 头部为三角形，浅灰褐色的细长身体上有暗色的条带。

死亡缠绕

巨蚺

巨蚺喜独居，它们的基色和身体的图案在森林底部和树木间起到了很好的伪装作用。巨蚺以啮齿类、蝙蝠及其他兽类、鸟类和蜥蜴为食，成年巨蚺能捕食水豚、猴子，甚至西貒。它们的头部有对热敏感的鳞片，而且嗅觉非常灵敏。捕食蝙蝠的时候，巨蚺悬于蝙蝠栖息的树上或洞口，当蝙蝠由此飞过时便将它们抓住。巨蚺的牙齿有弧度，能咬住猎物，同时它们的身体紧紧缠住猎物，将猎物缢死。一旦猎物被杀死并被整吞下去，数周之后才会被完全消化。

巨蚺（*Boa constrictor imperator*）

- 长达4.5m。
- 中、南美洲的森林、稀树草原、种植园和红树林沼泽中。
- 身体粗壮，头扁平，斑纹深色。

致命绞杀

巨蚺是无毒的，它们用身体紧紧缠住猎物使其窒息。

伸缩的舌头
豹纹变色龙的舌头能以每秒超过5厘米的速度向猎物弹射出去，黏糊糊的舌尖裹住猎物，然后将舌头缩回。

灵活的颌

食卵蛇

这些蛇生活在鸟类经常筑巢的森林及树木茂密的地方。它们嗅觉灵敏，因而可以闻到鸟卵是否腐败。其颈部活动自如，不用将蛋壳挤碎就能把很大的鸟卵整吞下去。之后，咽下鸟蛋中的液体，破碎的蛋壳则反吐出来。食卵蛇可以长时间不进食。食物充足时它们便饱餐一顿，代谢率也随之升高，肝脏和小肠增大。当受到威胁时，食卵蛇反复蜷缩并伸展身体，使侧鳞相互摩擦，发出声响。尽管它们没有牙齿对敌人进行攻击，还是会张大嘴反击。

食卵蛇（*Dasypeltis scabra*）

- 长达1m。
- 非洲撒哈拉沙漠以南地区的森林和林地中。
- 身体细长，呈灰褐色，鳞片粗糙。

>>01 >>02 >>03

囫囵吞下

>>01 张开上下颌，食卵蛇正在吃比它们头大得多的鸟蛋。

>>02 一旦鸟蛋进入喉部，它就会闭上嘴。

>>03 肌肉收缩将鸟蛋挤碎，然后咽下。

这种海雕占据的**生态位**类似北美洲的白头海雕。

不会飞的捕食者

斯图尔特几维

斯图尔特几维是生活在新西兰斯图尔特岛的褐几维的一个亚种。和其他几维鸟（又叫无翼鸟）一样，斯图尔特几维不会飞，它们很适应在陆地上生活和寻觅食物。这种鸟的腿长而强健，爪子能挖刨。与普通鸟不同的是，它们的脚上生有肉垫，因此寻觅食物时可以悄无声息地在地面上行走。几维鸟是唯一鼻孔长在喙尖部的鸟，有了这样的鼻孔，它们就能在植物间或地下嗅出猎物的气味。鉴于几维鸟如此适应在地面生活和觅食，它们因此被誉为“荣誉兽类”。

探测器

夕阳西下，几维鸟捕食蜗牛、蜘蛛和昆虫。它们利用灵敏的嗅觉和听觉发现藏在地下的猎物。

斯图尔特几维（*Apteryx australis lawryi*）

- 长达40cm。
- 新西兰南部斯图尔特岛的森林和海岸灌丛中。
- 身体圆滚，无翼，喙细长，呈斑驳的褐色。

潜水炸弹

游隼

游隼视觉敏锐，能够以很快的速度从高空俯冲下来捕捉猎物。通常游隼会从猎物的身后俯冲下来，它们不袭击猎物的身体而是袭击其翅膀。如果这种俯冲的力量没有将猎物杀死，它们会用锯齿状的锋利的喙啄断鸟的颈部。游隼主要捕食鸠鸽类、雁鸭类、雉鸡类、爬行类和小型兽类。

游隼（*Falco peregrinus*）

- 长达55cm。
- 广布全球，但不包括新西兰、高山、沙漠和极地地区。
- 身体泛蓝至深灰色，面白并有黑纹。

探查动静

一只蛇鹫用粗壮强健的脚跺地，将它的猎物从藏身之处驱赶出来。

猛踩猎物

蛇鹫

这种大鸟捕食蛇类，如蝰蛇，甚至眼镜蛇，它们也捕食蜥蜴、两栖类、鼠类、小鸟、鸟卵和昆虫。小型动物会被它们直接吃掉，而大些的猎物则会先被它们猛踩至死再吃。对于蛇这样危险的动物，蛇鹫先将它们踩晕，然后啄其颈部使其毙命。小型猎物通常被整个吞掉，而大些的猎物则会先被固定在地上再撕开。

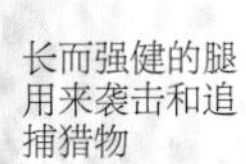

长而强健的腿用来袭击和追捕猎物

蛇鹫（*Sagittarius serpentarius*）

- 高达1.4m。
- 非洲撒哈拉沙漠以南地区的开阔草地。
- 身体淡灰色，飞羽和头后羽毛黑色，腿长。

水上漂

白臀洋海燕

别看白臀洋海燕体形小，却特别善于飞行。在海面上觅食时，它们会疾速振翅，如蝙蝠一般。在捕捉甲壳类和小鱼等浮游生物时，白臀洋海燕会快速扇动翅膀，同时用黄色的蹼状脚上下踩水。它们主要生活在开阔的海域，只有繁殖期才来到陆地上。白臀洋海燕经常在洞隙中或熔岩管道中筑巢，但是它们的种群受到被引入当地的老鼠的威胁。

白臀洋海燕（*Oceanites gracilis*）

- 15cm。
- 智利和秘鲁的水域以及加拉帕戈斯群岛周围。
- 主要为黑色，有长而纤细的黑腿。两个鼻孔在喙上方愈合成一条管道。

振翅猎手

它们的名字显示这种小型鸟类的尾基部有白色的羽毛，一直延伸到下体。

捕鱼

白尾海雕

猛禽最明显的特征之一是它们常用脚爪捕捉猎物。白尾海雕主要捕食鱼类、小型兽类和其他鸟类，如鸭子。捕鱼时，它会选好位置环顾水面，用敏锐的视觉发现猎物后，会俯冲下去用钩状的爪去抓水中的鱼。它们的脚底生有锋利的衍生物，因此能紧紧抓住表面光滑的猎物。海雕把食物带回巢穴和栖木，用像秃鹫那样粗大的喙将食物撕开。它们喜欢栖居于沿海的开阔地，如果食物不是很丰富的话，它们的领地会超过方圆80千米。

每一只成年海雕每天要吃大约0.5千克的猎物，但是它们也能挺过短期的食物短缺。虽然白尾海雕是高雅的猎手，但它们也会吃腐肉，在海岸上寻找死鱼或者偷水獭或鹗的猎物。在一些地方，这些海雕会和金雕争抢兔子。白尾海雕在空中求爱的场面蔚为壮观——两只海雕在高空双爪紧锁着旋转，之后它们在树上或隐蔽的悬崖上用树枝搭起巨大的巢穴。雌性通常产1~2枚卵，并养育幼鸟3个月。幼鸟的死亡率很高，有60%~70%的幼鸟在出生后挨不过第一个冬天。

白尾海雕（*Haliaeetus albicilla*）
- 长达90cm。
- 欧洲和亚洲的海岸带，也见于内陆的湿地、河流和湖泊中。
- 体形巨大，呈褐色，尾白色，具黄色的钩状喙。

向水面俯冲
展开宽阔的翅膀，白尾海雕向水面俯冲下来抓起鱼，但自己却一点也没被打湿。

细长的翼尖

脚爪先行

鹗

鹗只吃鱼，因此它们又被称为鱼鹰。鹗能抓住重达2千克的鱼。它们的脚趾一样长，外侧的脚趾是可收放的，这样它们的脚趾能钩住鱼的任意部位。鹗不仅有锋利的爪能抓住光滑的鱼，还长着带倒钩的脚垫，这样就可以把鱼抓得更紧。

它们的捕猎技术是先在水面上空飞行，发现水中的鱼后再盘旋一两秒，之后俯冲入水中，伸出爪子去抓鱼。鹗能潜入将近1米深的水中去捕鱼。

鹗俯冲入水时能**闭合鼻孔**，防止水被吸入鼻子。

搬运猎物
有时候，由于阻力，鹗从水面起飞有点困难。一旦飞起来，它们就将鱼头朝前，以降低风阻。

鹗（*Pandion haliaetus*）
- 65cm。
- 除南极洲，广布全球的开阔水域和鱼多的地方。
- 上体和翼褐色，下体白色。

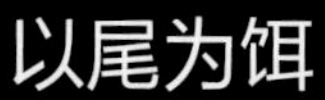

以尾为饵

侏咝蝰

这种蛇又称纳米比亚侧行蝰或沙蝰。它们捕食时会钻入沙土中，只露出尾巴和长在头顶的眼睛。蛇身上的保护色为它们提供了非常出色的伪装。它们的尾尖暴露在外（有些种类的尾尖非常黑），是为了诱惑猎物。猎物被侏咝蝰那毛毛虫似的摆动着的尾巴所吸引，因而被抓住，并注入毒液。用这种方法征服猎物之后，它们就会把猎物整个吞下去。这种蛇喜食沙蜥和壁虎。

侏咝蝰生活在移动的沙丘上，有时甚至要爬上陡峭的斜坡，因此侏咝蝰习惯侧行移动。它们的身体横向移动，身后留下独特的蜿蜒的痕迹。

生活在诸如几乎不下雨的纳米布沙漠这样干旱的地区，侏咝蝰主要从含水量较高的猎物，尤其是蜥蜴的身上，获取生存所必需的水分。与此同时，它们也利用身体鳞片的冷凝机制来保持水分。

侏咝蝰（*Bitis peringueyi*）

25～30cm。

安哥拉和纳米比亚的海岸沙地。

身体浅褐色、橙色或沙色，有灰褐色斑点，腹部苍白。眼睛位于扁平的头部上方。尾深黑色。

保持凉爽

侏咝蝰把自己埋入沙中来乘凉，保湿，并藏在暗处引诱猎物。

捕获被诱物

沙蜥被它诱人的尾巴吸引，然后落入圈套，被侏咝蝰整个吞下。

蛇的腹部具有矩形鳞片，其边缘可以像轮胎上的花纹一样**提供牵引力**。

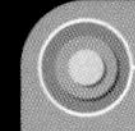

解剖学

侧行移动

侧行移动是由蛇的起伏移动发展演化而来的，也是生活在沙漠疏松的沙粒和光滑的泥滩里的蛇常见的行进方式，因为在这样的地方没有岩石等坚固的物体。蛇将身体弯成若干个侧弧，行进时身体的大部分可以不接触地面，这样就能在炎热的沙地上行进，身后留下J形或S形的印迹。

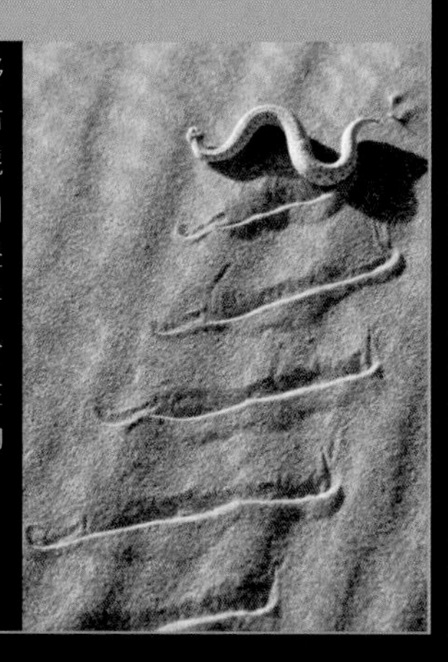

捕猎搭档
捕食群体的成员合作捕食，分享食物，共同保护它们的捕食领地，抵御渡鸦、大雕鸮和郊狼的侵略。栗翅鹰飞行速度不快，但是视觉和听觉非常好。

集体捕猎

栗翅鹰

栗翅鹰捕猎像地松鼠类、森林鼠类等小型哺乳动物，以及鸟类和爬行类，但如果多达6只栗翅鹰联手，则可以捕猎体形更大的野兔和大型雉鸡。发现了猎物之后，这几只鹰的组合便从空中飞下来恐吓它们的猎物，其中一只去执行捕杀。它们中有少数几只会轮流飞在前面进行侦察。在猛禽中这种集体捕猎的方式很少见，但这应是栗翅鹰为在树丛茂密的地域生活而采取的一种适应方式。这个社群是由首级雌雄、次级成体、三级亚成体组成的。

能量保持

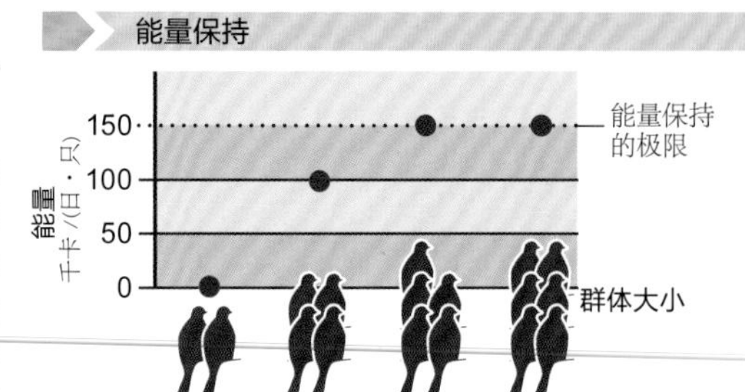

对于栗翅鹰而言，这种群体捕食的方式益处颇多。有人观察发现，如果是群体捕食的话，其中每只鹰每天所获取的食物比它们单独捕食或结对捕食要多得多。5只或5只以上的鹰集体捕猎就能够获得它们生存所需的足够食物。

栗翅鹰（*Parabuteo unicinctus*）
长达75cm。
中、南美洲及北美洲南部的半荒漠、开阔林地和灌木丛。
体羽棕褐色，肩部泛红色，尾尖白色。

敏锐的眼光

红隼

红隼主要以小型兽类，如田鼠、家鼠为食，也会捕食小型鸟类。红隼捕食速度快的小猎物似乎是件很困难的事情，但实际上它们有特殊的捕食能力。红隼的眼睛对紫外光很敏感，它们利用啮齿类的尿液散射紫外光的现象发现猎物。田鼠、家鼠和其他啮齿类习惯用尿液和粪便标记它们的行踪，因此红隼在盘旋时能够扫描猎物生活的大片区域。确定了猎物数量较多的区域，就增加了它们捕食成功的概率。发现猎物后，红隼先在空中盘旋，然后俯冲下来用利爪捕获猎物。

对紫外线敏感的眼睛

保持姿势
常见红隼在路旁草坪和农田上空盘旋，即使在风很大时红隼依然能保持固定的姿势。

红隼（*Falco tinnunculus*）
30～38cm。
欧洲、亚洲和非洲的沼泽地、欧石楠荒原、农田和城市地区。
雄性个体较小，颜色偏灰暗，雌性羽毛红棕色。尾部颜色深，尾尖白色。

群体法则

白鹈鹕

这些体形巨大的鸟在水面上捕鱼时，会使用下方的喉囊兜住鱼类。它们经常合作捕鱼，几只站成一排或半圆形将鱼赶到浅水水域，这样更容易捕猎。鹈鹕下颌下面的喉囊弹力很强，而且一直延伸到咽喉的后部，能容纳10升以上的水。鱼被头朝上整吞下去。挤掉多余的水分后，鱼便被吞入腹中。

白鹈鹕（*Pelecanus onocrotalus*）
长达1.8m。
欧洲南部、亚洲和非洲的湖泊和湿地中。
身体白色，腿和喉囊黄色，喙泛蓝色。

疯狂的捕食
一群白鹈鹕把许多小鱼赶进浅水水域，将鱼吞到喉囊中。

猛扎入水

海角鲣鸟

这些鸟类可以从30米的高空俯冲入水中，捕食沙丁鱼和鳀鱼这类浅水鱼。当发现了鱼群，鲣鸟就从高处俯冲下来，具体高度视鱼群在水下的距离而定。触水前，鲣鸟收回翅膀紧贴身体，形成流线型的箭镞形状。入水之后，它们的蹼状脚和翅膀有助于它们在水中追踪猎物。锋利的喙有倒长的齿状凸起，可以叼住光滑的鱼。潜入水中后，它们利用自然的浮力回到水面，吞下猎物，然后起飞。这个觅食过程会持续若干小时。它们先填饱肚子，找个地方消化食物，然后捕捉更多的鱼回去喂幼鸟。

海角鲣鸟（*Morus capensis*）
长达95cm。
非洲南部的沿海岛屿上。
羽毛白色，尾部和翅膀黑色。头部和颈部羽毛金黄色，喉下有明显的黑色条纹。
» 271。

6米 鲣鸟捕鱼时可以潜入水下的深度。

追逐沙丁鱼群
每年5~7月是沙丁鱼迁徙的时节，大量鱼群在南非东部海岸绵延数千米，场面非常壮观。与此同时，这也吸引了大批海角鲣鸟前来觅食。

泥探术

地下猎物
蛎鹬的喙很硬，可以插入沙粒或淤泥中探测贝类。

蛎鹬

这些与众不同的涉禽猎食如海扇和贻贝之类的甲壳动物，也会以帽贝、海洋蠕虫和蟹类为食，不过它们并不吃牡蛎。蛎鹬有各自独特的开启贝壳的方法，有些会敲击贝壳，而不是把贝壳撬开。幼鸟会向它们的父母学习开贝壳的技巧。除了繁殖期，蛎鹬通常会结伴而食。繁殖期时，有些蛎鹬会到内陆的河流及湖泊中觅食蠕虫。

蛎鹬（*Haematopus ostralegus*）
- 长达45cm。
- 欧洲和亚洲的河口、沙洲和泥滩上。
- 身体矮小，羽毛黑白两色，喙橙色，眼睛红色，腿粉红色。

解剖学
觅食策略

竞争排他理论认为：没有两个物种会拥有相同的觅食生态位。涉禽的喙大小不同、形状各异，因此它们可以捕食沙土和淤泥中的各种动物。拥有长喙的涉禽可以捉到埋得比较深的猎物，例如沙蠋；而喙比较短的种类只能捉到地下几厘米深度内的食物。这样不同种的涉禽就可以在同一个地区共同捕食，互不干扰。

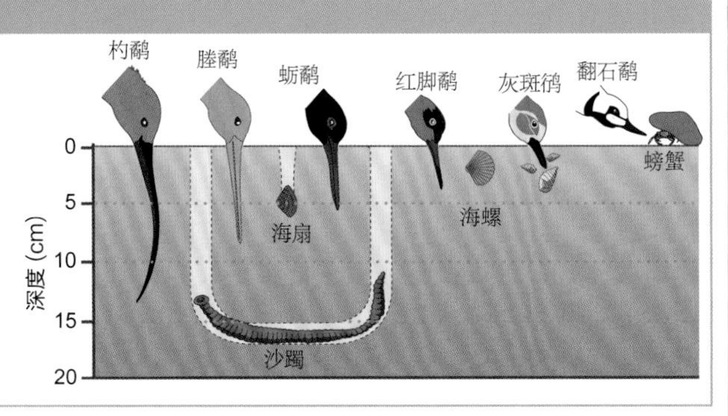

装满食物的喙

北极海鹦

海鹦可以潜入水下60多米，凭借它们的翅膀推水，蹼状的脚起着舵的作用。它们捕食小鱼，尤喜食裸玉筋鱼、甲壳动物和软体动物。如果有幼海鹦需要哺育的话，它们会把这些食物带回巢穴，否则它们会直接把这些猎物吞下去。北极海鹦用喙叼起小鱼时，通常会把鱼头和鱼尾交错排列，这样就能多叼一些。

善于打包
海鹦能用舌头把鱼顶在上腭上的一个小骨刺上，这样它们可以张开嘴衔更多的鱼。

北极海鹦（*Fratercula arctica*）
- 25cm。
- 挪威、俄罗斯北部、不列颠岛、冰岛、布列塔尼岛、格陵兰岛和从拉布拉多到美国东北部的海岸。
- 身体矮小粗壮，喙似鹦鹉，腿橙黄色，羽毛黑白两色。

» 434。

遮阳伞技术

黑鹭

由于其独特的捕鱼技巧，黑鹭又被称为伞鸟。除“撑伞法”外，它的这种独特的捕食技巧还有其他各种名称，比如“阴影法”“斗篷法”或“遮盖法”。捕食时，黑鹭站在水中，展开双翅，将两支翅膀抱在身体前方，就像在水面上撑开一把漂亮的遮阳伞。小鱼会被吸引到这毛茸茸的遮阳伞下，因为它们觉得在这里可以躲避捕食自己的动物。有了这样的遮阳伞，黑鹭可以避开太阳的眩光，弯下脖子，更清楚地看到水中的鱼。

黑鹭总是在琵鹭附近捕食，因为琵鹭会用长长的喙把泥搅起来，所以受惊的鱼就逃到最近的藏身之地。而这样的藏身之处则往往是水下的原木之下，或者更为不幸的是黑鹭张开的羽翼下。黑鹭还会潜步跟踪水生昆虫和两栖类动物，追随季雨寻觅食物。

撑起伞篷
黑鹭张开翅膀，双翅相接，围成一圈，翅尖上的羽毛浸入水中，将自己的身体围在中间。

黑鹭（*Egretta ardesiaca*）
- 高达65cm。
- 非洲撒哈拉沙漠以南地区和马达加斯加的湿地、泻湖和湖泊边。
- 颈和腿长，羽毛黑色或深灰色，脚黄色。

秘密攻击

乌林鸮

乌林鸮常在暮色降临后出来捕食，而且它们捕食时非常隐秘。在像林中空地这样开阔的地方，乌林鸮静静地等待猎物从栖宿地出来，但有时也会飞临地面去寻觅食物。在许多地区，田鼠构成了乌林鸮最主要也最重要的食物。其他猎物还包括家鼠、松鼠、野兔、鼹鼠和鼩类。

乌林鸮（*Strix nebulosa*）

- 高达85cm。
- 北美洲、北欧和亚洲的北方森林和针叶林中。
- 面孔大，黄眼睛。羽毛灰色，十分引人注目。

解剖学

圆盘脸

乌林鸮的面部巨大并凹陷进去，就像雷达圆盘那样能聚集猎物活动时的声音，并传入两边并不完全对称的耳朵内。它具备非常敏锐的听力，甚至可以探查到雪下30多厘米处小型兽类的地道。继而它飞扑过雪层，用利爪将猎物抓获。难以消化的部分再变成一个致密的灰黑色食团吐出来。

迷人的鸟

乌林鸮是一种令人着迷的鸟，它的翅膀长而宽大，有显著的纹路。在脸盘下有一簇"小胡子"，并由黑色"蝴蝶结领结"相隔。

拔除螫刺

黄喉蜂虎

这些色彩鲜艳的鸟以大型昆虫，如蜻蜓、大蝇和蝴蝶为食，但它们以在空中捕食像蜜蜂、胡蜂和马蜂之类的有针昆虫而更为人熟知。若干只蜂虎在猎物丰富的地方守望，当发现昆虫后就飞出去捕获猎物，然后返回栖宿地。如果遇到蜜蜂或胡蜂，蜂虎设法使其反复撞击坚硬的表面，除去其螫针，并将其啄入喙中挤压，排空其毒液囊，然后再吃掉它或将其喂给雏鸟。一天之中蜂虎能吃掉200多只蜜蜂。

黄喉蜂虎（*Merops apiaster*）

- 长达30cm。
- 欧洲南部、非洲北部和亚洲部分地区的乡村开阔地和接近河流的地方。
- 体形纤细，色彩斑斓。眼纹深黑，喉部黄色，上体褐色，下体蓝绿色。

榨出毒液

蜂虎在干旱或半干旱的开阔地内捕食，并在半空中捕捉昆虫，然后返回栖宿的地方处理猎物。

空中抓捕

斑鹟

斑鹟会以典型的直立且警觉的姿态停栖着，机警地注视着飞过的昆虫。发现猎物后它会迅速出击，之后再回到原地享受美餐。这种鸟的捕食范围很广，包括苍蝇、甲虫、蛴、蛾、蝴蝶甚至蜻蜓。

飞行中的拦截

这种蝴蝶的颜色让它的捕食者倒胃口，但尽管如此它也逃不过斑鹟的捕捉。

斑鹟（*Muscicapa striata*）

- 长达14cm。
- 欧洲和亚洲的落叶林地和树篱中。
- 体灰褐色，翅和尾较长，胸部乳色，具暗色细纹，头部有黑色细纹，腿黑色。

鸟类中的屠夫

红背伯劳

与鹟类（见左图）一样，红背伯劳会选择比较显眼的栖宿地（包括人造物，例如杆子、电话线）等视野开阔的地方，等待猎物的出现，并在空中或地面上擒获猎物。食物充裕时，伯劳会把捕捉到的猎物钉在灌木丛或树木的荆棘上短期保存起来，有时它们会把食物挂在带刺的铁丝网上。伯劳的猎物包括昆虫、爬行动物和像鼩鼱之类的小型兽类。它们会把较小的猎物整个吃掉，而大些的猎物则先被钉在尖桩上，然后再用它们钩状的喙撕扯开。

红背伯劳（*Lanius collurio*）

- 长达18cm。
- 欧洲和西亚的欧石楠荒原和灌木丛中。
- 雄性头部灰色，并有黑色宽纹，背部泛红色。雌性的颜色略暗淡，体形稍小。

屠夫的利钩

红背伯劳将猎物刺穿，从而能将猎物钉起来，随着时间的推移慢慢食用较大的猎物，如哺乳动物或蜥蜴。

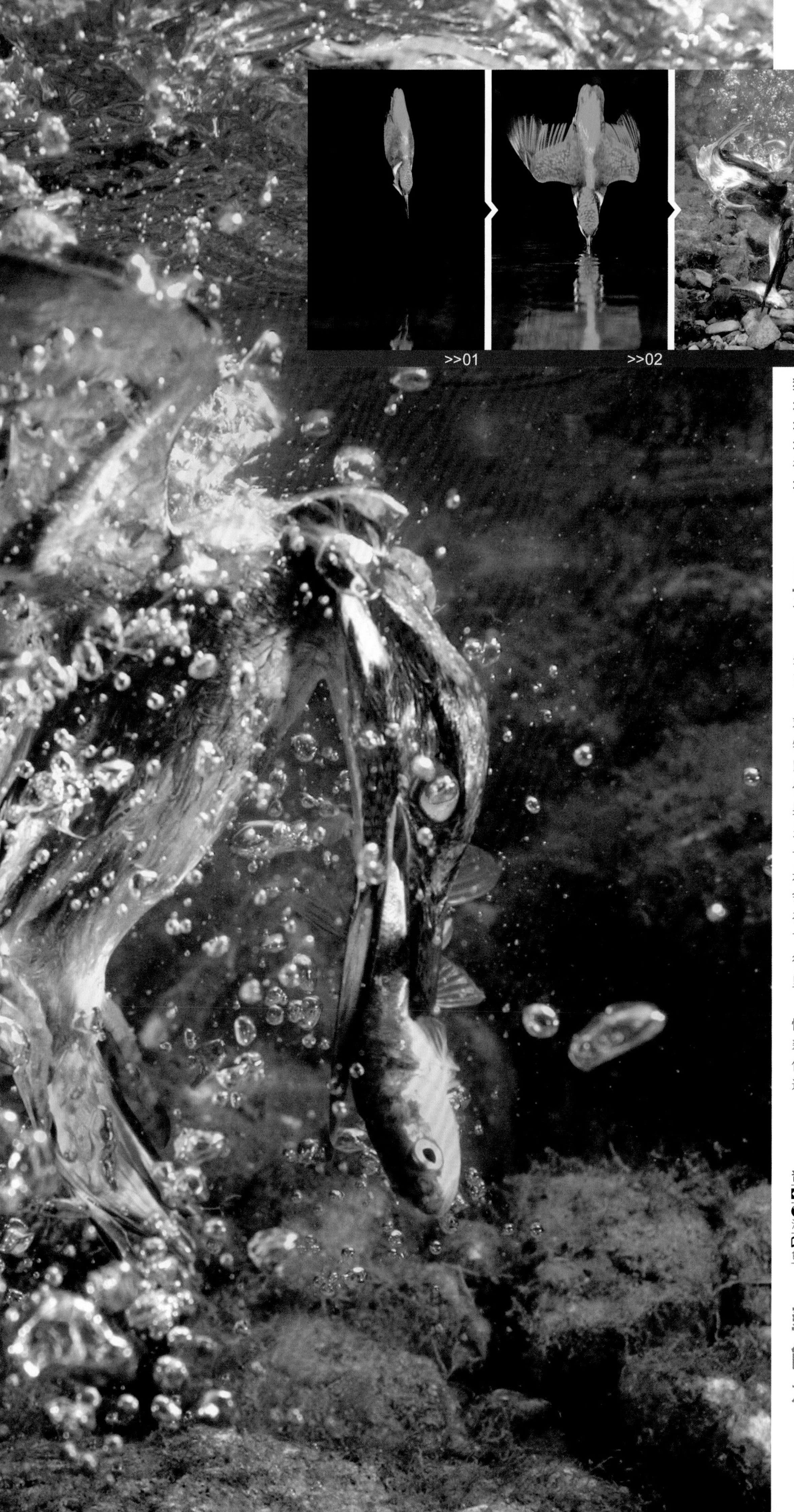

猛扎跳水

>>01 普通翠鸟飞快而准确地向猎物俯冲下来。

>>02 飞临水面时翠鸟展开尾翼和翅膀以减速。

>>03 入水时轻轻张开喙，积聚的动量让它冲得相当远，以便能捕到鱼。

>>04 翠鸟衔起鱼回到它栖宿的地方。

闪电般的攻击

普通翠鸟

这种翠鸟又叫欧亚翠鸟，它完全以水生动物为食。每只翠鸟沿着河岸占据着自己栖宿的枝头。从这些优良的地点望去（特别是有的距水面2米高），可以清楚地观察到水中猎物的活动情况。一旦发现猎物，翠鸟要么潜入水中，要么在水面盘旋以确定猎物的准确位置。由于翠鸟视力极佳，而且垂直潜水，所以不会受到光线折射的影响。入水后，翠鸟的喙微微张开，另有一层薄膜保护其眼睛在水中不受伤。一旦触及猎物，它就一口叼住猎物。如果是昆虫、甲壳类和小鱼，翠鸟一出水面就会把它们吞下；但如果是大鱼，翠鸟会先在它栖宿的枝头把鱼撞晕，然后将鱼头朝下吞咽下去。先把大鱼杀死再吞食这一点很重要，因为这样翠鸟就不会因吞到肚子里的活鱼的鱼鳍或鱼鳞而受伤了。

快速捕获

翠鸟将鱼拦腰衔住，凭借自然的浮力和翅膀的运动开始回到水面。

普通翠鸟（*Alcedo atthis*）

长达18cm。

欧洲、非洲和亚洲较为清澈的池塘、湖泊和河流中。

背部为闪耀金属光泽的蓝宝石色，腹部褐色。翅短，尾短，喙长而尖。

翠鸟的眼睛能过滤光和水面的反射。

死亡前的一瞬

在那飞逝的一瞬间，企鹅可能仅仅看到了豹形海豹的头，不过很多时候企鹅根本不知道自己是被什么动物袭击了。豹形海豹游泳速度极快，而且非常机敏，经常在瞬间偷袭猎物。

水下潜伏

豹形海豹

豹形海豹是南极海洋生态系统中的关键捕食者，它们的存在对于食物链的稳定至关重要。它们与北极熊在北极的生态地位等同，而虎鲸是豹形海豹唯一的天敌。由于豹形海豹在陆地上行动笨拙，所以它们只在海洋中捕食各种猎物。幼年豹形海豹以磷虾、乌贼和鱼类为食，但成年豹形海豹则捕食大型的猎物，如企鹅和较小的海豹，诸如锯齿海豹和海狗。豹形海豹动作极其敏捷，视力超群，嗅觉敏锐。

夏季，豹形海豹在浮冰附近猎食，靠近海岸线。它们处于半隐匿状态，埋伏着等待冰山上的企鹅，一旦企鹅潜入水中，它们就会袭击企鹅。由于豹形海豹背部是黑色的，腹部是灰白色的，所以无论在水面上还是水下，它们的猎物都很难发现它们。而且它们比速度最快的企鹅游得还快，也无须潜入很深的水域去发现猎物。海豹的后鳍来回摆动，前鳍使它们迅速改变方向。伏击时，豹形海豹从后面抓住企鹅的后腿并连续击打，致其死亡。那些在水面上小憩的海鸟也常会被豹形海豹袭击。

豹形海豹
（*Hydrurga leptonyx*）

- 3～3.5m。
- 南极洲海域。
- 体形大而强健，呈流线型。背部深灰色，腹部白色，咽喉部浅色肌肤上有深色斑点。

粉身碎骨

豹形海豹身体呈纺锤形，可以在水中快速行进，偷袭猎物。一旦咬住企鹅后，海豹会使劲甩，把企鹅撕得粉碎。

解剖学

撕裂和过滤

豹形海豹的门齿尖锐，犬齿长而向后弯曲，可以紧紧地咬住猎物。锋利的臼齿互相交错，因此可以从海水中过滤磷虾。与生活在陆地的海豹不同的是：豹形海豹没有裂齿，也就是说豹形海豹的牙齿无法咬合得很紧，不能将肉咬碎。取而代之，豹形海豹在水里猛烈晃动猎物，并在海面上使劲拍击，从而把猎物撕碎。

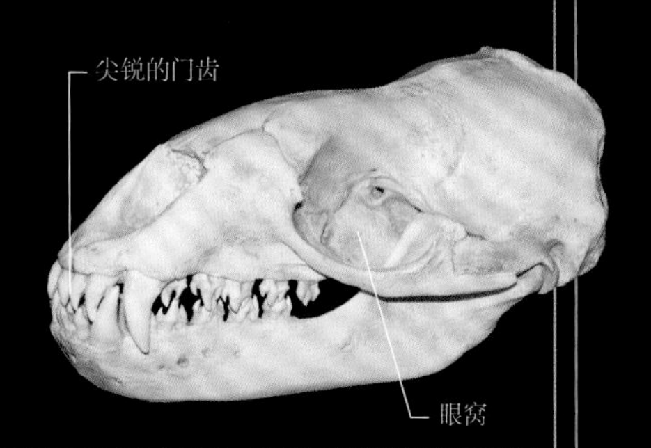

巨大的上下颌

豹形海豹的头骨很长，形状与爬行动物的很相似。下颌松弛，可以张得很大，颅骨上的肌肉带动下颌的活动。

接收电信号的嘴

鸭嘴兽

鸭嘴兽是半水生哺乳动物，平时大部分时间在水域活动，更适应在水中捕食。鸭嘴兽在黄昏或夜晚潜入水中，寻觅淡水虾类和其他甲壳动物，以及蠕虫和昆虫幼虫。捕食时，它们眼睛紧闭，仅凭感觉灵敏的嘴感受水中的动静，并接收虾和其他猎物所发出的电信号来确定猎物的位置（见左侧知识框）。鸭嘴兽是唯一以这种方式捕食的哺乳动物。在水中找到食物后，它通常将其先保存在腮部，然后浮上水面大饱口福。卵生的鸭嘴兽是古哺乳动物类群的幸存者，仍具有一些原始的特征，其中最明显的是与爬行动物相似的行进方式，即四肢在身体两侧。

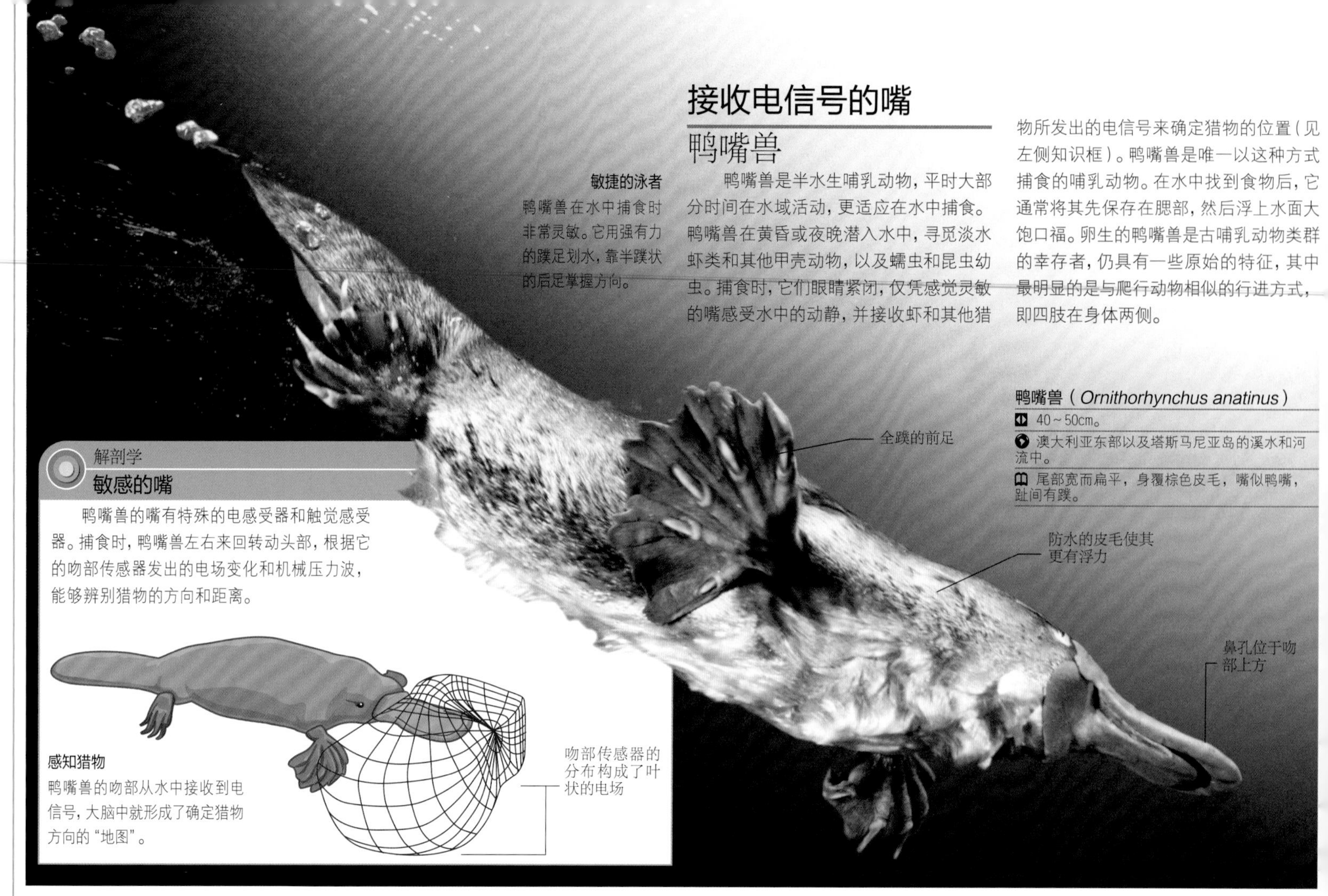

敏捷的泳者
鸭嘴兽在水中捕食时非常灵敏。它用强有力的蹼足划水，靠半蹼状的后足掌握方向。

解剖学
敏感的嘴

鸭嘴兽的嘴有特殊的电感受器和触觉感受器。捕食时，鸭嘴兽左右来回转动头部，根据它的吻部传感器发出的电场变化和机械压力波，能够辨别猎物的方向和距离。

感知猎物
鸭嘴兽的吻部从水中接收到电信号，大脑中就形成了确定猎物方向的“地图”。

鸭嘴兽（*Ornithorhynchus anatinus*）
- 40～50cm。
- 澳大利亚东部以及塔斯马尼亚岛的溪水和河流中。
- 尾部宽而扁平，身覆棕色皮毛，嘴似鸭嘴，趾间有蹼。

利爪

大食蚁兽

大食蚁兽是捕食白蚁和蚂蚁的专家，每天吃掉成千上万只体形虽小但营养丰富的蚂蚁和白蚁。食蚁兽属独居动物，虽然它们的视觉和听觉不灵敏，但是嗅觉极敏锐。足具5趾，前肢的中间3趾上长有弯曲的大爪子，用以挖掘白蚁的巢穴。白蚁的巢穴是用土混合着白蚁的唾液搭建的，经日晒后变得极为坚固。

长有长长的弯曲的爪子，意味着大食蚁兽只能用踝部走路。它不仅打开蚁穴寻找蚁类，还会在树皮下寻觅蚁类。食蚁兽没有牙，它们用舌头先把蚂蚁或白蚁舔出来，放在嘴里的垫状凸起上碾碎，然后再咽下。食蚁兽会先吃下尽可能多的工蚁，直到蚂蚁们的蜇咬使它无法忍受时才会善罢甘休。

搜寻白蚁
食蚁兽的颅骨上没有牙齿，但是长着非常长的舌头，能够伸到蚂蚁或白蚁的洞穴中。食蚁兽的舌头上有一层黏液可以粘住蚁类，每秒钟舌头可以来回进出蚁穴两次。

大食蚁兽（*Myrmecophaga tridactyla*）
- 长达2m。
- 中、南美洲的稀树草原和森林中。
- 皮毛灰褐色，肩部有黑白相间的斜纹。嘴和尾长，脚上长爪。

地下觅食

格氏金鼹

格氏金鼹亦称荒漠鼹，它没有视觉，但是听觉极其灵敏，能够听到沙粒中最微弱的动静。这种能探知小振波的能力有助于它们确定穴居的甲虫、蚂蚁、蚱蜢和蜘蛛的位置。其鼻、嘴小而坚硬，肩部和前肢强壮，很适合挖掘。前爪弯曲成凹形，像小锹一样可以挖穴；后足长蹼，能将挖出来的土刨到身后。

实际上，金鼹与土豚、蹄兔和大象的亲缘关系比和欧鼹的关系更近。

格氏金鼹（*Eremitalpa grant*）
- 长达9cm。
- 非洲南部的海岸沙丘和沙漠中。
- 身体矮胖而稍扁，毛色黄灰，皮毛柔软，有银灰色光泽。

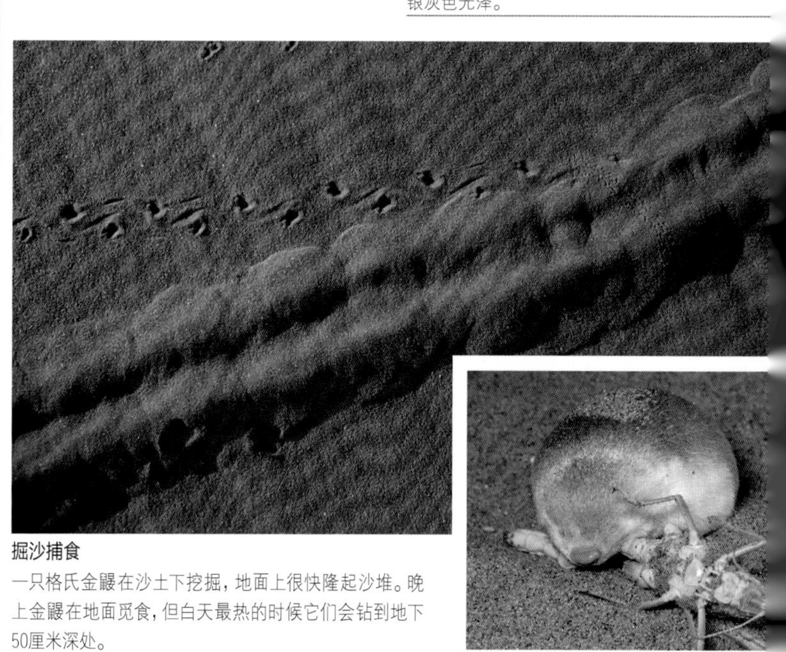

掘沙捕食
一只格氏金鼹在沙土下挖掘，地面上很快隆起沙堆。晚上金鼹在地面觅食，但白天最热的时候它们会钻到地下50厘米深处。

够不着

豹

豹成功捕猎后，往往会把猎物拖到树上，然后找个安全的平缓树枝休息。这样它们的猎物就不容易被其他掠食者或鬣狗之类的食腐者抢走了。然而，虽然豹擅长爬树，但它们不会头朝下从树上爬下来，所以只好头上尾下倒退着往下爬，接近地面时干脆跳下来。豹悄悄地跟踪猎物，它们的听觉和视觉极好，因此昼夜均能捕食。

豹的猎物包括黑斑羚、羚羊、小羚羊、林羚，但也能制服大羚羊。它们还捕食猴子、啮齿类、鸟类、鱼类和爬行类。捕捉到猎物后，豹会迅速咬住猎物的喉咙，使其窒息而死。

尽情享用

豹强健有力，颈部肌肉发达，可以将3倍于自身体重的猎物拖到树上。

豹（*Panthera pardus*）

- 长达1.9m。
- 非洲撒哈拉沙漠以南地区的稀树草原和亚洲南部的部分地区。
- 皮毛淡黄色至奶油色，具黑色的玫瑰形斑点。

逼近

身后重重的一击，使瞪羚应声而倒。在瞪羚还没缓过劲儿来的时候，猎豹会紧咬其喉咙，使其毙命。

疾速追击

猎豹

猎豹的身体具有诸多适应性，使它的奔跑速度可达到113千米/时，它跨越三大步就能加速到64千米/时。猎豹的脊柱非常柔韧，快速奔跑时它的身体时而弯曲，时而挺直，有力的后腿能跨越极长的距离。它的面部窄而平，双眼视力极佳。猎豹的眼部还有图像稳定系统，即使在疾速奔跑时也能紧盯住猎物。每只眼睛下方垂下的黑色条纹，其作用类似于防眩装置。

猎豹的鼻腔和肺部都很大，骨骼与肌肉重量的比例很低，它比其他猫科动物的骨质轻，腿也更长。长长的尾巴在奔跑时可以帮助它保持平衡，还能让它们在追赶敏捷的猎物时急转弯。爪短且不是非常锋利，不能收缩，这样它的爪能像跑鞋一样牢牢抓地。猎豹接近奔跑的黑斑羚时，能在几百米的距离内突然加速。

60秒 世界上奔跑速度最快的动物——猎豹逼近猎物平均所需的时间。

猎豹（*Acinonyx jubatus*）

- 长达1.5m。
- 非洲东部和西南部的开阔草地。
- 纤瘦的猫科动物，头较小，毛色淡黄，有黑色的小斑点。
- >> 414～415。

适应性极强的捕食者

北极狐

在较温暖的月份，北极狐捕食旅鼠和北极兔等动物。冬天猎物稀少，它们不仅会攻击幼海豹、捉鱼，还会吃北极熊等大型掠食者吃剩的腐肉。北极狐适应性极强，甚至会吃鸟蛋和它们能找到的诸如浆果之类的植物。它们还会沿海岸线找被冲到海岸上的死鱼、死海豹，有时还会吃甲壳动物和海胆。冬季遭遇暴风雪时，北极狐在厚厚的积雪下挖掘洞穴。它们那一身厚厚的皮毛、充足的食物和厚厚的脂肪，使它们能在-50°C的严寒中生存下来。北极狐腿部的逆向热交换系统确保从脚流回到身体的血液是热的。这样，尽管脚比其他身体部位的温度低，但是热量不会从体内散失。

北极狐（*Alopex lagopus*）

- 长达55cm。
- 北美洲、欧洲和亚洲的北极苔原上。
- 身体紧凑，腿和吻短，尾毛蓬松。
- >> 308～309。

解剖学

季节性外衣

北极狐随季节变化而换毛。夏季体毛为灰褐色，与岩石和矮生植物的颜色融为一体；冬季全身体毛为白色，对于刺眼的雪地而言，白色是很好的保护色。另外，冬季皮毛长得更厚，保护北极狐度过北极冻土带的严寒。休息的时候，北极狐会用它毛茸茸的尾巴遮住脸。

北极狐的**足底有毛发**，这样它就可以在冰面上行走。

突袭猎物

>>01 北极狐专注地听着猎物挖穴或活动的声响，从而确定藏在雪下的猎物的位置。它后腿支撑着站起来，为的是能盯住盖在猎物身上的雪。

>>02 北极狐使劲跳起，前腿伸展，并且向前探着身子。

>>03 北极狐的脑袋先钻到了雪下，前爪插入猎物的隧道或巢穴，将猎物一举拿下。

鬼鬼祟祟

为了捕食奔跑速度快的猎物，狮子趴在地上，利用自然掩护物接近目标。这样它们可以趁猎物不注意就发起攻击。这种技术使狮子在猎物提高速度和逃跑之前便能接近目标。

家庭捕猎

狮子

狮子擅长合作捕食。雌狮体重轻，速度快，因此它们主要负责追捕猎物。雄狮体形大，可以攻击水牛。但是进攻大型猎物，如大象或雄性长颈鹿时，狮子很少单兵作战。通过合作捕食，它们能猎捕到更大的猎物，而且降低了捕食过程中受伤的概率，所获取的食物足够保证每只狮子都吃饱。

捕食技巧因狮而异。通常一头雌狮吓唬猎物，或者以70千米/时的速度把猎物赶到埋伏等待的狮群中。有时狮群会包围一群猎物，先向那些形单影只的、幼小或虚弱的猎物发起攻击。合作捕食还能确保狮群占有猎物——如果单独的一头狮子得到了猎物，可能会有一群鬣狗虎视眈眈地与它争抢。

狮子形成了关系紧密的社会群体，一个狮群中有若干有血缘关系的成年雌狮和它们的幼崽。幼狮由狮群共同抚养长大，它会吸吮母亲和其他母狮的乳汁。成年雄狮往往独居或少数几只生活在一起结成同盟。一只雄狮掌管狮群后要负责划定它们的疆界。狮群的领地大的有数百平方千米，小的有数十平方千米，它们在自己的领地上抵御威胁，与母狮交配。狮子牙齿锋利，双眼视力极佳，能够准确判断猎物的距离，而且能在光线昏暗的条件下捕猎，因此它们晚上依然可以捕食。它们用可收缩的、强劲又锋利的爪子抓住猎物，然后咬住颈部或使其窒息而死。虽然狮子是顶级捕食者，但食物匮乏之时它们也会吃腐肉，或者偷取鬣狗的食物。

解剖学
强健的颌和牙齿

由于颅骨和牙齿的结构，狮子能够猎食大型动物，如斑马、角马、大羚羊和林羚。长长的像匕首一样的犬齿和强大的颌部肌肉使得狮子能紧紧咬住猎物的颈部并致其毙命。上下颌尖尖的前臼齿和臼齿，合称裂齿，像剪刀的利刃一般穿透猎物。下颌仅做上下运动，因此狮子不咀嚼就能吞下大块的肉。

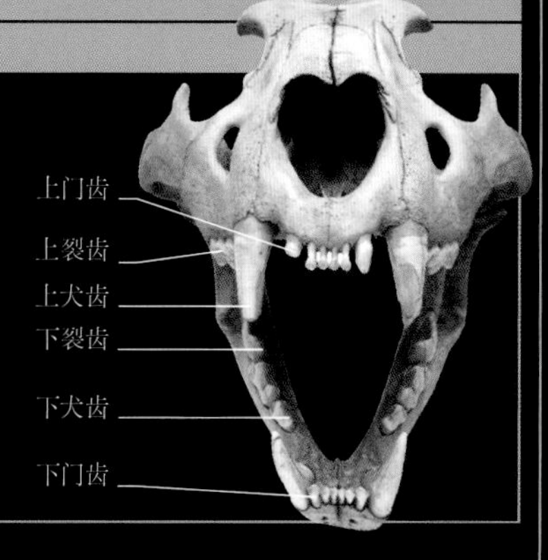

狮（*Panthera leo*）

1.7～2.2m。

非洲撒哈拉沙漠以南地区的疏树草地和开阔的稀树草原上。数百头亚洲狮（*Panthera leo persica*）生活在印度西北部古吉拉特邦的吉尔森林（Gir Forest）中。

皮毛颜色从乳褐色至褐色不等。尾端还有一簇深色长毛。雄狮通常有浓密的深色鬃毛。

>> 413，446。

>>01

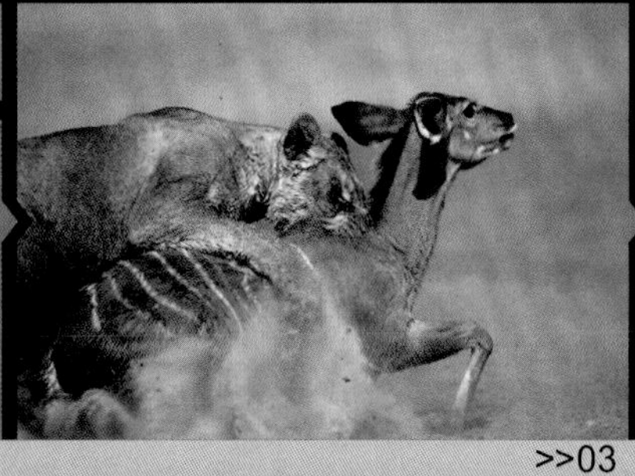

>>02

>>03

>>04

水边埋伏

>>01 短时追逐之后，一头母狮赶上了一只逃命的捻角林羚。有时狮子会扑上去用前爪将猎物摁倒，但通常它们会从猎物身后猛扑过去。

>>02 狮子扑到林羚的背上，利爪插入它的皮肉。

>>03 林羚因受到重击而被扑倒，母狮扑向它的颈部，张开大口（可达25厘米以上），将其咬死。

>>04 林羚几秒之内就死了，之后狮群共享美味。

成年雄狮一口气能吃43千克鲜肉。它们通常每3～4天会**饱餐一顿**。

捕猎成功率

研究表明，影响捕猎是否成功的因素包括合作捕猎的狮子的数量和猎物的类型，以及其他因素。晚上月光明亮与否对捕猎有显著影响，没有月亮的晚上捕猎成功率更高，特别是在开阔地上。但是在林地中捕猎时月光的影响就很小了。栖息地的特征也有影响，草高的地方捕猎成功率就比草低的地方高。

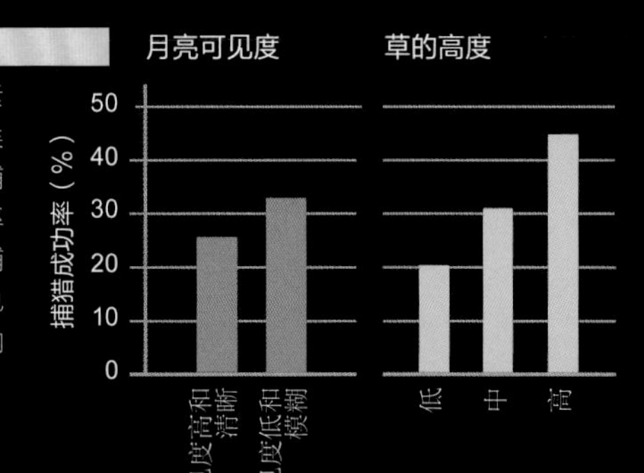

夜晚猎手

尽管狮子白天和晚上都能捕食，但是它们更喜欢夜间捕食。它们眼睛反射出的月光可以让我们看到等待突袭的狮群。

集群捕猎

被一群非洲野犬团团围住，这只负伤的疣猪在劫难逃。虽然被疣猪的獠牙咬伤会致命，但是由于野犬数量较多，被咬伤的危险还是很小的。

合作捕猎

非洲野犬

与其他犬科动物一样，非洲野犬（或称非洲猎犬）是群居动物，它们之间社会关系紧密。长距离追踪猎物时，非洲野犬的这种合作捕猎的方式显得更有优势。在策略上，它们的捕猎方法并不是诡诈或鬼鬼祟祟。在清晨或黄昏，非洲野犬凭借敏锐的视觉捕猎角马、黑斑羚或斑马。它们能长时间追捕猎物直到猎物筋疲力尽。虽然被追捕的猎物奔跑的速度比野犬时速60千米的最快速度还要快，但是非洲野犬能持续追赶长达6千米的距离。追逐猎物时，野犬高声狂吠以保持联系，而且它们分散追踪，防止猎物四处逃窜。被捕食者对付诸如猎豹这种独自捕猎的动物时采用的之字形逃跑路线，对成群的非洲野犬是无效的。当筋疲力尽的猎物放慢速度时，野犬就将它团团围住，先攻击其下腹部，然后将肠子掏出来。非洲野犬捕食成功的概率高达四分之三。它们具有非常强的咬合力，其巨大的臼齿和前臼齿能咬断骨头。当它们吃完的时候，会反刍出食物喂给老犬、幼犬以及其他没有参与捕猎的群体成员。

非洲野犬（*Lycaon pictus*）

- 长达1.5m。
- 非洲撒哈拉沙漠以南地区的稀树草原和疏林草地中。
- 身材苗条，腿修长。深色的皮毛上有白色和黄色的不规则图案。耳大而圆。

首领犬
黑斑羚群
一些黑斑羚逃脱了
犬群
首领犬追捕落单的黑斑羚
犬群冲向前方
一只野犬继续往前追，并预测黑斑羚将要改变的方向
一些野犬从侧面包抄
侧面包抄的野犬切断了黑斑羚的退路
首领犬捕捉到黑斑羚，其他野犬也上前撕咬

扫荡稀树草原

典型的非洲野犬的捕猎是一场耐力的角逐。当一群黑斑羚被追逐时，落入野犬之口的往往是由于体弱或年老而跟不上羚羊队伍的那一只。之字形的逃跑路线也无济于事，因为野犬会从侧面包抄，而且它们能预知羚羊的逃跑路线并阻截它们。

美餐

在博茨瓦纳的奥卡万戈三角洲，一群野犬猎捕了它们最喜欢的食物——一只黑斑羚。它们正在美餐，兀鹫等待着剩下的残羹冷炙。

屠戮

跑了很长一段路之后，一只掉队的、精疲力竭的驴羚被两只领头的野犬捕获。

猎场

非洲野犬的家域因它们的群体大小和猎物多少而异，但通常超过1000平方千米。

用翼攻击

西方伏翼

这种常见的蝙蝠在傍晚和黄昏开始捕食，有时在拂晓也可以看到其飞行。伏翼利用回声定位（见下面的知识框）发现猎物，其食性很广，包括身体柔软的昆虫，例如蛾、蝇、石蛾和小型甲虫。一年中的每个阶段，它们的食性有规律地变化着。蝙蝠会在栖居地附近捕食当地数量丰富的物种作为食物。它飞行缓慢，在距地面3~15米的高度鼓翼而飞。美国最小的蝙蝠物种是西方伏翼，它有时候会被误认为蛾子。因为飞行能力较差，伏翼通常在无风的条件下捕猎。白天，它单独或成小群栖居在洞穴和岩石裂缝中。虽然其生活在干燥的栖息地，但栖宿地附近往往有可利用的水，这为捕捉水栖的昆虫提供了便利。

西方伏翼
（*Pipistrellus hesperus*）
- 长可达7cm。
- 北美洲和墨西哥的荒漠和低矮草地中。
- 皮毛浅黄至棕灰色；面部黑色。

耳大，间隔宽

通过鼻吻发出声音

捕猎
一只西方伏翼接近一只小型蛾子。蝙蝠在一个夜晚能够吃掉相当于自身体重20%的食物。

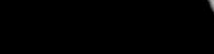

攻击次序

蝙蝠会发出超声波来捕猎食物，当它们试图联络时或由于其他原因也会发出叫声。这种蝙蝠发出的回声定位叫声频率范围在53~90千赫，主频（能量最大的频率）为62千赫。每个调频的时程在4~5毫秒之间。

1 搜索阶段 为了保存能量，产生的叫声为一系列“短音”，每秒低于20次。

2 接近阶段 当猎物被探测到后，蝙蝠增加叫声的频率以更加精确地定位。

3 终止末段 叫声频率可以增加到每秒200次。

声音探测

马铁菊头蝠

这种蝙蝠有多种不同的捕猎技巧，捕猎中到大型昆虫，如金龟子、蜣螂和大型蛾类。有时，为了追逐经过的昆虫，它们会停栖然后突然冲出；而有时它们会从上向下攻击，或者从植物的叶片间拾取昆虫。当捕猎时，马铁菊头蝠飞得很低、很慢，使用恒频70~84千赫的回声定位叫声。在日落之时，它们离开栖宿地，在开阔的草地、农田和稀疏林地上空飞行、捕食——这些地方往往都临水，能够捕到大量的昆虫。当捕到大型的猎物时，马铁菊头蝠会飞到附近的栖宿处吃掉猎物。和另外一些蝙蝠相同，这种蝙蝠用多普勒效应来探测。为达到目的，蝙蝠必须发出一个恒定频率的长叫声。如果蝙蝠和猎物在运动中保持相同的距离，它们接收到的声音频率将不发生变化；如果猎物向着蝙蝠方向飞，声音频率将增加；但是如果猎物飞离蝙蝠，反射回来的声音频率将下降。这就如同一辆拉响汽笛的车经过一个静止的人——当车辆接近时，声音会变大，而远离时声音则会变小。

个案研究

识别回声

蝙蝠发出一系列短促的超声叫声，被猎物反射回来的声音可以反映猎物的大小、形态、质地和振翅的频率。蝙蝠能据此确定猎物的方位、速度和性质。例如，蝙蝠从一只纤细的大蚊接收到的回声与体大而坚硬的五月金龟反射的回声差别很大。飞行中的昆虫的运动模式为捕猎的蝙蝠提供了附加的信息。当昆虫的翅上下运动时，在某个点上它会垂直于蝙蝠所发声音的方向，使反射的声音能量水平有短暂的上升，这被称为回波起伏。

大蚊
83
五月金龟
83
频率（kHz）

飞行的猎物
一只马铁菊头蝠转向它的猎物，用口将猎物抓住。蝙蝠从接收到的反射回声就能知道它们吃的是什么。

马铁菊头蝠
（*Rhinolophus ferrumequinum*）
- 长达7.5cm。
- 欧洲和亚洲部分地区的开阔林地、农田和疏林草地上。
- 鼻子周围有皮肤衍生的马蹄形褶皱，耳朵尖，呈叶形，皮毛浅棕色且蓬松，腹部毛色更浅。

夜晚捕鱼

食鱼蝙蝠——兔唇蝠，用超声波叫声在水面探测猎物。这种蝙蝠的后腿很长，并带有鹰爪般的爪，起到鱼叉的作用。蝙蝠用它的长爪在水上划过，从水面下将鱼抓住，然后将鱼转到嘴里，咬碎，而后储存在可以伸缩的颊囊中，以便继续捕猎。

以蛙类为食

食蛙蝠

缨唇蝠因口边和下颏处有许多肉质的疣突而得名，它们是捕蛙专家，尽管有时也捕食其他小型脊椎动物和昆虫。这种蝙蝠通过雄蛙求偶的叫声来定位猎物，并且可以确定两种情况：蛙是否太大而不能对付，是可食的蛙还是有毒的蛙。蝙蝠的耳朵对蛙群的低频叫声特别敏感，一些蛙在食蛙蝠捕食的时候会保持安静。

食蛙蝠（*Trachops cirrhosus*）

- 长达10cm。
- 中、南美洲的低地森林中。
- 体红褐色，耳大。下颏和嘴唇具有粉红色的肉质疣突。

捕食圈

这些长吻海豚控制着鱼群。而其中的一些个体冲进去捕食，其他个体则继续保持着环绕的状态。

围捕

长吻海豚

这些快速游动的海豚的主要猎物是鱼类和鱿鱼。在世界上一些地区，一小群长吻海豚会合作捕猎一些在浅水区的鱼类。这些海豚在要捕猎的鱼周围游动，把鱼赶到一起，形成一个密实的球，然后轮流穿过这个鱼群，攻击那些鱼，并进行捕食。长吻海豚非常友善，通过咔哒声实现相互通信，成群活动的数量由12头到数百头不等。

长吻海豚和短吻海豚外观很像，很长时间里一直被认为是一个种。除了有更长的吻，长吻海豚也比短吻海豚更细长、更苗条。

长吻海豚（*Delphinus capensis*）

- 长达2.5m。
- 大西洋、太平洋和印度洋的海岸水域。
- 背部和鳍状肢深褐色或黑色；腹部乳白色，两侧有暗淡的条纹。

长吻海豚上下颌的**牙齿总数超过200枚**，以便紧紧叼住光滑的鱼和鱿鱼。

牢牢在握

虽然亚马孙河豚游得非常慢，但它的脖子异常灵活。当它寻找食物时，可以将头转到差不多呈直角的程度。它没有背鳍，但有大型鳍状肢，适合在被水淹没的森林的浅水区中游动。

河中猎手

亚马孙河豚

亚马孙河豚是最大的淡水豚，很适应在昏暗多泥沙和缓慢流动的水体里寻找食物。尽管有很好的视觉和听觉，它仍可以用回声定位确定猎物。在它吻部前端排列着大量稠密的触毛，可以帮助它在河底沉积物中探测。在吻前端还有小钉子一样抓获猎物的牙齿，这些猎物包括甲壳动物和鱼；而后部扁平的臼齿可以压碎和研磨食物。

亚马孙河豚（*Inia geoffrensis*）

- 长达2.6m。
- 南美洲亚马孙河和奥里诺科河流域内的缓流水域中。
- 身体粉色或灰色，吻长但无背鳍。
- >> 365。

技艺超群的捕食者

虎鲸

虎鲸，又叫逆戟鲸、杀人鲸，是世界上体形最大的海豚。它们是一种聪明的社会性动物，经常大规模地移动，基于母系家族群体形成一个小群体，通过发出哨音和咔嗒声互相联系。虎鲸的种群之间有着生理、行为和遗传方面的差异，人们仍不清楚这个类群中是否存在亚种甚至不同的种。5个有明显差别的虎鲸类型已得到鉴定，它们中的一些类型以鱼、鲨鱼、头足类和海龟为食，而其他类型则会攻击海豹、海狮甚至鲸类。捕食行为以虎鲸的类型和猎物而定。虎鲸随着迁徙的鲱鱼群到浅滩，可以单独取食，也可以成组行动。它们将鱼群赶成一个紧密的球形，用有力的尾巴将鱼尽可能多地打晕或杀死。当捕猎哺乳动物时，群体成员会选择一个幼崽或体弱的成年个体，追逐它使其筋疲力尽。它们将猎物从群中分离出来，并且不让它

浮上水面呼吸，从而使其溺水而死。在浅水区域，虎鲸几乎可以冲上海滩捕食海豹、象海豹和海狮。

特技
虎鲸的游动速度可以达到56千米/时。当快速游动时，它们会跃出水面。这种行为被认为在它们急速前进时发生。

虎鲸（*Orcinus orca*）
长达8m。
全球范围从极地到热带的海岸带或近海水域。
体黑色，下体、胁部和眼后白色。雄性有一巨大的三角形背鳍，雌性的背鳍较短且更弯曲。

个案研究

浪中捕猎

虎鲸拥有独特的合作捕猎技术来捕捉在小块浮冰上休息的海豹。“浪中捕猎”行动从大量的虎鲸将头伸出水面寻找可能的目标开始，它们看上去就像忙碌的密探。然后几头虎鲸游到一起，在浮冰下制造较大的波浪去推动冰块，使其托着海豹进入海中。为了将海豹赶下海，一些虎鲸会故意用肩挤撞浮冰的一侧。在浮冰的另一端，其他虎鲸则等着海豹被最终杀死来分享美餐。当使用“浪中捕猎”技巧时，成年虎鲸会带着一些幼年个体，让它们在实践中学习如何操作。当训练完毕，幼年个体将自己去捕猎。这种复杂的行为依赖通信和互相协调来实现。

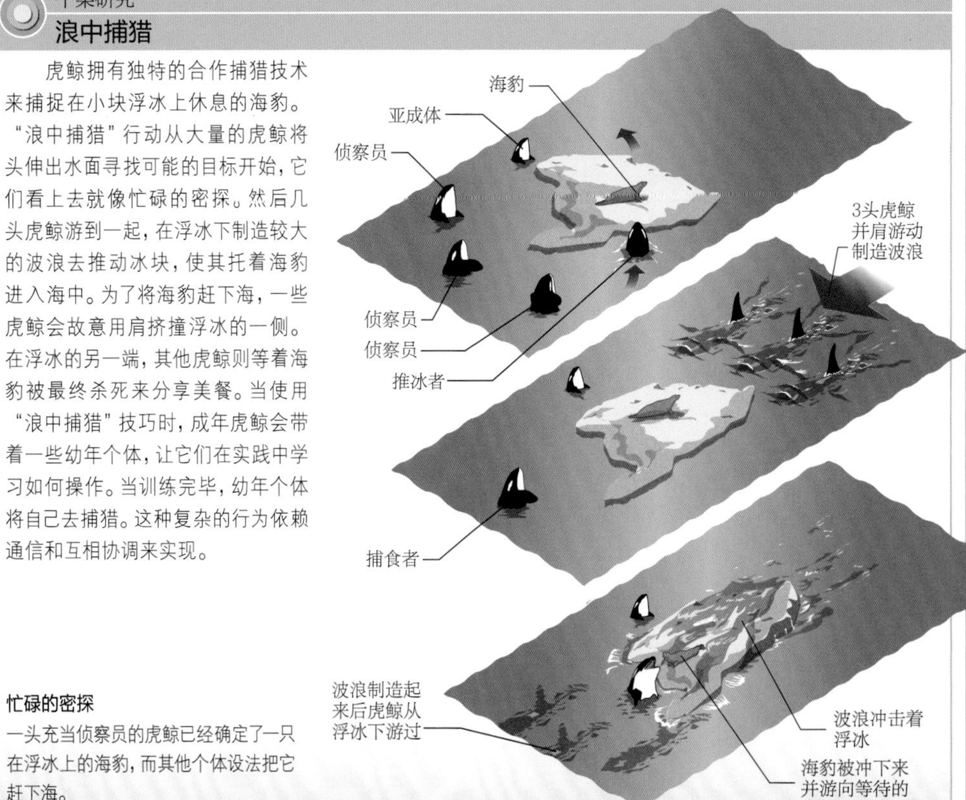

忙碌的密探
一头充当侦察员的虎鲸已经确定了一只在浮冰上的海豹，而其他个体设法把它赶下海。

滩头攻击
虎鲸会以几乎搁浅的方式冲到浅滩上来捕捉海豹。雌性虎鲸会教自己的幼崽如何完成这种有风险的动作。

驱赶鱼群
这里，食鱼的虎鲸正在驱赶一群鱼。它会向鱼群闪动白色的腹部，然后用尾部拍击它们。

气泡网

座头鲸

座头鲸亦称驼背鲸，它们利用口腔两侧400余根刚毛状的鲸须把水中的食物筛出来。它们闭上嘴，把水从鲸须板挤出来，留下食物。不同种群的座头鲸的捕食习惯不尽相同。北大西洋种群主要吃鱼，例如鲱鱼、玉筋鱼、鲑鱼和鲭鱼。而那些生活在南部海洋中的座头鲸还吃磷虾。它们的捕食方式也各式各样，有的用胸鳍或尾叶拍打鱼，有的在鱼群中穿梭并将鱼吞下。还有一种更为复杂的捕食方式：它们绕着一群鱼转圈游动，同时用尾巴拍打水面，然后潜入水下再游上来，形成泡沫般的包围圈，并将被卷到中心的鱼吞食掉。该技术的垂直引伸，同时也是最令人印象深刻的捕食方式是“气泡网”。一头或几头座头鲸潜入水下，然后再游向水面，与此同时连续呼气，上升的气流形成一道水幕。如果座头鲸游大圈，上升的气流会形成一股圆柱形的气泡墙，鱼群则被卷在中间。这时座头鲸游进鱼群中，尽情将鱼吞下。这样，不仅鱼被聚集在一起，而且座头鲸也不容易被鱼发现。

喉部褶皱

深深的喉部褶皱从头的前部一直向下延伸到腹部的一半处，这使得座头鲸能吞下大量的海水，而它的食物就在这些海水中。

个案研究

学习尾捕技术

座头鲸有多种捕食技巧，而且会把这些技巧传给其他鲸。曾有这样一个例子：一头大西洋种群的座头鲸用尾叶拍打水面，实践它的气泡网捕食技巧，于是另一头鲸也用它的尾巴拍打水面。这种用尾巴拍打水面的行为可能是鲸从水下游到水面的标志，也可能只是用于暂时将猎物打晕。

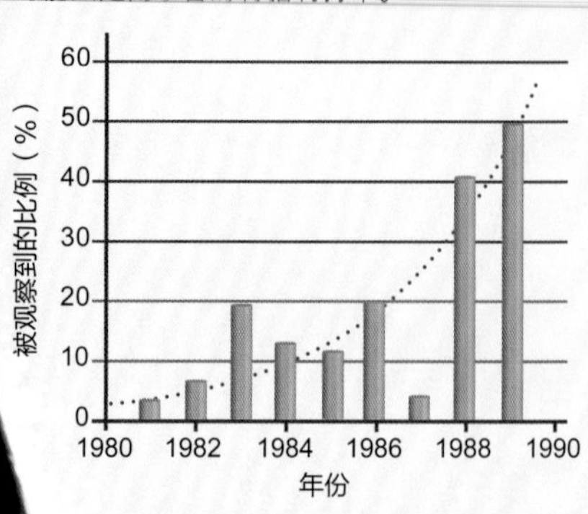

学习

通过不断地传习，在不到10年的时间里，一多半的大西洋座头鲸都学会了这种用尾叶拍打水面的捕猎方式。

图例

观察结果

最佳模型

尾部拍击水面

然后潜入水下

鱼群形成了球

等待的鲸

等待的鲸

第一头制造气泡网的鲸

鲸游动的路径

气泡网开始成形

鲸螺旋式向上游

制造泡沫

鲸在水下游动时慢慢吐气，就会形成气泡网。与其他鲸合作时各个个体有不同的分工。一些鲸吐泡泡，其他鲸则驱赶鱼进入这张网。

网的形状

网的形状有薄片状、半圆形或圆柱状。当气泡冒出水面时，这些形状就会显露出来。

座头鲸（*Megaptera novaeangliae*）

5～20m，雌性体形比雄性大。

广布于全球各地的海洋中。夏天在极地海域觅食，之后长途跋涉几千千米，冬天游到赤道附近的海域繁殖。

背部蓝黑色，腹部苍白。头部和下颌有瘤状凸起。白色胸鳍长，尾叶宽，边缘呈波浪状。

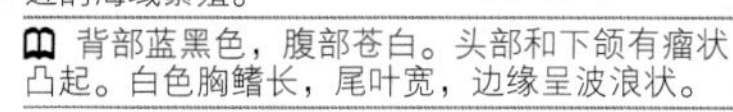

鲸群

一群座头鲸在它们的圆柱形气泡网中吃鱼。鲸群制造的气泡网直径可达30米。

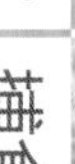

有抵抗力的牙齿

除了水中的猎物，欧亚水鼩也会捕猎陆地上的动物，如蚯蚓和甲虫的幼虫。它的牙齿有红色的齿尖，里面的珐琅质中包含金属成分，这被认为可以增加耐磨性。

有毒的啃咬

欧亚水鼩

欧亚水鼩白天在洞穴中休息，夜间出来活动，以水生无脊椎动物为食，例如淡水虾、石蚕蛾和其他昆虫的幼虫，它们也吃小型的蝾螈、蛙和鱼类。由于它们的代谢率很高，为了生存，欧亚水鼩每天要吃进相当于自身体重二分之一的食物。当潜到水下时，它们厚密、带油的毛皮夹裹着空气，使它们的外表看上去呈银白色。和鼩鼱不同，水鼩的唾液具微毒，有利于捕猎。它们是独居的动物，拥有领地，使用臭腺做出标记。

欧亚水鼩（*Neomys fodiens*）

长达10cm。

欧洲和亚洲部分地区，半水生，栖居于溪流和河流的沿岸、池塘和沼泽地，也生活在林地、草地、灌丛和树篱中。

黑色皮毛浓密柔软，腹部为黄白色。鼻吻长，眼和耳小。

指猴

（*Daubentonia madagascariensis*）

长达40cm。

马达加斯加的雨林、季节性干旱林和种植园中。

身体暗褐色、灰色或黑色，杂有白毛。鼻吻部短，耳大无毛。

探测树干

指猴

指猴在白天睡觉，夜晚在森林的林冠层觅食。虽然它可吃坚果、水果、种子和真菌，但最著名的还是搜寻在木头深处的昆虫幼虫。指猴有非常灵敏的听觉，可以通过敲击木头确定树皮下面的空洞。它们首先用长的门齿在木头上咬一个洞，然后用细长的骨质双关节的中指从木头里将昆虫的幼虫挑出来。它们也用中指撕开果皮，取出内部有营养的成分。

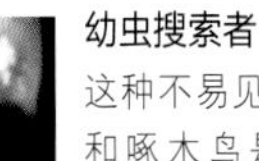

幼虫搜索者

这种不易见到的灵长类和啄木鸟是生态相似种。木生昆虫的幼虫诸如天牛，构成了它们食谱的主要组成部分。

敏感的鼻子

星鼻鼹

这种鼹鼠最明显的特征是在无毛的吻的末端环绕着22个粉红色的肉质触须。这些触须覆盖着数千个感受器，并不断地快速运动。星鼻鼹只通过触摸来确定食物。它们的大脑大部分区域是处理触觉的详细信息的。这个星状器官由每侧11个1~4毫米长的触手组成，并且垂直对称。在触摸中，下部的触须最短也最敏感，用来确定食物的性质。星鼻鼹食物的组成主要是无脊椎动物，如挖隧道时遇到的蚯蚓，在游泳时也会遇到淡水蚂蟥、水生昆虫的幼虫、甲壳动物、蜗牛和小型鱼类。

星鼻鼹（*Condylura cristata*）

18~19cm。

北美洲东部，生境多样，包括有潮湿土壤的森林、草地、沼泽地和溪流、湖泊和池塘的边缘。

身体矮壮，呈圆柱状，有黑褐色、防水的茂密的皮毛，前爪大，尾粗厚。

感知补偿

虽然星鼻鼹无视觉，仅能探知明暗，而极为敏感的鼻器官使得它瞬间就能探知、确定小型的猎物，进而将其吃掉。

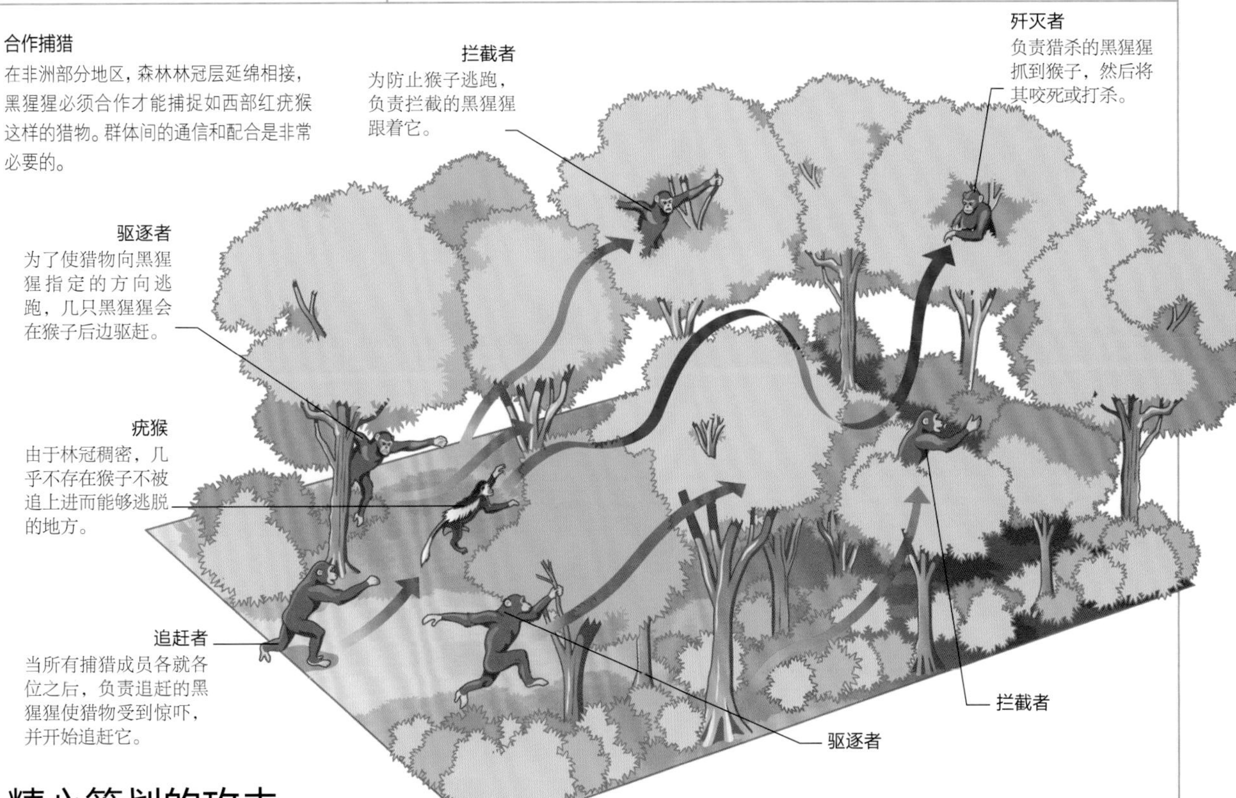

拦截者
为防止猴子逃跑，负责拦截的黑猩猩跟着它。
歼灭者
负责猎杀的黑猩猩抓到猴子，然后将其咬死或打杀。
驱逐者
为了使猎物向黑猩猩指定的方向逃跑，几只黑猩猩会在猴子后边驱赶。
疣猴
由于林冠稠密，几乎不存在猴子不被追上进而能够逃脱的地方。
追赶者
当所有捕猎成员各就各位之后，负责追赶的黑猩猩使猎物受到惊吓，并开始追赶它。
拦截者
驱逐者

合作捕猎

在非洲部分地区，森林林冠层延绵相接，黑猩猩必须合作才能捕捉如西部红疣猴这样的猎物。群体间的通信和配合是非常必要的。

精心策划的攻击

黑猩猩

黑猩猩是大型杂食动物，它们的食物主要包括水果、树叶、坚果和植物的根，以及昆虫和鸟卵。它们也会捕猎较大的脊椎动物，譬如丛林猪和疣猴，通常目标是年轻的个体。这些猎捕要求事先精心策划，并从观察、试验和错误中吸取教训。黑猩猩群体间的自相残杀也是存在的。它们是高度社会化的聪明的灵长类。黑猩猩在地面上活动时，四脚着地，这称为跖行性，而较长的前肢和强壮的手也使它们能在林冠层的树枝间摆荡。它们的拇指短，但可以对握，可完成精确的抓握动作，并能准确地处理食物和其他东西。黑猩猩是除人类外，唯一会制造工具捕猎的动物。曾有人观察到，它们会折断树枝，剥去树皮，磨尖之后去戳刺正在睡觉的婴猴。棍棒之类的东西也常被用作锤子或投掷的武器，或者用来钓白蚁和蚂蚁吃。

黑猩猩（*Pan troglodytes*）

高达1.6m（站立高度）。

非洲西部和中部的热带森林和潮湿的稀树草原上。

身体粗壮，呈暗褐色或黑色。面部、手指、手掌和足底无毛。面部深暗或斑驳，有明显的眉脊。

成功捕猎

一次成功的捕猎意味着可以分配到足够的肉。雄性比雌性吃到更多的肉，而雌性的蛋白质摄入主要通过吃昆虫获得。

扎进海底

一只海象一头扎进海床觅食，搅起了海底的沉淀物。海象几乎只吃双壳类软体动物，它们用坚硬的胡须状腮须在海底觅食。当发现猎物时，海象便用嘴和舌头把双壳类柔软的内部啜吸出来。

食腐

食腐动物是以其他动物腐败的尸体为食的动物。一些动物专门吃腐肉，而另一些动物只在环境条件恶劣或食物短缺时才会食腐。

营养和能量再循环

当动植物死亡时，大量的营养物质留在它们的尸体内。这些可以产生能量的资源可供食腐动物利用，而不至于浪费。人类的活动也为一些食腐动物提供了获得腐肉的机会。城市的扩大、牲畜业的发展，以及公路的使用，为食腐动物提供了丰富的食物来源。

重要的土壤调节者
蚯蚓主要吃腐败的植物体。它们的取食保持了土壤的结构和肥沃程度。

以小型动物尸体为食
小型哺乳动物和鸟类的尸体吸引较大的食腐动物，如狐、乌鸦和葬甲，它们会将尸体埋在地下以喂养它们的孩子。

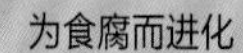

为食腐而进化
黑白相间的秃鹳有一个特殊的名字——“殡仪鸟”。这些食腐动物颈部和头部没有羽毛，特别适于伸到尸体内部取食。

分解者

一旦食腐动物吃掉了尸体易于获得的部分，其余的部分包括未消化的部分（如骨骼、毛发、羽毛和粪便）会被营分解的生物（如真菌和细菌）分解。分解者在食物链中至关重要。它们的活动将剩余的有机物转变成二氧化碳和基本的营养物，如氮和磷，而这些物质很容易被可以进行光合作用的水藻和植物（食物链中的初级营养者）利用。通过这种途径，营养物又回到生态系统中。生态系统则依赖这种生物化学循环而得以维持。

食物链

太阳能
生产者
草食动物
肉食动物
呼吸散热
食腐动物和分解者
呼吸散热
图例
能量流动
物质循环

生命循环
当一个生物死去时，无论是肉食动物、草食动物还是植物，都需要食腐动物来进行分解。通过这种途径，营养物质得以再循环，返回到食物链中。

食腐动物的益处

食腐动物吃掉了捕食者残留的食物或者偶然死于疾病或其他自然因素的动物尸体。刚死亡动物的营养和活的动物相当，而且对食腐动物有利的是，相对于捕食者来说，食腐动物的取食更容易、更安全。食腐动物不必去对付捕食过程中被捕食者的防御行为，如撕咬、踢踏、跳跃或奔跑，或者被迫面对化学防御，如令人厌恶的气味、难吃的分泌物或毒素。

鼠妇
鼠妇吃死掉的植物、菌物和动物。它们的进食活动和排泄活动将营养返回到土壤里，特别是林地。

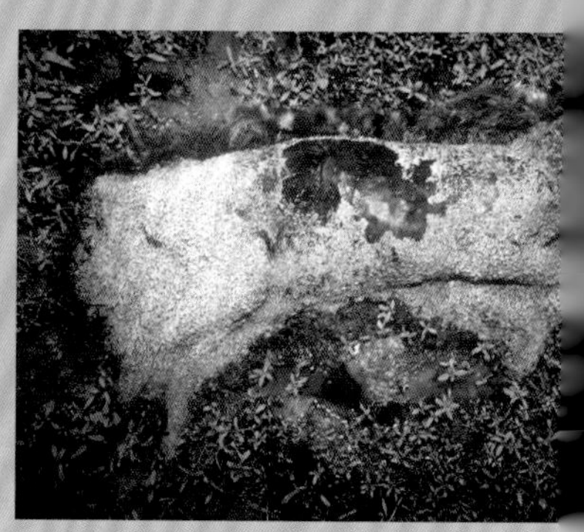

蛆
苍蝇将卵产在死尸上。它们的幼虫产生酶，将尸体组织溶解为营养富集的汁液来取食。

土壤调节

普通蚯蚓

蚯蚓在土壤调节方面扮演着重要的生态角色（查尔斯•达尔文引起了人们对蚯蚓作用的普遍关注）。它们将土壤表层的落叶和其他腐殖质拖入地下的洞穴中，待其分解后作为食物。蚯蚓的粪便则富含植物和微生物所必需的营养成分。

为挖地洞而生

每个体节长着8根刺状的短毛，这样蚯蚓行进时就可以抓住洞穴的侧壁。当蚯蚓缩回身体前端时，它的尾巴呈扁平状，如锚一般，蚯蚓就停下来了。

普通蚯蚓（*Lumbricus terrestris*）

- 长达25cm（身体展开）。
- 欧洲的土壤，特别是草地土壤中，已被广泛引入世界各地。
- 体长，为圆柱形，身体呈环节，背部红棕色，腹部浅黄色。

>> 368，445。

25吨 一公顷土地中可能存在的蚯蚓的总重量。

抓取食物

美国鲎

鲎是食腐动物，沿海床挖掘食物。它们的食物范围很广，主要以贝类、海洋蠕虫、腐烂的海草和海藻为食。鲎有6对附肢，前5对长着螯。这些螯在鲎运动的时候可以抓取食物并放进位于腿之间的嘴里。这些食腐动物的觅食活动可使海床表面空气流通。

美国鲎（*Limulus polyphemus*）

- 长达60cm。
- 北美洲东海岸沿岸，多泥或多沙的海湾和入海口。
- 呈橄榄绿色至棕色，身体坚硬，呈马蹄状，身体分为3个部分（头部、腹部和长而尖的尾部），有6对连接的附肢。

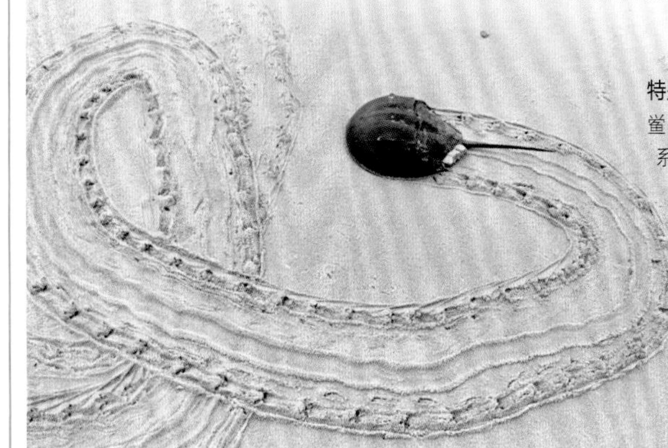

特别的外壳

鲎与蜘蛛和蝎子的亲缘关系比和其他蟹类的亲缘关系更近。鲎的身体前部，即前体区，覆盖着坚硬的马蹄形外壳或甲壳。

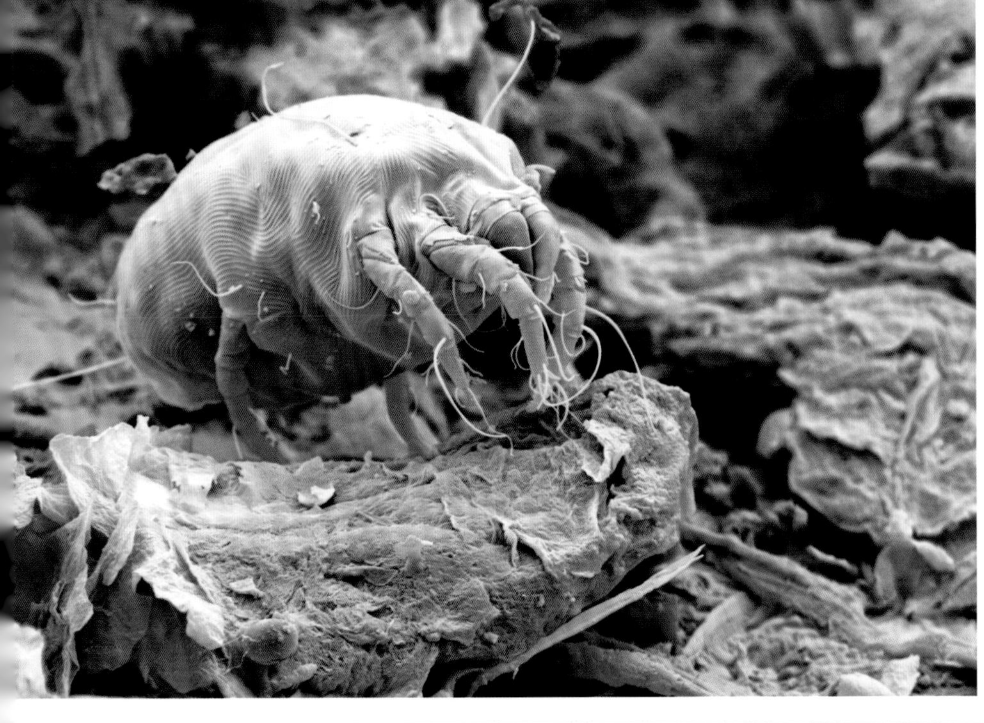

皮肤食腐者

尘螨

人每天脱落2克皮肤碎屑。尘螨以这些皮屑、头发屑，以及堆积在屋内的纤维为食。它们无法在干燥或阳光充足的环境下生存，但是在潮湿的环境，如床垫、枕头或其他床上用品中，尘螨繁殖速度极快。它们先在有机物的碎屑上分泌一种消化酶使其分解，然后再将碎屑吞入结构简单的肠中。尘螨会反复吃同一份食物，从而充分吸收食物的营养。

屋尘螨（*Dermatophagoides pteronyssinus*）

- 不足0.4mm。
- 几乎世界各地的潮湿微环境中，如巢穴和人类的住所。
- 身体圆形，灰白色或泛白色，8对足。

人类的影响

过敏反应

尘螨易引起人类的过敏反应。条件适宜时，它繁殖非常迅速，1克室内尘埃中可发现数千只尘螨。尘螨的死尸和粪便中有众多过敏原，会引起或加剧湿疹和皮炎。上千万人会因为吸入尘螨过敏原而哮喘发作或发烧。

过滤沙子

喷沙股窗蟹

这些小蟹生活在高水位附近沙土的垂直洞穴内。潮汐退却后，它们就挖去沙土钻出洞来。钻出洞后，它们先把沙子从洞穴中清理出来，再清理洞口，然后开始进食。股窗蟹用前爪在潮湿的沙子表面刨出一条沟，从洞穴沿直线离开。它用爪把沙子喂进嘴里，然后从中筛选有机物作为食物。这个过程中，沙子被熟练地揉成团。股窗蟹把沙团放在它刨出来的沟旁边继续同样的过程。过一会儿，股窗蟹回到洞穴再挖一条沟，朝另一个方向去觅食。

喷沙股窗蟹（*Scopimera inflata*）

- 长达1.5cm。
- 澳大利亚东部和北部海岸有隐蔽处的沙滩上。
- 呈灰褐色，体形小，形状像水泡。爪的内侧红色，外侧灰白色。口器蓝色。

揉沙团

股窗蟹吃东西时把揉好的沙团放在洞口周围。沙团的数量能显示出潮汐退却的时间。

腐烂的食物

扁背带马陆

这些动作缓慢的马陆（俗名千足虫）几乎只吃腐叶和其他腐烂的植物，它们用下颚咬碎食物。扁背带马陆独特的扁平形状和背侧面横向延伸的样子，使得它们能穿过落叶层和其他潮湿阴暗的微环境，如粪堆、腐烂的木头和树桩。

带马陆目（Polydesmida）

- 3~13cm。
- 广布全球各种生境，特别是森林中的落叶层中。
- 体长，扁平，大约有20个体节。体节上部平滑，通常带有侧突。

美洲大蠊
(*Periplaneta americana*)

长达4cm。

广布于热带和亚热带地区；在温带地区可见于室内。

身体红褐色，呈扁平的椭圆形；翅大，超过腹部。

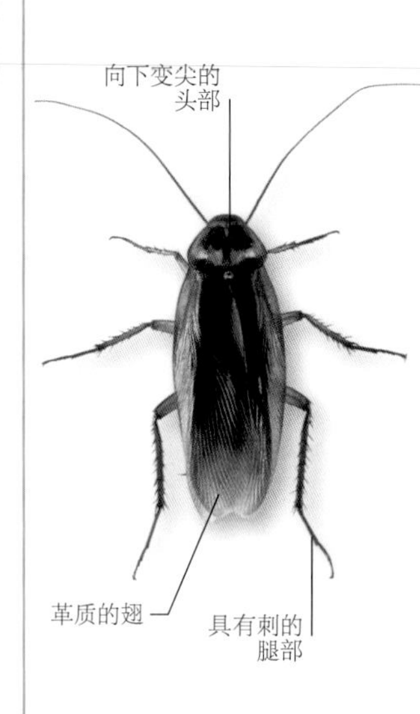

世界旅行者

美洲大蠊

美洲大蠊（俗名蟑螂）起源于非洲，但随着商船，它们现在已经广泛分布于世界大部分地区。美洲大蠊食性广泛，植物、动物都是它们的食物来源。入夜，它们会用长而敏感的触角去搜寻食物。美洲大蠊移动又快又敏捷，可以在1秒内移动身体距离的50倍，还可以使身体变得扁平，从而能够挤过很小的缝隙。虽然它们有翅，但不轻易飞翔，除非是在非常热的环境中。这些食腐者是害虫，它们侵入食品工厂、厨房，以及它们能够发现的热的、安全的和有食物的其他地方。它们还在房子周围的地窖、排水系统和阴沟中活动。

实验室测试

因为美洲大蠊体形较大，又易繁殖，所以经常被广泛地用于科学研究，包括杀虫剂测试。

觅食粪便

蜣螂

这些蜣螂以动物的粪便为食，并在上面养育后代。蜣螂的竞争是激烈的——一堆大象的粪便能够在30分钟内吸引4000只蜣螂。雌性造出一个粪球，雄性来把粪球推走并埋起来。在地下，雌蜣螂把泥土和自己的粪便涂抹到球上。粪便经过一段时间的陈化后，雌蜣螂就会把它分成小球，并在每个小球里产一枚卵，然后留下来照顾这些卵。

大力推手

蜣螂能够滚动一个直径达5厘米的粪球，粪球的重量可以达到甚至超过蜣螂体重的50倍。

蜣螂属（*Scarabaeus*）

长达4cm。

非洲南部和东部的稀树草原上。

身体壮实；头的前部呈铲状，具有齿状的附肢。外翅具有紫色的金属光泽。

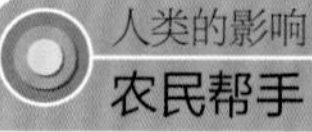

人类的影响

农民帮手

蜣螂是自然界和农田重要的循环再造者。它们可以在短时间内清理大量的粪便，将可利用的营养物返回到土壤中，维持良好的土壤结构和通风。如果没有蜣螂，再循环过程就会变得缓慢，就会缺乏植物生长的必要元素——氮。随着时间的推移，牧场和耕地可能变得严重退化。另外，未清理的粪便为疾病传播提供了滋生地，令人讨厌的蚊虫可能会侵害人类和家畜。

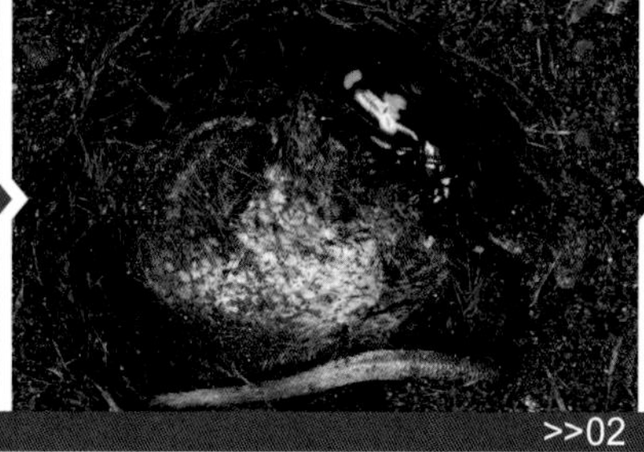

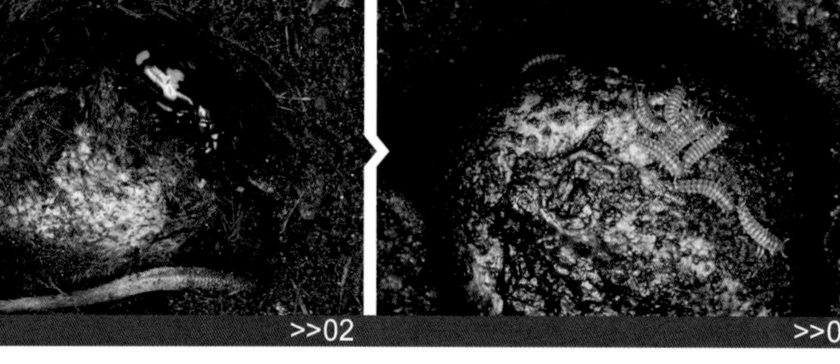

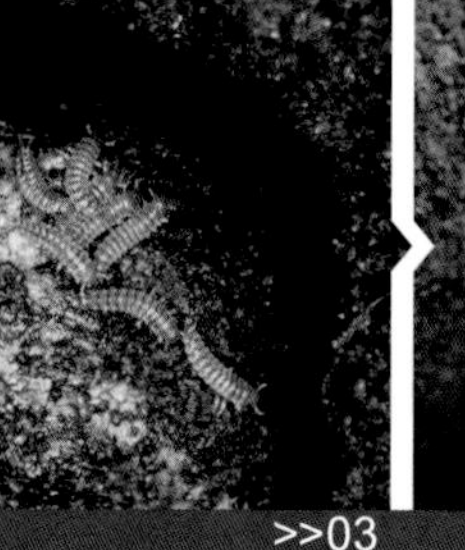

>>01 >>02 >>03 >>04

挖坟掘墓

埋葬甲

这些甲虫埋藏小型鸟类和哺乳动物的尸体作为幼虫的食物来源。当一只小鸟或小兽的尸体被发现时，一对交配的甲虫会挖掘尸体下部的泥土，掩埋死了的动物，然后它们会拔除尸体的体毛或羽毛做埋葬室的衬底。雌虫会在紧挨着埋葬室的土里产卵，孵化出来的幼虫会跑进埋葬室去取食。埋葬甲之间竞争很激烈，几对埋葬甲会为了控制一具尸体而大打出手。

在埋葬室内

>>01 埋葬甲生有大型的触角用来远距离探测尸体的存在。

>>02 当一具尸体的位置被确定后，尸体会被掩埋，以防止其他食腐动物和苍蝇来取食。

>>03 幼虫在埋葬室内发育，并以尸体为食。

>>04 成体也吃新鲜的食物并反哺液体给幼虫吃。

埋葬甲属（*Nicrophorus*）

长达3cm。

广布于多种栖息地。

身体健壮，略扁平，呈黑色或黑红色；鞘翅短，腹部略突出于鞘翅。

打结

日本黏盲鳗

像其他盲鳗一样，这种食腐动物会通过口腔、肛门或鳃钻到死鱼（有时是活体）的身体里去取食。它会把自己的身体打个结，这个结沿着身体的长轴滑动。这样做是为了绷紧身体来对抗捕食者，或是为了把自己的头部从尸体里面拉出来，帮助口器撕下一块肉。

日本黏盲鳗（*Eptatretus burgeri*）

长达60cm。

太平洋西北部沿岸的温水水域。

体长，有黏液，无鳍，尾扁平。背上有白线。

成群的清道夫

锯齿魣

锯齿魣有时独自活动，但通常数百条成群聚集在一起。它们在礁石边游动，采取坐等伏击的策略来捕食。它们可以在短距离里快速地游动来拦截猎物（通常是礁石周围的鱼种）。

锯齿魣有大大的口和锋利的大小不同的齿。虽然它们是贪吃的捕食者，但有机会的时候也食腐。大型的捕食者，如鲨，经常在杀死猎物后丢弃残余的食物，锯齿魣会把这些残余物清理干净。它们会误以为潜水者是大型的捕食者而跟随，为了吃剩下的食物而离潜水者很近。

锯齿魣会捕食猎物，但也会少量地捕食同类。其食物中累积的毒素，可能导致体形大的魣中毒。

鱼群的活动

因为独特的身体图案，锯齿魣又被称为V形梭鱼。多数情况下它们在夜间活动，但在白天也能看到它们成大群地游动。

锯齿魣（*Sphyraena putnamae*）

长达1m。

太平洋西部、澳大利亚北部海岸、印度洋至东非海岸的珊瑚礁和礁石之外的水域。

身体浅灰绿色，具有黑色V形斑。头大，上下颌强壮，下颌外突。

碎石挖掘者

红羊鱼

这种底栖鱼类生活在100米深的海洋中。它们成小群生活，喜欢软质的海底区域，在那儿有大量丰富的无脊椎动物。它们的触须在下颏的下方，非常灵活。触须用来探测猎物，如软体动物、蠕虫，以及埋在沉积物中的甲壳动物。当不使用触须时，红羊鱼可以将其折回来放到身体下部的凹槽里。

红羊鱼（*Mullus surmuletus*）

长达40cm。

地中海、北大西洋东部、黑海的多泥和沙质水底的水域。

身体浅红色，沿中线有更深红色条纹，下体有浅黄色条纹。吻下有一对长须。

海洋垃圾箱

虎鲨

虎鲨是高效率的清道夫，在水中从很远的距离就可以搜寻到血迹和腐败的尸体。它也是技艺高超的猎手，拥有很好的视觉（即使在昏暗的水体中）；有称为罗氏壶腹的电感受器，可以在黑暗中探测猎物微小的肌肉运动；还有灵敏的嗅觉。它很灵活，可以快速地从一边转到另一边。当捕猎时，虎鲨尾鳍产生升力使其在水中穿行，而这力量足以使其速度激增到30千米/时。虎鲨的食性很广泛，包括鱼类、小型鲨鱼、鼠海豚、海豹、海龟和鸟类等脊椎动物。它们也捕食无脊椎动物，如乌贼、鲎和一些贝类。虎鲨是除大白鲨外最危险的鲨鱼，但并不吃人。

不可忽视的是，虎鲨无所不吃，它有"长着鳍的垃圾箱"之称。人们在虎鲨的胃里发现了许多无法消化的人造物和垃圾，如轮胎的碎片、电线和易拉罐。

解剖学
独特的牙齿

虎鲨的齿有独特的鸡冠样的外缘，上有凹槽，每边都呈细小的锯齿状。它的牙齿很锋利，可以咬碎大型软体动物的壳，以及海龟的肉和骨骼。在咬的时候，它会把鼻吻部抬起来，下颌张开；然后，下颌抬起，上颌向前运动，嘴合拢；接着，上颌向后撤——这样的动作可以帮助鲨鱼咬下一大块猎物的肉。鲨鱼的一生中要换数千枚牙齿，新牙齿不断长出来，接替颌前部牙齿的功能。

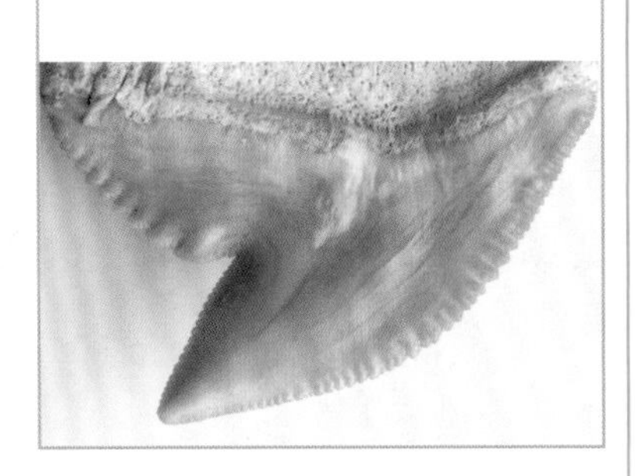

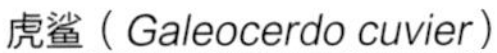

虎鲨（*Galeocerdo cuvier*）

- 长达7.5m。
- 分布于全球热带、亚热带和温带的近海岸或开阔水域。
- 头钝而宽，身体呈流线型，尾鳍上叶大。上体有淡蓝绿色的虎纹，下体白色或淡黄色。

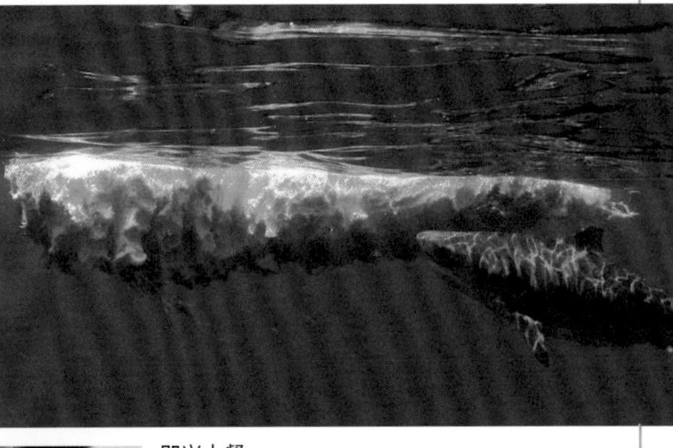

即兴大餐

在澳大利亚附近水域，一条虎鲨大口地吞吃着一条金枪鱼（见左图）；而在夏威夷沿海，一头抹香鲸的尸体成为美餐（见上图）。

适应性很强的食腐者

大嘴乌鸦

虽然大嘴乌鸦是郊外常见的物种，但在城市里它们也能生活得很好。它食性很广，无论是活的动物、死的动物还是植物性食物都吃。它既吃尸体，也吃家庭垃圾。这种鸟的成功之处在于可以适应新的环境和新的食物。甚至能看到这些大嘴乌鸦将胡桃丢到公路上，等着汽车从上面轧过去，然后去吃胡桃核。许多鸦类都有利用工具的能力。

大嘴乌鸦（*Corvus macrorhynchos*）

- 长达60cm。
- 印度至东北亚和东南亚的林地、花园，以及有树木的种植园中。
- 羽毛灰黑色，尾、翼、面部和喉部为暗黑色。喙粗厚。

致命的诱惑

黑眉信天翁

延绳钓和拖网是造成这种给人深刻印象的鸟类大量死亡的主要原因。如曾经的普通信天翁一样，黑眉信天翁现在也面临危险。它们以鱼类、章鱼和乌贼为食。但现代捕鱼操作遗落的一些鱼死后漂浮在水面上，也吸引着它们。它们会俯冲下去抓那些饵钩，结果自己反而被钩住了。通过使用驱鸟装置和只在晚上放线，渔民们可以减少对黑眉信天翁的伤害。在海上长时间的捕食后，黑眉信天翁经过长距离的飞行回到陆地哺育幼鸟。

黑眉信天翁（*Thalassarche melanophrys*）

- 80～95cm。
- 南大洋的岛屿和开阔水域。
- 羽毛黑白相间，喙橙色，头部白色，眼上有显著的黑纹。翅膀长而窄。
- » 142，403。

免费的午餐

长期在海洋捕鱼的渔船经常扔掉许多鱼类残渣。一大群黑眉信天翁正在渔船之后享受饕餮盛宴。

白天的残迹

兀鹫用爪子握住食物，它们占据着支离破碎的尸体残渣。这种鸟类只吃腐肉。它们被认为会用巨大而强壮的喙吹气，进而使坚韧的肉变软。

腐肉觅食者

兀鹫

一旦早上的温度上升，兀鹫就会展开翅膀，翱翔于所生活的山区。它们利用上升气流在高空盘旋。兀鹫的翅膀可以保持一个姿势，并且经常成群飞行于高空，扫视地形，寻找食物。它们的食物主要是新鲜的腐肉，尽管食物匮乏时也会吃些腐败时间较长的肉。

兀鹫的嗅觉较弱，依赖于敏锐的视觉找寻尸体。它们会依靠同伴或者其他食腐动物发现食物，然后迅速下降，等待轮到它们进食的时机，或者去抢夺有利的位置。兀鹫的头部和喙相对较小，因此通常需要其他食腐者（一般为哺乳动物）为它们开膛破肚。吃饱后，兀鹫喜欢在水中洗刷羽毛，然后在太阳下休息。

兀鹫（*Gyps fulvus*）

- 高达1.1m。
- 欧洲南部、北非和亚洲的山地或开阔地区、草地和灌丛地。
- 头部白色，有白色颈羽，喙弯曲而强壮，体羽灰褐色，翅宽，飞羽黑色。

共同闲荡

这些社会性兀鹫会共同使用筑巢地，并且共同觅食和休息，组成多达20对的小群。

8小时 兀鹫每天觅食平均所需的飞行时间。

近似种

像兀鹫和非洲白背兀鹫（见下图）一样，红头美洲鹫（见左图）的头部也是光秃秃的。当它们的头伸进尸体内部的时候，羽毛容易沾上血，也就成了阻碍。

竞争的食腐者

鬣狗是非洲最具优势的肉食动物，它们既捕食猎物，也吃腐肉。鬣狗也是众多喜爱寻找尸体的清道夫之一。有时，食腐竞争者为了争夺腐肉也会彼此发生凶猛的争斗。这只鬣狗正和一群非洲野犬纠缠在一起。

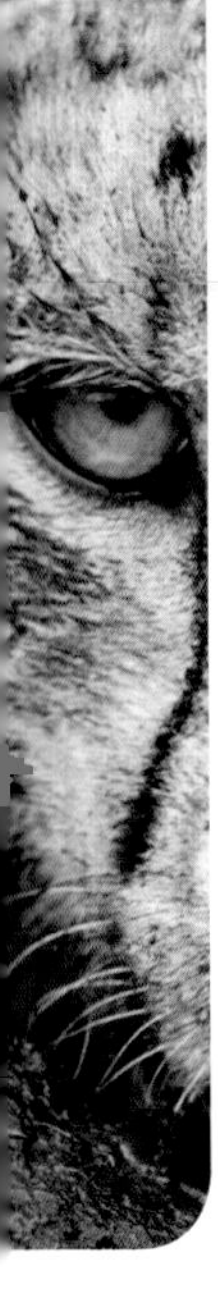

从不浪费

袋獾

这种夜行性动物是世界上最大的肉食性有袋类，它的食性广泛，包括小型兽类、鸟类、爬行类、昆虫和两栖类，而且无论死活。袋獾有灵敏的听觉、触觉和嗅觉，可以在黑暗中找到腐肉。它是高效的食腐者，但也会捕食像大袋鼠那样的猎物。袋獾的头很大，具强有力的上下颌，尖锐的牙齿使得它可以撕开鲜肉和腓骨，什么都不留下。

袋獾（*Sarcophilus harrisii*）

- 0.75～1.1m。
- 澳大利亚塔斯马尼亚岛的各类生境，特别是森林和石南灌丛中。
- 身体矮壮，头宽，尾长为体长的一半。毛黑色，胸部和臀部有白斑。

抢尸

袋獾是独居的食腐动物。大型尸体的气味会吸引数只袋獾。大声的嚎叫和攻击态势可以帮助它们兵不血刃地确立支配地位。

城市机会主义者

普通浣熊

普通浣熊昼夜都活动，是杂食动物，有很好的听觉和夜视能力。它们吃鲜活的食物，也吃公路上撞死的新鲜动物和其他腐肉。在城郊，它们变成了能干的清洁工。浣熊的前爪非常灵敏，使得它们可以在进食之前选择食物，摆弄它并进行研究。浣熊食性复杂，包括昆虫、甲壳类、软体动物、鱼类、小型兽类、鸟类，以及水果、种子，还有其他植物。

普通浣熊（*Procyon lotor*）

- 65～100cm。
- 从加拿大南部至巴拿马的北美洲和中美洲的草地、林地和城郊生境。
- 皮毛灰色至黑色，眼周具明显的黑色“强盗式面具”；尾部蓬松，有模糊的黑环。
- » 363。

伶俐的觅食者

由于普通浣熊是食腐动物，在城郊它们可能会遭人厌恶。在垃圾堆周围经常能发现普通浣熊。它们很善于攀爬，会用纤细的前爪打开垃圾桶盖来搜寻食物。

轧骨机

斑鬣狗

鬣狗具有特殊的发声方式，很像人类的笑声。这种动物经常被认为是食腐动物，但事实上它是非洲撒哈拉沙漠以南地区最常见的捕食者。相对于独居猎手，鬣狗是集群攻击的，这可增加捕食的成功率，并可捕获更大、更多的猎物，例如羚羊和斑马。它们经常不知疲倦地长距离追捕，直到最后，它们的猎物筋疲力尽被拉倒在地上。鬣狗常和狮子争抢食物并经常获胜。有时它们会偷狮子吃剩的猎物，但是在一些实例中狮子偷鬣狗食物的事情也会发生。

超强消化力

鬣狗一顿能吃下相当于自身体重三分之一的食物。它们可以咬碎并吃掉骨头（即使是象骨），并差不多能把猎物的每个部分都消化掉。

斑鬣狗（*Crocuta crocuta*）

- 长达1.9m。
- 非洲撒哈拉沙漠以南地区的稀树草原上。
- 身体浅灰色、奶油色或红褐色，并有黑斑。头和颈部笨重，鼻吻部黑色，鬃毛斜向前，前腿比后腿长。

天生的清道夫

北极熊

北极熊的主要猎物是环斑海豹，有时也有髯海豹，但它们也吃一切能够猎杀的动物，如幼年海象以及鲸、鱼类、海鸟和驯鹿。为了狩猎，它们通常会安静地坐在一个冰洞口，等着海豹浮出水面呼吸。当海豹出现时，北极熊就使用前爪进行攻击，咬住海豹的头部，然后把它拉到冰上。在冰面上，北极熊则依赖其良好的伪装悄悄地接近休息的海豹。它们匍匐着尽可能地接近，当足够近时，会以45千米/时的速度冲上去。即使如此，成功的狩猎也是极少数的，所以吃腐肉是十分有必要的。

海岸上鲸或海象的尸体，或陆地上驯鹿或麝牛的尸体，都提供了重要的食物资源。北极熊有很好的嗅觉，能从很远的地方探测到尸体。作为自然界的清洁工，它们会搜寻新的食物。但在极地人类驻扎点附近，它们可能会遇到麻烦，那里的人造材料可能会给北极熊造成严重的内伤。

幸运的发现

在阿拉斯加北部海岸上，一头灰鲸的尸体吸引了大批的北极熊。在夏季时海冰退却，会把北极熊困在陆地上，致使它们不能捕到自己喜爱的猎物—海豹。如果这一情况发生了，食腐肉是唯一的选择。

北极熊（*Ursus maritimus*）

- 长达2.5m。
- 北极圈的海冰和海岸带。
- 身体呈浓郁的白色或奶油色。头较窄，吻和颈长；耳和尾小，腿部健壮，足宽。

» 406。

北极熊的肠能够**快速消化海洋哺乳动物的脂肪**。生长中的北极熊吃瘦肉，而成年的北极熊主要吃海豹的脂肪。

觅食伙伴

不是所有的取食关系都是一只动物杀死另一只动物。有时两个个体是互惠互利的伙伴关系。有时对一只动物有利并不影响另一只动物。但在许多实例中，虽然被捕食的动物不会因为提供食物而死亡，但会受到影响，可能因这种关系导致的非直接原因而死亡。

共生

共生是两个物种之间长期有效的关系。在共生关系中，一个物种脱离另一个物种无法生存。例如，邵氏尖尾蚁（*Acropyga sauteri*）和一种粉蚧（*Pseudococcidae rhizoecinae*）是完全互相依赖的。粉蚧需要蚁穴作为居所，而蚂蚁依靠粉蚧提供食物。另一种共生的形式是兼性的，意味着虽然两者都能独立生存，但至少它们中的一个会受到独立的影响。

一些共生现象，例如粉蚧和蚂蚁，对相关的两个动物都是有益的，但其他共生更多的是剥削关系，或者一个动物以牺牲另一方的利益为代价。寄生就是一个很好的例子。寄生关系也是一种共生关系中结合紧密的自然现象，表现为一个动物生活在另一个动物体内。

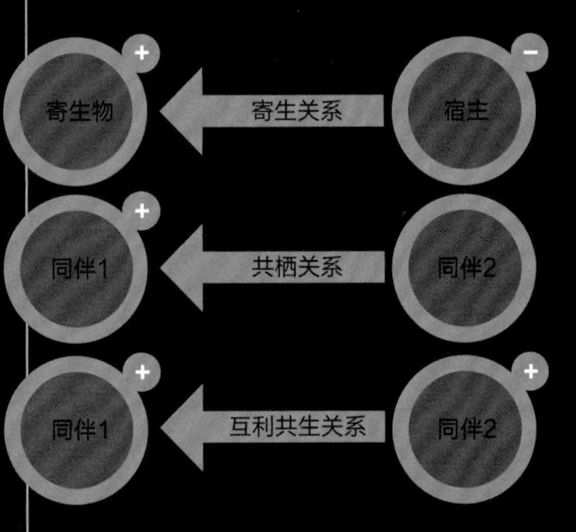

在其他的实例中，共生通常表现为两个动物居住在一起。当一个物种需要另一个物种来清理体虱或死皮时，一些搭档会短时间生活在一起。

共生的类型
共生的一般特征是两个动物生活在一起或者对一方或者对双方都有利。例如，互利共生关系，对双方都是有利的。

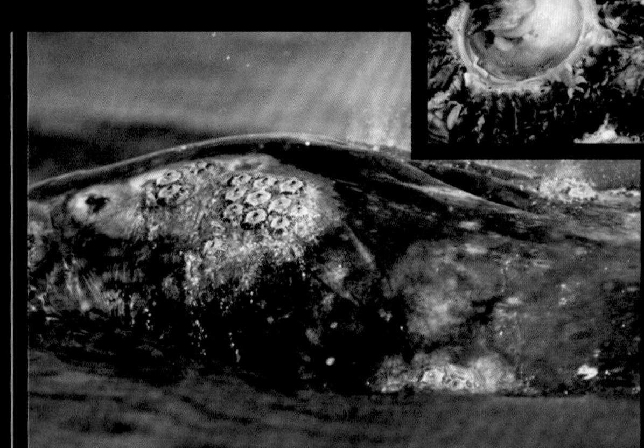

藤壶和鲸虱
作为携播共栖的一个例子，鲸携带着藤壶到达食物丰富的水域。然而鲸遭受着寄生鲸虱的危害，而这些寄生鲸虱反过来是几种鱼类的食物，这几种鱼和鲸形成互利共生关系。

共栖关系

很容易就能看出一个生物对一起生活的另一个物种有益还是有害，但要想证明它们之间根本没有影响就非常困难了。许多携带关系被定义为共栖——一个物种将另一个物种像乘客一样进行运输。例如一些蚊子的幼虫附着在亚马孙鲶鱼的身上，它们被这些鱼带到食物更丰富的地方，比它们自己去要方便多了，同时宿主不因它们的存在而受影响。另一个兼性共栖的例子是白脸燕鸥在繁殖季节会跟随赫氏海豚捕猎，这样白脸燕鸥能够快速地发现鱼类。

寄生关系

寄生者的生活是以损害宿主为代价的。它们直接以宿主为食，也许是一生中的一段时间，也许是寄生者的全部生活史；可能是在体内，也可能是在体表。宿主动物可能不会因为寄生者感染而直接导致死亡，但也有一些鲜见的寄生虫直接使宿主死亡的例子。寄生者通常比宿主小很多，并且繁殖速度很快。在一些实例中，寄生者和宿主协同进化，以致一些寄生者只能寄生一种宿主。寄生者可能一生都生活在单一宿主身上，也可能有复杂的生活周期，涉及多个宿主。寄生者的取食器官和行为往往高度特化。

吃在体内
珍珠鱼生活在海参体内，吃它们的生殖腺。这种鱼从宿主的肛门倒着进入海参体内。它能在海参排便的时候盘成一个圈，让粪便从中通过，从而自己不会被排出去。

解剖学
代替舌头

缩头水虱（*Cymothoa exigua*）是寄生在斑点笛鲷上的甲壳纲寄生虫。长约3~4厘米的寄生虫通过鱼鳞板到达鱼的口里，进而依附在舌头上。水虱吸食鱼血，用3对足上的6个爪将鱼舌吞入自己的口中。最后鱼舌由于失血而坏死脱落。这种甲壳动物就附着在舌的残根上，令人难以置信的是，它能代替舌的功能。寄生虫使宿主的血量暂时性地下降，它转而食用口腔中的食物碎屑。鱼可以像平常一样进食，只是要被迫将部分食物分给这种不寻常的寄生虫。

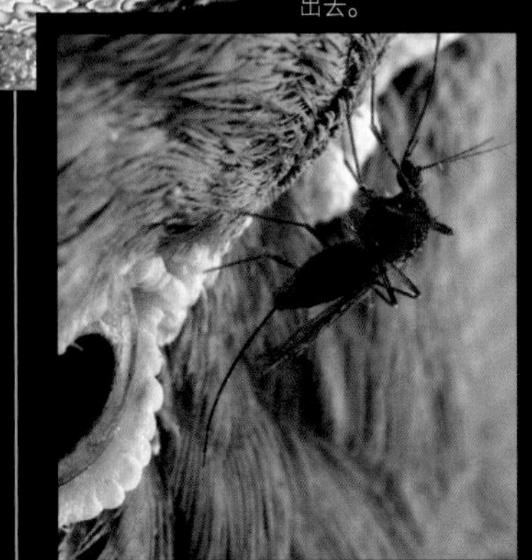

吸血
雌蚊的刺吸式口器就像带锯齿边的注射器，它的唾液可以防止血液凝固。

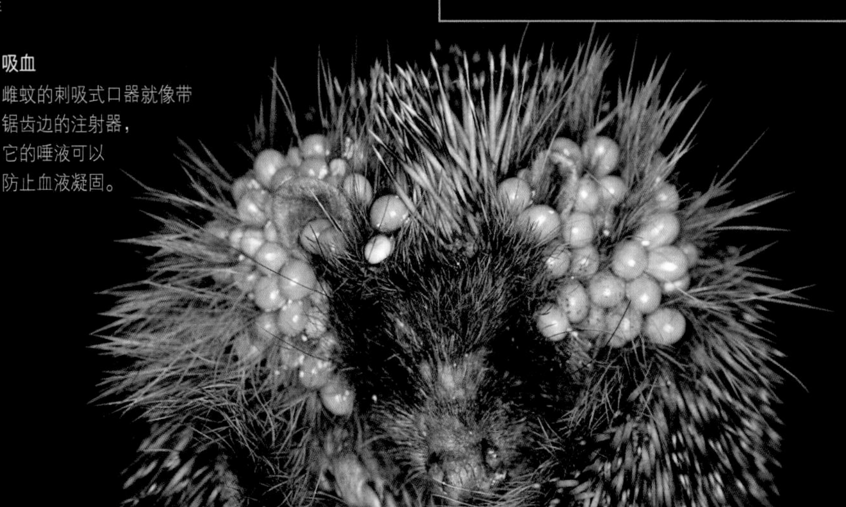

大批滋生
像这些刺猬身上的硬蜱，是吸血的寄生虫，几乎不能移动。严重的感染可能会使宿主的体力下降。

互利共生

互利共生是对两个相关的动物都有利的共生关系。在许多实例中，一个动物为另一个动物清洁，吃寄生虫，清理伤口。在另一些例子中，如给开花植物传粉，则是一种生物的繁殖依靠另一种生物的进食行为完成。蚂蚁吃掉蚜虫的蜜露，但反过来为蚜虫提供了保护。白蚁和它们肠道内的细菌据说是典型的互利共生的例子：没有这种细菌，白蚁就不可能消化木头。

取食和授粉
蜜蜂采集花粉和花蜜带回蜂巢。当它们在花间飞舞时，它们携带的花粉就由一株传到另一株，由此来确保传粉。

口腔卫生
一些合作关系显得有些危险。这些清洁虾的确处于陷阱中，但这条珊瑚鲶鱼在清洁过程中会抑制自己的进食冲动。

空间入侵者

牛带绦虫

牛带绦虫吸附在宿主小肠的内壁，直接从肠内吸收预先消化过的食物。最终，宿主吃的食物不能够维持自身和寄生虫的生存，体重下降。牛带绦虫是无钩绦虫，可以传染牛，偶尔人吃下未熟的或污染的牛肉也会被传染。

牛带绦虫（*Taenia saginata*）

- 5～17m。
- 广布全球有宿主的地方。
- 细长的肠内寄生虫，有明显的四吸管头节（头部）。

» 382。

吸血者

亚洲虎蛭

水蛭属于环节动物，见于海洋、淡水以及潮湿的陆地环境。它们中的一些是捕食者，以一些小型无脊椎动物为食，如蜗牛、昆虫幼虫和蠕虫。然而最著名的是一类吸血的水蛭，它们可以直接吸食活宿主的血液。吸血蛭属（*Haemadispa*），包括亚洲虎蛭，都是吸食血液为生的。水蛭借助下颚啮咬或吻部吮吸的方式附着在宿主身上。它们通过在伤口上分泌长效的抗凝血物质保持血液流动。一旦吃饱了，它们就脱落下来消化美餐去了。

亚洲虎蛭（*Haemadlspa picta*）

- 长达2cm。
- 东南亚大陆上的热带森林中。
- 体纹橙棕相间，有一个独特的显眼的头部。

等候晚餐

亚洲虎蛭在一片叶子上等候路过的动物，准备进食。它通过10个眼点的感知活动来感知宿主呼出的二氧化碳，以确定宿主的位置。

人类的影响

医学应用

在古埃及时期，水蛭就已经被用于医疗。历史上它们曾被用作放血的手段。放血的操作被认为是放掉与疾病相关的有毒体液。现代医学已经证明类似于放血的处置起不到治疗效果，所以人们可以假设医蛭在现代外科学中并不起作用。然而，在皮肤移植和一些再造手术的病人的恢复中，人们发现水蛭是维持血液流动的一个有力工具。

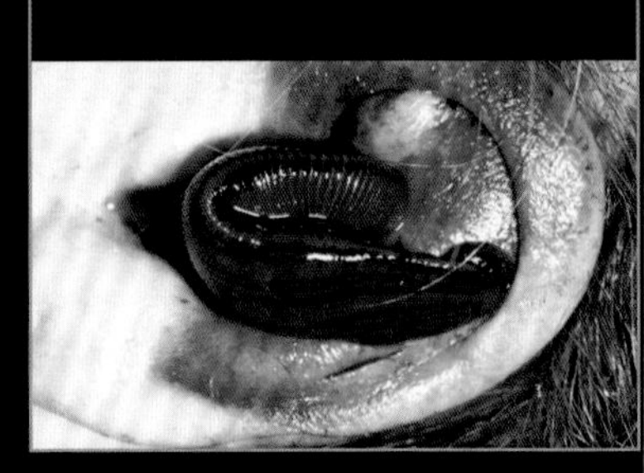

带刺的手套

细螯蟹和海葵

细螯蟹俗称拳击蟹，它和海葵经常结合在一起互惠互利。一些蟹将海葵驮在背上，而寄生蟹则喜欢海葵生活在自己居住的螺壳表面——在这个例子里，海葵为蟹提供了保护。当寄生蟹蜕皮或更换螺壳时，它不得不放弃海葵的保护，从而变得易受攻击。为了将危险降到最低，细螯蟹改进了携带海葵的方式——将一对海葵放到螯肢上。如果蟹受到骚扰，它将挥动海葵“拳击手套”来对付潜在的敌人，海葵含有刺细胞的触手将成为防御武器。当蟹蜕皮时，它会把海葵放下来；如果需要，它可以再次迅速地拿起海葵进行防御。由于蟹的螯经常被海葵占据，它比较小的第一对步足就具有了处理功能，可以将食物撕成小块。海葵也从这种关系中得益。细螯蟹是一个邋遢的捕食者，食物的碎屑到处都是，海葵正好可以搜集并吃掉这些碎屑。

清理食物

细螯蟹用它们的海葵“手套”分捡这些食物颗粒。蟹捡出并吃掉一些，剩下的留给海葵慢用。

传播疾病

蓖子硬蜱

蓖子硬蜱俗名羊虱，它们直接吸食宿主的血液，因此可能同时传播若干种疾病，包括羊的跳跃病和人类的莱姆病。硬蜱利用鱼叉状口器（即口下板）上的倒钩尖状物刺进宿主身体。在从宿主身上脱落之前，它们可在宿主身上吸食血液长达两周之久，产下数千枚卵后，硬蜱就结束了它的生命。

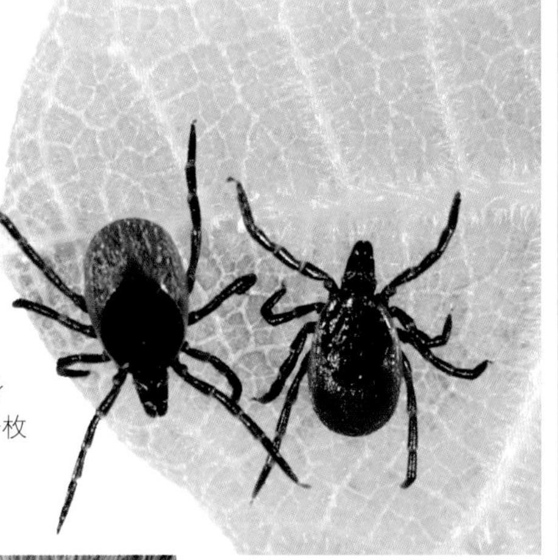

吃饱喝足
硬蜱吸食了宿主的血填饱了肚子，身体也鼓了起来，雌性的身体比原来大了两倍。它们吸饱了血就会从宿主身上掉下来。

热源寻觅者
饥饿的硬蜱既不能跳也不能飞，只能藏在草木中等待宿主路过，有宿主经过时它们就附着在宿主身上。宿主的体温和呼出的二氧化碳都吸引着硬蜱。

蓖子硬蜱（*Ixodes ricinus*）
- 2～4mm。
- 世界温带地区林木和石楠灌丛茂盛的植被上。
- 体形短小，腿黑色，身体颜色多样，有黑色、灰色或褐色。

羽毛牺牲品
虱附在鸟的羽毛上尽力不被甩掉。为了除去虱，一些鸟用有刺激性气味的植物材料来填充巢穴。

食羽者

鸟虱

鸟虱属于体外寄生虫，生活在鸟类身体表面和羽毛上。它们的口器适合咀嚼，以鸟类的皮肤和羽毛为食。一些鸟虱种类吸血。它们要么咬穿鸟类的皮肤获得血液，要么从鸟类为摆脱鸟虱而不小心划破的伤口中吸取血液。鸟虱在鸟类公共栖宿地中转移宿主，或通过亲鸟传给幼鸟。许多鸟类都有鸟虱。鸟虱长期存在不一定造成损害，但当其数量极大时可能会损害鸟类的健康，并使鸟类活力下降。

长角鸟虱科（Philopteridae）
- 1～5mm。
- 世界各地鸟类的身上。
- 体小、无翅的昆虫，头部宽，身体扁平。

征服晚餐
发现猎物后，巨大的鹰蛛蜂用自己的刺给猎物注入强力的毒素，以进行麻痹。

最后的旅程
为了征服它的猎物，这只鹰蛛蜂拖着不幸的蜘蛛进入一个洞穴，然后将其密封起来。

活埋

鹰蛛蜂

鹰蛛蜂是一种胡蜂，有“狼蛛鹰”之称，其雄性以乳草植物和其他植物的花为食，而雌性则吸食花蜜、吃腐烂的水果，它们经常由于喝醉而不能飞行。但当它们抚育后代的时候，这些胡蜂就变成了狼蛛的可怕的寄生虫。雌性鹰蛛蜂通过气味追踪狼蛛，并在其居住的洞穴中攻击它，攻击对象往往是交配期的雌性狼蛛或其他时期的雌雄两性。交配期的雄性蜘蛛通常被鹰蛛蜂所忽略，因为雄性蜘蛛为了搜寻配偶而不去吃食，因而变得瘦弱。当胡蜂确定了它的猎物，通常就会发生激烈的战斗，直到最后蜇伤对手。胡蜂的高效毒素不会杀死猎物，而仅仅是麻痹它。蜘蛛一旦被征服，就会被拖进自己的洞中被胡蜂作为产房。在洞里，雌性胡蜂在蜘蛛身上产一枚卵，密封洞穴后离开。如果卵孵化失败，蜘蛛会恢复过来。然而，如果卵孵化了，蜘蛛的命运就被决定了：胡蜂的幼虫将继续生活在蜘蛛的身上，吸食它的汁液直到它死亡，然后把宿主剩余的部分吃掉，同时将一些必需的器官保留到最后，以保证食物不会腐败。

鹰蛛蜂（*Pepsis heros*）
- 长达5cm。
- 美国南部以及中、南美洲的干旱地区。
- 身体蓝黑相间，翅锈色。雌性螯针甚长，长达7mm。

养殖蚜虫

弓背蚁和蚜虫

许多种蚂蚁，包括弓背蚁（俗称木匠蚁），和蚜虫都有共栖关系。蚂蚁不是吃掉蚜虫，而是把它们聚成小群，用腿和触角拍打蚜虫的身体，刺激蚜虫产生富含糖类的蜜露。当得到一定量的蜜露后，蚂蚁会把蜜露储存在腹内，带回巢穴，然后反刍出来饲喂同类。蚜虫也从这种关系中得到好处，因为蚂蚁为它们提供了保护，防御潜在的天敌，如瓢虫、草蛉、脉蛉，并把它们从枯萎的植物上转移到健康的植物上。弓背蚁是杂食性的，吃昆虫、水果和其他植物。它们用强有力的颚咬穿木头以营造巢穴，如果咬的是建筑物中的木材，这些昆虫可能就会变得非常有危害性。尽管和公众的认识相反，事实上这些蚂蚁并不吃木头，因为它们不能消化纤维素。侦察蚁在白天确定食物的位置并留下信息素踪迹，以便觅食大军在晚上活动。

90米 弓背蚁工蚁从巢穴外出搜寻食物所走的大概距离。

保护蚜虫群体
蚂蚁努力地饲养它们的蚜虫，挤出蜜露，并为蚜虫提供保护。

机会主义食腐者

白纹方蟹主要以退潮后露出的水藻为食，但它们几乎无所不吃，包括动物死尸。它们还在晒着太阳的海鬣蜥身上挑拣食物。海鬣蜥之所以能容忍这一行为，可能是因为白纹方蟹正在剔除它们身上的死皮和体外寄生虫。

讨厌的鱼

海七鳃鳗

海七鳃鳗依靠吸盘样的嘴附着在它的猎物（一些其他种类的活鱼或死鱼）身上，为了维持血液流动，它同时会分泌一种抗凝血的物质进入伤口。一旦吃饱，这种令人生厌的鱼就会脱离宿主，给受害者留下一个可怕的开放性伤口，伤口恢复得很慢且极易感染。这种寄生通常使宿主死亡。海七鳃鳗在内河产卵，幼体在多泥的洞穴中待很多年，以过滤食物为生。当它们经过变态发育后，成为能自由游动的幼体形式，这些无颌寄生鱼类便离开内河迁徙到海洋。之后经过第二次变态，成体鱼最后洄游到河内繁殖。

解剖学

环状齿

海七鳃鳗用自己的口盘吸唇紧压在宿主的皮肤上，从而吸附在它们的猎物身上。口盘内排满向内生的角状齿，这些齿越接近口盘的中心越大。用这些齿，海七鳃鳗在猎物的皮肤上锉开一个洞，享受它们的美餐直到吃饱，之后就脱离宿主游开。

海七鳃鳗

海七鳃鳗外表看上去很像海鳗，但它头部很小，却拥有很大的、可以活动的嘴唇，这是它理想的吸垫。在眼的后面有一排开放的鳃孔。

吸附力

一旦海七鳃鳗吸附到宿主身上，就不大可能脱离了。如左图所示，一条海七鳃鳗正被一条迁徙的鲑鱼携带着逆流而上。令人惊讶的是，宿主鱼尽管受到了寄生物的外部阻力，却仍能跳跃。

海七鳃鳗（*Petromyzon marinus*）

- 长达1.2m。
- 北大西洋海岸海域，以及入海的河流中。
- 外观上近似海鳗，无上下颌，具直接开口的鳃而没有鳃裂。

受伤的海豚

海豚露出的伤口清楚地说明，它和达摩鲨曾有过不愉快的遭遇。

肉食者

达摩鲨

达摩鲨是夜间活动的捕食者，人们认为它在可攻击距离内会使用位于腹部的生物冷光器引诱猎物。这些发光装置能发出一小片奇异的绿光，就像一些小鱼。已知达摩鲨会吃某些鱿鱼和小型鱼类，但它最有名的特点是能寄生在一些大型鱼类身上。一些捕食者，如大型鱼类、鲸和其他种类的鲨鱼，可能想袭击它们认为的“小鱼”，但达摩鲨会转向袭击者使劲地咬去。首先它用剃刀般锋利的巨大的三角形下颌齿刺入倒霉的受害者，然后用强有力的嘴唇像吸盘一样将自己锁定在猎物身上。最后，它旋转着撕扯掉一块圆形的鲜肉，通过逃离受害者的冲量将肉带走。达摩鲨因而得名“切割鲨”。

达摩鲨（*Isistius brasiliensis*）

- 长达56cm。
- 从海平面到3500米深的全球热带海域。
- 体小，外形酷似雪茄。

致命的露齿笑容

达摩鲨的嘴唇形成一个环形的密封圈。上颌的牙齿很小，下颌的齿大，呈三角形。

搭顺风车

鮣鱼

鮣鱼，或称印头鱼、吸盘鱼，相对来讲不善于游泳，喜欢乘坐在大型鱼类（包括鲨）、鲸、海豚、海牛甚至海龟身上搭顺风车。鮣鱼因为保存了能量从而得到了益处。它的呼吸也更容易，因为在它自主活动时要用力压水通过鳃；而在“乘车”时，水流会自然产生而不需要主动呼吸。同时，运载鮣鱼使宿主耗费了额外的能量。一些种类的鮣鱼会吃宿主残留的食物；吸附在海牛身上的鮣鱼则是食粪性的，它吃宿主的粪便。这种寄生物和宿主之间形成的寄生或共栖关系，对宿主鱼并无益处。然而，一些种类的鮣鱼和它们的宿主形成了互惠的关系，比如清洁宿主的皮肤和鳃，除掉寄生的桡足动物。

鮣鱼（*Echeneis naucrates*）

- 超过1m。
- 全球的热带、亚热带和温带海域。
- 身体呈流线型，在头部和颈部有明显的吸盘。

吸盘

不像其他的寄生鱼类用嘴吸附，鮣鱼头颈处的背鳍已经进化成一个带有锯齿状软骨的吸盘。吸盘的肌肉用力，上下伸缩软骨以产生吸力。

占有

大的宿主，如鲸鲨，可以携带大量的鮣鱼，每条鮣鱼都强加给宿主一个拖力，鲸鲨就游不快。人们认为，纺锤状的海豚有力的跳跃和溅落是为了摆脱鮣鱼的一种行为。

化学踪迹

寄生鲶

这种微小的寄生性鲶鱼是嗜血性的，它以吸食其他鱼类的血液为生。寄生鲶生活在沙质河床的洞穴中，等待着猎物到来。当饥饿时，它们会跟踪猎物从鳃部释放出的化学物质，并钻到宿主的鳃盘下面。寄生鲶头部后面的棘会刺穿猎物的鳃的表面，使其能附着在宿主身上。鳃棘释放出血液，寄生鲶就进行吸食。一旦吃饱了，它就会离开宿主。

人类的影响

可怕的鱼

寄生鲶之所以臭名昭著，是因为它们有能力钻入倒霉的游泳者的尿道并寄生在那里。有人提到寄生鲶通过在水中追踪尿迹来确定受害者的位置，但这并没有科学文献记录。一旦到达尿道，它们必须通过体内壁黏膜享受血液大餐。寄生鲶运动时会给人带来极度的痛苦，因为它头部后面的背棘会像伞一样撑开。治疗方法是手术取出，或者甚至施以阴茎切除术，这些都有报道。

寄生鲶（*Vandellia cirrhosa*）
- 超过15cm。
- 亚马孙和奥里诺科盆地内的多泥、沙质河流中。
- 外形似鳗鲡，半透明。

清洁站

裂唇鱼

当生有外寄生虫的暗礁鱼无法忍受时，它会主动来到裂唇鱼（俗称蓝条清洁陇头鱼）的“清洁站”。裂唇鱼会跳一种舞蹈来向它们的顾客做广告，而这些顾客会耐心地等待，甚至有的时候会和其他的鱼一起排队等候。如果顾客等得不耐烦，就会摆出姿势吸引注意，希望被清洁。裂唇鱼翻看着顾客的身体，每次可以清理5个寄生虫，吃掉死皮和黏液。从这个意义上说，裂唇鱼对暗礁和其中的鱼类是必不可少的。一些裂唇鱼会试图要诈——在一些大的鱼类身上咬一口——但它们会有失去未来顾客的风险。

裂唇鱼（*Labroides dimidiatus*）
- 长达14cm。
- 印度洋和太平洋、红海、东非海岸的暗礁中。
- 身体纤细，沿蓝黄色身体有黑纹，背鳍蓝色。

危险的游戏
最近的研究显示，裂唇鱼会对它们的捕食者（包括虎鲶鱼）做出反应。和预料的相反，它会花更长的时间，更快速地做清洁工作。

拦路抢劫
加岛环企鹅贪心地追打一只囊袋充盈的鹈鹕，希望能偷到一条鱼，而不愿自己去捕猎。

偷取

加岛环企鹅

加岛环企鹅与它的近亲一样是肉食动物，喜欢吃广泛分布在加拉帕戈斯群岛周围冷水水域的小鱼，包括沙丁鱼、鳀鱼（俗称凤尾鱼）、沙脑鱼等。这些企鹅经常和鹈鹕一起进食，鹈鹕把大些的猎物放在颈部的嗉囊中，而会遗漏一些小鱼——这些小鱼被等候的企鹅抢了去。然而，近来观察到企鹅破坏了这种和谐的关系，直接从鹈鹕的嗉囊中偷大鱼吃。加岛环企鹅也会主动捕食：用粗壮的鳍状翼推动身体前进，在水中高速追击猎物。由于它们眼睛的位置与喙相关，它们通常从下部攻击猎物，抓取小鱼，然后用短而有力的喙捕获。企鹅经常成群地捕食，驱赶着鱼群使它们混乱，并冲破大的鱼群以便于抓取。

加岛环企鹅（*Spheniscus mendiculus*）
- 35cm。
- 加拉帕戈斯群岛特有种。
- 体形小，在白色胸部有两条黑带。

公然抢劫

苍鹭

苍鹭是一种机会主义肉食动物，捕食其所遇到的各种猎物。它的各类食物通常包括鱼类、两栖类、甲壳类、爬行类、昆虫、兽类和小型鸟类。苍鹭或者悄悄追踪猎物，或者静静等待。一旦发现猎物，它会用强壮而锋利的喙和强健有力的颈部袭击目标。苍鹭把小的猎物直接吞下，而大猎物会先被击杀或刺死，然后再头朝下被吞下。苍鹭经常与同伴共同狩猎，是熟练的盗窃高手，经常偷窃其他鸟类（一般是其他鹭类）的食物。观察发现，无论捕食还是偷食，成年的苍鹭都比年幼的技高一筹。

苍鹭（*Ardea cinerea*）

90～98cm。

欧洲、亚洲和非洲撒哈拉沙漠以南地区的湿地中。

体形高大，身体灰色，腹部白色，羽冠黑色。

» 452。

鸟口夺食

苍鹭对同伴着实无情，它们彼此间经常粗暴地争抢食物。

攻击入侵者

繁殖期的贼鸥对接近它们巢穴的人或动物严阵以待，它们会猛冲过来，用匕首状的喙啄向接近巢穴的入侵者。

护巢

贼鸥在其他鸟类养育幼鸟的地方巡视，它们会吃其他鸟的鸟卵，并袭击没有看管的幼鸟。像巴布亚企鹅（见右图）之类的海鸟可以协同作战赶走贼鸥。

空中强盗

大贼鸥

贼鸥既是肉食动物也是食腐动物，其食物包括无脊椎动物、鱼、鸟和腐肉。大贼鸥不得已时才去捕猎小海鸟，如海鹦和海鸠，但是它们更喜欢偷食其他鸟类的食物。这些空中的海盗巡视海鸟的领地，骚扰海鸟使其衔着食物飞回巢穴。贼鸥拉拽其他海鸟的翅膀或尾巴，使它们无法飞翔，然后啄它们的头和身体，这样海鸟嘴里衔着的食物就掉落下来，贼鸥因此坐享其成。当然，贼鸥之间也会争抢食物，因此抢来的食物往往几易其主。

大贼鸥（*Stercorarius skua*）

- 长达60cm。
- 繁殖期在冰岛、挪威、法罗群岛和苏格兰；冬季在大西洋东北部。
- 体形大，身体褐色，有显著的白色翼带。

品尝鲜血

黄嘴牛椋鸟和非洲水牛

与许多食虫鸟一样，黄嘴牛椋鸟经常与草食哺乳动物结伴进食，这或许是因为成群的草食动物行动时惊扰了昆虫，粪便招引了成群的苍蝇。黄嘴牛椋鸟与草食动物的关系非常紧密。牛椋鸟一天中大部分时间栖息在哺乳动物身上，如水牛、犀牛、长颈鹿或大象，它们有70%的时间用来啄食这些动物身上的虱子。对黄嘴牛椋鸟而言，这些动物是活动的食物储藏柜，而且牛椋鸟会帮助这些动物清洁身体。黄嘴牛椋鸟主要在这些动物够不到的区域，如眼睛、耳朵和肛门周围啄食虱子。但是最近的研究表明，这种结伴进食有其有害的一面。虽然黄嘴牛椋鸟吃掉了大量虱子，其实它并不是对那些虱子感兴趣，而是喜欢吃虱子体内的血液。有人观察到黄嘴牛椋鸟会啄开草食动物的伤口吸食血液。由于伤口不能愈合，草食动物很有可能被感染或沾上更多的寄生虫。

13000

一只黄嘴牛椋鸟每天大约能吃掉的虱子个数。

张开的伤口

黄嘴牛椋鸟用适合剪切的特殊的喙促使宿主皮肤的伤口张开，血液就不停地流出来。

人类的影响

灭绝

黄嘴牛椋鸟被世界自然保护联盟（IUCN）列为常见鸟类，但是它们的数量其实在减少。在19世纪晚期，过度猎杀草食动物，由于牛瘟而造成大量的牛死亡，以及杀虫剂的使用等因素，都造成南非黄嘴牛椋鸟数量下降，甚至灭绝。直到最近重新引进这些鸟，情况才稍有好转。这是一个发人深省的教训：即使常见的物种也可能迅速消失。

害虫防治

如右图所示，牛椋鸟一天能从水牛的眼睛和耳朵周围啄食600~1200只虱子，而水牛自己够不到这些地方。

捡虱

麦氏小嘲鸫

加拉帕戈斯群岛有4种特有的小嘲鸫，它们都是杂食性的，据说差不多什么都吃，参观这些岛屿的旅游者可以见证这一点。麦氏小嘲鸫食性也很广泛，它能用细长的喙啄破蛋壳，吃昆虫、腐肉，以及植物和其他动物的粪便。甚至有人看到它们从海豹的牙缝间啄食残渣和流出的唾液。麦氏小嘲鸫也尝试吸血：它们会吃掉海豹的胎盘和留在沙滩上的血迹。它们也啄食其他动物的伤口，使伤口更加开裂而极易感染。麦氏小嘲鸫的殷勤被海生或陆生的海鬣蜥所接受，它们成为共生动物，因为麦氏小嘲鸫提供了清洁服务，去除了寄生虫和死皮。为了便于清洁，海鬣蜥会主动抬起身子让鸟来捉它们难以啄到的腹部的寄生虫。

麦氏小嘲鸫
（*Mimus macdonaldi*）

- 长达30cm。
- 加拉帕戈斯群岛的埃斯帕诺拉（Espanola）岛特有。
- 有独特的长尾和腿，喙长而向下弯曲。

合作劳动
麦氏小嘲鸫和海鬣蜥形成了一种有力的互助关系。这一爬行动物抬起它的尾巴让鸟来啄食泄殖腔内的寄生虫。

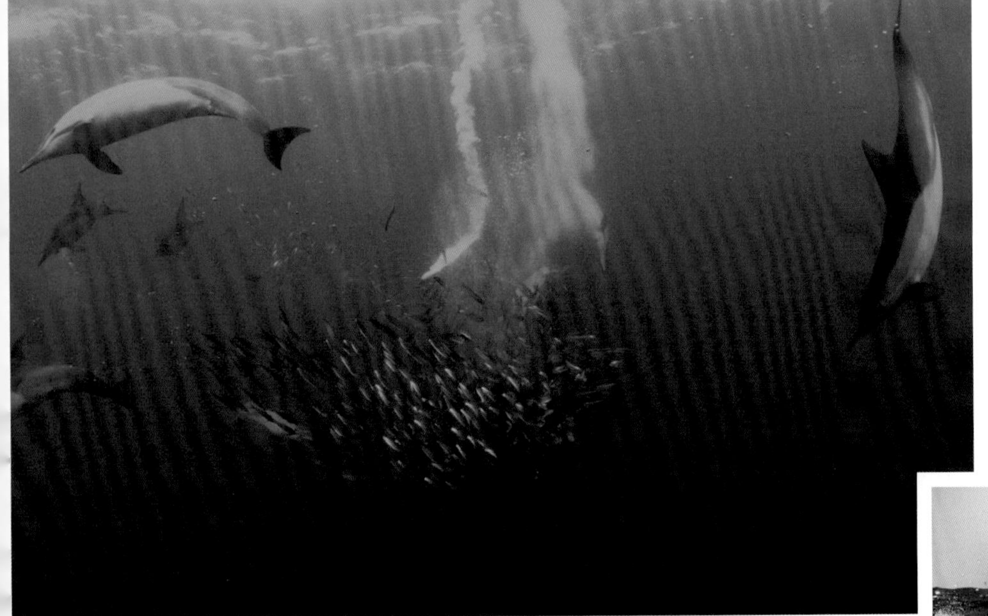

跟随引领者

海角鲣鸟和海豚

海角鲣鸟成群地捕食鳀鱼和沙丁鱼，它们从半空中猛冲下去，用匕首般的喙捕食鱼类。海角鲣鸟飞行能力很强，能长距离飞行寻找鱼群，且经常和海豚伴行。海豚在这种合作关系中充当引领者的角色。它们引导着鲣鸟找到猎物，然后迫使鱼群升到海面，形成直径几米的“食物球”。海豚和鲣鸟反复地冲入鱼群，俯冲的鸟类产生的气泡可使鱼群集中到猎杀区域，这能让猎手们（海豚和鲣鸟）更容易捕捉到猎物。

竞争如火如荼
在南非海岸，海角鲣鸟跟随着一群长吻海豚，这些海豚正在追逐一群沙丁鱼。这两种动物每年都会跟着沙丁鱼的迁徙而迁徙。

捕食狂潮
海角鲣鸟冲入水中去捕食被长吻海豚驱赶到一起的大群沙丁鱼，并激起一连串的气泡。

幼鲣鸟只有**10天的时间学习自己取食**；之后，它们带着10天的脂肪储备离开巢穴。

利用狼群

普通渡鸦和狼

渡鸦把腐肉作为食物来源；的确，为了吃到猎人丢弃的腐肉，它们已经学会向枪声响起的方向飞。尽管如此，它们主要的腐肉来源仍然是狼的猎物。渡鸦跟随着狼群，分享着狼群的猎物。在它们之间有着一种竞争关系，狼群的大小甚至已经随之发生演变，以应对这种情况。一对狼平均会失去它们猎物的37%，而有6只狼的狼群只会失去猎物的17%，因为它们更有可能把渡鸦驱赶走。然而，渡鸦和狼的关系并不是完全单方面的。渡鸦经常能发现不是由狼杀死的猎物。如果死掉的是大型动物，如鹿或驼鹿，渡鸦的喙不可能撕开它，所以它会大声鸣叫，从而引来其他渡鸦的协助。在附近的狼也能听到叫声，顺着声音就能看到一群鸟，以至于也被腐肉吸引。狼能用锋利的牙齿撕开猎物的尸体，这样狼和渡鸦就可以共同分享腐肉。

排出血浆

普通吸血蝠

吸血蝠通过听辨猎物（通常是马和牛）的呼吸声来搜寻猎物。被蝙蝠咬的伤口在长达20多分钟内都会流血不止，这足以让蝙蝠喝饱。一只蝙蝠可以吸掉相当于自身体重50%的血液。飞行动物如果太重就会有被捕食的危险，但这些蝙蝠能够快速地处理吃进去的食物，在开始进食的几分钟里排出稀释的尿液，从而成功地避免了因携带低营养价值的血浆而导致的体重增加。

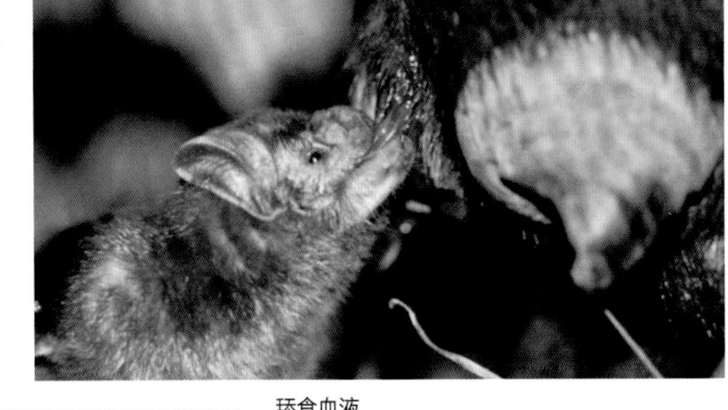

舔食血液
和我们传统的认识不同，吸血蝠并不是从受害者的颈部吸血。实际上，它们用颊齿将猎物体表的毛刮掉，然后用剃刀般的门齿咬破皮肤，用舌头快速舔食伤口流出的血液。

解剖学

阻止凝血

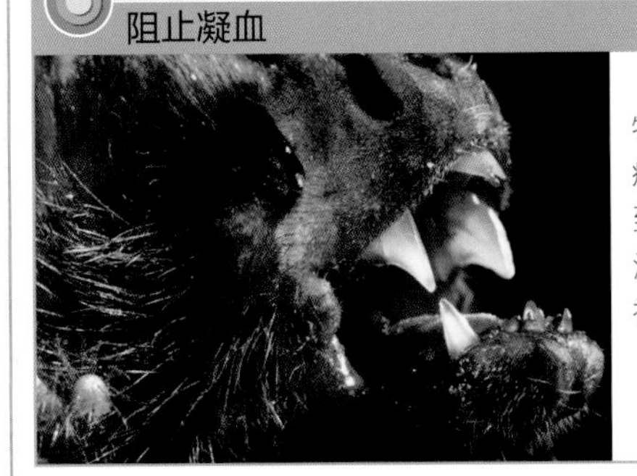

吸血蝠的唾液包含两种主要的化合物，以帮助它进食。第一种是麻醉剂，麻痹猎物的痛觉感受器，以使猎物感觉不到被咬。第二种物质是抗凝血剂，防止血液凝固，这种抗凝血因子（draculin）已被应用于人类医疗。

普通吸血蝠（*Desmodus rotundus*）
- 长达9cm。
- 广布于墨西哥、中美洲和南美洲。
- 体小，鼻部扁平，身体褐色，有大的门齿。

渡鸦会**把剩余的食物藏起来**，经过相当长的一段时间后，它们依然能够找到这些储藏的食物。

为猎杀而竞争
多达50只渡鸦被一只猎物所吸引。在没有其他帮助的情况下，美国明尼苏达州的灰狼不大可能有能力从死鹿边赶走这些鸟。

进食大军

条纹獴和疣猪

对穿行在非洲高密度植被的稀树草原和森林的哺乳动物来说，寄生动物（如蜱）的确是个问题。蜱寄生和传播的速度非常快，能稳定寄生在一些物种身上，例如洞栖的疣猪。为了除掉这些寄生虫，疣猪在烂泥或沙土中打滚，但用这种方式只能除去一部分寄生虫，它们矮胖的身体使它很难把身体的每一个部分都处理到。

然而，条纹獴对于去除疣猪身上残余的寄生虫有很大帮助。獴是大型的食虫性动物，它们食物范围很广，包括蜱。疣猪允许成群的獴取食自己身上的蜱，为整群的獴提供食物。但这对獴来说存在风险，因为已知疣猪会杀死并吃掉獴的幼崽。

抓痒好帮手
大群的条纹獴从疣猪自己不能触到的皮肤上快速地取食吸满血的蜱。

防御

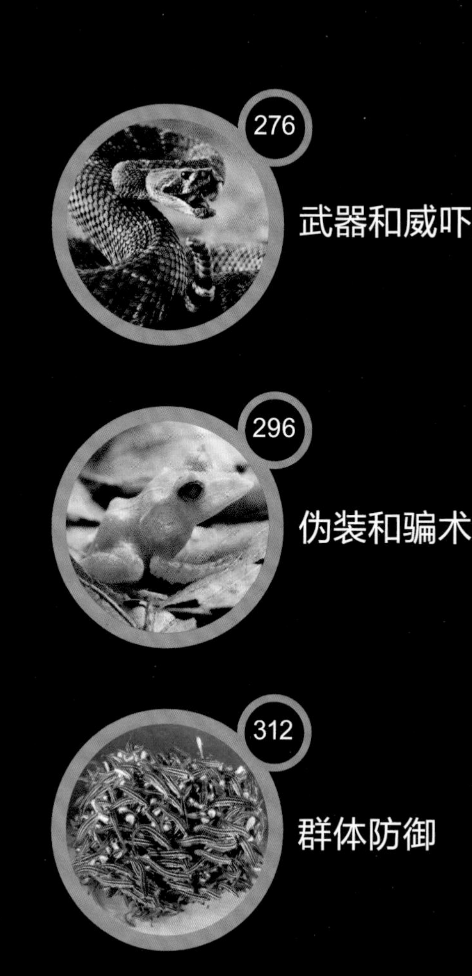

防御性盔甲

行动缓慢的动物在露天环境下往往依赖自身防御来保护自己。角、刺和刚毛是爬行类动物（诸如这只魔蜥）常见的防御武器；而棘皮动物和昆虫都有坚硬的皮肤。

防御

动物必须防御捕食者的进攻。人类没有这样的担心，但是对大多数动物而言，尤其是那些在食物链上地位较低的动物，防卫是每天必须做的功课。所有动物必须进食，因此它们就得到露天环境中去寻觅或捕猎食物。生存压力导致动物具有形形色色的防御机制，有的是行为方面的，有的是身体构造方面的。

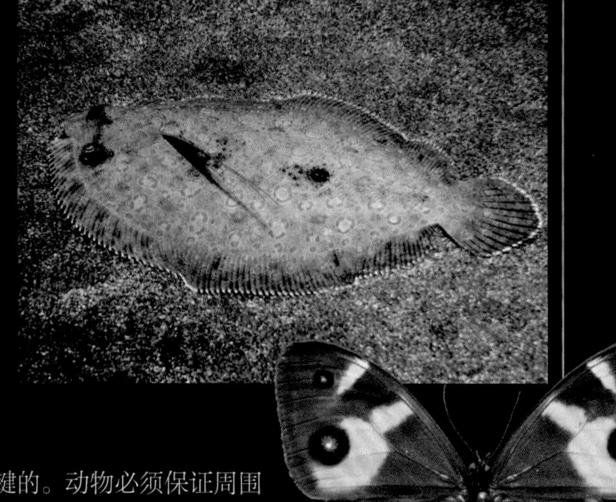

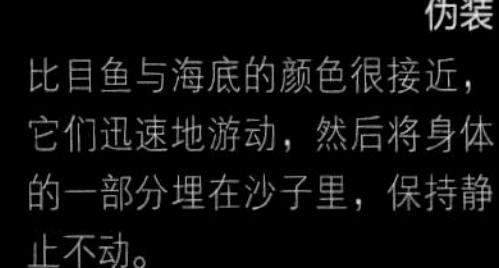

伪装

比目鱼与海底的颜色很接近，它们迅速地游动，然后将身体的一部分埋在沙子里，保持静止不动。

避开捕食者

最为简单的防御方法是避开与捕食动物的接触。藏在巢穴、洞穴或者茂密的植被中是很好的躲避措施。小型的夜行动物在夜间出没，这时靠视觉捕食它们的动物就看不清楚了。而这些小型夜行动物则凭借着灵敏的嗅觉觅食。在海洋中，沉积海床上有许多洞穴，鱼、蟹和虾可以安全地藏在洞里，它们很少离开自己的隐蔽所。奔跑、游动和飞翔是另一种逃避袭击的方式。许多暴露在开放环境中的动物如果能快速识别捕食者的话，它们就能逃脱被捕食的厄运。有毒的动物则留在原地不动，它们身体上的颜色警告捕食者不要靠得太近。

隐藏

许多在地面筑巢的海鸟在深深的洞穴中养育幼鸟，在那里它们就能安全地躲避像海鸥之类的空中捕食者了。

蓝鲸的**大块头**足以吓跑人类以外的大多数捕食者，它体长可达**30米**。

迷惑捕食者

如果捕食者没有辨认出它的猎物，就会对被捕食者视而不见。因此伪装成其他的样子，活灵活现或死气沉沉，都有助于动物逃生。动物界中演化出了形形色色的技巧以躲避捕食者。如果猎物被发现了，那么这些动物会极力伪装以迷惑捕食者。动物如果具有保护色就可以和周围的环境融为一体，捕食它们的动物就不容易发现它们。这些动物的身体形状和颜色方面的伪装只是其中一种方式。如果动物的做法不对，其伪装就无效了。静止不动是很关键的。动物必须保证周围环境和它们的颜色一致，或者能随环境变化而改变伪装色。有些寄生虫使宿主的行为发生改变，以促使它的宿主来到显眼的地方而被其他动物捕食，寄生虫就可以重新找宿主了。其他动物伪装出一副比实际体形大很多的样子，或者很危险、很恶心的样子来迷惑捕食它们的动物。有些昆虫和两栖动物在不同时期采用不同的伪装方式：毛毛虫伪装成鸟的粪便的样子，而蝴蝶的翅膀上则长着假眼。

装死

动物会使用装死的策略，譬如象鼻甲（见左图）和负鼠。以这种方式，它们欺骗天敌离开了自己。

假眼斑

惊吓手段

假眼斑是蝴蝶、蝴蝶鱼甚至蛙类伪装的一部分。为了惊吓和迷惑捕食它们的动物，这些动物会突然露出自己的假眼。

顽强抵抗

生有天然防御武器的动物可以击败天敌。动物捕食时不能花太多的精力或者冒着受伤的危险去捕食，它们捕食时如果遇到很大的困难就会放弃。体形小的动物虽然没有明显的防御武器，但是它们依然能把天敌赶走，保护自己巢穴和幼崽的安全。鸟类尤其擅长这种技巧，因为如果捕食它们的动物靠近的话，它们可以飞得很高。同样，小丑鱼之类的小鱼也能把大鱼甚至潜水的人赶走，如果必要的话，它们只要有安全的地方作为隐蔽所就够了。

坚定地捍卫

体形小的动物迅速逃离危险的能力使它们能反抗体形大的动物，保卫自己的巢穴和领地。这只水石鸻移动的速度比鳄鱼还快。

武器和威吓

捕食者进化出可怕的牙齿、爪和毒液，来帮助它们捕捉和猎食猎物或进行自我防御。相应地，被捕食者也进化出防御武器、物理和化学保护层以及复杂的行为策略来逃避敌人。许多动物首先通过警告试图攻击的捕食者来避免被伤害。

武器

肉食动物和食腐动物自然会将牙齿和利爪作为武器，同时也可以用来防御。温和的草食动物需要额外的保护措施，其中许多动物头部都有中空的角、骨化角或棘突。在哺乳动物身上通常有特化的牙齿，例如象的长牙，或角质的指甲和蹄。海豚利用它坚硬的鼻吻部作为防御武器抵御鲨鱼。相应地，有蹄动物经常用它们的后蹄进行攻击，热带鱼用尾部两边刀子般的凸刺保护自己。甚至一些鱼类会产生电流来击昏或阻遏捕食者。

武器的类型

蹄和四肢

坚硬的蹄和足适合于快速奔跑，也可作为有力的武器踢踏捕食者，或者像斑马一样在内部竞争中使用。鸵鸟有力的腿部肌肉和足可以踹死一头狮子。虾蛄用它们的爪可以敲碎骨头，其速度非常快，以至于被袭击者根本没有时间反应。

爪

强壮的爪用来挖掘根状食物，也可以有效地保护幼兽，例如幼熊。大型捕食者，诸如虎，用它们的爪扑倒猎物，但也可以用爪保护领地和幼虎。当不使用时，大多数猫科动物可以收起自己的爪。

投射

除了人类，只有少数灵长类动物知道可以通过拾起和抛掷物体来攻击敌人。然而，许多动物，如隐毛虫（见左图），有刺激性的毛或可以释放针刺，扎破试图攻击它们的捕食者的嘴或四肢。而这些结构都能再生。有些狼蛛则可以像下雨一样喷射刺激性的毛。

有毒的刺

许多海洋动物生活在海床上，用毒刺来保护自己。这些毒刺通常用来防御，如果动物受到攻击或被踩踏时才使用。有毒的鱼，如龙䲢（见左图）和毒鲉，都在背鳍和胸鳍上有注射针似的锋利的刺。

牙齿和毒牙

大多数动物在自我防御时都有能力撕咬，一些动物的牙齿和爪特化成为可怕的武器。一些蛇利用中空的毒牙注射毒液，蓝环章鱼的喙状齿有同样的功能。甚至小型的蚂蚁也可以一起通过反复的撕咬来驱赶接近巢穴的攻击者。

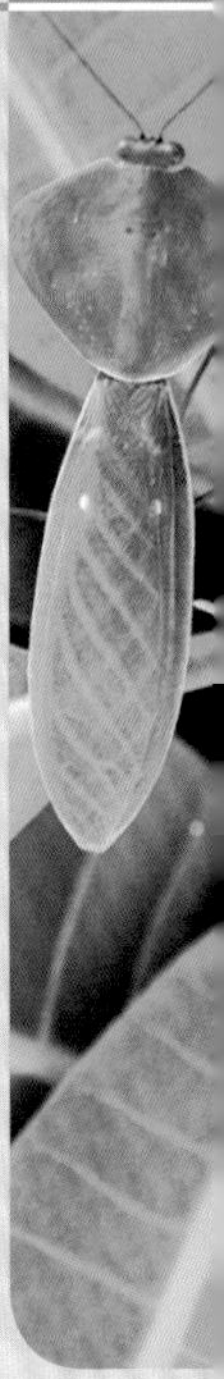

外骨骼

许多甲壳动物通过它们硬质的外部甲胄保护自己，但是在生长蜕皮的时候它们变得很脆弱，易受攻击。在这个阶段动物必须藏起来。

盔甲

盔甲（或甲胄）在行动很慢的动物中很常见，如龟，因为它们不可能逃离动作迅速的捕食者。在海洋中，许多动物完全不移动，物理的防护手段对它们的生存来说是必不可少的。爬行类和硬骨鱼类有保护性的鳞片，这个类群的许多物种体表的鳞片发育成了体甲。然而，这通常牺牲了机动性，例如箱鲀有很好的防护，但却是个笨拙的游泳者。甲壳动物和软体动物都有外壳，可以像防护箱一样加强保护。海洋为它们提供了修筑外壳的原料，但这种物质在淡水中却很缺乏。

移动房屋

当危险出现时，帽贝和其他海洋贝类可以快速地躲进它们的壳中，夹紧或关闭入口。

防护箱

沉重的盔甲是有效的防御措施，但严重地限制了运动。陆龟不能抵御火烧或是水淹。

生存策略

没有甲胄或武器的动物不是能够有效地逃脱，就是有恐吓和阻遏捕食者的方法。毒素、螫刺或刚毛是很好的防御物，这些已经被许多不具有前述逃跑或恐吓能力的两栖类和昆虫所采用。而防御物的唯一功能是让捕食者知道这些猎物不能吃。明显的警戒色——通常是黄色、红色或橙色，和黑色的底色形成鲜明的对比，可以很容易地被有色觉的脊椎动物看到，这一方式被不同的动物，如盾蝽、箭毒蛙和海蛇所运用。非常规的行为也是一种有效的生存策略，例如装死，也将帮助被捕食者躲过只吃活食的捕食者的捕杀。

有毒腺或味道不佳的两栖动物通常拥有异常鲜艳的颜色。捕食者很快就能学会避开这些警戒信号。

装死是弗吉尼亚负鼠逃避捕食者威胁的策略。

生活在开放水域、无处躲藏的鱼类，经常跃出水面逃避水生捕食者。

尽管很困难，一些小型的动物有时仍会努力使自己显得更大，特别是保护它们的幼体时。

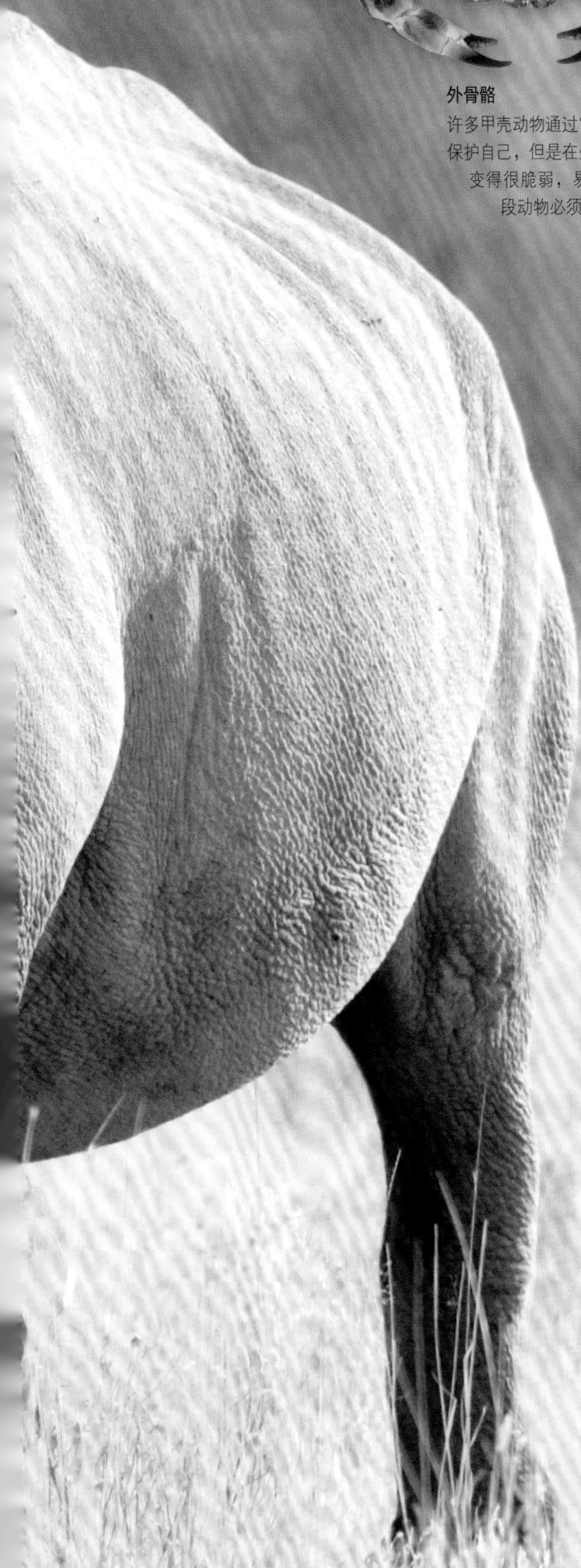

御武器

然犀牛（如这头黑犀）有潜在的致命性，但它的角只是用来保护自己和幼兽，防御捕食者，者在领地竞争中防卫竞争者。许多草食动物生在开阔地带，需要有能力保护自己，或者能够速奔跑以逃避敌害。

躲藏起来

筒星珊瑚

在漫长的白日，橙色的筒星珊瑚躲藏在自己坚硬的骨骼内，这样它就安全了，不会提供给日间活动的大量鱼类吃掉自己的机会。入夜之后，珊瑚的触手就伸展开来捕食浮游生物。

福氏筒星珊瑚（*Tubastrea faulkneri*）

- 群落长达13cm。
- 澳大利亚和印度洋－太平洋地区的珊瑚礁上。
- 硬珊瑚，形成低矮的、簇状的、由不同的圆柱状珊瑚虫组成的集群。

迅速撤退

旋鳃虫

闪电般的速度和石头状外表的共同作用使旋鳃虫得以躲避天敌。而它双螺旋状的捕食触手从外部看来像微缩的圣诞树，所以又叫圣诞树虫。旋鳃虫休息时藏在坚硬的碳酸钙质的管道中，那是它们分泌在身体周围形成的。为了防护，它把自己包埋在大珊瑚的头部。旋鳃虫对水中的振动和阴影特别敏感，如果有捕食者接近，它们会立刻缩进管道中。当威胁过去，旋鳃虫就再一次慢慢地展开触手继续捕食。触手的颜色非常丰富。一个珊瑚头部会散布着黄色、蓝色、紫色、红色、橙色和棕色的个体。近缘的缨鳃虫和真旋虫也是在珊瑚和岩石缝隙间修建涡卷形管道以作为防护措施。

打开管口

旋鳃虫伸展开触手，搜集水中的浮游生物和有机物质。触手也被用于吸收水中的氧气。

封闭管口

旋鳃虫退到管道中后，入口就被囊盖（一种盖状结构）灵活地盖住了。下图中显示的是还未完全关严的状态。

旋鳃虫（*Spirobranchus giganteus*）

- 约2cm（可见部分）。
- 全球热带浅水域的珊瑚内部。
- 颜色丰富的管虫（隶属于环节动物门），头部有双螺旋触手；分泌碳酸钙管道包围身体四周。

肢体再生

海星

如果一只海星被捕食者掠去一个或多个臂，失去的部分很快会再生出来。大多数海星都有这种神奇的能力。少数海星更神奇——如果它们的身体被撕裂，一个臂就能再生出完整的中央盘和其他的臂。而通常情况下有中央盘的臂才能完成再生。一般称处于再生过程最初阶段的海星为“彗星形”。

单鳃海星属（*Fromia*）

- 直径约8～10cm。
- 印度洋－太平洋的珊瑚礁中。
- 体形相对较小，有5支臂；通常为红色或橙色，臂上的吸盘颜色较淡。

最初的臂

彗星形

再生的海星生出了5个新臂而不是4个。这些新生的臂最后会和幸存下来的臂完全一样。

黏稠的须子

蛇目白尼参

如果捉到这么个肉乎乎的动物，谁都会被吓一跳。它们的身体像根黄瓜，又有豹纹样的斑点，所以英文俗名直译为“豹纹海黄瓜”。它的学名叫白尼参，行动和海胆一样迟缓，与海胆是近亲，属于棘皮动物，然而缺乏海胆的尖刺，看上去毫无防御措施。如果受到威胁，它们会从肛门喷出一团有黏性的须子（居维叶小管，是呼吸系统的一部分）。这种小管遇到水就会变长、扭转，以阻止进攻者，甚至完全把进攻者缠住。

蛇目白尼参（*Bohadschia argus*）

- 长达30cm。
- 印度洋－太平洋的浅水礁石和有碎石的地方。
- 体形肥胖，有明显的黄色“眼斑”。

肛门

居维叶小管

后部攻击

这些喷射出的小管最终会分裂降解。白尼参会长出新的小管并能修复裂开的直肠。

快速撤退

皇后扇贝

皇后扇贝通过喷气推进的方式逃避敌害。这些双壳类大多数时间都半埋在海床上栖息着，张开壳过滤食物，所以很易受到海星的攻击。然而，它们可以通过向外喷水跳等一系列怪异的舞蹈而迅速脱离险境。当被干扰时，扇贝会用强壮的闭壳肌迅速地开合贝壳，排出一股水流而产生动力。扇贝可以定向运动，外套膜边缘有数百只单眼可以感光，但通常直到海星触到它时它才会感应。

扇贝这种**喷气式推进逃跑**的方式在较温暖的水域内效果不佳。

安全逃离

在最后时刻，扇贝游动起来逃离了海盘车。之后它又落回到海床上。

皇后扇贝（*Aequipecten opercularis*）

- 长达9cm。
- 大西洋东北部，从挪威南部到加纳利群岛和地中海的沉积层。
- 双壳类，有两个凸起的贝壳，壳上为粗厚和辐射状的壳脊。

多刺的威慑

栉棘骨螺

想吃栉棘骨螺的海星或一些其他捕食者很难在壳的开口附近下嘴。同样，即使一些有着强有力的上下颌的鱼类也很难咬碎这些螺类的壳。在这种海螺死后，尖利的螺壳也会给不经意的光脚的游泳者带来伤害。然而，一些科学家推测这些棘刺的真正功能并不是防御，而是在软泥上移动时起支撑作用。

身披棘刺的行进者

骨螺缓慢地向前爬行着（从左至右），透过螺壳的棘刺可以看到肌肉质的足和带触须的头部。

栉棘骨螺（*Murex pecten*）

- 长达13cm。
- 印度洋 - 太平洋的多泥的海床上。
- 海洋贝类，有长而直的水管系统及长的壳刺。

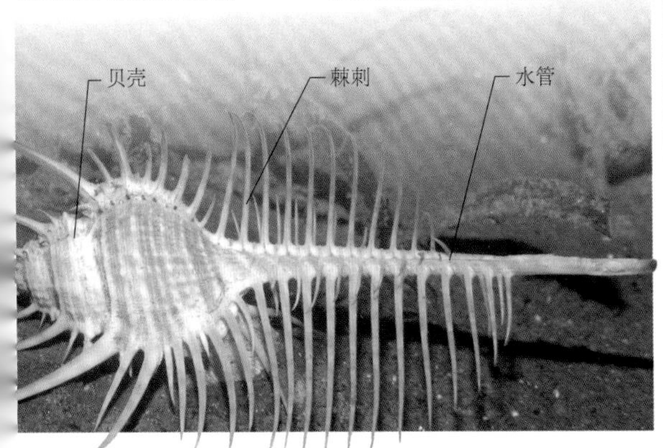

闪光的蓝色

蓝环章鱼

这个小章鱼身上蓝色的小环暗示出它可以致死的本性。当章鱼激动时，这些纹理散发出鲜艳的珠光般的蓝色，但在休息时，蓝色是被抑制的。它的唾液含有致命的毒液，可以征服或杀死猎物，这对于潜在的捕食者来说也同样有效——那些幸存者很快就知道了要远离这些章鱼。在同一个属内还有3~4个近似种，都叫蓝环章鱼，都是有毒的。

15分钟 蓝环章鱼咬伤一个成年人后使其致死所需要的时间。

蓝环章鱼属（*Hapalochlaena*）

- 10~24cm。
- 热带西部太平洋和印度洋的浅礁石、岩石区域和海岸带。
- 小型章鱼，身体和触手上有明显的蓝色环斑。

墨水云团

日章鱼

日章鱼（亦称日蛸）在章鱼种类里是最不寻常的，正如它的名字那样，它在白昼活动。当它从藏身的地方出来捕猎时，通常是用它的腕横向精准地移动。如果受到惊吓，它会使用非常奇特的方法。遭受捕食者攻击的章鱼会向后喷出一股水流，同时释放一团黑色的墨汁并变色。捕食者要么被墨汁分心，要么就被墨汁包绕进去，章鱼就可以顺势逃走了。乌贼也有相似的逃避反应，而且也会用这样的方式来正常地游动。章鱼和乌贼都是把水吸进外套腔中，然后收缩外套膜，水就会从漏斗口喷出。这个运动是和呼吸运动联系在一起的。

章鱼的墨汁在特殊的墨囊中产生并释放到漏斗中，这种墨汁是一种浓缩的黑色素形态。这种色素可使人类皮肤颜色变深，并能起到保护皮肤的作用。墨汁里的其他化学成分可以暂时使捕食者的嗅觉变得迟钝，并刺激它的眼睛。一些深海乌贼在漆黑的深海会突然释放一股发光的物质使得捕食者目眩。

近似种

巨太平洋章鱼迅速地从照相机前离开了。尽管少有天敌，但如果遇到危险，它仍然会放出云雾般的墨汁。

日章鱼（*Octopus cyanea*）

- 体长16cm；臂长约80cm。
- 从非洲东部到夏威夷群岛的印度洋 - 太平洋的浅水礁石中。
- 体形大的长臂章鱼；通常为褐色，但能改变体色和皮肤纹理以作伪装。

1000 7个小时里日章鱼的皮肤图案改变的次数。

消失行动

在夏威夷，这只日章鱼正喷出黑色的墨汁，留下一道滑过浅水礁石的踪迹。日章鱼通常在礁石或砾石中挖掘自己的巢穴。

注入毒素

欧洲胡蜂

像其他胡蜂一样，欧洲胡蜂用刺来防御。这种欧洲最大的社会性胡蜂的刺足以伤害蜥蜴和鸟类。刺也是猎食其他昆虫的武器。对人来说，一根刺通常只是引起疼痛而不会造成伤害。然而，一只胡蜂在巢穴附近被杀死的话，它会释放警报信息素招来其他胡蜂群起而攻之。亚洲胡蜂的刺对人来说是致命的。

欧洲胡蜂（*Vespa crabro*）

2～3.5cm

从欧洲的英国东部到温带亚洲的日本的林地；引入到北美洲。

大型社会性胡蜂，有深色的胸部和黄黑相间的腹部。

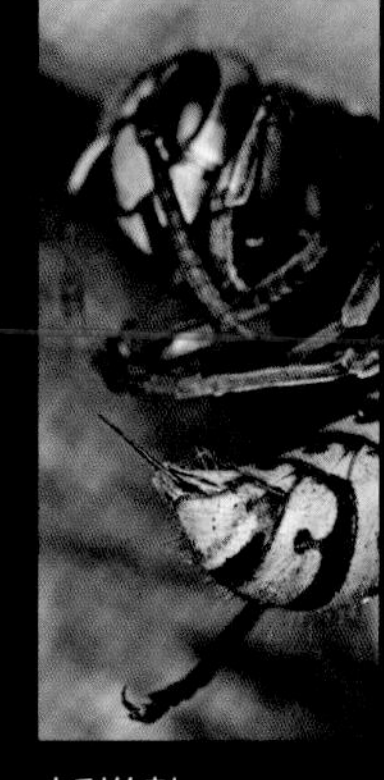

尖利的刺
拿起胡蜂可以看到它的刺。这种刺没有倒钩，所以它可以多次使用。

螯毛喷射

捕鸟蛛

这些大型的蜘蛛在捕猎时会使用毒液，但在自身防御时用得很少。许多捕鸟蛛的主要防御手段是释放被称为螯毛的刺激性的毛。这些毛生长在蜘蛛的腹部，也就是后体。这些毛很容易通过用腿摩擦后体来释放。毛有倒刺，可以对附着部位产生不同程度的刺激，如果被小型哺乳动物吸入甚至会致命。

一些捕鸟蛛也会把螯毛设置在洞口的入口处，充当领地信号，可以阻止试图把它们挖出来的动物。雌性的蜘蛛甚至会把螯毛编织到它的卵茧中。除美洲外，其他地区的捕鸟蛛没有螯毛。

捕鸟蛛科（Theraphosidae）

腿展达28cm。

广布于全球热带和亚热带的树木和地穴中。

体形很大，多毛。颜色从褐色至黑色，有粉色、红色、褐色或黑色斑。

防御性的喷射
大捕鸟蛛属（*Pamphobeteus*）的蜘蛛用它的腿快速向攻击者弹出一阵带倒刺的毛，这种刺激物会令对手特别难受。

毒液攻击
这只漏斗网蛛站在地面上，抬起触须和前腿，毒牙朝向前，准备攻击。如果受到更多的骚扰，它就会咬上去。

战斗姿态

悉尼漏斗网蛛

这种蜘蛛是世界上最危险的动物之一。当被打扰时，它会立起来恐吓对手，巨大的毒牙上出现白花花的毒液。如果被骚扰，它会反复地啮咬，甚至能咬穿指甲。牢牢地锁定对手后，蜘蛛会注入包含漏斗网蛛毒（atraxotoxin）的毒素，这种毒素能破坏神经系统。灵长类（包括人类）对这种毒素非常敏感，只需15分钟就会致命。奇怪的是，这种毒素对普通的宠物，比如猫和兔子，几乎没有作用。大多数人类被咬的事件发生在夏季和秋季，此时正是雄性蜘蛛离开巢穴四处游荡、寻找雌性交配的时候。

悉尼漏斗网蛛（*Atrax robustus*）

体长2～4cm；腿展6～7cm。

在澳大利亚，特别是临近悉尼的湿润森林和花园中漏斗网状的洞穴中。

有光泽的黑色大型蜘蛛，有巨大的毒牙和多毛的腿和腹部。

尾刺

肥尾蝎

蝎子遇到危险首先会逃走或躲藏，走投无路的情况下才会动用刺来防御。肥尾蝎抬起尾部，摆成经典的姿势准备用刺进行攻击。该物种和同属的其他种类都是剧毒的，注入的神经毒素有时会致命。它用强壮的钳来捕捉猎物，有时也用刺捕获大型猎物。

肥尾蝎（*Androctonus rassicauda*）

长达8cm。

土耳其和中东干旱地区的石头、碎片之下和墙体内。

身体黄褐色至黑色，有宽而肥厚的尾。

保持警戒

鼓虾和鰕虎鱼

在鼓虾和鰕虎鱼之间形成了一种少见的合作防御的特例。这两个物种必须通力合作才能生存。鼓虾像一台小推土机那样挖一个坑作为庇护所。它视力很差，只能专心于它的工作，而依靠鰕虎鱼来警戒。鼓虾用长长的触须和鰕虎鱼通信，当危险来临时，可以从鱼尾的动作得到信息。

防御拍档
图中显示的是印度尼西亚的兰氏鼓虾（*Alpheus randalli*）和旗尾鰕虎鱼（*Amblyeleotris yanoi*）。

舒适安逸
海葵的红斑基底附着在寄居蟹的身体和壳上。海葵和寄居蟹的生长速度相同，所以它们不必分开。

里氏寄居蟹（*Pagarus prideauxi*）

约7cm。

大西洋东北部，从挪威到地中海和佛得角群岛的浅水沉积层中。

蟹状小型甲壳类动物，具有柔软的腹部、成对的螯肢和步行足。

联合防卫

里氏寄居蟹

寄居蟹生活在软体动物的壳中，用来保护自己柔软的腹部。里氏寄居蟹通过和斗篷海葵（*Adamsia carciniopados*）一起生活来获得额外的保护。海葵将宽阔的基部安置在寄居蟹的壳和身体周围，把自己的身体和触须垂下。如果捕食者来攻击，海葵会释放出称为毒丝的刺抵御威胁。作为回报，海葵可以吃寄居蟹吃剩的食物。当寄居蟹长大时，海葵也长大了，这意味着寄居蟹不必冒着风险去寻找更大的壳做藏身处了。

攻击之下
海葵可以发射刺丝体来进行防御，而柔软的身体则蜷在寄居蟹的腿下。

有毒的泡沫

非洲泡沫蚱蜢

这只非洲泡沫蚱蜢通过分泌黄色泡沫来抵御捕食者以保护自己。这种分泌物是由昆虫血液衍生而来的，在通过胸部的气门（呼吸孔）时和空气混合而成。这种泡沫令人生厌的有效成分来自蚱蜢吃的植物。虽然这种蚱蜢没有鲜亮的颜色，但黄色的泡沫可以作为一种警示——这种动物不好吃。非洲泡沫蚱蜢属于锥头蝗科，该科的许多种都有鲜艳的颜色。

化学鸡尾酒

非洲气步甲

当受到攻击时，这种甲虫通过从尾部喷射类似于鸡尾酒般泡沫样的化学物质及时逃走。蚂蚁是甲虫的主要天敌，这是一种小而机动性很强的动物，甲虫到处都会受到它的攻击。这种化学物质在混合之后会发生反应并升温，之后被喷出，释放的氧气作为推进剂。甲虫在这个过程中会浑身湿透，但科学家仍然没有搞明白它是如何幸存下来的。

瞄准喷射

甲虫的喷射非常准确，并可以任意调整喷射方向。目标在哪个位置都难逃打击。

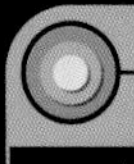

解剖学

化学反应

扫描电镜照片显示，甲虫通过身体后部的一个小裂缝喷射它的阻遏剂。这种喷射剂是由存储在独立的腺体中的两种化学物质混合产生的。从一个腺体分泌的对苯二酚（鸡纳酚）和过氧化氢，与另一个腺体分泌的酶混合在一起。酶将过氧化氢中的氧气释放出来，并氧化对苯二酚，使其具有活性。

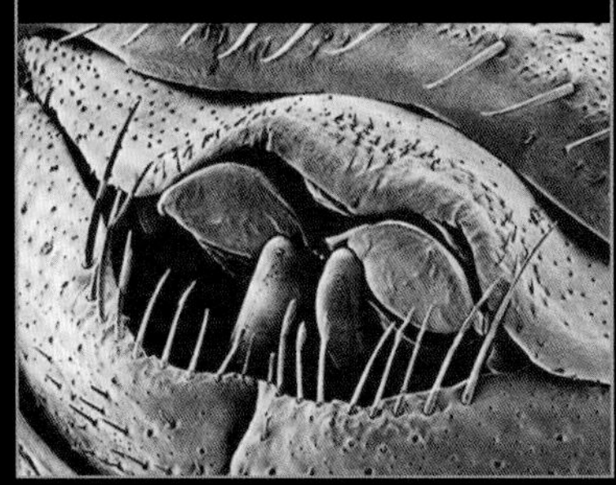

非洲气步甲（*Stenaptinus insignis*）

- 1～2cm。
- 非洲热带地区的地表。
- 小型地栖甲虫，有光亮的、黄黑相间的脊状翅鞘。在腹部末端有一个盾状的致偏器可以控制喷射方向。

下沉逃生

豹纹猫鲨

当危险迫近时，豹纹猫鲨会做出不同寻常的反应——它们把头部埋在鳍下。当一条在空旷处游动的豹纹猫鲨感到威胁时，便会蜷缩成一团，用它的尾盖住眼睛和吻，迅速地沉到海底。这种行为不仅可以保护它那脆弱的头部，而且也可以迷惑捕食者。当它藏起眼睛，改变了形状，看上去就不再像条鱼了，并且不像个活物。和许多鲨鱼不同，猫鲨柔韧性很好。如果在海床上时尾部被抓住，它会猛地回身咬过去。它们的逃避策略可能由这种能力进化而来。猫鲨游得很慢，非常容易受到大鲨鱼和海豹的攻击。图中它们转身的姿态可以在休息的时候伪装自己，但在捕猎时却毫无帮助。

南非的浅水岩礁是**全球唯一**可以见到豹纹猫鲨的地方。

豹纹猫鲨（*Poroderma pantherinum*）

- 长达85cm。
- 南非海岸临近海床的岩礁和海藻林中。
- 小型猫鲨，有长的鼻须，背部有各种斑纹。

跌落到安全的地方

这只猫鲨蜷成一个球，差不多直接跌落在摄影者的上方。正是因为这种行为，这个物种有时又被称为害羞鲨。在其下方看不到它身上豹纹般的斑点。

腾空逃逸

大西洋飞鱼

在大西洋较温暖的水域，船员经常能看到船前激起水花、腾空而起的飞鱼。船体的震动使飞鱼误以为这是庞大的捕食者（例如海豚或金枪鱼）在追逐它们，由此引起了它们的防御逃脱行为。飞鱼利用尾部有力的拍打，使自己冲向空中，它们展开宽大的胸鳍，可滑翔数米再落入海中。它们有时会上演一系列跳跃、滑翔动作，以确认猎食者被抛到了后边。在“飞行”中，飞鱼通过在水下左右振动尾鳍下叶，以维持动力，并在水面留下波纹。

大西洋飞鱼
（*Cheilopogon melanurus*）
- 长达32cm。
- 大西洋温暖的近海岸水域。
- 体长，呈银色，具有非常长的翼状胸鳍。

近似种

四翅飞鱼（见右图）用胸鳍和腹鳍飞行。这是一条亚成体，还未发育成成年的蓝色。所谓的飞鲂（见上图）并不能飞，它只是在海床栖息时，用巨大而色彩鲜艳的胸鳍恐吓掠食者而已。

60千米/时 大西洋飞鱼的滑翔速度的估计值。

适应飞行

大西洋飞鱼的胸鳍几乎与身体等长，能在空气中展开，并很坚挺。飞鱼有力的尾鳍可以左右摇摆，频率可达每秒50次。

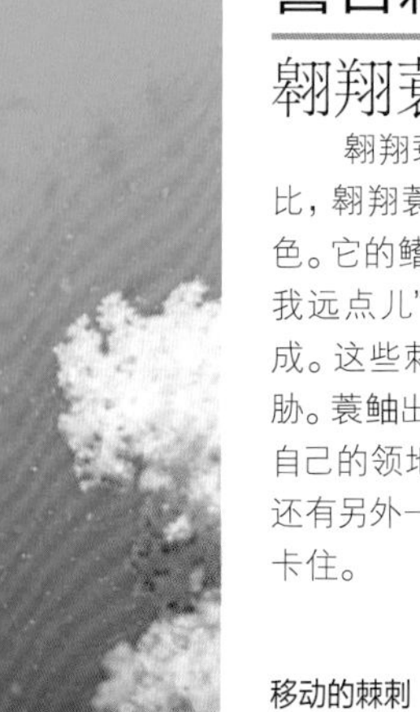

警告棘刺

翱翔蓑鲉

翱翔蓑鲉俗称普通狮子鱼，与亲缘关系很近的暗礁毒鲉相比，翱翔蓑鲉并不是通过伪装保护自己，而是使用鲜艳的警告色。它的鳍和躯干布满了红白相间的醒目条纹，这暗示“最好离我远点儿”。它的胸鳍和背鳍高度衍化，由长而剧毒的棘刺组成。这些刺能造成强烈的刺痛，尽管这很少对人类生命造成威胁。蓑鲉出没于黄昏时分，经常在大型捕食者和潜水员面前捍卫自己的领地。它游得很缓慢，自信于自己的棘刺保护。它的胸鳍还有另外一个功能对自身起到保护作用，那就是防止自己被礁石卡住。

移动的棘刺

蓑鲉的部分有毒鳍刺可以移动，能够转向攻击者的方向。

翱翔蓑鲉（*Pterois volitans*）
- 长达38cm。
- 印度洋东部和太平洋西部的热带海域。
- 体大，具有骨质的头部，头部有华丽的触须，身上具有长而独立的鳍刺。

疾速膨胀

黑斑刺鲀

当一条黑斑刺鲀受到攻击时，它会将水吸入能膨胀的胃部，并树立起棘刺，变成一个自身原始大小几倍的刺球。很少有猎食者敢碰它。一旦危险过后，水就被吐出来，大小和体形恢复到原来状态。虽然这是一种有效的防御手段，但这些鲀鱼更喜欢在白天躲避到洞穴和礁石下边。膨胀需要能量，所以它最好避开正面冲突。如果被抓到，刺鲀也常鼓胀起来，代之以吞咽空气而不是水。世界上大约有20种刺鲀，有各种名字，诸如豪猪鱼、气球鱼、刺突鱼，但它们拥有同样的防御机制。它们的近亲鲀鱼（俗称河豚）有更强的威力——内脏富含剧毒，即河豚毒素。刺鲀的卵在浮游生物间漂浮，孵化后10天幼鱼就发育出棘刺。它们很小的时候，也是许多中上层鱼类的食物。

黑斑刺鲀（*Diodon hystrix*）

- 长达90cm。
- 大西洋、太平洋和印度洋的热带和亚热带珊瑚礁中。
- 身体矮胖，有柔韧多刺的皮肤，牙齿愈合成突出的吻，眼大。

受到威胁时，刺鲀的胃可以**扩张到原来大小的100倍左右**。

膨胀前后

当可能的威胁出现时，黑斑刺鲀将安静地悬浮，刺还没有竖起（见下图）。只有在最后时刻，它才膨胀起来（见右图）。随着胃部充水、棘刺竖立，它活像一个长满刺的足球并难以移动。

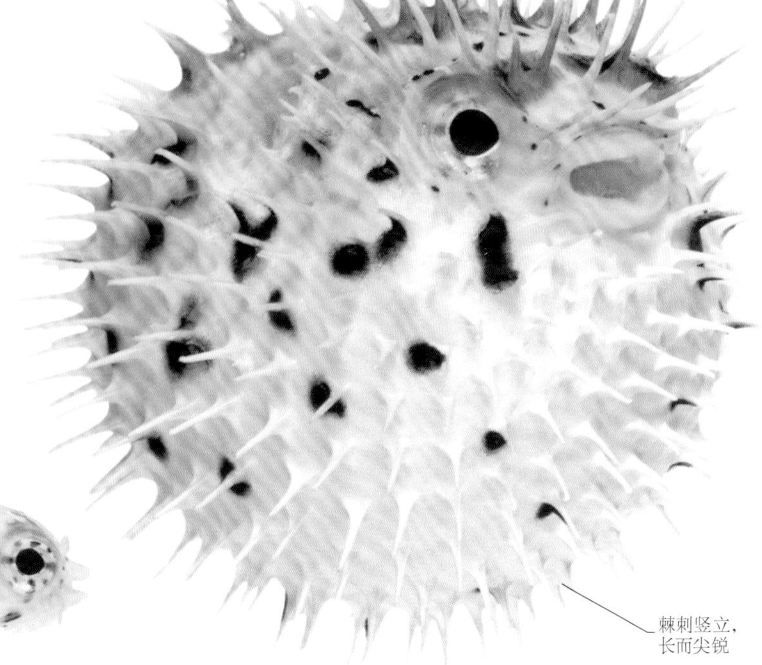

解剖学

扩张的胃

刺鲀的胃演化成了一个蓄水池，并没有消化能力，实际上食物只在肠内消化。刺鲀胃的内层高度褶皱，但当吸水时，胃全部展开，因而有巨大的承载量。它的其他器官被推向了靠近脊柱的上方，形成了夸张的弓形。刺鲀的双层皮肤很薄，外层弹力十足，内侧稍厚并有褶皱。当褶皱全部撑开时，皮肤就变得僵硬，刺也全部撑起，这使刺鲀的外表看上去难以下咽。

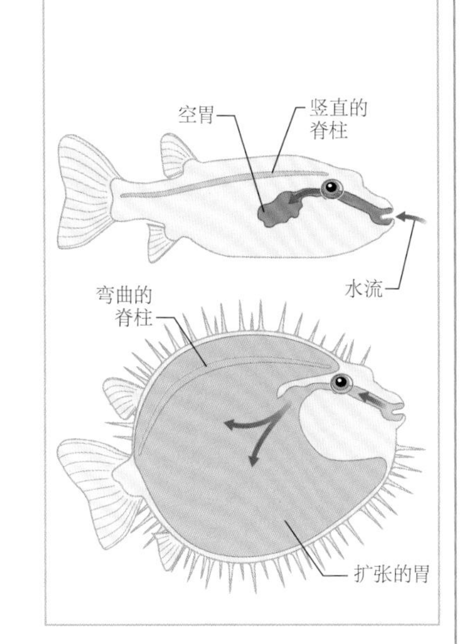

黏液帐篷

伯氏大鹦嘴鱼

许多珊瑚礁鱼类，包括伯氏大鹦嘴鱼，喜欢蜷缩在珊瑚礁和岩石缝隙内睡觉，以躲避夜行性掠食者。但是这种鱼通过给自己建造黏液帐篷，极大地改善了躲避条件。在夜晚，大鹦嘴鱼找到一个合适的缝隙，然后用黏液像作茧一样把自己封起来。它从保护鳃的鳃腔内特殊的腺体分泌大量黏液，耗时半个小时修建这顶帐篷。遇水时黏液膨胀变成胶状。许多夜晚捕食者靠嗅觉捕猎，而这层胶阻隔了大鹦嘴鱼的气味。靠触摸捕食的甲壳动物也被阻止了。一些其他种类的大鹦嘴鱼在夜晚潜入沙下，但难以躲避海豚使用回声定位的探测。

黏稠的外套

大鹦嘴鱼在夜晚躲藏在黏稠的茧内，旁边的灰面海鳗都没有注意到它，尽管这张图中的海鳗太小了，不足以伤害到它。

伯氏大鹦嘴鱼（*Chlorurus bleekeri*）

- 长达50cm。
- 印度洋东部和太平洋西部的珊瑚礁中。
- 身体色彩鲜艳，粗壮的嘴呈鸟喙状，牙齿愈合。

保护伙伴

假双锯鱼

这条假双锯鱼（一种小丑鱼）可能一生都要在有刺的海葵内或周围生活，甚至它在晚上要躲到海葵体的中央睡觉。很少有捕食者敢接近海葵的触手而去攻击双锯鱼。相同体形的其他种类的鱼则会被海葵蜇伤或活吞，但假双锯鱼由一层看不见的黏液保护着。海葵甚至无法察觉有条鱼在这里。相反，假双锯鱼可以使海葵清洁，并可驱赶取食海葵触角的蝴蝶鱼。

假双锯鱼（*Amphiprion ocellaris*）

- 9～11cm。
- 印度洋东部和太平洋西部的巨大海葵群中。
- 小型橙色鱼类，有3条白色环带，中间的一条向头部凸出。

安全区域

一条假双锯鱼在它的“触手之家”中保持着警惕，一旦有危险接近，它就会扭动身体往里钻。

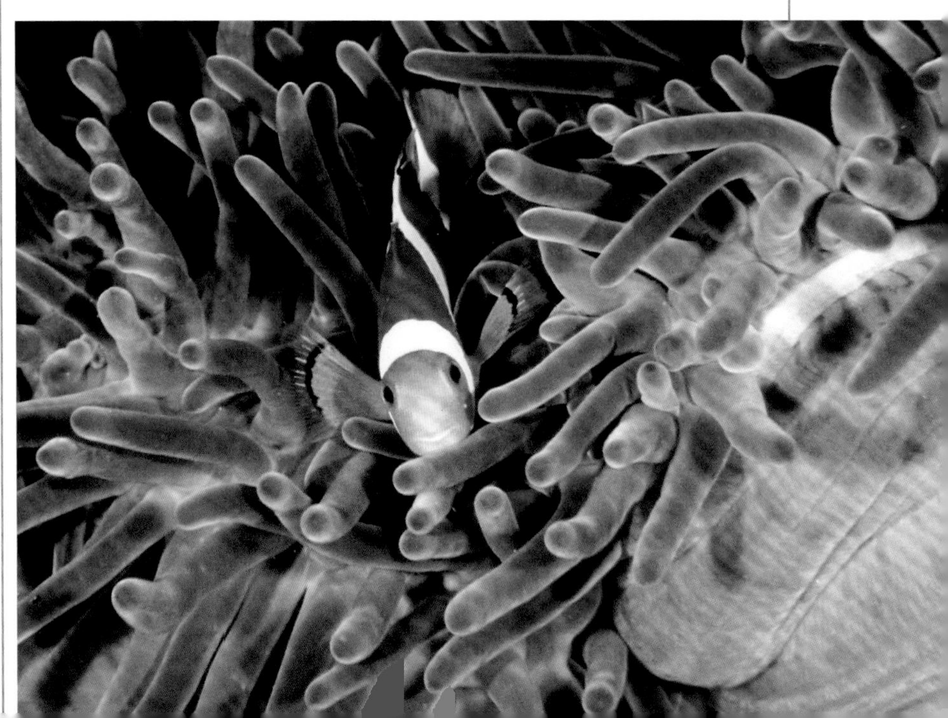

警告标记

真螈

这种蝾螈引人注目的斑纹是一种警告标志，说明它们是有毒的。位于眼睛后部的球状类鳃腺能够产生神经毒素，会引起脊椎动物换气过度和肌肉痉挛。真螈可以主动地喷射这些毒素以阻止捕食者的进攻。毒素也能从腺体分泌出来沿着背部流出。

真螈（*Salamandra salamandra*）
- 长达25cm。
- 欧洲西部、中部和南部有池塘和溪流的林地中。
- 矮胖的大型蝾螈，有不规则的黄斑。
- » 372。

皮肤腺

鳃腺

难以应对

琉球棘螈

琉球棘螈的防御使得捕食者很难下手。除了在繁殖季节，琉球棘螈大多数时间都会躲在落叶层下。如果遇到了捕食者，它会放平身体，抬起头部和尾部，卷曲其身体来阻止攻击。如果这些都不奏效，棘螈被抓住，捕食者也会因为它身体两侧尖利的棘而放开它。这些棘是长长的肋尖，从多瘤状物的皮肤上伸出来。不幸的是，这些防护手段并不能阻遏人类，该物种因为宠物贸易而变得濒危。

琉球棘螈（*Echinotriton andersoni*）
- 13~16cm。
- 日本的潮湿森林、草地和沼泽中；其他地方已灭绝。
- 矮胖、扁平的蝾螈，身体两侧有尖锐的棘；像微缩的鳄鱼。

>>01

>>02

>>03

>

翻转身体

东方铃蟾

铃蟾的小体形意味着它易受天敌（如鸟类和蛇）的攻击。它通常通过蹲下和保持静止来设法避免被看到。它棕色瘤状的背部帮助它融入泥泞的环境中。但如果这不奏效，捕食者看穿了它的伪装，铃蟾会有另一道防线。像许多其他种类的蟾蜍一样，它也分泌毒液，通过皮肤产生恶臭的化学物质。它腹部火焰般的颜色同样显示它味道难吃。当受到威胁时，铃蟾显示出一系列称为安肯反射（Unken reflex）的防御姿势，是定型行为的一个例证。铃蟾先是放平身体，然后背弓起，支起腿尽可能显露出腹部更多的颜色。如果必要的话，它会干脆翻转过来显示整个呈鲜艳橙色的腹部。在这种状况下，捕食者清楚地看到警告色，就可能不会把铃蟾作为食物了。

东方铃蟾（*Bombina orientalis*）
- 3.5~5.5cm。
- 欧洲中部、南部丘陵和山地中植被好的栖息地中。
- 小型蟾蜍，背部深色，腹部黄色并有暗色大斑点。

静止、趴下、弓背和翻转

>>01 当东方铃蟾意识到已经被捕食者盯上后，第一个反应是停下来不动。

>>02 接着，它趴下来尽可能使身体扁平贴向地面。

>>03 铃蟾快速地抬起头，弓背以暴露它鲜亮的腹部，同时伸直腿，腿的下侧也有类似的图案。

>>04 若威胁依旧存在，它就会用腿把自己翻转过来，彻底暴露亮丽的腹部。

致命的分泌物

蔗蟾

这是一种巨大的两栖动物，是世界上最大的蟾蜍，通过喷射一种剧毒的毒液来保护自己，这种毒液是由眼睛后部类似腮腺的皮肤腺分泌的。当危险来临时，蔗蟾转过身使腺体对着进攻者，毒液可以喷射一小段距离。在它的原产地，捕食者在一定程度上已经适应了毒液；但在澳大利亚和夏威夷，许多宠物狗在衔到蔗蟾后死掉了，人也会染病。

蔗蟾（*Rhinella marina*）
- 长达23cm。
- 原产于中、南美洲的陆地生境；被引入澳大利亚和美国。
- 大型蟾蜍，具有敦实的身体和短腿。

黏糊糊的毒液

这只蟾蜍肩部的白色分泌物对心脏有毒害作用，能够杀死天敌。

人类的影响

被引进的害虫

为了控制甘蔗地里的甲虫类害虫，蔗蟾于1935年被引入澳大利亚。它无视害虫，却喜欢吃差不多所有其他东西。现在这种蟾蜍自身也成为害虫了，已经扩散到广大的昆士兰州及郊外，在一些地区数量巨大，对当地的野生动物有显著的危害。

膨胀的姿态

普通蟾蜍

蟾蜍作为动作迟缓的两栖动物，快速的逃走并不是一个好的选择，尽管它能在很短的距离内跑走，甚至有时会跳跃。所以如果遇到一个动作敏捷的捕食者，它会通过假装自己比实际更大来恐吓对手。对峙时，蟾蜍尽可能地伸直腿把自己抬起来，并吞进大量的空气使自己膨胀。

主动迎敌

面对主要的天敌游蛇（俗称草蛇），这只普通蟾蜍把身体鼓起来，使自己看上去更大，这是典型的防御姿态。

普通蟾蜍（*Bufo bufo*）
- 长达15cm。
- 欧洲各种栖息地，除爱尔兰。
- 体形最大的欧洲蟾蜍，有瘤状的皮肤，眼后具有大的腮腺。肤色从绿或褐色至红棕色。
- » 154，370~371。

箭毒蛙科（Dendrobatidae）

1～5cm。

中美洲和南美洲北部的雨林中。

本科约170种，身体颜色鲜艳，有突出的吻部，脚趾上有吸盘。

» 347。

有毒的皮肤

箭毒蛙

大多数箭毒蛙有鲜艳的颜色来警示它们超强的毒性，同时说明自己并非美食。它们演化出了极毒的皮肤分泌物，因为它们的许多天敌都对一般的毒素有抗性，如蛇和蜘蛛。不同种类的箭毒蛙产生的毒素也不相同。大多数有毒的种类会在白天猎食昆虫，并确信捕食者将会注意到它们的警戒色。一些几乎没有毒性的蛙则通过拟态模拟大多数有毒物种的颜色，同时倾向于独处。箭毒蛙都很敏捷，所以它们最后的一道防线就是跳离危险境地。

有毒的碰触

这种背部有鲜明的橙红色皮肤的污背箭毒蛙（*Dendrobates galactonotus*），清晰地表明自己是有毒的。大多数捕食者都会避开它。

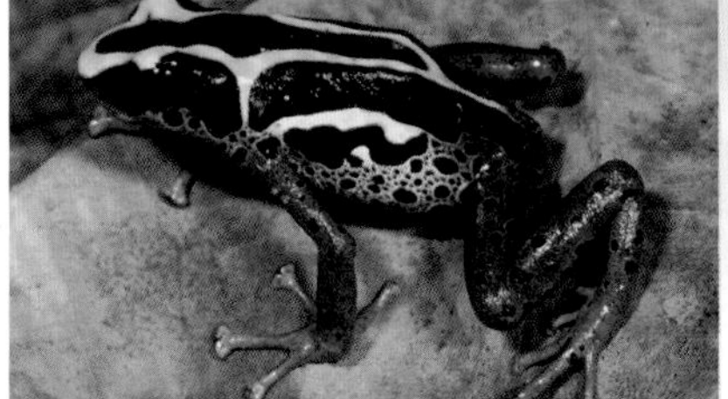

彩虹般的颜色

箭毒蛙展示出令人惊奇的不同警戒色和图案，甚至在同一物种中的不同个体身上也是如此。上图为花箭毒蛙（*Dendrobates tinctorius*），左图则是草莓箭毒蛙（*Oophaga pumilio*）的黑斑红色型。

人类的影响

吃来的毒素

哥伦比亚印第安部落族人将箭毒蛙分泌的致命毒素涂抹到吹管镖的头部。金色箭毒蛙是首选，因为它的毒素是最有效的，一只蛙所包含的毒素足以杀死10个人，只需将吹管镖头部在蛙背上蹭蹭就足以杀死一只猴子。箭毒蛙通过吃某些特定的甲虫来获得毒素。在新几内亚岛，蛙毒素已经在吃甲虫的鸟的羽毛里被发现了，其他物种也发现有类似行为。

向后的目光

四眼蛙

背对你的敌人似乎是一种愚蠢的行为，但这正是四眼蛙（也叫四眼蟾、纳氏竖蟾）吓跑捕食者的方式。在它的背上有两个巨大且显眼的黑点。当蛙蹲下时，腿藏在下面，但如果它把后腿伸开，捕食者面对的就像一对瞪着的眼睛。防御性眼点也在日鳽（一种长得像鹭鸶的鸟）的身上被发现，但这种方式在昆虫中更为常见。

四眼蛙
（*Eupemphix nattereri*）
3～4cm。
巴西、巴拉圭和玻利维亚的草地和湿地中。
小型蛙，有肥胖的身体、短腿，后背有两个巨大的眼斑。

假眼
这只蛙暴露出它巨大的假眼，鼓起身体给人一种假象，似乎它是一个很可怕的动物。

积极觅食
这只箱龟正在露出脑袋搜寻目标，它的头可以从壳中伸出更长，以探查危险。

东部箱龟
（*Terrapene carolina*）
10～21cm。
美国东部大部分地区湿润的森林中和潮湿的草地上。
陆龟，有高高的黄褐色半球形外壳。

活盖门

东部箱龟

这只缓慢移动的箱龟大多数时间都在开阔地搜索蛞蝓、蚯蚓和蘑菇，所以经常会遇到捕食者。于是它进化出了一套完整的防卫护具。

坚硬厚重的壳由一个圆顶状背甲和一个扁平的腹甲构成。当危险出现时，龟迅速地把头、颈和足缩进壳里。胸板有个可活动的铰合部，可以紧紧闭合龟甲来保护头和四肢。

密封
当龟缩进壳中时，它的龟甲就会像活动门一样关闭起来。

断尾求生

非洲蓝尾石龙子

如果捕食者发现一条非洲蓝尾石龙子，它可能会设法去抓石龙子的尾巴，因为鲜亮的蓝色会吸引它。几秒钟后，捕食者抓到的仅仅是一段扭动的尾巴而已，而石龙子已经安全脱逃。石龙子用自断的方法故意甩掉自己的尾巴，使捕食者分心，这种策略帮助石龙子脱逃。尾会再生但短些，大多数情况下会和身体保持相同的颜色。也就是说，断尾是石龙子的最后一招。在美洲大陆也发现了和石龙子相似的物种，其他的某些蜥蜴也有断尾的现象。

非洲蓝尾石龙子
（*Trachylepis quinquetaeniata*）
长达25cm。
广布于非洲湿润阴凉的栖息地中。
有光泽的蜥蜴，有圆柱形的身体和蓝色长尾。

会诱骗的尾巴
断掉的尾巴会剧烈地摆动一段时间，可以分散捕食石龙子的天敌的注意力。

解剖学
骨折点

石龙子的尾在特定的位置断开。在尾椎间有几个薄弱的骨缝，必要的时候，它只要收缩其中一个骨缝上的肌肉，尾巴就自动在此断开。在一些物种中则是从椎骨中间断开。已切断的尾动脉周围的肌肉收缩以减少失血。当尾再生时，新的组织通过软骨来稳固。

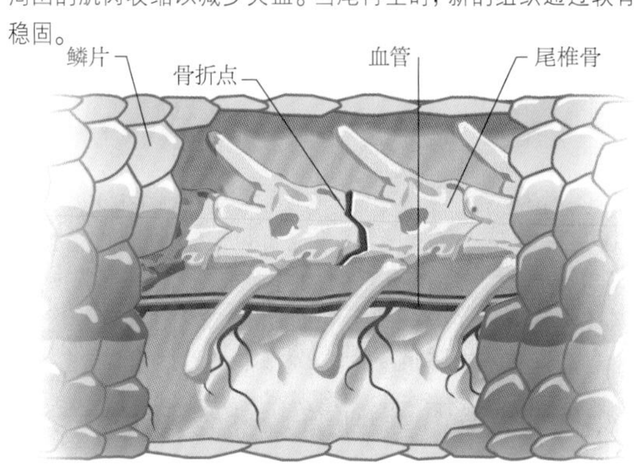

喷血射击

角蜥

这只美洲的角蜥恶心的气味、蟾蜍样的外表和尖利的棘刺就可以阻止胆小的捕食者。然而，如果遇到了下决心要接近它的捕食者，这只角蜥会从每个眼角附近的孔中喷出自己的血液。血液中含有恶臭的化学物质，这足以击退大多数狼、郊狼、家犬。喷射距离则可达1.5米。因为来自人类收藏者压力，这种独特的蜥蜴现在属于濒危物种。

血腥的防御
角蜥可以喷出身体内三分之一的血量而不会对身体有不利的影响。然而，这种针对捕食者的血流的作用是有限的。

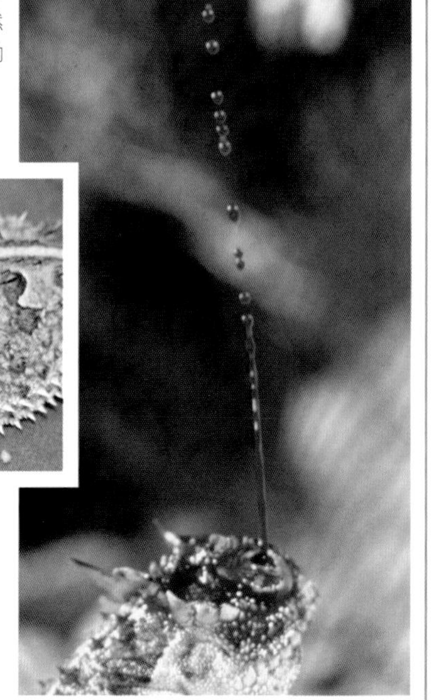

角蜥（*Phrynosoma cornutum*）
6～18cm。
美国中南部开阔的干旱地区和草地。
敦实、肥胖的蜥蜴，有大的头棘和多刺的侧鳞。

长角的头部
角蜥的花斑状伪装是它的第一道防线，而头部大的棘状冠使大多数捕食者难以下嘴。

从鼻到尾

犰狳蜥

犰狳蜥像犰狳一样，当感到危险来临时，会蜷成一个球。它用强壮的下颌咬住尾巴，几乎不可能被打开。而它的身体、腿和尾都覆盖着成排的方形鳞片，鳞片的边缘带刺，当身体卷曲时，刺都会直立起来。在这样的状态时，犰狳蜥看起来不像是个活的动物，通常不被注意。犰狳蜥精心设计的防御机制使得它在开阔地带也能悠闲地生活。

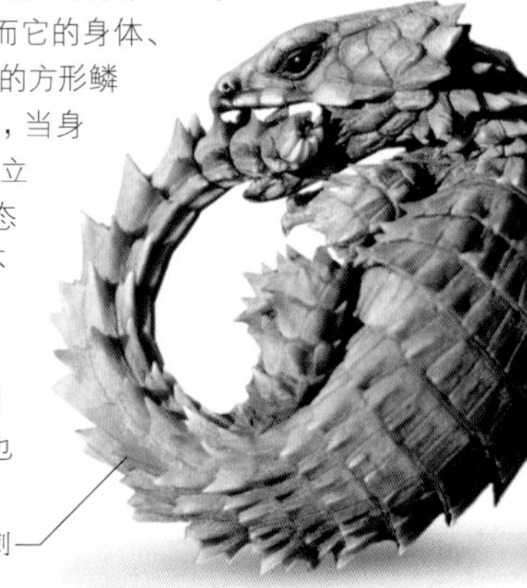

犰狳蜥
（*Cordylus cataphractus*）
16～25cm。
非洲南部的干旱灌丛和有岩石的荒漠地区。
褐色蜥蜴，有繁重的盔甲，被有坚硬的鳞片和棘刺。

棘刺圈
通过蜷成一个刺球，犰狳蜥可以保护好它柔软的下部，阻止一些捕食者如猛禽的袭击。

突然发射

飞蜥

像许多同类一样，这些树栖的蜥蜴大部分时间都会贴在树干上，保持完全静止。它们的保护色使它们很难被发现，从而依赖这些伪装和敏捷的爬树能力使自身得到保护。然而，这些蜥蜴也能头向下冲到空中，滑到另一棵树上。身体两侧大而松弛的皮膜由肋骨支撑，展开形成临时的翼。这些肋骨是可以移动的，能移动到身体两边。强壮的爪帮助飞蜥安全地着陆。滑翔距离可达8米。

滑翔经常用来完成从一棵树到另一棵树的转移，而不只是用来避敌。然而，雄性的飞蜥有领地行为，喜欢占据一部分树木。在其领地中至少有一只雌性个体，而通常情况下是2~3只。

飞蜥（*Draco volans*）

- 20~30cm。
- 印度南部和东南亚，包括婆罗洲和菲律宾的热带森林中。
- 瘦小的蜥蜴，有长尾、翼状的侧肋膜和位于下巴上的垂肉（用于炫耀）。

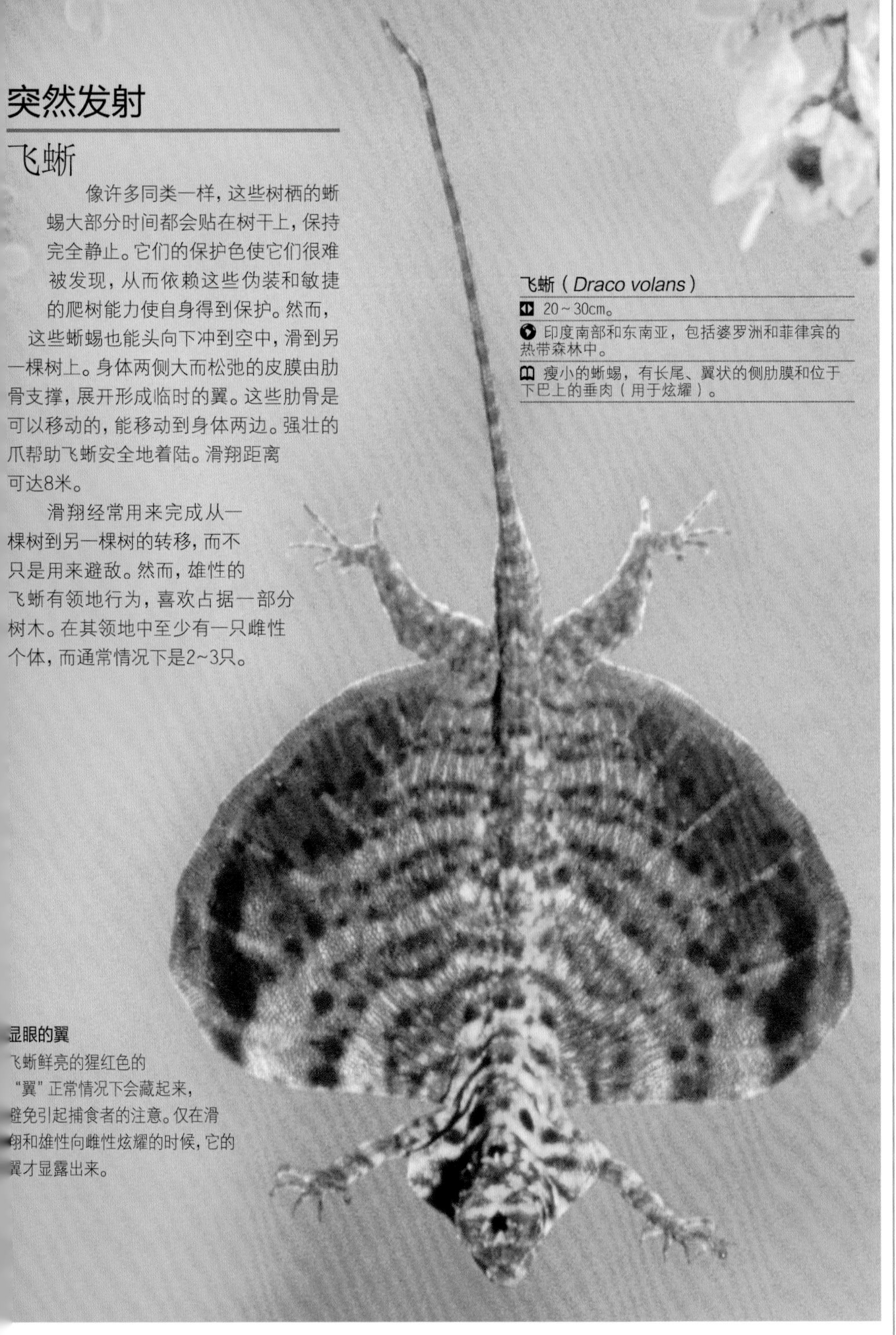

显眼的翼

飞蜥鲜亮的猩红色的“翼”正常情况下会藏起来，避免引起捕食者的注意。仅在滑翔和雄性向雌性炫耀的时候，它的翼才显露出来。

有毒的喷射

莫桑比克黑颈眼镜蛇

眼镜蛇是剧毒蛇。莫桑比克黑颈眼镜蛇特别危险，因为它能将毒液喷射到3米远的距离。它会抬起头部，颈部变得扁平，然后仔细地瞄准天敌的头部，特别是眼睛。这种毒液毒性很高，但眼镜蛇很少真正去咬，大多数捕食者都是受到它进攻姿势和超凡喷毒技术的警告。然而，精神高度紧张和不稳定的情绪，使得它被认为是非洲最危险的蛇类之一。蛇咬是可能致命的，但紧急治疗通常可以挽回性命。如果眼镜蛇不断地被骚扰，它就会装死，希望它的天敌对它失去兴趣。

黑颈眼镜蛇的蛇毒是一种**有效的神经毒素**，但蛇自己对蛇毒免疫。

致命的瞄准

莫桑比克黑颈眼镜蛇可以将身体的三分之一竖立起来，所以很容易将毒液喷射到大多数捕食者的眼中。毒液可以引起严重的伤害，甚至失明。

莫桑比克黑颈眼镜蛇（*Naja mossambica*）

- 0.9~1.4m。
- 非洲东南部的稀树草原、林地和空旷地上。
- 体形纤细，呈褐色至灰色，有狭窄的侧膜，可以竖起。

预警声

西部菱斑响尾蛇

当响尾蛇遇到危险时，发出的响亮的咯咯声是自然界最有名的警告声。通常西部菱斑响尾蛇会待在原地而不是溜走。为一些不必要的打击而耗尽能量是达不到预期目的的，所以蛇通过摇响尾尖部的特殊结构来警示它的存在。如果这种警告奏效了，蛇将离开，一般会退到一个安全的藏身之地。人如果被响尾蛇咬到，则有可能致命，但蛇仅仅在自我防御时才会攻击人类。它会用它的毒液杀死鸟类和啮齿类作为食物。

西部菱斑响尾蛇（*Crotalus atrox*）

- 0.8~2.1m。
- 美国西南部和墨西哥干旱的岩石和荒漠生境中。
- 粗壮的大型蛇类，有独特的三角形头部，背部有菱形深色斑。

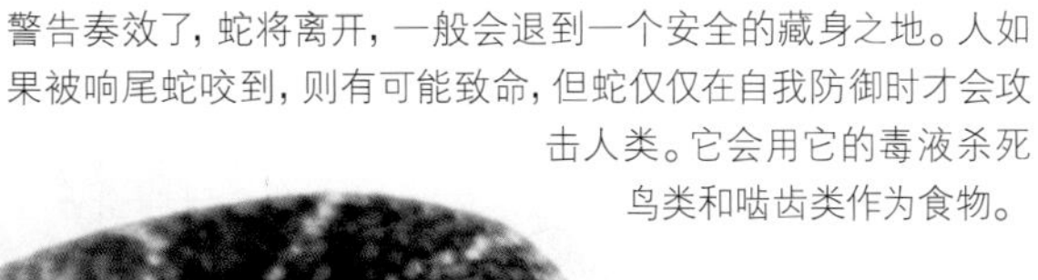

双重警告

如果离西部菱斑响尾蛇太近，它就会在摆出姿势的同时竖立起来，发出咯咯声，警告它将要做出攻击。

解剖学

响环

响尾蛇的响环由一系列连锁的中空环交错组成，这些环是由鳞片转化而来的。当尾部抖动时，响环互相摩擦，发出特有的响声。响环的大小和声音的大小会随着蛇的年龄的增加而增加，因为每次蜕皮都会增加一个新的响环片。

最新的鳞片位于尾的基部

水上行走

斑帆蜥

南亚的斑帆蜥生活在雨林河岸，待在水中巢穴和外边的时间差不多一样多。它们昼夜栖息在伸到水面的枝条上，即使在白天晒暖的时候也是这样。当被打扰时，例如像蛇这样的捕食者出现，斑帆蜥会立刻从栖木上落下，从水面上逃走。

一些小的昆虫，例如池塘中的水黾，众所周知，它们具备在水面上滑行的能力，利用表面张力来支撑身体，而相对比较庞大的脊椎动物似乎不可能做到同样的事情。当然，虽然斑帆蜥不能真正地在水面行走，但它们仍然能通过在水面上短距离急奔来逃避捕食者。斑帆蜥必须快速奔跑并使劲用足拍打水面，就像骑自行车一样，从而产生向上的升力。当向前的冲力耗尽时，它们就会跌落水中。通过扁平的尾巴辅助，它们也是游泳好手。雄性斑帆蜥的尾巴基部沿着皮肤有一条高脊：在奔跑时脊保持扁平，但在宣示领地时却树立起来。这个帆样的脊也可以用来帮助吸收太阳光，使得蜥蜴在早晨和游泳后能很快地暖和过来。

斑帆蜥是鬣蜥科（Agamidae）蜥蜴中个体最大的成员。其他几种蜥蜴也具备在水上奔跑的能力，包括生活在中、南美洲的冠蜥属（*Basiliscus*）。在水上，年轻的个体比成年个体跑得更远，但通常它们都会游泳逃走。斑帆蜥能在水下停留数分钟，未证实的报道说是2小时，这么长的时间足以让捕食者失去兴趣。它们的天敌众多，包括猛禽、蛇、更大的蜥蜴，在水中甚至一些鱼类也是它们的天敌。

海蜥属（*Hydrosaurus*）

- 长达90cm。
- 印度尼西亚、加里曼丹岛、菲律宾和巴布亚新几内亚的森林中。
- 体形中等的蜥蜴，有小头、圆身体、长腿和大脚。

近似种

冠蜥有时也被称为耶稣蜥，它们进化出从水面逃避天敌的特点。它们有超乎寻常的大后足，每个趾都带有皮瓣。这些皮瓣在陆地奔跑时折叠着，而在水面时即展开。图中展示的是斑纹冠蜥（见上图）和羽饰冠蜥（见左图）。

个案研究
水上行走机制

在实验室水池中用高速摄影机拍摄的照片显示：羽饰冠蜥在水上的跨步分为3个阶段。拍击阶段：蜥蜴的足直接落下，在足周围的水被拍击起来，在水面形成一个气腔；当它的腿收回的时候，通过拍击产生向上的升力足以让蜥蜴保持在水面上。冲击阶段：有一个向前的冲力。最后是复原阶段：足收回，离开水面，准备下一步。只要它跑得足够快，就能通过双足交替的支撑保持直立。它在水面奔跑时速度能达到10千米/时，年轻的个体在沉入水中之前能跑得更远。

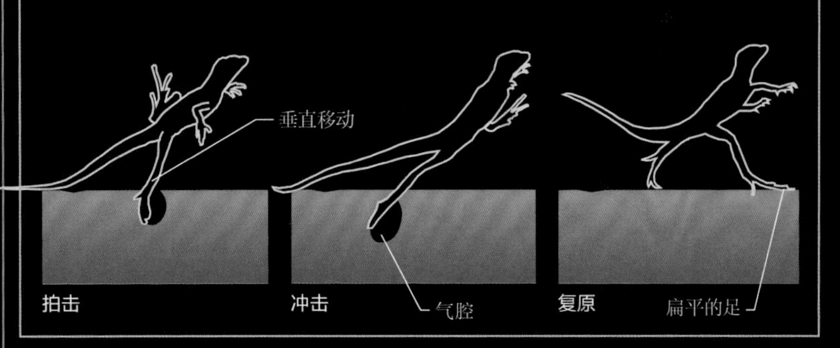

跑到安全的地方

这只斑帆蜥看起来就像奥运会中的短跑选手一样，它从水面跑过时留下了一串水滴。这些动作镜头是在实验室里被捕捉到的。在野生条件下，逃避天敌的蜥蜴最后将耗尽力气，落入水中，轻松地游走。

假死

这条游蛇（俗名草蛇）腹部朝上，张着嘴，舌悬在外边，令它的对手认为它已死亡。

装死

游蛇

游蛇在感觉到威胁或被敌手逼得走投无路时会装死。捕食者，如猛禽，通常只捉活的猎物，可能会完全忽略蛇的存在，若蛇突然开始活动则会吓走捕食者。如果一个动物衔起这条蛇，蛇会从泄殖腔释放出一种恶臭的液体。这种蛇胆小，无毒，很少咬人，但在强大的压力下可能发出嘶嘶声或闭着嘴佯装进攻。

游蛇（*Natrix natrix*）

- 长达1.2m；极少数长达2m。
- 整个欧洲的潮湿地区、林地、旷野和花园中。
- 褐色或浅绿色的蛇，有黄色颈环，在头后边缘有黑色。
- 357。

威吓姿态

灰鹤

这只鹤面对捕食者展开它的宽翼，使自己看起来更具威胁性。这种威胁性的展示通常在繁殖季节看到，因为成年个体需要保护卵和幼雏。众所周知，鹤也会做出舞动性展示：跳跃，头弯下来，用足踩踏。这种行为会在求爱过程中出现，但有时也用于处置威胁。

展开翅膀

面对一只赤狐，这只灰鹤展开翅膀阻止这头肉食动物接近自己的巢穴。

灰鹤（*Grus grus*）

- 1.2m。
- 欧洲、亚洲和非洲北部的湿地中。
- 高高的、优雅的涉禽，有长而尖的喙，长而浓密的尾。

腿部力量

鸵鸟

鸵鸟的腿和足很适合奔跑，这种鸟可以轻松地摆脱大多数捕食者。当受到惊吓时，它可以在很短的距离内加速到30千米/时，甚至突然爆发到70千米/时。这样高的速度只有陆地上跑得最快的动物——猎豹可以达到。如果鸵鸟被抓住，它会用腿蹬踢，发出重重一击，这足以杀死或重伤追捕者。鸵鸟也会用姿势恐吓竞争者或捕食者：展开翅，羽毛抖松，发出嘶嘶声。

致命踢踏

从图片中可以清晰地看到两只追逐中的鸵鸟腿部大块的肌肉，这使得鸵鸟能有力地踢踏。不像有蹄类动物，鸵鸟只能向前踢踏。

鸵鸟（*Struthio camelus*）

- 高1.7～2.8m。
- 非洲的稀树草原、灌丛、草地和半荒漠地区；被引入到澳大利亚。
- 不能飞翔的巨大鸟类，有长而裸的腿，颈很长。

巨蜥入侵者

这只巨蜥被一只水石鸻摆出的吓阻行为搅得很烦乱。水石鸻是一种夜行性的鸟类，它通常会把巢穴藏在河堤上使其受到保护。巨蜥喜欢偷没有亲鸟看护的巢中的卵，这表明水石鸻有机会击退它的敌人。

惊吓策略

日鳽

这种隐蔽在森林沼泽和池塘中的鸟用视觉惊吓手段阻止潜在的捕食者。当日鳽安静地猎食鱼和蛙时，翼是折叠着的，这时它很难被发现。它缓慢地沿着水边行走，黑棕相间的灰色羽毛使得它和背景融在一起。它也把飞羽藏了起来。如果捕食者来挑战，特别是攻击巢穴时，日鳽将展开它的翼，暴露出上面的一对假眼。眼点是黄底上红黑相间的，产生很强的视觉冲击。面对看上去像大动物眼睛的图案，大多数捕食者都会退却。眼点在鸟类中并不鲜见，而且也会在四眼蛙和许多昆虫身上见到。

日鳽（*Eurypyga helias*）

45cm。

中、南美洲植被好的河岸、池塘和有树木的溪流中。

鹭状的鸟类，有长颈、长而直的喙，以及无蹼的足。

令人惊愕的翅膀

为了保护自己的巢地，日鳽在完全展开的翼上展示出鲜艳的假眼。这种漂亮的展示也用于求偶。

黏稠的防护

红冠三趾啄木鸟

大多数啄木鸟在树洞中筑巢，在那里，它们的卵和幼雏可以受到良好的保护。然而，它们的巢穴易受蛇类的攻击，蛇很容易爬进去。为了挫败树蛇的攻击，红冠三趾啄木鸟具有特殊的防御行为以保护巢穴。它在巢的洞口旁边啄一些小洞，使树皮下的树汁缓慢地流出并凝结在洞口周围。有时候啄木鸟也会把树皮剥掉，露出光滑的表面，使得蛇难以攀爬。

红冠三趾啄木鸟是一种群居的鸟类，它们以家庭或小的家族为单位。在群内筑巢的亲鸟可以得益于未孵卵的鸟（通常是年轻的较早孵化出来的雄鸟），这意味着有更多的个体可以警戒捕食者。

红冠三趾啄木鸟只在活的松树上筑巢。**松脂能粘住蛇的鳞片**，使蛇无法爬上树来。

红冠三趾啄木鸟（*Picoides borealis*）

20～23cm。

美国东南部成熟的开阔的松树林中，通常是被火烧过的空旷地带。

黑白相间的小型啄木鸟，背部窄，胸部有黑色斑。

保护鸟巢

红冠三趾啄木鸟巢的洞穴周围看上去沾满了厚厚的黏稠的树脂。

危险的生活

水石鸻

将巢地选择在有尼罗鳄的河堤附近可能看似是不经意的，但这的确是一种称为水石鸻的涉禽所做的令人疑惑的事。一般认为这种行为可以增加鸟巢的安全性，因为雌鳄会强有力地驱赶偷袭自己巢穴的动物，如靠堤岸太近的蜥蜴。水石鸻是夜行性鸟类，白天它隐藏起来，但在夜晚它会大声鸣叫，它的告警声被认为可以为鳄鱼同伴提供危险预警。当危险来临时，鸟会弯下头，张开翅，冲向进攻者。科学家已经在研究水石鸻选择巢穴地址是有意选择这种防卫策略，还是这就是偶然行为的结果，因为水石鸻和鳄鱼都在砂质的堤岸筑巢，最终总有可能成为邻居。还有一些实例是鸟类在危险的动物附近筑巢，例如，在中美和南美洲的拟椋鸟会将它们长袜状的巢悬挂在胡蜂或蜜蜂的巢边来加强保护。

水石鸻（*Burhinus vermiculatus*）

40cm。

整个非洲南部的湖泊、河流和湿地中，特别是有沙子的岸边。

涉禽，有长腿、非常大的眼睛和厚重的喙。

坚韧的鳞甲

穿山甲蜷曲起来，就像一个成熟的松果球。鳞甲可以立起来，以使鳞片的锐边朝外，使攻击者更难穿透护甲。

盔甲勇士

南非穿山甲

虽然大多数哺乳动物体表覆有毛发，穿山甲却紧贴皮肤覆盖着一层覆瓦状鳞片，尽管它柔软的腹部也被毛。它从头到脚（包括尾巴和四肢）都覆盖着鳞片。穿山甲生活在地面，并掘洞休息或生育。如果有危险，它会逃到洞中躲避；但如果不能及时到达洞中，它就会蜷缩成一个多鳞的大球，几乎不可能靠外力展开。鬣狗是非常少见的能够破坏这种防御的捕食者。它们有碎骨器般的颌。成年鬣狗能咬穿鳞片，特别是小的穿山甲。作为最后的补救措施，一只被逼得走投无路的穿山甲会抬起它的臀部，将臀部上由特殊腺体分泌的液体喷向进攻者。

南非穿山甲（*Manis temminckii*）

- 40～70cm。
- 非洲中部和南部的开阔森林中和草地上。
- 身体长，呈锥形，被鳞甲，吻部突出，爪有力，舌长，适于捕食蚂蚁。

甲胄球

巴西三带犰狳

犰狳因可将身体上厚重的铠甲卷成一个密实的球而得名，这是高度有效的防御形式。实际上，世界上仅有两种犰狳——巴西三带犰狳和南三带犰狳能做到这一点。其他犰狳种只将铠甲作为抵御物，如果遭到攻击，它们还是喜欢逃到覆盖物下或快速挖个地洞逃离险境。但三带犰狳不同——它们会蜷成一个球，躲在自己的壳里，这样它们就能面对危险而安全地停留在地表。犰狳的铠甲是连锁在一起的骨板，覆在肩部和臀部，形成坚硬的壳。一排排骨板之间由厚硬的皮肤相连，展开就像一个手风琴，行动自如。犰狳属于带甲目（意思是“有带状甲壳的动物”）。

巴西三带犰狳（*Tolypeutes tricinctus*）

- 30～37cm。
- 巴西中部和东北部的林地草原和干燥而开阔的乡村。
- 身体紧凑，具有非常粗厚、坚韧的前后骨板，以及可伸缩的甲带。爪有力，尾巴厚实。

卷成球

>>01 一只被捕获的巴西三带犰狳从地面上走过。它步伐缓慢，贴着地面，身体上暴露出的柔软部分很少。

>>02 当开始蜷曲时，它背部中央3条骨板间柔韧的皮肤开始伸展。

>>03 犰狳尽力地蜷曲它的头部和四肢，使臀部和肩部连在一起。

>>04 最后，犰狳将头部和尾部加入进来，完全变成一个铠甲球。

>>01

>>02

>>03

>>04

刺肉的刚毛

南非豪猪

豪猪一般情况下只是将刺平顺地驮在背上，但是如果危险来临，它们会竖起尖利、粗壮的刚毛和更长的棘刺进行防御。当防御时，它们看上去更大、更具威胁性。如果捕食者（如鬣狗、狮子或豹）很有勇气或对走投无路的豪猪经验不足，当豪猪向后逃走时，捕食者可能会被扎得满脸是刺。脏的伤口可能会感染，所以豪猪的攻击可能是致命的。为了警告它的对手不要进攻，豪猪会抖动空的尾刺发出蛇般的咯咯声。

南非豪猪（*Hystrix africaeaustralis*）

- 50cm。
- 非洲各种有植被的生境，特别是撒哈拉沙漠以南地区的岩石丘陵地带。
- 巨大的啮齿类，被粗糙的毛发，在身体后部和胁部有棘刺和刚毛。

多刺的啮齿类

豪猪多刺的防御系统在啮齿类里是独一无二的。这种刺很容易脱落，虽然如此它们却仍然非常自信。在面对敌人时，豪猪会使劲地振动自己的刺。

热尾

加州黄鼠

黄鼠（亦称地松鼠）如果在旷野遇到它的主要天敌响尾蛇，便会抬起浓密的尾巴，像挥舞旗帜一样挥动它。但首先黄鼠会给尾巴压去更多的血液，使其温度升高几度。响尾蛇通过面部特殊的器官——颊窝探测红外线（热）捕猎。这种突然急速升高的温度使得黄鼠看起来更大，能更有效地恐吓蛇。

加州黄鼠（*Spermophilus beecheyi*）

体长30～50cm；尾长13～23cm。

美国西部多数生境中的地表以及洞穴中。

身体矮壮，呈褐色，下体苍白，眼周有一圈白色的环。

用尾巴警告

加州黄鼠试图通过抛土和挥动尾巴来恐吓蛇。如果均不奏效，它会使尾巴充血变热，这种不寻常的热防御形式能有效地阻止响尾蛇。

滑行脱险

斑鼯鼠

大多数树栖松鼠可以从一棵树上跳到另一棵树上遁入密林，但鼯鼠具备更高超的能力。当它从一棵树上跳下时，会展开它的四肢，四肢之间连着松软的皮膜。这种展开的顺滑表面可以使它滑行到另一棵较低的树上。

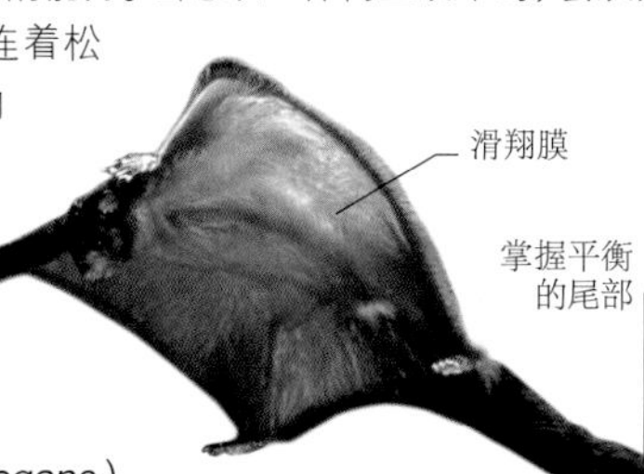

斑鼯鼠（*Petaurista elegans*）

30～45cm。

东南亚低地森林中的高大树木上。

体大，呈红褐色，背部有白色斑点，前后肢之间有滑翔膜。

滑行运动

鼯鼠可以确定它的下滑角度，通过移动前肢控制方向，非常像自由降落的跳伞者用手臂控制方向。

有毒的口水

懒猴

如果懒猴妈妈不得不单独留下它的宝宝，它会先舔舐它的宝宝，用唾液浸湿它的毛。雌懒猴将有毒且带恶臭的肘部腺体分泌物混入唾液，这种恶心的气味可以有效地防御天敌。被懒猴咬一口是非常严重的，因为其下颌上特殊的牙齿带着很多唾液。

懒猴（*Nycticebus coucang*）

30～38cm。

印度尼西亚和其他东南亚国家的雨林中。

体形小的树栖灵长类，眼大，脚趾灵活，善于抓握。皮毛短而密集。

跌落逃避

假如不能逃走，带幼崽的懒猴并非毫无抵抗能力。如果它们刺鼻的气味不能阻止捕食者，雌懒猴将带着它的小崽直接从树上跌落到下一层枝杈或灌木丛中。

捶打胸膛

山地大猩猩

因具有银灰色斗篷般背毛而著称的银背大猩猩，它们每个家族的雄性首领，不得不面对独居的雄性大猩猩或人类的威胁，而人是成年大猩猩的唯一天敌。银背大猩猩主要通过表现出攻击性以恐吓对手来应对这种威胁，这些表现包括扯掉周围的植物和捶打自己的胸脯，同时夹杂着一系列可怕而粗暴的怒吼。这种举动往往能阻止一次血腥的遭遇战。

山地大猩猩（*Gorilla beringei beringei*）

1.3～1.9m。

卢旺达、乌干达和刚果民主共和国交界地区的山地森林中。

体形最大、最强壮的灵长类；银背，巨大的头颅上方具有骨脊。

力量的炫耀

银背大猩猩站立起来，捶打着自己的胸脯，向它的对手显示自己的强壮和力量。如果闯入者没有离开，它会猛冲过去打击入侵者。

危险的游戏

这些豪猪的防御对一只卡拉哈里的年轻狮子并未奏效。这只狮子最终将学会杀死豪猪的方法：把豪猪轻翻过来，暴露出其柔软的腹部。

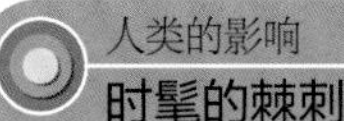

人类的影响

时髦的棘刺

豪猪的刺可被组成图案用于装饰，也可作为护身符出售，或制成衣服的配件或首饰。在非洲的一些地方经常能捡到豪猪的刺，因为刺很容易脱落并再生。豪猪刺的另一个来源是被捕杀的豪猪。被捕杀的原因可能是它们破坏庄稼或人们要吃它的肉。尽管豪猪被捕杀，但它们仍是当地的常见物种。

刺球

欧猬

如果一只狐狸或其他捕食者试图捕食一只刺猬，刺猬将蜷缩成一个多刺的球，把它的头和四肢挤进柔软的腹部。大约5000根锐利中空的刺遍布刺猬整个背部。刺如果受到损坏或脱落，则每年都会更新，以确保刺猬的安全。

欧猬（*Erinaceus europaeus*）
20～30cm。
欧洲的林地、花园和草地中；被引入新西兰。
体形小，身体卵圆形，腿短，吻尖，背部多刺。

反转朝上
刺猬的刺竖立起来时非常尖锐和牢固，能很好地抵御进攻。虽然如此，但如果捕食者设法把刺猬翻转过来（如上图所示），它就可以触到刺猬柔软而易受攻击的腹部，进而杀死刺猬。

敌对的姿势

薮猫

薮猫只比宠物猫大一点，它在力量和个体大小上并不占据优势，所以，像家猫一样，它必须依靠虚张声势来阻遏来自捕食者的潜在攻击。如果被逼上绝路，这只弱小的猫将竖起它的毛，弓起背，展平耳朵，抬起尾巴，并使毛蓬松，还会发出咕噜咕噜的声音并吼叫着。如果这些都不奏效，薮猫会用它的前爪乱抓，逼迫入侵者后退。薮猫是独居者，通过喷尿的方式标记出自己的领地，大约几平方千米。它会在一个突出的固定点排便，在灌木丛和石块上留下臭腺的分泌物。其他薮猫接收到这些信号便会离开，因此在繁殖季节，薮猫之间很少碰面，以避免危险的争斗。

薮猫（*Felis serval*）
70～100cm。
广布于非洲撒哈拉沙漠以南地区的开阔地中。
身体纤细，腿长，头窄，耳大，皮毛具斑点。

勃然大怒
这只薮猫采取了防御的姿态，发出嘶嘶声和吼叫。这种小型的猎手本身也很容易受到更大的猫科动物或鬣狗的攻击。

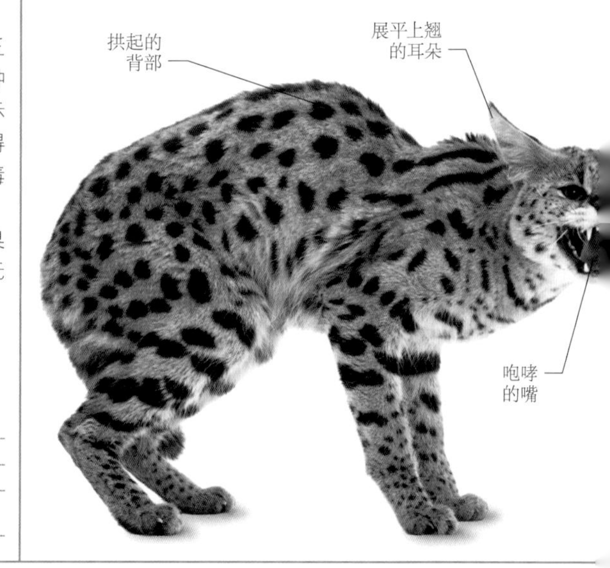

臭气弹
从臭鼬的臭腺放出的气雾状的液体通常足以使捕食者下次不敢袭扰。这是一只未经世事的小赤狐，和有更多经验的双亲相比，它更接近臭鼬。

防御性气味

条纹臭鼬

由于体形较小，臭鼬常被年轻而缺乏经验的捕猎者视为容易捕捉的目标。这种独居动物引人注目的黑白相间条纹，警示出它是个极其令人厌恶的对手。如果靠得太近，它会喷射一种由肛周腺分泌的有毒的臭液体，喷射得又准又远，可达到4米。通过拍打前爪，抬起醒目的白色尾巴，臭鼬会提前给出警示，但如果这些姿势都无效，它将迅速用臭液喷射袭击者。

条纹臭鼬（*Mephitis mephitis*）
身体33～45cm；尾18～25cm。
广布于加拿大和美国。
体形小，地栖，身体具黑白相间的条纹，尾白色而蓬松。

坚固的防护

印度犀

凭借庞大的身躯、结实多层的皮肤和弯角，印度犀很少有天敌。虎会攻击幼年的犀牛，但犀牛肩部、两侧和颈部厚重的皮肤褶皱形成的铠甲有效地抵御了较小的捕猎者。雄性犀牛个体之间偶尔争斗时，它们坚厚的皮肤也有助于防护。尽管显得笨拙庞大，但有竞争关系的雄性印度犀能快速猛烈地冲锋，并用角进行攻击。体形大的成年个体能非常容易地杀死一头疏忽大意的老虎或一个人。犀牛视力很差，不会注意到逆风接近的捕食者，但它们的听觉非常灵敏。这些犀牛在一天中最热的时候到浅塘里打滚，对它们的防御性皮肤进行维护是非常必要的工作。这样可以保持皮肤的清爽并解除昆虫的叮咬，也可以防止晒伤。在较深的水中，它们是游泳好手。大多数情况下印度犀独居，但也会在喜欢的泥沼处形成松散的群体。新到洼地的犀牛在经过一段咕咕噜噜的交流之后通常会留下来，除非数量很大。

不幸的是，它们的皮和角都不能抵御枪弹，人类是印度犀的主要敌人。在尼泊尔，犀牛种群被武装护林员保护着，但犀角的高额暴利使得偷猎和非法贸易依然存在。农民也不喜欢犀牛，因为它们经常踩踏和吃掉作物。栖息地的破坏也迫使犀牛到农耕区去搜寻食物。

印度犀（*Rhinoceros unicornis*）
长达4m。
印度北部、尼泊尔和巴基斯坦的沼泽高草地和接近水源的森林中。
身体暗灰色，独角，皮肤粗糙而坚硬。

粗糙的皮肤
印度犀的腿部和臀部被厚厚的皮肤保护着，上面覆盖着众多的瘤结。厚重的皮肤垂下去像一层防护裙，甚至尾部都附有铠甲。

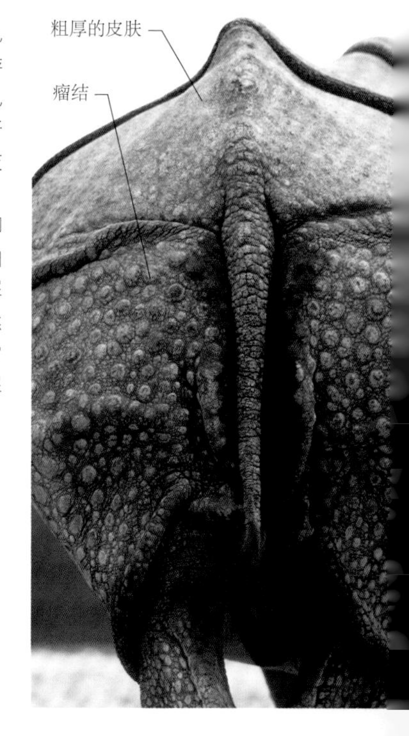

不易繁殖
在自然界中，印度犀是极度濒危的。这只紧跟着母亲的幼犀于2006年出生在圣迭哥动物园，是濒危物种繁殖计划的一部分。雌犀每3年才能生1胎。

暴怒的震撼

非洲象

非洲象全速攻击的景象非常可怕，虽然在大象社会里很少有机会目睹。大象天生温顺，由一头成年雌象率领一个家族群生活和迁徙。它们的体形可以单独对决大多数捕猎者，幼象则被大家庭紧密地看护着。然而，一群狮子或冒失的游客的接近，对非洲象来说是无法容忍的，特别是雌象保护它的孩子的时候。当被激怒时，大象将面对惹恼它的对象，抬起头和象牙，来回扇动它的大耳朵。如果这些威胁的表现不奏效，大象可能会发起攻击，高高抬起它的象鼻，大声地吼叫。通常发怒的大象最终会停止行动或转身离开，但如果非常恼怒，它将用牙刺破或踩踏在它面前的一切东西。独居或单身象群里的公象和发情期的公象是危险的。一头发情期公象的血液中会产生大量的激素，特别是睾丸酮，这使它极具进攻性，更可能发生攻击行为。

非洲象（*Loxodonta africana*）

5.5～7.5m。

非洲撒哈拉沙漠以南地区的开阔草地、灌丛、林地，偶尔也出现在沙漠中。

陆地上最大的动物，耳朵大，鼻子灵活，长牙弯曲。

人类的影响

破裂的家庭

几十年来，象牙贸易造成的偷猎、优胜劣汰，以及栖息地的丧失，这些因素一直在影响一些地区象群社会的稳定。一些农作物、人类甚至其他野生动物，如犀牛，无缘无故地受到大象的攻击。过去很少发生这些情况，现在却开始增加了。这种"大象愤怒"的情况可能是长期人象关系紧张的结果。垂死的成年雌象通常会离开所在的象群漫无目的地游荡，而失去母亲的孤儿也没有母亲来教导。如果象群和增长中的人口想要实现共存，严格的管理是必需的。

进攻中的公象

这头公象在水坑中乘凉时被打扰，它向前扇动耳朵，使硕大的躯干显得更大，尽可能地恐吓对手。

伪装和骗术

一些动物会利用伪装和骗术，而捕猎它们的通常是视觉能力良好的捕食者。在昆虫、小型哺乳动物、被视觉良好的鸟类捕食的爬行动物，以及在海洋里被大型鱼类捕食的底栖鱼类中，这种生存策略特别普遍。当捕猎者悄悄靠近猎物时也会伪装。而对于利用嗅觉和回声定位的捕食者来说，伪装这种反捕猎手段是无效的。

伪装的类型

伪装可以通过动物体表的颜色、图案和纹理来完成。最简单的是动物和栖息地的背景颜色相匹配，以致它完全可以保持静止不动。分裂式的图案，例如动物的条纹，破坏了动物的整体外形，使捕食者看到这些色斑却不会认为和猎物相关。在开阔的水域中，鱼和水生哺乳动物利用反荫蔽策略，无论从上方还是下方观察，它们的暗黑色背部和浅白色腹部与环境都能融为一体。

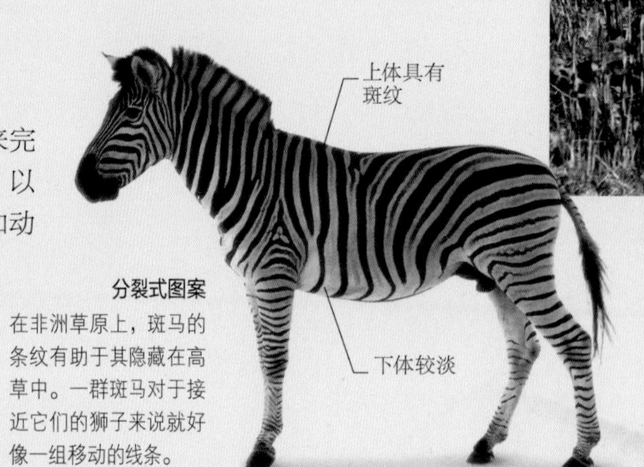

分裂式图案
在非洲草原上，斑马的条纹有助于其隐藏在高草中。一群斑马对于接近它们的狮子来说就好像一组移动的线条。

潜行辅助
一只孟加拉虎在高草中捕猎，阳光照耀着它的斑纹。它的斑纹产生的良好伪装可以使它贴近到距猎物几米的地方而不引起猎物警觉。

持久的伪装

持久的伪装对那些大部分或全部时间都待在相同环境中的动物最为有效。最极端的例子是动物利用其他动物作为生活的巢穴，通常也以它们的宿主为食。在热带海洋中，海扇和海鞭是各种各样的小型软体动物、小虾和小鱼的宿主。这些小鱼小虾和软体动物生活在海扇和海鞭的枝杈中，它们的颜色、图案甚至形状都和它们的宿主相似。倭海马和假梭螺正是以两种海扇作为栖息地，它们附在海扇的瘤状凸起上面，好像海扇的水螅体或进食的头部。它们的伪装是如此成功，以致直到科学家采集到它们居住的海扇之后，许多这样的生物才被发现。很多食叶昆虫也采取了类似的策略。

宾至如归
这种螺和它寄居的海扇在形状、颜色和纹理方面极为相似，它以宿主为食的同时也得到了良好的隐蔽。

合拢的翅呈树叶形

棕褐色与枯叶颜色一致

消失的诡计
随着翅的合拢，这只印度枯叶蝶伪装成了一片棕色的树叶。它的翅的上表面是亮橙色的。

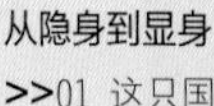

伪装的需要

频繁移动的动物需要可变的伪装系统。这往往需要动物具有变色以及不时变换纹理以适应周围环境的能力，这方面发展得最好的是头足类动物，诸如普通章鱼、甲壳类动物、蜥蜴和鱼类。这些动物的皮肤含有一层叫色素细胞的表皮细胞，其中充满彩色的色素。色素可以散开和聚集，从而改变皮肤的色调。例如，乌贼几乎瞬间就可以改变颜色，这一变化是由神经系统控制的。与之相反，等足类动物皮肤颜色的改变是缓慢的，如海蟑螂属（*Idotea*），这种改变则是由激素调节的。

从隐身到显身
>>01 这只国王变色龙的体色几乎全是绿色，可以很好地融入背景环境。
>>02 现在变色龙显现出些微红色。颜色和图案的改变通常用于吸引配偶或恐吓入侵者。

>>01

>>02

个案研究

安全睡眠

在粗糙的灰棕色树皮的针叶树上，这只乌林鸮（亦称暗色林鸮和拉普兰鸮）的杂色羽毛起到至关重要的隐身作用。这种猫头鹰在捕猎时通常会栖息在树杈上等待，扫视小型啮齿类经常活动的地方。北美洲、欧洲和亚洲的森林都是它的猎食区，捕猎的时间通常在清晨，以及下午的晚些时候和夜晚。乌林鸮是世界上最大的猫头鹰之一，天敌很少。尽管如此，它的伪装在白天也使它更安全，以躲避貂类和貂熊的袭击，这些动物很容易捕捉到没有经验和笨拙的年轻猫头鹰。

完美的隐藏

这只绿冠蜥的颜色与它所处的东南亚热带雨林树冠的多叶环境很匹配，可以躲避树栖的掠食性蛇类。蜥蜴的伪装也为它悄悄接近毫无准备的蚱蜢提供了方便，那可是它的美味。

群落伪装

有时候，不同种动物采取相同的伪装去适应某个特定的环境。例如，在大西洋海域，马尾藻类海草组成的浮岛支撑着整个动物群落，该群落随着海藻四处漂泊。在海草栖息地内，无数个充满空气的囊泡保持着栖息地的漂浮状态，这些动物居住者生活、交配、进食和防止被捕食都离不开这个环境。在这里没有洞穴可以隐藏，也无法到岩石下躲避，所以大部分居住者都能伪装成类似海草的形状和颜色，多数是黄色和棕色。例如，缓慢移动的杂色豚鱼在捕食蠕虫的时候与背景融为一体，它们身体上有不规则的海草样皮肤鳞片，鱼鳍呈马尾藻类海草状，这些都给它提供了极好的伪装。

一只正在游泳的螃蟹清理着碎屑，而它的眼睛看上去就像小的马尾藻的气囊。

一只金海马用善于抓握的尾巴固定在海藻上，随着海藻不停摇摆。

拟态

一种无毒可食用的物种挨着一种看上去相似但却有毒或味道难吃的物种，可以通过拟态获得保护。很多种动物，诸如昆虫、蛇和珊瑚礁附近的鱼类，都进化出了这种类型的行为，那就是贝氏拟态。对于受益的无毒种类，它必须与有毒种类生活在同样的栖息地，并有相同的天敌。已经学会回避有毒物种的捕食者同样不会问津拟态的物种。许多昆虫使用这种拟态方式。美味的毛虫和蝴蝶就模拟了有毒物种，而且很多无毒的蝇类模仿有刺的黄蜂和蜜蜂。在大多数贝氏拟态的例子中，被模仿者比模仿者更常见。过多的模仿者可能导致捕食者通过经验和教训了解到模仿者根本无毒。另一种拟态就是穆氏拟态，即不可食用的物种互相模仿。随着时间的推移，捕食者学会了回避这些动物展示的图案。

被模仿者

大虎毒蝶生活在中、南美洲的热带雨林中。鸟类很少捕食它们，因为鸟类很快就知道它们太难吃了。当这种蝴蝶在开阔地捕食时，这种外衣保护了它们。

模仿者

这种扎神凤蝶（*Papilio zagreus*）与大虎毒蝶极其相似，鸟类也不靠近它，其实它是非常美味的。这种拟态使它也能安全地觅食。

海扇隐蔽物

这只精巧的蜘蛛蟹来自红海，它正拿着一片破损的海扇来隐藏自己真实的外部轮廓。这片海扇是死的，也无法黏附到蜘蛛蟹身上，当它脱落下来时，可能会被其他的材料替代。

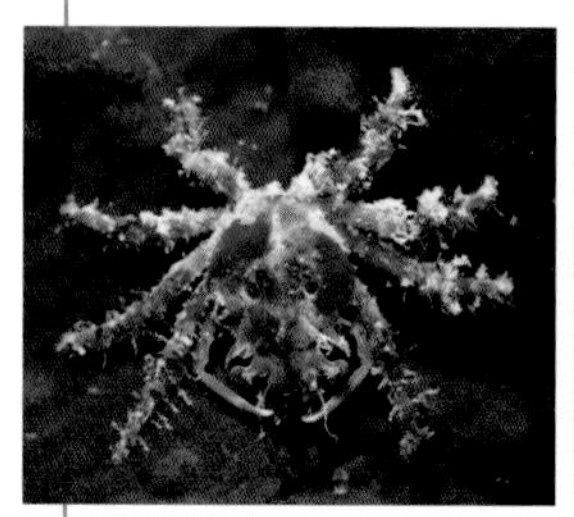

华美的外衣

这只印度洋-太平洋地区的装饰蟹外壳上套着红色的海绵，它移动得很慢，有助于伪装。

伪装大师

蜘蛛蟹

蜘蛛蟹移动缓慢，螯也很弱，所以很容易被肉食鱼类捕食。为了保护自己，许多小型蜘蛛蟹收集了很多小海葵或海藻的碎片、海绵或者其他活着的材料，并把它们黏附到自己的壳上作为伪装。这些材料像尼龙搭扣一样钩在身体的棘刺和绒毛上。在某些情况下，这些小生物会在壳上生长并变得繁茂，从而提供了有效的伪装。全球范围内的蜘蛛蟹种类都被发现有这种防御行为，但这种行为在捕食鱼类广泛存在的珊瑚礁附近特别普遍。表现出这种行为的蟹通常叫作装饰蟹。

蜘蛛蟹科（Majidae）

- 0.8～50cm。
- 遍布除极地海洋外的全球各大海洋。
- 身体卵圆形或梨形，遍布棘刺，有细长的附肢和细小的爪。

树栖模仿者

螽蟖

螽蟖也被称为纺织娘、灌丛蟋蟀。像真正的蟋蟀一样（它们是有亲缘关系的），它们通过鸣唱确立自己的领地并且吸引配偶。雄性螽蟖通过摩擦前翅的特殊部位发声。雌性则根据雄性产生的独特声音来识别自己的同类。然而，螽蟖的求爱方式意味着危险，因为这种声音也会吸引捕食者的注意，这些捕食者包括鸟类、蛇和小型哺乳动物。因此作为一种防御措施，大多数螽蟖身体的颜色是绿色或棕色的，和它们生活的植被很匹配。许多螽蟖成为伪装专家。根据生活或采食的环境，不同种类的螽蟖伪装成青苔、树皮、小树枝或树叶。它们不善于飞翔，因此如果捕食者接近它们，它们就会停止鸣唱，保持不动，依靠它们的伪装来保护自己。一些种类在缓慢的进食或咀嚼之后，会恢复成原来枝杈的样子，帮助它们和背景融为一体。

螽蟖科（Tettigonidae）

- 长达13cm。
- 大多数种类生活在热带，但这个科在世界各地植被繁茂的地方到处可见。
- 体形短粗的昆虫，有平直的头部、长长的触角、刺吸式口器和长腿，翅沿着身体平铺折叠。

隐形斗篷

甚至在一块给定的范围内，来自沙巴和婆罗洲的模拟青苔的螽蟖也很难被认出来。覆盖其身体和上翅的颜色和纹理，与覆盖在树干上的青苔极为相配。

不同地区的雄性普通螽蟖用**各自不同的方言**鸣唱。

青苔模仿者

只要模拟青苔的螽蟖保持不动，它就能一直隐藏着。这只螽蟖生活在厄瓜多尔山脉湿润的热带雨林中，那里有大量的青苔。

冒充嫩枝

巨竹节虫

正如"行走的木棍"这个外号，这些巨大的昆虫与嫩树枝非常相似，即使从近距离观察也很难辨认出来。它们移动起来很笨拙，也不能很容易地从危险的环境中飞走（雌性巨竹节虫的翅特别小），但它们仍然可以依靠良好的伪装逃生。一些相近的种类甚至根本就没有翅。巨竹节虫很擅长保持不动，它们的姿态看上去就像它们所食植物的一个小枝一样，左右摆动，给人一种错觉，好像树枝在微风中晃动。正如绝大多数竹节虫一样，该种雌性会产出不需受精就可发育的卵（孤雌生殖），所以它们甚至不必为寻找配偶而活动。

巨竹节虫（*Phasma gigas*）

- 长达19cm。
- 生活在巴布亚新几内亚的树林或灌木中。
- 身体细长，具有长腿和小翅。

森林中的树杈

在马达加斯加森林中，一只竹节虫悬挂在树枝下一动不动。它的钩状足帮助它牢牢地附着着。如果受到攻击，它可以自然地掉落地面，仿佛一截断枝。

叶片模仿者

叶䗛

这些昆虫与竹节虫同属一个类群，但具有扁平的身体，看上去像叶子，非常稀少。真正的伪装专家属于叶䗛科的热带叶䗛，它的每条腿都是扁平的，看上去就像一片小叶子或叶子的一个碎片。它的腹部也是展开的。那些假的叶脉、纹理或病理斑点和窟窿使伪装变得更加完美。为了避免暴露自己，叶䗛眼睛小而触角短。如果它们的伪装失败，一些叶䗛会通过摩擦触角的厚片恐吓进攻者。

无翅的雌性

一只雌性叶䗛爬过一片叶子。它的身体大而扁平，但没有翅，遇到捕食者不能飞走。与此形成对照，雄性个体则有很强壮的翅。

叶䗛科（Phyllidae）

- 3～11cm。
- 分布在毛里求斯、塞舌尔、东南亚和大洋洲植被丰富的地区。
- 拥有宽大扁平的棕色或绿色身体和腿节，具有纹理的前翅覆盖着透明的后翅。

尖刺伪装

在叶形虫（䗛类）里，这一类群拥有巨大的体形。图片显示的是热带的异䗛科（Heteronemidae）种类，有良好的伪装。

个案研究

昆虫化石

2006年，一具近乎完整的䗛类化石在德国梅瑟尔（Messel）一个已经干涸的湖泊的沉积层中被挖掘出来，这是世上首次发现䗛类化石。年代确定技术显示这具化石已经有4700万年的历史了。这个动物被命名为古叶䗛（*Eophyllium messelensis*），与现代的叶䗛极为相似，表明模仿叶子是非常成功的一种生存策略。叶䗛生存于热带区域，这具化石提供了进一步的证据，证明在那个远古的时代，西欧的气候比现在要温暖得多。

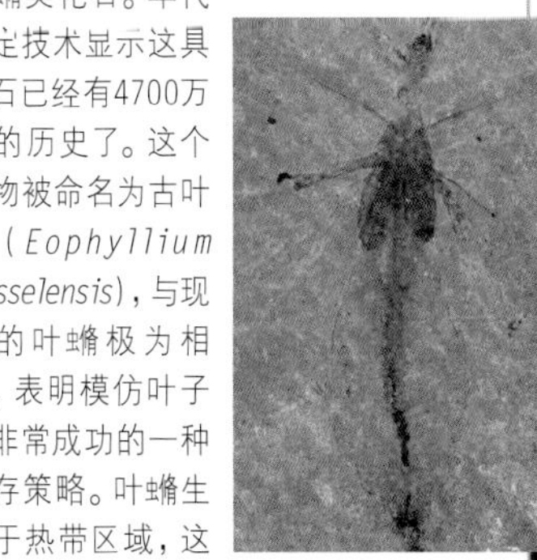

假刺

角蝉

雌角蝉少见的特大胸部使它们可以完美地模拟植物。它们一生都在吸食树的汁液，特别是果树和观赏树种。通过这样一种生活方式，可以预期它们容易受到攻击，但事实上角蝉很少被攻击，这是因为它们的刺状伪装和令人讨厌的气味。树皮下的卵孵化为若虫，聚集成群，由母亲负责防护。它们的伪装并不像成体那样有效，所以保护是至关重要的。如果一个捕食性昆虫接近，若虫会一块震动，这种报警信号很快就会传到母亲那里。在自己盔甲的保护下，母亲会用扇动翅膀和后腿驱赶的方式阻止攻击者。

角蝉科（Membracidae）

- 0.5～1.5cm。
- 广泛分布在温暖地区的森林、果园和花园中。
- 雌性个体具有刺吸式口器和短触角；胸部大，身体呈刺状。

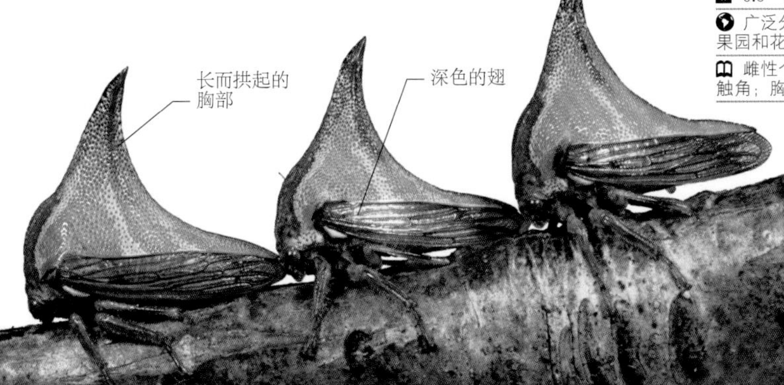

刺的纹理

在哥斯达黎加，这3只雌角蝉整齐地顺着小树枝排列着，成功地伪装成尖刺。雄角蝉的伪装则很不一样，它们像顶端扁平的树枝。

假蛇

北美乌樟凤蝶

为了避免被鸟捕食，这只凤蝶的幼虫有许多防御手段。它用丝线将一片叶子卷起来作为白天的隐蔽所，仅在夜间进食和蜕皮。但是如果隐蔽所被破坏，幼虫就会转而用震惊战术吓跑进攻者——抬起它肿胀的前端，突然把头部向下卷，伪装成绿蛇或树蛙的样子迷惑敌人。

成熟的幼虫

这张正面图像展示了毛虫假的眼点。眼点中有两个较小的白点，造成圆圆的眼睛反光的假象。

北美乌樟凤蝶（*Papilio troilus*）

- 约6cm（毛虫）。
- 分布在北美洲东部地区（从加拿大南部到美国佛罗里达州和得克萨斯州）的山胡椒和其他类似的芳香植物上。
- 成熟的毛虫是绿色的，带有假的眼点，在黑色身体的每一侧都有6个蓝色的点。幼小的毛虫很像鸟粪。

变色

>>01 花斑乌贼通常会隐蔽在珊瑚周围，它身上乳头状的凸起使它看上去很像一段珊瑚。然而，快速拍摄的照片表明，这种大型的乌贼能在很短的时间内完全改变自己的外貌。

>>02 这张照片显示，乌贼调整自己的颜色和纹理以近似海绵。

>>03 乌贼移动并快速改变颜色。现在是鲜艳的黄色，这可能是受到摄影者闪光灯的惊吓产生的反应。

>>04 乌贼将两只前腕放到防御的位置，小心翼翼地接近摄影者。

快速变换

花斑乌贼

这种大型乌贼引人注目的地方是可以瞬间改变身体的颜色，这着实是一种令人惊奇的能力。它也可以改变皮肤的纹理，这种变化开始时皮肤十分光滑，但很快皮肤上就会覆盖上一些称为乳突的大大小小的凸起。在广阔的海洋栖所，这两种能力为乌贼提供了极好的伪装。当乌贼隐匿于海草中时，它也会抬起它的触腕并皱起边缘模仿植物波动的叶。

花斑乌贼可以完成突然的、令人意外的颜色改变，扰乱和恐吓潜在的捕食者。不同的颜色模式也用于求偶和领地防御方面的通信。例如，当雄性互相挑战时，它们通常呈斑马纹。当捕猎时，花斑乌贼迅速变色可以麻痹小虾和其他猎物，从而保持它们在海湾里作为捕食者的地位。这些五花八门的视觉现象被特殊的色素细胞层控制着，这些色素体（见下方知识框）存在于乌贼皮肤里。那些最接近表面的是黄色素，中间层是橙色和红色，最深层呈现棕色至黑色。

神经控制这些色素的快速扩展和收缩，乌贼可以产生各种各样不同的皮肤图案。深层皮肤也包含虹膜色素细胞，这种细胞能反射光并改变颜色。

背景匹配

色素体在乌贼的近亲，如章鱼和鱿鱼身上也被发现。这只白斑乌贼已改变颜色与背景珊瑚混在一起。乌贼体内多层的色素体使它可以瞬间完成完美的匹配。

晕彩

这只小短尾鱿鱼特别鲜亮的颜色是皮肤中较低层的细胞引起的，这种细胞称为虹膜色素细胞，可以反射偏振光。

白斑乌贼（*Sepia latimanus*）

- 长达50cm。
- 整个印度洋和西太平洋热带地区的浅礁和岩石区域。
- 头足类软体动物，具有扁平而卵圆形的身体、内壳、8只触腕和2只长一些的捕食触手。

解剖学

皮肤颜色如何变化

每种色素体细胞就像一个盛色素的有弹性的袋子，有一圈肌纤维附着在上面。

当这些肌肉放松时，色素体呈现为一个小球，它的表面有皱褶，就像放了气的气球一样。当肌肉收缩时，肌肉拉动小球使其变得像盘子一样扁平，将色素颗粒平平铺开。图中被压缩的色素体细胞显示出色素是密密麻麻的。神经控制着肌纤维，可以一瞬间改变为分散的色素状态。

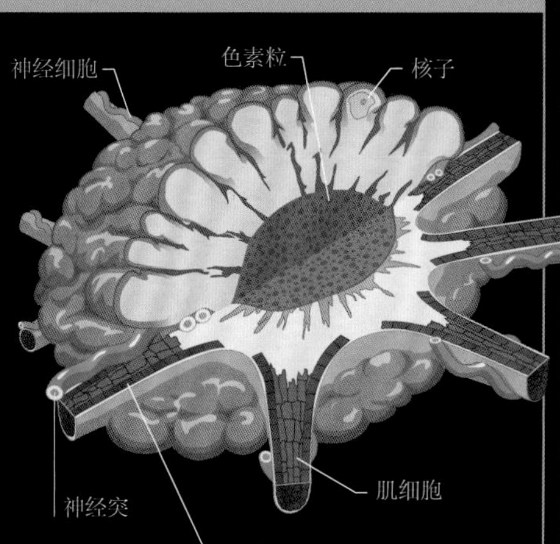

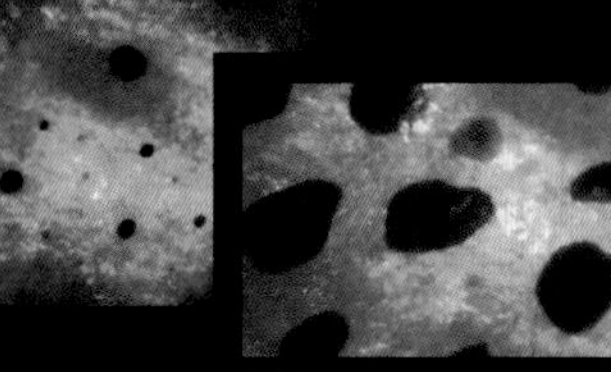

收缩

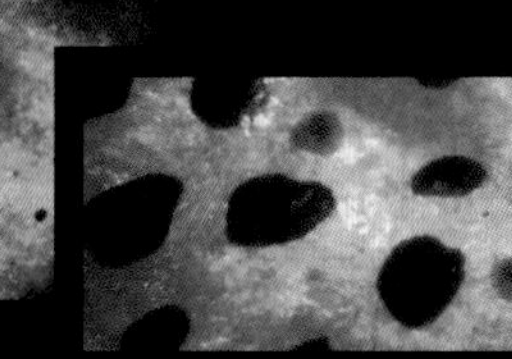

扩展

色素体的运动

这是色素体随着偏振光滤片运动的图像。鱿鱼皮肤显示了虹膜色素细胞下色素体收缩（左）和扩展（右）的状态。

叶状伪装

这只巨大的大蚕蛾趴在森林的地表之上，几乎难以分辨，真是最有效的伪装！它身体上的棕褐色与枯叶颜色一致，而翅上的暗斑就像被其他昆虫啃食过的叶洞一样。白天它一动不动地待在那里躲避天敌的视线。

伪造的颜色

兴透翅蛾

伪装术对于一些活跃的昆虫来说并不那么有效，如兴透翅蛾，它们通常以花蜜、果汁和其他植物汁液为食，需要在食物源之间不停地移动，因此很容易被捕食者发现。反之，很多物种，如胡蜂、黄蜂和蜜蜂，通过螫刺或使自己变得不可口来寻求保护。图中是贝氏拟态的一个例子，在很多种群中都能找到。捕食者辨认出这些黑黄条纹对比强烈的昆虫就会躲避开来。

兴透翅蛾属（*Synanthedon*）
- 1～3cm。
- 欧洲和北美洲的树木和灌木丛中。
- 具有黄黑相间的身体条纹、狭窄透明的翅和结构简单的触须。

假条纹
模拟了黄蜂和蜜蜂的兴透翅蛾无须躲藏，因此它们在白天可自由活动。受其体色的保护，它们常在开阔地休息，肆无忌惮地活动。

模拟海蛇
斑花蛇鳗是能够模仿有毒海蛇的种类之一，在印度洋的珊瑚礁上很常见。它长长的背鳍很难被看见，能帮助它们完成伪装。

双重欺骗

斑花蛇鳗

斑花蛇鳗看起来很像那种能分泌毒液的海蛇，如蓝灰扁尾海蛇（*Laticauda colubrina*），但事实上"披着狼皮"的它们是真正的绵羊——它既不是蛇，也没有毒。这种欺骗性意味着这些无毒的海鳗白天就能在浅海沙坪和长着海草的海床上穿梭觅食，但它们更喜欢夜间出来活动或者隐藏在沙床的洞穴中。斑花蛇鳗的视力很差，它们用尖吻探寻洞穴和裂缝，通过嗅觉追踪小型鱼类和甲壳动物。蛇鳗的拟态有效性尚不明确，它们生活的范围一直向西北延伸到没有海蛇的红海。

斑花蛇鳗（*Myrichthys colubrinus*）
- 长达1m。
- 热带印度洋－太平洋海域的礁石和海草中。
- 身体如蛇，长有尖吻和尾，以及难以辨认的长长的背鳍。

几近隐身

须缺鳍鲇

须缺鳍鲇，或叫玻璃鲇、幽灵鱼，看起来就像一副游动着的骨骼。它们几乎是完全透明的，这为它们提供了优秀的伪装。特别是在清澈透明的水里，扁平的鱼身和背景完美融合在一起，几乎不可能确定它的位置。它的透明性得于其薄薄的皮肤、多油的肌肉和缺乏色素沉着的特性。它们成群游动，排列成与水面相交成斜角的队列，因此很难看见它们的踪影。像所有的鲇鱼一样，它们的口周围也有敏感的触须，能帮助发现猎物。它们主要吃水生昆虫和小型鱼类。

须缺鳍鲇（*Kryptopterus bicirrhis*）
- 7～15cm。
- 东南亚的河流、小溪中和漫滩上。
- 狭长的身体配有透明的皮肤、较为扁平的头部和宽嘴。

透明的鱼
须缺鳍鲇非常难以见到，尽管它们常以大群聚在一起，即便这样也几乎很难看得见其真容。须缺鳍鲇死后会失去其透明的特性，身体会变成乳白色。

背景融合

玫瑰毒鲉

这种生活在海床上的生物或许是海洋鱼类里最好的伪装者。它们是伏击猎物的专家。在等待猎物时，它宽短的身体形状和多疣的皮肤能与背景很好地融合在一起。为了进一步增强这种伪装，毒鲉能一次几小时或数天保持静止不动的状态。一丛丛小型海藻可能从它的皮肤中生长出来，沉积物会落在它的背上。而这种鱼背部有一排有毒的棘刺，约12～14根，则是对付天敌最后的防御武器。

玫瑰毒鲉（*Synanceia verrucosa*）
- 长达40cm。
- 红海、印度洋和太平洋西部的热带海域。
- 粗壮而短宽的身体配以非常大的头部、朝向上的口、有毒的鳍条和多疣的皮肤。

近似种
和毒鲉非常相似，鲉也具有虽然不那么致命但也足以令对方疼痛万分的棘刺。如果它们的伪装不起作用，一些种类的鲉就会使胸鳍的颜色变得异常鲜艳。

活礁石
因其硕大厚重的头部和粗糙斑驳的皮肤，鲉看起来更像海床上的一块礁石，而不是一条活鱼。

棘刺模拟

条纹虾鱼

条纹虾鱼是海马和海龙的近亲，它们将身体形状和游泳方式结合起来逃避捕猎者。条纹虾鱼成群地同步在水里垂直游动，看起来就像在水中滑行。每条鱼都有一条透明的骨板，沿腹部形成了尖锐的背脊。条纹虾鱼的身体不能弯曲，游泳全靠精准的鳍来移动。这种行为掩盖了它们是猎物这一事实，尤其是在它们紧密的集体行动时。条纹虾鱼最喜欢的藏身地点是海胆长长的棘刺中，它们能垂直扎入其中。其体侧的黑色条纹能造成错觉。而它们藏身的多刺的海胆也能帮助威慑敌人。其他刀片鱼还会躲藏在珊瑚和海鞭里。

条纹虾鱼（*Aeoliscus strigatus*）
- 长达15cm。
- 热带印度洋和西太平洋的礁石海域。
- 身体极其狭长、侧面扁平，沿体侧有长长的黑色条纹。

面朝海床
一群行动紧密的条纹虾鱼在海底地面上悬停。这些鱼头朝下游动，用它们长长的管状喙寻找微小的浮游甲壳动物。

人类的影响

海马贸易

海马是一种移动缓慢的动物，很容易用手捕捉到。在东南亚它们被以数百万计的数量捕捉，在那里很多种类的海马都濒临灭绝。有些被用于海族馆交易，另一些则因被当作纪念品买卖或用于制成中药而死去。在菲律宾，一个叫作海马计划的组织致力于基础的保护措施。怀孕的海马被允许在产下小海马之后再被出售，生下的小海马会被放回到大海中。

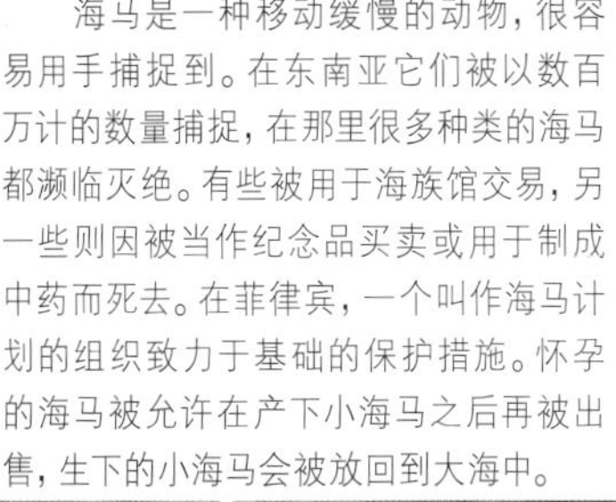

忽隐忽现

倭海马

和鲉一样，倭海马也是大海里最佳伪装者的竞争者之一。这些微小的鱼类一生的大部分时间都用它们的卷尾紧紧地依附在海扇（*Muricella*）的茎上。一个单独的大型海扇是许多海马夫妇的家，而这些海马根本无须离开它们的家园。对海马来说，对外界保持有效的隐匿是很有意义的。海马的钝吻和卷尾模仿着为海扇摄取食物的珊瑚虫，而身体则和海扇的茎很相像。事实上，它们的模仿非常完美，以至于很多潜水者在采集了海扇并将其放置到水族箱里之后，才发现海马的存在。海马不需要离开海扇，是因为它们的管状嘴吸食浮游动物，而浮游动物也是它们的宿主海扇上的珊瑚虫的食物。

倭海马（*Hippocampus bargibanti*）

- 2.5cm。
- 太平洋西南部的热带海域。
- 长长的坚硬的身体被骨板保护；具有角状头、管状嘴和抓握式的尾。

近似种

海马的澳大利亚近亲——叶海龙，看起来完全不像鱼。它们行动缓慢，松散复杂的身体附肢进化得如同海藻和海草一般。

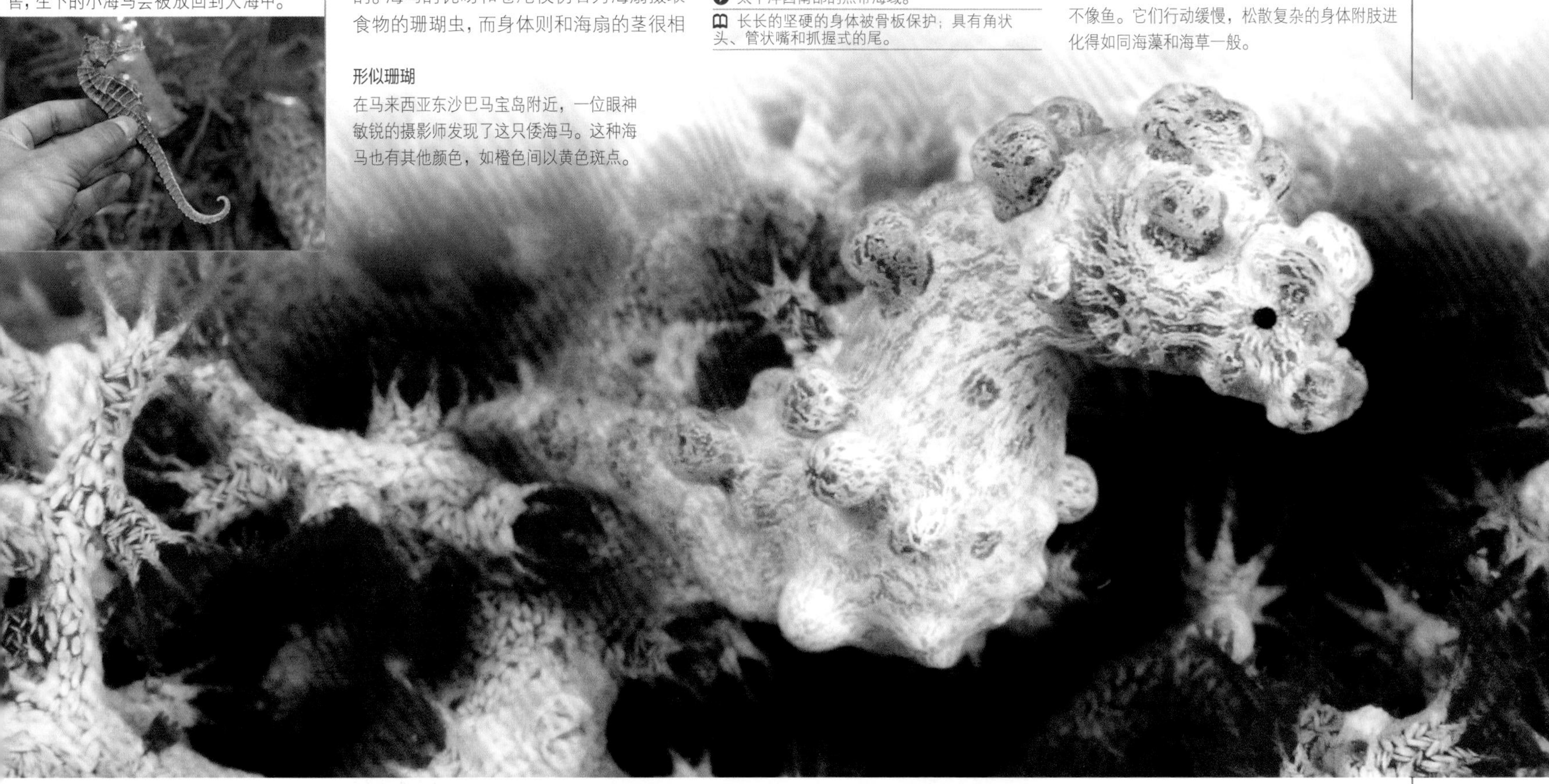

形似珊瑚

在马来西亚东沙巴马宝岛附近，一位眼神敏锐的摄影师发现了这只倭海马。这种海马也有其他颜色，如橙色间以黄色斑点。

隐藏的头

黄镊口鱼

色彩鲜艳的黄镊口鱼或许是珊瑚礁中最显眼的居民，它们吸引着猎物的注意，但这种天生的色彩同样具有迷惑猎物的作用。很多物种，如黄镊口鱼，身体上长着一片黑色色素，能隐藏它们真正的眼睛，而在尾部附近则有一个对比明显的"假眼"。敌人如石斑鱼或鲨鱼，会把它的尾当作头，从而错误地发起攻击，黄镊口鱼则会趁机向反方向逃走。

黄镊口鱼（*Forcipiger flavissimus*）

- 长达22cm。
- 印度洋－太平洋的珊瑚礁中
- 身体亮黄色，呈圆盘状，有长鼻、小嘴，尾部附近有黑色的眼状斑点。

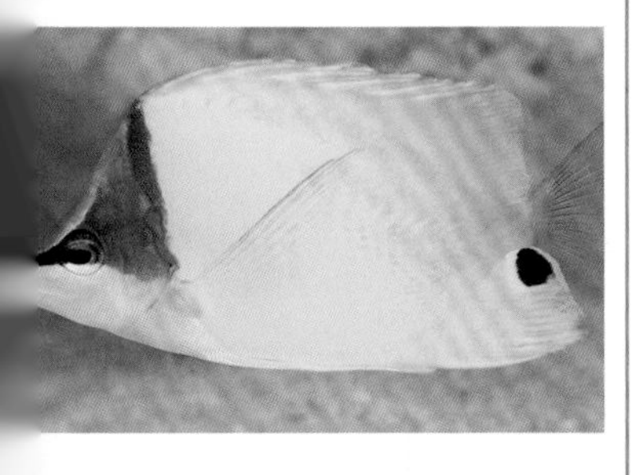

可调的色彩

欧鲽

欧鲽生活在海床开阔的沙子、泥土和沙砾上，这是它们为生存实施伪装的必备条件。它们将自己半埋在海底的沉积物里以隐藏身体的形状，并可根据身处的海底表面情况使褐色的皮肤加深或变浅。它们身上鲜艳的橙色斑点是永久的特征，但如果欧鲽游到了一处遍布灰白色贝壳碎片的海床上，它们则能将斑点的颜色褪成发灰白的黄色。

和此类似的比目鱼生活在范围更广阔的海底沉积物上，它们的这种能力则更进了一步。在实验室里，人造背景带有方格或斑点，地中海比目鱼能让身体的颜色变得与背景更为匹配。它们体色的变化取决于身处的环境。当幼比目鱼在海床上安顿下来后，其身体内的色素体（色素细胞）就开始缓慢发育，但仅发生在皮肤朝上的一面，结果就是这种鱼只有向上的这一侧具有颜色。

模仿棘刺

这种能将部分身体埋藏起来的鲽不但能很好地伪装自己，而且其胸鳍垂直地立着。如果它被发现，那么这是对有毒且多棘刺的鲈鱼背鳍的一种模仿，容易令捕食者迷惑。

双色

色素的积累仅限于上体。它的下体呈纯白色，很少显露出来。

欧鲽（*Pleuronectes platessa*）

- 长达1m。
- 大西洋东北部、北冰洋、地中海和黑海的沉积层中。
- 椭圆形鲽鱼，身体两侧都有长长的鳍，身体向上的一面呈带有橙色斑点的褐色。

红色预警

红土螈

这种蝾螈栖息在林地，与捕食它的猛禽、浣熊和臭鼬等同居于此。然而，红土螈的体色和东美螈幼年阶段非常相像。东美螈以其皮肤上难闻的分泌物而阻止着捕食者近身，因此任何躲避东美螈的捕食者也同样对红土螈敬而远之。

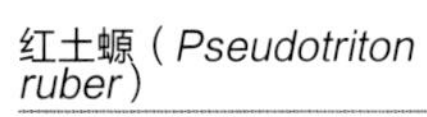

红土螈（*Pseudotriton ruber*）

- 10～18cm。
- 美国东部清澈、凉爽的小溪周围的林地中。
- 体形粗壮的中型蝾螈，红色皮肤上点缀有不规则的黑色斑点和花纹。

毒性拟态

无毒的红土螈（见左图）和幼年阶段的东美螈（见下图）很相似，后者以皮肤的有毒分泌物防身。

难以定位

婆罗洲角蟾

白天，婆罗洲角蟾在雨林的地面上一动不动，依靠自身的伪装来躲避危险。"角"和身体上尖锐的边缘打破了流畅的体线，使它看起来像树叶的边缘。面对危险，婆罗洲角蟾保持静止，只在捕食者出击的最后一瞬才跳开。雨林是很多种蛙的家园，特别是婆罗洲角蟾，依赖其身体颜色和所处环境协调一致的保护手段，白天静静地休憩。一些蛙能改变体色来配合环境。而一类完全例外的蛙是箭毒蛙，它们具有能分泌毒素的皮肤和鲜艳的体色，替代伪装来警告捕食者。

灰树蛙

这些森林居住者生活在美国东部。灰树蛙体色斑驳，和覆盖着地衣的树干完美地融合在一起。

达尔文蛙

这种蛙能改变身体颜色来配合所栖息的树叶。图中前面的这只幼蛙还不具备这种能力。

所罗门岛叶蛙

这种宽嘴的蛙生活在所罗门岛和新几内亚的雨林中。它们的体色能在黄色和棕色之间来回改变。

婆罗洲角蟾

这种蛙身体上厚厚的褶边模拟着树叶的边缘，头部的"角"从上面和后面覆盖了它的大眼睛，因为它眼睛里反射的光很容易暴露目标。

婆罗洲角蟾（*Megophrys nasuta*）

- 长达12cm。
- 马来半岛、婆罗洲和苏门答腊岛的雨林地面。
- 体色呈棕色，角状凸起投影遮挡住眼睛，鼻子长而尖。

令人迷惑的透明

透明蛙

透明蛙的基色是浅绿色，皮肤呈半透明状，因此它蹲坐的树叶的颜色就透过身体显现了出来，使它很难被发现。大多数透明蛙的体内器官看上去是黑色的斑块。它的眼睛也能被看到，但因其身体外形非常暗淡模糊，捕食者很容易将树叶上的它们看错。透明蛙在南美洲潮湿的森林中很常见，特别是山区的雾林中。它们将卵产于悬挂在溪流上方的树叶上，当蝌蚪孵化出来时，就能落到水里，继续它们的发育。

与树叶相配
这只透明蛙呈现出树叶的颜色，它体内的器官和眼睛都清晰可见。

透明蛙属（*Hyalinobatrachium*）
- 2～3cm。
- 中、南美洲森林的树上。
- 体形较小，体色为绿色，和树蛙很相似，但眼睛朝前，趾蹼很小。

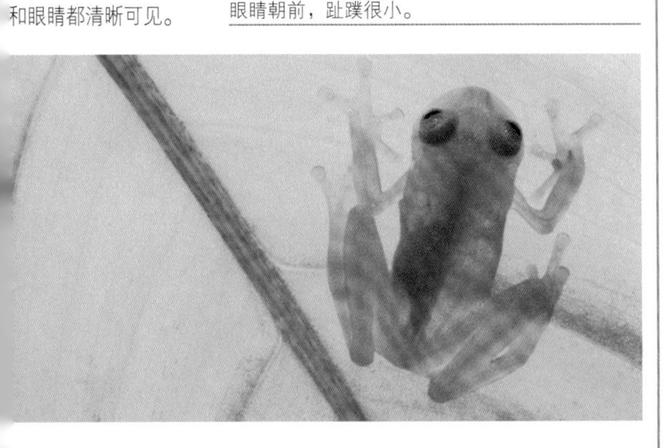

戴眼罩的眼睛

睫角棕榈蝮

睫角棕榈蝮的眼睛通常暴露出捕食者的本性。它们眼上进化出的角质鳞片则掩盖了这个问题。这些鳞片看起来就像大型的眼睫毛，打破了眼睛的轮廓，以致潜在的捕食者难以判定蛇的末端是哪边。睫角棕榈蝮有毒，大多数情况下，这就是有效的退敌武器。睫角棕榈蝮相对而言属于小型蛇，颜色有很多种，从橙色和红色到苔绿色，以及混合着棕色、绿色和灰色的杂色都有。它生活在树上，卷尾能帮助握住树枝。作为伏击型猎手，睫角棕榈蝮在野外活动，通过头部的感热颊窝追踪捕食小型鸟类、啮齿类、树蛙和蜥蜴。

斑驳的外形
这条来自哥斯达黎加的睫角棕榈蝮隐匿于丛林中斑驳的光影里。

衍变的角状鳞片突出于每只眼睛

橙色的外表
这条金色的睫角棕榈蝮很容易被发现。它们在野外不常见，这是人工养殖的主要品种。

睫角棕榈蝮（*Bothriechis schlegelii*）
- 长达75cm；通常更短些。
- 中、南美洲北部的雨林中。
- 头部宽阔，两侧各有一个感热颊窝，有“睫毛”和垂直的瞳孔。

隐于树皮

地衣平尾虎

壁虎以其依附垂直平面和倒挂顶壁的能力而著称，但地衣平尾虎同样也是一个隐身专家。它生活在马达加斯加东部的雨林中，白天头朝下地在树干上休憩，夜晚在夜幕的掩盖下四处寻觅昆虫。它的伪装是和树干完美地融合在一起，隐身在带有绿色的棕色阴影里。

地衣平尾虎的肌肤纹理则是它能玩“消失不见”这种诡计的秘密。它的皮肤上覆盖的小结节、裂隙和片状悬垂打破了它的身体外形。即使是眼睛的表面，也覆以模模糊糊、外形不清的瞳孔，好似树皮。地衣平尾虎的头部、身体和四肢上有松垮的皮肤悬垂环绕，形成了带有褶边的“窗帘”。当受到威胁时，地衣平尾虎以树枝或树干为背景展开身体，使它的皮肤沿着树皮伸展开来，这样就消除了会吸引起捕食者注意的阴影。

保持静止
这只壁虎将身体紧紧地压在树干上，如果不去戳它或抓它，它是不会退缩的。

地衣平尾虎（*Uroplatus sikorae*）
- 长达30cm。
- 马达加斯加东部的雨林中。
- 大型壁虎，有着松散褶皱的皮肤、宽大扁平的尾和斑驳如树皮一般的体色。

近似种
从名字就可以看出，大平尾虎扁平的尾非常大。这只壁虎张开的嘴和勃起的尾，是它被触碰后做出的反应，也是威吓潜在捕食者的最后尝试。

白色隐蔽

在北极狐家园的冰雪背景下，它浓密的白色冬衣使其几乎“隐身”。而它黑色的鼻子和眼睛则如同分散的石块。这种伪装帮助北极狐捕食，躲避如狼、北极熊等捕食者的猎杀。春季，当冰雪融化，为了配合周围改变的环境，北极狐会长出一身较为轻快的灰色或棕色皮毛。

秋季的颜色

柳雷鸟，如秋季摄于阿拉斯加的这只雄柳雷鸟，和苔原上的植被混杂在一起。雄性在柳雷鸟家族里身居独一无二的位置，它们肩负着双亲的责任，保护着幼雏的安全。

季节性换羽

柳雷鸟

和大多数雉鸡类一样，柳雷鸟生活和筑巢在开阔生境，因此伪装对它们的生存来说至关重要。它上体的羽毛混合了栗色、黑色和白色，这种斑驳的羽色能让它与其非常喜欢居住的柳树灌丛和荒野背景融合在一起。大多数柳雷鸟每年都在同样的范围内活动，这也意味着它们要应付冬季长达几个月的积雪。它们夏季斑驳杂色的棕色羽衣到了冬天则会和白雪皑皑的大地格格不入，因此当冬季到来之际，它们会逐渐换羽变出一身纯白色的羽衣。在不列颠群岛，这里有名的红松鸡却从不改变羽衣的颜色，因为它们所在的地理位置和那些北方的地区比起来更为靠南，冬季的气候温和，降雪也很少。

柳雷鸟（*Lagopus lagopus*）

40～43cm。

阿拉斯加、加拿大、欧洲北部和亚洲北部，长有矮小柳树灌丛的苔原、荒野和开阔林地上。

身体如雉鸡一般矮小粗壮，有长羽毛的腿、脚和趾，根据季节能将羽色变为白色。

冬季的颜色

在加拿大北极圈内厚厚的积雪中，几只柳雷鸟披着冬季的羽衣寻找柳条和花芽。冬天这些鸟聚成小群，一起躲避在灌木丛和背风坡这类庇护所里。

个案研究

日照与激素水平

控制柳雷鸟颜色变化的主要因素并非气温而是日照长度。为了验证这一点，捕捉来的柳雷鸟被放置在人工控制的环境中，形成春天日照的长短但维持以冬季气温，它们便开始改变羽色。增加日照的时间，能刺激控制换羽的激素分泌。而白色羽色出现在体内激素水平最低的阶段。

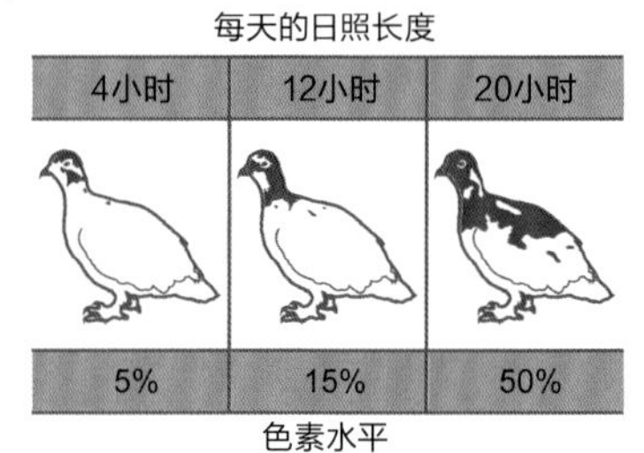

半蹼鸻（*Charadrius semipalmatus*）

15～19cm。

在加拿大和阿拉斯加石质的海滩和平地上繁殖，冬天的活动范围则从美国延伸到南美洲。

体形较小、灰棕色的涉禽，腹部白色，脖颈有黑色条带，短喙呈橙色。

分散敌人注意力

在鹅卵石海滩上，靠近半蹼鸻巢穴的人类也经常能看到半蹼鸻假装翅膀受伤的表演。“受伤”的鸟尽可能地让自己更为引人注目，这样它的配偶就会身处敌人的视线之外。

假装受伤

半蹼鸻

很多在陆地上营建巢穴的鸟类，包括鸻属家族的若干成员，会分散捕猎者对卵的注意力。而使用这种行为的最著名的鸟类就是半蹼鸻。在营巢季节，如果有狐这样危险的捕猎者靠近一对鸻躲藏的巢穴，雌鸻会蹲在卵上一动不动，而雄鸻则会佯装断翅的样子从巢中逃走。这种鸟一个扮演着翅膀折断踉跄逃走的角色，另一个则猛烈地拍动翅膀。捕猎者会认为受伤的鸻是更容易被捉到的目标，从而追寻而去。当捕猎者离开巢一定距离后，半蹼鸻则会突然振翅飞离，只留下困惑的捕猎者两手空空。

近似种

所有的鸻都在地面上营巢。它们的卵，如这些属于新西兰的栗斑鸻的卵，伪装得非常好。

地面覆盖物

欧夜鹰

伪装对欧夜鹰来说极其重要。和其他夜鹰一样，欧夜鹰夜间活动，白天蹲伏在地面上，容易成为掠食者的目标。在白天，它们在树叶、树皮的堆积物或低矮的植物里休息。它们色彩多样的羽毛很好地混杂了各色斑纹：白色、栗色、黑色和灰色，使它们能隐匿在背景里。欧夜鹰将大眼睛眯成一条缝，也防止了暴露目标。它们牢牢地蹲坐在放置于空地中的卵上，但如果敌人过于接近它们，在最后一刻欧夜鹰会用力振动翅膀发出巨大的声响，并逃离卵来吸引敌人的注意。欧夜鹰在傍晚和拂晓寻觅蛾和其他昆虫，白天则很少活动，尽量不出现在别人的视线里。在它们安静如幽灵一般的飞行中，偶尔会夹杂着一声像蟋蟀一样的古怪叫声，成为很多民间故事和传说的来源。

欧夜鹰（*Caprimulgus europaeus*）

28cm。

在欧洲北部和中部的荒地、灌木和开阔的林地中繁殖；冬季飞往非洲。

像鹰一样的小型鸟类，有大眼睛、短而宽的喙、短腿和树皮色的羽衣。

模仿树皮

欧夜鹰将巢建在腐烂的树枝旁边。尽管它睁着大大的眼睛，但当摄影师靠近时，还是很难发现它的所在。

林木之栖

白天，在巴西东北部的热带草原林地内，普通林鸱栖息着一动不动。它们能持续几个小时维持一种姿势。

树枝冒充者

普通林鸱

白天，普通林鸱竖直地栖息在折断的树枝或树桩上，翅膀在体侧紧紧地闭合，头抬起，闭上明亮的橙色眼睛。以这种姿势，再加上它们一动不动的本事，普通林鸱看起来就像它们栖息的树上延伸出来的一根树枝。它们暗淡的灰棕色羽毛，加上黑色和黄褐色的斑点，更加深了这种错觉。夜晚，普通林鸱变得活跃，它们会选择别的树枝突然弹射出去，用它宽大如巢状的喙捕捉大型的飞虫。普通林鸱也会利用树桩来营巢，将卵产在树洞里，在这里林鸱夫妇能安心地将卵孵化出来。

普通林鸱（*Nyctibius griseus*）

33～38cm。

中、南美洲的热带森林和草地。

身体细长，有着大嘴、卷曲的喙、大眼、长尾和斑驳的棕色羽衣。

斑点伪装

黇鹿

黇鹿出生在充满了如蕨类等灌木丛的林地上。这只幼鹿（见下图）被离开这里外出吃草的妈妈独自留了下来，这样以避开捕食者对宝宝的注意。幼鹿在浓密的灌木丛里本能地蜷缩成一团，它布满斑纹的皮毛在斑驳的阳光下形成了良好的伪装。如果敌人靠近，在强烈的本能驱动下，幼鹿会一动不动。成年黇鹿在夏季也有这样一身带有斑点的皮毛，漫步在森林野地里的时候能帮助它们隐匿。并且，即便不依靠这种伪装，它们逃脱危险的奔跑速度也很快。

黇鹿（*Dama dama*）

1.4～1.9m。

欧洲的林地和耕地中；被引进到北美洲和大洋洲。

体形中等，有带褶边的黑色长尾巴和带白色斑点的皮毛。繁殖期的雄鹿长有多叉的角。

藻类外套

这只树懒的绿色外套是藻类生长形成的，这对它们无害而且还能增强伪装。

绿色斗篷

棕喉三趾树懒

树懒整天都待在雨林中高高的树上，在森林林冠上缓慢地移动，每天倒挂或斜撑在树枝分叉处的时间可长达20小时。大多数树栖哺乳动物都是像杂技演员那样的攀爬高手，面对危险时能迅速逃离。但与此相反的是，树懒缓慢的新陈代谢和迟缓的生活方式注定了它们在面临危险时无法跳跃着逃脱，因此它们只能依靠隐身术来避敌。树懒长着和周围的植物叶子相称的灰棕色粗糙皮毛，缓慢的、不慌不忙的行动也让它们不那么容易被发现。在雨季，树懒更难以被发现，这是因为很高的湿度能让绿色藻类在它们的背部繁殖蔓延。如果受到攻击，树懒就会直立身体，用它锋利的爪子猛击进攻者。

棕喉三趾树懒（*Bradypus variegatus*）

42～80cm。

中、南美洲的低地雨林中。

脂肪丰满的哺乳动物，有蓬松的毛皮外套、非常长的长着3趾的四肢和长而弯曲的利爪。

» 146。

像冰一样白

白鲸

成年白鲸除了沿着尾部和尾鳍的黑边，通体呈白色。当在漂浮的冰块中游动时，这种伪装对于白鲸防御主要敌人虎鲸和北极熊提供了有效的保护。当积冰延绵不断时，白鲸必须在呼吸用的孔洞中浮出水面进行呼吸。尽管有着体色的伪装，但它们还是很容易暴露在北极熊的面前，一旦北极熊以爪发出重击，白鲸就很难逃脱。幼鲸的体色是灰黑色或蓝灰色，随着成长，其体色逐渐变浅。

呼吸派对

3头白鲸在冰层中间的孔洞中呼吸。浮出水面呼吸是冒着风险的，它们潜在的掠食者北极熊就在这些孔洞边守候着，而白鲸排气的噪声可能泄露它们的行踪。

反射光

在白鲸身上舞动着的反射光线，使它和身后的海冰融合在一起。和其他鲸比起来，白鲸是游速缓慢的动物，而营造神秘的色彩在水下是一种有效的防卫武器。

白鲸（*Delphinapterus leucas*）

4～5m。

俄罗斯、阿拉斯加、加拿大和格陵兰位于北极圈内的极地海岸周围海域。

体形中等的鲸，有粗壮的白色身体、膨胀凸出的前额，无背鳍。

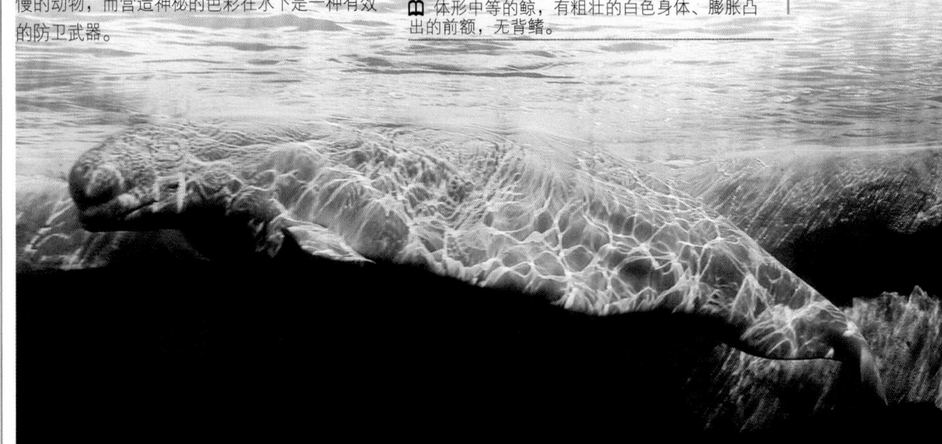

群体防御

对于那些在野外以个体力量难以抵御敌人的动物来说，群居生活是有利的。迁徙的鸟类、鱼类、哺乳动物和一些无脊椎动物通常以大群的形式共同行动来寻求保护。动物也会因除防御以外的原因，诸如繁殖、御寒和有效地觅食，而生活在一起。

群居的安全

在许多群体防御的例子中，个体所关心的仅仅是自身能否存活。那些无防备的小型迁徙鸟类、鱼类和角马，以大群的形式生活和行动，会减少许多受掠食者攻击的机会。群体越大，个体被掠食者挑选而受到攻击的风险就越小。对那些高智商的社会性动物而言，如海豚和鲸，生活在不断扩大的家族里能提供积极有效的保护。它们的群体成员保护幼体或生病的家族成员免受鲨鱼的攻击。如果群体的大小不足以得到有效的保护，它们就会通过发出特殊的声音来加入附近的海豚群体。这些事例表明，个体保护着家族群体，而不仅仅是作为个体的它们自己。

冠企鹅群
生活在福克兰群岛的冠企鹅集体跑向大海并跃入其中，避免被它们的敌人豹海豹攻击。

银色撤退
银汉鱼群被掠食者（大海鲢）追逐时一哄而散。分散的鱼群会在掠食者身后再次聚集。鱼群受到攻击时通常会挤在一起，个体则会努力留在居中的位置。

警告的叫声
在快速地躲进洞穴之前，群居的鼠兔会用大声的吼叫来警告周围的其他鼠兔躲避危险。

群体交流

以大群的形式飞行、游泳和奔跑都需要个体之间不断地交流，特别是在行动上需要彼此协作或避免冲撞。动物们有各种各样的方式来完成彼此的交流。群体协调作用在鱼类中应用得很好，它们利用两侧的视觉和侧线系统（用来感知振动）获知邻近个体的距离，并将其控制在1～1.5个体长。这个距离是鱼群的标准距离。只有保持这种边际距离才能看见掠食者的靠近。如果鱼群改变方向和速度，周围的鱼能够感知并调整以跟上这种改变，因此整个鱼群反应迅速并能保持整体一致。声音在社会性动物（特别是哺乳动物）中被广泛应用来警告群体里的其他动物危险来临。

个体的存活
在角马和斑马每年的迁徙中，它们横跨河流时都紧紧相随，紧密地挤在一起。相比之下，群体边缘的个体更容易受到鳄鱼和被惊扰了的河马的攻击。

保护团

合团蜘蛛蟹

像所有甲壳动物一样，合团蜘蛛蟹为了成长每隔一段时间都会蜕去外覆的硬壳。在蜕去壳之后，对掠食者来说，这个时候的合团蜘蛛蟹非常柔软而脆弱。在这段危险的时期，这些蟹就会挤在一起寻求保护，在海底形成蟹团。夏季，蜘蛛蟹迁徙到浅水区繁殖，要从它们冬天觅食的深海区行进数千米才能到达这里。它们在海床上组成的蟹团可达50000个。在雌蟹蜕壳之后、新的壳变硬之前，雄蟹只有一次交配的机会。最脆弱的雌蟹则被壳已经逐渐变硬的雄蟹围在中间。

临时盔甲

大多数时候，这种蜘蛛蟹壳上锋利的棘刺对掠食者来说很难下口，但在蜕壳期间它们却很脆弱，易受攻击。

合团蜘蛛蟹（*Maja squinado*）

- 长达20cm；脚爪长达45cm。
- 从英国到地中海和佛得角群岛的沿海岸水域。
- 梨形身形，有多刺的壳、长长的爪子和腿。

致命的热球

中华蜜蜂

日本的这种小型蜜蜂有一种对付敌人亚洲巨胡蜂的独特方法。胡蜂长达5厘米，是令人生畏的空中肉食动物，它们喜欢花蜜和蜜蜂幼虫，长着巨大的颚，因此蜜蜂只有大团聚集在一起反击才有成功的可能。蜜蜂围着胡蜂聚集成一团，不断地振动翅膀散发热量。蜂团能发出致命的44° C的高温，这个温度足以将掠夺性的胡蜂烤焦。

在野外，中华蜜蜂在树木、原木和岩石的洞和裂隙中筑巢。喜马拉雅山的农民为了蜂蜜而呵护着这种蜜蜂。

中华蜜蜂（*Apis cerana*）

- 0.7～1.5cm。
- 从海平面到海拔3500m的南亚和东南亚繁花茂盛的地区。
- 黑色的小型蜜蜂，长有毛茸茸的身体，腹部具有黄色窄条纹。

化学警告信号

如果工蜂在蜂巢附近发现了胡蜂，就会释放出信息素来警告其他的蜜蜂。在胡蜂入侵者被蜂团毙命之前，也许会牺牲很多工蜂。

活烤

在这一大堆蜜蜂的下面某处，有一只胡蜂正在为生存而战。比起胡蜂，蜜蜂更易在高温下存活，而胡蜂则会被烘烤致死。胡蜂入侵者会释放信息素从自己的蜂巢召唤更多的后援，在此之前，蜜蜂必须杀死入侵者。

个案研究

热刑

这些用热成像摄像机拍摄的图片表明有越来越多的蜜蜂加入到混战的蜂群中，它们不断振动翅膀飞行肌所散发出的热量在变化。高温区以白色、黄色或红色呈现，温度较低的区域用蓝色、绿色和紫色表示。在前两张照片中，中心区域的温度上升很快，迅速达到了峰值40～44° C。第三张照片，温度开始下降，第四张照片则表明蜂团消失，蜜蜂一哄而散。

1
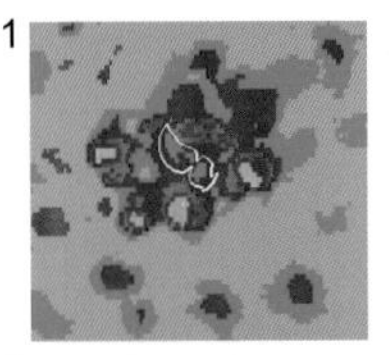

2
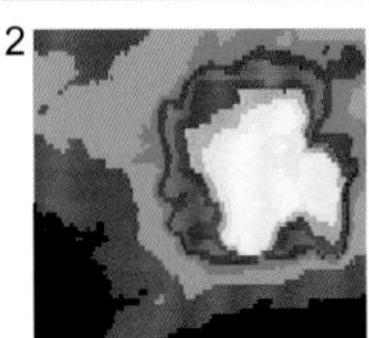

3
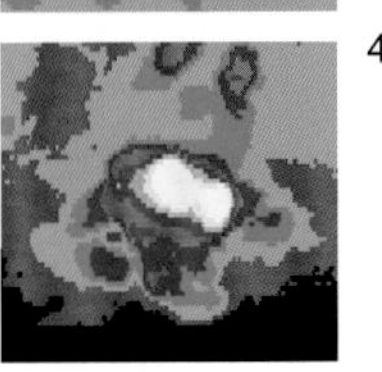

4
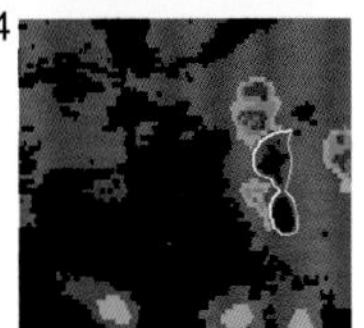

温度耐受度

中华蜜蜂的体温和其他大多数无脊椎动物一样，接近大气温度。但它们能在极端气候中存活，在温度高达48～50° C的环境下也能生存，而这个温度比足以杀死胡蜂的温度还要高好几度。

41～44°C	36～37°C
40～41°C	35～36°C
39～40°C	34～35°C
38～39°C	33～34°C
37～38°C	32～33°C

酸雾

红褐林蚁

这些林蚁保护巢穴免受入侵者袭击的方法是：群起而攻之，爬到入侵者的体表，从肛腺中喷出一股蚁酸。一只林蚁的蚁酸已经足以令人不快，而群蚁共同释放出的蚁酸则非常可怕。如果一片布落到了蚁巢上，它很快就会被喷湿，闻起来有一股强烈的蚁酸味道。这种猛烈的攻击通常足以吓退入侵者。林蚁腹部的另一种腺体能释放出警告信息素，可以召唤其他工蚁。如果这两种防卫方式都不能击退入侵者，林蚁也会发起噬咬。每个蚁群大约由300000只工蚁组成，这些工蚁共同筑造由松针、嫩枝和落叶组成的位于地下穴道和蚁房外部的防御体系——蚁冢堆。蚁冢堆保护着巢穴的安全，还能持续替蚁房保温。夜晚，巢穴的入口会被封住，并由工蚁看守。

大团的喷雾

除了能共同喷射出防御性的蚁酸，这些成群的林蚁还能在巢穴附近几厘米的地方喷射出毒雾。

解剖学

蚁酸的储存

在林蚁的腹腔内有一个毒腺，腺体内排列的细胞有能合成蚁酸的水溶液。蚁酸通过身体内的管道输送出去，储存在体内的储液囊中备用。这种酸非常强，浓度可高达60%，因此储液囊被一种特殊的膜保护着。林蚁将蚁酸从腹部末端的开口释放出来，这个地方能瞄准敌人。释放出的信息素则是用来警告其他工蚁的。

腹部末端的开口

腿部紧绷着

红褐林蚁（*Formica rufa*）

- 工蚁6mm；蚁后和雄蚁1cm。
- 欧洲、北非和亚洲的阳光照耀的开阔林地、公园和荒野中。
- 体形大，身体红褐色，腹部黑色，触须长。

群体迷惑

鳗鲇

在印度洋-太平洋海域珊瑚礁探险的潜水者，经常会遇到悬浮在水中的奇怪的球状物体。这些就是紧密压缩在一起的鳗鲇幼体群，每个鱼群约包含100条或更多的鳗鲇幼体。鳗鲇幼体白天集聚成团寻求保护，这些看起来面目全非的鱼群能减少潜在的捕食者的注意。夜晚，鳗鲇利用口周围的4对敏感的触须寻觅躲藏在海床沙石上的甲壳动物、软体动物和蠕虫。它们保持着松散的队形，位于鱼群底部的鳗鲇先觅食，而顶部的鳗鲇则保卫着鱼群并等待着轮换的进餐时刻。鳗鲇成体则独自生活，或以20条左右的小群形式生活在一起，它们能够得到长在背鳍前端和每个胸鳍上的毒刺的有效保护。白天，鳗鲇成体通常躲藏在珊瑚礁的缝隙或礁石的边缘下。

鳗鲇（*Plotosus lineatus*）

长达32cm。

印度洋和太平洋西部的暗礁里。

体形较长、像鳗一样的鱼，长有口须，沿背部和体下有延长的鳍，沿身体长有条纹。

防御球

密集地盘绕在一起的鳗鲇行动起来像一个大型的独立生物，使掠食者很难将它们和独立的个体区分开来。鳗鲇身上的条纹更加深了这种迷惑性。

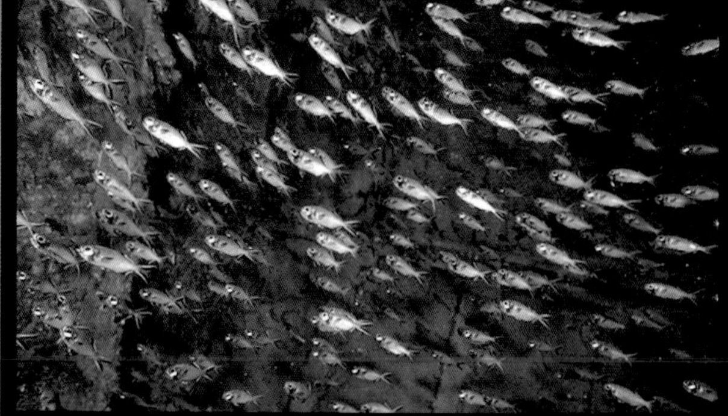

白天的隐居所

白天，灯眼鱼将自己隐藏起来（这群鱼躲在失事船只里）。夜晚，它们游到开阔海域觅食，用不断发出的光迷惑敌人。

眩目的逃脱

灯眼鱼

这种小鱼组成的鱼群能对可能的掠食者发出迷惑性的脉冲照明光。灯眼鱼白天躲藏在洞穴或珊瑚突出端的下方，夜晚出来觅食。每条灯眼鱼都能发光，其发光器官位于眼的下方，在它们游动和觅食小型浮游动物的时候开开关关。鱼群发出的闪烁的光迷惑着捕食者，使它们无法从鱼群中挑选出某一条鱼，灯眼鱼则通过关闭光源并转变方向迅速逃走。在月光明亮的晴朗夜晚，这种防卫的成功率会低一些，因此灯眼鱼会继续躲在它们藏身的地方。

灯眼鱼（*Anomalops katoptron*）

约为35cm。

印度洋-太平洋热带海域里的洞穴附近，或沿珊瑚礁陡壁栖息，大多数生活在深海区。

头呈钝状的小型鱼类，大眼睛的下方有发光器官。

解剖学

生物发光

灯眼鱼和细菌共生体共同制造出荧光。它们的发光器官内有很多生物发光菌，也就是说，这种细菌持续地生长才使鱼能够发光。能使灯眼鱼发光的氧化复合物叫虫荧光素。灯眼鱼通过用一片皮肤覆盖住发光器官来控制闪光的频率，每分钟可多达50次。

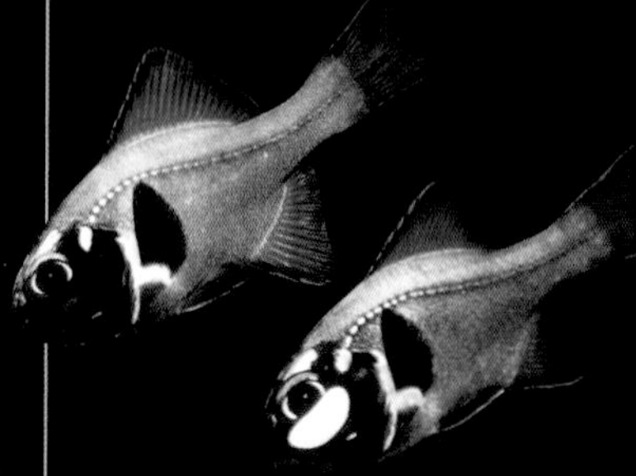

开与关

这张照片显示了灯眼鱼的发光器官闭合（左）和打开（右）的状态。

有毒的滋味

西蟾蜍

与大多数蛙和蟾蜍不同，这种生活在美国的西蟾蜍的蝌蚪长着有毒的皮肤。如果水生的捕食者，如鱼或鹭，攻击了这种蝌蚪，它们决不会重蹈覆辙，因为这些蝌蚪太难吃了。这种蝌蚪的皮肤对其自身很有利，使之能堂而皇之地暴露在潜在的掠食者面前，而不是躲藏在水里的植物中被突然地吃掉。为了达到这种效果，蝌蚪在所生活的池塘或湖泊的浅滩处密集地聚集在一起，在灰白色沙子或泥浆的背景下，它们成团的黑色身影格外显眼。

西蟾蜍（*Bufo boreas*）

6～13cm。

遍布美国西部，蝌蚪生活在静止的浅层淡水中，成体蟾蜍生活在陆地的洞穴里。

蝌蚪具有乌黑的身体，蟾蜍长有多疣的皮肤，后背下方有灰色条纹。

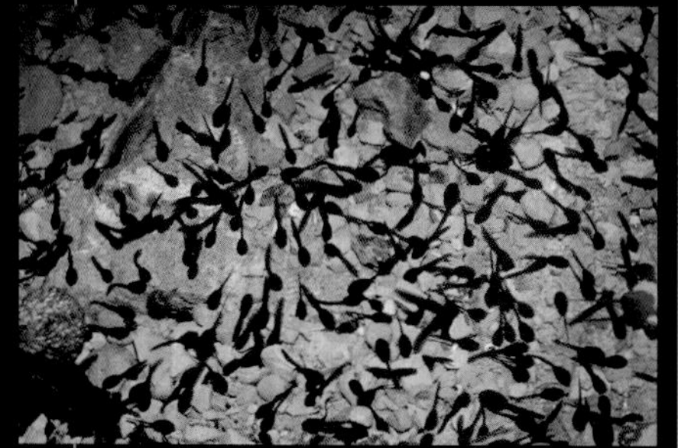

蝌蚪汤

西蟾蜍蝌蚪群清晰可见，这是对捕食者的警告。有过前车之鉴的捕食者知道这种蝌蚪非常难吃。

"乌合之众"的智力

小嘴乌鸦

小嘴乌鸦经常对猛禽以及其他潜在捕食者，如猫、蛇、狐甚至人类，发起攻击。它们最著名的行为莫过于结群滋扰。这种攻击的形式是若干群乌鸦聚集在一起，先发制人地攻击追逐入侵者。当一只乌鸦看准了一只猛禽，它就会飞上前去，从上方和后部发动攻击，同时发出很大的警告叫声。不久之后，猛禽就会发现自己置身于一群乌鸦的攻击之中。这些乌鸦还会用喙和脚攻击入侵者。对于入侵者来说这种攻击显然有些严重。猛禽在受到攻击后会飞去寻找其他安静的地方捕食。

要将威胁从某一区域驱除，特别是在那些筑有脆弱的巢穴的地方，群攻是一种安全有效的方法。幼鸦通过观察父母的行为来学习并掌握群攻这种习性。很多雀形目鸟类也用群攻来自我守护，将白天占据它们栖息地的猫头鹰驱赶走。

群攻反应

普通鵟捕食兔子和啮齿动物，尽管它对这对乌鸦来说毫无威胁，但这对乌鸦还是对普通鵟发起了强有力的进攻，试图驱赶它离开。这是由猛禽的身形剪影和飞行方式所引起的应激反应。相对于其他类型的动物，乌鸦对猛禽格外敏感。

小嘴乌鸦（*Corvus corone*）

47～52cm。

欧洲和亚洲的开阔乡村和城镇中。

长有粗壮弯曲的喙，体形大，体色全黑，长长的飞羽在飞行时形似手指。

>> 478。

群体分心术

紫翅椋鸟

拥有很多双眼睛意味着捕食者能迅速被锁定，这也是为什么紫翅椋鸟通常大群地出现，特别是在冬天。这种高度群居的鸟类一起在田地、公园和其他开阔的地区捕食，它们用喙探寻生活在土地上的猎物，如蜘蛛。鸟群中的每只鸟在为自己觅食的时候都要或多或少地保持警惕。傍晚，鸟群如溪流涌动般飞回休憩的地方，通常是在林地、苇地或建筑物上。每个鸟群在某一区域内可能会有若干个喜爱的营巢地。通常几个不同的觅食鸟群到一个栖息点会合，组成一个包含成百上千只鸟的大群，这种鸟群之大非常罕见。当鸟群围绕某一地区集结完毕，它们就会形成令人震惊的形状覆盖整个天空。在大群里飞行，可以保护椋鸟免受隼和鹰这类空中杀手的伤害，杀手很难从中挑选出一个攻击对象，并且不断变换的鸟群形状也使它们感到迷惑。当猛禽一靠近，鸟群就会分裂开来，这会更加使捕食者感到迷惑。在天空中不断地回旋直至回到栖宿地，这一过程可能会持续半个小时或更长时间。一旦在栖宿地降落，椋鸟就会挤在一起取暖。当黎明来临之际，椋鸟离开栖宿地，重新组成大群开始一天的觅食。

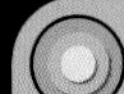
个案研究

鸟群技术

当一只孤独的猎手，例如隼，飞向椋鸟群，鸟群就会紧紧地聚集在一起，有时会形成一个球。这使捕食者很难锁定一个目标，甚至能对捕食者构成危险，因为钻入一个庞大的鸟群可能会受伤。人们还不甚清楚椋鸟是如何同步形成这样的大群的，但每一只鸟都必须对周围的同伴正在做什么做出反应，从而判断自己的速度和路径。如此众多的判断使鸟群成为一个整体。夜色的降临会增加鸟类归巢的欲望，使它们更好地定位鸟巢附近的地标，以便最终找到回到栖宿地的路线。

捕食者的可乘之机

这组照片显示了成群的椋鸟是如何对攻击它们的隼做出反应的。当隼接近时，鸟群聚成一个团，然后分成小群，朝不同方向移动。这给了隼可乘之机，发起了一次有效的攻击。

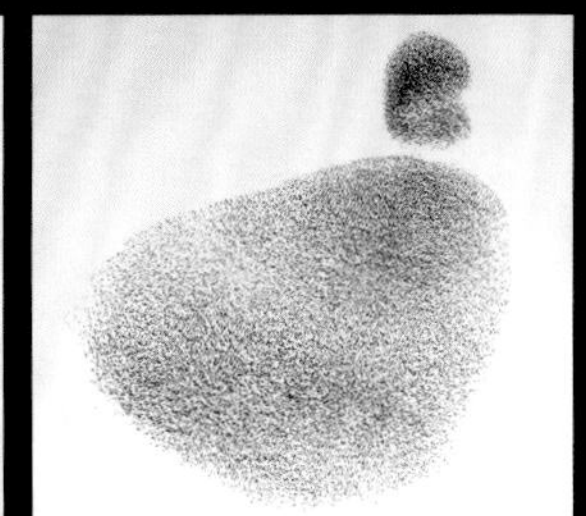

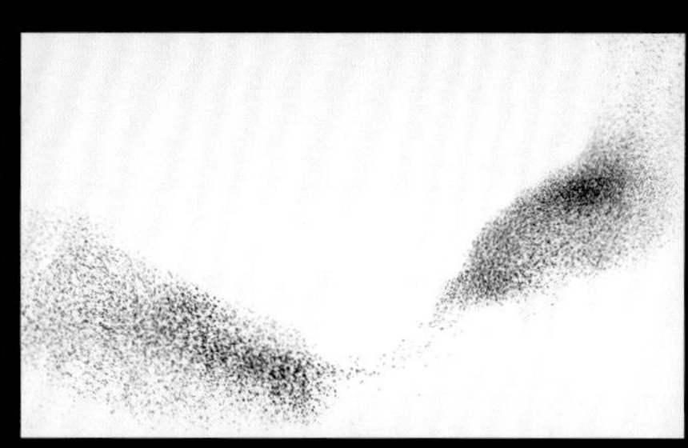

紫翅椋鸟（*Sturnus vulgaris*）

19～22cm

欧洲的很多生境，特别是农田或乡村地区，被引入到北美、南非、澳大利亚和新西兰。

体形小，身体呈黑色，长有光滑的荧光色的羽毛，冬天会有白色斑点。

黄昏的表演

在椋鸟飞回栖宿地的过程中，一波接一波的椋鸟群在夜晚的天空中迅速地变幻着复杂的形状。鸟群保护着个体免受侵害。椋鸟是社会性鸟类，能和人类在城镇地区共存。

互相保护

在美国佛罗里达海岸，一群长体圆鲹（俗名雪茄鱼）组成漩涡状的鱼群，把一条石斑鱼包围在里面。通过将游动中的大型鱼类包围起来，长体圆鲹面对捕食者（例如鲹）时得到了保护。尽管石斑鱼的长度可达2.5米，但它还是能受益于包围着它的这些小伙伴。

吸收日光

为了能看得更清楚，细尾獴哨兵用长长的尾支撑着身体，笔直地站立着。在清晨和黄昏，它们都面对着太阳站立，使胸部深色的皮肤吸收热量。它们眼周的黑色皮毛能阻挡强光，因此细尾獴能直视太阳

哨兵的职责

细尾獴

细尾獴（俗称猫鼬）是首屈一指的通过群居生活防卫掠食者的专家。包括20~40只细尾獴在内的关系紧密的群体共享着一个巨大的巢穴，它们在里面睡觉，哺育后代。每天早晨，成年细尾獴来到洞穴外，哨兵站在土堆或灌木丛上侦察敌情。细尾獴哨兵用它们长长的后肢站立，利用尾来保持平衡，专注地观察周围的情况。一旦发现任何可疑情况，细尾獴就会发出尖锐的警告声。

通常只有族群里唯一的女族长（或称居于支配地位的雌性细尾獴）才能负责生育，同时它也担当着领导族群寻觅食物的重任，而其他附属的雌性细尾獴则扮演着"阿姨"的角色。它们照看幼崽，而女族长的上一窝幼崽中稍年长的细尾獴则担负着白天防御外敌的任务。同时，其他成年细尾獴外出觅食。每只参与外出觅食的细尾獴会轮流防御警惕外敌，一旦发出御敌警报，而巢穴又离身处之地很远，细尾獴就会冲到某个临时庇护所中，或者紧张地观察着天空直到危险过去平安无事。

对天空中庞然大物的恐惧或许源于未成年细尾獴的直觉，如果有飞机从天上飞过它们的头顶，细尾獴就会一哄而散。年长的细尾獴还会教年幼的兄弟姐妹学会必需的生存技能，例如如何对付蝎子或其他危险的猎物。

细尾獴（*Suricata suricatta*）

- 25~35cm。
- 非洲南部干燥沙质平原和灌木中。
- 体形小，苗条修长，长着细长的、逐渐变尖的尾，尾端黑色，眼圈四周也是黑色的。
- » 438。

聚群攻击

细尾獴族群是领地性极强的动物。对不小心误入自己地盘的其他族群的细尾獴，大家会一致发起进攻，这种行为叫作聚群攻击。

靠近家门

除了几只细尾獴哨兵在御敌，这个族群里的其他细尾獴都在放纵嬉戏和互相理毛。如果充当哨兵的某一只细尾獴发出御敌警报，在几秒之内它们就会消失在地下不见踪影。

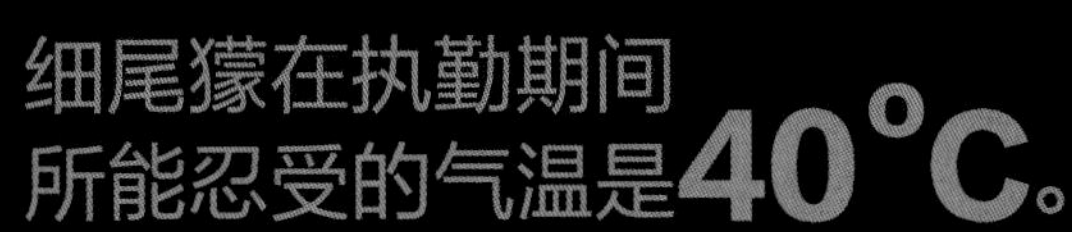

细尾獴在执勤期间所能忍受的气温是**40°C**。

解剖学

强有力的爪

为了配合挖穴的生活习性，每只细尾獴都长着强有力的后脚和前爪，可以使它们在几秒钟之内从沙地上迅速地将自身转移到沙土中。它的每只脚上长着4个脚趾，每个脚趾长约2厘米，没有伸缩性的弯曲的爪就像铲子一样。前脚上的爪稍长一些。在挖穴时，细尾獴还能闭合它们的小耳朵，以防止飞扬的沙土进入其中。一项研究表明，在半天的觅食过程中，一只细尾獴就能挖出400个小洞。

制造尘雾

在寻觅那些迅速消失在地下的无脊椎动物时，细尾獴会发疯般迅速挖洞。它们挖洞所创出的沙土形成了尘雾，这是迷惑掠食者的一种好方法。

警告信号

欧洲兔

一群欧洲兔在露天吃草时，其中几只就会保持着警惕，眼睛不断张望具有威胁的掠食者，如赤狐或普通鵟。防御者会利用蚁冢或小土坡当作望风的地点。如果发现敌人，它们就会用后肢重重地敲击地面，给其他欧洲兔发出预警信号。

欧洲兔（*Oryctolagus cuniculus*）

35～50cm。

欧洲开阔的农场、草原和林地，被引进到澳大利亚。

长耳，有棕色的皮毛和毛茸茸的白色尾巴。

>> 338。

不受阻挡的视野

这些野兔在一片低矮的草场中吃草。这使它们很容易侦察到接近的捕食者。

爆发式现身

墨西哥犬吻蝠

在美国得克萨斯州和墨西哥，当夜晚降临，数以百万计的犬吻蝠就会从白天所在的栖息地源源不断地飞出，这可称为世界上最为壮观的景象之一。生活在山洞里的最大的栖宿群包含2000万只蝙蝠，而数量少些的小群也有数千个个体。从远处望去，飞过的犬吻蝠群就像横跨天空的烟迹。这种戏剧般相互配合的飞行场景，是为了使猫头鹰那样的捕食者很难捉到蝙蝠个体。在蝙蝠的栖宿地，它们相对而言离危险较远，只有蛇有时会吃掉幼蝠和生病的蝙蝠。生活在如此之大的群中有一个弱点：蝙蝠群必须飞到离栖宿地很远的地方，才能找到足够这么多蝙蝠吃的昆虫。

黄昏的飞行

夏天的一个晚上，数百万的犬吻蝠从美国得克萨斯州的一个洞穴中飞涌而出。这股飞出的蝙蝠“涡流”能持续一个小时，这么庞大的群体足以把潜在的捕食者淹没在大潮之中。所有得克萨斯的蝙蝠繁殖种群都会飞到墨西哥越冬。

墨西哥犬吻蝠（*Tadarida brasiliensis*）

大约9cm。

美国西部和南部、墨西哥、中美洲、智利和阿根廷的洞穴中。

体形适中，皮毛棕色，有黑色的大耳朵和起皱的鼻。

>> 406。

人类的影响

对蝙蝠的伤害

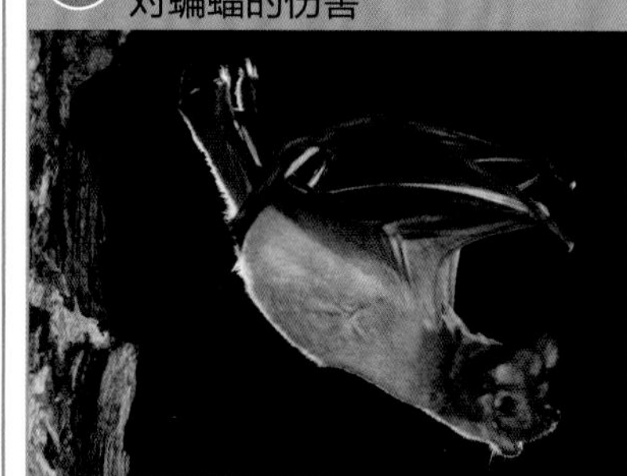

犬吻蝠防御人类干扰的能力非常弱。这些蝙蝠带有狂犬病，尽管这种威胁很小，但还是有相当数量的蝙蝠遭到剿灭。犬吻蝠被妖魔化为“吸血鬼”，然而事实上它们只吃昆虫。这种蝙蝠是益兽，它们能控制农田害虫，如棉铃虫。一个包含2000万只蝙蝠的群落，一个晚上就能消灭250吨害虫。

帮派斗争

倭獴

獴以能杀死和吃掉蛇而闻名，但实际上只有体形较大、独居性的獴，如印度獴才会这么做。倭獴是獴家族中小型獴的一种，从不会独自攻击蛇。它们以个体数量弥补了体形小这一弱点。这些倭獴以12~15个个体生活在一个群里，由一只居于支配地位的雌性倭獴领导，一旦有蛇侵入了它们的领地，倭獴会集体将蛇赶出去。几只獴在战斗区外围小心地吸引着蛇的注意力，同时另一些獴则慢慢逼近蛇，从蛇的脑后突然冲上去啮咬。獴长着锋利的牙齿，因此能产生致命的咬伤。

每个倭獴群里都包括唯一一对繁殖的配偶和处于各种年龄层次的幼獴。獴组成了一个紧密合作的家庭团体，它们共同狩猎，轮流照看幼小的兄弟姐妹。它们在领地内巡游，提防着邻近的其他家族。

倭獴（*Helogale parvula*）

20～30cm。

非洲中部和南部干燥的热带稀树大草原、灌木丛和半沙漠地区，通常在白蚁冢堆上做窝。

黑色的、体形苗条的小型哺乳动物，有尖尖的口鼻、短腿和尖端渐细的尾。

>> 446。

群起而攻之

4只倭獴围着一条非洲咝蝰，用尖尖的口鼻对着潜在的威胁者。如果雌性倭獴首领和幼崽就在附近，而蛇迟迟不撤退，负责防卫的倭獴就会对蛇发动攻击来保护群体的安全。尽管具有毒性，但咝蝰面对群体协作的攻击还是没有取胜的机会。

坚固的防御

麝牛

成年麝牛可重达半吨，它们硕大的体形意味着它们几乎没有天敌。但它们的幼崽，特别是刚出生的小牛则非常脆弱。小牛经常遭到狼的攻击，但如果牛群能及时地发现狼群，那么它们就能部署有效的防御策略。成年麝牛迅速集合，紧密地一个挨着一个围成圆圈，头朝外，将小牛围在中心。觅食的狼遭遇到的是坚硬的头和角。体形较大的麝牛则从图中冲出来，用角猛击入侵者。只有在狼群成功地让麝牛奔跑起来后，这种防御体系才会瓦解。

麝牛（*Ovibos moschatus*）

约2.5m长。

从阿拉斯加到加拿大、格陵兰岛植被较少的冻原上。

巨大的有蹄哺乳动物，有向下生长的角，整个头部有坚硬的骨质甲板。

突飞猛进

汤氏瞪羚

这种羚羊不仅是令人印象深刻的短跑健将，它们还能以特殊的方式加入到其他瞪羚群中，从而甩掉追捕者。瞪羚在奔跑之前会突然间跳得很高，这一行为称为“弹跳”。这一跳警告了其他瞪羚，同时也让捕食者如猎豹或狮陷入惊愕之中，捕食者会发现很难跟上猎物的步伐。另一种可能就是瞪羚通过弹跳来显示自己的健壮，企图通过这点来让敌人放弃追逐。

汤氏瞪羚（*Gazella thomsoni*）

70～90cm。

东非干燥的草质平原，主要分布在肯尼亚和坦桑尼亚。

优美的小型羚羊，黑色的粗条纹贯穿侧腹，腹部呈白色，雄性长着长长的尖角，角上约有20圈环。

逃跑

在躲避捕食者的最初斗争中，这些羚羊的瞬时速度可达80千米/时。它们能维持60千米/时的速度达15～20分钟。

团队合作

非洲水牛

由于非洲水牛巨大的体形，它们对敌人来说咄咄逼人，甚至能将一头狮子置于死地。但如果狮群对它们发动进攻，非洲水牛就可能难以御敌。它们在每日一次的饮水时还可能受到鳄鱼的威胁。但大群水牛生活在一起（有时强壮水牛的数目可达数百头），能够减少遭遇袭击的机会。受到攻击的一开始，相对于这么大的体形，牛群会以令人难以置信的速度迅速奔跑离开敌人，但之后牛群会聚集到一起，将小牛置于身后，转而面对捕食者。狮子的策略是重新驱赶水牛奔跑起来，然后挑选出落在队伍后面的年幼和病弱的水牛。为了捉到水牛，狮子必须跳到牛背上，将其撂倒。尽管如此，牛群还是会回应被捕食者捉到的同伴所发出的哀嚎。大型的成年水牛或许会返回去施以援手。

最大的水牛群主要包括雌性水牛和小牛，它们在非洲稀树大草原上漫步，不断地寻觅新鲜的草料。相反，雄性水牛组成群体较小的"单身汉"群，它们在略微安全一些的长着大量树木和灌木丛的地区活动。更年长一些的成熟雄性水牛则频繁地被雌性水牛群驱赶着，不得不自谋生路。它们独自游荡，只有在3～5月的繁殖季节才加入雌性牛群中。野牛依赖于自己庞大的体形来抵御狮子，但如果它们年纪大了，则很容易被攻击。

57千米/时 这是体重达0.75吨的水牛在向前猛冲时的速度峰值。

非洲水牛（*Syncerus caffer*）

- 2～3.5m。
- 非洲撒哈拉沙漠以南地区能找到水的草原和开阔林地，另有一些小型种类生活在非洲西部和中部赤道附近的森林中。
- 体形巨大、强壮的有蹄哺乳动物，具有粗壮的肩部和巨大的、末端弯曲的角。

>>01

>>02

>>03

抵御袭击

>>01 面对一群狮子，水牛群紧密地团结在一起形成了封锁圈。

>>02 牛群固守着它们的阵地，将小牛置于林立的牛角和蹄子之后，同时狮群也在寻找牛群易于突破的弱点。

>>03 一只狮子突然跑起来冲破牛群的阵形，但牛群中的领导者立即追赶并侵扰这只狮子。大多数这样的冲突最后都会陷入僵局，但狮子会一再地发动这样的攻击。

统一阵线

当牛群摆好架势面对狮子时，狮子就会跑开。大型的水牛能用角将狮子抛到一边，使狮子遭受重创，因此狮子通常会被迫撤退。

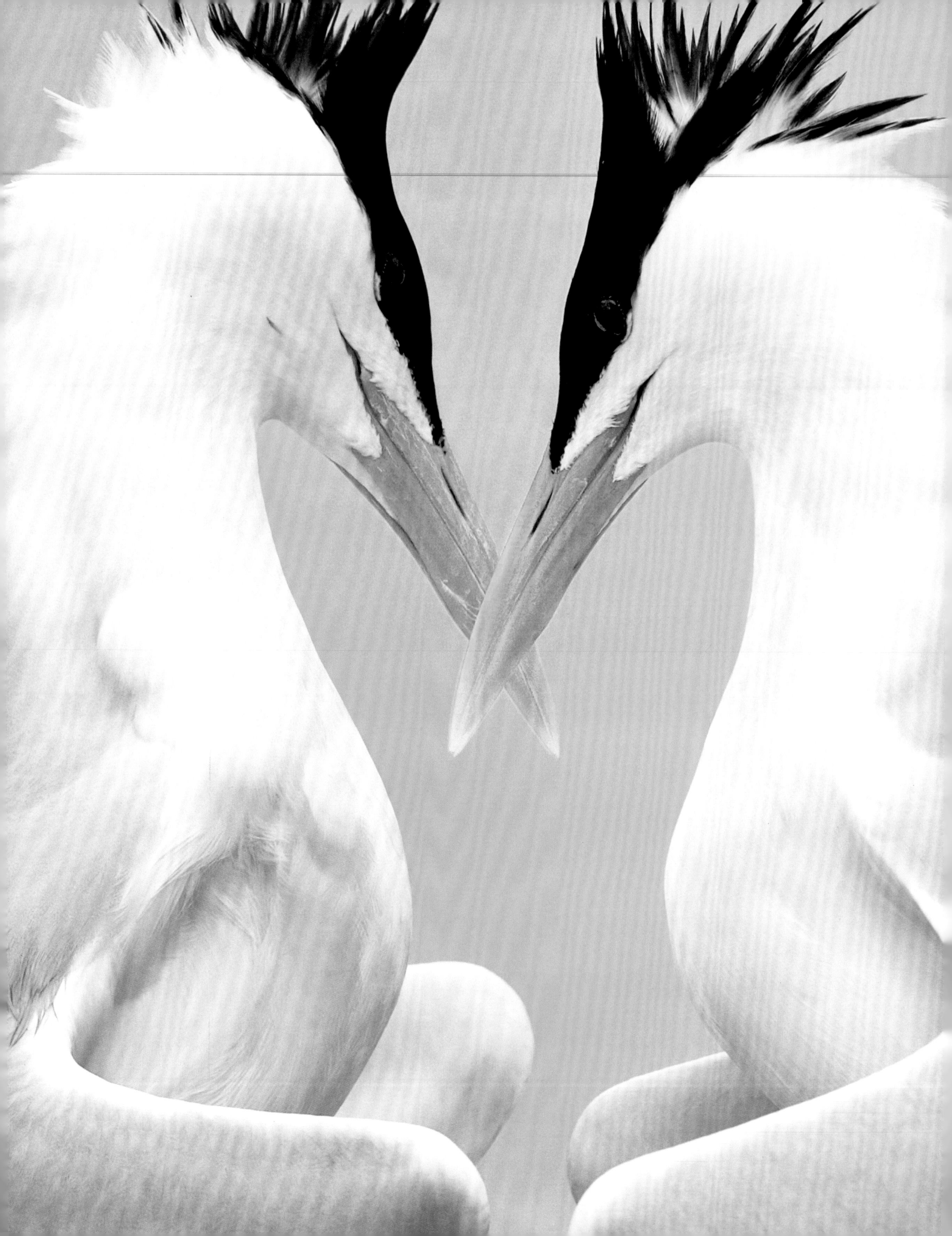

性与繁殖

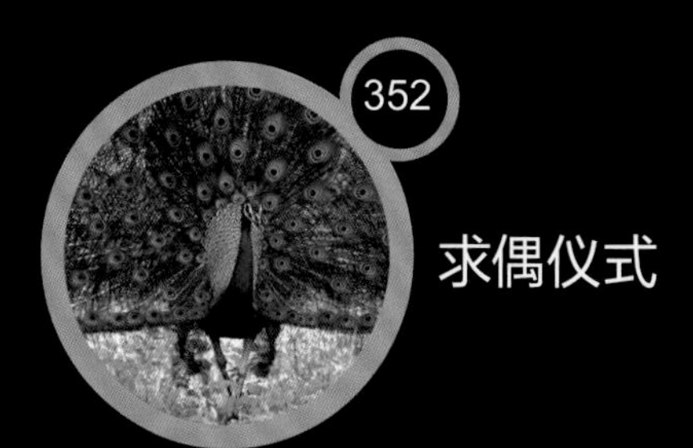

紧扣彼此

雄蜻蜓用腹部末端的钩状物钩住雌蜻蜓的脖子，同时紧紧抱住植物的茎，雌蜻蜓的腹向自己身体的前下方弯曲，接收雄性的精子。

性与繁殖

繁殖是生物最基本的特征。所有的哺乳动物，包括人类都采用有性繁殖的方式，后代的产生是由来自父母的特殊细胞融合而成的。在动物界，还有许多其他的繁殖方式。

繁殖方式

动物的繁殖方式多种多样。其中最特别的是无性繁殖，亲体采用如出芽等方法制造出和自己在遗传上同一的后代。与此完全相反的是，真正的有性繁殖涉及两个不同的遗传亲体——雄性和雌性，能产生和亲体二者完全不同的后代。介于这两种类型之间，还有多种多样的交配方式，产生的后代在遗传上具有多样化的特征。例如介于雄性和雌性之间的雌雄同体（两性）物种。有些两性物种和自己交配，这种方式产下的后代与和配偶交配产下的后代相比，在遗传差异方面则少了许多。

海蛞蝓

海蛞蝓是雌雄同体的动物，可以产生卵子和精子。它们成对繁殖，分别产下卵子，并与配偶的精子结合。

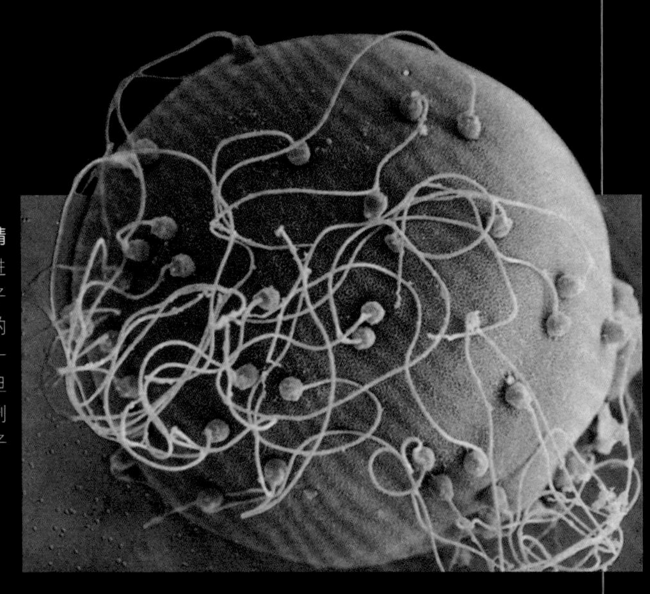

授精

很多精子正试图进入到这个蚌的卵子中。在几乎所有的动物卵子中都有一种机制，确保一旦有一个精子进入到卵子中，其他精子就不能再进入。

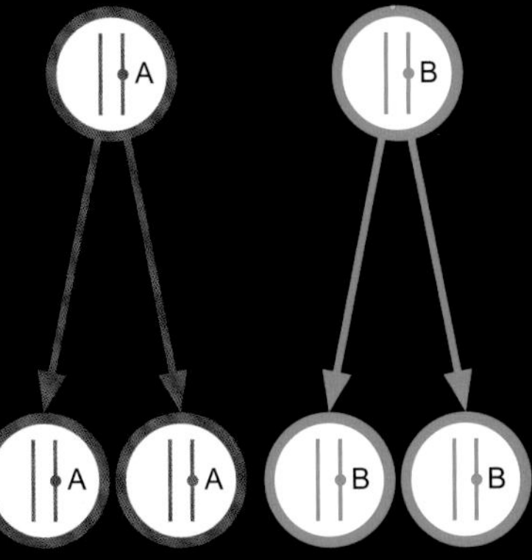

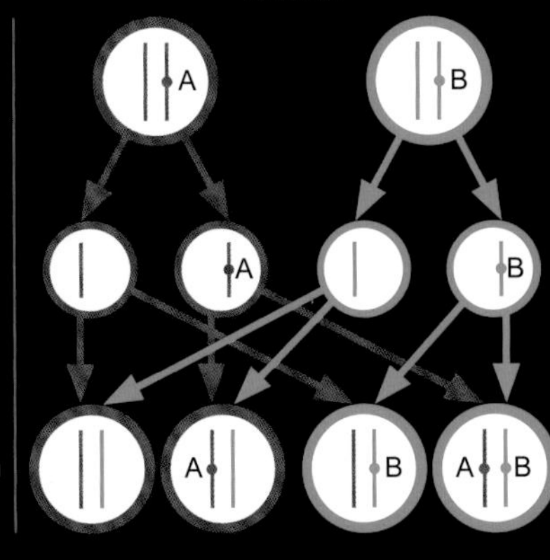

无性繁殖和有性繁殖

无性繁殖产下的后代就是父母的翻版，和父母具有相同的基因（A，B）。有性繁殖需要配子（见上右图第二行），每个配子都包含父母基因类型的一半，从而产生携带父母各种不同基因组合的后代。

有性繁殖

有性繁殖具有两个基本特征。第一，叫作配子（卵子和精子）的特殊细胞是由称作减数分裂（见下图）的细胞分裂形式所产生的，减数分裂是每个配子成为单倍体的过程，单倍体包含父母基因的一半。减数分裂时，父母基因被“重组”，每个配子包含独一无二的父母基因的组合。第二，每个卵子受精结合的精子均来自与母体不同的父体，二者结合成为合子。合子是二倍体，包含对偶基因（副本）——一份来自母体，一份来自父体。卵子和精子在形状和大小上明显不同：卵子大，静止不动，包含形成合子的细胞物质；而精子则小得多，活跃易动，数量很多。

减数分裂

减数分裂是产生配子的细胞分裂形式。在亲本细胞分裂之前，染色体中的基因物质发生交换，因此每个配子都具有父母基因的一半。

1 准备期 在减数分裂之前，细胞核里的染色体进行复制，以产生2倍的染色体。

2 配对 染色体配对排成一线，基因物质在每一对间进行交换。

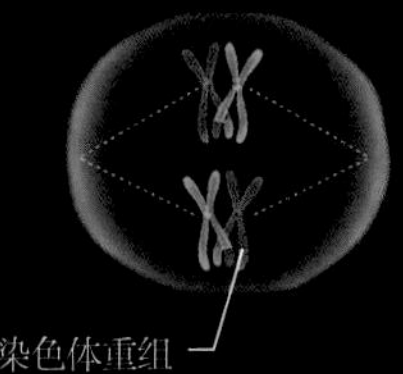

3 分离 每对染色体进行分离，纺锤体将每对中的两个染色体分别拉向两端，细胞分裂。

细胞分裂
纺锤体
每对分离

4 2个子代 这些分裂的细胞中的每一个都包含一组来自母体和父体的两个染色体。

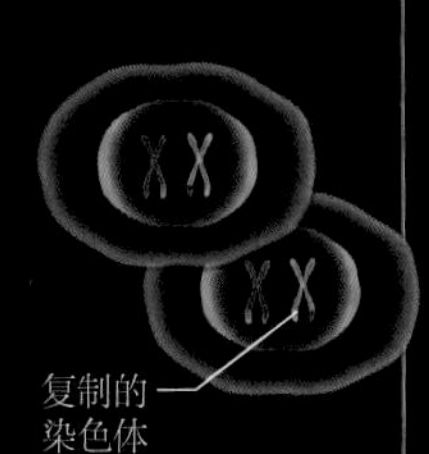

5 2次分裂 当细胞再次分裂时，两个染色体分离，分开的两半分别移动到分裂的细胞两侧。

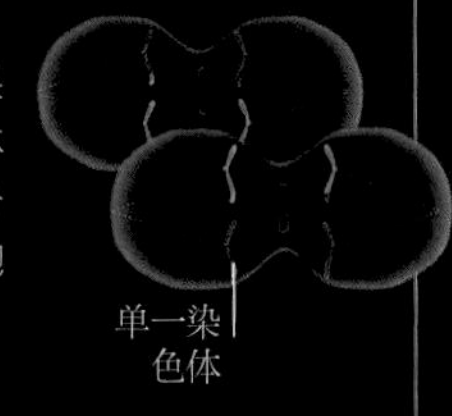

6 4个配子 4个性细胞形成，各自带有不同的来自亲本细胞的基因。

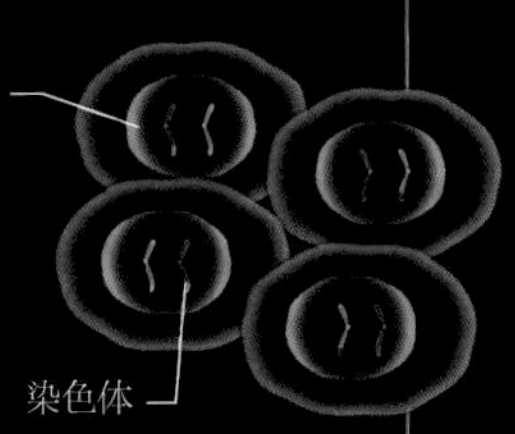

繁殖的多样化

孤雌生殖

这种形式的繁殖是指后代由母体的未受精卵发育而成。其中一种形式是：卵子由减数分裂产生（见右图），发育而成的后代与母体略有不同。

有序雌雄同体

这种繁殖方式是指动物自身能在不同时段分别产生卵子和精子。在雄性先熟雌雄同体中，动物幼年时即产生精子，而等它们长大后才产生卵子。而在雌性先熟雌雄同体中，情况则刚好相反。

雌雄同体

这种动物同时具有雄性和雌性性器官，能产生卵子和精子。这些动物大多数不能使卵子自行受精，而需要和配偶交换精子；但不包括一些寄生虫，它们并不寻觅配偶。

无性繁殖和有性繁殖

有些动物在某一阶段能进行无性繁殖，另一阶段则进行有性繁殖。通常，当它们所处的环境较稳定时，就能进行无性繁殖；当环境恶化或变得不可预测时，它们就会转而进行有性繁殖。

捕鱼的蜘蛛

雌性筏蜘蛛将它的卵包裹在蛛丝织成的茧里。筏蜘蛛是水生捕食者，主要吃蝌蚪、昆虫和小型鱼类，它们能在水下待一个小时。

性的进化

依赖环境生存的动物不断地发生着变化，每一代都面临着新的挑战。也就是说，为了增大后代的存活概率，动物必须尽可能地生产出更多与自身及配偶不同的后代。虽然基因突变能使那些通过有性繁殖繁育后代的物种发生一些改变，但在大多数情况下这并不足以满足需求，很多动物需要提升后代基因多样性的能力。

繁殖机制多样性的解释

繁殖机制多样性的出现和动物所生存环境的变化息息相关，这个生存环境包括空间和时间。在统一或稳定的环境里生活着的动物如果通过自身进行繁殖，确切地说就是无性繁殖，那么繁育状况就会处于最佳，繁殖力非常旺盛。在多变和反复无常的环境里，通过有性繁殖方式所产生的后代，其遗传性就会较为多变，会增加一些个体生存的机会。繁殖就像抽奖，无性繁殖产生的是具有相同数字的奖券，而有性繁殖则产生具有不同数字的奖券。

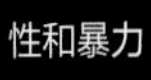

性和暴力

这两只安静的加勒比健肢蜥（见右上图）通过单性繁殖进行繁育，并且只以雌性的形式存在。两只雄性黑琴鸡（见右图）正在为一小块领地的所有权而打斗，这片领地是它们展示自己、吸引雌性的地方。

性的结果

性繁殖的基础特征是：为了在有限数量的大卵子上授精，大量的小精子相互竞争。在很多物种中，上述基础特征反映为：为了和雌性交配，雄性间产生强烈的竞争。雄性猛烈地进行竞争，彼此打斗，或许这也能完成对雌性的吸引。这样的结果是性二型（两性异型），雄性体形通常更大一些，色彩比雌性鲜艳，并具有竞争的武器。很多动物的雌性都独自留下照看幼崽，但也有许多物种的雄性肩负着父母的责任，还有一些物种由雄性扮演养育者的角色。对那些由雄性照看幼崽的物种来说，性角色也随之颠倒，雌性互相竞争来获得和雄性进行交配的机会。

气温和性别

对于很多爬行动物，其后代的性别受到卵发育期温度的影响。海龟的卵在低于30℃的环境下多发育为雄性；而温度较高时则多数发育为雌性（见下左图）。蜥蜴的情况（见下右图）则刚好相反。鳄鱼卵发育的适宜温度区间是23～32℃。气候的变化会对这些爬行动物造成严重的影响。

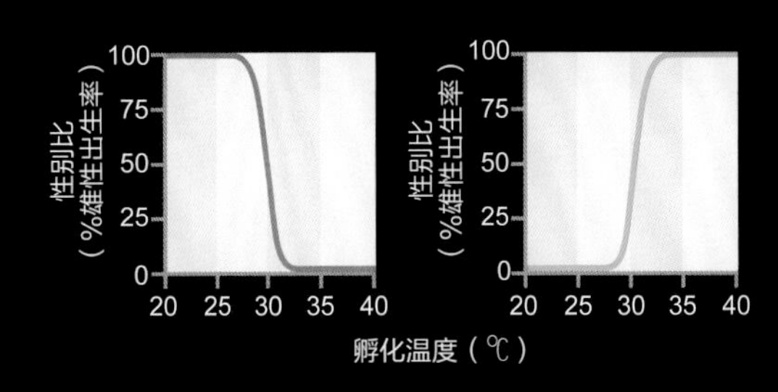

没有配偶的生殖

有相当多的动物不与其他个体交配就能进行繁殖。有些物种，其所有的成员都是雌性，它们通过如出芽或分裂的方式进行无性繁殖。而有些物种是雌雄同体的，能自我授精。

无性繁殖

无性繁殖在植物中很常见，而在动物中则很罕见。无性繁殖只是对身体结构和基因的直接复制，也就是通常说的克隆。有些动物，如扁虫，可以一分为二。另一些，如水螅（小型淡水捕食生物），用出芽的方式进行繁殖，即在与母体分离之前，作为母体的一部分成长。很少有动物完全依靠无性繁殖。在条件允许的情况下克隆才能奏效，然而克隆能使动物的数量在短时间内大量增加。当环境变得艰苦或反复无常时，大多数无性繁殖的动物可转化为有性繁殖。

海葵的出芽
海葵从它们的母体上生长出来，等到能够独立时，这些海葵芽体就从母体上分离开来。

长着两个头的扁虫
扁虫可以通过一分为二的形式进行繁殖。分裂从头部开始。它们逐渐分离，直到形成两个全新的扁虫。

单性生殖

有些动物繁殖的过程叫作单性生殖（孤雌生殖），也就是卵子无须精子受精就能发育的生殖过程。这只英国切斯特动物园的小科摩多龙是由未和雄性交配的雌性产下的。科摩多龙是原产于印度尼西亚几个小岛的巨蜥，这是该物种首次被报告通过单性生殖而产下后代。通过这种形式产下幼崽的能力，或许是由于繁殖期的雌性与雄性被隔离而产生的。然而，这样产下的幼崽遗传多样性低，抵御疾病和不利条件的能力也较差。

雌雄同体

雌雄同体的动物既能产生卵子也能产生精子。这些动物中，每个成员都是彼此潜在的性配偶。雌雄同体的产生是那些很少有机会进行交配的生物逐渐适应的结果。雌雄同体在那些彼此居住较为隔绝的动物（如寄生虫），以及那些很少活动或行动缓慢的动物中很常见。大多数雌雄同体动物在能进行有性繁殖时都会进行有性繁殖，和配偶交换精子。那些自己产生卵子并通过自己的精子受精的动物，是因为没有配偶才采取这种方式。对于像蜗牛那样自己交配繁殖的动物，单性繁殖是出于迫不得已才使用的最后手段，而通过单性繁殖产生的后代比有性繁殖少。

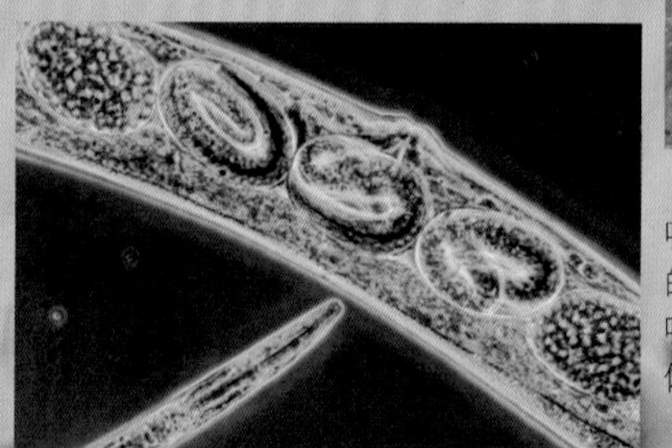

线虫的卵
这条线虫是秀丽隐杆线虫，体内有通过自身受精卵发育而成的幼虫。这种线虫有一小部分是雄性，绝大多数都是雌雄同体。那些通过雄性受精的线虫能产下约1000枚卵，是自身受精产卵数量的3倍。

吹绵蚧
吹绵蚧是柑橘类作物的主要害虫。大多数吹绵蚧都是雌雄同体，少数是雄性。

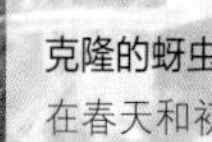

克隆的蚜虫
在春天和初夏环境较好的时候，蚜虫会进行无性繁殖，产下大量的后代，对农作物产生毁灭性的破坏。

芽殖的潜能

水螅

这个物种属于微型动物，在生殖上它们也尽享着两种形式。当环境良好、食物充足时，它们进行无性繁殖，在母体上出芽，直到完全成型后脱离母体，形成新的个体独立生活。如果它们生活的池塘环境恶化，例如池水干涸或冬季来临，它们就会长出卵巢和精囊，将卵子和精子射入水中。二者在水中融合成合子（受精的细胞），在外覆层的保护下继续存活，直到环境好转。

水螅（*Hydra vulgaris*）

1～20mm。

北半球未受污染的淡水池塘里和河流里的植物上。

管状身体又细又长，底端有吸盘，口周围有5～12个触手，呈半透明的浅棕色到绿色。

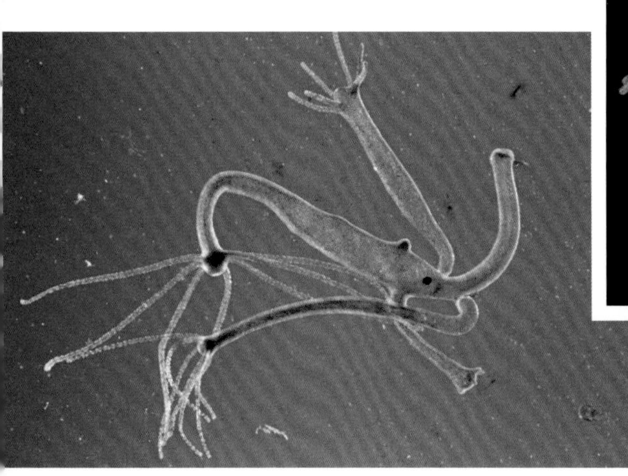

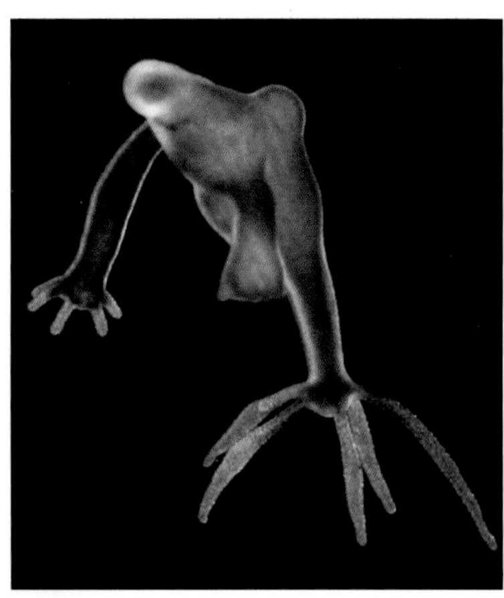

脱离

一只水螅通过出芽产生了3个幼体（见左图）；当它们完全长成水螅的时候就会脱离母体独立生活。水螅呈绿色或褐色，依靠与其共生的藻类为生。

分裂

红树海绵

和大多数海绵一样，红树海绵也能根据环境的不同进行有性或无性繁殖。无性繁殖时，海绵身体的一部分，如触手，会简单地脱离身体随水漂流，直到在某处安顿下来。海绵是雌雄同体，它在一生中的不同阶段能分别产生卵子和精子。卵子通常在身体里留存着，而射出的精子团看起来如烟雾一般。来自其他海绵的精子则与身体中的卵子结合，受精发育为幼体。

红树海绵（*Haliclona compressa*）

长达20cm。

依附在加勒比海的岩石和珊瑚礁上。

树形身体上长有圆柱形的分支，起皱的表皮呈鲜橙色或红色。

色彩缤纷的群落

宝石海葵

宝石海葵通过一分为二的简单形式进行无性繁殖，产生一对在遗传上完全一样的个体。当这两个小海葵长大后会再次分裂开来。如果环境良好，它们能迅速繁殖，产下大量后代。这些浓密的海葵群落覆盖在海岸的石质表面或海底的崖面上，颜色从粉色、绿色到红色、白色都有。在这五彩缤纷的色谱内，每个独立的海葵都拥有对比强烈的颜色——触手的颜色和身体的颜色完全不同，许多海葵棘状的触手尖都是白色的。当独立的海葵分裂并自我复制时，海葵群落将呈现出大片大片截然不同的色彩。这种特殊的情形常常被描述为“彩被”。

拼贴效果

这些色彩截然不同的粉色和绿色的海葵群正在进行克隆繁殖。每一大块颜色都来自独立的海葵。

宝石海葵（*Corynactis viridis*）

直径10mm。海葵群落的跨度可达几米。

依附在欧洲西部和地中海低潮标记处的岩石上或岩石下。

矮胖型海葵，底端约有100条触手，颜色五彩缤纷，有绿色、粉色、橙色、红色和白色等。

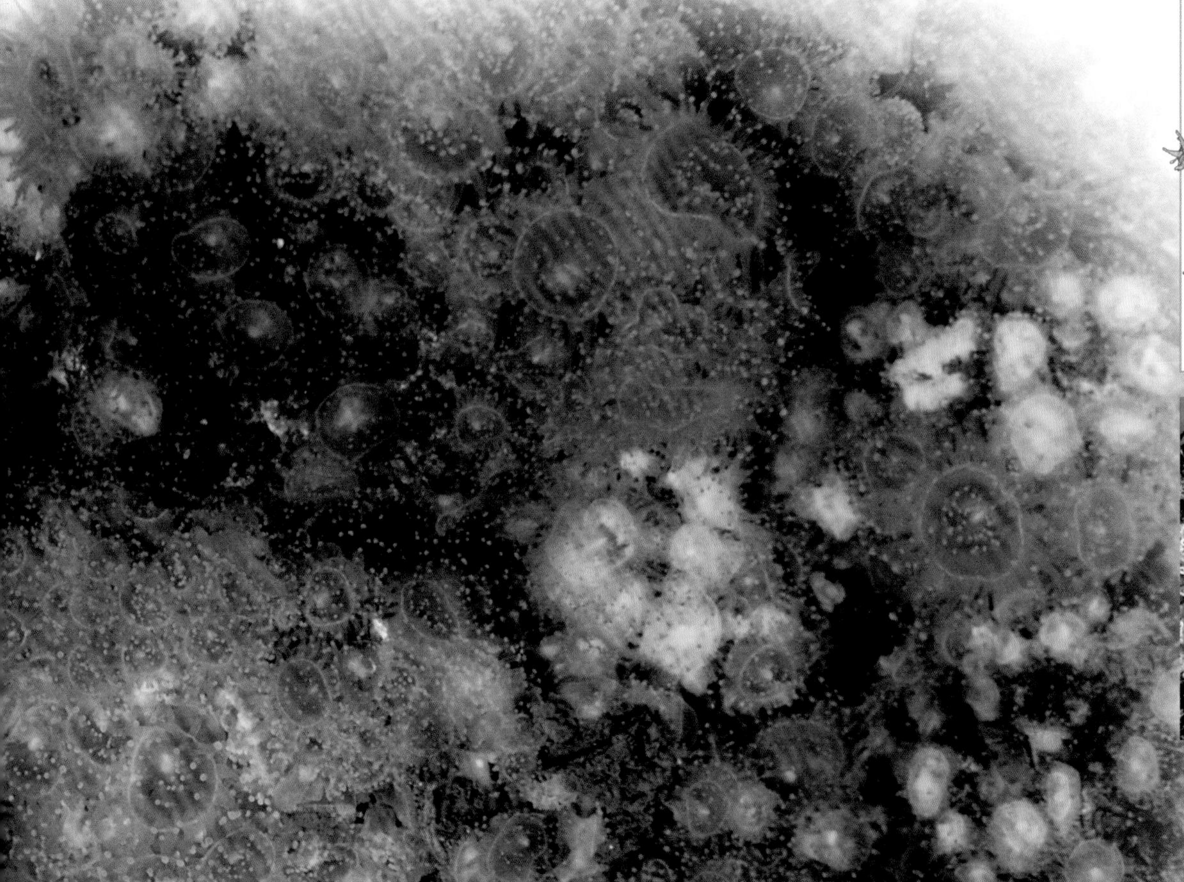

解剖学

分裂

宝石海葵垂直地分为两半，这个过程叫作纵向分裂生殖。分裂从头部开始，因此分裂的个体具有两个口和两套触手。接着身体向下分来，形成两个独立的但在遗传上完全一样的个体。整个分裂过程可持续几分钟到几小时不等。

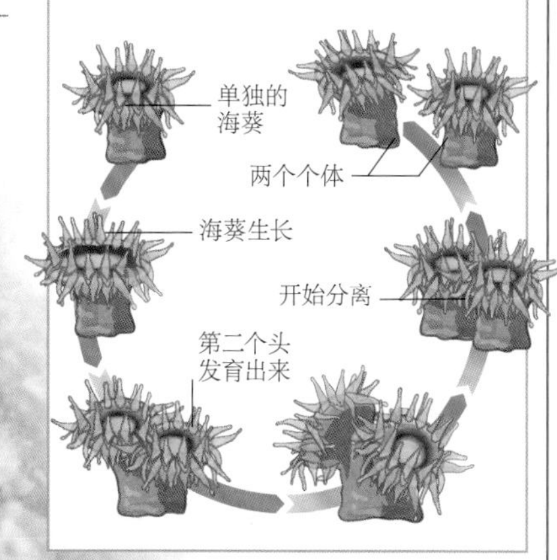

容光焕发

一大群粉色宝石海葵覆盖着岩石的表面。无性繁殖让海葵快速地形成一片良好的栖息地。

来自远方

大砗磲

大砗磲是无法移动的动物，因此它们无法寻觅配偶。但它们是雌雄同体，同时拥有雌性和雄性器官，这解决了它们的繁殖问题。在仲夏，大砗磲将卵子和精子释放到水里，为了避免自己的卵子和精子互相结合，它们在不同的生命时期分别排放精子和卵子。通常先释放出的是精子。大砗磲以雄性的身份开始性成熟，在老年时发育成雌性，因此年轻的大砗磲只能释放出精子。卵子和精子相遇，受精形成面盘幼体。在某处珊瑚礁上定居并发育成砗磲之前，幼体要在开阔的水域里漂流一段时间。对生活在澳大利亚大堡礁的大砗磲的基因研究显示，近亲大砗磲之间生活的距离并不近，至少相距1000千米以上，这说明精子和卵子在受精成为面盘幼体之前要随洋流漂流很远的距离。据估计，面盘幼体达到完全的性成熟大约在3~7岁。同时，大砗磲通常也能和同种的其他砗磲受精，属于至少能和其他一种砗磲跨界受精的砗磲。

大砗磲（*Tridacna gigas*）

长达1.5m。

印度洋和西南太平洋水面下20米的珊瑚礁中，通常嵌在沙质或砾石里。

双壳类，覆盖物（呼吸的肉质组织）呈棕色、黄色或绿色，上有蓝色或紫色荧光的斑点，较大的大砗磲则完全呈蓝色或紫色。

排卵

大砗磲从虹吸管中直接将卵子团排到水里。数百万计的卵子和上亿精子的排放过程可长达30分钟。这些释放出的卵子和精子将被洋流带走。

大砗磲喷射出的卵子群

100年 大砗磲所能生活的年限，有的大砗磲的寿命甚至能长达200年。

解剖学

大砗磲的虹吸管

大砗磲有两个虹吸管能使水在身体里循环，其作用是呼吸、摄食和排出废物。流进的水由进水的虹吸管吸入，流过鳃，滤过食物——浮游藻类。在接受了消化产生的二氧化碳和其他废物之后，这些水通过出水的虹吸管被排出，这个管道也是释放精子和卵子的通道。这种循环由纤毛（生于砗磲体内的微小毛发）的作用维持。

无性的生存

蛭态轮虫

轮虫是微小的水生动物。在环境良好的情况下，很多轮虫无性繁殖，当环境恶化时则为有性繁殖。一个轮虫类群包含大约380种，全部都是雌性，没有足够的证据显示曾有轮虫以雄性的形式存在过。上图中这些是蛭态轮虫，在8000万年前就已经进化存在。它们能产生卵子，无须受精，并且最重要的是，它们能产下在遗传上完全不同的后代。研究者已发现，蛭态轮虫的一个基因有两份副本，能帮助它们适应环境和生存。基因促使蛋白质的合成，在它们所依赖的水生环境恶化时能保护蛭态轮虫。一份副本防止蛋白质分子凝聚成团，另一份副本则支撑着微小的细胞膜。这种异乎寻常的适应性使得蛭态轮虫即使脱水也能继续生存。

蛭态轮虫目（Bdelloidea）

- 显微级别。
- 淡水（一般是池塘）和藓类中。
- 身体长而柔软，上有冠状纤毛，有红色的眼睛和敏锐的触须。

克隆出生

蚜虫

根据一年中不同的时节，蚜虫选择无性繁殖或有性繁殖中的一种方式繁殖。春季，由卵孵化出的无翅雌性能通过单性生殖或未经受精的卵产下很多幼体。这些幼虫都是雌性，是通过妊娠而产下的。在环境好的时候，很多蚜虫的后代都是通过这种方式产下的。如果它们寄居的植物情况开始变坏，有些雌性就会长出翅膀飞行，在风的帮助下，转移到新的植物上去。冬季来临，有些雌性蚜虫会转化成雄性。雌雄交配产卵，并度过冬季。

蚜科（*Aphididea*）

- 大约2mm长。
- 温带的植物上，包括树和花卉。
- 具有多种色彩的微小昆虫，都长着小头和丰满的身体。

婴儿工厂

一只雌性蚜虫正在产下与自身基因完全相同的幼虫，这些幼虫以植物汁液为食。蚜虫繁殖迅速，幼虫立即就能进食，能导致植物死亡。

两性鱼

红树鳉鱼

红树鳉鱼在脊椎动物里是很独特的——它们是雌雄同体，自我受精。红树鳉鱼生活在红树林沼泽里，这里的环境经常会变得具有毒性，它们就会逃到陆地上的避难所来，这也是它们大部分时间都独居的原因。对于它们来说，无需伴侣就能产下后代也是必需的。红树鳉鱼能排出卵子和精子，在叫作卵精巢的器官内融合。之后受精的卵子被释放到水里，贴附在植物或其他残骸上，随着潮汐、风和雨传播到很远的地方。

红树鳉鱼（*Kryptolebias marmoratus*）

- 可达7.5cm。
- 红树林沼泽的热带海滨地区，如中美洲、加勒比群岛、巴西和美国佛罗里达。
- 身体细长苗条，有背鳍，尾部附近有臀鳍。根据环境不同而色彩多样，但所有的个体都有黑色斑点，在尾部下端有黄边。

色彩缤纷的孤独者

红树鳉鱼缤纷的色彩由栖居的环境决定。在泥泞的环境里它们呈黑褐色或绿色，沙质环境下呈浅黄色。

个案研究

离水的鱼

红树鳉鱼生活的环境由于季节变换而频繁发生变化，有时干涸，有时由于硫化氢而使水质变得有毒。当这些情况发生后，红树鳉鱼就在鳍的帮助下跳到陆地上。不同寻常的是，它们鳃的结构和皮肤随之发生改变，能让它们呼吸空气。红树鳉鱼离开水能生存长达10周左右。有些没有离开居住地的红树鳉鱼则躲在蓝地蟹的洞穴中，还有些则会扭动身体躲到树上的白蚁穴里去。

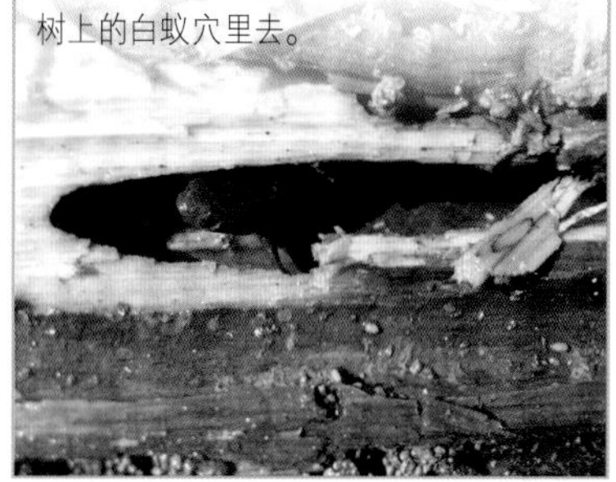

极具适应性的雌性

窄头双髻鲨

窄头双髻鲨也叫锤头鲨，通常采用有性繁殖。雌性和雄性交配后产下大约8~12头小鲨。2001年，在美国内布拉斯加州的一家动物园，独自生活的一头雌性窄头双髻鲨生下了一头小鲨。DNA分析表明它和它的妈妈在遗传上完全一致，证明了这的的确确是“处女生育”。这头小鲨是由一个未经受精的卵子经过单性生殖发育而来的。在软骨鱼的历史中，这是前所未有的发现。窄头双髻鲨经常被发现为群居状态，但是，一个没有找到雄性的雌性鲨，也能通过一种机制产下它自己的幼崽。

窄头双髻鲨（*Sphyrna tiburo*）

- 长达1.5m。
- 大西洋西部和太平洋东部的温暖深海水域。
- 身体修长，第一个背鳍很高，头部扁平，前端呈圆形。身体上侧呈灰色、棕色或绿色，下侧呈白色或苍白色。

增强嗅觉的头？

窄头双髻鲨扁平的头部的功能还不明确，可能是用于增强嗅觉。

完全卵生

鳞趾虎

尽管也有些报告表明雄性鳞趾虎的存在，但这个家族大多数成员为雌性，产卵后，卵无须受精即可发育成幼体。这些卵所含的染色体数目相同，都是44条，和它们的母亲一样。鳞趾虎是社群性繁育者，几个雌性每次在树洞、叶轴或树皮下的巢内产下两枚卵。因为每只鳞趾虎都能生育，因此它们的数量增长迅速，是地球上最成功的繁育群体。鳞趾虎原产于澳大利亚。

多产的移民

和大多数壁虎一样，鳞趾虎也是成功的海岛繁殖者，如在夏威夷。其中一个原因或许是它们的卵经过海水浸泡后也能存活。

鳞趾虎（*Lepidodactylus lugubris*）

- 7~9.5cm。
- 栖境广泛，包括亚洲热带地区和太平洋诸岛、中美洲和澳大利亚。
- 皮肤光滑，呈灰褐色，在身体尾部有黑色的V或W形标记，沿眼部有黑色的条带。

寻觅配偶

对那些长时间群居的动物来说，找到一个配偶并不困难。它们需要跨越很远的距离寻觅配偶。很多昆虫和蛙类的雄性通过制造响亮的叫声来吸引雌性。

觅偶的手段

在吸引配偶时，雄性通常会制造声音、视觉信号或气味来吸引雌性的注意力，并且很多物种会花费大量精力去做这件事。当然，雄性会陷入和同种其他雄性的竞争当中，因此它们会全力以赴来表演以成功地吸引雌性。但这种表演具有危险，雄性这些明显的举动同样能吸引敌人的注意，如捕食者或寄生生物。有些鸣蛙会被循声而来的蝙蝠吃掉。

雄性蝼蛄在洞穴中摩擦双翅，通过地道放大“歌声”以吸引雌性。

雄性弱小非洲树蛙通过叫声吸引雌性来到它们繁殖的池塘。

时间和地点

一种寻找配偶的方式是雄性和雌性聚集到一处常规的繁殖地点。例如，很多两栖动物会回到它们出生的池塘，在这里进行它们一生中的繁殖。有些鸟类和哺乳动物会按惯例在同一处叫作“择偶场”或“婚配场”的地方交配。在这里，雄性竞争到一小块地方展示自己，雌性选择雄性进行交配，雌性选择配偶的依据则是雄性的表现和展示的质量。

生活在一起

很多动物漫长的一生中会有若干次繁殖，它们通常会彼此建立一种长期的配对关系。在一些鸟类中，为了繁殖而生活在一起的配偶经过几年的共同生活后，会逐年改善繁育的成功率。如鹦鹉和鸽子以它们的单配制而闻名，这种关系能维持很多年。这是因为，除了不断改进个体的繁殖技巧外，固定的伴侣也能相互取长补短。澳大利亚的松果蓝舌蜥独自生活，但成长到20岁时，它们会在繁殖季外出寻找一个固定的伴侣。第一年在一起交配的配偶如果没有成功繁殖，通常就会分开，次年各自寻找新的伴侣。

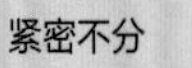

紧密不分

和很多鸟类一样，环颈斑鸠也是一夫一妻制。这种紧密结合的关系会维系若干年。

狒狒军团

绿狒狒以15~150个为一群生活，包括一些雄性、若干雌性和它们的孩子。雄性通过彼此打斗来建立在群里的支配地位，占据支配地位的雄性狒狒能和更多的雌性交配。

寄生物的交配策略

大规模产卵	操纵
那些寄生在其他生物体内的寄生物很难寻找配偶，除非它们的宿主在它们交配之前被同一种寄生物至少再感染一次。	有些寄生物能操纵宿主的行为，使宿主对捕食者而言更为显眼，这能增加寄生物传递到另一个新宿主身上的机会。
雌雄同体	**永恒的配对**
如果无法进行交配，它们就会形成雌雄同体，一个个体既能够产生卵子也能产生精子，自身进行受精。这种情况有时会发生在绦虫身上。	有些寄生物，如那些能导致疾病的裂体血吸虫，有另一种解决“找对象难”的办法，就是雄性和雌性相互依附，永远配对在一起。

前往择偶场

南非长角羚一生中大部分时间都群居生活。当它们准备繁殖时，就会前往择偶场。

大规模产卵

石珊瑚

石珊瑚是物种聚集地，包括很多叫作珊瑚虫的微小个体，每个珊瑚虫都会建造一个石灰质的“壳”并居住在里面。生活在同一珊瑚上的珊瑚虫繁殖的时机是同步的，它们将性细胞排到水里产生出大量的受精卵。珊瑚虫排卵的精准时间与月球运行周期有关。卵子和精子在水里融合形成微小的幼虫（或者叫实囊幼虫），这些幼虫向海面游去，在那里随着洋流漂流到远离出生地的地方。几天后它们在海床上着陆。如果它们能落在适宜的海底表面，在这里就会形成新的珊瑚。

叶状珊瑚属（*Lobophyllia*）

- 0.1～2m。
- 大西洋、太平洋和印度洋的热带浅海中。
- 扁平的珊瑚群，上有浅裂的凸起和凹陷，看起来像人类的大脑。
- >> 164。

卵子和精子的排放

>>01 精子由大量的珊瑚虫排放到水里。

>>02 珊瑚虫同时释放精子，因此形成了精子团。

>>03 在同一天排出的卵子和精子融合在一起，接着进行体外受精。

>>01

>>02

>>03

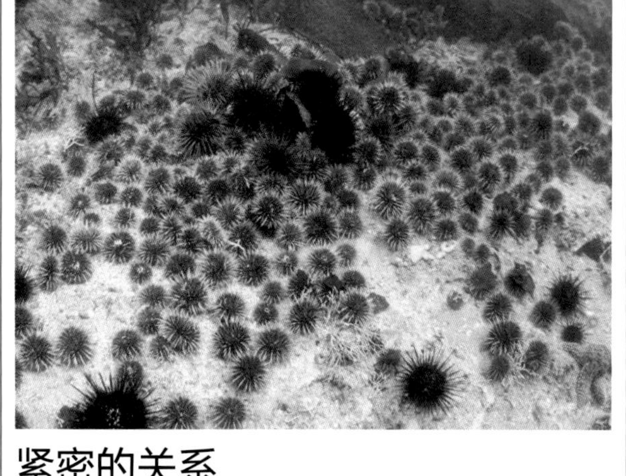

紧密的关系

紫色球海胆

紫色球海胆无须寻找配偶，它们彼此紧密地生活在一个大群里。个体在两岁时达到性成熟，在每年的1~3月间进行繁殖。雄性释放精子、雌性释放卵子到水中，精卵结合形成微小的胚胎，胚胎向下落到海床上，在那里安顿下来并开始生长。通常成年海胆固定不动，但为了寻找食物，它们也能缓慢地移动到另一个地方。紫色球海胆以海藻林里落下来的碎片为食。它们具有将岩石刮出凹槽的能力，这能保护它们以免被洋流冲走。

紫色球海胆（*Strongylocentrotus purpuratus*）

- 5～10cm。
- 从阿拉斯加到墨西哥的北美洲太平洋海岸浅潮间带，这里有强洋流和海胆赖以为生的海藻林。
- 球形身体上覆盖有长长的紫色棘刺。

荧光吸引力

华丽跳蛛

雄性华丽跳蛛在身体的某些部位长着特殊的鳞片，能反射紫外光，使雌性能够辨别出同种的雄性。雌、雄跳蛛多个眼睛的视网膜上都有对紫外光极其敏感的细胞，但只有雄性具有能反射紫外光的鳞片。雄性在阳光下非常活跃，在雌性和其他雄性竞争对手面前表演复杂的舞蹈，摇摆它们的前肢，在树叶上抖动腿，这些舞蹈能向潜在的配偶和竞争对手传达视觉和感觉信号。雄性往往频繁且非常猛烈地干扰其他雄性对手，来保护自己的领地。当雄性发现被它的特殊舞蹈吸引来的雌性后，它就开始表演一种社交舞蹈，引导雌性交配。

华丽跳蛛（*Cosmophasis umbratica*）

- 7mm。
- 从印度到苏门答腊的东南亚，阳面开阔林地的植物上。
- 绿色和黑色的身体上点缀着银白色的斑点（雄性）或绿色、棕色、白色和黑色斑点（雌性）。

正午的表演

华丽跳蛛在正午最为活跃，这个时候植物完全暴露在阳光下。

紫外光

雄性通过反射紫外光来吸引雌性。由蜘蛛前肢的鳞片反射出来的紫外光尤为耀眼。

啁啾的鸣叫

蝉

雄蝉通过发出很大的鸣叫声吸引远处的雌性，这在自然界中常常能听到。蟋蟀和蚱蜢通过摩擦翅或摩擦翅和腿发声。与此不同的是，蝉利用腹部一种叫鼓室的器官发出鸣叫。鼓室扁平，呈环状，像锡制的金属盖子，能被有力的肌肉叩动。发出的声音被位于鼓室下的肺泡的作用扩大。在接近鼓室的地方，蝉发出的声音可达120分贝，这个声音对人类的耳朵来说很难忍受。蝉有着奇怪的生活史，作为若虫要在土地里生活6年或7年，而成体后却只能生存几周。

在室外开阔的地方

我们经常能听到蝉鸣，却很少见到它们。大多数蝉隐身在植物里，只发出鸣叫。

蝉科（Cicadidae）

- 2～15cm。
- 有树或灌木丛的地方，主要生活在热带，也有些种类栖息在温带地区。
- 凸出的眼在头部两侧分得很开；短而宽的身体大致呈椭圆形。翅通常是透明的，从腹部顶端向外伸展出去。
- >> 386～387。

闪烁的光芒

萤火虫

雌性萤火虫在夜晚发出翠绿色的光吸引雄性。萤火虫是甲虫，雄性具有一只普通甲虫那样循规蹈矩的一生，从幼虫转变成具有飞行能力的成虫；但大多数雌性萤火虫则会一直处于幼虫阶段，也不能飞行。雌性的身体后3节体节上有发光器官。发光器官里含有一层叫虫荧光素的蛋白质，能与荧光素酶、水和氧气发生化学反应，从而产生光，但几乎不产生热。虫荧光素层背靠能反光的晶体，并被一层透明的外皮覆盖着。通过流过身体的氧气量的多少，雌性萤火虫能使亮光明暗闪烁。夜晚，雌性萤火虫在树叶或嫩枝上发出光亮，雄性循光而来与其交配。萤火虫幼虫和成年雌性是节肢动物的捕食者，包括马陆，尽管马陆具有毒性，但不知怎么却无法战胜萤火虫。雄性萤火虫的眼睛比雌性大，但生存周期要短一些。有些种类的萤火虫，雌性和成年的雄性都没有口，无法进食。但它们却有充沛的精力觅偶，在交配后不久就会死亡。

树栖者

这种道格拉斯萤火虫（*Pterotus obscuripennis*）是北美的几种萤火虫之一，它们很常见。萤火虫既不是蠕虫也不是苍蝇，它们是甲虫。

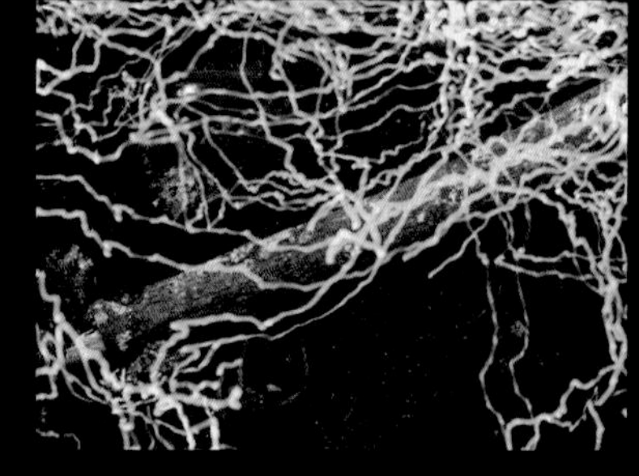

夜晚的灯

两只雌性欧洲萤（*Lampyris noctiluca*）发出柔和的光（见上图），美洲叩头虫（*Pyrophorus noctilucus*）发出绿色的光（见左图）。

有些热带的萤火虫聚集成大群，**发出同步的闪光**，但这种行为发生的原因尚不清楚。

萤科（Lampyridae）

- 2cm，雌性比雄性大得多。
- 温带和热带地区的植被上。
- 成年的雄性萤火虫具有长长的身体，长着柔软的翅鞘。雌性萤火虫保持着幼虫时的身体，无翅。

图案的吸引力

紫闪蛱蝶

雌性紫闪蛱蝶通过雄蝶身上的紫色识别它们，这种紫色只有在某些特定的角度和光线下观察才能看到。从6月到8月，雄性紫闪蛱蝶会整天聚集在大且突出的树顶。雌蝶会飞过这些树，并且寻找雄蝶进行几个小时的交尾。雌蝶把卵产在柳树上，以便卵变成毛虫后食用。在清晨，常常看到紫闪蛱蝶在地上的烂泥中收集其必不可少的盐分。

紫闪蛱蝶（*Apatura iris*）

- 6～8.5cm。
- 欧洲西部、北部及英格兰西南地区的林地中。
- 雄性和雌性都是深棕色带有白色图案；身体上表面或者雄性的翅膀带有紫色光泽。

背面

腹面

背面和腹面

雄性紫闪蛱蝶的背面翅膀上有着高雅的紫色光泽。腹面的颜色较暗淡。

站岗

斑马纯袖蝶

雄性斑马纯袖蝶寻找未交配过的雌性，并且保护它们以防竞争对手的骚扰。当一只雄性斑马纯袖蝶找到一个雌性的蛹，便会将其保护起来，直到雌性孵化。一旦雌性孵化，雄性斑马纯袖蝶便与其交配。为了进一步确保它对该雌性的独家交配权，雄性会在雌性的腹部涂抹一种分泌物来驱赶其他雄性。雌性斑马纯袖蝶把卵产在西番莲的藤蔓上。成年斑马纯袖蝶以花蜜为食，个别的会有规律地在一些开花的植物周围巡逻。在夜间，25～30只斑马纯袖蝶个体聚集在一起栖息。

斑马纯袖蝶（*Heliconius charitonius*）

- 7～10cm
- 美国南部、墨西哥北部和加勒比群岛的密林及森林边缘。
- 窄长的黑色翅膀上伴有黄色条纹。

之前和之后

一只处于雄性初期的双带锦鱼在一条雄性终期的双带锦鱼上方游动。只有雄性终期的双带锦鱼的头是蓝色的，从而得名。

双带锦鱼（*Thalassoma bifasciatum*）

- 长达25cm。
- 生活在大西洋西部、百慕大群岛、佛罗里达、墨西哥湾、南美洲北部和加勒比海的珊瑚、海礁石、海草床及海湾中。
- 细长的身体带有尖尖的鼻子，颜色根据性别和年龄改变。

变性

双带锦鱼

双带锦鱼有能力进行体格上的变化，其中包括从雌性变为雄性。小双带锦鱼在初始阶段分雌性和雄性。这种体格上的改变会使它们进入雄性终期（见右侧知识框）。一部分雄性终期的双带锦鱼开始雌性的生活，也就是交配。在较小的礁石上，只有少数雄性终期的双带锦鱼守护着有雌性的领地，这些雄性双带锦鱼每天可以与100条雌性交配。雄性终期双带锦鱼在交配时如果遗漏了卵，则初期阶段的雄性双带锦鱼可以把精子排在这些卵上并且使之受精。在较大的礁石上，雄性终期双带锦鱼数量较多而领地则较小。

解剖学

成为超雄性

在最初的阶段，双带锦鱼是黄色或白色的，上有黑色的斑带，身体下腹部呈白色。处于终期的雄性体长比较长，并有与初期不同的颜色，包括亮蓝色的头部。终期阶段的雄性的攻击行为抑制了初始阶段双带锦鱼的转变，前者一旦死亡，初始阶段的雄性或雌性就会发生改变。这种改变与胁迫突然停止有关，并导致性激素的极度释放。

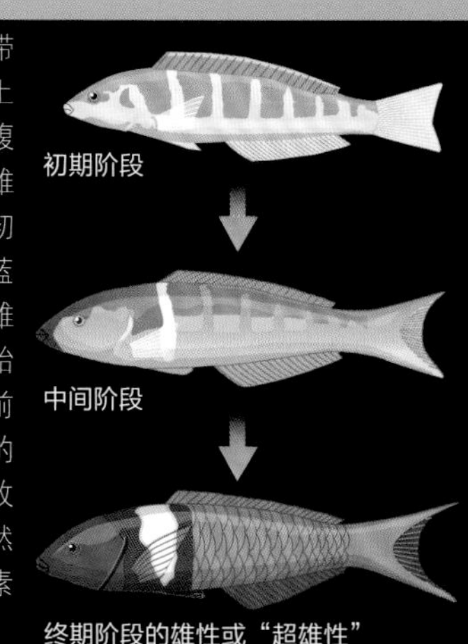

完美时刻

加利福尼亚滑银汉鱼

精准的时间是加利福尼亚滑银汉鱼能否成功繁殖的关键。大鱼群每年春季和夏季繁殖4~8次，选择在每月潮汐周期中满潮的时刻。满潮似乎成为雄鱼和雌鱼聚在水边纠结成一大群的暗号。雌性在沙子中挖一个洞穴，将卵产在其中，然后雄性用身体将巢穴围裹起来，把精子排在卵子上。受精卵在沙子中发育。当下个月满潮的时候，小鱼便孵化出来，游向大海。

加利福尼亚滑银汉鱼（*Leuresthes tenuis*）

- 长达15cm。
- 美国西海岸，南到墨西哥的下加利福尼亚州。
- 身体银色，背部呈蓝绿色。

生命的海滩

加利福尼亚滑银汉鱼将卵产在海潮之上，使卵留在沙滩上孵化，这样卵就会免受海洋捕食者的侵害。

交配的哼唱

斑光蟾鱼

雄性斑光蟾鱼通过发出嗡嗡的大叫声来吸引雌性，其中夹杂着哨声、咕噜和咆哮。交配通常发生在夜晚。当雌性靠近时，雄性将头向后抬起，露出下巴上的发光器官来引导雌性。雄性栖息在潮间带，白天藏匿在泥土洞穴里，夜晚出来觅食和交配，有时也会离开水。雌性则生活在深水区，只在进行交配时来到潮间带。雄性在岩石旁挖一个巢穴，雌性将卵产在其中。产卵后，雄性保护着卵和孵出的小鱼，直到它们长大到能保护自己为止。

斑光蟾鱼（*Porichthys notatus*）

- 长达38cm。
- 从美国阿拉斯加到墨西哥的北美洲太平洋海岸的潮间带。
- 具有像蟾蜍一般的头部，身体上侧呈紫色或棕色，身体下侧呈淡黄色，具有若干发光器官。

吵闹的邻居

这种鱼发出的声音非常大，以至于海面上的渔民都能听到。被这种声音所困，渔民可能会整晚失眠。

夏季聚集者

短尾魟

在夏季繁殖季节，短尾魟聚集在特定的老地方寻觅配偶。雌性将受精卵留在体内，并胎生产下一条微小的短尾魟。在妈妈体内时，小短尾魟最初以卵黄为食，之后依靠包含黏液、脂肪和蛋白质的像乳汁的液体为食，这种液体来自母体的子宫。刚出生的小短尾魟大约长36厘米。短尾魟是世界上最大的魟，质量可达350千克。和大多数魟一样，它们大部分时间都待在海床或海床附近，吃软体动物和甲壳动物，用它们下颌上坚硬扁平的牙齿将食物咬碎。尾部的棘针可长达40厘米，棘针有毒，用来防卫。魟棘针造成的伤口可能会对人类产生致命的伤害，但这样的伤口也并不常见。

短尾魟（*Dasyatis brevicaudata*）

- 长达4.3m。
- 澳大利亚、新西兰和南非的沿海和河口。
- 身体上侧呈黑灰色或棕色，下侧呈浅白色，尾似长鞭，有背鳍。

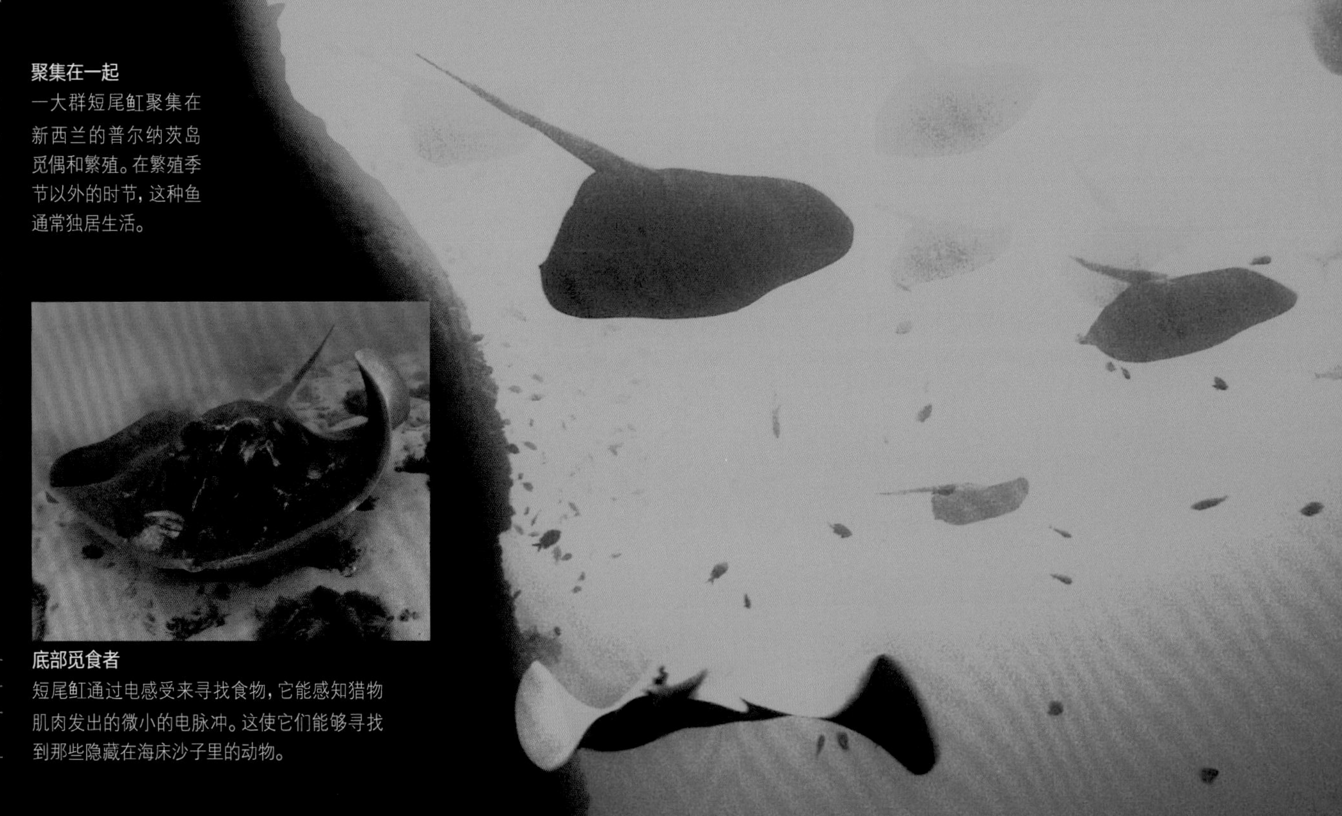

聚集在一起

一大群短尾魟聚集在新西兰的普尔纳茨岛觅偶和繁殖。在繁殖季节以外的时节，这种鱼通常独居生活。

底部觅食者

短尾魟通过电感受来寻找食物，它能感知猎物肌肉发出的微小的电脉冲。这使它们能够寻找到那些隐藏在海床沙子里的动物。

双音节

多米尼加树蛙

雄性多米尼加树蛙发出一种双音节的炫耀声，由低音调的“co”（考）和高音调的“qui”（奎）组成，这正是其英文名“Coqui”的来源。雄蛙的耳朵对低频声“co”十分敏感，这种声音是一种威胁信号，以警告其他雄蛙要对其敬而远之。雌蛙则容易察觉更高频的声音“qui”，这是一种交配声，雌蛙会对接近它而鸣叫的雄蛙做出反应。雄蛙在距地面1~2米的树叶上鸣叫。交配之后，受精卵隐匿于地面上的落叶之下。与多数蛙类不同的是，这些卵不经过蝌蚪期。

多米尼加树蛙（*Eleutherodactylus coqui*）

- 3.5~6cm。
- 林地；原产于波多黎各，后引入其他地区，包括美国的佛罗里达和夏威夷。
- 眼大；背部棕褐色或灰色，腹部白色或黄色；趾垫大。

声音频率

吸引和威胁

雄性多米尼加树蛙的一个叫声仅持续半秒，低频“co”和高频“qui”之间有一小段间隔。虽然我们可以清晰地听到这两段音节，但雄性很难听到高音“qui”，而雌性却对此十分敏感。

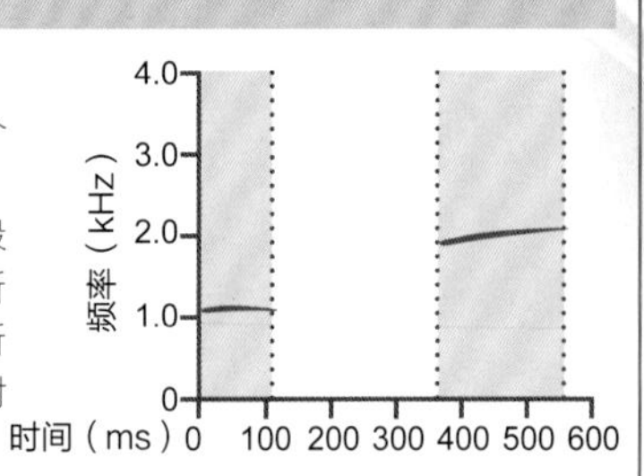

气动颤音

大草原蟾

大草原蟾大部分时间生活在地下洞穴中，仅在夜晚和雨后出来觅食。春夏之际的暴雨促使这些蟾蜍组成庞大的迁徙大军，大量集结在临时池塘中，大合唱就此拉开序幕。几天之后繁殖开始了。体形较大的雄性占领池塘边缘的位置，发出重金属音乐般吵闹的拖长颤音。体形较小的雄性往往不鸣唱，但它们围绕在歌唱家的周围，充当“卫星”（见右侧知识框）。雌性则青睐于最擅长歌唱的雄性。

大草原蟾（*Anaxyrus cognatus*）

- 4.5~12cm。
- 美国中部的荒漠和大草原，墨西哥北部和加拿大南部。
- 身体滚圆；颜色多变，通常为棕褐色或绿色，身上有对称的大块深色斑点。

个案研究

沉默的鬼鬼祟祟者

鸣唱的雄性大草原蟾既要吸引雌蛙，又要警惕其他雄性的存在。体形较小的雄性静候一旁，避免与大个头的雄性发生冲突，但同时它们也伺机而动，以争取交配的机会。它们在“大雄”周围徘徊，处于其视力范围之外、听力范围之内。当雌性被体形较大的雄蛙的叫声吸引而靠近时，这些较小的雄蛙趁机上前“抢亲”，与雌性交配。

真正的鸣叫

雄性具有腊肠状的巨大声囊，全部膨胀起来相当于体形大小的三分之一。

偏好位置

虎纹钝口螈

大雨滂沱之后，虎纹钝口螈在夜晚来到它们世世代代繁殖的池塘。繁殖种群密度很大，交配竞争十分激烈，有时甚至混乱一团。雄性用嘴拱雌性的尾巴，以此大献殷勤。如果雌螈做出回应，雄螈就排出一个精囊，雌螈便将其收集起来。雄性会干涉其他个体的交配，它会把自己的精囊排到其情敌的精囊之上。一些亚种会把卵产在一起，而有的则把卵一个个地产在不同地方。繁殖时间在整个分布区中有所不同，例如在北方，钝口螈在早春时节就尽可能在冰雪融化之际赶到池塘。

虎纹钝口螈（*Ambystoma tigrinum*）

- 7.5~16cm。
- 北美洲的草地和邻近水源的林地中。
- 身体大而矮壮，具有圆圆的吻部和小眼睛。颜色多变，通常为黑色，有微黄色斑块。

移动中

虎纹钝口螈的分布范围十分广阔，并存在很多变异，故被划分为不同的亚种。这是一只东部虎纹钝口螈，见于美国明尼苏达州的北部。

森林生境

在非繁殖期，钝口螈绝大多数时间生活在远离水的林地中。它们在潮湿的天气特别活跃。

追踪

极北蝰

在春季冬眠苏醒之后的几周，雄性极北蝰开始蜕皮，并在它们的家域之内四处游荡，寻找雌性留下的气味痕迹。当雄性找到雌性的踪迹后，它会追随其上并找到雌性。雄蛇会守卫雌蛇若干天，与其他竞争对手打成一团，并驱赶体形较小的个体（体形较大的更容易获胜）。获胜者与雌蛇交配多次，每次交配持续达两个小时。雌蛇隔几年才繁殖一次，每胎产卵3~18枚，且雌性数量较少，因此雄性间争夺雌性的竞争更加激烈。

极北蝰（*Vipera berus*）

- 长达65cm。
- 广泛分布于欧洲的北部和西部、英国和俄罗斯（爱尔兰除外）。
- 身体粗壮，头扁平；体灰色、绿色或棕褐色，沿背部有深色弯转的条纹；有些个体周身黑色。

重量级游泳

绿海龟是强壮的游泳者，一次可以持续游泳几周。目前尚不清楚它们如何在每个繁殖季游回相同的繁殖地，但一般认为这与地球磁场有关。

往返旅行

绿海龟

对于绿海龟来说，交配只是横跨海洋的万里旅行的一个环节，是它们为了繁衍而必须做的一件事。它们居住在海洋的某处，而繁殖却在另一个地方，有时它们的往返旅程长达4800千米。雌性每2年或6年繁殖一次，因此繁殖群体中的雄性总比雌性多，雄性的竞争必定激烈。雌性在夜晚来到海岸，那里是它出生的地方，它在沙子中挖一个深洞，产下多达200枚的卵。2个月后，卵孵化出来，小海龟要冒险从沙子中爬到海水里。鸟类和其他捕食者对它们觊觎已久，多数小海龟会被吃掉。小海龟以浮游生物为食，它们的外壳很柔软，又成为鱼类的美餐。所剩寥寥的海龟能够活到10~24岁的成熟年龄，它们的寿命则可达100岁。绿海龟受到人类捕猎的威胁而成为濒危动物。自17世纪以来，从加勒比海到伦敦，人们为了喝海龟汤，海龟贸易一直很猖獗。时至今日，海洋龟类仍然持续不断地因为被用作食物而被捕捉，还有来自渔网的意外伤害。在野外，保护绿海龟最行之有效的方法就是保护好它们产卵的海滩，使其继续繁衍下去。

绿海龟（*Chelonia mydas*）

- 长达1.5m。
- 大西洋、印度洋和太平洋的热带和亚热带海草床和开阔水域中。
- 龟壳心形，呈橄榄色、棕色或黑色；有水桨般的四肢；头小，具有尖突的嘴，无牙齿。
- 392。

个案研究

追踪海龟

人们使用无线电跟踪仪器可以追踪海龟，这些信号可通过卫星收集。在南大西洋的阿森松岛附近海域，人们做了一些试验，被跟踪的海龟在不同的地方被释放。那些在顺风位置被释放的海龟很容易找到阿森松岛，而那些在逆风位置被释放的海龟则要花费更多的时间才能找到该岛。这项研究表明，绿海龟可能利用风传播的气味信号来寻找它们曾经出生的海滩。

爬跨交配

成年绿海龟几乎专门以海草和海藻为食，这些植物仅生长在相对较浅的海岸水域。交配即发生在觅食区域。一旦怀孕，雌性就会前往几十年前产卵的海滩。

相遇

雌性绿海龟集结在世代产卵的海滩附近的浅海水域。绿海龟的产卵巢在海滩上很多。雌海龟在几个夜晚同时集中产卵，这样使它们的幼龟可以最大化地存活下来，因为同时孵化出来的小海龟可以因其庞大的数量躲避捕食者的侵袭。

壮观的旅行

住在巴西海岸的绿海龟，游向南大西洋的阿森松岛。这一往返旅程长达4800千米，这样它们才能够安全地繁殖。

雄性松鸡

雪中的求偶场

为了得到雌松鸡的青睐，雄松鸡摆出各种姿势，大摇大摆地炫耀。松鸡是体形较大的鸟类，其大小与火鸡近似。

地面交配

西方松鸡

松鸡在一个称为择偶场的传统公共交配之地寻觅配偶，其繁殖季很长，从春天持续到夏天。在繁殖季之初，雄性高高站立在枝头，并在不同位置上炫耀，过了一会儿它们转移到地面，每只雄性会保卫一块非常小的领地以供其炫耀。雄性的炫耀包括展开尾羽，在空中跳跃，以及发出宏亮、复杂的鸣叫，这些叫声包含一系列变化的咔嚓咔嚓声、间歇振荡的爆音和摩擦的声响。雄性严守着自己的领地，不仅提防它们的情敌，还得防御狗和人类。

西方松鸡（*Tetrao urogallus*）

0.6～1m。

亚洲和欧洲北部的针叶林，包括苏格兰。

雄性为暗色、灰色、褐色和带有绿色光泽的黑色，雌性带有褐色斑点；雄性比雌性大很多。两性眼上均有红色肉瘤。

终生的婚恋

王信天翁

王信天翁能活到80岁，并且一对配偶终生生活在一起。信天翁9～11岁达到性成熟，此时它们前往在海上岛屿的繁殖场寻觅配偶。配偶对的形成涉及一种详细的炫耀行为——翅膀展开，鸟喙指向天空。一对信天翁每两年产一枚卵。它们通常生活在一起，直到幼鸟可以独立生活，并且在每个繁殖季中总使用同一个巢址。一夫一妻制解决了每个繁殖季伊始要吸引新配偶的问题。

王信天翁（*Diomedea epomophora*）

1.1～1.2m。

南半球开阔海域。

身体白色，具黑色斑驳的翅膀，以及粉红色的喙。

变换羽毛

蓝白细尾鹩莺

蓝白细尾鹩莺具有复杂的婚配制度，只有少数雄性有明亮的蓝色羽毛。它们是协作的繁殖者，组成小型的领地群落，其中一只雌性哺育后代，并得到其他助手的帮助。在这一群体中，多数雄性如同雌性一样为棕褐色，但有些雄鸟是明亮的蓝色；这套“婚礼服”直到雄性3岁的时候才能穿上。在一些岛屿族群中，雄性有时还有黑色型。穿上这套婚礼服的雄性一般都是居优势地位的雄鸟。求爱之时雌鸟会得到花瓣作为礼物。雄鸟仅与一只雌鸟筑巢，并抚育它们的后代。合作繁殖能够帮助这些鸟喂养更多的后代，而一对鸟则会势单力薄。

黑与蓝

这只性成熟的雄性蓝白细尾鹩莺（见左图）已经具备了明亮的蓝色婚羽。雌鸟（见上图）却是棕褐色的。

蓝白细尾鹩莺（*Malurus leucopterus*）

12cm。

澳大利亚西部稀疏、低矮的植被中。

翅白色；雌性上体浅灰褐色，下体白色，有暗蓝色的尾；雄性棕褐色，有暗蓝色的尾；已婚雄性为明亮的蓝色，具暗蓝色的尾。

欧洲兔（*Oryctolagus cuniculus*）

35～50cm。

现在可见于全球的荒地、农地和林地中，但最初来源于欧洲。

身体灰褐色，腹部较淡，有白色绒毛尾。

» 320。

繁盛的草食动物

兔子在一季的惊人繁殖量意味着其种群的飞速增长，使它们成为严重的农业害兽。

多产的繁殖大户

欧洲兔

欧洲兔因其繁殖力而闻名。它们的生存和繁殖模式依土壤的属性而变化。如果某地土壤柔软，易于挖洞，它们就会向更广阔的地方扩散；但是如果土壤坚硬，它们就会利用同一个洞穴很长时间，并组成称为兔场的小集群。雄性的家域比雌性的大，当母兔乐于接受公兔，或准备交配时，公兔为争夺母兔展开竞争。每年雌性可繁殖几胎，每胎5或6崽。雄性形成一个优势等级，多数优势雄性紧紧跟随并保卫愿意交配的雌性，驱逐其他竞争雄性，直到雌性准备好交配。雌雄均交配一次以上，但优势雄性倾向于吸引优势雌性。如果一只雄兔是这个群体多数幼兔的父亲，那么大约有16%的幼兔是其他父亲的孩子。

兔子拥有**1亿个嗅觉受体**，人类只有500万～600万个。

准备交配

当公兔寻找配偶的时候，它们会利用发达的嗅觉判定此时此刻若干只母兔的繁殖条件。如果一只母兔准备繁殖，那么公兔会对它追求不舍。

气味和声音

驼鹿

雄性驼鹿可发出长音节的、哀吟般的叫声，以此吸引远在3.2千米以外的雌鹿。它们也会产生一种强烈的气味，并将尿液洒在打滚的坑附近。雄性为雌性而争斗，但它们经常通过评估对方体形大小而避免受伤，因此较小的公鹿会主动放弃与较大的公鹿争斗。每年9月或10月交配，8个月之后，一头（偶尔有两头）幼鹿降生。幼崽与母亲生活一年。除此以外，驼鹿是独居的，只有交配时才会在一起。大约一半的幼崽会在它们出生后的第一年死去；成体则可存活8～12年，公鹿的寿命会由于持续的搏斗受伤而缩短。驼鹿不能排汗保持凉爽，所以它们生活的地区的温度不超过27℃。

两性约会

雄驼鹿比雌性稍大，且有巨大的角，可宽达2米。雌性无角。

驼鹿妻妾群

驼鹿通常形成单一的繁殖对，即一雄一雌，它们在一起待上一周。然而，一头雄鹿也可吸引若干头雌鹿，组成一个妻妾群。对于一个繁殖对来说，共同生活的时间很短暂，交配之后雌性就离开了。

驼鹿（*Alces alces*）

2.5～3.2m。

全球北部高纬度地区的落叶林：欧亚大陆的东部和北美洲的北部。有时也将欧亚驼鹿（elk）和美洲驼鹿（moose）分为两个种。

身体淡棕黑色，毛厚，脸长，有明显的喉部肉垂，如钟摆一般。

>> 407。

重量级竞争者

雄驼鹿是强大的动物。一头成年雄性的肩高可达2.1米，体重超过500千克。驼鹿是世界上最大的鹿。

群体吸引力

儒艮

儒艮是高度社会性的动物，它们通常结成巨大的群体。它们的种群曾几乎被人类消灭，现在只能看到单独活动的个体或小种群了。多数儒艮会展现一种相对简单的繁殖行为。雌雄儒艮大约在9岁时达到性成熟。当一头雌性达到性成熟之后，它会吸引大约3~10头雄性，这些雄性之间会为这头雌性争夺和打斗。成年雄性有一对小獠牙，可能用于这种争斗之中，但严重的受伤是很少见的。在该物种数量减少之前，一种择偶场繁殖制度（见右方知识框）就已经普遍存在了。儒艮是海牛的近亲，它们属于哺乳动物，需要呼吸氧气。它们一次潜水进食可达3分钟，用肌肉丰富的吻部啃咬海草植物，并将其全部吃掉。

儒艮（*Dugong dugon*）

2.5～4m。

印度洋、东非、红海、澳大利亚北部和太平洋岛屿的浅海水域。

刚出生时奶油色，之后变暗至瓦灰色；尾部呈鲸尾状，有凹入的后缘；前肢鳍状；上唇突出。

>> 193。

共同旅行

一小群儒艮在珊瑚礁水域觅食海草。儒艮和它的近亲海牛，因为它们植食性的习性，被誉为海中之牛。它们是世界上仅有的植食性海洋哺乳动物。它们偏好的食物决定了它们依赖于海岸生境。

个案研究

儒艮群的择偶场

在澳大利亚西海岸的鲨鱼湾，雄性儒艮坚守着小块领地，并炫耀自己以吸引雌性。领地是临时的，一头雄性要防御其他雄性。当一头雌儒艮进入雄性的领地，雄儒艮会展示各种动作，以鼓励雌性与之交配。这些动作包括穿梭于海床的短泳，以及把腹部翻过来朝向雌性。

性竞争

正如动物生活的绝大多数方面一样，繁殖是一种高度竞争的事件。个体为赢得交配就必须展开竞争；还有其他资源，例如食物和空间，为了成功生育，这些也都是必需的。两性间的基本差异导致了性二型，或者说两种不同的体形，在多数实例中也就意味着：为了雌性，雄性间就要竞争——但也有一些物种是雌性为了雄性而竞争。

雄性性竞争

雌性通过生育、保护和喂养其有限的后代，使其繁殖成功最大化，此外它还要确定它的子女有一位高素质的父亲。除非雄性帮助照顾幼崽，否则它们只会与尽可能多的雌性交配以满足其生殖成功的最大化；其结果就是，为了争夺伴侣，雄性之间竞争激烈。因此演化偏向于那些更威武健壮的体格、更庞大的身躯，以及诸如角、爪和牙齿等为了争斗而具备的武器。这就解释了为何许多雄性具有比雌性更大的体形和更强有力的武器。

以争斗解决
两只马达加斯加短角变色龙在树枝上格斗。雄性在鼻吻上方有一个短角，用于争夺雌性时的角斗。

仪式化竞争

争斗会消耗大量能量和时间。这也可能导致致命的伤害，特别是当雄性拥有危险的武器时。幸运的是，自然选择在一些物种中已经演变出一种减少损失和降低风险的竞争方式，通常基于能暗示其力量的信号或姿态。在诉诸暴力之前，有竞争力的雄性一般会摆出姿势或炫耀其体格，以告诫其对手它的实力，并给那些体形稍小的对手知难而退的机会。有些动物的争夺方式是可以通过完全武断的标准解决的——例如，有的个体宣告一块很好的石头或一个阳光充足的地方属于它自己，而它自己没有被攻击。这发生在两种情况下：一，从资源中获得的利益较低；二，为此资源进行争斗的代价较高。

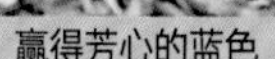

赢得芳心的蓝色
这只澳大利亚的缎蓝亭鸟用蓝色物品装饰着一所用于交配的凉亭，蓝色物品可以吸引雌鸟。蓝色的东西很少，因此它也会从其竞争对手的亭子内窃取。

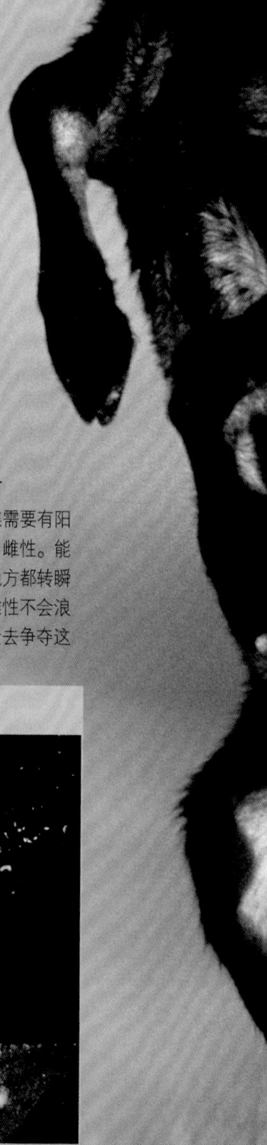

阳光下的地方
雄性斑点木蝶需要有阳光的场所吸引雌性。能晒到阳光的地方都转瞬即逝，因此雄性不会浪费时间和能量去争夺这样的地方。

冲突与合作

在一些物种中，雄性如果一起行动的话，可以更有效地吸引雌性，这简直就是对进化的讽刺。例如，这些雄性萤火虫在一起发光，对任何在它们周围的雌性来说，这些雄性萤火虫制造了不容错过的指路明灯。当然，如此众多的雄性竞争者聚集在一个地方意味着：当雌性如约而至的时候，为了获得交配权利而发生的竞争将变得愈加激烈。此外还有一个风险：研究显示，雄性间更长时间、更明亮的闪烁的确能够吸引雌性，但也吸引了潜在的掠食者。因此性与死之间的分寸必须拿捏好了才行。

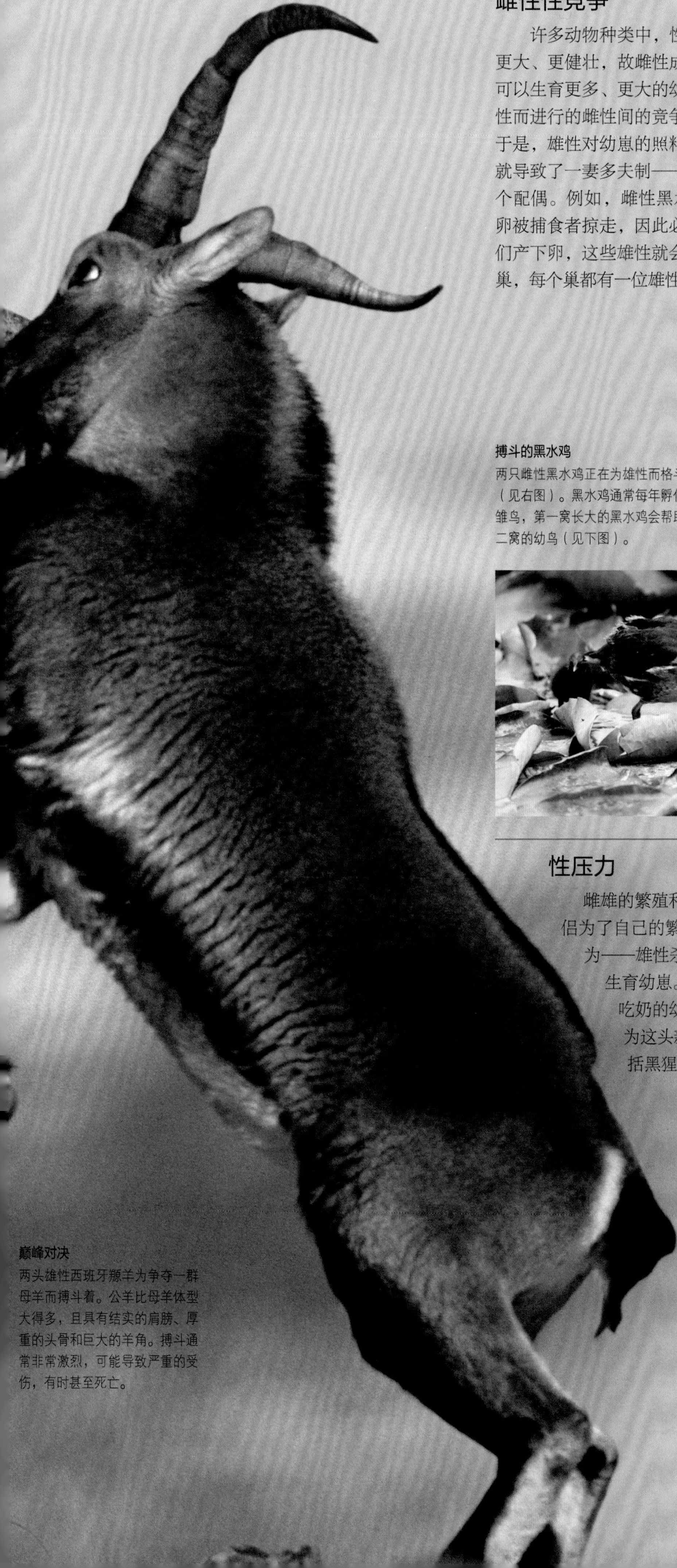

雌性性竞争

许多动物种类中，性差异或性二型的正常模式是相反的：雌性显著地比雄性更大、更健壮，故雌性成为争夺交配权的竞争者。体形大的雌性比体形小的雌性可以生育更多、更大的幼崽，这种情况下体形大的雌性通常得以进化。为争夺雄性而进行的雌性间的竞争，与雄性扮演着哺育、喂养、保护幼崽的角色相关联。于是，雄性对幼崽的照料成为雌性彼此争夺和占有的有限资源。对于有些物种，就导致了一妻多夫制——从字面上理解，就是有“很多丈夫”——雌性有不止一个配偶。例如，雌性黑水鸡就像庞大的产蛋机器：它们的巢经常被水淹，或者卵被捕食者掠走，因此必须经常更换巢穴。它们为体形小的雄性而争斗，一旦它们产下卵，这些雄性就会肩负起孵卵和护雏的职责。一些雌性黑水鸡甚至有两个巢，每个巢都有一位雄性看护人。

搏斗的黑水鸡

两只雌性黑水鸡正在为雄性而格斗（见右图）。黑水鸡通常每年孵化两窝雏鸟，第一窝长大的黑水鸡会帮助哺育第二窝的幼鸟（见下图）。

性压力

雌雄的繁殖利益有时是冲突的，结果导致了一种行为模式，即某一伴侣为了自己的繁殖利益而牺牲它的配偶的繁殖利益。其例证就是杀婴行为——雄性杀掉了雌性的幼崽，以便让这一雌性可以更快地为它自己生育幼崽。当雄狮接管一群雌狮时，它就会把这些雌狮产下的还在吃奶的幼崽全部杀光，这就意味着雌狮可以很快进入繁殖期，并为这头新来的雄狮生育后代。杀婴行为还发生在灵长类之中，包括黑猩猩和狒狒。

巅峰对决

两头雄性西班牙羱羊为争夺一群母羊而搏斗着。公羊比母羊体型大得多，且具有结实的肩膀、厚重的头骨和巨大的羊角。搏斗通常非常激烈，可能导致严重的受伤，有时甚至死亡。

杀婴行为

一头雄狮在追杀一头幼狮（见上图），而它的妈妈也无能为力。一头雌黑猩猩试图威吓这头想要杀掉其孩子的雄黑猩猩（见左图）。

大规模战争

澳洲巨乌贼

巨乌贼一生仅繁殖一次，在一场集体繁殖的狂欢之后它们便很快死去。它们通常集成大群迁徙到澳大利亚南部的礁石，在那里雄性之间要通过争斗来获得与雌性进行交配的权利。它们一个挨着一个地排成一行，通过改变身体的颜色发出它们的攻击信号，并伸展出有着丰富图案的腕，以此使自己的身躯显得尽可能庞大。一只较弱小的雄性通常会放弃争斗，但如果两只体形相当的雄性相遇，它们则会利用腕和锋利的嘴来攻击对方。许多乌贼都在激烈的战斗中负伤，一些雄性甚至失去了触腕。

体侧条纹
两只相互竞争的雄性乌贼在对方身旁游泳，以此威胁对方。通过它们的搏动所产生的闪光效应使得它们的体侧出现了条纹。

澳洲巨乌贼（*Sepia apama*）
- 0.8～1.5m。
- 澳大利亚南部海水里的岩石礁体和海草中。
- 8条腕，2条触腕；具有多变的颜色。

挥舞的螯

细纹方蟹

细纹方蟹通过螯足或巨大的螯向竞争对手发起进攻。雄性方蟹有一条增大的右前螯，它从方蟹的身体中伸展出来，如一面盾牌般在对手面前挥舞。纠纷通常通过大家集体挥舞螯的方式解决，并且这种方式仅有很少的机会升级为一场战斗。它们的食物是藻类以及海滨的动物尸体。年幼的螃蟹呈深褐色，通过伪装藏身于岩石附近；成年的细纹方蟹具有明亮的色泽，通过敏捷的行动来躲避捕食者。

细纹方蟹（*Grapsus grapsus*）
- 8cm。
- 南美洲、中美洲和墨西哥的西海岸，以及加拉帕戈斯群岛，刚刚高过水线的岩岸上。
- 具有明亮的颜色，如红色、黄色和蓝色。
- » 264～265。

猛烈捶击

蝉形齿指虾蛄

蝉形齿指虾蛄俗称孔雀螳螂虾。它们可以借助特殊的附肢制造出动物界中力度最大的撞击，以劈开猎物的外壳，捕食腹足类、甲壳类，以及双壳类的动物。目前已知，当它们被人工饲养时曾打破水族馆的玻璃。在野外，它们生活于海底的沙质环境中，巢穴为U形。一只雌性进入到雄性的穴中进行繁殖，在那里，雄性用它们强有力的附肢猛烈捶击竞争对手，以此保护雌性。

解剖学
致命武器

齿指虾蛄的螯有着铰接结构，通常折叠起来贴靠着身体。外节呈棒状，强壮的肌肉能使其快速地击向对手或猎物。该行动非常迅速，以至于在棒状头部前方的水中形成了真空，从而产生了冲击波。

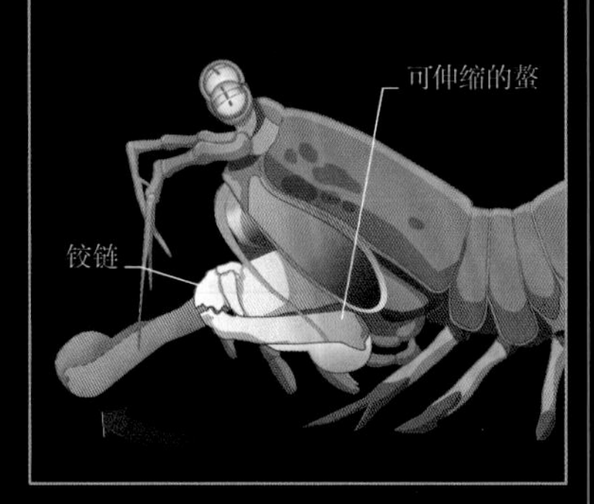

蝉形齿指虾蛄（*Odontodactylus scyllarus*）
- 15～18cm。
- 印度洋和太平洋礁石附近多沙、多碎石的海岸地带。
- 具有明亮的色泽和图案，身体蓝绿色并带有豹斑，附肢鲜红色。

螯肢展示

黄蚁蛛

这种跳蛛在外形和行为上与它的猎物黄猄蚁近似，它以这种拟态方式来接近黄猄蚁。雌性蚁蛛类似于一只单独的蚂蚁，成年雄蛛看起来像一只蚂蚁带着另一只小蚂蚁。事实上，这只"小蚂蚁"是一对长长的螯肢，长度达到体长的三分之一。在雄蛛与雌蛛的战斗中，雄性将使用它们如利剑般的螯肢，当螯肢伸展开时，它们的尖牙便显露出来。雄性蚁蛛的螯肢太过笨拙，因而在进食中发挥不了任何作用，因此一旦雄性蚁蛛达到性成熟后便不再吃东西了。

黄蚁蛛（*Myrmarachne plataleoides*）
- 6～10mm。
- 印度、斯里兰卡、中国和东南亚的树林和灌丛中，在那里它们模拟为成群的黄猄蚁。
- 身体深褐色，像黄猄蚁。雄性比雌性大得多。

正面交锋
当发生争斗时，雄性伸展开巨大的螯肢面对着对方，以展示它们的尖牙。胜利者通常是螯肢跨度最宽的雄性。

交配盛会
蜉蝣群，比如这群在匈牙利提萨河上的蜉蝣，构成了一道壮观的景色。所有稚虫同时变态为成体，群体在小面积的水域内即能聚集起庞大的数目。

交配竞赛

大蜉蝣

成年的浮游有着世界上最短暂的生命，通常在一天左右。在这段生命期间，它们并不进食，而是倾尽一切努力进行交配。它们将自己埋藏于湖泊及河流底部的沉积物中。在那里，它们的种群密度能达到每平方米超过5000只个体。它们都是同时变态为成体，然后聚集成庞大的群体浮出水面。由于蜉蝣成为成体后仅能存活1～3天的时间，因此它们都急于进行交配。雄性蜉蝣要在它们从空中坠落之前与对手竞争，从而获得雌性蜉蝣，在此过程中它们的能量将消耗殆尽。之后，一只雌性蜉蝣就能在水面上产下8000多枚卵。

大蜉蝣（*Hexagenia limbata*）
- 3.5～4.5cm。
- 北美洲和欧洲的大型河流和湖泊中。
- 身体青黄色，在腹部有两条很长的丝。

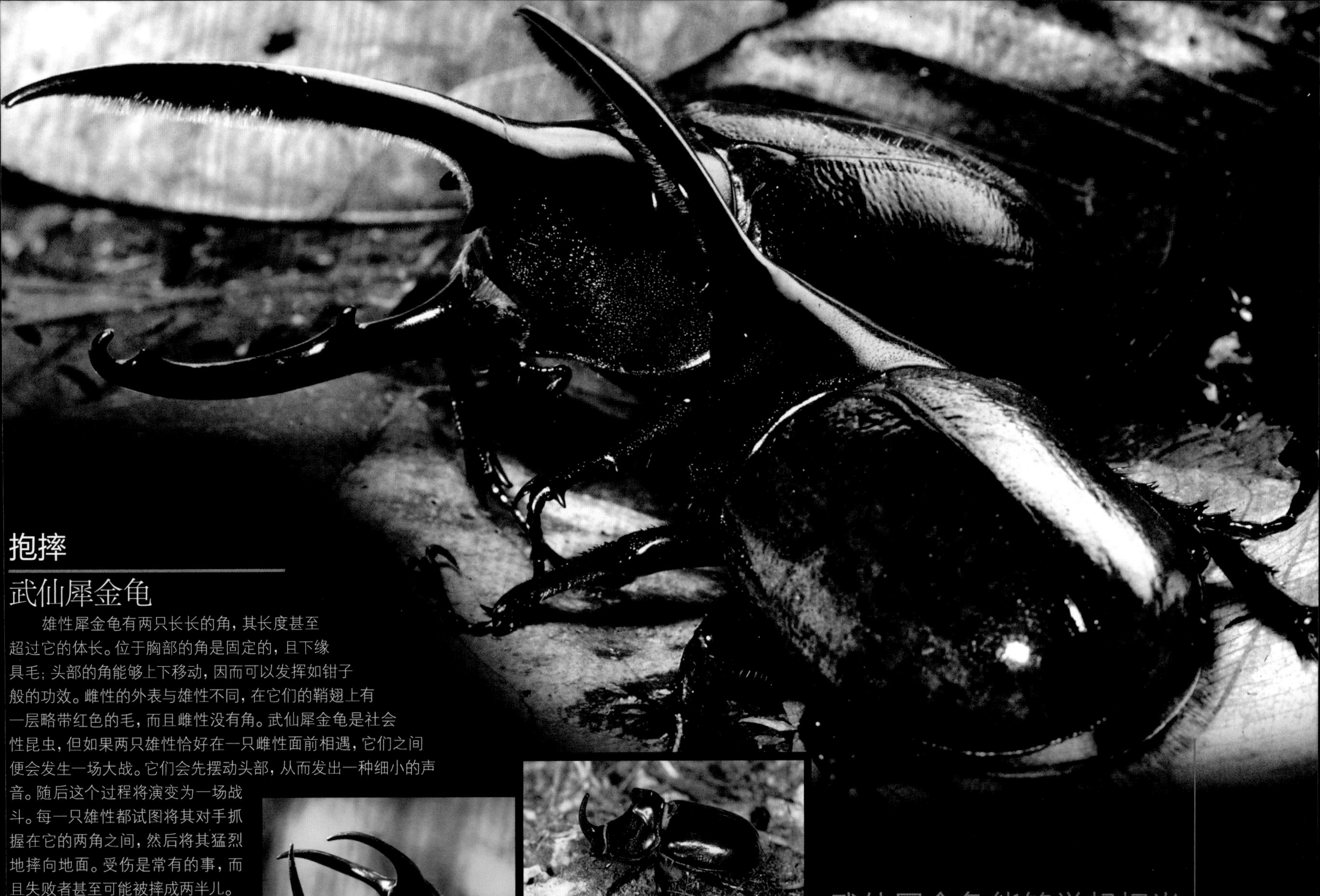

抱摔

武仙犀金龟

雄性犀金龟有两只长长的角，其长度甚至超过它的体长。位于胸部的角是固定的，且下缘具毛；头部的角能够上下移动，因而可以发挥如钳子般的功效。雌性的外表与雄性不同，在它们的鞘翅上有一层略带红色的毛，而且雌性没有角。武仙犀金龟是社会性昆虫，但如果两只雄性恰好在一只雌性面前相遇，它们之间便会发生一场大战。它们会先摆动头部，从而发出一种细小的声音。随后这个过程将演变为一场战斗。每一只雄性都试图将其对手抓握在它的两角之间，然后将其猛烈地摔向地面。受伤是常有的事，而且失败者甚至可能被摔成两半儿。

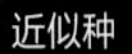

武仙犀金龟
（*Dynastes hercules*）

- 0.5～1.5cm。
- 中、南美洲以及一些加勒比海岛屿的热带雨林中。
- 身体黄色、绿色或褐色，并带有黑色的斑点；头部黑色。雌性体形比雄性大，但没有角，因此它们看起来显得比较小。

近似种

莫氏巨犀金龟（*Chalcosoma mollenkampi*，见左图），分布于婆罗洲和印度尼西亚的其他地区，有3只角——两只在上，一只在下。欧洲的鼻蛀犀金龟（*Oryctes nasicornis*，见上图）有一只向后弯曲的角。

武仙犀金龟能够举起相当于自身体重**850倍**的物体，凭此它成为了地球上最强壮的动物。

宽眼胜者

突眼蝇

这种苍蝇称为突眼蝇，因为它们的眼睛长在两根从头部向外突出的长柄上。有着较长眼柄的雄性将会受到雌性的青睐，它们通常在与眼柄较短的小个子对手的竞争中胜出。雄性在求偶场通过竞争来赢得领导地位。当雄性双方相遇时，它们会进行一场面对面的打斗，这样便可比较自己的双眼和对手双眼之间的距离。双眼跨距较短的雄性通常会放弃争斗，以避免在一场并无胜算的战斗中付出高昂的代价。

突眼蝇（*Teleopsis dalmanni*）

- 6～9mm。
- 马来西亚潮湿地区低洼处的植被中，例如溪流或河流的岸边、湿地。
- 身体黄色和褐色，头的侧部伸出的长突出物上长有红色的眼睛。雄性的眼柄比雌性长。

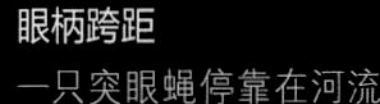

眼柄跨距

一只突眼蝇停靠在河流附近的植被上。清晨，成群的突眼蝇在水边的求偶场聚集交配。雌性簇拥着具有最长眼柄的雄性。雄性通过不断地竞争来捍卫自己的地位，它们两眼之间的跨距是获胜的关键。

水果大战

榕小蜂

榕小蜂，全世界约有650种，它们和榕树（无花果树）之间具有共生关系。榕小蜂在无花果内筑巢，它们的幼虫取食无花果内部的肉质。雌性榕小蜂具有翅膀，它们携带着花粉从一个无花果飞往另一个。雄性有两种形态：有翅和无翅。无翅的雄性终生都不会离开它们居住的无花果，但会在无花果内挖掘一条隧道，从而使具有翅膀的雄性和雌性能够通过隧道去往外面的世界。无翅的雄性榕小蜂利用巨大的可以切割物体的颚与对手竞争，以获得与无花果内的雌性进行交配的权利。与之相比，有翅的雄性并没有这种颚，它们之间不会进行斗争，它们与无花果外的有翅雌性进行交配。

榕小蜂科（Agaonidae）

- 1～3mm。
- 欧洲南部和亚洲的热带和暖温带地区，在榕树的果实内发育。
- 身体极小，通常触须较短。大多数个体有着浓烈的金属色泽。

离家

这些榕小蜂正从为它们提供庇护所和食物的果实中出来。所有的榕小蜂都在果实内孵化，雄性之间彼此打斗，以获得与雌性交配的机会。雄性会与在同一个无花果内孵化的另一窝雄性榕小蜂打斗。

好斗的苍蝇

鹿实蝇

雄性鹿实蝇会为了雌性可能产卵的地方而争斗，所以当雌性鹿实蝇到达时，胜利者将得到与它的交配权。雄性的头上长有鹿角状物，它们用这个角与其他雄性扭打，把彼此的角状物卡在一起，就像马鹿打架一样。同时它们会尽可能地伸长它们的腿，以显得自己更高来恐吓对手。体形较大的雄性，鹿角状物也会较大，所以通常都能战胜体形较小的雄性。雄性间的争斗通常在与雌性交配前就解决了，但是有的竞争对手会偷袭正在与雌性交配的雄性。产卵的位置通常都会定在最近被砍伐的腐烂树干上，以作为鹿实蝇幼虫的饲料食用。一旦雄性鹿实蝇占有了这么一处位置，它就会从腹部释放一种信息素，吸引已经进入产卵期的雌性来这个地方产卵。在交配过后，雄性鹿实蝇会在雌性身边保护它直到产卵完毕，以防受到其他雄性的骚扰。

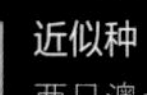

鹿实蝇（*Phytalmia cervicornis*）

1cm。

巴布亚新几内亚的森林中。

腿部很长，头部有角状物，身体呈红褐色，雄性眼睛为黄色和紫色，雌性为黄色。

近似种

两只澳大利亚北部的雄性羊实蝇（*Phytalmia mouldsi*）用它们的长腿当作高跷进行搏斗，同时用短而粗壮的角锁住对方。来自新几内亚的雄性驼鹿实蝇（*Phytalmia cornis*）拥有扁而平的角状物，这种很大的角状物成了它们的障碍。

解剖学

大小事宜

两只雄性的鹿角状物的相对大小决定了哪一方会赢得战斗，从而赢得交配权。雄性体形的大小反映出它们幼虫时的生长差异。最小的雄性的鹿角状物就像很小的残肢，如下图中的鹿实蝇所示，这些雄性的交配成功率很低。许多动物都有专用的作战武器，雄性会尽量避免肢体接触，以减少时间、精力的消耗和受伤。相反，它们会彼此评估对方的武器大小，武器较小的一方则退出竞争。

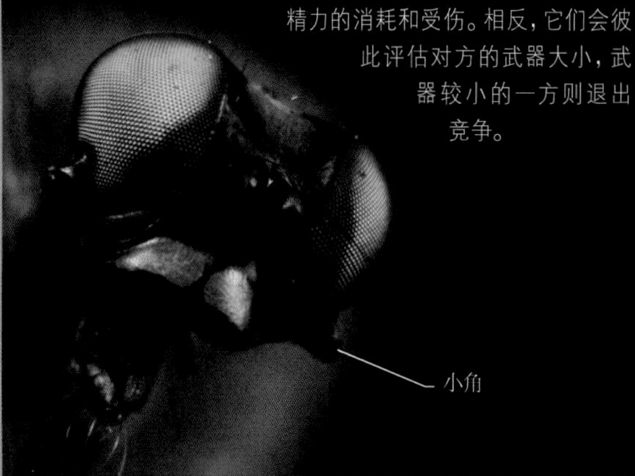

锁角

两只雄性鹿实蝇为了争夺与雌性交配的地盘而缠斗。它们利用长腿尽可能地拔高自己，互相锁住对方的角，尝试把对方击倒。最终被击倒的一方要给胜利者让出位置。

娇扁隆头鱼（*Symphodus melops*）

长达25cm。

斯堪的纳维亚和大不列颠群岛低于潮间带的海藻中。

雄性身体呈褐色，上有松石绿斑点，头部有条纹。雌性为红棕色，尾部有黑色斑点。

乔装变身

娇扁隆头鱼

较大的雄性娇扁隆头鱼用海藻建设巢穴，建设的同时雌性会监督它们。如果一个巢穴看起来很安全，一只来访的雌性便会把卵产在那里。雄性则会使这些卵受精，保护它们直到孵化。体形较小的雄性不筑巢，但是会变成小偷。它们模仿雌性的颜色和动作欺骗较大的雄性，并且进入它们的巢穴。一旦进入，这些“小偷”便寻觅主人巢穴中还未受精的卵，把自己的精子覆盖到已产的卵上。

破门而入

蓝鳃太阳鱼

当涉及受精，雄性蓝鳃太阳鱼便会扮演三个生殖策略角色之一：“亲本”雄性，“小偷”雄性，“随从”雄性。作为“亲本”的雄性会建造巢穴。它们会在湖泊或溪流的河床中寻找一处低洼，清理那里的瓦砾，然后发出呼噜声吸引雌性。求偶后，雄鱼和雌鱼在巢中旋转游动，互相触碰腹部。雌性在巢中产卵后，雄性便使这些卵受精。雄性会守护这些卵不被天敌所猎食，同时扇动这些卵以便使其更好地吸收氧气。一只雌性可以产下50000多枚卵，并把这些卵分别分配给几名雄性，每一只雄性也会为多名雌性守护卵。作为“小偷”的雄性则会飞速冲进不设防的巢穴，然而作为“侍从”的雄性便会伪装成雌性的外表和行为从而进入巢穴。这两种雄性一旦进入巢中便会释放精子，尝试使那些还未受精的卵受精。

蓝鳃太阳鱼（*Lepomis macrochirus*）

10~15cm，有时长达41cm。

在美国和加拿大的湖泊和缓慢流动的溪流中。

嘴部很小呈圆形，尾部呈叉形，身体上部为橄榄绿色，腹部为黄色，面颊上有黑点，腮边为蓝色。

理想的配偶

建巢的“亲本”雄性蓝鳃太阳鱼的精子比那些不建巢的雄性的质量高，这就是雌鱼更喜欢将卵子分给“亲本”雄性的原因。

嘴对嘴

红丽体鱼

雌性红丽体鱼在洞穴内的巢穴中照看3000枚卵，雄性在洞外守护。如果闯入者与守卫的雄性发生争斗，一般都是通过临时发出的颜色的亮度来决定强弱，弱者自动退走。然而，如果两方体形相仿，那么便会嘴对嘴咬在一起扭打。

红丽体鱼（*Cichlasoma festae*）

长达25cm；雌性比雄性小。

南美洲的湖泊或者缓慢流动的河中。

雌性为褐色或绿色，成熟的雄性为红色或者黄色，身上有垂直的条纹。

进攻的唇锁

红丽体鱼也被称为“红色恐怖分子”，是非常好斗的鱼类。图中所示的两只体形相当的雄性，正在嘴对嘴咬在一起较劲。

用头抵撞

加拉帕戈斯象龟

这些令人印象深刻的动物可以活100多年，现在已经极度濒危。它们20~30年才达到成熟期。当天气热的时候它们白天的时间都花费在转移到阴凉和有树荫的地方了。

加拉帕戈斯象龟在1~6月间的雨季交配。雄性会使用多种方法来确定自己的支配地位并且保护它们交配的权利，包括提高自己头的高度（见下图），或者用壳顶撞侵略者，直到有一方退却。交配本身是一个漫长的过程，而雄性的壳下部的凹陷处，使它能够保持在雌性的背上缓慢地完成交配动作。在交配完成后，雌性会在6~12月间回到岛上较干燥的地方筑巢。

加拉帕戈斯象龟（*Geochelone nigra*）

长达1.4m。

在加拉帕戈斯群岛上的干草地及植被间移动（有6个亚种分别分布在6个岛屿中）。

外壳深灰色，时常被青苔覆盖。有一些亚种的颈后与上壳间为拱形。

>> 189。

更高的地位

雄性加拉帕戈斯象龟用一种有趣的方法来建立自己的地位权势。在竞争中，每一头象龟尽可能地抬高自己的头部，最高的那一只地位就最高。

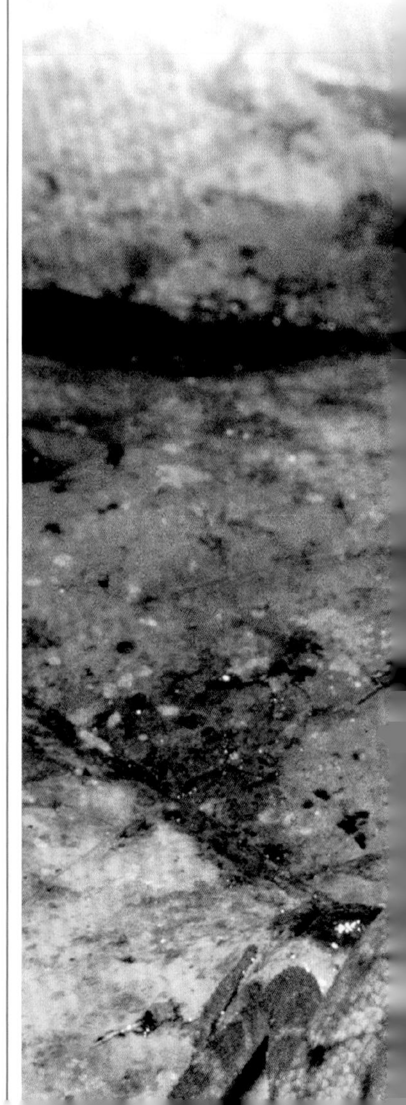

摔跤比赛

草莓箭毒蛙

雄性草莓箭毒蛙只和自己的伴侣一起生活3个月，并且致力于通过摔跤来守护自己那块小小的交配地。它们白天活动，从早晨开始发出领地性叫声，晚上则改变自己的叫声吸引雌性。如果一只雄性竞争者进入了另一只雄性的领地，领地的领主便会提高自己叫声的分贝值来警告入侵者。如果这还不能阻止竞争者，那么两方便开始搏斗，试图将对方压倒在地上，直到一方胜利。失败者会迁出领地，赢家占有败者的一切。箭毒蛙体表鲜艳的颜色是在警告捕食者——它们是有毒的。

强大的腿部力量
草莓箭毒蛙在争斗中胸贴着胸，靠强大的后腿力量冲向对手，试图把对方摞倒。

草莓箭毒蛙（*Oophaga pumilio*）

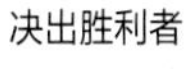

1.5～2.5cm。

哥斯达黎加、尼加拉瓜和巴拿马的热带雨林中，从海平面到海拔960米的地方。

最常见的是上身红色带有黑色或蓝色斑点，后腿为黑色或者紫色。

决出胜利者
当一只雄性迫使另一方趴在地上时，胜利者就得到了失败者原先的支配权，赢得了失败者的地盘。

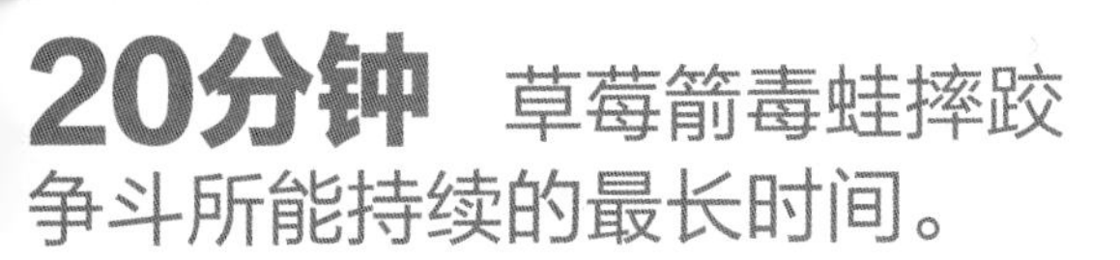

20分钟 草莓箭毒蛙摔跤争斗所能持续的最长时间。

预警信号
当地蛇鳞蜥把颈部松垮的皮肤竖立起来，展现出亮丽的扇形时，便是在警告试图争夺领地的入侵者。

隐藏的警告

地蛇鳞蜥

这种南美蜥蜴以林地上的树叶为食，并经常发现它们头朝下栖息在树干上。它们苍白和发暗的棕绿色给予了它们森林中出色的伪装。然而在必要时，雄性蜥蜴可以瞬间改变颜色，使它变得很显眼，这样不会错过潜在的配偶并能警示对手。蜥蜴的下颏有一片肉垂，这是蜥蜴身体上唯一颜色明亮的部位，通常是折叠起来的，也可以展开来显示出鲜亮的效果。一块特殊的骨骼生在舌根位置，可以控制肉垂向上或向下挥动。这块骨头也可以把肉垂挤出来。当保卫领土的时候，蜥蜴通过打开下颏的肉垂，用明亮的颜色来警告想要侵犯它领土的雄性。如果这样还无法阻止对手，那么就会发生争斗。那只护卫者会抬起头，用后腿站立，追逐对手。然后它们互相撕咬彼此的长尾巴，直到有一方屈服。

色彩鲜艳的肉垂还有另一个重要的功能。雄性蜥蜴会展示显眼的颜色给雌性看。不同种类的蜥蜴，其外表很相似，但肉垂的颜色不同，肉垂的颜色可以使雌性确定与其交配的雄性是否与它是同一种。

地蛇鳞蜥（*Norops humilis*）

长达11.5cm；雌性比雄性稍大。

哥斯达黎加、洪都拉斯和巴拿马的低地森林，特别是被遗弃的可可种植园中。

身体细长，长尾巴，呈棕色，成年雄性长有黄边红色肉垂。

相互缠绕

小斑响尾蛇

响尾蛇有着致命的武器，但当它们之间进行搏斗时却避免使用这个武器。它们将自己的毒液保存起来，用以杀死猎物或抵抗敌人。然而，雄性会为了得到雌性而搏斗一番。它们的搏斗方式是一场时间持久的缠绕大战，这场战斗可持续超过一个小时，双方都试图把对手的头压向地面。响尾蛇的交配发生在春季，雌性则在夏末产下3~11枚卵。

小斑响尾蛇（*Crotalus mitchellii*）

62~77cm。

美国西南部和墨西哥的干旱灌丛和沙漠中。

身体颜色多样——从褐土色至褐色、橙色或粉红色都有，背上有深色斑点，尾部有深色环纹。

锁定脖颈

蛇蜥

雄性蛇蜥并不具有领域性，但却为了占有雌性个体而频繁地与敌对的雄性打斗。打斗时它们的头和颈缠绕在一起并互相撕咬，年长的雄性常常因之前的一场场搏斗落下满身伤痕。雌性身上也会有伤疤，这是由雄性在和它交配时紧紧咬住它们的脖子造成的，它们的交配会持续好几个小时。搏斗和交配都发生在4月，雌性在9月或10月产下6~12条幼蜥。确切的生产时间取决于夏天的平均气温。如果夏天气温较低，那么幼蜥出生就较晚，就如同它们的父母一样，在冬季寒冷的月份里进入冬眠。虽然经常被误认为蛇，但事实上它们是没有腿的蜥蜴。

蛇蜥（*Anguis fragilis*）

30~50cm。

欧洲植被生长良好、略微潮湿的环境中，包括花园里。

外形似蛇，具眼睑和外耳，皮肤十分光滑，身体褐色或灰色，有时略带红色或紫铜色。雌性背上有深色条纹。

叼啄大战

疣鼻天鹅

在那些体重巨大的飞行鸟类当中，一只雄性疣鼻天鹅可重达12千克。无论对于竞争对手还是其他动物，当然也包括人类，它都是一个强大的对手。疣鼻天鹅属于单配制的动物，它们在3月或4月进行配对。雄天鹅和雌天鹅共同承担筑巢、孵化后代和保护幼雏的任务。雄天鹅体形稍大，在保卫领域方面尤其具有攻击性，它们会采取一种姿势——弯曲颈部，翅膀在背部上方伸展成拱形，这种姿势被称为“蓄势待发”。如果这样没能将对手赶走，那么紧接而来的就是一场大战了。它们用嘴互相啄对方，并用翅膀拍击对手。疣鼻天鹅使用许多种植物在水边搭建自己的巢穴，通常一个巢会使用若干年。在正常情况下，一对天鹅会产下5~7只小天鹅，但也可能多达12只。成功繁殖的雌雄天鹅通常会相伴多年。

强大的对手

疣鼻天鹅之间的斗争十分激烈，有时甚至以死亡告终。小型鸟类如果离它们的巢穴太近便会遭到攻击。

疣鼻天鹅（*Cygnus olor*）

1.2~1.7m。

欧洲和亚洲的河流、湖泊和水库中，北美洲有经过驯化的疣鼻天鹅。

具有纯白色的羽毛；橙色的喙，在基部有黑色的瘤；雄性体形较大。幼崽为灰褐色，喙为黑色。

侵入领地

当竞争者进入一只雄天鹅的领地时，主人会直面对手发起进攻。通过将身体抬升出水面，彼此都能够判断对方的体形大小，以此给那些弱小的雄性在大战开始之前放弃和逃跑的机会。

不同的装饰羽毛

流苏鹬

春季，流苏鹬在世代相传的交配地点聚集，这个地方被称为求偶场。在此期间，雄性安静地进行炫耀，它们上下跳跃，竖起头部周围那引人注目的流苏般的颈羽和耳羽。雄性流苏鹬有3种不同的交配策略，每一种策略都与一种特定的、遗传决定的羽毛图案有关。独立雄性有着黑色或褐色的羽毛，它们中的很多都在求偶场内保卫着较小的一块交配领地。苍白色羽毛的雄性随从者则聚集在独立雄性的周围。雄性群体中有三分之一的个体的羽毛介于雌性和雄性之间，这些个体会模仿雌性的行为，在求偶场内悠闲漫步。雌性流苏鹬进入求偶场内，观察雄性的求偶炫耀，然后再选择一个如意郎君进行交配。

流苏般的羽毛

两只有着颜色较深羽毛的独立雄性流苏鹬（左和右）在炫耀它们的婚羽，与它们一起的还有一只颜色苍白的雄性随从（中间）。

流苏鹬（*Philomachus pugnax*）

29～32cm。

北欧斯堪的纳维亚半岛和俄罗斯的沼泽、湖滨和三角洲中；冬天迁徙到非洲、亚洲和西欧。

身体上方为褐色，下部苍白色。雄性的颈部周围长有可竖起的颈羽及耳羽，颜色有黑色、褐色或繁殖季节的白色。

个案研究

雌性选择

雄性流苏鹬的不同求偶策略随着雌性选择配偶的标准已经产生了进化。雌性更青睐于那些身处求偶场内热闹区域的雄性。因此，独立雄性会通过弯腰鞠躬的方式，使那些雄性随从者靠近它们，从而将雌性吸引到求偶场内独立雄性个体身旁。虽然这种方式会增加雄性随从者与那些被吸引过来的雌性交配的机会，但与此同时也增加了那些独立雄性个体的交配机会。

雄性随从者受到欢迎

独立雄性吸引雌性

雄性随从者承认失败

掌控庭院

安第斯动冠伞鸟

雄性安第斯动冠伞鸟集体进行求偶炫耀，通过竞争使自己成为对雌性来说最具吸引力的胜者。每只雄性都会将林地中一块较小区域内的落叶清理掉，这个区域称为“庭院”。当一只雌性向一群雄性靠近时，雄性会立即升起扇形肉冠，展示鲜艳的橙色羽毛，同时上下跳跃。雌性在做出选择之前会先在雄性之间移动，然后进行交配，之后便离开求偶场，去寻找岩石区筑巢。交配完的雌性离开后，雄性随即等待下一位雌性的到来，并再次进行求偶炫耀。雌性通常会选择在它之前的那只雌性所选择的雄性个体进行交配。

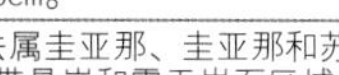

安第斯动冠伞鸟（*Rupicola peruvianus*）

20cm。

法属圭亚那、圭亚那和苏里南的热带悬崖和露天岩石区域，以及亚热带雨林中。

雄性具有鲜艳的橙色，翅膀黑色和灰色；雌性褐色。

选择配偶

雌性安第斯动冠伞鸟（图中右）身体的颜色没有雄性那么鲜艳。如其他很多种类的鸟一样，由雌性动冠伞鸟决定与谁进行交配，而非雄性。

鲜艳美丽

一只雄性安第斯动冠伞鸟犹如一颗宝石般站立在雨林的树荫下。它正在进行炫耀，它的肉冠竖立在它的头顶。

清理

一只雌性林岩鹨（右）正在炫耀自己，表明它已准备好进行交配。雄性在使它受精之前会试图把前一只雄性竞争者的精子清理掉。

三人行

林岩鹨

一只雌性林岩鹨在繁殖季节里会和一个以上的雄性进行交配，这种交配制称为多配制。它的两个配偶会相互竞争，通过频繁地与雌性交配从而尽可能多地生育自己的后代。在交配之前，一只雄性会啄雌性的泄殖腔，促使它把前一次交配中遗留的精子排出，这将增加自己的精子（而不是它的竞争者）和雌性的卵子结合的机会。两只雄性都会抚育幼雏，但它们所提供帮助的多少与一窝幼雏中亲生子女的数目相关。

林岩鹨（*Prunella modularis*）

14cm。

欧洲和亚洲的绿篱、灌木林和灌丛中。

身体上部深褐色，下部灰色；喙薄，颜色较深。

展示胜利的肉冠

黄头亚马孙鹦哥

如许多种类的鹦鹉一样，黄头亚马孙鹦哥的两性都具有鲜艳的颜色，并且终生生活在一起。在具侵略性的行动中，比如在争夺配偶时，它们会升起鲜艳的黄色肉冠作为自己统治地位的标志——将肉冠上的羽毛竖起会使得鹦鹉看上去体形更大。它们有着复杂的演唱曲目，这些曲目是从它们的地方种群中其他成员那里学来的，因此每一个种群都有属于自己的歌唱传统。

黄头亚马孙鹦哥（*Amazona oratrix*）

38～43cm。

伯利兹、洪都拉斯、危地马拉和墨西哥的森林和红树林中。

体格强健，翅膀丰满，尾巴方形。头部和腿为亮绿色并带有黄色，翅膀上有红色的斑块。

金色的王冠

这只黄头亚马孙鹦哥竖起的肉冠羽使它看起来体形更大，尤其是侧面轮廓。

大力士的战争
两只雄性象海豹正在打斗。它们通过膨胀的鼻子发出响亮的咆哮，抬起身体来教训对方，用牙齿用力撕扯对方颈部厚厚的脂肪。打斗造成的血淋淋的伤口通常较浅，但有时也可能致命。

雄性象海豹的咆哮在几千米以外的地方仍可听到。

胜者获得全部

北象海豹

只有小部分雄性象海豹与雌性交配，对于那些交配的雄性来说，成功是短暂的。在12月至翌年3月之间，大量的北象海豹群聚集在岛屿的近海地区进行繁殖。雄性象海豹比雌性大很多，并且通过残忍的打斗成为其“后宫的掌管者”，独自享有10头或12头雌性象海豹。在争夺统治权的过程中，雄性通过展示视觉和声音信号来击退对手，它们使其独特的鼻子膨胀起来，然后发出响亮的吼声。如果这样的方式没能解决问题，那么一场肉搏战则接踵而至。战斗中的雄性冲向对方，猛烈地撕扯对方的脖子，拍击、抵撞、啃咬对方。雄性象海豹的脖子和肩部很厚，外表有着褶皱的皮肤和一层保护性的脂肪，以帮助减少在战斗中受到的伤害。尽管如此，重伤对于雄性象海豹来说还是相当普遍的，而且很可能致命。只有十分之一的雄性能够成为“后宫的掌管者”，并且没有一头雄性能够担当该角色超过3年，尽管雌性象海豹能够繁殖10年之久。

北象海豹（*Mirounga angustirostris*）

- 3～5m。
- 太平洋的海水中；在阿拉斯加和墨西哥之间的岛屿的近海地区繁殖。
- 身体深褐色；雄性颜色更深。雄性拥有巨大的、膨胀的鼻子。
- » 407。

拥挤的群体
过去由于捕猎，北象海豹的种群数量骤减，几乎到了灭绝的边缘，现在它们已经受到了保护，数量也开始增长。由此产生的结果是，为数不多的适合它们繁殖的岛屿已经变得异常拥挤。

付出代价
雄性象海豹残暴的生活方式给自己造成了伤害，而且一些雄性甚至在打斗中丧生。雄性象海豹很少能存活超过17年，而雌性通常能活22年。

个案研究

幼崽死亡

象海豹大部分时间生活在海中，但它们必须来到岸上产崽、交配和换毛。雌性产崽结束后即可再次进行交配，幼崽常常被压在行动笨拙迟缓的成体身下，尤其是当成体正在打斗的时候。随着象海豹种群数量的上升，繁殖海滩变得越来越拥挤，幼崽的死亡也变得越来越普遍。

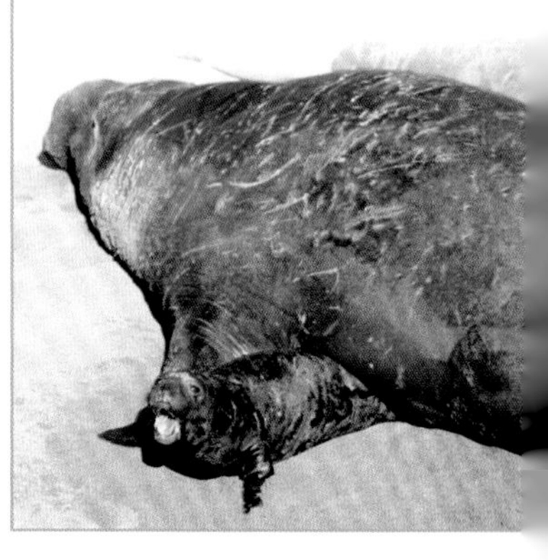

鹿角大战

马鹿

在秋天的发情期，雄性马鹿通过竞争从雌鹿群中获得与自己进行交配的一个配偶。年长的雄鹿有较大的鹿角，因而身体较重；它们通过吼叫宣告自己对领地的统治权，看护它们的妻妾。"后宫的掌管者"会受到对手来自声音上的挑战。如果声音不能解决争端，两头雄鹿就会采取另一种方式——它们会并列行进，以此来评估对方的体形大小。体形十分近似的两头雄鹿将冲向对方，并锁住对方的鹿角。

马鹿（*Cervus elaphus*）

1.5～2m。

西欧、亚洲、美洲西北部、非洲西北部的开阔林地、平原、山区和沼泽地中。

身体红棕色；雄性颈上有鬃毛。雄性在8月长茸，并在2～4月间脱落。

自信的咆哮

随着头向后仰，鼻孔扩张，这头咆哮的雄马鹿正在宣告它的存在。这种叫声被用来宣告它的地位，表明它的领地，驱赶敌对的雄性，并且吸引繁殖的雌性。

平行撞击

当两头雄鹿开始战斗时，它们会评估一下对方的大小，然后撞击它们巨大的鹿角。在这场战争中，一些雄鹿会受伤或死亡。

牙齿攻击

格氏斑马

雄性格氏斑马（普通斑马的一个亚种）如其他斑马一样，为了保护雌性，它们会用腿猛烈地踢向对手并撕咬对方。它们生活于小型社群中，社群内有一匹成年公马、几匹母马以及它们的小马驹。雌性自出生后便终生生活于这个群体中。而雄性则在能够不依赖母亲而独立生活时离开集体，开始单身生活，直到完全成熟。之后，它们会设法接管一个社群，通过向成年公马发起挑战，从而占有它的妻妾群，其雌性数量可多达16头。如果食物的分布较为分散，雄性斑马的妻妾群将聚成一个大的群体，这给雄性斑马们提供了争夺雌性斑马的机会。在争斗中，雄性斑马会利用锋利的凿形门齿和马蹄，有时候这将给双方造成重伤。

格氏斑马（*Equus burchelli boehmi*）

2.2～2.5m。

东非的草地和稀树草原上。

体表具有较粗的黑白条纹，颈部和身体部位的条纹呈垂直分布，臀部的条纹呈水平排列。

>> 465。

强而有力的攻击

一匹成年的雄性格氏斑马用强有力的后腿踢打它的对手。这样的攻击将会致命，能够像鬣狗一样使捕食者的头骨破碎。

脖子对脖子

网纹长颈鹿

年轻雄性网纹长颈鹿（长颈鹿的一个亚种）通过颈部角力竞赛建立自己的统治地位，竞赛时间可长达30分钟。这种竞争看起来很友好，但偶尔会发生脖子折断的情况。它们生活在组织松散的群体中，成员可达20头。成熟的雄性会在群体内发出吼叫，寻找准备交配的雌性。如果这时另一头雄性参与竞争，它们将通过踢打对方和顶撞对方头部的方式打斗一番。

格斗仪式

这些年轻的雄性长颈鹿正在进行一场颈部角力比赛。通常情况下这更像一种仪式，而非一场激烈的冲突。胜利者会爬上它的对手的身体，以炫耀它的优势。

网纹长颈鹿（*Giraffa camelopardalis reticulata*）

高4.7～5.7m。

肯尼亚北部、索马里的开阔林地中和树木繁茂的草原上。

身体红棕色，有白色的网纹图案。

>> 193，395。

撕咬和冲撞

宽吻海豚

雄性宽吻海豚的皮肤上通常有着深深的伤口，这是它们为接近雌性而进行打斗的结果。占优势的雄性海豚撕咬较为年轻的雄性，用头撞击它们，并用牙齿划伤对手，以此建立起它们的性统治地位。一般情况下，宽吻海豚展示特技般的泳姿是为了给雌性留下深刻的印象，但这也可以作为一种攻击的方式（见下图）。尽管存在竞争，但雄性群体也会通过合作的方式迫使雌性与它们进行交配。已为人们所熟知的是：雄性宽吻海豚在与雌性进行交配之前，通过结盟的方式用头顶撞雌性海豚，压制雌性海豚的身体，迫使雌性海豚离开所在的小群体。这些雄性还合作击退那些试图加入它们的其他雄性联盟。

宽吻海豚（*Tursiops truncatus*）

1.9～4m。

全球范围内的热带和暖温带的开阔海域和沿海水域。

吻部宽大，具尖尖的鳍状肢，以及镰刀状的背鳍。

>> 461。

俯冲轰炸

>>01 在太平洋的夏威夷海域，一头雄性宽吻海豚高高跃出水面，并用它的尾叶攻击另一头海豚的头部。海豚的尾巴出奇强壮，它的作用是推动这种动物在水中前进。

>>02 作为报复，下方的海豚升出水面，用它们的吻部攻击跃出水面的海豚。

解剖学

具甲的头骨

随着年龄的增长，雄性长颈鹿前额骨头上的沉积物会逐渐加厚。这层物质给大脑提供了至关重要的保护，否则很可能在与雄性对手的竞争中因对方摇摆和撞击的动作而受伤。一头雄性长颈鹿的大脑能够承受3.5米幅度的摆动，一次出击的效果可以将一个体重1500千克的对手击倒在地。在前额部位的骨头上，沉积物以每年1千克的速率堆积。

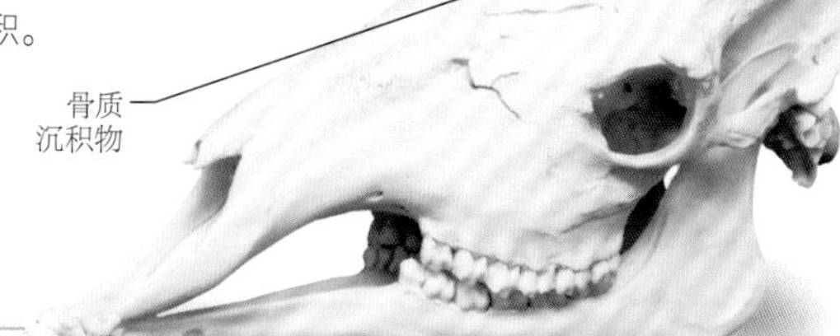

求偶仪式

求偶仪式发生在雌雄动物的交配时期。无论是漫不经心的还是精彩纷呈的仪式，成功的求偶仪式就是“使事情都正确无误”——在正确的时间与正确的物种、正确性别的对象交配，同时交配双方处于正确的情绪中，以避免不和谐的行为发生。

正确的性别

交配时的对象如果是其他物种，那将是严重的错误，因为这意味着这一个体的繁殖潜力被浪费了。为了避免这种事情发生，雄性和雌性动物都进化到能够发出只被同类物种识别的信号。例如，雄性鸟类拥有本种特有的羽色和叫声；雄性蛙类能发出独特的叫声（见下图）；哺乳动物的两性都能产生称为生物信息素的化学物质。雌性可能只有一次繁殖的机会，如果它们选错了交配对象，那么损失比雄性更大，因此它们必须更加谨慎。

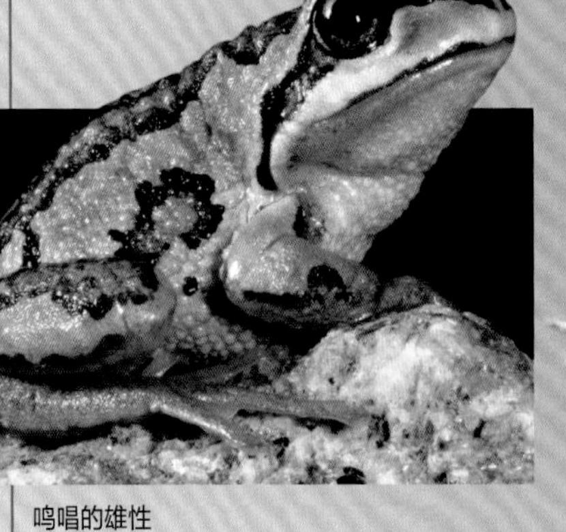

鸣唱的雄性
雄性维氏雨滨蛙在水池边的有利位置鸣唱以吸引异性。它们的叫声与附近其他种类雄蛙的叫声差异很大。

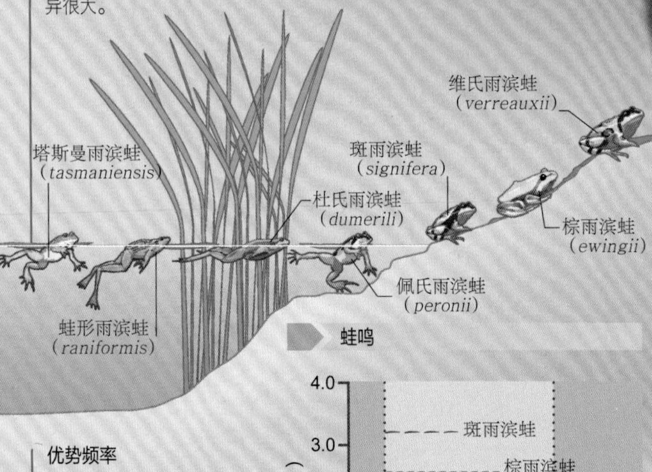

优势频率
在澳大利亚的一些池塘中，不同种类的雄蛙在同一个晚上鸣唱求偶。每一种雄蛙占据的位置不同，而且发出的声音也不一样，以方便同种的雌蛙在众多雄性中分辨出自己。距离较近的雄蛙叫声的差异程度，大于距离较远的雄蛙叫声的差异。

识别异性

对于两性异型的物种来说，辨别出两性是很容易的，因为一方会比另一方体形更大或者颜色更鲜艳。许多物种都有独特的性别识别信号，包括视觉、嗅觉或者听觉。一些雄性蛙类并不擅长识别异性，它们有时会把另一只雄蛙当成异性紧紧抱住，此时被抱住的雄蛙就会发出“释放音”的叫声使它放开。有些物种的两性异型程度非常大，比如蜘蛛，雄蛛就有被雌蛛吃掉的危险。

微小和巨大
体形微小的雄性黑寡妇蜘蛛小心翼翼地接近一只雌蜘蛛，发出信号表明自己是一个潜在的交配对象而不是一顿美餐！

挑选配偶

为了提高繁殖成功率，动物对配偶的挑选非常苛刻。许多雄性鱼类和两栖动物会挑选体形更大的雌性，因为体形大的雌性可以产下更大的卵；对于那些雄性参与养育后代的动物来说，雌性会喜欢那些擅长筑造巢穴、保卫领地或者抚养后代的雄性；而对于那些雄性只提供精子的动物来说，雌性会根据雄性的外观和行为来判断它们基因的优劣。

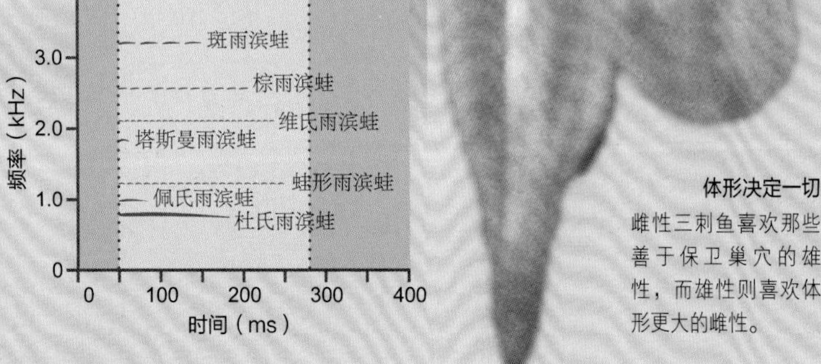

体形决定一切
雌性三刺鱼喜欢那些善于保卫巢穴的雄性，而雄性则喜欢体形更大的雌性。

陌生者的气味
雌性老鼠根据雄鼠身上的气味来挑选配偶，它们喜欢那些亲缘关系远的雄性。

正确的时间

对许多动物来说，求偶行为的作用在于促使两性同时进入交配的最佳状态。雌性哺乳动物只有在短暂的时间内能够排卵和受精，求偶行为便可以提供刺激信号，促使雌性排卵。对于一些集群动物来说，同一段时间产卵或产崽的好处很大，因为这样可以降低后代被捕食的风险，因此这些动物会由好多对个体一起展开求偶行为，从而使大家同步繁殖。有些物种是体外受精，为保证精子和卵子能在体外结合不散失，两性之间需要精确的配合才能完成任务。

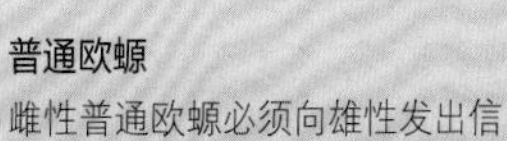

普通欧螈

雌性普通欧螈必须向雄性发出信号——触碰雄性的尾巴，表明它们已经准备好接受雄性的精囊（储存精子的"小袋子"），否则雄性的精囊会被丢弃。

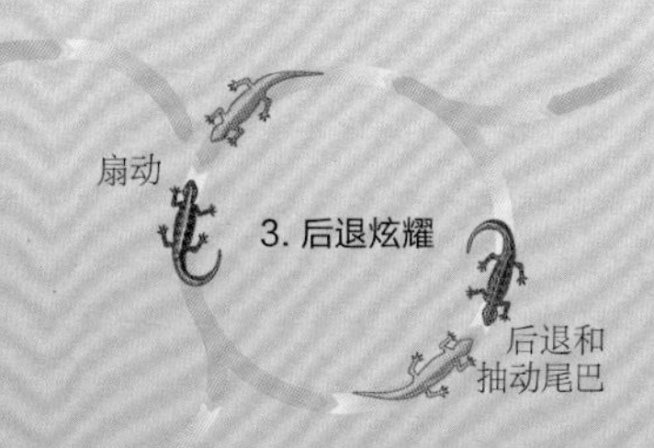

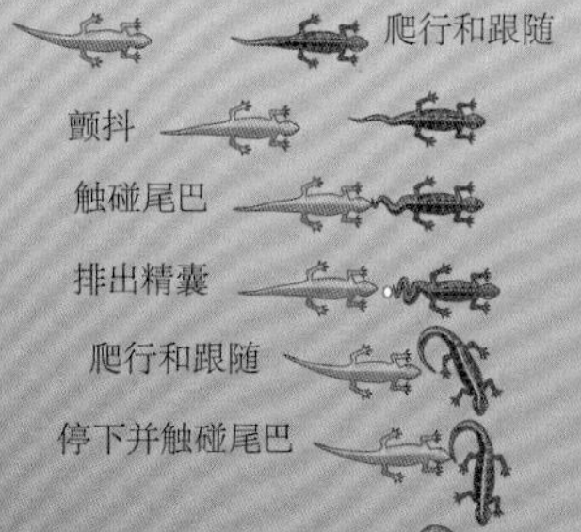

求偶舞蹈

蝾螈的求偶仪式包含一系列分开的步骤。雄性在完成一个步骤时，会等到雌性满意并靠近自己时才会继续下一步。尽管如此，有些精囊还是会被雌性扔掉，此时雄性会不断重复下一步直到雌性满意。

献礼求偶

一只雄性黄喉蜂虎正将捕到的蜻蜓作为礼物献给雌性。这种求偶献礼有两个功能：为雌性提供营养补充以利于产卵；向雌性表明自己能为后代提供充足的食物。

说服

求偶行为的一个作用就是刺激两性的性行为，同时减少不利于交配的行为，如攻击行为。这一点对一些独立生活的动物来说尤其重要，如北极熊，任何其他动物对于它们来说都是潜在的敌人。对于社会性动物，如狒狒，所有成员在平时争夺食物时经常争斗，那么在交配时这些争斗行为就必须避免。雄性想要通过求偶行为赢得异性芳心不是一件容易的事情，因为雌性只会与那些求偶最热烈的异性交配，因为只有那样才表明雄性拥有最好的基因。

生与死

>>01 一只雄螳螂必须说服雌性与自己交配，而不是将自己吃掉。然而，这只雌螳螂还是一口咬下了雄性的头，把它作为婚礼上的礼物。

>>02 为了繁殖，这只雄螳螂付出了高昂的代价，只有个别小心的雄螳螂能逃脱交配时被吃掉的命运。

>>01

>>02

空中杂技家

细扁食蚜蝇

细扁食蚜蝇是杰出的飞行家，雄性可以在空中悬停以向雌性展示自己强健的体魄。多数会飞的昆虫有两对翅膀，然而蝇类，如细扁食蚜蝇，只有一对翅膀，另一对已经特化成棍状平衡器官，可以帮助蝇类控制飞行。每一只雄性食蚜蝇都有一定的空中领域，它们会在领地中持续数分钟地盘旋，只有在驱赶竞争者或追逐异性进行交配的时候才会离开。

细扁食蚜蝇（*Episyrphus balteatus*）

- 8～12mm。
- 欧洲和亚洲北部的森林、草地和花园中。
- 双翅目昆虫，眼大、棕色，腿黄色，扁平的腹部有明显的斑纹。

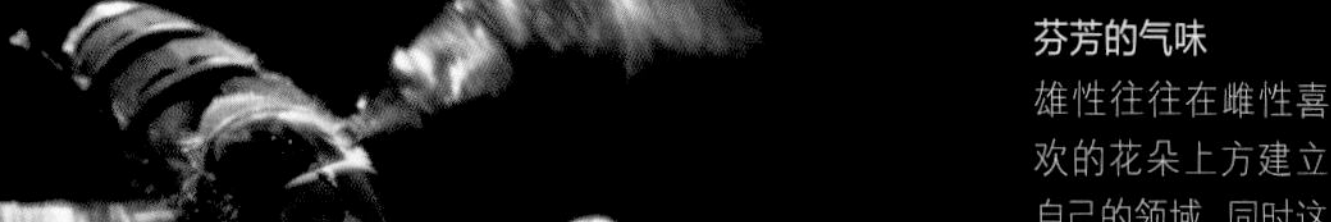

芬芳的气味

雄性往往在雌性喜欢的花朵上方建立自己的领域，同时这些花的花蜜还可以为它们的飞行补充能量。

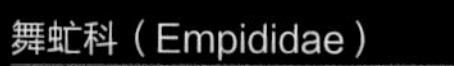

舞虻科（Empididae）

- 1～11mm。
- 广布于全球（但主要在北半球）低地和潮湿生境的植被中。
- 身体纤细，呈暗灰褐色，头小，胸部发达，腿长而多毛。多数种类具有长而向下弯曲的口器。

舞蹈程序

舞虻

这些纤细的舞虻得名于它们精彩的求偶舞蹈。一些种类的舞虻会在占领有利的位置时表演一连串抖翅伴随搓腿的舞蹈动作。如果雄性的舞蹈正确，雌性会有友好的反应然后一起交配，但是万一跳错了，那就可能被雌性当成猎物给吃了。

许多种类的舞虻，当雄性在跳舞时会在长腿上携带献给雌性的“礼物”，以便引起雌性的注意。这些礼物通常是刚刚捕获的昆虫，例如其他种类的蝇类，甚至包括被打败的雄性同类。携带礼物的雄性集合成大群在雌性面前舞蹈。当雌性接近某一只雄性时，这只雄性会将礼物递给雌性，然后抓住它一起飞到附近的某处，在那里雄性抱住正在美餐的雌性与它完成交配。交配结束后，雄性会夺回“礼物”，重新飞回舞蹈团中吸引另一只雌性，因此雄性手中的“礼物”往往残缺不全，但雌性一样会上钩。

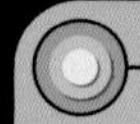

个案研究

虚假承诺

一些雄性舞虻会用不可食的礼物诱骗雌性与自己交配，以省去捕捉昆虫的麻烦。图中这只雌性欧洲舞虻（*Empis opaca*）就上当了，雄性用一个球状柳树种子冒充昆虫茧来欺骗它，然后趁它检查礼物的时候与它交配。但是通过仔细的观察发现，多数雌性还是能够看穿这种诡计，拒绝任何不能取食的礼物。

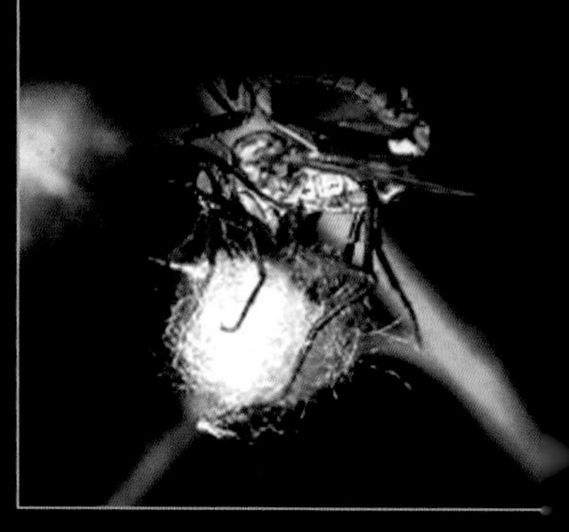

结婚礼物

一只雄性花斑舞虻（*Empis tessellata*）正与一只雌性交配，而雌性正在吃着雄性给的虫子。雄性用前腿支撑着三者的重量。

屋手

地中海黄蝎

对于雄性地中海黄蝎来说，求偶是件危险的事情。雌性比雄性体形更大，虽然雄性对雌性的毒液免疫，但是雌性仍然可以轻易地制服它并将它吃掉。为了与雌性交配，雄性首先要用振动声和特殊的体味表明自己的身份，然后用钳子夹住雌性的钳子将其固定，同时引导雌性在地上跳舞，最后才会将自己的精囊递给雌性。

地中海黄蝎（*Buthus occitanus*）

10cm。

北非、中东、南欧的沙漠和干旱的半沙漠地区。

节肢动物，具有一对像钳子一样的附肢和分节的黄色身体，长长的尾巴后面有一根锋利的螯刺。

致命的舞蹈

一对地中海黄蝎将尾巴缠绕在一起跳舞。一旦雌性接过雄性给的精囊，雄性就必须立刻逃命。

追逐和下沉

东太虎鲨

绝大多数鱼类都会在水中产下大量的卵，卵和精子在水中完成受精，这个过程称为产卵。然而鲨鱼恰恰相反，像陆地动物一样，雄性鲨鱼将精子射进雌性体内完成受精。为了完成这个过程，雄性鲨鱼必须向雌性求偶，使雌性鲨鱼能配合自己完成交配。例如雄性东太虎鲨（或称角鲨），它必须在水中不停地追逐雌性，直到雌性接受自己为止。然后它们一起沉到海床上，雄性抓住雌性，将长长的由腹鳍衍化而来的交合突插入雌性鲨鱼的生殖道中。之后，雄性鲨鱼将混合着海水的精液通过交合突的凹槽泵进雌性的输卵管。整个过程可以持续40分钟，几周后，雌性会产下24枚受精卵。

下降锁定

一旦双方沉到海底，雄性东太虎鲨就会紧紧地抱住雌性的胸鳍，以便将交合突插入正确的位置。

东太虎鲨（*Heterodontus francisci*）

1.2m。

东太平洋，美国加州和中美洲的温暖水域。

底栖鲨鱼，头部大而钝，眼上有脊，具2个背鳍，其上有坚硬的棘刺。

复杂的仪式

膨腹海马

海马是一种具有盔甲的多骨鱼，拥有一条可以抓握的尾巴，用于在取食时抓住海藻。海马有一种独特的繁殖习性——雌性海马会将卵放进雄性海马腹部的育儿袋内，直到卵全部孵化。膨腹海马是最大的海马，它们有着非常讲究的求偶仪式。在繁殖期，雄性的颜色变得非常鲜艳，它们用海水使育儿袋膨大起来。在接近雌性时，雄性将头低下，不停地摆动自己的鳍。如果雌性接受了它，那么雌性的颜色也会变深，并且会与雄性保持一致的动作和姿态。于是夫妻俩开始一起游泳，有时会将尾部缠绕在一起。这种舞蹈表演从每天的早晨开始，会持续3天甚至更长时间，最后结束时，雄性会将头抬起，示意雌性一起到水面上交配。这种复杂的程序是由于雌雄双方长期的配偶关系所致。一旦到达水面，雌性会将300多枚卵通过雄性育儿袋前面的开口排入。雄性一直保护着这些受精卵，直到4周后这些卵全部孵化成小海马。

膨腹海马（*Hippocampus abdominalis*）

18～30cm。

澳大利亚东南部和新西兰周围海域的礁石和多草海床地区。

是一种大型海马，头冠低，体色为黄色带斑纹至红色，眼周具刺，龙骨状身躯，尾长，雄性腹部有育儿袋。

膨胀的育儿袋

当一只雄性海马向雌性求偶时，它腹部的育儿袋会充水膨大，颜色变成白色或浅黄色，这样可以激发雌性海马的本能反应。

舞伴

当一对膨腹海马一起跳舞时，它们身上的图案会更明显，原本暗淡的颜色变得更明亮，与身体其他部位的斑点形成鲜明的对比。在这张图上，左侧的雄性海马正将嘴抬起，鼓励雌性游到水面上。

冗长的舞蹈

黑环海龙

身体修长似鳗鱼的海龙在求偶时，两性会一块跳连续数小时的舞蹈。海龙是海马（见左图）的近亲，也一样有长长的嘴和骨质分节的盔甲，雄性也在腹部有育儿袋来孵化受精卵。黑环海龙是长相最奇特的物种之一，它们身上有像胡蜂一样的黄、黑斑纹和鲜亮的红色尾巴。每只雄性都会在喜欢的水域建立自己的领地，通常是在潮汐形成的小水池或暗礁潟湖中。在凌晨时分，成熟的雌性会进入雄性的领地以吸引它的注意。雄性便会将自己和雌性的身体紧紧缠绕住，然后一起游动长达两小时甚至更长时间，最后雌性会将卵子送入雄性的育儿袋中，在那儿卵子完成受精和孵化过程。这个过程可以保证受精卵得到很好的保护。但是当小海马孵化出来之后，它们就必须依靠自己取食了。

黑环海龙（*Doryrhamphus dactyliophorus*）

10～20cm。

印度洋热带海域和西太平洋的沿岸珊瑚礁中。

身体修长，有黄绿色和黑色的环纹，嘴细长，尾鳍大；卵圆形，红白色。

匹配的一对儿

雌雄黑环海龙看上去没有区别，所以如同许多动物一样，它们必须依靠行为的表现来分辨性别特征，而不是靠外表。

唇贴唇

弓纹刺盖鱼

弓纹刺盖鱼又叫灰神仙鱼，它的身体扁平，体态优雅，生活在大西洋热带海域的珊瑚礁中，以海绵为食。平时它们独立生活，但在繁殖期，雌雄鱼会在珊瑚礁深水区域建立自己的领地，阻止其他鱼入侵。交配前它们会表演婚舞，两性将嘴唇贴在一起，就像亲吻一样，然后缓缓上升，将二者的泄殖腔靠在一起，由双方分别排出卵子和精子，在水中完成受精。之后它们分开沉入水底，重复刚才的过程数次，整个产卵过程会产下75000枚受精卵。

弓纹刺盖鱼（*Pomacanthus arcuatus*）

25～60cm。

加勒比海、墨西哥湾和大西洋西岸热带海域的珊瑚礁中。

体色深，头灰色，脸白，灰色身体上有黑色斑点，胸鳍为亮黄色，尾上有蓝灰色斑纹，背鳍和臀鳍上有长须。

夫唱妇随

一对弓纹刺盖鱼正一前一后地在珊瑚礁领地内游动，随时准备赶走侵入领地的任何同类。

特殊的交接

红腿无肺螈

与其他两栖动物一样，蝾螈和鲵都需要将受精卵产在水中或潮湿的地方。然而，许多蝾螈用一种不同寻常的方式在陆地上交配，即雄性将精子存在精囊中放于地上，然后由雌性将精囊带走。为了鼓励雌性收集精囊，多数蝾螈都有复杂的交配仪式。交配前，雄性红腿无肺螈会发出诱人的信息素将雌性吸引过来。之后雌性会骑在雄性的尾巴上由雄性拖着在地上绕圈，每隔一段时间雄性会停下来将下颌处腺体分泌的信息素涂抹在雌性的嘴上。最后，雄性停下来将精囊放在地上，然后引导雌性前来将精囊收起放进输卵管中。

红腿无肺螈（*Plethodon shermani*）

- 8~13cm。
- 美国东部的林地中。
- 身躯光滑细长，有长长的尾巴和大眼睛，黏滑的皮肤呈灰色，四肢红色。

诱人的气味

在美国北卡罗来纳州的南塔哈拉（Nantahala）国家公园里，一对红腿无肺螈正在进行求偶仪式，雌性骑在雄性的尾巴上，而雄性不时地将自己的信息素涂抹在雌性的嘴上。这是无肺螈中的一种，依靠潮湿的皮肤呼吸空气。

高山欧螈（*Triturus alpestris*）

- 长达12cm。
- 欧洲中部海拔2500m左右的山区。
- 身躯纤细，眼睛大，四肢短；上体棕色带黑色斑点，下体橙红色。
- » 401。

挡路

为了吸引雌性的注意，这只雄性高山欧螈（右）站在雌性行走的道路中间。

吸引异性的注意

高山欧螈

欧螈有着与多数蝾螈一样的交配模式，但是它们的交配仪式是在水下进行的。在繁殖期，为了争夺异性，雄性高山欧螈会展开竞争，它们的体色变深，头顶长出高高的冠部。研究表明，雌性青睐于头顶冠部最大的雄性。为了得到雌性的关注以展示自己华丽的外表，雄性会横在雌性的面前，用尾巴将身子下部腺体分泌的信息素拨向雌性，然后在水底放下一个表面柔软的精囊，由雌性将精囊捡起。

俯卧撑

普通鬣蜥

变色龙不是唯一会变色的蜥蜴。普通鬣蜥，俗称红头岩蜥，或称彩虹蜥蜴，得名于繁殖期雄性蜥蜴的头部会变成橘红色，与身体的铁蓝色形成非常鲜明的对比。为了炫耀自己的这种变化，雄蜥会用前腿做俯卧撑，使它鲜艳的头部一起一落。这种表演会把颜色不够鲜艳的对手赶跑，同时将雌性吸引过来，因为雌性根据颜色的鲜艳程度衡量雄性的健康情况。

热情的求偶

一只雄性普通鬣蜥正对着一只雌性不停地点头，以炫耀自己鲜艳的颜色，从而使雌性与自己交配。这些蜥蜴常常会顶着非洲炎热的太阳，在裸露的岩石上尽情展开求偶表演。

变化多端的颜色

豹纹避役

豹纹避役又称七彩变色龙。变色龙可以通过收缩或舒张皮肤内特殊的色素细胞来快速变换体色。它们通过颜色变换来进行相互交流。许多蜥蜴的种类，如豹纹避役，雄性在求偶炫耀时会迅速变化鲜艳的体色。如果雌性接受了雄性，雄性会用半阴茎插入雌性体内完成受精。如果这只雌性已经交配过了，那么它会将体色变成棕色或黑色来拒绝追求者。

豹纹避役（*Furcifer pardalis*）

- 20～50cm。
- 马达加斯加及附近岛屿的热带雨林和灌丛中。
- 体形大而厚实，尾巴能抓握，四肢的脚趾已经愈合演变成两个相对适于抓握的钩，体色变化大。
- >> 222～223。

友好的征服

普通游蛇

大多数蛇类依靠气味寻找配偶，它们通过分叉的舌头收集空气中的化学信息，然后送入口内上腭处的器官来检测。当一条雄性游蛇找到一条雌蛇时，它会一直跟着雌性，不停地用自己的下颌摩擦雌性的背部，同时不停地抖动舌头。如果成功了，它们会身体交织在一起完成交配。

鳞片的爱抚

雄蛇的体形比雌性小很多，为了鼓励雌性与自己交配，它不停地用自己的下颌摩擦雌性。最后雌性会在一个温暖的地点产下40枚卵。

普通游蛇（*Natrix natrix*）

- 长达1.2m；少数可达2m。
- 欧洲、亚洲和非洲东北部的潮湿生境、草地和欧石楠荒原上。
- 身体纤细，头椭圆，瞳孔圆，体色通常为灰绿色，颈部黑黄色。
- >> 290。

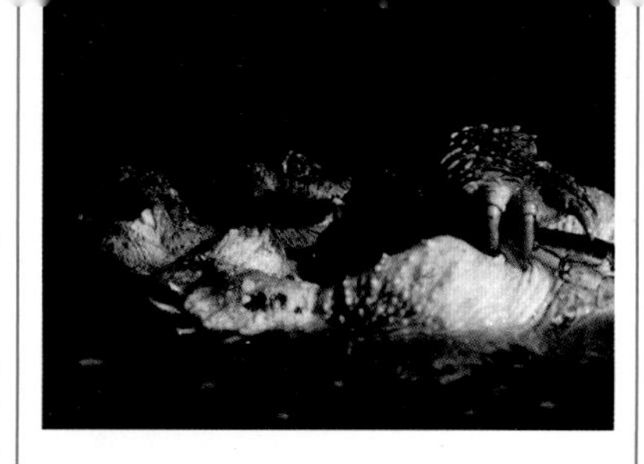

疼痛的拥抱

鳄龟

鳄龟的名声不好，因为它们咬人很疼，尤其是在自卫时。它们是严格的水生动物，将身体埋在池塘或河流泥沙里面伏击猎物。鳄龟通常独立生活，但在繁殖期，雌雄鳄龟会聚在一起，它们的求偶仪式非常简单粗暴——雄性和雌性互相撕咬，不停地吹泡泡。最后雄性爬到雌性的背上用爪子紧紧抓住雌性，然后将自己的尾巴弯曲，伸到雌性的身体下方，使二者的泄殖腔接合并完成交配受精。

鳄龟（*Chelydra serpentina*）

- 20～46cm。
- 美国和加拿大南部水底多泥的池塘、溪流和沼泽地区。
- 头大，背甲相对小而光滑，尾长；体色通常为茶色至褐色，有时为黑色。

凉快下来

雄性普通鬣蜥必须依靠激素和太阳热量才能使身体颜色变深，因此在黄昏时，它们恢复到暗淡的体色，同时这可使捕食者不容易发现自己。尽管如此，地位高的雄性依然保持自己的优势，并担任家族的守护者保卫领地。

普通鬣蜥（*Agama agama*）

- 20～25cm。
- 非洲中部多岩石的草地上。
- 身体扁平，尾长，头三角形；雌性体色棕，带棕褐色和茶色斑点；雄性体色灰蓝，在繁殖期头部会变红。

420 鬣蜥科蜥蜴的种类数。

仰望天空

蓝脚鲣鸟

蓝脚鲣鸟是一种在海岛上集大群繁殖的海鸟。雄鸟在海岛上建立一小块自己的领地后会在领地周围巡逻，赶走竞争者和吸引异性。为了引起雌鸟的注意，它伸展并转动翅膀，使翅膀的背面朝前，翘起尾羽，将头抬起，喙高高地指向天空，同时它会表演庄严的舞蹈，轮流将蓝色的大脚抬起来以使对方注意自己脚上鲜艳的颜色。如果雌鸟为之心动，它们便会结成配偶，夫妻双方一起舞蹈以维持关系。此后，每次在夫妻一方要离开巢穴去捕食时，它们会一起舞蹈，而在配偶捕食回来时，又会再次舞蹈庆祝归来。

蓝脚鲣鸟（*Sula nebouxii*）

76～84cm。

在太平洋沿岸、从墨西哥到秘鲁的岛屿以及加拉帕戈斯群岛上繁殖，在海上捕食。

大型海鸟，拥有长而锋利的喙，脸蓝灰色，身体为白色，翅黑色，脚亮蓝色，具蹼。

指向天空

雄性蓝脚鲣鸟抬头仰望的求偶表演成为维持夫妻双方关系的仪式，配对后由夫妻双方共同表演。

踏脚舞蹈

在求偶舞蹈表演中，雄性蓝脚鲣鸟兴奋地交替抬起蓝色的脚。

20000

每年在遍布火山的加拉帕戈斯群岛筑巢繁殖的蓝脚鲣鸟繁殖对的数量。

个案研究

蓝色越深越好

研究表明，双脚蓝色最深的雄性蓝脚鲣鸟繁殖成功率最高，因此雌鸟喜欢脚更蓝的雄鸟。不仅蓝色的脚更容易引起雌鸟的注意，而且颜色越深也表明雄鸟的基因越优秀。由于后代会继承父辈的基因，因此整个种群的脚会变得越来越蓝。

献礼

白额燕鸥

雄鸟借助求偶炫耀表明自己足够强壮和健康，并且能够将优秀的基因传递给后代。但是对于雌鸟来说，选择一个能为后代提供充足食物的父亲同样重要，否则孩子们就要挨饿。

在求偶时，一些雄鸟会通过为异性献礼的方式展示自己的技巧。一只雄性白额燕鸥正将捕获到的新鲜鱼献给雌鸟。这个行为不仅表明它是优秀的捕鱼者，而且能够为即将产卵的雌鸟提供额外的营养。如果雌鸟接受了它，它就会一直这么喂雌鸟，直到雌鸟产下2~3枚卵。白额燕鸥的伴侣关系能够维持终生。

白额燕鸥（*Sterna albifrons*）

22～24cm。

繁殖于大西洋东部、地中海、印度洋和太平洋西部的沙地或石滩上，在海里觅食。

喙尖、腿短的海鸟，翅长而尖，尾短而分叉，下体白，上体灰色，头顶为黑色。

喂鱼

白额燕鸥能从空中俯冲入水中捕鱼，捕到鱼之后雄鸟可以在空中将鱼喂给雌鸟。这种表演可以展现雄鸟强壮的体魄和高超的捕鱼技巧，这些都是作为合格父亲需要具备的条件。

诱人的倒退表演

红顶侏儒鸟

在哥斯达黎加茂密的森林中，颜色鲜艳的雄性红顶侏儒鸟正在进行求偶竞赛以吸引雌鸟的注意。每只鸟的表演都很复杂，包括在树枝上倒退滑行，同时低头扬翅，将腿上的亮黄色羽毛展示出来。如果体色呈橄榄绿的雌鸟很满意，就会与雄鸟交配。然而，交配后雄鸟仍继续表演以吸引其他异性，而不参加之后的繁殖和育雏活动。

红顶侏儒鸟（*Pipra mentalis*）

10cm。

中、南美洲西北部的低地热带雨林中。

雌鸟体形小，身体呈橄榄绿色；雄鸟黑色，头红色，腿黄色。

闪亮的颜色

红翅黑鹂

令人目眩的求偶炫耀可以帮助雄鸟吸引异性，但也使它们容易暴露在天敌面前。为了避免被天敌发现，红翅黑鹂平时将鲜艳的红色肩羽隐藏在黑色羽毛下面，只有在保卫领地以及吸引异性时才会将肩羽展示出来。像红顶侏儒鸟一样，红翅黑鹂也是一夫多妻制，雄鸟会与尽可能多的雌鸟交配，之后由雌鸟独自筑巢育雏，因此雌鸟只关注雄鸟是否强壮，这就必须通过雄鸟的展示来衡量。

红翅黑鹂（*Agelaius phoeniceus*）

18～19cm。

北美洲和中美洲的湿地和农田地区。

雄鸟黑色，但在肩处有一块红色带黄边的翅斑；雌鸟棕色带斑纹。

水草舞蹈

凤头䴙䴘

一些雄鸟在求偶时会展示它们的筑巢技术。这项技术虽然非常重要，但是在一些鸟类中已经简化成只需要提供巢材作为礼物就行了。凤头䴙䴘在水上用水草建造浮巢，在求偶时，雌鸟和雄鸟互献水草作为礼物。它们最精彩的求偶表演会在繁殖地的开阔湖面上进行，此时双方同时直立身子，齐胸并进，脚下快速踩着水，同时头部左右甩动。此外，雌雄双方头部羽毛像扇子一样充分展开，使这种“芭蕾舞”式的水草舞蹈更加精彩。

其他种类的䴙䴘也有类似的表演，如北美䴙䴘，雌雄双方会同时离开水面，然后一起在水面上“奔跑”，水花四溅，同时将脖子弯曲成优美的曲线。与其他鸟类的不同之处在于，雌雄䴙䴘双方的动作完全一样，而且两性的外表很难区分。

凤头䴙䴘
（*Podiceps cristatus*）

46～51cm。

欧洲、亚洲、非洲、澳大利亚和新西兰的湖泊、河流、潟湖以及海岸区域。

体色灰白，脖子长，在繁殖期头顶羽毛变成栗色和黑色。

共同表演

一对凤头䴙䴘正一起在湖面上剧烈地踩水前进，双方都叼着从水下收集来的水草作为礼物。

个案研究

舞蹈所揭示的内容

凤头䴙䴘独特的求偶表演已经成为行为学研究的经典案例。最早的研究在1914年，生物学家朱利安·赫胥黎（Julian Huxley）认为这种表演是将日常生活中的行为“仪式化”而形成的。西门斯（K. E. L. Simmons，见下图）在朱利安·赫胥黎的研究基础上写的关于凤头䴙䴘行为的研究报告（1955年），已经为广大观鸟者和鸟类学家所拜读。

水上芭蕾

>>01 在一种水草舞蹈中，一只䴙䴘蹲伏在水面上，另一只䴙䴘潜入水下后叼着水草浮出水面。

>>02 通过叶状的脚使劲踩水，䴙䴘使身子在水面上直立起来。

>>03 它们齐胸并进地在水面上舞蹈，头部左右甩动。

>>04 停下后它们仍然不停地甩动头部以展示竖立的羽毛。

>>01

>>02

>>03

>>04

争宠

在繁殖期，雄性小军舰鸟集结在海岛的树上进行壮观的求偶表演。只要有雌鸟从上空飞过，所有雄鸟都会一起张开翅膀，头后仰，将猩红色的喉囊尽可能地膨胀，同时上下喙敲击得劈啪作响。图中，一只雌性已经降落在两只很有希望的雄性之间。

盛装博得青睐

在印度伦滕波尔（Ranthambore）国家公园，一只雄性孔雀正在一群雌孔雀面前奋力展开尾羽来炫耀自己。最美丽的雄孔雀将会赢得最多雌性的青睐，而受冷落的雄性将没有交配的机会，因此无法将自己的基因传递下去。

令人目眩的表演

作为观赏性鸟类，孔雀被引入到世界各地的公园，它们令人目眩的表演也因此被人们熟知。家养的孔雀非常温顺，但野生的就非常害羞和神秘。

展开所有“眼睛”

蓝孔雀

由于拥有一身令人目眩的漂亮羽毛，印度的蓝孔雀常常被人们作为雄性魅力的象征。雌性蓝孔雀需要承担孵卵育雏的责任，因此它们的羽毛颜色暗淡，而雄性却拥有一身华丽的兼具深蓝紫色和亮绿色的羽毛，并且拖着一条长长的尾上覆羽，上面点缀着许多鲜艳的“眼斑”。平时，长长的尾羽都拖在身后，但在炫耀表演时，雄性会将尾羽展开竖起，形成一个壮观的瑟瑟作响的扇子，俗称“孔雀开屏”。当看到一只中意的异性时，雄性孔雀便会开始精彩的开屏表演：首先是将身子背对着雌性，然后回转到雌性眼前，同时将尾羽充分展开不停抖动，最后边后退边鞠躬。如果雌性被吸引了，它便会加入这只雄性的妻妾群中。与多数雄性羽色更鲜艳的鸟类一样，孔雀也实行典型的一夫多妻制，雄性不承担后代的抚养责任。

蓝孔雀（*Pavo cristatus*）

- 雄性长达2.3m，雌性86cm。
- 印度、巴基斯坦、斯里兰卡的森林和农田中，已经被引入世界各地。
- 地栖性的雉类；雌性体色以棕色、绿色和白色为主；雄性有蓝色的颈部和胸部，以及长长的亮绿色的尾上覆羽。

个案研究

交配成功率

孔雀是进化中“性选择”理论的经典案例。在英国维普斯奈德（Whipsnade）动物园的研究表明，雌性孔雀倾向于与尾羽上“眼斑”数量最多的雄性交配。由于后代继承了父亲的优良基因，因此雄性孔雀的尾上覆羽越来越绚丽。然而，这些“眼斑”不只是作为装饰，有其他研究表明，拥有最大“眼斑”的雄孔雀所繁殖的后代体形更大，更健康，适应性更强，因此存活率更高，这表明孔雀的美丽不是徒有其表。

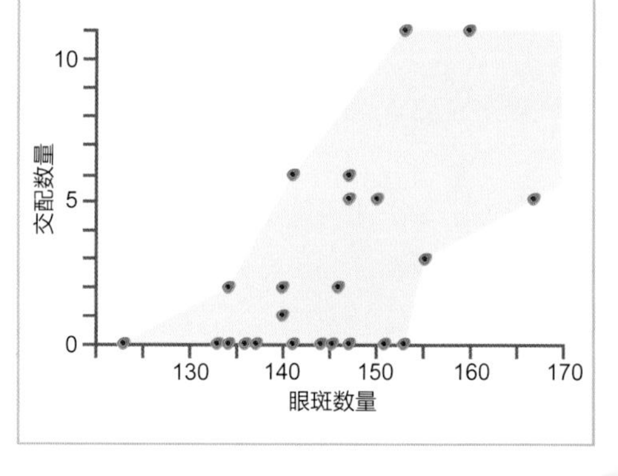

树上舞蹈

艳粉极乐鸟

几乎没有哪种鸟的求偶炫耀能与极乐鸟（亦称天堂鸟）媲美！极乐鸟生活的热带雨林资源丰富，繁殖期的雌鸟不需要为寻找食物发愁，它们也不需要雄性来帮助抚养后代，因而雄鸟可以将所有的精力用于炫耀自己，并且尽可能多地与雌性交配。每到繁殖期，雄性极乐鸟就会在传统的用于求偶炫耀的树顶上聚集——当地人称之为“择偶场”——并展开舞蹈比赛。它们争先在最有利的地点展示绚丽的羽毛，最后通过比赛确定等级秩序，最强的雄性占据了最有利的位置，它也因此能够与大多数来此的雌性交配。所以，很可能雌性挑选雄性的依据是看谁的位置最高，而不是看谁的表演最精彩。

艳粉极乐鸟（*Paradisaea raggiana*）

- 33cm。
- 新几内亚东部的热带雨林中。
- 雌鸟头顶和颈部浅黄色；雄鸟头顶和颈部黄色，喉部绿色，体覆橙红色羽毛。

华丽的展示

雄性极乐鸟（左）的羽饰通常位于身后，但当它要引起雌鸟（右）注意时，会将所有羽毛向前伸展，尽显其华丽的一面。

满地打滚

大熊猫

大熊猫因为异常稀少，已经成为濒危野生动物的代表。人工饲养的大熊猫往往拒绝繁殖，人们曾经以为大熊猫在野外也很难繁殖，然而事实并非如此。野外生存的大熊猫，雄性和雌性的领域重叠，平时都是独居，但在春季繁殖期时，两性间会通过气味标记找到对方，经过简单的求偶仪式后进行交配。雄性间为争夺异性会有打斗现象。当雌性大熊猫选中中意的雄性后，它会后退着靠近雄性，同时将尾巴翘起以引诱对方。此外，为鼓励雄性与自己交配，雌性还会背部着地在地上翻滚、蠕动，然后用前脚触碰雄性。交配之后，雌性会恢复独立的生活，直到幼崽出生。

大熊猫（*Ailuropoda melanoleuca*）

长达1.9m。

中国中西部寒冷、潮湿、多山的竹林地区。

大型的熊科动物，体色白，但四肢、肩膀、耳朵和眼斑为黑色。

» 192。

滚来滚去

在中国卧龙自然保护区，一只圈养的雌性大熊猫正背部着地四处滚动，鼓励一旁观看的雄性大熊猫与自己交配。

人类的影响

大熊猫的繁殖

由于农业种植和森林砍伐导致的栖息地丧失和破碎化，使大熊猫在中国的生存受到很大威胁。但如今，许多地区已经被划为保护区来保护大熊猫。而在一些地方，如卧龙自然保护区，圈养大熊猫已经可以繁殖，并且得到精心的照料，例如这只吸着奶瓶的熊猫幼崽。

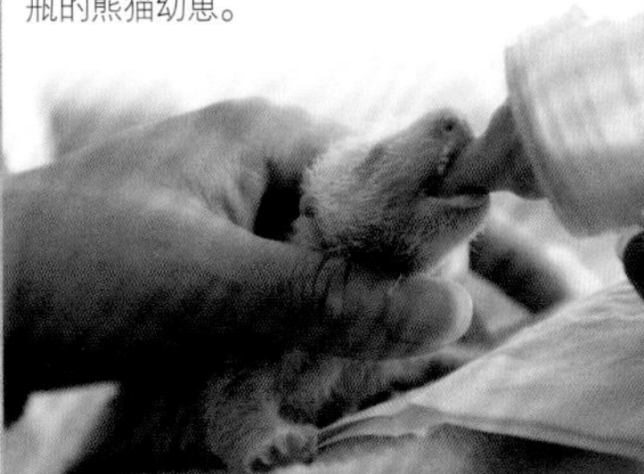

激烈的追逐

普通浣熊

在繁殖期，遇到一起的雌性和雄性哺乳动物在交配前常常会有攻击性的行为表现。普通浣熊是高度社会性动物，两性交配前会在林下进行激烈的追逐，伴随着愤怒的咆哮和不停的争吵，最后完成交配。交配后雌性会临时加入雄性的群体一块生活以度过繁殖期。这个群体中会包含多达4只雄性，它们努力与尽可能多的雌性交配，而地位最高的雄性便能与最多的雌性交配。

普通浣熊（*Procyon lotor*）

65～100cm。

加拿大南部到巴拿马的中、北美洲的森林、灌丛和郊外地区。

外形似狐狸，鼻吻部尖；体色灰，脸部有黑色眼圈，浓密的尾巴上有黑色的环。

» 258。

气味信号

黑犀

和大多数哺乳动物一样，气味对黑犀来说非常重要，它们不仅依靠气味来寻找食物、标记领地、识别朋友和敌人，而且依靠它来寻找伴侣。黑犀的视力很差，但是嗅觉灵敏，因此它们非常依赖嗅觉信号。当雌性黑犀进入发情期时，它们会四处喷洒富含性激素的尿液来吸引雄性。而为了争夺交配权，雄性黑犀常常会大打出手，有时甚至会置对手于死地。获胜的雄性也会通过前后喷洒尿液来宣告自己的胜利，这样可以增加它们接近雌性时的自信，虽然雌性很可能会拒绝它的第一次尝试。如果成功了，雄性和雌性会暂时结成伴侣，直到完成交配后分开。

黑犀（*Diceros bicornis*）

长达3m。

分布于非洲撒哈拉沙漠以南的森林和灌丛地区。

大型的厚皮草食动物，体色棕或深灰，嘴似猪，嘴上长有两角，上唇突出具抓握性。

鼓起勇气

一只获胜的雄黑犀喷洒尿液来标记领地（见右图），并以此来为自己打气，以便接近挑剔的雌性（下图右侧）完成交配。

树梢歌唱家

合趾猿

许多哺乳动物在求偶时会利用声音，但很少有动物的音量能比得上东南亚的长臂猿。这些体态修长、动作敏捷的树栖性长臂猿能发出响亮复杂的叫声，听起来就像歌曲。合趾猿，或称马来长臂猿，是这些长臂猿中体形最大的，它们拥有一个能像气球一样膨胀的喉囊，喉囊可以帮助提高音量，并使声音共振，从而使它们发出的声音能在森林中传播很远的距离。年轻的长臂猿能够通过歌唱来吸引异性，并且这种歌唱在它们穿越森林寻找伴侣的路途中从未停止。最后，雌雄长臂猿会结成长期的伴侣关系共同维护领地。与许多物种一样，合趾猿在维护领地时会表演夫妻二重唱，但是夫妻的歌唱方式不一样，通常是雄性尖声喊叫，而雌性则伴以一连串的隆隆声和咆哮声。此外，合趾猿是夫妻俩同时歌唱，而多数其他动物往往是夫妻俩交替歌唱，并且雌性会有长时间音量很大的独唱曲。年幼的合趾猿也会加入父母的歌唱中，因此在森林上空常常回荡合趾猿一家的合唱声。

巨大的叫声

借助膨胀喉囊的帮助，合趾猿的声音能让所有邻居听见。它们通常在早上歌唱，尤其是当发现另一个合趾猿家庭在附近时会叫得更厉害。

合趾猿（*Symphalangus syndactylus*）

- 75～90cm。
- 马来半岛和苏门答腊的森林中。
- 身披黑色光泽毛发的长臂猿，喉囊紫灰色。

个案研究

巩固关系

一些研究者认为，合趾猿夫妻间的二重唱是为了巩固夫妻间的情感。然而，这种二重唱多发生在领地边缘，尤其是当这对夫妻发现邻居可能会入侵自己的领地时。通过这种二重唱，它们宣告自己对这片领地的所有权，从而减少了危险的正面冲突，同时夫妻俩在对付入侵者时的相互支持也巩固了夫妻间的情感。因此这种二重唱首先是为了保卫领地，其次是能够巩固夫妻间的情感不受入侵者破坏。

敏捷的运动

长臂猿是唯一能在林冠层中用长长的肌肉发达的手臂自由移动的猿类。它们能以令人惊讶的速度敏捷地在树枝间穿越，并且极少失误。

威慑的姿势

印度羚

多数草食有蹄动物集群生活在开阔的区域，雌雄不配对生活。为争夺雌性，雄性间常常会有争斗，它们利用强壮的身躯和头上的角进行打斗或挑衅。雄性印度羚有很长的带螺旋的角，可以卡住对手，减少冲撞中的损伤。通常通过仪式性的威胁而不是真的打斗，雄性便能赶走竞争者以占领领地，从而独占领地内的所有雌性。获胜的雄性印度羚会趾高气扬地抬起头部，将角保持水平，借这个姿势来向对手和雌性们炫耀。它也会拼命地阻拦领地内的雌性离开，使它们尽可能长时间地留在自己的领地。当一只雌性进入发情期，雄性会从雌性的尿液中散发出来的性激素判断它是否能够交配，这种激素能诱发雄鹿翻唇式的"性臭反射"行为，这种行为在多数草食动物和肉食动物中很常见。通过"性臭反射"，雄鹿将气味送入口腔上腭的敏感器官。如果判断雌性能够交配，雄鹿便会与它交配，之后由雌性独自抚养后代。

印度羚（*Antilope cervicapra*）

1～1.5m。

印度和孟加拉国的开阔林地至半荒漠地区。

腿长，下体、眼斑和下颏为白色；雌性浅黄褐色；雄性黑褐色至黑色，长有螺旋状扭曲的角。

绕圈

为阻止雌性投入对手的怀抱，雄性印度羚一直在雌性的周围转圈，以鼓励它回到自己的领地内。

摆姿势

当这头雄性印度羚闻到雌性尿液中性激素的气味时，它的上唇向上翻卷，头部高高抬起，炫耀自己的优势地位。

海滩后宫

加州海狮

雌性海豹和海狮都需要到海滩上产崽，在此期间，雄性就会抓住机会与它们交配。雄性加州海狮采取和印度羚（见左图）同样的繁殖策略，即在海滩上确立自己的领地并占领尽可能多的雌性。雄性海狮的体形比雌性大很多，雄性间靠真实的或仪式性的战斗确立优劣。在整个繁殖期，雄性不敢离开领地去取食。一头雄性海狮平均能控制16头雌性。为了获得异性欢心，它们会拖着笨重的身体在雌性周围转圈，不断地吼叫、摇头、触碰雌性的肩膀和鳍状肢。如果雌性接受了，就会侧身、俯卧或者仰卧，抬头看着雄性以鼓励其与自己交配。

加州海狮（*Zalophus californianus*）

1.8～2.1m。

繁殖于美国北部和中部的太平洋海滩和加拉帕戈斯群岛。

具有圆滑的耳郭，前鳍状肢长，后鳍状肢可以转到前面，便于在陆地上行走。

>> 485。

在繁殖期，为了守护领地，雄性加州海狮可以连续**27天不进食。**

天才的求偶者

亚马孙河豚

大多数海豚生活在海洋里，它们属于小型的齿鲸，在开阔的海洋里捕食鱼类和鱿鱼。然而有少数几种豚类却生活在淡水河流中。这些淡水豚都有细长的嘴、可以转动的脖子和小小的眼睛，它们靠回声定位在浑浊的河水中捕食。

亚马孙河豚，当地人叫"boto"，通常独自生活在河流的固定河段中，只有在雨季时才会聚集在一块交配繁殖。为了获得与异性的交配权，雄性河豚之间会发生争斗，互相撕咬对方，因此它们身上常常会留下战斗的伤疤。为了赢得异性的芳心，雄性会大献殷勤，它们会轻轻地咬雌性的鳍状肢或背鳍。而有些雄性的求偶更为精彩，它们会衔起木棍、水草或泥块作为礼物，并将之抛向雌性以引起注意。这些雄性的攻击性也比其他同伴强，因此它们能够得到最多雌性的青睐，拥有最多的交配机会和后代。

亚马孙河豚（*Inia gelffrensis*）

长达2.7m。

南美洲亚马孙河和奥里诺科河流域内的缓流水域。

吻长，背鳍退化成背脊；上体灰色，下体淡粉色。

>> 244。

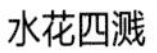

水花四溅

>>01 一头雄性亚马孙河豚衔着一大把水草浮出水面。

>>02 它准备向在一边观看的雌性炫耀。

>>03 它衔着水草左右甩动溅起水花，借此炫耀自己强壮的体魄。

战斗伤疤

这只雄性亚马孙河豚身上布满战斗留下的伤疤，它浮出水面展示出该物种独特的粉色肤色。雄性亚马孙河豚比雌性体形更大，颜色更深，因此它们很可能是一夫多妻制。

>>01

>>02

>>03

交配

交配行为使雄性的精子和雌性的卵子相遇，从而产生受精过程。一些动物是体外受精，即受精过程发生在雌性的体外；另一些动物是体内受精，精子通过专门的性器官进入雌性体内来完成受精过程。

体内受精

体内受精在很多方面都具有优势。它可以从时间和空间上把交配和产卵分开，从而使得雌性可以在最适宜的时间、最适合的地点产下它们的卵。比如，雌蝾螈交配后将每枚卵依次产在池塘边，并且每一枚卵都用树叶包裹起来加以保护。体内受精允许雌性在其卵子受精前与多个雄性进行交配，结果它的后代会有多个不同的父亲，而它们都是那些在精子竞争中的获胜者。在哺乳动物和其他动物中，体内受精意味着后代要在母亲体内发育。体内受精的动物需要通过性器官将精子输送进雌性体内，在哺乳动物中为阴茎的插入，而鸟类仅为泄殖腔（鸟类的生殖通路）的接触，雄性两栖类则是将精子存入一个囊中来完成受精的，这个囊被称为精囊。

在交配过程中，雄性枯叶丛螽通过精囊将精子传递给雌性。

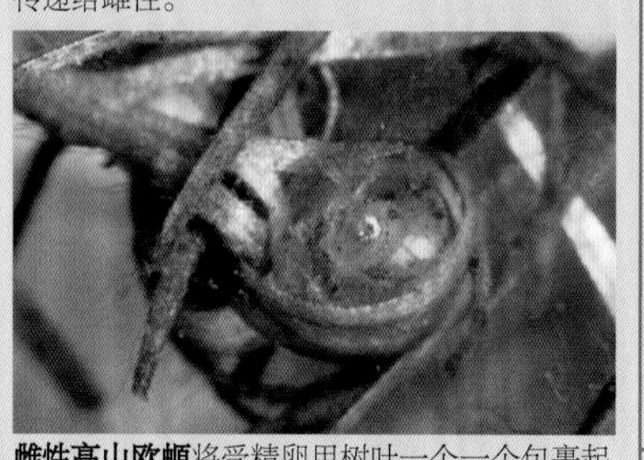

雌性高山欧螈将受精卵用树叶一个一个包裹起来，以阻止紫外线辐射带来的伤害。

季节性产卵的鱼类

旋鳃虫生活在珊瑚礁群中，它们固着在珊瑚礁表面，雌雄个体不能相遇进行交配。所以它们把精子和卵子排到水中，随着水流运动，使精卵结合发育成幼虫。

体外受精

体外受精的动物多为固着生活，不能通过移动来寻找配偶。这种现象在水生动物中非常普遍，它们把卵子和精子释放到水中来完成受精过程。在体外进行受精的过程存在着一定的风险，即精子和卵子不能相遇。很多物种应对这种风险的对策是产生数量巨大的卵子和精子，以增加受精的成功率。在鱼类和两栖类中，体外受精往往与雄性亲代抚育相关联。这可能是因为雌性产卵在雄性授精之前，因而雄性被留下来“照顾孩子”。比如，雄刺鱼和雄产婆蟾会照顾和保护发育中的受精卵。

雌雄同体

雌雄同体动物处于有利的位置——所遇到的每个同种个体都是潜在的交配对象。交配通常来讲是互惠的，在一次交配过程中，双方各自释放精子给对方。有些蛞蝓为了保证后代的父系血统，在交配完成后会咬掉配偶的生殖器官，因为失去外生殖器的蛞蝓不能进行授精，也就不能吸引其他个体进行交配。雌雄同体的生殖方式在无脊椎动物中比较普遍。

高空爬跨

如图所示，一头雄性非洲象在爬跨雌象。雌性非洲象一年当中只有几天接受交配，它们只接受那些体形大的优势个体的爬跨。

精子交换者

蜗牛是雌雄同体动物，在一套复杂的求偶炫耀之后，它们会把自己巨大的外生殖器插入配偶体内来互换精子。

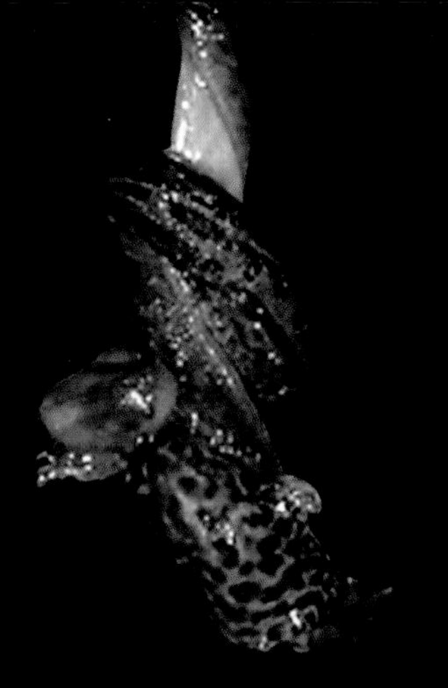

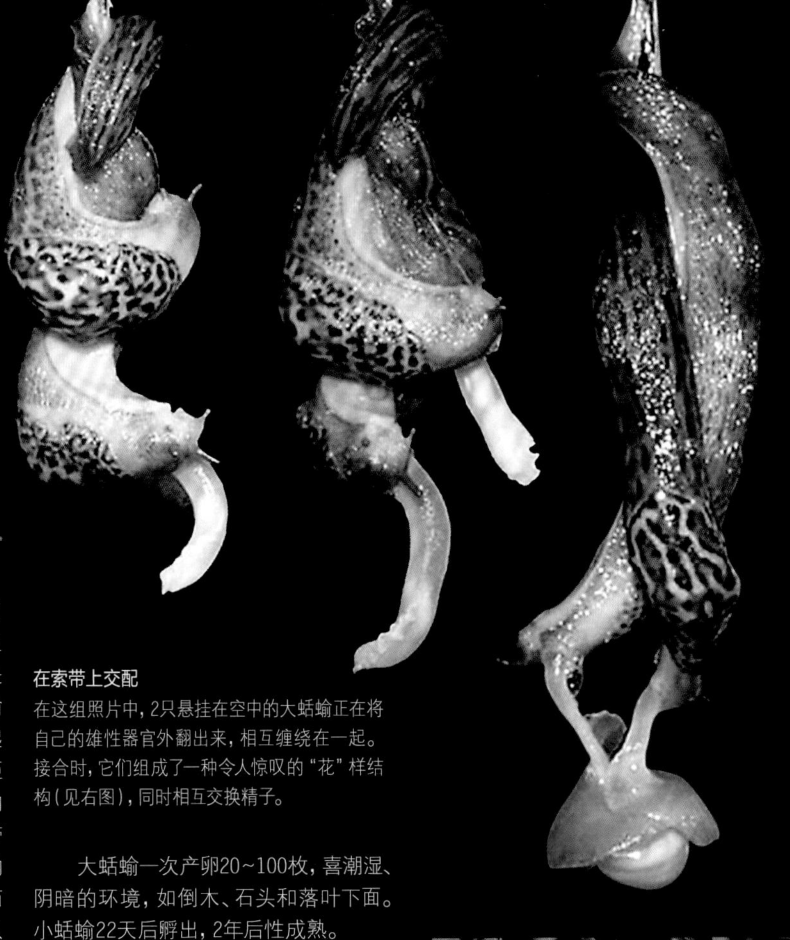

悬吊式交配

大蛞蝓

和其他蛞蝓一样，大蛞蝓也是雌雄同体动物——它们同时具有雄性和雌性生殖器官。但是，对于大蛞蝓来说，交配是一种极其复杂的、经久的过程。两只蛞蝓相互缠绕两个半小时以上，之后才一起爬到一个安全的地方——通常是在树上，距离地面有一定高度。它们分泌一条粗粗的黏液带，吊着自己缓缓下行，直到这条带长1米左右。在吊在黏液带上向下移动的同时，它们的身体紧紧缠绕在一起，从而呈现出一种优美的空中舞蹈。然后，每只蛞蝓从头后将雄性器官外翻出来，这个圆滑的蓝白色器官变长并最终缠绕在一起。此时，它们都会将装有精子的囊袋（精囊）嵌入对方体内。交配之后，大蛞蝓再沿着黏液带爬回树上，之后各自分开。

在索带上交配

在这组照片中，2只悬挂在空中的大蛞蝓正在将自己的雄性器官外翻出来，相互缠绕在一起。接合时，它们组成了一种令人惊叹的“花”样结构（见右图），同时相互交换精子。

大蛞蝓一次产卵20~100枚，喜潮湿、阴暗的环境，如倒木、石头和落叶下面。小蛞蝓22天后孵出，2年后性成熟。

和其他很多蛞蝓不同，大蛞蝓取食菌物、腐烂物、腐肉，甚至其他蛞蝓。

大蛞蝓（*Limax maximus*）

- 长达20cm。
- 接近人类居住地，花园、庭院、地窖中，倒木、石头、植被下面。原产欧洲，被引入到北美洲、亚洲、非洲、澳大利亚、新西兰以及附近南太平洋诸岛。
- 身体灰色，具黑色斑点或条带，背面卵圆形，后端扁平。

近似种

大蛞蝓的交配行为可能是最引人入胜的，但其他蛞蝓也一样有趣。网状蛞蝓（见上图）通过两个膨胀的射囊相连接，射囊可能会刺激性冲动的产生。如左图所示，在两个黑蛞蝓中间的白色物质是精子团。

特化的触须

太平洋章鱼

雄性太平洋章鱼右侧第三条触须衍变得可以向雌性授精。在这个可称为生殖腕的触须中，可产生一长串精子（精囊），有时其长度甚至可达1米。在交配过程中，雄性将精囊插入雌性身体的一个凹陷处。大约一个月后，雌性退到岩石的洞隙中，产下100000个以上的卵。大多数头足动物并不抚育它们的后代，但是雌性太平洋章鱼却会孵卵几个月之久。在这期间，它甚至忽略自己觅食，只为了集中精力照顾后代，抵御捕食者的侵害，吸水冲洗卵团以保持清洁并通气良好。等到受精卵孵化，小章鱼离开洞穴，雌章鱼也体力耗尽而亡。

太平洋章鱼为肉食动物，以捕食小虾、螃蟹、贝类和鱼类为生。其寿命为3~5年。

太平洋章鱼（*Enteroctopus dofleini*）

- 长达9m，并具4.3m的臂展；雌性大于雄性。
- 日本至加利福尼亚的北太平洋沿海至750m深的水域。
- 身体黄色、灰色或棕色（颜色随环境变化而伪装），兴奋或愤怒时转为红色。
- » 397。

右侧交配

海兔

像所有裸腮动物（底栖海蛞蝓）那样，紫缘海兔也是雌雄同体的——它们既产生卵子，也产生精子。它们不为自己的卵子授精，但会成对互相交换精子，就像它们的陆栖亲戚那样。它们的外生殖器位于身体右侧，所以为了交配，它们头尾相对，右侧相贴。海兔的卵很显眼，外形奇特，颜色明亮，实际上外形是螺旋形的。

这些动物的腮是裸露在外的。它们是颜色鲜艳的软体动物，身体柔软，无保护性外壳。它们艳丽的颜色警告捕食者最好不要吃它，实际上它们是有毒的。海兔的许多种类都有着颜色鲜艳的条带与浓重色彩的配色组合，这足以俘虏潜水者的心。

紫缘海兔（*Nembrotha urpureolineata*）

- 长达5cm。
- 太平洋热带海域的珊瑚礁中。
- 身体乳白色和褐色，足的边缘为紫色，触须和腮为红色或橙色。

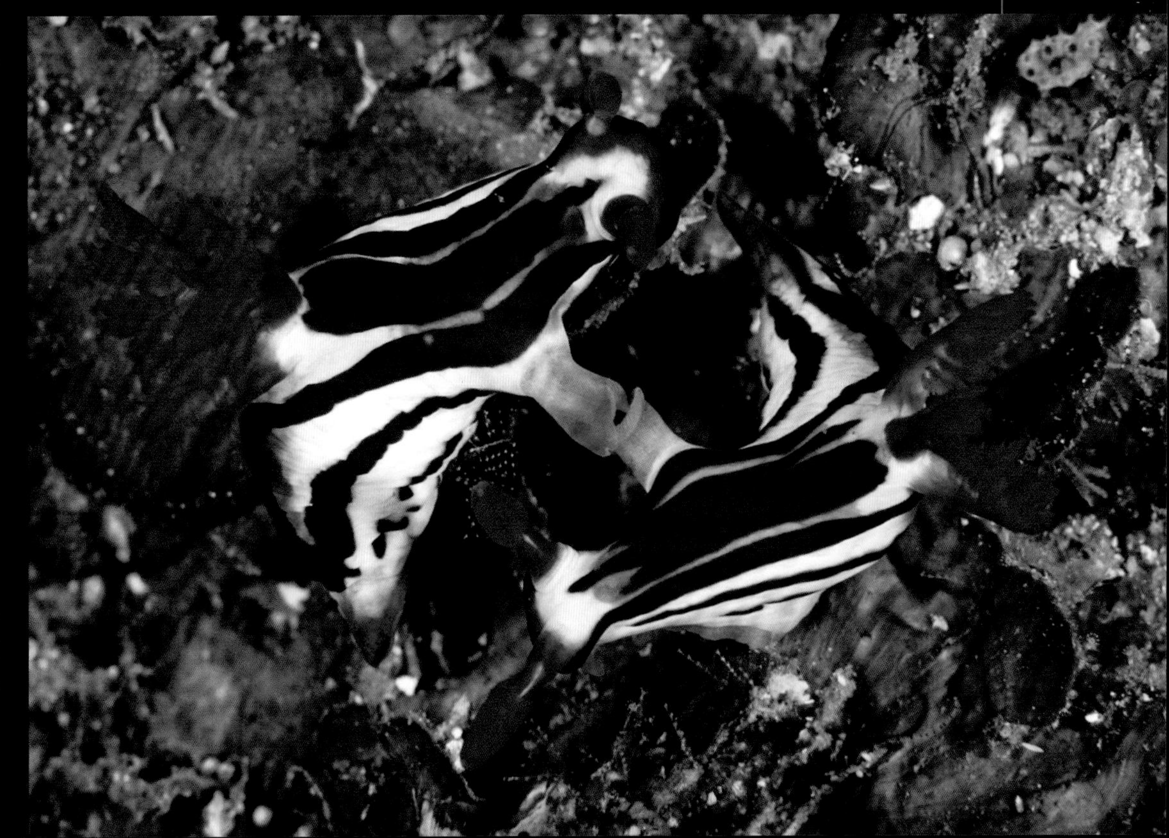

精子交换

这两只紫缘海兔正在交配，它们的雄性生殖器互相接触，以便交换各自的精子。

肩并肩

普通蚯蚓

对于许多雌雄同体动物而言，交配指的是两个个体交换精子的过程。在一个温暖、潮湿的夜晚，两只蚯蚓从各自的洞穴中爬出，半途中相遇后，它们并排躺在地面上，头部朝着相反的方向，分泌出黏液形成一个鞘，将它们的身体连在一起。它们身体结合的部分有一道凹槽连结了彼此身体的交配器官，形成一个可供精子通过的管道。交配持续时间可达4个小时。

普通蚯蚓（*Lumbricus terrestris*）

- 长达25cm（延展状态）。
- 土壤中，原产欧洲，现已引入世界多数地区。
- 身体呈浅褐、粉红或者红色，分节。

>> 251，445。

蜷曲

巨姬马陆

雌性巨姬马陆遇到雄性时，会像遭到攻击时那样蜷曲成一个紧密的球形。雄性马陆必须使雌性身体伸展开后才能与之交配，因而需要采取软硬兼施的手段。雄性马陆通过腺体分泌物和触角的运动来刺激雌性，同时用力使其身体伸展开来。只有强壮的雄性才能够迫使一只雌性马陆伸展身体，这就是自然选择——只有最强壮有力的雄性才能够繁衍后代。

交配的马陆

一只雄性巨姬马陆交配时，会紧紧围绕着雌性将自己的身体蜷曲起来。

姬马陆超目（Juliformia）

- 长达30cm。
- 热带和暖带的叶堆、表土或树皮中。
- 体长，呈圆柱状，分节，为微红色、深褐色或黑色；绝大多数种类有100～300只足；具2个分节的触角。

交配飞行

火蚁

火蚁营社会生活，每个蚁群包括一只或多只蚁后、许多雄蚁、可育雌蚁（潜在的蚁后）和数量庞大的工蚁（不育的雌蚁）军团。晚春或初夏时节，火蚁的交配在空中发生。可育的雌蚁和雄蚁共同参与这场群体交配飞行，此后雌蚁会去寻找一个合适的筑巢点。之后，雌蚁的翅膀脱落，准备变身为蚁后，接着，它将自己埋起来并开始产卵。它可能存活若干年，每天产下多达1500枚卵。雄蚁在交配后很快死亡，并成为其他蚂蚁和小型鸟类的食物。

火蚁属（*Solenopsis*）

- 1～6mm。
- 地下，从干燥到潮湿的土壤均能生存，栖息地多样，包括田野、林地或开阔地，遍布全球。
- 身体呈黄红色、赤铜色或黑色；头部很大，具弯曲的下颚，分节的身体具有界限分明的腰部，微微覆盖着纤细的体毛。

为雌性而战

在交配飞行暂停时，这两只雄性火蚁为了争夺与一只雌蚁的交配权而大打出手。赢家将失去它的生命，因为雄蚁会在交配后迅速死亡。

精子置换

小红眼豆娘

为了与雌性交配，雄豆娘用位于腹部末端的钳子紧抓雌性的颈部，而后将其带到植株上合适的位置。交配时，雄豆娘保持着紧握雌性的姿势，而雌豆娘则向前弯曲腹部，使得尾尖与雄性的生殖器交合。然后雄性将其生殖器插入雌性的生殖器开口，传递自己的精子（包裹在精囊中）之前，它会首先将雌性生殖器中的所有精子清除，这些精子是由早先的交配行为留下的。交配后，这一对情人会同心协力飞向水面。雌豆娘在水生植物上产卵，而雄豆娘则继续握住它直到其产卵结束。

同心协力

雄性豆娘（左）用尾部紧紧抓住雌性的颈部，而雌性则将自己的生殖器开口对着雄性的生殖器，形成一个交配“轮”。

小红眼豆娘（*Erythromma viridulum*）

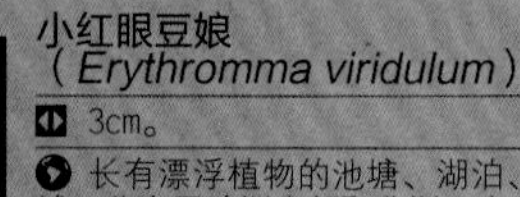

- 3cm。
- 长有漂浮植物的池塘、湖泊、沟渠区域，分布于欧洲南部和非洲，也见扩散到欧洲北部。
- 身体呈黑色，带有闪亮的蓝色斑纹，雄性个体较雌性略明亮；雄性复眼呈红色，雌性为褐色。

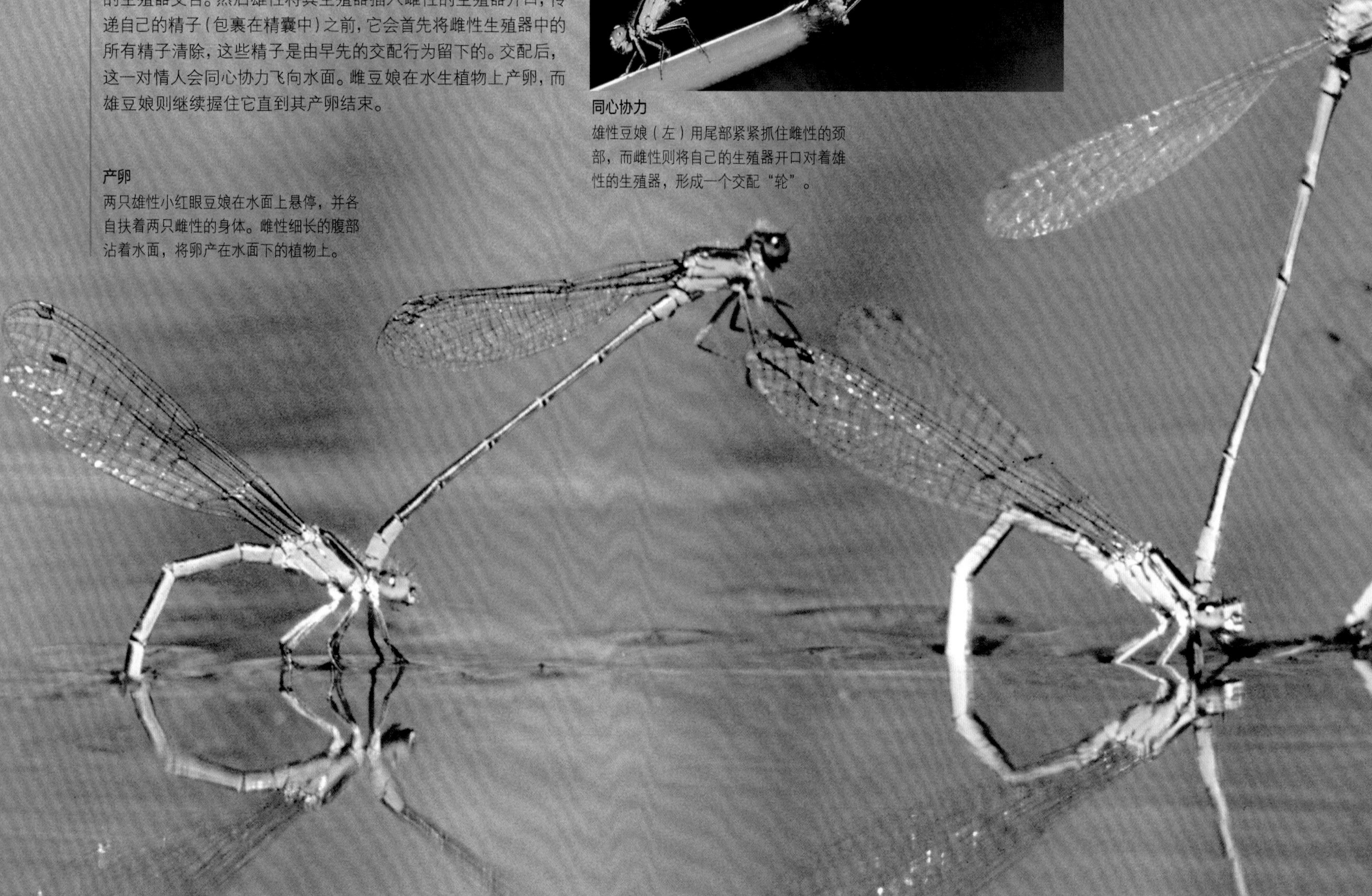

产卵

两只雄性小红眼豆娘在水面上悬停，并各自扶着两只雌性的身体。雌性细长的腹部沾着水面，将卵产在水面下的植物上。

爱之咬

三齿鲨

三齿鲨或称白鳍礁鲨。交配之时，雄鲨会以身体缠住雌鲨，使自己的一对腹鳍与雌鲨的生殖器开口在同一直线上。每只雄鲨的腹鳍内缘都有一个长长的交合突，是用来传递精子的器官。交合突会插入雌鲨体内，而为了保持这种交配姿势，雄鲨会用嘴咬住雌鲨的胸鳍或鳃裂。雌鲨的这个部位常常因此而留下伤疤。

三齿鲨（*Triaenodon obesus*）

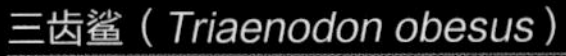

长达2m。

白天栖息于珊瑚礁周围的洞穴和沟槽，夜晚出没于附近水域进行捕猎，分布于太平洋、印度洋以及红海海域。

身体细长，背部灰褐色，腹部白色，体侧有灰色斑点，腹鳍尖端和上尾叶为白色。

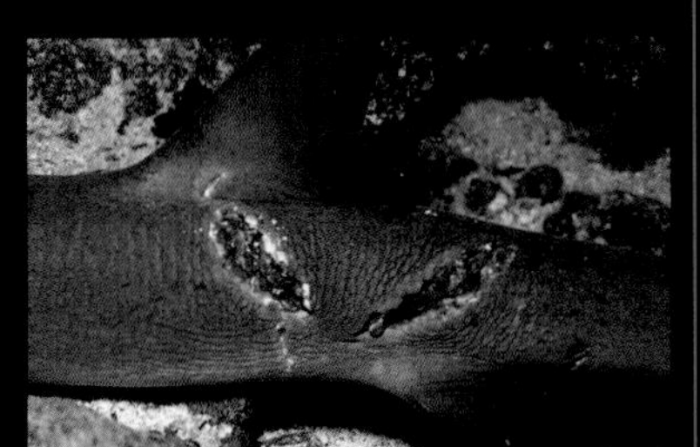

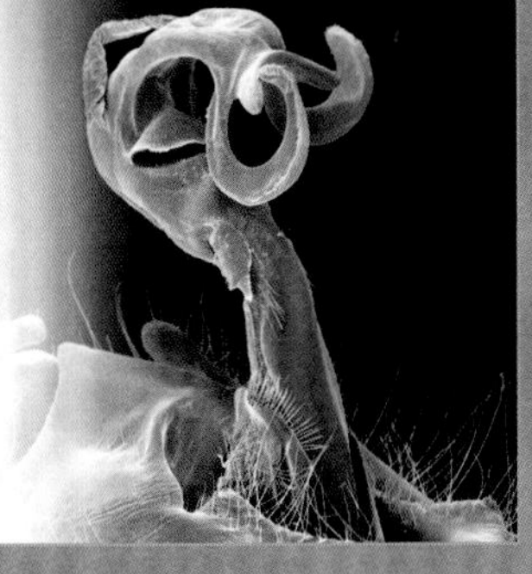

两处咬伤

雌鲨体侧的这两个伤疤（见上图）可能是交配时留下的，因为雄鲨会用它的牙齿咬住雌鲨使其保持交配姿势（见左图）。雌鲨具有比雄鲨厚实的皮肤，所以能够承受雄鲨的牙齿，但是受伤也常常不可避免。

解剖学

特化工具

雄性豆娘有一个设计精巧的生殖器，它演化出一种结构，能够将雌性体内由其他雄性留下的精子清除，以增加自己精子的授精机会。这种生殖器具有钩子和刮刀之类的结构，并覆盖有细毛，均有助于清除其他精子。生殖器中用于插于雌性体内的部分称为阳茎，它的结构随着物种的不同而各有差异。在某些豆娘中，阳茎仅仅将前任的精子移到一边，而另一些种类则将精子彻底清除。还有一些种类会注入液体把其他精子冲掉。

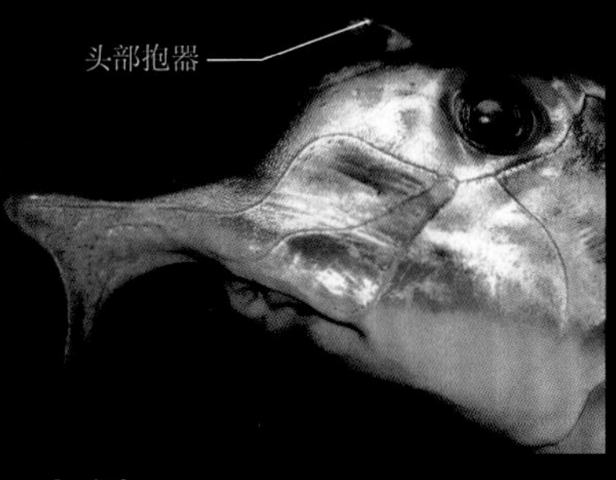

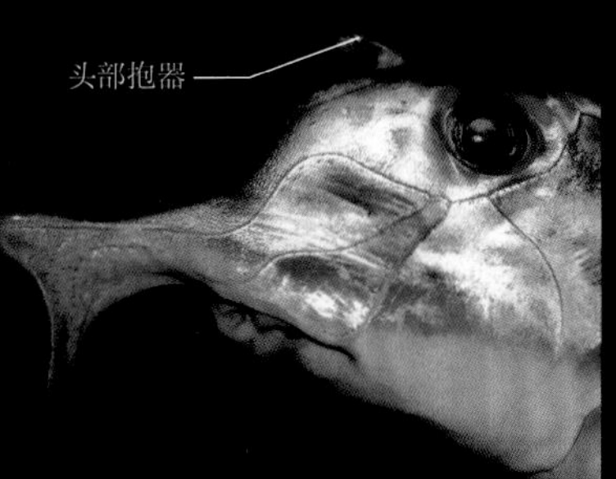

头锁

米氏叶吻银鲛

米氏叶吻银鲛，又称犁鼻银鲛、象鱼或者鬼鲨，尤其以它嘴前端那锄头般的“鼻子”而闻名。它们生活在海面下200米的深处，但是交配和产卵时会转移至较浅的近海水域。

交配时，雄银鲛用头部一个独特的带刺的抱器紧握雌鱼，以保证正确的交配姿势。这种伸缩自如的抱器位于雄鱼前额的中部、双眼的正中间，由棘状的鳍刺覆盖，看起来像一个小而危险的球棒。另一对延长的交合突靠近腹鳍，也是可伸缩的。这些交合突用来扣紧雌鱼，并插入雌性体内传递精子。

米氏叶吻银鲛（*Callorhinchus milii*）

长达1.2m。

太平洋西南、澳大利亚南部和新西兰南岛的东海岸深而温暖的海水中。

体侧银白色，背部具褐色斑点；胸鳍很大，尾长而尖端细，第一个背鳍的前方具有较大的鳍刺。

多配制

虹鳉

虹鳉又称孔雀鱼、百万鱼（得名于其庞大的数量）。雄雌双方都有多个交配伴侣（雌鱼倾向于选择颜色更鲜艳的雄鱼）。具有多个伴侣对雌鱼很有利，它们会产出更多的后代，且后代在整个鱼群中更大、更好，躲避捕食者的技术更纯熟的可能性更高。因为这些后代具有更加多样的遗传特征，它们中至少有一部分将在复杂多变的环境中存活下来。

虹鳉（*Poecilia reticulata*）

雄性2.5～3.5cm，雌性4～6cm。

原产于南美洲、西印度群岛（尤其是特立尼达岛）的溪流、沟渠和池塘中；现已引入全球许多地方。

雌鱼呈灰色；雄鱼体色多变，身体上的斑点和斑块呈现红色、橙色、黄色、黑色和紫色；具有大而扇状的尾鳍。

性奴

独须角鮟鱇

在漆黑的大海深处，行动缓慢者（如独须角鮟鱇）遇到潜在伴侣的可能性微乎其微。雄性比雌性体形小得多，一旦它遇到雌鱼，必会充分利用这样的机会，将自己永久性附着在雌鱼身上。随着时间流逝，雄鱼的牙齿、颌部、眼睛和鼻孔逐渐退化，直至最后什么也不剩，与一个附着在雌鱼身上的雄性生殖器官别无二致。由于靠雌鱼为生，融合于雌鱼身上的雄鱼常被视为寄生者，它们与寄主之间的关系则是互惠互利的：雌鱼拥有了稳定的精子供应者。在幼年阶段，雌鱼和雄鱼的身体大小相当，不过雄鱼在体形还很小时已经性成熟，而雌鱼则要到它们长到很大时才性成熟。

独须角鮟鱇（*Haplophryne mollis*）

雄性3cm，雌性20cm。

大西洋、太平洋和印度洋的深海中。

身体圆形、透明；嘴很大，具有能够协助捕获猎物的诱饵器。

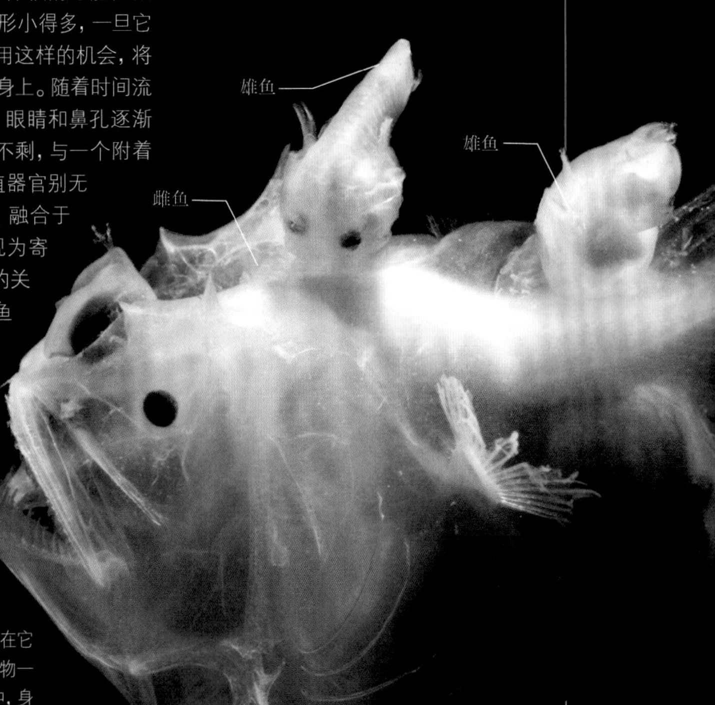

雄鱼吸附

这只雌性鮟鱇有两只雄鱼附在它的皮肤上。就像许多深海动物一样，鮟鱇生活在完全黑暗之中，身体大部分是透明的，而成年雌鱼几乎没有皮肤色素。

抱对

春季，欧蟾蜍大量聚集在水池中开始繁殖。雄性数量远远超过雌性，因此雄蟾蜍必须阻止其他雄性。交配时，雄蟾蜍爬到雌蟾蜍的背上，用它强壮有力的前肢紧紧地抱住雌蟾蜍。它在几天内都紧紧抱住雌性不放，直至雌蟾蜍产卵。与此同时，雄蟾蜍还要尽力击退其他雄性竞争者。

摇动尾巴

绿红东美螈

绿红东美螈的繁殖期在晚冬和早春时节。当雄性蝾螈遇到雌性蝾螈时，它会通过摇尾来吸引待产雌性回应并向自己靠近；假如雌性并不响应，那么雄性会跳到雌性身上，以其强健的后肢紧抓住雌性颈部。这种姿势既能够使它继续向雌性摇尾，又能够不断地以颊腺摩擦雌性的吻部，从而使雌性被包围在诱人的激素气味中。当雌性终于开始有所响应时，雄蝾螈从雌蝾螈身上跳下来并离开，在池塘底排出一个精囊。雌蝾螈紧随而至，将精囊拿起放入自己的生殖器开口中，让精子使自己的卵受精。

绿红东美螈
（*Notophthalmus viridescens*）

- 7~10cm，雌性略大于雄性。
- 美国东部和加拿大东南部的池塘、湖泊、沟渠以及缓慢流动的溪流中。
- 身体褐绿色，带有明亮的红斑。雄性有更肥厚的尾巴和更粗大的后肢。

强壮的后腿
在繁殖季节，雄性绿红东美螈的后肢变得更粗壮。它们后肢的内表皮被粗糙的斑块所覆盖，从而协助雄性在爬跨时更好地抓紧雌性。

锁定的前肢

真螈

当潜在的雌性配偶靠近时，雄性真螈会用吻部轻推雌性，紧跟着它，有时还会咬它，直到雌性接受求爱。接着，雄性将身体滑至雌性的体下，前肢紧紧锁住雌性的前肢，将雌性真螈限制在这一独特的交配位置上。它用吻部的腺体摩擦雌性的下颏，以此刺激雌性。当雌性开始响应，雄性便在地面上排出一个精囊，接着滑动身体将尾巴移到一边，令雌性的生殖器开口落在精囊上。雌性真螈会将受精卵留在体内，直至产下8~70只幼体。

真螈（*Salamandra salamandra*）

- 长达25cm，雌性略大于雄性。
- 欧洲西部、中部和南部，以及非洲西北部的森林或草地的凉爽潮湿区域，接近不流动水域。
- 健壮的大型蝾螈。身体呈黑色，带黄色、橙色或红色斑点、斑块或者斑纹，尾短。

» 284。

一跃而上

黄条蟾蜍

和雄性欧蟾蜍不同，雄性黄条蟾蜍并不重视成对的配偶，而是自己去寻找配偶。夜间，它们聚集在池塘周围，大声鸣叫，形成的合唱声2千米外的雌性都能听到。雌蟾蜍循声而至，雄蟾蜍便跳到雌性背上进行交配。只有体形大的雄性才能够长时间地鸣叫，因此小个子的雄性就像卫星一样围在体形大的雄性周围，企图与靠近的雌性交配。如果黄条蟾蜍的种群很大，擅长鸣叫的雄性就会吸引来过多的卫星雄性，那么鸣叫就变成一种无效的繁殖策略了。遇到这种情况，雄性会放弃鸣叫，直接去寻找雌性交配。

黄条蟾蜍
（*Epidalea calamita*）

- 长达10cm，雌性大于雄性。
- 欧洲西部和中部有沙质土壤的开阔生境。英国很少见。
- 身体呈绿色或褐色，背部有黄色条纹，有黄色或红色的疣粒。四肢短。

婚垫
雄性蟾蜍的前肢趾上具有“婚垫”（一块非常坚硬的皮肤），使其能够在爬跨时紧紧地抱住雌性。

漫长的拥抱

欧林蛙

欧林蛙在春季产卵。当雄蛙遇到雌蛙，它便以抱对的姿势紧紧将对方抱住，并用前肢第一趾上的婚垫紧紧地扣住雌蛙的胸部。一些交配对会持续抱对若干天，直到气候回暖到可以产卵。产卵时，所有的交配对会在水池中同时同地产下所有蛙卵。由于雌蛙的大小不同，一只雌蛙的一窝卵数自700枚到4500枚不等。一旦雌蛙产下卵，雄蛙马上射出精子使其受精，随后放开雌蛙。

雄蛙的数量远比雌蛙多。一只雄蛙如果没有找到配偶，可能会出现“盗卵”行为：找到一团新鲜的卵团，将其当作雌蛙抱住，然后在卵团上射出精子，使尚未受精的卵受精。盗卵行为是很成功的。有研究发现，仅仅一个卵团中就包含了由4只雄蛙（包括与产卵雌蛙抱对的雄蛙在内）授精的4种受精卵。

值得的等待
雄性欧林蛙骑在雌蛙背上，紧紧抱着，等待着交配时刻的到来。当雌蛙产下卵团，雄蛙立即使其受精。

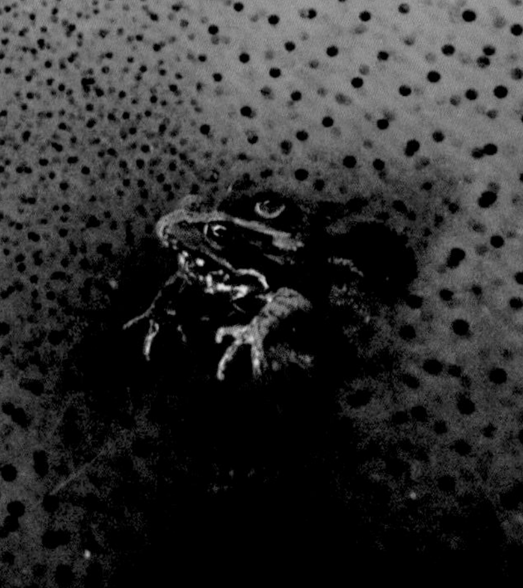

集体产卵
池塘中所有雌蛙同时产卵，形成了茫茫一大片蛙卵，这对正在交配的林蛙在蛙卵中游动着。在这个区域内，温度高于池塘中的其他地方，使得受精卵能够更快地发育。

欧林蛙（*Rana temporaria*）

- 长达11cm，雌性大于雄性。
- 欧洲和亚洲西北部的所有临水生境。
- 皮肤颜色各异，有黑色的斑纹。

» 390。

友善的亲近

科摩多龙

雄性科摩多龙通过搏斗来建立领地，在此地它们将接受雌性的来访。当雄性接近时，雌性一开始是敌对的，它会以牙和爪子攻击性地拒绝雄性的靠近。因此雄性在接近时格外小心翼翼。它会用力闻对方身上的气味，判断其是否已经准备好交配，接着雄性会轻轻地挠雌性的背部并舔舐对方，用这种十分友善温和的接触来赢得对方的信任。如果雌性接受它，它就会爬到对方背上，将一对雄性交配器中的一个插入对方的生殖器。有时，一只雄性和一只雌性之间会建立一种长期伴侣关系，这是一种在爬行动物中十分罕见的模式。雌性约产卵20枚，产在地穴或灌丛鸟类的弃巢中。

压住固定

一旦雄性科摩多龙确信雌性将会接受自己的示爱，它就会紧紧将雌性抱住，然后用它有力的尾巴将对方的尾巴抬起来，使自己能够与雌性交配。

科摩多龙（*Varanus komodoensis*）

2~3m。

印度尼西亚的科摩多岛、弗洛里斯岛以及二者之间其他岛屿的草地上和低地森林中。

身体沉重的巨蜥，呈浅灰褐色，有暗斑，尾很长，舌头黄色，长且分叉。

>> 220。

人类的影响

领地丧失

科摩多龙是世界上最大的爬行动物，仅分布于印度尼西亚的少数几个小岛上。它们是濒危物种，主要是由于其栖息地的丧失。这种栖息地的丧失，既有自然事件的影响，如火山爆发，同时也是人类活动的后果。许多科摩多龙由于非法的皮张贸易而被偷猎。现今，野外可能仅剩下约350只可繁殖的雌性。

纠缠的尾巴

西部鞭蛇

早春时节，西部鞭蛇自冬眠状态中苏醒过来后，迅速进入交配期。雄蛇开始寻找雌性，并从越冬地一直游走寻找到夏居地。这些鞭蛇移动迅速，动作敏捷。在这一搜寻过程中，它们可能需要滑行达3千米，并且在接近雌性的过程中与其他雄性竞争者搏斗，互相用尾巴鞭打对方。然后，获胜的雄性鞭蛇会用尾巴缠绕雌蛇与其交尾。

与其他所有的蛇类一样，雄性西部鞭蛇也有一对雄性交配器，它将其中一个插入雌性的泄殖腔中（开口通向其繁殖器官）。几周过后，大约是初夏到仲夏时节，雌蛇产下3~15枚修长的卵。卵在大约6~8周后孵化。

西部鞭蛇（*Hierophis viridiflavus*）

长达1.5m。

自法国到意大利的欧洲干燥、开阔、植被良好的生境中。

身体黑色，具黄色斑纹，少数全身黑色；头部较小。

等待的游戏

束带蛇

束带蛇在公共洞穴中以巨大的数量一起冬眠。雄蛇先从冬眠状态中苏醒，然后等待洞中的雌性苏醒。许许多多的雄蛇都竞相与每一条雌蛇交配。在交配后，雄蛇会制造一种分泌物，迅速在雌蛇的生殖器中形成一个交配栓，防止其他雄性使雌蛇受精。一旦交配结束，束带蛇会分散到它们的觅食地中；雌蛇会在年内直接产下幼蛇，一般为12~18条，偶尔更多。

束带蛇（*Thamnophis sirtalis*）

46~130cm。

北美洲的草地、灌丛、树丛和森林中，通常靠近水源。

身体呈橄榄绿色至黑色，具灰白色条纹。

>> 446。

98 有记载的束带蛇每窝所产幼蛇的最高纪录。

交配球

束带蛇（见右侧主图）和它们的近缘种红肋束带蛇（见右侧小图）都会在雌蛇周围形成“交配球”。随着雌蛇从冬眠状态中苏醒，每一条雌蛇会被多达100条雄蛇团团围住。雄蛇沿着雌蛇的背部转动自己的下颌，并释放激素吸引雌蛇。而雌蛇只会选择一条雄蛇与其交配。

水上情侣

和其他的海鸟不同，红颈瓣蹼鹬更喜欢在海水中交配，而不是在陆地或者栖木上。

角色转换

红颈瓣蹼鹬

这些水鸟一生中大部分时间在海中度过，甚至交配也在水中进行。它们仅在筑巢抚育后代时回到岸边。瓣蹼鹬有着鸟类中极为罕见的角色转换现象——雌鸟比雄鸟体形更大，颜色更鲜艳。瓣蹼鹬的雌鸟也是具有攻击性的伴侣，并且建立起自己的繁殖领地；而雄鸟则独自孵卵并喂养幼鸟。偶尔雌鸟也出现一妻多夫现象，这意味着它有两个巢，由不同的雄鸟分别照看。

红颈瓣蹼鹬（*Phalaropus lobatus*）

- 20cm，雌性大于雄性。
- 北欧、加拿大、俄罗斯的开阔海域，在苔原的湖泊或者池塘中繁殖。
- 颈长，喙锋利，背部灰色，喉部和下腹部白色，颈部有橘红色斑块。

混交的鸟类

水栖苇莺

水栖苇莺是混交的鸟，雌鸟窝中的卵可能由多达5只雄鸟授精。雄鸟为了增加其成为唯一父亲的概率，会与雌鸟交配尽可能长的时间，有时长达30分钟。通过交配这么长时间，雄鸟向雌鸟喷射出许多精子，一次交配的精子量足以使雌鸟体内的卵受精7~8次。雄鸟有着罕见的大睾丸来执行这种交配。

水栖苇莺（*Acrocephalus paludicola*）

- 13cm。
- 中欧和俄罗斯，莎草湿地边的浓密植被环境。
- 体色灰白，背部有黑色和金色的条纹，头部有两道深色条纹。

殷勤的雄性

苍鹰

苍鹰是单配制（一夫一妻制）的鸟类。雄鸟在雌鸟产卵时对其十分关心，几乎寸步不离，并且频繁地与其交配。对于每窝卵而言，苍鹰夫妇会交配500~60[0]次。这种方式的勤勉交配看护行为，能够减少雌鸟所产的卵中有其他父亲的机会。

苍鹰（*Accipiter gentilis*）

- 48~69cm，雌性大于雄性。
- 北美洲、欧洲和亚洲的阔叶林、针叶林中。
- 背部灰褐色，腹部白色间灰色条纹，有白色的眉纹。

翅膀之上

（普通）雨燕

（普通）雨燕，俗称楼燕，是杂技演员般的快速飞行者，一生在空中度过。与其他鸟类不同，雨燕连交配都在飞行时进行，而且是动物界中速度最快的交配行为之一。雨燕的交配行为很独特，它们一般选择在晴朗的清晨交配，而且常常是成群的——它们在约30~40对的群体中交配。雨燕夫妇会在连续的繁殖季节里都待在一起，而且雄鸟和雌鸟共同分担着营巢（仅用在空中获取的材料筑巢）和照顾幼鸟的义务。每只雨燕都要飞行很远的距离在空中捕捉昆虫。尽管雨燕通常是一夫一妻制的，但它们偶尔也与固定配偶之外的异性交配。对雨燕幼鸟进行的遗传研究揭示，有4.5%的幼鸟并非雌鸟伴侣的后代。

（普通）雨燕（*Apus apus*）

- 16~17cm。
- 欧洲和亚洲，冬季迁徙到非洲；完全在空中生活，通常在建筑物或者悬崖上筑巢。
- 身体呈黑色，下颌略带白色，双翅狭长，尾较短。

半空中的交配

>>01 雄鸟从雌鸟身后接近。

>>02 雌鸟通过举高翅膀发出准备就绪的信号，雄鸟趋近。

>>03 雄鸟调整身体至交配位置，位于雌鸟的正上方。

>>04 雄鸟降低尾部的同时，雌鸟抬起尾部，各自的泄殖腔（开口通向生殖器官）短暂相遇。这一切都在它们高速飞行时进行。

>>01 >>02 >>03

致命交配

棕袋鼩

这种棕袋鼩，或者称袋鼬，有着短暂而紧迫的一生。它们通常独居，当11个月大时，会聚集在大的公共巢穴内进行交配。雄袋鼩与雌袋鼩配对，但是雄性通常必须极其费力地阻止其他雄性与自己的伴侣交配。它紧密地看护着自己的伴侣，并且频繁地与其交配，尽管如此，大多数的窝崽中（每窝大约4~12只幼崽）都有不止一个父亲。雄性耗费如此之大的努力在交配上，以致它的免疫系统受损并最终崩溃。它在第一个也是唯一一个交配季节过后很快死去。许多雌袋鼩在它们的第一次繁殖过后也相继死亡，尽管它们中的部分成员能够勉强活到2~3年。

棕袋鼩（*Antechinus stuartii*）

- 80~120cm。
- 澳大利亚东部植被浓密的森林中。
- 有突出的吻部、大耳朵、长胡须和棕色的短毛。

频繁的交配

这两只棕袋鼩正在一个树洞中交配。为了产生尽可能多的自己的遗传后代，雄袋鼩反复地与它的伴侣交配。

过早死亡

这只雄棕袋鼩在它的第一个繁殖季节结束时死去，这是由于极端压力导致的后果，而这种压力是由高度竞争的交配机制诱发的。

用于社交的性行为

倭黑猩猩

倭黑猩猩在各种各样的社会情境下利用性：解决冲突，作为一种问候，作为打斗后的和解，用来安抚幼兽，作为礼物用来交换食物。性不仅仅作为单纯的繁殖手段，而且是倭黑猩猩日常生活的一部分。圈养研究显示，所有年龄段、同性、异性的倭黑猩猩个体都会彼此交配；然而，尽管交配行为非常频繁，雌性倭黑猩猩每5～6年才繁殖一次。这项研究表明，频繁的性行为是一种解决权力斗争的手段；倭黑猩猩生活在非常安宁的社会中，侵略性冲突非常少。野生倭黑猩猩已经越来越稀少了。

倭黑猩猩（*Pan paniscus*）

- 1～1.2m。
- 刚果民主主义共和国的潮湿森林中。
- 毛发黑色，脸颊黑色，唇部粉红色。

倭黑猩猩是**十分活跃的性爱分子**，它们有着各种各样的交配姿势。

面对面交配

倭黑猩猩经常面对面进行交配。这曾被认为十分独特，但是后来在大猩猩中也观察到了同样的交配体位。

痛苦的交配

在交配过程中，雄虎用它尖利的牙齿紧紧咬住雌虎的后颈。雄虎的阴茎有倒钩，使得性交对于雌虎来说十分痛苦。

富于攻击的性事

虎

虎是独居的非社会性动物——唯一的联系只存在于雌虎与其幼崽之间，这一关系持续仅18个月。当准备交配时，雌虎用咆哮、呻吟和气味标记作为信号来通知雄虎。一旦雄虎被吸引，二者会相互咆哮，在获取对方信任之前，会分开若干次。随后，雌虎会给雄虎捋毛发，用鼻子爱抚，并舔舐对方，在地上打滚，同时在空中挥舞它的爪子；最后，它才会趴在地上，将自己完全呈现在雄虎面前。雄虎先以膝盖弯曲的姿势骑跨在雌虎身上，避免自己的体重压倒对方，然后它咆哮着咬着雌虎的颈部。当雄虎从雌虎身上下来时，雌虎就会迅速跳起，低吼着用爪子猛击雄虎。

虎（*Panthera tigris*）

- 2～3.7m。
- 亚洲，能够提供很好的隐蔽所、水源以及猎物的广阔的栖息地中。
- 皮毛橘红色，有黑色条纹，腹部较浅；肩部和四肢强壮，具有很宽的掌和长且伸缩自如的爪子。

» 144～145。

东北虎

这两头正在交配的东北虎是虎的所有亚种中体形最大的，它们能够适应寒冷的气候。东北虎具有较厚的毛皮，比其他虎颜色更淡，身上的条纹也更少。它们曾广泛分布，如今只局限分布于俄罗斯和中国境内很小的区域内。

人类的影响

老虎贸易

老虎曾经遍布亚洲的广大区域，如今仅局限分布于一些很小的保护区内。导致老虎数量下降的根本原因是栖息地的丧失，但是它们同样面临着被捕猎的威胁。它们被猎取皮毛，而且身体的许多部分被用于制作并无效果的“壮阳药”。

BIRTH AND DEVELOPMENT

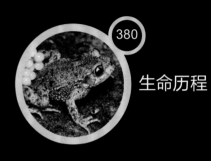

出生与发育

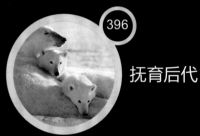

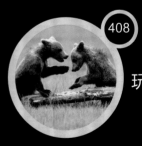

第一次呼吸

尼罗鳄第一次见到外面的世界。尼罗胎在一个坚硬的卵中发育，由卵黄提养。在3个月时间内，胚胎从一个受精育成了一只复杂的多细胞动物。

出生与发育

动物的发育是贯穿终生的过程。自受精开始，动物在母体内或者卵内的受保护环境中经历首次生长发育。在出生之后，幼体必须学习和发展能够受用一生的技能和行为。

胚胎

胚胎的发育称为胚胎形成。在受精之后，合子（受精卵）开始快速分裂，细胞数量随着每一次分裂成倍增加。当达到约100个细胞时，此时的胚胎称为囊胚，由外层的胚盘和内部充满液体的腔（囊胚腔）组成。细胞向囊胚的内部迁移，从而形成不同的层。此时，胚胎的内部开始构建，向内折叠产生口和肛门。内脏器官随后开始发育。

海星的胚胎发育

>>01 受精的单细胞。
>>02 细胞快速分裂，此过程称为卵裂。
>>03 海星囊胚，出现外胚层和囊胚腔。
>>04 当细胞在囊胚内迁移时，原肠胚形成。不同的细胞层形成，口与肛门开始成形。
>>05 内脏开始形成。
>>06 在幼体期，内部器官开始发育。
>>07 发育良好的幼体，侧面观。
>>08 完全成形的小海星。

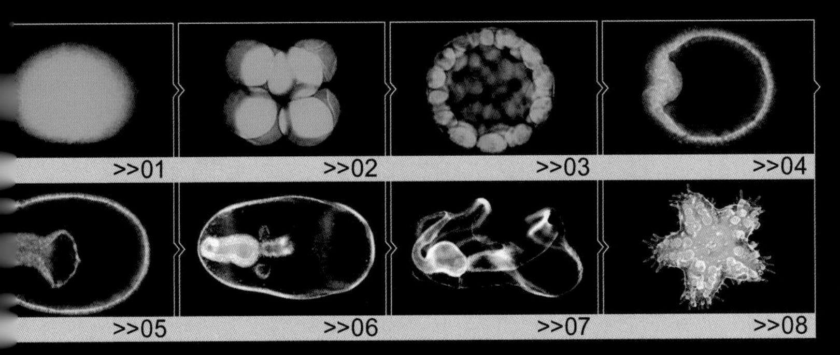

配偶监督

雄性乌贼将精子用精囊转移到雌乌贼体中后，在雌乌贼身边站岗监督，直至其配偶顺利分娩产卵。

繁殖方式

卵生	胎生
幼体在卵内发育，由卵黄提供养分，几乎不在母体内发育。这种方式一般出现在昆虫、两栖类、爬行类、鱼类和鸟类中。	幼体在母体内发育，而非卵内发育。接着，母体直接生产幼崽。例如有袋类动物。
卵胎生	**胎盘哺乳动物**
胚胎在卵中成长，而卵一直在母体内直至孵化。幼体取食卵黄。这种方式一般在鲨鱼中较常见。	胎生的一种更高级的形式。幼体在母体内发育，通过胎盘自母体获得养分。这是哺乳动物中很普遍的一种繁殖策略。

分娩

分娩是动物离开母体进入世界的过程。分娩是活产的动物所具有的典型特点，与孵化过程截然不同，孵化则是幼体从母体外的卵中破壳出生的过程。在分娩之前，许多动物的后代在子宫内会度过一段时间。这一时期称为妊娠期，它的持续时间因动物的不同而变化很大。比如大象就有一个很长的妊娠期，在幼崽出生前会孕育22个月之久。为了分娩，动物需要经历一个辛苦的过程。分娩过程依靠子宫中强壮有力的节律性肌肉的收缩来完成，在哺乳动物中，这一过程由激素启动。在动物界中，幼体在不同的阶段步入世界——有些动物出生时就已经高度独立，而其他的动物则普遍需要亲代抚育数月甚至数年。这种不同是由动物所耗费的妊娠期长度决定的，因为妊娠期的长短与动物完全独立所需要的时间有重要的关联。早熟的动物自孵化或分娩开始就相对成熟，可以运动，这一类动物包括许多鸟类，比如鸭类。与此相反，晚成熟的动物生而柔弱，比如老鼠等。它们的双眼紧闭，没有毛或羽，在很长一段时间内都依靠父母。

活产

一条柠檬鲨在巴哈马群岛分娩。柠檬鲨是胎生动物，能生出4～17只幼鲨。黑白相间的鲫鱼在怀孕的雌鲨身边徘徊，等待着取食胎盘。

成长

动物发育的过程并未在出生时就停止了。许多无脊椎动物和两栖动物（即使是卵生动物）都表现出间接发育，经历着身体的根本性变化。在变态发育过程中，这些动物为了变成它们成体的模样，会经历各种各样的幼年期。相反，直接发育的动物一开始就以微型成体的模样亮相，尽管它们可能缺少像毛发、颜色或性器官这样的特征。这种情形主要发生在爬行动物、鸟类、哺乳动物中。它们同样会发生形体上的变化，比如性器官在出生后某些时期的典型发育，但是本质上幼体与成体是非常类似的。然而，发育并不仅仅包括外观。随着幼体学习外部世界，形成、储存并利用记忆，大脑的发育将贯穿动物一生。有些行为是本能的，比如求偶、繁殖和营巢行为；更多行为是后天习得的，是生活经历和观察的结果。

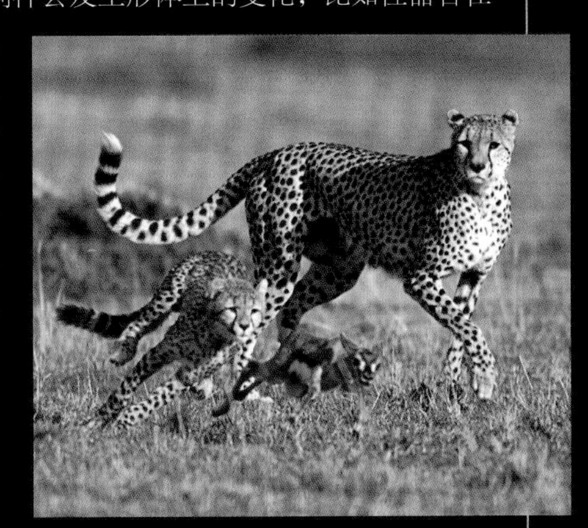

早期训练

在肯尼亚的马赛马拉，一只小猎豹正陪着母亲进行捕猎。在母亲的细心关注下，小猎豹通过追逐小汤氏瞪羚这样的小型猎物，不断地练习着独立生存所需的技能。

生命历程

动物的生命历程可以描述为在其生命周期和生长发育过程中的几个不同时期及其过渡阶段，例如，从幼体到成体，伴随着形态、生理、生态、行为的变化。有时，在寄生物或者拟寄生物（拟寄生物杀死宿主）的情况中，动物的生命周期依赖于其他生物。

变态发育

有些动物幼体孵化或出生时以成体的“缩微版”出现。而在其他物种中，幼体与成年个体几乎没有相同之处，它们生活在不同的生境并表现出不同的行为方式。它们的幼体必须经过变态使身体转变为成熟的形式。例如，蝴蝶从咀嚼树叶的毛毛虫转变为以花蜜为食、有翅的成熟个体。除昆虫以外，其他动物也会在生命周期中改变身体形态。水母的一生始于浮浪幼虫，并在变成自由游动的个体之前，固着在海床上面生活。蛙类和蟾蜍则是由具鳃和尾巴的蝌蚪转变成具四肢和肺的成体。

当准备化蛹的时候，毛毛虫停止采食。小红蛱蝶的毛虫以植物为食。

毛虫在茧中化蛹，茧一般悬挂在植物上。在这幅图中茧悬挂在树枝上。

在较温暖的气候环境下，小红蛱蝶能够**更快地从受精卵发育成成虫**。

从受精卵到成虫

甲虫的成长要经历完全变态。它们从受精卵开始孵化，经历卵、幼虫或者蛆几个生长发育时期。在化蛹之前，从蛹的外面看不出一点活动的迹象，但是，在蛹的内部，幼虫的外部形态和身体结构正在转化成与幼虫迥异的成虫。

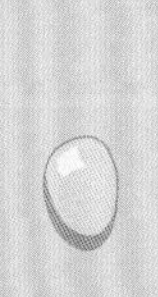

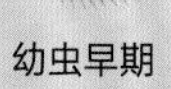

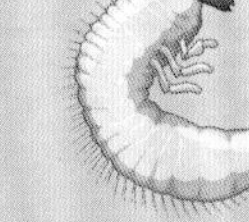

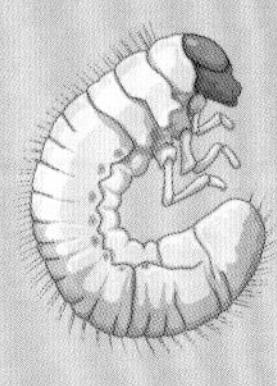

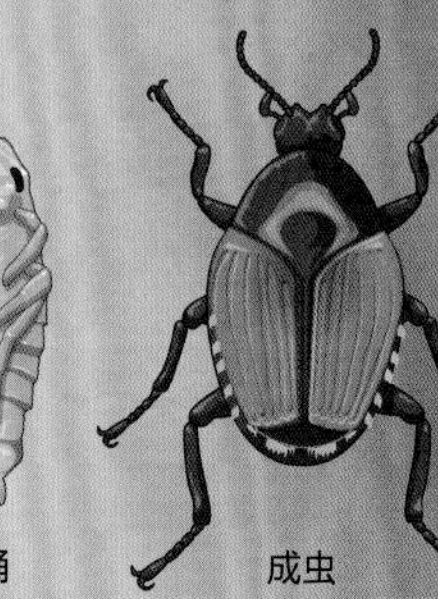

卵　幼虫早期　幼虫晚期　蛹　成虫

盛大的尾声

一旦化蛹完成，成年的小红蛱蝶就出现了。蝴蝶必须等待色彩鲜艳的翅膀展开后才能飞翔，离开茧壳，去寻找蜜源和配偶。

寄生生命周期

寄生动物依靠一种或多种其他生物完成其生命周期。大部分寄生生物生存在宿主的体外（体外寄生物）或体内（体内寄生物），可能会对宿主造成不同程度的伤害。就拟寄生来说，寄生动物在宿主的内部发育，通常会导致宿主的死亡。在很多拟寄生物中，例如寄生蜂，幼虫阶段对宿主来说是致命的——幼虫从内部吃掉宿主。成体则相反，不依赖其他生物，自由生活。一些寄生动物只有一个宿主，并且有一个直接的生命周期；另外一些则有比较复杂的生命周期，需要中间宿主完成幼虫的生长发育，以及一个主要的宿主以满足有性繁殖的成年阶段需要。很多寄生者的卵和幼虫可以在自然环境中存活，直到它们能够使一个宿主感染。

生吞活剥

拟寄生蝇利用它们的钩状产卵器将卵产在南美切叶蚁的头部。寄生蝇的幼虫，或称蛆，以蚂蚁宿主的身体为食，最终导致其死亡。

巢寄生

大杜鹃是巢寄生者，它将卵产在其他鸟类的巢中，由其他鸟代为孵化和育雏。

早熟和晚熟

纵观整个动物界，新生子代需要不同程度的亲本投入和花费不同的时间达到成熟。在哺乳动物中，有袋类的孕期最短，这是相对身体大小而言的。它们的后代在发育的早期就出生了，然后在母亲的育儿袋内继续生长。胎生哺乳动物的后代则在发育阶段的相对后期诞生，然而这些后代之间仍然存在很大的差异。有些动物的后代在刚一出生时就可以站立、运动；而有些在出生时却还不能睁眼，且裸露无被毛。前者是“早熟”，需要比较少的亲本投入；后者是“晚熟”，从受精卵到独立个体，需要完全依赖它们的父母很长一段时间。

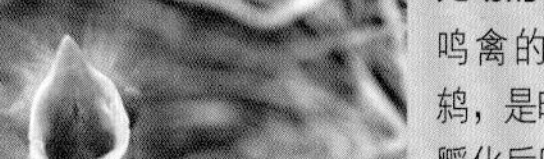

无助的雏鸟

鸣禽的雏鸟，如旅鸫，是晚成鸟。它们孵化后留在巢内，大约需要父母照顾和喂养两周。

睁开的眼睛

绒羽

被茸而生

家鸡是早熟的，孵化出生后能够立即行走。它们自己找食吃，尽管亲鸟会将它们引向适合的食物，并在夜间照顾它们。

自给自足

在受精卵孵化之后的两周内，翘缘陆龟靠卵黄囊供给营养。在此期间，它们安全地待在地下，远离天敌，没有父母照顾。

个案研究
像家兔一样繁殖

有些动物完成其生命周期很迅速——它们快速成熟，大量繁殖，但是往往只是昙花一现。科学家称这些动物为“r策略者”，兔子是一个很好的例子。其他动物，如大象，成熟和繁殖都很慢，寿命更长。这种动物被称为“K策略者”。虽然在难以预测的环境中被大自然选择的往往是r策略者，但是在更稳定的环境中则是K策略者被选择。事实上还存在着这两者的统一体，很多动物表现出r策略和K策略两种特征。例如绿海龟，虽然寿命长、成熟慢，但它们却能产生大量的后代。

为了生存而站立

>>01 雌性角马在马群的中央产下幼崽。种群内大约 80%的雌性角马都会在相同的2～3周内陆续产崽。

>>02 新生幼崽非常容易被跟随角马迁移的狮子和鬣狗所捕杀。

>>03 为了赢得生存的机会，小角马必须跟随母亲迁移，因而它们在出生后的几分钟之内就能站立和奔跑。

不速之客

双盘彩蚴吸虫

双盘彩蚴吸虫主要寄生在鸟类体内，寄主有乌鸦、松鸦、麻雀和燕雀等。其蠕虫状幼虫首先会感染中间宿主琥珀蜗牛，这种蜗牛在鸟类上面“大快朵颐”的时候就会在不知不觉中把彩蚴的虫卵吞进肚里。这些虫卵在琥珀蜗牛的消化道内孵化、发育，进入第一幼虫阶段，我们称为毛蚴。毛蚴继续发育至胞蚴，胞蚴再发育成包含尾蚴的囊状结构，进入其生活史周期中的下一个阶段。正常情况下，琥珀蜗牛会避免暴露在阳光里，但是一旦被彩蚴感染，它们就会比较喜欢阳光，喜欢爬到草尖上晒太阳，这样做使得琥珀蜗牛更容易被鸟类发现。鸟类是这种扁形动物的终宿主，这些彩蚴幼虫一旦被鸟类吃掉，就会在鸟的消化道内发育为成虫。

琥珀蜗牛宿主

这种扁虫的幼虫带有鲜艳条纹的囊状结构一直延伸到蜗牛的触角，并随着触角的搏动而有节奏地舒张和收缩，以此来吸引鸟类的注意。一旦某只鸟将蜗牛吞下去，它就会被寄生虫感染。

双盘彩蚴吸虫（*Leucochloridium paradoxum*）

- 1.5mm。
- 欧洲和非洲北部。
- 成虫呈细长刺状，虫体扁平，具吸盘，用以吸附在其终宿主的肠壁上。

肠寄生者

绦虫

钩子

头节

吸盘

绦虫的种类大概有5000种，全部营寄生生活。成虫生活在它们终宿主（通常是脊椎动物，如鱼、猪或者人）的肠道内。绦虫使用头节上的钩子和吸盘吸附在宿主的肠壁上，这样可以很好地避免它们由于肠道的蠕动而脱落。在此，它们以肠道内容物为食，生长并产生充满受精卵的生殖片段，这些生殖片段随着宿主的粪便被排出。中间宿主往往是无脊椎动物，它们吞下虫卵后，绦虫的生命周期在它们体内继续。有些幼虫需要一个以上的中间宿主来完成其生活史。

寄生的绦虫

绦虫表面被一层微绒毛所覆盖，那些微绒毛增加了绦虫身体的表面积，有利于其对宿主肠道营养物质的吸收。

多节绦虫纲（Cestoda）

- 体长多变（最长纪录18m）。
- 广布全球存在宿主的地方。
- 身体长而扁平，具有小的头部和若干生殖片段。

形态改变

海月水母

众所周知，作为一种常见的水母，海月水母是具有复杂多阶段生命周期的相对简单的生物。它有两种不同形态的世代：水螅世代和水母世代，并且可以在水螅体和水母体之间变化。水螅体是普通的捕食者，其固着在海床或其他基底上，并将触手向上延伸，通过过滤流过身边的水体捕获食物；水母体则漂浮在洋流中，使用黏膜和带有刺细胞的腕足捕获桡足动物和浮游植物，以此为食。

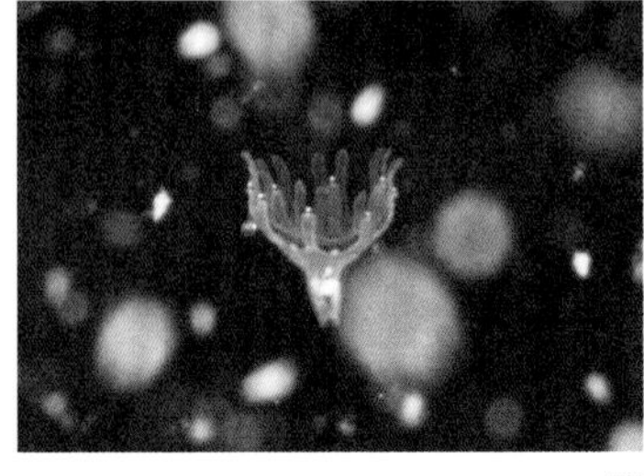

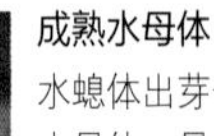

成熟水母体

水螅体出芽长出自由游动的水母体，最后成为成熟的水母，需要花费一年的时间。

水螅体阶段

海月水母（*Aurelia aurita*）

- 5～40cm。
- 印度洋、大西洋和太平洋的温带、热带沿海水域。
- 成年水母是无色钟形，4条紫色性腺清晰可见，钟形边缘是流动的触手。

清晰的后代

散大蜗牛

散大蜗牛的后代是它们父母的透明缩微版。它们的卵被产于地下洞穴中之后，通常需要孵化两周左右。随着身体的长大，其外壳也在逐渐增大，同时体色也在发生着变化。散大蜗牛需要两年时间达到成熟，第一年后壳的直径达到1.5厘米，第二年达到2.5～3.5厘米。

散大蜗牛（*Helix aspersa*）

- 壳直径2.5～3.5cm。
- 森林、灌木篱笆丛、公园和花园的潮湿栖息地中，遍布西欧、地中海、北非和小亚细亚。
- 成体具有腹足，壳表面呈淡黄褐色，有深褐色条纹。

解剖学

水母生命周期

水母营有性生殖。雄性通过口释放精子入海，精子从雌性的口腔进入雌性性腺，与卵子形成合子，合子附着在口腕上，发育成生有多纤毛的浮浪幼体。最后，浮浪幼体附着在海底物体上形成水螅体，通过无性生殖，水螅体能产生更多的水螅体。水螅体以横裂生殖产生碟状幼体，或者不成熟的碟状幼体堆。当这些不成熟的幼体发育时，碟状幼体自底部被释放。那些自由漂浮的碟状幼体逐渐成熟变成成年的水母，完成生命周期。

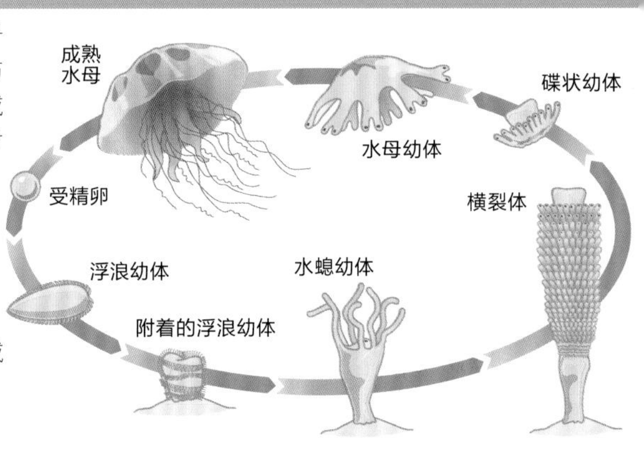

新盔甲

毛缘扇虾

像其他甲壳类一样，毛缘扇虾（俗称拖鞋龙虾）具有由几丁质和钙构成的坚硬的外骨骼。这种外壳不能生长，因此，它们在成长的过程中需要蜕掉外壳。它们在幼虫期是浮游生物，在海底的岩石或者礁石上定居之前，可能需要蜕壳十多次。年轻的毛缘扇虾每年要蜕壳好几次，随着年龄的增加，蜕壳的次数逐渐减少。在蜕壳之前，毛缘扇虾会广泛地取食，储备脂肪。它们柔软的新外壳在现有的外壳下形成，旧外壳沿着一道脆弱的线破裂，使新外壳呈现出来。毛缘扇虾可能将旧外壳吃掉，以回收其中有用的钙质成分。

蝉虾科（Scyllaridae）

- 长达30cm。
- 广布于温暖的海域，特别是澳大利亚的海岸。
- 无爪的甲壳类动物，头前侧有一对扁平的触角伸出。

重生

毛缘扇虾的旧外壳自胸腹之间破裂，使其身体从中脱离，并保证触角、眼睛、鳃周围的外皮仍然完好无损。随着年龄和大小的不同，一只毛缘扇虾的体重在每次蜕壳后可能增加6%～24%。

脱落的皮肤

帝伟蜓

帝伟蜓是一种在发育过程中经历不完全变态的昆虫。其受精卵孵化成水生的幼虫，被称为稚虫。随着成长，它们会经历一系列的蜕皮过程，蜕掉褐色的外皮。每个连续的幼虫阶段很相似，被称为蜕变期。帝伟蜓在稚虫阶段总计要花费约一年的时间。夏天，食肉的幼虫很快蜕皮；在秋季，它们进入最后的蜕变期，以滞育或冬眠的状态隐藏在池塘或者河流的底部。翌年初夏，最后蜕变期的幼虫爬出水面，并蜕皮成为具有翅膀的成年蜻蜓。成年蜻蜓只能存活几周，它们不断捕猎，逐渐性成熟，然后才去寻找配偶。雄蜓在一定水域内巡视，防范其他雄性侵入领地，而欢迎雌性进入。雌雄个体在飞行中交配，雄蜓用腹部末端的钩状物握住雌蜓的头部后方，它的腹部呈现典型的轮状交配姿势。精子自雄性的初级生殖器直到次级生殖器（或附属器），从而到达雌性体内。一旦雌蜓产卵，一个生命周期就完成了。

帝伟蜓（*Anax imperator*）

8cm。

欧洲、亚洲中部、北美洲和中东的池塘和缓慢流动的河流中。

成年个体有亮绿色的胸部；雌性腹部绿色，带有褐色斑纹，雄性腹部呈明亮的蓝色，带有黑色中线。

面具

蜻蜓的稚虫是贪婪的捕食者。它们在用称为“面具”的口器捕捉猎物（如蝌蚪或小鱼）之前，会躲在隐蔽处伺机埋伏。

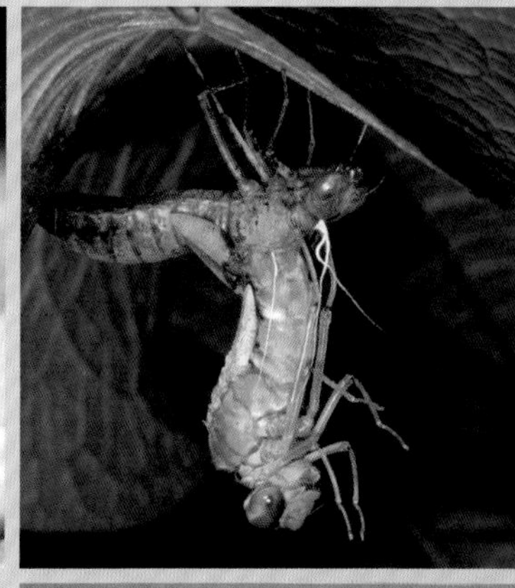

羽化

当稚虫准备羽化时，它们会向上爬到植物茎上能与空气接触的位置，撕破身上的外皮。蜕皮之后，蜻蜓必须等待翅膀完全展开并硬化后才能够飞行。

准备飞行

雄性蜻蜓完全发育成熟，在池塘的上空飞行并寻找猎物。作为成年的个体，它们将把所有的时间都花在空中捕食和寻找合适的伴侣上。

产卵

一旦它们完成交配，雌性蜻蜓使用位于其腹部末端的产卵器将卵产在水生植物上。这些卵将发育成为新一代的稚虫。

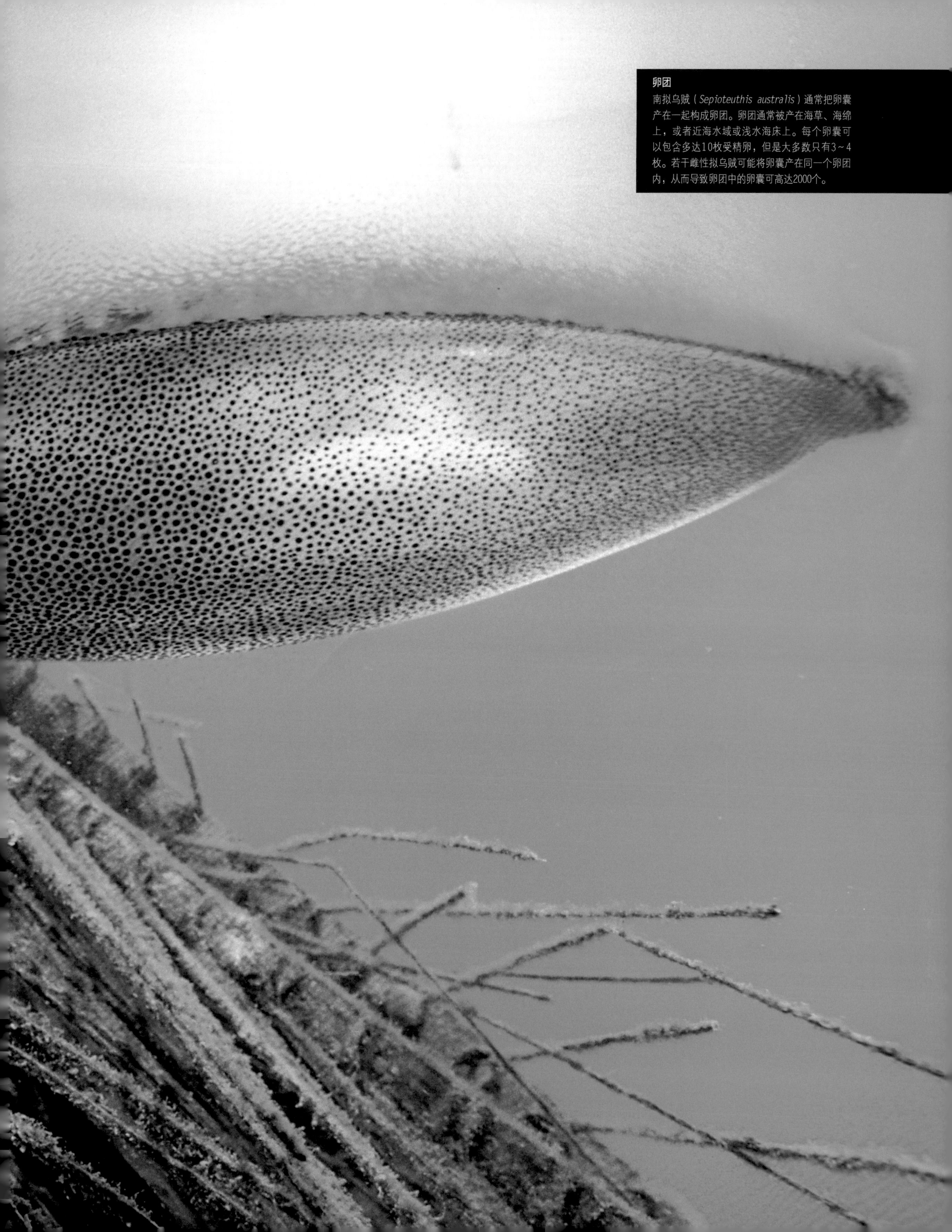

卵团

南拟乌贼（*Sepioteuthis australis*）通常把卵囊产在一起构成卵团。卵团通常被产在海草、海绵上，或者近海水域或浅水海床上。每个卵囊可以包含多达10枚受精卵，但是大多数只有3～4枚。若干雌性拟乌贼可能将卵囊产在同一个卵团内，从而导致卵团中的卵囊可高达2000个。

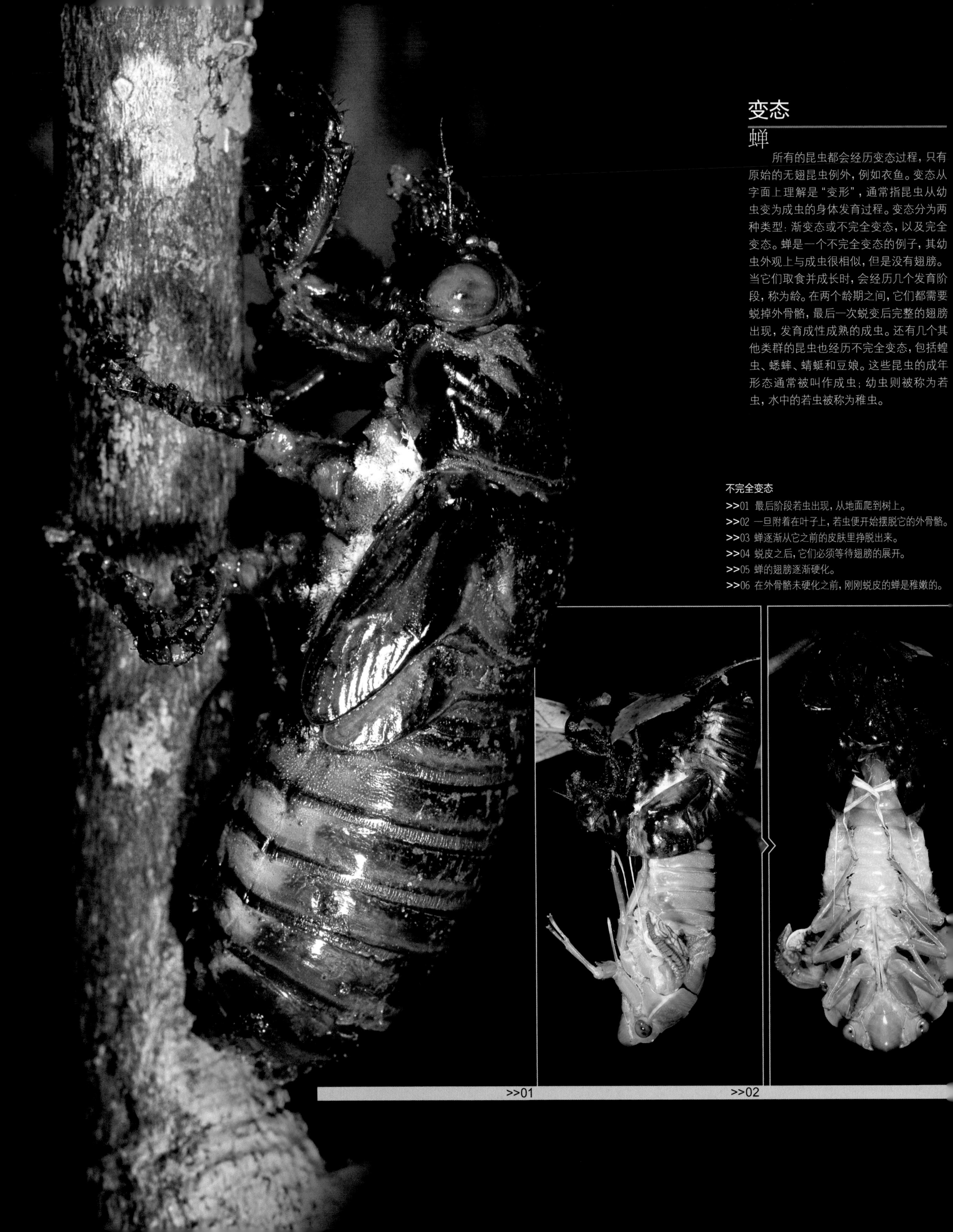

变态

蝉

所有的昆虫都会经历变态过程，只有原始的无翅昆虫例外，例如衣鱼。变态从字面上理解是“变形”，通常指昆虫从幼虫变为成虫的身体发育过程。变态分为两种类型：渐变态或不完全变态，以及完全变态。蝉是一个不完全变态的例子，其幼虫外观上与成虫很相似，但是没有翅膀。当它们取食并成长时，会经历几个发育阶段，称为龄。在两个龄期之间，它们都需要蜕掉外骨骼，最后一次蜕变后完整的翅膀出现，发育成性成熟的成虫。还有几个其他类群的昆虫也经历不完全变态，包括蝗虫、蟋蟀、蜻蜓和豆娘。这些昆虫的成年形态通常被叫作成虫；幼虫则被称为若虫，水中的若虫被称为稚虫。

不完全变态

>>01 最后阶段若虫出现，从地面爬到树上。
>>02 一旦附着在叶子上，若虫便开始摆脱它的外骨骼。
>>03 蝉逐渐从它之前的皮肤里挣脱出来。
>>04 蜕皮之后，它们必须等待翅膀的展开。
>>05 蝉的翅膀逐渐硬化。
>>06 在外骨骼未硬化之前，刚刚蜕皮的蝉是稚嫩的。

>>01

>>02

那些经历完全变态的昆虫包括甲虫、蝴蝶、蜜蜂和蝇类。它们的身体在发育过程中所经历的变化比蝉更具戏剧性。根据昆虫所属的类群的不同，它们的幼虫被称为毛毛虫、蛴螬或蛆，它们也需经历若干龄期。它们通常是专性取食者，甚至寄生在其他动物身上。一旦完成了寄生生活，幼虫化蛹进入茧或者蛹壳内。在此期间，它们不吃也不动，身体经历重大的转变，成为有翅成虫。

蝉科（Cicadidae）

- 2~15cm。
- 遍布全球（除南极洲外）的林地中。
- 具有宽眼、短触角，以及大而透明、翅脉粗重的前翅，色彩丰富。
- >> 333，388。

2500 蝉科所包含的种类的数量。

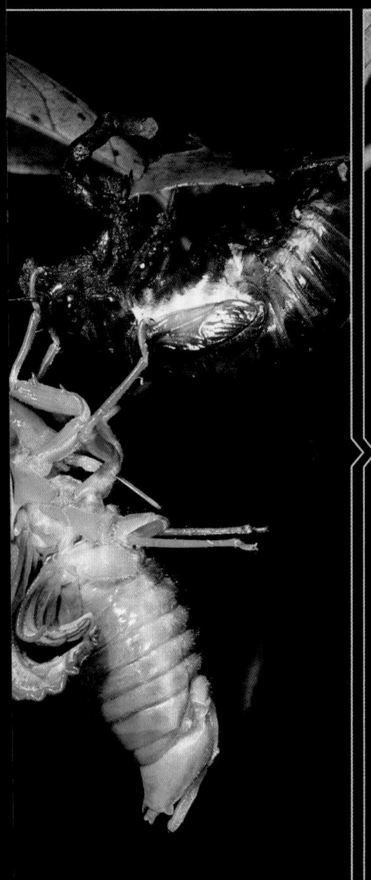

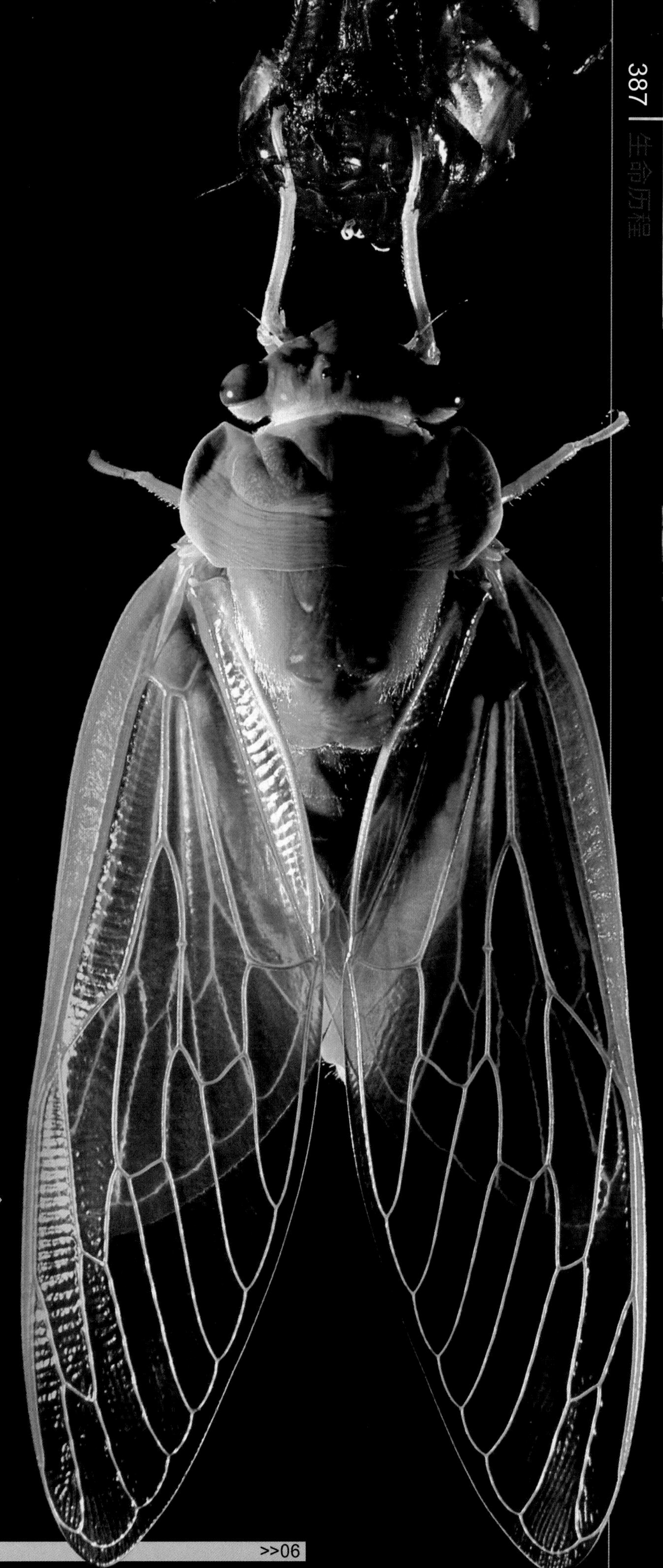

>>04 >>05 >>06

群体羽化

秀蝉

北美洲的秀蝉，其英文名“周期蝉”，源于它们孵化的周期性模式。这一属有7个种，其中3个种的周期是17年，4个种为13年。也就是说，每17年或13年，一窝蝉就会从17年或13年前所产出和孵化后的蛹中破土羽化。它们的蛹在这十几年间一直埋在地下，度过发育的不同时期，并且以树根分泌的汁液为食。成年雄虫性成熟时会发出震耳欲聋的合唱噪声来吸引雌虫。

最后的羽化

最后阶段的蛹将自己附着在树上，经历最后阶段的羽化后，它将变成有翅的成虫。羽化的最初阶段，成虫显得柔软而苍白，但随着成熟，它的体色变深，外骨骼变硬。

破土而出的蛹

当准备好时，最后阶段的蛹会挖出一条小隧道，穿过泥土到达地面。不像成虫那样有翅膀，蛹是没有翅膀的。

发育阶段

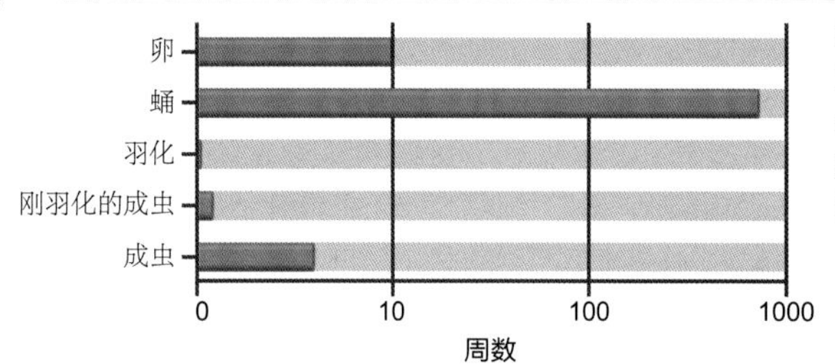

蝉的寿命

17年的一生长达884周。98%的时间，它们以蛹的形式隐藏在地下。在刚羽化的阶段，蝉是柔软而苍白的。

秀蝉属（*Magicicada*）

- 2.5～3cm。
- 分布于美国东部的落叶林中。
- 成虫黑色，有些种类可能在下腹部有黄色或者橙色的条纹。它们有红色的复眼和半透明的翅，翅脉呈橙色。

安全绳

草蛉

草蛉的雌虫会用细丝在叶片上附着400～500粒卵。这能够保证它们的卵免受昆虫捕食者和刚孵化出来的兄弟姐妹的威胁。草蛉幼虫是蚜虫（一类农作物害虫）的重要捕食者，它们被园艺家们用作生物控制的媒介。

普通草蛉（*Chrysoperla carnea*）

- 1.5～2cm。
- 北美、欧洲、北非和亚洲的草本植被上。
- 成虫绿色，有精致的翅脉、半透明的翅膀；在冬季，它们会变成红褐色。

粪便孵卵器

无翅蜣螂

雄性无翅蜣螂选择水牛粪球作为其产卵之所。它们将粪球滚动到离粪便较远处（可达80米），轻拍并掩埋。一旦一只雌虫产下卵，它便会待在粪球边照看那些发育中的卵，例如会将潜在的有害真菌从粪球表面清除。蜣螂从卵发育成性成熟的成虫需要170～205天。

无翅蜣螂（*Circellium bacchus*）

- 3～5cm。
- 南非东开普省的灌丛和矮树丛中。
- 金属般黑色的球形甲虫，有着厚厚的装甲。

巨大的婴儿

刺舌蝇

交配后，刺舌蝇的雌虫将唯一一个受精卵保存在自己的受精囊中。在那里，卵孵化成幼虫，并且以腺体的分泌物喂养。幼虫在5天内经过3个幼虫龄（阶段）；接着，雌虫将它产在地面上，挖穴化蛹。怀孕的刺舌蝇以其他动物的血液为食，以此保障它们后代的生存。

分娩

出生时，刺舌蝇的幼虫显得非常大，而且即将化蛹。它通过后端的黑色凸起进行呼吸。

刺舌蝇（*Glossina morsitans*）

- 7～14mm。
- 非洲、阿拉伯半岛以及北回归线以南的稀树草原和林地。
- 灰褐色飞虫，具有特殊的口器，用来叮咬和吸血。

尸体掠夺者

茧蜂

茧蜂的幼虫是拟寄生的寄生虫，最终会导致它们的宿主死亡。在这个事例中，宿主是其他昆虫的幼虫，通常是甲虫的幼虫、蝇类的蛆或者毛毛虫。一只雌茧蜂利用它的长产卵器将卵产在另外一种昆虫的体内。卵孵化成幼虫，并且取食宿主的体液和内部器官。茧蜂的幼虫利用病毒使宿主的免疫系统失去功能，从而躲避宿主的免疫监测。某些茧蜂种类的幼虫会一直待在宿主体内，甚至直到化蛹；而其他的种类则会切割出圆形的小洞穿透宿主的皮肤，在还能够接触宿主的时候化蛹，或者爬到别的地方去化蛹。有记述的茧蜂类大约有12000种。

被寄生的毛毛虫

茧蜂的幼虫从宿主的尸体中钻出后，将自己包裹在丝状的茧中，来度过转变为成虫的最后阶段。

茧蜂科（Braconidae）

- 长达1.5cm。
- 世界各地。
- 大多数茧蜂体形较小而色深，有两对半透明的翅；雌蜂具有很长的产卵器。

食品仓库

白斑角鲨

白斑角鲨在长达22~24个月的漫长妊娠期后，产下一窝约2~11条小角鲨。这是一种卵胎生的鲨鱼，也就是说它们的卵会在母角鲨体内停留，由薄而半透明的壳（叫作蜡壳）包围，直到幼角鲨发育完全能够出生。鲨鱼具有多种多样的繁殖策略。一些种类的鲨鱼的胚胎，比如尖吻鲭鲨，在母体内取食未受精的卵或者取食同胞。

白斑角鲨（*Squalus acanthias*）

- 0.8~1.5m。
- 全球各个浅海湾或者近海地区的温暖水域。
- 具两个背鳍，每一个都有鳍刺，背部蓝灰色至褐色，腹部白色。

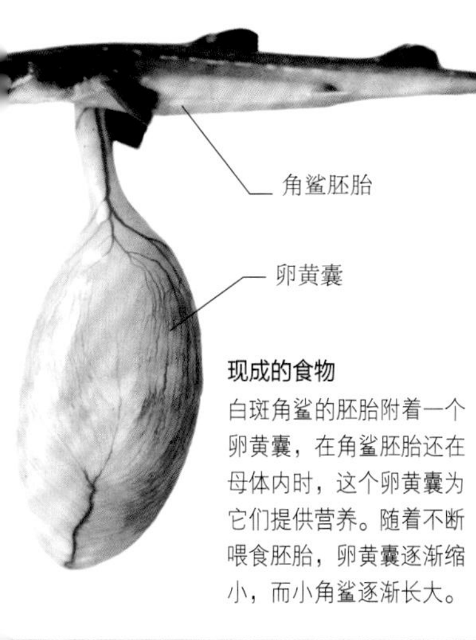

现成的食物

白斑角鲨的胚胎附着一个卵黄囊，在角鲨胚胎还在母体内时，这个卵黄囊为它们提供营养。随着不断喂食胚胎，卵黄囊逐渐缩小，而小角鲨逐渐长大。

半透明的家

阴影绒毛鲨

阴影绒毛鲨，或者称日本绒毛鲨，是一种卵生的鱼类。在交配后，雌鲨产出两个卵子（每边输卵管各产出一个）。当卵子通过雌鲨的生殖道时，由卵鞘（也称为"美人鱼的钱包"）包裹起来。每个卵包含着一个胚胎和它的食物来源——一个富含蛋白质的卵黄囊。大多数鲨鱼的胚胎在卵鞘内经过12个月的发育，大部分时间内都是与母体分离的。在这一段时期，阴影绒毛鲨的胚胎遭受着来自肉食性贝类的威胁，这些贝类会用它们的角状齿舌（"舌头"）刺穿卵鞘。当小鲨鱼准备出来时，会利用背部两排齿状的结构打破卵鞘。阴影绒毛鲨处于鲨鱼繁殖谱系的一个末端，胚胎发育几乎不在母体内进行。在繁殖谱系的另一个末端，另一些鲨鱼与它们正在发育的胚胎之间却有着非常紧密的联系。一些鲨鱼会制造一种子宫乳来养育它们的后代；而另一些鲨鱼则具有胎盘，母亲的血液会流经胎盘抵达发育中的后代身上。

阴影绒毛鲨（*Cephaloscyllium umbratile*）

- 1.2m。
- 自日本到中国南海的西太平洋海域的亚热带海礁，很可能延伸到巴布亚新几内亚。
- 一种非常结实的猫鲨，背部有黑斑；受到威胁时，通过饮入大量的海水使身体膨胀，从而显得更大。

"美人鱼的钱包"

胚胎被包围在一个坚硬的卵鞘内，并利用长卷须锚定在海藻或者岩石上。光线透过卵鞘的部位显示出卵黄囊的位置，而胚胎则通过脐带连接着它。

迁移的脸

檬鲽

成年檬鲽是一种扁平的底栖比目鱼，但是并不像别的鱼类那样从卵中孵化。它们浮游的卵发育成浮游的仔鱼，漂浮在开阔的水域上。渐渐地，小檬鲽开始用身体的侧面进行游泳，拉平身体，最终在海床上安顿下来。为了避免一只眼睛对着沙子，檬鲽的左眼移动到了身体的右边。这种全新的身体上侧面便具有了精巧的颜色，而下侧面则依然是白色。檬鲽经常将自己半埋在沙土中，这样就可以伪装得较难辨认，从而躲过捕食者。它们会贴近海床，通过伸缩扭曲身体两侧而游动。许多比目鱼与檬鲽有较近的亲缘关系，比如菱鲆、鲽、庸鲽、欧鲽、大菱鲆等。所有这些鱼都有着与上述过程相同的经历，尽管某些种类有例外，如加州庸鲽就是左旋的（右眼转移到身体的左边）。这种从直立对称到扁平比目鱼的变态过程由甲状腺激素调控，这一激素同样调控着两栖动物的变态。其他生活在海床上的鱼类也可能是扁平的，但却是从头到尾都呈扁平状态，所以它们不会经历这种身体侧面的剧烈变形。

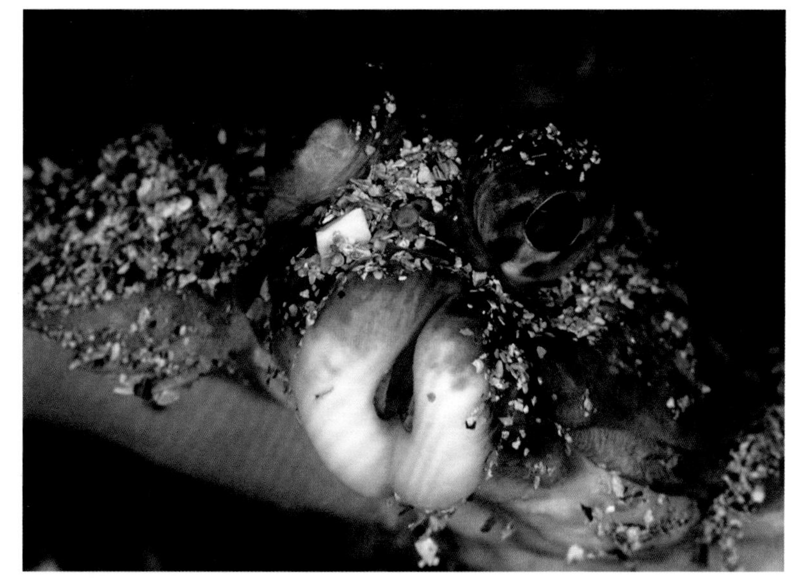

右移的眼睛

檬鲽是右旋的比目鱼，即它的左眼移到了身体的右面（向上的侧面）。一些物种，比如犬齿牙鲆（也称夏牙鲆，*Paralichthys dentatus*），是左旋的，它的右眼移到了身体的左面。

檬鲽（*Microstomus kitt*）

- 20~70cm。
- 大西洋东北部深达200~400m的岩石海床上。
- 一种头部和口较小的比目鱼；斑状的粉色、红褐色和橙色的背部表皮带有黄色和绿色的斑点；下侧面白色。

解剖学

扭转的头部

10天大的时候，檬鲽仔鱼还是竖立的，并且具有两侧对称的体形和相对较大的头骨。这一较大的头骨将随着脸部变形而趋于扁平。变态作用在13天后开始：左眼开始逐渐转移，越过头的顶部，转移到身体的右侧。这种变化35天后结束。此时，两只眼睛都非常明显地位于身体右侧，也就是成年檬鲽的上侧面了。

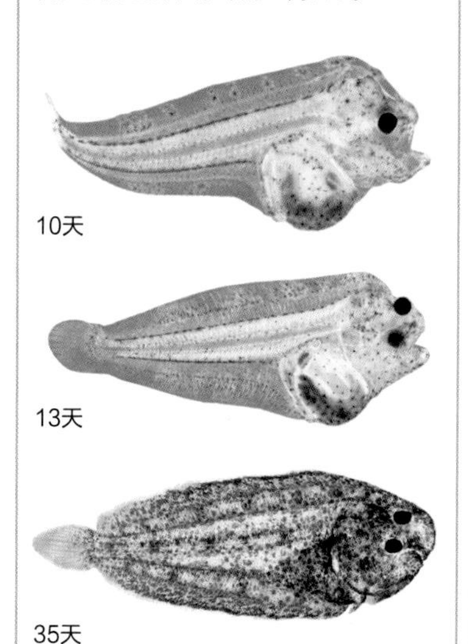

与檬鲽不同，有些比目鱼的眼睛会直接**穿过头骨转移**，而不是越过头顶移动。

高体鳑鲏（*Rhodeus ocellatus*）

4~8cm。

内陆水域，比如池塘、小溪、水库中；自然分布于中国台湾地区，引进到中国大陆地区和日本。

具有银色光泽的鱼，身体偏菱形；在繁殖季节，雄鱼会变成玫瑰红色。

代理妈妈

高体鳑鲏

鳑鲏的繁殖依赖于与贻贝的关系。在繁殖前，雌鳑鲏在肛门后方长出一根产卵管或者产卵器，长约5~6厘米。在将产卵器插入贻贝体内，在其体腔中产下2或3粒卵前，雌鳑鲏一直垂直悬浮在水中。接着雄鳑鲏射出它的精子，精子随着水流通过贻贝的虹吸管进入体腔内使这些卵受精。当小鳑鲏刚孵化出来时，它们会继续留在贻贝这一双壳类的贝壳安全庇护所中，度过大约3~4周时间，直至最终脱离贻贝的虹吸管。雌鳑鲏能够在数周内多次产卵，因此一个贻贝中常常容纳了多个不同发育阶段的小鳑鲏。

变色

主刺盖鱼

随着性成熟，主刺盖鱼（亦称帝神仙鱼）经历着一场蔚为壮观的身体变化。它们体色和图案的变化是如此显著，以致它们的幼体一度被认为属于另一物种。这种颜色的变化如何得以调控尚未可知。也许这种变化能够帮助未成熟的神仙鱼免于遭受性成熟的成年神仙鱼的攻击，否则它们自身就会面临这一威胁。

幼年帝神仙鱼

成年帝神仙鱼

主刺盖鱼（*Pomacanthus imperator*）

40cm。

太平洋与印度洋的珊瑚礁中。

身体侧面扁平，背部鳃盖边缘具有一鳍刺。幼体身上有白色同心圆环图案；成体具有平行的黄色条纹。

完全变态

欧洲林蛙

欧林蛙的生活史，如同大多数的蛙类、蟾蜍及其他两栖动物一样，自水生的蝌蚪开始，经历随后的变化，变成陆生的成体。它们的整个变态过程由甲状腺激素控制。一些蛙类，比如普通蟾蜍，缺少蝌蚪时期，取而代之的是如同小型蛙类一样的幼体。蝌蚪的变态是有弹性的，依赖于环境条件的变化，比如，低温和减少食物供给会减缓生长速度并延迟变态。

从水到陆

>>01 春天，雌性林蛙在水中产下一窝胶状的卵（蛙卵）。
>>02 受精6天后，卵孵化成小蝌蚪。
>>03 蝌蚪有尾巴和腮。
>>04 6~9周后，它们发育出后肢，腮被肺代替，因此它们必须游到水面上进行呼吸。
>>05 接着，发育出前肢，尾巴开始消失。
>>06 变态结束。林蛙在3年内达到性成熟。

欧洲林蛙（*Rana temporaria*）

长达11cm，雌蛙比雄蛙体形大。

欧洲除葡萄牙、西班牙的大片地区、意大利和希腊的绝大部分地区外和亚洲西北部的潮湿生境、池塘、沟渠中。

成体有宽阔的头部、短而无尾的躯体，以及长而有力的四肢；一般呈褐色或灰色。

>> 372。

变形的尾巴

在身体上其他变化发生的同时，未成熟林蛙（幼蛙）的尾巴也在逐渐消失。

永远的幼体

美西钝口螈

美西钝口螈是一种永远不会长大的两栖动物。这种“幼态持续”或“稚态”的意思是将幼年的特征一直保留到成年期和性成熟时期。它是永远的水栖生物，有着能够从水中分离出氧气的羽状鳃。它还有着幼体的皮肤，以及能助其在水中游泳的尾鳍。美西钝口螈在大约1年时达到性成熟。雄性通过泄殖腔在湖泊底部产下一堆精子或者精囊，接着雌性将精囊捡起使自己的卵受精。如果美西钝口螈与虎纹钝口螈进行杂交，或者使它们接触激素或高水平的碘从而进行诱导变态，那么它们是能够转变成成年蝾螈的。

美西钝口螈白化种
白化种在被圈养的美西钝口螈中相对普遍。而野生美西钝口螈一般都呈斑驳的绿褐色。

美西钝口螈（*Ambystoma mexicanum*）
- 20～43cm。
- 过去曾在墨西哥城附近的两个湖泊中被发现过，其中一个湖泊如今已不复存在；在野外十分濒危。
- 水栖性蝾螈，呈幼体形态，头部宽，有羽状腮，具尾鳍。

保护性皮肤

负子蟾

负子蟾蝌蚪的成长在母亲的皮肤内进行。交配时，雄蟾蜍紧紧抓住雌蟾蜍的后肢，一对蟾蜍不断地在水中跳跃。每一次，雌蟾蜍会释放出10粒卵，落在雄蟾蜍的腹部完成受精。然后，受精卵随即转移到雌蟾蜍背上，并在接下去的几小时内渗入雌蟾蜍的皮肤中，形成 个个小囊。雌蟾蜍 共会产出约100粒卵。它们的蝌蚪在母亲的皮肤中完成孵化和发育，这既能够保护受精卵和蝌蚪免受捕食者的威胁，同时又能保证它们处在一个潮湿的环境中。尽管这些蝌蚪并不需要游泳，它们也还是具有临时性的尾巴。这种尾巴能够帮助每一只小蝌蚪增加其潮湿皮肤的表面积，以此获取充足的氧气。

负子蟾（*Pipa pipa*）
- 10～17cm。
- 南美洲和特立尼达岛的池塘、沼泽中。
- 扁平的蟾蜍，具有三角形的头部和极小的眼睛；前肢有长且具蹼的趾，具星形的附肢；后肢有宽而具蹼的趾。

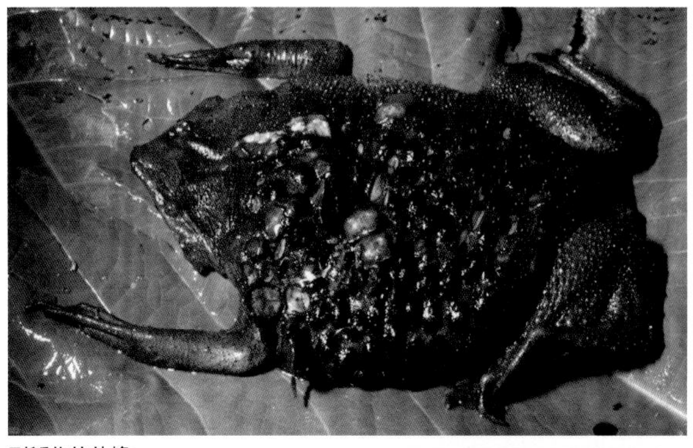

刚孵化的幼蟾
在12～20周后，一般是雌蟾蜕皮时，完全成形的幼蟾从它们母亲的背上破壳而出。

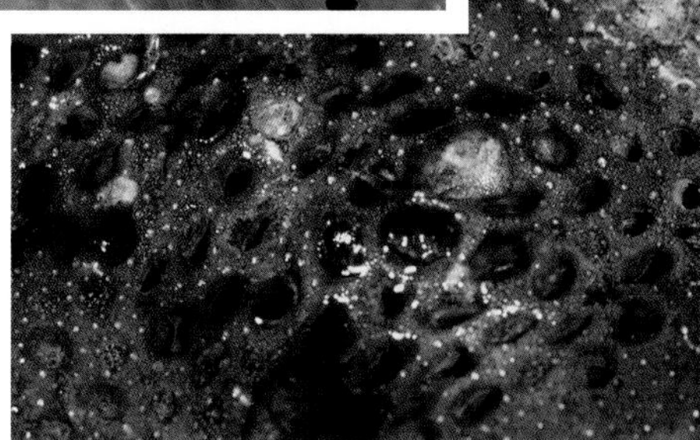

卵的保护
蟾蜍卵渗入雌蟾背部那如同蜂房般的皮肤，并且被包裹在覆盖着角质层的囊状结构中。

雄性护理员
雄性马略卡产婆蟾将受精卵成串地缠绕在腿上，保证这些卵免受攻击。交配发生在5月或6月。受精卵一直由雄蟾携带，直至孵化成蝌蚪。

父亲的关怀

马略卡产婆蟾

所有5种产婆蟾有一种共同行为——由雄蟾而不是雌蟾负责照料卵。在交配期间，雌蟾产下卵，同时雄蟾使卵受精。接着，雄蟾将受精卵缠在自己的腿上，以此保护这些卵免受捕食者威胁。当卵即将孵化时，雄蟾将卵放入池塘中以便蝌蚪破壳而出。直到1980年一个很小的马略卡产婆蟾种群被发现前，人们曾一直认为该物种已经灭绝。人们采用圈养繁殖计划帮助这种蟾蜍恢复种群。

马略卡产婆蟾（*Alytes muletensis*）
- 4cm。
- 西班牙马略卡岛的本地种，生活在石灰岩峡谷的小溪流中。
- 头部和眼睛较大，四肢长，表皮金黄褐色，具深绿色至黑色的斑点。

> 个案研究
> **捕食者效应**
>
> 肉食性的拟蝰游蛇（*Natrix maura*）在大约2000年前被引入马略卡岛，从此带来了对产婆蟾的威胁。生物学家发现，是否暴露在这些捕食者面前会明显地影响产婆蟾蝌蚪的形态。那些与蝰蛇生活在同一水池中的蝌蚪，其体形趋于瘦小，具有更长的尾巴、更狭窄的鳍，以及更深陷的尾部肌肉。与那些没有与蝰蛇共生的同类蝌蚪（它们显得更胖）相比，上述形态特征使这些与蝰蛇共生的蝌蚪能够游得更快。
>
> 
>
> 无捕食者共存的蝌蚪
>
> 
>
> 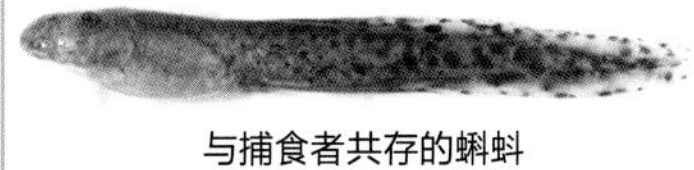
>
> 
>
> 与捕食者共存的蝌蚪

活的幼体

胎生蜥蜴

胎生蜥蜴生产出包裹在一层很薄的卵膜内的活的幼体。幼体在一天内破膜而出。小蜥蜴具有残留的卵黄囊，在它们的第一个自由日之前（在它们开始捕食无脊椎猎物前）为其提供营养。雄胎生蜥蜴在约2龄时达到性成熟，而雌蜥蜴则需要3龄。

胎生蜥蜴（*Lacerta vivipara*）
- 13～15cm。
- 欧洲和亚洲阳光充足、干燥的生境中，包括公共用地、高原沼泽、荒野、高山等。
- 褐色蜥蜴，具深色斑纹，边缘常呈白色或黄色；雄蜥蜴下腹部的颜色较雌蜥蜴更加明亮。

正在产卵的雌龟

雌龟在它惯常产卵的海滩上，将卵产于事先挖好的沙坑里。它产完卵后会将卵埋上，返回海洋中。小海龟会在40~75天后孵化出来。

多多产卵

绿海龟

一只雌性绿海龟在一个繁殖季节内可能产出9窝卵，每窝约100~200枚。它可能连续繁殖多年。许多海龟的巢穴会被诸如狗、长鼻浣熊、兀鹫等食腐动物破坏，同时海龟也受到人为活动的威胁。小海龟孵化后还受到海滩上的海鸟和蟹类、海水中的鲨鱼和海豚等的威胁。高产卵率能够补偿卵和幼体海龟所承受的高死亡率，以保证至少有一些个体能够存活到成年。

绿海龟（*Chelonia mydas*）

- 长达1.5m。
- 热带与亚热带海藻床以及大西洋、印度洋和太平洋的开阔水域。
- 黄褐色海龟，得名于其绿色的脂肪组织和结缔组织，而不是由于其皮肤的颜色。
- » 337。

短而喙状的头部

桨状的鳍状肢

晚熟

绿海龟是一种长寿动物，它们甚至需要50年才能达到性成熟。

周到的母亲

环颈雉

环颈雉一般每窝产10~12枚卵，由雌性孵化。雏鸟孵出时发育得相对较好，并且能够立即离开巢穴。雏鸟们会在母亲身边继续生活8~11周，一直到它们可以独立生活。

环颈雉（*Phasianus colchicus*）

- 53~89cm。
- 生活在林地、农田、灌丛、湿地中。起源于亚洲；引入并广泛分布于欧洲、北美、澳大利亚、新西兰和夏威夷。
- 雄鸟呈华丽的金黄褐色，头部深绿色并有红色肉垂；雌鸟土褐色，并带有深褐色和黑色的斑纹。

父亲的本能

帝企鹅

这是唯一一种在南极的冬天进行繁殖的企鹅。雄性帝企鹅在孵化它们的卵时经受着地球上最为严酷的环境。大多数的帝企鹅群体会在平稳的浮冰上进行繁殖，它们会选择那些在冰墙或冰山遮蔽下的没有刺骨寒风的庇护所。

帝企鹅自3岁左右开始准备繁殖。雌性帝企鹅在5~6月产下一枚卵，之后便离开，到海洋中去取食，补充由于产卵而消耗的能量。雄企鹅则留下来照看卵，在超过两个月的时间内它们都不进食，通过代谢脂肪取暖，会失去大约三分之一的体重。雌企鹅在它们的卵即将孵化时会从海中回来。它们会为新的后代反刍出鱼和乌贼，并且迅速替换雄企鹅的位置，以便雄企鹅能够去觅食。有时，卵会在雌企鹅返回前就孵化出来，此时雄企鹅会产生一种富含蛋白质的分泌物来喂养雏鸟若干天。孵化后的45~50天内，企鹅父母轮流出去觅食和照顾它们的雏鸟。最初，它们需要行走50~120千米的距离，到浮冰的边缘开阔的海域中去觅食，但是随着南极夏天的到来，冰川融化，这一路程逐渐缩短。小企鹅在孵化后的150天内一直待在它们的"托儿所"里，直到它们最终离开浮冰，动身奔向海洋。

密集的群体

雄企鹅们挤作一团以度过南极的冬天。它们可能有2个月时间看不到太阳，温度会降至-45℃，并且风速会达到200千米/时。

被遗弃的卵

帝企鹅卵重约450克。有时，企鹅卵会跌碎或者被遗弃。被遗弃的卵接触到冰时会在2分钟内冻结。

200000 当前在南极地区生活的稳定的帝企鹅繁殖对的大致数量。

攀树行为

麝雉

麝雉是一种聒噪的鸟类，它们在倒吊于水面上方的树上进行繁殖，在棒状的巢内产2~3枚卵。当遇到危险时，雏鸟会将自己抛出巢外落入水中。小麝雉的每个翅膀上都有两个爪子，像钩子一样帮助它们抓住植物，它们借此在危险过去之后攀爬回树上。麝雉是少见的完全取食叶子的鸟类。它们的内脏中有极大的嗉囊，在那儿借助细菌的发酵作用对叶片进行消化。麝雉的进化历史远未清晰。它们与雉鸡类、杜鹃类、非洲蕉鹃类等有着不司的亲缘关系。

麝雉（*Opisthocomus hoazin*）

65cm。

南美亚马孙盆地和奥里诺科河三角洲区域的沼泽、河边森林和红树林中。

头部较小，脸颊蓝色，眼栗色，具有刺猬状深褐色羽冠；羽毛是黑褐色、浅黄色和栗褐色的混合。

悬吊

翅膀上的爪子会随着麝雉换羽进入成年期而消失，成鸟的羽毛使它们能够飞回树上，而不用借助爪子进行攀爬。然而，即便是成年的麝雉依然是拙劣的飞行者，它们在其树栖生境中以笨拙的方式攀爬。

腐烂的巢

眼斑冢雉

雄性眼斑冢雉会建造起一个叶堆，由正在腐烂的植物和沙子组成，以供雌鸟在其中产卵。雄鸟用足挖出一个凹坑，然后填入大量的有机质。它们在雨后将植物翻转过来以加速腐烂过程。这一过程能够产生热量，这样的叶堆也能够吸收阳光来加温。雌鸟以5~17天的间隔产卵。一窝卵数不定，平均每窝在15~20枚。卵被产在叶堆中的孵化室内，然后被一层沙子覆盖。随着孵化，小冢雉会挖出一条通道爬出孵化室。它们没有任何形式的亲代照料，并且能够在短短几日内学会飞翔和保护自己。

眼斑冢雉（*Leipoa ocellata*）

60cm。

澳大利亚南部的半干旱灌丛和桉树林中。

能够精心伪装的鸟类，有着斑驳的灰色、褐色和黑色的羽毛，下腹白色，腿粗大。

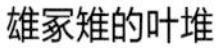

雄冢雉的叶堆

雄鸟在孵化期间极其认真地照管着自己的叶堆，通过添加和移除土层保持其内的温度介于33~34℃。它们将喙探入叶堆内以检测温度。

帝企鹅（*Aptenodytes forsteri*）

1.1m。

南极浮冰、沿海岛屿上和海水中。

成年背部、头部和翅膀的羽毛呈黑色，耳部斑块和颈部的黄色逐渐向下淡化，延伸到腹部处呈现白色；喙的上部为黑色，下部呈现橙色或粉色。

解剖学

孵卵斑

雄性帝企鹅在它的足部上方孵化卵，此处卵接触到的裸露、皱褶的皮肤称为孵卵斑。这种解剖学上的适应特征使得成年企鹅的体温能够更有效地传递给脆弱的卵。皮肤的褶皱向下延伸，覆盖过整个卵的顶部以保证其温暖和安全。雄性帝企鹅如此孵化需要65日之久。一旦孵化成功，幼鸟将继续在孵卵斑下躲避严寒，直到它们能够独立承受寒冷。企鹅有很厚的油脂层和致密的羽毛来保证自身的温暖。

企鹅的行进

即使带着正在孵卵斑中孵化的卵，雄性帝企鹅也依然能够行走。由于它们的脚长在身体远端，所以尽管它们在水中犹如高速而优雅的游泳健将，在陆地上却看起来非常笨拙。

育儿袋

红颈大袋鼠

红颈大袋鼠的妊娠期只持续30天，随后还未发育好的胎儿出生。在出生后的几分钟内，袋鼠宝宝会爬进母亲腹部的育儿袋内继续其发育过程。胎儿出生后不久，雌袋鼠就可再次交配。随之产生的胚胎会保持在一个停滞的状态，称为"胚胎滞育"。这一时期可长达8个月。育儿袋中的幼兽离开母体30天后，新的胎儿才会出生。因此，雌袋鼠可以在喂养一只跟随它生活的幼兽的同时，在育儿袋中哺育另一只幼兽，而子宫中还孕育着一个新的胚胎。

紧跟母兽的幼兽
小红颈大袋鼠会吮吸母乳直到12~17个月大。断乳后，它们主要取食草本植物。

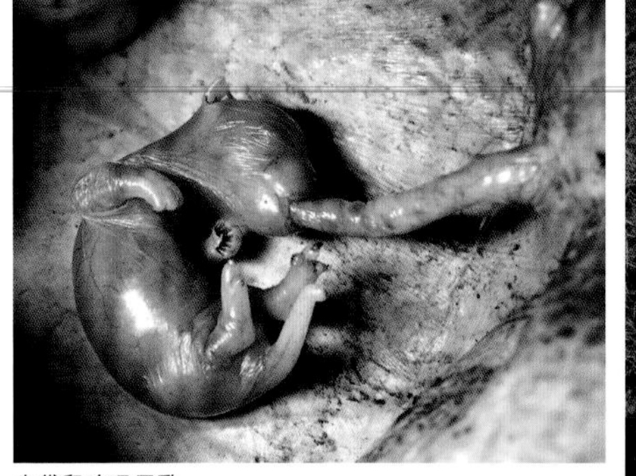

小袋鼠吮吸母乳
新生的小袋鼠体长约1.5厘米。它们慢慢爬过母体的皮毛，进入育儿袋内，在那里紧紧抓住母兽4个乳头中的一个吮吸乳汁，哺乳期长达约4个月。

红颈大袋鼠
（*Macropus rufogriseus*）

- 70~105cm。
- 澳大利亚东部和东南部的海岸灌丛、矮树丛、桉树林中。
- 中型的大袋鼠，肩部略带红色。
- » 412。

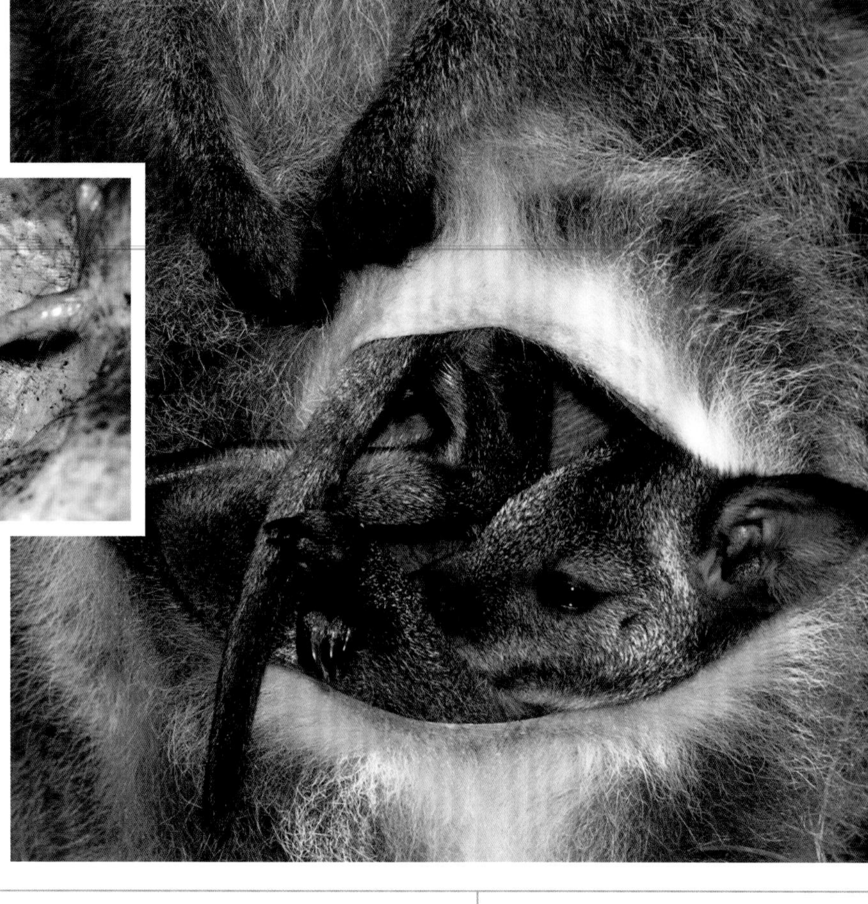

育儿袋中的宝宝
大约5个月大的时候，小袋鼠能从育儿袋中探出头来，大约6个月的时候就可以从育儿袋中出出进进了。而8个月大的时候，育儿袋就装不下它了，但宝宝仍会和妈妈一起生活。

产卵的哺乳动物

短吻针鼹

短吻针鼹是迄今仅存的5种产卵哺乳动物之一。其他几种产卵哺乳动物是3种长吻针鼹和鸭嘴兽。这些产卵哺乳动物被统称为单孔类动物，得名源于它们的泌尿、排泄和生殖道有一个共同的开口。与鸟类和爬行类一样，这个开口被称为泄殖孔。妊娠期，受精卵在输卵管中滋养；妊娠期后，雌针鼹将卵直接产在腹部后方特殊的育儿袋中，鸭嘴兽则会将卵（可达3枚）产在挖好的地穴里。小针鼹将在育儿袋中生活2~3个月。由于母兽没有乳头，幼兽就直接从母兽腹部称为"乳孔"的一块皮肤上吮吸舔食母乳，长吻针鼹的这一特征和鸭嘴兽是一样的。针鼹繁殖缓慢，性成熟需5年甚至更久，而每2~6年才孕育1只幼崽。它们的寿命可达45年。

短吻针鼹（*Tachyglossus aculeatus*）

- 30~45cm。
- 澳大利亚的森林、沙漠、草地上；新几内亚西南部的沿海和高原地区。
- 身体被覆黑白相间的棘刺，皮毛黑褐色。头小，吻长，眼小。

强壮的挖掘者
所有针鼹都善于挖掘，它们的四肢短，爪强而有力。它们用敏感的鼻吻探测，并捕食蚂蚁和白蚁。

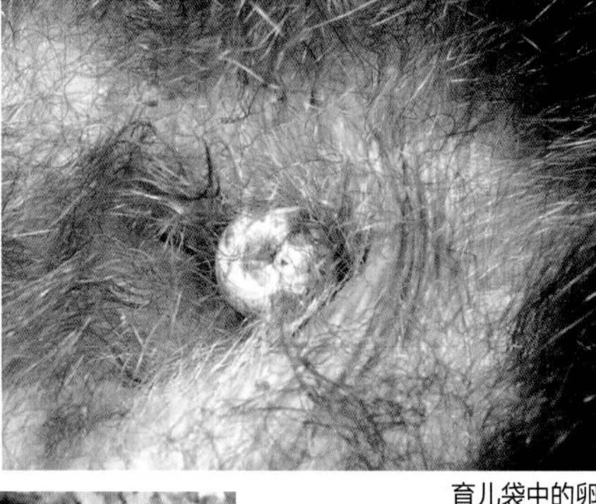

育儿袋中的卵
21~28天的妊娠期后，一枚坚硬的卵直接通过泄殖孔产在雌兽的育儿袋内。10天后，小针鼹用它的破卵齿咬破卵壳孵化而出。

地穴中的幼兽
当小针鼹长到无法继续留在小小的育儿袋中时，母兽会将它留在地穴中。它可以继续吮吸母乳直到6个月大。幼兽一般一年后独立。

早熟的猎手

北美水貂

北美水貂是机会主义捕食者，它的猎物很广泛，有鱼类、水鸟、鸟卵、小型啮齿动物、兔子等。小水貂在出生后约7~9周大时，母水貂就开始教授它们捕猎技能。到13~14周大时，小水貂已经能够独立，进而离开出生的地方；一年内它们将达到性成熟。水貂贪婪的欲望和过度杀戮猎物的习性使它们捕杀了大量的猎物，而这些猎物的数量比它们所消耗和储存的要多得多。在欧洲某些地区，由于水貂逃离毛皮养殖场，或者被引入当地生态系统，导致了本地野生动物数量下降。其中，水就受到了十分严重的威胁。

北美水貂（*Mustela vison*）

- 30~54cm。
- 树木繁茂的地区，临近小溪、河流、湖泊的原野等处；北美的本地种，但已经在欧洲和南美洲建群。
- 身体细长，平滑的褐色皮毛可以防水，下颌处有白斑；四肢较短，指（趾）间具半蹼。

水貂的巢穴
北美水貂在春季营巢或者挖地穴，在巢中产下一窝幼崽（4~6只）。幼崽6周左右断乳。

群居部落

欧亚獾

獾穴是由多只獾组成的一个社会群体或“部落”的家，其中的獾最多可达12只，包括一对主要的繁殖配偶和它们的后代们。公獾和母獾可以在冬末到仲夏间的任何时间交配，但是胚胎的植入着床却会延迟长达10个月之久。随着日照长度和温度的变化，滞育的胚胎终于被激活，开始着床，继续发育。胚胎着床后大约7周，即2月或3月，2~6只未睁眼的幼獾出生。一个月后，它们睁开双眼，哺乳期可达3个月。虽然獾在7~8个月大时已经可以独立离家，小母獾却经常在父母身边待得更久。

欧亚獾（*Meles meles*）

56~90cm。

遍布欧洲和亚洲，獾穴分布在树林、森林中，在郊野交界区域觅食。

一种健壮的鼬类，脸部有非常明显的黑白条纹，背部灰色，腹部黑色。

社会性家庭

每个獾穴都有一个育儿室，里面铺着干草。幼崽在此出生、成长，直到可以开始出外冒险。它们经常互相嬉戏、梳理毛发。

亲密接触

麝鼠

雌麝鼠构建巢穴用来生育和抚养幼崽。巢穴建在水线以上，铺着柔软的干草，一个水下出口连通着巢穴。一般而言，一窝麝鼠幼崽大约6只，它们在3~4周左右断乳。在幼崽能够调节自身体温之前，它们会挤作一团互相取暖。在麝鼠分布范围的南部，它们全年都可繁殖；而在北部，它们一般只在3~8月间繁殖。

麝鼠（*Ondatra zibethicus*）

41~62cm。

北美的沼泽、湿地等地区，引入欧洲和亚洲。

有致密的黑褐色皮毛、较大的头部和较小的耳朵；足黑色，略有蹼，利于游泳；尾巴长而无毛，左右扁平。

独生子女

长颈鹿

雌性长颈鹿一般每20~30个月生育一个后代。其妊娠期长达15个月，幼崽一般在5~8月间出生。在幼崽出生后的第一周，长颈鹿母亲白天寸步不离地站岗、喂食，晚上细心地看护。3~4周后，母子加入到鹿群中，幼崽会与其他幼崽一起在“托儿所”中接受照料。每一只雌鹿轮流在其他雌鹿进食时照看“托儿所”。幼崽在12~16周左右完全断乳，但是雌鹿要在至少5岁后才能够繁殖，而雄鹿则需要至少7年时间。鹿群包括所有年龄段的长颈鹿，但雄鹿一般不如雌鹿那么依赖社群。

2.4米 成年长颈鹿脖子的长度。它的脖子由7块延长的颈椎骨组成。

人类的影响

偷猎

猎杀长颈鹿在许多非洲国家都被视为非法，但是长颈鹿依然因皮毛、肉和尾巴而被偷猎。它们那尖端带毛的长尾巴被制成苍蝇拍、幸运手镯和缝纫用的线；皮毛被用来制作枪套和皮罩。捕猎还未对长颈鹿的种群产生灾难性的后果，但是它的影响值得我们关注。为了兽肉或者其他副产品，比如象牙和豹的皮毛等，还有许多野生动物同样遭受着被偷猎者捕杀的威胁。

长颈鹿（*Giraffa camelopardalis*）

高4.7~5.5m。

非洲撒哈拉沙漠以南地区的稀树草原、草地和开放的林地，特别是有金合欢树的地区。

颈和腿格外长；皮毛黄色，点缀着棕色斑点；雄鹿和雌鹿的头部都有短短的角。

>> 193，351。

新生的长颈鹿

长颈鹿在站立或者行走时分娩。在出生后20分钟内，身高接近2米的新生儿就能够站起来吮吸母乳了。

抚育后代

繁殖是一个代价很高的过程。它需要投入时间、资源，它可能影响到动物个体自身的生存机会以及未来的繁殖适合度。亲代必须尽一切所能增加后代的生存机会。不同的动物在这一方面有着各种各样的方法和策略。

幼兽照料
雄虎在抚育后代的过程中没有任何贡献。雌虎照料幼虎，教它们捕猎，并且在幼虎出生后长达2年的时间里陪伴在它们身边，直到它们独立。然后，雌虎才能再次繁殖。

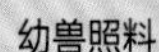

亲代照料

亲代照料是一种行为学上的策略，旨在增加后代长大成年的机会。并非所有动物都会照顾它们的后代（大多数卵生的动物，除了鸟类，都会在产卵后直接离开），但是仍然有许多动物在抚育方面扮演着积极的角色。这种努力付出的代价是高昂的——需要投入时间，通常有风险，并且会减损动物在未来产生后代的能力。动物父母们必须做出抉择：是把精力投入给现在的后代，还是保存实力投资未来的后代。

双亲照料
军舰鸟的雏鸟在出生6个月左右就已经羽翼渐丰，但它们父母的抚育行为却长达2年。这在所有鸟类的巢后抚育时间中是最长的。

爬行动物的照料
只有约3%的爬行动物表现出亲代照料行为。蝰蛇是少数会照顾后代的爬行动物。雌蝰蛇会保护它们的卵和小蛇免受捕食者的威胁。

抚育者

也许对所有动物而言，它们的后代得到亲代抚育对它们都是有利的，但是不同的物种却有不同的抚育后代的策略。对于那些体内受精的物种，雄性无法确保自己的父权，却能够从抛弃雌性、寻找新配偶的模式中获益更多。而雌性则毫无选择，只能照顾好自己的卵，直到分娩或者孵化。对于体外受精的物种而言，往往出现相反的情况：雌性产卵后，由雄性进行授精。雄性如果想要保证它的父权，就必须担负责任，确保它们授精的卵能够存活。一些物种表现出共同照料或双亲照料的行为，而另一些物种则将自己的后代交给别的动物（通常是没有亲缘关系的）来照顾。

树袋熊的拥抱行为
树袋熊的幼兽留在母亲身边长达一年，直至断乳。

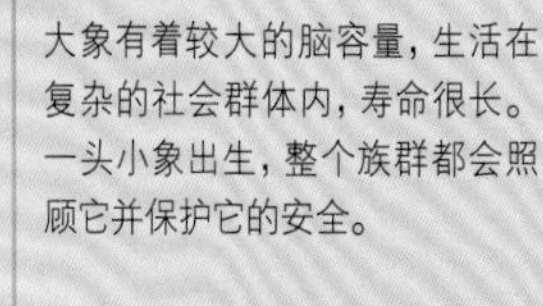

安全的数量优势
占统治地位的雌性秋沙鸭通常会组建“托儿所”，托儿所中有许多幼鸟。巨大的数量能够减少自己的幼鸟遭受捕食者攻击的概率。

照料的时间

亲代照料时间的长短取决于若干因素。长期抚育的结果是后代体形更大、存活率更高。但是，这种高投资会减少亲本一生中所能进行的繁殖次数，同时也会使亲本面临更大的捕食风险。进化倾向于这样的繁殖策略——该策略能够使个体一生的繁殖产出达到最大化。一些亲本仅仅在后代还未出生时进行简单的照料，保证卵的安全直至孵化。另外一些则在后代出生后依然留在它们身边，看护，喂养，直至后代能够自己取食。亲代照料的延长发生在一些哺乳动物和鸟类中，绝大多数是那些长寿、脑容量较大、社会性的动物，因为这些动物需要更长的时间长大，需要学习更多生存必需的技能。

家族兽群
大象有着较大的脑容量，生活在复杂的社会群体内，寿命很长。一头小象出生，整个族群都会照顾它并保护它的安全。

全心照顾

六腕细海盘车

许多海星或海盘车会向水中释放卵子和精子，并且任由卵在没有它们照顾的情况下发育。而这种微小的六腕细海盘车却在抚育后代上扮演着积极的角色。当雌性六腕细海盘车准备产卵时，它将身体弯成弓形，依靠腕尖站立，形成一个育儿室。然后，它释放出约1500个大而卵黄丰富的卵（对于其他海盘车来说数量相对较少），用其带有吸盘的管足将卵收集并安置于身体下方的育儿室内。大约40天的时间内，雌海盘车在这个弓形区域内孵化这些胚胎，用它的管足照看和清洁它们。此时，它的口正对着下方的胚胎，意味着它无法在这一阶段取食。当孵化时间到来，小海盘车开始自己四处移动。此时，雌海盘车恢复原来的扁平姿态。它还会继续待在它的后代身边多照顾它们一个月，直至它们能够自己取食和完全独立。

用足尖站立

当雌性六腕细海盘车准备孵卵时，它会寻找一个安全的地点，比如一块岩石的下方，用管足将自己附着在上面。

六腕细海盘车（*Leptasterias hexactis*）

- 长达5cm。
- 太平洋东北部自加利福尼亚到阿拉斯加的多岩石潮间带。
- 微型的六腕足海星，呈深绿色、黑色、褐色、红色或者颜色斑驳。

母亲的奉献

太平洋章鱼

雌性的太平洋章鱼（世界上最大的章鱼）为了它的后代做出了最极端的牺牲。当准备繁殖时，它会找一个岩石洞穴，产下多达10万枚卵。在接下来的7个月甚至更长的时间中，雌性太平洋章鱼仔细地照看、清洁这些卵，并为卵供氧，一直到孵化。雌章鱼在这段时期完全不进食，小章鱼孵化后不久，它便死去了。

太平洋章鱼（*Enteroctopus dofleini*）

- 4.5～9m。
- 北太平洋大陆架上约750m深处。
- 呈黄色、灰色、褐色或者斑白色，擅长变色。

» 367。

双倍体积的卵团

玛瑙乌贼

在一生的大部分时光中，玛瑙乌贼都生活在较浅的水域。然而，当雌性乌贼准备产卵时，它会下潜至约2500米的海洋深处，在那儿捕食者很少。在这个深度，它会产下一个大卵团，其中含有2000~3000枚卵。卵团非常大，事实上它是这种小型乌贼2倍的体积那么大。卵团由腕钩钩住，悬挂在母体下方。雌乌贼利用它的触手拍打水流，从而给卵团供氧。乌贼妈妈将会照顾卵团6~10个月直至其孵化。

母亲的负担

图中是一只雌性玛瑙乌贼和它巨大的卵团。这张照片是由蒙特雷湾水族馆研究所的一艘机械潜水艇拍摄的。

玛瑙乌贼（*Gonatus onyx*）

- 外套膜长14cm。
- 大量遍布于大西洋与太平洋的中深水域。
- 也被称为"有爪腕钩乌贼"，其腕足中间的吸盘演变成了微小的钩。

解开的网

在一株幼嫩的蕨类植物上，这只奇异盗蛛编织了它那保护性的帐篷状蛛网。小蜘蛛们在蛛网中央挤作一团，而它们的母亲则在网外监视捕食者。

保护网

奇异盗蛛

奇异盗蛛的英文名直译为育儿网蛛，得名于其编织的令人难忘的特殊蛛网，这种蛛网专门用于保护幼蛛。交配在早春进行。为了避免被雌蛛攻击并分散雌蛛交配时的注意力，雄蛛会献上一只被缠绕住的昆虫作为礼物。雌蛛产出数百枚卵，都放在一个白色大卵囊中。开始时，雌蛛用颚与须肢携带着卵囊。当卵即将孵化时，它会编织一个像帐篷一样的网，将卵囊放在里面。一旦幼蛛孵化，它们就会被包围在网内，而雌蛛则在外面站岗，保护它的后代在一周甚至更长的时间内免受捕食者的威胁，直到这些小盗蛛可以自力更生。尽管盗蛛们以这种特殊的蛛网闻名，但在一年中的其他时间内，它们却并不织网设陷阱捕猎，而是更喜欢用足猎食，或者通过偷袭捕获猎物。

奇异盗蛛（*Pisaura mirabilis*）

- 长达1.5cm。
- 遍布于英国和欧洲北部。
- 大型的狼蛛；呈灰色或褐色，腹部有苍白的条纹。

短期照料

蠼螋

蠼螋的巢穴建在地下，是一个有着两个小室的很短的隧道，其内安放着50~90枚亮白色的卵。雌蠼螋照看并妥善处理这些卵，仔细地舔舐卵以预防发霉，并且保卫着巢穴免遭入侵和攻击。一旦蛹羽化，雌蠼螋会继续与幼虫共处几周，为它们提供食物。雌蠼螋无法区分自己的卵和其他蠼螋的卵。

欧球螋（*Forficula auricularia*）

- 体长可达1.5cm。
- 遍布欧洲。
- 呈红褐色，身体扁平，尾端有一对尾钳。

顾卵行为

蠼螋是不完全群居的昆虫。它们不通过合作来孵化幼虫，但是却有一定水平的亲代照料行为。有时，雌蠼螋在无意间会将其他雌蠼螋的卵当作自己的卵来照顾。

新鲜大餐

雌性蜾蠃只是把毛虫麻醉而并不杀死，以防毛虫在幼虫取食之前腐败。因为它们营造的小型陶壶状的蜂巢，蜾蠃得名“陶工胡蜂”。

活储藏室

蜾蠃

蜾蠃是一类独居的胡蜂，它们独自生活，不具有我们在很多其他种类的蜂群中观察到的社群关系。雌蜂各自寻找雄蜂交配，之后开始建造蜂巢。蜂巢通常会选择建在墙壁或岩石上的洞穴旁边，雌蜂在洞穴的开口端建造一个壶形的小室。典型的蜂巢由唾液搅拌泥土或嚼碎的树叶建造而成，它的形状好像一个小圆球或花瓶，只有唯一的一个开口。蜂巢内部分成了一个一个独立的小室，雌蜂就把卵产在这些小室中，一室一卵或多卵。产卵之后，雌蜂离巢外出，为即将孵出的蜂宝宝寻找食物。雌蜂捕捉毛虫，用尾巴上的长刺麻痹它们，然后将它们运回自己的巢穴内，用中间的两条腿将其翻过来。一旦巢室被虫体填满，雌蜂就用相同的巢材将巢口封死。等几天之后幼虫孵化，幼虫一离开自己的孵化室就会来到这个充满新鲜食物的“储藏室”。当这一切准备妥当，雌蜂也就完成了自己在后代抚育中的任务。

蜾蠃亚科（Eumeninae）

最长3cm。

广泛分布，包括澳大利亚、北美洲、南美洲、亚洲和欧洲。

体形中等或大型的胡蜂，多细腰，呈黑黄色或黑橙色，也被称为陶工胡蜂或瓦工黄蜂。

甜蜜的陷阱

霾灰蝶

霾灰蝶的幼虫会在宿主毫无防备的时候送给它一个死亡之吻。霾灰蝶的幼虫具有一种腺体，它趴在地上，背部的腺体分泌出甜甜的蜂蜜一样的物质。这种物质能够吸引萨氏红蚁（*Myrmica sabuleti*）的注意，将霾灰蝶幼虫拖回蚁巢“收养”。一旦进入蚁巢，霾灰蝶幼虫就会模拟红蚁的气味和声音，把自己伪装成红蚁中的一员，并且为蚁巢提供蜂蜜。被蒙在鼓里的红蚁没有注意到，它们请来的“客人”正在蚁巢中肆无忌惮地吞吃蚁卵和幼蚁。

霾灰蝶（*Maculinea arion*）

1cm。

广布于欧洲各地，1979年在英国灭绝，1983年在英国重新引入。

成年蝴蝶翅膀为蓝色，具黑色外缘，毛虫为粉褐色，有黑头和尖尖的尾巴。

犹大之吻

霾灰蝶幼虫成功地引诱红蚁将自己搬回蚁巢。在蚁巢中，它会把红蚁的后代全部吃光。

在肩背上

雄负子蝽可以背负多达100枚卵。雌性将卵依次产下，雌雄分批次交配，这种方式可以保证雄性的父权。图中这些卵正在孵化中。

父代照料

日本负子蝽

雄负子蝽将卵全部背在背上直到成功孵化。雌负子蝽把卵产在雄性的背上，父亲用前翅保护着这些卵，定期晾晒防止真菌滋生。这样将近3周，直到这些卵全部孵化并散布四方。雌性每次产卵大概要交配30次。

日本负子蝽（*Diplonychus japonicus*）

2.5cm。

日本的溪流和灌溉的水稻田中。

身体宽而扁平，好斗，锋利的前腿可以捕杀猎物。

母代抚育

灰匙同蝽

和产多窝卵的昆虫相比，只产一窝卵的昆虫为后代提供的保护和照顾更多。雌性灰匙同蝽会为自己唯一的一窝后代站岗放哨，严防寄生虫和捕食者的侵害，有一些甚至还会联合起来合作分工，形成一种简单的社会关系。这样的方式往往比单独保护后代成功率更高。

灰匙同蝽（*Elasmucha grisea*）

7mm

整个欧洲白桦林。

棕色、橙色或橄榄绿色的蝽。

怀孕的父亲

海马

很多鱼类由雄性来抚育后代，然而海马却是父代抚育的一个极端例子。海马是一夫一妻制，这种配偶关系一直维系到繁殖季节结束，每天例行的求偶舞蹈可以使这种关系不断加强。雌海马把卵产在雄海马体内一个专门的育儿袋里，在接下来的2~4周里，小海马会在爸爸的育儿袋里生长发育，直到它们完全准备好独立生活。那时海马爸爸就会像人力泵一样，育儿袋一吸一推，把小海马释放出去。

生产

海马的胚胎在雄性的育儿袋内发育，一直到小海马能够快速游泳。它们出来时就是微型海马，一出生就可以完全独立生活。

海马属（*Hippocampus*）

- 长达35mm。
- 温带和热带浅海海域的海草床、红树林和珊瑚礁中。
- 头部和身体垂直，长尾巴可以钩住海底、植物或者其他物体。

» 305，355。

解剖学

育儿袋

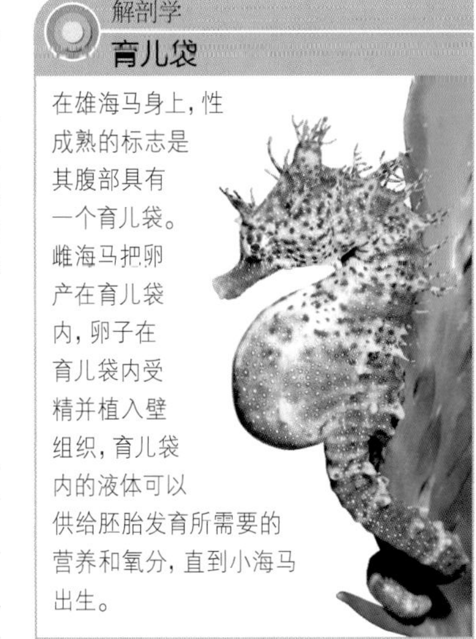

在雄海马身上，性成熟的标志是其腹部具有一个育儿袋。雌海马把卵产在育儿袋内，卵子在育儿袋内受精并植入壁组织，育儿袋内的液体可以供给胚胎发育所需要的营养和氧分，直到小海马出生。

口腔育雏

后颌鱼

后颌鱼是海洋鱼类一个普通的科，包含3个属，具有相同的行为方式和身体特征，其最明显的外部特征就是长着一对朝前的眼睛和一张大嘴。它们用嘴挖洞栖息，捕捉猎物和威胁那些敢于冒险过于接近领域的捕食者。在繁殖季节，嘴还有特殊的用途。雄性徘徊在雌性的上方，闪烁着身体的色彩，作为准备要产卵的信号。雄性接受雌性进入自己的洞穴并储存它们的卵，随后雌性离开，不再扮演照顾后代的角色。雄鱼则用嘴将受精卵收集起来，在嘴中将卵孵化，通过水流的流动为受精卵增加氧气，直到幼体被孵化出来。随着胚胎的发育成熟，受精卵之间的粘连逐渐减小，并最终各自分离。雄鱼不断增加氧气的供应量，直到7~10天以后受精卵发育成熟，幼鱼孵化后向水面扩散。从这一刻起，年轻的后颌鱼就开始完全独立了。

后颌鱼利用**自己强有力的双颌**在沙石地上挖掘洞穴栖身。

后颌鱼科（Opistognathidae）

- 长达51cm。
- 太平洋、印度洋、大西洋的珊瑚礁附近的浅海沙石海底。
- 体形细长，呈锥状，具朝前的眼睛、大嘴巴。

口腔孵化

后颌鱼以其独特的繁殖和抚育后代的方式而得名。这只雄性后颌鱼满嘴含着受精卵，正从其栖身的洞穴中向外窥视。

保卫巢穴

这种鱼学名的大意是“居住在礁石之中的父亲”。它们的卵产在礁石上，并由雄性守护。

执勤

五线豆娘鱼

五线豆娘鱼，又叫五线雀鲷。它的个头很小，但堪称珊瑚礁中最勇敢的鱼。在雌雄之间短暂的追逐求爱之后，雌鱼会产下约20万颗卵，之后雄鱼会守护在巢穴周围（巢穴往往位于岩石或珊瑚上），长达160个小时，此时它们的身体变成黑色，攻击性很强。雄鱼会一直待在卵的旁边，并不断地为卵吹气以提供氧气，直到小鱼全部孵化出来为止。

五线豆娘鱼（*Abudefduf saxatilis*）

- 23cm。
- 只分布于大西洋的热带和亚热带珊瑚礁或岩岸海域。
- 体小，侧扁，银色身体上有黑色纵纹。

沙地巢穴

绿拟鳞鲀

在所有拟鳞鲀（俗名炮弹鱼）中，绿拟鳞鲀是最令潜水者生畏的一种。雌鱼在一个沙地凹陷处产下一圈卵，然后雄鱼会一直守护在卵的周围，直到小鱼全部孵化出来。它的领地范围从巢穴往上直到水面直径逐渐变宽，形成一个倒圆锥体。绿拟鳞鲀有发达的利齿，天生机警，当感觉受到威胁时，它们会奋力驱赶入侵者。

绿拟鳞鲀（*Balistoides viridescens*）

- 75cm。
- 分布于印度洋－太平洋海域的珊瑚礁中。
- 分布于印度洋－太平洋海域的珊瑚礁中。
- 140。

为卵吹气

雌性和雄性绿拟鳞鲀轮流照顾它们的卵并抵御捕食者。这只亲鱼正轻柔地为卵吹气，以补充孵化所需的氧气。

保水

非洲牛箱头蛙

一年中的大部分时间，非洲牛箱头蛙（俗称非洲牛蛙）都生活在沙漠里，那里一年中的10个月干旱少雨。为了保护湿润的皮肤，它们长期生活在地下的洞穴中。到了12月或1月，雨水终于降临，并且在地上形成许多临时性小水坑。此时，牛蛙会迅速从地下爬出来交配并产卵，雌蛙产完卵之后便离开，留下雄蛙独自照料这些卵。由于雨季非常短暂，牛蛙的发育必须非常迅速，所有的卵在两天后便孵化成蝌蚪。沙漠中的小水坑星罗棋布，小蝌蚪们聚集的小水坑很快便会干涸。为了保证它们的安全，牛蛙爸爸必须外出寻找下一个水坑，然后挖掘一条水渠连接这两个水坑，并带领小蝌蚪们游到新的水坑。雄蛙要这样一直照料蝌蚪3周，直到它们全部长大。

4000 一只牛蛙每次所养育的蝌蚪的数目。雄蛙有时会取食自己的孩子。

营救使命

灼热的阳光使小蝌蚪所处的水坑中水位迅速降低，雄蛙立即挖出一条渠道通到下一个水坑，以保证小蝌蚪的安全。

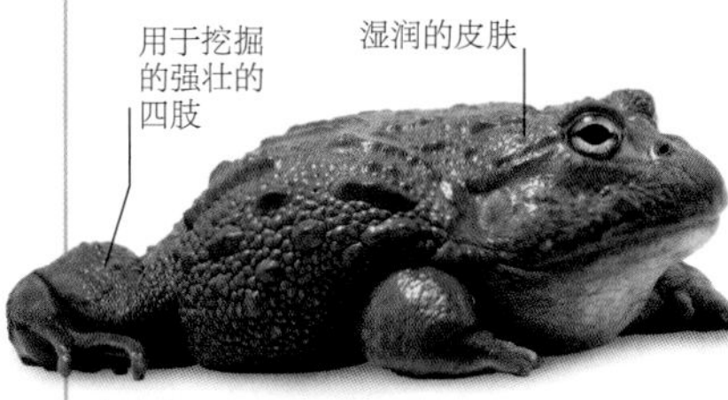

大家伙

非洲牛蛙有敏锐的嗅觉、视觉和听觉，能帮助它们在繁殖期用巨大的叫声彼此交流。

非洲牛箱头蛙（*Pyxicephalus adspersus*）

- 25cm。
- 分布于非洲中部、东部和南部的河流和溪流附近。
- 非洲最大的蛙类之一，体圆，头宽。

危险之旅

尽管鳄鱼拥有巨大的牙齿和强壮的上下颌，它们却能非常轻柔地用嘴叼起自己的孩子。对小鳄鱼来说，从巢穴到水边这段路堪称它们经历的最危险的旅程。

护卵

四趾螈

四趾螈的巢穴位于水塘上方，它们用苔藓筑造柔软的巢穴。雌性蝾螈花费数小时的时间产下所有的卵，卵的表面有黏性保护层，可以使卵附着在周围的苔藓之上。此后的数天，雌性蝾螈会一直守护在卵的周围，并且用它体表的分泌物涂抹在卵的表面，使它们免遭真菌侵害，直到小蝾螈们全部孵化。当即将出壳时，小蝾螈会扭动着移出巢穴，然后落入下方的水塘中，并最终出壳开始独立的生活。

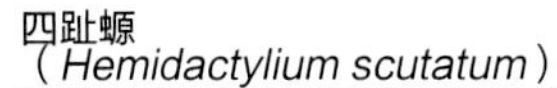

四趾螈
(*Hemidactylium scutatum*)

5~10cm。

分布于从加拿大新斯科舍省至墨西哥湾的成熟林附近的湿地中。

体小，呈锈棕色或灰色，四肢均具四趾。

柔软的垫子

四趾螈会将它们的卵黏附在苔藓、朽木和碎叶片上。如果缺乏合适的筑巢材料，雌性四趾螈会聚在一块产卵。记载发现的最大一处巢穴内共有1000颗卵。

遮阳篷

细小的树叶为高山欧螈的幼体遮挡了日光中的紫外线，以保护它们不受伤害。

个体包装

高山欧螈

高山欧螈生活在高海拔地区，那里空气稀少，紫外线强烈。为了保护后代免遭紫外线伤害，雌性蝾螈会用树叶将幼年蝾螈包裹起来以抵挡强烈的阳光。许多种类的两栖动物都对紫外线非常敏感，暴露在阳光下会损伤它们脆弱的皮肤，甚至导致死亡。色素还未发育、行动不便的卵和幼体尤其容易受到紫外线伤害。

高山欧螈（*Triturus alpestris*）

长达12cm。

分布于欧洲中部山区的森林中。

雄性腹部橙色，背部蓝黑色或具斑点，头小；雌性浅褐色。

>> 356。

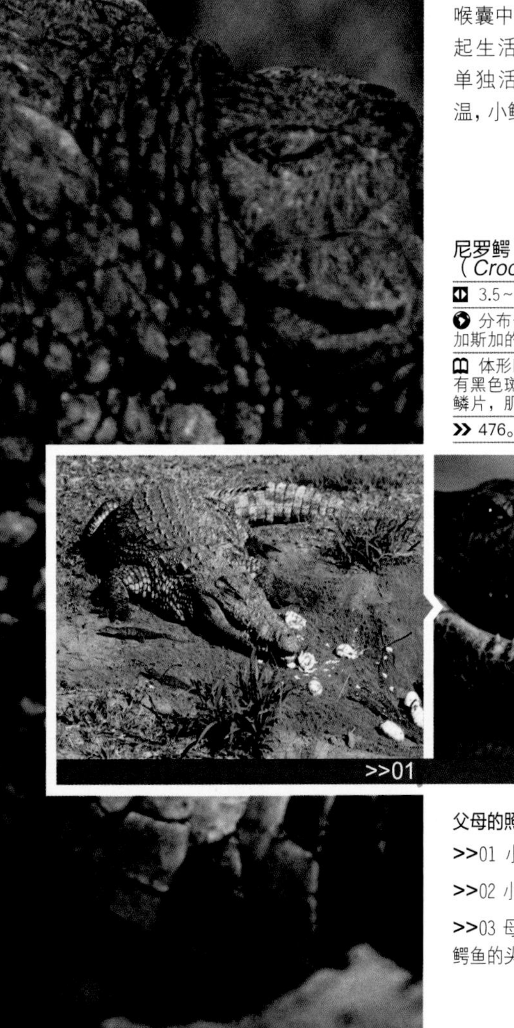

温柔的触碰

尼罗鳄

虽然在人们的印象中，尼罗鳄非常凶残，但它们对自己的子女却非常温柔。雌鳄在河边的沙岸上挖掘50厘米深的坑，然后在里面产下50枚卵。一旦选定了一个合适的产卵场所，以后每次繁殖它都会回到这里产卵。产卵之后，雌鳄会守护在巢穴周围长达3个月，保护巢穴不被洪水淹没，并抵御食腐动物如尼罗巨蜥的偷袭。

鳄卵的卵壳很坚硬，使得小鳄鱼出壳比较困难。如果小鳄鱼无法从壳中出来，鳄鱼妈妈会将卵衔进嘴里，然后用牙齿轻轻地将卵壳压碎以帮助小鳄鱼出来。小鳄鱼出壳后，会发出细小的声音呼唤妈妈，然后母鳄鱼便会轻轻地将它们挖出来，衔到嘴里后带到水中。当受到威胁时，母鳄鱼会将小鳄鱼藏到自己的咽喉或喉囊中保护它们。刚出生的小鳄鱼长约30厘米，它们会和妈妈一起生活两年。成年鳄鱼则往往单独活动。为了躲避极端的高温，小鳄鱼们会聚集在洞穴中。

喉囊

鳄鱼有一个具有弹性的喉囊，可用于携带子女或猎物。喉囊背部有一片皮肤膜，当它们在水下进食时可以防止水进入肺部。

尼罗鳄
(*Crocodylus niloticus*)

3.5~6m。

分布于非洲中部、南部以及马达加斯加的河流中。

体形巨大，身体橄榄绿至棕色，有黑色斑点和网格状斑纹，被坚硬的鳞片，肌肉质尾巴非常强壮。

>> 476。

父母的照顾

>>01 小鳄鱼孵化后，母鳄鱼守护在河岸边，等待小鳄鱼向它爬来。

>>02 小鳄鱼试图挣脱卵壳，妈妈用牙齿轻轻地帮助它把卵壳咬碎。

>>03 母鳄鱼游泳时把小鳄鱼衔在嘴里以保护它们，我们可以看到一只小鳄鱼的头部正从妈妈的牙齿间探出来。

白蚁的庇护

巨蜥

巨蜥生活在非洲稀树草原和其他干旱地区，那里气温很高，阳光炙烤着所有生物。雨季是多数动物的繁殖期。雌性巨蜥会将卵产在白蚁的巢穴内，因为白蚁巢穴内的环境非常稳定，此外，巢穴内的白蚁会不断修补和保护巢穴（以及其中的巨蜥卵），防止巢穴受到其他昆虫或捕食者的侵犯。当小巨蜥孵化出来之后，它们自己挖掘通道从巢穴中出来并分散进入丛林，此后便开始独立生活。

巨蜥属（*Varanus*）

- 长达75cm。
- 分布于非洲、印度、中国、东南亚和澳大利亚。
- 粗壮的大型蜥蜴，四肢强壮，爪发达，用于挖掘。

沙漠之家

刚刚孵化出来的小巨蜥趴在它们出生的白蚁巢穴表面。在沙漠中，这些土堆状巢穴为巨蜥卵的孵化提供了一个理想的恒温、恒湿场所。

妈妈的守护

粗鳞响尾蛇

粗鳞响尾蛇是北美洲最危险的剧毒蛇。然而，雌性响尾蛇会很好地照顾幼蛇，有时候甚至会与自己的姐妹一块照顾它们的后代。它们在夏天和秋天交配，交配后精子可以在体内保存至明年的春天。到秋天时，母蛇会直接产下大约7条幼蛇。出生后，幼蛇会与妈妈一起生活7~10天；冬眠时，它们也会循着妈妈留下的气味寻找合适的冬眠地点。

粗鳞响尾蛇（*Crotalus horridus*）

- 1.5m。
- 分布于美国东部的落叶林中。
- 体大，重，臀背部有红色斑纹和黑色人字形交叉条带。

精心呵护

雌性响尾蛇在怀孕和照顾后代期间不吃不喝，每3~4年繁殖一次，每次可以产下最多20条小蛇。看，这条雌蛇就生了一大窝。

雄性孵卵

鸸鹋

当繁殖期来临时，雄性鸸鹋会不吃不喝，并且用树枝和树皮筑巢。雌鸟在巢中产卵后便离开，在之后的8周由雄鸟负责孵卵，它会每天将卵翻动约10次。雏鸟孵出来之后要和爸爸一起生活18个月，直到它们学会自己觅食。

节食

雄性鸸鹋非常尽职尽责，在孵化过程中它们不吃不喝，最后会减轻约三分之一的体重。

鸸鹋（*Dromaius novaehollandiae*）

- 高2m。
- 广泛分布于澳大利亚大陆。
- 体大，不会飞，腿长，羽毛淡褐色。

企鹅托儿所

冠企鹅

在繁殖期，成千上万只冠企鹅聚集在布满岩石的山坡上繁殖，每年企鹅夫妇都会回到相同的巢穴位置。数量众多的好处在于群体中每时每刻都会有同伴在放哨。冠企鹅每次产2枚卵，第一枚比第二枚小很多。多数情况下，只有第二枚卵孵出的雏鸟能被成功养活。夫妇俩轮流孵卵，耗时33天左右。雏鸟孵出来之后，由雄鸟负责照顾幼鸟，雌鸟负责出去找食。25天之后，夫妻都会出去觅食，将雏鸟留在“托儿所”中，由其他的成鸟负责照顾和保护它们。

冠企鹅（*Eudyptes chrysocome*）

- 52cm高。
- 分布于南大洋岛屿的岩石海岸。
- 体小，眼睛红，头部的眉纹和与之相连的饰羽均为黄色。

在背上养育后代

黑颈䴙䴘

出壳之前，小黑颈䴙䴘便会在壳内呼叫父母以得到照顾。成鸟用树叶和水生植物筑巢，然后雌鸟在巢内产下3~4枚乳白色的卵，夫妻俩轮流孵化22天。出壳前的一到两天，雏鸟会在壳内呼叫父母，提醒它们为自己翻卵或降温。出壳后，雏鸟会先在巢中待两天，然后便爬到父母的背上。它们会在这个“游动的巢穴”中待10天左右，在此期间父母用翅膀庇护它们。

黑颈䴙䴘（*Podiceps nigricollis*）

- 34cm。
- 除了澳大利亚和南极洲，广泛分布于各大洲。
- 体小，呈黑色，头部具有黄色饰羽。

翅膀之下

从图中能看到一只小黑颈䴙䴘的头从父母的翅膀下露出来。每一个父母的背上都能为两只小鸟提供舒适的空间。

家

黑眉信天翁

黑眉信天翁在一生中会有稳定的伴侣，它们每次繁殖都会回到相同的地点寻找同一个伴侣。只有当伴侣死亡或者和旧伴侣“离婚”，它们才会重新找一个。“离婚”是很少见的，只有当一对伴侣连续几次繁殖失败时才发生，“离婚”后它们会寻找新的伴侣以提高繁殖成功率。成年信天翁分散在南部海域觅食过冬，但是每年的9月，它们会飞到相同的崖壁上繁殖。夫妻双方会合后，会先经历热烈的求爱仪式以加深感情，之后雌鸟会产下一枚很大的卵。双方共同孵化直到12月份雏鸟孵出。长满绒毛的雏鸟以磷虾和乌贼为食，发育很快。它们要在巢穴中待大约17周，直到身上长出飞羽。黑眉信天翁的巢穴位于悬崖的顶部和山坡上，这样可以利用上升气流帮助它们张开2.5米宽的双翅以便起飞和降落。

桶状巢

黑眉信天翁用泥土和草筑造一个直径30厘米、高45厘米的圆柱状巢穴。黑眉信天翁奉行终身一夫一妻制，但是它们对筑巢地的忠诚度更大于对配偶的忠诚度。

黑眉信天翁（*Thalassarche melanophris*）

- 80~95cm。
- 分布于极地区域，在亚南极群岛繁殖。
- 大型海鸟，腹部白色，翅上深灰色。喙黄色至深橘黄色，眼睛上面有特异性黑色眉纹。

» 142，253。

紧紧依恋

猩猩是最大的树栖哺乳动物，然而它们出生时很小，只有1.5千克。小猩猩出生后的第一年，妈妈会一直抱着它们。在2岁时，小猩猩仍然趴在妈妈的背上生活。它们吃奶要吃到4岁左右，在7~8岁之前会一直与妈妈吃住在一起。

冒牌子女

大杜鹃

大杜鹃有巢寄生现象，它们自己不孵卵养育后代，而是把卵产在其他鸟类的巢中。林岩鹨、云雀或者苇莺都是大杜鹃的宿主。雌性大杜鹃找到宿主的巢穴后会叼走宿主的一个卵，然后产下它自己的卵。杜鹃雏鸟孵出后会与养父母的雏鸟争夺营养资源。

张大嘴的诡计

体形很小的苇莺经常被小杜鹃的诡计所骗。小杜鹃的食量很大，发育迅速，很快便占满整个巢穴。它会将养父母的孩子全都挤出巢穴，并且很快就会长得比养父母的体积还大。

大杜鹃（*Cuculus canorus*）

- 32～36cm。
- 广布种，夏季分布于欧洲和亚洲，冬季分布于非洲。
- 身体修长，头、背和胸部灰色，下体白色，尾长，翅尖，腿强壮。

骑在妈妈的尾巴上

树穿山甲

穿山甲是独行动物，两性只在繁殖期待在一起。雌性怀孕期为150天，每次产一崽。新生穿山甲的鳞片很软，但几天后就变得坚硬。穿山甲具有独特的育幼行为，即幼年穿山甲趴在妈妈的尾巴上，直到3个月断奶时。断奶后幼年穿山甲会继续和妈妈生活在一起，5个月大时开始独立生活。当受到威胁时，雌性穿山甲会用自己的身体将幼崽包裹起来，形成一个坚实的球体以保护中间的幼崽。

树穿山甲（*Manis tricuspis*）

- 35～60cm。
- 分布于非洲中部和西部的森林中。
- 哺乳动物，体小，呈棕色，覆盖着鳞片，头小，具有长的手指状尾巴。

列队前进

小麝鼩

小麝鼩是一种多产的动物，一年可以繁殖4～5次，每次产1～6只幼崽。幼崽出生22天后便断奶了。雌性小麝鼩将巢穴安置在朽木或石头洞穴中，当受到干扰时，它会将幼崽转移到安全的场所。此时，幼崽们将表演有趣的列队行为，后面的个体叼着前面个体的尾巴，首尾相接，形成一条长链前进。

小麝鼩（*Crocidura suaveolens*）

- 5～7cm。
- 分布于欧洲、日本和非洲北部、英国的海峡群岛和锡利群岛。
- 体小，呈棕灰色，腹部白。

组成一队

幼年小麝鼩用牙齿咬着前面同伴的尾巴，首尾相连形成一条长链，跟随妈妈转移到安全场所。

温暖的托儿所

墨西哥犬吻蝠

墨西哥犬吻蝠聚集成的群体是世界上最大的。在不同时期，两性所选择的栖息场所也有差异，这取决于它们的繁殖周期以及在一年中所处的时间。雌性蝙蝠所栖息的洞穴中可以有数百万只个体，妈妈们通过子女的特殊气味和叫声识别它们。出生5～6周后小蝙蝠们便断奶，然后加入成年蝙蝠的群体，往返迁徙于美国得克萨斯州的夏季栖宿地和墨西哥的越冬地之间。

墨西哥犬吻蝠（*Tadarida brasiliensis*）

- 9cm。
- 分布于美国西部和南部、墨西哥、中美洲、智利和阿根廷的岩洞中。
- 中等大小，体覆棕色毛皮，尾部明显超出翼膜。
- >> 320。

摩肩接踵

雌性蝙蝠外出觅食时会将小蝙蝠留在洞中，此时小蝙蝠们便紧紧挨在一起相互取暖。

寒冷中的依偎

北极熊花大量的时间睡觉或在冰上寻找海豹。成年北极熊是出色的游泳能手，但是幼年北极熊很容易溺水，因此，它们大部分时间待在冰上。

妈妈的保护

北极熊

北极熊是独居动物，雌性和雄性北极熊只在晚冬或早春待在一起完成交配。之后在距离海岸几千米处，怀孕的母熊在雪地上挖掘出一个洞穴，然后钻到里面过冬，在此期间它会产下2～3只幼崽。刚出生的小北极熊全身被毛，眼睛还未睁开，体重只有600克。产崽后母熊会继续冬眠，并在洞中哺育幼崽直到来年4月。当小熊从洞中钻出来时体重已经达到10～15千克。在接下来的2～3年内，它们会一直生活在妈妈的身边，在此期间，母熊会为它们提供食物，教它们捕食，并且保护它们。

北极熊（*Ursus maritimus*）

- 2.5m。
- 分布于北极地区浮冰上和沿岸（北极圈内）。
- 体形巨大，毛色白或略黄，身体强壮，颈长。
- >> 258～259。

妈妈的乳汁

北象海豹

虽然是海洋哺乳动物，北象海豹在繁殖时仍需要回到陆地。在12月至次年1月，雌性和雄性海豹聚集在海岸边，一头雄性海豹守护着一大群妻妾。雌性通常每次产一崽，用乳汁喂养幼崽4周。由于乳汁富含脂肪，幼崽的体重增加很快。

北象海豹（*Mirounga angustirostris*）

3～5m。

分布于从阿拉斯加海湾至美国加利福尼亚巴加（Baja）的太平洋海域。

大型海豹；雄性颜色更深，具有膨胀的巨大鼻子。

>> 350。

哺乳

雌性北象海豹通常只哺乳一只幼崽，偶尔会有双胞胎出生。有时候，一些狡猾的小海豹会在其他雌海豹的身上吃奶。

4.5千克 海豹幼崽每天增加的体重。出生后4周，小海豹的体重可以增加至原来的3倍。

捕鱼训练

巨水獭

巨水獭集群生活在河岸边，以一对繁殖个体为家庭的首领。雌性在旱季产崽，每次产1～5只。家庭中所有成员都会用捕捉来的受伤的鱼教小水獭捕鱼。这种捕鱼训练在小水獭出生后3个月时就开始了，其执行者可能是家庭中的任何一只成年水獭。小水獭在9个月大时断奶，此后继续留在家庭中两年，直到它们离开去建立自己的家庭。

巨水獭（*Pteronura brasiliensis*）

1.5～1.8m。

分布于南美洲的河流、湖泊中。

大型水獭；身体修长，棕色毛皮柔软光滑，喉部有白斑。

保暖

白鲸

白鲸生活在北极浮冰之间的冰冷海水中。夏季，雌性白鲸游到浅湾和河口处产崽，那里的水温比开阔海域中高，因此小白鲸不需要浪费能量用于保暖，而可以将能量用于增加体重、储存脂肪。白鲸的乳汁含30%的脂肪。母鲸的乳头藏在腹部的皮肤褶中，小白鲸要吃24个月的奶水。刚出生的小白鲸便能游泳，然而它们时常会趴在妈妈的背上，或者利用妈妈在前面游泳所产生的滑流前进，直到它们拥有足够的力量。

未成熟的颜色

白鲸是社会性动物，集群活动。小白鲸身体为灰色，很容易在群体中被辨认出来，它们成年后身体会变成白色。

白鲸（*Delphinapterus leucas*）

3～5m。

分布于北极和次北极海域。

体色白，头钝，牙齿小，无背鳍。

>> 311。

奋力保护

驼鹿

驼鹿是典型的独居动物，只在母子间有紧密的联系。交配发生在每年的9月和10月，此时雄鹿通过激烈的打斗获得交配权。怀孕8个月后，母驼鹿会找一处安静隐蔽的地方产崽，每次产1～2只幼崽。小驼鹿非常柔弱，很容易成为熊和狼的猎物。然而，母驼鹿在遇到捕食者时会奋力保护幼崽，它们用后脚和蹄子重重地踢向敌人。许多母驼鹿选择生活在人类生活区附近，因为那里的狼更少。小驼鹿的成活率很低，在一些地区，能成功度过一岁的小驼鹿只有20%。存活下来的小鹿会和妈妈一起生活整整一年，直到下一个繁殖季节的来临。

遭到攻击

熊和狼是小驼鹿最大的天敌。驼鹿出生后体重增加很快，几天后便能游泳和奔跑，尽管如此，它们的成活率还是很低。

驼鹿（*Alces alces*）

2.5～3.2m。

分布于北美、北欧和俄罗斯的落叶林中。

世界上最大的鹿，有巨大的鹿角；毛皮为棕灰色，蹄宽；在欧洲被称为Elk，在北美洲则被称为Moose。

>> 339。

保姆

条纹獴

亲缘关系近的雌性条纹獴形成紧密的群体生活在一起，并且共同抚育后代。雌性9个月大时便达到性成熟，每次产崽2～6只。哺乳期的雌性会得到其他群体成员的帮助，这些帮助者往往缺乏繁殖机会，此时它们便充当保姆来照顾这些幼崽。

群体看护

充当保姆的条纹獴往往留在巢穴内照顾无法外出觅食的弱小幼崽。

非洲獴（*Mungos mungo*）

55～60cm。

分布于非洲中部和东部的草原、森林中。

小型獴，从背中部至尾基有黑色斑纹。

>> 271。

玩耍与学习

学习是动物获取生存所需知识和技能的重要途径。年轻的动物需要学习很多东西，包括如何寻找食物、躲避捕食者，以及如何与群体成员共存。活到老，学到老——每个动物都要根据学习获得的经验来调整自己的行为。

简单学习

简单学习是动物对无任何奖励的重复刺激发生反应，其结果便是适应性，即动物开始忽视这种重复刺激。例如，鸟类最初见到稻草人时会飞走，但是数次之后，它们便发现稻草人没有任何危险，因此不再惧怕。适应性可以帮助动物过滤环境中不重要的信息。

关联和观察学习

关联学习是通过操作性条件反射或经典条件反射，与特定的刺激相关联的动物行为的反应。在操作性条件作用下，动物根据行为产生的后果（积极或消极）来调整自己的行为进行适应；在经典条件作用下，行为发生往往与一个中性刺激相关，但在这个过程中会通过奖励加强这种作用。在野外，许多动物也会通过观察其他的个体来调整自己的行为。

模仿
蛎鹬的雏鸟通过观察模仿妈妈觅食来学会自己寻找食物。

声音识别
当凤冠企鹅父母外出觅食回来时，它们和子女通过声音在庞大而嘈杂的群体中寻找彼此。

猴子间的嬉戏
两只年轻的绿狒狒正在树枝上玩耍。社会性灵长类动物是最爱玩的，相比其他动物，它们的童年期更长，在此期间它们要学习了解周围的环境以及群体中的社会关系。

个案研究

印记学习

印记现象是指年幼的雏鸟根据双亲独特的声音或形象来记住它们。人工饲养条件下，雏鸟能够对一个特定的物体产生印记现象。这只灰鹤雏鸟将眼前的这个物体当成了自己的妈妈，正从它那里获取食物。

玩耍

玩耍虽然没有明显的目的，但是通过玩耍可以增强动物的体质，练习捕猎的技能。哺乳动物和鸟类，尤其是它们的幼年个体最喜欢玩耍。有些动物会和无生命的物体玩耍，叼着它们四处游荡或将其当作猎物扑向它们；还有些动物喜欢和家庭成员一起玩耍，练习打斗和摔跤技能；此外，捕食者也会和捕到的猎物玩耍。玩耍有时是有风险的，因为会将动物自身暴露在捕食者面前，此外，玩耍会消耗大量能量，因此玩耍势必要对动物将来的行为发展有益处才行。

海豚是最爱玩耍的动物，经常表演群体杂技。

小老虎通过打斗练习提高自己的速度和灵活性，以便将来守护自己的领地。

熊猫幼崽的玩耍没有任何明显的目的，似乎只是为了娱乐。

熟悉的声音

林鸳鸯

为了躲避捕食者，林鸳鸯将巢穴筑在离地面2~18米高的树洞中。雌鸟每天产一枚乳白色的卵，在开始孵化前总共产6~15枚。在孵化的早期，它便会对卵中的胚胎鸣叫，这样可以使发育中的胚胎尽早对妈妈的声音形成印记。孵化30天后，雏鸟纷纷出壳，此时雌鸟会立即离开巢穴跳到地面，然后对着树上的雏鸟鸣叫。在妈妈呼唤声的驱使下，雏鸟们也会爬出洞穴飞到地面与雌鸟会合，此后，只要妈妈的声音在哪里，它们就会跟到哪里。

林鸳鸯的这种印记行为非常强烈，以致科学家们可以使人工孵化的雏鸟对饲养者甚至机器的声音产生印记，它们会因此一直跟随饲养者或者机器，俨然将这些人或者东西当成自己的妈妈了。

林鸳鸯（*Aix sponsa*）

- 45cm。
- 北美洲东部的湖泊和林间沼泽中。
- 体形中等。雄性具有闪亮的绿色羽毛，头部和胸部紫色。雌性为暗淡的灰色。

早熟者

林鸳鸯是早成鸟，这意味着它们孵化之后就是高度发育的。当幼鸟离开巢穴的时候，它们在妈妈的召唤下，一个接一个从高达25米的树上跳落到地面，而不会受伤。

吃一堑，长一智

一只蓝脸鲣鸟的雏鸟对藏在巢穴附近的一只红色地蟹表现出浓厚的兴趣。很快这种好奇心就会让它领教螃蟹钳子的厉害。

无知者无畏

蓝脸鲣鸟

抱着好奇和碰运气的心理，年幼的动物在冒险的经历中学习事物。蓝脸鲣鸟的名字来自西班牙语“bobo”，意思是愚蠢的家伙，这是由于蓝脸鲣鸟滑稽和愚蠢的行为使它们在过去很容易被船员捕杀。蓝脸鲣鸟居住在与世隔绝的海岛上，几乎没有捕食者，因此没有学会害怕。雏鸟天生对周围的事物充满好奇心，使得它们非常招人喜爱。

蓝脸鲣鸟（*Sula dactylatra*）

- 80~90cm。
- 太平洋和加勒比海的热带和亚热带海岛上。
- 体色白，脸部黑色，像戴了面罩，翅膀黑，尾尖。

曲调学习

湿地苇莺

湿地苇莺除了会鸣唱本种的歌曲，还会模仿其他鸟类的歌曲。在出生后第一年，它们就已经学会了几乎所有的歌曲。许多鸣禽需要通过学习掌握歌唱技能和曲目。虽然每种鸟学习的过程不同，但是通常都会有一段敏感期，在此期间幼鸟记住它们所听到的歌曲，形成一个自身的声音模块，然后再依靠这些模块产生自己的歌曲。这段练习期或称“次歌”期变化无常，而且声音很小；之后形成“可塑性歌曲”，这段时期的歌曲更灵活，声音更大，曲调也更接近正常歌曲；最后，小苇莺终于能唱出完整的固定歌曲。

留学生

湿地苇莺可以模仿其他鸟类的歌曲（最多可达84种），这些歌曲多数是在非洲越冬地学会的。

湿地苇莺（*Acrocephalus palustris*）

- 13cm。
- 分布于水边的低矮植被和灌丛中，在欧洲和西亚的温带繁殖，在非洲东南部越冬。
- 中等体形的苇莺，背棕灰色，下体发白。

亦步亦趋

鸵鸟

鸵鸟过着游牧生活，一个群体中拥有多达50只个体。在繁殖期，雄鸟通过战斗可以赢得2~7只雌鸟。交配后，所有雌鸟将卵产在雄鸟在沙地上挖出的公共巢穴中，然后雄鸟和其中的一位雌鸟首领轮流孵化，雏鸟孵出来之后主要由雄鸟照顾它们。小鸵鸟们很快便学会了紧跟着爸爸，每当鸵鸟群时不时地疾步前进时，它们就紧紧地围绕在爸爸脚边。雄鸟教会它们如何觅食和躲避天敌等，并且用翅膀为它们挡风蔽日。

多生多育

群体中的雄鸟和雌鸟首领负责照顾雏鸟，经常能看见一大群雏鸟围绕在它们的周围。有时候它们甚至会抢劫其他鸵鸟的雏鸟来加入自己的雏鸟群。

鸵鸟（*Struthio camelus*）

- 1.7~2.8m。
- 分布于非洲稀树草原地区。
- 高大不会飞的鸟，雄鸟被黑色绒毛状的羽毛，雌鸟和雏鸟为土褐色。
- >> 290，430。

个案研究

托儿所

一个群体中的雏鸟来自许多位妈妈，然而它们只由一到几只雄鸟照顾。群体中的雌鸟会在公共巢穴中产下白色的大大的卵，然后这些卵由雄鸟和一位雌鸟首领共同孵化，雌鸟首领会将自己产下的卵放在巢穴中间的最佳位置。孵化之后，大约40只雏鸟紧密地生活在一起，活像一个托儿所。由于是经过激烈打斗才获得的后代，雄性在照顾雏鸟方面尽心尽责，它们会教雏鸟如何取食。而当两只雄鸟相遇时，两个雏鸟群会本能地聚在一起形成一个更大的群体。

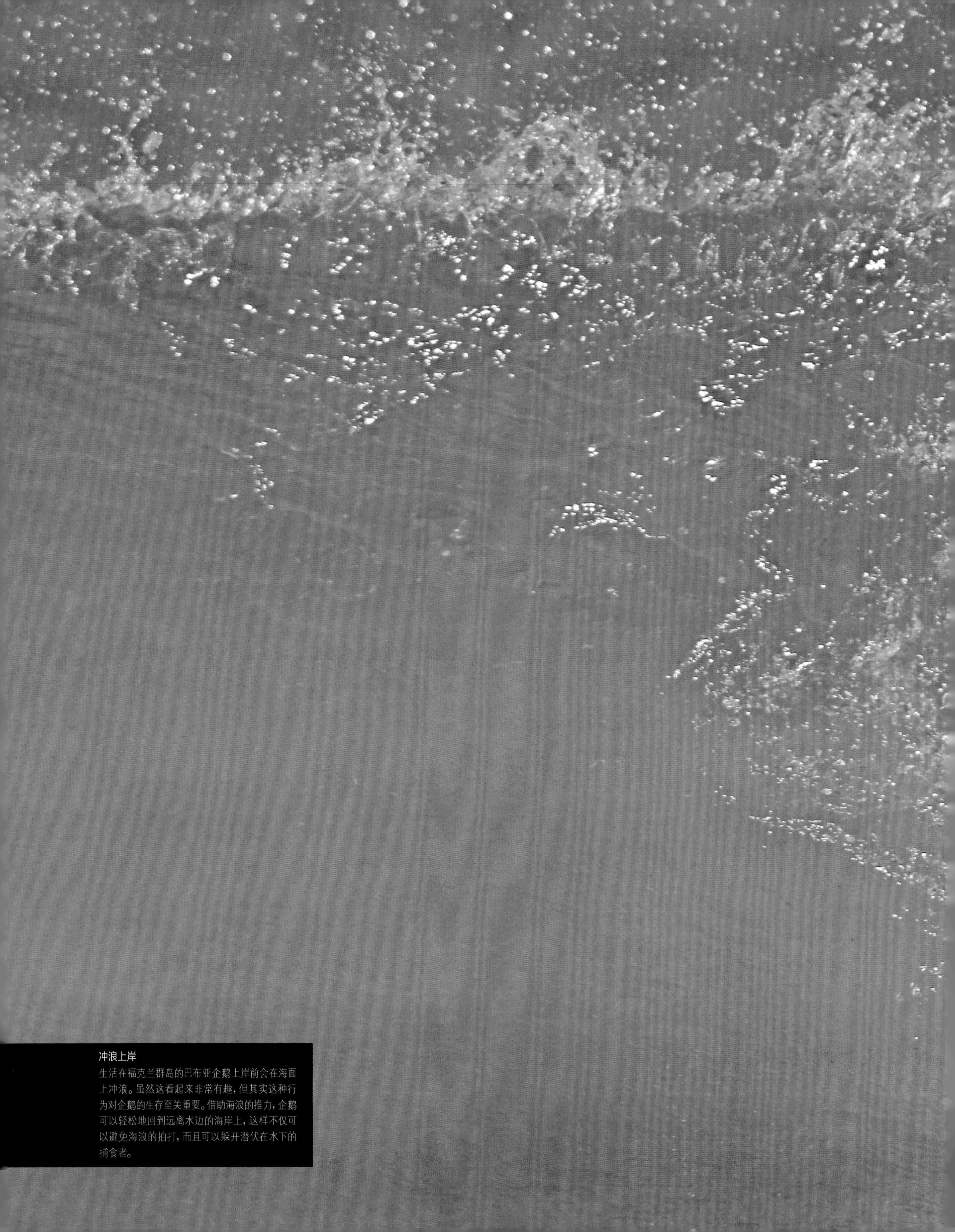

冲浪上岸

生活在福克兰群岛的巴布亚企鹅上岸前会在海面上冲浪。虽然这看起来非常有趣，但其实这种行为对企鹅的生存至关重要。借助海浪的推力，企鹅可以轻松地回到远离水边的海岸上，这样不仅可以避免海浪的拍打，而且可以躲开潜伏在水下的捕食者。

打斗技能

红颈大袋鼠

年轻的红颈大袋鼠很早便开始学习打斗技能。成年袋鼠之间的打斗非常残酷，两只袋鼠用长长的带爪的前臂拳击对方，或者倚靠在尾巴上用强壮的后腿踢向对手。但是年轻袋鼠之间的打斗仅仅只是玩耍和学习，而且它们会不断调整打斗方式和强度，以使游戏持续的时间尽可能地长。研究表明，年轻的雄性会根据对手的年龄而调整打斗的强度：当遇到一个比自己年轻的对手时，年长的袋鼠会通过压低身体来控制自己，从而减少攻击性；而如果遇到一个比自己年长的个体，则正好相反。这样做的目的就是延长打斗时间，增加乐趣。

红颈大袋鼠（*Macropus rufogriseus*）

70～105cm。

分布于澳大利亚东部和东南部的沿海灌丛和桉树林中。

体形中等，肩部皮毛为红色，有显眼的黑色鼻子和爪。

» 394。

打斗游戏

通过玩耍，雄性红颈大袋鼠可以提高打斗技能，将来能够帮助它们在群体中赢得并保持统治地位。

你追我赶

环尾狐猴

环尾狐猴集群生活，群体中大约有20只个体，首领是雌性（首领的地位可以世袭）。它们的社会等级关系被科学家仔细地研究过。环尾狐猴有一个严格的繁殖期，所有幼崽同时出生。在前6周里，小狐猴们便开始通过集体玩耍与其他成员进行交流。它们互相追逐、撕咬、摔跤，借此学习群体中的社会关系。

环尾狐猴（*Lemur catta*）

39～46cm。

分布于马达加斯加南部和西南部的干旱森林中。

毛皮棕灰色，略带红色，尾巴上有显著的黑白相间圆环。

» 436，446。

竞争游戏

通过竞争性游戏，小狐猴从小便能明确自己在群体中的地位。

宝宝的游戏

幼崽间摔跤游戏的锻炼可以帮助它们成年后在保卫领地和争夺配偶时占据优势。

近似种

苏门答腊猩猩比婆罗洲猩猩更爱社交。这只小猩猩正学着妈妈的样子在练习爬树技能。在高高的树顶上，这样的练习是充满危险的。

娱乐爱好者

婆罗洲猩猩

在马来语中，猩猩的名字（Orangutan）是“丛林之人”的意思，缘于猩猩一直生活在树顶上的习惯。借助长长的手臂和敏捷的身手，猩猩们在树枝间游荡，寻找可口的水果、坚果和树皮等食物。野生猩猩是独居动物，只在妈妈和子女之间有紧密联系。新生小猩猩在头一年中一直紧紧地抓着妈妈的腹部。在独立之前，它们要依赖妈妈生活5年。

当被人为聚集在一起的时候（如种群复原），小猩猩几乎是所有灵长类中最喜欢社交且最讨人喜爱的。年幼的雌、雄猩猩都会花数小时的时间用于社交活动。在此期间，它们相互摔跤、挠痒、追逐、翻滚、荡秋千，等等。在雄性小猩猩之间，摔跤游戏更为普遍，两个竞争者相互将对方推到或绊倒，而追逐游戏在两性之间同样大受欢迎。随着年龄的增长，小猩猩们花在社交上的时间变得越来越少。

婆罗洲猩猩（*Pongo pygmaeus*）

90～100cm。

分布于婆罗洲的森林冠层。

手臂长，被粗糙的橘红色毛发。

» 404，484。

雪球大战

日本猴

雪猴，或称日本猴，是除人类外生活地域最靠北的灵长类动物了。它们生活的地方一年中有三分之一的时间被白雪覆盖。雪猴因为喜欢泡温泉取暖而闻名于世，此外，它们还学会了将食物洗干净后再吃，这种技能最初是由一只雌猴发明的，随后便一代代地传承下来。但也许它们学会的最讨人喜爱的行为是滚雪球：小猴双手对握，小心地将雪压成雪球，然后放在地上滚动，一块玩耍。

雪猴

就像人类的小孩子一样，年幼的日本猴也会制作雪球相互投掷玩耍。我们现在还不清楚它们是怎么学会这些的，但是这种行为俨然已经成为群体的社会活动，而这种活动似乎仅仅是为了取乐。

日本猴（*Macaca fuscata*）

50～65cm

分布于日本亚热带至次北极森林中（北海道除外）。

毛发棕色，脸和手红色，尾短。

» 478。

打斗摔跤

郊狼

和其他犬科动物一样，郊狼是领域性动物，在群体中有森严的等级制度。然而，在郊狼的生活中，它们也常常会参与一些无危险的社会游戏，这些游戏从它们出生后几天便开始了。当想要邀请同伴玩耍时，郊狼会向同伴发出信号表示自己是友好的。犬科动物的游戏往往看起来很暴力，包括相互撕咬，然后咬着对方的头左右猛烈甩动，等等。当发现这些行为时不时地被一些信号，如"鞠躬"（一只狼的后腿直立，前腿弯曲，头部伏低）打断时，就表明它们只是在进行打斗摔跤练习。"鞠躬"表明"我想要和你玩——我的所作所为只是为了取乐"。这种鞠躬行为在狗群和狼群中同样存在，只是它们的打斗游戏比郊狼更为温和。当和一只比自己柔弱或年幼的郊狼玩耍时，更强壮的郊狼会有意识地克制自己，例如会咬得更轻一些。

65千米 雄性小郊狼离开父母后建立自己的领地所需要迁移的平均距离。

郊狼（*Canis latrans*）
- 1～1.6m。
- 广泛分布于北美洲。
- 外形像狼，被棕灰色至黄色毛发，尾端黑色。
- >> 460。

早期学习
郊狼幼崽要在洞中待6～10周后才到洞口外活动，当它们出来时已经学会了大部分社交使用的信号。

捕猎游戏
幼狮正扑向妈妈黑色的穗状尾端并咬住不放，借此练习成为一名优秀捕猎者的必需技能。

扑击练习

狮子

对于年轻狮子来说，捕猎技术是生存所需的基本技能，必须从小开始学习，因此幼狮在出生后便有很多东西需要学习。狮子典型的捕食方式是群体捕食。它们在开阔的草原上跟踪和围捕猎物，由于完全暴露在猎物面前，狮群必须以团队的形式精密合作才能成功捕食。幼狮们在3个月大时开始学习捕猎技能，它们会追逐任何身边移动的物体，之后便会学习捕杀妈妈带回来的未断气的或年幼的瞪羚。一年后，大部分幼狮已经可以加入狮群的追踪和围捕行动。两年后，它们便会成为优秀的捕猎者。

狮（*Panthera leo*）
- 1.6～2.5m。
- 非洲撒哈拉沙漠以南的草质平原和稀树草原地区。
- 大型猫科动物，身体呈蜂蜜色；雄性头部周围有特征明显的鬃毛。
- >> 237，437，446。

格斗游戏

棕熊

棕熊幼崽会花大量的时间和同胞进行格斗游戏，虽然这些游戏没有危险，但是打斗技能的训练对它们将来的生存至关重要。在野外，幼熊最大的威胁就是同类。如果遭遇另一头熊，母熊会立即让幼熊爬到附近的一棵树上去避难。然而年长的熊不再能爬树，因此遇到危险时必须通过打斗来保护自己和领地的安全，但有时这种格斗游戏在成年棕熊之间也会存在。

棕熊（*Ursus arctos*）
- 1.7～2.8m。
- 分布于北美和欧亚的森林和开阔地。
- 体形大，被厚厚的棕色、金色或黑色毛发。
- >> 201。

玩伴和玩具
棕熊幼崽酷爱玩耍，它们会和同胞甚至其他动物一块玩耍，有时也会将一些无生命的物体当作玩具。

捕杀练习

这只可怜的小汤氏瞪羚与这些猎豹幼崽的体形相当。但是为了生存，猎豹幼崽们必须学会控制大型猎物。而为了教会它们捕猎，猎豹妈妈会带回年幼或受伤的猎物，让小猎豹学习追逐和捕杀猎物。通过这些训练，小猎豹必须学会将来独立生活所需要的技能。

永远年轻

北美水獭

大多数动物只在幼年时爱玩耍，往往成年后就不玩了，然而水獭是个例外，比如北美水獭，它们一生都爱玩耍。这些动物喜欢互相翻滚着摔跤，有时喜欢和无生命物体嬉戏。它们也喜欢潜水捞石头，围成一圈翻滚，玩捉迷藏或模仿游戏，等等。水獭也喜欢滑雪游戏，它们会一次次地沿着相同的轨道在山坡上滑雪（见右图）。它们似乎非常享受这些游戏，并且会在其中花大量的时间。至于游戏在它们的生存和社会关系中起何种作用尚不清楚，也许是为了巩固成员间的关系，或者这是练习捕猎技能的方式。此外，水獭是非常活泼聪明的动物，也许玩耍仅仅就是为了取乐和消磨时光。

18米 水獭可以下潜的深度。它们能在水下待8分钟之久。

北美水獭（*Lontra canadensis*）
- 0.9～1.3m。
- 分布于北美洲的河流和沿海水域。
- 身体长，呈流线型，腿短，体被厚厚的深棕色毛发，腹部发白，四肢具蹼，有爪。

个案研究
平底雪橇运动

在野外观察水獭是一件有趣的事情。它们最滑稽的一种行为就是"平底雪橇运动"。所有年龄段的水獭都会经常在泥岸或者覆盖雪的山坡上向下滑，有时会直接滑进水中。在这项运动中，它们腹部贴着地面，四肢并拢，使身体呈流线型。这种行为的功能尚不清楚，有些研究者认为这仅仅是水獭的一种移动方式，其他人则认为这只是游戏行为，仅仅是为了取乐。

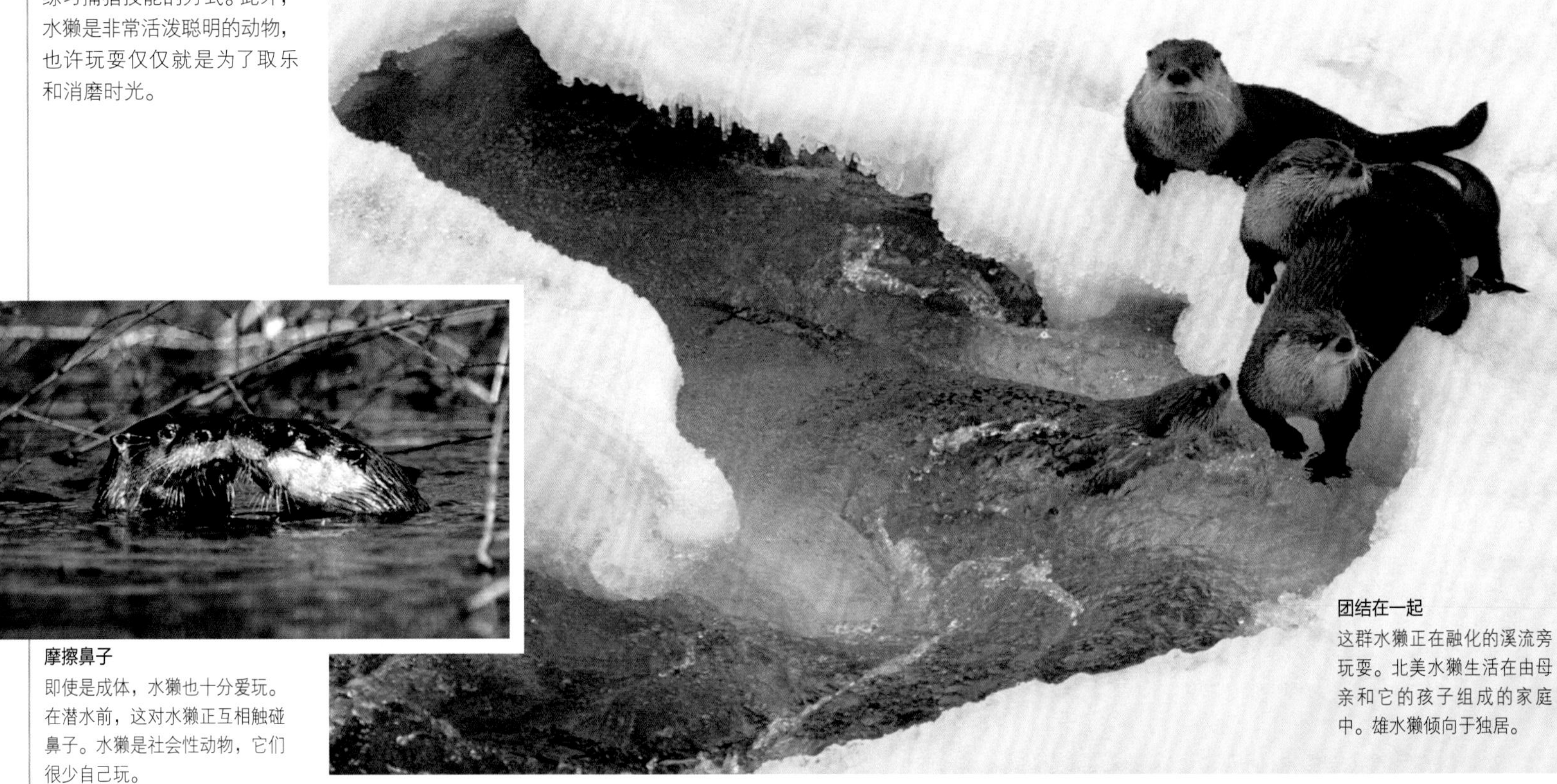

摩擦鼻子
即使是成体，水獭也十分爱玩。在潜水前，这对水獭正互相触碰鼻子。水獭是社会性动物，它们很少自己玩。

团结在一起
这群水獭正在融化的溪流旁玩耍。北美水獭生活在由母亲和它的孩子组成的家庭中。雄水獭倾向于独居。

团体操

暗黑斑纹海豚

暗黑斑纹海豚是群居动物，常常近1000只个体组成一个大型的群体。它们因善于表演杂技而闻名，经常能看到这些出色的游泳能手从水下跃起，在空中旋转、侧翻或背越，同时伴随着浪花四溅的嘈杂声音。这种行为的功能尚不清楚，有些科学家认为这是群体间的交流，借此告诉同伴这里有鱼群可以捕食；有些科学家则认为这是海豚集群捕猎的一种方式；也有人认为，海豚在海面上下跳跃可以帮助它们除掉身上的寄生虫；甚至有人认为这仅仅是为了玩耍。总之，不管什么原因，海豚们似乎对这项运动乐此不疲。

开心跳跃
在暗黑斑纹海豚25年的生命历程中，它们始终对表演杂技充满热情。

暗黑斑纹海豚（*Lagenorhynchus obscurus*）
- 2～2.1m。
- 分布于新西兰、南非和南美洲的沿海地区。
- 小型海豚，头钝，体侧有两条白色条纹。

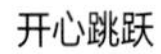

冲浪捕捉海豹

虎鲸

对鲸来说，在海滩上搁浅是致命的，然而有些虎鲸，或称为逆戟鲸，却会为了捕食陆地上的猎物冒险冲上海滩。在南美洲的巴塔哥尼亚，一些虎鲸已经学会了借助海浪的推力冲上海滩，去捕捉警惕性不高的海豹。母虎鲸还会鼓励它们的幼崽学习这种危险的捕食方式。起初，幼鲸们不情愿尝试，它们躲在妈妈的背后在安全的水域观摩，不久之后妈妈便会将它们推上海滩来训练它们。

虎鲸（*Orcinus orca*）
- 5～8m。
- 广泛分布于所有海洋。
- 具有独特的黑白相间的体色，背鳍很高。

» 244～245。

鼻子训练

非洲象

在大象的家庭中，许多知识是辈辈相传的。幼象常常和成年象一起玩耍，在玩耍中成年象会教它们一些生存所需的重要技能，例如如何使用最重要的器官——鼻子。对刚出生的小象来说，使用鼻子是一件既头疼又有趣的事情。即使到5个月大时，它们仍然常常被自己的鼻子绊倒，使用起来也很不灵活。大象的鼻子由40000块肌肉组成。通过观察同伴和长期练习，小象才能慢慢学会灵活地使用鼻子。

泼洒水花
幼象非常喜欢在水里玩耍，此外玩水可以帮助它们保持身体的凉爽。

喝水练习
小象宝宝一直都用嘴吃妈妈的奶，因此它还不知道如何使用鼻子来喝水。成年大象用鼻子吸水后送进嘴里，但是小象只能趴下身子用嘴喝水。它只有通过观察同伴才能慢慢学会鼻子的用途。

非洲象（*Loxodonta africana*）
- 5.5～7.5m。
- 分布于非洲撒哈拉沙漠以南的开阔草原、灌木林、森林甚至沙漠中。
- 陆地上最大的哺乳动物。耳朵巨大，鼻端有两个指突，两性都有长象牙。
- » 295，466～467，485。

打斗游戏
通过在打斗游戏中用头撞击对手或坚硬物体，小牛可以锻炼自己的肌肉，提高自己的打斗技能。

相互顶撞

美洲野牛

雄性美洲野牛用它们坚硬而肌肉发达的头颅和脖子推挤或撞击对手，以赢得异性的欢心。当雄性将头部压低时，就表明它准备攻击了。雌性野牛和它们的幼崽生活在一起，形成一个“游乐场”，幼崽们在其中广泛社交。出生两个月后，幼崽们开始长出牛角和显著的肩峰，这些都是将来在争斗中使用的工具。通过争斗练习，雄性野牛学习成年后在繁殖期争夺配偶所需要的技能。

美洲野牛（*Bison bison*）
- 3m。
- 分布于北美洲的国家公园、一些牧场和林地。
- 大型牛科动物，角短而弯曲，脖子发达并覆盖蓬松的毛发。

个案研究

野牛比尔

绰号“野牛比尔”的威廉•科迪曾经是捕猎野牛的能手，后转变为野牛的保护者。欧洲殖民者进入北美洲时，那里有6000～9000万头美洲野牛。然而到了1980年，由于猎杀，野牛只剩下1000头左右。科迪一个人在18个月内就捕杀了4280头野牛。后来，科迪帮助建立了严格的禁猎制度。到目前为止，野牛种群已经恢复到5万头。

社会

海岛生活

在覆盖着厚厚一层海鸟粪便的海角上，南非鲣鸟（*Morus capensis*）聚集在一起进行繁殖。父母用双脚裹住鸟卵使它们孵化。出壳后的雏鸟全身长满白色绒毛，它们要在群体中待3个月，直到长出飞羽。

社会

很少有动物终其一生过着孤立的生活。当动物们聚在一起的时候，一些非常壮观的行为便产生了。群体生活可以提供诸多优势，但是得到这些利益的同时也会面临一些挑战，例如资源分享和社会竞争。

独居和群居

有些动物，除了在交配和抚养后代期间，其一生中大部分时间都过着独居的生活。当食物、水或其他维持生存的环境资源非常匮乏的时候，或者一种动物成群活动很容易被捕食者和天敌发现的时候，它们也会选择独居。不过，许多动物个体通常还是会和其他动物（同种动物或其他动物）群居在一起。从单独的长期一夫一妻制（夫妻俩在繁殖期结束后仍然长期生活在一起）到成百上千甚至数百万个个体组成的群体，群体的大小可以差别很大。在这样的群体中，每个个体都会与周围的个体产生激烈的空间和资源竞争。

像虎猫这种独居动物，捕猎主要依靠悄无声息的偷袭。

一对犬羚共同守护稀少的灌丛植被，这些灌丛仅够维持一对繁殖个体生存。

数十只海豚形成了一个不固定的群体前进，它们的群体成员变化很快。

上百只狒狒形成高度社会性的群体，在一片广大的区域中取食。

上千只企鹅在一个很难到达的、没有捕食者的地方聚集在一起进行繁殖。

上百万只红嘴奎利亚雀，和其他种类的鸟一样，形成了遮天蔽日的鸟群。

群体组成

不同物种间群体结构差异很大。有些群体由不同年龄段和等级的雄性和雌性成员组成，而有些群体中，所有成员的性别、年龄和体形都一样。一只个体在不同的时间会在不同的群体内生活，而有些动物的群体成员组成是不断变化的，隔几个小时或几天就发生变化；另外一些动物可能会维持几周或几年的群居生活，形成长期紧密的群体成员关系。

群居生活的理由

迁徙

长距离的迁徙要消耗大量的能量，一些鸟类和鱼类能从群体迁徙中获益，它们可以借助同伴运动产生的滑流来节省能量。

捕食和取食

相互合作的群体捕食意味着能够捕捉单个个体无法捕获的猎物。此外，群体中有更多双眼睛，因此更容易发现分散的食物。

防御

群体动物可以减少用于防御捕食者的时间，因为群体成员可以轮流警戒。群体增大，个体被捕食的风险也随之减小。

健康收益

虽然疾病会通过接触传播，但是集群生活也可以减少健康问题，例如可以降低个体被蚊蝇叮咬的概率。

繁殖

许多动物聚集在一起繁殖，这样更容易找到配偶。而且如果它们能够协同防御和共享食物的话，抚养后代也会更为轻松。

节约能量

在寒冷的环境中，有限的能量持续以热量的形式散失。温度很低时许多群居动物会紧紧靠在一起，这样能减少热量损失，相互取暖。

为什么动物是社会性的

这么多动物在其一生中都会有一段时间过群居生活，那么社会行为肯定能给群体成员带来很多的好处。如果群居比独居的获益更多，那么社会行为肯定会被自然选择保留下来。诸多研究表明，不同物种由于生活史的差异，群居的好处也是不一样的，多集中于群体成员关系可以提高个体生存概率，降低被捕食的风险，或者提高寻找食物的效率。同时，群居生活也能为繁殖带来好处，一方面增加找到配偶的机会（同时获得竞争者的信息），另一方面可以相互帮助抚养后代。

固定伙伴

社会性昆虫，例如蜜蜂，在繁殖和群体职责上都有严格的分工，以至于每个个体都没法离开群体独自生存。

孤独的浪子

美洲狮是独居动物，一生中大部分时间单独行动，只在繁殖时共同生活。

社会地位

群体中不同个体的地位是不同的，等级高、占统治地位的个体具有对食物、庇护所和交配的优先权，而那些等级低的个体就没有这些特权。也许最著名的等级现象可见于鸡群内的“啄食等级”。彼此不熟悉的个体间通过打斗确定地位高低，通过这种打斗，每只个体都可以找到自己的位置，从而迅速建立起等级秩序，一旦建立之后，就不会有进一步的攻击行为。

啄食等级

家养的鸡，如果养殖密度过高，群体成员变化大，为了维持等级秩序，这些鸡变得攻击性很强，经常打架。而它们的祖先——原鸡（图中右侧）却生活在平静的群体中，因为这些鸡能迅速地确定各自的地位。

合作

不同物种，个体之间合作的程度差异显著。这种合作程度依赖于血缘关系，通过帮助亲缘关系近的个体可以提高合作者基因的存活率。而且群体成员生活在一起的时间长短也对合作关系有影响，因为这影响了帮助者在未来得到被帮助者回报的可能性。在一些合作繁殖的物种中，群体成员有很近的亲缘关系，它们有显著的分工，每个个体担任不同的角色。这种现象在一些社会性昆虫和裸鼹形鼠中（见右图）尤其显著，它们当中只有少数个体有繁殖权利。

女王鼠（1只），生育和哺育后代，巡逻隧道并训练工鼠。

繁殖雄鼠（1~3只），这些雄性只负责与女王鼠交配，不履行其他责任。

兵鼠（5~10只），担任保卫功能，抵御捕食者和入侵者。

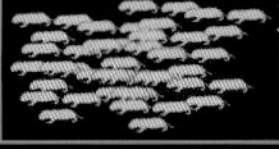

工鼠（50~200只以上），挖掘隧道，寻找食物，照料女王鼠和它的后代。

联合

单独工作意味着收益不需要和其他个体分享，但是单独的个体往往没有足够的能力和精力去获取或保护资源。在许多社会性哺乳动物中，一个雄性只有在自身有能力控制雌性群体的前提下才有资格交配，而唯一的途径就是向现任雄性首领挑战。如果两个雄性力量相差悬殊，那么另一种途径就是联合其他雄性形成一个联盟一起向现任雄性首领挑战。其他形式的联盟则用于保卫领地或捕捉难以捕获的猎物。

屈服

这只年轻的狒狒（中间）正被群体中一只年长的狒狒教训。在群体中，向一只地位高的个体挑战是非常危险的，因此，它们往往会表现出屈服的行为以避免争端。

战争

通过合作和联合，可以提高群体的力量，使本群体能够和其他群体竞争资源。发动对邻居的攻击是一种获得额外领土的好办法，有效的合作和大的群体能在群体间竞争中获得更大的优势。这种战争往往短暂而残酷。然而，某些种类的蜜蜂在不同群体间经常爆发战争，成百上千的蜜蜂聚集在潜在的巢址附近互相扭打，进行为期数天的残酷混战。

小花蜂

群体记忆

雌性大象终生生活在其出生的群体中。这意味着有关迁徙路径、水源和食物位置的信息，会在一个群体中长期保存并世代延续下去。

稳稳地站立

蘑菇珊瑚

珊瑚礁的大部分结构是由上百万像蘑菇珊瑚一样的珊瑚虫个体形成的。每只珊瑚虫都是独立的动物（虽然一个珊瑚内所有珊瑚虫的基因完全相同），珊瑚礁的主体由世世代代的珊瑚虫所分泌的碳酸钙形成，因此珊瑚虫只生活在珊瑚礁的顶部表面。虽然它们不能移动，但是珊瑚虫种群之间存在激烈的竞争。蘑菇珊瑚虫的生长速度相对较快，因此可以从生长慢的珊瑚那里抢夺空间、食物和阳光（有一些珊瑚与光合藻类共生）。还有一些种类的珊瑚可以释放出细丝消化邻居的身体组织，使它们脆弱的骨骼暴露出来。

蘑菇珊瑚
（*Sarcophyton trocheliophorum*）

- 珊瑚虫小于5mm，可聚集成1m宽的珊瑚体。
- 分布于印度洋和太平洋的暗礁上。
- 当虫体收缩时光滑，呈革质，但是当其伸展开来时，则看起来毛茸茸的。珊瑚虫有肉质的躯干和8条羽毛状的触手。

据说有些**夏威夷深海珊瑚**的年龄已经超过**4000岁**了。

礁石制造者
这块礁石上分布有蘑菇珊瑚和皮指珊瑚。虽然珊瑚虫的身体柔软，但是它们会形成坚硬的外骨骼。有些种类的珊瑚是重要的礁石制造者。

紧紧包裹
微小的蘑菇珊瑚虫紧紧地包裹在一起形成一个群落。由于具有8条触手，因此它们也被称为八放珊瑚。

血缘关系

海鞘群体

一个海鞘群体由数十个海鞘组成，它们之间通过纤细的手指状血管网络连接在一起。心脏向两个方向泵出血液，使其在血管中完成循环。当附着在岩石或其他表面时，蝌蚪状的海鞘幼虫会立即失去尾巴和棘条状脊索等适于游泳的特征。然后它们开始产生芽体，我们称之为孢子，这些孢子紧接着产生更多的孢子。当一个孢子成熟时，它的亲代会退化并最终为群体所吸收。

壶海鞘（*Didemnum molle*）

- 1～2cm。
- 分布于澳大利亚东北部（昆士兰）、菲律宾和日本南部海域。
- 小型圆顶状群体生物。它们的颜色随深度而变化，从亮白到灰绿至棕色，内侧绿色，并有黑色的色素沉积。

群落生长
这个海鞘群落坐落在一块海绵上。它们含有能够从光合作用中生产营养的共生菌。

网络社区
社漏斗蛛编织巨大的蛛网来捕猎。在这个蛛网中有许多撤退路线，通到一个至多个公共巢穴中。在这些巢穴中有蜘蛛卵和年幼的蜘蛛。

等候猎物
一只社漏斗蛛泰然自若地等待着，随时准备扑向落入网中的猎物。

紧密合作的家庭

社漏斗蛛

虽然多数蜘蛛独自生活，但也有少数种类过着群居的生活。社漏斗蛛的许多个体共享一个巢穴和蛛网。这些蛛网又和临近的蛛网连接，使每个蜘蛛都可以在这些蛛网间自由移动。在捕捉猎物的过程中，较大的蜘蛛负责织网，然后所有蜘蛛合作捕捉掉进网中的猎物，有时会有多达25只蜘蛛一起征服一个较大的猎物。而在取食时，则有时会有多达40只蜘蛛分享同一只猎物。

社漏斗蛛（*Agelena consociate*）

- 4～9mm。
- 分布于非洲加蓬的热带雨林中。
- 棕色的小型蜘蛛，背部有浅条，腿部具有黑、白和棕色条纹。

挤作一团

蜜蜂以蜂蜜为食。在巢穴之外，蜜蜂只有在迁移到新的居住地前才会大量聚集在一起，同时小心地维持蜂群内的温度，蜂群外侧蜜蜂的温度要比内侧的低很多。

工人联盟

蜜蜂

一个蜂群由20000~100000只工蜂和一只蜂王组成，而这些工蜂全是蜂王的后代。工蜂的工作内容在其成长过程中会发生变化。起初它在巢穴内工作，负责清洁巢穴，照料蜂王和蜂蛹，建造蜡质巢穴；之后它会转移到巢穴外面从事较危险的工作，如抵御入侵者和采食等。

在许多生态系统中，工蜂是非常重要的传粉者。它们从花朵中收集富含糖分和蛋白质的花粉，作为回报，它们也帮助这些植物完成了传粉。在回到巢穴后，工蜂会在巢的表面跳圆形的“摇摆舞”，以告诉同伴取食场所的位置，包含取食场所与巢穴的距离及其与巢穴的方位角。

西方蜜蜂（*Apis mellifera*）

- 1cm（工蜂），2cm（蜂王）。
- 原产于非洲、欧洲和中东地区。已被广泛引入世界各地。
- 身体具黄黑色条纹，有适量的绒毛。
- 167，185，463。

分群

当一个蜂群太大而显得拥挤时，蜂王会带领一半的工蜂离开蜂群。它们会先在附近的一棵树上聚集等待，直到“侦察兵”找到新的筑巢地点为止。

雄蜂

雄蜂数量很少，没有螯针。它们的职责只是在蜂巢外与蜂王交配，而在蜂巢内，它们不从事任何工作。

工蜂

群体中的蜜蜂多数是雌性的工蜂。它们通常存活约6周，这期间在巢中执行各种各样的任务。它们不能繁殖。

蜂王

通常一个蜂群内只有一只蜂王，但是当蜂群过大或者蜂王太老时，就需要产生一只新蜂王。将成为蜂王的幼虫被产在特殊的蜂房内，并且只喂食王浆。

个案研究

民主决议

一个分离出来的蜂群需要新的筑巢地时，首先会派出数百只“侦察兵”去寻找合适的地点。这些“侦察兵”都单独行动，它们会找到许多潜在的筑巢点并返回。如果一只“侦察兵”找到了一个很好的筑巢点，它就会在群体表面通过舞蹈描述洞穴的尺寸，以便召集更多的“侦察兵”同去调查。舞蹈越激烈说明位置越好。经过一段时间的比较和讨论，越来越多的“侦察兵”会倾向于一处最好的地点。当“侦察兵”的数量达到临界点时，它们会一起向蜂群传达这个信息，并带领蜂群迁移到由民主投票选取的筑巢地。

奴隶制劳动

凹唇蚁

乍一看，凹唇蚁的蚁群像是由它和其他种类的蚂蚁组成的和谐群体。但其实，这些外来的蚂蚁是受凹唇蚁控制的“奴隶”。凹唇蚁的“侦察兵”出去觅食的同时也会寻找其他种类蚂蚁的巢穴。当发现一个合适的蚁穴时，一群兵蚁会被派出去袭击目标蚁穴，并将偷窃来的虫蛹带回，这些虫蛹将来长大后就留在凹唇蚁的群体内充当“奴隶”。

凹唇蚁（*Formica sanguinea*）

- 7mm。
- 分布于欧洲和亚洲温带地区的森林中。其他近缘种分布于美洲。
- 头部红色或黑色，胸和腿红色，腹部黑色。

劫持

凹唇蚁绑架其他种类的蚂蚁幼虫，这次的受害者是一只丝光蚁（*Formica fusca*）。

地盘战争

铺道蚁

有时候我们在城里也能看到“蚂蚁战争”，这种战争往往发生在相邻领地的两个蚁群之间。此时成千上万只棕色的蚂蚁会铺满地面，它们持续数小时聚集在一起，互相摔打和撕咬，并且不断地有新的蚂蚁沿着气味前来加入战斗。

顽敌缠身

中间的这只蚂蚁正受到敌对蚂蚁的攻击。虽然蚁群之间的战争持续时间很长，但只有很少一部分蚂蚁会在战争中死亡或严重受伤。

铺道蚁（*Tetramorium caespitum*）

- 2～4mm。
- 原产于欧洲，被引入到北美和中美洲。
- 体小，呈深棕色，腿发白。

6 1/2周 记录到的“蚂蚁战争”所持续的最长时间。

独立群体

白斑角鲨

和许多其他种类的鲨鱼一样，白斑角鲨会形成一些相互独立的群体，群体成员往往具有相同的体形、性别或发育程度，因此鱼群可以分为未成年群（同时具有两种性别）、亚成体雌性群、成年雄性群和成年雌性群（往往已怀孕）。多次交配会消耗大量的能量，而成年雌鱼在一次交配中获得的精子可以储存很长一段时间，因此它们和雄鱼交配后分开行动可以节省能量。有时，在一个很好的取食场所内可以看见大群的白斑角鲨聚集在一起觅食。

白斑角鲨（*Squalus acanthias*）

- 0.8～1.5m。
- 广泛分布于从温暖到较冷的沿海水域。
- 体形小而纤细，躯体铅灰色，通常有白斑。

>> 389。

共同进餐

鸭嘴鳐鲼

和其他种类的鲼不同，鸭嘴鳐鲼在非繁殖季节也会集成大群活动。由数百只个体组成的鱼群常常贴着水面游泳，有时候一些个体会突然跃出水面，这样做也许是为了除去身上的寄生虫。鸭嘴鳐鲼优雅地在海洋中的礁石、沙地或泥地表面滑行取食，有时也会随着潮汐进入河口内部捕食猎物。由于它们喜欢取食贝类，因此被认为是有害的鱼类。

鸭嘴鳐鲼（*Aetobatus narinari*）

- 翼展3m。
- 分布于大西洋、印度洋和太平洋热带和温带沿海海域或潟湖，最深可达水下60m。
- 身体扁平，具翼状鳍，尾长且基部具刺。身体背部颜色从深蓝到黑色，具有白色斑点，腹部白色。

大西洋鲑（*Salmo salar*）

- 长达1.6m。
- 北美洲、俄罗斯和斯堪的纳维亚半岛沿海的北大西洋以及一些湖泊中。
- 流线型身体呈银色，尖头。繁殖期的成体呈深红褐色。雄性发育成钩状口吻。

滑流泳者

大西洋鲑

对于鱼群中的鱼来说，不游在最前面是比较划算的。由于后面的鱼被前面同伴游动所产生的滑流牵引，这意味着它可以少消耗驱使自己前进所需的能量，还能降低摆尾速度，因此在滑流的帮助下可以游更长的距离。通常在鱼群中，不同的鱼会轮流游在最前面，从而使这种方式的效果得到进一步提高。虽然这样对于领头的鱼来说比较吃亏，但是对于整个鱼群来说很有好处。

洄游

大西洋鲑的卵在河流中孵化，之后幼鱼顺流而下进入深海，在那里它们结成大群生活；4年后性成熟，然后又集群溯流而上回到出生地去产卵。

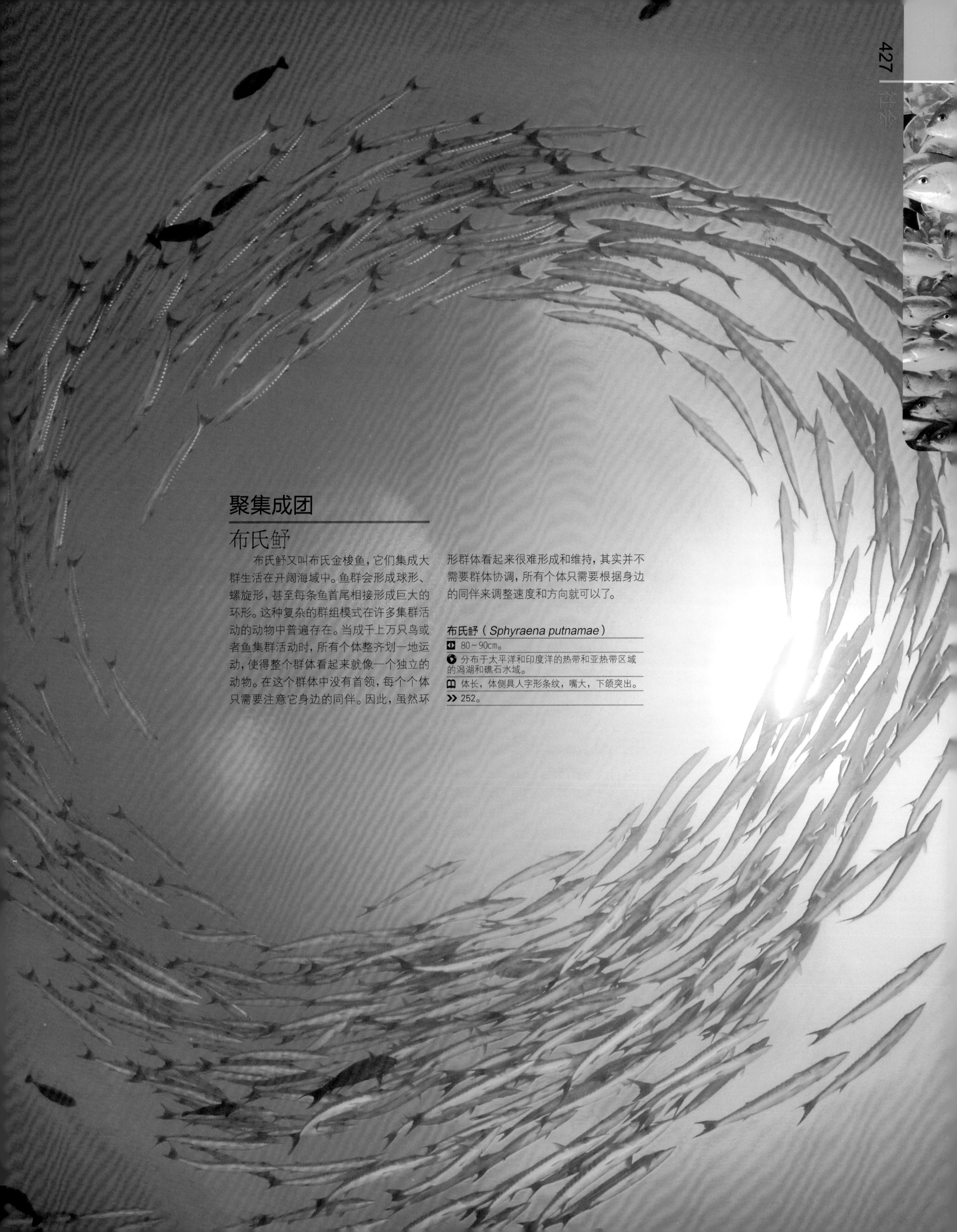

聚集成团

布氏魣

布氏魣又叫布氏金梭鱼，它们集成大群生活在开阔海域中。鱼群会形成球形、螺旋形，甚至每条鱼首尾相接形成巨大的环形。这种复杂的群组模式在许多集群活动的动物中普遍存在。当成千上万只鸟或者鱼集群活动时，所有个体整齐划一地运动，使得整个群体看起来就像一个独立的动物。在这个群体中没有首领，每个个体只需要注意它身边的同伴。因此，虽然环形群体看起来很难形成和维持，其实并不需要群体协调，所有个体只需要根据身边的同伴来调整速度和方向就可以了。

布氏魣（*Sphyraena putnamae*）

80～90cm。

分布于太平洋和印度洋的热带和亚热带区域的潟湖和礁石水域。

体长，体侧具人字形条纹，嘴大，下颌突出。

» 252。

步调一致

印度洋的羽鳃鲐正张开大嘴取食浮游生物。相同大小的羽鳃鲐结成大群活动，每条鱼和身边的同伴保持一致的步调，使得整个鱼群能同时改变方向。

护巢

眼镜凯门鳄

眼镜凯门鳄亦称中美短吻鼍。在繁殖季节，眼镜凯门鳄会在河岸上清出一片空地，然后用大量的泥土、木材和树叶搭建一个大型的土墩状巢穴，好几只雌性鳄鱼在同一个巢穴内产卵，之后在卵的孵化过程中将由雄性和雌性鳄鱼共同守护。小鳄鱼在出壳的前后都会发出声音，父母听到声音后便会立即帮助它们将蛋壳剥除。在独立生活前，小鳄鱼需要在“托儿所”里生活一年，在此期间，将会有一只成年鳄鱼负责守护它们，有趣的是这只成年鳄鱼并不一定是它们的亲生父母。

眼镜凯门鳄（*Caiman crocodilus*）

1.8～2m。

分布于墨西哥南部至阿根廷北部的森林和湿地中，被引入美国佛罗里达和古巴。

身体为深橄榄绿色，皮肤被鳞，眼睛上有骨脊，使之看起来像戴了一副眼镜。

一起出发

绿鬣蜥

雌性绿鬣蜥不照顾后代，但是它们有一块筑巢产卵的习惯，因此每次都有大量个体聚集在一起产卵。这种做法不仅可以分散个体被捕食的危险，而且可以通过群体合作来挖掘产卵洞穴，因为挖掘洞穴是一个很艰苦的过程，往往需要耗时数天。一旦孵化之后，小鬣蜥们就会扩散到新的领域生活。此时同一窝出生的小鬣蜥会一直在一起生活，即使睡觉也紧挨着，它们相互之间能够通过粪便或身体气味辨别身份。

绿鬣蜥（*Iguana iguana*）

1.2～1.5m。

分布于中、南美洲和加勒比群岛的热带雨林，被引入美国佛罗里达。

具有大型头部和喉囊的绿色蜥蜴，沿背部有一列很长的背棘，尾长且具黑色条带，下颌有大型圆鳞。

融为一体

绿鬣蜥的绿色皮肤使它们能与环境融为一体而不易被发现。它们是典型的植食动物，大部分时间都一动不动地待着。

公共巢穴

鸵鸟

鸵鸟实行特殊的合作繁殖模式，群体内的一只雌鸟会将卵产在许多巢穴内，因此一个巢穴中的卵最多可以来自18只不同的雌鸟，而这些雌鸟又分别和不同的雄鸟交配。产卵之后将由一对领地性很强的雄鸟和雌鸟共同孵化所有的卵，巢穴则由雄鸟守护。然而，一个巢穴中只能容纳一定数量的卵，有时一个巢内有近40个卵，但最后只有20个能孵化成功。雌鸟能识别自己的群体产下的卵，而不会接纳其他群体雌鸟的卵。孵化之后，来自不同父母的小鸵鸟们聚集在一起生活。

鸵鸟（*Struthio camelus*）

高1.7～2.8m。

分布于非洲南部稀树草原地区。

不能飞，颈和腿裸露，雄鸟羽毛黑色，尾羽和翅膀末端羽毛白色；雌鸟和幼鸟褐色；是现存世界上最大的鸟。

» 290，409。

一夫一妻

黑脚三趾鸥

黑脚三趾鸥在海边的崖壁上集群筑巢，奉行一夫一妻制。一对夫妻往往长期生活在一起，只有当一方无法完成孵卵和育幼任务或者无法返回筑巢地点时，它们才会“离婚”。这种固定一夫一妻制的好处很明显：相比那些初次配对的同类，它们在繁殖季节可以更早地开始产卵，而且可以养育更多的后代。

黑脚三趾鸥（*Rissa tridactyla*）

38～41cm。

繁殖期分布于海岸，冬季离开海边。广泛分布于大西洋和太平洋北部。

体形中等，喙黄色，体白；翅膀灰色，翅尖黑；腿短，常为灰色。

消失表演

小绒鸭

在繁殖期之外，小绒鸭在潟湖和海湾的水面上大群觅食。它们会表演同步潜水，即一大群鸭子瞬间同时消失在水面上。白头海雕（*Haliaeetus leucocephalus*）和矛隼（*Falco rusticolus*）都是小绒鸭的天敌。小绒鸭这种同步行动可以减少自己被捕杀的风险，留在水面的落单个体则很容易成为被捕食的对象。

小绒鸭（*Polysticta stelleri*）

43～47cm。

分布于日本北部、挪威北极地区、俄罗斯和阿拉斯加沿海。

体形中等，雄性头部白色，脸上有小丑似的斑纹，颈圈黑色，胸部黄色。雌性深棕色。

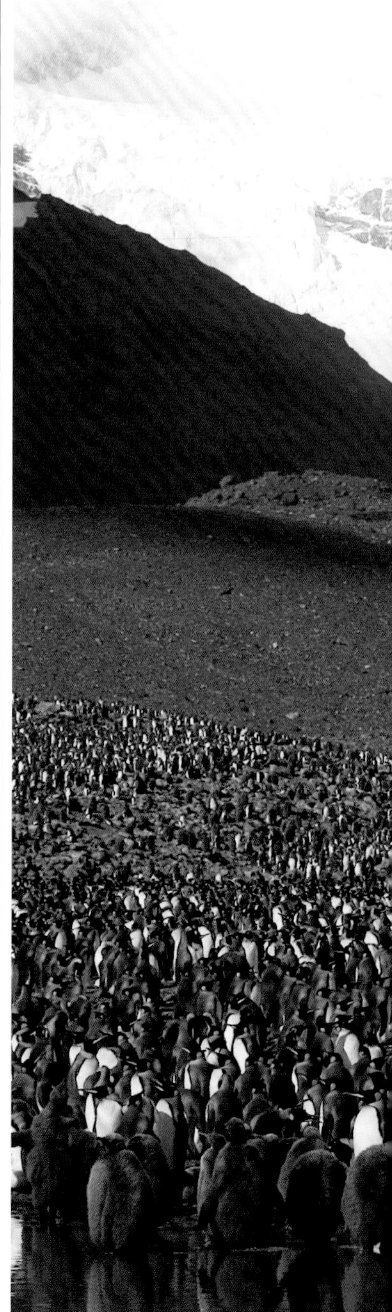

啄击顺序

大天鹅

秋季，大天鹅长途跋涉从北极的繁殖地飞往南方的越冬地。在越冬地，有亲缘关系的天鹅往往会形成稳定的群体。在社会等级的形成中，群体大小和血缘关系起着非常重要的作用：大的家族可以统治小的家庭，成员间亲缘关系近的群体比那些成员间亲缘关系远的群体的社会地位更高。然而，随着年老个体的死亡和年轻个体的加入，群体组成每年也会发生变化。因此，为了取得统治地位，雄天鹅之间经常发生争斗。

大天鹅（*Cygnus cygnus*）

1.4～1.8m。

分布于欧洲和亚洲北部的湿地和河流中。

大型鸟类，体白，颈细长，黑色喙上具有三角形黄斑，脚黑色。

巨大的群体

王企鹅

在繁殖期，王企鹅会在海滩或近海无冰雪覆盖的峡谷中聚集成非常大的群体。然而在这个大群体中又会分成许多独立的小群体，这些小群体分别是由繁殖企鹅和非繁殖企鹅组成的。虽然群体成员非常多，但是它们之间很少为空间和资源发生争斗。一对企鹅夫妇共同孵化和养育后代，小企鹅要5个月后才长出羽毛。当小企鹅长大一些之后，父母外出取食时会把它们长时间独自留在群体中。

600000 一个王企鹅群体可以包含的个体数量。

王企鹅（*Aptenodytes patagonicus*）

85～95cm。

分布于印度洋南部（福克兰岛、麦夸里岛，克罗泽群岛、赫德岛和马里恩岛等岛屿）。

头黑，腹部白，背部银灰，颈处有延伸至耳的黄斑。

>> 459。

君王之群

这是一个一望无际的王企鹅繁殖群，其中点缀着许多没有父母看管的毛茸茸的褐色未成年企鹅。

人类的影响

栖息地缩小

企鹅种群正面临严重的威胁。多数种类的企鹅主要以海里的磷虾为食，而磷虾在繁殖期需要在有冰层的水域生活，在那里它们以冰下的海藻为食。全球变暖使海水温度不断升高，导致磷虾的数量减少。此外，一些企鹅也需要定期到浮冰上换羽，如果需要游很长的距离寻找浮冰，那么它们很可能在途中溺水而亡。

舞蹈团

对小红鹳（小火烈鸟）来说，求偶炫耀的开始预示着壮观场面的出现。届时将有成百上千只火烈鸟聚集在一起共同向前或向后行进，同时不停地上下摆动它们的喙。在繁殖期的高峰，湖面上挤满了“舞蹈团”，每个“舞蹈团”向着不同的方向行进。

一起集群

燕鸥

大多数种类的燕鸥都是高度集群的鸟类，能形成包含成千上万个个体的群体，并且常由不同种类混合而成，例如右图中的王凤头燕鸥（*Sterna maxima*）和白嘴端燕鸥（*Sterna sandvicensis*）的混合鸟群。年轻的燕鸥在羽翼丰满后仍跟随父母几周或几个月，利用这段时间完善其高难度的俯冲捕鱼法。一些燕鸥与父母一起迁徙，并和它们度过冬季的大部分时间。

虽然有时单独捕猎，但与群体在一起的燕鸥找到食物的成功率往往更大，它们通常比单独狩猎时能捕到更多的鱼。但是，群体内对好鱼会产生竞争，因此捕到鱼的平均大小会小于单独捕猎时。

燕鸥属（*Sterna*）

20~54cm。

全世界的海岸和内陆水域附近。

体形细长，呈流线型，喙部尖长，羽色以白色为主。一些种类头部有黑点或黑斑，并有长羽覆盖颈部。

>> 358。

陆地和海洋

北极海鹦

虽然其嘈杂的繁殖地位于海崖之上，但筑巢对于北极海鹦来说绝不仅仅是坐在一块受风的突出岩石上。如果不能在岩石下找到一个合适的洞穴，它们会自己挖一个深入崖体70~100厘米的地洞。

在繁殖地之外，经常可以见到海鹦组成一个筏子一样的队形漂浮于海岸之外。这些"筏子"有时由海鹦单独组成，但也常能看到它们与其他鸟类混群（比如海雀和鹱）。有时形成"筏子"的鸟会排成一条线，所有成员面向同一个方向。

北极海鹦（*Fratercula arctica*）

25cm。

挪威、俄罗斯北部、不列颠群岛、冰岛、布列塔尼半岛、格陵兰岛，以及从拉布拉多南至美国东北部的海岸。

长有彩色喙部的黑白色海鸟。

>> 229。

端坐

海鹦在筑巢于海崖的海鸟中与众不同，夏季它们选择在崖顶筑巢（见上图），而不是在岩壁上。

集体鸟巢

秃鼻乌鸦

秃鼻乌鸦是又饶舌、又聪明且高度社会化的鸟类。从2月开始，它们集体在树顶上建造大量的鸟巢，其巢区被称为"鸦窟"。在这些嘈杂的群体内，每对亲鸟维护着其巢周围的一小片空间。巢区年复一年非常稳定，而且秃鼻乌鸦会在繁殖季开始时对现成的鸟巢展开争夺，因为一个旧巢的存在也许是预测雏鸟在该位置能生存得多好的可靠指标。

不同繁殖地的秃鼻乌鸦在繁殖季节之外会停栖在一起。在这些夜宿地中休息的秃鼻乌鸦可能数量巨大：在苏格兰的一个夜宿地记录到65000只鸟。

秃鼻乌鸦（*Corvus frugilegus*）

41~49cm。

中东和欧洲大部分地区，生有树林或小丛树木的开阔地或牧场，繁殖地东至俄罗斯和中国。

高度社会化的黑色鸟类，喙长，羽毛具有淡紫色泽。

紧密的邻居

红石燕

红石燕的繁殖地可以包含多至几百对亲鸟。它们通过将几百粒小泥丸黏合在建筑物、桥梁和其他竖直结构的侧檐下来建造葫芦形的鸟巢。如果旧巢易于修复，就可以被年复一年地使用。生活在如此紧密联系的群体中的一个好处是：如果一只燕子自己找不到食物，它可以向邻居们寻求帮助。它所有要做的就是分辨出一只返回繁殖地的成功觅食者，并在后者再次外出觅食时紧随其后。这些成功觅食者是否有意引领其他燕子去好的取食地尚待考证，但繁殖群的每一个成员都可以从这些由成功者收集的食物源的汇总信息中获益。

红石燕（*Petrochelidon pyrrhonota*）

13cm。

开阔农田、城镇和山区。在整个北美洲繁殖，冬季迁徙到南美洲南部。

喙短，头部和背部铁青色，额部白色，胸部橙棕色，尾羽末端方形。

容纳

在红石燕的营巢地内，每个巢都是一个由泥构成的独立球体，被一层层叠加而成，有一个小入口。

痛饮

一群上万只的红嘴奎利亚雀在集体解渴。这些鸟在飞行过程中从池塘表面取水饮用。

疯狂进食

红嘴奎利亚雀

这种织布鸟的巢区可以绵延几百亩，包含几百万个体，使其成为全世界数量最多的鸟类。它也被称为“蝗虫鸟”。这些鸟在进入种植有粟或高粱等谷物的农田时会将作物剥食一空，因此引发农民极端的防护措施，后者会在一年内杀死2亿只奎利亚雀。

优雅停栖

奎利亚雀的细脚趾锁定在恰当的位置，使它们能在直立的茎秆上停栖，甚至睡觉。它们集合成大群过夜。

红嘴奎利亚雀（*Quelea quelea*）

- 12.5cm。
- 非洲撒哈拉沙漠以南的大部分非雨林地区。
- 喙部红色的棕色小型鸟。在繁殖季节，雌鸟喙变为黄色，雄鸟的面部、顶冠和胸部则可能变为多种颜色。

分享温暖

银喉长尾山雀

在冬季，几十只这样的小鸟喧闹地以杂乱起伏的队形穿过树丛和灌木，这是北欧森林中一道常见的风景。这些不迁徙的鸟能够在严酷寒冷的环境中找到足够的食物。在低温中保持高度活跃意味着大量的能量支出，但银喉长尾山雀能将以热的形式散失的能量降到最低。除拥有毛茸茸的体羽外，这些鸟在夜间及白天不活动时会挤成一小团。形成一个团意味着这些鸟都保存了热量，但团的中间比外侧暖和许多。于是在休憩时，每只鸟都会竭力挤向中间，而地位较低的个体通常的结局是被迫在严寒中贴在群体的外围。

银喉长尾山雀（*Aegithalos caudatus*）

- 14cm
- 遍及欧洲和亚洲。
- 毛茸茸的黑白色小鸟，体羽有粉色调，尾羽又长又直。
- » 172。

协作群体

裸鼹形鼠

裸鼹形鼠拥有哺乳类中独一无二的社会系统，经常与蚂蚁或蜜蜂等社会性昆虫相提并论。一个群体包含约75只个体（在更大的群体中多达250只），繁殖任务只由一只生育雌性完成（通常称为女王）。群体内的其他成员都不生育，而且它们往往是女王生产的幼崽。这意味着一个群体内的所有裸鼹形鼠彼此关系密切。

隧道为一个扩增中的群体提供额外的生活空间，并且在裸鼹形鼠搜集其主要食物（地下块茎和根的可食用部位）的过程中举足轻重。小型工鼠通过用牙齿凿洞壁来挖掘通道。裸鼹形鼠组成传递链，以清除挖掘产生的泥土，将其由一只铲给另一只，直到泥土最终被一只较大的工鼠向上推出隧道，并被推成一个扩大的火山状土堆。

个案研究

诱拐

在一个群体内，一些年长、体大的裸鼹形鼠扮演着士兵的角色。除了抵挡捕食者，它们有时也会充满敌意地对邻居发起侵略，要么占领其挖掘的隧道，要么拐走幼崽。这些被拐骗的幼崽被作为奴隶抚养，长大后则像本群的工鼠一样满足女王和群体的需求。

裸鼹形鼠（*Heterocephalus glaber*）

- 14～18cm。
- 东非的炎热干旱地区：索马里、埃塞俄比亚中部、肯尼亚北部和东部。
- 粉红色、似鼹或大鼠的啮齿类。除感觉触须外全身无毛。

托儿所

女王正在给它的幼崽喂奶，后者也可以到群体内的工鼠那里吸奶。一只裸鼹形鼠女王平均每胎产8~10只幼崽，在一生中会生产超过500只幼崽。

2千米 鼹形鼠向新群体扩散时在地面上的移动距离。

挖掘

一只裸鼹形鼠工鼠用它巨大的门齿开凿隧道壁。

优势雌性

环尾狐猴

灵长类社会经常以雄性首领或夫妻为中心，但雄性环尾狐猴却处于顺从的地位，雌性优先享用食物和接受理毛。这种完全的母系群体只见于另外某些狐猴以及斑鬣狗。虽然正常情况下女儿会留在母亲身边，但它们必须为自己在雌性等级社会中的地位而战。

环尾狐猴（*Lemur catta*）

- 43cm。
- 马达加斯加西南部的森林中。
- 长有棕白色斑点的灰红色灵长类。长尾上有黑白条纹。

» 412，446。

夜行群体

夜猴

夜猴的群体由2～6只个体组成，包括生育的雄性和雌性各一只，一到两只幼崽或少年，以及一只亚成体。繁殖双方实行一夫一妻制（虽然可能在不同季节间变换伴侣），而且雄性照料初生儿。大多数种类的夜猴都是夜行的，并且在严密防护的小领地内，一个群体的移动距离与月光的照射量是紧密相关的。

夜猴属（*Aotus*）

- 24～37cm。
- 从巴拿马南部至玻利维亚、巴拉圭和阿根廷北部的热带湿润森林中。
- 身体灰褐色，腹部和四肢有黄色或橙色的皮毛。3条黑线贯穿头顶。

义务老爸

无尾猕猴

雄性无尾猕猴显示出强烈的父爱。父亲的职责包括照料幼崽，为之理毛并与之嬉戏。雄猴通常重点照料一只幼崽。但是，雄猴及其照顾的幼崽间通常没有血缘关系。雄猴与幼崽的母亲日后共同生育的机会也不会因雄猴对幼崽的照料而增加。与之不同的是，雄性可能将幼崽作为操控雄性间交流的工具而携带，利用自己与幼崽间的亲密关系促成结盟。

无尾猕猴（*Macaca sylvanus*）

- 50～70cm。
- 北非的森林中，在直布罗陀还有一个小种群。
- 脸部深粉色的无尾灵长类。雄性的体形比雌性大很多。

猕猴家庭

一只成年雌性、一只未成年猕猴和一只新生猕猴挤在一起。与其他许多灵长类一样，新生儿的皮毛比成年猴的深。

1980年，非洲约有**20000**只无尾猕猴。现在数量已**不到那时的一半**。数量的下降可归咎于伐木导致的**栖息地丧失**。

雌性联合

绿狒狒

绿狒狒生活在一个多达150只个体的紧密联系的群体内，该群体以成年雌性和未成年狒狒为主。雄性通常会在步入成年时离开其出生的群体，并在几个不同的群体中度过余生；而雌性则倾向于终生停留在一个群体内。一个群体内的雌性彼此亲缘关系很近，而关系最近的亲属——包括母女及姨妈与外甥女——通常在群体内团结一致。群体内的主次等级非常稳定并代代相传。一只高等级的优势雌性的女儿将继承其母的社会地位；最小的女儿将获得最高的等级，使它得以优先享用食物，从而使其后代存活的可能性更大。即使不在繁殖状态，雌性仍会和雄性保持联系并形成长期的友谊，它们一起理毛、觅食和移动，并帮助对方抵挡其他群体成员的攻击。

绿狒狒（*Papio anubis*）

- 60～74cm。
- 广泛分布于赤道非洲。
- 毛色灰绿、吻部尖长的高度社会化灵长类。雄性的鬃毛覆盖其头部和肩部。

» 454。

狒狒群

一只坐在幼崽边上长有鬃毛的雄狒狒正在享受片刻的宁静（左下），而群体内的其他成员或在空地上休息，或在周围树木的枝叶上觅食。

个案研究

狒狒的压力

与人类一样，狒狒也生活在社会群体内，并拥有闲暇时间开展社会交往。从而使得一些本来是由捕食者等突发危险引起的激素反应，也可以由一只优势狒狒的长期仗势欺人而引发。因此，和人一样，狒狒也患有与长期压力有关的疾病。理毛是缓解压力的一种方法。

边界巡逻

黑猩猩

黑猩猩的群体占据着明确标记的领地，相邻群体间偶尔的接触往往充满敌意。通常由雄性联盟执行的边界巡逻，会引发对邻居充满暴力的协作进攻，并偶尔导致死亡——虽然这很罕见，因为对同类的致命攻击并不常见。但是，当年轻雄性与雄性首领争夺统治权时，暴力也会在黑猩猩群体内发生。

坏邻居

领地之争是黑猩猩社会生活中的一个重要方面。雄性留在其出生群体中，并可能参与针对邻居的战争。

黑猩猩（*Pan troglodytes*）

- 73～95cm。
- 赤道非洲的森林生境中。
- 毛发黑色的猿类，有时带有灰色调或棕色调。
- » 174，247，454，460，465，480～481，482～483。

个案研究

杀婴

已知劫掠中的雄性黑猩猩会表现出杀婴行为，并且人们有几次观察到它们吃掉了受害者。杀婴和同类相残的原因尚不清楚，但这些行为也许会导致死去幼崽的母亲更快地回到繁殖状态。在坦桑尼亚冈比的一个保护区，人们还观察到一只成年雌性黑猩猩及其女儿偷走并吃掉了本群内另一只雌性黑猩猩的婴儿。

顶级之犬

狼

像狼这样集群狩猎的动物经常表现出严格的等级秩序，由一只顶级雄性和雌性领导其他群体成员。击倒大型猎物需要成功的配合，但群体的协作性也随着猎物被捕获而消失，此时级别高的个体可以优先从猎物上获取美味。也许令人惊讶，狼群中鲜有敌对行为，因为等级通常很稳定，并且一般被很好地维护着。下级会通过蹲伏在头狼面前并后贴耳朵、摇摆尾巴来主动表明自己在群体内的位置。下级狼虽然是被迫臣服的，但动作看上去很友好——它随后会对头狼的吻部又推又舔，并温柔地轻咬。

用鼻子温柔地触碰

一只狼正被另一只狼以友好的舔舐行为问候。这种行为一般是臣服的表现，并且被舔的这只狼可能是这两只中的领导者。

狼（*Canis lupus*）

- 1～1.5m。
- 北美、欧洲、中东和亚洲的森林、针叶林、苔原、沙漠、平原和山区。
- 大型犬科动物，毛色从灰色到茶黄色，但也可能是白色、红色、棕色或黑色；下体色浅。
- » 455。

君子协定

狮

当一头雄狮接管一群雌狮（通常经过了一场与前任雄狮的恶战）后，它的首要任务是杀死所有的幼狮。这使得雌狮重新发情，并意味着这头雄狮可以生育自己的后代了，后者的存活依赖于它捍卫在狮群中自己地位的能力。这种繁殖策略意味着，雄狮无论是在掌控狮群还是正谋求向定居的雄性夺权，它们都经常要冒受重伤的危险。一些狮子通过与其他雄狮结盟来规避这种风险。虽然父权被分享，但结盟意味着狮群受到更好的保护，从而增加了幼崽的存活率。

双倍力量

雄狮结成大小不同的联盟。由两到三头狮子结成的联盟通常没有血缘关系，但更大联盟中的雄性多为近亲。

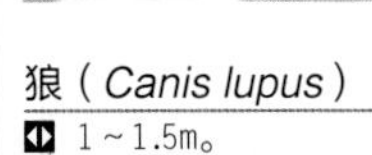

骄傲的母亲们

狮子生活在由4～12头雌狮及其幼崽组成的群体中。雌狮在捕猎时经常协作，使得它们能够杀死强健的大型猎物。

狮（*Panthera leo*）

- 1.7～1.9m。
- 撒哈拉沙漠以南的非洲，以及印度吉尔的森林中。
- 大型黄褐色猫科动物，耳圆，尾部有丛毛。雄性在头部和肩部长有深色毛发构成的鬃。
- » 236～237，413，446。

海岸群体

北海狮

北海狮的繁殖群常见于孤立且布满岩石的海滩上，可由几百只个体组成。当准备繁殖时，这些海狮通常会返回自己出生的海滩。在繁殖季开始时，较大的雄性来到陆地，并建立一块领地进行守卫。雌性迟几日到达，而且通常会在产出一只幼崽后与拥有这块领地的雄性交配。这意味着雄性不得不随时注意自己的领地，并猛烈抵挡潜在的夺权者。结果，守卫领地的雄性不能进食，而只能依靠储备在自己全身的大量脂肪补充营养。

北海狮（*Eumetopias jubatus*）

- 2.3～2.8m。
- 美国、加拿大、俄罗斯、日本和中国的太平洋海岸地区。
- 长有小耳朵的浅棕色海狮。雄性有粗糙的黑色鬃毛，并且体形可达雌性的2.5倍。

2个月 雄性北海狮在繁殖期禁食的时间长度。

日光浴场

在休息或处于繁殖期时，北海狮在登陆地点形成嘈杂的群体。

安全地包围

一只幼崽在其族群3位成员的守护下好奇地向外观望。幼崽的哺乳期一直持续到它们超过一岁。

公共洞穴

斑鬣狗

社会等级和融入群体的能力对于一头斑鬣狗来说，从出生之日起就是其生活的重要部分。这些食肉类生活在族群内，由一头顶级雌性及其亲属统领，幼崽的社会地位则从母亲那里继承。雌性独立地生产幼崽，2~6周后它们将幼崽转移到与其他几位母亲共享的公共洞穴。公共洞穴中的幼崽有时企图从不是自己母亲的雌性那里吮奶，但这些雌性通常会在行窃发生时发觉该企图，并激烈地阻止任何试图从它们那里偷窃的幼崽。公共洞穴在族群中发挥着社会焦点的作用，连非生育者也常来拜访以审视同族。这意味着这些幼崽被整合进了族群的社会结构中，并在很小的年纪就知道了自己在尊卑等级中的位置。

斑鬣狗（*Crocuta crocuta*）

- 1~1.5m。
- 非洲中部和南部的沙漠边缘和稀树草原上。
- 皮毛沙黄色，覆以黑斑点。显著特点是巨大的颈部和圆形的耳朵。
- >> 258。

分担责任

细尾獴

这些高度社会化的食肉类生活在一个将哺育后代作为一项共同责任的社会中。出生之后，幼崽在其出生的地洞中停留约3周，并且在它们的母亲外出觅食时由帮手（通常是年轻且未交配的雌性）喂奶。当幼崽长大到足够离开地洞时，它们会与觅食群体待在一起，并被帮手喂以小块猎物。

细尾獴（*Suricata suricatta*）

- 25~35cm。
- 非洲南部的干旱开阔平原上。
- 浅黄色和银色的哺乳类，长有末端深色且逐渐变细的尾部。宽阔的头上有黑色眼斑。
- >> 318~319。

集体行动者

一只雌性细尾獴给幼崽喂奶，后者可能不是它自己的孩子（见下图）。这些社会性动物也一起协作保卫地洞（见右图）。

家庭兽群

野化马

野生和野化的马，比如见于北美平原和荒漠的野化马，一般生活在由一匹种马、1~3匹母马及其幼崽组成的持久的小家族群中。不像其他许多兽类，种马倾向于与固定的母马度过漫长的时段。这种长期的夫妻关系可能是一种防御机制，因为种马将会勇猛地护卫自己的妻妾不受入侵者和捕食者的侵害。扩散发生在成熟的雌雄后代离开群体时。当几个家族聚到一起时就形成了马群，可能包括几百只个体。集群的马一起移动，并且成群吃食和休息。马群可以是临时的。但是对于一些野化品种，比如法国南部的卡玛格马，几个族群在全年都持久地聚在一起。

公元前2000年 野马首次被记录的驯化时间。今天仍生活在北美的野化马少于33000匹。

马（*Equus caballus*）

- 2.1m，家养品种的体形有很大的区别。
- 野化马在全球成斑块状分布。家养品种见于全世界。
- 大型有蹄兽类。色彩多样，从黑色和深棕色到茶色、灰色或白色都有。

雌性群体

南浣熊

长得像浣熊一样的南浣熊是一种敏捷的树栖觅食者，拥有可以向后转的脚踝，使其可以上上下下地爬树。雄性南浣熊通常独居并倾向于单独觅食，但雌性生活在由5~10只个体组成的小群体中。雌性在繁殖时会离开群体，但随后会带着它们的新生儿归队。

南浣熊（*Nasua nasua*）

0.7~1.3m。

南美的雨林区域，最南可达阿根廷北部。

深褐色哺乳类，鼻长，头窄，且面部有斑纹。褐色的长尾上有环纹。

狂奔

一群野化马跑过美国怀俄明州的荒漠。野生种群的毛色存在大量变异。

排成一线

双峰驼

双峰驼虽然在野外濒临灭绝，但却被广泛驯养。它们拥有克服沙漠干旱环境和极端温度变化的能力，使之可以栖于其他动物不能到达的地区。脂肪被贮存于背上的两个驼峰中，并在无法获取食物时动用。这些适应性使得骆驼可以在没有食物的条件下长时间行进。在交配季节，骆驼社会中族群的个体数量可超过100，但通常最多只包含30头。当长距离移动以搜寻食物时，一个群体的成员会排成一条线行进，并由雄性首领担任队首，这种行进队形也被称为“驼队”。

人类的影响

领地丧失

极度濒危的野生双峰驼（野骆驼）现已退缩到中亚的3块小区域内。它们的栖息地由于开矿、工业化和核试验而丧失。每年，当保护区中的野骆驼迁徙到与家畜发生竞争的地区时，前者便会被射杀。

双峰驼（*Camelus bactrianus*）

3m。

局限在蒙古南部以及中国西北部沙漠的3个区域内。

大型有蹄类，拥有粗糙的淡棕色皮毛，背部有两个大驼峰。长脸上有分裂的上唇、可闭合的鼻孔和长睫毛。

驼队

一小群骆驼在戈壁沙漠的沙脊上以典型的直线队列行进。这些骆驼有着浓密的毛发以抵御寒冷。

母亲与女儿

非洲象

非洲象在干旱季节会集合成包含成百上千头个体的大群，但更典型的群体是由大约10~20头有亲缘关系的个体构成的小族群。这些小群体属于母系社会：一头年长的雌性首领控制着象群，并通常保持这个地位直到去世，而后一般由其长女接任女族长之职。族群可以聚集为松散的大群，但女族长仍拥有对本族群成员资格的控制权和否决权。雄象在青春期被逐出所在的象群，并单独组成单身汉群。成年雄象只在交配时与雌象群交往。

非洲象（*Loxodonta africana*）

4~5m。

非洲撒哈拉沙漠以南地区的开阔草原、灌丛、树林中，少数出现在沙漠。

皮肤灰色、多褶皱的大型哺乳类，有长鼻和长牙。与亚洲象的区别在于耳朵更大。

» 295，417，466~467。

群体问候

长吻原海豚

人们经常见到这种群居海豚组成包含几百头个体的大群。群体成员是流动的，并且由于小群体的加入和离开而经常变化。长吻原海豚在不休息时通常很喧闹，会发出频率范围宽广的口哨声和咔嗒声——可能每头海豚都拥有独特的口哨声，以便其他同类识别。当在长期分离后重新聚首时，长吻原海豚通过大量的社交行为和声音彼此问候。

长吻原海豚（*Stenella longirostris*）

1.5~3.5m。

大西洋、太平洋和印度洋的热带水域和温暖的温带水域。

长有特征性的长吻和尖鳍的海豚。上体深灰黑色，侧纹灰茶色，下体色浅。

播客

长吻原海豚发出恒定频率的声音用于社交，该声音由咔嗒声和口哨声组成。它们也用这种声音通过回声定位侦测猎物。

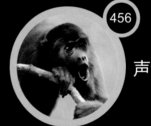

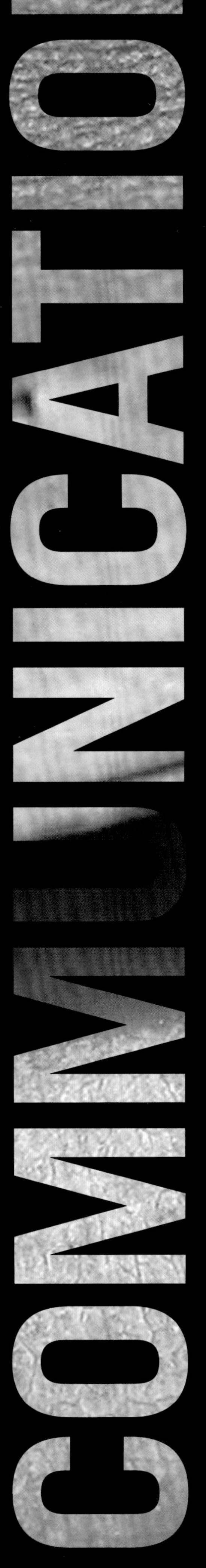

通信

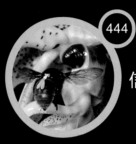

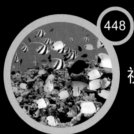

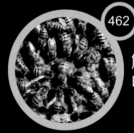

团队叫声

和许多动物信号一样，嗥叫具有好几种功能，包括表明一个群体的领地和实力，集结群体成员和展现团结，等等。当一只狼嗥叫时，群体其他成员会以不同的音调加入，以尽可能创造出一个大狼群的印象。

通信

多种多样的信号使得动物可以与它们的同类交流，使它们能够寻找伴侣、协作和避免冲突。自然界满布通信网络，包括从片刻的振动和电脉冲，到鸡尾酒似的化学物质、色彩艳丽的炫耀和引人入胜的声音。

什么是通信

通信是指信息通过特化的信号在动物（通常是同类）之间的传递。这些信号常由行为、生物学或外形中为了表达信息而被放大（或“仪式化”）的方面进化而来。比如瞪羚在跳跃时也顺带向捕食者传达了有关其适合度和敏捷度的信息，但是当跳跃行为在一场动作夸张的炫耀中被仪式化后，它就变为一个主动展示适合度的信号。这是一个变化的过程，并且一些外形或行为的附加因素可能正处于变为正式信号的过程中。信号的多样性反映出动物及其环境，以及它们要表达的信息的多样性。

通信途径

化学	振动
虽然被应用于整个动物界，但化学信号在无脊椎动物中格外普遍。其作用对象通常为一个整体而非一个特别的个体。	主要应用于节肢动物，但也被一些脊椎动物采用，振动包括由重击、轻叩或低频次声引起的通过木头或地面传递的压力波。
视觉	**电**
虽然被应用于所有动物类群，但视觉通信在夜行和穴居动物身上发展较少。包括色彩和标记、身体语言和生物发光。	电信号只在水中很短的距离内有效，并且已知仅由两个鱼类类群使用。发电模式由一个特殊的电器官完成。
听觉	**触觉**
听觉信号应用于节肢动物和脊椎动物，在空气或水中传递。信号由喉部发出，或通过机械手段产生，比如摩擦身体的某个部位。	在交配前于近距离使用，或应用于紧密生活的社会性物种。触觉信息是简单的且通常友好，包括昆虫间的轻轻叩击和哺乳类间的拥抱。

动物为何通信

虽然动物通信的方式极其多样，但通信的原因却往往非常简单——找一个合适的配偶，哺育后代，保卫资源或配偶免受竞争者威胁，以及协作。这其中最基本的一条就是找到一个种类正确的配偶，并且大量动物拥有自己的求偶信号，也许是声音、信息素、视觉、触觉、听觉、电信号，或这些的混合体。一些求偶信号，比如许多单配制鸟类的求偶仪式，提供关于配偶素质的信息或巩固长期夫妻关系的黏合剂。亲子之间的信号，比如联络的叫声和索食，应用于长时间或高强度照料后代的动物，特别是鸟类和哺乳类。

攻击性信号
动物努力避免肢体冲突，因此使用信号来宣扬自己的战斗力。这些争斗的灰鹤通过展开翅膀尽可能使自己看上去更大。

友好信号
触觉信号在像这些幼年绿狒狒一样的社会性动物中很普遍，并且常用于安慰和维持关系。

对配偶、领地和资源的竞争是通信的另一个原因。最具攻击性的信号实际上降低了战斗的必要性。像大猩猩那样通过捶胸来显示体形和力量就可以阻止挑战者，而标记领地边界更能减少冲突。但是，那些生活在群体中的动物通常拥有最复杂的通信。联系紧密的群体一般拥有维持凝聚力、维护社会秩序和促进协作的信号，但即使是临时的群体也拥有警告危险或召集个体的信号。

学习语言

绝大多数动物天生就会制造本物种的信号并对其做出反应：一只在封闭环境中养大的蟋蟀仍能够发出它的求偶鸣唱，而此前从未听过这种声音的雌性仍会做出反应。科学家已经在黑腹果蝇（*Drosophila melanogaster*）中找到了与求偶行为有关的基因。但是在一些哺乳类和鸟类中，学习对于通信至关重要。年轻的鸣禽在完全学会成鸟的歌曲之前一般要经过好几个阶段，而人们最近发现成年雄性座头鲸会经常变换自己的歌曲。

牙牙学语
幼年倭狨在学习它们的词汇之前会发出混乱的叫声，这称为“咿呀学语阶段”。

讲一门外语

通信经常发生在同类之间，但种间通信也有合理的理由存在。最普遍的例子见于捕食者和猎物之间。出于避免被吃掉的目的，一些猎物种类向捕食者发出信号，表明自己是危险的，或极端敏捷。熟知其他物种的警告信号并对其做出反应对猎物也是有利的。关于种间通信的不寻常的例子是响蜜䴕，它们通过歌唱将蜜獾引到蜂巢，蜜獾打开蜂巢，二者分享战利品。

多色斑蟾（*Atelopus varius*）鲜艳的颜色对捕食者是有毒的警告。

响尾蛇通过振动尾部末端特化的鳞片发出响亮的警告声。

跳羚的“四足蹦跳”炫耀行为告诉捕食者它状态正佳，身体健康，难以捕获。

信息素和嗅觉

“信息素”这个词来源于希腊文，它的意思是“兴奋的载体”。信息素是动物释放出来的化学物质，这种物质会引起动物行为的变化或者发育反应。在无脊椎动物中，即使很微小浓度的信息素都可以产生非常显著的效果，而脊椎动物对此的反应则反而比较微弱。

海葵

蜜蜂蜂王

菜籽象鼻虫

信息素类型

海葵（见最上图）使用释放剂信息素作为一种警报信号，以使它们缩回易受攻击的触须。蜜蜂蜂王（见中图）利用前导素和释放素系统控制工蜂。菜籽象鼻甲（见下图）使用标记信息素。

一种古老的语言

化学信号很可能是最古老的传递信息的方式，今天大多数动物传递信息主要或全部依赖于这些化学信号的作用（似乎鸟类除外）。信息素是无脊椎动物主要的交流方式，一些社会性昆虫，例如蚂蚁，就利用这些复杂的化学物质来协调它们的行为。节肢动物利用长在它们外骨骼或触须上的感官毛检测信息素，而脊椎动物则利用它们的犁鼻器或嗅觉膜进行检测。

强有力的壮阳剂

天蚕蛾能够从其腹部末端的腺体中产生一种强有力的诱导剂。

对气味敏感

蛾可以非常精确地检测到信息素的成分。雄性鼠李蛾能够使用触须上数以千计的毛须似的感受器探测极微量的雌性诱导素。

信息素的类型

信息素有两种主要类型，即前导剂和释放剂。前导剂可以在受体内引起生理上的改变，例如蜂王会利用它们抑制工蜂们的性生长。释放剂信息素能够引起行为上的反应，释放剂有4种主要类型：性诱导剂，警报信号，招募新兵或集合信号，以及标记或领地信息素。释放剂信息素一旦被释放，它就是一种物质上的存在并与产生它的动物分离，这种物质能够被气流携带传递至无限远的地方，或者被留在地上或植物上以待后来者接收。有些信号需要长距离传播或快速反应，或者像警报信息素一样启动和停止，这些信号都非常容易挥发且不稳定。而那些常常被用作较长术语的信息，例如领土标记信号则是比较厚重且更加稳定的复合物，它们能够在几天到几周之内保持活性。

标记环境

许多动物生活的环境都是有气味的，这对它们来说就像路标之于人类一样重要。化学信号是非常独特的，通过它可以留下记号或者名片，这种记号常常被那些行动范围较广或需要保卫大片领地的动物所使用。许多蚂蚁在行进中都会留下带气味的痕迹，标记出食物源的路线。这类痕迹信息素仅能保持几分钟，因为这种情报仅在很短时间内有效。而领土标记信号则往往能够保持较长时间，例如鬣狗的信号能够存在数周之久。

气味标记

一些动物，例如环尾狐猴用肛周腺来标记自己群体的领地，即利用专门的腺体形成臭的痕迹。而其他一些动物则利用尿液或粪便来标记领地。

11千米 雄性天蚕蛾对雌蛾发出的信息素所能够跟踪的距离。

个案研究

集体传播

通过分离出信息素的组成复合物，研究人员进而检测其效用，来分析昆虫的信息素。蜜蜂的“女王信息素”仅允许一只女王发挥精确的控制力来指挥成千上万只工蜂。这就使得工蜂释放出一种信息素，使它们蜂拥在一起并成为护卫战士。这种现象也通过人类诱导剂实验得到了充分证实。

吸引力
许多捕食者似乎是通过难闻的警报黏液找到蠕虫的，而有一些动物，如火蝾螈和红缘带蛇实际上是被难闻的气味所吸引。

警报信号

普通蚯蚓

蚯蚓在行进时，会产生一种黏液来帮助它们滑过地洞，并使洞壁凝固，以免崩塌。一旦它们受到攻击，蚯蚓就会分泌更多黏液，并在黏液中加入警报信息素。其他蚯蚓通常会忽略正常的黏液，而一旦它们接收到一滴带有信息素的黏液，就会迅速地从危险地带撤离。

普通蚯蚓（*Lumbricus terrestris*）
- 长达25cm。
- 生活在欧洲的土壤中，后被引入到北美和西亚地区。
- 身体微红色至灰色，由像环一样的体节组成，长有微小的刚毛。
- >> 251，368。

萃取精油
这只长舌花蜂在兰花上涂了一层厚厚的脂肪来提取精油，这种方法与香料制造商曾用的从鲜花中提取香料的办法类似。作为补偿，花儿也因此得到授粉。

香水礼物

长舌花蜂

除人类外，长舌花蜂是唯一一种知道把香味剂混合成香水的动物。雄蜂先从兰花上收集香味，并用特殊的小袋囊把香味储存起来。它们也会从其他花朵、水果、树木的树液或树脂、腐烂的木头甚至粪便上收集材料，增加香味的浓度和复杂性。在繁殖季节，雄蜂会把这种混合物转移到翅膀的底部，然后围着雌蜂盘旋，把这种气味吹送给雌性。据说雌性长舌花蜂会感知合成得最具有吸引力的香味。

长舌花蜂属（*Euglossa*）
- 0.8～3cm。
- 从新墨西哥到阿根廷的热带及亚热带雨林中。
- 具有鲜艳的颜色，许多为金属绿色、青铜色或蓝紫色，有些花蜂舌头的长度是体长的两倍。

有毒的爱情

女王斑蝶

许多蝴蝶都会使用信息素吸引伴侣，但是女王斑蝶却有着独特的精良招数，能够保证雌性为后代选择到最优良的父亲基因。女王斑蝶所吃的植物中包含有毒的生物碱，比如乳草属植物。雄蝶会把这种毒素转化成一种物质，并在求偶时暗自把这种物质转移给雌蝶。雄蝶转化的毒性物质越多，它也就越有魅力，这是由于雌蝶会把这些有毒物质合成到自己的腿部，从而防御入侵者的袭击。

女王斑蝶（*Danaus gilippus*）
- 翼展7～8cm。
- 从美国南部、西印度群岛直到阿根廷的中、南美洲的开阔阳光地带，包括牧场、沙丘和水域。
- 身体呈橙色或棕色，翅缘黑色，有白色点缀，在后翅前面长有黑色的条纹。

化学语言

织叶蚁

织叶蚁具有一套非常精密的化学信号传递系统。例如，蚂蚁先遣队员会留下一条痕迹信息素，来指导其他蚂蚁寻找食物，而且如果招来的蚂蚁去取食物，先遣队员会先用触角触碰它们，以传递食物的气味来说服它们跟上。如果遇到入侵者，先遣部队就会返回寻求增援部队，并把警告信息素传达给其他蚂蚁。这种信息素由4种化学物质组成，第一种发出“注意”指令，第二种是说“寻找入侵者”，第三种刺激蚂蚁的攻击性，第四种发出“进攻”号令。

织叶蚁（*Oecophylla longinoda*）
- 工蚁平均体长6mm。
- 非洲撒哈拉沙漠以南地区的热带森林和林地。
- 身体呈红棕色，长有高度发达的眼睛。
- >> 167。

化学广播

云杉齿小蠹

在云杉齿小蠹和它们近亲的破坏工作中，信息素的能力实在是太明显了。一旦一只甲虫在一棵松树（通常是已经变形的松树）上安家以后，它就会发出信息素召集其他甲虫来这棵树上聚餐和交配，同时它们也会在树上钻洞。新生的甲虫也会加入这种化学物质的传播队伍中，每一个新加入的成员都会继承这种传播，这种信号就会得到增强，从而产生更强大的攻击力，能够击垮甚至杀死一棵健全的树。这棵树为自己的倒下也做出了贡献——信息素就是利用从树木本身提取出来的化学物质产生的。

云杉齿小蠹（*Ips pini*）
- 2～6mm。
- 美国东南部、西部和北部直到加拿大的松树林中。
- 身体呈圆柱形，背部红棕色，具有光泽，后缘凹至鞘翅。

人类的影响

移动入侵

为了防止过度拥挤，云杉齿小蠹发出的信息素的量有一个上限，到了这个上限时，甲虫将不再被食物源所吸引，但它们仍然会被吸引到这片区域。它们停靠在邻近的树上，重新发动它们的侵略，最终导致树林成片死亡。

我的皮肤下面

雄蛙以其呱呱大叫吸引伴侣而闻名，而大雨滨蛙除了叫声，还利用其头部前后腺体所产生的化学素来吸引异性。这种化学素是隐藏在皮肤下并透过皮肤传递的。

难以抗拒的气味

大雨滨蛙

雄性大雨滨蛙的性信息素是在蛙和蟾蜍中发现的第一种信息素。这种物质也叫作雨滨蛙素（splendipherin），在雨滨蛙的繁育季节它的分泌量达到顶峰。雌蛙会对这种物质做出及时的反应——它会调整姿势，变得更加警觉，并向这种物质靠近。

大雨滨蛙（*Litoria splendida*）

10.5cm。

局限分布于澳大利亚西北部靠近人类聚集区的洞穴或岩石裂缝中。

背部呈橄榄色至翠绿色，下部呈苍白色，长有白斑或黄斑。

看得见的嗅觉

沙鬣蜥

最强烈的气味是挥发性的，即它们可以从液体转化为气体。但是由于气味不能在热的条件下长时间保存，所以鬣蜥使用"固定的"气味作为它们领地的标记。这种标记可以持续几天，但不能保持更久的时间。然而，鬣蜥的气味标记能够反射紫外光，从而使其他鬣蜥都能清晰看到。通过研究这些标记，沙鬣蜥就能够辨别侵入它们领地的是什么动物。如果是近亲、邻居或者潜在的配偶，它们就会视而不见；如果是陌生雄性发出的气味，它们立刻就会做出战斗性的反应。

沙鬣蜥（*Dipsosaurus dorsalis*）

40cm。

美国西南部或墨西哥西北部，干旱的沙质荒漠、灌木林地、岩石裂缝和木焦油树丛中。

身体呈浅灰色或棕色至奶油色，背部长有浅棕色的网状形式，尾巴上长有条带纹。

做出标记

在沙鬣蜥的腿下面长有一排气孔，通过气孔可以把气味留在它走过的岩石和尘土上，从而使这种小小的动物可以宣告一片较大的领地。

化学伪装

红缘带蛇

多达100条的雄性红缘带蛇会突然袭击一条雌蛇，来响应雌性所分泌的信息素，从而形成一个名为"交配团"的巨大缠绕群。每一条雄蛇都会努力向雌蛇示爱，它们沿着雌蛇的背部摩擦自己的下巴，并找准自己的位置，以证明它已经准备好和雌蛇交配。最终，其中的一条会成功交配，于是它用另一种信息素给雌蛇做标记，以阻止进一步的追求者。一些雄蛇也因此发育出能够产生少量雌性信息素的能力。这些信息素使一些雄蛇迷惑，转向伪装的雄蛇示爱，从而使得冒充者获得有利的位置，并成功得到雌性。这种高超又成功的欺诈术在所有交配中占70%。

红缘带蛇（*Thamnophis sirtalis infernalis*）

38～91cm。

美国加利福尼亚直到加拿大的草地、灌木丛、树丛、森林中，通常靠近水边。

身体细长，底色为深橄榄色，边缘有红色条纹，沿着身体有粗粗的黄色条纹。

» 373。

交配竞赛

从冬眠中苏醒过来后，雄性之间就会展开激烈的竞争，因为一条雌性红缘带蛇一年当中只与一条雄性交配。

臭味之战

环尾狐猴

对于环尾狐猴来说，气味交流是非常重要的，环尾狐猴会使用腺体的分泌物来宣布自己的地位和标记的领地。在繁育季节，群体中的雄性会使用气味作为武器，争取接近雌性的机会。它们华丽的尾巴被用从各腺体里发出的气味厚厚覆盖，接着尾巴高拱过头顶，朝着竞争的雄狐猴弹出去。竞争者常常会以同样的行为反击。因此两只环尾狐猴会站着朝对方摆动自己的尾巴，直到一方做出让步。

涂抹尾巴

在争斗开始之前，雄性环尾狐猴会先使用手腕上的角形骨刺将自己的气味梳理到尾巴上，并将其在身体上用力地擦拭，从而使自己沉浸在其腕部和胸部腺体所发出的刺鼻气味中。

环尾狐猴（*Lemur catta*）

39～46cm。

马达加斯加岛的南部和西南部干旱的森林中。

有棕色至灰色的有点泛红的皮毛、黑色三角形的眼罩和黑白条纹的尾巴。

» 412，436。

社群气味

狮

在一个狮群中，气味常常被用于加强成员之间的团结和宣示它们的领地。狮群的成员会摩擦鼻子或身体来交换气味，侦查的雄狮们会定期停下来向草丛和显著的地标撒尿。在与其他狮子遭遇战之后或离开一场杀戮时，使用尿液标记领地是很普遍的行为。

狮（*Panthera leo*）

1.7～2.5m。

非洲撒哈拉沙漠以南地区的热带稀树大草原及印度西北部的吉尔森林中。

身上长有细细的短毛，尾上长有毛簇，雄性比雌性个体大很多且长有颜色多样的鬃毛。

» 236，413。

了解性接受能力

当雄狮激动地用鼻子嗅雌狮时，它会做出奇怪的面部表情。这种现象叫作裂唇嗅反应，它为嘴部上腭的器官传送一种激素信息。在哺乳动物中这一特性被广泛应用，以检测雌性的性接受能力。

团队合作

普通侏獴

混合身上的气味是动物群体成员之间保持团结的一种普遍方式。侏獴是高度社会性的动物，有关联的或者不相干的侏獴个体都会成群地帮助抚养领头侏獴夫妇（通常是最年长的雄性和雌性）的幼崽。在它们的家域内，群体成员都会使用共同的气味标记物。特别是在靠近洞穴的地方，侏獴会在一个垂直面上摩擦它的肛周腺，在地面上用肛门拖曳（通常是举起后腿），或者表演手倒立行走，从而在空气中释放气味。它们也会用肛门和脸颊腺体的分泌物去摩擦群体中的其他成员，包括它们的后代，以作为群体标记。

普通侏獴（*Helogale parvula*）

18～28cm。

非洲的东部和南部，通常在热带稀树大草原上，特别愿意在那些具有许多白蚁冢的地方寻求庇护。

最小的獴，厚厚的棕色皮毛上长有纤细的红色或黑色毛发，有小小的眼睛和小小的耳朵，以及长长的带有爪的前足。

>> 320。

路标指路

水獭

水獭会在一些显著的岩石或木头下留下一堆堆的粪便，以此来宣示它们的领地，并标明它们对这里资源的所有权。虽然大部分水獭是独居的，但是雄性和雌性的领地常常有部分重叠，并且粪便标记使得它们能够构建出邻居活动的范围地图。在设得兰群岛和苏格兰北部，水獭专门在大海中搜寻食物，但它们仍然需要淡水。在这里，水獭世世代代产生的粪便被高高地堆起来，形成一道非常明显的路标。一个粪堆的位置接着另外一个，因此新近返回陆地的水獭从不会远离它们的路标，最终方便地找到淡水。

水獭（*Lutra lutra*）

55～90cm。

欧洲、亚洲和北非的河流、湖泊、江口和有庇护所的岩石海岸。

肉食动物，长有光滑的棕色皮毛，粗大而末端尖细的尾巴和蹼状足。

惊人的香味

水獭的粪便中可能包含着它们最后一餐所吃的鱼鳞和骨头，但其粪便通常有刚刚割下的干草或茉莉花茶的气味。随着时间流逝，粪便的颜色会逐渐褪去，但仍然能够保持芳香的麝香味。

两部分信息

褐鬣狗

褐鬣狗以4～14只个体组成一个族群生活在一起，它们是典型的能够独自捕猎的动物，但却分享着共同的兽穴。它们把肛门中的分泌物涂抹在草的茎部来标记自己巨大的家域，尤其是在领地的中央。在家域内235～480平方千米的范围中，它们可以同时设置20000个涂抹标记。褐鬣狗可以依次分泌出两种不同的分泌物，其中一种会涂抹在另外一种的上方。白色的涂抹物可以保存超过一个月的时间，这种标记很可能在建立和保持领地所有权中起作用。而第二种湿润的黑色分泌物几小时后就会褪去，这种标记很可能用来向家族中的其他成员发出通知，告诉它们谁、多久之前刚刚从这条路上通过，因此它们就不必再去已经被占领的区域觅食。

频繁的涂抹

一只鬣狗会在每平方千米的地面上停顿2或3次，使用肛门分泌物标记自己的领地。

两种色调

一只鬣狗会分泌它的白色分泌物标记领地，而用黑色的分泌物标记与群体中的其他成员交流。

褐鬣狗（*Hyaena brunnea*）

1.3m。

非洲西南部和南非地区，包括骷髅海岸地区的干旱的稀树草原和沙漠。

长相像狗，有宽大的吻，黑棕色凌乱的皮毛上长有麦秆色的长毛，有尖尖的耳朵和带有条纹的腿。

信息库

白犀

在所有的犀牛中，白犀是高度社会性的动物。母犀和它们的后代组成一个14头的群体紧密生活在一起，而成年的公犀则独自生活。优势公犀有自己的领地，它们常常用角摩擦灌木或地面来标记它们的领地，接着用4只脚胡乱摩擦进行标记，最后对着一棵标记树撒尿5次。巡逻的公犀会在一小时内用尿液标记10次。它们还会在领地的边界处排泄粪便20～30次。在排泄前后，它们会故意慢慢踢粪便，从而把粪便堆挖开或拨散。母犀和幼犀以及没有领地的犀牛会把自己的粪便堆积到公犀的那些粪便堆中（不能踢），以表明它们的忠诚。这些粪便堆会成为显而易见的地域标记，以至于其他动物也会把它作为它们自己的气味标记。

白犀（*Ceratotherium simum*）

1.7～1.8cm。

非洲东部和南部长有树木和水源的草地，曾经一度广泛分布，但目前仅有少数分散的群体。

长有石灰色至棕色的皮肤、有角的鼻子和宽大的嘴巴，颈部分隆起。

水下气味标记

美洲海牛

分散的海牛之间使用水下气味标记彼此传递信息。10月，当它们到达佛罗里达州清澈的入海口时，一些海牛就会在某些明显的石头或水下圆柱物上摩擦。它们会使用能分泌腺体分泌物的部位摩擦，比如生殖器、眼睛、腋下和下颏。海牛每年都会在同一个地点进行摩擦，如果之前用来摩擦的标记物不见了，它们就会在附近寻找新的物体来代替。雌海牛摩擦的时间要比雄海牛多，这很可能是它们在向周围游动的雄海牛宣传自己的性接受能力。

美洲海牛（*Trichechus manatus*）

2.5～4.5m。

从美国西南部到南美洲的东北部及加勒比海岸的浅海、江口、河流和潟湖中。

体形较大、身体呈流线型的海洋哺乳动物，长有灰棕色的皮肤，可促进海藻的生长。

视觉信号

鲜明的图案、精心制作的装饰、专用的姿势和面部表情都可以是大胆的、即时的状态说明。对于几乎所有生物来说，视觉信号都是最快的传递信息的方式。但是它也有明显的不足之处，即视觉信号只在距离较近的范围内起作用，而且有时候也会引来不必要的关注。

制服和徽章

鲜明的颜色和样式能够帮助确认动物所属的种类，以及与它们有互动关系的属，这一点对于一些生活在同一栖息地的几个关联物种来说是非常重要的。一个物种的两性个体看上去是不同的，某些有优势的特征，例如精心装扮的尾巴或令人印象深刻的茸角，会随着物种的进化而得到增强。有些花纹担当了标示群体中地位高低的作用。麻雀的黑色围嘴就是一种地位的象征，围嘴越大，其地位也就越高。

职业打扮
隆头鱼的这种蓝色在其他清洁鱼中也有发现。捕食者把这种颜色与去除身上寄生虫和废弃组织的鱼联系起来。

身体语言

有些身体语言是通用的，动物们常常会使自己看上去尽可能更大，从而伪装出更大的威胁力量，而且它们会挥动手臂来引起注意。当吸引配偶时，姿势能够帮助它们展示出想要炫耀的特性，许多鸟类的求偶舞就把它们的羽毛展现得淋漓尽致。特别是在一些社会性动物中，姿势或姿态能够传递大量的信息。较大的猴类和黑猩猩则更进了一步，它们能够使用一系列的面部表情。

雄性山魈
在灵长类动物中，急剧增加的激素能使其产生独特的能够表明地位的特征。面部表情能够传达直接、即时的信息。

灯光秀

一些生活在黑暗中的动物具有生物发光性（它们自身发出光线）。令人惊奇的是，约有80%的海洋生物可以发射光线，用于寻找配偶、躲避捕食者、引诱食物或参与到群体中。事实上，可能地球上数量最多的能够生物发光的脊椎动物就是斜齿圆罩鱼。一些小型的甲壳类能够使闪光同步，从而产生惊人的灯光秀。

闪闪发光
最壮观的水下灯光秀就是由一些水母产生的纺纱圈一样的灯光秀，例如这种丝胄水母（*Thysanostoma loriferum*）。

间歇信号

有些视觉信号能够通过发出或终止来传达特别的信息。当有些动物准备繁殖时，它们就会改变身体的外观，但突然发生的视觉信号则更加显而易见。突然升起的头冠羽毛、皮肤上伸展开的褶皱、漂亮的尾巴或闪闪发光的色斑，都是动物进行攻击、吸引异性、聆听警报或与群体保持联系的信号。

瞬间变色
大多数时间，安乐蜥颈下长有鲜艳颜色的皮肤是折叠起来的，以免引起捕食者的注意，而当需要时，这部分皮肤会被迅速打开。

摇动腿部

为了吸引异性，雄性簇状型跳蛛可以非常有力地摇动它的第一对腿并左右扭动腹部。

起舞寻伴

跳蛛

雄性北美酷跳蛛有两种类型，每个类型都有它们独特的求爱方式。簇状型的雄蛛会在距离雌性9毫米远的地方就开始示爱，并在空中摆动它的腿；而灰色型的雄蛛会先来到距离雌蛛3毫米的地方，谦卑地蜷缩着侧身靠近，并用它最前端的两对足指向前方，呈三角形。跳蛛具有非常好的视力，它们能够看见紫外光。在许多热带物种中，雄性一般长有颜色鲜艳的体毛和毛簇，这些体毛和毛簇在紫外线下极其惹人注目，这也是雄性精心准备的用于求爱的一部分装饰。

北美酷跳蛛（*Maevia inclemens*）

- 雄性5～7mm，雌性7～10mm。
- 遍布于美国东部和北部。
- 雄蛛有两种类型：簇状型呈黑色，腿为白色，且身上长有3簇绒毛；灰色型的眼睛上长有白色条纹。雌性呈棕色，眼睛下面长有黄色条纹。

» 333。

超级大钳

环纹招潮蟹

雄性环纹招潮蟹长有重达体重40%的巨大螯肢。螯肢不仅能恐吓其他雄蟹，而且可以向雌蟹招手，诱使它们进入自己的洞穴进行交配。竞争非常激烈，雄蟹常常频繁地簇拥在雌蟹的周围。雌蟹则可以用它能够360度观察的眼睛来观察周围向它招手的雄蟹，并从中选择。钳爪的大小和摆动的频率证明了雄蟹的超强活力，从而更加吸引异性。有些螃蟹则会使用欺诈术。如果一只雄蟹失去了它的钳爪，它就会生长出一个非常脆弱的假冒品，虽然这个赝品没有花很多能量来挥动，但足以给雌蟹留下良好印象。

环纹招潮蟹（*Uca annulipes*）

- 2～3cm。
- 南非、东非及亚洲潮区的海滨泥滩、泥泞的沼泽地和红树林中。
- 微红色的小型螃蟹，雄性长有一只正常的螯肢和一只非常有力的巨大螯肢。

灯光秀

海萤

天黑以后，这些小小的甲壳类动物就会上演神奇的灯光秀。它们从小小的鼻孔中释放一种化学混合物，与海水中的氧气发生反应，从而产生一股光线。海萤用光线作为防卫的一种方式，发出耀眼的烟雾状光线来恐吓捕食者。它们也会用光线彼此交流。雄性会在水中快速游动，从而在水中点缀出一条蓝色光迹来吸引异性。每个种类的海萤都有独特的灯光秀模式：可能很长，也可能很短；可能向上，也可能向下；可能是条直线，也可能蜿蜒曲折，很像焰火的轨迹形成的图案。

海萤属（*Cypridina*）

- 平均1mm，最长可达3cm。
- 全球的海洋、有盐度的水域和淡水水域。
- 微小的甲壳类动物，被有蛤状外壳。

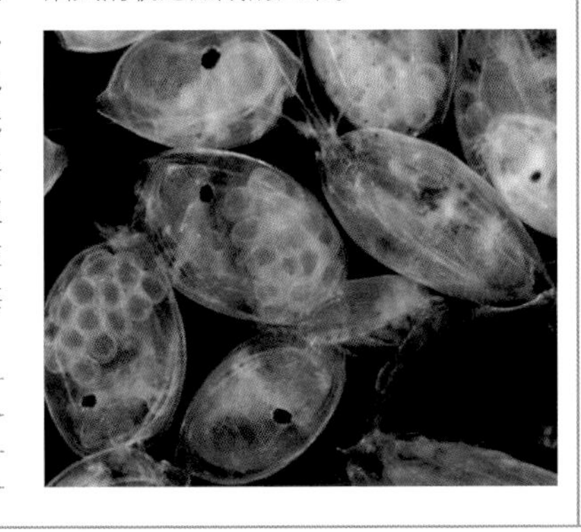

闪烁的光线

源氏萤甲

萤火虫是会闪光的甲虫，这种亮光就像莫尔斯电码一样，是一种闪光信号。微黄色的光线由荧光素蛋白质、氧化酶、氧气和来源于食物中的能量所发生的化学反应产生。夏季天黑后，雄性源氏萤甲以一种独特的方式边飞边闪烁来吸引雌虫。其他雄萤火虫也会同时向这些闪光点靠近，并使它们的闪光模式逐渐同步，从而产生闪光团。雌性会追随这些信号并发出自身不规则的闪光。在向一只雌性萤火虫求爱时，雄虫就会停靠在树枝上，变化它的闪光模式，并不断靠近雌虫来交配。

源氏萤甲（*Lucida cruciata*）

- 1～2cm。
- 日本河堤和水道旁。
- 黑色甲虫。

恐吓姿势

灰真鲨

许多种鲨鱼都会使用身体语言作为警告信号。当它们遇到威胁时，灰真鲨就会做出非常夸张的游泳动作，如在水中旋转、Z字形或螺旋形游动，或者摆出S形姿势——抬高鼻子，弓起脊背，垂下胸鳍，将身体弯向一侧。在激烈的展示中，鲨鱼会做出夸张的姿势，游出一种压缩状的S形模式，甚至形成一个8字形图案。它们的展示越激烈，代表它们所感受到的威胁越大，足以令它们攻击对方。

灰真鲨（*Carcharhinus amblyrhynchos*）

- 长达1.7m。
- 印度洋和太平洋海域，包括红海的珊瑚礁和环礁海域。
- 背部呈黑灰色，腹部呈白色，长有黑色鳍，尾鳍上长有黑边。

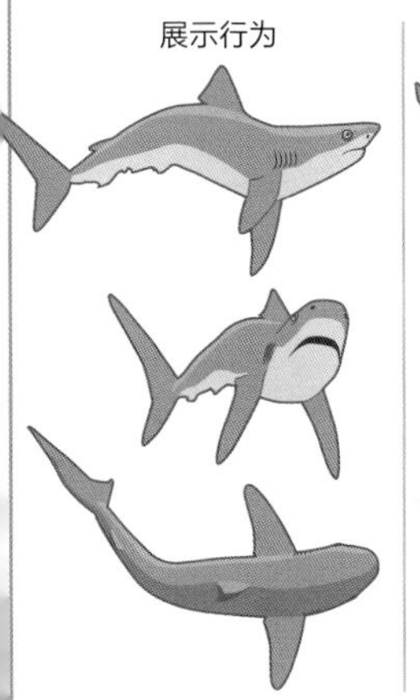

清楚的警告姿势

左图显示了灰真鲨S形的警告姿势——鼻部上扬，鱼鳍下垂，身体弯曲向一侧。右图显示了灰真鲨正常状态下的泳姿。

团队觅食

灰真鲨是社会性生物。它们聚集成一群在珊瑚边觅食，主要以鱼类、乌贼和甲壳类动物为食。虽然它们不是濒危物种，但其数量正在减少。

不同的服装

蝴蝶鱼

当一些近亲物种生活在同一片栖息地时，一些有特色的标记就充当了它们的“制服”，从而标记出它们与其他种类的不同之处。蝴蝶鱼及其近亲有着同样的体形，但它们身上却长有醒目的蓝色、黄色、黑色、白色、橙色或红色条带。珊瑚礁上生长的这些三角蝴蝶鱼（见右图）有长长的背鳍和条纹；栗子蝴蝶鱼有黄色的鳍和黑色斑点；而臂章蝴蝶鱼则长有苍白的V字形图案。

蝴蝶鱼科（Chaetodontidae）

7～15cm，有一种长达23cm。

所有热带水域的珊瑚礁中，绝大多数在西太平洋和印度洋。

身体肥胖呈扁平形，前额微微凸起，大部分种类都有颜色鲜艳的标记。

现在你看见我了……

凑近看时鲜艳的标记对鉴别蝴蝶鱼种类很有帮助。但从1～2米外观察，这些标记就会打破鱼身外形的线条，形成伪装。

倒挂金钟

冠欧螈

和许多蝾螈和疣螈一样，冠欧螈能使用视觉信号和信息素传递信息。在繁殖季节，当雄性蝾螈遇到一只雌蝾螈时，雄蝾螈会表演倒立，并在空中摆动自己的尾巴，就像空中的一杆旗子一样，它们还会朝雌蝾螈飘送一种有吸引力的化学物质。如果雄蝾螈成功了，雌蝾螈就会被说服，并接受雄蝾螈表演后留在池塘底的精子团。雌蝾螈捡起精子团放进它的生殖腔（生殖道打开的腔）中，几天后产下300枚卵。它会用后腿把卵一个一个地掩藏在树叶下面来保护它们。

冠欧螈（*Triturus cristatus*）

长达15cm。

从英国到乌拉尔的整个北欧的水坑和池塘中。

身体下面呈橙黄色并带有黑色斑点，雄性尾上有白色或灰色条纹，在繁殖季节会长出锯齿状的头冠。

瞧我

雄蝾螈在展示惊人的倒立姿势的同时，还会炫耀自己的头冠，以及用于向潜在的伴侣挥舞的带条纹的尾巴。

斗篷炫耀

斗篷蜥

当繁殖季节来临时，雄性斗篷蜥就会施展它们的技能来占据领地。它会在一棵树上猛力拍击自己的尾巴，从而产生很大的敲击声，接着它以“猛冲”的姿势抬起身体的前端，上演一系列颈部华丽褶皱的展示表演。这种炫耀通常会在早晨进行，而且一般不会专门指向某个特别的个体，但是如果其他雄蜥蜴没有把它的这种警告当回事，并向它靠得太近，一场激烈的战争就会爆发。战斗前，雄蜥蜴会最大程度地打开褶皱呈扇形并张大嘴巴，露出粉色或黄色的口腔内壁，扑向对方，用嘴巴和爪子厮打。当它们被逼走投无路或者被人类触摸时，雄性或雌性蜥蜴都会采用这种全部打开褶皱的方式。有报道称，在距离卡车驶过50米的地方，蜥蜴也会做出这种展示反应。

斗篷蜥（*Chlamydosaurus kingii*）

长达90cm。

澳大利亚北部和巴布亚新几内亚南部干燥的热带森林中。

身体上长有鲜艳的金黄色至黄色皮肤，背部有大黑斑，嘴巴较尖。

尽其所长

与其身体大小相比，斗篷蜥给人的视觉冲击力要远远大于其他动物。附着在它们脖子皮肤上的巨大褶皱能够呈扇形打开，形成一个夸张的像怪物一样的项圈，其宽度可达30厘米。

信号语言

泽氏斑蟾

尽管叫声与其他蛙类相似，但泽氏斑蟾原生的栖息地靠近嘈杂的瀑布，因此它们发育了一套摇摆系统。当两只雄蛙争夺领地或雌性时，都会举起鲜黄色的前爪，有时也会举起脚，直到一只雄蛙退去。当雄蛙还不想交配时，也会摇摆着赶走雌蛙，但它们允许能受精的雌性不受阻碍地进入自己的领地。然而，能受精的雌性却反而向雄性摆手挑衅。如果一只靠近的雄蛙无视雌蛙的警告，雌蛙就会与雄蛙交配；但如果雄蛙害怕而感到恐惧，雌蛙就不会与其交配。由此可以看出，摇摆似乎是检测雄蛙决心的一种方式。

泽氏斑蟾（*Atelopus zeteki*）

35～50cm。

巴拿马西部到中部的热带雨林和雾林的河流中，野生的已经灭绝，目前有几百只在圈养。

有鲜艳的金黄色皮肤，背部长有巨大的黑斑，鼻口较尖。

最后的摆动

野生泽氏斑蟾由于壶菌病的爆发而灭绝。壶菌病是曾经横扫巴拿马的一种特殊的有剧毒的真菌疾病。

欢迎回家

北鲣鸟夫妇张开翅膀、闭紧嘴巴，彼此靠近胸部问候对方，然后会沉浸在互相梳理毛发的甜蜜中。

斗嘴

巢穴中压扁的杂草、海藻及鸟类的粪便常常年复一年地再利用，因此也备受保护。张开喙，伸长脖子向前，用张开的喙仪式化地敲打它们的邻居，这种现象是非常普遍的。

宣告领地

图中右边的这只北鲣鸟通过鞠躬的方式向邻近的一对夫妇宣告对自己巢穴的拥有权。

鞠躬点头

北鲣鸟

这些海鸟生活在嘈杂拥挤的聚居区，这里巢穴的位置非常稀缺。保护巢穴常常会引起各种各样的战斗，战斗会造成一些鸟儿受伤，例如有的会失去一只眼睛。而北鲣鸟却可以使用一套仪式化的可视信号来避免许多争斗的发生。频繁点头似乎是一个所有权身份的显著信号。北鲣鸟站在自己的巢穴中，用嘴巴轻咬自己的爪，缓缓伸开翅膀，尾巴向上翘，从而形成一副鞠躬的姿势：头部倒置，嘴巴咬向爪子，翅膀呈弧形张开。这种独特而显眼的举动加上大声的呼叫，似乎提供了一种方法，既强调了巢穴所有权又不必卷入公然的挑衅中。

一对北鲣鸟夫妇会亲密地协同工作来抚养雏鸟，它们会用一种清晰的视觉对话交流双方的职责。如果其中一方想离开巢穴，它就会用“指向天空”的信号来表明自己的意图。通常双方同时做这种动作，但是任何一方都不能离开，直到其中的一方心甘情愿地低下头表示愿意留下，然后另一方才能离开，因为它已经知道巢穴会受到保护，是安全的。在交换护卫工作时，双方都会再次鞠躬，重申自己的主人身份，然后才能安顿下来或者合上嘴，紧贴胸部来跳舞。

北鲣鸟（*Morus bassanus*）

89～102cm。

北大西洋。海洋鸟类，常常在靠近海岸的地方活动，但在海蚀崖上繁殖。

大型海鸟，长有尖尖的尾巴，翅尖黑色，头部橙黄色。

轮流工作

对于谁留下、谁离开这一点，它们没有任何争论。把喙指向天空的这只鸟将会离开巢穴去觅食，而它的伴侣则垂下头，表示自己会留在巢中保护巢穴。

混合信息

苍鹭

苍鹭在筑巢时，雄鹭负责收集树枝，而雌鹭则负责安排整理。即使是一对已经确立关系的夫妇，它们对自己所有的空间也会有很强的占有欲。当它们在巢中相聚时，气氛可能会很紧张。它们会采用一系列含有敌意的姿势，例如弯曲脖子或向前伸展，同时还会伸长它们的头冠并骚弄羽毛，直到最后才会友善地安顿下来。

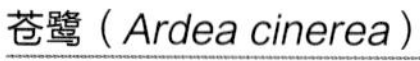

苍鹭（*Ardea cinerea*）

90～98cm。

欧洲、亚洲、非洲撒哈拉沙漠以南地区及马达加斯加岛的河流、湖泊、沼泽和河口边。

身体表面羽毛呈灰色，下面的羽毛为白色，成体长有像短剑一样长长的喙，白色的头部长有黑色的眉毛，尾巴上长有长长的细细的羽毛。

>> 268。

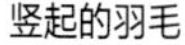

竖起的羽毛

为了回应雄鸟飞落下来的展示行为，雌鸟（左）会举起它的羽毛，表明它愿意看护巢穴和雏鸟。

升起羽毛

棕树凤头鹦鹉

这类群居性的鸟类能够使用它们的头冠做出一系列的视觉展示。在领地之争中，它们会抬起头冠，用刻意而为的步伐以间歇性的脚部节拍朝入侵者前进。在求爱期，雄鸟会抬高头冠，脸颊上裸露的红色皮肤的颜色会逐渐加深，同时它们会很兴奋地朝可能的配偶发出呼叫。

棕树凤头鹦鹉（*Probosciger aterrimus*）

49～68cm。

昆士兰、澳大利亚、新几内亚和印度尼西亚的桉树和稀树草原林地。

较大型的黑色鹦鹉，长有裸露的红色脸颊和隆起的黑色头冠。

泛红的脸颊

当激动或兴奋时，红色脸颊的颜色就会加深。这个特性就是棕树凤头鹦鹉区别于其他鹦鹉的独一无二之处。

吹口哨

白翅拟鸦

这类具有合作能力的鸟类以4～20只为家族成员生活在一起，这个家族包括一对夫妇和它们的后代。为了寻找食物，白翅拟鸦必须翻遍落叶层，只有家族中的所有成员都齐心协力地帮助进行这项艰苦的工作，才足以喂养这些雏鸟。作为它们喂养兄弟姐妹的报酬，幼鸟们会从中学得重要的技巧并获得继承领地的机会。

但是在艰难岁月，饥饿的青年鸟就会假装做出要把食物给雏鸟的姿势，但稍后却会自己吃掉。为了保持团队中的所有成员协调有序，团队中建有非常成熟的监管系统，任何使用欺诈行为并被抓住的鸟儿都会被公审，并被强迫进行一项公开的“羞愧”表演。检举者会展开它的羽毛，缓缓摆动尾巴，喙同时一张一合。

白翅拟鸦（*Corcorax melanorhamphos*）

49～68cm。

遍布澳大利亚东部和东南部开阔森林和林地的潮湿地域的地面上。

身体黑色，类似乌鸦，长有红色的眼睛，飞翔时可以看见白色的翅缘。

愤怒惊人的一幕

白翅拟鸦羞愧表演的高潮是非常惊心动魄的，它们的眼睛会从眼窝中凸出来。这两颗鲜红的眼球产生出一种非常惊人的效果。

荣耀冠冕

王霸鹟

通常王霸鹟配偶双方的头冠是隐藏起来的，在森林中很难被看到，而当它们处于求爱期或遇到侵略之争时，头冠就会展开呈非常华丽的扇形。当面临威胁时，一只王霸鹟会缓缓打开头冠，张开嘴巴，并左右摇头。据说这种头冠能够模拟成张大的嘴巴，从而加强了这种气势汹汹的信号。

王霸鹟（*Onychorhynchus coronatus*）

16.5～18cm。

从墨西哥到巴西潮湿的热带和亚热带森林中。

上体褐色，翅缘有小斑点，下体淡绿黄色。头部冠羽可竖立起来，雄鸟为红色，雌鸟为橙黄色。

华丽的炫耀

雄性王霸鹟会完全打开头上颜色鲜艳的王冠，并迅速摆动头部，使得王冠羽毛也随之颤动。雄鸟就是通过这种方式竭力给雌鸟留下最美好的印象。

张开的嘴巴

青山雀

青山雀在它们圆锥形的鸟巢中喂养的雏鸟多达10只，父母双方都承担起了喂养雏鸟的艰巨任务，它们每天要给雏鸟喂100次食物（大多是毛毛虫）。为了向父母们索要食物，雏鸟们常常上演活力充沛的姿态表演。它们会一边大声呼叫，一边扇动翅膀，并张大嘴巴显示其鲜艳的颜色。当感觉饥饿或与同伴竞争食物时，它们的要求会变得非常强烈。因此，一窝鸟的数量越多，雏鸟们的要求就会越强烈，即使辛劳的父母为每只雏鸟供给食物的频率是相同的。像这种张口的展示在许多鸟类的雏鸟中非常普遍。

青山雀（*Parus caeruleus*）

10.5～12cm。

欧洲、中东、亚洲部分地区和非洲西北部的落叶林或混交林和花园中。

下体黄色，翅、尾和头冠蓝色。成鸟长有白色脸颊和淡黑色眼纹。

引人注目

研究显示，未离巢雏鸟张开的嘴巴能够反射紫外线，特别是从嘴巴边缘反射的光线会使它们的位置最大程度地被父母看到。

巨口大张的恐怖

河马张开的嘴巴可达150度，展示出它锋利的牙齿。这些牙齿就是用来战斗的，牙齿的长度能达到50厘米。这种威胁展示还伴随着捞水、猛戳、摇头、后仰这些动作，连带着咆哮和咕噜。

武器炫耀

河马

河马在晚上觅食时喜欢独行，而白天，它们以15~20头为一群在水中打滚来消磨时光。它们有的是单身雄性独自生活，有的则是具有领地的雄性河马群与配偶和后代生活在一起。有领地的雄性河马能够宽容地接受其他河马，只要其他河马行为顺从。但有时河马却是火爆脾气，也非常好斗，特别是在干旱季节水塘干涸时，严重的伤害就会变得非常普遍。它们会展示出仪式化的威胁表演，即雄性河马后仰头部，张大嘴巴，靠近彼此开始战斗。在泥塘中，即使一起小小的骚乱都会引发一连串的张嘴动作，伴随着喘息和吼叫。

河马（*Hippopotamus amphibius*）

3.3~3.4m。

非洲西部、中部、东部和南部靠近水坑、湖泊和河流的草地和灌木丛中。

身体呈筒状，腿短，有巨大的头和鼻吻部；皮肤呈灰棕色至蓝黑色，腹部皮肤略带桃红色。

>> 192。

追随首领

阳光长尾猴

灵长类动物的尾巴通常可以在高空跳跃或相互追逐时保持身体的平衡，而许多动物则利用尾巴作为与群体其他成员联络的信号。阳光长尾猴生活在热带雨林中，通常以5~15只个体组成一支队伍行进。因为雨林中很少有阳光能透射到森林地面上，所以为了成员们能够紧密联系，非常必要有一个显著的信号。这个信号就由带有橙色尾尖的白色尾巴来提供。雄性首领始终保持尾巴垂直竖立，橙色的尾端就像一面旗帜在闪烁，从而带领团队穿越阴暗浓密的树下灌木丛。

阳光长尾猴（*Cercopithecus solatus*）

- 50~70cm。
- 局限在加蓬的低地热带雨林中。
- 背部深灰色，背脊栗橙色，喉咙白色，尾尖橙黄色。雄性长有蓝色的阴囊。

意味深长的姿势

黑猩猩

黑猩猩的身体行为和面部表情都像公告牌一样表示出了它的目的或意向。由于它们生活在有多个雄性的群体中，雄黑猩猩必须不断地竞争领导权和接近雌性的机会。较高等级的雄性之间进行的惊心动魄的战斗，将有助于使群体变得越来越大，从而尽可能地对其他的黑猩猩造成威慑作用。

黑猩猩会把手伸向其他同伴或者手掌朝上摆出姿态，表示乞求食物、寻求安慰、对首领屈服或者和解。同样，它们也会搔首弄姿，以一种极其夸张的方式表示恭敬，或者跪下来，其背部呈现出的姿势与雌猩猩在交配前的姿势一样。

黑猩猩（*Pan troglodytes*）

- 73~95cm。
- 穿越赤道的非洲走廊林、热带雨林或稀树草原中，曾经广泛分布，但是目前黑猩猩的数量已严重减少。
- 长有黑色毛发的猿类，有的夹杂着灰色或棕色毛发，幼崽长有白色的尾簇，脸会随着年龄的增长而逐渐变黑。

» 174，247，435，460，465，480~481，482~483。

装腔作势

在发生冲突时，雄性黑猩猩就会竖起它的“立毛”，还可能用两条腿直立起来，一边来回摇摆一边摇动手里的树枝。接着它们还会以戏剧性的方式蹂躏地上的草木，甚至拍打地面、折断树枝或投掷石头。

黑猩猩主动做出的这些姿势有其语境，**而且有多种功能**。人类的语言很可能是从类似的姿势中进化而来的。

撅嘴

黑猩猩的嘴唇很灵活，使它们能做出许多面部表情。如撅嘴能表达出焦虑、沮丧和悲痛。而这些表达情感的表情也常常被它们的后代学习并利用。

恐惧的露齿

这种重要但不带威胁性的信号由担忧的黑猩猩发出，能够帮助传递出它所处环境的紧张态势，也有可能这就是人类微笑的起源。

玩耍的脸

这种放松的表情在玩耍时出现，尤其是当年长者去找胆小的年幼者玩耍时，有时会因为摇头而显得夸张。

清晰的意图

这种非常明显的“翻嘴皮”表演常常被用在紧张的气氛中，并能够传达敌意。有时这种行为也可以表达一种恐惧的信号，但加上一种挑衅的姿势时，就会表达出警告的意图。

拉长脸

狮尾狒

凝视对方并闪烁苍白的眼皮是许多猴子表示挑衅的信号方式。当雄狒狒与其他雄性不期而遇时，它们也会使用独特的“翻嘴皮”的方式。狒狒可以守护的妻妾多达3~20只，有时它们会数百只聚集在一起，因此，鲜明的信号对它们来说是非常重要的。两性双方胸部以上都长有裸露的红色皮肤。而雌性有性需要时，它们的胸部就会变得肿胀并带有肿块。

狮尾狒（*Theropithecus gelada*）

- 50~75cm。
- 埃塞俄比亚的绝壁和高原草地上。
- 成年雄性比雌性大很多，长有竖起的长鬃毛，两性胸部均有沙漏状红色皮肤，且雄性更明显。

恐吓的技巧

绿狒狒

绿狒狒生活在由大约30~40只雌雄两性组成的群体中。雄性会在群体之间移动，来竞争领导权和其他附属雌性的接纳权。打哈欠可能是一种不安的信号，它通常是挑衅性的，尤其是当这种行为加上刺耳的磨牙声时，这种磨牙声听起来就像刀子在磨刀石上摩擦。

绿狒狒（*Papio anubis*）

- 53~85cm。
- 横穿赤道非洲的半沙漠地区、灌木丛、稀树草原、林地、走廊林和雨林中。
- 身体呈棕橄榄油色，脸庞黑色，成年雄性比雌性大很多，颈周有厚实的毛发。

» 436。

地位信号
左边这只狼的尾巴和耳朵都竖起，站得很直，表达出它的首领地位。右边这只则是下属，退缩着，尾巴夹在下面，耳朵朝后，做出明显的顺服姿势。

身体语言

狼

狼群中的成员会团队作战进行狩猎、保卫领地和喂养幼崽。这是动物中一种严格的等级统治制度，以一个繁殖对为中心；但它们常用固定的身体语言对话，从而防止了攻击性行为的发生。竖起的尾巴和耳朵宣布它的领导地位；相反，低垂的尾巴就是一种服从的象征。尾巴是非常重要的交流信息的工具。许多犬科动物，包括豺、狐、澳洲野犬，都长有白色或黑色的尾端，从而使尾巴的运动显而易见。如果发现受到挑战，头狼就会竖起颈部的毛，通过拉起自己的上嘴皮露出尖利的牙齿给对方一次直接的恐吓。为了缓和紧张的局势，下属们会蜷缩身体、垂下尾巴，有时候还会打滚以露出腹部，做出让步的回应。

作为语言表达，多个信号可以被组合起来，形成许多不同且复杂的含义。如果它们感觉到攻击即将来临，低等级的狼就会发出混合信号，低低地夹起自己的尾巴，耳朵耷拉下来，但咆哮着竖起脖子上的毛，表明愿意屈服，但也仍将保卫自己。

狼（*Canis lupus*）
- 1～1.5m。
- 北美、欧洲、中东和亚洲的森林、针叶林、苔原、沙漠、平原和山地中。
- 较大型犬类，皮毛灰色至黄褐色，有的皮毛呈白色、红色、棕色或黑色，下体较淡。
- » 437。

综合信号
咆哮声能够表达出挑衅，但是如果夹杂一些其他信号，比如夹起尾巴或耳朵耷拉向后，就表示防卫性的顺服。

人类的影响
天生的本能

狗仍然保留着许多狼的血统，而且狗还会使用许多与狼同样的信号。尽管驯化过程经历了许多个世纪，但许多狼崽似的行为仍然存在。这幅图中的“玩耍/弯腰捕猎”姿势就是对玩耍的一种邀请行为，这种动作很可能是从蜷缩捕猎姿势进化而来的。狗会在猛扑过去之前抬起臀部，并不断摇尾巴表示友好。

吹气球

冠海豹

在繁殖季节，雄性冠海豹会用奇特的战斗方式来竞争雌海豹。在它们刚成年时，其鼻腔会发育得很大，悬挂在上嘴皮的前面。这里显示鼻腔形成了一个黑色头冠（见下左图）。鼻腔内膜会被吹胀，形成一个红色的气球（见下右图）。

冠海豹（*Cystophora cristata*）
- 2.2～2.5m。
- 北大西洋以北，特别是格陵兰岛周围。在厚厚的浮冰上繁育后代。
- 两性均为灰色，有很大的黑色斑，头部黑色，成年雄性长有“头冠”。

红色信号
作为一种进攻信号，一个鼻腔中的空气被压迫到另外一个鼻孔中喷出，从而使鼻腔内膜像红色的气球一样被吹大，同时摆动着发出砰砰的声音，以引起注意。

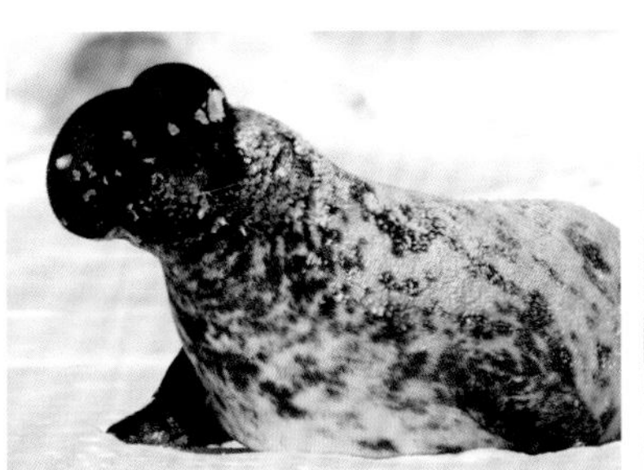

竖起尾巴

白尾鹿

尽管气味在鹿与鹿之间传递信息时扮演着重要的角色，但许多鹿种也使用视觉信号传递信息。当感觉到有危险时，白尾鹿就会使用巨大的白色尾巴作为一种标志，警告兽群中的其他成员，并把它们聚集在一起；同时它也在告知捕食者，它们已经发现了危险的存在。在敌对情况下，雄性会使用一连串的姿势，例如后腿站立并用前腿乱挥，或者展现出身体较宽的一面，以使自己看上去尽可能更大。

白尾鹿（*Odocoileus virginianus*）
- 1.5～2m。
- 从加拿大南部到南美洲北部的各种草木丛生的栖息地中。
- 夏毛呈红棕色，冬毛灰棕色，颈、腹及尾下都是白色，雄性长有鹿角。

声音

因为声音可以迅速传播，所以这是一种非常有效且灵活的传递信息的方式。从蟋蟀交配时发出的最简单的唧唧声，到鬣狗群体的防御性吼叫，再从黑猩猩使用的复杂的高级语言，到蚂蚁一分不差的警报信号，动物可以为了各种各样的目的，发出一系列令人惊奇的叫声。声音能传递或简单或复杂的信息，穿越或极短或极长的距离。

歌唱艺术家

鸟类掌握的发音技艺绝对超过了其他所有动物。这种黍鹀能发出一种与众不同的叫声，听起来像一串钥匙在叮当作响。清晨的寒冷空气的特殊作用，令它的歌声几乎能够具象化在眼前。

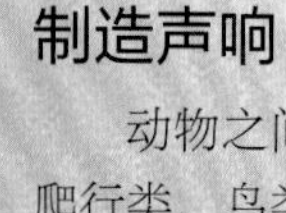

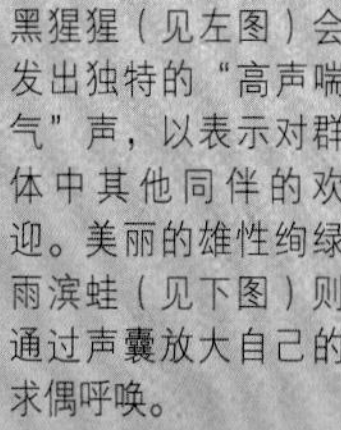

突出的声音

黑猩猩（见左图）会发出独特的"高声喘气"声，以表示对群体中其他同伴的欢迎。美丽的雄性绚绿雨滨蛙（见下图）则通过声囊放大自己的求偶呼唤。

制造声响

动物之间可听声的展示方式非常多样。两栖类、爬行类、鸟类、兽类都能通过肺部的呼吸排出气体，然后再通过振动机制和一个或多个共鸣腔制造出声音。除了这种发音方式，动物还能用很多其他方法发音。一些鱼类从鱼鳔中排出气流，有些鱼则用鳃和鳔一起摩擦出刺耳的声音。节肢动物普遍使用摩擦发声（不同的身体部位互相摩擦），有些则使用表皮发声或者振翅发声。会发声的脊椎动物还会使用其他方式制造声音，比如敲击树木或者拍动翅膀上的羽毛。

声音和环境

低沉的声音能够穿越较远的距离，因为它们可以穿越障碍物而不被分散。因此，森林动物倾向于发出较低沉的叫声，而生活在开阔环境中的动物常常发出尖锐的叫声。环境温度和风力也对声音的传递起着至关重要的作用。黎明时分，空气比较冷且风力较小，因此鸟鸣声传递的距离可以达到中午的20倍之远。液体的密度比气体要高很多，所以声音在水中传递的速度是在空气中的4倍多，这就使得有效的长距离传递信息成为可能。

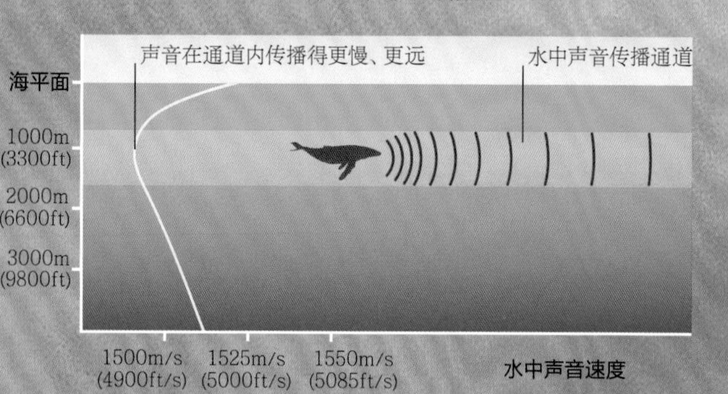

SOFAR通道

SOFAR（sound fixing and ranging，声音定位和漫游）通道是海洋中的一层水体，因为下降的温度和增加的水压，这一层中声音传递的速度最慢。声波被牵引到该区域，就会被困在这个通道中，传播长达好几百千米。

解码信号

声音常常携带一些具体的信息。低沉短促的叫声通常传递简单、肯定的信息，包含音量及音高变化的叫声则可能将更为复杂的信息进行编码，但有时这种声音也并没有携带什么意义。因此动物之间相互的叫声常常开始于一个引起他人注意的低音点，就好像人们在演讲之前先敲击一下玻璃杯一样。许多动物的警报信号非常相似，它们倾向于使用短促、尖锐并很快消逝的叫声，这样就可以保证那些捕食者很难定位猎物所在的位置。

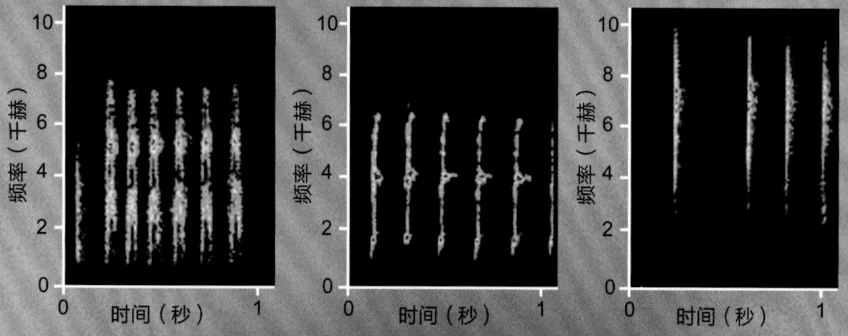

请求支援

这些声波图显示出3种鸟类相似的叫声，它们从左到右分别是歌鸫、乌鸫、欧亚鸲。尽管警报信号被故意设置得难以捕捉，但这些强烈的信号音符就像通用的求救信号一样，能让同伴轻松定位呼叫者的位置。

含有敌意的嘶嘶声

帝狒蛛

这是非洲的第二大蜘蛛，是非常强有力的猎手，它们甚至可以抓住和自己一样大小的猎物，包括蝎子、其他蜘蛛、青蛙、爬行类，甚至会捕食在地面上筑巢的鸟类的雏鸟。它们非常具有攻击性，像其他一些大型蜘蛛一样，也会发出一种刺耳的嘶嘶声警告周围潜在的攻击者。它们还会展示它们的绝招：露出毒牙，撑起后腿，在前腿上摩擦头部刚毛并发出刺耳的摩擦声。这种行为制造的是一种能听到的嘶嘶声。帝狒蛛会持续发出这种声音直到威胁过去。

帝狒蛛（*Citharischius crawshayi*）

- 12～20cm。
- 中非东部干燥的灌木林地。
- 较大的狼蛛，身上长满了棕橙色体毛，雌性比雄性个体大。

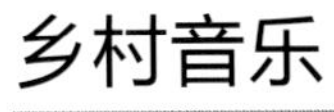

乡村音乐

褐色雏蝗

成年褐色雏蝗出现在6月末到7月初，它们在活动之前都会在早晨的阳光中晒晒自己。它们通过摩擦自己的后腿和前翅产生啾啾声，雄性通过发出这种尖锐的摩擦声来吸引异性。通常雄性褐色雏蝗会发出一系列短促、单一的啾啾声，并且每隔2秒重复一次。在附近的竞争者为保持自己的领域会做出回应，它们以合唱的方式发出回应的叫声。褐色雏蝗的鼓膜长在中耳内，鼓膜可以检测到声音，并对声音脉冲的变化、持续时间非常敏感，但对于频率本身的高低却没感觉。不同的雏蝗种类具有不同的摩擦发声频率，不同种类的雏蝗的鼓膜可能只适应自己独特的频率，这就使得它们几乎听不到其他种类雏蝗的歌声。

褐色雏蝗（*Chorthippus brunneus*）

- 1.8～2.4cm。
- 遍布整个欧洲、亚洲和北非的干燥草丛中。
- 体色是绿色和浅棕色的多种混合色。成年雄性腹部尖端为橙色。

腿部摩擦

雄性雏蝗的腿部股节上长有像钩子一样的小突出物——腿栓，从而使得它们能够发出唧唧的摩擦声。和其他种蝗虫相比，褐色雏蝗的腿栓较少，这是它们独一无二的特征。

解剖学

摩擦声

许多昆虫和其他节肢动物都会通过摩擦发声，它们用身体的一个部位（刮器）与身体上精致的脊状部位（音锉）摩擦。蚱蜢的后腿上长有一排小钩子一样的腿栓（见下图），可以与前翅上的纹脉摩擦从而发声。蟋蟀摩擦自己的前翅，而许多甲虫、蜘蛛和蚂蚁常常使用体毛和锉刀样的结构去敲击、锉磨，吱吱作响，喀嚓声大作。

爱之歌

果蝇

果蝇有成千上万种，但都具有相似的特性。它们不是社会性的，但是当被共同的食物源吸引时，它们就会聚在一起，在那里交配并产卵。交配前的序曲就是雄性发出的特有歌声。它们通过振动翅膀发出这种声音，声音脉冲的力量很小，以至于雄果蝇要在雌性周围半径5毫米内才能保证雌性接收到它的信号。雄果蝇围着雌蝇转圈，把自己的一只翅膀伸出水平面并不断振动发出歌声，直到它靠近雌性羽毛般的接收器或触角上的触角芒。这些接收器和触角芒对空气中粒子的速率非常敏感，如果雄性发出的这种脉冲是正确的，雌性就会展开翅膀并允许雄性爬上去。异脉亚目的果蝇是一个与众不同的物种，因为雄性具有独特的变大的头部。除了“唱歌”，它们为了争取雌性还会头对头地进行战斗。

夏威夷果蝇（*Drosophila heteroneura*）

- 6.5mm。
- 夏威夷的特有种。
- 身体呈黄褐色，腹部横向长有一对翅膀，雄性长有独特的变大的头部。

求爱进行曲

羞蟾鱼

当繁殖季节来临时，这些长相奇怪的底层栖息者通过控制鱼鳔旁的发声肌发出独特且低沉的嗡嗡声。这种发声肌每秒可振动200次，从而产生非常具有穿透力的声音，据说这种声音常常吵得住在船上的人晚上睡不着觉。雄性一般会用腐烂的木头或废弃的易拉罐来建造巢穴，当巢穴建好后，雄性就会发出惊人的雾笛般的声音，以此来吸引雌性。受到吸引的雌性会游进巢穴，并在那里产下大而有黏性的卵。接着雌性迅速离开，留下雄性给卵授精并照顾幼崽。

羞蟾鱼（*Opsanus tau*）

- 30～40cm。
- 从西印度群岛到鳕鱼角，沿北美大西洋海岸的浅滩或岩石水域中。
- 头部巨大且肥胖，嘴周有一圈肉质皮瓣，身体呈黄色的锥形，具有变色能力，在海底能够变成混合色隐藏自己。

就餐铃声

切叶蚁

许多种类的蚂蚁都能发出尖锐的吱吱声，这种声音就连人类的耳朵都能听得见。蚂蚁通过摩擦腰部的刮器与腹部表面的褶皱发出声音。切叶蚁能够切割树叶，并把树叶碎片搬到培养它们的苗圃园，因为这就是它们就餐的地方。当蚂蚁偶遇一棵它们特别喜欢的植物时，它们就会唱歌来召集周围其他的同伴。这些树叶的营养成分越高，蚂蚁的歌声也就唱得越高亢。如果在工作中被倒塌的巢穴困住，它们也会发出吱吱声来寻求帮助。蚂蚁能够通过腿部的振动来感知声音，也可以通过位于触须上的感官探测“近场”的气流声。

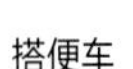

切叶蚁（*Atta cephalotes*）

- 0.5～1.6cm（取决于等级）。
- 中美洲和南美洲温暖地域的森林中。
- 身体呈棕色至锈红色，长有3对体刺，长腿。

搭便车

当负荷大的工蚁载着树叶碎片返回巢穴时，它们会“唱歌”吸引小的工蚁靠近。这些较小的工蚁就会跳上这些宽阔的树叶，并保护树叶免受寄生蚤蝇的侵扰。

低沉的声音

牛蛙

在繁育季节，许多雄性青蛙和蟾蜍都会发出响亮的呱呱声，这种声音具有双重功能，不仅可以吸引异性，而且能恐吓其他雄性。叫声的频率取决于雄性身体的大小以及它们的战斗能力。研究显示，许多物种的雌性更喜欢低沉的声音。牛蛙能发出一种独特的洪亮叫声，这种典型的叫声由3~6个振动的低音呱呱声组成。音量的大小取决于它们外部鼓膜的共鸣，这种共鸣可以把叫声放大将近一倍。雄性会聚集在水塘里并齐声高唱，吸引雌性和其他雄性来到这个交配场所。由于雌性只在短暂的时段中接受交配，所以这里的竞争非常激烈。

牛蛙（*Rana catesbeiana*）

- 9~15cm。
- 加拿大、美国、墨西哥的河流、池塘和沼泽中，也被引进到其他地方。
- 身体呈绿色至棕色，下体呈浅黄色或白色，雌性比雄性个体大。

可见的振动

牛蛙发出的低沉叫声与公牛的吼叫声非常相似，故名牛蛙。牛蛙之所以能发出这种响亮的叫声，是因为其声带发出的声音被它们身上大大的声囊所放大（见上图），并通过鼓膜产生共鸣。当牛蛙鸣叫时，它大大的鼓膜的振动清晰可见（见左图）。

在一次持续的“歌唱”中，牛蛙可以通过在叫声中故意插入一系列断断续续的中断来**延长其叫声的长度**。

自然放大

雅后微蛙

雅后微蛙是目前已知的动物中唯一能够根据周围环境调整自己叫声的动物。它们在热带雨林的树洞中进行交配和繁殖。当一只雄蛙做好一个新洞后，会发出叫声吸引雌性。它会发出一系列叫声对洞穴的声学特性进行“采样”，并通过每次成功的调和不断调整自己的音高，努力达到与树洞共鸣的频率。每只青蛙的声音范围不尽相同，树洞也是如此。然而，一旦雄蛙发现一处适合自己声音的树洞时，它就会提高发出叫声的频率。这种共鸣效应能使它的叫声惊人地扩大10~15分贝。

雅后微蛙（*Metaphrynella sundana*）

- 2.5cm。
- 马来西亚和泰国的热带雨林中。
- 身体呈斑驳的棕色，长有大大的嘴巴。

高声大嘴

大壁虎

大部分爬行动物都不能发声，或者仅能发出极其有限的声音，但是壁虎却是个特例。这很可能是因为壁虎大部分时间都在夜间活动，而夜间正好是视觉信号不怎么有用的时候。大壁虎是独居的，而且在保卫领域时非常凶猛。它们在战斗中能够突然发出很大的咆哮声，攻击竞争者，或以同样的方式攻击其他物种，甚至会使用咬的方式。在早春的繁殖季节来临时，雄性常常会发出它们惯用的独特的招牌叫声，它们也因这种叫声而闻名。首先，它们会发出一系列嘎嘎声，并且声音强度逐渐增加，接着再发出4~11次像“to-kay”的双音。

大壁虎（*Gekko gecko*）

- 20~35cm。
- 东南亚和中国南方边界的陆地和岛屿上，后被引进到其他地方。
- 体形较大的壁虎，长有较宽大的头部和较大的嘴巴，身上长有明亮的蓝灰色皮肤，夹杂着橙色的斑点。

张嘴炫耀

就像动物发出叫声一样，雄性壁虎会炫耀自己宽大的红色舌头和黑色喉咙，使用这种“张嘴炫耀”的方式恐吓竞争者。这种鲜艳的颜色可能是它们成为中药材的原因。

吹泡泡

棕硬尾鸭

雄性棕硬尾鸭吸引配偶的方式就是吹泡泡——至少乍一看它们是在吹泡泡。而事实上，在其胸部羽毛下面隐藏着肺泡囊，这种肺泡囊长得非常稠密，以至于可以在里面吸纳空气。作为雄鸭的独特技艺的一部分，它会用喙敲打胸部上面的“鼓”发出咚咚声，使陷在肺泡囊中的空气沿着羽毛排出，从而使得其面前的水面喷出一个个的小水泡。雌性就会被面前美妙的场景（看得见的水泡泡、敲击的咚咚声，以及雄鸭肺泡囊排气时发出的呱呱声）而吸引。

棕硬尾鸭（*Oxyura jamaicensis*）

- 35~40cm。
- 遍布于北美大部分地区的湿地湖泊和池塘中，后来被引进到欧洲大部分地区。
- 雄性长有白色的脸和蓝色的喙，身上长有锈红色的羽毛，雌性大部分为浅灰色至棕色。

声音识别

王企鹅

王企鹅聚集在一起以抗击近南极地区寒冷的暴风雪。幼崽在出生后的第一个月就开始学着呼叫自己的父母。此后不久，父母游入大海去寻找食物来喂养幼崽。当父母返回时，父母和幼崽都能从成千上万只企鹅的叫声中识别出彼此的声音。尽管叫声很杂乱，但它们能从中分辨出自己熟悉的叫声，就像人类在嘈杂的谈论声中能辨出自己的名字一样。这就是著名的"鸡尾酒会"效应（即听觉系统的一种选择能力——编者注）。

寻找家人

王企鹅幼崽通过识别并回应父母的叫声来应对所面临的挑战——在成千上万只企鹅聚集群中找到自己的父母。

个案研究

破译密码

为了探测王企鹅是如何识别出彼此的，研究者们进行了声音回放实验，并处理了王企鹅叫声的不同部分。他们发现，幼崽只回应低频部分，而这种低频叫声可以最好地穿过身体这个隔离墙。父母叫声中每秒的第一个四分之一就足以使幼崽识别出它们，而且父母每隔几秒就会不断发出呼叫。只有当父母在幼崽周围11米的距离内时，幼崽才能识别父母的叫声并辨别它们的位置。

王企鹅（*Aptenodytes patagonicus*）
- 90cm。
- 在近南极洲附近的岛屿和福克兰群岛上繁殖，在南大洋中觅食。
- 上体呈蓝黑或灰黑色，腹部为白色，胸部上面是橙色，耳部为斑驳色。
- >> 431。

交配轰鸣

大麻鳽

在春季来临时，雄性大麻鳽就会通过发出响亮的低频隆隆声开始建立自己的繁育领地，这种声音比其他欧洲鸟类更有穿透力。通常它们在芦苇荡中穿梭，捕食蛙类和其他小型脊椎动物。在繁殖季节，雄性大胆地向雌性展示自己。而雄性竞争者则发出两三个呼噜声，之后还能听到呼吸声和低沉的轰轰声。这种奇怪的渐渐减弱的声音，就像遥远的雾中的笛号，在夜晚可以传到5千米以外。

大麻鳽（*Botaurus stellaris*）
- 69～81cm。
- 欧洲和亚洲的湿地中。
- 体形大，身体呈浅黄褐色，似鹭，头和喙尖，腿长。

精准的打击乐

红颈吸汁啄木鸟

啄木鸟是一种不同寻常的鸟类，因为它们不像其他鸟类使用鸣管（发声器官）或翅膀发声。红颈吸汁啄木鸟用喙间隔性地疾速敲击树干，以宣告自己的领地。死树是营巢、捕食、栖居以及展示啄木鸟存在的重要资源。它们似乎对使用自己的发声装置很谨慎，只在那些能产生响亮又持久的声音的位置敲击。

黄腹吸汁啄木的声谱图

频率

0 1.0 2.0 3.0

时间（秒）

每一种啄木鸟都有自己的发声模式。这张声谱图是黄腹吸汁啄木的，一次叫声持续3~4秒，节奏较慢，声音的最后部分变为减慢的两个双音节。

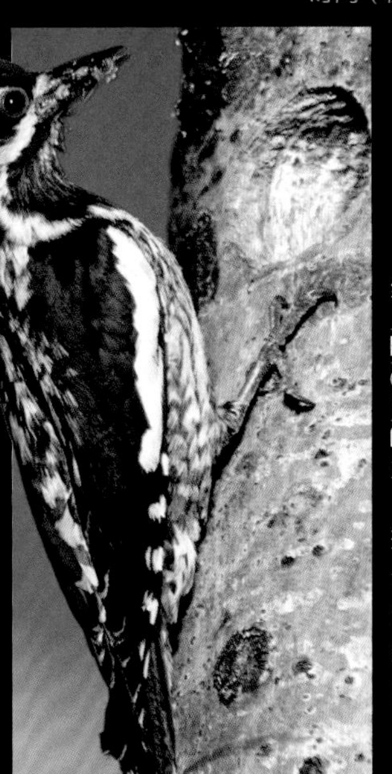

红颈吸汁啄木鸟（*Sphyrapicus nuchalis*）
- 18～22cm。
- 美国东北部、加拿大和阿拉斯加的有林地区。
- 黑白相间的啄木鸟，翅上有白斑，头冠红色。雄性喉部红色。

揭示声音的秘密

最近的声谱研究使了解红颈吸汁啄木声音的含义成为可能。通过它们发出的声音，可判断其性别和此时此刻的情绪。

散布警报

裸脸灰蕉鹃

这些嘈杂的群居鸟类的英文名"go-away bird"源于它们的叫声酷似"go-away"的发音。裸脸灰蕉鹃发出"go-ha"的声音，然后是"ko-wo ko-wo"的叫声，这些声音在群体中此起彼伏。白腹灰蕉鹃是"grr' waa grr' waa"的尖锐叫声，而普通灰蕉鹃则发出"gwair"的鼻音。从它们在树尖占据的有利地势望去，灰蕉鹃能比地面上的动物更早看到捕食者，所以很多动物都会留意它们的警报声。捕食者非常郁闷，经常因为灰蕉鹃的警报而一无所获。

裸脸灰蕉鹃（*Corythaixoides personatus*）
- 48～51cm。
- 非洲东部和南部稀树草原中的林地中。
- 身体具灰色、白色和黑色羽毛，有冠羽，尾长而宽。

裸露的脸颊

除了被打扰时发出"go-ha"的声音，裸脸灰蕉鹃还能发出一系列又狂野的咯咯声。

丰富的曲目

大苇莺

雄性鸣禽的叫声通常用于保卫领地和吸引配偶。领地叫声是针对其他雄性竞争者的，所以声音简单，传播较远，而吸引雌性的叫声则如歌剧般美妙动听。雌性大苇莺在选择配偶前都会仔细聆听雄性的叫声，选择那些能演唱复杂曲目的雄性。雄鸟的声音响亮，夹杂有"jit-jit-jit"的声音和口哨声，还合并模仿其他鸟类的鸣叫。曲目越丰富，说明雄鸟越健康，并且预示着它的领地质量好，以后可以多生小宝宝。

好色音乐家

这只雄鸟虽然已经和雌鸟交配过了，但它仍然在鸣唱，以吸引更多的异性。40%以上的雄鸟在其把守的领地内拥有2只以上的雌鸟。

大苇莺（*Acrocephalus arundinaceus*）
- 16～20cm。
- 繁殖于欧洲和中亚西部的芦苇丛中。
- 体形大，上体褐锈色，喉部和腹部白色，眼上有明显的奶油色条纹。

空袭警报

欧亚鸲

欧亚鸲的领域性很强，雌雄鸟在保护领地时都会发出一长串短促、尖锐的鸣叫。保护领地非常重要，因为它们的取食方法是俯冲突袭式，任何干扰都会使它们的猎物受惊转入地下。当发现空中的天敌，例如老鹰时，欧亚鸲会发出简短单一的尖锐叫声，这种叫声可以迅速引起同伴注意，但又不容易被天敌发现。

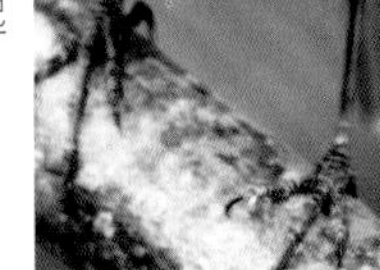

季节性歌声

雄性欧亚鸲的歌声会随着季节的变化而变化。秋天的歌声温柔而婉转，而春天的歌声更加有力，目的是为了引起异性的注意。

欧亚鸲（*Erithacus rubecula*）

- 12～14cm。
- 欧洲大部的森林、公园和农田灌木中。
- 胸部、脸部亮橙红色，上体灰棕色，腹部白色。
- >> 143。

复杂的报警系统

高地草原犬鼠

高地草原犬鼠拥有动物界最复杂的报警系统。这些小型啮齿动物的天敌很多，因此它们发展出许多不同的逃生策略。和非洲的长尾猴一样，针对不同的天敌，犬鼠的报警叫声也不尽相同。针对人类的报警声会使所有犬鼠迅速转入地下洞穴中；针对老鹰的报警声会使所有犬鼠朝天空看，此时只有那些位于老鹰飞行路线上的犬鼠会逃跑；针对郊狼的报警声会使它们跑回洞穴边缘处观察捕食者。叫声频率的高低对应的是捕食者接近的速度。

高地草原犬鼠（*Cynomys gunnisoni*）

- 30～32cm。
- 美国南部多岩山区的高山峡谷和草甸地区，尤其是亚利桑那、新墨西哥、科罗拉多和犹他州四州交界的地区。
- 啮齿动物，体色浅黄，下体偏灰，尾端白。

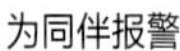

为同伴报警

草原犬鼠集群生活，遇到危险时同伴间会互相报警，只有少数几种捕食者会迫使它们都钻入地下的洞穴隧道。

人类的影响

灯光干扰

城市中的欧亚鸲比农村地区的同类在晚上鸣唱的次数更多，科学家曾认为是城市夜晚的灯光使它们误认为已经到了黎明时分。但最近的研究认为，可能是城市的噪声导致了这种差异。白天欧亚鸲的叫声被淹没在城市交通的噪声中，到了晚上，它们才有更好的机会向同伴传递信息。

黎明的大合唱

红吼猴

吼猴是哺乳动物中叫声最大的一种。由于喉部具有高度发达的舌骨，它们能发出各种各样的声音。每天黎明时分，它们会在树顶表演大合唱，歌声回荡在数千米之内的雨林上空。然而这种猴子的领域性不强，它们通常会与其他群体共享一片领地。通过每天早晨或者移动时的吼叫，一个群体向邻居群体通知自己的出现和具体位置，从而避免在同一个地方出现而竞争食物。

红吼猴（*Alouatta seniculus*）

- 45～70cm。
- 南美洲北部的干湿季雨林中。
- 身披浓密的红色毛发，下颌宽阔、有须，喉部膨大。

丰富的词汇

黑猩猩

黑猩猩的词汇表中至少包含34种不同的词汇。通常它们以小群体分散觅食，但是当食物非常丰沛时，它们也会聚集成大群活动。每只个体都有自己独特的“高声喘气”式叫声，并且能根据同伴的身份和意图做出不同的反应，因此在不同的场合中它们会发出不同的声音。例如，当发现大量食物时，它们会发出一长串兴奋的“高声喘气”声；当受到威胁时，则会尖叫不止；当发生冲突需要获得同伴帮助时，会发出突然的“waa”的吼叫；当发现陌生事物时，则会发出“huu”的声音；当遇到豹等危险动物时，则发出大声的“wraaa”声。在黑猩猩的社会生活中，最常听到的声音是“咕哝咕哝”的喘气声，那是地位低的黑猩猩在试图靠近地位高的同伴时发出的声音。而雄性地位争夺战中，落败的一方尖叫或逃跑都无济于事，只有当它发出屈服顺从的“咕哝咕哝”声时，战斗才会停止。

联络呼唤

社群中分散活动的黑猩猩之间用“高声喘气”式的叫声保持联络。这种叫声能在雨林中传递好几千米。

黑猩猩（*Pan troglodytes*）

- 73～95cm。
- 非洲赤道地区的走廊林、雨林和稀树草原林地中。
- 毛发黑色，有时呈灰色或棕色；幼崽的尾部和脸部毛色白，但随着年龄增长，这些部位的颜色会逐渐变黑。
- >> 174，247，437，465，480～481，482～483。

个案研究

敲击树根

黑猩猩经常用手或脚在林中大树的板状根上敲击出声响。成年雄性在巡逻时常常捶胸并发出低沉的咆哮，同时敲击树根，告知同伴自己前进的方向。当需要告诉同伴自己的位置时，它们会在同一棵树上敲击数次，每次都停顿片刻，听听同伴是否有回应。

高声喘气声（pant-hooting）

>>01 一个典型的“高声喘气”式叫声首先从音调低的喘气声开始。

>>02 紧接着喘气声的音量和频率渐渐增大。

>>03 然后是1～4个高音尖叫，这是高潮部分。之后有时还会紧跟着发出与第二阶段一样的喘气声，只是音量和频率逐渐减弱。因此很可能第二阶段的喘气声只是一个前奏，高潮部分传递了主要信息。

社交的声音

郊狼

郊狼通常2~7只生活在一起，但它们觅食时是分开的。分开的同伴之间经常通过叫声保持联络。一段叫声通常包括嗥叫和数次大声的吠叫。长时间的嗥叫声传递得更远，包含的信息也更丰富，而短促的吠叫用来测试彼此间的距离。通过这种混合叫声，郊狼之间可以保持同步运动，共同保卫领地。保卫领地尤其重要，因为入侵的郊狼会杀死幼崽。生活在山区的郊狼比生活在平原的郊狼发出的声音更低沉，包含的信息也更丰富。

夜幕中的嗥叫

郊狼的嗥叫包括一系列高音吠叫，接着是长音的哀号。通常它们在早晨和黄昏嗥叫，但有时也贯穿整个黑夜。最著名的合唱式吠叫有时却只是一只郊狼发出的，因为郊狼具有使用不同声调的能力。

郊狼（*Canis latrans*）
- 75～85cm。
- 局限于加拿大和美国西北部。
- 毛色为灰色或灰棕色；外观像一只大型牧羊犬；耳朵直立，尾毛浓密。
- >> 413。

郊狼的嗥叫包含的信息包括它们的**身份**、**性别**，甚至**行为动机**。

口哨签名

瓶鼻海豚

瓶鼻海豚又叫宽吻海豚，是高度社会性的动物，但它们没有固定的群体，群体成员时刻都在变化。这种海豚具有很强的语言学习能力，被证明是与灵长类一样具有认知能力的动物。为了与群体成员保持联系，每只海豚到两岁时都会发展出自己特有的高频率口哨声，就像我们人类的签名一样独一无二。然而，当雄性聚集成一个群体时，每个个体又会发出一致的群体叫声。除此之外，研究者们还识别出许多其他的口哨声，其中20种在个体间广泛使用。平滑的口哨声用于社会交流，而在运动时，它们会发出类似正弦曲线一样有升有降的口哨声。

瓶鼻海豚（*Tursiops truncatus*）
- 1.9～4m。
- 广布于全球范围内的热带和温带海域。
- 具有流线型身体的海洋哺乳动物，上体鼠灰色，下体亮灰色，嘴似鸟喙。
- >> 483。

花样繁多的表演

瓶鼻海豚能用各种吱吱声和多达186种口哨声相互交流。捕食时，它们会发出“滴答滴答”的声音用于回声定位以寻找食物。

触觉、振动和电感受

蜘蛛网可以传递细微的振动，生活在黑暗水域中的鱼可以传递电流，这些现象都属于感觉器官的领域。随着科技的进步，人类开始对感知领域进行初步的探索。尽管人们对触觉信号很熟悉，但因为它们很难定量分析，所以人们对这种信号还缺乏深入的了解。

各种各样的媒介

角蝉（见右侧上图）通过振动植物发出警报信号。金鼹（见右侧中图）利用振动地面来传递信息和捕食。雌水黾（见右侧下图）通过轻轻拍打水面以吸引配偶。

触觉

触摸是一种非常直接、快速并且有说服力的交流方式，例如，雌狮会咬住它们的幼崽表示训斥，黑猩猩会以拥抱表示团结。但这种方式仅仅在短距离的范围内发挥作用，并且发生在那些生活在一起的极为亲密的社会动物之间，包括父母和后代，或者配偶之间。昆虫、蜘蛛和甲壳类都是通过相互接触来交流的，对于需要长周期亲代抚育的哺乳动物和鸟类来说，接触交流会更常见。双亲和幼崽之间各种形式的接触互动已经变得仪式化，并且被成年动物所接受。例如，成年野犬会亲切地舔群体中同伴的脸，这最初可能起源于它们的幼崽向它们寻求食物；而灵长类的成年个体之间会彼此理毛，这可能起源于母亲对子女的清洁。

嗅出食物

这只小狐狸正在一边闻一边舔妈妈的嘴唇，探查妈妈吃过什么东西，并且试图说服妈妈反刍给它。

振动

动物可以利用使振动穿过媒介的方法来传递信息，这些媒介包括地面、土壤、植被、蜘蛛网或者水等，但是截至目前，人们对于这些动物的数量及种类还一无所知。早期的陆栖动物几乎都可以明确地感受到地面上的振动，这比它们能听到空中传播的声音要早很多。对于人类，激光束和地震探测器等技术的产生，使得我们能够探测到微小的振动和地震信号。

开和关

对于非洲刀鱼（*Gymarchus niloticus*）来说，在持续的放电过程中出现的短暂中断表示一种威胁的信号，更长的中断时间则意味着投降。

电感受

所有动物都会在它们周围产生一种非常微弱的电场，这种电场是由周身传递信号的微小电流产生的，但是迄今为止，仅知鱼类、单孔类和一些两栖类动物能使用这种电流。这些动物大部分是水生的，因为水是电流很好的导体。鱼类使用沿着侧线（位于体侧的感觉器官）分布的接收器接收电信号，以探查周围的环境。而某些鱼类，比如电鳐，还会使用电流作为一种武器。然而，到目前为止，人们已知只有南美洲的电鳗和非洲的长腭鱼会释放电脉冲来进行交流。

猫科动物的情感

动物会用舔或梳理的方式来保持幼崽清洁，这种行为已逐渐演变成许多成年社会性哺乳动物（例如狮子）表达情感的一种方式。

振动的网

横纹金蛛

雄性横纹金蛛（又叫球网蛛）会利用自己的须肢（口旁的一对附肢）或腹部敲打雌性的网，或者它们将自己的交配管插入雌性的网并振动，以此来向雌性球网蛛示爱。这种信号的频率和节奏就能证明它们是健康的，而且将会抑制雌性捕食昆虫，虽然这是暂时性的，但足以达到令雌性与之交配的目的。

横纹金蛛（*Argiope bruennichi*）

雄性5mm，雌性达2cm。

结网于欧洲许多空旷的草地上。

腹部有黄色、黑色和白色的条纹。编织Z字形的网。

磕头

报死材窃蠹

雄性的报死材窃蠹会敲击自己的头来发出信号，表明自己正处于发情期，然后它们就等待雌性的回应。雄性们持续发出这种信号并向雌性靠近，直到它们彼此找到对方适当的位置。交配后，雌虫会把卵产在树木的裂缝中，幼虫孵化后，它们要进食2~10年才能长成成虫。这种甲虫的名字来源于寂静的守灵之夜从古老的木屋内传出的敲击声。

报死材窃蠹（*Xestobium rufovillosum*）

7mm，幼虫达1cm。

欧洲、亚洲北部（中国除外）和北美洲的老树或潮湿地区的建筑木材中。

体形很小，呈褐色，长有淡黄色鳞状刚毛。

接收共鸣

它们会在木头上撞击自己的头来产生振动，通过所接触的东西的基质传输信号，这种信号通过报死材窃蠹脚上厚厚的爪垫被接收。

灌丛发报机

稻绿蝽会在树叶或树干上振动它的腹部，撞击树叶或树干的表面从而产生信号。这些振动会通过树干穿透植物，一直传到根部，并以每秒钟30~100米的速度传递到其他植物上。

稻绿蝽（*Nezara viridula*）

长达1.5cm。

原产于埃塞俄比亚，现在成为广布于欧洲、亚洲、非洲、南北美洲的农作物害虫。

身体绿色，呈盾形，触须5节。

感知共鸣

稻绿蝽

初夏，雄性稻绿蝽（或称盾蝽）会产生信息素来吸引异性，雌虫闻到这股气味就会朝气味源飞去。然而，准确定位雄性的位置是比较困难的，于是当雌虫飞近时，它们就会停靠在一片树叶上并开始振动：首先发出一种引导脉冲，接着产生一个窄频范围内的强烈振动，随后振动频率范围变宽。经过5秒的停顿之后，雌虫会再次重复这种振动模式。雄虫可以通过植物，用脚“听”到这种振动——它站在茎叶的交叉点，脚踏两根草茎来测量信号最强的位置。当雌虫的振动呼叫停顿后，雄虫就回复给雌性有节奏的5次左右的脉冲，这个脉冲是它自己特有的，从而激励雌虫继续振鸣，直到它们找到彼此。如果雌虫不想接受交配，它就会发出低频的振动，雄性便会停止求爱。

激光振动器

用一个振动器就能记录蝽类振动的情况。这种振动器可以检测到植物上产生的振动所偏移激光束的量度，计算机把这种量度转化为声波图，从而反映出蝽类之间以声音传递信息的情况。

摇摆舞

蜜蜂

蜜蜂分享花儿所在位置的信息，使用的是动物王国中一种非常独特的交流信息的方式，即“摇摆舞”。侦察兵们返回巢穴，并将那些鲜花富集地离这里的距离及方位通知给姐妹们。它们会在蜂巢垂直的墙面上来回地跳舞，以此来报告信息。

侦察兵会以每秒钟15次的速度从一边飞到另外一边，一边摆动身体并振动翅膀，一边表演着“标准舞”。它们一会儿向左飞，然后绕回起始点，表演另一次标准舞，再向右边飞并绕回起始点。它们会反复重复这种兜圈子模式的飞行，从而形成一个8字样的图形。蜜蜂从这种舞蹈持续的时间及兜圈的次数就可以判断出花儿距离的远近。花儿的距离越远，这种标准舞持续的时间也就越长，兜圈子的速度越慢。同样，蜜蜂会根据这种标准舞与太阳当时位置的角度来判断花儿所在的方位。蜜蜂不必去观察太阳，因为它们可以感知偏振光，从偏振光就能了解太阳的方位。

欧洲蜜蜂（*Apis mellifera*）

0.3~2.5cm。

世界各地植被和鲜花丰富的地区。

全身金褐色，腹部有黑色条纹。

» 167，185，424~425。

个案研究

卡尔·冯·弗里希（Karl von Frisch）

卡尔·冯·弗里希因在昆虫通信领域做出的开拓性研究而获得了1973年的诺贝尔奖。他是最早定义摇摆舞的科学家，尽管他的理论在当时备受争议，但事实证明他的论断是完全正确的。但是要精确地了解蜜蜂是如何在黑暗的蜂房里感知到侦察兵舞蹈的意义仍然是一个谜。近来，科学家们使用了一种粒子图像速度测量方法，这种方法可以检测到细微的空气流动。研究者发现昆虫翅膀振动会引起空气流的冲击，这种气流以不同的角度撞击到同伴，角度的大小与蜜蜂舞蹈的轴心有关，用这种方法就使得那些蜂房中的蜜蜂能够“感知”侦察兵的舞蹈。

指出方向

侦察兵跳垂直的标准舞，意味着花朵位于与太阳成一条线的位置上。太阳和花朵的方位夹角正是蜜蜂所跳的标准舞与垂直方向的夹角。

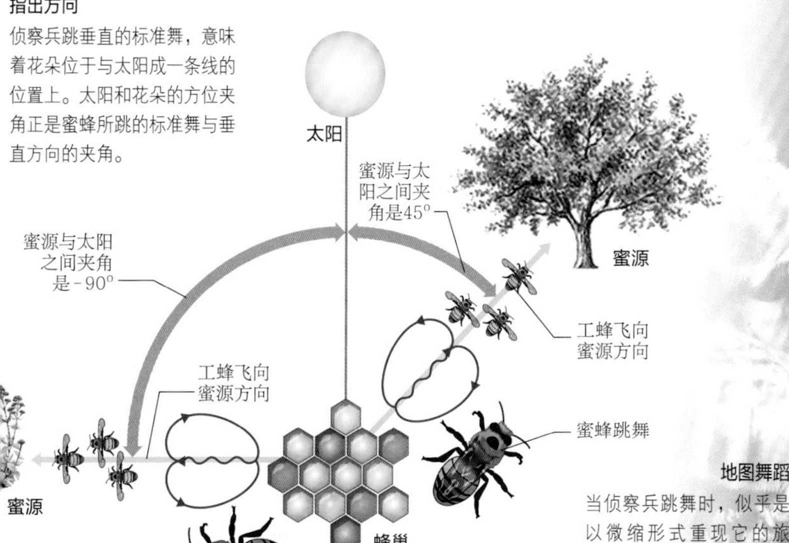

地图舞蹈

当侦察兵跳舞时，似乎是以微缩形式重现它的旅程，它的姐妹们会聚集在它周围并随它一起舞蹈。

串联行进

海岸蚁

除了使用信息素，许多蚂蚁都会使用振动和触摸的方式进行交流。海岸蚁使用串联行进的方式，引领同巢的伙伴沿着从巢穴到最新发现的食物源的气味路线去寻找食物。当它们出发后，尾随的蚂蚁就会频繁地用自己的触须敲打在它前面的领军蚁，以表示自己紧随其后。如果它落到了后面或者停止了敲打，领军蚁就会调整自己的速度。对于领军蚁来说，要用这种方式取食它就要付出更长的时间，并涉及双向的反馈。在动物界，这可能是一个非常独特的传授经验的例子。

海岸蚁（*Temnothorax albipennis*）

3～5mm。

欧洲西部海岸上，多在岩石裂缝、坚果壳和其他易碎的有孔的东西中。

体小，呈橙褐色。

鱼鳍摩擦

蓝毛足鲈

在蓝毛足鲈群体内建立有良好的等级制度。当交配期到来时，雄性统治者变得越来越好斗，它们会戳刺并驱赶其他低序位的同类。交配时，雌雄双方都会使用触觉信号：雌性会有代表性地先在雄性的侧面咬一口或几口，从而挑逗雄性落到雌性的下方，使其鱼鳍能够接触到自己的胸部；雄鱼接着会反复摩擦，直到它扣住雌鱼并开始交配。

蓝毛足鲈（*Trichogaster trichopterus*）

9～15cm。

各种淡水水体，特别是水生植物茂盛的地方。原产于东南亚，后被引进到其他地方。

颜色多样，臀鳍一直延伸到尾鳍基部。

可视电场

鱼尾巴上的一个器官能产生电场。身体上的传感器可以采集这个电场中的变化，从而使得鱼能够“看见”自己所处的环境。

干扰频率

翎电鳗

翎电鳗又被称为幽灵刀鱼，以一种松散的联结方式群居在河流底部，它们能在这种黑暗的条件下捕食幼虫和甲壳动物。翎电鳗能产生微弱的电场。在每个鱼群中，一条雄鱼以每秒900次的频率释放电流，以显示自己的独特优势，其他的鱼则发出较低频率的信号；而且当彼此错身而过时，它们会调整自己以避免引起信号干扰。但是，在一场挑战中，挑战者会改变自己的频率，使其与雄性首领的频率相匹配，似乎要阻塞对方的信号。雄性首领则会发出一种频率高达1000赫兹的电波打击对手。然而，如果挑战者仍然模拟领导者的频率，两只雄鱼就会展开战斗，有时候它们会用嘴彼此撕咬整个晚上。

翎电鳗属（*Apteronotus*）

18～130cm。

中、南美洲的河流和小溪中。

淡水鱼类，尾鳍小，背鳍小呈细丝状，臀鳍很长。

制造波纹

密河鼍

密河鼍又称短吻鳄、美洲鳄或密西西比鳄，它们对于飞溅的水花或水中的一点点动静都非常敏感，并用这种特性进行交流和捕食，这就为栖息于浑水中的它们提供了一个非常巨大的有利条件。早春来临时，雄鼍会建立自己的繁殖地，它会不断用头部拍击并发出吼叫声，以向其他竞争者发出警告。这种吼叫声由两部分组成，其一是雄鼍振动产生的一种低频“次声”，伴随着可持续3～4秒的听得见的吼声，这种吼声可以超越1000米的距离传递到人的耳中。雄鼍产生的振动甚至可以在平静的水中传递得更远。人们认为，这种次声的频率和强度与鳄的体形大小有关，所以，雄鼍可以立即通过竞争者的体形评估出自己获胜的可能性。吼叫声似乎也在向其他雄鼍及异性发出警告，以证明自己的存在。进入交配期，雄性和雌性都会举行一些非常复杂的仪式，如发出吼叫、触摸彼此的鼻子、咳嗽、一起游泳。它们会持续进行这些仪式超过1小时，直到最终交配。

河流舞会

雄性密河鼍会把头和尾巴伸出水面，来回拨动尾巴，清清喉咙，发出强有力的低频声音，从而使得水流在它的背上翩翩起舞。

密河鼍（*Alligator mississippiensis*）

3～5m。

美国东南部淡水或微咸水域的沼泽、湖泊和河流，特别是佛罗里达的大沼泽中。

身上长满铠甲，有巨大的嘴和肌肉发达的尾巴；与鳄鱼不同，它的吻部较为圆钝。

解剖学

振动感应器

密河鼍的脸上长着成千上万个小黑点（特别是在它们的嘴巴周围），这些小黑点被称为凸点压力感受器（DPR）。水面上的任何动静所产生的压力波，都会被高度敏感的凸点压力感受器检测到，这种能力使密河鼍能够感知潜在的猎物，而且可以从其他同伴那里接收振动信号。

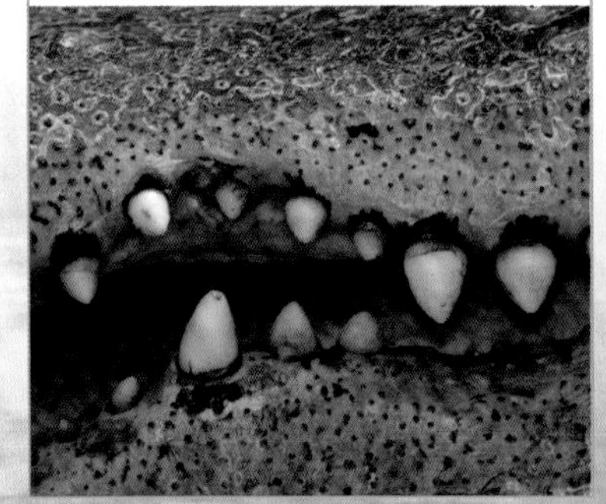

啄啄鸟毛

红绿鹦鹉

红绿鹦鹉即金刚鹦鹉，寿命为30~40年，且几乎终生成对生活。这种亲密的关系有利于成功哺育后代，后代要跟随父母生活3年，直到它们独立，但幼鸟6个月便能长到成体那么大。在果树上觅食和日舔（舔食河床矿物质）行为的大型聚会中，家庭所表现出的关系极其亲密，它们互相打闹和玩耍，互相反刍食物，互相啄毛，以增进亲密关系。

感情表达

啄毛行为可以使金刚鹦鹉保持干净，并能驱除寄生虫，还可以使家庭关系更加紧密。实际上，如果亲鸟不再给后代啄毛的话，这意味着后代自立门户的时候到了。

红绿鹦鹉（*Ara chloropterus*）

- 长达1m。
- 中美洲东部和南美洲东北部的热带雨林中。
- 体形大，羽毛红色和蓝绿色相间；面部白色而裸露，略有条纹状的短羽。
- » 199。

奇特的舞步

旗尾更格卢鼠

旗尾更格卢鼠在洞穴内使用巨大的脚掌互相交流，传递信息。每一只更格卢鼠使用特别的舞步来宣告自己的领地。邻居们通常是家族近亲，会识别各自的舞步，并用自己的舞步做出回应。如果听到了陌生者的舞步，主人就会加快节奏，使自己显得非常强大，然后它们可能会靠近彼此，并用舞步一决高下。

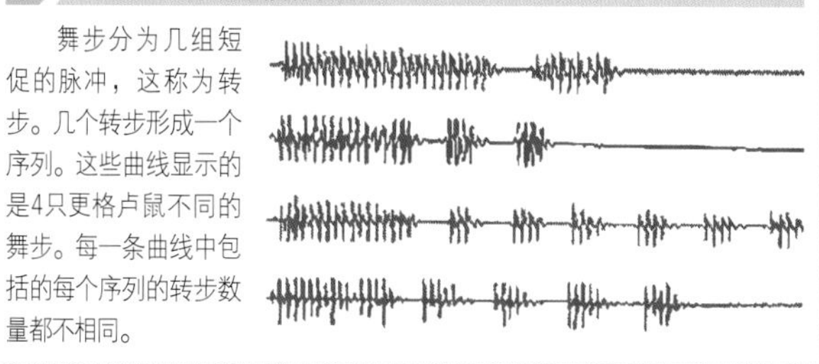

旗尾更格卢鼠（*Dipodomys spectabilis*）

- 10~15cm。
- 美国新墨西哥州、亚利桑那州中南部和得克萨斯州西部至墨西哥的干旱地区。
- 浅黄色的啮齿类，具有强大的后足，尾尖白色。

大脚

更格卢鼠的足有4个脚趾，相对于身体非常巨大，足长几乎为体长的一半。它们用脚尖敲击地面，而用尾巴和前足保持平衡。

更格卢鼠的通信行为

舞步分为几组短促的脉冲，这称为转步。几个转步形成一个序列。这些曲线显示的是4只更格卢鼠不同的舞步。每一条曲线中包括的每个序列的转步数量都不相同。

紧紧依偎

黑猩猩

黑猩猩的触觉高度发达，它们能拥抱、接吻、伸开手臂或触摸背部以表示友好。它们的大部分时间花在理毛行为上，这是一种重要的交流方式（其功能相当于人类的闲聊）。它们或成对或成群地理毛，这可显示它们之间的各种关系。低序位的黑猩猩常为更高序位的猩猩理毛，或表现得十分谄媚，而最高序位的雄性黑猩猩几乎是整个群体争相为之理毛的核心对象。理毛行为也是雄性间建立政治同盟的途径。最高序位的雄性也会为它的同盟者理毛，以赢得支持。

接吻

相遇的黑猩猩有时会接吻，年轻者还会经常拥抱或搂抱幼崽。当成体兴奋或受到惊吓，特别是在发生冲突的时候，它们以拥抱展现团结。

黑猩猩（*Pan troglodytes*）

- 73~95cm。
- 非洲赤道地区的走廊林、雨林和稀树草原林地中。
- 身体黑色，有时发灰色或褐色；有白色尾簇毛，幼崽的面部颜色随年龄逐渐变暗。
- » 174，247，437，454，460，480~481，482~483。

家庭纽带

幼年黑猩猩要和母亲共同生活5年，这段时间它们有各种身体上的接触。母亲在孩子的幼年经常为孩子理毛，年长一点儿的未成年黑猩猩则学会用这种方式回馈母亲的宠爱。

文化差异

在坦桑尼亚的马赫拉山，黑猩猩喜欢在理毛的时候互相"握手"；但附近的贡比的黑猩猩梳理腋窝的时候，会把臂膀搭在树枝上或者举起来。

搔背

普通斑马

斑马和其他马类一样，都没有领地；公马领导的妻妾群和单身马群之间可以和平共处。亲缘关系近的个体间常有理毛行为，两匹斑马用门齿和嘴唇互相轻咬和摩擦颈部和背部。在一个群体内，母马和它的幼驹及其兄弟姐妹之间理毛较多，低序位的成员则为高序位的理毛，这可以帮助它们平息彼此之间的争执。

首尾相对

两头斑马可以站在那里同时为对方从尾到头地清理背部，它们还能盯着各自朝向的方向以防危险降临。

普通斑马（*Equus burchelli*）

- 2.2~2.5m。
- 非洲东部和南部的草原上。
- 斑纹较宽。最南部的种群在腰纹间有灰色的暗纹。
- » 351。

亲密无间的大家族

大象家族中母亲和女儿之间的联结纽带是非常紧密的，而家族团队中所有的雌性会慷慨地对年轻者给予身体上的照顾，并且相互给其他成员的幼崽哺乳。女族长，作为雌性中最年长者，是群体的中心，它要对整个家族的福利负责。

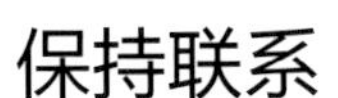

保持联系

非洲象

有亲缘关系的母象和它们的幼崽会生活在一个紧密联结的家族中。当家族成员的数量增长到超过10个时，它们就会分成两个家族，但是这两个家族仍然保持密切的联系，而且会常常见面。当公象长到青年期时就会离开家族，以年轻单身汉的身份成群或独自旅行，直到它们性成熟或者加入更大的群体。在这个流动的社会群体中，它们之间的社交关系是复杂的。大象会使用广泛的“词汇”进行交流，甚至包括触摸。

触摸是一种非常亲密、非常直接、及时并且有说服力的表达方式。象妈妈们常常会用各种方式的触摸来安慰自己的孩子，比如用象鼻拥抱孩子、用脚轻摸。妈妈们还会把自己的尾巴移动到孩子面前表示引导，或者用拍打来教训它们。发情期的大象也会彼此触摸，并把象鼻缠绕在一起，雌象伸出象鼻表示欢迎，或者它们会很友好地把象鼻搭在彼此的身上休息。

非洲象
（*Loxodonta africana*）

5.5～7.5m。

非洲撒哈拉沙漠以南地区的开阔草地、灌木林或森林中，有时也会在沙漠中看到。

现存最大的陆地生物，长有大大的耳朵、灵活的鼻子、弯弯的长牙，非洲象的耳朵比亚洲象要大很多。

» 295，417。

问候礼仪

即使是短暂的分离后再次见面时，女族长都会先伸出象鼻表示问候。较低等级的母象会把鼻子放进其他成员的嘴中，就好像小象从妈妈嘴里索取食物一样。

“链接”到生活

几乎从出生开始，小象就使用鼻子通过触摸和嗅觉来感知周围的环境。在行进中，它们也会用鼻子抓住妈妈的尾巴，这样不仅可以确保自己不会与妈妈分离，而且妈妈也能知道孩子是否跟在后面。

依靠我

家庭成员之间的距离很少超过40～50米，即使休息或喝水时，它们也常常保持接触。它们会彼此依靠或者摩擦身体来再次确认它们之间的亲密关系。

个案研究

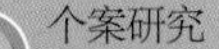

通过脚产生的振动

大象通过次声波在很长的距离范围内传递信息。在3～5年之间，母象可能仅有几天接受交配。它们会以很低沉的低频隆隆声向那些广泛分散的雄性发出信号。雌性发出的这种声音能在空气中传递3.25千米并产生地震波。该地震波可以通过地面传递，其传递距离是空气中的3倍。大象的脚和鼻子中都长有压力敏感神经末梢，这些神经能探测到这种次声的（听不见的）振动，并接受其他长距离通过地面传播的有用信息。例如，它们能感知动物在遥远的地方逃跑所产生的振动。

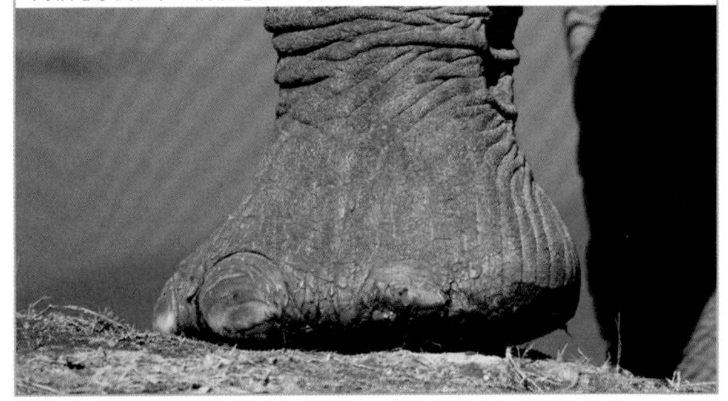

智力

陷入沉思

于人类来说，一个人很难知道其他人的想，其他生物就更不用说了。然而这只倭黑猩（*Pan paniscus*）却似乎陷入了沉思，很能沉浸于相当复杂的算计中。它拥有较发的大脑，且在亲缘关系上与人类最接近。

智力

你是如何定义智力的呢？一种观点认为智力就是解决问题的能力。动物的一生充满各种各样的问题，比如寻找食物、逃离被捕食、保持健康、掌管它们的领地、寻找配偶、养育后代。当我们在评估动物有多聪明时，我们不得不相信越聪明的动物与我们人类越相似。

脑容量的重要性

一般来说，动物的大脑越大，这个物种也就越聪明，当然动物自身的整体大小也是相关的因素。例如，人类大脑的平均重量是体重的2%。然而，一个大脑重约78千克的抹香鲸，其大脑重量只是其体重的0.002%。智力与脑容量的关系也可以被解释为大脑中有多少神经元和这些神经元之间有多少连接点的比率关系，这个比率越大，智力水平也就越高。许多动物大脑皮层（即大脑外面褶皱的那一层）的大小，通常与它们的社交能力相关，并且在灵长类动物中，常常与它们之间关系的错综复杂性相一致。社会性的动物越高等，其大脑皮层所占的比率越高。

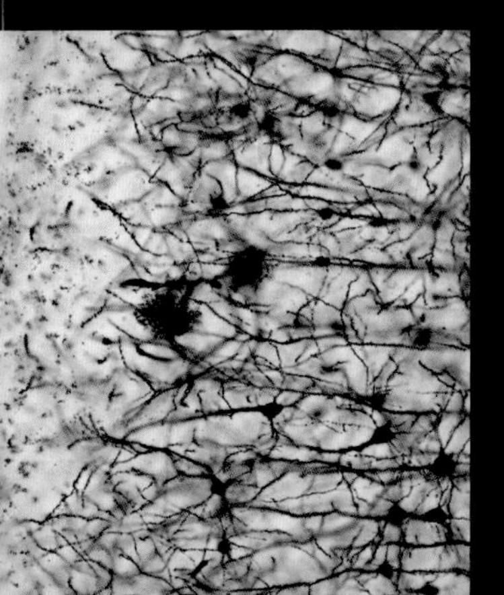

生物“电线”

神经元是发现于大脑和脊髓中的细胞，当受到电刺激时，它会处理并传达信息。神经传递素可以通过神经元之间的空隙传递信息。

大脑的尺寸

大脑消耗的能量约占身体能量的25%，因此尽管较大的大脑具有更高的优越性，但它们的消耗也会更大。狼就是非常聪明的动物，但它们比人类或猴子消耗得少，因为它们的大脑较小，神经元连接点也较少。

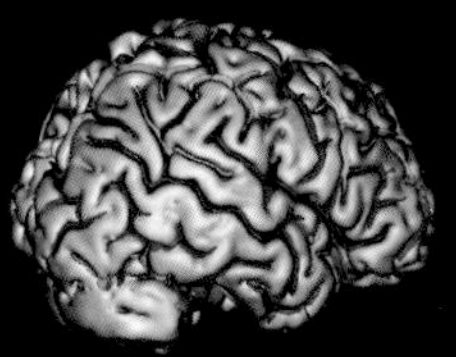

人的大脑
1251厘米^3

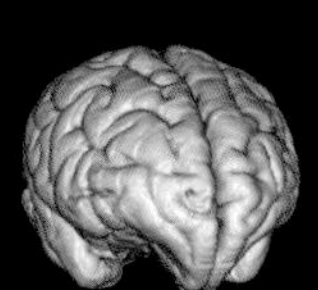

猴的大脑
100厘米^3

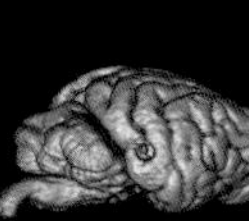

狼的大脑
75厘米^3

本能和学习

当我们评估智力的时候，有必要区分哪些行为是先天性的或者本能的，哪些行为是通过后天习得的。许多动物的复杂行为都是由本能支配的，而这些复杂的行为又可以反映在智力上。例如，独居的马蜂可以为它们的幼虫挖掘洞穴，当幼虫孵化出来后，马蜂抓来蛆并麻痹它们来喂养自己的幼虫。但是如果这些行为中的任何一步受到阻止，它仍然会继续这些动作，不管它的智力水平多么有限。大多数动物都会在本能与后天学习中保持一种平衡，正如英国博物学家达尔文所说，即使像蚯蚓一样的简单的低等动物都会表现出后天学习的行为。达尔文指出，大约1个世纪以前，当他观察动物“选择”使用何种类型的树叶来阻挡洞口的时候，我们很难断定动物有多少行为是出自它们的本能，又有多少是通过后天学习的。鲑鱼能本能地返回它们出生的河流去产卵，但它们必须学会闻自己家乡或其他界标的气味，因此鱼类必须具备化学记忆力和与生俱来的导航本能。

本能的回归

当雌性肯氏龟（*Lepidochelys kempii*）要产卵的时候，它们会本能地返回自己出生的海滩。

对水的记忆

非洲象以它们长久的记忆力而久负盛名。它们结队而行，最年长的母象负责记忆食物和水的位置。

学习的类型

从经验中学习的能力被认为是一项至关重要的智力指标。许多物种都知道一项重要的学习形式，那就是：分类学。这种方法可以用规则将具体事件或事物进行分类。在野外，这种能力将更见成效：一个动物首先需要辨别哪些是捕食者，哪些不是；而且需要辨别哪些东西可以吃，哪些不能。通过观察和实验证明：动物在几种不同的方式下学习。人类可以利用动物的天资教会它们一些技能，从而用于娱乐或者工作。

分清你的邻居和敌人

绵羊能区分出50只外观完全一样的羊，这对于牧群来说是非常有用的技能。海豚有较高的智力，这使得它们能学习一些新奇的行为。它们常常被训练去护卫轮船和潜艇，攻击那些可疑的恐怖分子潜水员。

不同的学习方法

习惯	观察学习
动物知道忽视那些不属于捕食者或食物的频繁而不重要的刺激。例如，兔子就习惯了道路交通的噪声，甚至已经对其上瘾。	这种方法是指让一种动物观察并接受其他动物的行为。聪明的社会性动物常常通过彼此观察来学习，它们有时也会观察其他物种。
条件作用	**反复试验**
当自然行为与其他事物相关联时，条件反射就会发生。一只狗看见肉就会流口水。如果同时有铃声响起，狗会学习到铃声与肉的关系；当再有铃声响起时，它仍会流口水。	这种方法需要反复地尝试解决问题的办法直到成功。黑猩猩可以使用一根树枝寻找白蚁（观察学习），但是要算出使用多长的树枝却需要反复试验。
操作性条件作用	**自学**
人类使用操作性条件作用的原理，通过改变动物自然行为的方式来训练动物。例如，训练常由以下两种方式组成：做出希望达到的行为就给予奖励，出现不希望的行为就给予惩罚。	动物可以不用反复试验就能知道该如何解决问题，它们通过观察其他个体进行学习或者让其他个体教导，这就是自学。自学现象在人类是很常见的，但在其他物种身上却很少看到。

反思时刻
动物能在镜子中认出自己，这种特性被认为是它们具有某种形式的自我意识。这是西里伯斯岛上的黑猴在一个废弃的汽车后视镜中研究自己的影子。

解决问题

大多数动物解决问题的能力都集中在寻找食物上。一些物种，比如克氏星鸦，就具有构建心像地图的能力。在秋季，这种鸟可以在方圆400平方千米的土地上储存33000粒松籽。要记下这些隐藏所的所有位置还真是一项惊人的技能。其他的物种也利用心像地图来驾驭广阔的领地。在纳米比亚沙漠中生活的大象，通常每天行走70千米去寻找食物和水。解决问题的另外一种较复杂的方式就是使用工具，仅有少数物种有这种能力。小嘴乌鸦是鸟类中最有才能的工具使用者之一。实验观察到它们可以使用工具，小型追踪相机记录了它们在野外也具有这种能力。动物王国中最熟练的工具使用者之一——黑猩猩，能使用小树枝取食昆虫，也能使用石锤和铁砧敲开棕榈坚果。

使用工具的文化
苏门答腊猩猩会使用工具（比如小棍）在蚁穴上戳洞，从而把里面的白蚁驱赶出来，也会使用树枝在蜂房上戳洞来取食蜂蜜。

鸬鹚计数
在中国和日本，渔民们训练鸬鹚为他们捕鱼。鸬鹚每次捕到的第八条鱼才被允许吃掉。得到报酬前它们会拒绝潜水，这也显示出它们具有计数的能力。

文化及自我意识

文化曾经被认为是人类特有的，而一些动物似乎也显示出基本的文化行为。它们能通过相互模仿来学习，它们的群体继续发展这些行为并且世代相传，而这种行为在它们同类的其他群体中却没有被发现。例如，苏门答腊猩猩是熟练的工具使用者，然而这些猩猩的其他种群却不能使用同样多的工具，也不会为了不同的目的使用不同的工具。从心理学理论来说，理解其他个体的想法这种能力应该是人类所独有的，然而据目前所知，一些物种也会使用骗术，这种骗术需要对其他动物的思维过程有深奥的了解。有些动物还具有自我意识，科学家检测动物自我意识的方法就是看它们能否认出镜子中的自己。

西灌丛鸦会按照翌日**所需的量来储存食物。**

隐藏能力
西灌丛鸦就会使用欺骗术。如果它们在隐藏食物时被其他灌丛鸦看见，它们就会把食物重新藏到另一个地方。而那些"无知"的鸟就不会这样做，它们不会偷取其他鸟藏匿起来的食物。

方向感

紫色扁虫

尽管扁虫是原始生物，但它们却有大脑和神经系统，而且它们也会学习。20世纪20年代进行的实验表明：扁虫能记住埋藏食物的位置。经过训练，它们甚至可以记住穿过一个简单迷宫的路线。在一项实验中，扁虫被放置在一个双T形迷宫中。这是一个简单的迷宫，终点放置食物，通过向左转或向右转来选择路线。扁虫可以一次记住90%的路线。尤其对于野生生活在自然珊瑚迷宫里的紫色扁虫来说，这种适应性对寻找食物是很有帮助的。

紫色扁虫
（*Pseudoceros ferrugineus*）

2cm。

红海、印度洋和太平洋的热带珊瑚礁中，以及南非的近海岸水域。

颜色从鲜艳的桃红到深红色，身体扁平，有白色斑点，波浪式移动。

光敏感性

巨型毛掸虫

这种蠕虫的特征是其眼皮上覆盖了大量羽毛状鳃盖。它们对光非常敏感，会随着光线的变化而变化。当环境的光线发生最轻微的变化，或者周围有任何突然的动静，它们都会缩进自己的管中。通过观察动物的影子就可以了解到有捕食者正在接近，这就是一种适应性的反应。然而，当光线有规律地变化或者持续性变化时，动物将不会做出反应，表明动物已经习惯于它们所处环境中不具有威胁性的变化。

巨型毛掸虫
（*Eudistylia polymorpha*）

25cm。

北美洲从阿拉斯加至圣迭哥的太平洋海岸的潮间带。

隐藏在管中，头部长有许多羽毛状的鳃盖。

熟悉的气味

散大蜗牛

散大蜗牛又叫菜园蜗牛，在欧洲很常见。当这些蜗牛闻到新型的食物时，就会伸直触须暴露在空气中；当它们开始进食时，触须就会缩短。然而在后来的场合再闻到这种食物的气味时，它们会立即缩短触须。换句话说，蜗牛学着把气味与概念联系起来，这种概念可以使它们很快取食到它们侦测到的食物。

散大蜗牛（*Helix aspersa*）

外壳直径2.5～4cm。

原产于欧洲和亚洲部分地区，引进到美国北部、中部和南部、南非及澳大利亚。

壳淡黄至黑褐色，间有亮黑色条纹；皮肤呈灰色且湿润；有4个触须。

解决问题

条纹章鱼

条纹章鱼用巨大的壳固定在海床上，它们或隐藏在壳里面，或用许多小贝壳构筑一个堡垒。它们也因常常隐藏在椰子的果壳中而闻名。如果没有什么可以使用的壳，这些章鱼就会使用它们与众不同的诡计——变体，用两只足在海底散步。它们滚动两只后臂外部边缘的吸盘边，把其他6只手臂紧紧地裹在身体上，仿佛是脚尖朝后走路一样。这样就可以把自己的身体伪装起来，从而避开捕食者。章鱼被认为是无脊椎动物中最聪明的，它们不但可以区分形状和类型，而且能解决一些简单的问题。条纹章鱼主要以蟹类为食，某些种群也会寻找龙虾或捕食一些倒霉的猎物。

边脊章鱼
（*Octopus marginatus*）

头部直径5cm。

印度尼西亚的苏拉威西岛的沿海水域。

颜色通常是斑驳的灰白色或棕色，手臂上的吸盘排成一列，嘴上长有喙状的下颏。

防护壳

这些条纹章鱼把自己的家安置在海床上的贝壳里面。有了这些防护墙的安全保护，它们就可以安然地躺在里面伏击自己喜欢的猎物，如螃蟹和小虾。

近似种

伪装章鱼（*Thaumoctopus mimicus*）可以通过改变自身的颜色或身体形状来模拟其他物种。看起来它们模拟的种类取决于它想阻止的威胁。

个案研究

开瓶器

在实验室实验中，普通章鱼（*Octopus vulgaris*）能够学习如何打开瓶子挖出被困其中的小虾、小蟹。章鱼的这些技能源于它们的智力，但同时也是它们那分布式大脑的力量的结果。它们的每个手臂上都具有很小的大脑或神经中枢，这使得这些神经中枢在一定程度上可以独立于大脑之外而运作。

网上的伪装

缨孔蛛

这种跳蛛猎食其他蜘蛛，它伪装得像枯叶一样，甚至可以悄悄接近那些视力很好的蜘蛛。缨孔蛛的捕猎技巧还利用了行为模仿。它会在其他蜘蛛网上制造振动，模仿被困于网中的昆虫的行为或者发出交配信号，当猎物接近时突然出击。该种跳蛛拥有很好的视力，但是视野范围较小。不过它能通过旋转眼睛使视野覆盖全景，因此可以选择最佳路径突袭猎物。作为一个脑容量较小的生物（仅含有60万个神经元，蟑螂则有100万个神经元），缨孔蛛表现出了惊人的事先计划和研究的能力，用以欺骗其他蜘蛛。

缨孔蛛（*Portia fimbriata*）

- 足跨度达1cm。
- 非洲、亚洲以及澳大利亚的热带森林中。
- 腿和身体上有一簇簇褐色、白色、黑色的毛，使它看起来像岩石或腐烂的东西一样。

反复试验

缨孔蛛经过一种不熟悉的蜘蛛的网时，它会随机地振动网丝，直到发现一种可以吸引猎物的信号。

6个复眼使这种蜘蛛的**视野可达360度。**

群体智能

行军蚁

在出征路途中的行军蚁呈现出令人惊讶的景象：多达17万只蚂蚁形成一个长15米、宽1~2米的纵队，以20米/时的速度穿越森林。行军蚁可以利用凶猛的叮咬以及毒刺击败在路途中遇到的任何昆虫和小型脊椎动物。单个的蚂蚁并不是特别聪明，但是作为一个群体，它们却表现出智慧的行为，这种现象被科学家们称为“群体智能”。开始袭击以及决定向何方前进时，一般没有蚂蚁发出命令，然而袭击总发生在恰当的时机，并且蚁群的行动也呈现出高度的纪律性。看起来好像每只蚂蚁都会对其他蚂蚁留下的化学标记做出回应，并制造新的化学标记，简单地决定它要选择的前进方向。这些决定集中到一起，便使得整个蚁群像一个整体一样行动。其他的蚂蚁种类也具有类似的群体智能。

行军蚁（*Eciton burchelli*）

- 3~12mm。
- 中美洲和南美洲的热带森林中。
- 身体金褐色；腿像蜘蛛的一样长，并且脚上有附钩；兵蚁的头较大。

近似种

中美洲和南美洲的切叶蚁掌握了一种农业生产方式：它们收集树叶当作肥料，让真菌在上面生长，收获蛋白富集的子实体。

个案研究
走向远方

沙漠蚁（*Cataglyphis bicolor*，亦称双色箭蚁）需要经过艰苦的长途跋涉寻找食物，并且能通过正确的路线返回蚁巢而不是简单地原路返回，原因是它们会根据太阳的角度来决定前进方向。然而，它们也需要估计前进的距离，这一点是通过计算脚步的数目得到的。有研究者给一些蚂蚁的脚上装上高跷，这些高跷会增加它们每一步的跨度，结果导致它们超越了目的地。

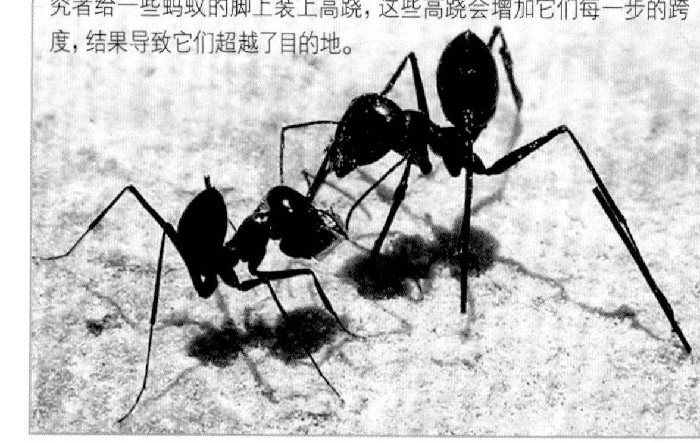

行进中的行军蚁

合作是行军蚁取得成功的关键，它们会克服行进过程中遇到的几乎所有障碍物，例如用身体在地上的裂缝处构建桥梁或者堵住地上的小洞，帮助后面的蚂蚁顺利通过。

计数鱼

食蚊鱼

许多动物可以识别一个数目是否比另一个大，有些鱼的种类也能识别一个鱼群是否比另一群大。在野外，这是一种有用的适应性，以使分群安全。然而，食蚊鱼被证明可以更准确地辨别群体规模。雌性食蚊鱼倾向于选择加入最大的鱼群。当研究者在鱼缸内提供多种鱼群选择的时候，它们通常会优先选择加入4条鱼的鱼群而不是3条鱼的鱼群，而3条鱼的鱼群又优先于2条鱼的鱼群。

食蚊鱼（*Gambusia holbrooki*）
- 4~7cm。
- 北美洲的河流和湖泊中；其他地方现在也广泛存在。
- 身体浅灰褐色，圆尾，嘴上指。

痛苦的记忆

虹鳟

关于虹鳟的研究似乎反驳了鱼类没有感知情感和疼痛的大脑能力的传说。对于化学、热以及压力刺激，它们具有疼痛感受器。当虹鳟受到疼痛刺激，例如被注射蜂毒时，它们会产生与哺乳动物类似的反应：摩擦疼痛部位并呼吸急促。它们还能对疼痛和紧张的经历产生记忆。研究表明，当曾经被捕获过的鱼再见到其他鱼被钓起或网住时，会发出痛苦的声音。当面对新事物的时候，虹鳟还会表现出紧张和恐惧的行为——这是一种在自然界中很有意义的反应。

虹鳟（*Oncorhynchus mykiss*）
- 长达1.2m。
- 全球范围的温带淡水水域。
- 背部和侧面为蓝绿色到棕色的过渡色，腹部白色，黑色斑点主要分布在背部；繁殖期的雄鱼会产生粉红色的横向条纹。

鱼类学校

法国仿石鲈

对于“文化”的一种定义是：特殊群体所特有的一组行为，并且可以通过不同群体或者世代之间的学习得以继承。这似乎发生在法国仿石鲈身上。当一群仿石鲈从一个地点游向另一个地点时，在新家园，它们采用当地同类鱼的“文化”和迁徙行为模式（例如去食场的最佳路线）。仿石鲈的集体中好像存在一个“老师”。当“老师”离开的时候，新来的鱼便学不会原有鱼群的行为。因此，看起来法国仿石鲈好像确实具有学习能力，而不全是本能的行为和对新环境的反应。

法国仿石鲈（*Haemulon flavolineatum*）
- 15~25cm。
- 从百慕大群岛到墨西哥湾和巴西之间的西大西洋的珊瑚礁附近。
- 身体锥形，呈黄色并伴有银色条纹，鳍黄色，尾鳍叉状。

跟随老师

法国仿石鲈在去食场之前，会先在加勒比海中特定的珊瑚礁附近聚集。较老的鱼带领它们去食场，幼鱼则向前辈学习如何前往。

寻找庇护所

玉米锦蛇

科学家们往往认为蛇没有智力，因为它们不能记住如何穿越迷宫。不过，最近已经证明：玉米锦蛇是具有学习能力的，只要任务对它们是有意义的，例如在高温炎热的天气找一个黑暗的庇护所。玉米锦蛇被放在一个底部有8个洞的大桶内，可以通向庇护所的洞口用一张色彩明亮的卡片标记。玉米锦蛇很快便掌握了哪个洞口是通向庇护所的。当明亮的灯光照在它们身上时，玉米锦蛇很快就退回到庇护所内。

玉米锦蛇（*Elaphe guttata*）
- 1.2~1.8m。
- 美国中部和东南部的农场、林地、多石的山坡上。
- 身体呈橙色或褐色，背部有红色黑边的大斑点，腹部黑白相间。

北部的两栖类

体形微小的美洲林蛙是北美洲最北部的两栖动物，并且是在北极圈北部发现的唯一蛙类。它们主要以小型无脊椎动物为食，例如蜘蛛、甲虫、蛞蝓、蜗牛。

挑剔的食客

美洲林蛙

美洲林蛙有能力学习如何避开自己不喜欢的食物。当研究者用毛毛虫喂林蛙的时候，林蛙先试图吞食毛毛虫，然后会把它吐出来。在研究的第一天，饥饿的林蛙尝试吃了几次毛毛虫，第二天吃的数量比第一天多了一倍，但是到了第三天，林蛙已经学会了避开它们。之后研究者尝试通过给毛毛虫涂上颜色欺骗林蛙，但是林蛙并没有上当。这种形式的学习能力使林蛙可以避开那些对它们有害的食物。

美洲林蛙（*Rana sylvatica*）
- 2~6cm。
- 北美洲的林地。
- 身体从浅棕色到深褐色，斑驳地布满暗色的斑点；每只眼睛都有黑色的护眼膜包围；从头的后部到背部有两条脊。

列队等待

尼罗鳄

鳄鱼通常独自捕食，在水面以下等待，伺机伏击猎物。然而在一些地方，它们学会了半合作式的捕猎方式，这表明它们具有一定的智力水平。在非洲的部分地区，尼罗鳄学会了在河流中横贯形成有规律的点阵，这样使得它们能捕食迁徙的动物，例如角马、斑马。它们在这些点附近排成一行等待它们的猎物，并且似乎在捕猎的时候行动高度一致。

在社交方面，鳄鱼是一种相对复杂的生物，相互之间的交流像鸟类和哺乳动物一样多，而远远多于其他爬行动物。大多数鳄鱼种类具有广泛的交流系统，可以通过身体语言、气味、声音交流。例如头部拍水、下颌咬动、尾部振动表示占据统治地位，而抬高头部则代表屈服。鳄鱼具有灵敏的嗅觉，但是化学机制还有待进一步研究。成年鳄鱼收到小鳄鱼的求救信号时会进行营救，即使小鳄鱼并不是它亲生的。

危险的穿越

在肯尼亚马赛马拉国家公园，迁徙的角马必须穿越两条宽阔的河流，尼罗鳄就在河里等着它们。当鳄鱼发现体质较虚弱的角马时，便会在它返回岸上的路线设下埋伏，慢慢接近它。

尼罗鳄（*Crocodylus niloticus*）

- 3.5～6m。
- 非洲大陆和马达加斯加西部的水路中。
- 身体黑褐色，并覆盖厚的鳞片；强壮，体长，吻窄。
- >> 220，401。

鱼类大餐

湾鳄（*Crocodylus porosus*）通常会对自己的领地有很强的保护意识，但也能见到超过40条的鳄鱼群在澳大利亚玛丽河沿岸捕食洄游的鲻鱼。

使用诱饵

美洲绿鹭

美洲绿鹭是一种很有耐心并且高效的捕猎者。对于大多数鹭来说，它们通常的捕猎方式就是拉长脖子站着一动不动，凝视着水中的动静。如果发现猎物，它便用厚厚的尖锐的喙快速而精准地刺向水中的目标。在其他时候，它会用脚搅浑河床以把无脊椎动物、鱼类、青蛙惊吓出来，然后进行捕猎。然而，美洲绿鹭的捕猎技巧中最有趣的是利用诱饵诱惑猎物浮向水面。它们的诱饵多种多样，包括蜉蝣、羽毛、坚果甚至面包，这些诱饵可能是从人以及人类的垃圾中得到的。并不是所有的绿鹭都利用这种技巧来捕猎，这种捕猎技巧是如何起源的还不清楚。它们似乎并没有模仿人类，但是好像通过研究学到了“投放诱饵”与“鱼或其他猎物浮向水面”这两件事之间的联系。

美洲绿鹭（*Butorides virescens*）

- 35～45cm。
- 北美洲和中美洲的湿地中。
- 羽毛色彩艳丽，头部和背部有深绿色羽毛，颈部呈板栗色并伴有白线；喙暗色，尖锐；雌性体形较小并且色彩较暗淡。

投放诱饵

>>01 一只美洲绿鹭选择了一个坚果作为诱饵。

>>02 它将诱饵放在水面，一动不动地等待着鱼或者其他小动物靠近。

>>03 美洲绿鹭迅速出击，并成功捕获目标——一条小鱼。

学习语言

非洲灰鹦鹉

非洲灰鹦鹉是鸟类中最聪明的物种之一，它被认为具有发达的交流技能，这是由于在野外它们习惯于大量群居和合作捕猎的结果。然而，大多数关于鹦鹉智力的研究都来源于人工饲养的鹦鹉。灰鹦鹉可以模仿并记住大量人类的词语，并且掌握了语言更深的含义——它们能理解一些词语的意思，恰当地使用这些词语证明了它们的这种能力。它们被认为具有5岁儿童的智商和2岁儿童的情商。

非洲灰鹦鹉
（*Psittacus erithacus*）

33cm。

非洲西部和中部的次生雨林中。

体被浅灰色羽毛，眼周白色，翅膀深灰色，尾红色。

个案研究

艾力克斯（Alex）——最聪明的鹦鹉

艾力克斯是一只灰鹦鹉，艾琳•佩普博格（Irene Pepperburg）博士（见下图）用了30年时间研究它。艾力克斯学会了区分50种不同的物体，辨别7种不同的颜色和5种形状。它理解“更大”“更小”“相同”“不同”这些词语的概念，明白“零”的定义，会说150个单词。它组成单词“banerry”[banana（香蕉）和cherry（浆果）的组合]来描述苹果。

长期记忆

原鸽

原鸽或家鸽除了具有极好的视力以及长期记忆数百张影像的能力，还能利用抽象思维区分不同类型的对象（见右侧知识框）。在野外，原鸽具有极强的返航能力，可以从相当远的地方返回巢穴。这种非比寻常的能力与许多要素有关：利用体内的罗盘记住地面上的主要标志物，同时，它们的最大依靠也有可能是对自己生活地区特有气味的记忆。

原鸽（*Columba livia*）

29～33cm。

广布于欧洲；非洲、北美洲、南美洲和亚洲也有分布。

颈和肩部通常是灰色伴有紫红色和绿色的羽毛，不过也可在白色到棕色之间变化。

个案研究

艺术评论家

鸽子以区分事物和归类的能力而闻名。在一项研究中，它们被训练区分立体派画家毕加索和印象派画家莫奈的作品。然后它们将这种能力推广应用到区分这两位画家的其他作品方面，甚至可以区分其他画家的作品，而这些作品它们之前并没有见过。这表明，它们已经意识到了立体派和印象派绘画作品之间的区别。

这位科学家曾经训练过人类的学生和鸽子，发现在区分之前从未见过的凡•高和夏加尔的绘画作品方面，人类学生和鸽子的能力惊人相似。因为几乎不可能找到一种简单的规律来区分莫奈和毕加索的作品，这表明鸽子拥有与人类相似的事物归类能力和抽象理解能力。

聪明的模仿

华丽琴鸟

这种琴鸟拥有惊人的模仿人为和自然声音的能力。作为它们求爱期仪式的一部分，雄性琴鸟建造一个舞台，通过跳舞展示美丽的尾部羽毛，并且为雌性琴鸟鸣唱。鸣唱声是由它们听过的其他鸟类的叫声组合而成的，甚至包括链锯以及汽车鸣笛的声音。曾经有人发现，一只华丽琴鸟将居住在附近的长笛手的乐曲融入了自己的鸣唱中。雌性琴鸟也很擅长模仿，但是很少被听到。这种鸟类很难被看到。如果不同鸟类的叫声从同一个地方传出来，通常可以证明琴鸟出现了。这是发现它们的唯一方式。

华丽琴鸟（*Menura novaehollandiae*）

- 74～98cm。
- 澳大利亚的新南威尔士、维多利亚、塔斯马尼亚的热带湿林中。
- 翅膀黄褐色，腿黑色，成年雄性具有弯弯的像竖琴一样的美丽尾羽。

汽车轧碎机

当汽车遇到红灯停下时，小嘴乌鸦把坚果摆放在路面上；当绿灯亮起，汽车行驶轧过坚果，将其轧开。稍后，小嘴乌鸦会找回它们的坚果，吃掉里面的果肉。

坚果破坏者

小嘴乌鸦

乌鸦几乎是鸟类世界中最善于使用工具的类群。在日本，小嘴乌鸦使这种能力更上层楼，能够利用汽车轧开坚果（见左图）。另一个近似种新喀鸦（*Corvus moneduloides*），被发现在野外制造各种各样的工具，这些工具是用草茎或细枝为原料制成的，并在诸如将腐木中的蛀虫挑出时被利用。实验室研究证实，新喀鸦具有较高的熟练制作工具的能力。

小嘴乌鸦（*Corvus corone*）

- 47～52cm。
- 欧洲和亚洲城郊的空旷地区。
- 身体黑色或灰色，羽毛黑色；喙弯而坚硬。
- >> 314。

清洁文化

日本猴

日本猴已经在野外被研究超过50年，比其他大多数非人灵长类动物研究的时间都要长。它们具有复杂的社会生活模式，生活群体大约30只左右，但有时个别群体会多达100只。这些猴子被认为具有初步的文明形式以及一定的智力水平，它们能相互学习。例如，它们已经学会了如何在手上团成小的雪球，然后在地上滚成大的雪球。这种行为除了娱乐好像没有什么目的，但是在一些猴群中这种娱乐行为迅速传开。其他形式的文化传播行为包括著名的洗红薯行为：有一群日本猴生活在鹿岛，它们喜欢

舞蹈课

长尾侏儒鸟

所有种类的侏儒鸟都是择偶场上的舞蹈家。在择偶场上，雄性会在雌性面前表演精心准备的舞蹈，并且表演最优秀的雄鸟可以与数量最多的雌鸟进行交配。择偶场上的表演通常包括雄性之间的竞争，但是雄性长尾侏儒鸟居然会在表演中相互配合。通常一只最优秀的雄鸟会与一只较差的雄鸟搭档，这种搭档关系可以持续数年之久。当有雌鸟出现时，雄鸟会进行优美的小跳、青蛙式舞步，还有蝴蝶一样的飞舞。最先与雌鸟交配的雄鸟通常是最老的。这种利他行为唯一的进化优势是接下来的雄鸟可以通过学习更有效地与雌鸟交配。当最老的雄鸟死去时，接下来的雄鸟甚至可以替代它的位置。

长尾侏儒鸟（*Chiroxiphia linearis*）

- 12.5cm。
- 中美洲的热带和亚热带的干燥或潮湿的低地森林中。
- 雄鸟黑色，伴有炫目的蓝色斑块，尾部中间的羽毛较长；雌性呈橄榄绿色。

跟我学

尾巴最长的雄鸟通过鸣叫召唤雌鸟。然后它们在树枝上进行向后的蛙式跳跃，并且像蝴蝶一样飞舞。一旦两只雄鸟表演完毕，最优秀的雄鸟会继续单独跳蝴蝶舞，如果雌鸟接受的话，它便与雌鸟进行交配。

在海中冲洗食物（见右下图）。另一个猴群发展出在自己领地的温泉中洗澡的习惯。

猕猴通常有极强的等级制度：雌猴占主导地位，并且它们的女儿会继承母亲的地位。猴群新的行为经常是雌猴发明的。日本猴群体其他独特的特征包括因地区不同而发音也不同，或者称之为方言，特别是当它们发现其他非常美味的食物时，所发出的与食物相关的声音尤其体现了这一特征。

日本猴（*Macaca fuscata*）

- 50～65cm。
- 日本亚热带到亚北极地区（不包括北海道）的森林中。
- 脸、手和臀部为红色，皮毛灰褐色，短尾。
- >> 412。

跟我做

即使这些"雪猴"是世界上生活得最靠北的灵长类动物，它们还是讨厌深深的积雪。在日本长野地区海拔800米的地方，一夜之间的落雪可深达1米厚。通常会有 只猴子带路，在雪中踩出一条路，其他猴子跟着它，最后在雪地上制造出网状的小径。

猕猴桑拿

为了在-15° C的温度下保持温暖，一个日本猴群坐进了温泉里。这种行为是雌猴最先开始的，并且被其他猴子效仿，直到整个猴群都会洗热水澡。

个案研究

洗红薯

一群生活在鹿岛的日本猴发明了两项新的文化活动。一只叫作Imo的雌猴发明了将河边发现的甜红薯浸在附近的河里洗去泥沙的方法，从而代替了用双手搓去泥沙的过程。它的近亲们马上开始模仿它，猴群的其他猴子也相继效仿。后来Imo开始蘸着海水吃红薯——推测可能是因为它喜欢咸味，其他猴子又开始效仿它的行为。再后来它开始清洗麦粒。它会抓起一把麦粒扔向水中，麦粒便会漂在水面上，这样它可以率先把麦粒从沙子中挑选出来。猴群的其他猴子又一次效仿了它。

工具箱

黑帽卷尾猴

卷尾猴被认为是近乎最聪明的猴子种类，因为它们具有开发使用工具的能力。人们发现，生活在巴西卡廷加森林的黑帽卷尾猴利用石头敲开种子，用树枝挖掘植物的块茎。猴子们会用一只手拿着石头不断地敲击土地，另一只手将松散的泥土刮开。在野生卷尾猴中发现了一种不寻常的尝试——用千足虫在皮毛上刮擦，昆虫苦涩的体液就像天然的驱虫剂。能够以这种方式使用工具，表明这些猴子可以领会原因和结果的关系，人类婴儿也具备这种能力。

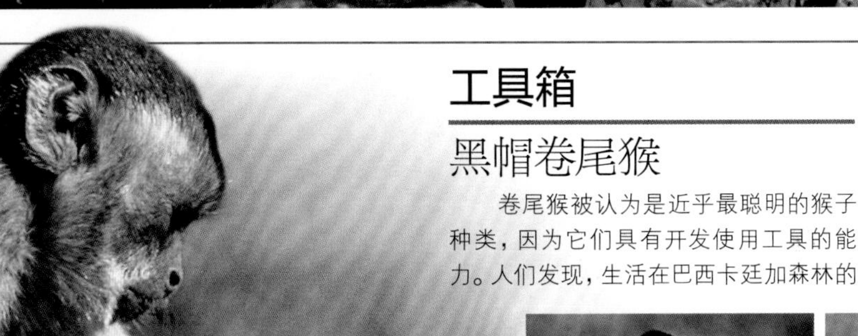

>>01 >>02 >>03 >>04

黑帽卷尾猴（*Cebus apella*）

- 36～42cm。
- 南美洲北部的各种森林中。
- 皮毛褐色；胸部、腹部、上臂及面部较白；两鬓、头顶、双手、脚和尾端黑色。

攻坚

>>01 一只黑帽卷尾猴选了一块大石头作为锤子来敲开坚果。

>>02 这只猴子将这块大石头对准了放在岩石上的坚果。

>>03 它不断地敲打坚果以打碎果壳。

>>04 这只猴子现在能吃到果壳里面可以食用的部分了。

工具制造专家

黑猩猩

黑猩猩显示出许多被认为是智能关键标志的行为，它们熟练使用工具的能力就是最出名的行为之一。例如，在坦桑尼亚冈比国家公园，人们发现黑猩猩从树洞里收集一把树叶，不断挤压揉搓，随后将这个“海绵”放进水塘。然后它们将树叶做的海绵放到嘴里挤压，通过这种方式喝到水。已被证明的黑猩猩使用的类似工具还有9种，包括用树枝把昆虫从巢穴中挑出。然而，在任何一个黑猩猩群体中使用的工具的类型，随着被研究区域的不同而变化，因此有观点认为，这些黑猩猩具有一种基本的文化形式，并代代相承。

许多研究表明黑猩猩可以学习手语。它们也可以掌握如何计数并进行简单的数学运算，例如加减法。黑猩猩也能认出镜子中的自己，表明它们具有一定程度的自我意识。一些研究表明它们拥有基本的“心智理论”（指可以理解另一只黑猩猩可能正在思考的事情的能力）。

虽然黑猩猩以素食为主，但是它们也会吃一些合作捕获的其他动物。黑猩猩生活在大型的等级社会群体中。一只雄性黑猩猩作首领，但是其他雄性黑猩猩可能组成多变的同盟来驱逐首领或者削弱首领的权力。黑猩猩群落的流动性要大于猴子；它们会形成友谊和联盟，而不是一直继承自己的等级。黑猩猩是少数会使用骗术的动物之一，它们经常试图相互欺骗以获得食物或交配权。就像其他大多数社会性动物一样，黑猩猩可能极端暴力。

黑猩猩（*Pan troglodytes*）

73～95cm。

贯穿非洲赤道附近的走廊林、雨林和林地稀树草原中。

脸部、耳朵、手掌和脚底是黑色或淡粉色的裸露皮肤；黑色的毛发覆盖身体的其他部位；眼睛朝向前方并且嘴唇可以灵活运动；手臂比腿更长。

>> 174，247，454，460，465。

家庭学习

即使是幼小的黑猩猩（见上图），也能熟练地利用树枝作为工具将小虫子从土堆中挑出。

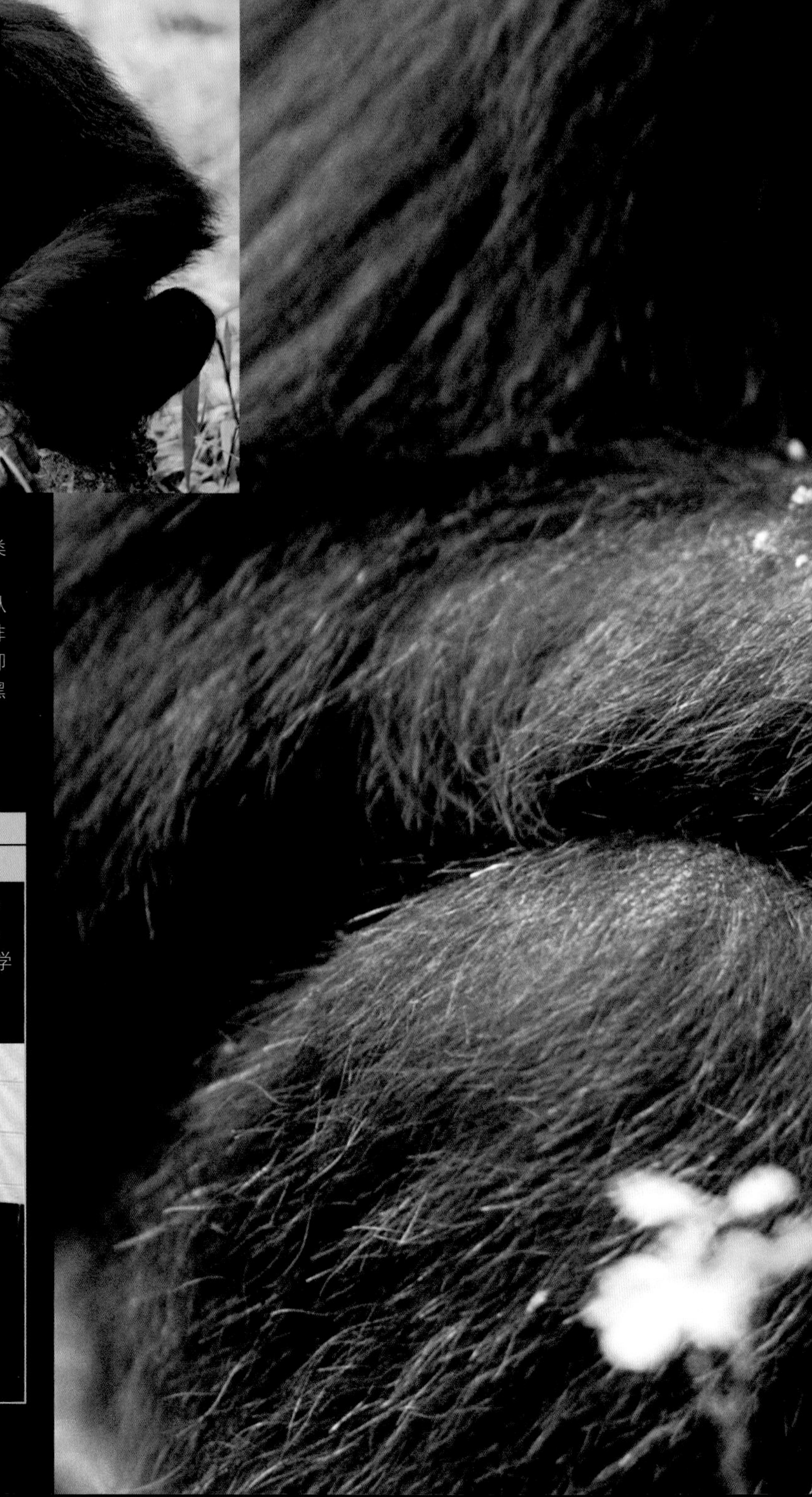

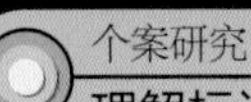

各种各样的工具

已经证明黑猩猩会使用许多不同类型的工具，包括使用石头打碎坚果，利用长树枝作为延长了的“手臂”从水中取回一只香蕉（见左图）等。非常有意思的是，把树枝当作工具，即使是在浅水中也是必要的，因为黑猩猩讨厌弄湿自己。

个案研究

理解标记和符号

倭黑猩猩是黑猩猩属的另外一种。在美国佐治亚州立大学的一项语言学习研究中，两只倭黑猩猩坎兹（Kanzi，见下图）和潘班尼莎（Panbanisha）学会了指向键盘上的键，这些键标记了它们熟悉的不同物品、获取食物或采取行动的概念的符号。倭黑猩猩也学会了按下这些键时产生的单词发音。

钓白蚁

白蚁是黑猩猩最喜欢吃的食物。这只黑猩猩把细树枝插入土堆上的洞中，将白蚁从巢穴中钓出。黑猩猩还会使用类似的技巧用草茎“钓”蚂蚁。就像人类一样，对于用左手还是右手来钓白蚁，黑猩猩个体显示出一定的偏好。

捉白蚁

>>01 这只黑猩猩将一根已经被它剥掉树叶的细树枝巧妙地插入白蚁丘上的洞里。

>>02 过了一会，它取回爬上白蚁的细树枝，让树枝在嘴中滑过，以舔食上面的白蚁。

>>03 它很小心地避免浪费任何美味的零食，并且确保吃光所有可能爬到树枝末端的白蚁。

>>01

>>02

>>03

动物有没有自我意识?

人类以外的其他动物是否有自我意识，仍需深入地研讨。有证据表明，黑猩猩可以理解它们行为的结果，并且知道这些结果如何影响其他黑猩猩，它们还能与其他个体换位思考。这至少表明它们能意识到自己与其他黑猩猩的区别。

观察与学习

婆罗洲猩猩

虽然婆罗洲猩猩营独居生活，但是它们具有很强的适应能力，可以模仿所见到的其他猩猩甚至人类的行为。科学家们对一只猩猩进行了一系列的实验，其中一项研究结果表明，在其面前演示的肢体动作，它可以模仿90%。它们同样能够使用工具，例如用细枝挑出树干中的昆虫，或用树枝凿开白蚁的巢穴。对于猩猩来说，树叶具有广泛的用途——用来清洁身体，擦拭食物表面的脏东西，或者被当作抓多刺东西（如榴莲）时的手套，它们甚至被发现用猪笼草做杯子喝水。在人工饲养条件下，猩猩通过训练已可掌握6种食物的基本表达方法。

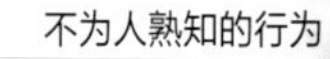

不为人熟知的行为

在一座灵长类动物康复中心，一些猩猩模仿人类用肥皂和水洗衣服。一只年轻的雌性猩猩甚至还会锯木头和钉钉子。

全天候的保护

大多数动物都会建造巢穴，但猩猩的建造技术则更为高超。它们利用树叶做成遮阳挡雨的庇护所，或者用细枝在枝叶茂盛的树杈上建造一个极具“艺术性”的巢。

婆罗洲猩猩（*Pongo pygmaeus*）

- 90～100cm。
- 婆罗洲和苏门答腊的丛林中。
- 毛发粗糙，呈红色；手掌及脚掌较大，手臂很长；成年雄性脸颊两侧有明显的脂肪组织构成的“肉垫”，具有喉囊。
- 404，412。

超前思维

海獭

海獭是极少数能够使用工具的哺乳动物之一。它的食物大部分是软体动物、甲壳动物、鱼类和海胆。海獭经常用石头把放在岩石上的贝类砸开取食，这可能需要相当于其体重4000倍的力量。海獭也会用石头敲破贝壳。它把石块平放在胸前，用前肢夹着贝类在石块上撞击。它通常会将石头保存下来，在一个捕食季节内反复使用。这充分说明了海獭可以未雨绸缪，预见到将来还会使用石头。虽然海獭捕食时单独行动，但却经常成群休息。休息时，为了防止漂浮到深海中，它们会用海藻包裹住身体以固定在海床上。海獭是可以发声的动物，雌性通常会在兴奋或小海獭呼唤时发出像海鸥一样咕咕的叫声。

海獭（*Enhydra lutris*）

- 可达1.4m。
- 北太平洋沿岸。
- 体毛浓密柔软，呈褐色；尾长而扁平，呈桨状；后肢粗壮。

海獭每天需要捕食**超过自己体重三分之一**的食物以维持生存。

贝类大餐

一只海獭在愉快地吃着贝类大餐。为了获取牢固的石头下的食物，它可能要潜入海底很多次。

敲击蛤蜊

这只海獭仰面躺在海面上，正在石块砧板上敲开一个蛤蜊。可能需要敲打35次左右才能打开一个蛤蜊。

海绵保护物

宽吻海豚

宽吻海豚脑容量很大，具有高度的社会性，喜欢群居生活，大约12个个体组成一个群体。在野生环境下，它们表现出利他行为，帮助生病或者受伤的其他个体，甚至对别的物种也表现出同情心。在澳大利亚鲨鱼湾，宽吻海豚在觅食的时候把海绵放在鼻子的尖端当作保护自己的工具。这种技巧首现于一只雌性海豚，并且很快在种群中传播开来。海豚经过科学家们的训练，已经能够辨识用手和手臂表达的手语。海豚还能够看懂训练员在电视荧光屏上的指令，这表明它们能够理解描述真实世界的虚拟画面。

宽吻海豚（*Tursiops truncatus*）

1.9～4m。

温带、热带和亚热带沿海。

身体灰色，呈鱼雷形，有苍白的侧面和腹部。

›› 351，461。

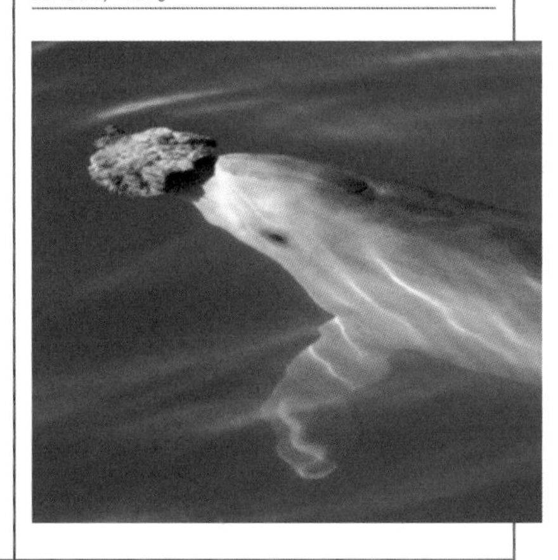

新把戏

加州海狮

在加利福尼亚的野外，海狮成群生活，它们的寿命很长。繁殖场到捕食场之间有很长的距离，它们却能够记住路线。海狮学习技艺（看面板、立正）的能力很早就为大家熟知，在最近几年中它们的智力水平也已用科学的方法测量出来了。科学家发现海狮拥有超强的长期记忆力，经实验测试最长可达10年。经过训练，海狮也能学会一些手势语言，大部分是代表物体的，如球、圈和颜色等。例如，一只海狮可以听懂复杂的命令，如“取来黑色的小球”。有人还发现海狮能够从很多图片中辨别出相似的图片。

加州海狮（*Zalophus californianus*）

1.8～2.1m。

从加拿大的不列颠–哥伦比亚省到墨西哥的东太平洋沿海。

皮毛为咖啡色，两侧和腹面为浅棕色；雌性体形较小，体色也通常较浅。

›› 365。

人类的影响

表演艺术家

人类对海狮智力的开发已经进行了很多年。在游乐园和马戏团里，海狮一直是吸引游客的主要动物。它们被训练进行顶球、爬梯子和吹号角的表演。它们还被训练表演用嘴含着笔画画，这项活动可以预防海狮在饲养环境下产生厌倦情绪。据说海狮还能用笔写汉字。美国军方也开始尝试利用它们的智力和潜水技术对付敌方潜水员。

饥饿的情绪

野猪

野猪拥有较好的长期记忆力。在野外，它们的食物呈不均匀分布，这就意味着它们必须记住好的觅食场所的位置。家猪的祖先——野猪是群居动物，它能辨认出群体中的其他个体及它们在群体中的等级地位。群体成员之间有一套复杂的通信方法，在不同的情况下，它们会发出哼哼声或短促的尖叫声彼此交流。有证据显示，它们可以相互观察，彼此学习。研究人员解释说，正是因为拥有这种技巧，加上它们的记忆力及解决问题的能力，所有种类的猪都比狗聪明，它们的智力可能与灵长类旗鼓相当。科学家们训练猪学习简单的单词和短语所代表的含义，以此方法对它们进行测试。几年后当这些词语再次出现的时候，猪依然能够记得这些词所代表的意思。

野猪（*Sus scrofa*）

0.9～1.1m。

欧洲、北非及亚洲的林地。

身体深灰色、黑色或棕色，体表被刚毛，头部较大，犬齿突出形成獠牙。

›› 200。

个案研究

公共服务

以色列排雷专家利用受过训练的猪协助搜索埋藏于地下的杀伤性武器。据称，比起狗来，猪更适合完成这种危险的任务，因为它们比狗更聪明，有更发达的嗅觉且更易于训练。苏打（这张图片中的猪）是一头1岁的迷你猪。如照片所示，它正在向训练者示意它发现了一个地雷。

情商

非洲象

该物种拥有动物界最大的脑容量，比世界最大的动物鲸还要大一倍，因此被认为具有较高的智力。大象能够使用工具，有较长时间的记忆力，并能通过一些方式表达自己的情绪（如悲伤、利他主义及自我意识等）。每个象群中的女族长承载着整个家族关于迁徙的记忆，带领象群朝着遥远的采食场及水源地进发。当一头大象死后，象群家族的其他成员会悲伤地围在它身旁，静静地守护着它。大象被认为是具有利他行为的动物，会在家族成员或其他物种需要时给予帮助，使被帮助者远离伤害及捕食者。

非洲象（*Loxodonta africana*）

5.5～7.5m。

非洲撒哈拉沙漠以南地区的开阔草地、灌木林森林甚至沙漠中。

皮肤呈棕灰色，耳朵较大，鼻子长，有一对象牙。

›› 295，417，466～467。

无比悲恸

如照片中所示，大象经常会被其他大象的骨骼所吸引，徘徊于残骸周围，并用鼻子抚摸它。它们可能是世界上极少数有死亡概念的动物之一。

GLOSSARY

术语表

术语表

腹部（abdomen）
脊椎动物的身体下部或无脊椎动物身体后部。

适应（adaptation）
生物体通过遗传获得的、使其适应其生存环境和生活方式的结构特征和行为方式，也是物种进化过程中进化来的生物特征。

夸耀（advertisement）
某个动物尽可能引起其他动物注目的一种炫耀方式。例如，某个雄性动物向雌性动物和雄性竞争者显示其占据了某个领域，从而吸引雌性动物，并使竞争者不敢接近。

夏眠（aestivation）
一种和冬眠类似的出现在夏天的行为。主要作用是避免恶劣环境（如干燥气候）对个体的影响。

群聚（aggregation）
非社会性动物的集合体，出现在动物个体无法独立获取食物资源时。参阅“群类”（congregtation）。

藻类（algae）
一种可以进行光合作用的简单生命形式，包括单细胞植物和缺乏维管组织的多细胞植物，如海藻。海藻是海洋中的主要生产者，在海洋食物链中起着重要作用，参阅“浮游生物”（plankton）、“原生生物”（protists）。

α、β、γ序位（alpha, beta, gamma）
在动物行为中，这3个名词用于描述社群内个体序位的高低。α为最高序位（α雄或α雌，或称为首位、首领）。β则是次位，低于α而高于γ。γ个体在社群内居于较低的地位。

利他行为（altruism）
某一个体对其他个体有利的行为，如父母冒险保护自己的幼崽。但是真正的利他行为是否存在一直备受争议。从自然选择学说的角度，真正的利他行为是不存在的。但是在亲缘选择理论中对利他行为却有很好的解释。参阅“亲缘选择”（kin selection）。

潜伏性捕食者（ambush predator）
主要以在一段较长时间内潜伏在某一地点等待猎物靠近这一策略进行捕食的动物。

羊膜动物（amniote）
包括爬行类、鸟类或哺乳动物。是对胚胎时期在卵内（爬行类、鸟类）和子宫内（哺乳动物）的囊液环境下生长发育的一类动物的总称。

溯河洄游的（anadromous）
主要指生活在海洋，但在产卵期内溯河而上到适宜地点产卵的（鱼类）。参阅“降海洄游的”（catadromous）。

异配生殖（anisogamy）
大小和结构均不相同的生殖细胞（配子）的结合。动物界普遍存在着异配生殖，如雄性产生的精子和雌性产生的卵细胞的结合。而雌雄同体的生物既可以产生精子，也可以产生卵细胞。参阅“配子”（gamete）。

顶级捕食者（apex predator）
占据食物链最高营养级的生物，没有其他动物能捕食它。

警戒色（aposematic）
某些剧毒或危险的动物身体上的颜色或花斑，用来警告其捕食者。

妥协行为（appeasement）
能够缓和同种其他个体攻击的行为，但不包括躲避和逃跑。

附肢（appendage）
肢或翼状结构，通常出现在节肢动物中，可衍化成腿、鳃、游泳器官等。

欲求行为（appetitive behaviour）
动物追求某一特殊需求（不一定是食物）时的行为，有别于目的真正实现时的行为。

蛛形纲（arachnids）
节肢动物中的一类，包括蜘蛛、蝎子、蜱螨类等。参阅“节肢动物”（arthropods）。

节肢动物（arthropods）
无脊椎动物中最大的一门，主要特征为足分节，有坚硬的外骨骼。包括昆虫纲、蛛形纲和甲壳类动物。节肢动物门所包括的生物种类比其他动物所有种类的总和还要多。

无性生殖（asexual reproduction）
不通过配子结合，由一个单独个体形成新个体的繁殖方式。包括个体分裂、营养繁殖、孢子生殖。参阅“单性生殖”（parthenogenesis）。

自主神经系统（autonomic nervous system）
脊椎动物神经系统中的一部分，主要起到调节内脏平滑肌、腺体活动的作用。哺乳动物的自主神经系统包括交感神经和副交感神经系统两部分，且作用相互拮抗。当交感神经系统使身体处于紧张状态时，副交感神经系统则减缓紧张状态。

轴突（axon）
神经细胞（神经元）上绳索状的细长凸起，传导电信号。

单身汉群（bachelor group）
没有性伴侣的同一种雄性动物组成的群体，尤其是被其他雄兽拒之于交配领地之外的雄兽。例如，狮子中的年轻雄兽会集合成一群无领地的群体，进而取代原本有优势的雄兽。

警戒拟态、贝茨拟态（Batesian mimicry）
参阅“拟态”（mimicry）。

行为主义（behaviourism）
研究、分析人类与动物行为学的方法，在20世纪中叶早期有较大的影响。这一理论严格地将目标定于外在的行为模式和它们之间的联系，而避免讨论“不可见”的现象，如心境或精神状态。

水底的（benthic）
与海床紧密相联的部分，湖底或河底。

β序位（beta）
参阅“α、β、γ序位”（alpha, beta, gamma）。

生物发光（bioluminescence）
生物体内某些有机物产生光线。

生物群系（biome）
某个大的地理区域存在的特定生物群落。以主要优势植物为特征，与区域的特定气候类型密切相关，如沙漠和热带雨林。

双壳类（bivalves）
水生软体动物，如蛤、蚌和牡蛎。双壳类动物的外壳由两片基本对称的贝壳构成，由绞合齿相连。动作缓慢或固着生活。以浮游生物为食。参阅“滤食性摄食”（filter feeding）、“软体动物”（molluscs）。

联结（bonding）
在两个或多个成员间形成和维护一种紧密的、互助的关系的社会行为，倾向于个体形成密切的集群（如兽群、鸟群或鱼群）。包括形成一对，如亲子对、配偶对（单配制动物一雄一雌之间的依附关系）。

硬骨鱼（bony fishes）
硬骨鱼类包括了世界上大多数鱼类，除了软骨鱼（鲨鱼、鳐）和无颌鱼类（盲鳗、七鳃鳗类）。参阅“软骨鱼”（cartilaginous fishes）、“无颌鱼类”（jawless fishes）。

荡臂运动（brachiation）
多见于猿类（如长臂猿）的一种移动方式，靠摆动双臂从一棵树荡到另一棵树。

淡盐的（brackish）
盐度介于淡水与海水之间的（水）。

苔藓动物（bryozoans）
集群生活的小型海洋生物，也被称为苔藓虫，固着生活在海藻叶之上。它们以浮游生物为食。

贮藏（caching）
参阅“储藏”（hoarding）

钙质的（calcareous）
由钙或碳酸钙构成的，即白垩质的（chalky）。

伪装（camouflage）
动物身上可使它和周围环境相似的颜色或花斑，以使其不被天敌发现或捕食。参阅“拟态”（mimicry）。

软骨鱼（cartilaginous fishes）
鱼的一大类，包括鲨鱼、鳐、鲼和银鲛科鱼类。骨骼由软骨组织构成。参阅“硬骨鱼”（bony fishes）、“无颌鱼类”（jawless fishes）。

降海洄游的（catadromous）
生活在淡水中，洄游到海水中产卵繁殖的（鱼类）。参阅“溯河洄游的”（anadromous）。

尾部的（caudal）
和尾相连的或动物身体臀部后面的部位。

中枢神经系统（central nervous system, CNS）
由脊椎动物的脑、脊髓和它们之间的连接部分组成。和无脊椎动物的神经组织类似。

头足类（cephalopods）
一类主要的海生软体动物，包括鱿鱼、乌贼、章鱼、鹦鹉螺等。具有发达的大脑，是可表现出复杂行为的生物。参阅“软体动物”（molluscs）。

头胸部（cephalothorax）
无脊椎动物（蛛形纲和甲壳类）头部和胸部愈合在一起的部位。参阅“胸部”（thorax）。

小脑（cerebellum）
脊椎动物脑的一部分，主要负责协调身体的复杂活动。

大脑半球（cerebral hemispheres）
脊椎动物大脑的左右半球，由神经组织构成。在哺乳动物身上大脑达到了最大的尺寸，并占据了最重要的地位，是进行高级神经活动的场所。人类的大脑半球功能不对称，如主要的语言中枢位于左半球。

化学感应（chemoreception）
动物都具有能够发现某些特殊化学物质的基本功能，如味觉、嗅觉。

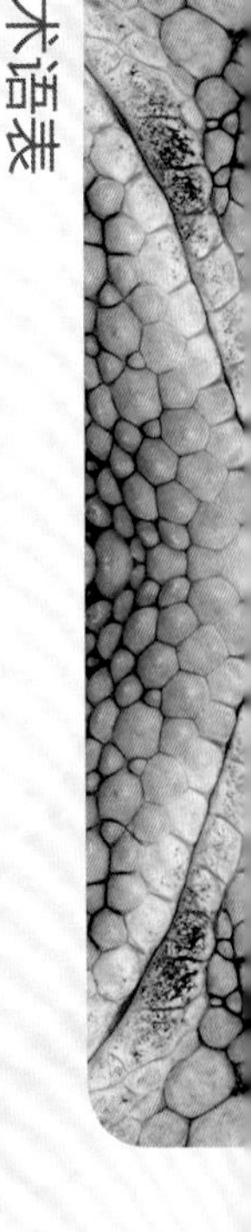

几丁质（chitin）
构成节肢动物体表坚硬的粗糙角质外壳（即外骨骼）的物质。参阅“外骨骼”（exoskeleton）。

染色体（chromosome）
在动植物细胞内，由蛋白质和核酸组成的携带遗传信息的大分子物质。一个染色体可以携带上千个不同的基因，这些基因就组成了该种生物的基因组。而生物体内几乎每一个细胞都含有相同的一套染色体。参阅：DNA、基因（gene）、基因组（genome）、蛋白质（protein）。

昼夜节律（circadian rhythm）
生命活动在白天和黑夜有节律的周期性变化，也被称为“生物钟”。它可以根据外界环境的昼夜变化有秩序、有节奏地进行。

年节律（circannual rhythm）
生命活动的年周期性变化。

进化枝（clade）
一组由同一祖先进化产生的子代所组成的分支。例如，哺乳动物就是一个进化枝。如果不把鸟类包含在爬行类的进化枝中，爬行类就不是一个进化枝，因为鸟类也起源于恐龙这类爬行动物。分子分类学就是致力于只利用进化枝来对生物进行分类。

刺胞动物（cnidarians）
一类身体呈圆柱形的水生生物，口周围长有触须，触须上有刺细胞，多数群体生活。包括珊瑚、海葵和海蜇，它们通常群聚在一起。也曾被称为腔肠动物。

集群（colonial）
多个同种生物所组成的生活群体。一个生活群体包括很多个独立的生物个体（如蚂蚁），或像某些海洋无脊椎生物（如珊瑚）那样，共同占有某一生存资源的生物。在有些群体中，不同个体会有不同的职责，比如喂养幼体、繁殖、防御，在这种情况下，一个群体的整体行为更像一个单独个体的生活行为。

偏利共生（commensal）
某种生物与另一种生物关联生活，其中一个种类受益，而另一个种类未受影响，如共同享有某一洞穴。参阅“互惠共生”（mutualism）、“共生”（symbiosis）。

通信（communication）
动物群内的目的性信息传播，旨在影响其他个体行为。大部分通信行为存在于同一物种之间，且与社会性行为相联系，如繁殖、争夺领地或动物生活的其他方面。在不同种生物之间的通信多数涉及欺骗。参阅“欺骗”（deceit）、“炫耀”（display）、“气味标记”（scent marking）、“鸣唱”（song）和“叫声”（vocalization）。

冲突（内在的）（conflict (internal)）
不相容或矛盾的动机（例如攻击与逃避）导致的激怒状态。动物通过采取替换活动来缓解内在矛盾，譬如理毛行为。参见“替换活动”（displacement activity）、“动机”（motivation）。

群类（congregation）
动物真正的、有意识的社会性聚集，区别于简单的群聚（aggregation）。参阅“群聚”（aggregation）、“鸟类集群”（flocking）、“兽类集群”（herding）、“鱼类集群”（shoaling）。

意识（consciousness）
粗略地说，就是一个动物能够知道自己的存在，这属于感官感受（physical sensations）和感觉（feelings）范畴。意识可能存在于许多种类的动物中，也包括人类，尽管这一点很难被证实。行为学家也对自我意识感兴趣，例如，一头黑猩猩是否能够意识到在一群黑猩猩之中它自己是一个个别的存在。

趋同进化（convergent evolution）
不同种生物在相同或者相似的环境条件下，进化出相似特征的现象。如澳大利亚的袋鼬和普通的鼠类很相像，但实际上它们并没有关系。

交配（copulation）
雄性动物的精子进入雌性动物体内的生殖细胞的交换过程。一般通过阴茎或其他有相同功能的类似结构完成。交配多出现在陆生动物身上。雌雄同体的动物，任何一方将精子释放到另一方体内也可完成交配。参阅“精囊”（spermatophore）。

隐影、反荫蔽（countershading）
一些动物个体处在相对于光线方向的某些位置时，其体色能够减弱或消除它们的三维形象的现象，为隐态的一种。

幼儿园（crèche）
由一些幼崽形成的群体，它们通常受母亲成体的照料。企鹅和一些哺乳动物幼崽会形成幼儿园。

甲壳动物（crustaceans）
海洋中节肢动物（足分节的无脊椎动物）的一大主要种类。包括螃蟹、龙虾、虾和藤壶。参阅“节肢动物”（arthropods）。

文化传递（cultural transmission）
通过学习而不是遗传，由某一动物个体传递给其他个体的行为模式。例如，鸟类和兽类的迁徙路线的知识一般是靠文化传递下去的。

欺骗（deceit）
某种动物对其他动物发出误导性信息的行为。如某些鸟类，当有天敌靠近它们的巢时，它们会假装翅膀受伤，将天敌引离自己的巢穴。参阅“拟态”（mimicry）。

延迟植入（delayed implantation）
在哺乳动物中，受精卵在早期发育阶段先“保留”在子宫内，然后再植入（胚胎附着于子宫壁）的现象。植入可能发生在几个月之后，使幼崽出生在对母子均合适的时期。参阅“子宫”（uterus）。

树突（dendrite）
神经细胞胞体外树杈状的凸起，接受其他神经细胞传导的电信号。一个神经细胞胞体常有多个树突。

脱水（desiccation）
指生物体由于失去水分导致干化的过程或结果。

碎屑（detritus）
从动物或植物遗体而来的碎片或颗粒状有机物。食腐动物以碎屑为食。

滞育（diapause）
一些动物在温度和光周期变化等外界因子诱导下，通过体内生理机制调控的发育停滞。常见于昆虫的卵、蛹时期。

扩散、分散（dispersal, dispersion）
（1）动物或动物群体离开它们的出生地，前往其他地方的现象。扩散一般只是单向的迁移，有别于迁徙（migration）。对于物种来说，只有年轻的雄性或雌性会分散开来，而使该物种的种群得以扩展，例如种群爆发和食物匮乏导致的结果，亦称种群激增（irruption）。参阅“迁徙（migration）”“漫游”（nomadic）。
（2）分散也指在某一环境中一个动物的种群处于相对静态的模式，例如在小范围区域内，动物个体有规律地迁出或成群聚在一起。

替换活动（displacement activity）
当动物处于相反的动机（例如攻击和逃避）导致的冲突状态中的时候，有一方表现出与原来刺激不相干的行为，例如鸟类啄饰羽毛。参阅“冲突”（conflict）、“动机”（motivation）。

炫耀（display）
动物用于信息交流的一种固定动作或行为模式。炫耀行为的种类和形式多种多样。多数在同种动物间出现，该动物会表现出含有一定信息（如求爱和恐吓）的典型动作或行为。

混隐色（disruptive coloration）
指动物身上的图案，通常是突出的条带和斑点，能使动物的体色断裂成几部分镶嵌在背景中，进而躲避捕食性天敌。

DNA
脱氧核糖核酸的简称，是由多个小的独立单元构成的大分子链。在任何一种活的生物体内都能找到DNA分子，构成分子的小单元按照一定的顺序组成了基因。参阅“染色体”（chromosome）、“基因”（gene）、“基因组”（genome）。

优势（dominance）
在某一群居动物中，个别个体比其他个体享有更高地位的现象。有优势的动物更有权获得食物和配偶。而具有优势的个体是肢体争斗或者仪式化的炫耀行为中的胜利者。

背侧（dorsal）
动物身体的背面，与腹侧相对。参阅“腹侧”（ventral）。

棘皮动物（echinoderms）
一类水生无脊椎动物，如海星、海蛇尾、海胆和海参。棘皮动物的身体可以按照车轮辐条的方向被分成形状完全相同的几个部分，所以被称为辐射对称。它们利用特有的管足移动和捕食。

回声定位（echolocation）
海豚、蝙蝠和其他动物用来定位或描绘前方物体的方法。包括发射声波和收集处理声波。

生态系统（ecosystem）
在一定空间范围内，植物、动物、菌物以及其他微生物群落与其非生命环境，通过能量流动和物质循环而形成的相互作用、相互依存的动态复合体。

外寄生物（ectoparasite）
生活在生物体表的寄生物，如虱子。参阅“内寄生物”（endoparasite）、“寄生物”（parasite）。

外温性（ectothermic）
体温随外界环境变化而变化的性质，如通过晒太阳提高体温。参阅“内温性”（endothermic）。

情绪（emotion）
这是一个复杂的术语，可以指主观感觉，如愤怒、恐惧或高兴的状态；也可指与感觉相关的身体的、行为的变化。动物行为学家通常关注的是后者，因为其较易量化和评估。

内寄生物（endoparasite）
生活在动物体内的寄生物。参阅“外寄生物”（ectoparasite）、“寄生物”（parasite）。

内骨骼（endoskeleton）
在生物体体内的骨骼，如人类的骨骼就是内骨骼。内骨骼不同于外骨骼，可以生长。参阅“外骨骼”（exoskeleton）。

内温性（endothermic）
通过化学反应所得热量来获得并保持体温，而不是通过外界环境来获得体温。主要的内温性生物有鸟类和哺乳类。参阅“外温性”（ectothermic）。

酶（enzyme）
可催化生物体内化学反应的大分子（多数是蛋白质）。

行为学（ethology）
研究在自然环境下动物行为活动和社群关系的学科。

真社会性（eusocial）
不同世代的同种动物个体营高级群体生活，成员们分工协作，共同完成群体的各项工作。如蚂蚁和白蚁，在它们的群体中，有一个可以生育后代的蚁后，其他是不可生育的工蚁。

演化、进化（evolution）
在最直截了当的现代定义中，演化或进化是生命体的种群在一代和下一代之间的遗传构成的简单变化。按照这一定义，许多物种，包括野外的和实验室中的，它们的演化都是观察到的事实。而所谓的“演化理论”，则是基于一种由各种证据链条支持的观念，那就是：基因的改变不是随机的，而很大程度上是自然选择的结果，并且这样的进程被长时间地经历，这也就能够解释地球上为何有如此繁多的物种。参阅“自然选择”（natural selection）。

进化心理学（evolutionary psychology）
心理学的一个分支，它试图用进化、功能性适应的观点解释心理学现象。参阅“适应”（adaptation）。

异系交配（exogamy）
物种在其社会群体之外的繁殖。在动物中，这种情况常见于年轻雌性或雄性，它们离开自己的种群，加入其他群体。这种杂交发生在种间或属间。

外骨骼（exoskeleton）
节肢动物包被在体外的骨化外壳，常见于昆虫和其他节肢动物。外骨骼主要起到支撑和保护的作用。参阅“节肢动物”（arthropod）。

实验心理学（experimental psychology）
基于实验的心理学分支学科，有别于20世纪早期的哲学方法。实验心理学家在隔离实验室条件下研究动物，这不同于行为生态学家。参阅“行为主义”（behaviourism）、“行为学”（ethology）。

受精（fertilization）
有性生殖中，雄性配子和雌性配子结合产生合子的生理生化过程。海洋动物多采用体外受精的方式，即卵细胞和精子被释放在海洋中，进一步结合受精。而体内受精是指精子进入雌性体内而受精的过程。

滤食性摄食（filter feeding）
从环境中收集、分离小型食物颗粒的摄食方式。如果食物悬浮在水中，那么也可称为悬浮物摄食。而取食泥沙中的食物，叫作沉积性摄食。

分裂-聚合社会（fission-fusion society）
这是动物社会的一种形式。一个较大群体为了一些目的（如摄食）分割为若干较小群体，并为了其他目的再次聚合在一起（如睡觉或迁徙）。例证包括猴子、猿类和海豚。

适合度（fitness）
在基因理论中，适合度是个体为增加后代成功的机会而具有的全部素质的总和。适合度越大，个体存活和生殖成功的可能性也越大。可以通过比较某种基因型个体与其他基因型个体存活后代的数目来度量。所以有人认为，适合度就是一个个体的后代对种群的将来时代的遗传贡献率。“适合”包括一些个体特征，如雄性孔雀的尾羽在它的日常生活中会带来不便，但是会增加雄孔雀吸引雌性的概率，这样它就会留有更多的后代。

瞬彩（flash coloration）
一种防御方式。在正常情况下被隐藏起来的图案或色彩，例如眼斑，在受到威胁时突然显露，对天敌或骚扰者起到惊吓的作用。

离巢雏（fledging）
羽毛发育到可以飞翔的幼鸟。

鸟类集群（flocking）
鸟类集合在一起形成群体的行为，对应于兽类集群（herding）和鱼类集群（shoaling）。其功能包括通过数量上的优势形成群体防御，以及在迁徙中更加精确地找到方向。参阅“群聚”（aggregation）、“兽类集群”（herding）、“鱼类集群”（shoaling）。

觅食（foraging）
搜寻和获得食物的行为。

食果性（frugivorous）
动物以果实为食的特性。

配子（gamete）
具有染色体的单倍数的生殖细胞（精子、卵细胞和未受精的卵）。

γ序位（gamma）
参阅“α、β、γ序位”（alpha, beta, gamma）。

腹足类（gastropods）
软体动物的一类，包括蜗牛或螺类，以及蛞蝓。参阅“软体动物”（molluscs）。

基因（gene）
具有某个特殊遗传指令的DNA分子的遗传单位。许多基因对某个特性的蛋白质分子进行编码；有的基因则有调控其他基因的功能。在基因之间，成千上万的基因为一个单细胞发育成成体以及基本的身体活动提供了指令。动物身体的几乎每一个细胞都包含一个自己基因的一模一样的组合。

基因库（gene pool）
身体内成千上万不同的基因能够形成许多变异，一个种群或物种的“基因库”是在它们的基因中量化变异的尺度。如果动物高度自交，那么它们的基因库就会很小，这就意味着它们的遗传变异程度很小，也就很难面对诸如新型疾病之类的未知挑战。

基因组（genome）
一个特定物种或生命体全部基因的总和。例如人类基因组包括20000~25000个不同的基因。

基因型（genotype）
一个生物体的特定基因组成。例如，双胞胎具有相同的基因型，因为他们拥有的所有基因都是同样的版本。参阅“显型”（phenotype）。

妊娠（gestation）
指受精卵在母体内发育成为胎儿的过程，是受精到分娩之间的这段时间。在此期间，母体在神经、内分泌的影响下，全身各系统均发生形态结构与生理的改变，以调整维持其体内的平衡，并为胎儿生长发育及分娩准备条件。

砂囊（gizzard）
消化道的一个区间，食物在被消化前储存在这里。许多动物具有砂囊，包括鸟类和一些蠕虫。

生殖腺（gonad）
产生配子（生殖细胞）的器官。它可以指睾丸或卵巢。参阅“卵巢”（ovary）、“睾丸”（testis）。

梳理（grooming）
动物个体对同类其他个体的皮肤、毛发、羽毛进行清理的行为。在社会性动物中，对于加强雌雄间、社群同伴间的关系和个体与社群间的关系有重要作用。参阅“妥协行为”（appeasement）、“替换活动”（displacement activity）。

习惯化（habituation）
对外源刺激（如噪声或头顶上方的阴影）的反应强度，随着刺激的重复出现而减弱以至消失的现象，通常这一刺激是无害的。习惯化是一种学习的简单形成过程。

妻妾群（harem）
被一个雄性动物所控制的许多雌性动物，是多配制的一种类型，在多种灵长类动物、羚羊中都可见到这种现象。参阅“一夫多妻制”（polygamy）。

兽类集群（herding）
用于描述兽类集合形成群体的名词，特别是大型植食性物种，例如鹿和羚羊。大型群体在缺乏隐蔽处的开阔生境最常见，在那里无数双眼睛能够更容易锁定捕食者的位置。参阅“群聚”（aggregation）、“鸟类集群”（flocking）、“鱼类集群”（shoaling）。

雌雄同体（hermaphrodite）
在动物的生活史中雌性和雄性处于同一体内，也就是能够同时产生雄配子和雌配子。在同一时期具有两种性别的，称为同期雌雄同体。而连续雌雄同体则是开始阶段为雄性，后来转变为雌性，或相反。有些物种可以反复变换性别。

冬眠（hibernation）
动物在低温季节（冬季）生理活动变慢，直至进入休眠的状态。常见于哺乳动物和鸟类。它们的体温会降低到和周围温度相近。与时间较短的蛰伏相似，动物个体在冬眠中不进行激烈的活动。参阅“夏眠”（aestivation）。

储藏（hoarding）
动物个体为以后的生活藏匿食物的行为。动物个体有时会将食物都藏在同一个地点，就像它们的食品柜，但有时也会把食物分散开藏在不同的地方。

稳态（homeostasis）
在外界环境因子变化时，生命系统控制其内部相应因子使其保持相对稳定的状态，如体内化学物质的平衡和体温。

家域（home range）
定居性动物栖息和进行日常活动的空间范围。家域有时就是某一动物的领地。参阅“领地”（territory）。

激素（hormone）
细胞分泌的高效能作用在其他器官或者细胞活性化学物质上的物质。

水螅（hydroids）
一类体形较小的低等水生生物（刺胞动物），固着在岩石或水草上生活。参阅“刺胞动物”（cnidarians）。

模仿（imitation）
观察和复制其他动物的行为的能力。参阅“拟态”（mimicry）。

印记（imprinting）
鸟类或哺乳动物在生活初期的一种快速学习过程，如在自然状态下识别自己的父母，而在人工饲养条件下，会对人或者非生物个体产生牢牢的印象。参阅“敏感期”（sensitive period）。

红外线（infrared）
比自然光波长更长的射线。对于人及多数动物来说是不可见光，但可以通过“热辐射”的形式检测到。

次声（infrasound）
比人耳所能听到的声波频率低，故人耳听不到，但却被某些动物用作交流手段。

先天的（innate）
生来固有的，而非从外界学习或获得的。

洞察力（insight）
在动物研究中，这一词汇特别用于与学习和解决问题有关的方面。如果一个动物解决了问题是因为它了解了事物的性质，而不是通过不断的摸索，那么我们就说它具有洞察力。

本能（instinct）
不需要学习就具有的能力，一种原始的倾向或者天生的内驱力驱使动物做出相应的行为，如筑巢就是鸟类的本能。

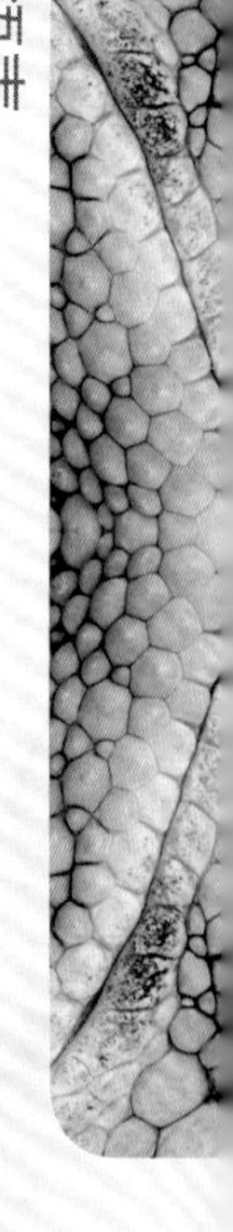

智力（intelligence）
在没有预先培训的条件下，一种通过自身理解来思考解决问题的能力。尽管有些动物看起来比其他动物聪明些，但是我们却没有办法公正地用设计好的测试来测验不同动物的智力水平。

种内的（intraspecific）
在同种生物内的。

无脊椎动物（invertebrate）
没有脊椎骨的动物，与脊椎动物相对应。在动物界的30余门中，脊椎动物只是一门中的一小部分，其余都是无脊椎动物。

种群激增（irruption）
参阅“扩散”（dispersal）。

隔离叫声（isolation call）
一些动物幼崽与双亲分隔的时候发出的叫声，它们通常想要获得父母的帮助。

隔离机制（isolation mechanism）
由解剖学、生理学、行为学或者环境因素等方面造成的防止不同种类生物自由交配的机制。

多胎制（iteroparous）
成体进行多次繁殖，与只繁殖一次相对。参阅“单胎制”（semelparous）。

雅氏器（Jacobson's organ）
一个附加的嗅觉器官，也叫犁鼻器（vomeronasal organ），位于大多数陆生脊椎动物（但灵长类没有）口腔上部。例如，当蛇类吐出自己的舌头时，它们就通过这一器官感受空气中的小分子。

无颌鱼类（jawless fishes）
原始鱼类，包括盲鳗类和七鳃鳗类。其进化分支早于有颌的鱼类。参阅“硬骨鱼”（bony fishes）、“软骨鱼”（cartilaginous fishes）。

动态随变（kinesis）
一种简单的行为方式，即动物在不适宜的生境内更加快速地移动，而在适宜的位置却不再快速移动。例如，土鳖或鼠妇在干燥、光线好的环境中较为活跃，而它们恰恰不适合这种环境。参阅“趋性”（taxis）。

亲缘选择（kin selection）
自然选择的一种形式。在这种自然选择中，如果一种基因性状使动物个体的亲属（其与该个体共享许多相同的基因）受惠，那么这种基因性状就会得到扩散，即使该个体自己没有留下直接的后代。这是一种对有亲缘关系的一个家族或者家庭中的成员所起的自然选择作用。亲缘选择被用来解释某些动物中完全无私的行为。参阅“利他行为”（altruism）。

K-对策者（K-strategist）
这是生物进化的一种策略。其趋势为个体大，寿命长，存活率高，适应于稳定栖息环境，扩散能力较差，但具有较强竞争力，种群密度较稳定。参阅“r-对策者”（r-strategist）、“策略”（strategy）。

动物语言（language, animal）
真正的语言通常被定义为具有一定的语法和许多词汇，以便之前从未遇到过的新信息能够被描述和理解。在某种意义上，某些动物，例如黑猩猩，显示出了语言能力。在广义中，语言能力还可包括交流的本领。参阅“通信”（communication）。

幼虫（larva）
完全变态昆虫的卵孵化后的幼期虫态，是形态发育的早期阶段，如毛毛虫和类似处于幼期的蝌蚪。

学习（learning）
从经验或实践的结果中得到信息或获得新的技能。动物有很多种学习方式，如不断摸索、观察研究或应用洞察力。参阅“习惯化”（habituation）、“印记”（imprinting）、“成熟”（maturation）。

择偶场制度（lek system）
雄性群体成员集体展示求偶行为以吸引雌性的婚配制度。它们的求偶行为包括炫耀、建立展示舞台，或者进行其他一些“拉风”的活动。使用择偶场制度进行求偶的动物包括许多鸟类，如孔雀，哺乳动物中则包括部分羚羊。参阅“婚配制度”（mating system）、“炫耀”（display）。

谱系（lineage）
由一个共同祖先繁衍产生的各代所组成的亲缘关系系列。参阅“进化枝”（clade）。

红树沼泽（mangrove swamp）
生长在热带地区海岸线的沙地和泥地中的以红树为主的生态系统，而且红树林可以耐盐水。

外套膜（mantle）
附于软体动物体表、覆盖内脏囊的膜状组织，它可分泌出软体动物的外壳。参阅“软体动物”（molluscs）。

婚配制度（mating system）
特定物种的交配行为的典型模式。不同的婚配制度包括：一夫一妻制，即单配制（monogamy，终生或繁殖期内单一的雄性和单一的雌性组成繁殖对）；多夫多妻制，即混配制（promiscuity，雌雄均有多个配偶）；一夫多妻制（polygyny，一个雄性有多个雌性）。这一术语还包括通过竞争获得配偶的方式，例如择偶场制度。参阅“择偶场制度”（lek system）、“多配制”（polygamy）。

基质（matrix）
该术语在不同领域内具有不同的含义，一般有“周围物质”的意思。在硬骨、软骨和其他结缔组织中，这一名词指围绕在细胞周围的非细胞性的支撑物质。

成熟（maturation）
新的特征和行为（尤指天生的、不依赖于学习的行为）随着动物年龄的增长而达到最终形式的过程。参阅“学习”（learning）。

水母体（medusa）
刺胞动物的两种形态之一。与水螅体不同，水母体是较宽的浅盘形状，可自由游动。水母就是典型的水母体。参阅“刺胞动物”（cnidarians）、“水螅体”（polyp）。

减数分裂（meiosis）
生殖细胞形成过程中特殊的细胞核分裂方式。与正常的细胞分裂不同，减数分裂的结果是分裂出的细胞只含有原始细胞一半的染色体。参阅“染色体”（chromosome）、“配子”（gamete）、“有丝分裂”（mitosis）。

记忆（memory）
科学家区分出各种类型的记忆，包括语义记忆（semantic memory，知识性事实）、情景记忆（episodic memory，个人事件的记忆）以及程序记忆（procedural memory，例如如何骑车这样的操作的记忆），此外还有长期与短期的记忆。脑研究已证实，在大脑的不同区间有相关联的各种不同的记忆类型。

新陈代谢（metabolism）
生物体内的化合物通过一系列化学反应进行合成与分解的过程的总称。

变态（metamorphosis）
从卵发育到成虫的过程中所经过的内部结构和外部形态的一系列阶段性变化。具有变态过程的动物种类包括螃蟹、海星、蛙类和蝴蝶。在昆虫中，身体结构的完全变态发生在休眠阶段，被称为蛹。不完全变态是幼虫通过蜕皮逐渐从较小个体成为成虫，每次蜕皮时个体都会发生细微变化。

复合种群（metapopulation）
在一定区域内，由空间上彼此隔离而在功能上有相互联系的两个或两个以上的、较小的亚种群组成的生物种群。许多动物以复合种群的形式存在。

迁徙（migration）
在繁殖季节，动物靠主动性和自身习性进行长距离的扩散或定向的移动，而后再返回出发地点的行为。参阅“扩散”（dispersal）、“漫游”（nomadic）。

拟态（mimicry）
动物在外形、姿态、颜色、斑纹或行为等方面模仿其他生物或非生命体，以躲避天敌的现象。无毒个体模仿成有毒个体的拟态称为贝茨拟态；两种或两种以上的危险动物互相模仿的现象称为缪勒拟态。参阅“模仿”（imitation）。

有丝分裂（mitosis）
真核细胞染色体复制一次，分裂一次，形成的子细胞中具有原来母细胞染色体数的分裂方式。参阅“染色体”（chromosome）、“减数分裂”（meiosis）。

聚扰行为（mobbing）
猎物在捕食者临近时，聚群骚扰甚至攻击后者的现象，例如一群小型鸟类对鹰的大声鸣叫。

软体动物（molluscs）
无脊椎动物中的主要类群，包括腹足类（蜗牛和蛞蝓）、双壳类（蛤及其近亲）、头足类（章鱼、鱿鱼及其近亲）。软体动物身体柔软，有坚硬的贝壳保护。在进化过程中，有些种类的贝壳逐渐消失了。

山地（montane）
与山脉关联的概念，特别指高地或丘陵生境，且那里的树木仍可生长，也就是说山地位于树线以下。

动机（motivation）
促使动物去做某种行为的精神和身体状态，也是动物有目的的行为所指向的目标。参阅“冲突”（conflict）。

缪勒拟态（Mullerian mimicry）
参阅“拟态”（mimicry）。

发情（musth）
一些雄性动物（特别是大象和骆驼）在一年的某一特定时间内变得攻击性很强的现象。发情是由雄性性激素分泌增加导致的，这与繁殖周期有关。

互利共生（mutualism）
亦称为“互惠共生”，指两种生物生活在一起，双方都能从中获益的共生现象。

自然选择（natural selection）
一种进化理论。该理论认为，在自然界中，动物个体之间的繁殖能力的差异导致个体具有不同的生存适应性。在任何生物群体中，最强竞争者具有最多的繁殖机会，即具有最多的机会将其基因传递给后代，显示出优胜劣汰。此原则是现代进化观念的基础。参阅“适合度”（fitness）。

幼态延续（neoteny）
参阅“幼体发育”（paedomorphosis）。

神经网（nerve net）
网状排列的、连接神经细胞（神经元）、没有中央脑的神经网络。某些简单的无脊椎动物依赖神经网，但仍可表现出非常复杂的行为。

神经元（neuron）
一种神经细胞，可以接受刺激、产生和扩布神经冲动。一个简单的神经元由圆圆的胞体、向外伸出的枝杈一样的树突（接收进来的电信号）和索状延伸的轴突（负责向外传送信息）组成。实际上，许多神经元都要比这个复杂得多。神经元产生冲动后可将神经冲动传递给其他神经元或效应细胞，并可合成神经递质或神经激素，通过轴突输送到特定部位释放。参阅“树突”（dendrite）。

神经递质（neurotransmitter）
由神经细胞刺激其他神经细胞或肌肉而释放的各类化学物质。例如，抗抑郁剂等药物就是通过影响活跃在大脑中的不同神经递质而工作的。参阅“突触”（synapse）。

生态位（niche）
简单地说，它是指动物或其他生物所扮演的生态角色，也指动物自身的角色（例如“小型树栖昆虫捕食者”）。生态理论认为，没有两个物种能够准确地占有同一个生态位，因为二者之间存在着竞争。

生态位分化（niche splitting）
一种动物与另一种动物的生态位分割开的现象。例如，一种入侵鸟种可能并不与土著鸟种形成竞争，因为在猎食昆虫方面，这种入侵种会捕食树下昆虫，而土著种仍会捕食高层昆虫；最初的生态位由此“分化”。

漫游（nomadic）
动物的一种广阔的、无规律的游荡方式，且为生活方式的一部分（譬如对食物短缺做出的反应），这与有规律的迁徙不同。参阅“迁徙”（migration）。

动情周期（oestrous cycle）
非怀孕的雌性兽类的身体出现有规律的周期变化；不同物种的周期长短不同，从几天到几个月都有。每一周期包括短期的动情或发情，或为“燥热中”的状态，此时雌兽可受精，并有性接受力。女人和其他雌性灵长类的月经周期是一种衍变的动情周期，但性接受力并不局限于此。

杂食性（omnivore）
顾名思义，“吃所有东西”。这类动物以各种植物和动物为食。

个体发生（ontogeny）
生物个体随时间序列进行的一系列有秩序的、从简单到复杂的连续变化过程。通常是指从受精卵发育成为成熟个体的过程。

鳃盖、囊盖、口盖、卵盖（operculum）
该英文术语应用于动物学的许多方面，所有均与拉丁文中的“覆盖”或“盖子”有关。它可以指螺类腹足上用来掩盖贝壳口的片状附属物，为钙质、角质或两者复合组成；也可指硬骨鱼和蝌蚪鳃部之外的覆盖层；或者其他各类结构。鳃盖腔则是鱼类或蝌蚪的鳃部之下的空间。

对握（opposable）
同一手掌或脚掌的拇指（趾）与其他指（趾）相对而握的能力，使物体能被紧紧抓握住。

定向（orientation）
生物对外界刺激做出的在空间和时间上控制其方向和姿态的反应。不同的动物有不同的定向方法（通常在同一次定向行为中会使用一种以上的方法）。例如，蚂蚁对自己脚步的计数并记录步伐的角度，观察太阳、月亮和星星，探测地球磁场。参阅“迁徙”（migration）。

卵巢（ovary）
产生卵子及性激素的器官，其组织结构因动物个体的种类、年龄、性周期的不同而不同。

输卵管（oviduct）
从动物的卵巢输送卵子的管状解剖结构。兽类的输卵管是高度衍化的，延展部分形成子宫。

卵生（oviparous）
以产卵（蛋）的方式生产幼体，区别于生产活的幼崽的方式。参阅“卵胎生”（ovoviviparous）、“胎生”（vivipa-rous）。

产卵器（ovipositor）
一些动物，特别是雌性昆虫，从身体延长而出的用于产卵的管状器官。

卵胎生（ovoviviparous）
卵在母体中产生后，在母体内完成胚体发育过程。正在发育的胚体营养依靠自身卵黄，其间不需要从母体内吸收营养。参阅“卵生”（oviparous）、“胎生”（vivipa-rous）。

幼体发育（paedomorphosis）
又称幼态持续、性早熟，指某些生物在幼虫期即已性成熟，并不发育成真正成体的现象。

寄生物（parasite）
任何生活在其他活生物宿主的组织上（外寄生物）或组织内（内寄生物）的生物，从宿主那里获得营养。寄生物的存在可以危害或部分危害宿主。参阅“外寄生物”（ectoparasite）、“内寄生物”（endo-parasite）。

拟寄生物（parasitoid）
在幼虫期寄生于宿主体内并捕食宿主的动物，然后变态为成虫，离开宿主，营自由生活。多数拟寄生物是昆虫，例如寄生蜂等。

副交感神经系统（parasympathetic nervous system）
参阅“自主神经系统”（autonomic nervous system）。

单性生殖、孤雌生殖（parthenogenesis）
通俗地讲就是“处女生育”，是卵不经过受精而发育成胚胎，但不一定能发育成正常成体的生殖方式。一些无脊椎动物的雌性，如蚜虫，只在食物充足的夏季的几个月中采用这种生殖方式。而一些物种则是以这种方式繁殖并形成全雌种群。未受精的单性卵通常含有每个染色体的两套副本。参阅“配子”（gamete）。

水层生物（pelagic）
在水中或水表面自由浮游或游动的水生生物。

表型（phenotype）
生物体可观察到的特征或性状的总和。例如，完全相同的双胞胎具有相同的遗传结构（基因型），但通过食性和其他生活方式可判断出二者的不同。参阅“基因型”（genotype）。

信息素（pheromone）
用于与同物种交流而产生的气味，例如用于吸引异性的气味。

系统发育（phylogeny）
一个物种或一类物种甚至某个特征（比如眼睛）的进化史的模式。系统发育分类学使用一些方法，诸如支序法，在进化史的基础上对动物分类。参阅“进化枝”（clade）。

门（phylum，复数为phyla）
动物界最高级别的分类单元。每一个门有独特的基本的体征。例如，软体动物门、节肢动物门和棘皮动物门。

胎盘（placenta）
在多数哺乳动物的妊娠过程中，在子宫壁发育的富含血管的肉质结构。它连接发育的胚胎和母体，并使营养物质和废物等物质得以交换。类似结构也见于其他一些动物，如鲨鱼。

浮游生物（plankton）
生活在海洋或淡水开阔水域的生物，这是以生活方式的类型而划定的。它们不善游泳，而是随波逐流。

玩耍（play）
并非直接有用的、看起来是娱乐和打闹的活动。玩耍一般在年幼动物中出现，通常解释为这是为了今后的生存或适应环境而进行的技能练习。

偏振光（polarized light）
在某个特定的方向或平面振动的光波。有些动物可以探测到来自太阳或天空的偏振光，从而帮助它们定位。

多配制（polygamy）
一夫多妻和一妻多夫的婚配制度。一个雄性控制若干雌性的婚配制度，则特指为一夫多妻制（polygyny）；而一个雌性控制若干雄性时，就称为一妻多夫制（poly-andry）。此外还有多妻多夫的情况，或称为混配制（promiscuity）。参阅“婚配制度”（mating system）。

水螅体（polyp）
刺胞动物的两种形态之一（另一个为水母体）。海葵和珊瑚就属于水螅体。水螅体具有典型的管状外形，并且其基部附着于其他物体上。参阅“刺胞动物”（cnidarians）、“水母体”（medusa）。

适于抓握的（prehensile）
一种抓握的能力。很多猴子的尾巴就适于抓握。

解决问题（problem solving）
当操作方法并不明确时实现特定目标的能力。参阅“洞察力”（insight）、“智力”（intelligence）。

蛋白质（proteins）
生物体中广泛存在的一类生物大分子，由氨基酸构成。蛋白质对生命非常重要，有各种各样的类型。大多数酶都是蛋白质，而且蛋白质是构成头发、指甲的主要物质。参阅“酶”（enzyme）。

原生生物（protists）
这是一个非常广泛的类群，它们主要是显微结构的有机体，彼此之间并没有紧密的亲缘关系，传统上这些动物构成一个门，即原生动物门。原生生物均为单细胞，包括营光合作用（自养）的藻类和异养的单细胞动物（原生动物）。这些单细胞生物像动植物细胞一样，含有细胞核，但有别于细菌。参阅“藻类”（algae）。

反射（reflex）
神经系统中对特定的刺激做出的无意识的反应，如人类的“膝跳”反射。有的反射，譬如条件反射，是可以通过学习而改变的。

繁殖投资（reproductive investment）
双亲在繁殖过程中，针对时间或食物资源为后代所付出的努力的总和。

呼吸（respiration）
（1）是指呼吸运动或呼吸作用（brea-thing），即机体与外界环境之间进行气体交换的过程。（2）亦称细胞呼吸，指细胞内降解食物分子、提供能量的生化过程，通常将氧分子与食物分子结合，即分解有机物，释放能量。

仪式化（ritualization）
行为模式或形态结构通过进化而得到改造，以提高其信号功能的现象。如梳理，就是加强群体内个体交流的方式之一。许多动物的炫耀行为就是一种仪式化。

r-对策者（r-strategist）
通过大量繁殖的方式而生存和进行竞争的物种，它们的体形一般都不大。这类物种的生命周期通常较短，善于在不够稳定的环境中生存。参阅“K-对策者”（K-strategist）、“策略”（stra-tegy）。

反刍动物（ruminant）
具有若干胃室的哺乳动物，诸如牛、羚羊或鹿。第一胃室是瘤胃，其内具微生物，可部分地消化纤维食物，但食物价值并未完全利用。而在动物休息时，食物将返回嘴里再次咀嚼。

争斗（rut）
鹿在繁殖季节（通常发生在秋季）的行为。争斗或争斗季节以雄性之间的激烈竞争为标志。争斗通常包括咆哮（roaring）和打斗（fighting）。其他有蹄类在繁殖期也有争斗。

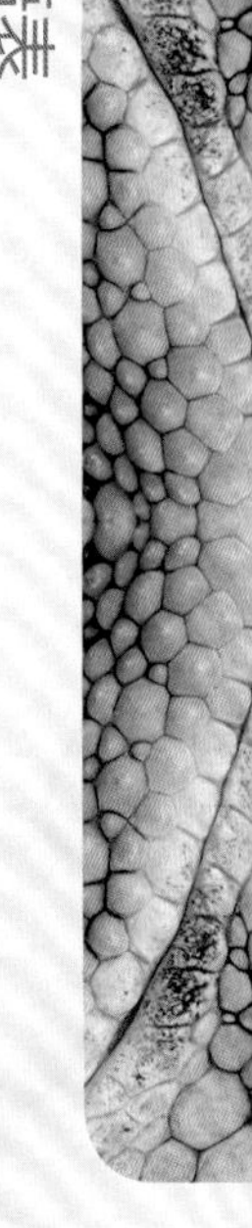

卫星雄性（satellite male）
生活在更大或更具优势的雄性（首领）的领地内或外围的雄性，它会伺机与首领的雌性交配。

食腐动物（scavenger）
取食其他动物尸体的动物，这些尸体往往是捕食者杀死或吃剩的。

气味标记（scent marking）
动物将用来传递信息的有气味的分泌物留在环境、自身或其他动物体上的行为。这些分泌物多是由一些特殊的气味腺体分泌的，可用来标记领地，也有其他功能，例如天黑后建立“地标”以识别路径。

搜索像（search image）
一种“精神或心理的图像”，是捕食者发展出来的一种能力，这种能力帮助它们辨识特定的猎物种类。

自私基因理论（selfish-gene theories）
这是一种进化理论，强调有机体的个体基因要尽可能地延续下去，而不是个体的全部“好的”基因或整个物种的基因。

单次繁殖（semelparous）
一生只生殖一次的动物，例如鲑鱼、章鱼和许多昆虫。

敏感期（sensitive period）
动物的幼年时期是容易接受特别的学习技能或信息的时期，如幼鸟学习成鸟的鸣唱。参阅“印记”（imprinting）。

性二型（sexual dimorphism）
同一种动物中，雌性与雄性的外形（如颜色、形态或体形大小）有明显不同的现象。

性选择（sexual selection）
自然选择的一种类型，其最重要的特征在于促进性繁殖的成功度。主要的两方面是雄性间对配偶的竞争和雌性的选择。例如，雄鹿拥有更大的鹿角以赢得与同性间的打斗，而较大的鹿角同样是雌鹿选择配偶的一个标准。还有，尽管雄性孔雀的尾羽会影响其正常生活，但它却可以吸引雌性。在这两个例子中，这些特征可能对于其他动物来说却是麻烦事或不利条件。

鱼类集群（shoaling）
许多鱼类物种聚集成一个大群。也有“大课堂”（schooling）之称。鱼类集群可能有很多原因，比如令捕食者感到迷惑，而在群体中可以减少个体被捕食的概率。在英语中，shoal还可以指海洋哺乳动物的集群，例如海豚，对于它们而言，“集群”还有其他功能，比如合作捕猎。参阅“群聚”（aggregation）、鸟类集群（flocking）、兽类集群（herding）。

社会性昆虫（social insects）
在复杂的社会中群居的昆虫。主要社会性昆虫包括胡蜂、蜜蜂、蚂蚁和白蚁。参阅“真社会性”（eusocial）。

社会生物学（sociobiology）
在生态学、进化学领域，以生物学为基础，研究具有社会性行为的动物的学科。

鸣唱（song）
在鸟类研究中，“鸣唱”指用于区别其他鸟类叫声的特定的通信类型。鸟类鸣唱的主要目的是雄性之间对领地的防御，也是雄性之间在吸引配偶方面的竞争。参阅“叫声”（vocalization）。

精囊（spermatophore）
章鱼、蜘蛛等动物具有保护精子的囊状结构。在某些特定的物种中，还指雄性把精子传递给雌性的结构。

精子竞争（sperm competition）
顾名思义，即不同雄性个体的精子在雌性体内与卵细胞结合过程中的竞争。精子竞争常被认为是某种生物个体生理结构背后的进化力量。

水孔、气孔（spiracle）
一些鱼类具有在眼后的开口，以使水能够流入到鱼鳃中。在昆虫身上，是指在胸部或腹部的小孔，使空气能进到体内的气管内。

胞蚴（sporocyst）
一些寄生性蠕虫不能移动的幼虫时期。每一个胞蚴中都有许多胚胎在成长，胞蚴进入下一个幼虫期的发育时，就会由它产生许多成年蠕虫。

策略（strategy）
生物学中用来全面描述某种生物在起源进化过程中使其生存的、非有意识地形成的模式。不同种类的动物有不同的策略，譬如K-选择、r-选择。

胁迫（stress）
动物改变身体状态的情况，特别是脊椎动物会由于受到威胁或痛苦的刺激而显露出这种状态。胁迫通常与身体激素的变化和行为转变有关。

超常刺激（supernormal stimulus）
比自然界任何一种刺激都要强烈的刺激。例如，一只雄性蝴蝶可能寻找到一只巨大的比真蝴蝶更有吸引力的雌性蝴蝶模型。

共生（symbiosis）
两个不同种类的生物彼此依赖并互相获利的生活现象。参阅“偏利共生”（commensalism）、互利共生（mutualism）、寄生物（parasite）。

交感神经系统（sympathetic nervous system）
参阅“自主神经系统”（autonomic nervous system）。

突触（synapse）
是神经细胞的连接结构，允许神经细胞间信息传递。突触可传递电信号（电位差导致的信息）或化学信号（一个神经细胞释放的引起下一个神经细胞冲动的神经递质）。参阅“神经递质”（neurotransmitter）。

鸣管（syrinx）
鸟类发出鸣叫的结构。

触觉（tactile）
与接触相关的感觉。

趋向性（taxis）
动物向特定空间定向移动的习性。参阅“动态随变”（kinesis）。

幼嫩成虫（teneral）
用于描述刚变态为成虫的昆虫，或者刚羽化的成虫，其身体的外被（外骨骼）仍然柔软，颜色还没有完全发育。

领地（territory）
一群或一只动物所守卫的特定区域或栖息地的范围，通常为了防御同一种类的竞争者。参阅“家域”（home range）。

睾丸（testis）
雄性或雌雄同体的动物体内产生精子和性激素的器官。

胸部（thorax）
陆生脊椎动物的胸腔，内有心、肺等器官。也指昆虫和其他无脊椎动物身体的中间部分。

威胁炫耀（threat display）
动物在被攻击行为所威胁时的一种炫耀方式。威胁可能来自同种动物，也可能是其他物种。参阅“炫耀”（display）。

工具（tool）
一种外部的物体，例如树枝，动物用其来达到特殊目的。某些鸟类和兽类经常使用工具，并且可能对其进行修剪或改造，使这些工具变得更好用。

气管（trachea）
指脊椎动物的一个器官，或昆虫和其他陆生无脊椎动物的通气管道。

被囊动物（tunicates）
一类主要以过滤食物为主的海洋无脊椎动物，与有脊柱的动物（脊椎动物）的亲缘关系较近。它们包括固着类型（海鞘）和漂流类型（一些浮游生物）。

超声波（ultrasound）
动物可听见的、高于人耳能听到的声波频率的声波。

紫外线（ultraviolet）
人眼不可见的一种光波，但某些昆虫、鸟类等动物可见，与自然光相似但波长较短。

安肯反射（unken reflex）
许多蛙类和其他两栖动物的防御姿态。通常它们的鲜艳肤色在下体，它们把自己翻过来，暴露出腹部的颜色，以警告捕食者它们是很难吃的。

子宫（uterus）
哺乳动物中雌性体内孕育受精卵的结构。

腹侧（ventral）
动物下体或腹部（belly）这一面。参阅“背侧”（dorsal）。

脊椎动物（vertebrate）
具有脊椎骨的动物，包括两栖类、爬行类、鸟类、兽类和几乎所有鱼类。参阅“无脊椎动物”（invertebrate）。

胎生（viviparous）
直接生产活的幼体的生殖方式，特别是指由胎盘或类似结构孕育产生的，而不是从母体内的卵孵化而来的方式。参阅“卵生”（oviparous）、“卵胎生”（ovoviviparous）、“胎盘”（placenta）。

叫声（vocalization）
通过发声器官（譬如哺乳动物的喉和鸟类的鸣管）发出的声音。动物也会使用非发声器官产生的声音，例如啄木鸟的敲击声。参阅“鸣唱”（song）、鸣管（syrinx）。

犁鼻器（vomeronasal organ）
参阅“雅氏器”（Jacobson's organ）。

蠕虫（worms）
多种不会游泳的无脊椎动物，其身体长而细，可弯曲，无外壳。包括许多类群（门），诸如扁形动物、线形动物或环节动物，如蚯蚓及其近亲等。

致 谢

Dorling Kindersley衷心感谢以下各位对本书的准备工作的帮助：美国自然历史博物馆的Dawn Techow、Anna Pikovsky和Udayan Chattopadhyay，项目合作；Peter Laws，初期设计工作；Jack Metcalf，管理上的协助；以及Helen Gilks、Daniel Gilpin和Rachelle Macapagal。

夏洛特·阿兰布鲁伊克（Charlotte Uhlenbroek）衷心感谢：Ben Andersont和Simon McCreadie在研究工作上的帮助；布里斯托大学的Julian Partridge和朴茨茅斯大学的Bridget Waller在文字方面的意见；Dan Rees的支持和耐心；以及Sheila Abelman，作为一个极好的代理人，使这个项目顺利进行。

Laura Barwick衷心感谢以下各位在提供图片方面所做的工作：DK Image Library；Martin Copeland和Jenny Baskaya在办公室中的工作；Rebecca Sodergren和Sarah Hopper，图片搜索；以及最特别地，所有参与撰写本书的主要单位的研究人员，非常仔细地为词条查找最好的图片。

下面列出的图片来源如下：
p.111 Cuvier's beaked whale diving graph: Peter Tyack et al, *Journal of Experimental Biology*, Vol. 209, p.4238; p.121 Seismic signalling in mole rats: "Seismic signal transmission between burrows of the Cape mole-rat," P. M. Narins, O. J. Reichman, J. U. M. Jarvis, and E. R. Lewis, *Journal of Comparative Physiology*, 170:13-21, 1992; p.127 Timelags in sound reception: www.nature.com/nature/journalv417/n6886/images/417322a-f1.2jp; p.128 Echolocation in sperm whales: http://palaeo.gly.bris.ac.uk/Palaeofiles/whales/odontoceti.htm; p.129 Echolocation by Australian cave swiftlets: "Hearing and echolocation in the Australian grey swiftlet", Roger B. Coles, Masakazu Konishi, and John D. Pettigrew, *Journal of Experimental Biology* 129, 365-371, 1987; p.140 Territorial boundaries of the Malaysian giant ant: "Territoriality in the Malaysian giant ant Camponotus gigas," Martin Pfeiffer and Karl E. Linsenmair, *Journal of Ethology* Volume 19, Number 2, 75-85, December 2001; p.149 Body fat and migration in birds: *The Complete Encyclopedia of Birds and Bird Migration*, Christopher M. Perrins and Jonathan Elphick, 2003, p.26; p.194 Intestine length in starlings: F. Harvey Pough, Christine M. Janis, and John B. Heiser, *Vertebrate Life*, p.461; p.214 Attacks by great whites: "Graphs of white shark attacks and percentage of fatal attacks by decade" (web publication), International Shark Attack File, Florida Museum of Natural History, University of Florida; p.218 Stoplight loosejaw, red emission and sensitivity: "Dragon fish see using chlorophyll," R. H. Douglas, J. C. Partridge, K. Dulai, D. Hunt, C. W. Mullineaux, A. Y. Tauber and P. H. *Hynninen, Nature* 393, 423-424, 4 June 1998; p.218 Pharyngeal jaws in moray eels: "Raptoral jaws in the throat help moray eels swallow large prey," Rita S. Mehta and Peter C. *Wainwright, Nature* 449, 79–82, 6 September 2007; p.234 Electro-sensitivity in the bill of the duck-billed platypus: "Electroreception and the feeding behaviour of platypus," Paul R. Manger and John D. Pettigrew, *Philosophical Transactions: Biological Sciences* 347(1322):359–381; p.241 Western pipistrelle attack sequence: "Echolocation by insect-eating bats," Hans-Ulrich Schnitzler and Elizabeth K.V. Kalko, *BioScience* July 2001/Vol.51 No.7; p.241 Echo recognition in greater horseshoe bats: "Classification of insects by echolocating greater horseshoe bats," G. von der Emde and H-U. Schnitzler, *Journal of Comparative Physiology*, August 1990/Vol. 167 No.3; p.246 Lobtail feeding in humpback whales: "Culture in whales and dolphins," L. Rendell and H. Whitehead, *Behavioural and Brain Sciences* 24 (2); p.310 Plumage change in the willow ptarmigan: "Cryptic behaviour in moulting hen willow ptarmigan lagopus l. lagopus during snow melt," Johan B. Steen, Kjell Einar Erikstad, and Karsten Høidal, *Ornis Scandinavica*, Vol. 23, No.1 (Jan.–Mar., 1992), pp.101–104; p.465 Kangaroo rat sonogram: J.A. Randall, *Acoustic Society of America*; p.449 Grey reef shark: Richard H. Johnson and Donald R. Nelson, *Copeia*, Vol. No.1, 1973.

出版者衷心感谢以下各位许可使用他们的图片：
(a=above; b=below/bottom; c=centre; f=far; l=left; r=right; t=top)

1 Christian Ziegler: (b). 2–3 naturepl.com: Christophe Courteau. 4–5 National Geographic Image Collection: Norbert Rosing (t). 6 Corbis: Martin Harvey. 6 Corbis: Steve Kaufman. 7 Alamy Images: Roger Munns (cla). Corbis: Gary Bell/zefa (cr). FLPA: Andrew Forsyth (cl); Frans Lanting (cra); Martin B Withers (crb). Getty Images: Winfried Wisniewski/Image Bank (bl); Art Wolfe (clb). National Geographic Image Collection: Steve Winter (tl). stevebloom.com: (br). 8–9 stevebloom.com. 10–1 Corbis: Steve Kaufman. 10–77 Corbis: Steve Kaufman. 12 Ardea: Jean Paul Ferrero (fcla). FLPA: Colin Marshall (br). Getty Images: James Balog (ftl); Bill Beatty (fclb); Ralph Lee Hopkins/National Geographic (cfb); Jeff Lepore (bl). naturepl.com: Willem Kolvoort (fcra); Michel Roggo (cra); Jeff Rotman (fbl). Gastone Pivatelli: (clb). Science Photo Library: Gilbert S. Grant (fcrb). SeaPics.com: (tr) (cla). stevebloom.com: (tl) (fbr) (ftr). 13 Ardea: Jean Michel Labat (cl). Corbis: Paul Souders (cr). naturepl.com: Nick Garbutt (crb). Photolibrary: Phototake Inc (tr). Alex Wild/myrmecos.net: (cra). 14 DK Images: Jerry Young (bl) (bc). 15 Alamy Images: Rolf Nussbaumer (br). Ardea: D. Parer & E. Parer-Cook (cr). 18 DK Images: Colin Keates (c) Dorling Kindersley, Courtesy of the Natural History Museum, London (cra) (crb). 19 DK Images: Colin Keates (c) Dorling Kindersley, Courtesy of the Natural History Museum, London (crb). 20 Alamy Images: Nordic Photos (cb). Shutterstock: Michael J Thompson (bl). 21 Alamy Images: Terry Whittaker (br/tworhino). Photolibrary: Mary Plage/OSF (br). Shutterstock: Stephane Angue (cb); John Carleton (cra); EcoPrint (crb/black rhino); Jan Gottwald (crb); Volker Kirchberg (tr); Snowleopard1 (crb/indian rhino); Elena Talberg (br/rhinos); Chris Turner (cr). 22 Alamy Images: blickwinkel (cla). Science Photo Library: Peter Scoones (cr); Sinclair Stammers (br). SeaPics.com: (tl). Shutterstock: Ian Scott (ca) (cra). 23 Klaus Lang & WWF Indonesia: (bl). naturepl.com: Rod Williams (clb). Shutterstock: Ziga Camernik (cl); Luis Louro (fcl); Victor Soares (c). 26 Andrew Martinez: (cl). Photolibrary: N. M. Collins/OSF (fclb); Micromacro (bl). Linda Pitkin/lindapitkin.net: (cr) (clb). 27 Paul Kay: (br). Sue Scott: (cr). 29 FLPA: R. Dirscherl. 32 Oceanwide Images: Gary Bell/oceanwideimages.com (bc). SeaPics.com: (cl). 34 Warren Photographic: Kim Taylor (clb/mantis). 35 DK Images: Frank Greenaway (c) Dorling Kindersley, Courtesy of the Natural History Museum, London (crb). 40 Ardea: Becca Saunders (cr). Corbis: Brandon D. Cole (br). imagequestmarine.com: Kelvin Aiken/V & W (bc). naturepl.com: Brandon Cole (ca); Naturbild (cra). 41 imagequestmarine.com: Peter Herring (clb); Masa Ushioda (ca) (cra). naturepl.com: Solvin Zankl (tl). Photolibrary: Rudie H Kuitel/OSF (tr). John E Randall: (cb). Science Photo Library: Peter Scoones (tc). 42 Alamy Images: Stephen Frink Collection (ca). John E Randall: (cra). SeaPics.com: (tr). 43 Photolibrary: Richard Herrman/OSF (crb). 46 Bruce Coleman Inc: Jack Dermid (cb). David M. Dennis: (crb). Chris Mattison Nature Photographics: (cr). NHPA/Photoshot: Robert Erwin (clb); Pavel German (c). 47 Ardea: Hans & Judy Besle (cb). Dr W.R. Branch: (cr). Bruce Coleman Inc: S. C. Bisserot (clb); Dr M. P. Kahl (c). R.W. Van Devender: (tc). Chris Mattison Nature Photographics: (crb). NHPA/Photoshot: Daniel Heuclin (cl). 48 fogdenphotos.com : M & P Fogden (cl). Chris Mattison Nature Photographics: (bc); Chris Mattison Nature Photographics (tc). 49 Thomas Marent. 52 Photolibrary: Randy Morse (br). 53 Ardea: Jean Paul Ferrero (cl). fogdenphotos.com : M & P Fogden (cra). naturepl.com: Mike Wilkes (ca). 54 Dr Indraneil Das: (ca). Chris Mattison Nature Photographics: (bc). NHPA/Photoshot: Daniel Heuclin (br). Photolibrary: Zig Leszczynski/OSF (cra). 55 DK Images: Chris Mattison Photographics (crb). Chris Mattison Nature Photographics: (tc) (cra) (tl). Mark O'Shea: (cl) (clb). Photolibrary: M & P Fogden/OSF (br). 58 Alamy Images: Genevieve Vallee (cla). Peter Cross (c) Dorling Kindersley, Courtesy of Twycross Zoo, Atherstone, Leicestershire (cra). Roger Wilmshurst: (bl). 59 Ardea: Jean Paul Ferrero (c). DK Images: Kim Taylor (br). FLPA: Panda Photo (cl). Andre van Huizen: (tc). rspb-images.com: Bill Paton (cr). Roger Wilmshurst: (clb). 60 David Barnes: (tl). Bruce Coleman Inc: Christian Zuber (cr). DK Images: Chris Gomersall Photography (tc). rspb-images.com: Carlos Sanchez Alonso (br). Martin B. Withers: (bc). 61 Roger Wilmshurst: (cla). 62 Bruce Coleman Inc: Werner Layer (cl). David Tipling Photo Library: A Morris (cr); David Tipling (fcra) (tr). FLPA: Don Smith (bl). rspb-images.com: Dusan Boucny (cb). Shutterstock: Mike Rogal (bc). Martin B. Withers: (cra). 63 Robert E. Barber: (tc). Roger De La Harpe/Africaimagery.com: (bc). Nigel Dennis: (clb). FLPA: Yossi Fahhol (fcra); Jurgen & Christine Sohns (cr). naturepl.com: Pete Oxford (bl). NHPA/Photoshot: Kevin Schafer (tl). Photolibrary: Sean Morris/OSF (c). Roger Wilmshurst: (cra). 64 Ardea: John S Dunning (cl) (bc). Nigel Dennis: (br). Hanne & Jens Eriksen: (bl). FLPA: T & P Gardner (clb). fogdenphotos.com: M & P Fogden (cla). P. J. Ginn: (tr). Thomas Holden: (cra). NHPA / Photoshot: A. N. T. Photo Library (tl) (cb); Haroldo Palo Jr (fr) (c). Morten Strange: (crb). Ray Tipper: (tc). Vireo: J. Dunning (ca). Dave Watts: (cr). 65 Ardea: Pat Morris (tr). Nigel Dennis: (br). DK Images: Gary Ombler (c) Dorling Kindersley, Courtesy of Paradise Park, Cornwall (bl). Mike Lane: (tl). Gordon Langsbury: (tc). NHPA / Photoshot: Kevin Schafer (ca). Colin Varndell: (crb). Vireo: Doug Wechsler (cl). Dave Watts: (cla). 66 Ardea: John S Dunning (cb). John Cancalosi: (br). DK Images: Maslowski Photo (tc); George McCarthy (tl). Hanne & Jens Eriksen: (cr). Jack Jeffrey: (bc). Martin B. Withers: (tr). 70 John Cancalosi: (clb/Rufus bettong). DK Images: Jerry Young (cra). Dr C Andrew Henley / Larus: (clb). naturepl.com: Tom Vezo (c). Dave Watts: (ca). Martin B. Withers: (cr) (br). P. A. Woolley and D. Walsh: (cb). 71 Ardea: Kenneth W. Fink (cb/tamandua); Peter Steyn (tl). BIOS Photo: Jany Sauvanet (crb). Nigel Dennis: (tr). DK Images: Jerry Young (cb/armadillo). Getty Images: Theo Allofs/Photonica (br). naturepl.com: Doug Perrine (cr). Galen B. Rathbun: (tc). 72 Corbis: Frans Lanting (bl). Peter Cross: (cr). DK Images: Frank Blackburn (c) Dorling Kindersley, Courtesy of the Marwell Zoological Park, Winchester (cra); Exmoor Zoo (ca/striped grass mouse); Rollin Verlinde (cl); Jerry Young (ca/spiny mouse). FLPA: Frank W. Lane (cla). Mike Jordan: (c). Martin B. Withers: (br). 73 André Bärtschi/wildtropix.com: (ca). DK Images: Jerry Young (cr) (cb) (crb). Fotomedia: E. Hanumantha Rao (tc). Imagestate: (clb). Photolibrary: Michael Dick/OSF (cl). Dave Watts: (cr). 74 Bruce Coleman Inc: Bill Wood (tc). Nigel Dennis: (br). DK Images: Frank Greenaway (c) Dorling Kindersley, Courtesy of the Natural History Museum, London (cr) (clb); Gary Ombler (C) Dorling Kindersley, Courtesy of Drusillas Zoo, Alfriston, West Sussex (tl); Rollin Verlinde (tr); Jerry Young (c). NHPA/Photoshot: Daniel Heuclin (cl). 75 William Bernard Photography: (ca). DK Images: Jerry Young (c) (cr). 76 DK Images: Frank Greenaway (c) Dorling Kindersley, Courtesy of the Marwell Zoological Park, Winchester (tl) (bc) (cb); Jerry Young (tr). Fotomedia: Joanna Van Gruisen (clb). 78–131 Corbis: Martin Harvey. 78–9 Corbis: Martin Harvey. 80 National Geographic Image Collection: David Doubilet. 81 naturepl.com: Nick Garbutt (br). Science Photo Library: Eye of Science (cl). 82 naturepl.com: AFLO (bc); Jurgen Freund (cl) (bl); Jeff Rotman (fbl) (br); Sinclair Stammers (tr). 83 FLPA: Reinhard Dirscherl (c). Science Photo Library: Susumu Nishinaga (tr). 84 Photolibrary: Tobias Berhard/OSF (tr); Howard Hall/OSF (ca). 84–85 naturepl.com: Jeff Rotman (bl). 85 DK Images: Steve Gorton/Oxford University of Natural History (tc). Photolibrary: David Fleetham/OSF (br). Science Photo Library: Eye of Science (cl); M. I. Walker (tr). 86 naturepl.com: Dave Watts (cra). Science Photo Library: Steve Gschmeissner (bc) (br); Susumu Nishinaga (bl). 87 naturepl.com: Mark Payne-Gill (tc); Jose B. Ruiz (tl); Dave Watts (tr). 88 NHPA/Photoshot: Martin Harvey. 89 Ardea: Bill Coster (fcl); Ken Lucas (c). fogdenphotos.com : M & P Fogden (tr). naturepl.com: Staffan Widstrand (cr). Photolibrary: David M Dennis/OSF (cl); Bob Fredrick/OSF (cb). SeaPics.com: (crb). 90 Alamy Images: imagebroker/Alamy (c). Ardea: Gavin Parsons (bc). FLPA: Mitsuaki Iwago/Minden Pictures (bl). Getty Images: Piotr Naskrecki/Minden Pictures (cl). Sharon Heald: (cb). naturepl.com: Ingo Arndt (crb). 91 shahimages.com : Anup and Manoj Shah. 92 FLPA: Mark Moffett/Minden Pictures (clb). Science Photo Library: Claude Nuridsany & Marie Perennou (cl); Andrew Syred (c). 92–3 Nick Garbutt. 93 Alamy Images: A & J Visage (bl). naturepl.com: Philippe Clement (br). NHPA/Photoshot: Stephen Dalton (cr). 94 Alamy Images: blickwinkel (tc) (cra). naturepl.com: David Shale (ca). Still Pictures: F. Hecker (tr). 94–5 NHPA/Photoshot: Guy Edwardes. 95 naturepl.com: Philippe Clement (tr). NHPA/Photoshot: Roy Walker (cla) (ca). 96 FLPA: Michael Durham/Minden Pictures (cl). naturepl.com: Kim Taylor (bl). 96–7 naturepl.com: Kim Taylor. 97 naturepl.com: Todd Pusser (tr); Gabriel Rojo (bc); Markus Varesvuo (cb). NHPA/Photoshot: Stephen Dalton (cra). 98 FLPA: Colin Marshall (bc). naturepl.com: Michael Pitts (bl). 99 FLPA: B. Borrell Casals (cr); Chris Newbert/Minden Pictures (t). naturepl.com: Georgette Douwma (crb); Nature Production (clb) (bl). 100 stevebloom.com. 101 Alamy Images: Andre Seale (bc). Ardea: Pat Morris (cr). Getty Images: Peter Sherrard (c). naturepl.com: Steven Kazlowski (br); Michael D. Kern (cb); Jason Smalley (clb). Photolibrary: OSF (bl). 102 Ardea: Ken Lucas (bl). naturepl.com: Doug Perrine (c); Premaphotos (cl). NHPA/Photoshot: Martin Harvey (crb). 102–3 NHPA/Photoshot: Martin Harvey. 103 Corbis: Stuart Westmorland (br). Getty Images: David Burder (c); Tim Laman/National Geographic (bc). 104 Corbis: Gallo Images (cra). naturepl.com: Premaphotos (fcl); Doug Wechsler (cl). 105 Alamy Images: Arte Sub (fbl); Chris Mattison (fcra). Corbis: Robert Pickett (br); Jeffrey L Rotman (fclb); Paul Souders (cra); Winfried Wisniewski/Zefa (fbr). Chris Mattison Nature Photographics: (crb). naturepl.com: Georgette Douwma (bl); Tony Phelps (cr); Jeff Rotman (fcl). NHPA/Photoshot: Image Quest 3-D (tr); Mark O'Shea (c). Photolibrary: OSF (cl). Science Photo Library: Eye of Science (fcla). 106 FLPA: Winfried Wisniewski/Foto Natura (tr). Shutterstock: Rick Thornton (clb). Markus Varesvuo: Markus Varesvuo/birdphoto.fi (crb). 107 Alamy Images: franzfoto.com (bl); Nearby (c). Corbis: Gallo Images (bc); Staffan Widstrand (tr). Getty Images: Martin Harvey (crb). NHPA/Photoshot: Kevin Schafer (cl). Science Photo Library: British Antarctic Survey (tl). 108 Science Photo Library: Gilbert S. Grant. 109 Alamy Images: Visual & Written SL (cb). FLPA: Reinhard Dirscherl (br). Still Pictures: Jean-Jacques Alcalay/Biosphoto (cl). 110 Alamy Images: Scott Camazine (cb). David Bickford: (c). naturepl.com: Jurgen Freund (tr). Science Photo Library: Microfield Scientific Ltd (bl). 110–1 Corbis: Paul Souders. 111 Ardea: B. Moose Peterson (br). FLPA: Chris Newbert/Minden Pictures (tr); Ariadne Van Zandbergen (cb). 112 Thomas Marent: (clb). naturepl.com: Peter Bassett (br). Photolibrary: Phototake Inc/OSF (cla). Science Photo Library: Professors PM Motta & S Correr (tr); Dr Linda Stannard, UCT (cra). 113 FLPA: Frans Lanting (bl); Mark Moffett/Minden Pictures (cb). Photolibrary: Satoshi Kuribayashi/OSF (tr). 114 Alamy Images: Images of Africa Photobank (bc); Michael J. Kronmal (cb). Ardea: D. Parer & E. Parer-Cook (cra). naturepl.com: Mary McDonald (c). 114–5 FLPA: Ariadne Van Zandbergen. 115 Alamy Images: Steve Bloom Images (tr). FLPA: Frans Lanting (crb). naturepl.com: Hans Christoph Kappel (br). Photolibrary: Juniors Bildarchiv (cra). 116 Alamy Images: Phototake Inc (ca). Science Photo Library: Dr John Zajicek (cra). 116–7 Science Photo Library: D. Roberts. 117 Alamy Images: Phototake Inc (ca). naturepl.com: Gary K. Smith (br). Science Photo Library: Thierry Berrod, Mona Lisa Production (tl); H. Raguet/Eurelios (bl). 118 stevebloom.com. 119 Ardea: M. Watson (tr). FLPA: Fred Bavendam/Minden Pictures (clb). naturepl.com: Philippe Clement (bc); Andy Sands (c); Peter Scoones (fclb); David Shale (cl). Science Photo Library: D. Roberts (crb). Still Pictures: David Cavanaro (fcl). 120 naturepl.

com: Brandon Cole (bl). Photolibrary: Rodger Jackman/OSF (crb). Science Photo Library: Steve Gschmeissner (cr); Susumu Nishinaga (ca); Rod Planck (cla). 121 naturepl.com: Geoff Dore (cla); Anup Shah (cb). NHPA/Photoshot: Peter & Beverly Pickford (cra). 122 Corbis: Fritz Polking (crb). naturepl.com: Dave Bevan (tr); Andy Sands (cb). NHPA/Photoshot: Anthony Bannister (cl). Photolibrary: Owen Newman/OSF (br); Phototake Inc/OSF (c). 122–3 FLPA: Derek Middleton. 123 naturepl.com: Christophe Courteau (ca); Tony Heald (tr). 124 Alamy Images: Martin Harvey (clb); Mike Veitch (cl). naturepl.com: Mark Carwardine (ca); Nick Garbutt (fclb); Alan James (fcl); Toby Sinclair (cb). Christian Ziegler: (c). 124–5 Corbis: Visuals Unlimited. 125 Alamy Images: blickwinkel (cr); imagebroker (ca). Science Photo Library: Leonard Lessin (bl) (bc); Omikron (tr). 126 Alamy Images: Marrin Dembinsky Photo Associates (cl). Science Photo Library: J. C. Revy (cb). 126–7 Tony Heald. 127 FLPA: Tim Fitzharris/Minden Pictures (fbr). naturepl.com: Premaphotos (bc); Shattil & Rozinski (br). 128 Ardea: Augusto Stanzani (bl). naturepl.com: Doc White (cl). 128–9 Ardea: Jean Paul Ferrero. 129 Alamy Images: Danita Delimont (bc). NHPA/Photoshot: A. N. T. Photo Library (cr). 130 Ardea: Pat Morris (cr). FLPA: Norbert Wu/Minden Pictures (bc). naturepl.com: Dave Watts (tl). 130–1 Photolibrary: Chris & Monique Fallows/Apex Predators/OSF. 131 Alamy Images: David Hosking (crb). NHPA/Photoshot: Martin Harvey (br). Science Photo Library: Catherine Pouedras (clb). 132–3 Corbis: Charles O'Rear. 134–175 Alamy Images: Roger Munns. 134–5 Alamy Images: Roger Munns. 135 Alamy Images: Lawrence Stepanowicz (b). naturepl.com: Jurgen Freund (c). Photolibrary: Animals Animals/Earth Sciences/OSF (t). 136 Corbis: Frans Lanting. 137 Alamy Images: Bryan & Cherry Alexander Photography (cl); Mark Conlin (br/fish); Gallo Images (br/side winding snake); Israel Images (ca); Juniors Bildarchiv (cr); Rolf Nussbaumer (tr). imagequestmarine.com: Peter Batson (crb). Photolibrary: Mary Plage/OSF (br/yak). Science Photo Library: Geroge Steinmetz (br/soda flats). 138 Alamy Images: Steve Bloom Images (cb); Holmes Garden Photos (br). naturepl.com: George McCarthy (l). 139 Alamy Images: Natural Visions (cla). Ardea: Tom & Pat Leeson (bl). Thomas P Peschak/thomaspeschak.com: (ca). H. A. (Joe) Pase III, Lufkin , TX: (cb) (br). 140 Alamy Images: Wolfgang Polzer (bc). Ch'ien C. Lee: (tc). NHPA/Photoshot: Michael Patrick O'Neill (bl). Photolibrary: Animals Animals/Earth Sciences/OSF (crb). 140–1 Ch'ien C. Lee: (t). 141 FLPA: Larry West (bc). Thomas Marent: (clb). 142 Photolibrary: Tui De Roy/OSF (tl). 142–3 Andy Rouse Wildlife Photography: (b). 143 Alamy Images: Rodney Hyett (bc). Getty Images: Geoff du Feu (tc). naturepl.com: Steven David Miller (cla). NHPA/Photoshot: John Shaw (crb). 144–5 shahimages.com : Anup and Manoj Shah. 145 John Goodrich/WCS: (ca). naturepl.com: Anup Shah (c). 146 fogdenphotos.com : M & P Fogden (cla). Thomas Marent: (cra). 146–7 naturepl.com: James Aldred (b). 147 naturepl.com: Laurent Geslin (cla); David Kjaer (tr); Ian Redmond (bc). 148 Alamy Images: Steve Bloom Images (br). 148–9 Photolibrary: John Downer/OSF. 149 Alamy Images: Terry Whittaker (cb). Corbis: Jonathan Blair (br). 150 Tom Biegalski: Tom Biegalski/TTBphoto.com (clb). naturepl.com: Jurgen Freund (tc) (cra); Doug Perrine (c); Kim Taylor (br). 151 FLPA: Frans Lanting (t). Thomas Marent: (cb) (cr). 152 Ardea: Don Hadden (tc). naturepl.com: Hans Christoph Kappel (cl); Doug Perrine (cr); David Shale (crb). SeaPics.com: (clb). 153 Getty Images: Joel Sartore/National Geographic (cr). National Geographic Image Collection: Paul Nicklen (fbl). naturepl.com: Michel Roggo (bl). Photolibrary: Daniel Cox/OSF (ca). SeaPics.com: (bc) (br). 154 Alamy Images: Visual & Written SL (cr). FLPA: Frans Lanting (crb) (bl). Leo P. Kenney: (tl). naturepl.com: Michael Hutchinson (tr); George McCarthy (ca); Doug Perrine (clb). Photolibrary: Olivier Grunewald/OSF (br). 155 Alamy Images: Nature PL (cla). Getty Images: Jason Edwards (cb). Tomi Muukonen: Tomi Muukonen/birdfoto.fi (ca). naturepl.com: Gertrud & Helmut Denzau (c). Splashdowndirect.com: Dave Hansford/Greenpeace (br). 156 USGS photo by Robert Gill: (br). naturepl.com: Mike Read (t). Keith Woodley, Miranda Shorebird Centre: (clb).

157 Alamy Images: blickwinkel (br). FLPA: Cyril Ruoso/JH Editorial (cr); Rodger Tidman (cl). naturepl.com: Tom Hugh-Jones (cra). Photolibrary: Mark Jones/OSF (bl). Mark Trabue: (tl). 158–9 FLPA: Michio Hoshino/Minden Pictures. 159 National Geographic Image Collection: Paul Nicklen (cr); Maria Stenzel (br). naturepl.com: Asgeir Helgestad (ca); Jeff Turner (cb). 160 Kieran Dodds/kierandodds.com: (tr) (cra). NHPA/Photoshot: A N T Photo Library (clb). Science Photo Library: Edward Kinsman (cl). SeaPics.com: (bl). 160–1 FLPA: Reinhard Dirscherl (b). 161 naturepl.com: Anup Shah (cra). NHPA/Photoshot: Jonathan & Angela Scott (tl). 162 Alamy Images: Peter Arnold, Inc (cla). FLPA: Gerry Ellis/Minden Pictures (bl). naturepl.com: Gertrud & Helmut Denzau (bc). 162–3 National Geographic Image Collection: Michael S. Quinton. 163 Alamy Images: blickwinkel (cr). Ardea: Pascal Goetgheluck (cb). FLPA: Mitsuhiko Imamori/Minden Pictures (tr). naturepl.com: Jane Burton (crb); John Cancalosi (cra); Georgette Douwma (ca); Tom Vezo (bc). NHPA/Photoshot: T. Kitchin & V. Hurst (br). 164 FLPA: Fred Bavendam/Minden Pictures (clb). NASA: NASA/visibleearth.nasa.gov (cr). naturepl.com: Michael Pitts (cl). Photolibrary: Neil Bromhall/OSF (cb); OSF (br). 165 Alamy Images: Lawrence Stepanowicz (cl). 166 Corbis: Anthony Bannister (cla); Frans Lanting. 167 FLPA: Mark Moffett/Minden Pictures (clb); Pete Oxford/Minden Pictures (cr); Krystyna Szulecka (crb). David Maitland: (tc). Photolibrary: Densey Clyne/OSF (bc). 168 Ardea: Clem Haagner (crb). fogdenphotos.com : M & P Fogden (tr) (cra). naturepl.com: Steven David Miller (clb). NHPA/Photoshot: Martin Harvey (bc). Photolibrary: Mark Deeble & Victoria Stone/OSF (cla) (cl). 169 naturepl.com: Jose B. Ruiz (tr) (c). Photolibrary: Ifa-Bilderteam Gmbh/OSF (bl). 170–1 FLPA: Jim Brandenburg/Minden Pictures. 171 naturepl.com: Dietmar Nill (cb); Dave Watts (cl) (c) (cr). Photolibrary: Juniors Bildarchiv/OSF (br). 172 FLPA: David Hosking (bl); Winfried Wisniewski (br); Konrad Wothe/Minden Pictures (cla). naturepl.com: Terry Andrewartha (cr); William Osborn (tc); Philippe Clement (c). 173 Ardea: Tom & Pat Leeson (tc). FLPA: Jim Brandenburg/Minden Pictures (b). NHPA/Photoshot: Rich Kirchner (cla). 174 Ardea: M. Watson (cl). FLPA: Jim Brandenburg/Minden Pictures (tc); Cyril Ruoso/JH Editorial (br). M. C. McGrew/savethechimps.org: (cb). 175 Thomas Marent: (cla). National Geographic Image Collection: Paul Nicklen (tr). Photolibrary: Juniors Bildarchiv/OSF (clb); OSF (br). 176–271 FLPA: Andrew Forsyth. 176–7 FLPA: Andrew Forsyth. 177 Gerry Bishop: (br). FLPA: S & D & K Maslowski (tr). NHPA/Photoshot: Martin Harvey (cr). Science Photo Library: Eye of Science (crb). Still Pictures: Reinhard Dirscherl/WaterFrame (cra). 178 naturepl.com: Bence Mate. 179 FLPA: Yossi Eshbol (bl). Shutterstock: Oksanaperkins (cl). 180 Alamy Images: Lambie Brothers (bc). Ardea: Mary Clay (cr). 180–1 Denver Bryan: (t). 181 Alamy Images: Adrian Sherratt (crb). 182 Corbis: M & P Fogden (cl); Momatiuk-Eascott (cb). FLPA: Nigel Cattlin (clb). Photolibrary: Animals Animals/Earth Sciences/OSF (bl). Shutterstock: Kitch Bain (c). 182–3 Corbis: DLILLC. 183 FLPA: Richard Brooks (cra); Jurgen & Christine Sohns (br). NHPA/Photoshot: Anthony Bannister (cb). 184 Alamy Images: Philip Dalton (clb); Maximillian Weinzierl (tr). Corbis: Juan Medina/Reuters (cr). Getty Images: Norbert Wu/Minden Pictures (tc). Photolibrary: London Scientific Films (br). 185 Corbis: Andreas Lander/dpa (cla). Getty Images: Bill Beatty (b). PunchStock: Digital Vision (tr). 186–7 Alex Wild/myrmecos.net: Alex Wild/myrmecos.net. 188 imagequestmarine.com: Roger Steene (cla). Science Photo Library: Georgette Douwma (cra). 188–9 FLPA: Tui De Roy/Minden Pictures (b). 189 Alamy Images: David Hosking (br); Nature PL (cr). FLPA: Tui De Roy/Minden Pictures (tl). NHPA/Photoshot: Daniel Heuclin (cra). Still Pictures: Tom Vezo (cl). 190 FLPA: S & D & K Maslowski (t). fogdenphotos.com : M & P Fogden (br). naturepl.com: Staffan Widstrand (bl). 191 Alamy Images: Arco Images (cr); Nature PL (clb). Ardea: Jean Paul Ferrero (bc); Duncan Usher (cl). NHPA/Photoshot: Stephen Krasemann (crb). Markus Varesvuo: Markus Varesvuo/birdfoto.fi (tl). 192 Getty Images: Taylor S. Kennedy/National Geographic (clb). National Geographic Image Collection: Mattias Klum (crb). Photolibrary: Mark Hamblin/OSF (br). Christian Ziegler: (tr). 193 Alamy Images: AfriPics.com (cl). Getty Images: Anup Shah (r). naturepl.com: Jurgen Freund (bl). NHPA/Photoshot: Ernie James (cr). 194 Alamy Images: MJ Photography (cla); Panorama Media Ltd (ca); A & J Visage (cra). Jean-Jacques Alcalay: (b). 195 naturepl.com: Sue Daly (tr). Photolibrary: Paul Kay/OSF (tl). Science Photo Library: Dr John Brackenbury (br). SeaPics.com: (bl). 196 naturepl.com: Georgette Douwma (crb). NHPA/Photoshot: Mark Bowler (cb). Photolibrary: Rodger Jackman (bl). 196–7 SeaPics.com: (t). 197 Corbis: Jeffrey L. Rotman (bl). FLPA: Minden Pictures (cl). naturepl.com: Alan James (tc). Photolibrary: Animals Animals/Earth Sciences/OSF (c). SeaPics.com: (cra). Still Pictures: Reinhard Dirscherl/WaterFrame (br). 198 FLPA: Fritz Polking (b). Photolibrary: OSF (cla). 199 FLPA: S Charlie Brown (bc); Tui De Roy/Minden Pictures (bl); Frans Lanting (tr). naturepl.com: David Kjaer (crb). 200 Alamy Images: Roger Bamber (cl). Ardea: Stefan Meyers (crb). Corbis: Joe McDonald (cla). FLPA: M & P Fogden/Minden Pictures (ca). naturepl.com: Doc White (br). 201 Alamy Images: Stock Connection Distribution (ca). Corbis: Joe McDonald (cla). Still Pictures: Klein J.- L & Hubert M.-L/Biosphoto (b); Bruce Lichtenberger (cra). 202 Alamy Images: Steve Bloom Images (bl). FLPA: M & P Fogden/Minden Pictures (c). 203 FLPA: Gerry Ellis/Minden Pictures (cl). naturepl.com: Meul/ARCO (tc); Rod Williams (tr). 204 FLPA: Martin B Withers (crb). NHPA/Photoshot: Daniel Heuclin (br). 204–5 FLPA: Jim Brandenburg/Minden Pictures (t). 205 Alamy Images: WildPictures (tr). FLPA: Pete Oxford/Minden Pictures (cr). naturepl.com: Alan James (bl); Steven Kazlowski (crb); Constantinos Petrinos (fclb); Mike Read (cb); Lynn M. Stone (bc); Dave Watts (br); Doug Wechsler (cra). NHPA/Photoshot: Mark Bowler (cl). 206 FLPA: Fred Bavendam/Minden Pictures (br). National Geographic Image Collection: David Doubilet (tl). naturepl.com: Rod Clarke/John Downer Productions (cl). 207 David Bygott: (bc). imagequestmarine.com: Peter Parks (c). Photolibrary: Densey Clyne/OSF (cr) (bl). SeaPics.com: (tl) (ftr) (tc) (tr). seashell-collector.com: David Touitou (cl). 208–9 naturepl.com: Ingo Arndt. 210 naturepl.com: Premaphotos (ca). Photolibrary: Satoshi Kuribayashi/OSF (tr); Phototake Inc/OSF (tl). 211 FLPA: Mitsuhiko Imamori/Minden Pictures (c) (cr) (fcr). Tim Green: (tl). Science Photo Library: Christian Laforsch (tr). 212 naturepl.com: Kim Taylor (clb). NHPA/Photoshot: Anthony Bannister (bc) (crb). Still Pictures: Thierry Montford BIOS (t). 213 Natural Visions: Andrew Henley (ca). naturepl.com: Martin Dohrn (br). Jerome Orivel, CNRS: (cl) (c) (cr) (fcr). Photolibrary: Satoshi Kuribayashi/OSF (tr). Alex Wild/myrmecos.net: (bl) (bc). 214 Chris & Monique Fallows/Apexpredators.com: (cla) (ca) (cra) (r). 215 FLPA: Fred Bavendam/Minden Pictures (fcra). National Geographic Image Collection: David Doubilet (tl). naturepl.com: Doug Perrine (cra). NHPA/Photoshot: Stephen Dalton (br). Photolibrary: Kathie Atkinson/OSF (bl). SeaPics.com: (c). 216–7 Thomas P Peschak/thomaspeschak.com. 218 Ardea: Jean Michel Labat (crb). imagequestmarine.com: Peter Herring (clb). Photolibrary: Tobias Bernhard/OSF (tl). 219 naturepl.com: Doug Perrine (cr); Kim Taylor (clb). NHPA/Photoshot: B Jones & M Shimlock (tr). Photolibrary: Paulo De Oliveira/OSF (bc). 220 FLPA: Cyril Ruoso/JH Editorial (cra). naturepl.com: Suzi Eszterhas (cr). Photolibrary: Mauritius Die Bildagentur Gmbh/OSF (tl). Winfried Wisniewski: (b). 221 Getty Images: Christian Ziegler/Minden Pictures (bl). naturepl.com: Michael D. Kern (tr). NHPA/Photoshot: Ken Griffiths (c); Daniel Heuclin (tl). Photolibrary: Brian P. Kenney (br). David Wright: (cr). 222–3 NHPA/Photoshot: Stephen Dalton. 224 Ardea: John Daniels (crb); Clem Haagner (bl). FLPA: Tui De Roy/Minden Pictures (ca); David Hosking (br). fogdenphotos.com : M & P Fogden (tl) (tc) (tr). 224–5 Mart Smit/martsmit.nl: (t). 225 FLPA: John Watkins (br). 226–7 Ardea: Thomas Dressler. 227 Ardea: M. Watson (br). Corbis: M & P Fogden (c). NHPA/Photoshot: Anthony Bannister (cra). 228 FLPA: Jan Baks/Foto Natura (cl). naturepl.com: Vincent Munier (cr); Tom Vezo (tl). SeaPics.com: (bl). 229 Alamy Images: Westend 61 (tl). FLPA: Wendy Dennis (br); Frans Lanting (tr) (clb). 230 Alamy Images: Malcolm Schuyl (cl). Ardea: Karl Terblanche (cr). Corbis: Stephanie Pilick/dpa (tc). naturepl.com: Kim Taylor (bl); Dave Watts (bc). 230–1 naturepl.com: Charlie Hamilton-James. 231 naturepl.com: Charlie Hamilton-James (tl) (ftr) (tc) (tr). 232–3 National Geographic Image Collection: Paul Nicklen. 233 National Geographic Image Collection: Paul Nicklen (c) (cr) (crb). www.skullsunlimited.com: (br). 234 FLPA: Jurgen & Christine Sohns (bl). fogdenphotos.com : M & P Fogden (br). naturepl.com: Richard du Toit (clb); Dave Watts (t). 235 National Geographic Image Collection: Norbert Rosing (bl) (bc) (br). naturepl.com: T. J. Rich (tl). stevebloom.com: (ca). 236 Alamy Images: Chris McLennan (clb). naturepl.com: Peter Blackwell (tl). 236–7 NHPA/Photoshot: Martin Harvey. 237 naturepl.com: Martin Dohrn (br). NHPA/Photoshot: Martin Harvey (cl) (c) (cr). 238 Corbis: Stephanie Pilick/dpa (t). 238–9 National Geographic Image Collection: Chris Johns. 240 FLPA: David Hosking (c). National Geographic Image Collection: Chris Johns (b). naturepl.com: Pete Oxford (cr). 241 FLPA: Michael Durham/Minden Pictures (t). Frank Greenaway: (b). 242–3 Christian Ziegler. 244 naturepl.com: Mark Carwardine (cb) (bl); Doug Perrine (tc). Christian Ziegler: (cl). 244–5 Ardea: Francois Gohier. 245 Photolibrary: Rick Price/OSF (cr). SeaPics.com: (tl) (crb). 246 FLPA: Mitsuaki Iwago/Minden Pictures (cb). National Geographic Image Collection: Ralph Lee Hopkins (crb). naturepl.com: Brandon Cole (t). 247 FLPA: Dembinsky Photo Ass (bl); Frans Lanting (cra). naturepl.com: Barrie Britton (tc); Anup Shah (br). NHPA/Photoshot: Stephen Dalton (tl). 248–9 Göran Ehlmé. 250 Alamy Images: blickwinkel (bc). naturepl.com: Bruce Davidson (br); Anup Shah (cra). NHPA/Photoshot: Daniel Heuclin (cl). Still Pictures: H. Schmidbauer (ca). 251 Alamy Images: Jon Massie (br). FLPA: Nigel Cattlin (tl); Frans Lanting (tr). NHPA/Photoshot: Ken Griffiths (bl). Science Photo Library: Eye of Science (cl). 252 Alamy Images: Robert Fried (cra). Kurt Jay Bertels: (tc). FLPA: Mark Moffett/Minden Pictures (cr); André Skonieczny/Imagebroker (fcl). naturepl.com: Neil Bromhall (cl) (c); Brent Hedges (cb); Nature Production (bl); Jose B. Ruiz (br). Science Photo Library: Barbara Strnadova (tl). 253 naturepl.com: Bernard Castelein (bl); Pete Oxford (br). SeaPics.com: (cl) (cr). 254–5 Juan Manuel Hernández. 255 naturepl.com: Ron O'Connor (crb); Lynn M. Stone (br). Still Pictures: Sylvain Cordier/Biosphoto (cra). 256–7 naturepl.com: Christophe Courteau. 258 naturepl.com: Michael Durham (cl); Anup Shah (cb); Dave Watts (tl). 258–9 Howie Garber/WanderlustImages.com. 260 FLPA: Frans Lanting (tr); Colin Marshall (clb); Mark Newman (ca). Photolibrary: Les Stocker/OSF (bc). Still Pictures: Darlyne A. Murawski (bl). 260–1 SeaPics.com. 261 NHPA/Photoshot: N A Callow (tr). 262 Alamy Images: Martin Harvey (ca); Medical-on-Line (tl). Oceanwide Images: Gary Bell/oceanwideimages.com (bl). Photoshot: Newscom (cra). 263 Alamy Images: blickwinkel (tc). Gerry Bishop: (br). Corbis: Anthony Bannister (cla). FLPA: Mark Moffett/Minden Pictures (cl) (cb). NHPA/Photoshot: Stephen Dalton (tr). 264–5 FLPA: Minden Pictures/Tui De Roy. 266 Alamy Images: blickwinkel (cla) (ca) (crb); David Fleetham (tr); Jeff Rotman (bl). Getty Images: Bill Curtsinger/National Geographic (cr). iStockphoto.com: Anne de Haas (cl). 267 Alamy Images: blickwinkel (cb). Photolibrary: Max Gibbs (Goldfish Bowl)/OSF (cla). Still Pictures: Klein/WaterFrame (cra). 268 Photoshot: Bence Mate. 269 Alamy Images: Danita Delimont (cr); Imagestate (cra); Mike Lane (tl). Getty Images: Beverly Joubert/National Geographic (br). 270 Ardea: D. Parer & E. Parer-Cook (tc). FLPA: Jim Brandenburg/Minden Pictures (b). 271 naturepl.com: Nick Gordon (c); Anup Shah (br). NHPA/Photoshot: Daniel Heuclin (crb). SeaPics.com: (tl) (ca). 272–3 Getty Images: Art Wolfe. 272–321 Getty Images: Art Wolfe. 273 FLPA: Gerry Ellis/Minden Pictures (c); Fred Bavendam/Minden Pictures (b). National Geographic Image Collection: Joel Sartore (t). 274 Getty Images: John & Lisa Merrill. 275 Alamy Images: Matthew Doggett (cl). Getty Images: Norbert Wu/National Geographic (tr). naturepl.com: Premaphotos (bl); Anup Shah (br). 276 Alamy Images: E. R. Degginger (bl). FLPA: Mitsuaki Iwago/Minden Pictures (tl); Mike Lane (cla). NHPA/Photoshot: Roger Tidman (clb). SeaPics.com: (cl). 276–7 Alamy Images: Danita Delimont. 277 FLPA: Simon Litten (br).

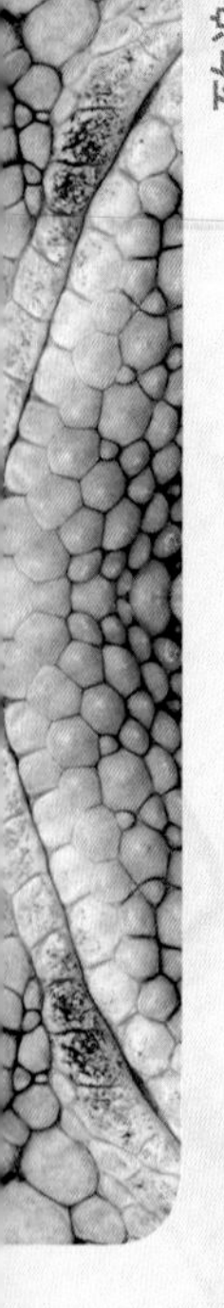

Thomas Marent: (t). naturepl.com: Martin Gabriel (cb); Pete Oxford (bc); Phil Savoie (crb); Claudio Velasquez (cra). 278 Getty Images: Fred Bavendam/Minden Pictures (cr). naturepl.com: Constantinos Petrinos (cl). Photolibrary: OSF (bl). Scubazoo.com: Roger Munns (tr) (cra). SeaPics.com: (cla). 279 imagequestmarine.com: Mark Blum (tc); Roger Steene (cla). Photolibrary: David Fleetham/OSF (b). SeaPics.com: (c). 280 Ardea: Auscape (cl). Getty Images: Heidi & Hans-Jurgen Koch/Minden Pictures (tr). imagequestmarine.com: Valda Butterworth (cb); Jim Greenfield 2004 (crb); Roger Steene (bl). NHPA/Photoshot: Joe Blossom (tl). Still Pictures: Eichaker Xavier/Biosphoto (cr). 281 Tom Eiser, Cornell University: (cra). Getty Images: Piotr Naskrecki/Minden Pictures (cla). Thomas P Peschak/thomaspeschak.com: (b). Photolibrary: Satoshi Kuribayashi/OSF (tc). 282 FLPA: Reinhard Dirscherl (bl). imagequestmarine.com: Peter Parks (cla); Jez Tryner (cl). SeaPics.com: (cra). 283 naturepl.com: Doug Perrine (clb). SeaPics.com: (br). 284 Alamy Images: Jack Picone (bc). Edmund D. Brodie, Jr.: (tr). naturepl.com: Christophe Courteau (fcla) (ca) (cla) (cra); George McCarthy (crb); Mark Payne-Gill (bl). 285 FLPA: ZSSD/Minden Pictures (t). Thomas Marent: (bl) (cb). naturepl.com: Nick Gordon (br). 286 Corbis: Rod Patterson (crb). Edmund D. Brodie, Jr.: (cla). naturepl.com: John Cancalosi (clb). Photolibrary: Animals Animals/Earth Sciences/OSF (bc); Waina Cheng (cl). Still Pictures: Ed Reschke (tc) (cra). 287 Alamy Images: Phototake Inc (br). Ardea: Pascal Goetgheluck (tr); Jean Paul Ferrero (cl). National Geographic Image Collection: Joel Sartore (bl). NHPA/Photoshot: Anthony Bannister (cr). 288 Joe McDonald: (cl). NHPA/Photoshot: Stephen Dalton (ca). 288–9 NHPA/Photoshot: Stephen Dalton Production. 290 naturepl.com: Tony Heald (cra); Markus Varesvuo (c). 290–1 FLPA: Peter Davey (b). 291 FLPA: Flip De Nooyer/Foto Natura (cl). naturepl.com: Barry Mansell (cra). 292 naturepl.com: Mark Payne-Gill (fcl) (c) (cl) (cr). NHPA/Photoshot: Nigel Dennis (tl). 292–3 Getty Images: J. Sneesby/B. Wilkins (b). 293 Ardea: Tony Beamish (cl). IFAW, International Fund for Animal Welfare: T Samson (br). National Geographic Image Collection: Peter G. Veit (cr). naturepl.com: George McCarthy (tc). Still Pictures: Alain Compost/Biosphoto (tr). 294 Corbis: John Conrad (cl); Martin Harvey (br). Getty Images: (bl). naturepl.com: Niall Benvie (tc). 295 Afripics.com: Daryl Balfour (b). Alamy Images: Kitch Bain (tr). 296 Alamy Images: Neil Hardwick (cr). DK Images: Philip Dowell (ca). FLPA: Frans Lanting (bc) (br). naturepl.com: E. A. Kuttapan (tr). SeaPics.com: (cl). 296–7 National Geographic Image Collection: Tim Laman. 297 FLPA: Michael Quinton/Minden Pictures (tl). naturepl.com: Georgette Douwma (cra); David Shale (ca). José Roberto Peruca: (bc). Still Pictures: Francois Gilson/Biosphoto (br). 298 FLPA: Frans Lanting (c); Chris Newbert/Minden Pictures (tc); Norbert Wu/Minden Pictures (cla). Getty Images: Patricio Robles Gil/Minden Pictures (crb). naturepl.com: Pete Oxford (bl). 299 Getty Images: Jeff Lepore (br). Thomas Marent: (tc) (c). NHPA/Photoshot: James Carmichael Jr (bl). Senckenberg, Messel Research Department, Frankfurt a. M. (Germany) : (cra). 300 NHPA/Photoshot: Trevor McDonald (clb) (bc) (bl) (cb). 300–1 NHPA/Photoshot: Trevor McDonald. 301 Lydia Mäthger (permission from Biology Letters) : (bl) (bc). SeaPics.com: (ca) (cr). 302–3 Art Wolfe. 304 FLPA: Reinhard Dirscherl (cb). naturepl.com: Dave Bevan Photography (cra). Photolibrary: Waina Cheng (cla). SeaPics.com: (tc) (br). 305 Alamy Images: Visuals & Written SL (cla). FLPA: Fred Bavendam/Minden Pictures (tr). naturepl.com: Sue Daly (cb). Photolibrary: David Fleetham/OSF (c). SeaPics.com: (bl). 306 FLPA: Gerry Ellis/Minden Pictures (tr). fogdenphotos.com : M & P Fogden (c). Nick Garbutt: (cra). naturepl.com: Doug Wechsler (cla) (cl). NHPA/Photoshot: Chris Mattison (tc). 306–7 Thomas Marent: (b). 307 Alamy Images: Martin Harvey (cra). Corbis: M & P Fogden (tr). Thomas Marent: (br). naturepl.com: Pete Oxford (cla). 308–9 Anna Henly Photography. 310 Ardea: Tom & Pat Leeson (ca). FLPA: Thomas Mangelson/Minden Pictures (tl); Derek Middleton (br); Chris Schenk/Foto Natura (clb). naturepl.com: Peter Reese (bc). 311 naturepl.com: Sue Flood (crb); Paul Johnson (cra); Pete Oxford (tl); Philippe Clement (clb). Photolibrary: David Fleetham/OSF (br). 312 Alamy Images: Steve Bloom Images (b). Corbis: D. Robert & Lorri Franz (tr). Getty Images: Mike Kelly (tc); Peter Lilja (cla). 313 Alamy Images: Andrew Darrington (bl). FLPA: D. P. Wilson (cla); Konrad Wothe/Minden Pictures (br). Getty Images: Mark Moffett/Minden Pictures (cl). A.Stabentheiner/H.Kovac/S. Schmaranzer: (cra) (cr) (fcr) (fcra). Wikipedia, The Free Encyclopedia: (tr). 314 Alamy Images: Duncan Usher (crb). Ardea: Valerie Taylor (cra) (cr). FLPA: Fred Bavendam/Minden Pictures (cla) (tc). Joyce Gross: (bl). 315 José Luis Gómez de Francisco: (b). Manual Presti: (cla) (ca) (cra). 316–7 Douglas David Seifert. 317 Alamy Images: Hornbill Images (c). 318–9 National Geographic Image Collection: Mattias Klum. 319 Getty Images: Mattias Klum/National Geographic (ca) (br). NHPA/Photoshot: Nigel Dennis (cr). 320 Alamy Images: Stockbyte (br). Corbis: Steve Kaufman (tr); Jacques Langevin/Corbis Sygma (crb). naturepl.com: Bruce Davidson (bl); Rolf Nussbaumer (c). Still Pictures: S. E. Arndt/Wildlife (cla). 321 FLPA: Pete Oxford/Minden Pictures (cla) (ca) (cra). National Geographic Image Collection: Beverly Joubert (b). 322–3 Getty Images: Winfried Wisniewski/Image Bank. 322–375 Getty Images: Winfried Wisniewski/Image Bank. 323 Ardea: D. Parer & E. Parer-Cook (tr). FLPA: Michio Hoshino/Minden Pictures (cra). Chris Mattison Nature Photographics: (crb). naturepl.com: Terry Andrewartha (cr); Anup Shah (br). 324 Still Pictures: Manfred Danegger. 325 Alamy Images: cbimages (cla). Science Photo Library: D. Phillips (cra). 326–7 Photoshot: Andy Newman/Woodfall Wild Images. 327 Alamy Images: blickwinkel (cr). naturepl.com: Michael Pitts (cra). 328 Alamy Images: Holt Studios International Ltd (cr). Ardea: Steve Hopkin (b). Corbis: Visuals Unlimited (fcl). imagequestmarine.com: Valdimar Butterworth (cl). Reuters: Phil Noble (tr). Science Photo Library: Sinclair Stammers (c). 329 FLPA: Fritz Siedel (cla); D. P. Wilson (bl). SeaPics.com: (crb). Still Pictures: Joel Bricout/Biosphoto (tc). Grahame Teague Photography: (tr). 330 Ardea: D. Parer & E. Parer-Cook. SeaPics.com: (bl). 331 Ardea: Auscape (br). Ben Chapman: (cr). naturepl.com: Willem Kolvoort (tl); Kim Taylor (tc) (tr). SeaPics.com: (bl). D. Scott Taylor: (c). 332 FLPA: M & P Fogden/Minden Pictures (ca); Frans Lanting (b); Albert Visage (cla). naturepl.com: Hanne & Jens Eriksen (tc); Mike Wilkes (cra). 333 FLPA: Norbert Wu/Minden Pictures (tr). Getty Images: Piotr Naskrecki/Minden Pictures (bl). naturepl.com: Kim Taylor (crb). PA Photos: Matthew L. M. Lim & Daiqin Li (c). Scubazoo.com: Matthew Oldfield (cla) (ca) (cra). 334 FLPA: Michael Durham/Minden Pictures (t). Brian Kenney: (br). naturepl.com: Kim Taylor (ca). Photolibrary: OSF (c). 335 Ardea: Ken Lucas (cr). Anthoni Floor / seafriends.org: (br). 336 Alamy Images: Peter Arnold Inc (bl). FLPA: Paul Hobson (crb). fogdenphotos.com : M & P Fogden (cr). naturepl.com: Rolf Nussbaumer (tl); Todd Pusser (bc). NHPA/Photoshot: James Carmichael Jr (tr). 337 Tasha L. Metz/seaturtle.org: (crb). Photolibrary: David Fleetham/OSF (t). SeaPics.com: (bc). 338 Ardea: John Cancalosi (bl); M. Watson (bc). Chris Gomersall Photography: (tr). FLPA: Neil Bowman (cr) (cra); Konrad Wothe/Minden Pictures (cl). naturepl.com: Jorma Luhta (tl). SeaPics.com: (clb). 339 Ardea: D. Parer & E. Parer-Cook (br). FLPA: Michio Hoshino/Minden Pictures (tc) (c) (tr). SeaPics.com: (bc). 340 FLPA: Mitsuaki Iwago/Minden Pictures (cl); Frans Lanting (cla). Photolibrary: Satoshi Kuribayashi/OSF (bc). 340–1 naturepl.com: John Cancalosi. 341 naturepl.com: Nature Production (c). NHPA/Photoshot: Jonathan & Angela Scott (crb); Alan Williams (cra). Photolibrary: Clive Bromhall/OSF (bc). 342 FLPA: Mark Moffett/Minden Pictures (c) (cr); Chris Newbert/Minden Pictures (cl). National Geographic Image Collection: Jozsef Szentpeteri (bl). naturepl.com: Georgette Douwma (tl). NHPA/Photoshot: Karl Switak (cra). 343 FLPA: B. Borrell Casals (c); Mark Moffett/Minden Pictures (br). naturepl.com: Nick Garbutt (cl). NHPA/Photoshot: Anthony Bannister (bl). Photolibrary: M & P Fogden/OSF (t). 345 FLPA: Mark Moffett/Minden Pictures (ca) (bl) (cl). 345–6 FLPA: Mark Moffett/Minden Pictures. 346 FLPA: Mark Newman (bl). NHPA/Photoshot: T. Kitchin & V. Hurst (ca); Linda Pitkin (tl). SeaPics.com: (cra). 346–7 fogdenphotos.com : M & P Fogden (b). 347 fogdenphotos.com : M & P Fogden (tl). Photolibrary: M & P Fogden/OSF (cra). 348 FLPA: Jim Brandenburg/Minden Pictures (b). naturepl.com: Rupert Barrington (tc); Kim Taylor (tr). NHPA/Photoshot: Eric Soder (cr). 349 Ardea: M. Watson (tl) (bc). naturepl.com: Barrie Britton (c); Pete Oxford (clb). Science Photo Library: Kenneth W. Fink (br). 350 Alamy Images: blickwinkel (bc). FLPA: Tim Fitzharris/Minden Pictures (t); Frans Lanting (cb); Mark Newman (br). 351 FLPA: Cyril Ruoso/JH Editorial (tc); Jan Vermeer/Foto Natura (tr). naturepl.com: Terry Andrewartha (cr). SeaPics.com: (bl) (bc). www.skullsunlimited.com: (br). Still Pictures: Michel & Christine Denis-Huot/Biosphot (cl). 352 Lydia Fucsko/lydiafucsko.com: (clb). naturepl.com: Bengt Lundberg (crb). Photolibrary: OSF (bc). Science Photo Library: James H. Robinson (cra). 352–3 Ardea: Duncan Usher. 353 naturepl.com: Jose B. Ruiz (bc) (br). Photolibrary: Mark Hamblin/OSF (tc). 354 FLPA: Richard Becker (bl). naturepl.com: Meul/ARCO (tr). Premaphotos Wildlife: Ken Preston-Mafham (br). 355 Oceanwide Images: Rudie Kuiter/oceanwideimages.com (cb). Photolibrary: Joaquin Gutierrez Acha/OSF (tl). SeaPics.com: (tr) (bl) (br) (cr). 356 naturepl.com: Kim Taylor (cra); Solvin Zankl (tr). Photolibrary: David M Dennis/OSF (cla). 356–7 Ulrich Doering. 357 FLPA: Ingo Arndt/Foto Natura (tl). naturepl.com: Anup Shah (cl); Solvin Zankl (ca). Fred Siskind: (tr). 358 FLPA: Frans Lanting (c). Nick Garbutt: (cra). naturepl.com: Pete Oxford (tc); Phil Savoie (bc); Artur Tabor (bl); Tom Vezo (cr). 359 Photolibrary: Eliott Neep/OSF (bl) (bc) (br). rspb-images.com: Chris Knights (r). 360–1 FLPA: Tui De Roy/Minden Pictures. 362 Auscape: David Parer & Elizabeth Parer-Cook (cb). Chris Mattison Nature Photographics: (tl). National Geographic Image Collection: Jason Edwards (clb). naturepl.com: Phil Savoie (br). 363 Ardea: Stefan Meyers (cra). Corbis: Tom Brakefield (tl). FLPA: Gerry Ellis/Minden Pictures (ca); David Hosking (cr). Sharon Heald: (b). 364 FLPA: Mark Newman (l); Terry Whittaker (cr). naturepl.com: Wegner/ARCO (cra). 365 National Geographic Image Collection: Joel Sartore (tr). naturepl.com: Mark Carwardine (crb). NHPA/Photoshot: Ernie James (c). Photolibrary: Tony Martin/OSF (bl) (bc) (br). Still Pictures: A. Buchheim (ca). 366 FLPA: Silvestris Fotoservice (c). naturepl.com: Premaphotos (crb). Photolibrary: Martyn Colbeck/OSF (bl). Science Photo Library: Dr George Beccaloni (ca). Scubazoo.com: Roger Munns (tr). 367 FLPA: Fred Bavendam/Minden Pictures (ftr). naturepl.com: Nigel Bean (cl); Constantinos Petrinos (br); Premaphotos (c). David Nelson: (ftl) (tc) (tl) (tr). 368 FLPA: Robin Chittenden (tl). naturepl.com: Meul/ARCO (c). NHPA/Photoshot: Anthony Bannister (ca). Photolibrary: OSF (tr). 368–9 Thomas Endlein: (b). 369 Ardea: Jean Michel Labat (cr). Photolibrary: Clive Bromhall (br). Science Photo Library: Andrew Syred (cl). SeaPics.com: (fcla) (cla) (tc). 370–1 Ruben Smit. 372 Ardea: M. Watson (cla). FLPA: B. Borrell Casals (cr); Derek Middleton (cb). National Geographic Image Collection: George Grall (tr). naturepl.com: Willem Kolvoort (br). 373 Alamy Images: Reinhard Dirscherl (cr). Ardea: Steve Downer (t). National Geographic Image Collection: Bianca Lavies (br); Norbert Rosing (bc). NHPA/Photoshot: Alberto Nardi (bl). 374 Auscape: C. Andrew Henly (bc) (br). Graham Catley: (fcl) (c) (cl) (cr). FLPA: Neil Bowman (ca). naturepl.com: Jorma Luhta (tr). NHPA/Photoshot: Alan Williams (tl). 375 Alamy Images: Terry Whittaker (br). Corbis: Tom Brakefield (cr). FLPA: Cyril Ruoso/JH Editorial (tr). naturepl.com: Anup Shah (cl). 376–417 FLPA: Frans Lanting. 376–7 FLPA: Frans Lanting. 377 Suzi Eszterhas Photography: (b). naturepl.com: Tom Mangelson (c). 378 Getty Images: Anup Shah/Image Bank. 379 naturepl.com: Peter Blackwell (br); Georgette Douwma (tr); Doug Perrine (bc). Science Photo Library: Science Source (fcla) (c) (ca) (cl) (cla) (cr) (cra) (fcl). 380 FLPA: Michael Durham/Minden Pictures (cl) (c). 380–1 FLPA: Michael Durham/Minden Pictures. 381 Alamy Images: ARCO Images GmbH (bl). FLPA: Sumio Harada/Minden Pictures (ca). naturepl.com: Ingo Arndt (clb); Anup Shah (c) (br). NHPA/Photoshot: George Bernard (cla); Stephen Dalton (tr). 382 Anthoni Floor / seafriends.org: (br). FLPA: Norbert Wu / Minden Pictures (cr). Christian Fuchs: (tl). naturepl.com: Kim Taylor (clb). Photolibrary: Phototake Inc / OSF (tc). SeaPics.com: (cra). 383 Alamy Images: Guy Huntington (cra); NaturePics (tr). naturepl.com: Ross Hoddinott (b). NHPA/Photoshot: Stephen Dalton (tc). 384–5 FLPA: Reinhard Dirscherl. 386 Thomas Marent: (l) (cb) (crb). 387 Thomas Marent: (clb) (cb) (r). 388 FLPA: Nigel Cattlin (tr). fogdenphotos.com : M & P Fogden (b). Getty Images: National Geographic (tc). National Geographic Image Collection: Darlyne A. Murawski (tl). naturepl.com: Andrew Parkinson (cl); Kim Taylor (cr). 389 Jose Castro: (cl). National Geographic Image Collection: David Doubilet (tr). SeaPics.com: (cb). 390 FLPA: Reinhard Dirscherl (ca); Foto Natura Stock (cl) (cr); Jean Hall (c). Thomas Marent: (clb) (bl). naturepl.com: George McCarthy (crb); Kim Taylor (tl); Doug Wechsler (tr). Papiliophotos: Robert Pickett (cb). 391 Conservation International: Robin Moore (cb). Corbis: David A. Northcott (cr). Thomas Marent: (clb). naturepl.com: Jane Burton (tl). NHPA/Photoshot: Laurie Campbell (br); Daniel Heuclin (cra). 392 Ardea: Duncan Usher (tr). naturepl.com: Doug Allan (clb); Matthew Maran (tl). Photolibrary: David Tipling (bc). 392–3 naturepl.com: Doug Allan. 393 Ardea: Hans & Judy Beste (ca). FLPA: Foto Natura Stock (tl). Getty Images: Pete Oxford/Minden Pictures (crb). Photolibrary: Kathie Atkinson/OSF (cra). 394 Ardea: D. Parer & E. Parer-Cook (bl) (cb). FLPA: S & D & K Maslowski (br). NHPA/Photoshot: Kevin Schafer (tr). Still Pictures: Regis Cavignaux/Biosphoto (tc). 395 Christophe Couteau: (clb). naturepl.com: Andrew Cooper (ca); Anup Shah (br). NHPA/Photoshot: Yves Lanceau (cra). 396 Corbis: M & P Fogden (cl); Christophe Karaba/epa (tr). FLPA: Michael Gore (bl); Winfried Wisniewski/Foto Natura (cr). Sharon Heald: (br). naturepl.com: John Cancalosi (cb). 397 FLPA: Phil McLean (c). 2002 MBARI: (bl). naturepl.com: Kim Taylor (br). SeaPics.com: (cla) (tr). 398 Ardea: Alan Weaving (tc). FLPA: Heinz Schrempp (br). Natural Visions: Jeremy Thomas (clb). naturepl.com: Nature Production (c). 399 FLPA: Norbert Wu/Minden Pictures (tl). Photolibrary: Pacific Stock/OSF (b). SeaPics.com: (tr). 400 naturepl.com: Mark Payne-Gill (clb); Constantinos Petrinos (tr). SeaPics.com: (tl). 400–1 naturepl.com: Anup Shah. 401 Alamy Images: Digital Vision (cr). Ardea: M. Watson (clb). FLPA: Silvestris Fotoservice (tr). naturepl.com: Anup Shah (cb). photographersdirect.com: AfriPics Images (crb). Photolibrary: Animals Animals/Earth Sciences/OSF (cla). 402 Photolibrary: Alan Root/OSF. 403 FLPA: Tui De Roy/Minden Pictures (cl); Adri Hoogendijk/Foto Natura (bl); Mitsuaki Iwago/Minden Pictures (crb). naturepl.com: John Cancalosi (cla); Dave Watts (tr). 404–5 FLPA: Frans Lanting. 406 Ardea: Nick Gordon (cra). Bat Conservation International: Merlin D. Tuttle (cr). naturepl.com: David Kjaer (tl); Tom Mangelson (bl). NHPA/Photoshot: Daniel Heuclin (cl). 407 Ardea: Tom & Pat Leeson (tr). FLPA: Flip Nicklin/Minden Pictures (cl); Michio Hoshino/Minden Pictures (br). naturepl.com: Pete Oxford (tc); Anup Shah (bl). 408 Ardea: Jagdeep Rajput (bc). FLPA: Gerry Ellis/Minden Pictures (br). naturepl.com: Doug Perrine (bl); Anup Shah (tr); Tom Vezo (cl); Carol Walker (crb). NHPA/Photoshot: Joe Blossom (crb). 409 Alamy Images: imagebroker (br). FLPA: Neil Bowman (cr); Andrew Forsyth (bc). Getty Images: T. Kitchin & V. Hurst (cla). Photolibrary: Aldo Brando/OSF (tr). 410–1 NHPA/Photoshot: Andy Rouse. 412 FLPA: R P Lawrence (tc); Pete Oxford/Minden Pictures (cra); Fritz Polking/Foto Natura (crb); Inga Spence (cl). naturepl.com: Anup Shah (bl). 413 Ardea: Jean Michel Labat (clb); Tom & Pat Leeson (t). Suzi Eszterhas Photography: (br). 414–5 naturepl.com: Anup Shah. 416 Ardea: Francois Gohier (crb). brandoncole.com: Brandon Cole (bc). FLPA: Michael Quinton/Minden Pictures (cr). Cathy & Gordon ILLG/advenphoto.com: (tr). Mark Wallner: (cl/otter). 417 Alamy Images: Robert W. Ginn (br). Suzi Eszterhas Photography: (bl). FLPA: Gerry Ellis/Minden Pictures (t); Frants Hartmann (c). 418–439 Corbis: Gary Bell/zefa. 418–9 Corbis: Gary Bell/zefa. 421 Alamy Images: Ryan Ayre (crb); blickwinkel (br); Holt Studios International Ltd (cr); Michael Patrick O'Neill (cra/fish); Top-Pics TBK (cra/lions). FLPA: Flip De Nooyer/Foto Natura (clb); Mark Hosking (cl); Pete Oxford/Minden Pictures (fcl). Getty Images: Tohuku Color Agency (crb/birds). naturepl.com: Christophe Courteau (fclb); Nature Production (c). Photolibrary: Survival Anglia/OSF (cb).

Shutterstock: Craig Hosterman (tr). 422 Alamy Images: Penny Boyd (cla); dbimages (cra). Getty Images: Mitch Reardon/Riser (b). 423 Alamy Images: WaterFrame (cr). FLPA: J. W. Alker/Imagebroker (cla); Colin Marshall (bl). Pauline Montecot: (cb) (crb). 424–5 FLPA: Pete Oxford/Minden Pictures. 425 FLPA: Fritz Polking (br). Hugh Schermuly: (ca). 426 naturepl.com: Willem Kolvoort (bl); Kim Taylor (cl). SeaPics.com: (cr) (crb). Alex Wild/myrmecos.net: Alex Wild (tc) (cra). 427 Photolibrary: Tobias Bernhard/OSF. 428–9 Béla Násfay. 430 Alamy Images: Danita Delimont (c). Getty Images: Roy Toft/National Geographic (cra). naturepl.com: Anup Shah (cl). NHPA/Photoshot: Jari Peltomaki (bc). Photolibrary: Konrad Wothe/OSF (tl). 430–1 FLPA: Suzi Eszterhas/Minden Pictures (b). 431 Corbis: Keren Su (tr). Getty Images: Harald Sund/Photographers Choice (crb). 432–3 naturepl.com: Jose B. Ruiz. 434 Alamy Images: Tom Uhlman (crb). FLPA: Frans Lanting (bl); Mark Newman (tr); Tom Vezo/Minden Pictures (br). naturepl.com: Chris Gomersall (cl). 435 Ardea: Dennis Avon (cra). Arto Juvonen/Birdfoto.fi: (cl). naturepl.com: Neil Bromhall (crb) (br); Bruce Davidson (tl). 436 Corbis: Kevin Schafer (tc). FLPA: Andrew Forsyth (tr); David Hosking (b). NHPA/Photoshot: David Higgs (br). Still Pictures: A & J Visage (cla). 437 Alamy Images: Worldfoto (cb). FLPA: Tim Fitzharris/Minden Pictures (br); Mark Newman (cr). Getty Images: Manoj Shah/Stone (cl). naturepl.com: Karl Ammann (tl). NHPA/Photoshot: David Higgs (ca). 438 FLPA: Jurgen & Christine Sohns (tl). NHPA/Photoshot: Martin Harvey (cra). Still Pictures: MCPHOTO (ca). 438–9 FLPA: Yva Momatiuk & John Eastcott/Minden Pictures (b). 439 Alamy Images: blickwinkel (tl). FLPA: Frans Lanting (tr). naturepl.com: Huw Cordey (c); Doug Perrine (br). 440–1 FLPA: Martin B Withers. 440–467 FLPA: Martin B Withers. 441 Alamy Images: Amazon Images (crb). fogdenphotos.com : M & P Fogden (tr). naturepl.com: Kim Taylor (br). SeaPics.com: (cra). 442 Corbis: Daniel J. Cox. 443 fogdenphotos.com : M & P Fogden (bc). naturepl.com: John Cancalosi (br); Jose B. Ruiz (bl); Francois Savigny (fbr); Anup Shah (cra). 444 Alamy Images: Michael Patrick O'Neill (tr). FLPA: Nigel Cattlin (cr). naturepl.com: Mark Brownlow (br); Pete Oxford (cb). Photolibrary: Keith Porter/OSF (ca). Science Photo Library: Stuart Wilson (bl). 445 Alamy Images: Maximillian Weinzierl (tl). Ardea: Chris Martin Bahr (clb). FLPA: Mark Moffett/Minden Pictures (br). fogdenphotos.com : M & P Fogden (tr). Photolibrary: Juniors Bildarchiv/OSF (bc). Premaphotos Wildlife: Ken Preston-Mafham (cl). 446 Ardea: Francois Gohier (bl); M. Watson (cl). fogdenphotos.com : M & P Fogden (tl). naturepl.com: Hermann Brehm (tr). NHPA/Photoshot: Christophe Ratier (br). 447 Alamy Images: Nick Greaves (tr). FLPA: Gerald Lacz (clb). naturepl.com: Solvin Zankl (cl). NHPA/Photoshot: Jonathan & Angela Scott (tl). Still Pictures: Reinhard Dirscherl/WaterFrame (br). Ingrid Wiesel/Brown Hyena Research Project: (cr). 448 Alamy Images: Arco Images GmbH (bl); Isita Image service (r); Peter Llewellyn (L) (bc). Science Photo Library: Tim & Alistair Lionel (c). SeaPics.com: (cla). 449 Ardea: Peter Steyn. FLPA: Mark Moffett/Minden Pictures (tl). Natural Visions: Peter David (cl). naturepl.com: Nature Production (cr); Doug Perrine (b). 450 Ardea: Jean Paul Ferrero (br). fogdenphotos.com : M & P Fogden (bl). SeaPics.com: (tr). 451 Ardea: John Daniels (tc). Getty Images: Norbert Rosing/National Geographic (ca). Still Pictures: S. Weber (r). 452 FLPA: John Hawkins (cla); SA Team/Foto Natura/Minden Pictures (crb). Photolibrary: Kathie Atkinson/OSF (bl). 453 naturepl.com: Pete Oxford (tr). stevebloom.com. 454 Alamy Images: Jeff Minter (cl). naturepl.com: Christophe Courteau (bl); Anup Shah (br). NHPA/Photoshot: David Higgs (tr); Martin Harvey (tl). Photolibrary: Clive Bromhall/OSF (c) (cr). 455 Alamy Images: Enrique R. Aguirre Aves (bl). Ardea: Duncan Usher (t). FLPA: Mark Raycroft/Minden Pictures (br). naturepl.com: Doug Allan (bc). Still Pictures: BIOS Bios (c). 456 Alamy Images: Steve Bloom Images (cla). FLPA: M & P Fogden/Minden Pictures (ca). Gastone Pivatelli: (r). 457 Ardea: Pat Morris (crb). Corbis: Anthony Bannister/Gallo Images (tl). fogdenphotos.com : M & P Fogden (bc). naturepl.com: Meul/ARCO (cra); Kim Taylor (c). Photolibrary: Animals Animals/Earth Sciences/OSF (clb). 458 Getty Images: Tom Hopkins/Aurora (tl). Björn Lardner: (bl). naturepl.com: Gary K. Smith (bc). Photolibrary: Sojourns in Nature/OSF (cla). 459 Alamy Images: f1 online (bc). Ardea: Chris Knights (tr); Sid Roberts (bl). Corbis: Theo Allofs (cla). NHPA/Photoshot: Tony Crocetta (cr). Photolibrary: Konrad Wothe/OSF (ca). 460 Alamy Images: Amazon Images (c); Arco Images GmbH (clb); Rick & Nora Bowers (cra). Courtesy of Jane Goodall Institute: (bl) (bc) (br). naturepl.com: Anup Shah (crb). NHPA/Photoshot: Ernie James (cl). Photolibrary: Juniors Bildarchiv/OSF (tl). 461 Alamy Images: Alaska Stock LLC (tl). FLPA: Flip Nicklin/Minden Pictures (b). 462 Ardea: Pat Morris (c). FLPA: Tim Fitzharris/Minden Pictures (cl); Pete Oxford/Minden Pictures (tr/thorn bug). fogdenphotos.com : M & P Fogden (tr/golden mole). naturepl.com: Anup Shah (b); Kim Taylor (cra). 463 Alamy Images: Simon de Glanville (tc). Ardea: John Mason (ca). FLPA: Richard Becker (tl). Getty Images: Time & Life Pictures (crb). naturepl.com: Kim Taylor (br). 464 Ardea: Brian Bevan (tr). Getty Images: Wil Meinderts/Foto Natura (ca). naturepl.com: Niall Benvie (crb); Steven David Miller (b). Tom Richardson/Nigel Franks: (tl). 465 FLPA: Jurgen & Christine Sohns (tl). fogdenphotos.com : M & P Fogden (cra). shahimages.com : Anup and Manoj Shah (bl) (bc). Still Pictures: H. Brehm (br); Cyril Ruoso/Biosphoto (cl). 466–7 FLPA: Gerry Ellis/Minden Pictures. 467 Alamy Images: Images of Africa Photobank (cra). naturepl.com: Anup Shah (cr) (br) (crb). 468 stevebloom.com. 468–485 stevebloom.com. 470 stevebloom.com. 471 Alamy Images: Wayne Hutchinson (crb). Corbis: R. P. G./Corbis Sygma (fcrb). Getty Images: Bill Curtsinger/National Geographic (bl). naturepl.com: Tony Heald (tr). Science Photo Library: Thierry Berrod, Mona Lisa Production (clb) (cb); CNRI (fcl); Philippe Psaila (fclb). 472 FLPA: Jurgen & Christine Sohns (c). naturepl.com: George McCarthy (br); Solvin Zankl (t). 473 Ardea: Becca Saunders (cla). FLPA: Maurice Nimmo (cra). imagequestmarine.com: Michael Aw (cr). National Geographic Image Collection: Robert Sisson (br). naturepl.com: Constantinos Petrinos (bl). SeaPics.com: (tc). 474 FLPA: Mark Moffett/Minden Pictures (tl) (c). naturepl.com: Premaphotos (b). Matthias Wittlinger: (cr). 475 naturepl.com: Doug Perrine (c); Michel Roggo (tr); Doug Wechsler (bl). Photolibrary: Animals Animals/Earth Sciences/OSF (br); Brian P. Kenney/OSF (tl). 476 FLPA: Suzi Eszterhas/Minden Pictures (cla). National Geographic Image Collection: Robert Sisson (bl) (bc) (br). NHPA/Photoshot: Martin Harvey (cl). 476–7 FLPA: Suzi Eszterhas/Minden Pictures. 477 Ardea: Steve Hopkin (bc). Corbis: Rick Friedman (cr). naturepl.com: Lynn M. Stone (cra). 478 naturepl.com: Miles Barton (cla) (cl). Photolibrary: Picture Press/OSF (tl). Photoshot: Marie Read/Woodfall Wild Images (bc). 478–9 FLPA: Pete Oxford/Minden Pictures (b). naturepl.com: Ingo Arndt (c). 479 FLPA: Pete Oxford/Minden Pictures (bl) (bc) (br). Yukihiro Fukuda: (tc). naturepl.com: Miles Barton (cr). 480 FLPA: Cyril Ruoso/JH Editorial (c). National Geographic Image Collection: Michael K. Nichols (bl). stevebloom.com: (tr). Still Pictures: Cyril Ruoso/Biosphoto (clb). 480–1 naturepl.com: Anup Shah. 481 Photolibrary: Stan Osolinski/OSF (bl) (bc) (br). 482 Ardea: Tom & Pat Leeson (b). FLPA: Norbert Wu/Minden Pictures (cr). naturepl.com: Andrew Murray (tr); Anup Shah (cla). 483 Alamy Images: Paul Glendell (cb). FLPA: Reinhard Dirscherl (tl). Getty Images: APF (c); David Silverman (bc). naturepl.com: Richard du Toit (br); Hugh Pearson (cr). 484–5 stevebloom.com. 486–7 naturepl.com: Yuri Shibnev (b)

封面图片：
封面：naturepl.com: Anup Shah
封底：naturepl.com: Anup Shah
书脊：naturepl.com: Anup Shah
前环衬：Ben Osborne/benosbornephotography.co.uk
后环衬：Ben Osborne/benosbornephotography.co.uk

所有其他图片© Dorling Kindersley
更多信息请见： www.dkimages.com

反侵权盗版声明

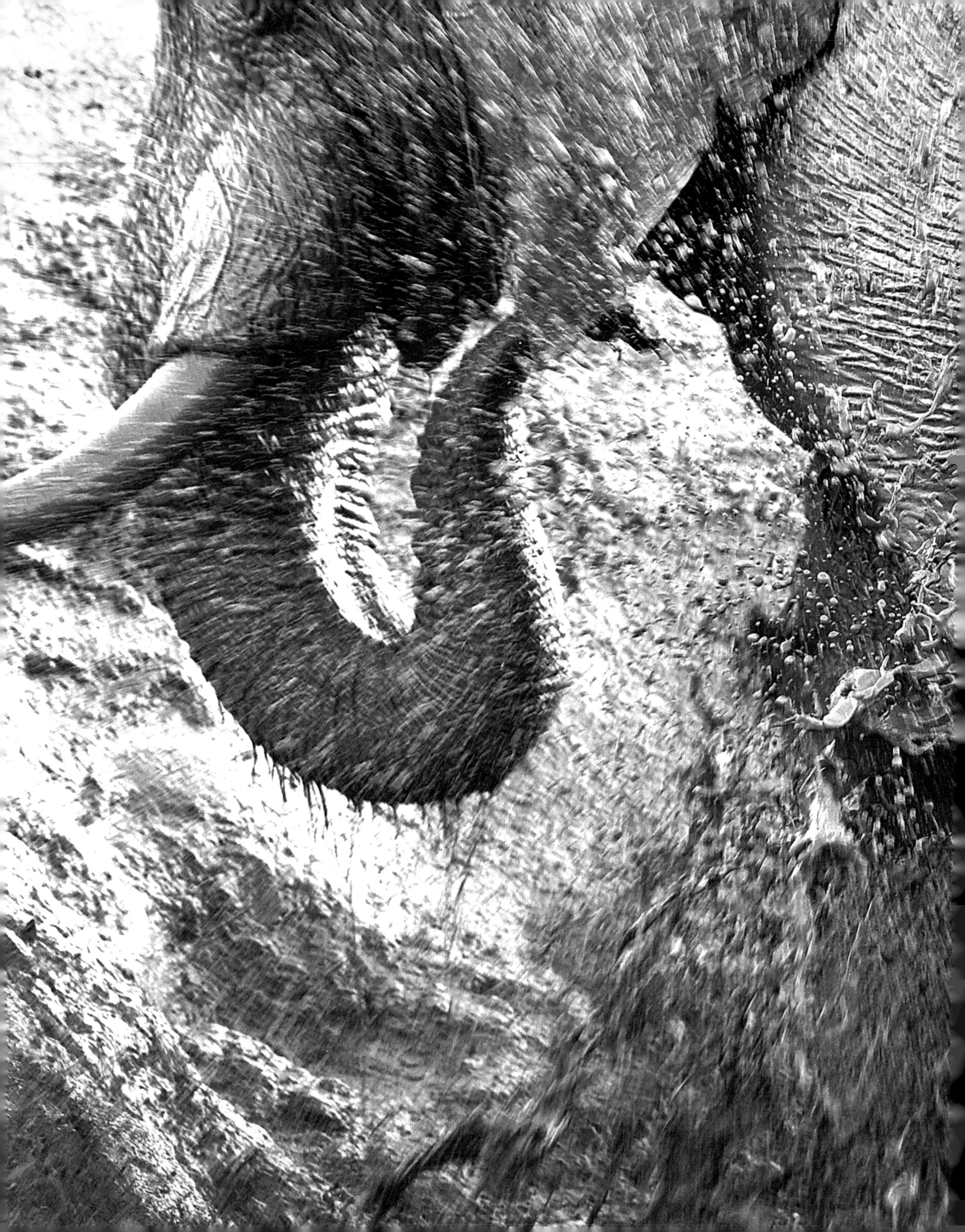